注册化工工程师执业资格考试专业基础考试复习教程

（第2版）

本书编委会 编

天津大学出版社
TIANJIN UNIVERSITY PRESS

内容提要

本书完全、严格按照注册化工工程师执业资格考试基础考试考试大纲编写，内容覆盖了基础考试下午段的全部内容，即包括物理化学、化工原理、化工过程控制、化工设计基础、化工污染控制基础、化工热力学、职业法规7门课程。对每门课程书中均设有考试大纲要求、复习指导、复习内容、仿真习题、习题答案和参考书目；书末设有与正式考试题型、题量完全相同的3套模拟试题。

本书适用于参加注册化工工程师执业资格考试基础考试的应试人员，同时也是相关人员日常工作的一部重要参考书。

图书在版编目（CIP）数据

注册化工工程师执业资格考试专业基础考试复习教程/本书编委会主编．—天津：天津大学出版社，2011．7（2025．9 重印）

ISBN 978-7-5618-4026-9

Ⅰ．①注… Ⅱ．①天… Ⅲ．①化学工程－工程师－资格考核－自学参考资格 Ⅳ．①TQ02

中国版本图书馆 CIP 数据核字（2011）第 051891 号

出版发行　天津大学出版社
地　　址　天津市卫津路92号天津大学内（邮编：300072）
网　　址　www. tjupress. com. cn
电　　话　发行部：022-27403647
印　　刷　天津泰宇印务有限公司
经　　销　全国各地新华书店
开　　本　185mm×260mm
印　　张　33
字　　数　824千
版　　次　2011年7月第1版　2012年6月第2版
印　　次　2025年9月第12次
定　　价　85.00元

序 言

执业资格注册制度为我国工程技术人员个人的执业资格确立了符合国际惯例的规格、标准及严格的认证程序,它的建立和实施,必将进一步推动人才的社会化、市场化和国际化的进程,为我国市场经济的可持续发展提供更加规范的人才保障。执业注册资格考试是资格认证程序的核心环节。执业注册资格考试严格按照相应的考试大纲执行。

全国勘察设计注册工程师执业资格考试大纲是在建设部执业资格注册中心的领导下,根据我国建设行业的具体情况以及与国际接轨的要求制定的。考试大纲由专业考试大纲和基础考试大纲两个部分组成,前者规定了申请者专业能力的测试标准,后者则体现对申请者工程科学背景的要求。

在执业资格考试中设立基础考试程序是基于下述两个方面的考虑。

(1)执业工程师的工程科学背景要求是从行业的角度对从业者提出的要求,它并不完全等同于工科院校的基础和专业基础教育的要求,执业注册资格基础考试并不是工科高校基础教学考试的简单重复。

(2)执业资格考试是一种按照独立标准进行的公平认证程序,它原则上不受申请者的学历、学位、职务等传统条件的严格限制。因此,申请者所受的工程基础教育背景差异甚大,有必要在统一的标准下进行检验。

所以,对于基础考试,申请者不可消极应考。正确的做法应当是:根据自身的具体情况,按照基础考试大纲的内容进行系统的学习与准备,切实地充实、强化自身的工程科学基础,从容应对考试。

鉴于申请者教育背景、毕业年限、工作性质、工作岗位及工作经历等诸多因素的影响,基础考试大纲的内容对申请者而言或欠缺或遗忘的情况是普遍存在的,所以为申请者提供适当的考试辅导是必要的、有益的。

天津大学出版社近年来组织出版的“勘察设计注册工程师基础考试”辅导系列教程,按照考试大纲的要求,全面地综合了各门基础课的主要内容,恰当地把握了其广度和深度,准确地体现了对我国执业资格注册制度及其认证程序的正确理解和对基础考试大纲条目的深入分析,为应考者提供了重要的学习资料。相信这些系列辅导教程能够为申请者的学习与考试准备提供切实的帮助。热切希望今后能够出版更多的分册,以帮助不同专业的申请者。

全国勘察设计注册工程师基础考试专家组组长　林孔元

前言

为帮助参加注册化工工程师执业资格考试基础考试的应试者复习,天津大学有关课程的教师及相关人员在深刻理解考试大纲的基础上,结合多年的教学经验,编写了本复习教程。

本书包括物理化学、化工原理、化工过程控制、化工设计基础、化工污染控制基础、化工热力学、职业法规七部分。其目的是作为复习的主要参考材料,避免再去寻找及复习该七门课程的教材。本书编写内容、编撰体例和运用手段等方面有以下特点:

(1)内容紧扣考试大纲。书中每一章节均严格按照考纲编写。对考试大纲以外的内容,基本上不列入本书。因此本书首先强调针对性,其次适当照顾知识的相关性与完整性。

(2)在考试大纲基础上,实现完整性与简捷性的统一,与现有各门教材相比,文字压缩为1/20~1/4,由此增加了复习的有效性。

(3)体例适应考试需求,全书力求准确体现"掌握、熟悉、了解"三个不同层次的要求。每一科目的编写层次均包括考试大纲、复习指导、复习内容、仿真习题、习题答案和参考书目。

(4)书中文字量基本符合考题的分配比。

(5)书中所列习题、模拟试题的形式与考题一致,各科习题、模拟试题的比例与考题匹配,以期提高复习效率。

(6)所附参考书目,不求有关知识的高深及完整,只求必要时帮助学习者进一步理解有关内容。

本书第1章由天津大学肖衍繁编写,第2章由天津大学贾绍义、柴诚敬、夏清、王军编写,第3章由天津大学郭翠梨编写,第4章由天津大学徐艳、龚俊波编写,第5章由天津市环境影响评价中心王欣、赵然、杜书田编写,第6章由天津大学马沛生编写,第7章由天津市环境影响评价中心邢海涛、许凤霞、杜书田编写。

对于书本的使用者,编者的建议是:紧扣大纲,分配时间,掌握要求,多做练习。

衷心欢迎对本书提出宝贵意见。

编者

目 录

1 物理化学

考试大纲

1.1 气体的 p、V、T 性质

1.2 热力学第一定律

1.3 热力学第二定律

1.4 多组分系统热力学

1.5 化学平衡

理想气体反应的化学平衡　实际反应的化学平衡

1.6 相平衡

单组分系统　二组分系统气—液平衡　二组分系统液—固平衡　三组分系统

1.7 电化学

电解池　原电池和法拉第定律　电解质溶液　原电池　电解和极化

1.8 表面现象

表面张力　润湿现象　弯曲液面的附加压力和毛细现象　固体表面的吸附作用　等温吸附　溶液表面的吸附　表面活性物质

1.9 化学动力学基础

化学反应速率方程　复合反应速率与机理　反应速率理论

1.10 各类特殊反应的动力学

溶液中反应和多相反应　光化学　催化作用

1.11 胶体化学

胶体分散系统及其基本性质　憎液溶胶的稳定与聚沉　乳状液　泡沫　悬浮液和气溶胶　高分子化合物溶液

复习指导

物理化学是由化学现象与物理现象的联系去寻找化学变化规律的学科，亦即一门研究物

质性质及物质变化规律的基础理论课程，因此，对于像化工这类通过促使物质发生变化以生产具有优良性质产品的专业而言，物理化学是非常重要的理论基础。

物理化学的考试基本内容可以概括为 5 个主要方面，即化学热力学、化学动力学、界面现象、胶体分散系统以及化学热力学的应用（化学平衡、相平衡及电化学）等，是注册化工工程师执业资格考试的考试范围。试题中物理化学占 12 题。

物理化学是一门理论性和逻辑推理性极强的学科，所以在复习时要反复结合实际问题理解书中的基本概念及基本原理，掌握主要公式的应用条件，同时要认真领会物理化学解决实际问题的科学方法，切忌只看参考材料和题目的参考答案，一定要在认真阅读所指定的参考教材和本复习教程的基础上，演算一定数量的题目，这样才能深入领会课程的内容，做到举一反三，融会贯通。

复习内容

1.1 气体的 p、V、T 性质

要求：本章重点掌握理想气体及其混合物的 p、V、T 关系及计算、压缩因子 Z 的定义、饱和蒸气压及临界状态、对应状态原理，理解范德华状态方程。

化工生产中，气体与液体是最常见的介质，因气体与液体可以流动，故统称之为流体。与气体相比，由于液、固体压缩性甚小，所以在物理化学计算中，液、固体的体积随温度、压力的变化常常被忽略，本节介绍气体的 p、V、T 性质，同时也涉及液体的一些重要性质。

1.1.1 理想气体（及其混合物）的 p、V、T 关系

1. 理想气体及其微观模型

（1）理想气体状态方程

人类在生产、科研中归纳出一个关联气体在一定状态下的 n、p、V、T 的式子，称为理想状态方程。其式如下：

$$pV = nRT$$

或

$$pV_m = RT$$

式中：n 为物质的量，$n = m/M$，mol，m 为气体的质量，M 为气体的摩尔质量；p 为气体压力，Pa；V（或 V_m）为气体的体积，$V_m = V/n$，m^3；T 为温度，K；R 为通用气体常数，其值为 8.314 $J \cdot K^{-1} \cdot mol^{-1}$。

上述方程还有如下的扩展式

$$p = \frac{m}{V}\frac{RT}{M} = \rho\frac{RT}{M}$$

和

$$p = \frac{m}{\bar{M}}RT$$

式中：ρ 为气体密度，kg/m^3；$\bar{M}$ 为混合气体的平均摩尔质量，其计算方法见例 1.1-2。

由此可见，理想气体状态方程不仅可用来计算 n、p、V、T 中的任何一个量，还可以用来计算气体的密度 ρ 以及还可用于气体混合物的计算。

（2）理想气体及其微观模型

在任何温度、压力下均能服从 $pV = nRT$ 方程的气体称为理想气体。实际上，真实气体不可能在任何温度、压力下均服从 $pV = nRT$ 的关系。所以 $pV = nRT$ 这一式子称为理想气体状态

方程。什么样的气体能无条件服从 $pV=nRT$ 呢？经对 $pV=nRT$ 一式的分析，得知只有气体分子本身不具有体积以及气体分子间无相互作用力的气体才能在任何温度、压力下，均服从理想气体状态方程，这也是理想气体微观模型。

【例 1.1-1】 在室温下，某盛氧气的钢筒内氧气压力为 537.02 kPa，若提用 160 dm^3（在 101.325 kPa 下占有的体积）的氧气后，筒内压力降为 131.72 kPa。设温度不变，试用理想气体状态方程估算钢筒的体积。

解：设钢筒的体积为 V，在一定温度下，放出的那一部分氧气在筒内的"分压力"即筒内氧气减小的压力。由 $\Delta pV=p_2V_2=n(\text{放})RT$ 可知

$$V=\frac{p_2V_2}{\Delta p}=\frac{101.325\ \text{kPa}\times 160\ \text{dm}^3}{(537.02-131.72)\ \text{kPa}}=40.00\ \text{dm}^3$$

2. 理想气体混合物的规律

(1)分压力定义及其与总压的关系

当由若干种气体组成一气体混合物时，混合气体的压力（即总压力）应是构成该混合物各组分（各种气体）对该压力所做贡献之和。为了表达每种组分对总压力贡献的大小，引进了分压力的概念，定义如下：

$$p_B=y_Bp$$

或

$$p=\sum_B p_B$$

式中：y_B 为某组分 B 的摩尔分数；p_B 为某组分 B 的分压力。

上两式可适用于理想气体及真实气体。

(2)道尔顿分压定律

对于理想气体，道尔顿导出了另一分压力定义："理想气体混合物中某组分 B 的分压力 p_B 相当于该组分 B 单独存在而且其温度、体积与混合气体温度、体积相同时的压力。"若将此定义用公式表达，其式如下：

$$p_B=n_BRT/V \quad (\text{只适用于理想气体})$$

式中：T、V 分别为混合气体的温度与体积；n_B 为混合气体中组分 B 的物质的量；p_B 为混合气体中某组分 B 的分压力。

(3)阿马格分体积定律

阿马格从体积的角度讨论理想气体混合物中某组分 B 的贡献并引进了分体积 V_B 的概念。分体积的定义为："混合气体中组分 B 的分体积 V_B 相当于该组分 B 单独存在而且其温度、压力与混合气体的温度、压力相同时所占有的体积。"其数学表达式为

$$V_B=\frac{n_BRT}{p}$$

而

$$V=\sum_B V_B$$

式中：V_B 为混合气体中某组分 B 的分体积；n_B 为混合气体中某组分 B 的物质的量；p、T、V 分别为混合气体的总压力、温度及总体积。

注意上两式只适用于理想气体。

由道尔顿定律及阿马格定律还可归纳出

$$y_B=p_B/p=V_B/V$$

【例 1.1-2】 20 ℃时将乙烷与丁烷的混合气体充入一个 0.20 dm^3 的抽空容器中，当容器中气体压力升至 101.325 kPa 时，气体的质量为 0.389 7 g。求该混合气体的平均摩尔质量与各组分的摩尔分数及分压力。

解：$M(C_2H_6)=30.070\ g\cdot mol^{-1}$，$M(C_4H_{10})=58.123\ g\cdot mol^{-1}$

$V=0.20\ dm^3, T=293.15\ K, p=101.325\ kPa$

$$n(总)=\frac{pV}{RT}=\frac{101\ 325\ Pa\times 0.20\times 10^{-3}\ m^3}{8.314\ J\cdot K^{-1}\cdot mol^{-1}\times 293.15\ K}=8.314\ 7\times 10^{-3}\ mol$$

该混合气体的平均摩尔质量：

$$\begin{aligned}\bar{M}&=m(总)/n(总)=0.389\ 7\times 10^{-3}\ kg/8.314\ 7\times 10^{-3}\ mol\\&=46.869\times 10^{-3}\ kg\cdot mol^{-1}\end{aligned}$$

因为
$$\begin{aligned}\bar{M}&=M(C_2H_6)y(C_2H_6)+M(C_4H_{10})y(C_4H_{10})\\&=M(C_2H_6)y(C_2H_6)+M(C_4H_{10})[1-y(C_2H_6)]\end{aligned}$$

所以
$$y(C_2H_6)=\frac{\bar{M}-M(C_4H_{10})}{M(C_2H_6)-M(C_4H_{10})}=\frac{46.869-58.123}{30.070-58.123}=0.401\ 2$$

$$y(C_4H_{10})=1-y(C_2H_6)=0.598\ 8$$

1.1.2 真实气体的 p、V、T 关系

1. 引进压缩因子（修正系数）的真实气体状态方程

由于真实气体的 p、V、T 之间关系不符合理想气体状态方程，即 $pV\neq nRT$，为了使真实气体的 pV 与 nRT 相关联，引进了一修正因子 Z，即 $pV=ZnRT$。该 Z 的数值偏离 1 的大小反映了一定量真实气体与同温、同压的理想气体的偏差程度。Z 的定义为

$$Z=pV/(nRT)=V(真)/V(理)$$

式中：p、V、T 分别为真实气体的压力、体积及温度；V(真)是一定量真实气体在 T、p 下的体积；V(理)是将该一定量真实气体在同一 T、p 下看成理想气体时占有的体积。若 $Z<1$，说明真实气体的体积 V 小于在同一温度、压力下的理想气体的体积，亦即在该温度、压力下真实气体较理想气体易压缩；反之，$Z>1$，则真实气体比同温、同压下的理想气体难压缩。

【例 1.1-3】 已知在 350 K、20×10^6 Pa 下，某实际气体的摩尔体积为 $0.20\times 10^{-3}\ m^3\cdot mol^{-1}$，求该气体的压缩因子。计算结果说明什么问题？

解：对于真实气体，由压缩因子的定义可知

$$V_m(真)=ZRT/p=0.20\times 10^{-3}\ m^3\cdot mol^{-1} \tag{1}$$

在相同条件下

$$V_m(理)=RT/p=(8.314\times 350/20\times 10^6)\ m^3\cdot mol^{-1}=0.145\times 10^{-3}\ m^3\cdot mol^{-1} \tag{2}$$

式(1)÷式(2)得

$$Z=V_m(真)/V_m(理)=1.38$$

$Z>1$，说明该气体比理想气体难压缩。

在任何条件下，理想气体的压缩因子皆为 1。

2. 范德华方程

范德华针对理想气体的分子不具有体积和分子间无相互作用力的特征，对真实气体的行为进行修正，得到了适用于真实气体的状态方程，称范德华方程，其适用于物质的量为 1 mol 气体的范德华方程。该方程式为

$$\left(p+\frac{a}{V_m^2}\right)(V_m-b)=RT$$

式中:a 与 b 均称范德华常数,其中 a 为与气体种类有关的一种特性常数,其值越大表明分子间引力越大;b 则表示 1 mol 真实气体因分子本身具有体积而使气体分子自由活动空间减小的数值。

1.1.3 饱和蒸气压及临界状态

饱和蒸气压和临界状态是与真实气体液化过程密切相关的两种物理性质。

1. 饱和蒸气压

在某温度 T 下液体与其蒸气平衡共存时平衡蒸气的压力称为该液体在温度 T 时的饱和蒸气压。饱和蒸气压是液体的重要物理性质。在同一温度下,不同液体的饱和蒸气压数值不同,液体的饱和蒸气压越大,说明其挥发能力相对越大。纯液体的饱和蒸气压随温度升高而增大。纯液体的饱和蒸气压用符号 p^* 表示。

2. 临界状态

在纯物质的 p—V 图上存在一个气体与液体的摩尔体积(或密度)相同的点,亦即气、液不分的点,此点称为临界点。该点的温度、压力及摩尔体积分别称为临界温度 t_c、临界压力 p_c 及临界摩尔体积 V_c,统称为临界参数。这是物质重要的物理参数,尤其临界温度是气体能液化的最高温度,任一纯气体其温度高于该气体的临界温度时,无论施加多大压力都不能使该气体液化。临界压力则是在临界温度下气体能液化的最低压力。

1.1.4 对比参数与对应状态原理

某气体处在温度为 T、压力为 p、体积为 V 的状态,若将此温度 T 除以该气体的临界温度,所得的结果称为对比温度,用符号 T_r 表示,即 $T_r=T/T_c$,同理 $p_r=p/p_c$,$V_r=V/V_c$。p_r 与 V_r 分别称为对比压力和对比体积。T_r、p_r、V_r 统称对比参数。

实验证明,任意两种气体当它们有两个对比参数相等时,则它们的第三个对比参数基本相等,这称为对应状态原理,这两种气体则称为处在对应状态。处在对应状态的任意两种气体,其压缩因子 Z 等亦基本相等。

1.2 热力学第一定律

要求:掌握 p、V、T 变化,相变化,化学反应等过程的热和功的计算方法以及相关的基本概念(标准态、标准摩尔反应焓、标准摩尔生成焓、标准摩尔燃烧焓以及可逆过程);懂得节流膨胀及其特点。

热力学第一定律是能量守恒定律在有热、功交换的过程中的体现,是化工生产中的 p、V、T 变化,相变化及化学反应等过程所交换的功和热的计算基础。

1.2.1 热力学基本概念

1. 系统与环境

系统是指热力学所研究的对象。从微观上看,系统是由大量分子、原子或离子等微观粒子组成的宏观集合体。而环境则是指系统之外与系统有能量和物质交换的部分。根据系统与环境之间的能量和物质的交换情况,可将系统分为:系统与环境之间只有能量交换而无物质交换的封闭系统;系统与环境之间既有物质交换又有能量交换的开放系统;系统与环境之间物质和能量均无交换的隔离系统。

2. 状态与状态函数

(系统的)状态是系统的热力学宏观性质的综合体现。

宏观性质由系统状态所决定,当系统状态一定时,系统所有宏观性质也就一定,所以将系统的宏观性质称为状态函数。当系统由始态 A 变至末态 B 时,状态函数的变化值只与始、末态有关,而与变化具体途径无关。利用状态函数这两个特点进行热力学计算的方法称为状态函数法,状态函数法在热力学计算中是极其重要的。

3. 热力学平衡态(简称平衡态)

在经典化学热力学中系统的状态应是热力学平衡态。若无环境作用,系统的宏观性质(状态函数)不随时间而变,该系统就处在热力学平衡态。系统处在平衡态应达到 3 个平衡。

①热平衡:如系统内无绝热隔板存在,则系统内各处温度应相等。

②力平衡:如系统内无刚性隔板存在,则系统各处压力应相等。

③相平衡与化学平衡:若系统中存在化学反应和相变化,则这些变化均应达到平衡。

4. 过程与途径

系统状态发生的任何变化均称为过程,状态变化的具体历程则称为途径。物理化学中常遇到以下几种典型过程。

①恒温过程:系统由始态变至终态的整个过程中,系统的温度等于环境的温度且为常数,即 T(系) = T(环) = 常数的过程。

②恒压过程:系统由始态变至终态的整个过程中,系统的压力等于环境的压力且为常数,即 p(系) = p(环) = 常数的过程。

若只是系统的始态压力 p(始)和终态压力 p(终)与环境压力 p(环)相等,而且在整个过程中 p(环) = 常数,则此过程称为等压过程。

若系统的 p(始) ≠ p(环),只有 p(终) = p(环),而且在整个过程中 p(环) = 常数,则此过程称为恒外压过程。

③恒容过程:系统由始态变至终态的整个过程中,系统的体积为一定值,即 $\mathrm{d}V$(系) = 0 的过程。

④绝热过程:系统状态变化的整个过程中,系统与环境之间无热交换,即 $\delta Q = 0$ 的过程。

⑤循环过程:系统由某一状态出发,经历一系列的具体途径后又回到原来的状态的过程。

5. 热与功

热与功是系统状态发生变化过程中,系统与环境间进行能量交换的两种形式。

①热:当系统状态改变时,因系统与环境之间存在温差而引起系统与环境发生能量交换的形式,称为热,用符号 Q 表示。规定系统吸热 Q 值为正,放热 Q 值为负,单位为 J 或 kJ。

②功:除热之外,系统与环境之间其他能量交换形式均称为功,用符号 W 表示。规定系统得功 W 值为正,系统对外做功 W 值为负,单位为 J 或 kJ。

功又分为两类:在 p(环)存在下,由于系统体积改变而与环境所交换的功,称为体积功。除体积功外,其他形式的系统与环境所交换的功均称非体积功,习惯用 W' 或 $\delta W'$ 表示非体积功。体积功的定义式为

$$\delta W = -p(\text{环})\mathrm{d}V$$

或 $$W = -\int_{V_1}^{V_2} p(\text{环})\,\mathrm{d}V$$

由体积功的定义式可知，系统与环境之间存在体积功交换的必要条件为：系统有体积改变和环境压力 p(环)不为零。两条件缺一，则系统与环境便无体积功交换。

6. 热力学能(旧称内能)

当环境以热和功的形式将能量传递给系统时，环境所减小的能量便转为系统的热力学能，即系统的热力学能增加。

热力学能是系统除整体动能与整体势能之外的内部所有粒子全部能量之总和，用符号 U 表示。规定系统的热力学能增大，ΔU 值为正；系统的热力学能减小，ΔU 值为负。ΔU 的单位为 J 或 kJ。

热力学能可以理解为由 3 部分能量组成：分子的动能、分子间相互作用的势能以及分子内部的能量。其中分子的动能为系统温度的函数，而分子间相互作用的势能为系统体积的函数。当系统内无相变化和化学反应而且组成及物质的量一定时，系统的热力学能 U 只是温度 T 及体积 V 的函数，即 $U=f(T,V)$，由此可见，热力学能为系统的状态函数。如系统为理想气体，因理想气体分子间无相互作用力，故理想气体的分子间相互作用势能为零，所以理想气体的热力学能只是系统温度的函数，即 $U=f(T)$。

1.2.2 热力学第一定律

当一个封闭系统通过热与功两种能量传递形式从环境获得 $Q+W$ 的能量时，根据能量守恒定律，这部分能量应全部转为系统的热力学能，即系统增加了 ΔU 的热力学能，故有以下关系：

$$\Delta U = Q + W$$

或 $$\mathrm{d}U = \delta Q + \delta W$$

上式称为封闭系统的热力学第一定律数学表达式，适用于封闭系统一切过程能量的衡算。

注意：式中的功 W 应为体积功与非体积功之和，即 $W=W(\text{体})+W'$；式中 ΔU 只与系统的始、末态有关，为状态函数的变化值，而 Q 与 W 不仅与系统始、末态有关，更与过程有关，为过程的函数；规定系统从环境获得功 W 和吸取热能 Q 的值取正数，而系统对环境做功和放热则 Q 与 W 的值为负值。

若将热力学第一定律用于隔离系统，便可得到“隔离系统内无论发生任何过程，其热力学能不变”的结论。这是热力学第一定律的说法之一。

1.2.3 各种过程热(Q)的计算

1. 恒容热、恒压热和焓

由于功和热是过程的函数，即使系统始、末态相同而所经历的过程不同，Q 与 W 的值也是不同的。恒容过程与恒压过程是化工生产的典型过程，所以，有关这两类过程 Q 的计算非常重要。

封闭系统在恒容、不做非体积功(即 $W'=0$)下，经历一过程后与环境交换的热设为 Q_V，利用热力学第一定律可证得

$$Q_V = \Delta U \quad (\text{应用条件为封闭系统}, \mathrm{d}V=0, W'=0)$$

封闭系统在恒压、$W'=0$ 下，经历一过程后与环境交换的热设为 Q_p，证得

$Q_p = \Delta H$ （应用条件为封闭系统，$dp=0, W'=0$）

ΔH 中的 H 称为焓，为状态函数，其定义式如下：

$H = U + pV$

上面所导出的 $Q_V = \Delta U$ 及 $Q_p = \Delta H$ 具有重要意义。这两式说明要想求取封闭系统在恒容、$W'=0$ 条件下经历一过程后与环境所交换的热 Q_V，只需求出该系统始、末态的热力学能变化值 ΔU 即可。就是说，将 Q_V 的计算换成 ΔU 的计算，因为 ΔU 的计算可利用系统始、末态确定，状态函数的变化值只与始、末态有关而与具体途径无关，这样便可通过设计途径来求取 ΔU 的数值。同理，对于恒压、$W'=0$ 的过程，欲求此过程 Q_p，则只需求出系统在过程前后的 ΔH 值即可。

应指出，即使在恒压（或恒容）、$W'=0$ 条件下，仍然有各种各样的具体过程：如将水在 101.325 kPa 下，从 25 ℃升温至 100 ℃的单纯变温过程；又如将 100 ℃、101.325 kPa 的液体水在恒温、恒压下加热为 101.325 kPa、100 ℃的水蒸气的相变过程；在恒温、恒压下 $H_2O(g) + CO(g) \longrightarrow CO_2(g) + H_2(g)$ 这类化学反应过程。在这些过程中，系统与环境基本上均有热交换，下面分别介绍这些过程热的计算。关于这些过程热的计算，需要重点掌握的是：必须知道的实验数据、应用的公式以及如何利用状态函数法设计途径。

2. 单纯变温过程热的计算

①计算这类过程的热，首先需要知道定压摩尔热容 $C_{p,m}$ 或定容摩尔热容 $C_{V,m}$。

$C_{p,m}$ 是 1 mol 单相物质在恒压、$W'=0$ 的条件，仅仅由于温度升高 1 K 所需要的热。若物质为 1 kg，则称为质量定压热容，用 C_p 表示。

$C_{V,m}$ 是 1 mol 单相物质在恒容、$W'=0$ 的条件下，仅仅由于温度升高 1 K 所需的热。若物质为 1 kg，则称为质量定容热容，用 C_V 表示。

$C_{p,m}$ 或 $C_{V,m}$ 皆为温度的函数，在温度变化不大时可视为常数。$C_{p,m}$ 与 $C_{V,m}$ 的关系如下：

$$C_{p,m} - C_{V,m} = [(\partial U_m/\partial V_m)_T + p](\partial V_m/\partial T)_p$$

对于理想气体，$C_{p,m} - C_{V,m} = R$（此式需记住）。

②有了 $C_{p,m}$ 或 $C_{V,m}$ 数据，便可利用下面的公式计算过程热。若系统在恒压、$W'=0$ 下，温度从 T_1 变至 T_2（即系统内无相变化和化学反应），系统与环境交换的热 Q_p 的计算式为

$$Q_p = \Delta H_p = \int_{T_1}^{T_2} nC_{p,m}\,dT$$

同理，系统在恒容、$W'=0$ 下的单纯变温过程，系统与环境交换的热 Q_V 的计算式为

$$Q_V = \Delta U_V = \int_{T_1}^{T_2} nC_{V,m}\,dT$$

以上两式适用于 n 与组成一定的单相系统（可为气、液或固体）在 $W'=0$ 的恒压或恒容条件下的单纯变温过程。对于一定量理想气体，其单纯 pVT 变化（即无相变化与化学反应）过程的 ΔH 及 ΔU 可用以下公式直接计算，即

$$\Delta H = \int_{T_1}^{T_2} nC_{p,m}\,dT$$

$$\Delta U = \int_{T_1}^{T_2} nC_{V,m}\,dT$$

注意：若过程不是 $W'=0$ 的恒压或恒容的单纯变温过程，则按上两式所算出的 ΔH 和 ΔU 均与过程的热无关。对于 n 与组成一定的液、固体或真实气体，上两式只能用于恒压或恒容的单纯

变温过程。

3. 相变过程的相变焓计算

(1)相与相变化

系统中物理性质、化学性质相同而且均匀的部分称为相。在一定条件下,系统中一定量物质从一个相变成另一个相,则称该系统内发生了相变过程。相变过程基本上是在 $W'=0$、恒温、恒压条件下进行,因此,相变过程中系统与环境交换的热 $Q_p=\Delta H$(相变过程系统焓的变化值),所以相变热与相变焓数值相等。当然,相变过程不是在恒压下进行,则 $Q\neq\Delta H$(相变焓)。

(2)相变焓的计算

计算在 $W'=0$、恒压下系统发生相变的相变焓,首先需要有摩尔相变焓的数据。所谓摩尔相变焓是指 1 mol 纯物质于恒定温度 T 及该温度所对应的平衡压力下发生相变时的焓差,称为该纯物质在温度 T 时的摩尔相变焓,用符号 $\Delta_{相变}H_m(T)$ 表示。一般能得到的摩尔相变焓的数据有:液体蒸发的摩尔蒸发焓,符号为 $\Delta_{vap}H_m$;固体升华为气体的摩尔升华焓,符号为 $\Delta_{sub}H_m$;固体熔化为液体的摩尔熔化焓,符号为 $\Delta_{fus}H_m$;等等。倘若要计算的是蒸气凝结为液体,液体凝固为固体或蒸气凝华为固体的摩尔相变焓数据,则只需在上述 $\Delta_{vap}H_m$、$\Delta_{fus}H_m$ 及 $\Delta_{sub}H_m$ 的数值前加一负号即可。

有了摩尔相变焓的数据便可用下式求出物质的量为 n 的纯物质在温度为 T 及该温度对应之平衡压力下从 α 相变为 β 相的相变焓。其式为

$$\Delta_{相变}H=n\Delta_{相变}H_m$$

相变焓受温度影响较大,若已知物质的量为 n 的纯物质在 T_1 温度下从 α 相变为 β 相的相变焓 $\Delta_{相变}H(T_1)$,设同样量的该物质在 T_2 温度下从 α 相变为 β 相的相变焓为 $\Delta_{相变}H(T_2)$,则 $\Delta_{相变}H(T_2)$ 与 $\Delta_{相变}H(T_1)$ 的关系为

$$\Delta_{相变}H(T_2)=\Delta_{相变}H(T_1)+n\int_{T_1}^{T_2}[C_{p,m}(\beta)-C_{p,m}(\alpha)]\mathrm{d}T$$

上式为一定量纯物质在不同温度下相变焓的计算式。

4. 化学反应的标准摩尔反应焓 $\Delta_r H_m^{\ominus}$ 的计算

1)反应进度、标准态及标准摩尔反应焓

(1)反应进度

化学反应关系到物质的消耗与生成,因此化学反应过程所交换热之多少自然与反应进行程度有关,故引进反应进度 ξ 这一概念来表示反应进行的程度,其定义式为

$$\mathrm{d}\xi \overset{\mathrm{def}}{=\!=\!=} \mathrm{d}n_B/\nu_B$$

或 $$\xi=\frac{1}{\nu_B}[n_B(\xi)-n_B(0)]$$

式中:ξ 表示反应进度;n_B 表示参加反应的任一物质 B 的物质的量;ν_B 为参加反应的任一物质 B 在反应方程式中的计量系数,规定 B 为反应物时,ν_B 取负值,B 为产物时,ν_B 取正值。

(2)标准态

为了便于比较与计算,需将参加反应的各物质规定在同一基准状态,称此基准状态为标准态。下面介绍气体与纯凝聚态(液体与固体)的标准态之规定。

①对于气体,其标准态是在温度为 T、压力为 100 kPa(用 $p^{\ominus}$ 表示)下的具有纯理想气体性质的纯气体状态。

②对于液体或固体，其标准态为在温度为 T、压力为 $p^\ominus$ 下的纯液体或纯固体状态。

注意：标准态只对压力规定 $p^\ominus=100\ \text{kPa}$，对温度未作任何规定。

(3) 标准摩尔反应焓 $\Delta_r H_m^\ominus$

当参加化学反应的各个物质均处在各自标准状态下，而且反应进行了 1 mol 反应进度时，反应的焓变称为标准摩尔反应焓，用符号 $\Delta_r H_m^\ominus$ 表示。

2) 计算温度为 T 时任一反应的 $\Delta_r H_m^\ominus(T)$

目前在化学、化工手册中列有计算任一反应 $\Delta_r H_m^\ominus$ 的两种实验数据，一种为标准摩尔生成焓，符号为 $\Delta_f H_m^\ominus$，另一种为标准摩尔燃烧焓，符号为 $\Delta_c H_m^\ominus$。利用其中任何一种都能计算任一反应的 $\Delta_r H_m^\ominus$。

(1) 利用标准摩尔生成焓进行计算

标准摩尔生成焓的定义为：在温度为 T，参加生成反应的各个物质均处在各自标准态下，由稳定相的单质生成 1 mol β 相的化合物时，此生成反应的标准摩尔反应焓定义为所生成化合物 B 的标准摩尔生成焓，用符号 $\Delta_f H_m^\ominus(\text{B},\beta,T)$ 表示。有了 $\Delta_f H_m^\ominus(\text{B},\beta,T)$ 数据便可利用下式计算任一反应的 $\Delta_r H_m^\ominus(T)$，该计算式为

$$\Delta_r H_m^\ominus(T)=\sum_{\text{B}}\nu_{\text{B}}\Delta_f H_m^\ominus(\text{B},\beta,T)$$

(2) 利用标准摩尔燃烧焓进行计算

标准摩尔燃烧焓的定义为：在温度为 T，参加反应各物质均处在各自的标准状态下，1 mol β相的物质 B 与纯氧作用完全氧化到指定的稳定产物时，此氧化反应的标准摩尔反应焓定义为该物质 B 的标准摩尔燃烧焓，用符号 $\Delta_c H_m^\ominus(\text{B},\beta,T)$ 表示。目前指定 C(s) 氧化到 $CO_2(g)$，$H_2(g)$ 氧化为 $H_2O(l)$。用 $\Delta_c H_m^\ominus(\text{B},\beta,T)$ 数据计算任一反应的 $\Delta_r H_m^\ominus$，公式为

$$\Delta_r H_m^\ominus(T)=-\sum_{\text{B}}\nu_{\text{B}}\Delta_c H_m^\ominus(\text{B},\beta,T)$$

3) 标准摩尔反应焓 $\Delta_r H_m^\ominus$ 与 T 的关系（又称基尔霍夫公式）

由于化学、化工手册所列的 $\Delta_f H_m^\ominus(\text{B},\beta,T)$ 及 $\Delta_c H_m^\ominus(\text{B},\beta,T)$ 数据只是 $T=298.15\ \text{K}$ 时的数据，若要求取反应在其他温度时的 $\Delta_r H_m^\ominus$，可利用下式：

$$\Delta_r H_m^\ominus(T_2)=\Delta_r H_m^\ominus(T_1)+\int_{T_1}^{T_2}\Delta_r C_{p,m}\,\text{d}T$$

$$\Delta_r C_{p,m}=\sum_{\text{B}}\nu_{\text{B}}C_{p,m}(\text{B},\beta)$$

或 $$\text{d}\Delta_r H_m^\ominus/\text{d}T=\Delta_r C_{p,m}$$

由积分公式可知，$\Delta_r H_m^\ominus(T_2)$ 与 $\Delta_r H_m^\ominus(T_1)$ 之所以不相等是因 $\Delta_r C_{p,m}\neq 0$ 所致。若某化学反应其 $\Delta_r C_{p,m}=0$，便说明该反应的 $\Delta_r H_m^\ominus$ 与 T 无关。

4) 化学反应的恒压热与恒容热的关系

在同一温度下，某反应恒压下进行反应的反应热 Q_p 与该反应在恒容下进行反应的反应热 Q_V 是不同的，两者关系为

$$Q_p-Q_V=\xi\sum_{\text{B}}\nu_{\text{B}}(\text{g})RT\quad（反应进度为 \xi）$$

或 $$Q_{p,m}-Q_{V,m}=\sum_{\text{B}}\nu_{\text{B}}(\text{g})RT\quad（反应进度为 1 mol）$$

注意：若参加反应的物质中既有气体也有固体或液体，在利用上两式计算时，只考虑气体物质，对液体或固体不予考虑，因此其中的 $\nu_B(g)$ 为反应方程式中气体物质的计量系数。

5）两种特殊的反应过程

当化学反应在 $W'=0$ 下，于一绝热、恒容的密封容器中进行时，因为恒容，故反应过程体积功 W 为零，而且因容器绝热，故反应过程中系统与环境无热的交换，即 $Q=0$。根据热力学第一定律可知，反应后系统的 $\Delta U=0$。但要注意，$\Delta U=0$ 并不意味着 $\Delta H=0$，根据 $\Delta H=\Delta U+\Delta(pV)$，又知此反应过程的 $\Delta U=0$，V 为常数，故此过程 $\Delta H=V\Delta p$，ΔH 为正、为负或不变，取决于反应前后的压力差 Δp 是大于零、小于零还是等于零。

若将化学反应在 $W'=0$ 下放在压力恒定的带绝热活塞的绝热气缸中进行，因恒压、$W'=0$，所以 $Q_p=\Delta H$，又因气缸整体绝热，故 $Q_p=0$，因此，此反应过程的 $\Delta H=0$。但此反应过程的 ΔU 却不一定为零，因为 $\Delta H=\Delta U+\Delta(pV)$，恒压下 $\Delta H=\Delta U+p\Delta V$，因 $\Delta H=0$，故 $\Delta U=-p\Delta V$，就是该反应前后系统的 ΔU 大于零、等于零或小于零，完全取决于反应前后系统的 ΔV 是变小（即环境对系统做功）、不变还是变大（即系统对环境做功）。

【例 1.2-1】 已知 25 ℃时，$\Delta_f H_m^{\ominus}(CO_2,g)=-393.51\ kJ\cdot mol^{-1}$，$\Delta_f H_m^{\ominus}(H_2O,l)=-285.83\ kJ\cdot mol^{-1}$，$\Delta_c H_m^{\ominus}(C_3H_8,g)=-2\ 219.9\ kJ\cdot mol^{-1}$。求 25 ℃时丙烷（$C_3H_8$）的标准摩尔生成焓。

解：根据标准摩尔燃烧焓的定义，可写出以下的反应式，即

$$C_3H_8(g)+5O_2(g) = 3CO_2(g)+4H_2O(l)$$

此反应的标准摩尔反应焓 $\Delta_r H_m^{\ominus}$ 就是 $C_3H_8(g)$ 的 $\Delta_c H_m^{\ominus}(C_3H_8,g)$。

再据 $$\Delta_r H_m^{\ominus}=\sum_B \nu_B \Delta_f H_m^{\ominus}(B,\beta,T)$$
$$=3\Delta_f H_m^{\ominus}(CO_2)+4\Delta_f H_m^{\ominus}(H_2O,l)-\Delta_f H_m^{\ominus}(C_3H_8,g)$$

而 $$\Delta_r H_m^{\ominus}=\Delta_c H_m^{\ominus}(C_3H_8,g)$$

因此 $$\Delta_c H_m^{\ominus}(C_3H_8,g)=3\Delta_f H_m^{\ominus}(CO_2)+4\Delta_f H_m^{\ominus}(H_2O,l)-\Delta_f H_m^{\ominus}(C_3H_8,g)$$

于是 $$\Delta_f H_m^{\ominus}(C_3H_8,g)=3\Delta_f H_m^{\ominus}(CO_2)+4\Delta_f H_m^{\ominus}(H_2O,l)-\Delta_c H_m^{\ominus}(C_3H_8,g)$$

代入数据，得

$$\Delta_f H_m^{\ominus}(C_3H_8,g)=-103.95\ kJ\cdot mol^{-1}$$

【例 1.2-2】 已知 25 ℃时，$\Delta_f H_m^{\ominus}(Ag_2O,s)=-31.0\ kJ\cdot mol^{-1}$，$\Delta_f H_m^{\ominus}(HCl,g)=-92.31\ kJ\cdot mol^{-1}$，$\Delta_f H_m^{\ominus}(H_2O,l)=-295.83\ kJ\cdot mol^{-1}$。反应

$$Ag_2O(s)+2HCl(g) \longrightarrow 2AgCl(s)+H_2O(l)$$

的 $\Delta_r H_m^{\ominus}=-324.35\ kJ\cdot mol^{-1}$。求 25 ℃时 $\Delta_f H_m^{\ominus}(AgCl,s)$ 为多大？

解：反应 $Ag_2O(s)+2HCl(g)\xrightarrow{25\ ℃}2AgCl(s)+H_2O(l)$ 的标准摩尔反应焓

$$\Delta_r H_m^{\ominus}=\sum_B \nu_B \Delta_f H_m^{\ominus}(B,\beta)$$
$$=2\Delta_f H_m^{\ominus}(AgCl,s)+\Delta_f H_m^{\ominus}(H_2O,l)-\Delta_f H_m^{\ominus}(Ag_2O,s)-2\Delta_f H_m(HCl,g)$$

故 $$\Delta_f H_m^{\ominus}(AgCl,s)=[\Delta_r H_m^{\ominus}+\Delta_f H_m^{\ominus}(Ag_2O,s)+2\Delta_f H_m^{\ominus}(HCl,g)-\Delta_f H_m^{\ominus}(H_2O,l)]/2$$
$$=(-324.35-31.0-2\times 92.31+295.83)\ kJ\cdot mol^{-1}/2$$
$$=-122.07\ kJ\cdot mol^{-1}$$

【例1.2-3】 已知25 ℃时，$\Delta_f H_m^{\ominus}(H_2O,g) = -241.82\ kJ\cdot mol^{-1}$，$\Delta_c H_m^{\ominus}(H_2,g) = -285.83\ kJ\cdot mol^{-1}$。求25 ℃时水的标准摩尔蒸发焓 $\Delta_{vap}H_m^{\ominus}(H_2O)$ 为多大？

解：在25 ℃的标准态下过程 $H_2O(l) \longrightarrow H_2O(g)$ 的焓变为

$$\Delta_{vap}H_m^{\ominus}(H_2O) = \Delta_f H_m^{\ominus}(H_2O,g) - \Delta_f H_m^{\ominus}(H_2O,l)$$

$$\Delta_f H_m^{\ominus}(H_2O,l) = \Delta_c H_m^{\ominus}(H_2,g)$$

所以 $\Delta_{vap}H_m^{\ominus}(H_2O, 25\ ℃) = (285.83 - 241.82)\ kJ\cdot mol^{-1} = 44.01\ kJ\cdot mol^{-1}$

1.2.4 可逆过程及典型过程的体积功的计算

1. 可逆过程

系统从始态经历某一过程达到终态，然后用同一方法、手段使系统回复到原来状态，同时环境也完全回复到原来状态（即环境不发生任何变化），热力学将该过程称为可逆过程。

可逆过程有3个特点：①若系统经历一可逆过程，系统在过程中任一瞬间均处于无限接近平衡的状态，而且系统与环境之间也是无限接近平衡，即系统的温度、压力与环境的温度、压力之间相差无限小，$T(系) - T(环) = \pm dT$，$p(系) - p(环) = \pm dp$；②在同一条件下，系统对环境做功时，以可逆过程所做的功数值最大，而环境对系统做功时，则以可逆过程所消耗的功最小；③系统经历一可逆过程后，沿着原途径反方向进行并回到原始状态，则环境也同时回到原来的状态。

2. 典型过程的体积功的计算

不管过程可逆还是不可逆，计算体积功时其依据公式均为体积功的定义式，即

$$\delta W = -p(环)dV$$

但是，若过程为可逆过程，由于 $p(系) = p(环)$，故可将定义式改写为

$$\delta W = -pdV$$

下面通过典型过程来领会上述两式的应用。

(1) 理想气体恒温过程体积功的计算

理想气体的恒温过程又分为恒温可逆过程与恒温恒外压（不可逆）过程。

①理想气体恒温可逆过程的体积功的计算，因过程可逆，故可用

$$W_T = \int_1^2 \delta W = \int_{V_1}^{V_2} -pdV$$

又因是恒温可逆过程，故在整个过程中 $T(系) = T(环) =$ 常数，根据理想气体状态方程有

$$pV = nRT$$

或 $$p = \frac{nRT}{V}$$

$p = nRT/V$ 这式称过程方程，就是度在整个恒温可逆过程中系统的压力与系统的体积成反比。

因此 $$W_T = \int_{V_1}^{V_2} -pdV = \int_{V_1}^{V_2} -\frac{nRT}{V}dV$$

$$W_T = -nRT\ln\frac{V_2}{V_1}$$

或 $$W_T = -nRT\ln(p_1/p_2)$$

②恒温恒外压过程（恒温不可逆过程）。

不可逆过程的体积功计算只能用

$$\delta W = -p(\text{环})\mathrm{d}V$$

所以恒外压过程的体积功的计算公式为

$$W = -p(\text{环})(V_2 - V_1)$$

【例 1.2-4】 1 mol 理想气体,始态为 27 ℃、1 013.25 kPa,分别经历过程(1)恒温可逆膨胀到 101.325 kPa;(2)恒温下反抗恒定外压 $p(\text{环}) = 101.325\ \text{kPa}$ 膨胀到终态。求两过程的 Q、W、ΔU、ΔH。

解:(1) $n = 1\ \text{mol}(\text{理想气体}) \xrightarrow{\text{恒温可逆}} 1\ \text{mol}(\text{理想气体})$

$T_1 = 300.15\ \text{K}$ $\qquad$ $T_2 = T_1 = 300.15\ \text{K}$

$p_1 = 1\ 013.25\ \text{kPa}$ $\qquad$ $p_2 = 101.325\ \text{kPa}$

因为是理想气体,所以 $\Delta U = 0$,$\Delta H = 0$。

$$\begin{aligned} Q &= -W = nRT\ln(p_1/p_2) \\ &= 8.314 \times 300.15 \times \ln\frac{1\ 013.25}{101.325} \\ &= 5.746\ \text{kJ} \end{aligned}$$

(2) $n = 1\ \text{mol}(\text{理想气体}) \xrightarrow{\text{恒温恒外压}} 1\ \text{mol}(\text{理想气体})$

$T_1 = 300.15\ \text{K}$ $\qquad$ $T_2 = T_1 = 300.15\ \text{K}$

$p_1 = 1\ 013.25\ \text{kPa}$ $\qquad$ $p_2 = 101.325\ \text{kPa}$

同理,因 $T_2 = T_1$,理想气体的 $\Delta U = 0$,$\Delta H = 0$。

而

$$\begin{aligned} W &= -p(\text{环})(V_2 - V_1) \\ &= -p(\text{环})\left(\frac{nRT_2}{p_2} - \frac{nRT_1}{p_1}\right) \\ &= -101\ 325 \times \left(\frac{8.314 \times 300.15}{101\ 325} - \frac{8.314 \times 300.15}{1\ 013\ 250}\right) = -2\ 245.9\ \text{J} \end{aligned}$$

(2)绝热过程体积功的计算

绝热过程与恒温过程一样,亦分为绝热可逆过程与绝热恒外压(不可逆)过程。绝热过程的特点是系统与环境之间无热交换,即 $Q = 0$,根据热力学第一定律可得

$$\Delta U = W$$

对于理想气体

$$\Delta U = W = nC_{V,\text{m}}(T_2 - T_1)$$

就是说,若知 T_1 与 T_2 就可求出 W。但 T_2 一般未知,所以只要求出 T_2,则 W 就能求出。但是,求 T_2 时,绝热可逆过程与绝热恒外压过程所用公式不同,绝热可逆过程计算 T_2 的公式为

$$T_1 V_1^{r-1} = T_2 V_2^{r-1}$$

与

$$T_1 p_1^{\frac{1-r}{r}} = T_2 p_2^{\frac{1-r}{r}}$$

式中:r(热容比)$= C_{p,\text{m}}/C_{V,\text{m}}$。

绝热恒外压过程计算 T_2 的公式为

$$T_2 = \frac{[R(p_2/p_1) + C_{r,\text{m}}]T_1}{C_{r,\text{m}} + R}$$

【例 1.2-5】 5 mol 单原子理想气体,由 400 K、200 kPa 的始态出发,分别经下列过程达到

压力为 400 kPa 的末态。(1)恒温可逆压缩;(2)绝热可逆压缩;(3)绝热反抗恒外压 p(环) = 400 kPa 至平衡态。分别计算各过程的 Q、W、ΔH 及 ΔU。

解:$n=5$ mol、单原子理想气体的 $C_{V,\mathrm{m}}=1.5R, C_{p,\mathrm{m}}=2.5R$。

$$\begin{cases}p_1=200\ \mathrm{kPa}\\T_1=400\ \mathrm{K}\end{cases}\longrightarrow\begin{cases}p_2=400\ \mathrm{kPa}\\T_2\end{cases}$$

(1)恒温可逆过程:因 $\mathrm{d}T=0$,所以 $\Delta U=0,\Delta H=0$。

$$Q=-W=\int_1^2 p\mathrm{d}V=nRT\ln(V_2/V_1)=nRT\ln(p_1/p_2)$$

$$=5\times8.314\times400\ \ln(200/400)=-11.526\ \mathrm{kJ}$$

(2)绝热可逆过程:$Q=0$。

$$T_2=T_1(p_2/p_1)^{R/C_{p,\mathrm{m}}}=400\times(400/200)^{1/2.5}=527.8\ \mathrm{K}$$

$$W=\Delta U=nC_{V,\mathrm{m}}(T_2-T_1)=5\times1.5\times8.314\times(527.8-400)\mathrm{J}=7.969\ \mathrm{kJ}$$

$$\Delta H=nC_{p,\mathrm{m}}(T_2-T_1)=5\times2.5\times8.314\times(527.8-400)\mathrm{J}=13.282\ \mathrm{kJ}$$

(3)绝热不可逆过程:$Q=0$,T_2 只能采用下列求法:

$$\Delta U=W$$

$$nC_{V,\mathrm{m}}(T_2-T_1)=-p_2(V_2-V_1)=-nRT_2+nRT_1p_2/p_1$$

由上式可得 $1.5T_2-1.5T_1=-T_2+2T_1$,所以

$$T_2=3.5T_1/2.5=3.5\times400/2.5=560\ \mathrm{K}$$

$$W=\Delta U=nC_{V,\mathrm{m}}(T_2-T_1)=5\times1.5\times8.314\times(560-400)\mathrm{J}=9.977\ \mathrm{kJ}$$

$$\Delta H=nC_{p,\mathrm{m}}(T_2-T_1)=16.628\ \mathrm{kJ}$$

(3)可逆相变过程体积功的计算

由于可逆相变过程是在无限接近两相平衡的压力和温度下进行,而且压力、温度在整个过程中恒定不变,所以

$$W=-p(\text{环})(V^{\beta}-V^{\alpha})=-p(V^{\beta}-V^{\alpha})$$

上式为一定量物质在恒温、恒压可逆条件下由 α 相变为 β 相的体积功计算式。式中 p 为系统的压力,V^{α} 与 V^{β} 分别为一定量物质为 α 相和 β 相时的体积。若在恒 T、p,可逆条件下,一定量的物质由液体变为蒸气或者由固体变为蒸气,则因 $V(\mathrm{g})\gg V(\mathrm{l})$ 或 $V(\mathrm{s})$,于是体积功的计算式 $W=-p[V(\mathrm{g})-V(\mathrm{l})]$(或减去 $V(\mathrm{s})$)可改写成

$$W=-pV(\mathrm{g})=-nRT$$

【例 1.2-6】 1 mol 的 $H_2O(\mathrm{l})$ 在 100 ℃、101.325 kPa 下全部蒸发为 $H_2O(\mathrm{g})$,求此过程的 Q、ΔU 及 W 各为多少?已知 100 ℃时水的摩尔蒸发焓 $\Delta_{\mathrm{vap}}H_{\mathrm{m}}=40.63\ \mathrm{kJ\cdot mol^{-1}}$。

解:$H_2O(\mathrm{l})\xrightarrow[T=373.15\ \mathrm{K}]{p=101.325\ \mathrm{kPa}}H_2O(\mathrm{g})$,此过程为 $\mathrm{d}T=0$、$\mathrm{d}p=0$ 的可逆相变,而且 $W'=0$,故

$$Q=\Delta H=n\Delta_{\mathrm{vap}}H_{\mathrm{m}}=40.63\ \mathrm{kJ}$$

$$W=-p(V_{\mathrm{g}}-V_{\mathrm{l}})=-pV_{\mathrm{g}}=-nRT=-8.314\times373.15\times10^{-3}\ \mathrm{kJ}=-3.102\ \mathrm{kJ}$$

$$\Delta U=Q+W=37.53\ \mathrm{kJ}$$

或 $\quad\Delta U=\Delta H-\Delta(pV)=37.53\ \mathrm{kJ}$

【例 1.2-7】 向一个体积为 2 dm^3 的真空容器注入 2 mol 的水,系统恒温在 100 ℃,水将蒸发,求达到平衡后过程的 Q、W、ΔU 及 ΔH。已知在 100 ℃时 $\Delta_{\mathrm{vap}}H_{\mathrm{m}}(H_2O)=40.63\ \mathrm{kJ}\cdot$

mol^{-1},水的摩尔体积 $V_m(l)=18.0\times10^{-3}\ dm^3\cdot mol^{-1}$。

$$\text{解:}\begin{cases}n_{1,l}=2\ mol\\ H_2O(l)\\ p_1=0\end{cases}\xrightarrow[T=373.15\ K]{V=2\ dm^3}\begin{cases}n_{2,l}+n_g\\ H_2O(l)+H_2O(g)\\ p_2=101.325\ kPa\end{cases}$$

水蒸发的物质的量

$$n_g=pV/RT=101.325\times2/(8.314\times373.15)=0.065\ 3\ mol$$

$$n_{2,l}=n_{1,l}-n_g=1.934\ 7\ mol$$

$$\Delta H=n_g\Delta_{vap}H_m(H_2O)=0.065\ 3\times40.63\ kJ=2.654\ kJ$$

因 $dV=0$,故 $W=0$。

$$\Delta(pV)=V(p_2-p_1)=V(p_2-0)=p_2V=n_gRT=101.325\ kPa\times2\ dm^3=0.203\ kJ$$

$$Q=\Delta U=\Delta H-\Delta(pV)=(2.654-0.203)\ kJ=2.451\ kJ$$

1.2.5 节流膨胀过程

在绝热条件下,流体的始、终态分别保持压力恒定的膨胀过程称节流膨胀过程。

从热力学角度看,流体的节流膨胀过程为恒焓过程,即 $\Delta H=0$。在节流膨胀过程中,系统的温度随压力的变化率称为焦耳-汤姆逊系数,用符号 μ_{J-T}表示,即 $\mu_{J-T}=(\partial T/\partial p)_H$。因为节流膨胀过程的$\partial p<0$,所以 $\mu_{J-T}>0$ 表示节流后流体温度降低;反之,$\mu_{J-T}<0$ 表示节流膨胀后流体温度升高;$\mu_{J-T}=0$,表示流体节流膨胀前后温度不变。

1.3 热力学第二定律

要求:掌握熵、亥姆霍兹函数、吉布斯函数这 3 个状态函数的定义,作为判据的应用条件,如何通过这 3 个状态函数去判断过程自发进行的方向及限度,掌握在各种具体过程中 3 个状态函数的变化值如何计算。另外还要懂得热力学基本方程、克-克方程式及其应用。

自然界中有一类无须环境作用(即消耗环境的功)便能自动进行的过程,称为自发过程。因此,判断在一定条件下,一个过程是否为自发过程以及若过程能自发进行,能进行到什么程度,这对化学、化工来说是极其重要的。要判断某一过程是否为自发过程,需要有一个判断的依据。本节通过热力学第二定律导出了熵(S)、亥姆霍兹函数(A)及吉布斯函数(G)等 3 个状态函数作为判断自发过程方向和限度的判据。

1.3.1 卡诺循环与卡诺定理

1. 卡诺循环与热机效率

卡诺可逆循环由恒温可逆膨胀、绝热可逆膨胀、恒温可逆压缩、绝热可逆压缩四个过程组成。按此循环导得的热机效率

$$\eta=-W/Q_1=1+(Q_2/Q_1)=1-(T_2/T_1)$$

式中:Q_1 及 Q_2 分别为循环过程中工作物质从高温热源 T_1 吸收的热及向低温热源 T_2 放出的热;W 为循环过程中热机对环境所做的功。

上式适用于在温度分别为 T_1 与 T_2 的两个热源间的任意可逆循环。

2. 卡诺定理

在指定的高、低温热源之间循环的热机,以可逆循环的热机效率为最大,并与卡诺可逆循环的热机效率相等,而且与所用的工作物质无关,这就是卡诺定理。

1.3.2 用状态函数熵(S)作为过程方向和限度的判据

1. 熵的定义式

$$dS = \delta Q_r / T$$

式中:δQ_r 为可逆过程的热;T 为系统的温度。此式可用于一切可逆过程的熵变计算。

2. 克劳修斯不等式

若系统由状态 1 变至状态 2,则该系统在过程前后状态函数熵 S 的变化值为 $\Delta S = S_2 - S_1$。如所经的过程为可逆过程,则系统的 ΔS 等于该可逆过程热温商($\delta Q/T$)的总和;如过程为不可逆过程,则系统的 ΔS 大于该不可逆过程的热温商的总和,即

$$\Delta S \geqslant \int_1^2 (\delta Q/T) \begin{cases} \text{不可逆过程} \\ \text{可逆过程} \end{cases}$$

上式称为克劳修斯不等式。此式的重要性在于使人们知道如何去判断一个过程是可逆过程还是不可逆过程。根据克劳修斯不等式,便可知

$$\text{绝热过程} \quad \Delta S \geqslant 0 \begin{cases} \text{不可逆过程} \\ \text{可逆过程} \end{cases}$$

上式表明绝热过程绝不可能发生 $\Delta S < 0$ 的过程。并指出,克劳修斯不等式只能判断过程可逆还是不可逆,不能判断过程是自发过程还是非自发过程。

3. 熵作为判断过程方向判据的应用条件

因为隔离系统与环境之间既无物质交换又无能量交换,故隔离系统一定是绝热的,于是隔离系统内发生不可逆过程,则 $\Delta S(\text{隔}) > 0$,而且该过程一定是自发进行的。这是因为该过程发生是完全没有受到环境作用的。于是,便可得到用熵函数作为过程方向和限度的判据必须是隔离系统的结论。而且

$$\Delta S(\text{隔}) = \Delta S(\text{系}) + \Delta S(\text{环}) \begin{cases} >0 & \text{不可逆(自发)} \\ =0 & \text{可逆(平衡)} \end{cases}$$

1.3.3 系统的熵变 ΔS 的计算

已知熵的定义式为 $dS = \delta Q_r / T$,将此式与 $dU = \delta Q_r + p dV (\delta W' = 0)$ 相结合,便可得以下适用于不做非体积功的任何可逆过程 ΔS 的计算式。

$$\Delta S = \int_1^2 \delta Q_r / T = \int_1^2 (dU + p dV) / dT$$

1. 理想气体单纯 p、V、T 变化的 ΔS 计算

所谓单纯 p、V、T 变化是指系统内无相变化与化学反应,只是理想气体由始态 p_1、V_1、T_1 变化到 p_2、V_2、T_2,对这样的过程其 ΔS 计算公式如下:

$$\Delta S = nC_{V,m} \ln(T_2/T_1) + nR \ln(V_2/V_1)$$

$$\Delta S = nC_{p,m} \ln(T_2/T_1) + nR \ln(p_1/p_2)$$

$$\Delta S = nC_{V,m} \ln(p_2/p_1) + nC_{p,m} \ln(V_2/V_1)$$

利用上面 3 个式子,还可以计算一定量理想气体始、末态温度相等($T_2 = T_1$),始、末态压力相等($p_2 = p_1$)及始、末态体积相等的过程的 ΔS。

2. 物质的量为 n 的任何物质(气、液、固)的单纯变温过程的 ΔS 计算

物质的量为 n,组成恒定的任何物质在 $W' = 0$、恒压下或始、末态压力相等的变温过程,其 ΔS 的计算式为

$$\Delta S = nC_{p,\mathrm{m}}\ln(T_2/T_1)$$

若其他条件不变，只是过程从恒压变为恒容或始、末态体积相等的变温过程，则过程 ΔS 的计算式为

$$\Delta S = nC_{V,\mathrm{m}}\ln(T_2/T_1)$$

3. 可逆相变过程的 ΔS 计算

所谓可逆相变过程是指在某恒定温度及该温度所对应的平衡压力下进行的相变。具体地说，有蒸气相参加的相变是在某相变温度 T 及该 T 对应的液体或固体的饱和蒸气压下进行时，该相变为可逆过程。恒温、恒压、不做非体积功的可逆相变过程（这也是下式的应用条件）的 ΔS 计算式为

$$\Delta S = \Delta H(\text{相变})/T$$

既然有可逆相变，自然相应有不可逆相变。例如，1 mol 80 ℃、100 kPa 的 $H_2O(l)$ 在恒温、恒压下变为 1 mol 80 ℃、100 kPa 的 $H_2O(g)$，此过程属不可逆过程。因此此相变过程的压力不是相变温度（80 ℃）下的水之饱和蒸气压，故为不可逆相变。不可逆相变过程的 ΔS 不能直接用 $\Delta S = \Delta H/T$ 计算。

4. 化学反应的 $\Delta_r S_m^{\ominus}$ 计算

（1）热力学第三定律与标准摩尔熵 $S_m(\mathrm{B},\beta,T)$

人们由实验结果总结出热力学第三定律，其中普朗克说法是："在 0 K 时纯物质的完美晶体的熵值为零。"即 S_B^*（0 K，完美晶体）＝0（＊表示纯物质）。若在压力 p 下，将 0 K 的某物质 B 的完美晶体作为始态，恒压升温至 T，则此过程的熵差为

$$\Delta S = S_B(T) - S_B^*(0\ \mathrm{K},\text{完美晶体}) = \int_0^T \delta Q_r/T$$

因 $S_B^*(0\ \mathrm{K},\text{完美晶体})=0$，故 $S_B(T)=\int_0^T \delta Q_r/T$。

若 B 物质的物质的量为 1 mol，压力 $p=100$ kPa（标准压力），所得 $S_B(T)$ 值称标准摩尔熵，用符号 $S_m^{\ominus}(\mathrm{B},\beta,T)$ 表示，其数据已列在手册上。

（2）利用 $S_m^{\ominus}(\mathrm{B},\beta,T)$ 数据计算化学反应的 $\Delta_r S_m^{\ominus}(T)$

①$\Delta_r S_m^{\ominus}(T)$ 称为标准摩尔反应熵，其值表示在温度为 T，参加反应各物质均处在各自标准态的情况下，某化学反应进行了 1 mol 反应进度时，该反应的熵变。其计算式为

$$\Delta_r S_m^{\ominus}(T) = \sum_B \nu_B S_m^{\ominus}(\mathrm{B},\beta,T)$$

式中：B 为参加反应的任一物质；β 为该物质的相态。手册上的数据基本为 298.15 K 下的数据，故 $\Delta_r S_m^{\ominus}(298.15\ \mathrm{K}) = \sum_B \nu_B S_m^{\ominus}(\mathrm{B},\beta,298.15\ \mathrm{K})$。

②$\Delta_r S_m^{\ominus}$ 的数值为温度的函数，若反应在温度 T 下进行，其 $\Delta_r S_m^{\ominus}(T)$ 可由下式算出：

$$\Delta_r S_m^{\ominus}(T) = \Delta_r S_m^{\ominus}(298.15\ \mathrm{K}) + \int_{298.15}^{T} (\Delta_r C_{p,\mathrm{m}}/T)\,\mathrm{d}T$$

式中：$\Delta_r C_{p,\mathrm{m}} = \sum_B \nu_B C_{p,\mathrm{m}}(\mathrm{B},\beta)$。

5. 环境的 ΔS 计算

环境之所以会发生熵变是因为其与系统有热交换，若环境为一恒温大热源，其 ΔS（环）计算公式如下：

$$\Delta S(\text{环}) = Q(\text{环})/T(\text{环}) = -Q(\text{系})/T(\text{环})$$

式中:Q(系)为系统在过程中与环境交换的热,若系统放热,环境就吸热,所以用 Q(系)计算 ΔS(环)时,需加一负号。

【例 1.3-1】 4 mol 单原子理想气体由 300 K、500 kPa 的始态,分别经下列过程达到压力皆为 200 kPa 的末态。

(1)恒温可逆膨胀;

(2)绝热向真空容器中膨胀;

(3)绝热反抗恒外压 p(环)$=200$ kPa 至平衡态;

(4)绝热可逆膨胀。

分别求各过程的 ΔS。

解:(1)$\begin{cases} n=4\ \text{mol} \\ T=300\ \text{K} \\ p_1=500\ \text{kPa} \end{cases} \xrightarrow{dT=0,\text{可逆}} p_2=200\ \text{kPa}$

$$\Delta_T S = nR\ln\frac{V_2}{V_1} = nR\ln\frac{p_1}{p_2} = 4\times 8.314\ \ln\frac{500}{200}\ \text{J}\cdot\text{K}^{-1} = 30.47\ \text{J}\cdot\text{K}^{-1}$$

(2)$Q=0, W=0, \Delta U=0, T_2=T_1$,与过程(1)始、末态相同,故

$$\Delta S = \Delta_T S = 30.47\ \text{J}\cdot\text{K}^{-1}$$

(3)$n=4$ mol, $C_{V,\text{m}}=1.5R$, $p_2=p$(环)$=200$ kPa。

$$Q=0, \Delta U = -p(\text{环})(V_2-V_1)$$

$$1.5nR(T_2-T_1) = -nR(T_2-T_1p_2/p_1)$$

$$T_2 = 1.9T_1/2.5 = 1.9\times 300\ \text{K}/2.5 = 228\ \text{K}$$

$$\Delta S = nC_{p,\text{m}}\ln(T_2/T_1) + nR\ln(p_1/p_2)$$

$$= 4\times 8.314[2.5\ln(228/300)+\ln(500/200)]\ \text{J}\cdot\text{K}^{-1} = 7.655\ \text{J}\cdot\text{K}^{-1}$$

(4)因为是绝热可逆过程,故 $\Delta S=0$。

$$T_2 = T_1(p_2/p_1)^{R/C_{p,\text{m}}} = 300\times(200/500)^{1/2.5} = 207.943\ \text{K}$$

$$\Delta S = nC_{p,\text{m}}\ln(T_2/T_1) + nR\ln(p_1/p_2) = 0$$

【例 1.3-2】 2 mol 某理想气体,其 $C_{p,\text{m}}=3.5R$,由压力为 200 kPa、体积为 20 dm^3 的始态压缩到 15 dm^3、300 kPa 的终态,求此过程的 ΔU 及 ΔS。

解:$n=2$ mol, $C_{p,\text{m}}=3.5R$。

$$\begin{cases} p_1=200\ \text{kPa} \\ V_1=20\ \text{dm}^3 \end{cases} \xrightarrow{\text{压缩}} \begin{cases} p_2=300\ \text{kPa} \\ V_2=15\ \text{dm}^3 \end{cases}$$

因为 $T=pV/nR$,故

$$\Delta U = nC_{V,\text{m}}(T_2-T_1) = 2.5nR(T_2-T_1) = 2.5(p_2V_2-p_1V_1)$$

$$= 2.5\times(300\times 15-200\times 20)\ \text{J} = 1.25\ \text{kJ}$$

$$\Delta S = nC_{V,\text{m}}\ln(p_2/p_1) + nC_{p,\text{m}}\ln(V_2/V_1)$$

$$= 2\times 8.314[2.5\ln(300/200)+3.5\ln(15/20)]\ \text{J}\cdot\text{K}^{-1} = 0.1127\ \text{J}\cdot\text{K}^{-1}$$

说明:本题也可先求出 T_1 及 T_2 再求 ΔU 及 ΔS。由于未指明如何压缩,故与过程有关的体积功 W 则无法计算。

【例 1.3-3】 已知 100 ℃、101.325 kPa 下水的摩尔蒸发焓 $\Delta_{\text{vap}}H_{\text{m}}(H_2O)=40.63$ kJ·mol^{-1}。(1)今将 2 mol 的水,在 100 ℃、101.325 kPa 下蒸发为水蒸气;(2)2 mol 100 ℃、

101.325 kPa 下的水，在真空容器中蒸发为同 T、p 下的水蒸气。

分别计算上述两过程的 W、ΔU、ΔS、ΔA、ΔG 及 ΔS(环)、ΔS(隔)各为多大？

解：$n=2$ mol，

$$H_2O(l)\xrightarrow[101.325\ kPa]{100\ ℃}H_2O(g)$$

(1)因为100 ℃时水的饱和蒸气压为101.325 kPa，故此过程为 $dT=0$、$dp=0$ 的可逆相变。

$$W=-p(V_g-V_l)=-pV_g=-n_gRT$$
$$=-2\times 8.314\times 373.15\ J=-6.205\ kJ$$
$$Q=\Delta H=n\Delta_{vap}H_m(H_2O)=2\times 40.63\ kJ=81.26\ kJ$$
$$\Delta U=Q+W=75.06\ kJ$$
$$\Delta S=\frac{n\Delta_{vap}H_m}{T}=\frac{2\times 40.63}{373.15}\ kJ\cdot K^{-1}=217.8\ J\cdot K^{-1}$$
$$\Delta S(环)=\frac{Q(环)}{T(环)}=\frac{-Q}{T}=\frac{-81.26\ kJ}{373.15\ K}=-217.8\ J\cdot K^{-1}$$
$$\Delta S(隔)=\Delta S(系)+\Delta S(环)=0$$

因为是 $dT=0$、$dp=0$ 的可逆相变，故

$$\Delta G=0$$

或 $$\Delta G_T=\Delta H-T\Delta S=0$$
$$\Delta A_T=\Delta U-T\Delta S=Q+W-Q=W_r=-6.205\ kJ$$

(2)因始、末状态与(1)相同，故所有的状态函数的增量皆与(1)相同。

因为是向真空中蒸发，故 $W=0$。

$$Q=\Delta U=75.06\ kJ$$
$$\Delta S(环)=-Q/T=-75.06\ kJ/(373.15\ K)=-201.15\ J\cdot K^{-1}$$
$$\Delta S(隔)=\Delta S(系)+\Delta S(环)=(217.8-201.15)\ J\cdot K^{-1}=16.65\ J\cdot K^{-1}$$

【例1.3-4】 2 mol 某理想气体，从始态 V_1 经恒温400 K 不可逆膨胀到 V_2 的终态，此过程系统从环境吸热1.0 kJ，对环境所做功为同一温度下可逆膨胀功的一半，即 $W=W_r/2=-0.5\ nRT\ln(V_2/V_1)$。试求此过程系统、环境及隔离系统的熵变各为多少？

解：因为是理想气体 $dT=0$ 的过程，$\Delta U=0$，故 $Q=-W=1.0$ kJ，T(环)$=400$ K，所以

$$\Delta S(环)=\frac{-Q}{T(环)}=\frac{-1.0\times 10^3\ J}{400\ K}=-2.5\ J\cdot K^{-1}$$
$$Q_r=-W_r=2\times Q=2.0\ kJ$$
$$\Delta S(系)=Q_r/T=2.0\times 10^3\ J/(400\ K)=5.0\ J\cdot K^{-1}$$
$$\Delta S(隔)=\Delta S(系)+\Delta S(环)=(5.0-2.5)\ J\cdot K^{-1}=2.5\ J\cdot K^{-1}>0$$

1.3.4 用亥姆霍兹函数 A 作为过程方向的判据

1. 亥姆霍兹函数 A 的定义

原则上，用 ΔS(隔)就能判断任何一过程能否自发进行。但用 ΔS(隔)作判据，必须计算 ΔS(环)。当热源温度不恒定时，ΔS(环)的计算往往很困难，甚至无法计算，于是引进了只与系统有关的新判据，其中之一便为亥姆霍兹函数 A。其定义为

$$A = U - TS$$

式中:U 为系统的热力学能(旧称内能);S 为系统在温度 T 时的熵值。

若系统在恒温、恒容与 $W' \neq 0$ 条件下经历了一可逆过程,则系统的亥姆霍兹函数变化值 $\Delta A = W'_r$,这说明 ΔA 是系统在恒 T、V 下做非体积功的能力。

2. 亥姆霍兹函数 A 作为过程方向判据的应用条件

只有在恒温、恒容且 $W' = 0$ 的条件下,过程的 ΔA 才可作为过程方向的判据。其判断过程方向的原则是

$$\Delta_{T,V}A\begin{cases} <0 & \text{过程能自发进行} \\ =0 & \text{平衡} \\ >0 & \text{过程不能自发进行} \end{cases}$$

1.3.5 用吉布斯函数 G 作为过程方向的判据

1. 吉布斯函数 G 的定义

状态函数 A 作为判据只能在恒 T、V 条件下应用,若过程为恒温、恒压时,则 A 便不能作为判据,需引进另一状态函数 G,称为吉布斯函数,其定义为

$$G = H - TS$$

若系统在恒 T、p 且 $W' \neq 0$ 的条件下,经历一可逆过程,则系统的 $\Delta G = W'_r$,表明 ΔG 是系统在恒 T、p 下做非体积功的能力。

2. 吉布斯函数 G 作为过程方向判据的应用条件

只有在恒温、恒压且 $W' = 0$ 的条件下,过程的 ΔG 才可作为过程方向的判据。其判断过程方向的原则是

$$\Delta_{T,p}G\begin{cases} <0 & \text{过程能自发进行} \\ =0 & \text{平衡} \\ >0 & \text{过程不能自发进行} \end{cases}$$

3. ΔG 的计算

系统经历一过程后,其 ΔG 的计算,原则上可由 G 的定义式出发进行计算。

对任何过程(包括单纯 p、V、T 变化,相变化,化学反应等),$\Delta G = \Delta H - \Delta(TS)$,若过程是在恒温下进行,则 $\Delta G = \Delta H - T\Delta S$。

(1)理想气体恒温过程 ΔG 的计算

因 $\Delta H = 0$,$\Delta G = -T\Delta S$,而 $\Delta S = nR\ln(V_2/V_1)$,所以 $\Delta G = -nRT\ln(V_2/V_1)$。

(2)恒 T、p 且 $W' = 0$ 的可逆相变过程 ΔG 的计算

$\Delta G = \Delta H - T\Delta S$ 中的 ΔH 为可逆相变过程的相变焓 ΔH(相变),而该过程的 $\Delta S = \Delta H$(相变)$/T$,因此

$$\Delta G = \Delta H(\text{相变}) - T[\Delta H(\text{相变})/T] = 0$$

【例 1.3-5】 2 mol 双原子理想气体,由 400 K、200 kPa 的始态恒温可逆压缩至 500 kPa,求此过程的 W、ΔS、ΔA 及 ΔG。

解:$n = 2$ mol 的理想气体,

$$\begin{cases} p_1 = 200\ \text{kPa} \\ T_1 = 400\ \text{K} \end{cases} \xrightarrow[\text{可逆}]{dT=0} p_2 = 500\ \text{kPa}$$

因为是理想气体 $dT=0$ 的过程，故 $\Delta U=0,\Delta H=0$。

$$W_r=-\int_1^2 p\mathrm{d}V=-nRT\ln\frac{V_2}{V_1}=-nRT\ln\frac{p_1}{p_2}$$
$$=-2\times 8.314\times 400\ \ln\ (200/500)=6.094\ \mathrm{kJ}$$
$$\Delta S=Q_r/T=-W_r/T=-15.236\ \mathrm{J\cdot K^{-1}}$$
$$\Delta A=\Delta G=-T\Delta S=W_r=6.094\ \mathrm{kJ}$$

【例 1.3-6】 在 -10 ℃、101.325 kPa 下，1 mol 的过冷水凝固成冰的过程放热 5 652.75 J，过程的 $\Delta S=-20.67\ \mathrm{J\cdot K^{-1}}$。求此过程的 ΔG。

解：题给过程为 $dT=0$、$dp=0$ 的不可逆相变过程。

$$\Delta H=Q_p=-5\ 652.75\ \mathrm{J}$$
$$\Delta G=\Delta H-T\Delta S=[-5\ 652.75-263.15\times(-20.67)]\ \mathrm{J}=-213.4\ \mathrm{J}$$

(3) 化学反应的 $\Delta_r G_m^\ominus$ 计算

反应在温度为 T，参加反应各物质均处在各自标准状态的情况下进行了 1 mol 反应进度时，反应过程的吉布斯函数变化值 $\Delta_r G_m^\ominus$ 称为标准摩尔反应吉布斯函数，其计算式为

$$\Delta_r G_m^\ominus=\Delta_r H_m^\ominus-T\Delta_r S_m^\ominus$$

应说明，ΔA 的计算与 ΔG 的计算相似。

【例 1.3-7】 25 ℃时 $CH_4(g)+0.5O_2(g)\longrightarrow CH_3OH(l)$ 反应过程的 $\Delta_r G_m^\ominus=-115.12\ \mathrm{kJ\cdot mol^{-1}}$，$\Delta_r H_m^\ominus=-163.89\ \mathrm{kJ\cdot mol^{-1}}$。25 ℃时，$S_m^\ominus(CH_4,g)=188.0\ \mathrm{J\cdot K^{-1}\cdot mol^{-1}}$，$S_m^\ominus(O_2,g)=205.14\ \mathrm{J\cdot K^{-1}\cdot mol^{-1}}$，求 25 ℃时的 $S_m^\ominus(CH_3OH,l)$。

解：$CH_4(g)+0.5O_2\xrightarrow{25℃}CH_3OH(l)$ 的

$$\Delta_r S_m^\ominus=(\Delta_r H_m^\ominus-\Delta_r G_m^\ominus)/T$$
$$=(-163.89+115.12)\times 10^3\ \mathrm{J\cdot mol^{-1}}/(298.15\ \mathrm{K})=-163.58\ \mathrm{J\cdot K^{-1}\cdot mol^{-1}}$$

而 $\Delta_r S_m^\ominus==S_m^\ominus(CH_3OH,l)-S_m^\ominus(CH_4,g)-0.5S_m^\ominus(O_2,g)$

所以 $S_m^\ominus(CH_3,OH,l)=\Delta_r S_m^\ominus+S_m^\ominus(CH_4,g)+0.5S_m^\ominus(O_2,g)$

$$=(-163.58+188.0+0.5\times 205.14)\ \mathrm{J\cdot K^{-1}\cdot mol^{-1}}$$
$$=127.0\ \mathrm{J\cdot K^{-1}\cdot mol^{-1}}$$

【例 1.3-8】 已知理想气体反应 $A(g)+B(g)\longrightarrow C(g)+D(g)$ 的 $\Delta_r C_{p,m}=-15\ \mathrm{J\cdot K^{-1}\cdot mol^{-1}}$，$T_1=300$ K 时反应的 $\Delta_r S_m^\ominus(T_1)=-20\ \mathrm{J\cdot K^{-1}\cdot mol^{-1}}$，$\Delta_r H_m^\ominus(T_1)=10.0\ \mathrm{kJ\cdot mol^{-1}}$。求 $T_2=400$ K 时 $\Delta_r G_m^\ominus$ 为多大？

解：$\Delta_r H_m^\ominus(T_2)=\Delta_r H_m^\ominus(T_1)+\int_1^2\Delta_r C_{p,m}\mathrm{d}T=\Delta_r H_m^\ominus(T_1)+\Delta_r C_{p,m}(T_2-T_1)$

$$=[10.0-15\times(400-300)\times 10^{-3}]\ \mathrm{kJ\cdot mol^{-1}}=8.5\ \mathrm{kJ\cdot mol^{-1}}$$

$$\Delta_r S_m^\ominus(T_2)=\Delta_r S_m^\ominus(T_1)+\Delta_r C_{p,m}\ln\frac{T_2}{T_1}$$
$$=[-20-15\ln\ (400/300)]\ \mathrm{J\cdot K^{-1}\cdot mol^{-1}}=-24.315\ \mathrm{J\cdot K^{-1}\cdot mol^{-1}}$$
$$\Delta_r G_m^\ominus(T_2)=\Delta_r H_m^\ominus(T_2)-T_2\Delta_r S_m^\ominus(T_2)$$
$$=(8.5+24.315\times 400\times 10^{-3})\ \mathrm{kJ\cdot mol^{-1}}=18.23\ \mathrm{kJ\cdot mol^{-1}}$$

1.3.6 热力学基本方程及麦克斯韦关系式

1. 热力学基本方程

当封闭系统在 $W'=0$ 下由一个平衡态可逆变到另一平衡态时，通过热力学第一定律和热力学第二定律结合，导出以下4个方程，即

$$\mathrm{d}U=T\mathrm{d}S-p\mathrm{d}V,\mathrm{d}H=T\mathrm{d}S+V\mathrm{d}p,\mathrm{d}A=-S\mathrm{d}T-p\mathrm{d}V,\mathrm{d}G=-S\mathrm{d}T+V\mathrm{d}p$$

上面4个方程称为热力学基本方程。

2. 麦克斯韦关系式

由热力学基本方程出发，利用二元函数二阶偏微商的关系，可以导出

$$(\partial T/\partial V)_S=-(\partial p/\partial S)_V \qquad (\partial T/\partial p)_S=(\partial V/\partial S)_p$$

$$(\partial S/\partial V)_T=(\partial p/\partial T)_V \qquad -(\partial S/\partial p)_T=(\partial V/\partial T)_p$$

以上4式称麦克斯韦关系式，其应用条件与热力学基本方程相同。

【例1.3-9】 试证明：(1) $\left(\frac{\partial H}{\partial p}\right)_T=V-T\left(\frac{\partial V}{\partial T}\right)_p$；(2)理想气体的 $\left(\frac{\partial H}{\partial p}\right)_T=0$。

证：(1)由 $\mathrm{d}H=V\mathrm{d}p+T\mathrm{d}S$ 在恒 T 下除以 $\mathrm{d}p$，可得

$$\left(\frac{\partial H}{\partial p}\right)_T=V+T\left(\frac{\partial S}{\partial p}\right)_T$$

将麦克斯韦关系式 $\left(\frac{\partial S}{\partial p}\right)_T=-\left(\frac{\partial V}{\partial T}\right)_p$ 代入上式，即可证明 $\left(\frac{\partial H}{\partial p}\right)_T=V-T\left(\frac{\partial V}{\partial T}\right)_p$。

(2)由理想气体状态方程 $pV=nRT$ 可知理想气体的 $T(\partial V/\partial T)_p=TnR/p=V$，所以理想气体的 $(\partial H/\partial p)_p=V-V=0$。

1.3.7 克拉佩龙方程与克-克方程

1. 克拉佩龙方程

一定量的纯物质在温度为 T、压力为 p 下两相达到平衡，若将平衡系统的平衡温度改变 $\mathrm{d}T$，则系统的平衡压力相应改变 $\mathrm{d}p$，通过热力学基本方程可以导出 $\mathrm{d}T$ 与 $\mathrm{d}p$ 的关系

$$\mathrm{d}p/\mathrm{d}T=\Delta_\alpha^\beta H_\mathrm{m}^*/(T\Delta_\alpha^\beta V_\mathrm{m}^*)$$

式中 $\Delta_\alpha^\beta H_\mathrm{m}^*$ 及 $\Delta_\alpha^\beta V_\mathrm{m}^*$ 分别表示任一纯物质的 α 与 β 两相平衡系统中1 mol纯物质从 α 相转变到 β 相时的相变焓和相变体积。

上式称克拉佩龙方程，适用于纯物质任意两相平衡。

2. 克拉佩龙-克劳修斯方程(简称克-克方程)

将克拉佩龙方程用于纯物质液、气或固、气两相平衡，并设 $V_\mathrm{m}^*(\mathrm{g})-V_\mathrm{m}^*(\mathrm{l})\approx V_\mathrm{m}^*(\mathrm{g})$，蒸气为理想气体，$\Delta_\mathrm{vap}H_\mathrm{m}^*$ 不随温度而变，便导得

$$\mathrm{d}\ln p^*/\mathrm{d}T=\Delta_\mathrm{vap}H_\mathrm{m}^*/(RT^2) \text{或} \ln(p_2/p_1)=-\frac{\Delta_\mathrm{vap}H_\mathrm{m}^*}{R}\left(\frac{1}{T_2}-\frac{1}{T_1}\right)$$

以上式子称为克-克方程，适用于有蒸气相的纯物质两相平衡，但上两式只用于液、气平衡，如用于固、气平衡，需将式中 $\Delta_\mathrm{vap}H_\mathrm{m}^*$ 换成 $\Delta_\mathrm{sub}H_\mathrm{m}^*$。

【例1.3-10】 在一定温度范围内水的饱和蒸气压 p 与温度 T 的关系式可表示为

$$\ln(p/\mathrm{kPa})=-5\,023.61\ \mathrm{K}/T+18.081\,04$$

试求：(1) $t=77$ ℃时的 $p_{\mathrm{H_2O}}^*$；(2)题给温度范围内 $\Delta_\mathrm{vap}H_\mathrm{m}(\mathrm{H_2O})$ 为多大？

解：(1) $T=(273.15+77)\ \mathrm{K}=350.15\ \mathrm{K}$

$\ln(p/\text{kPa}) = 3.734\ 02$

所以 $p^*_{H_2O} = 41.847\ \text{kPa}$

(2)因为水的饱和蒸气压$p^*_{H_2O}$与T的关系式为

$$\ln(p^*_{H_2O}/\text{kPa}) = -\Delta_{vap}H_m/(RT) + C$$

所以 $\Delta_{vap}H_m(H_2O) = 5\ 023.61R\ \text{K} = 41.77\ \text{kJ}\cdot\text{mol}^{-1}$

1.4 多组分系统热力学

要求:掌握拉乌尔定律和亨利定律及它们的应用;偏摩尔量及化学势的概念以及化学势在相平衡中的应用;理想液态混合物的定义、特征及其化学势的表达式;理想稀溶液的定义及其化学势的表达式。懂得稀溶液的依数性以及各种与依数性有关的公式的应用条件,懂得理想气体及真实气体的化学势表达式以及逸度的概念,明了活度概念及其计算方法。

若系统由多个组分所组成,当组成发生改变时,系统的热力学状态函数也将发生改变,如何将热力学原理用来解决多组分系统的实际问题,就需介绍新的概念和处理多组分系统的热力学方法。

1.4.1 两个基本定律——拉乌尔定律与亨利定律

1. 基本概念

(1)混合物与溶液的区分

热力学在处理多组分均相系统时,从方便出发而将同一系统有时看做混合物,有时看做溶液。看做混合物时,组成系统的组分没有区别,并不划分为溶剂与溶质。而看做溶液时,组成系统的组分要划分为溶质与溶剂,气体或固体溶于液体中时,习惯将气体或固体称为溶质。

(2)组成表示法

由于多组分均相系统中有多种组分存在,许多问题都与系统的组成有关,物理化学中常用的组成表示法有4种。

物质B的量分数(又称摩尔分数):混合物(或溶液)中某物质B的物质的量n_B与混合物(或溶液)的总物质的量$\sum_B n_B$之比,称为物质B的量分数(或摩尔分数),用x_B表示,其计算式为$x_B = n_B/\sum_B n_B$。

物质B的量浓度(旧称体积摩尔浓度):溶液中溶质B的物质的量n_B除以该溶液的体积V,称为物质B的量浓度,用符号c_B表示,单位为$\text{mol}\cdot\text{dm}^{-3}$(或$\text{mol}\cdot\text{L}^{-1}$)。

物质B的质量分数:混合物(或溶液)中某物质B的质量m_B与混合物(或溶液)的总质量$\sum_B m_B$之比,称为物质B的质量分数,用符号w_B表示,其计算式为$w_B = m_B/\sum_B m_B$。

物质B的质量摩尔浓度:溶液中溶质B的物质的量n_B除以溶剂的质量,称为物质B的质量摩尔浓度,用符号b_B(或m_B)表示,其单位为$\text{mol}\cdot\text{kg}^{-1}$。

2. 拉乌尔定律

拉乌尔定律是表达稀溶液中溶剂在平衡气相中的蒸气压与该溶剂在液相中的组成关系的定律,其数学式为

$$p_A = p_A^* x_A$$

式中：p_A 为溶剂 A 在液相中的组成为 x_A 时，该溶剂在平衡蒸气相中的分压力；p_A^* 为同温度下纯溶剂 A 的饱和蒸气压。

此式适用于理想稀溶液中的溶剂 A 或理想液态混合物中任一组分。

3. 亨利定律

亨利定律描述了稀溶液中溶质 B 在平衡蒸气相中的分压力 p_B 与该溶质 B 在溶液中的组成之关系。其数学式为

$$p_B = k_{x,B}x_B = k_{c,B}c_B = k_{b,B}b_B$$

式中：$k_{x,B}$、$k_{c,B}$及 $k_{b,B}$分别称为溶质 B 组成分别用 x_B、c_B 及 b_B 表示时的亨利常数。

上式只适用于理想稀溶液中的溶质。

【例 1.4-1】 0 ℃时，在 1.00 kg 的水中能溶解 810.6 kPa 下的 $O_2(g)$ 0.057 g。问在 0 ℃、506.625 kPa 下空气中的 $O_2(g)$ 在水中的溶解度 $b(O_2)$ 为多少？已知空气中 O_2 的体积分数为 21%。

解：先求亨利系数，$p^*(O_2) = k_b(O_2)b_1(O_2)$

$$b_1(O_2) = \frac{m(O_2)}{M(O_2)m(H_2O)} = \frac{0.057\ \text{g}}{32.00\ \text{g·mol}^{-1} \times 1\ \text{kg}} = 1.781 \times 10^{-3}\ \text{mol·kg}^{-1}$$

$$k_b(O_2) = \frac{p^*(O_2)}{b_1(O_2)} = \frac{810.6\ \text{kPa}}{1.781 \times 10^{-3}\ \text{mol·kg}^{-1}} = 4.551 \times 10^5\ \text{kPa·mol}^{-1}\text{·kg}$$

在题给条件下，O_2 在水中的溶解度

$$b(O_2) = \frac{p(O_2)}{k_b(O_2)} = \frac{506.625\ \text{kPa} \times 0.21}{4.551 \times 10^5\ \text{kPa·mol}^{-1}\text{·kg}} = 2.338 \times 10^{-4}\ \text{mol·kg}^{-1}$$

1.4.2 偏摩尔量与化学势

1. 偏摩尔量的定义

偏摩尔量是为了解决多组分系统中物质组成改变而对系统热力学性质的影响所引进的物理量。其定义为："在恒温、恒压均相系统中除组分 B 之外其余组分均不变的条件下，于无限大量系统中加入 1 mol 组分 B 引起系统某一广延量的变化值，称为该广延量 X 的偏摩尔量。"用符号 X_B 表示。若以式子表示，其式如下：

$$X_B = (\partial X/\partial n_B)_{T,p,n_C}$$

式中：X_B 为组分 B 的偏摩尔量；X 为系统的某一广度性质（如 V、S、H、A、G 等）。

注意：偏摩尔量是强度性质；偏摩尔量的数值可正、可负；偏摩尔量与系统温度、压力及组成有关；只有在恒 T、p、$n_C \neq n_B$ 的条件下，系统广度性质随组分 B 的物质的量的变化率才能称为偏摩尔量，纯组分的偏摩尔量就是摩尔量。

2. 化学势及其在相平衡中的应用

(1) 化学势的定义

在多组分系统内，若有相变化或化学反应发生，就涉及物质转移方向的问题。例如有两组分(A,B)两相(α,β)系统，在一定温度、压力下，物质 B 能否从 α 相转移至 β 相，如何去判断。于是引进了化学势这一状态函数，其定义式为

$$\mu_B = G_B = (\partial G/\partial n_B)_{T,p,n_C \neq n_B}$$

从式中可知，化学势就是偏摩尔吉布斯函数。

当多组分均相系统由于温度、压力和系统内因发生相变化或化学反应产生物质转移而引起系统的吉布斯函数变化时，其变化与温度、压力及化学势之间有如下关系：

$$dG = Vdp - SdT + \sum_B \mu_B dn_B$$

上式是系统有物质转移时的热力学基本方程，不仅能用于封闭系统，还可用于敞开系统。

(2)化学势作为过程方向和限度的判据用于相变化及化学反应过程

若由 B 个组分和 α 个相组成的多组分多相系统，在恒 T、p，$W'=0$ 条件下，系统由于相变化或化学反应而产生物质转移的过程，这种转移过程是否能自发进行，可由下式进行判断，即

$$\sum_\alpha \sum_B \mu_B^\alpha dn_B^\alpha \begin{cases} <0 & \text{自发} \\ =0 & \text{平衡} \end{cases} \quad (dT=0, dp=0, W'=0)$$

若系统为 B 个组分组成的单相系统，系统内物质转移方向的判据为

$$\sum_B \mu_B dn_B \begin{cases} <0 & \text{自发} \\ =0 & \text{平衡} \end{cases} \quad (dT=0, dp=0, W'=0)$$

1.4.3 理想液态混合物

1. 理想液态混合物的定义

若液态混合物中任一组分在整个组成范围均遵循拉乌尔定律，则该液态混合物称为理想液态混合物(注意：这是理想液态混合物进行计算的出发点)。理想液态混合物之所以具有这样一种性质，从微观角度看，是因为形成理想液态混合物的各组分的分子大小基本相等以及各组分分子之间的作用力与各组分在纯态时同种分子的作用力基本相等。

2. 理想液态混合性质

在恒温、恒压下，将两个或两个以上液态纯组分混合成理想液态混合物时，这一混合过程中系统的四个重要性质 V、H、S、G 的变化为

$$\Delta_{mix}V=0 \quad \Delta_{mix}H=0 \quad \Delta_{mix}S=-R\sum_B n_B \ln x_B>0 \quad \Delta_{mix}G=RT\sum_B n_B \ln x_B<0$$

3. 理想液态混合物任一组分 B 的化学势表达式

根据两相平衡条件，即任一组分在两相中的化学势相等的条件，结合拉乌尔定律，可以导出理想液态混合物中任一组分 B 的化学势表达式如下：

$$\mu_B = \mu_B^\ominus + RT\ln x_B$$

式中：μ_B 为理想液态混合物中任一组分 B 的化学势；x_B 为该组分 B 在液相中的摩尔分数；$\mu_B^\ominus$ 称为标准态化学势，该标准态是选用温度为 T，压力为标准压力 $p^\ominus$(100 kPa)下的纯组分 B 液体的状态。

【例 1.4-2】 已知96 ℃时纯 A(l)和纯 B(l)的饱和蒸气压分别为76 kPa 和120 kPa，二者可形成理想液态混合物。在一个真空容器中注入 A(l)和 B(l)，恒温 96 ℃，达到平衡后系统的总压力为 103 kPa。求气、液两相的组成。

解：96 ℃时，$p_A^*=76$ kPa，$p_B^*=120$ kPa。

总压力：$p=p_A+p_B=p_A^* x_A+p_B^*(1-x_A)=103$ kPa。

液相组成：$x_A=(p-p_B^*)/(p_A^*-p_B^*)=(103-120)/(76-120)=0.386\ 4$。

$x_B=1-x_A=0.613\ 6$

气相组成：$y_A = p_A/p = p_A^* x_A/p = 76 \times 0.386\,4/103 = 0.285\,1$。

$y_B = 1 - y_A = 0.714\,9$

【例 1.4-3】 60 ℃时，p^*（甲醇）$= 83.39$ kPa，p^*（乙醇）$= 47.01$ kPa，甲醇与乙醇可形成理想液态混合物。试求 60 ℃时与甲醇与乙醇混合液（x（甲醇）$= 0.590$）呈平衡的气相组成及蒸气的压力。

解：甲醇与乙醇分别用 A 和 B 代表，则

$p_A^* = 83.39$ kPa，$p_B^* = 47.01$ kPa，$x_A = 0.590$

总压力：$p = p_A + p_B = p_A^* x_A + p_B^*(1 - x_A) = p_B^* + x_A(p_A^* - p_B^*)$

$= 47.01\ \text{kPa} + 0.590 \times (83.39 - 47.01)\ \text{kPa} = 68.47\ \text{kPa}$。

气相组成：$y_A = p_A/p = p_A^* \times x_A/p = \dfrac{83.39 \times 0.590}{68.47} = 0.718\,6$。

【例 1.4-4】 在 25 ℃、100 kPa 下，由 2 mol A(l) 与 2 mol B(l) 形成理想液态混合物过程的 $\Delta_{mix}U$、$\Delta_{mix}S$ 及 $\Delta_{mix}G$ 各为多少？

解：在一定 T、p 下，理想液态混合物中任一组分的 $V_B = V_{m,B}^*$，$H_B = H_{m,B}^*$，故此混合过程的

$$\Delta_{mix}V = 0,\quad \Delta_{mix}H = 0,\quad \Delta_{mix}U = \Delta_{mix}H - p\Delta_{mix}V = 0$$

$$x_A = x_B = 2\ \text{mol}/4\ \text{mol} = 0.50$$

$$\Delta_{mix}S = -R(n_A \ln x_A + n_B \ln x_B)$$

$$= -8.314 \times (2 \ln 0.5 + 2 \ln 0.5)\ \text{J·K}^{-1} = 23.05\ \text{J·K}^{-1}$$

$$\Delta_{mix}G = \Delta_{mix}H - T\Delta_{mix}S = -T\Delta_{mix}S = -23.05 \times 298.15 \times 10^{-3}\ \text{kJ} = -6.873\ \text{kJ}$$

【例 1.4-5】 300 K、100 kPa 下，在 $x_B = 0.40$、物质的量为 100 mol 的 A、B 理想液态混合物中，加入 0.01 mol 的纯 B(l)。加入 B 对混合物浓度的影响可忽略不计，求此过程化学势的变化。

解：在 $T = 300$ K、$p = p^\ominus = 100$ kPa 下，过程前后 A 的物质的量及组成 $x_A = 0.60$ 皆不变，故 $\Delta\mu_A = 0$，由于 0.01 mol B(l) 的加入，引起系统化学势的变化（也是系统的 ΔG）

$$\Delta\mu = \Delta\mu_A + \Delta\mu_B = \Delta\mu_B$$

$$= (100 \times 0.40 + 0.01)(\mu_B^\ominus + RT\ln x_B) - 0.01\mu_B^\ominus - 100 \times 0.40(\mu_B^\ominus + RT\ln x_B)$$

$$= 0.01RT\ln x_B = 0.01 \times 8.314 \times 300 \times \ln 0.40 = -22.85\ \text{J}$$

1.4.4 理想稀溶液

1. 理想稀溶液的定义

所谓理想稀溶液是指溶质的组成为无限稀时的溶液。理想稀溶液中的溶剂遵循拉乌尔定律，而溶质符合亨利定律。

2. 理想稀溶液中溶剂与溶质的化学势表达式

（1）理想稀溶液中溶剂 A 的化学势表达式

$$\mu_A = \mu_A^\ominus + RT\ln x_A$$

式中：$\mu_A^\ominus$ 为标准态化学势，所选的标准态是在温度为 T、压力为标准压力 $p^\ominus$ 下纯液体 A 的状态。

（2）理想稀溶液中溶质 B 的化学势表达式

理想稀溶液中溶质遵循亨利定律，但亨利定律有 3 种形式，所以溶质 B 的化学势表达式

也有以下3种形式：

$$\mu_B = \mu_{x,B}^{\ominus} + RT\ln x_B = \mu_{c,B}^{\ominus} + RT\ln(c_B/c_B^{\ominus}) = \mu_{b,B}^{\ominus} + RT\ln(b_B/b_B^{\ominus})$$

式中：$\mu_{x,B}^{\ominus}$所选的标准态为在温度T、压力$p^{\ominus}$下纯溶质B的状态，而且还要符合亨利定律的假想状态；$\mu_{c,B}^{\ominus}$选用在温度为T、压力为$p^{\ominus}$下，组成为$c_B = 1\ \mathrm{mol \cdot dm^{-3}}$，而且还遵循亨利定律的假想溶液的状态作为标准态；$\mu_{b,B}^{\ominus}$则是选用温度为$T$、压力为100 kPa、组成为$b_B = 1\ \mathrm{mol \cdot kg^{-1}}$而且还符合亨利定律的假想溶液的状态为标准态。

1.4.5 稀溶液的依数性

稀溶液的溶剂饱和蒸气压下降Δp_A、沸点上升ΔT_b、凝固点下降ΔT_f及渗透压Π等，与稀溶液中溶质的粒子(分子、原子、离子等)数目有关，与溶质粒子本身的性质无关，所以称为稀溶液依数性。它们与溶质组成的关系分述如下。

(1)溶剂饱和蒸气压下降

$$\Delta p_A = (p_A^* - p_A) = p_A^* x_B$$

式中：p_A^*为温度T下纯溶剂的饱和蒸气压；p_A为温度T下稀溶液中溶剂的平衡蒸气的分压；x_B为溶质B在液相中的摩尔分数。

【例1.4-6】 20 ℃时纯乙醚(以A表示)的饱和蒸气压为58.95 kPa，现在0.100 kg的乙醚中加入0.010 0 kg的非挥发性溶质B，使乙醚的蒸气压下降到56.79 kPa。求该溶质的摩尔质量M_B。已知M(乙醚) = $74.12 \times 10^{-3}\ \mathrm{kg \cdot mol^{-1}}$。

解：$x_B = (m_B/M_B)/(m_B/M_B + m_A/M_A)$

$$M_B = m_B(1/x_B - 1)M_A/m_A$$

$$p_A = p_A^* x_A = p_A^* - p_A^* x_B$$

$$x_B = (p_A^* - p_A)/p_A^* = (58.95 - 56.79)/58.95 = 0.036\ 64$$

$$M_B = 0.010\ 0\ \mathrm{kg} \times \left(\frac{1}{0.036\ 64} - 1\right) \times \frac{74.12 \times 10^{-3}\ \mathrm{kg \cdot mol^{-1}}}{0.100\ \mathrm{kg}} = 194.9 \times 10^{-3}\ \mathrm{kg \cdot mol^{-1}}$$

(2)沸点上升

$$\Delta T_b = K_b b_B,\ K_b = R(T_b^*)^2 M_A/\Delta_{vap}H_{m,A}^{\ominus}$$

式中：b_B为溶质B在液相中的质量摩尔浓度；K_b称溶剂A的沸点上升常数；T_b^*为纯溶剂A(l)的正常沸点；$\Delta_{vap}H_{m,A}^{\ominus}$为纯溶剂A的标准摩尔蒸发焓；$M_A$为纯溶剂A的摩尔质量。

注意：此式只适用于溶质不挥发的稀溶液。

(3)凝固点下降

$$\Delta T_f = K_f b_B,\ K_f = R(T_f^*)^2 M_A/\Delta_{fus}H_{m,A}^{\ominus}$$

式中：K_f称为溶剂A的凝固点下降常数；T_f^*为纯溶剂A在101.325 kPa压力下的凝固点；$\Delta_{fus}H_{m,A}^{\ominus}$为纯A(l)的标准摩尔熔化焓。

注意：此式只适用于溶液凝固时所析出的是纯A固体(即不是固体溶液)之稀溶液。

(4)渗透压

$$\Pi V = n_B RT$$

或

$$\Pi = c_B RT$$

式中：c_B为溶质B的量浓度；V为溶液的体积；n_B为溶液中溶质B的物质的量。

【例1.4-7】 在101.325 kPa下，非挥发性的溶质B溶于水所形成的某理想稀溶液，冷却

到 -1.15 ℃可析出纯冰。已知水的凝固点下降常数 $K_f = 1.86\ \mathrm{K\cdot mol^{-1}\cdot kg}$。求上述溶液在 300 K 时渗透压为多大？

解：对于理想稀溶液，$\Pi = c_B RT$。应先求出该溶液的浓度，由 $\Delta T_f = T_{f,A}^* - T_f = K_f b_B$ 可知：

$$b_B = \frac{\Delta T_f}{K_f} = \frac{[0-(-1.15)]\ \mathrm{K}}{1.86\ \mathrm{K\cdot mol^{-1}\cdot kg}} = 0.618\ \mathrm{mol\cdot kg^{-1}}$$

对于稀水溶液，在常温下，$\rho = \rho^*(H_2O) = 1.0\ \mathrm{kg\cdot dm^{-3}}$，故

$$c_B = b_B\rho \approx b_B\rho_{H_2O}^* = 0.618\ \mathrm{mol\cdot kg^{-1}} \times 1.0\ \mathrm{kg\cdot dm^{-3}} = 0.618\ \mathrm{mol\cdot dm^{-3}}$$

$$\Pi = c_B RT = 0.618\times10^3\ \mathrm{mol\cdot m^{-3}} \times 8.314\ \mathrm{J\cdot mol^{-1}\cdot K^{-1}} \times 300\ \mathrm{K} = 1.541\times10^6\ \mathrm{Pa}$$

注意：此式适用于温度一定下，稀溶液与纯溶剂 A(l)之间处于渗透平衡（又称膜平衡）的系统。

通过上述 4 种依数性的测定，可以测定物质的摩尔质量，还可以鉴定物质的纯度。

1.4.6 气体的化学势表达式及逸度概念

1. 理想气体的化学势表达式

理想气体混合物中某组分 B 的化学势表达式为

$$\mu_B = \mu_B^\ominus + RT\ln(p_B/p^\ominus)$$

式中：μ_B 为组分 B 在温度为 T、其分压力为 p_B 时的化学势；$\mu_B^\ominus$ 为纯组分 B 在温度为 T、压力为 100 kPa 下的化学势，又称标准态化学势，所以将温度为 T、压力为 $p^\ominus$ 的纯理想气体 B 的这一状态定为该气体 B 的标准态。

若为纯理想气体，则上式可写为

$$\mu = \mu^\ominus + RT\ln(p/p^\ominus)$$

式中：p 为该纯理想气体在温度为 T 下的压力，所选的标准态同上。

2. 真实气体的化学势表达式及逸度概念

(1) 真实气体混合物中某组分 B 的化学势表达式

$$\mu_B = \mu_B^\ominus + RT\ln(p_B/p^\ominus) + \int_0^p (V_B - RT/p)\,dp$$

式中：μ_B 为真实气体混合物中 B 组分在温度为 T、其分压力 p_B 下的化学势；$\mu_B^\ominus$ 为标准态化学势，所选标准态与上相同；V_B 为组分 B 的偏摩尔体积；p 为混合气体的总压力。

此式适用于纯理想气体及其混合物和纯真实气体及其混合物。

(2) 逸度及逸度系数的定义

逸度的定义式为

$$\tilde{p}_B = py_B\exp\int_0^p\left(\frac{V_B}{RT} - \frac{1}{p}\right)dp$$

式中：$\tilde{p}_B$ 为真实气体混合物中组分 B 的逸度；V_B 为组分 B 的偏摩尔体积；p 为系统总压力。

逸度的引入是由于真实气体化学势表达式在使用上很不方便，当引入逸度后，真实气体混合物中组分 B 的化学势表达式可简化为

$$\mu_B = \mu_B^\ominus + RT\ln(\tilde{p}_B/p^\ominus)$$

对于纯真实气体，上式可改写为 $\mu = \mu^\ominus + RT\ln(\tilde{p}^*/p^\ominus)$。

组分 B 的逸度 $\tilde{p}_B$ 与其分压力之比称为逸度系数，用 φ_B 表示，则

$$\varphi_B = \tilde{p}_B/(y_B p) = \tilde{p}_B/p_B$$

逸度的求取可由普遍化逸度系数图计算。对于气体混合物中某组分 B 的逸度 $\tilde{p}_B$，可由路易斯－兰德尔规则确定。

1.4.7 活度及活度系数

(1)真实液态混合物中任一组分活度及活度系数的定义

$$\mu_B = \mu_B^* + RT\ln a_B$$

$$\mu_B = \mu_B^* + RT\ln f_B x_B$$

采用在溶液温度下，$x_B = 1$（纯 B）的状态为标准态。

活度系数

$$f_B = a_B/x_B$$

若压力不高，气体可视为理想气体，可用拉乌尔定律求 f_B 及 a_B，即

$$p_B = p_B^* a_B = p_B^* f_B x_B$$

【例 1.4-8】 25 ℃时，$p_A^* = 76.6$ kPa，$p_B^* = 124$ kPa，在一个真空容器中放入适量的纯 A(l)和纯 B(l)形成真实液态混合物，当达到气、液两相平衡时，液相组成 $x_B = 0.550$，气相中 A 和 B 的平衡分压力分别为 49.79 kPa 和 78.48 kPa。气体可视为理想气体。求此液态混合物中 A 和 B 的活度及活度系数各为多大？

解：对真实液态混合物，在一定温度下，由拉乌尔定律可知

$$p_i = p_i^* a_i = p_i^* f_i x_i$$

组分 A 的活度及活度系数分别为

$$a_A = p_A/p_A^* = 49.79/76.6 = 0.650$$

$$f_A = a_A/x_A = 0.650/0.450 = 1.444$$

组分 B 的活度及活度系数分别为

$$a_B = p_B/p_B^* = 78.48/124 = 0.633$$

$$f_B = a_B/x_B = 0.633/0.550 = 1.151$$

说明：在有些书上，上述 f_A 和 f_B 也用 γ_A 和 γ_B 表示。

(2)溶液

溶剂 A 在常压下的化学势

$$\mu_A = \mu_A^* + RT\ln a_A = \mu_A^\ominus + RT\ln a_A$$

$$f_A = a_A/x_A = p_A/(p_A^* x_A),\ p_A = p_A^* a_A$$

标准态为温度为 T、$x_A = 1$ 时纯溶剂的状态。计算方法与液态混合完全相同。

溶质 B 的化学势

$$\mu_B = \mu_B^\ominus + RT\ln a_B$$

若采用 $b_B = b_B^\ominus = 1\ \text{mol}\cdot\text{kg}^{-1}$ 又服从亨利定律的假想态为标准态，在一般压力下，

$$p_B = k_{b,B} a_{b,B} = k_{b,B}\gamma_B b_B$$

$$\gamma_B = a_{b,B}/(b_B/b^\ominus)$$

若采用 $c_B = c_B^\ominus = 1\ \text{mol}\cdot\text{dm}^{-3}$ 又服从亨利定律的假想态为标准态，在一般压力下，

$$p_B = k_{c,B} a_{c,B} = k_{c,B}\gamma_B c_B$$

$$\gamma_B = a_{c,B}/(c_B/c^\ominus)$$

若采用 $x_B=1$，纯 B(l) 又服从亨利定律的假想态为标准态，在一般压力下，亨利定律可表示为

$$p_B = k_{x,B}a_{x,B} = k_{x,B}\gamma_B x_B$$

$$\gamma_B = a_{x,B}/x_B$$

说明：许多书上活度系数皆用同一个符号 γ 表示。对于指定条件下同一个溶液，采用不同的标准状态，γ_B、a_B、$\mu_B^{\ominus}$ 皆不相同，但化学势 $\mu_B=\mu_B^{\ominus}+RT\ln a_B$ 为定值。

【例 1.4-9】 40 ℃时，B(g) 溶于纯 A(l) 形成真实溶液，A 与 B 之间无化学反应，B 在气、液两相中分子形式相同。B 的亨利系数 $k_{b,B}=3.33\ \text{kPa}\cdot\text{mol}^{-1}\cdot\text{kg}$，$p_A^*=7.376\ \text{kPa}$，A 的摩尔质量 $M_A=18.02\times10^{-3}\ \text{kg}\cdot\text{mol}^{-1}$。40 ℃时，与 $b_B=16.50\ \text{mol}\cdot\text{kg}^{-1}$ 溶液成平衡的气体的组成 $y_B=0.444\ 3$，总压 $p=10.51\ \text{kPa}$。求溶剂 A 和溶质 B 的活度和活度系数。

解：溶剂 A 只能按拉乌尔定律计算。

$$p_A = p_A^* a_A = p_A^* f_A x_A$$

$$p_A^* = 7.376\ \text{kPa}$$

$$p_A = p y_A = 10.51\times(1-0.444\ 3) = 5.840\ \text{kPa}$$

$$p_B = p - p_A = 4.67\ \text{kPa}$$

$$x_A = 1/(1+b_B M_A)$$

$$M_A = 18.02\times10^{-3}\ \text{kg}\cdot\text{mol}^{-1},\ b_B = 16.50\ \text{mol}\cdot\text{kg}^{-1}$$

所以 $x_A = 1/(1+18.02\times10^{-3}\times16.50) = 0.770\ 8$

溶剂 A 的活度及活度系数分别为

$$a_A = \frac{p_A}{p_A^*} = \frac{5.840}{7.376} = 0.791\ 8$$

$$f_A = \frac{a_A}{x_A} = \frac{0.791\ 8}{0.770\ 8} = 1.027$$

溶质 B 的活度及活度系数：

$$p_B = k_{b,B} b_B \gamma_B = k_{b,B} a_B b^{\ominus},\quad b^{\ominus} = 1\ \text{mol}\cdot\text{kg}^{-1}$$

$$k_{b,B} = 3.33\ \text{kPa}\cdot\text{mol}^{-1}\cdot\text{kg},\quad b_B = 16.50\ \text{mol}\cdot\text{kg}^{-1}$$

$$a_B = \frac{p_B}{k_{b,B}b^{\ominus}} = \frac{4.67}{3.33} = 1.402$$

$$\gamma_B = \frac{a_B}{b_B/b^{\ominus}} = \frac{1.402}{16.50} = 0.084\ 99$$

1.5 化学平衡

要求：重点掌握理想气体化学反应的标准平衡常数 $K^{\ominus}$ 及其应用；等温方程及其应用；标准平衡常数 $K^{\ominus}$ 的获得；温度对标准平衡常数的影响；压力、惰性气体等其他因素对反应平衡的影响。另外，还需知道真实气体用逸度表示的标准平衡常数。

由原料生产出产品必经过反应的过程，所以化学反应是化工生产中极其重要的一环。对于化学反应，关键的问题是：在一定条件下，反应能否按预期的反应变成产物？即使能获得产物，又能获得多少？等等，这些问题正是本章所要解决的问题。

1.5.1 理想气体化学反应的标准平衡常数 $K^{\ominus}$ 及其应用

1. 化学反应的平衡条件

根据热力学原理可知，在恒 T、p 且 $W'=0$ 的条件下，化学反应能否按指定方向由反应物生成产物，可用反应系统在反应前后的吉布斯函数的变化量 ΔG 来衡量。不过 ΔG 的数值与反应的反应进度有关，所以，一般采用反应进行 1 mol 反应进度时的 ΔG 作为衡量反应方向及限度的标准，用符号 $\Delta_r G_m$ 表示，称为摩尔反应吉布斯函数，其定义式为

$$\Delta_r G_m = (\partial G/\partial \xi)_{T,p} = \sum_B \nu_B \mu_B \begin{cases} <0,\text{能自发进行} \\ =0,\text{平衡} \\ >0,\text{不能自发进行} \end{cases}$$

式中：ξ 为反应进度；μ_B 为参加反应的任一物质 B 在反应条件下的化学势；ν_B 为该物质 B 的计量系数。

由上式可知，当 $\Delta_r G_m = \sum_B \nu_B \mu_B = 0$ 时，反应便达到平衡，这就是化学反应的平衡条件。该平衡条件适用于在恒 T、p，$W'=0$，而且反应系统为无限大量的条件下进行 1 mol 反应进度的任何反应。

2. 理想气体化学反应的标准平衡常数 $K^{\ominus}$

(1)标准平衡常数 $K^{\ominus}$

将反应平衡条件与理想气体混合物中任一组分 B 的化学势表达式相结合，便可导出理想气体化学反应的标准平衡常数 $K^{\ominus}$ 的表达式。

$$aA(g) + cC(g) \rightleftharpoons dD(g) + fF(g)$$

平衡时　　p_A　　p_C　　　　p_D　　p_F

则　　$K^{\ominus} = (p_D/p^{\ominus})^d (p_F/p^{\ominus})^f / [(p_A/p^{\ominus})^a (p_C/p^{\ominus})^c]$

写成通式为

$$K^{\ominus} = \prod_B (p_B/p^{\ominus})^{\nu_B}$$

此式表明，在一定的温度下，理想气体化学反应达平衡时，各反应组分的平衡分压力商为一常数，用 $K^{\ominus}$ 表示。

(2)$K^{\ominus}$ 的应用

若已知一反应在某温度 T 下的 $K^{\ominus}$ 数值，便可利用此 $K^{\ominus}$ 值判断该反应在温度 T 下是否达到平衡；利用 $K^{\ominus}$ 值可以计算在温度 T 下反应达平衡时的平衡组成或产物的理论产量。

应用 $K^{\ominus}$ 数值应注意：反应的 $K^{\ominus}$ 是温度的函数，温度一定则 $K^{\ominus}$ 的数值便一定；若理想气体化学反应中有纯固体或纯液体参加，则书写 $K^{\ominus}$ 与平衡各组分的平衡分压力商的关系式时，只写出气相中参加反应各组分的平衡分压力商即可，纯固体或纯液体不出现在式中；对同一反应条件下的同一反应，其 $K^{\ominus}$ 的数值与反应方程式的写法有关。

(3)$K^{\ominus}$ 与实用平衡常数 $K_c^{\ominus}$、K_y 及 K_n 的关系

$$K^{\ominus} = K_y (p/p^{\ominus})^{\Sigma\nu_B} = K_n [p/(\Sigma n_B p^{\ominus})]^{\Sigma\nu_B} = K_n [RT/(Vp^{\ominus})]^{\Sigma\nu_B} = K_c^{\ominus} (c^{\ominus}RT/p^{\ominus})^{\Sigma\nu_B}$$

式中：p 为系统的总压力；Σn_B 为系统总的气体的物质的量；$c^{\ominus}$ 为 1 $mol \cdot dm^{-3}$；V 为系统的总体积；$K_y = \prod_B (y_B)^{\nu_B}$；$K_n = \prod_B (n_B)^{\nu_B}$；$K_c^{\ominus} = \prod_B (c_B/c^{\ominus})^{\nu_B}$。

【例 1.5-1】 在 $T=2\ 673.15$ K 下，由空气（其中 O_2 为 21%，N_2 为 79%）合成 NO(g) 的反应为

$$N_2(g)+O_2(g)\longrightarrow 2NO(g)$$

已知此反应的 $K^\ominus=3.5\times10^{-3}$，求反应达平衡时混合气体中各组分的摩尔分数为多少？

解：以 1 mol 空气为计算基准，

	$N_2(g)$	$+O_2(g)$	$\longrightarrow 2NO(g)$
反应前：	0.79 mol	0.21 mol	0
平衡时：	0.79 mol $-x$	0.21 mol $-x$	$2x$

$\Sigma n_B=1$ mol，因 $\Sigma\nu_B=2-2=0$，所以此反应的

$$K^\ominus=K_n=K_y=3.5\times10^{-3}=\frac{4x^2}{(0.79-x)(0.21-x)}$$

整理上式得

$$(4-K^\ominus)x^2+K^\ominus x-0.21\times0.79K^\ominus=0$$

$$x=\frac{-K^\ominus+[(K^\ominus)^2+4(4-K^\ominus)\times0.21\times0.79K^\ominus]^{\frac{1}{2}}}{2(4-K^\ominus)}\text{ mol}=0.011\ 62\text{ mol}$$

平衡时 $y(NO)=\dfrac{n(NO)}{\Sigma n_B}=\dfrac{2x}{1\text{ mol}}=0.023\ 2$

$$y(O_2)=[1-y(NO)]\times0.21=0.205\ 1$$

$$y(N_2)=[1-y(NO)]\times0.79=0.771\ 7$$

【例 1.5-2】 在一个真空容器中放有过量的 $NH_4CO_2NH_2(s)$，恒温 25 ℃时，反应

$$NH_4CO_2NH_2(s)\longrightarrow 2NH_3(g)+CO_2(g)$$

达平衡时系统的总压力 $p=11.855$ kPa，求此反应的标准平衡常数 $K^\ominus$。

解： $NH_4CO_2NH_2(s)\longrightarrow 2NH_3(g)+CO_2(g)$

平衡时： 过量 p_{NH_3} p_{CO_2}

$$p=p_{NH_3}+p_{CO_2}=11.855\text{ kPa}$$

$$p_{NH_3}=\frac{2p}{3},p_{CO_2}=\frac{p}{3}$$

$$K^\ominus=\left(\frac{p_{NH_3}}{p^\ominus}\right)^2\left(\frac{p_{CO_2}}{p^\ominus}\right)=\left(\frac{2p}{3p^\ominus}\right)^2\left(\frac{p}{3p^\ominus}\right)=4\left(\frac{p}{3p^\ominus}\right)^3=4\times\left(\frac{11.855}{300}\right)^3=2.468\times10^{-4}$$

1.5.2 等温方程及其应用

在恒 T、p 且 $W'=0$ 条件下，在一个无限大量的理想气体化学反应系统中，当指定参加反应各物质的分压力 p'_B（不是平衡分压，是任意指定数值）时，可通过下式来计算判断该反应的方向：

$$\Delta_r G_m=RT\ln J_p-RT\ln K^\ominus$$

式中：J_p 为任意指定的参加反应各物质的分压力 p'_B 商，其表示式为 $J_p=\prod_B(p'_B/p^\ominus)^{\nu_B}$；$T$ 为反应温度；$K^\ominus$ 为同温度下同一反应的标准平衡常数。此式适用于理想气体在恒温、恒压下的无限大量的反应系统中进行了 1 mol 反应进度时的吉布斯函数变化值 $\Delta_r G_m$ 的计算。

当反应系统与环境无非体积功交换时，可利用所计算的 $\Delta_r G_m$ 直接判断反应的方向，即

$$\Delta_r G_m = RT\ln J_p - RT\ln K^{\ominus}\begin{cases}<0, & \text{能自发进行}\\ =0, & \text{平衡}\\ >0, & \text{不能自发进行}\end{cases}$$

由上式可以看出：$J_p < K^{\ominus}$，则 $\Delta_r G_m < 0$，反应能自发进行；$J_p = K^{\ominus}$，则 $\Delta_r G_m = 0$，反应达平衡；$J_p > K^{\ominus}$，则 $\Delta_r G_m > 0$，反应不能自发进行。

【例 1.5-3】 1 000 K 时反应 $FeO(s) \longrightarrow Fe(s) + 0.5O_2(g)$ 的 $K^{\ominus} = 2.037\times10^{-10}$，试求：

(1)在一个真空容器中，放入过量的 FeO(s)，在 1 000 K 下，FeO(s)分解产生的 $O_2(g)$ 的平衡压力；

(2)在恒温 1 000 K、101.325 kPa 的空气中(O_2 占21%)，FeO(s)能否稳定存在？

解：(1) $T=1\ 000$ K 时，反应 $FeO(s) \longrightarrow 0.5O_2(g) + Fe(s)$ 的标准平衡常数为

$$K^{\ominus} = (p_{O_2}/p^{\ominus})^{0.5} = 2.037\times10^{-10}$$

$$p_{O_2} = (K^{\ominus})^2 p^{\ominus} = (2.037\times10^{-10})^2\times100\text{ kPa} = 4.149\times10^{-18}\text{ kPa}$$

(2) $T=1\ 000$ K，空气中 $O_2(g)$ 的分压力

$$p_{O_2} = 101.325\text{ kPa}\times0.21 = 21.278\text{ kPa}$$

$$\begin{aligned}\Delta_r G_m(1\ 000\text{ K}) &= \Delta_r G_m^{\ominus}(1\ 000\text{ K}) + RT\ln\left(\frac{p_{O_2}}{p^{\ominus}}\right)^{0.5} = RT\left[-\ln K^{\ominus} + \ln\left(\frac{p_{O_2}}{p^{\ominus}}\right)^{0.5}\right]\\ &= 8.314\times10^3\text{ J}\cdot\text{mol}^{-1}\left[-\ln(2.037\times10^{-10}) + \ln\left(\frac{21.278}{100}\right)^{0.5}\right]\\ &= 179.09\text{ kJ}\cdot\text{mol}^{-1} > 0\end{aligned}$$

故反应不可能发生，在题给条件下，FeO(s)可稳定存在。

由于是 $dT=0$、$dp=0$ 的反应，也可用 FeO(s)分解反应的 J_p 与 $K^{\ominus}$ 相比较来判断。

$$J_p = \left(\frac{p_{O_2}}{p^{\ominus}}\right)^{0.5} = \left(\frac{21.278}{100}\right)^{0.5} = 0.461\ 3 > K^{\ominus}$$

故反应不能自发进行。

1.5.3 化学反应的 $K^{\ominus}$ 值如何获得

$K^{\ominus}$ 的数值不仅可作为判断理想气体反应平衡之依据，更重要的是有了 $K^{\ominus}$ 值就能计算反应达平衡时反应系统的平衡组成、反应物的平衡转化率及产物的平衡产率。问题是 $K^{\ominus}$ 值如何得到，其方法有如下两种。

1. 通过实验测取 $K^{\ominus}$

实验测取 $K^{\ominus}$ 有物理方法及化学方法两种，常根据反应本身的特点而定，但最终都是归结到通过实验数据计算反应平衡系统的各物质的平衡组成或平衡分压力，具体见例 1.5-4。

2. 利用热力学数据计算出反应的 $K^{\ominus}$

(1)计算 $K^{\ominus}$ 所用的公式

由等温方程可以看出，当指定参加反应的任一物质 B 之分压力 $p'_B = p^{\ominus}$(即 100 kPa)时，则 $J_p = \prod_B (p'_B/p^{\ominus})^{\nu_B} = \prod_B (p^{\ominus}/p^{\ominus})^{\nu_B} = 1$，于是可得到以下公式：

$$\Delta_r G_m^{\ominus} = -RT\ln K^{\ominus}$$

式中 $\Delta_r G_m^{\ominus}$ 称为反应的标准摩尔反应吉布斯函数，表示在恒 T、p，$W'=0$ 条件下，当无限大量的

反应系统中参加反应的各物质均处在各自的标准状态时，反应进行了 1 mol 反应进度所引起反应系统的吉布斯函数之变化值。

此式在本节中是非常重要的公式，因为在温度 T 下的 $K^{\ominus}$ 的值就是利用此式计算而得到的。若要利用此式计算 $K^{\ominus}$ 值，必须知道该反应在温度 T 下的 $\Delta_r G_m^{\ominus}$ 值，因此 $K^{\ominus}$ 的计算实质就是计算 $\Delta_r G_m^{\ominus}$。

(2) $\Delta_r G_m^{\ominus}$ 的计算

因为 $\Delta_r G_m^{\ominus}$ 为状态函数的变化值，所以其计算方法与 $\Delta_r H_m^{\ominus}$、$\Delta_r S_m^{\ominus}$ 相同，即利用状态函数法。计算方法如下。

①从 G 的定义出发，因 $G = H - TS$，在温度为 T 下，$\Delta G = \Delta H - T\Delta S$，对反应可写成 $\Delta_r G_m^{\ominus} = \Delta_r H_m^{\ominus} - T\Delta_r S_m^{\ominus}$。$\Delta_r H_m^{\ominus}$ 与 $\Delta_r S_m^{\ominus}$ 的计算在前面已介绍过，其计算式为

$$\Delta_r H_m^{\ominus}(T) = \sum_B \nu_B \Delta_f H_m^{\ominus}(B,\beta,T) = -\sum_B \nu_B \Delta_c H_m^{\ominus}(B,\beta,T)$$

$$\Delta_r S_m^{\ominus}(T) = \sum_B \nu_B S_m^{\ominus}(B,\beta,T)$$

②为了计算 $K^{\ominus}$，引进新的热力学状态函数 $\Delta_f G_m^{\ominus}$，称为标准摩尔生成吉布斯函数。其定义为："在温度为 T，参加反应的各物质均处在各自的标准状态下，由稳定的单质生成物质的量为 1 mol 的化合物时，该反应的标准摩尔反应吉布斯函数 $\Delta_r G_m^{\ominus}$ 称为所生成化合物的标准摩尔生成吉布斯函数，用 $\Delta_f G_m^{\ominus}(B,\beta,T)$ 表示。"若有了 $\Delta_f G_m^{\ominus}(B,\beta,T)$ 的数据，便可计算任一反应的 $\Delta_r G_m^{\ominus}$，其计算式为

$$\Delta_r G_m^{\ominus} = \sum_B \nu_B \Delta_f G_m^{\ominus}(B,\beta,T)$$

【例 1.5-4】 $N_2O_4(g)$ 的解离反应：$N_2O_4(g) \longrightarrow 2NO_2(g)$。在 50 ℃时，测得平衡总压力 $p = 34.8$ kPa，$N_2O_4(g)$ 的解离度 $\alpha = 0.63$。求在 50 ℃下，此解离反应的标准平衡常数 $K^{\ominus}$。

解： $N_2O_4(g) \xrightarrow{50\ ℃} 2NO_2(g)$

反应前：1 mol　　0

平衡时：1 mol $-\ \alpha$　　2α

$\alpha = 0.63$，$\Sigma\nu_B = 1$

平衡时：$p = 34.8$ kPa，$\Sigma n_B = 1\ \text{mol} + \alpha$。

$$K^{\ominus} = K_n[p/(p^{\ominus}\Sigma n_B)]^{\Sigma\nu_B} = \frac{(2\alpha)^2}{1-\alpha} \times \frac{34.8/100}{1+\alpha} = \frac{4 \times 0.63^2 \times 0.348}{1-0.63^2}$$

$$= 0.916$$

【例 1.5-5】 在真空容器中放入大量的 $NH_4HS(s)$，其分解反应为

$$NH_4HS(s) \longrightarrow NH_3(g) + H_2S(g)$$

在 20 ℃时，测得系统的平衡压力为 45.30 kPa。

(1) 求 20 ℃时，此反应的 $\Delta_r G_m^{\ominus}$ 及 $K^{\ominus}$。

(2) 若在真空容器中先通入 $H_2S(g)$，在 20 ℃时，$p_{H_2S}^* = 35.30$ kPa。再放入过量的 $NH_4HS(s)$，恒温 20 ℃系统的平衡总压力为多少？

解：(1) $NH_4HS(s) \xrightarrow{20\ ℃} NH_3(g) + H_2S(g)$

平衡时：　过量　　p_{NH_3}　　p_{H_2S}

$$p_{NH_3}=p_{H_2S}=\frac{p}{2}=\frac{45.30}{2}\ \text{kPa}$$

$$K^{\ominus}=\left(\frac{p_{NH_3}}{p^{\ominus}}\right)\left(\frac{p_{H_2S}}{p^{\ominus}}\right)=\left(\frac{p}{2p^{\ominus}}\right)^2=\left(\frac{45.30\ \text{kPa}}{200\ \text{kPa}}\right)^2=0.051\ 3$$

$$\Delta_r G_m^{\ominus}=-RT\ln K^{\ominus}=-8.314\times293.15\times\ln 0.051\ 3=7\ 239\ \text{J}\cdot\text{mol}^{-1}$$

(2) $NH_4HS(s)\longrightarrow NH_3(g)+H_2S(g)$

反应前： 过量 $p^*_{H_2S}=35.50\ \text{kPa}$

平衡时： 过量 p $p+35.50\ \text{kPa}$

20 ℃平衡时，

$$K^{\ominus}=\frac{(p+35.50)p}{(p^{\ominus})^2}=0.051\ 3$$

$$p^2+35.50p-K^{\ominus}(p^{\ominus})^2=0$$

$$p=\frac{-35.50+[35.50^2+4K^{\ominus}(p^{\ominus})^2]^{\frac{1}{2}}}{2}\ \text{kPa}=11.026\ \text{kPa}$$

平衡系统的总压力

$$p(\text{总})=2p+35.50\ \text{kPa}=(2\times11.026+35.50)\ \text{kPa}=57.552\ \text{kPa}$$

【例 1.5-6】 已知25 ℃时反应 $H_2(g)+Br_2(g)\longrightarrow 2HBr(g)$的 $K^{\ominus}=1.70\times10^{19}$，$\Delta_r S_m^{\ominus}=21.26\ \text{J}\cdot\text{K}^{-1}\cdot\text{mol}^{-1}$，$Br_2(g)$的标准摩尔生成焓 $\Delta_f H_m^{\ominus}(Br_2,g)=30.91\ \text{kJ}\cdot\text{mol}^{-1}$，求 HBr(g)在25 ℃时的标准摩尔生成焓。

解：$H_2(g)+Br_2(g)\xrightarrow{25\ ℃}2HBr(g)$

$$\Delta_r G_m^{\ominus}=-RT\ln K^{\ominus}=-8.314\times298.15\times\ln(1.70\times10^{19})$$
$$=-109.76\ \text{kJ}\cdot\text{mol}^{-1}$$

$$\Delta_r G_m^{\ominus}=\Delta_r H_m^{\ominus}-T\Delta_r S_m^{\ominus}$$

$$\Delta_r H_m^{\ominus}=\Delta_r G_m^{\ominus}+T\Delta_r S_m^{\ominus}$$
$$=2\Delta_f H_m^{\ominus}(HBr,g)-\Delta_f H_m^{\ominus}(Br_2,g)$$

$$\Delta_f H_m^{\ominus}(HBr,g)=\frac{\Delta_r G_m^{\ominus}+T\Delta_r S_m^{\ominus}+\Delta_f H_m^{\ominus}(Br_2,g)}{2}$$
$$=\frac{(-109.76+298.15\times21.26\times10^{-3}+30.91)\ \text{kJ}\cdot\text{mol}^{-1}}{2}$$
$$=-36.26\ \text{kJ}\cdot\text{mol}^{-1}$$

【例 1.5-7】 已知 $T=500$ K 时，$CH_4(g)$、$C_6H_6(g)$及 $C_6H_5CH_3(g)$的标准摩尔生成吉布斯函数 $\Delta_f G_m^{\ominus}$ 分别为 $-33.68\ \text{kJ}\cdot\text{mol}^{-1}$、$161.92\ \text{kJ}\cdot\text{mol}^{-1}$及 $172.38\ \text{kJ}\cdot\text{mol}^{-1}$。求500 K时，反应 $CH_4(g)+C_6H_6(g)\longrightarrow C_6H_5CH_3(g)+H_2(g)$的 $\Delta_r G_m^{\ominus}$ 及 $K^{\ominus}$。

解：$CH_4(g)+C_6H_6(g)\xrightarrow{500\ K}C_6H_5CH_3(g)+H_2(g)$

$$\Delta_r G_m^{\ominus}=\sum_B\nu_B\Delta_f G_m^{\ominus}=(172.38-161.92+33.68)\ \text{kJ}\cdot\text{mol}^{-1}=44.14\ \text{kJ}\cdot\text{mol}^{-1}$$

$$\Delta_r G_m^{\ominus}=-RT\ln K^{\ominus}$$

$$\ln K^{\ominus}=-44.14\times10^3/(8.314\times500)=-10.618\ 2$$

$K^{\ominus}=2.447\times10^{-5}$

【**例 1.5-8**】 已知 1 000 K 时反应(1)$0.5C(石墨)+0.5CO_2(g)\longrightarrow CO(g)$的 $K_1^{\ominus}=1.318$,反应(2)$2C(石墨)+O_2(g)\longrightarrow 2CO(g)$的 $K_2^{\ominus}=22.37\times10^{40}$。求反应(3)$CO(g)+0.5O_2(g)\longrightarrow CO_2(g)$在 1 000 K 时的标准平衡常数 $K_3^{\ominus}$。

解:反应(1)的 $\Delta_r G_{m,1}^{\ominus}=-RT\ln K_1^{\ominus}$,反应(2)的 $\Delta_r G_{m,2}^{\ominus}=-RT\ln K_2^{\ominus}$,反应(3)的 $\Delta_r G_{m,3}^{\ominus}=-RT\ln K_3^{\ominus}$,由反应式(2)/2-反应式(1)×2 可得反应式(3),所以

$$\Delta_r G_{m,3}^{\ominus}=\Delta_r G_{m,2}^{\ominus}/2-\Delta_r G_{m,1}^{\ominus}\times2$$

故
$$K_3^{\ominus}=\frac{(K_2^{\ominus})^{\frac{1}{2}}}{(K_1^{\ominus})^2}=\frac{(22.37\times10^{40})^{\frac{1}{2}}}{(1.318)^2}=2.723\times10^{20}$$

由上述计算可知,在同一温度下,化学反应式的加减关系对应 $K^{\ominus}$之间的乘除关系;反应式的倍数关系对应 $K^{\ominus}$的指数关系。

1.5.4 如何计算任一温度 T 下反应的 $K^{\ominus}(T)$

虽然 1.5.3 节所列的公式可用于任何反应温度下的计算,但由于手册上给的 $\Delta_f H_m^{\ominus}$、$\Delta_c H_m^{\ominus}$、$S_m^{\ominus}$ 及 $\Delta_f G_m^{\ominus}$ 等的数据多为 298.15 K 下的,也就是利用手册数据只能计算出反应在 298.15 K 下的 $K^{\ominus}$,所以,需要掌握由已知 T_1 下的 $K^{\ominus}(T_1)$值求算任一 T_2 下的 $K^{\ominus}(T_2)$的计算方法。

1. $\Delta_r G_m$ 与 T 的关系式——吉布斯-亥姆霍兹方程

若知 $\Delta_r G_m^{\ominus}$ 与 T 的关系式,则 $K^{\ominus}$与 T 的关系式便可求。经推证得

$$(\partial\Delta_r G_m/\partial T)_{p,x}=-\Delta_r S_m=(\Delta_r G_m-\Delta_r H_m)/T$$

式中$(\partial\Delta_r G_m/\partial T)_{p,x}$的右下标,表示反应在恒压、系统组成不变(即系统为无限大量)的条件下进行。当参加反应的各物质均处在各自标准状态时,则上式中的 $\Delta_r G_m$、$\Delta_r H_m$ 及 $\Delta_r S_m$ 改成 $\Delta_r G_m^{\ominus}$、$\Delta_r H_m^{\ominus}$ 及 $\Delta_r S_m^{\ominus}$,即

$$(\partial\Delta_r G_m^{\ominus}/\partial T)_{p,x}=-\Delta_r S_m^{\ominus}=(\Delta_r G_m^{\ominus}-\Delta_r H_m^{\ominus})/T$$

前式反映在恒压、组成不变条件下,化学反应的摩尔吉布斯函数变化在温度 T 下随温度的变化率等于该反应在 T 下的熵变的负值,该式称为吉布斯-亥姆霍兹方程(简称吉-亥方程)。

2. $K^{\ominus}$与 T 的关系式——等压方程

将吉-亥方程与 $\Delta_r G_m^{\ominus}=-RT\ln K^{\ominus}$相结合,便可导出 $K^{\ominus}$与 T 的关系式,称等压方程,有以下 3 种形式:

微分式 $\quad \mathrm{d}\ln K^{\ominus}/\mathrm{d}T=\Delta_r H_m^{\ominus}/(RT^2)$

不定积分式 $\quad \ln K^{\ominus}=-\Delta_r H_m^{\ominus}/(RT)+C$

定积分式 $\quad \ln\dfrac{K^{\ominus}(T_2)}{K^{\ominus}(T_1)}=-\dfrac{\Delta_r H_m^{\ominus}}{R}\left(\dfrac{1}{T_2}-\dfrac{1}{T_1}\right)$

以上 3 个式子中,积分式只能用于 $\Delta_r H_m^{\ominus}$ 为常数(即 $\Delta_r C_{p,m}=0$)的反应。上述两个积分式主要用于实验或计算,而微分式则多用于分析温度对反应平衡的影响,偶尔也用于计算。

【**例 1.5-9**】 已知某反应的标准平衡常数与温度的关系为

$$\ln K^{\ominus}=-2\,059/T+4.184$$

试求此反应在 300 K 时的 $\Delta_r H_m^\ominus$ 及 $\Delta_r S_m^\ominus$。

解:将不定积分式 $\ln K^\ominus = -\dfrac{\Delta_r H_m^\ominus}{RT} + C$ 与题给的 $\ln K^\ominus = -2\ 059/T + 4.184$ 相对照,并利用对应项相等的原则,可得

$$-\Delta_r H_m^\ominus/(RT) = -2\ 059/T$$

$$\Delta_r H_m^\ominus = 2\ 059 \times R = 2\ 059 \times 8.314 = 17.12\ \text{kJ}\cdot\text{mol}^{-1}$$

或 $$\ln K^\ominus = \frac{-\Delta_r G_m^\ominus}{RT} = \frac{T\Delta_r S_m^\ominus - \Delta_r H_m^\ominus}{RT} = \frac{\Delta_r S_m^\ominus}{R} - \frac{\Delta_r H_m^\ominus}{RT}$$

与题给方程相比较可知:

$$\Delta_r H_m^\ominus/R = 2\ 059$$

$$\Delta_r H_m^\ominus = 2\ 059R = 17.12\ \text{kJ}\cdot\text{mol}^{-1}$$

$$\Delta_r S_m^\ominus/R = 4.184$$

$$\Delta_r S_m^\ominus = 4.184R = 4.184 \times 8.314\ \text{J}\cdot\text{K}^{-1}\cdot\text{mol}^{-1} = 34.79\ \text{J}\cdot\text{K}^{-1}\cdot\text{mol}^{-1}$$

或求出 300 K 时的 $\Delta_r G_m^\ominus$ 后,再求 $\Delta_r S_m^\ominus$。

$$\Delta_r G_m^\ominus = -300 \times R\ln K^\ominus = 2\ 059R - 300R \times 4.184 = 6\ 683\ \text{J}\cdot\text{mol}^{-1}$$

$$\Delta_r S_m^\ominus = \frac{\Delta_r H_m^\ominus - \Delta_r G_m^\ominus}{T} = \frac{(17\ 120 - 6\ 683)\ \text{J}\cdot\text{mol}^{-1}}{300\ \text{K}} = 34.79\ \text{J}\cdot\text{mol}^{-1}\cdot\text{K}^{-1}$$

1.5.5 温度、压力及惰性气体对反应平衡的影响

改变温度、压力以及增加惰性气体是化工生产中最常使用的影响反应平衡的措施。所以,了解上述这些因素对反应平衡的影响就很有实用价值。

1. 温度对反应平衡的影响

因为 $K^\ominus$ 为温度 T 的函数,所以温度对反应平衡的影响实质上就是 $K^\ominus$ 随 T 如何变化的问题。根据

$$\mathrm{d}\ln K^\ominus/\mathrm{d}T = \Delta_r H_m^\ominus/(RT^2)$$

当反应为吸热反应时,$\Delta_r H_m^\ominus > 0$,所以,反应温度 T 升高则 $K^\ominus$ 增大,这表示反应平衡向产物方向(即向右方)转移;相反,反应为放热反应,即 $\Delta_r H_m^\ominus < 0$,则 $\mathrm{d}\ln K^\ominus/\mathrm{d}T < 0$,平衡向反应物方向(左方)转移。

2. 压力对反应平衡的影响

在讨论压力对反应平衡的影响时,是在反应温度不变的条件下。因为反应温度不变则表示该反应 $K^\ominus$ 值不变,即系统的压力改变不会使反应的 $K^\ominus$ 发生改变,至于压力变化怎样使反应平衡发生转移,可利用下式进行分析。根据

$$K^\ominus = K_y (p/p^\ominus)^{\Sigma\nu_B}$$

在温度不变时 $K^\ominus$ 值是不会改变的。但是 ,系统压力发生改变,也就是 p 改变,则 $(p/p^\ominus)^{\Sigma\nu_B}$ 项发生改变。此式表明,K_y 与 $(p/p^\ominus)^{\Sigma\nu_B}$ 的乘积必须保持不变,亦即 K_y 必须随着 $(p/p^\ominus)^{\Sigma\nu_B}$ 改变而变,两者的变化关系如下。$\Sigma\nu_B > 0$,若 p 增大,则 K_y 减小,表明反应平衡向反应物方向转移,即向左转移。$\Sigma\nu_B > 0$ 的反应也是体积增大的反应,所以增大压力不利于体积增大的反应。而 $\Sigma\nu_B < 0$,即为体积减小的反应,当 p 增大,则 K_y 也要相应地增大,亦即反应平衡向产物方向转

移，即向右转移，故增大压力平衡向体积减小的方向转移。

3. 惰性气体对反应平衡的影响

惰性气体是指不参与反应的气体。在反应的温度、压力不变的情况下，向反应系统加入惰性气体，使反应系统的总物质的量 $\sum_{B} n_B$ 发生变化，这一变化带来的影响体现在下式中，即

$$K^{\ominus}=K_n[p/(\Sigma n_B \cdot p^{\ominus})]^{\Sigma\nu_B}$$

因 T、p 一定，所以 $K^{\ominus}$ 与 p 为定值，Σn_B 发生变化，则 $[p/(\Sigma n_B \cdot p^{\ominus})]^{\Sigma\nu_B}$ 改变，相应 K_n 也要随之而变，但要令 $K_n[p/(\Sigma n_B \cdot p^{\ominus})]^{\Sigma\nu_B}$ 仍与 $K^{\ominus}$ 相等。具体的分析如下。

对 $\Sigma\nu_B>0$ 的反应，Σn_B 增大，则 $[p/(\Sigma n_B \cdot p^{\ominus})]^{\Sigma\nu_B}$ 减小，相应 K_n 增大，故加入惰性气体使反应平衡向产物方向转移。而对 $\Sigma\nu_B<0$ 的反应，Σn_B 增大，则 $[p/(\Sigma n_B \cdot p^{\ominus})]^{\Sigma\nu_B}$ 增大，K_n 相应减小，使平衡向反应物方向转移。由此可见，加入惰性气体所起的作用，与降低系统压力所起的作用相同。

【例 1.5-10】 理想气体反应 $2A(g) \longrightarrow A_2(g)$，$\Delta_r C_{p,m}=0$，$T_1=310$ K 时，$K_1^{\ominus}=0.460$，$\Delta_r H_m^{\ominus}=-60\ kJ \cdot mol^{-1}$，$\Delta_r S_m^{\ominus}=-200\ J \cdot K^{-1} \cdot mol^{-1}$。试问：

（1）在 310 K 下，$y_A=0.50$ 的 A 和 A_2 混合气体的总压为 100 kPa，反应向哪个方向进行？

（2）其他条件不变，欲改变上述反应的方向，反应的总压应控制在什么范围？

（3）其他条件不变，欲改变反应的方向，反应的温度应控制在什么范围？

解：（1）$2A(g) \longrightarrow A_2(g)$

$T_1=310\ K, p=100\ kPa$

反应的 $J_p=(p_{A_2}/p^{\ominus})/(p_A/p^{\ominus})^2=(0.50p/p^{\ominus})/(0.50p/p^{\ominus})^2=\dfrac{1}{0.50}=2.0$

$K_1^{\ominus}=0.460$

$$\Delta_r G_m=-RT_1\ln K_1^{\ominus}+RT\ln J_p=RT_1\ln\left(\frac{J_p}{K_1^{\ominus}}\right)=8.314\times310\ J\cdot mol^{-1}\times\ln\left(\frac{2.0}{0.460}\right)$$

$$=3.788\ kJ\cdot mol^{-1}>0$$

反应不能自发向右进行。

（2）由等温方程可知，要令反应从不能自发进行到能自发进行，必须由 $\Delta_r G_m>0$ 变为 $\Delta_r G_m<0$，即由 $J_p>K^{\ominus}$ 变为 $J_p<K^{\ominus}$，这一变化过程中，定会经过 $\Delta_r G_m=0$ 这一状态，即 $J_p=K^{\ominus}$，而这一状态的压力就是转折压力。当系统的总压力大于此状态的压力，反应就能自发进行。即

$$J_p=\frac{\dfrac{0.5p}{p^{\ominus}}}{\left(\dfrac{0.5p}{p^{\ominus}}\right)^2}=K_1^{\ominus}=0.460$$

$$p=\frac{p^{\ominus}}{0.5K_1^{\ominus}}=\frac{100\ kPa}{0.5\times0.460}=434.8\ kPa$$

当总压力增大到高于 434.8 kPa 时，反应将向右自发进行。

（3）改变温度。

$$\ln K_2^{\ominus}=\frac{-\Delta_r G_m^{\ominus}}{RT_2}=\frac{T_2\Delta_r S_m^{\ominus}-\Delta_r H_m^{\ominus}}{RT_2}$$

$$\ln J_p=\ln 2.0$$

当 $\ln K_2^{\ominus}>\ln J_p=\ln 2.0$ 时，反应向右自发进行。即

$$\frac{T_2\Delta_r S_m^{\ominus}-\Delta_r H_m^{\ominus}}{RT_2}>\ln 2.0$$

$$T_2<\frac{-\Delta_r H_m^{\ominus}}{R\ln 2.0-\Delta_r S_m^{\ominus}}=\frac{60\times10^3}{8.314\ln 2.0+200}=291.6\ \text{K}$$

即当温度低于 291.6 K 时反应将向右自动进行。

【例 1.5-11】 某理想气体进行恒温、恒容反应，反应的 $\Sigma\nu_B(g)=2$，反应达到平衡之后又通入一定压力的惰性组分，反应产物的物质的量及组成 y(产物)是否发生变化？

解：在一定 T、V 下的任一反应平衡系统

$$K^{\ominus}=K_n\left(\frac{p}{p^{\ominus}\Sigma n_B}\right)^2=K_n\left(\frac{RT}{p^{\ominus}V}\right)^2$$

由上式可知，对 T、V 恒定的反应系统通入惰性组分后，因 $[RT/(p^{\ominus}V)]^2$ 并未改变，所以 K_n 不变，所以惰性气体的通入不会使反应平衡转移，但系统的 p 及 Σn_B 皆变大，由于惰性气体的冲淡作用而使 y(产物)变小。

1.5.6 真实气体化学反应的标准平衡常数 $K^{\ominus}$

如果将化学反应的平衡条件与真实气体混合物中某组分 B 的化学势表达式 $\mu_B=\mu_B^{\ominus}+RT\ln(\tilde{p}_0/p^{\ominus})$ 结合，则可导出真实气体化学反应的标准平衡常数 $K^{\ominus}$，即

$$K^{\ominus}=\prod_B(\tilde{p}_B/p^{\ominus})^{\nu_B}$$

因为 $\tilde{p}_B=\varphi_B p_B$

故 $$K^{\ominus}=\prod_B(\varphi_B p_B/p^{\ominus})^{\nu_B}=\prod_B(\varphi)^{\nu_B}\prod_B(p_B/p^{\ominus})^{\nu_B}$$

令 $$K_\varphi=\prod_B(\varphi)^{\nu_B},K_p^{\ominus}=(p_B/p^{\ominus})^{\nu_B}$$

则 $$K^{\ominus}=K_\varphi K_p^{\ominus}$$

于是 $$\Delta_r G_m^{\ominus}=-RT\ln K^{\ominus}$$

式中：p_B、$\tilde{p}_B$、φ_B 分别为任一反应组分 B(g)在高压下的分压力、逸度及逸度系数；$K^{\ominus}$(高压下)可用来计算高压下真实气体反应的平衡压力及平衡组成。

1.6 相平衡

要求：重点掌握相律及其应用、单组分及双组分系统的各类典型相图的特点和应用，并能用杠杆规则计算两相平衡时两个相的物质的量或质量。

对化工生产而言，物质的分离和提纯是非常重要的生产环节，最常用的分离和提纯方法有精馏、吸收、萃取和结晶等，而这些过程的理论基础就是相平衡原理。这一原理的实质就是研究多组分多相系统的相平衡状态随温度、压力及各相组成等变量的改变而发生的变化。

1.6.1 相律及其应用

1. 几个概念

(1)相与相数 P

所谓相是指一个系统内物理性质及化学性质完全均匀的部分。相数则是指系统中存在的相之总数,用符号 P 表示。在确定系统的相数时,必须根据相的定义去划分,切忌按气、液、固去划分。如将石墨与金刚石放在真空容器中,则系统有两相,尽管石墨与金刚石皆由碳所组成,化学性质相同,但石墨与金刚石的物理性质差异极大,故为两相,绝不能因为两者均为固体而视为一相。

(2)组分数 C

在确定多组分多相平衡系统中各个相的组成时,所需的最少的独立物种数,称为组分数。它由下式来确定,即

$$C=S-R-R'$$

式中:S 表示组成平衡系统的物质数,称为物种数;在平衡系统中,若物质之间存在化学反应,其中独立的化学反应式数用 R 表示;R' 则是指平衡系统中,在同一相中的物质之间存在的独立浓度关系式数。

(3)自由度及自由度数

平衡系统中可以在一定范围内改变而又不引起系统原有的相和相数发生改变的、独立的强度变量,称为自由度。确定系统的平衡状态时需要的这种独立的强度变量数,称为自由度数,用 F 表示。

2. 相律及其应用

将一个平衡系统的组分数 C、相数 P、自由度数 F 以及影响平衡系统的环境因素(温度、压力等)数目关联起来的关系式称为相律,其式为

$$F=C-P+2$$

式中的2是表示环境影响因素为温度与压力这两个变量。借助这一关系式可以解决:①要确定一个多组分多相平衡系统的状态,至少需要多少个独立的强度变量,即计算该系统的自由度数 F;②当平衡系统的组分数 C 确定后,则该系统的最多共存相数 P 为多少,即 $F=0$ 时 P 值最大;③分析相平衡系统在某一特定条件下可能出现的状况。

应用相律时必须注意的问题:①相律导出的基础是热力学平衡条件,故只能用于热力学平衡系统;②相律表达式中的"2"是代表温度与压力这两个环境影响因素,如再多一个其他影响因素(如重力场、电场或磁场等)对平衡系统影响时,则"2"的数值相应要加上"1";③要正确应用相律,关键在于组分数 C 与相数 P 判断正确无误,而 C 值能否无误又取决于 R 及 R' 的判断;④自由度数 F 的值只能是 $F\geqslant 0$,而不能是 $F<0$,否则说明计算有误。

【例 1.6-1】 在容器中有固体碘 $I_2(s)$ 与其蒸气 $I_2(g)$ 成平衡,即

$$I_2(s) \rightleftharpoons I_2(g)$$

此平衡系统的组分数 C、相数 P 及自由度数 F 为多少?

解:组分数 C 的计算,是计算自由度数 F 的关键,其计算式为

$$C=S-R-R'$$

本题所述是纯物质I_2构成的相平衡系统，即该系统只有一种物质，故物种数$S=1$，而且也不存在化学反应及浓度的问题，即$R=0$，$R'=0$，所以$C=S-0-0=S=1$。根据相的定义，虽然系统中$I_2(g)$与$I_2(s)$的化学性质相同，但物理性质不同，所以$P=2$，于是

$$F=1-2+2=1$$

$F=1$的结果说明，对纯物质两相平衡系统，影响平衡系统的T、p两个变量中，只有一个能独立地改变，若将其中一个固定，则另一个必然不能独立改变。

【例1.6-2】 在抽空密封容器中，放有过量的$NH_4Cl(s)$，并发生以下分解反应：

$$NH_4Cl(s) \rightleftharpoons NH_3(g)+HCl(g)$$

当系统达平衡时，其组分数C、相数P及自由度数F为多少？

解：题中"放有过量的$NH_4Cl(s)$"的含义是指当系统达平衡时，系统中仍有$NH_4Cl(s)$的固体存在，即放入容器中的$NH_4Cl(s)$只有部分解离为$NH_3(g)$及$HCl(g)$。达平衡后，系统中有3种物质存在，即$S=3$。系统中存在一个化学反应，则此反应一定是独立的，故$R=1$。另外，要注意的是，开始时容器中是无任何物质存在的，所以，达平衡后，系统中的$NH_3(g)$与$HCl(g)$均是由$NH_4Cl(s)$分解而来的，若分解了1 mol $NH_4Cl(s)$则相应地可得1 mol $NH_3(g)$及1 mol $HCl(g)$，也就是容器中$NH_3(g)$与$HCl(g)$的分压力相等，即$p_{NH_3}=p_{HCl}$，亦即$NH_3(g)$与$HCl(g)$分压力比为1∶1，因此，气相中$NH_3(g)$与$HCl(g)$的浓度之间存在一独立关系式，故$R'=1$。于是该系统的$C=3-1-1=1$，$P=2$，$F=1-2+2=1$。

【例1.6-3】 在原来放有任意量$NH_3(g)$的容器中，再放入过量的$NH_4Cl(s)$，同时发生$NH_4Cl(s) \rightleftharpoons NH_3(g)+HCl(g)$反应，当系统达平衡后，其组分数$C$、相数$P$及自由度数$F$为多少？

解：此题的物种数S、相数P均与上题相同，不同点是本题中的容器是预先放入任意量的$NH_3(g)$。正是由于$NH_3(g)$的存在，当系统达平衡后，系统中$NH_3(g)$的分压力p_{NH_3}与$HCl(g)$的分压力p_{HCl}不存在1∶1的关系，因为系统中的$HCl(g)$是由$NH_4Cl(s)$分解而来的，而$NH_3(g)$则除了$NH_4Cl(s)$分解而来的那部分之外，还要加上原有的$NH_3(g)$，所以系统中$p_{NH_3}>p_{HCl}$，且无比例关系，故$R'=0$。于是$C=3-1-0=2$，$P=2$，$F=2-2+2=2$。

【例1.6-4】 $CaCO_3(s)$与其分解产物$CaO(s)$及$CO_2(g)$成平衡，则此系统的组分数C、相数P及自由度数F为多少？

解：根据题意，$CaCO_3(s)$的分解反应如下：

$$CaCO_3(s) \rightleftharpoons CaO(s)+CO_2(s)$$

由上式可知，该平衡系统由3种物质组成，$S=3$，而且3者间有一化学反应式，故$R=1$。但本题的R'却为0，表面上看，$CaO(s)$与$CO_2(g)$均是由$CaCO_3(s)$分解而来，似乎存在1∶1的关系，可是本题$CaO(s)$与$CO_2(g)$分属两相，均是纯物质，根本不存在浓度的问题，这与例1.6-2不同。例1.6-2中$NH_3(g)$及$HCl(g)$是同属于一相中，为混合气体，所以两者在气相中含量的大小也就是其浓度的高低。要注意，平衡系统中由化学反应生成的产物之间浓度是否有比例关系（即浓度关系式），一般是在同一相中来说的。故本题的平衡系统的组分数$C=3-1-0=2$，相数$P=3$（两个固相、一个气相），$F=2-3+2=1$。

【例1.6-5】 碳酸钠和水能形成3种水合物：$Na_2CO_3 \cdot H_2O(s)$，$Na_2CO_3 \cdot 7H_2O(s)$，Na_2CO_3

$\cdot 10H_2O(s)$。在101.325 kPa下，与Na_2CO_3水溶液及冰共存的碳酸钠水合物固体有多少种？

解：本题属于相律的应用题，这是计算当C确定后，平衡系统中最多的共存相为几。根据相律，在压力一定条件下，组分数为C的平衡系统，其最多共存相数P_{max}是指系统的自由度数$F=0$时之相数，对本题P_{max}计算式为

$$F=0, P_{max}=C+1$$

现在需要解决的是平衡系统的组分数C。由题给条件可知，系统中已有Na_2CO_3与H_2O这2个物种，若系统中上述3种水合物均存在，则系统中的物种数$S=5$，可是有1种水合物存在，就有1个独立的反应式存在，有3种水合物就有3个独立的化学反应式，即$R=3$，系统中无独立的浓度关系式，即$R'=0$，故$C=5-3-0=2$，系统的最多共存相数$P_{max}=2+1=3$，除原有的Na_2CO_3水溶液及冰之外，只有一种水合物固体存在。

1.6.2 相图

1. 单组分系统的相图

单组分系统即$C=1$的系统，根据相律$F=C-P+2=3-P$，当$F=0$时，$P=3$，即系统的相数最多为3。而当系统的相数$P=1$时，系统的自由度数为2，故单组分系统可用温度—压力的平面相图来描述相平衡系统的状态，如例1.6-6附图所示的水的相图。该图的基本特征为：①当$P=1$时，$F=2$，即压力与温度皆可在一定范围内独立改变，故在p—t图上为一个区域（即是一个面）；②当$P=2$时，$F=1$，p与t之间只有一个是独立变量（t或p），故在p—t图上是一条p与t的关系曲线，即在图中的线（OA，OB，OC）表示两相平衡；③当$P=3$时，$F=0$，p与t均不能独立改变，因此三相共存系统在p—t图上为一个点（即O点），该点称为三相点。

2. 两组分系统的相图

两组分系统的相图常用于压力（或温度）恒定时相平衡系统的研究，故两组分相平衡系统相图可用t—x_B（或p—x_B）的平面图来描述。

两组分系统相图又可划分为：两组分气液相图与两组分固液相图（又称凝聚系统相图）。

（1）两组分气液系统的典型相图

两组分气液系统的典型相图又可分为压力—组成（p—x）图与温度—组成（t—x）图。典型的p—x图和t—x图分别见图1.6-1中的（a）和（b）。

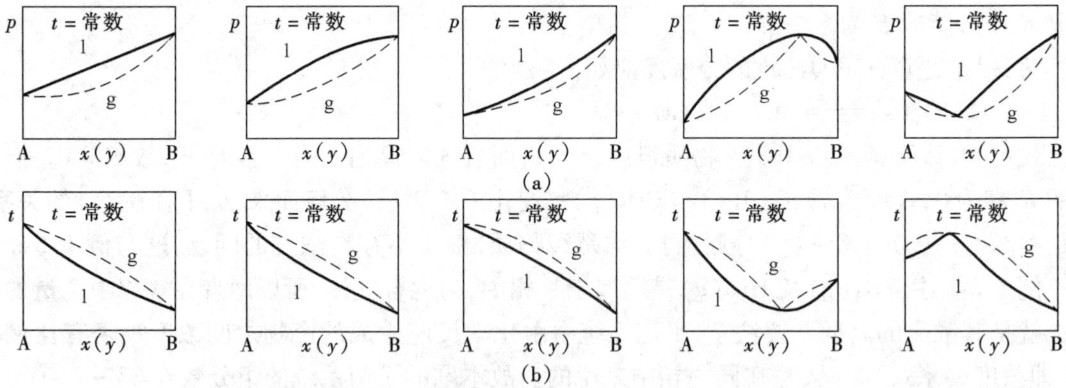

图1.6-1 两组分系统典型的气液平衡相图

（a）p—$x(y)$图 （b）t—$x(y)$图

(2)两组分凝聚系统(固液系统)的典型相图

两组分凝聚系统的典型相图参见图1.6-2。

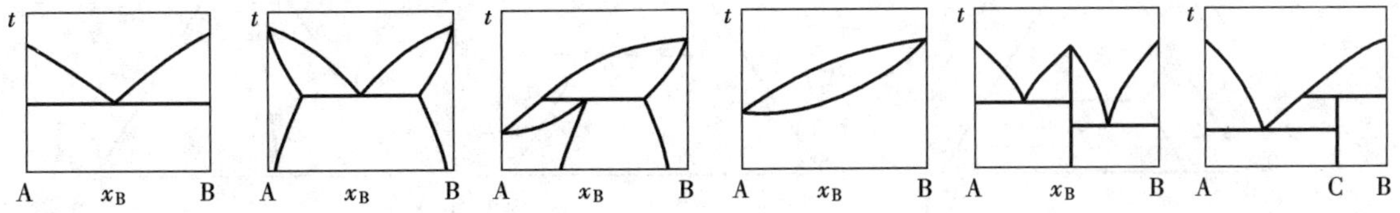

图1.6-2 两组分凝聚系统的典型相图

(3)两组分系统典型相图的共同特征(见图1.6-2)

①图中的垂直线:垂直于横轴的垂直线均表示纯物质,又称为单相线。凝聚系统所形成的化合物,在相图中亦呈垂直线,若垂直线顶端与凸状曲线相交,则该化合物为稳定化合物;若垂直线上端与水平线相交,则该化合物是不稳定的。

②图中的曲线:曲线上的一点表示一个平衡相的状态。图中的曲线表示两相共存时,其中一相的组成与温度(或压力),该曲线称为两相平衡线。如气、液相图中t—x图的露点线(即气相线)便是气相组成与系统温度(沸点)关系之曲线。

③单相区:A、B两组分能完全互溶成液态或固体溶液(固溶体)以及混合气体的部分均是单相区。单相区中的一点既表示了平衡系统的组成与温度(或压力),即系统点,同时又表示了该相的组成与温度(或压力),即相点,就是说,单相区中的一点既是系统点又是相点。

④两相区:两相区总是处在两个单相区、单相区与单相线或两单相线之间。两相区内的一点只代表整个系统的组成与温度(或压力),同时说明该系统内是两相共存。可以通过该系统点作水平线与两相平衡线相交,便分别得共存两相的组成。

⑤水平线:图中的水平线基本上表示三相共存的线。在三相线上有3个点分别与3个单相区相接触,所以三相线所表示的三相平衡就是这3个相共存。还需指出,典型相图中出现三相水平线的相图有两组分液相或是固相不互溶的相图,或者是两组分液相或者固相部分互溶的相图。这两者的区别在于,前者(即两组分液态或者固态完全不互溶的相图)的三相线两端是与两纯物质的垂直线相交,后者的三相线两端点与两个单相区接触。

3. 三组分系统的平衡相图

根据相律分析,三组分系统的自由度数$F=3-P+2=5-P$,故最大自由度数F为4。在恒T、p下,平衡系统的自由度数F变为2,说明系统最多有两个组分的组成可以独立改变,一般用等边三角形来表示三组分系统在恒T、p下的相图。如图1.6-3所示,此图有如下一些特点:①三角形3个顶点为3个纯物质,三角形的边表示两组分系统,在三角形内为三组分系统;②在与三角形某一边平行的线上的点,表示所含对顶组分的质量分数相同;③在与某组分顶点相连的直线上任一点的系统中其余两组分的质量分数之比为一定值。

4. 相图要求掌握的内容

用图形来表示相平衡系统的相平衡状态随温度、压力及系统组成的改变而发生变化的关系,此种图称为相图。由相图可以形象而又直观地了解相平衡系统的状态以及其状态如何随温度、压力和系统组成而变,所以读懂相图是本章必须掌握的内容之一。对相图需要重点掌握的内容有以下几点。

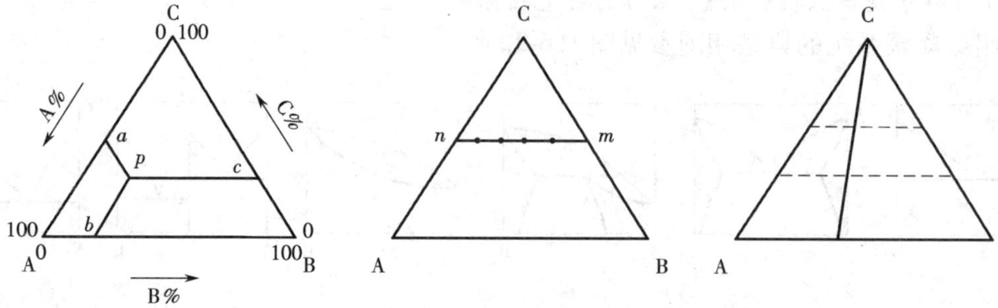

图 1.6-3　表示三组分系统组成的等边三角形图

①能说出图中点、线、面的含义。例如相图中各区（即面）存在着什么稳定相；又如图中有三相线时，哪三相共存，它们之间平衡关系如何？

②能确定温度、压力与系统组成已知的平衡系统在相图中的位置，并能得出此时系统中稳定相是什么相，各相的组成是什么。

③能用文字与图形说明平衡系统在强度变量（即 t、p 及组成）改变时，系统的相态及相数、相的组成及平衡相的量如何变化，例如，凝聚系统冷却曲线的描绘。

④能用杠杆规则计算两相平衡时，两相的物质的量或质量。

5. 如何读相图

读懂相图的首要之点就是要掌握各类典型相图及其特点。重点是单组分与两组分的典型相图，至于三组分相图，掌握用正三角形表示三组分平衡系统组成的方法即可。在此基础上，便可按下面的一些读图规则来读任何一个两组分的相图。

①首先弄清该相图是气液系统相图还是凝聚系统相图。

②对两组分气液相图注意有无恒沸物形成；而对两组分凝聚系统相图则注意有无化合物生成，是稳定还是不稳定，如有化合物生成，则图中将有一垂直于横轴的垂直线出现。

③找出相图中的单相区，留意气液相图中液态是否部分互溶，如果是，则先找出两液层的区域；对凝聚系统相图则重点注意固态是否部分互溶，并判断其为共溶型还是转溶型，并正确找出固溶体的位置。

④当图中单相区确定后，即可根据两个单相区、单相区与单相线以及两单相线夹着的区则是这两个单相区的共存区，写出图中两相区的稳定相。

⑤有些两组分平衡系统的相图会出现三相平衡，这在相图中为一水平线，线上有 3 个分别与三个单相区相接的点，表示这 3 个单相处于平衡，其平衡关系可据两端变中间，中间变两端的规则书写，见例 1.6-7 中的 E_2d 线与 ne 线。

⑥对两组分凝聚系统，描绘系统组成确定的平衡系统的冷却曲线时，系统从单相区进入两相区，或从两相区进入单相区，则冷却曲线上就会出现转折点（即线的斜率发生变化），转折点位置在两区的交界处；若冷却过程经过三相线，则在冷却曲线上出现水平线，若经过三相线两个端点，则不出现水平线。

【例 1.6-6】　试根据水的相图，说明将温度为 −1.0 ℃的水蒸气加压时，水蒸气将经过哪些相变。

解：根据水的相图可知，水的三相点的温度为 0.01 ℃，压力为 0.610 kPa。当水蒸气的温度为 −1.0 ℃，如图中 d 点，将其加压，水蒸气压力不断升高，当与 OB 线相交于 d'点时，则水蒸

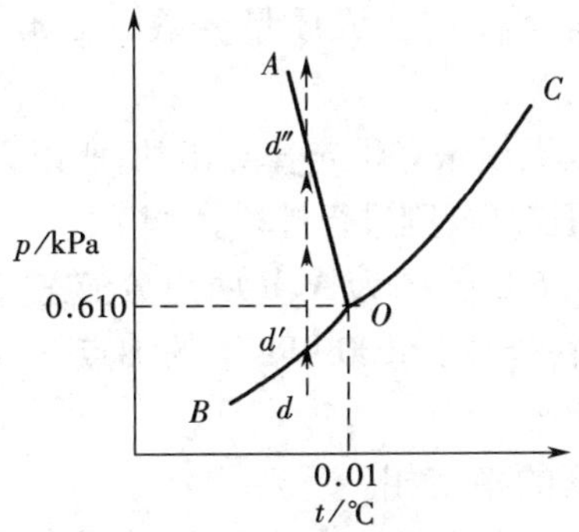

例 1.6-6 附图

气开始凝华为固态的水，根据相律可知，此时系统自由度数 $F=1-2+1=0$，说明在温度固定不变时，水蒸气与冰两相共存，系统压力也不能变化，一直到水蒸气全部变成固态水后，系统压力才能继续上升；当压力上升到与 OA 线相交于 d'' 点时，固态水开始溶化为液态水，一直到固态水完全变成液态水后，压力才能继续升高，系统进入相图中的液相区。由此可见，当水蒸气的温度低于三相点温度，则将水蒸气加压，先得到的不是液态水而是固态水。

【例 1.6-7】 A、B 两组分凝聚系统相图如例 1.6-7 附图所示。(1)试写出图中 1、2、3、4、5、6 各相区的稳定相；(2)试写出各三相平衡线上的相平衡关系；(3)绘出通过图中 x、y 两个系统点的曲线形状，并注明冷却过程的相变化。

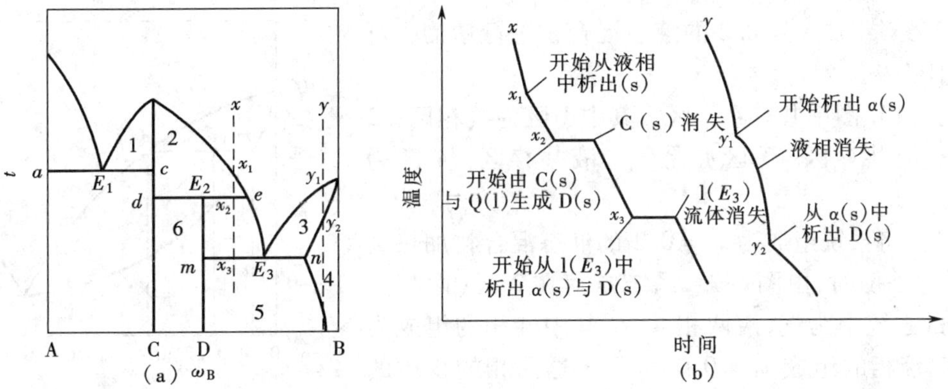

例 1.6-7 附图

解：(1)各相区的稳定相。相区 1：l + C(s)；相区 2：l + C(s)；相区 3：l + α(s)；相区 4：α(s)；相区 5：D(s) + α(s)；相区 6：C(s) + D(s)。

(2)各三相线上的相平衡关系。

aE_1c 线　$l(E_1) \rightleftharpoons A(s) + C(s)$

dE_2e 线　$D(s) \rightleftharpoons C(s) + l$

mE_3n 线　$l(E_3) \rightleftharpoons D(s) + \alpha(s)$

(3)通过图中 x、y 两个系统点的冷却曲线见例 1.6-7 附图。

1.6.3 杠杆规则

对一定温度、压力下的两相平衡系统，当系统及平衡相的组成用摩尔分数(或质量分数)表示时，两相的物质的量之比与系统点到两个相点的线段的长度成反比。其关系如图 1.6-4 所示。

图中，M 为系统点，其摩尔分数为 N_B，系统的物质的量为 n_M；G 为气相的相点，其组成为 Y_B，物质的量为 n_G；L 为液相的相点，其组成为 X_B，物质的量为 n_L。根据物质守恒定律，得出杠杆规则的式子为

$$n_L(X_B - N_B) = n_G(N_B - Y_B)$$

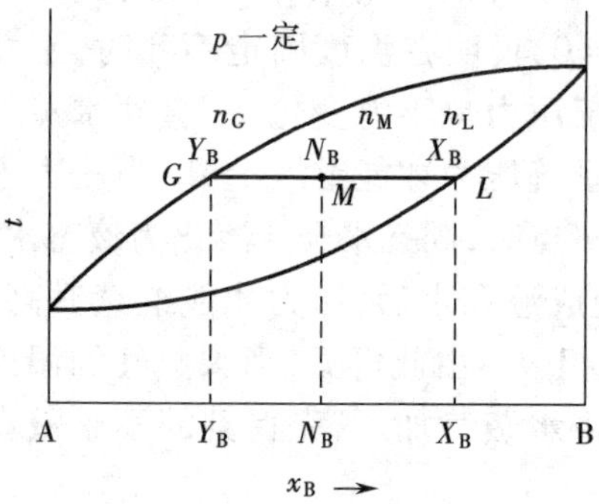

图 1.6-4　杠杆规则

若将上式中的 N_B、Y_B、X_B 换成质量分数，n_M、n_G、n_L 换成质量，上式仍成立。

由于杠杆规则是依据质量守恒定律导出的，所以无论两相是否平衡均能用杠杆规则进行计算。

【例 1.6-8】　例 1.6-8 附图为 A、B 两组分液态完全互溶气液平衡系统在外压为 100 kPa 下的沸点—组成（t—x）图。

（1）指出图中各区的稳定相。

（2）今将 4 mol 的 A(l) 与 1 mol 的 B(l) 的混合物在 100 kPa 下，升温至 80 ℃达气液平衡，此时系统的共存相有几个？各相组成（以 B 的摩尔分数表示）为多少？各相的物质的量为多少？

（3）恒沸点 c 的自由度数 F 为多少？

（4）若对组成 $x_B=0.2$ 的液态混合物进行精馏，可以得到什么物质？

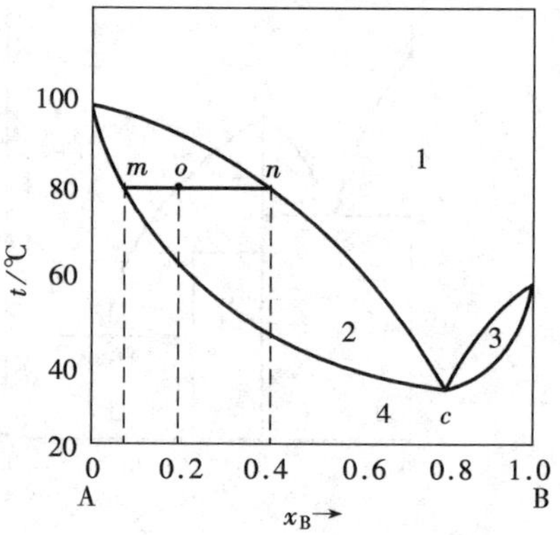

例 1.6-8 附图

解：（1）图中共有 4 个区，其中 1 区为气相区；2 区为气、液共存区；3 区亦是气、液共存区；4 区为液相区。

（2）当将系统组成为 $x_B=0.2$ 的液态混合物加热到 80 ℃并达平衡时，由图可知，系统点落在 2 区（两相共存区），故系统中为气、液两相共存，其中气相的组成为 $y_B=0.4$，液相的组成 $x_B=0.08$。至于这两相的物质的量则可利用杠杆规则求取。根据杠杆规则，气、液两相的量之比等于线段 mo 与 on 之比，即

$$n(\text{g}):n(\text{l})=mo:on$$

而且　$n(\text{g})+n(\text{l})=5\ \text{mol}$

联解上述两式，得

$$\frac{n(\text{g})}{5\ \text{mol}-n(\text{g})}=\frac{0.2-0.08}{0.4-0.2}$$

得　$n(\text{g})=1.875\ \text{mol}$

故　$n(\text{l})=5\ \text{mol}-n(\text{g})=(5-1.875)\ \text{mol}=3.125\ \text{mol}$

（3）恒沸点 c 的自由度数 $F=0$。根据相律，在恒压下两组分两相平衡系统的自由度数 $F=2-2+1=1$，就是说一般情况下，F 应该是 1 的。但是，在恒沸点处，由于气相组成与液相组成相等，所以在计算组分数 C 时，应认为有一个浓度关系式存在，即 $C=2-1=1$，于是 $F=1-2+1=0$。

（4）若对组成为 $x_B=0.2$ 的液态混合物进行精馏，则可在塔顶获得恒沸物，在塔底得纯 A(l)。就是说，t—x 图出现恒沸点的系统，采取一个精馏塔只能提纯 A（或 B）与恒沸物（对于恒沸组成系统则不能采用精馏手段进行分离）。

1.7 电化学

要求:掌握电导、电导率及摩尔电导率的定义及计算,离子独立运动定律、电解质溶解中正负离子平均活度、离子平均活度系数及电导测定的应用;原电池的电动势的计算,原电池热力学,一、二、三类电极的电极反应及其特点;极化作用及超电势。理解离子强度、迁移数、德拜-休克尔极限公式。

电化学主要研究化学能与电能之间的相互转化及转化过程中的有关现象、规律及其应用。将电能转变为化学能的装置称电解池,而将化学能转变为电能的装置称为原电池。无论电解池还是原电池都是以溶液中的电解质离子作为导电媒介来实现能量转换的。所以本章分成两部分内容:第一部分主要讨论电解质溶液的电导和离子迁移现象规律及应用,根据热力学原理定义电解质溶液中离子的平均活度概念;第二部分着重讨论与电极反应相关的原电池,尤其是可逆原电池电动势与热力学函数变化值的关系。

1.7.1 电解质溶液

1. 法拉第定律

法拉第定律主要用于电解过程。当 96 485 库仑电量(即相当于 1 mol 元电荷的电量)通过不同的电解质溶液时,在阴极与阳极上均发生得失 1 mol 电子的电极反应,相应在电极上析出与 1 mol 电子得失相对应的电解产物。若通过电解质溶液的电量为 Q,则相应在电极上析出电解产物的物质的量为 n,两者之间的关系如下,即

$$Q = nzF$$

或

$$n = Q/zF$$

若要求出在电极上析出的物质的质量,则上式改写为

$$m = MQ/zF$$

式中:m 是电极上析出的物质的质量;M 为该物质的摩尔质量;Q 为通过的电量;F 为法拉第常数;z 为电极反应进行了 1 mol 反应进度时所得到或失去的电子的物质的量。

2. 离子迁移数 t

电解质溶液导电是依靠电解质溶液中正、负离子的定向运动而进行的,即由正、负离子分别承担导电的任务。但是,溶液中正、负离子导电的能力是不同的。为此,采用正(负)离子所迁移的电量占通过电解质溶液的总电量的分数来表示正(负)离子的导电能力,并称之为迁移数,用 $t_+(t_-)$ 表示。

正离子迁移数

$$t_+ = Q_+/(Q_+ + Q_-) = v_+/(v_+ + v_-) = u_+/(u_+ + u_-)$$

负离子迁移数

$$t_- = Q_-/(Q_+ + Q_-) = v_-/(v_+ + v_-) = u_-/(u_+ + u_-)$$

上述两式适用于温度、溶剂及外电场一定而且只含有一种正离子和一种负离子的电解质溶液。式子表明,正(负)离子迁移电量不仅与正离子的迁移速率有关,还与在同一电场下的负离子的迁移速率有关,所以,同一种离子在不同电解质溶液中的迁移数是不同的。另外,式中的 u_+ 与 u_- 称为电迁移率,它表示在一定溶液中,当电势梯度为 1 $V\cdot m^{-1}$ 时正、负离子的迁移速率。

迁移数一般可按下式进行计算,即

$$t_+ = Q_+/(Q_+ + Q_-) = \frac{\text{阳(正)离子迁出阳极区的物质的量}}{\text{电极上发生反应的物质的量}}$$

$$t_- = Q_-/(Q_+ + Q_-) = \frac{\text{阴(负)离子迁出阴极区的物质的量}}{\text{电极上发生反应的物质的量}}$$

$$t_+ + t_- = 1$$

3. 电导、电导率与摩尔电导率

衡量溶液中某一电解质的导电能力大小,可用电导 G、电导率 κ 与摩尔电导率 Λ_m 来表述。电导 G 与导体的横截面积 A_s 及长度 l 之间的关系为

$$G = 1/R = \kappa A_s/l$$

式中 κ 称为电导率,表示单位截面积、单位长度的导体之电导。对于电解质溶液,电导率 κ 则表示相距单位长度、面积为单位面积的两个平行板电极间充满电解质溶液时之电导,其单位为 $S \cdot m^{-1}$。若溶液中含有 B 种电解质,则该溶液的电导率应为 B 种电解质的电导率之和,即 $\kappa(\text{溶液}) = \sum_B \kappa_B$。虽然定义电解质溶液电导率时规定了电极间距离、电极的面积和电解质溶液的体积,但因未规定相同体积电解质溶液中电解质的量,于是,因单位体积中电解质的物质的量不同而导致电导率不同。为了反映在相同的物质的量条件下电解质的导电能力,引进了摩尔电导率的概念。电解质溶液的摩尔电导率 Λ_m 定义是,溶液的电导率 κ 与其摩尔浓度 c 之比,即

$$\Lambda_m = \kappa/c$$

式中 Λ_m 表示在相距单位长度的两平行电极之间放有物质的量为 1 mol(基本单元)电解质之溶液的电导,单位为 $S \cdot m^2 \cdot mol^{-1}$。使用 Λ_m 时须注意:①物质的量之基本单元,因为某电解质 B 的物质的量 n_B 正比于 B 的基本单元的数目,所以,同一种电解质若采用不同的基本单元,其摩尔电导率的数值则不同,例如,在 25 ℃下,$\Lambda_m(BaSO_4) = 2.870 \times 10^{-2}\ S \cdot m^2 \cdot mol^{-1}$,而 $\Lambda_m\left(\frac{1}{2}BaSO_4\right) = 1.435 \times 10^{-2}\ S \cdot m^2 \cdot mol^{-1}$;②对弱电解质来说,$\Lambda_m$ 是对包括解离与未解离部分在内的总物质的量为 1 mol 的弱电解质而言的。

Λ_m 是衡量电解质导电能力最常用的物理量,要求取它的值,一般是用 $\Lambda_m = \kappa/c$ 一式计算,但须知该电解质溶液的电导率 κ,而 κ 的值又需通过 $G = \kappa A_s/l$ 一式求得,亦即通过测量该电解质溶液的 G(或电阻)而求取。

4. 离子独立运动定律及其数学表达式

摩尔电导率 Λ_m 与电解质的浓度 c 之间有如下关系:

$$\Lambda_m = \Lambda_m^\infty - A\sqrt{c}$$

此式只适用于强电解质的稀溶液。式中 A 与 Λ_m^∞ 在温度、溶液一定下均为常数。Λ_m^∞ 是 $c \to 0$ 时的摩尔电导率,故称为无限稀释条件下电解质的摩尔电导率。Λ_m^∞ 是电解质的重要特性数据,因为无限稀释时离子间无静电作用,离子独立运动彼此互不影响,所以,在同一温度、溶剂下,不同电解质的 Λ_m^∞ 数值不同是因组成电解质的正、负离子的本性不同。因此,进一步得出

$$\Lambda_m^\infty = \nu_+ \Lambda_{m,+}^\infty + \nu_- \Lambda_{m,-}^\infty$$

式中:ν_+ 与 ν_- 分别为电解质 $C_{\nu_+}A_{\nu_-}$ 全部解离时正、负离子的化学计量数;$\Lambda_{m,+}^\infty$ 与 $\Lambda_{m,-}^\infty$ 则分别为溶液无限稀释时正、负离子的摩尔电导率。此式适用于溶剂、温度一定条件下,任一电解质

在无限稀释时摩尔电导率的计算。故此式称为离子独立运动定律的数学表达式。而对于$\Lambda_{m,+}^{\infty}$和$\Lambda_{m,-}^{\infty}$可通过实验测出一种电解质在无限稀释时的Λ_m^{∞}与迁移数t_B^{∞}，再由下式算出：

$$t_+^{\infty}=\nu_+\Lambda_{m,+}^{\infty}/\Lambda_m^{\infty}$$

$$t_-^{\infty}=\nu_-\Lambda_{m,-}^{\infty}/\Lambda_m^{\infty}$$

通过电导的测定可以求取以下物理量。

①求弱电解质的解离度α和解离常数$K^{\ominus}$。解离度可用下式计算：

$$\alpha=\Lambda_m/\Lambda_m^{\infty}$$

式中：Λ_m为弱电解质在某一浓度c下之摩尔电导率；Λ_m^{∞}为同一电解质在同一温度下无限稀释时的摩尔电导率。有了α便能进一步求弱电解质在某一温度下之解离常数$K^{\ominus}$。例如对1—1型的弱电解质（CH_3COOH、$NH_3\cdot H_2O$、H_2CO_3的一级电离等），其解离常数$K^{\ominus}$的计算如下：

$$K^{\ominus}=\frac{\alpha^2}{1-\alpha}\left(\frac{c}{c^{\ominus}}\right)$$

②求难溶盐的溶解度（或溶度积）。在计算难溶盐的溶解度时，要知道难溶盐虽难溶于水，但溶于水中的难溶盐是全部解离；而且因其溶解度很小，故难溶盐在水中的浓度可视为无限小。在此基础上，水中难溶盐的浓度（即溶解度）可用下式计算，即

$$c=\kappa/\Lambda_m$$

而 $$\Lambda_m\approx\Lambda_m^{\infty}$$

由于难溶盐的溶解度很小，故其电导率κ（难溶盐）很小，而难溶盐水溶液的电导率κ（溶液）又包括了难溶盐及溶剂水两者的电导率，因此，在计算时，必须考虑溶剂水的电导率并将其从难溶盐水溶液电导率的数值中减去，即

$$\kappa(\text{难溶盐})=\kappa(\text{溶液})-\kappa(\text{水})$$

5. 电解质的平均活度$\alpha_{\pm}$及活度系数$\gamma_{\pm}$

(1)电解质离子的平均活度和平均活度系数

强电解质$C_{\nu_+}A_{\nu_-}$解离为ν_+C^{z+}离子和ν_-A^{z-}离子，它们的活度分别为a、a_+、a_-，三者间关系如下：

$$a=a_+^{\nu_+}\cdot a_-^{\nu_-}$$

因实验只能测得正、负离子的平均活度$a_{\pm}$，而$a_{\pm}$与a、a_+、a_-的关系为

$$a=a_{\pm}^{\nu}=a_+^{\nu_+}\cdot a_-^{\nu_-}$$

而 $$\nu=\nu_++\nu_-$$

另外 $$a_{\pm}=\gamma_{\pm}\frac{b_{\pm}}{b^{\ominus}}$$

式中$b_{\pm}$称为离子平均质量摩尔浓度，其与正、负离子的质量摩尔浓度b_+、b_-的关系为

$$b_{\pm}=(b_+^{\nu_+}b_-^{\nu_-})^{1/\nu}$$

式中$\gamma_{\pm}$称为离子平均活度系数，其与正、负离子的活度系数γ_+、γ_-的关系为

$$\gamma_{\pm}=(\gamma_+^{\nu_+}\gamma_-^{\nu_-})^{1/\nu}$$

(2)离子强度与德拜－休克尔极限公式

离子强度的定义式为

$$I=\frac{1}{2}\sum b_Bz_B^2$$

式中：b_B与z_B分别代表溶液中某离子B的质量摩尔浓度与该离子的电荷数，单位为$mol \cdot kg^{-1}$。I值的大小反映了电解质溶液中离子的电荷所形成静电场之强弱。I的定义式适用于强电解质溶液。若溶液中有强、弱电解质，则计算I值时，需将弱电解质解离部分离子计算在内。

德拜－休克尔公式：

$$\lg \gamma_{\pm} = -Az_{+}|z_{-}|\sqrt{I}$$

上式是德拜－休克尔从理论上导出的计算$\gamma_{\pm}$的式子，它只适用于强电解质极稀浓度的溶液。A为常数，在25 ℃的水溶液中$A = 0.509(kg \cdot mol^{-1})^{1/2}$。

【例1.7-1】 在25 ℃下，用Ag电极电解浓度为0.01 $mol \cdot dm^{-3}$的$AgNO_3$溶液，通电一定时间后，测得在阴极上析出1.15 g的Ag，同时还测得阴极区中Ag^+的总量减少了0.605 g，求$AgNO_3$溶液中Ag^+的迁移数t_{Ag^+}和NO_3^-的迁移数$t_{NO_3^-}$。

解：根据迁移数定义，

$$t_{NO_3^-} = Q_{NO_3^-}/Q$$

$$t_{Ag^+} = Q_{Ag^+}/Q$$

由法拉第定律可知，在阴极上所析出的Ag的质量与通过电解池的总电量有以下的关系，即

$$Q = zFm_{Ag}/M_{Ag}$$

而阴极区中Ag^+所减少的量与NO_3^-离子所传导的电量有以下关系，即

$$Q_{NO_3^-} = zFm_{Ag^+}/M_{Ag}$$

所以 $$t_{NO_3^-} = Q_{NO_3^-}/Q = \frac{zFm_{Ag^+}/M_{Ag}}{zFm_{Ag}/M_{Ag}} = m_{Ag^+}/m_{Ag} = 0.605\ g/1.15\ g = 0.526$$

而 $$t_{Ag^+} = 1 - t_{NO_3^-} = 1 - 0.526 = 0.474$$

【例1.7-2】 已知25 ℃下，浓度为0.02 $mol \cdot dm^{-3}$的KCl溶液的电导率$\kappa(KCl) = 0.276\ 8\ S \cdot m^{-1}$。在25 ℃下，将上述KCl溶液放入一电导池中，测得其电阻为453 Ω。若在同一电导池中放入1 dm^3溶液中含0.555 g $CaCl_2$的$CaCl_2$溶液，测得其电阻为1 050 Ω。试计算该$CaCl_2$溶液的电导率与摩尔电导率。

解：这是通过电导测量来求算电解质的κ及Λ_m。计算这类题时，要先看题目是否给出该电导池的电池常数$K_{cell} = l/A_s$。如果无K_{cell}的值，则如本题会给出某一电解质溶液的电导率，目的是求K_{cell}值。根据电导计算式

$$G = \kappa A_s/l$$

$$K_{cell} = l/A_s = \kappa(KCl)/G(KCl) = \kappa(KCl)R(KCl)$$

再由电导计算式计算$CaCl_2$的$\kappa(CaCl_2)$，

$$G(CaCl_2) = \frac{1}{R(CaCl_2)} = \kappa(CaCl_2)A_s/l$$

所以 $$\kappa(CaCl_2) = \frac{1}{R(CaCl_2)}\frac{l}{A_s} = \frac{\kappa(KCl)R(KCl)}{R(CaCl_2)}$$

$$= 0.276\ 8\ S \cdot m^{-1} \times 453\ \Omega/1\ 050\ \Omega = 0.119\ 4\ S \cdot m^{-1}$$

再据 $$\Lambda_m(CaCl_2) = \frac{\kappa(CaCl_2)}{c}$$

而 $$c = m(CaCl_2)/M(CaCl_2)$$

所以 $$\Lambda_m(CaCl_2) = \kappa(CaCl_2)M(CaCl_2)/m(CaCl_2)$$

$=0.1194\ S\cdot m^{-1}\times 110.99\times 10^{-3}\ kg\cdot mol^{-1}/0.555\times 10^{-3}\ kg$

$=0.02388\ S\cdot m^{-2}\cdot mol^{-1}$

【例 1.7-3】 25 ℃时，纯水的电导率 $\kappa(H_2O)$ 为 $5.50\times 10^{-6}\ S\cdot m^{-1}$，又知

$\Lambda_m^\infty(H^+)=3.50\times 10^{-2}\ S\cdot m^2\cdot mol^{-1}$，$\Lambda_m^\infty(OH^-)=1.98\times 10^{-2}\ S\cdot m^2\cdot mol^{-1}$

求水的离子积。

解：水的离子积 $K_w=(c_{H^-}/c^\ominus)(c_{OH^-}/c^\ominus)$，因

$c_{H^+}=c_{OH^-}=c$

故 $K_w=(c/c^\ominus)^2$ (1)

由式(1)可知，欲求水的离子积 K_w 必须先求 c，此 c 值是指水中离解成 H^+ 和 OH^- 离子的这一部分水的浓度。好像是将水分成离解水与不离解的水，而且是离解水溶于不离解的水中。求 c 则需用

$\Lambda_m=K/c$

由于离解水的浓度很稀，可近似视为无限稀释溶液，即

$\Lambda_m(H_2O)=\Lambda_m^\infty(H_2O)=\Lambda_m^\infty(H^+)+\Lambda_m^\infty(OH^-)$

$=(3.50\times 10^{-2}+1.98\times 10^{-2})\ S\cdot m^2\cdot mol^{-1}=5.48\times 10^{-2}\ S\cdot m^2\cdot mol^{-1}$

$c=\kappa(H_2O)/\Lambda_m^\infty(H_2O)=5.50\times 10^{-6}\ S\cdot m^{-1}/5.48\times 10^{-2}\ S\cdot m^2\cdot mol^{-1}$

$=1.004\times 10^{-4}\ mol\cdot m^{-3}=1.004\times 10^{-7}\ mol\cdot dm^{-3}$

代入式(1)得

$K_w=(1.004\times 10^{-7}\ mol\cdot dm^{-3}/1\ mol\cdot dm^{-3})^2=1.008\times 10^{-14}$

本题是已知水的电导率 $\kappa(H_2O)$ 求水的离子积，反之，也可由水的离子积求水的电导率。

【例 1.7-4】 在 25 ℃下，用电导池常数 $K_{cell}=36.90\ m^{-1}$ 的电导池测得 $0.100\ mol\cdot dm^{-3}$ HOAc 溶液的电阻为 703 Ω。求 HOAc 的解离常数 $K^\ominus$。已知 25 ℃下 HCl、NaOAc、NaCl 的 Λ_m^∞ 分别为 426.2×10^{-4}、90.1×10^{-4}、$126.5\times 10^{-4}\ S\cdot m^2\cdot mol^{-1}$。

解：HOAc 是 1—1 型的弱电解质，其解离反应方程为

$HOAc \rightleftharpoons H^+ + OAc^-$

平衡时 $c(1-\alpha)$ $c\alpha$ $c\alpha$

$$K^\ominus=\frac{\alpha^2}{(1-\alpha)}(c/c^\ominus) \qquad (1)$$

由式(1)可知，要求取 $K^\ominus$ 必须先求 α，c 是题中已给的，而

$\alpha=\Lambda_m/\Lambda_m^\infty$

Λ_m 是 HOAc 在浓度为 c 时之摩尔电导率，Λ_m^∞ 为 HOAc 在无限稀释时之摩尔电导率。

$\Lambda_m=\kappa(HOAc)/c$

$$\kappa(HOAc)=G(HOAc)\frac{l}{A_s}=\frac{K_{cell}}{R_{HOAc}}=\frac{36.90\ m^{-1}}{703\ \Omega}=5.25\times 10^{-2}\ S\cdot m^{-1}$$

所以 $\Lambda_m(HOAc)=5.25\times 10^{-2}\ S\cdot m^{-1}/(0.100\times 10^3\ mol\cdot m^{-3})=5.25\times 10^{-4}\ S\cdot m^2\cdot mol^{-1}$

而 $\Lambda_m^\infty(HOAc)=\Lambda_m^\infty(H^+)+\Lambda_m^\infty(OAc^-)$

$=\Lambda_m^\infty(HCl)+\Lambda_m^\infty(NaOAc)-\Lambda_m^\infty(NaCl)$

$=(426.2\times 10^{-4}+90.1\times 10^{-4}-126.5\times 10^{-4})\ S\cdot m^2\cdot mol^{-1}$

$$=389.8\times10^{-4}\ \mathrm{S\cdot m^2\cdot mol^{-1}}$$

因而 $\alpha=\Lambda_m(\mathrm{HOAc})/\Lambda_m^\infty(\mathrm{HOAc})$

$$=5.25\times10^{-4}\ \mathrm{S\cdot m^2\cdot mol^{-1}}/(3.898\times10^{-2}\ \mathrm{S\cdot m^2\cdot mol^{-1}})=0.013\ 47$$

将 α 值代入式(1)中，则

$$K^\ominus=\frac{\alpha^2}{(1-\alpha)}(c/c^\ominus)=\frac{0.013\ 47^2}{1-0.013\ 47}\times0.100=1.84\times10^{-5}$$

【例 1.7-5】 已知 25 ℃下，0.2 $\mathrm{mol\cdot kg^{-1}}$ $Al_2(SO_4)_3$ 溶液的 $\gamma_\pm=0.43$。求 $Al_2(SO_4)_3$ 溶液中正、负离子的平均活度 $a_\pm$ 及 $Al_2(SO_4)_3$ 的整体活度 $a\{Al_2(SO_4)_3\}$。

解：根据 $a=a_\pm^\nu=(\gamma_\pm b_\pm/b^\ominus)^\nu$

而 $b_\pm=(b_+^{\nu_+}/b_-^{\nu_-})^{1/\nu}$

计算 $a\{Al_2(SO_4)_3\}$ 需计算 $a_\pm$，而计算 $a_\pm$ 则需计算 $b_\pm$。根据题给数据，

$$b_{Al^{3+}}=2\times0.2\ \mathrm{mol\cdot kg^{-1}}=0.4\ \mathrm{mol\cdot kg^{-1}}$$

$$b_{SO_4^{2-}}=3\times0.2\ \mathrm{mol\cdot kg^{-1}}=0.6\ \mathrm{mol\cdot kg^{-1}}$$

$$\nu_+=2,\nu_-=3,\nu=\nu_++\nu_-=5$$

所以 $b_\pm=(b_{Al^{3+}}^2 b_{SO_4^{2-}}^3)^{1/5}=(0.4^2\times0.6^3)^{1/5}\ \mathrm{mol\cdot kg^{-1}}=0.510$

$$a_\pm=\gamma_\pm b_\pm/b^\ominus=0.43\times0.510=0.219$$

$$a\{Al_2(SO_4)_3\}=a_\pm^\nu=0.219^5=5.07\times10^{-4}$$

【例 1.7-6】 试用德拜－休克尔极限公式计算在 25 ℃时下列电解质溶液中正、负离子的平均活度系数 $\gamma_\pm$。(1)浓度为 0.02 $\mathrm{mol\cdot kg^{-1}}$ 的 Na_2SO_4；(2)浓度为 0.02 $\mathrm{mol\cdot kg^{-1}}$ 的 $AlCl_3$。

解：德拜－休克尔极限公式为

$$\lg\gamma_\pm=-Az_+|z_-|\sqrt{I}\quad(25\ ℃的水溶液\ A=0.509(\mathrm{kg\cdot mol^{-1}})^{1/2})$$

(1)求 $b=0.02\ \mathrm{mol\cdot kg^{-1}}$ 的 Na_2SO_4 的 $\gamma_\pm$，则需先求 I，而

$$I=\frac{1}{2}\sum b_Bz_B^2$$

$$=\frac{1}{2}\times[2\times0.02\times1^2\ \mathrm{mol\cdot kg^{-1}}+0.02\times(-2)^2\ \mathrm{mol\cdot kg^{-1}}]$$

$$=\frac{1}{2}\times(0.04\ \mathrm{mol\cdot kg^{-1}}+0.08\ \mathrm{mol\cdot kg^{-1}})=0.06\ \mathrm{mol\cdot kg^{-1}}$$

所以 $\lg\gamma_\pm=-0.509(\mathrm{kg\cdot mol^{-1}})^{1/2}\times1\times2\times(0.06\ \mathrm{mol\cdot kg^{-1}})^{1/2}=-0.249\ 4$

$$\gamma_\pm=0.56$$

(2) $I=\frac{1}{2}\sum b_Bz_B^2$

$$=\frac{1}{2}\times[0.02\times3^2\ \mathrm{mol\cdot kg^{-1}}+3\times0.02\times(-1)^2\ \mathrm{mol\cdot kg^{-1}}]$$

$$=\frac{1}{2}\times(0.18\ \mathrm{mol\cdot kg^{-1}}+0.06\ \mathrm{mol\cdot kg^{-1}})=0.12\ \mathrm{mol\cdot kg^{-1}}$$

所以 $\lg\gamma_\pm=-0.509(\mathrm{kg\cdot mol^{-1}})^{1/2}\times3\times1\times(0.12\ \mathrm{mol\cdot kg^{-1}})^{1/2}=-0.529$

$$\gamma_\pm=0.296$$

1.7.2 可逆原电池及其电动势

1.可逆原电池及原电池的表示法

原电池有可逆和不可逆之分,可逆原电池必须满足:①电极反应能向正、逆两方向进行,即电极反应必须是可逆的;②电池在放电或充电(工作)时,要在无限接近平衡态下工作,流过电池的电流要无限小,即放电或充电过程的能量是可逆的。

原电池都是由两个电极组成的,电极又分为正极与负极,两电极之间既要相通,又要不使两电极的溶液间发生相混,所以在表示一个原电池时,需要有一定的书写格式,使人一看便知是什么电池,由什么电极组成等。其规定如下。

①原电池中发生氧化反应的电极(即阳极,又是负极)写在左边,发生还原反应的电极(即阴极,又是正极)写在右边。

②电池中凡是相与相之间的分界面用垂直线“|”表示。

③两电极间可混液相的接界处(即用多孔板分隔时)用虚垂线“┆”表示。

④如原电池两电极间可混液相的接界电势已经用盐桥消除或降低时,用两虚垂线“┆┆”表示。

⑤若组成原电池的两电极之一为气体电极时,必须用一惰性电极(例如铂 Pt)作为传输电子的导体。

例如 $Pt(s) \mid H_2(g, p_{H_2}) \mid H^+(a_{H^+}) ┆ Cu^{2+}(a_{Cu^{2+}}) \mid Cu(s)$。

根据上面的表示可知,该原电池是由作阳极的氢电极与作阴极的铜电极组成,因氢电极为气体电极,所以用 Pt(s)作为电子的导体,氢电极的氢离子溶液与铜电极的铜离子溶液之间用一多孔隔板分隔开。

2.原电池热力学

在恒 T、p,可逆条件下,系统中发生化学反应(即电池反应)而对环境做电功的装置就是原电池。根据热力学理论可知,在恒 T、p,可逆条件下,若系统经历一过程,且与环境间有非体积功交换,则

$$\Delta G = W_r$$

当系统(原电池)进行 1 mol 反应进度的电池反应时与环境交换的电功 $W' = -zFE$,于是

$$\Delta_r G_m = -zFE$$

式中:z 为 1 mol 反应进度的电池反应所得失的电子之物质的量,单位为 mol 电子/mol 反应;F 为 1 mol 电子所带的电量,单位为 $C \cdot mol^{-1}$ 电子。

如能得到恒压下原电池电动势随温度的变化率$(\partial E/\partial T)_p$,亦称为电动势的温度系数,则恒压下反应进度为 1 mol 的电池反应之熵差 $\Delta_r S_m$ 可由下式求得,即

$$\Delta_r S_m = -(\partial \Delta_r G_m / T)_p = zF(\partial E/\partial T)_p$$

再据恒温下,$\Delta_r G_m = \Delta_r H_m - T\Delta_r S_m$,得

$$\Delta_r H_m = -zFE + zFT$$

此式与 $\Delta_r G_m$ 一样,适用于恒 T、p 下反应进度为 1 mol 的电池反应。

若电池反应是在温度为 T、参加反应各物质均处在标准状态的情况下进行时,则

$$\Delta_r G_m^\ominus = -zFE^\ominus$$

于是 $$\ln K^\ominus = zFE^\ominus / RT$$

此式用于一定温度下求所指定的原电池反应的标准平衡常数 $K^{\ominus}$。式中 $E^{\ominus}$ 称标准电动势。因原电池放电过程为可逆过程，所以在放电过程中与环境交换的热 Q_r 可用下式进行计算：

$$Q_r = T\Delta_r S_m = zFT\left(\frac{\partial E}{\partial T}\right)_p$$

3. 原电池电动势的计算

由上可知，若想求出可逆原电池对环境做了 W'_r 电功后，反应系统的 $\Delta_r G_m$、$\Delta_r S_m$、$\Delta_r H_m$、$K^{\ominus}$ 及 Q_r，则必须知 E、$\left(\frac{\partial E}{\partial T}\right)_p$ 等的数值，也就是要求取原电池的电动势 E。

所谓原电池的电动势 E 是指通过电池的电流趋于零的条件下两电极间的电势差。其计算方法有如下两种。

(1) 由能斯特方程直接计算 E

写出所求原电池的电池反应，直接应用能斯特方程进行计算。例如，有电池反应如下：

$$a\mathrm{A}(a_\mathrm{A}) + c\mathrm{C}(a_\mathrm{C}) \rightleftharpoons d\mathrm{D}(a_\mathrm{D}) + f\mathrm{F}(a_\mathrm{F})$$

则能斯特方程为

$$E = E^{\ominus} - \frac{RT}{zF}\ln\frac{a_\mathrm{D}^d a_\mathrm{F}^f}{a_\mathrm{A}^a a_\mathrm{C}^c}$$

上式可以写成

$$E = E^{\ominus} - \frac{RT}{zF}\ln\prod_\mathrm{B} a_\mathrm{B}^{\nu_\mathrm{B}}$$

上式表明，若已知在一定温度下参加电池反应的各物质的活度与电池反应得失电子的物质的量，则 E 就可求。反之，当知某一原电池的电动势，亦能求出参加电池反应的某物质的活度 $a_{\pm}$ 或离子平均活度系数 $\gamma_{\pm}$。应用能斯特方程首要的是要正确写出电池反应式。

若参加电池反应的物质中有气体，则能斯特方程中该气体的活度用其压力代替。例如

$$\mathrm{H_2}(\mathrm{g}, p_{\mathrm{H_2}}) + \mathrm{Cu^{2+}}(a_{\mathrm{Cu^{2+}}}) \rightleftharpoons 2\mathrm{H^+}(a_{\mathrm{H^+}}) + \mathrm{Cu(s)}$$

上面反应的能斯特方程为

$$E = E^{\ominus} - \frac{RT}{zF}\ln\frac{a_{\mathrm{H^+}}^2 a_\mathrm{Cu}}{\left(\frac{p_{\mathrm{H_2}}}{p^{\ominus}}\right)a_{\mathrm{Cu^{2+}}}}$$

纯固体与纯液体的活度均取 1，故式中的 $a_\mathrm{Cu} = 1$。

(2) 由两电极的电极电势计算 E

从理论上看，原电池的电动势应是组成原电池的两电极的电极电势之差。但目前尚无法直接测定单一电极的电极电势。为了解决这一问题，目前采取一种相对电极电势的方法，此方法规定：在温度为 T、标准状态下的 $\mathrm{H_2(g)}$ 与氢离子活度 $a_{\mathrm{H^+}}$ 为 1 的溶液构成的标准氢电极作为原电池阳极，并规定该氢电极标准电极电势为零，同时将某电极作为阴极（还原电极）与标准氢电极组成一原电池。将此电池的电动势称为还原电极的电极电势，根据能斯特方程可以写出该电极电势与电极上还原反应的还原态物质活度 a(还原态) 及氧化态物质活度 a(氧化态) 的关系，即

$$E(\text{电极}) = E^{\ominus}(\text{电极}) - \frac{RT}{zF}\ln\frac{a(\text{还原态})}{a(\text{氧化态})}$$

如何利用上式的电极电势计算来求取任何原电池的电动势？计算方法如下。

①组成所求原电池的两电极不管在所求原电池中是阴极(还原极)还是阳极(氧化极),一律按上式分别计算其电极电势E(阴)和E(阳)。

②根据两电极在所求原电池中是处在阴极还是阳极,便可按下式计算求得所求原电池电动势E,同时原电池标准电动势$E^{\ominus}$也可同样计算。

$$E=E(\text{阴})-E(\text{阳})$$

$$E^{\ominus}=E^{\ominus}(\text{阴})-E^{\ominus}(\text{阳})$$

4. 可逆电极的种类

要正确地算出原电池电动势的数值,关键是要正确写出电极反应和电池反应,也就是要分清组成原电池的两电极是哪一类型的电极,因为不同类型的电极其电极反应是不同的。目前将电极分成三种类型。

1)第一类电极

这类电极是将某种金属或吸附了某种气体的惰性金属插入含有该元素离子的溶液中而构成的。例如铜电极 $Cu^{2+}(a_{Cu^{2+}})\mid Cu(s)$和氯电极 $Cl^{-}\mid Cl_2(g,p)\mid Pt$,这类电极作阴极时,其电极反应为

$$Cu^{2+}+2e^{-}\longrightarrow Cu(s)$$

$$Cl_2+2e^{-}\longrightarrow 2Cl^{-}$$

电极电势的计算公式为

$$E(Cu^{2+}\mid Cu)=E^{\ominus}(Cu^{2+}\mid Cu)-\frac{RT}{zF}\ln\frac{1}{a_{Cu^{2+}}}$$

$$E\{Cl^{-}\mid Cl_2(g)\mid Pt\}=E^{\ominus}\{Cl^{-}\mid Cl_2(g)\mid Pt\}-\frac{RT}{zF}\ln\frac{a_{Cl^{-}}^{2}}{p_{Cl_2}/p^{\ominus}}$$

在第一类电极中,需要注意的是氧电极和氢电极的特殊性。

2)第二类电极

第二类电极又分成金属—金属难溶盐电极和金属—金属难溶氧化物电极两种。其中金属—金属难溶盐电极是重点。

金属—金属难溶盐电极,是金属上覆盖一层该金属难溶盐并插入与该难溶盐有共同阴离子的溶液中而构成。这类电极常见的有

$$I^{-}\mid AgI(s)\mid Ag(s)$$

$$Cl^{-}\mid Hg_2Cl_2(s)\mid Hg$$

$$SO_4{}^{2-}\mid PbSO_4(s)\mid Pb(s)$$

这类电极作为还原电极时,其电极反应为

$$AgI(s)+e^{-}\longrightarrow Ag+I^{-}$$

$$Hg_2Cl_2(s)+2e^{-}\longrightarrow 2Hg+2Cl^{-}$$

$$PbSO_4(s)+2e^{-}\longrightarrow Pb+SO_4^{2-}$$

这类电极的电极电势的计算公式为

$$E\{I^{-}\mid AgI(s)\mid Ag\}=E^{\ominus}\{I^{-}\mid AgI(s)\mid Ag\}-\frac{RT}{F}\ln a_{I^{-}}$$

$$E\{Cl^{-}\mid Hg_2Cl_2(s)\mid Hg\}=E^{\ominus}\{Cl^{-}\mid Hg_2Cl_2(s)\mid Hg\}-\frac{RT}{2F}\ln a_{Cl^{-}}^{2}$$

$$E\{SO_4^{2-}\mid PbSO_4(s)\mid Pb\}=E^{\ominus}\{SO_4^{2-}\mid PbSO_4(s)\mid Pb\}-\frac{RT}{2F}\ln a_{SO_4^{2-}}$$

由上面例子可以看出:①这类电极在结构上一定有金属及该金属难溶盐两种固体,与第一类电极明显不同;②这类电极作阴极时,一定是难溶盐得到电子而析出金属;③这类电极的电极电势大小只与溶液中的阴离子浓度有关。

另一种金属—金属难溶氧化物电极,目前用处不多,不作为重点。

3)第三类电极

第三类电极又称氧化还原电极,此类电极是将惰性电极(如 Pt)插入含有同一种金属的两种不同价数的离子的溶液所组成。这类电极的电极反应在溶液中进行,惰性电极只起传导电子的作用。例如:

$Cu^{2+}(a_{Cu^{2+}}),Cu^{+}(a_{Cu^{+}}) \mid Pt$

$Fe^{3+}(a_{Fe^{3+}}),Fe^{2+}(a_{Fe^{2+}}) \mid Pt$

这类电极作还原电极(阴极)时,电极反应为

$Cu^{2+} + e^{-} \longrightarrow Cu^{+}$

$Fe^{3+} + e^{-} \longrightarrow Fe^{2+}$

电极电势的计算公式为

$$E(Cu^{2+},Cu^{+} \mid Pt) = E^{\ominus}(Cu^{2+},Cu^{+} \mid Pt) - \frac{RT}{F}\ln(a_{Cu^{+}}/a_{Cu^{2+}})$$

$$E(Fe^{3+},\ Fe^{2+} \mid Pt) = E^{\ominus}(Fe^{3+},\ Fe^{2+} \mid Pt) - \frac{RT}{F}\ln(a_{Fe^{2+}}/a_{Fe^{3+}})$$

5. 液体接界电势和盐桥

在两种不同电解质溶液界面处,由于溶液中离子扩散速率不同而在该界面处产生电势差,此电势差称为液体接界电势。此电势的存在将使实验测得的原电池电动势发生偏差。而使用盐桥则是降低或消除液体接界电势的最常用的方法。

【例 1.7-7】 电池 $Pt(s) \mid H_2(101.325\ kPa) \mid HCl(0.1\ mol \cdot kg^{-1}) \mid Hg_2Cl_2 \mid Hg(l) \mid Pt(s)$的电动势 E 与温度 T 的关系为

$$E/V = 0.069\ 4 + 1.881 \times 10^{-3}\ T/K - 2.9 \times 10^{-6}(T/K)^2$$

(1)写出上述电池的电极反应和电池反应;

(2)计算 25 ℃下(1)中的电池反应的 $\Delta_r G_m$、$\Delta_r S_m$及 $\Delta_r H_m$;

(3)计算在 25 ℃下题给电池可逆放电 $2F$ 电量时与环境交换的热 Q_r。

解:(1)凡是进行原电池的有关计算,应先写出所求电池的电极反应和电池反应,否则无法计算或计算错误。根据电池书写规则可知,题给电池的电极反应为

阳极 $H_2(g)\ (101.325\ kPa) \rightleftharpoons 2H^{+}(a_{H^{+}}) + 2e^{-}$

阴极 $Hg_2Cl_2 + 2e^{-} \rightleftharpoons 2Hg(l) + 2Cl^{-}(a_{Cl^{-}})$

电池反应为

$$H_2(101.325\ kPa) + Hg_2Cl_2(s) \rightleftharpoons 2Hg(l) + 2H^{+}(a_{H^{+}}) + 2Cl^{-}(a_{Cl^{-}})$$

(2)将 $T = 298.15$ K 代入题给的 E 与 T 的关系式中,求出该电池在 25 ℃的电动势为

$$E = (0.0694 + 1.881 \times 10^{-3} \times 298.15 - 2.9 \times 10^{-6} \times 298.15^2)\ V = 0.372\ 4\ V$$

将所得的 E 值代入 $\Delta_r G_m = -zFE$,求 $\Delta_r G_m$。其中 z 代表电池反应进行 1 mol 反应进度时在电极上参加电极反应的电子的物质的量。这可从电极反应来确定,本题的 $z = 2$,故

$$\Delta_r G_m = -2 \times 96\ 485\ C \cdot mol^{-1} \times 0.372\ 4\ V = -71.868\ kJ \cdot mol^{-1}$$

$$\Delta_r S_m = zF(\partial E/\partial T)_p$$

求$(\partial E/\partial T)_p$可将题给的$E=f(T)$关系式对$T$求偏微分，得

$$(\partial E/\partial T)_p = (1.881\times10^{-3} - 2\times2.9\times10^{-6}\ T/\text{K})\ \text{V}\cdot\text{K}^{-1}$$

将$T=298.15$ K代入上式中，便可得在298.15 K下的电动势温度系数，即

$$(\partial E/\partial T)_p = (1.881\times10^{-3} - 2\times2.9\times10^{-6}\times298.15)\ \text{V}\cdot\text{K}^{-1} = 1.517\times10^{-4}\ \text{V}\cdot\text{K}^{-1}$$

$$\Delta_r S_m = 2\times96\,485\ \text{C}\cdot\text{mol}^{-1}\times1.517\times10^{-4}\ \text{V}\cdot\text{K}^{-1} = 29.28\ \text{J}\cdot\text{K}^{-1}\cdot\text{mol}^{-1}$$

$$\Delta_r H_m = \Delta_r G_m + T\Delta_r S_m = -71\,868\ \text{J}\cdot\text{mol}^{-1} + 298.15\ \text{K}\times29.28\ \text{J}\cdot\text{K}^{-1}\cdot\text{mol}^{-1}$$
$$= -63.14\ \text{kJ}\cdot\text{mol}^{-1}$$

(3)在25 ℃下，电池可逆放电$2F$电量时与环境交换的热

$$Q_r = T\Delta_r S_m = 298.15\ \text{K}\times29.28\ \text{J}\cdot\text{K}^{-1}\cdot\text{mol}^{-1} = 8.730\ \text{kJ}$$

【例1.7-8】 已知25 ℃时下列原电池的$E^\ominus = -0.627$ V。

$$\text{Ag(s)} \mid \text{Ag}_2\text{SO}_4\text{(s)} \mid \text{H}_2\text{SO}_4(b) \mid \text{H}_2(100\ \text{kPa}) \mid \text{Pt}$$

(1)写出上述电池的电极反应及电池反应；

(2)当H_2SO_4溶液的浓度$b=0.10\ \text{mol}\cdot\text{kg}^{-1}$时，测得上述原电池的电动势$E=-0.782$ V，试计算H_2SO_4的离子平均活度$\alpha_\pm$及平均活度系数$\gamma_\pm$；

(3)在25 ℃下，已知上述电池可逆放电$2F$电量时，电池反应的$\Delta_r H_m^\ominus = 97.5\ \text{kJ}\cdot\text{mol}^{-1}$(且不随温度而变)，求350 K时该电池的标准电动势的温度系数$(\partial E^\ominus/\partial T)_p$。

解：(1)阳极 $2\text{Ag(s)} + \text{SO}_4^{2-}(a_{\text{SO}_4^{2-}}) \rightleftharpoons \text{Ag}_2\text{SO}_4\text{(s)} + 2\text{e}^-$

阴极 $2\text{H}^+(a_{\text{H}^+}) + 2\text{e}^- \rightleftharpoons \text{H}_2(100\ \text{kPa})$

电池反应 $2\text{Ag(s)} + 2\text{H}^+(a_{\text{H}^+}) + \text{SO}_4^{2-}(a_{\text{SO}_4^{2-}}) \rightleftharpoons \text{Ag}_2\text{SO}_4\text{(s)} + \text{H}_2(100\ \text{kPa})$

(2)根据能斯特方程，写出上述电池的电动势E与参加反应各物质的活度的关系，即

$$E = E^\ominus - \frac{RT}{2F}\ln\frac{a_{\text{Ag}_2\text{SO}_4}(p_{\text{H}_2}/p^\ominus)}{a_{\text{Ag}}^2 a_{\text{H}^+}^2\times a_{\text{SO}_4^{2-}}} \tag{1}$$

因Ag_2SO_4、Ag均为纯固体，故$a_{\text{Ag}}=1$，$a_{\text{Ag}_2\text{SO}_4}=1$。而$p_{\text{H}_2}=100$ kPa，所以式(1)简化为

$$E = E^\ominus - \frac{RT}{2F}\ln[1/(a_{\text{H}^+}^2\times a_{\text{SO}_4^{2-}})] \tag{2}$$

再据 $a(\text{H}_2\text{SO}_4) = a_{\text{H}^+}^2\times a_{\text{SO}_4^{2-}} = a_\pm^3$

式(2)又可写成

$$E = E^\ominus - \frac{RT}{2F}\ln(1/a_\pm^3)$$

所以 $\ln(1/a_\pm^3) = -\dfrac{2F}{RT}(E - E^\ominus)$

$$= -\frac{2\times96\,485\ \text{C}\cdot\text{mol}^{-1}}{8.314\ \text{J}\cdot\text{K}^{-1}\cdot\text{mol}^{-1}\times298.15\ \text{K}}[-0.782\ \text{V} - (-0.627\ \text{V})]$$
$$= 12.066\,4$$

$$a_\pm = 0.017\,91$$

由于 $a_\pm = \gamma_\pm(b_\pm/b^\ominus)$

所以 $\gamma_\pm = a_\pm b^\ominus/b_\pm$

$$b_\pm = (b_{\text{H}^+}^2 b_{\text{SO}_4^{2-}})^{1/3} = (0.20^2\times0.10)^{1/3} = 0.159\ \text{mol}\cdot\text{kg}^{-1}$$

故　　$\gamma_{\pm}=0.017\ 91/0.159=0.112\ 9$

（3）根据题给数据，$\Delta_r S_m^\ominus$可由下式求得：

$$\Delta_r S_m^\ominus=(\Delta_r H_m^\ominus-\Delta_r G_m^\ominus)/T$$

$$\Delta_r G_m^\ominus=-2FE^\ominus=[-2\times 96\ 485\times(-0.627)]\ \mathrm{J\cdot mol^{-1}}=120\ 992\ \mathrm{J\cdot mol^{-1}}$$

所以　　$\Delta_r S_m^\ominus=\left(\dfrac{97\ 500-120\ 992}{298.15}\right)\mathrm{J\cdot K^{-1}\cdot mol^{-1}}=-78.79\ \mathrm{J\cdot K^{-1}\cdot mol^{-1}}$

因$\Delta_r H_m^\ominus$与T无关，所以$\Delta_r S_m^\ominus$也与T无关，也就为一定值，于是利用25 ℃下的$\Delta_r S_m^\ominus$数值便可求出$(\partial E/\partial T)_p$，即

$$\Delta_r S_m^\ominus=2F(\partial E/\partial T)_p$$

$$(\partial E^\ominus/\partial T)_p=\Delta_r S_m^\ominus/2F=-78.79\ \mathrm{J\cdot K^{-1}\cdot mol^{-1}}/(2\times 96\ 485\ \mathrm{C\cdot mol^{-1}})=4.08\times 10^{-4}\ \mathrm{V\cdot K^{-1}}$$

【例1.7-9】　已知在25 ℃时，银电极的标准电动势$E^\ominus(Ag^+\mid Ag)=0.799\ 4$ V，AgBr电极的标准电动势$E^\ominus\{Br^-\mid AgBr(s)\mid Ag\}=0.071\ 1$ V，求25 ℃下，AgBr(s)在纯水中的溶度积K_{sp}为多少。

解：这是利用原电池的电动势数据来计算难溶盐的K_{sp}的一个例子。根据难溶盐的解离反应，可以写出

$$AgBr(s)\rightleftharpoons Ag^+ + Br^- \qquad (1)$$

AgBr(s)的溶度积

$$K_{sp}=a_{Ag^+}a_{Br^-}$$

由化学平衡原理可知

$$\Delta_r G_m^\ominus(1)=-RT\ln K_{sp}$$

而银电极的标准电动势$E^\ominus(Ag^+\mid Ag)$与银电极反应在温度为T、参加反应各物质均处在标准态时，反应1 mol反应进度的标准摩尔反应吉布斯函数$\Delta_r G_m^\ominus(2)$有如下关系，即

$$Ag^+ + e^-\rightleftharpoons Ag(s) \qquad (2)$$

$$\Delta_r G_m^\ominus(2)=-zFE^\ominus(Ag^+\mid Ag)$$

同理，AgBr(s)电极的$E^\ominus\{Br^-\mid AgBr(s)\mid Ag\}$与AgBr(s)电极反应的$\Delta_r G_m^\ominus(3)$之间亦有以下关系，即

$$AgBr(s)+e^-\rightleftharpoons Ag(s)+Br^- \qquad (3)$$

$$\Delta_r G_m^\ominus(3)=-zFE^\ominus\{Br^-\mid AgBr(s)\mid Ag\}$$

将反应式(3)－反应式(2)便可得反应式(1)，根据状态函数变化值只与始末态有关而无途径关系的原则，得

$$\Delta_r G_m^\ominus(3)-\Delta_r G_m^\ominus(2)=\Delta_r G_m^\ominus(1)$$

代入相应公式，得

$$-zFE^\ominus\{Br^-\mid AgBr(s)\mid Ag\}-[-zFE^\ominus(Ag^+\mid Ag)]=-RT\ln K_{sp}$$

所以　　$\ln K_{sp}=\dfrac{zF}{RT}[E^\ominus\{Br^-\mid AgBr(s)\mid Ag\}-E^\ominus(Ag^+\mid Ag)]$

$$\ln K_{sp}=\frac{96\ 485\ \mathrm{C\cdot mol^{-1}}}{8.314\ \mathrm{J\cdot K^{-1}\cdot mol^{-1}}\times 298.15\ \mathrm{K}}\times(0.071\ 1\ \mathrm{V}-0.799\ 4\ \mathrm{V})=-28.348\ 2$$

所以　　$K_{sp}=4.881\times 10^{-13}$

1.7.3 极化和超电势

当流过电极的电流不是无限小时,将产生电极电势偏离平衡电极电势的现象,称为电极极化。

产生极化的原因有:①浓差极化,这是由于电极上流过的电流不趋于零,使电极附近溶液中离子浓度和溶液本体中离子浓度产生差异而引起的极化;②电化学极化,这是因电极反应过程中某一步的缓慢进行而引起的极化。

用超电势数值的大小来衡量一个电极在某一电流密度下的极化程度。所谓超电势是指在某一电流密度下其电极电势与平衡电极电势之差的绝对值,用 η 表示。超电势的数值规定只能取正值,所以其计算如下:

阳极 $\eta(\text{阳}) = E(\text{阳}) - E(\text{阳,平})$

阴极 $\eta(\text{阴}) = E(\text{阴,平}) - E(\text{阴})$

上述两式对原电池和电解池均适用。

1.8 表面现象

要求:重点掌握以表面张力(比表面吉布斯函数)这一基本概念为中心而导出的各种表面现象(弯曲液面下附加压力、润湿、微小液滴的饱和蒸气压、亚稳态、固体吸附气体以及溶液的表面吸附)及其相应关系式(拉普拉斯方程、杨氏方程、开尔文方程、朗缪尔吸附等温式以及吉布斯吸附等温式)。懂得表面活性剂定义、其对溶液表面的吸附作用以及它们的应用。

表面现象是自然界中普遍存在的现象,其中众多内容与化工生产有着非常密切的关系,而且其重要性也愈加明显。本节是用热力学方法讨论液、固表面发生的一系列的表面现象。

1.8.1 比表面功、比表面吉布斯函数和表面张力

当液体(或固体)与其饱和蒸气或含有其饱和蒸气的空气相接触时,处在液体(或固体)表面的分子将受到一个指向液体(或固体)内部的力之作用,所以,增大液体(或固体)表面时需要消耗环境的功。将在恒 T、p,组成恒定的条件下,可逆地使系统增大单位表面积时,环境对系统所做的非体积功称为比表面功,用符号 γ 表示,即

$$\mathrm{d}W' = \gamma \mathrm{d}A$$

根据热力学原理,上述条件下环境所做的非体积功应等于系统的吉布斯函数的增加值,即

$$\gamma = \left(\frac{\partial G}{\partial A_s}\right)_{T,p,n_A}$$

所以 γ 又称为比表面吉布斯函数,其单位为 $\mathrm{J \cdot m^{-2}}$。式中 $\mathrm{d}G$ 表示系统增加 $\mathrm{d}A_s$ 表面积时,表面层的分子比同一数量的内部分子增加的吉布斯函数值。

由于液体(或固体)表面层的分子受到一指向液体内部的力之作用,产生一个与表面相切而又使表面收缩的力。为此,将与液体(或固体)表面相切并垂直作用在表面上单位长度线段的表面收缩力称为表面张力,符号亦为 γ,其单位为 $\mathrm{N \cdot m^{-1}}$。对于一定的液体,其表面张力与温度有关,且随温度升高而下降。

表面张力是从力的角度来描述系统表面某种强度性质的,而比表面功及比表面吉布斯函数则是从能量角度来描述系统表面的同一性质。三者虽为不同的物理量,但它们的数值及量纲均相同。

1.8.2 弯曲液面下的附加压力及毛细现象

1. 球形弯曲液面下的附加压力及其计算式

①弯曲液面下的液体或气体均受到一个附加压力 Δp 的作用,该 Δp 的大小可由拉普拉斯方程计算,该方程为

$$\Delta p = 2\gamma / r$$

式中:Δp 为弯曲液面内外的压力差;γ 为表面张力;r 为球形弯曲液面的曲率半径。

注意:上式中的曲率半径,对于凸液面,r 取正值,即 $r>0$,$\Delta p = (p_1 - p_g) > 0$,$\Delta p$ 为正值;对于凹液面,r 取负值,即 $r<0$,$\Delta p<0$;对于平液面,r 为无限大,即 $r \to \infty$,$\Delta p = 0$,故平液面的附加压力为零。

②附加压力的方向总指向弯曲液面的曲率半径中心。

③对于在气相中悬浮的气泡,因液膜两侧有两个气液表面,所以泡内气体所承受的附加压力为 $\Delta p = 4\gamma / r$。

2. 弯曲液面附加压力引起的毛细现象

当液体润湿毛细管管壁时,则液体沿内管上升,其上升高度可按下式计算:

$$h = 2\gamma \cos\theta / (r\rho g)$$

式中:γ 为液体表面张力;ρ 为液体密度;g 为重力加速度;θ 为接触角;r 为毛细管内径。

注意:当液体不润湿毛细管时,则液体沿内管下降。

1.8.3 润湿与杨氏方程

1. 润湿

润湿为固体(或液体)表面上的一种流体(如气体)被另一种流体(如液体)所替代的现象。为判断润湿程度而引进接触角 θ,如将液体滴在固体表面时,会形成一定形状的液滴,在气、液、固三相交界处,气、液表面张力与固、液界面张力之间的夹角,称为接触角,其角度大小取决于 3 种表(界)面张力的数值。它们之间的关系如下:

$$\cos\theta = (\gamma_{s-g} - \gamma_{s-l}) / \gamma_{l-g}$$

上式称为杨氏方程。式中 γ_{s-g}、γ_{s-l} 及 γ_{l-g} 分别表示在一定温度下的固—气、固—液及气—液之间的表(界)面张力。杨氏方程只适用于光滑的表面。

2. 铺展

铺展是少量液体在固体表面上自动展开并形成一层薄膜的现象。用铺展系数 S 作为衡量液体在固体表面能否铺展的判据,其与液体滴落在固体表面前后的表(界)面张力的关系为

$$S = -\Delta G = \gamma_{s-g} - \gamma_{s-l} - \gamma_{l-g}$$

$S \geqslant 0$ 则液体能在固体表面上发生铺展;若 $S<0$,则不能铺展。

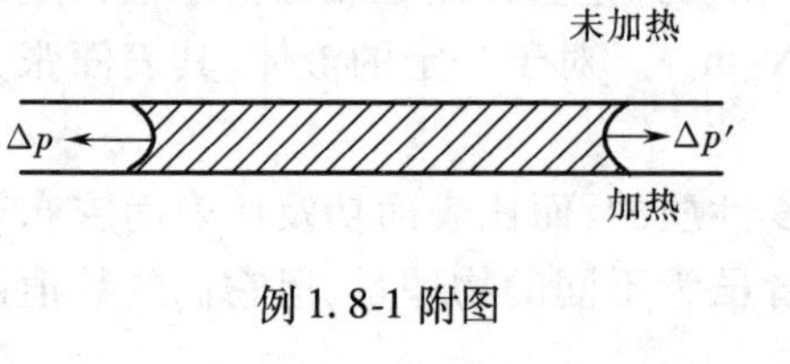

例 1.8-1 附图

【例 1.8-1】 如例 1.8-1 附图所示,在水平放置的玻璃毛细管中间放有一段对管内壁完全润湿的液体。若对管中液体的右端进行加热,则可观察到液体朝左移动,原因何在?

解: 由例 1.8-1 附图可见,由于液体能完全润湿毛细管内壁,故液体表面呈凹状球面。因液柱的两端皆呈凹状球面,而且曲率半径 r 及液体表面

张力相同，所以凹液面下的液体受到的附加压力作用大小相等、方向相反，故液柱静止不动。当对液柱右端进行加热，液体温度升高，表面张力 γ 减小，根据附加压力 $\Delta p=2\gamma/r$ 的公式，$\gamma\downarrow$ 则 $\Delta p\downarrow$。由于 Δp 的方向是指向弯曲液面的曲率半径中心（即气相），所以，右端液面受到的附加压力变小，即 Δp(左) > Δp(右)，液柱两端受力不平衡，因而液柱向左移动。

【例 1.8-2】 将两支内半径分别为 $r_1=0.05$ cm 与 $r_2=0.01$ cm 的玻璃毛细管插入 $\rho=800\ \mathrm{kg\cdot m^{-3}}$ 的某液体中，如例 1.8-2 附图所示。测得 $\Delta h=2.2$ cm，请计算该液体的表面张力 γ。（设液体对玻璃的接触角 $\theta=0$）

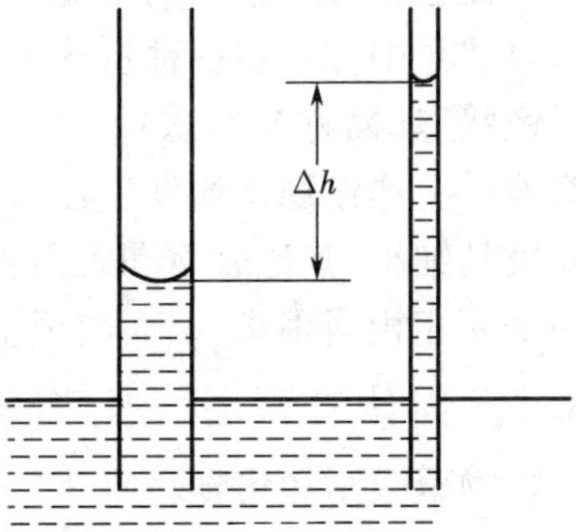

例 1.8-2 附图

解：此题是用双毛细管测量液体表面张力的实验。根据润湿性液体在毛细管中上升高度的计算式，即

$$h=2\gamma/(\rho g r)$$

对 $r_1=0.05$ cm 的毛细管，液体上升高度 $h_1=2\gamma/(\rho g r_1)$，对 $r_2=0.01$ cm 的毛细管，液体上升高度 $h_2=2\gamma/(\rho g r_2)$。故

$$\Delta h=h_2-h_1=2\gamma(1/r_2-1/r_1)/(\rho g)$$

整理上式，可得

$$\gamma=\rho g\Delta h/2(1/r_2-1/r_1)$$

$$=\frac{800\ \mathrm{kg\cdot m^{-3}}\times 9.81\ \mathrm{m\cdot s^{-1}}\times 2.2\times 10^{-2}\ \mathrm{m}}{2\times[1/(0.01\times 10^{-2}\ \mathrm{m})-1/(0.05\times 10^{-2}\ \mathrm{m})]}=0.010\ 79\ \mathrm{N\cdot m^{-1}}=10.79\ \mathrm{mN\cdot m^{-1}}$$

【例 1.8-3】 在 293.15 K 下，乙醚—水、乙醚—汞及水—汞的界面张力分别为 10.7 $\mathrm{mN\cdot m^{-1}}$、379 $\mathrm{mN\cdot m^{-1}}$及 375 $\mathrm{mN\cdot m^{-1}}$，若在乙醚与汞的界面上滴一滴水，试求其润湿角 θ。

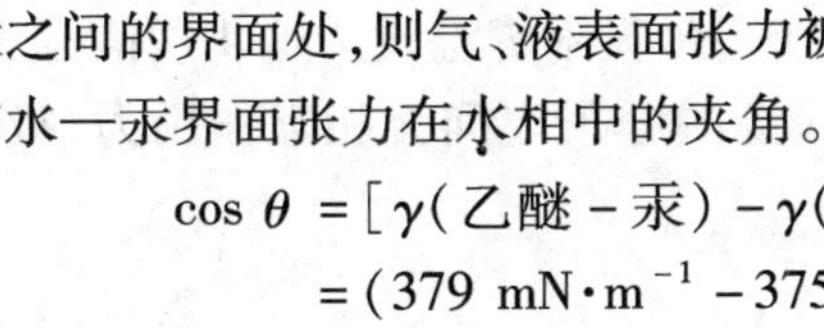

例 1.8-3 附图

解：解本题的关键是接触角 θ 如何确定。对于液滴滴在气、固表面上时，接触角是指固、液界面张力与气、液表面张力在液相中的夹角。而本题是水滴在乙醚与汞之间的界面处，则气、液表面张力被液、液界面张力所替代，所以接触角是乙醚—水界面张力与水—汞界面张力在水相中的夹角。根据杨氏方程：

$$\cos\theta=[\gamma(\text{乙醚}-\text{汞})-\gamma(\text{水}-\text{汞})]/\gamma(\text{乙醚}-\text{水})$$

$$=(379\ \mathrm{mN\cdot m^{-1}}-375\ \mathrm{mN\cdot m^{-1}})/10.7\ \mathrm{mN\cdot m^{-1}}=0.373\ 8$$

$$\theta=68.05°$$

1.8.4 微小液滴的饱和蒸气压及亚稳状态

1. 微小液滴的饱和蒸气压及其计算式

由于弯曲表面下的液体实际上所受的压力与平液面下的液体不同，即除环境压力外还有附加压力的作用，因此微小液滴的饱和蒸气压与平液面的液体饱和蒸气压不同。根据热力学原理导出了计算微小液滴饱和蒸气压的公式——开尔文方程。该方程为

$$RT\ln(p_r/p)=2\gamma M/(\rho r)$$

式中：p_r 为曲率半径为 r 时液滴的饱和蒸气压；p 为平液面的饱和蒸气压；ρ、M 和 γ 分别为液

体的密度、摩尔质量及表面张力。对于小液滴这类凸液面，r 为正值，$\ln(p_r/p)>0$，则 $p_r>p$，说明在同温下，与小液滴成平衡的饱和蒸气压大于平液面该液体的饱和蒸气压。而对于像液体中的蒸气泡或毛细管中凹液面上的饱和蒸气压，则据开尔文方程式计算时 r 取负值，故 $\ln(p_r/p)<0$，即凹液面上的饱和蒸气压要小于平液面的饱和蒸气压。

2. 亚稳状态与新相的生成

自然界中存在着一种从热力学上看是不稳定的，但却又能维持相当长时间不变的状态，称为亚稳状态（简称亚稳态）。属于亚稳状态的现象有：过饱和蒸气、过热液体、过冷液体和过饱和溶液。上述亚稳态均发生在从一个相中析出另一相（新相）时。这是因为最初生成的新相颗粒极其细小，其比表面和表面吉布斯函数都很大，系统处在不稳定的状态，就是说系统中产生一个新相相当困难，因而出现上述亚稳态的各种现象。

1.8.5 固体表面上的吸附作用

1. 物理吸附和化学吸附

在任意两相间的界面层中，某物质的浓度能自动发生变化的现象称为吸附。因固体表面上的分子受到指向内部的拉力作用，所以固体表面要从周围介质中吸附其他物质的分子，以降低其表面吉布斯函数。由于固体表面的不均性，所以吸附其他物质分子时的吸附作用力的性质亦不相同，故可按照吸附作用力的不同而将固体表面吸附区分为物理吸附和化学吸附，两者的区别如表 1.8-1 所示。

表 1.8-1 物理吸附和化学吸附的区别

	物理吸附	化学吸附
作用力	范德华力	化学键力
吸附层数	可以是单分子层，也可以是多分子层	只能发生单分子层吸附
摩尔吸附焓（即摩尔吸附热）	其值大小相当于气体液化的摩尔凝结焓	其值大小相当于化学反应的摩尔反应焓
吸附速率	吸附速率快，易达到吸附平衡，解附容易	吸附分解速率慢，不易达到吸附平衡

2. 朗缪尔单分子层吸附理论

朗缪尔在 4 项假设基础上导出了一个吸附等温式，即朗缪尔吸附等温式。这 4 项假设为：固体表面是均匀的；吸附为单分子层吸附；吸附在固体表面上的分子之间无相互作用力；吸附平衡是动态的。所导得的吸附等温式为

$$\theta=\frac{bp}{1+bp}$$

式中：θ 称覆盖率，表示固体表面被吸附质覆盖的分数；b 为吸附平衡常数，又称吸附系数，b 值越大则表示吸附能力越强；p 为吸附平衡时的气相压力。实际计算时朗缪尔吸附等温式还可写成

$$\Gamma/\Gamma_{\infty}=bp/(1+bp)$$

式中：Γ_{∞} 表示吸附达饱和时的吸附量；Γ 则表示覆盖率为 θ 时之平衡吸附量。注意，朗缪尔吸附等温式只适用于单分子层吸附。

1.8.6 溶液的表面吸附及表面活性剂

1. 溶液的表面吸附及吉布斯吸附等温式

溶液的表面张力随溶质及其浓度不同而变，所以，溶质在溶液表面层（又称表面相）中的浓度与其在本体（又称体相）中的浓度不同，该现象称为溶液表面的吸附。若溶质在表面层中的浓度大于其在本体中的浓度则称为正吸附，反之，则称为负吸附。将单位表面层中所含溶质的物质的量与具有相同数量溶剂的本体溶液中所含溶质的物质的量之差值称为表面吸附量，用符号 Γ 表示。吉布斯用热力学方法导出能用于溶液表面吸附的吸附等温式，称为吉布斯吸附等温式，其式如下：

$$\Gamma = -[c/(RT)](\partial\gamma/\partial c)_T$$

式中：$(\partial\gamma/\partial c)_T$ 为在温度为 T、浓度为 c 时 γ 随 c 的变化率。此式适用于稀溶液中溶质在溶液表面层中吸附量 Γ 的计算。若 $\mathrm{d}\gamma/\mathrm{d}c<0$，则 $\Gamma>0$，说明随着溶质的浓度的增加，溶液表面张力降低，该溶质在溶液表面层中发生正吸附；若 $\mathrm{d}\gamma/\mathrm{d}c>0$，则 $\Gamma<0$，该溶质在表面层中发生负吸附。

2. 表面活性剂

将在水中加入量很少就能使水的表面张力显著降低的物质称为表面活性剂。表面活性剂的这种特性是由其结构决定的。因为表面活性剂分子是具有这样一种分子结构的有机物，其分子的一端为亲油基团，另一端为亲水基团，而且碳原子数超过 8 个。若将表面活性剂溶于水中，其分子上的亲油基团与水分子间产生疏水作用而自动排列在溶液表面上产生正吸附。当表面活性剂在溶液表面吸附达饱和后，则在溶液中的表面活性剂分子因疏水作用而形成定向排列的聚集体，称为胶束。将溶液开始形成胶束的表面活性剂浓度称为临界胶束浓度，用符号 C. M. C 表示。至于表面活性剂是亲油性较强，还是亲水性较强，目前多采用亲水亲油平衡值来表征，其符号为 HLB。HLB 值越小表明表面活性剂的亲油性越强，反之则亲水性越强，所以 HLB 值不同的表面活性剂具有不同的应用范围。

1.9 化学动力学基础

要求：对于化学动力学必须重点掌握浓度、温度对反应速率的影响，典型复合反应速率方程的建立及其特点，复杂反应的近似处理方法；对于反应速率理论只作一般了解即可。

化学动力学要研究化学反应的速率以及浓度、温度和催化剂等各种因素对其的影响；还研究反应进行时要经过哪些反应步骤，即所谓的反应机理。在物理化学中，化学动力学是非常重要的部分。

1.9.1 化学反应速率的定义

一个化学反应的反应速率通常用单位时间、单位体积内进行的反应进度来表示，即

$$v=\frac{\mathrm{d}\xi}{V\mathrm{d}t}$$

因 $\mathrm{d}\xi=\dfrac{\mathrm{d}n_\mathrm{B}}{\nu_\mathrm{B}}$，故

$$v=\frac{\mathrm{d}n_\mathrm{B}}{V\nu_\mathrm{B}\mathrm{d}t}$$

若反应在恒容条件下进行，可用 dc_B 代替$\frac{dn_B}{V}$，故

$$v=\frac{dc_B}{\nu_B dt}$$

式中：c_B表示参加反应的某物质 B 的浓度；ν_B 为反应式中该物质 B 的化学计量数，对反应物取负值，对产物取正值。例如，反应

$$aA+dD \rightarrow fF+gG$$

当取反应式中反应物或产物分别表示上述反应的反应速率时，则有

$$v=-\frac{dc_A}{a dt}=-\frac{dc_D}{d dt}=\frac{dc_F}{f dt}=\frac{dc_G}{g dt} \tag{1.9-1}$$

实际上，常使用 $-\frac{dc_A}{dt}$，$-\frac{dc_D}{dt}$、$\frac{dc_F}{dt}$、$\frac{dc_G}{dt}$中任何一个来表示化学反应的反应速率。并将$-\frac{dc_A}{dt}$与$-\frac{dc_D}{dt}$分别称为反应物 A 和 D 的消耗速率；而将$\frac{dc_F}{dt}$和$\frac{dc_G}{dt}$分别称为产物 F 和 G 的生成速率。需要注意的是，当用参加反应的不同物质的消耗速率或生成速率来表示某一化学反应的反应速率时，其数值可能不同，它们之间的关系见式(1)。

1.9.2 浓度对反应速率的影响

1. 反应速率方程及反应级数

实验测得大多数反应的反应速率与参加反应物质的浓度之间存在以下的关系，即

$$v=kc_A^{\alpha}c_B^{\beta}c_C^{\gamma}$$

上述关系式称为反应速率方程，一般由实验测得。式中 α、β、γ 分别称为参加反应的物质 A、B、C 之反应分级数；$\alpha+\beta+\gamma=n$，n 称为反应的总级数。α、β、γ 等的数值是由实验测定的，其值可以是零、分数和整数，甚至可为负值。式中的 k 称为反应速率常数，其物理意义见 1.9.3 小节的内容。应指出：若速率方程式中 v 及 k 注有下标，例如

$$v_B=k_Bc_A^{\alpha}c_B^{\beta}c_C^{\gamma}$$

则表示该反应的速率方程是指定用参加反应的物质中的某一物质 B 来表示的反应速率和反应速率常数。

2. 基元反应与质量作用定律

基元反应是指由反应物微粒(分子、原子、离子或自由基等)一步直接转化为产物的反应。若反应是由两个或两个以上基元反应所组成，则该反应称非基元反应。

若某一反应已确定为基元反应，则其速率方程可按质量作用定律来书写。所谓质量作用定律是：基元反应的反应速率与各反应物浓度的幂乘积成正比，而各浓度的方次则为反应方程式中各反应物的化学计量系数。例如，有基元反应

$$2A+B \rightarrow C+D$$

此基元反应的反应速率方程可据质量作用定律写出，即

$$-\frac{dc_A}{dt}=k_Ac_A^2c_B$$

要注意：当某反应未明确指出为基元反应时，决不能按质量作用定律书写其速率方程。

基元反应按参加该基元反应的反应物分子数来分类，分成单分子、双分子和三分子反应。

反应分子数只能是正整数。一般情况下，基元反应的反应级数与其反应分子数相等，但在某些特定情况下就可能不等。如基元反应

$$A + B \rightarrow C + D$$

其速率方程为

$$-\frac{dc_A}{dt} = k_A c_A c_B$$

若在实验中 A 与 B 的浓度相差极大，即 $c_A >> c_B$时，c_A在反应过程中可视为不变，于是上面的速率方程可改写为

$$-\frac{dc_A}{dt} = k'_A c_B$$

上述基元反应仍为双分子反应，可是反应级数却变为一级，也就是说，该基元反应的反应分子数与反应级数不一致。

3. 具有简单级数反应的速率公式及其特点

所谓具有简单级数的反应是指反应的级数为零、一、二、三级的反应。其中重点掌握零、一、二级反应的特点及应用。

（1）零级反应

零级反应是指反应的反应速率与浓度的零次方成正比的反应，其反应速率方程为

$$-\frac{dc_A}{dt} = k$$

将上式积分得

$$c_{A,0} - c_A = kt$$

将反应掉起始浓度 $c_{A,0}$一半（或转化率为 50%）时所需的时间称为半衰期，用 $t_{1/2}$表示。对零级反应，其半衰期的计算式为

$$t_{1/2} = c_{A,0}/(2k)$$

由上两式可以归纳出零级反应的特点：①将（$c_{A,0} - c_A$）对 t 作图为一直线；②零级反应的半衰期 $t_{1/2}$与起始浓度 $c_{A,0}$成正比，即起始浓度越大，其半衰期越长；③零级反应的速率常数 k 的单位为浓度·时间$^{-1}$。

（2）一级反应

这里讨论的一级反应是具有如下反应速率方程的一级反应，即

$$-\frac{dc_A}{dt} = kc_A$$

将上式积分，则得

$$\ln\left(\frac{c_A}{[c]}\right) = -kt + \ln c_{A,0}$$

或 $$\ln\frac{1}{1-x} = kt$$

式中 x 为反应到 t 时刻时反应物的转化率。由上式亦可得出一级反应的半衰期的计算式为

$$t_{1/2} = \ln 2/k$$

同样，由上两式可归纳出一级反应的特点：①$\ln\left(\frac{c_A}{[c]}\right)$对 t 作图为一直线；②一级反应的半衰期

$t_{1/2}$与反应物的起始浓度 $c_{A,0}$无关；③一级反应的速率常数 k 之单位为时间$^{-1}$。

(3)二级反应

下面所讨论的二级反应只局限在具有以下二级反应速率方程的反应，即

$$-\frac{dc_A}{dt}=kc_A^2$$

将上式积分，得

$$\frac{1}{c_A}=kt+\frac{1}{c_{A,0}}$$

由上式推得半衰期计算式

$$t_{1/2}=\frac{1}{kc_{A,0}}$$

上面所述的二级反应的特点：①$\frac{1}{c_A}$对 t 作图为一直线；②其半衰期 $t_{1/2}$与反应物起始浓度 $c_{A,0}$成反比，即反应物起始浓度值越大，反应的半衰期越短；③k 的单位为浓度$^{-1}$·时间$^{-1}$。

4. 如何判断一个反应的级数

在动力学的计算中，如何由题给的数据确定反应的级数，是解题的关键。因为级数确定后，才能知道用上述所列的零、一、二级的积分式中哪一式子去进行计算。而确定题目中反应的级数的方法，除了反应明确为基元反应，可根据质量作用定律写出速率方程而确定出级数外，还有下面一些方法。

①利用反应的级数不同有不同的特点来判断反应的级数。其中又分为：根据题目中所给速率常数 k 的单位来确定；根据半衰期 $t_{1/2}$与起始浓度 $c_{A,0}$之间的关系来确定，尤其是一级反应的半衰期 $t_{1/2}$与起始浓度 $c_{A,0}$无关。

②可将题给不同时间对应的浓度（或压力）的数据代入零、一、二级反应的积分式中，计算其 k 值。当用某一级数的积分式所算出的 k 值基本上为同一数值时，则该积分式的级数便为所求反应的级数。

③直接用半衰期的公式进行计算。设某反应的反应级数为 n，其速率方程为 $-\frac{dc_A}{dt}=kc_A^n$。在温度一定下，若已知该反应的不同起始浓度$c'_{A,0}$与$c''_{A,0}$以及其对应之半衰期 $t'_{1/2}$与 $t''_{1/2}$，则该反应级数 n 便可按下式进行计算，即

$$n=1+\lg\frac{t'_{1/2}}{t''_{1/2}}\Big/\lg\frac{c''_{A,0}}{c'_{A,0}}$$

【例 1.9-1】 在 450 K 的真空容器中，放入起始压力为 213 kPa 的 A(g)，A(g)按下列反应进行分解，已知该反应的速率常数 k 的单位为 s^{-1}（秒$^{-1}$），

$$A(g)\longrightarrow B(g)+D(g)$$

反应进行到 100 s 时，测得容器中的总压力为 233 kPa。试求此反应的速率常数 k 及半衰期 $t_{1/2}$。

解：解这类题目的首要一步是确定所求反应的级数，因为反应的级数确定后才能知道用哪级反应的积分式进行计算。根据本题所给 k 的单位为 s^{-1}，可知本题所求反应的级数为一级。于是就可以着手计算。

$$\mathrm{A(g)} \xrightarrow[V\text{一定}]{450\ \mathrm{K}} \mathrm{B(g)} \quad + \quad \mathrm{D(g)}$$

反应开始时 $t=0$　　$p_{A,0}$　　0　　0

反应至 100 s 时 $t=100$ s　p_A　　$p_{A,0}-p_A$　$p_{A,0}-p_A$

反应至 100 s 时容器的总压力 $p(总)=p_A+(p_{A,0}-p_A)+(p_{A,0}-p_A)=233$ kPa

故可算出此时 A 的分压力 $p_A=2p_{A,0}-p(总)=(2\times213-233)$ kPa $=193$ kPa

根据一级反应的积分式便可算出反应的速率常数 k 为

$$k=\frac{1}{t}\ln\frac{c_{A,0}}{c_A}=\frac{1}{t}\ln\frac{p_{A,0}}{p_A}=\frac{1}{100\ \mathrm{s}}\ln\frac{213}{193}=9.86\times10^{-4}\ \mathrm{s}^{-1}$$

$$t_{1/2}=\frac{\ln 2}{k}=\frac{\ln 2}{9.86\times10^{-4}\ \mathrm{s}^{-1}}=703\ \mathrm{s}$$

【例 1.9-2】 基元反应 A + B ⟶ C + D，在温度为 T 下，若 A、B 的起始浓度相同，即 $c_{A,0}=c_{B,0}$，A 反应掉起始浓度 $c_{A,0}$ 的 $\frac{1}{5}$ 的时间和反应掉 $c_{A,0}$ 的 $\frac{2}{5}$ 所需的时间相差 5 min，问 A 消耗掉 $\frac{2}{5}c_{A,0}$ 需时多长？

解：此题仍要先解决题给反应的级数问题。因题目已明确反应为基元反应，故可据质量作用定律写出反应的速率方程为

$$-\frac{dc_A}{dt}=kc_Ac_B \tag{1}$$

说明反应为二级反应。而且由于 $c_{A,0}=c_{B,0}$，所以在整个反应过程中始终保持 $c_A=c_B$，这样式(1)便可改写成

$$-\frac{dc_A}{dt}=kc_A^2 \tag{2}$$

式(2)是典型的简单二级反应速率方程，其积分式已知，根据题给数据可列出以下两方程：

$$\frac{1}{\frac{4}{5}c_{A,0}}=kt_1+\frac{1}{c_{A,0}}$$

和

$$\frac{1}{\frac{3}{5}c_{A,0}}=kt_2+\frac{1}{c_{A,0}}$$

将上两式移项整理，可得

$$1/(4c_{A,0})=kt_1 \tag{3}$$

和

$$2/(3c_{A,0})=kt_2 \tag{4}$$

将式(3)除以式(4)得

$$t_1=3t_2/8 \tag{5}$$

另外，由题解数据可知

$$t_2-t_1=5 \tag{6}$$

联解(5)、(6)两式，解得 $t_2=8$ min。

提示：解决本题的关键是注意题给基元反应的条件，这样便可知反应为几级反应；其次是注意 $c_{A,0}=c_{B,0}$ 的条件，因为本题 A 与 B 两物质是按 1∶1 起反应，所以给出 $c_{A,0}=c_{B,0}$ 的条件就能

将速率方程由 $-\frac{dc_A}{dt}=kc_Ac_B$ 改写成 $-\frac{dc_A}{dt}=kc_A^2$，这样计算便大为简化，否则计算很麻烦。

【例 1.9-3】 气相反应 $2A(g) \longrightarrow 2B(g)+C$ 能反应进行到底。在 1 000 K 下实验测得数据如下：

p_A/kPa	50	25	6.25
t/min	0	3	21

（1）求上述反应的速率方程 $-\frac{dc_A}{dt}=kp_A^n$ 的 n 及 k（在 1 000 K 下）；

（2）在 1 000 K 下，将反应物 A(g) 放入抽空容器中，起始压力为 $p_{A,0}=70$ kPa，计算当容器总压达 80 kPa 时需时多长？

解：此题与前两题相同的是要先求级数，但求级数的条件却不同，需通过对实验数据进行分析，找出题给指示的解决方法。由数据可知，反应的起始压力为 $p_{A,0}$，反应到 3 min 时 $p_A=\frac{1}{2}p_{A,0}$，即反应的半衰期 $t_{\frac{1}{2}}$ 为 3 min，若将 25 kPa 作为新的起始压力，则反应到 $p_A=12.5$ kPa 时，又是一半衰期 $t'_{\frac{1}{2}}$，接着将 12.5 kPa 作为新的起始压力，则反应到 $p_A=6.25$ kPa 时，又是一半衰期 $t''_{\frac{1}{2}}$。若反应为一级反应，半衰期与起始压力无关，则反应从 $p_A=50$ kPa 降至 6.25 kPa 需时应为 9 min，而本题耗时 21 min，说明不是一级反应。但是数据表明，起始压力越小，半衰期越长，说明反应有可能为二级反应。于是利用二级反应半衰期与起始浓度的关系式计算，以验证是否为二级反应。对 3 个半衰期可分别列出以下式子：

$$t_{\frac{1}{2}}=\frac{1}{kp_{A,0}} \tag{1}$$

$$t'_{\frac{1}{2}}=\frac{1}{k\,p'_{A,0}} \tag{2}$$

$$t''_{\frac{1}{2}}=\frac{1}{k\,p''_{A,0}} \tag{3}$$

用式(2)除以式(1)，可得

$$t'_{\frac{1}{2}}=\frac{t_{\frac{1}{2}}p_{A,0}}{p'_{A,0}}=\frac{3\ \text{min}\times 50\ \text{kPa}}{25\ \text{kPa}}=6\ \text{min}$$

用式(3)除以式(2)，可得

$$t''_{\frac{1}{2}}=\frac{t'_{\frac{1}{2}}p'_{A,0}}{p''_{A,0}}=\frac{6\ \text{min}\times 25\ \text{kPa}}{12.5\ \text{kPa}}=12\ \text{min}$$

因此得 $t=3\ \text{min}+6\ \text{min}+12\ \text{min}=21\ \text{min}$，证明反应为二级反应。

将实验数据代入简单二级反应的积分式中，得

$$\frac{1}{25\ \text{kPa}}=3k\ \text{min}+\frac{1}{50\ \text{kPa}}$$

计算得

$$k=0.006\,67\ \text{kPa}^{-1}\cdot\text{min}^{-1}$$

（2）

	$2A(g) \longrightarrow$	$2B(g)$ +	$C(g)$
$t=0$	$p_{A,0}$	0	0
$t=t$	p_A	$p_{A,0}-p_A$	$\frac{1}{2}(p_{A,0}-p_A)$

在时刻 t 容器的总压力

$$p(\text{总}) = p_A + (p_{A,0} - p_A) + \frac{1}{2}(p_{A,0} - p_A)$$

移项整理得

$$p_A = 3p_{A,0} - 2p(\text{总}) = 3 \times 70\ \text{kPa} - 2 \times 80\ \text{kPa} = 50\ \text{kPa}$$

$$t = \frac{1}{k}\left(\frac{1}{p_A} - \frac{1}{p_{A,0}}\right) = \frac{1}{0.006\ 67\ \text{kPa·min}}\left(\frac{1}{50\ \text{kPa}} - \frac{1}{70\ \text{kPa}}\right) = 0.857\ \text{min}$$

1.9.3 温度对反应速率的影响

1. k 的物理意义

速率方程式中的比例常数 k 称反应速率常数，其物理意义为速率方程式中参加反应各物质的浓度均为单位浓度时反应的反应速率。对于 k 值需注意以下几点。

①不同反应，k 值不同，k 的单位与反应级数有关。

②对同一反应，除浓度外，其他因素（如温度、催化剂等）对反应速率的影响均体现在 k 值上，当其他因素确定时，则 k 值为一常数。

③对同一反应，当选用参加反应不同物质的消耗速率或生成速率来表示反应的反应速率时，k 的数值因选用不同物质而有可能不同。

④对于气相反应，在恒容下，速率方程式中的浓度可用压力代替，k 亦由 k_c 变为 k_p，两者数值不同，但可相互换算。

2. k 与 T 的定量关系式——阿伦尼乌斯方程

阿伦尼乌斯方程有以下 3 种形式：

指数式 $$k = k_0 \cdot e^{-E_a/(RT)}$$

微分式 $$\text{dln}\frac{k}{[k]}\text{d}T = -\frac{E_a}{RT^2}$$

不定积分式 $$\ln\frac{k}{[k]} = -\frac{E_a}{RT} + C$$

定积分式 $$\ln\frac{k_2}{k_1} = -\frac{E_a}{R}\left(\frac{1}{T_2} - \frac{1}{T_1}\right)$$

式中：A 称为指前因子或表观频率因子，其单位与 k 相同；E_a 称为阿伦尼乌斯活化能（简称活化能），其单位为 kJ·mol^{-1}。其中微分式主要用于分析问题，两个积分式主要用于计算不同温度所对应的速率常数 $k(T)$ 以及反应的活化能 E_a。

阿伦尼乌斯方程适用于所有基元反应以及速率方程为 $v = kc_A^{\alpha}c_B^{\beta}c_C^{\gamma}$ 的非基元反应。在温度变化范围不大时，A 与 E_a 均可视为常数。

3. 活化能 E_a 的物理意义

从指数式可以看出，反应的活化能数值越大，k 值越小，也就是反应越慢，所以对 E_a 的含义要加深理解。对于基元反应，E_a 表示活化分子平均能量与一般分子平均能量之差。由于活化分子是具有足够克服反应过程的阻力的能量而直接变成产物的分子，所以活化分子与一般分子平均能量之差越大，即 E_a 数值越大，就表示反应物分子直接变成产物分子过程中所受到的阻力越大，亦即 E_a 的数值大小反映了反应过程的阻力大小。所以，基元反应的 E_a 数值一定为大于零的值。但是，对非基元反应，因其由若干个基元反应所组成，故由阿氏方程所求得 E_a 值称为表观活化能，表观活化能只能在一定程度上反映组成非基元反应的若干基元反应综合的结果。

【例 1.9-4】 气相反应如下：

$$AB(g) \longrightarrow A(g) + B(g)$$

(1)已知上述反应的半衰期 $t_{1/2}$ 与起始浓度成反比，问上述反应为几级反应。

(2)300 ℃下，将 AB(g)放入真空密封容器中，开始时 $p_{AB,0} = 21.30\ \text{kPa}$。当反应 10 min 后，容器的压力为 24.70 kPa。求题给反应在 300 ℃下的速率系数(旧称常数)k 及半衰期 $t_{1/2}$。

(3)若反应在 310 ℃时的半衰期 $t_{1/2}(310\ ℃) = 26.31\ \text{min}$，求反应的活化能 E_a。

解：(1)根据半衰期与起始浓度成反比的条件，可知反应为二级反应。

(2)	$AB(g) \longrightarrow$	$A(g)$ +	$B(g)$
$t = 0$	$p_{AB,0} = 21.30\ \text{kPa}$	0	0
$t = 10\ \text{min}$	p_{AB}	$p_{AB,0} - p_{AB}$	$p_{AB,0} - p_{AB}$

$p_{AB,0}$ 为反应开始时 AB 的压力，p_{AB} 表示反应到 10 min 时，容器中 AB 的压力。

$$p(\text{总}) = p_{AB} + p_{AB,0} - p_{AB} + p_{AB,0} - p_{AB} = 2p_{AB,0} - p_{AB}$$

得 $$p_{AB} = 2p_{AB,0} - p(\text{总})$$

$t = 10\ \text{min}$ 时，$p_{AB} = 2 \times 21.30 - 24.70 = 17.90\ \text{kPa}$。

然后分别将 $p_{AB,0}$ 及 p_{AB} 代入二级反应的积分式中，即

$$\frac{1}{17.90\ \text{kPa}} = k \times 10\ \text{min} + \frac{1}{21.30\ \text{kPa}}$$

得 $$k = \frac{1}{10\ \text{min}} \times \left(\frac{1}{17.90\ \text{kPa}} - \frac{1}{21.30\ \text{kPa}}\right) = 0.000\ 892\ \text{kPa}^{-1} \cdot \text{min}^{-1}$$

$$t_{1/2} = \frac{1}{kp_{AB,0}} = \frac{1}{0.000\ 892 \times 21.30} = 52.65\ \text{min}$$

(3)求 E_a 需知 T_1、k_1 及 T_2、k_2 的数值，然后代入阿仑尼乌斯方程中求解。现已知 $T_1 = 300$ ℃下的 $k(300\ ℃)$，还缺 $T_2 = 310$ ℃下的 $k(310\ ℃)$，这可用 $t_{1/2}(310\ ℃)$ 的数值求取。

$$k(310\ ℃) = \frac{1}{t_{1/2}(310\ ℃)p_{AB,0}} = \frac{1}{26.31\ \text{min} \times 21.30\ \text{kPa}} = 1.784 \times 10^{-3}\ \text{kPa}^{-1} \cdot \text{min}^{-1}$$

数据代入 $E_a = -R\ln \dfrac{k(310\ ℃)}{k(300\ ℃)} \Big/ \left(\dfrac{1}{T_2} - \dfrac{1}{T_1}\right)$，求得 $E_a = 192.6\ \text{kJ} \cdot \text{mol}^{-1}$。

【例 1.9-5】 某气相反应 $A(g) \longrightarrow 2B + C$，其速率常数 k 与温度 T 的关系为

$$\ln(k/\text{s}^{-1}) = 27.41 - 17\ 284\ \text{K}/T$$

(1)求题给反应的活化能 E_a；

(2)欲想反应物 A(g)在 1 min 时的转化率为 80%，则反应温度应控制在多少？

解：(1)求活化能 E_a，一定关系到阿伦尼乌斯方程，其不定积分式为

$$\ln \frac{k}{[k]} = -\frac{E_a}{RT} + \ln \frac{A}{[A]}$$

与题给方程对比得

$$\ln \frac{k}{\text{s}^{-1}} = -\frac{17\ 284\ \text{K}}{T} + 27.41$$

根据对应项相等，得

$$-\frac{E_a}{RT}=-\frac{17\ 284\ \text{K}}{T}$$

所以 $E_a=17\ 284\times R=17\ 284\ \text{K}\times 8.314\ \text{J}\cdot\text{mol}^{-1}\cdot\text{K}^{-1}=143.70\ \text{kJ}\cdot\text{mol}^{-1}$

(2)这一小问也是阿伦尼乌斯方程的应用。要求反应物A(g)在1 min时转化率为80%之反应温度,需要求出反应在温度T下的k值,而须知反应是几级反应才能求取k值。根据题给k与T的关系式中k的单位,可知反应为一级反应,所以按下式计算k值,即

$$\ln\frac{1}{1-x}=kt$$

或 $$k=\frac{1}{t}\ln\frac{1}{1-x}$$

所以 $$k=\frac{1}{60\ \text{s}}\ln\frac{1}{1-0.8}=0.026\ 8\ \text{s}^{-1}$$

将k代入题给式中,得

$$\ln 0.026\ 8=27.41-\frac{17\ 284\ \text{K}}{T}$$

所以 $$T=\frac{17\ 284\ \text{K}}{31.028}=557\ \text{K}$$

1.9.4 典型复合反应及复杂反应的近似处理

1. 典型复合反应

(1)对行反应

正、逆反应同时进行的反应称对行反应。以正、逆反应均为一级反应为例说明其特点。例如

$$\text{A}\underset{k_{-1}}{\overset{k_1}{\rightleftharpoons}}\text{B}$$

反应开始时	$t=0$	$c_{A,0}$	0
反应至某时刻	$t=t$	c_A	$c_{A,0}-c_A$
反应达平衡时	$t\to\infty$	$c_{A,e}$	$c_{A,0}-c_{A,e}$

整个对行反应的反应速率应为正、逆反应速率的代数和,若以A的消耗速率表示时,则有

$$-\frac{dc_A}{dt}=k_1c_A-k_{-1}(c_{A,0}-c_A) \tag{1.9-2}$$

上式积分得

$$\ln\frac{c_{A,0}-c_{A,e}}{c_A-c_{A,e}}=(k_1+k_{-1})t \tag{1.9-3}$$

对行反应的特点是反应时间足够长时,反应物与产物均趋向各自的平衡浓度,而且存在以下关系:

$$K_c=\frac{k_1}{k_{-1}}=\frac{c_{A,0}-c_{A,e}}{c_{A,e}} \tag{1.9-4}$$

利用实验数据可由积分式(1.9-3)求出k_1+k_{-1}的值,再结合式(1.9-4)便可求出k_1与k_{-1}的数值。

(2)平行反应

同一反应物能同时进行两个或两个以上不同反应的反应称为平行反应。以同一反应物 A 同时进行两个一级反应生成不同产物 B 与 C 的反应为例,说明平行反应的特点。因产物 C 与 B 均是由 A 转化而来的,所以整个平行反应的反应速率可用 A 的消耗速率表示,而 A 的消耗速率又应等于 B 与 C 的生成速率之和,即

$$-\frac{dc_A}{dt}=\frac{dc_B}{dt}+\frac{dc_C}{dt}$$

$$-\frac{dc_A}{dt}=k_1c_A+k_2c_A$$

积分上式得

$$\ln\frac{c_{A,0}}{c_A}=(k_1+k_2)t \tag{1.9-5}$$

平行反应的特点是:当组成平行反应的每一反应之级数相同时,各反应的产物之比等于各反应的速率常数之比,而与反应的起始浓度及时间均无关。上面所述的平行反应存在以下的关系:

$$\frac{c_B}{c_C}=\frac{k_1}{k_2} \tag{1.9-6}$$

但要注意,若组成平行反应的各反应的反应级数不同则不存在式(2)的关系。另外,由式(2)可以看出,当采用改变温度或使用催化剂等手段令$\frac{k_1}{k_2}$发生改变时,则$\frac{c_B}{c_C}$便随之而改变。

(3)连串反应

反应的产物能接着反应生成另一产物的这种连续进行的反应称连串反应。以下的反应为最简单的连串反应,即

$$A\xrightarrow{k_1}B\xrightarrow{k_2}C$$

连串反应的特点:①整个连串反应的速率取决于其中最慢一步的反应,如上面的连串反应中由 A 生成 B 的一步最慢时,则整个连串反应的反应速率就等于 A 生成 B 的速率;②中间产物 B 的浓度随时间的变化有不同的情况。当 k_1 与 k_2 相差不大时,由于第一步反应是 B 的生成反应,而第二步则是 B 的消耗反应。开始时,因 A 的浓度高而 B 的浓度很小,所以随着时间过去,B 的浓度逐渐增大,A 的浓度却不断降低,生成 B 的速率不断下降,相反,由于 c_B 的增大,相应 B 的消耗速率增大,当反应进行到某一时刻,B 的浓度达到最大,随后因 B 的消耗速率超过了其生成速率,则 c_B 值便逐渐降低,也就是 c_B 随时间 t 变化的曲线上出现最高点。c_B 最大值处所对应的时间称为中间产物的最佳时间。

2. 复杂反应速率方程建立的近似处理法

一般的复杂反应要较上述的典型复合反应来得复杂,故常采用两种近似处理方法来建立速率方程,目的是将反应机理中不易测定的中间产物浓度用反应物浓度来替代。

(1)稳态近似处理法

这一方法是假设复杂反应的中间产物处于非常活泼、极富反应性的状态,可以认为中间产物达某一浓度后,其生成速率与其消耗速率相等,即中间产物的浓度不随时间而变,故其净速率为零。利用这一特点,将根据机理写出的速率方程式中的中间产物浓度用反应方程式中参

加反应的物质（反应物或产物）的浓度来代替，建立起没有中间产物出现的速率方程（因为中间产物浓度极难测定）。

（2）平衡近似处理法

平衡近似处理法假设复杂反应的中间产物处于极不活泼、反应性很差的状态，因此整个反应的反应速率取决于中间产物的消耗速率，而且认为中间产物之前的反应在任何时刻均处于平衡状态。通过这一假设，来解决根据机理写出的速率方程式中的中间产物浓度，用反应方程式中参加反应的物质的浓度来代替，以建立没有中间产物出现的速率方程。

【例 1.9-6】 由两个一级反应组成的平行反应：

$$\mathrm{B}\begin{cases}\xrightarrow{k_1}\mathrm{C} & (1)\\ \xrightarrow[k_2]{}\mathrm{D} & (2)\end{cases}$$

，若反应物 B 的起始浓度为 0.123 8 mol·dm^{-3}，在某一温度下，反应经 5 150 s 后测得$\dfrac{c_\mathrm{D}}{c_\mathrm{C}}=1.24$，$c_\mathrm{B}=0.065\ 54$ mol·dm^{-3}。（1）求该平行反应的两速率常数 k_1 和 k_2 为多少？（2）当 B 转化了 80% 时，需时多长？

解：（1）求解 k_1 与 k_2，需列出两个只含 k_1 与 k_2 这两未知数的方程，而这两个方程需利用平行反应的特点来建立。平行反应中的各物质在不同时刻的浓度如下：

	B	C	D
$t=0$	$c_{\mathrm{B},0}$	0	0
$t=t$	c_B	c_C	c_D

平行反应中各反应的速率方程分别为

$$\frac{\mathrm{d}c_\mathrm{C}}{\mathrm{d}t}=k_1c_\mathrm{B} \tag{1}$$

$$\frac{\mathrm{d}c_\mathrm{D}}{\mathrm{d}t}=k_2c_\mathrm{B} \tag{2}$$

总反应的速率方程为

$$-\frac{\mathrm{d}c_\mathrm{A}}{\mathrm{d}t}=\frac{\mathrm{d}c_\mathrm{C}}{\mathrm{d}t}+\frac{\mathrm{d}c_\mathrm{D}}{\mathrm{d}t}=(k_1+k_2)c_\mathrm{B}$$

移项、积分得

$$\ln\frac{c_\mathrm{B}}{c_{\mathrm{B},0}}=-(k_1+k_2)t \tag{3}$$

因两反应皆为一级反应，故$\dfrac{c_\mathrm{D}}{c_\mathrm{C}}=\dfrac{k_2}{k_1}$。已知$\dfrac{c_\mathrm{D}}{c_\mathrm{C}}=1.24$，因此$\dfrac{k_2}{k_1}=1.24$，即

$$k_2=1.24k_1 \tag{4}$$

将（4）式代入（3）式中，整理得

$$k_1=\frac{1}{2.24t}\ln\frac{c_{\mathrm{B},0}}{c_\mathrm{B}}=5.513\times10^{-5}\ \mathrm{s}^{-1},k_2=1.24k_1=6.836\times10^{-5}\ \mathrm{s}^{-1}$$

（2）据 $\ln[1/(1-x)]=(k_1+k_2)t$，得

$$t=[1/(k_1+k_2)]\ln[1/(1-x)]$$

$$=[1/(5.513\times10^{-5}\mathrm{s}^{-1}+6.836\times10^{-5}\mathrm{s}^{-1})]\times\ln[1/(1-0.8)]=13\ 033\ \mathrm{s}$$

【例 1.9-7】 某化学反应 $2\mathrm{A}+\mathrm{B}\longrightarrow2\mathrm{C}$，其反应机理为

①$2A \xrightarrow{k_{1,D}} D \quad E_{a,1}$

②$D \xrightarrow{k_{2,D}} 2A \quad E_{a,2}$

③$B + D \xrightarrow{k_{3,D}} 2C \quad E_{a,3}$

式中的 $k_{1,D}$、$k_{2,D}$、$k_{3,D}$ 均是以 D 的消耗速率或生成速率来表示反应的反应速率时的速率常数。

(1)用稳态近似处理法导出以$\frac{dc_C}{dt}$表示的速率方程。

(2)若 $k_{2,D} >> k_{3,D}$,写出反应表观活化能与各基元反应活化能的关系式。

解:(1)这是用稳态近似处理法导出复合反应的速率方程的题目。求解这类题目(包括平衡近似处理法)的第一步是,根据题意按质量作用定律写出相应的速率方程。如本题要求写出以$\frac{dc_C}{dt}$表示的速率方程,由题给机理可知,只有第 3 个基元反应才有产物 C 生成,所以第一步是按第 3 个基元反应写出速率方程,其式为

$$\frac{dc_C}{dt} = 2k_{3,D}c_Bc_D \tag{1}$$

式(1)中 D 是反应中间产物,其浓度 c_D 难以测定,需通过稳态近似处理法将 c_D 换成 c_A 和 c_B。根据稳态法的要求,接着便需写出中间产物 D 的速率方程,即

$$\frac{dc_D}{dt} = k_{1,D}c_A^2 - k_{2,D}c_D - k_{3,D}c_Bc_D \tag{2}$$

上式是以 D 的生成净速率来表示的,而在机理中①、②、③的基元反应中均有 D 参加,但只有反应①中 D 是产物,其余两反应中 D 均是反应物。所以在书写 D 的生成净速率方程时,是这三个基元反应的 D 的生成速率与消耗速率的代数和。因稳态法设中间产物非常活泼,其净速率为零,即$\frac{dc_D}{dt}=0$,故

$$\frac{dc_D}{dt} = k_{1,D}c_A^2 - k_{2,D}c_D - k_{3,D}c_Bc_D = 0$$

移项得

$$c_D = \frac{k_{1,D}c_A^2}{k_{2,D} + k_{3,D}c_B} \tag{3}$$

将式(3)代入式(1)中,得

$$\frac{dc_C}{dt} = \frac{2k_{3,D}k_{1,D}c_A^2c_B}{k_{2,D} + k_{3,D}c_B} \tag{4}$$

(2)若 $k_{2,D} >> k_{3,D}$,则式(4)中分母项$(k_{2,D} + k_{3,D}c_B) \approx k_{2,D}$

于是式(4)改写为

$$\frac{dc_C}{dt} = \frac{2k_{3,D}k_{1,D}}{k_{2,D}}c_A^2c_B$$

设

$$k = \frac{2k_{3,D}k_{1,D}}{k_{2,D}} \tag{5}$$

将式(5)取对数,得

$$\ln k = \ln 2 + \ln k_{3,D} + \ln k_{1,D} - \ln k_{2,D} \tag{6}$$

将式(6)对 T 微分,得

$$\frac{\mathrm{dln}\ k}{\mathrm{d}T}=\frac{\mathrm{dln}\ k_{3,\mathrm{D}}}{\mathrm{d}T}+\frac{\mathrm{dln}\ k_{1,\mathrm{D}}}{\mathrm{d}T}-\frac{\mathrm{dln}\ k_{2,\mathrm{D}}}{\mathrm{d}T} \tag{7}$$

因$\frac{\mathrm{dln}\ k}{\mathrm{d}T}=\frac{E_\mathrm{a}}{RT^2}$,所以式(7)改写为

$$\frac{E_\mathrm{a}}{RT^2}=\frac{E_{\mathrm{a},1}}{RT^2}+\frac{E_{\mathrm{a},2}}{RT^2}-\frac{E_{\mathrm{a},3}}{RT^2}$$

所以 $E_\mathrm{a}=E_{\mathrm{a},1}+E_{\mathrm{a},2}-E_{\mathrm{a},3}$

【例 1.9-8】 恒温、恒容气相反应 $2NO+O_2 \longrightarrow 2NO_2$ 的机理为

$$2NO \underset{k_2}{\overset{k_1}{\rightleftharpoons}} N_2O_2 \qquad (快速平衡)$$

$$N_2O_2+O_2 \xrightarrow{k_3} 2NO_2 \qquad (慢)$$

上述 3 个基元反应的活化能分别为 80、200、80 kJ·mol^{-1}。(1)根据机理导出题给反应的以 O_2 的消耗速率表示的速率方程;(2)当温度升高时,反应的反应速率将如何变化?

解:(1)如以$-\frac{\mathrm{d}c_{O_2}}{\mathrm{d}t}$表示题给反应的反应速率,根据机理可写出

$$-\frac{\mathrm{d}c_{O_2}}{\mathrm{d}t}=k_3c_{N_2O_2}c_{O_2} \tag{1}$$

因 N_2O_2 为中间产物,其浓度 $c_{N_2O_2}$ 可利用平衡近似处理法用 NO 与 O_2 的浓度 c_{NO}、c_{O_2} 来替代,即

$$\frac{k_1}{k_2}=\frac{c_{N_2O_2}}{c_{NO}^2}$$

$$c_{N_2O_2}=\frac{k_1}{k_2}c_{NO}^2 \tag{2}$$

将式(2)代入式(1)中,得

$$-\frac{\mathrm{d}c_{O_2}}{\mathrm{d}t}=\frac{k_1k_3}{k_2}c_{NO}^2c_{O_2}$$

设 $k=\frac{k_1k_3}{k_2}$,则

$$-\frac{\mathrm{d}c_{O_2}}{\mathrm{d}t}=kc_{NO}^2c_{O_2}$$

说明反应为三级反应。

(2)$k=\frac{k_1k_3}{k_2}$

将上式两边取对数,得

$$\ln\frac{k}{[k]}=\ln\frac{k_1}{[k]}+\ln\frac{k_3}{[k]}-\ln\frac{k_2}{[k]} \tag{3}$$

将式(3)对 T 微分,可得

$$\frac{\mathrm{dln}\ \frac{k}{[k]}}{\mathrm{d}T}=\frac{\mathrm{dln}\ \frac{k_1}{[k]}}{\mathrm{d}T}+\frac{\mathrm{dln}\ \frac{k_3}{[k]}}{\mathrm{d}T}-\frac{\mathrm{dln}\ \frac{k_2}{[k]}}{\mathrm{d}t}$$

再由阿伦尼乌斯微分式,可导出

$$\frac{E_a}{RT^2}=\frac{E_{a,1}}{RT^2}+\frac{E_{a,3}}{RT^2}-\frac{E_{a,2}}{RT^2}$$

即 $$E_a=E_{a,1}+E_{a,3}-E_{a,2}$$

代入活化能数值,得题给反应的表观活化能

$$E_a=80\ \mathrm{kJ\cdot mol^{-1}}+80\ \mathrm{kJ\cdot mol^{-1}}-200\ \mathrm{kJ\cdot mol^{-1}}=-40\ \mathrm{kJ\cdot mol^{-1}}$$

E_a 为负值表明题给反应肯定不是基元反应。当温度升高时,$\dfrac{\mathrm{dln}\dfrac{k}{[k]}}{\mathrm{d}T}=\dfrac{E_a}{RT^2}<0$,反应速率下降。

1.9.5 两个反应速率理论

对于下面所介绍的两个速率理论,只要求掌握两理论建立的基本要点(又称假设)以及所导出的结果即可。

1. 碰撞理论

其要点为:①反应物的分子必须经过碰撞才能变成产物;②不是每一次反应物分子的碰撞都能发生反应而变成产物,只有当两个反应物分子碰撞的能量超过某一数值(又称临界能或阈能 E_c)时才能发生反应,故将能发生反应的碰撞称为有效碰撞,而发生有效碰撞的分子称为活化分子;③反应速率等于单位时间、单位体积中的有效碰撞数。在以上要点基础上导出的碰撞理论的速率常数的表达式为

异种分子 $$k=L(\gamma_A+\gamma_B)^2\sqrt{\frac{8\pi k_B T}{\mu}}\mathrm{e}^{-E_c/(RT)}$$

同种分子 $$k=L16\gamma_A^2\sqrt{\frac{\pi k_B T}{m_A}}\mathrm{e}^{-E_c/(RT)}$$

2. 过渡状态理论

其基本要点是:①反应物分子碰撞生成产物的过程中,首先要经过一个中间过渡状态,即要生成一个不稳定的活化络合物;②该活化络合物与反应物之间达到快速平衡状态,同时还分解变成产物,而且这分解反应的反应速率是整个反应过程中最慢的一步;③活化络合物以单位时间 ν 次的频率分解为产物的速率便是该基元反应的反应速率。由此导出的过渡状态理论的速率常数的表达式,称为艾林方程,其式为

$$k=\frac{k_B T K_c^{\neq}}{h}$$ (式中 k_B 为玻耳兹曼常数)

根据热力学原理

$$\Delta G^{\neq\ominus}=-RT\ln K_c^{\neq\ominus}=\Delta H^{\neq\ominus}-T\Delta S^{\neq\ominus}$$

又得艾林方程的热力学表达式

$$k=\frac{k_B T}{hc^{\ominus}}\mathrm{e}^{\frac{\Delta S^{\neq\ominus}}{R}}\cdot\mathrm{e}^{\frac{\Delta H_c^{\neq\ominus}}{RT}}$$

1.10 各类特殊反应的动力学

要求：掌握“笼罩”效应，光化学反应的两个定律和量子效率，催化剂的基本特征和多相催化反应的7个步骤。

1.10.1 溶液中反应

与气相反应不同，在溶液中反应时，由于反应物分子被溶剂分子所包围，这时，可能发生两种情况：①反应物分子与溶剂发生反应；②反应物分子与溶剂不发生反应。下面说明②的情况，由于反应物分子被溶剂分子包围，限制了反应物分子的自由运动，好像被关在溶剂分子构成的笼子中，所以反应物分子要发生碰撞必须穿过溶剂分子的包围进行扩散，才能发生碰撞而起反应。当两个反应物分子冲出自身“笼子”扩散到另一笼子中相遇在一起，称为遭遇。在同一笼子中的两个反应物分子，因溶剂“笼子”作用，使它们之间重复碰撞的次数较两个分子在气相中的碰撞次数多得多。溶剂分子的这种作用称为笼罩效应。

根据上面分析，在溶液中反应时，反应物分子首先要扩散到一起发生遭遇后才能发生反应，所以整个反应由两步构成，即

$$A+B\xrightarrow{\text{扩散}}(A\cdots B)\xrightarrow{\text{反应}}\text{产物}$$

若反应步骤的速率远大于扩散步骤的速率，则整个反应的速率取决于扩散步骤，称之为扩散控制，反之则称为活化控制。

1.10.2 光化学

光化学是研究在光的作用下进行化学反应的规律，所以需知道光化学定律。

①光化学第一定律：“只有被系统吸收的光，才能有效地引起光化学反应。”所以，光化学反应总是由反应系统吸收光能开始，故将这一步骤称为光化学初级过程。

②光化学第二定律：“在光化学初级过程中，系统每吸收一个光子则活化一个分子（或原子）。”所以吸收了1 mol的光子便能活化1 mol分子（或原子）。将1 mol光子的能量称为一个爱因斯坦，用符号E_m表示，即

$$E_m=Lh\nu=Lhc/\lambda$$

式中：c为光速；L为阿伏加德罗常数；h为普朗克常数；λ为光的波长。

虽然一个光子能活化一个分子或原子，但被活化的分子或原子是继续反应还是失去活性而回到原来状态，这就涉及光子的效率问题，为此引进了一个量子效率的概念，其定义是：吸收一个光子所能发生反应的分子个数，以符号φ表示。其计算式如下：

$$\varphi=\frac{\text{发生反应的分子数}}{\text{被吸收的光子数}}=\frac{\text{发生反应的物质的量}}{\text{被吸收光子的物质的量}}$$

【例1.10-1】 在波长为214 nm的光照射下，发生下列反应：

$$HN_3+H_2O\xrightarrow{h\nu}N_2+NH_2OH$$

当吸收光的强度$I_a=0.055\,9\ \mathrm{J\cdot dm^{-3}\cdot s^{-1}}$时，照射39.38 min后，测得$c(N_2)=c(NH_2OH)=24.1\times10^{-5}\ \mathrm{mol\cdot dm^{-3}}$，试求量子效率。

解：按照量子效率的定义

$$\varphi=\frac{\text{发生反应的物质的量}}{\text{被吸收光子的物质的量}}$$

设在 1 dm^3 溶液中，39.38 min 后反应掉的反应物之物质的量为 $24.1\times10^{-5}\ mol\cdot dm^{-3}$。此时，要求所吸收光子的物质的量，应先求出 1 mol 的光子能量是多少，其计算为

$$E=Lhc/\lambda=[0.1196\times(214\times10^{-9})^{-1}]\ J\cdot mol^{-1}=5.589\times10^{5}\ J\cdot mol^{-1}$$

现已知吸收光的强度 $I_a=0.0559\ J\cdot dm^{-3}\cdot s^{-1}$，因在 1 dm^3 溶液中，39.38 min 内所吸收的光子的物质的量为

$$\frac{2\,362.8\ s\times0.0559\ J\cdot dm^{-3}\cdot s^{-1}}{5.589\times10^{5}\ J\cdot mol^{-1}}=23.63\times10^{-5}\ mol\cdot dm^{-3}$$

所以 $$\varphi=\frac{24.1\times10^{-5}\ mol\cdot dm^{-3}}{23.62\times10^{-5}\ mol\cdot dm^{-3}}=1.02$$

1.10.3 催化作用

若某物质加入到反应系统中，通过参加化学反应明显地加快反应的反应速率而该物质在反应前后的数量及化学性质不变，则称该物质为催化剂。催化剂的上述作用称为催化作用。

催化剂具有以下基本特征。

①催化剂参与催化反应，改变了反应途径，降低了反应活化能，但反应终了时，催化剂的量及化学性质均不变。

②催化剂只能加速反应到达平衡状态，而不能改变反应的平衡状态，即不能改变平衡常数 $K^{\ominus}$。于是，对于对行反应，因 $K=k_{正}/k_{逆}$，催化剂既然不能改变 $K^{\ominus}$，所以催化剂对正、逆反应同时具有催化作用。

③催化剂不能改变反应系统的始、末状态，因而也就不能改变反应系统的热力学状态函数变化值，如 $\Delta_r H_m$，$\Delta_r G_m$。

④催化剂对反应的加速作用具有选择性。

1.11 胶体化学

要求：必须熟练掌握胶体系统的定义、动力性质、电学性质及光学性质；斯特恩双电层理论；能写出胶团结构式；憎液溶胶稳定的主要原因和破坏的方法。对于大纲中要求的泡沫、悬浮液、气溶胶及高分子化合物溶液仅作一般了解。

1.11.1 胶体系统的定义及其主要特征

在胶体系统中连续分布的物质称为分散介质，被分散的物质称为分散相，分散相的粒子在某一个方向上的线度在 1～1 000 nm 范围内的高分散系统，称为胶体系统。对于由金属及难溶于水的卤化物、硫化物或氢氧化物在水中形成的胶体，常称为憎液溶胶，简称为胶体。因此胶体系统具有高度分散的多相性和热力学不稳定性的特征。

1.11.2 胶体的性质

1. 胶体的光学性质

丁达尔现象：当一束可见光照射到胶体系统时，在与入射光垂直的方向上可看到一个发亮的光锥（或光柱），这种现象称为丁达尔现象。产生这种现象的原因是胶体粒子的线度小于可见光的波长，而发生光的散射现象，丁达尔现象是鉴别透明液体是否为胶体的常用方法。

2. 胶体系统的动力性质

(1) 布朗运动

布朗运动的实质是胶体粒子的无规则热运动，其平均位移可由爱因斯坦－布朗运动平均

位移公式计算，即

$$\bar{x}=\left(\frac{RTt}{3L\pi r\eta}\right)^{\frac{1}{2}}$$

式中：$\bar{x}$ 为 t 时间间隔内的平均位移；T 为温度；r 为粒子的半径；η 为介质的黏度；R 为气体常数；L 为阿伏加德罗常数。

(2)扩散

由于浓度梯度的存在，而引起粒子的定向迁移称为扩散，胶体粒子的扩散系数 D 可由下式计算，即

$$D=\frac{(\bar{x})^2}{2t}$$

上述两式适用于单级（粒子的大小相同）分散系统的球形粒子在较稀的混合系统中的扩散。

(3)沉降与沉降平衡

沉降是指胶体粒子受重力场的作用而下沉的现象。当粒子的扩散速率与沉降速率在数值上相等时则达到沉降平衡。这时粒子的分布可由贝林高度分布公式表示，即

$$\ln\frac{C_2}{C_1}=\frac{Mg}{RT}\left(1-\frac{\rho_0}{\rho}\right)(h_2-h_1)$$

式中：C_1 和 C_2 分别为高度 h_1 和 h_2 的截面上的粒子数浓度（个/m^3）；ρ 和 ρ_0 分别为粒子与介质的密度；M 为粒子的摩尔质量（$kg\cdot mol^{-1}$）；g 为 $9.81\ m\cdot s^{-2}$。

此式适用单级相粒子（大小相同，形状可各异）在重力场中的平衡分布。

3. 胶体的电学性质

(1)动电现象

在外加电场作用下分散相（胶体粒子）与分散介质可以发生相对运动，如电泳和电渗。在外力的作用下，当两相发生相对移动时可以产生电势差，如流动电势和沉降电势。这些现象统称为动电现象，它表明分散相和分散介质带有不同性质的电荷。

(2)斯特恩双电层模型

分散的固态微粒能有选择地吸附有利于晶体粒子长大的那种离子，称为电荷离子，由其决定胶体粒子的带电符号，与电荷离子带电符号相反的离子则称为反离子，反离子呈扩散形态分布于固态微粒周围。固态微粒表面与溶液本体（电中性处）之间的电势差，为热力学电势。当固、液两相发生相对移动时，滑动面所包围的带电体与溶液本体之间的电势差，称为 ξ 电势。它与电泳或电渗速率 v 之间的关系为

$$\xi=\frac{v\eta}{\varepsilon_r\varepsilon_0E}$$

式中：ε_r 为分散介质的相对介电常数，其量纲为1；$\varepsilon_0=8.854\ 2\times10^{-12}\ F\cdot m^{-1}$，为真空介电常数；$E$ 为电场强度，$V\cdot m^{-1}$；η 为分散介质的黏度。

斯特恩双电层模型是胶体化学的理论基础，是书写胶团结构的依据。

1.11.3 如何书写（憎液）溶胶的胶团结构

通过对胶体电学性质的研究，知道胶体粒子是带电的。斯特恩提出的双电层结构解释了胶体粒子为何会带电的问题。由双电层结构得知，溶胶的胶团结构包括胶核、胶粒及胶团3个

层次。胶核是由若干个分散相的分子或原子构成的具有晶体结构的集合体及其选择吸附的离子所组成；胶粒则是指从胶核到扩散层中滑动面的部分；胶团是直到扩散层与溶液本体分界面处为止的整个分散相颗粒。下面以 AgI 溶液为例予以说明，制备溶胶时是用 $AgNO_3$ 作稳定剂（即 $AgNO_3$ 与 KI 相比适当过量）。

$$\underbrace{\underbrace{\{\overbrace{[AgI]_m}^{\text{胶核}}\cdot nAg^+\cdot(n-x)NO_3^-\}^{x+}}_{\text{胶粒}}\cdot\,\vdots\, xNO_3^-}_{\text{胶团}}$$

上面所写的是以 $AgNO_3$ 为稳定剂制备所得的溶胶的胶团结构。若制备 AgI 溶胶是以 KI 为稳定剂（即 KI 相对 $AgNO_3$ 为过量），则 AgI 的胶团结构为

$$\underbrace{\underbrace{\{\overbrace{[AgI]_m}^{\text{胶核}}\cdot nI^-\cdot(n-x)K^+\}^{x-}}_{\text{胶粒}}\,\vdots\,\cdot xK^+}_{\text{胶团}}$$

由以上两例可知，虽然制备的都是 AgI 溶胶，但稳定剂不同，所制得的 AgI 胶团结构完全不同，所以在书写胶团结构时，首先要确定用什么物质作稳定剂，再根据分散相分子或原子的集合体，按优先选择吸附与分散相的分子或原子有相同元素的离子的规则写出该溶胶的胶核；然后由胶核所带的电荷正或负来确定所吸引稳定剂中的反离子，便能写出胶粒结构；最后根据胶团为电中性的原则完成胶团结构。

【例 1.11-1】 在稀的 Na_2SO_4 溶液中滴入少量 $Ba(NO_3)_2$ 稀溶液，可制备 $BaSO_4$ 溶胶，过剩的 Na_2SO_4 为稳定剂，请写出胶团结构。

解：$\underset{\text{过量}}{Na_2SO_4} + Ba(NO_3)_2 \longrightarrow BaSO_4(s) + 2NaNO_3$

$$\{[BaSO_4]_m\cdot nSO_4^{2-}\cdot 2(n-x)Na^+\}^{2x-}\cdot 2xNa^+$$

或 $$\{[BaSO_4]_m\cdot nSO_4^{2-}\cdot(2n-x)Na^+\}^{x-}\cdot xNa^+$$

【例 1.11-2】 写出 $Al(OH)_3$ 溶胶：(1)在酸性介质中的胶团结构；(2)在碱性介质中的胶团结构。

解：(1)在酸性介质中：

$$Al(OH)_3 + HCl \longrightarrow Al(OH)_2Cl + H_2O(l)$$

$$Al(OH)_2Cl \rightleftharpoons \underset{\text{电荷离子}}{Al(OH)_2^+} + \underset{\text{反离子}}{Cl^-}$$

$$\{[Al(OH)_3]_m\cdot nAl(OH)_2^+\cdot(n-x)Cl^-\}^{x+}\cdot xCl^-$$

(2)在碱性介质中：

$$Al(OH)_3 + KOH \longrightarrow 2H_2O(l) + KAlO_2$$

$$KAlO_2 \rightleftharpoons K^+ + AlO_2^-$$

$$\{[Al(OH)_3]_m\cdot nAlO_2^-\cdot(n-x)K^+\}^{x-}\cdot xK^+$$

【例 1.11-3】 在 NaOH 溶液中用 HCHO 还原 $HAuCl_4$ 可得金溶胶，反应过程为

$$HAuCl_4 + 5NaOH \longrightarrow NaAuO_2 + 4NaCl + 3H_2O$$

$$2NaAuO_2 + 3HCHO + NaOH \longrightarrow 2Au(s) + 2H_2O + 3HCOONa$$

上述反应产生的 $NaAuO_2$ 是金溶胶的稳定剂。写出金溶胶的胶团结构。

解：$NaAuO_2$ 在上述水溶液中电离，

$$NaAuO_2 \rightleftharpoons Na^+ + AuO_2^-$$

$$\{[Au(s)]_m \cdot nAuO_2^- \cdot (n-x)Na^+\}^{x-} \cdot xNa^+$$

【例 1.11-4】 试写出由 $FeCl_3$ 水解制备 $Fe(OH)_3$ 溶胶的胶团结构。已知稳定剂为 $FeCl_3$。

解：$FeCl_3 + 3H_2O \longrightarrow Fe(OH)_3 + 3HCl$

$$FeCl_3 \rightleftharpoons Fe^{3+} + 3Cl^-$$

$$\{[Fe(OH)_3(s)]_m \cdot nFe^{3+} \cdot 3(n-x)Cl^-\}^{3x+} \cdot 3xCl^-$$

1.11.4 溶胶的稳定与聚沉

(1)稳定的原因

胶体系统能相对稳定存在的原因有：同一种胶体粒子带有相同符号的电荷；溶剂化作用形成一定强度的溶剂化外壳；有布朗运动。

(2)聚沉

破坏胶体最有效的方法是加入电解质。能够使溶胶发生明显聚沉所需电解质的最小浓度称为该电解质的聚沉值，聚沉值的倒数称为聚沉能力。起聚沉作用的主要是与胶粒带相反电荷的离子，称为反离子。某些一价正、负离子按其聚沉能力大小的顺序排列如下：

$$H^+ > Cs^+ > NH_4^+ > K^+ > Na^+ > Li^+$$

$$F^- > Cl^- > Br^- > NO_3^- > I^- > OH^-$$

这种顺序称为感胶离子序。由此可见一价的正离子中 H^+ 的聚沉能力最强。

【例 1.11-5】 在 0.025 dm^3 浓度为 0.016 $mol \cdot dm^{-3}$ 的 $AgNO_3$ 水溶液中，应加入 0.005 $mol \cdot dm^{-3}$ 的 KI 溶液多少立方分米才能制备出胶体粒子带正电荷的 AgI(s) 溶胶？试写出胶团结构。

若用物质的量浓度相同的 $MgSO_4$ 和 $K_3Fe(CN)_6$ 两种溶液，哪一种溶液更容易使上述溶胶发生聚沉？

解：$AgNO_3 + KI \longrightarrow AgI(固态微粒) + KNO_3$

欲使 AgI(s) 的胶体粒子带正电荷，需 $AgNO_3$ 过量存在，并以其作为稳定剂。故所加入的 KI 的体积为

$$V(KI) < \frac{0.016\ mol \cdot dm^{-3} \times 0.025\ dm^3}{0.005\ mol \cdot dm^{-3}} = 0.08\ dm^3$$

胶团结构为

$$\{[AgI(s)]_m \cdot nAg^+ (n-x)NO_3^-\}^{x+} \cdot xNO_3^-$$

此溶胶的反离子为负离子 NO_3^-，故相同浓度的 $K_3Fe(CN)_6$ 较 $MgSO_4$ 更易于使上述溶胶聚沉。

【例 1.11-6】 在 3 个烧瓶中皆放有 0.020 dm^3 的 $Fe(OH)_3$ 溶胶。现分别加入 NaCl、Na_2SO_4 及 Na_3PO_4 溶液使溶胶发生聚沉，最少需要加入 1.00 $mol \cdot dm^{-3}$ 的 NaCl 溶液 0.021 dm^3，5.0×10^{-3} $mol \cdot dm^{-3}$ 的 Na_2SO_4 0.125 dm^3 及 3.333×10^{-3} $mol \cdot dm^{-3}$ 的 Na_3PO_4 0.007 4 dm^3。试计算各电解质的聚沉值、聚沉能力之比。

解:能使 $Fe(OH)_3$ 溶胶发生明显聚沉的各电解质的聚沉值:

$$c(NaOH)=\frac{1.00\ mol\cdot dm^{-3}\times 0.021\ dm^3}{(0.020+0.021)\ dm^3}=512\times 10^{-3}\ mol\cdot dm^{-3}$$

$$c(Na_2SO_4)=\frac{5.0\times 10^{-3}\ mol\cdot dm^{-3}\times 0.125\ dm^3}{(0.020+0.125)\ dm^3}=4.31\times 10^{-3}\ mol\cdot dm^{-3}$$

$$c(NaPO_4)=\frac{3.333\times 10^{-3}\ mol\cdot dm^{-3}\times 0.007\ 4\ dm^3}{(0.020+0.007\ 4)\ dm^3}=9.0\times 10^{-4}\ mol\cdot dm^{-3}$$

聚沉能力之比为

$$NaCl:Na_2SO_4:Na_3PO_4$$

$$=\frac{1}{512\times 10^{-3}\ mol\cdot dm^{-3}}:\frac{1}{4.13\times 10^{-3}\ mol\cdot dm^{-3}}:\frac{1}{9.0\times 10^{-4}\ mol\cdot dm^{-3}}$$

$$=1.953:232.131:1\ 111.1=1:119:569$$

(3)高分子化合物的聚沉作用

①搭桥效应:长碳链的高分子化合物可同时吸附在多个分散相粒子上而引起聚沉。

②脱水效应:高分子化合物对水有强烈的亲合力,使胶体粒子脱水而聚沉。

③电中和效应:离子型的高分子化合物吸附在带电的胶体粒子上可中和其表面电荷,而降低粒子间的斥力。

1.11.5 乳化剂对乳状液的稳定作用

一种液体分布在另一种与其不互溶的液体中所形成的粗分散系统(分散相粒子半径大于 10^{-7} m)称为乳状液。若一相为水,用 W 表示,另一相与水不互溶或部分互溶的有机物质统称为油,用 O 表示。以 O/W 表示水包油型乳状液,以符号 W/O 表示水分散在油中,即油包水型乳状液。加入少量的乳化剂就能使乳状液比较稳定地存在,主要原因如下:①降低界面张力;②在液、液界面上形成定向楔的界面;③形成扩散双电层;④固体粉末吸附在界面层也能起到稳定作用。

1.11.6 泡沫

在含有表面活性剂的溶液中,吹入空气可形成许多小气泡,若气泡之间的距离较远,彼此间的影响可以忽略不计,由于附加压力的作用,每个单独存在的小气泡必为圆球形。但当许多小气泡堆积在一起时,由于重力场的作用,将有一部分液体从气泡之间渗流而出,气泡之间的隔膜各处厚薄不一,如仍不破裂,则成为泡沫。气泡的线度一般在 10^{-7} m 以上,用肉眼即可观察到泡沫的存在。

若分散介质为液体,则称为液体泡沫。要得到比较稳定的液体泡沫必须加入起泡剂,起泡剂实质上就是表面活性剂,它们在气、液界面上发生正吸附,定向排列的吸附膜使泡沫能比较稳定地存在。某些不易被水润湿的固体粉末,对泡沫也能起到稳定作用。

1.11.7 悬浮液

将不溶性固体粒子分散在液体中所形成的粗分散系统,称为悬浮液(或悬浮体)。其分散相粒子的线度大于 10^{-7} m。悬浮液的分散相粒子不存在布朗运动,不可能产生扩散及渗透现象,而易于沉降析出。悬浮液的光学性质也与溶胶不同,其散射光的强度十分微弱。它虽为粗分散系统,但仍具有很大的相界面,能选择性地吸附溶液中的某种离子而带电,这是悬浮液能暂时稳定存在的原因。

1.11.8 气溶胶

以固体或液体为分散相、气体为分散介质所形成的胶体系统,称为气溶胶。在自然界中人们所看到的云雾是小水滴分散在空气之中,烟尘则是微小的固体粒子悬浮在空气之中,烟、雾的分散程度较高,它们的线度一般在 $10^{-8} \sim 10^{-6}$ m 的数量级。

气溶胶的乳光效应基本上也服从雷利公式,即散射光的强度与入射光波长的4次方成反比。通过气溶胶的透射光呈橙红色,散射光呈淡蓝色。例如我们可以看到缕缕上升的炊烟呈淡蓝色就是太阳光被烟尘散射的结果。

1.11.9 高分子化合物溶液

高分子化合物是指摩尔质量 $M > 1 \sim 10^4\ \mathrm{kg \cdot mol^{-1}}$ 的大分子化合物。它们在适当的溶液中可自动地分散成溶液,这种溶液简称为高分子(或大分子)溶液。

在高分子溶液中,分散质与分散介质之间存在较强的亲合力,而产生明显的溶剂化效应。高分子化合物以分子或离子的状态均匀地分布在溶液中,在分散质与分散介质之间无相界面存在,故高分子溶液是均匀分布的真溶液,即热力学平衡系统。这是高分子溶液与憎液溶胶最本质的差别。

在高分子溶液中,产生明显的溶剂化效应,这势必影响溶液的渗透压。若以 ρ_B 代表溶质的质量浓度(SI 单位为 $\mathrm{kg \cdot m^{-3}}$),M 为溶质的摩尔质量,渗透压的公式为

$$\Pi = RT\rho_B / M$$

许多高分子化合物本身就是电解质,例如蛋白质的水溶液可视为强电解质。若以 $Na_z^+ P^{z-}$ 代表蛋白质,其电离反应可以表示为

$$Na_z^+ P^{z-} \longrightarrow zNa^+ + P^{z-}$$

若用半透膜将纯水与蛋白质水溶液隔开,H_2O、Na^+ 皆可通过半透膜,仅 P^{z-} 不能通过,这时的渗透平衡,实质上是隔膜两侧离子的平衡,即唐南平衡,所对应的渗透应力可以表示为

$$\Pi_2 = (z+1)cRT$$

式中:c 为电解质的物质的量浓度;$z+1$ 则表示每个分子电离时所产生的离子个数。

仿真习题

1.1 气体的 p、V、T 性质

1-1 在 T、V 恒定的容器中,含有 2 mol 的 A(g)、3 mol 的 B(g)。若向容器中再加入 1 mol 的 D(g),则原容器中 B(g) 的分压力 p_B ( ),分体积 V_B ( )。已知 A、B、D 皆为理想气体。

(A)变大 (B)变小 (C)不变 (D)无法确定

1-2 在一体积不变的容器中,装有温度为 300 K、物质的量为 n mol 的理想气体,若要将 1/6 的该气体赶出容器,则需将容器加热到温度为( )。

(A)350 K (B)250 K (C)300 K (D)360 K

1-3 在 273 K、101.325 kPa 下,四氯化碳 CCl_4(g) 可看做理想气体。在上述温度、压力条件下,CCl_4(g) 的密度 ρ = ( ) $\mathrm{g \cdot dm^{-3}}$。

(A)3.44 (B)4.52 (C)6.42 (D)6.87

1-4　在一定的温度下，理想气体混合物总压 $p=\Sigma p_B$，体积 $V=\Sigma V_B$，$n=\Sigma n_B$，下列各式中，只有式(　　)是正确的。

(A) $p_B V_B = n_B RT$　　(B) $pV_B = nRT$　　(C) $p_B V = n_B RT$　　(D) $p_B V_B = nRT$

1-5　在温度恒定为 100 ℃，体积为 2 dm^3 的容器中，含有 0.04 mol 的水蒸气。若再向上述容器中加入 0.02 mol 的 $H_2O(l)$，平衡后容器中的 H_2O 必然为(　　)。

(A)气态　　(B)液态　　(C)气、液两相平衡　　(D)无法确定其相态

1-6　Cl_2 的临界温度为 144 ℃，临界压力为 7.7 MPa。在 308 K 下，某装有 Cl_2 的钢瓶中 Cl_2 的压力为 6 200 kPa，此钢瓶中的 Cl_2 必为(　　)。

(A)气态　　(B)液态　　(C)气、液两相平衡　　(D)气、液不分的状态

1-7　已知 A、B 两种气体的临界温度的关系为 $T_c(A)>T_c(B)$，则两气体中相对容易液化的气体为(　　)。若两种气体处于同一温度，则气体 A 的 $T_r(A)$(　　)气体 B 的 $T_r(B)$。

(A)气体 A，大于　　(B)气体 A，小于　　(C)气体 B，大于　　(D)气体 B，小于

1-8　在一定 T、p 下，某实际气体的压缩因子 $Z>1$，则表明在相同的 T、p 下，V_m(实际)(　　)V_m(理想)。

(A) >　　(B) =

(C) <　　(D)二者大小无一定关系

1-9　在 −100 ℃、100×10^7 kPa 下，理想气体的压缩因子 Z(　　)。

(A) =0　　(B) =1　　(C) >1　　(D) <1

1-10　任何实际气体，若温度在其临界温度之上，当该气体的压力 $p=2p_c$ 时，该系统必为(　　)。

(A)气、液两相共存　　(B)液态　　(C)气态　　(D)气、液不分的状态

1-11　在恒温 100 ℃下，一带有活塞的气缸中有 1 mol 的 $N_2(g)$，活塞对气体的压力恒定为 202.65 kPa，若向其中再注入 2 mol 的水，达到平衡后，此系统中水蒸气的分压力 $p(H_2O)$(　　)。(N_2 在水中的溶解度可忽略不计)

(A) >101.325 kPa　　(B) =101.325 kPa　　(C) <101.325 kPa　　(D)不能确定

1.2　热力学第一定律

1-12　2 mol 理想气体，其 $C_{V,m}=1.5\,R$，由 300 kPa、20 dm^3 的始态，在恒压下温度升高 1 K 过程的体积功 $W=$(　　)。

(A) 8.314 J　　(B) 0　　(C) 16.63 J　　(D) −16.63 J

1-13　2 mol 双原子理想气体，由 300 kPa、20 dm^3 恒温可逆压缩到 15 dm^3，此过程的 $W=$(　　)。

(A) −1 726 J　　(B) 1 726 J　　(C) 863 J　　(D) 1 207.6 J

1-14　下列各过程中 $\Delta H\neq0$ 的过程为(　　)。

(A)一定量理想气体的恒温过程

(B)封闭系统绝热、恒压，$W'=0$ 的反应过程

(C)流体的节流膨胀过程

(D)一定量的纯液体 B(l)在绝热真空容器中的蒸发过程

1-15　下列各过程除(　　)过程之外，皆为恒热力学能(又称内能)过程。

(A)封闭系统绝热、恒容，$W'=0$ 的化学反应过程

(B)真实气体向绝热的真空器中自由膨胀的过程

(C)真实气体节流膨胀过程　　(D)理想气体恒温可逆膨胀过程

1-16　在一定温度和标准状态下 $\Delta_c H_m^\ominus(CO,g)=($　　$)$。

(A)$\Delta_c H_m^\ominus$(C,石墨)　　(B)$\Delta_f H_m^\ominus(CO_2,g)$

(C)$\Delta_f H_m^\ominus(CO,g)$　　(D)$\Delta_f H_m^\ominus(CO_2,g)-\Delta_f H_m^\ominus(CO,g)$

1-17　在温度为 25 ℃ 的标准状态下，已知 $\Delta_f H_m^\ominus(CO_2,g)=-393.5\ \mathrm{kJ\cdot mol^{-1}}$，$\Delta_f H_m^\ominus(H_2O,l)=-285.83\ \mathrm{kJ\cdot mol^{-1}}$，$\Delta_c H_m^\ominus(C_6H_6,l)=-3\,267.5\ \mathrm{kJ\cdot mol^{-1}}$，则 $\Delta_f H_m^\ominus(C_6H_6,l)=$(　　)$\mathrm{kJ\cdot mol^{-1}}$。

(A)2 588.2　　(B)48.95　　(C)−48.95　　(D)−2 588.2

1-18　一定量理想气体，由同一始态 1 出发，分别经恒温可逆膨胀和绝热可逆膨胀两过程达到同一终态体积 V_2，则终态时 T_2(恒温)(　　)T_2(终热)，H_2(恒温)(　　)H_2(绝热)。

(A)大于　　(B)等于　　(C)小于　　(D)可能大于也可能小于

1-19　2 mol 某理想气体，由同一始态，即 $V_1=20\ \mathrm{dm^3}$、$p_1=250\ \mathrm{kPa}$，分别经过以下过程：(1)绝热可逆压缩到 $p_2=500\ \mathrm{kPa}$；(2)绝热，反抗恒定外压 p(环)$=500\ \mathrm{kPa}$ 压缩到平衡态。则 ΔU_1(　　)ΔU_2。

(A)>　　(B)<　　(C)=　　(D)二者的大小无一定关系

1-20　$T_2/T_1=(p_2/p_1)^{R/C_{p,m}}=(V_1/V_2)^{R/C_{V,m}}$ 适用的条件是(　　)。

(A)一定量的理想气体，$C_{V,m}$ 一定，单纯 p、V、T 变化的过程

(B)一定量的理想气体，$C_{p,m}$ 一定的绝热过程

(C)n、$C_{V,m}$ 一定，理想气体绝热反抗恒定外压的过程

(D)一定量的理想气体，$C_{V,m}$ 一定，可逆绝热过程

1-21　在绝热、恒压、$W'=0$ 的条件下，反应

$$H_2(g)+0.5O_2(g)\longrightarrow H_2O(g)$$

过程的温度由 25 ℃ 上升到 5 313.34 ℃。则此反应的 $\Delta_r U_m=($　　$)$。

(A)$43.97\ \mathrm{kJ\cdot mol^{-1}}$　　(B)$-43.97\ \mathrm{kJ\cdot mol^{-1}}$

(C)$42.73\ \mathrm{kJ\cdot mol^{-1}}$　　(D)$-42.73\ \mathrm{kJ\cdot mol^{-1}}$

1-22　在 0 ℃ 下，1 $\mathrm{dm^3}$ 压力为 101.325 kPa 的 $H_2(g)$(可视为理想气体)恒温可逆压缩到 202.65 kPa 时环境对系统所做的功为(　　)。

(A)70 kJ　　(B)17 kJ　　(C)1 573 kJ　　(D)7.3 kJ

1-23　2 mol 的单原子理想气体，其绝热过程的 $\Delta(pV)=-26\ \mathrm{kJ}$，则该过程的体积功 $W=($　　$)$。

(A)26 kJ　　(B)−65 kJ　　(C)39 kJ　　(D)−39 kJ

1-24　在一个体积恒定为 0.50 $\mathrm{m^3}$ 的绝热容器中发生某化学反应，容器内气体的温度升高 750 ℃、压力增加 600 kPa，则此反应过程的 $\Delta H=($　　$)$。

(A)6.24 kJ　　(B)8.51 kJ　　(C)300 kJ　　(D)0

1-25　已知 25 ℃时，$\Delta_f H_m^\ominus(H_2O,g)=-241.82\ \mathrm{kJ\cdot mol^{-1}}$，今有 0.2 mol 的 $H_2(g)$ 与理论量的 $O_2(g)$ 在一个体积恒定为 1 $\mathrm{dm^3}$、恒温 25 ℃ 的容器中发生下列反应：

$$H_2(g)+0.5O_2(g)\longrightarrow H_2O(g)$$

则此过程的热 $Q=$(　　)。

(A) -48.12 kJ　　(B) 243.06 kJ　　(C) -240.6 kJ　　(D) -241.82 kJ

1-26　一定量的理想气体由同一状态出发,沿不同途径到达同一末态,其中一定相等的量是(　　)。

(A) Q　　(B) W　　(C) $Q+W$　　(D) $Q-W$

1-27　某理想气体反应,反应式中各物质计量数的代数和 $\Sigma\nu_B(g)=-1.5$,反应的 $\Delta_r C_{V,m}=\Sigma\nu_B C_{V,m}(B)=1.5R$,则 $\left(\frac{\partial \Delta_r H_m}{\partial T}\right)_p=$(　　)。

(A) $1.5R$　　(B) $3R$　　(C) 0　　(D) $2.5R$

1-28　封闭系统在不做非体积功、恒压下经历某过程后,其与环境所交换的热(　　)。

(A) 应等于此过程的 ΔU　　(B) 应等于该系统的焓 H

(C) 应等于此过程的 ΔH　　(D) 应等于此过程的体积功

1-29　以下所列的过程中,能用 $\Delta H=nC_{p,m}(T_2-T_1)$ 这一公式进行计算的过程为(　　)。

(A) 真实气体恒压可逆膨胀

(B) 理想气体从 T_1、p_1 变到 T_2、p_2

(C) 在 101.325 kPa、100 ℃时,1 mol 液体水变为同温、同压的蒸汽

(D) 在恒容、恒温和 $W'=0$ 的条件下之化学反应

1.3　热力学第二定律

1-30　一定量的某理想气体,节流膨胀过程的 ΔU(　　)、ΔS(　　)、ΔG(　　)。

(A) >0　　(B) $=0$　　(C) <0　　(D) 无法确定

1-31　刚性密封容器中放有 1 mol 单原子理想气体,在 25 ℃下,当系统经历某过程后 $\Delta S=1.0\ \mathrm{J\cdot K^{-1}}$,则系统的 ΔU 相应变化了(　　)J。

(A) 1.0　　(B) 25　　(C) 298.15　　(D) 1 000

1-32　一定量的单相纯物质,从指定状态(1)经绝热不可逆膨胀过程的 ΔS(　　);(2)经绝热可逆膨胀过程的 ΔS(　　);(3)经绝热不可逆压缩过程的 ΔS(　　);(4)经任一可逆循环过程的热温商之和(　　);(5)经任一不可逆循环过程的热温商之和(　　)。

(A) >0　　(B) $=0$　　(C) <0　　(D) 无法确定

1-33　用 ΔS 作为判据的条件是(　　);用 ΔA 作为判据的条件是(　　);用 ΔG 作为判据的条件是(　　)。

(A) 恒温、恒压和 $W'=0$　　(B) 隔离系统

(C) 恒温、恒容和 $W'=0$　　(D) 恒外压绝热过程

1-34　由热力学基本方程可知,对于一定量的单相纯物质:

(1) $\left(\frac{\partial U}{\partial S}\right)_V=$(　　);(2) $\left(\frac{\partial H}{\partial S}\right)_p=$(　　);(3) $\left(\frac{\partial U}{\partial V}\right)_S=$(　　);(4) $\left(\frac{\partial H}{\partial p}\right)_S=$(　　);

(5) $\left(\frac{\partial A}{\partial T}\right)_V=$(　　);(6) $\left(\frac{\partial G}{\partial T}\right)_p=$(　　);(7) $\left(\frac{\partial A}{\partial V}\right)_T=$(　　);(8) $\left(\frac{\partial G}{\partial p}\right)_T=$(　　)。

(A) $-p$　　(B) $-S$　　(C) T　　(D) V

1-35　根据麦克斯韦关系式可知:

(1) $(\partial T/\partial p)_S=$(　　);(2) $(\partial T/\partial V)_S=$(　　)。

(A) $\left(\frac{\partial S}{\partial V}\right)_T$ (B) $\left(\frac{\partial S}{\partial p}\right)_T$ (C) $\left(\frac{\partial V}{\partial S}\right)_p$ (D) $-\left(\frac{\partial p}{\partial S}\right)_V$

1-36 1 mol 理想气体由同一始态分别经历下列过程：

(1)恒温自由膨胀使体积增加 1 倍；(2)恒温可逆膨胀使体积增加 1 倍；

(3)绝热自由膨胀使体积增加 1 倍；(4)绝热可逆膨胀使体积增加 1 倍。

下列结论中只有(　　)是正确的。

(A) $\Delta S_1 = \Delta S_2 = \Delta S_3 = \Delta S_4 = 8.314\ \text{J·K}^{-1}\ln 2$

(B) $\Delta S_1 = \Delta S_2 = 8.314\ \text{J·K}^{-1}\ln 2$, $\Delta S_3 = \Delta S_4 = 0$

(C) $\Delta S_1 = \Delta S_2 = \Delta S_3 = 8.314\ \text{J·K}^{-1}\ln 2$, $\Delta S_4 = 0$

(D) $\Delta S_1 = \Delta S_4 = 8.314\ \text{J·K}^{-1}\ln 2$, $\Delta S_2 = \Delta S_3 = 0$

1-37 一定量的 $H_2(g)$，在绝热、恒容及 $W' = 0$ 下发生下列反应：

$H_2(g) + 0.5O_2(g) \longrightarrow H_2O(g)$

则此过程的 ΔU (　　)，ΔH (　　)，ΔS (　　)，ΔA (　　)。

(A) >0 (B) =0 (C) <0 (D)无法确定

1-38 以下所列的过程中，(　　)的过程能用 $\Delta S = \Delta H/T$ 这一公式。

(A)真实气体绝热可逆膨胀

(B)理想气体恒温可逆

(C)在 101.325 kPa、80 ℃时，1 mol 液体水变为同温、同压的水蒸气

(D)在 101.325 kPa、0 ℃时，1 mol 液体水变为同温、同压的冰

1-39 2 mol $C_{V,m} = 2.5R$ 的理想气体，由 200 kPa、40 dm^3 的始态压缩到 260 kPa、30 dm^3 的末态。则此过程的 W = (　　) J，ΔU = (　　) J，ΔS = (　　) J·K^{-1}。

(A) −100 (B) −500 (C) −5.836 (D)无法计算

1-40 高温热源的温度是低温热源的 2 倍，若通过热机，高温热源放出 200 kJ 的热量。环境可得到的功最多为(　　)。

(A)200 kJ (B)100 kJ (C) −100 kJ (D)无法计算

1-41 已知 100 ℃、101.325 kPa 下，水的摩尔蒸发焓为 40.67 kJ·mol^{-1}。在一个体积恒定为 61.236 dm^3 的真空容器中，恒温 100 ℃时注入 4 mol 的水。试问达到平衡后，此过程的 Q = (　　) kJ，ΔS = (　　) J·K^{-1}，ΔA = (　　) kJ，ΔG = (　　) kJ。

设蒸汽为理想气体，液态水的体积 V_l 与 V_g 相比较可忽略不计。

(A)6.20 (B)0 (C)218.0 (D)75.14

1-42 在 0 ℃、101.325 kPa 下，1 mol 的水凝固成同温、同压力下的冰。已知此条件下冰的摩尔熔化焓 $\Delta_{fus}H_m = 6.008\ \text{kJ·mol}^{-1}$，则题给过程的 ΔS(系)为(　　) J·K^{-1}，ΔS(环)为(　　) J·K^{-1}，ΔS(隔离)为(　　) J·K^{-1}，ΔG 为(　　) J。

(A)22.0 (B) −22.0 (C)0 (D)无法确定

1-43 由克拉佩龙方程可知：当压力升高时，冰的熔点必然会(　　)。

(A)升高 (B)保持不变 (C)降低 (D)无一定变化规律

1-44 1 mol 理想气体在恒温下，由始态体积 V_1 向真空膨胀到终态体积 V_2，其熵差的计算可用下列式中的(　　)。

(A) $\Delta S = \Delta A/T$ (B) $\Delta S = \sum \nu_B S_m^{\ominus}(B, \beta, T)$

(C) $\Delta S = nR\ln(V_2/V_1)$　　(D) $\Delta S = \Delta H$

1-45　在隔离系统中，发生了任意不可逆过程时，则该系统的 ΔU (　　)，ΔH (　　)，ΔS (　　)。

(A) >0　　(B) <0　　(C) =0　　(D) 无法确定

1-46　热力学基本方程 $\mathrm{d}H$ = (　　)。

(A) $T\mathrm{d}S - V\mathrm{d}p$　　(B) $T\mathrm{d}S + V\mathrm{d}p$　　(C) $-T\mathrm{d}S - V\mathrm{d}p$　　(D) $-T\mathrm{d}S + V\mathrm{d}p$

1.4　多组分系统热力学

1-47　已知在 35 ℃时 $p_A^* = 2p_B^*$，组分 A(l) 和 B(l) 可构成理想液态混合物。若平衡气相中组分 A 和 B 的摩尔分数相等，即 $y_A = y_B$，则平衡液相中组分 A 和 B 的摩尔分数之比 x_A/x_B = (　　)。

(A) 1/2　　(B) 2　　(C) 3/2　　(D) 4/3

1-48　在 100 ℃时，$p_A^* = 133.0$ kPa，$p_B^* = 67.0$ kPa，A(l) 和 B(l) 形成理想液态混合物，当气、液两相平衡时，若液相的组成 $x_B = 0.50$，平衡气相的组成 y_B = (　　)。

(A) 0.50　　(B) 0.665　　(C) 0.335　　(D) 无法确定

1-49　指出下列关于亨利定律的几种说法之中，错误的是(　　)。

(A) 溶质在气相和溶剂中分子的状态必须相同

(B) 温度愈高，压力愈低，溶液愈稀，亨利定律愈准确

(C) 对于总压力不大的混合气体，亨利定律对每一种气体皆分别适用，与其他气体分压力的大小无关

(D) 溶质必须是非挥发性的

1-50　在一定 T、p 下，B(g) 溶于水形成理想稀溶液，若分别用 c_B ($\mathrm{mol \cdot m^{-3}}$)、$b_B$ ($\mathrm{mol \cdot kg^{-1}}$)、$x_B$ (摩尔分数) 表示溶质 B 的组成时，对应的亨利系数分别为 k_c，k_b 和 k_x。它们之间的关系为(　　)。

(A) $k_c = k_b = k_x$　　(B) $k_c > k_b > k_x$　　(C) $k_c < k_b < k_x$　　(D) $k_c < k_b > k_x$

1-51　丙酮(A)与氯仿(B)形成真实液态混合物，在温度为 T 时，测得总的蒸气压力为 29.398 kPa，蒸气中丙酮的摩尔分数 $y_A = 0.818$，而在相同温度下纯氯仿的饱和蒸气压 $p_B^* = 29.571$ kPa。在液相中氯仿的活度 a_B = (　　)，其活度系数 f_B = (　　)。

(A) 0.813　　(B) 0.192　　(C) 0.181　　(D) 无法计算

1-52　在 25 ℃、100 kPa 下，2 mol A(l) + 3 mol B(l) 形成理想液态混合物，则此过程的 $\Delta_{mix}V$ = (　　) $\mathrm{m^3}$，$\Delta_{mix}H$ = (　　) J，$\Delta_{mix}S$ = (　　) $\mathrm{J \cdot K^{-1}}$，$\Delta_{mix}G$ = (　　) J。

(A) 0　　(B) −8 341　　(C) −27.98　　(D) 27.98

1-53　在一定 T、p 下，A(l) 和 B(l) 部分互溶而构成 α 和 β 两相，物质 A 由 α 相自发向 β 相转移的条件为(　　)。

(A) $\mu_A^\alpha > \mu_A^\beta$　　(B) $\mu_A^\alpha = \mu_A^\beta$　　(C) $\mu_A^\alpha < \mu_A^\beta$　　(D) 无法确定

1-54　恒温 100 ℃，在 $V = 2\ \mathrm{dm^3}$ 的真空容器中放入 2 mol 的水，H_2O(l) 与 H_2O(g) 两相平衡的条件是(　　)。

(A) $\mu(H_2O, l) > \mu(H_2O, g)$　　(B) $\mu(H_2O, l) < \mu(H_2O, g)$

(C) $\mu(H_2O, l) = \mu(H_2O, g)$　　(D) 无法确定

1-55　在 100 kPa 下，纯 A(l) 的沸点、饱和蒸气压和化学势分别为 T_b^*、p_A^* 和 $\mu_A^\ominus$。在纯

A(l)中加入少量不挥发的溶质 B 形成稀溶液时，则分别变为 T_b、p_A 和 μ_A。必然存在下列关系：T_b（　　）T_b^*；p_A^*（　　）p_A；$\mu_A^\ominus$（　　）μ_A。

(A)<　　(B)=　　(C)>　　(D)无法确定

1-56　在 101.325 kPa 的大气压力下，纯水中加入少量的蔗糖形成稀溶液，该溶液冷却时可析出纯冰 $H_2O(s)$。则此溶液的沸点（　　），凝固点（　　），蒸气压力（　　）。

(A)降低　　(B)不变　　(C)升高　　(D)无一定变化规律

1-57　在一定温度下，将 $I_2(s)$ 溶于 $CCl_4(l)$ 中测得碘的亨利系数 $k_x(I_2)=54.6$ kPa。若 I_2 在气相中的分压力 $p(I_2)=16.72$ kPa，与其呈平衡的 CCl_4 溶液中碘的摩尔分数 $x(I_2)=0.50$，则此溶液中碘的活度 $a(I_2)=$（　　），碘的活度系数 $\gamma(I_2)=$（　　）。

(A)0.50　　(B)0.612　　(C)0.306　　(D)无法确定

1.5 化学平衡

1-58　在 400 K 下，理想气体反应 $A(g)+2B(g)\longrightarrow D(g)$ 的 $K_1^\ominus=0.25$，$0.5A(g)+B(g)\longrightarrow 0.5D(g)$ 的 $K_2^\ominus=$（　　），$D(g)\longrightarrow A(g)+2B(g)$ 的 $K_3^\ominus=$（　　）。

(A)0.062 5　　(B)4.0　　(C)0.50　　(D)0.25

1-59　在 300 K 的真空容器中放有过量的 A(s) 并发生下列反应：

$$A(s)\longrightarrow B(s)+2D(g)$$

达到平衡时系统中 D(g) 的压力 $p_D^*=120$ kPa，则此反应的 $K^\ominus=$（　　）。

(A)1.20　　(B)0.64　　(C)1.44　　(D)无法确定

1-60　在 200～400 K 的温度范围内反应

$$NH_4Cl(s)\longrightarrow NH_3(g)+HCl(g)$$

的标准平衡常数 $K^\ominus$ 与 T 的关系为

$$\lg K^\ominus=16.2-9\ 127\ \mathrm{K}/T$$

在 $T=300$ K 时，此反应的 $\Delta_r G_m^\ominus=$（　　）$\mathrm{kJ\cdot mol^{-1}}$、$\Delta_r H_m^\ominus=$（　　）$\mathrm{kJ\cdot mol^{-1}}$、$\Delta_r S_m^\ominus=$（　　）$\mathrm{J\cdot K^{-1}\cdot mol^{-1}}$。

(A)310.1　　(B)81.69　　(C)174.7　　(D)134.7

1-61　在 380 K 时，$C_6H_5C_2H_5(g)$ 的脱氢反应

$$C_6H_5C_2H_5(g)\longrightarrow C_6H_5C_2H_3(g)+H_2(g)$$

在总压 $p=200$ kPa 下达到平衡。若在恒 T、p 下，向平衡系统通入惰性组分 $H_2O(g)$，则乙苯(A)的转化率 α_A（　　），K_y（　　），$K_c^\ominus$（　　），$K^\ominus$（　　），苯乙烯(B)的摩尔分数 y_B（　　）。

(A)变大　　(B)变小　　(C)不变　　(D)无一定变化规律

1-62　恒温 T 下反应

$$A(g)+2B(g)\longrightarrow 2D(g)$$

的 $K^\ominus=1$，若在恒温 T 下向一真空容器中通入 A、B、D 三种理想气体，它们的分压力皆为 150 kPa，则恒温、恒压下反应（　　）。

(A)从左向右进行　　(B)从右向左进行　　(C)处于平衡态　　(D)方向无法判定

1-63　$PCl_5(g)$ 分解反应：

$PCl_5(g) \longrightarrow PCl_3(g) + Cl_2(g)$

在 $T_1 = 473$ K 下达平衡时 $PCl_5(g)$ 有 45.5% 分解；在 $T_2 = 573$ K 下达平衡时有 97% 的 $PCl_5(g)$ 分解，则此反应的 $\Delta_r H_m^\ominus$ (　　)。

(A) >0　　(B) $=0$　　(C) <0　　(D)无法确定

1-64　在一定 T、p 下，理想气体反应

$2NO(g) + O_2(g) \longrightarrow 2NO_2(g)$

是放热反应。若使平衡向右移动，则应采取的措施是(　　)。

(A)升高温度和增大压力　　(B)降低温度和减小压力

(C)升高温度和减小压力　　(D)降低温度和增大压力

1-65　对于一个有理想气体参加的气、固相多相反应，在恒温、恒压下通入一定量的惰性气体 B，若反应的 $\Sigma\nu_B(g) > 0$，则平衡将(　　)；若反应的 $\Sigma\nu_B(g) = 0$，则平衡将(　　)；若反应的 $\Sigma\nu_B(g) < 0$，则平衡将(　　)。

(A)向右移动　　(B)向左移动　　(C)不移动　　(D)无法确定

1-66　对于反应 $CH_4(g) + 2O_2(g) \longrightarrow CO_2(g) + 2H_2O(g)$，

(1)当恒压升温时此反应的 $K^\ominus$(　　)；

(2)在恒 T、p 下通入惰性气体，$CH_4(g)$ 的平衡转化率(　　)；

(3)在一定温度下，此反应的 K_y 随着反应系统压力的增大(　　)。

(A)变大　　(B)变小　　(C)不变　　(D)无法确定

1-67　在以下反应中，增大系统的压力时平衡不发生转移的反应是(　　)。

(A) $CaCO_3(s) \xlongequal{} CaO(s) + CO_2(g)$　　(B) $CO(g) + H_2O(g) \xlongequal{} CO_2(g) + H_2$

(C) $N_2(g) + H_2(g) \xlongequal{} 2NH_2$　　(D) $PCl_5(g) \xlongequal{} PCl_3(g) + Cl_2(g)$

1-68　已知反应 $B_2(g) \xlongequal{} 2B(g)$ 的标准平衡常数 $K^\ominus$ 与温度的关系为

$$\ln K^\ominus = \frac{-48.234}{T} + 0.965$$

利用上式可求得该反应的 $\Delta_r H_m^\ominus =$ (　　)，$\Delta_r S_m^\ominus =$ (　　)。

(A) 401.2 $J \cdot mol^{-1}$，8.02 $J \cdot K^{-1} \cdot mol^{-1}$

(B) -48.234 $J \cdot mol^{-1}$，0.965 $J \cdot K^{-1} \cdot mol^{-1}$

(C) 5.56 $J \cdot mol^{-1}$，0.116 $J \cdot K^{-1} \cdot mol^{-1}$

(D) 401.2 $J \cdot mol^{-1}$，0.965 $J \cdot K^{-1} \cdot mol^{-1}$

1-69　在 298.15 K 时，反应 $H_2(g) + O_2(g) \xlongequal{} H_2O(l)$ 的 $\Delta_r G_m^\ominus = -237.13$ $kJ \cdot mol^{-1}$，$\Delta_r S_m^\ominus = -163.3$ $kJ \cdot K^{-1} \cdot mol^{-1}$。设反应的 $\Delta_r C_{p,m} = 0$，当反应温度升至 398 K 时，反应的 $\Delta_r G_m^\ominus$ (398 K) = (　　)。

(A) -237.13 $kJ \cdot mol^{-1}$　　(B) 237.13 $kJ \cdot mol^{-1}$

(C) -220.80 $kJ \cdot mol^{-1}$　　(D) -253.51 $kJ \cdot mol^{-1}$

1.6　相平衡

1-70　固态的 $NH_4I(s)$ 放在真空容器中并部分分解为 $NH_3(g)$ 气与 $HI(g)$ 气，达平衡后该系统的组分数 C、相数 P 及自由度数 F 分别为(　　)。

(A)2,2,2　　(B)1,2,1　　(C)3,2,3　　(D)3,3,2

1-71 在 500 K 下,于真空容器中同时放入足够量的固体 $NH_4I(s)$ 及任意量的 $NH_3(g)$ 与 $HI(g)$,三者间存在化学反应 $NH_4I(s) \rightleftharpoons NH_3(g) + HI(g)$,达平衡后,该系统的组分数 C、相数 P 及自由度数 F 分别为(　　)。

(A)1,2,1　　(B)2,2,2　　(C)2,2,1　　(D)1,2,0

1-72 在 1 000 ℃下,固态 $FeO(s)$ 与其分解产物固态 $Fe(s)$ 及 $O_2(g)$ 成平衡,则此平衡系统的组分数 C、相数 P 及自由度数 F 分别为(　　)。

(A)2,3,0　　(B)2,3,1　　(C)1,2,1　　(D)2,2,1

1-73 在 1 000 K 下,多组分多相平衡系统中有 C(石墨)、$O_2(g)$、$CO(g)$ 及 $CO_2(g)$ 共存,而且它们之间存在以下化学反应:

$$\text{C(石墨)} + O_2(g) \rightleftharpoons CO_2(g) \tag{1}$$

$$\text{C(石墨)} + \frac{1}{2}O_2(g) \rightleftharpoons CO(g) \tag{2}$$

$$CO(g) + \frac{1}{2}O_2(g) \rightleftharpoons CO_2(g) \tag{3}$$

$$\text{C(石墨)} + CO_2(g) \rightleftharpoons 2CO(g) \tag{4}$$

则此平衡系统的组分数 C、相数 P 及自由度数 F 分别为(　　)。

(A)0,2,2　　(B)2,2,2　　(C)2,2,1　　(D)2,3,1

1-74 在 1 000 ℃条件下,一容器中有固态 $CaCO_3(s)$ 及其分解产物固态 $CaO(s)$ 及 $CO_2(g)$,它们处在平衡状态。在其他条件不变下,向容器中通入一定量 $CO_2(g)$ 气,重新达平衡后,系统的组分数 C、相数 P 及自由度数 F 分别为(　　)。

(A)2,3,0　　(B)2,3,1　　(C)1,2,0　　(D)1,3,2

1-75 在 50 ℃下,将 $Na_2CO_3 \cdot H_2O(s)$、$Na_2CO_3 \cdot 7H_2O(s)$ 及 $Na_2CO_3 \cdot 10H_2O(s)$ 三种固态盐放入充有水蒸气的容器中,达平衡后,与水蒸气成平衡的固态盐应有(　　)。

(A)1 种　　(B)2 种　　(C)3 种　　(D)4 种

1-76 已知水的三相点的数据为 $t = 0.01$ ℃, $p = 0.610$ kPa,则水这一物质处在三相点时,该系统的相数 P 及自由度数 F 分别为(　　)。

(A)1,2　　(B)3,0　　(C)3, -2　　(D)3,2

1-77 理想液态混合物的压力—组成(p—x)图应是(　　)。

(A)图(a)　　(B)图(b)　　(C)图(c)　　(D)图(d)

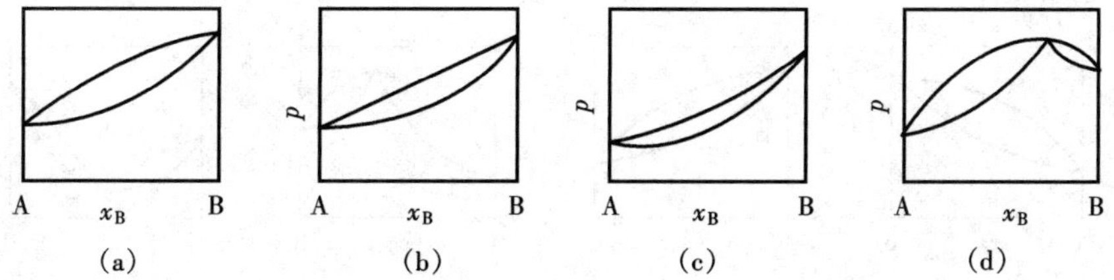

题 1-77 附图

1-78 在一定温度下,纯液体 A(l) 和纯液体 B(l) 形成理想液态混合物,且 $p_B^* > p_A^*$。当气、液两相达平衡时，B 在气相中的组成 y_B(　　)。

(A)大于其在液相中的组成 x_B　　(B)小于其在液相中的组成 x_B

(C)等于其在液相中的组成 x_B　　(D)可能大于也可能小于其在液相中的组成 x_B

1-79　A、B 两组分组成理想液态混合物的气、液平衡系统，若在外压恒定下，往液相中加入纯 A(l) 液体时，系统的沸点下降，说明组分 A 在气相中的组成 y_A(　　)。

(A)大于其在液相中的组成 x_B　　(B)小于其在液相中的组成 x_B

(C)等于其在液相中的组成 x_B　　(D)与其在液相中的组成 x_B 无关

1-80　A、B 两组分组成一液态完全互溶的真实液态混合物的气、液平衡系统，已知在温度 T 下，纯 A(l) 液体和纯 B(l) 液体的饱和蒸气压分别为 p_A^* 及 p_B^*，且 $p_A^* < p_B^*$。实验测得在温度 T 下，A、B 两组分的压力—组成(p—x)图上，出现系统的总压力既大于 p_A^* 又大于 p_B^* 的情况，说明该系统(　　)。

(A)产生最大正偏差　　(B)产生最大负偏差

(C)不产生偏差　　(D)无法确定

1-81　在一定压力下，若在 A、B 两组分液态完全互溶的气、液平衡系统的 t—x 图上出现最低恒沸点，则其蒸气总压对拉乌尔定律一定产生(　　)。

(A)一般正偏差　　(B)一般负偏差

(C)最大正偏差　　(D)最大负偏差

1-82　两组分凝聚系统中平衡共存的相数最多为(　　)。

(A)1　　(B)2

(C)3　　(D)4

1-83　如附图所示的两组分凝聚系统相图，图中 a、b、c、d、e、f 点之中，系统点与相点合一的点为(　　)。

(A)a、b、c　　(B)a、c、f

(C)b、d、e　　(D)d、e、f

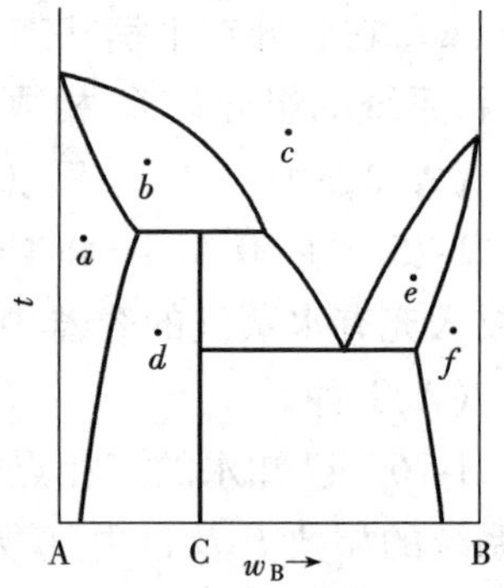

题 1-83 附图

1-84　在温度 35 ℃下，纯 A(l) 液体与纯 B(l) 液体的饱和蒸气压分别为 $p_A^* = 30$ kPa，$p_B^* = 50$ kPa，而且 A(l) 与 B(l) 在液相完全互溶。现有 A(l) 与 B(l) 在 35 ℃下的气、液平衡系统，实验测得，当 $x_B = 0.6$ 时，气相中 A 的分压力为 $p_A = 20$ kPa，B 的分压力为 $p_B = 35$ kPa，试问此两组分在 35 ℃下的 p—x 图应是(　　)。

(A)图(a)　　(B)图(b)　　(C)图(c)　　(D)图(d)

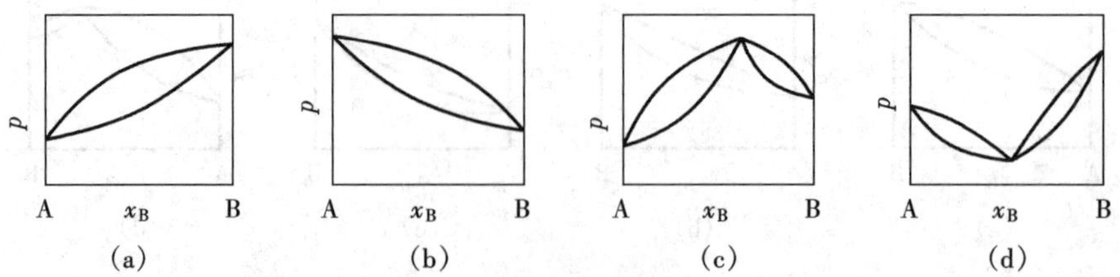

题 1-84 附图

1-85 附图为 A、B 两组分液态完全互溶的气液平衡系统之 t—x 图。试根据该图指出下列各说法中有误的为( )。

(A)恒沸点处的气相组成与液相组成相等

(B)恒沸点处的自由度数 $F=1$

(C)组成为图中 w_B 的系统，其露点与其泡点相同

(D)将组成为 w'_B 的液体用一个精馏塔精馏时，塔顶得到的为 C 的恒沸物，塔底得到的是纯 B

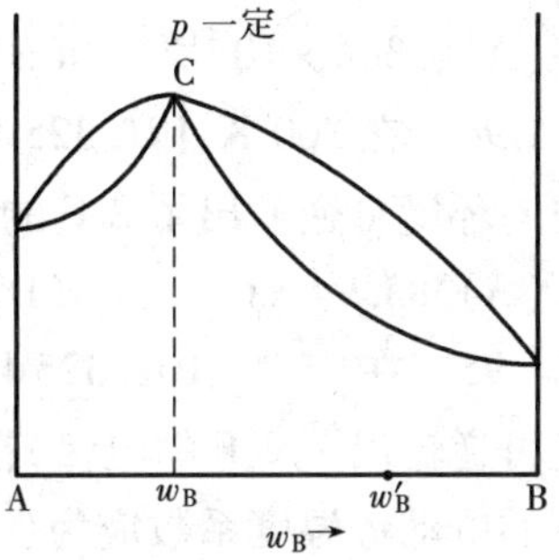

题 1-85 附图

1.7 电化学

1-86 某电解质溶液在一定温度和外加电压下，负离子运动速率是正离子运动速率的 5 倍，即 $v_-=5v_+$。正负离子的迁移数各为( )。

(A)$t_+=0.83, t_-=0.167$　　(B)$t_+=-0.167, t_-=0.83$

(C)$t_+=0.54, t_-=0.46$　　(D)$t_+=0.67, t_-=0.33$

1-87 某电导池的电导池常数 K_{cell} 为 150 m^{-1}，用此电导池测得浓度为 0.02 $mol\cdot dm^{-3}$ 的电解质 AB 溶液的电阻为 900 Ω，由此可计算出该电解质溶液的 $\Lambda_m=$( )$S\cdot m^2\cdot mol^{-1}$。

(A)0.008 33　　(B)0.000 167

(C)8.33　　(D)数据不全，无法计算

1-88 已知 25 ℃下，$\Lambda_m^\infty(K^+)=73.52\times10^{-4}$ $S\cdot m^2\cdot mol^{-1}$，$\Lambda_m^\infty(1/2\ SO_4^{2-})=79.8\times10^{-4}$ $S\cdot m^2\cdot mol^{-1}$，则 K_2SO_4 的无限稀摩尔电导率 $\Lambda_m^\infty(K_2SO_4)$ 为( )$S\cdot m^2\cdot mol^{-1}$。

(A)153.32　　(B)266.84　　(C)233.12　　(D)306.64

1-89 在温度一定下，浓度 $c=0.1$ $mol\cdot dm^{-3}$ 的 $NH_3\cdot H_2O$（旧称 NH_4OH）溶液，其解离度为 $\alpha=0.013\ 4$，电导率 $\kappa(NH_3\cdot H_2O)=0.036\ 5$ $S\cdot m^{-1}$，则 $NH_3\cdot H_2O$ 的 Λ_m^∞ 为( )。

(A)3.65×10^{-4} $S\cdot m^2\cdot mol^{-1}$　　(B)4.89×10^{-6} $S\cdot m^2\cdot mol^{-1}$

(C)272.4×10^{-4} $S\cdot m^2\cdot mol^{-1}$　　(D)数据不够，无法计算

1-90 在 25 ℃下，水的离子积 $K_w=1.008\times10^{-14}$，已知在 25 ℃下 $\Lambda_m^\infty(HCl)=426.16\times10^{-4}$ $S\cdot m^2\cdot mol^{-1}$，$\Lambda_m^\infty(NaOH)=248.11\times10^{-4}$ $S\cdot m^2\cdot mol^{-1}$，$\Lambda_m^\infty(NaCl)=126.4\times10^{-4}$ $S\cdot m^2\cdot mol^{-1}$，则在 25 ℃下纯水的电导率为( )$S\cdot m^{-1}$。

(A)5.50×10^{-9}　　(B)3.06×10^{-6}　　(C)5.50×10^{-6}　　(D)5.50×10^{-5}

1-91 写出 K_2SO_4 水溶液中 K_2SO_4 的正负离子的平均活度 $a_\pm$ 与质量摩尔浓度 b 及正负离子平均活度系数 $\gamma_\pm$ 的定量关系为( )。

(A)$a_\pm=4b^3\gamma_\pm$　　(B)$a_\pm=4^{1/3}\gamma_\pm(b/b^\ominus)$

(C)$a_\pm=b\gamma_\pm$　　(D)$a_\pm=2^{1/3}\gamma_\pm(b/b^\ominus)$

1-92 将 0.1 mol 的 KCl 与 0.1 mol 的 $CuCl_2$ 同时溶于 1 kg 纯水中，则此溶液的离子强度 I 为( )。

(A)0.4 $mol\cdot kg^{-1}$　　(B)0.3 $mol\cdot kg^{-1}$　　(C)0.35 $mol\cdot kg^{-1}$　　(D)0.25 $mol\cdot kg^{-1}$

1-93 已知 25 ℃下，纯水的电导率 $\kappa(H_2O)=5.50\times10^{-6}$ $S\cdot m^{-1}$。将 AgBr(s) 溶于纯水中达饱和后，测得此水溶液的电导率 κ(溶液)$=1.664\times10^{-5}$ $S\cdot m^{-1}$，并知 $\Lambda_m\approx\Lambda_m^\infty=140.32\times$

$10^{-4}\ \mathrm{S\cdot m^2\cdot mol^{-1}}$，则25 ℃时AgBr的溶度积$K_{sp}$ =(　　)。

(A)6.304×10^{-13}　(B)1.406×10^{-12}　(C)11.89×10^{-7}　(D)1.54×10^{-13}

1-94　在300 K、101.325 kPa下，有一原电池的电动势E为2 V，若在该温度、压力下，原电池向环境可逆输出了2 F的电量，则此原电池对环境做了(　　)的电功。

(A)385.94 kJ　(B) −385.94 kJ　(C) −4 kJ　(D) −192.97 kJ

1-95　在25 ℃、101.325 kPa下，某原电池的电池反应进行了1 mol反应进度时，原电池对环境可逆输出了2 F的电量，在此过程中原电池也从环境得到20.0 kJ的热，则原电池在该温度下的电动势温度系数应为(　　)。

(A)$3.48\times10^{-4}\ \mathrm{V\cdot K^{-1}}$　(B)$6.96\times10^{-4}\ \mathrm{V\cdot K^{-1}}$

(C)$1.17\times10^{-6}\ \mathrm{V\cdot K^{-1}}$　(D)$-3.48\times10^{-4}\ \mathrm{V\cdot K^{-1}}$

1-96　25 ℃下某原电池的电池反应若写成以下反应方程式：

$$H^+(a_{H^+}=0.1)+Cl^-(a_{Cl^-}=0.1)\rightleftharpoons\frac{1}{2}H_2(100\ \mathrm{kPa})+\frac{1}{2}Cl_2(100\ \mathrm{kPa})$$

其对应的电动势$E=-1.475$ V，电池反应的$\Delta_r G_m=142.32\ \mathrm{kJ\cdot mol^{-1}}$，如将该电池的电池反应写成

$$2H^+(a_{H^+}=0.1)+2Cl^-(a_{Cl^-}=0.1)\rightleftharpoons H_2(100\ \mathrm{kPa})+Cl_2(100\ \mathrm{kPa})$$

则该原电池的电动势E'=(　　)V，电池反应的$\Delta_r G'_m$=(　　)kJ。

(A) −1.475, 142.32　(B) −1.475, 284.64

(C)1.475, −284.64　(D)1.475, −142.32

1-97　25 ℃时，电池Pt|$H_2(p^\ominus)$ | HCl($a_\pm=1$)|AgCl(s)|Ag(s)的$E^\ominus(1)=0.2221$ V，若又知Ag(s)|AgCl(s)|HCl($a_\pm=1$)|Hg_2Cl_2|Hg的$E=0.0416$ V，则便可算出汞－氯化亚汞电极的标准电极电势$E^\ominus(2)\{Cl^-|Hg_2Cl_2|Hg\}$=(　　)V。

(A)0.263 7　(B)0.180 5　(C) −0.263 7　(D) −0.180 5

1-98　有原电池如下：Ag(s)|AgCl(s)|KCl(a_{HCl})|Hg_2Cl_2|Hg(l)|Pt，已知在25 ℃下，上述原电池向环境可逆输出1 F电量时，该原电池的电池反应的$\Delta_r H_m^\ominus=5\,345\ \mathrm{J\cdot mol^{-1}}$，$\Delta_r S_m^\ominus=33.151\ \mathrm{J\cdot K^{-1}\cdot mol^{-1}}$。则该原电池的$E$=(　　)V，$(\partial E/\partial T)_p$=(　　)$\mathrm{V\cdot K^{-1}}$。

(A)0.046 1, 3.44×10^{-4}　(B)0.023 1, 1.72×10^{-4}

(C) −0.047 0, 3.44×10^{-4}　(D) −0.048 0, 33.15

1-99　25 ℃下，已知$E^\ominus(Ag^+|Ag)=0.7996$ V，$E^\ominus\{Cl^-|AgCl(s)|Ag\}=0.2221$ V，利用此两数值便可求出AgCl(s)的溶度积K_{sp}=(　　)。

(A)3.02×10^{-20}　(B)1.48×10^{-14}　(C)1.731×10^{-10}　(D)5.37×10^{-54}

1-100　原电池为Ag(s)|AgBr(s)|$CuBr_2(a_{CuBr_2})$|Cu(s)，则此电池的电池反应为(　　)。

(A)$2Ag(s)+2Br^-+Cu^{2+}\rightleftharpoons 2AgBr(s)+Cu$

(B)$2Ag(s)+Cu^{2+}\rightleftharpoons 2Ag^++Cu$

(C)$2AgBr(s)+Cu\rightleftharpoons 2Ag(s)+2Br^-+Cu^{2+}$

(D)$2Ag^++Cu\rightleftharpoons 2Ag(s)+Cu^{2+}$

1-101 已知某原电池的电池反应为 $Ag^+ + Cl^- \rightleftharpoons AgCl(s)$，则与此电池反应相应的电池为（ ）。

(A) $Ag(s)|AgCl(s)|KCl(a_{KCl})$ ¦¦ $AgNO_3(a_{Ag})|Ag(s)$

(B) $Ag(s)|AgCl(s)|HCl(a_{HCl})|H_2(p)|Pt$

(C) $Ag(s)|AgCl(s)|KCl(a_{KCl})|Cl_2(p)|Pt$

(D) $Ag(s)|AgCl(s)|KCl(b_1)|KCl(b_2)|AgCl(s)|Ag(s)$

1-102 原电池 $Pt|O_2(p_{O_2})|NaOH(b)|H_2(p_{H_2})|Pt$ 的原电池反应为（ ）。

(A) $2H_2O(l) \rightleftharpoons H_2(p_{H_2}) + O_2(p_{O_2})$

(B) $H_2(p_{H_2}) + \frac{1}{2}O_2(p_{O_2}) \rightleftharpoons H_2O(l)$

(C) $2H^+(a_{H^+}) + 2OH^- \rightleftharpoons 2H_2O(l)$

(D) $2H_2O(l) \rightleftharpoons 2H^+(a_{H^+}) + 2OH^-(a_{OH^-})$

1-103 已知 25 ℃下，

(1) 电极反应 $Fe^{2+} + 2e^- \rightleftharpoons Fe(s)$ 的 $E^\ominus(Fe^{2+}|Fe) = -0.439\ V$，

(2) 电极反应 $Fe^{3+} + e^- \rightleftharpoons Fe^{2+}$ 的 $E^\ominus(Fe^{3+}, Fe^{2+}|Pt) = 0.770\ V$，

则电极反应 $Fe^{3+} + 3e^- \rightleftharpoons Fe(s)$ 的 $E^\ominus(Fe^{3+}|Fe) =$（ ）V。

(A) 0.331　　(B) −0.036　　(C) −0.331　　(D) 0.036

1-104 有原电池反应为 $Cu + Cu^{2+} \rightleftharpoons 2Cu^+$，根据此电池反应设计以下两个原电池：

(1) $Cu|Cu^+$ ¦¦ $Cu^+, Cu^{2+}|Pt$　　$E^\ominus(1)$　$\Delta_r G_m^\ominus(1)$

(2) $Cu|Cu^{2+}$ ¦¦ $Cu^+, Cu^{2+}|Pt$　　$E^\ominus(2)$　$\Delta_r G_m^\ominus(2)$

则两电池的标准电动势 $E^\ominus$ 及 $\Delta_r G_m^\ominus$ 的关系为 $E^\ominus(1) =$（ ）$E^\ominus(2)$，$\Delta_r G_m^\ominus(1) =$（ ）$\Delta_r G_m^\ominus(2)$。

(A) 1，1　　(B) 2，1　　(C) 1/2，2　　(D) 1，1/2

1-105 无论是电解池还是原电池，极化结果将令阳极电极电势与平衡电极电势相比（ ），阴极电极电势与平衡电极电势相比（ ）。

(A) 变得更正，变得更负　　(B) 变得更负，变得更负

(C) 变得更负，变得更正　　(D) 变得更正，变得更正

1-106 原电池为 $Pt(s)|Br_2(l)|KBr|AgBr(s)|Ag(s)$，对应该原电池的电池反应为（ ）。

(A) $Ag(s) + 1/2Br_2(l) = AgBr(s)$

(B) $Ag(s) + 1/2Br_2(l) = Ag^+ + Br^-$

(C) $AgBr(s) = Ag(s) + 1/2Br_2(l)$

(D) $Ag^+ + Br^- = Ag(s) + 1/2Br_2(l)$

1-107 有原电池为 $Ag(s)|AgBr(s)KBr(a_\pm)|Br_2(l)|Pt(s)$，在 25 ℃时，若已知该原电池的 $E^\ominus$ 与 $(\partial E/\partial T)_p$，则 AgBr(s) 的标准摩尔生成焓 $\Delta_f H_m^\ominus(s)$ 与上述原电池的 $E^\ominus$ 和 $(\partial E/\partial T)_p$ 的关系为（ ）。

(A) $2FE^\ominus - 2F(\partial E/\partial T)_p$　　(B) $2FE^\ominus + 2F(\partial E/\partial T)_p$

(C) $-FE^{\ominus}+F-(\partial E/\partial T)_p$　　(D) $-FE^{\ominus}-FT(\partial E/\partial T)_p$

1.8　表面现象

1-108　处在液体表面上的分子总是受到一个(　　)的合力作用,而液体的表面张力则是(　　)的力。

(A)垂直于液体表面并指向液体内部　　(B)垂直于液体表面并指向气体内部

(C)与液体表面相切的、收缩表面　　(D)与液体表面相切的、使表面扩展

1-109　已知在25 ℃下,水、正辛烷及汞的表面张力分别为73.0、27.0、485.0 $mN\cdot m^{-1}$,水—汞、正辛烷—汞及水—正辛烷的界面张力分别为375、348及9 $mN\cdot m^{-1}$。利用这些数据可以算出水在汞的表面的铺展系数 S 为(　　)$mN\cdot m^{-1}$以及水在辛醇与汞的界面上的铺展系数 S'为(　　)$mN\cdot m^{-1}$。

(A)37,-36　　(B)-37,36　　(C)183,-18　　(D)787,714

1-110　在一定 T、p 下,当接触角 θ(　　)时,液体对固体表面不能润湿;当液体对固体表面的接触角 θ(　　)时,液体对固体表面能完全润湿。

(A) <90 °　　(B) >90 °　　(C)趋近于零　　(D)趋近于180°

1-111　弯曲液面的附加压力 Δp 的方向(　　)。

(A)总是指向液体内部　　(B)总是指向气体内部

(C)总是指向弯曲液面曲率半径的中心　　(D)是随意指向的

1-112　在室温、大气压力下,于肥皂水内吹一半径为 r 的空气泡,其泡内的压力为 p_1。若用该肥皂水在空气中吹一半径同为 r 的肥皂泡,其泡内的压力为 p_2,则 p_2(　　)p_1。

(A)大于　　(B)小于

(C)等于　　(D)可能大于也可能小于

1-113　在温度一定下,某纯液体处在液滴、气泡或平液面的状态时,则其相应的饱和蒸气压分别为 p^*(滴)、p^*(泡)及 p^*(平),这三者之间的大小关系为(　　)。

(A)p^*(滴)>p^*(平)>p^*(泡)　　(B)p^*(平)>p^*(滴)>p^*(泡)

(C)p^*(泡)>p^*(平)>p^*(滴)　　(D)p^*(滴)>p^*(泡)>p^*(平)

1-114　下面对于气体在固体表面上的化学吸附的描述中,不正确的是(　　)。

(A)吸附作用力为范德华力　　(B)为单分子层吸附

(C)吸附热与化学反应热相当　　(D)吸附有选择性

1-115　一支能被水很好润湿的玻璃毛细管垂直插入水中,则不同温度的水中,毛细管内液面上升的高度(　　)。

(A)相同　　(B)以75 ℃水中较高

(C)以25 ℃水中较高　　(D)无法确定

1-116　在0 ℃下,用活性炭吸附 $CHCl_3$ 蒸气时,实验测得 $CHCl_3$ 的吸附平衡压力为 0.134×10^5 Pa 时的平衡吸附量为82.3 $dm^3\cdot kg^{-1}$,而 $CHCl_3$ 吸附平衡压力为 0.667×10^4 Pa 时,平衡吸附量为73.4 $dm^3\cdot kg^{-1}$。若此固体等温吸附气体符合朗缪尔理论,则利用上述实验数据便可算出朗缪尔吸附等温式中的吸附系数 b 为(　　)Pa^{-1}及该温度下 CH_3Cl 的饱和吸附量 Γ_∞ 为(　　)$dm^3\cdot kg^{-1}$。

(A)5.33×10^{-4},94.05 (B)3.69,82.5 (C)7.41,82.5 (D)0.0391,82.66

1-117 在纯水中加入表面活性剂后,将带来的变化是( )。

(A)$(\partial\sigma/\partial c)_T>0$,负吸附 (B)$(\partial\sigma/\partial c)_T<0$,正吸附

(C)$(\partial\sigma/\partial c)_T>0$,正吸附 (D)$(\partial\sigma/\partial c)_T<0$,负吸附

1-118 某液体能在固体表面上发生铺展,则界面张力 σ_{g-1}、σ_{1-s}、σ_{g-s} 之间的关系为( )。

(A)$\sigma_{g-s}-\sigma_{1-s}-\sigma_{g-1}>0$ (B)$\sigma_{g-s}-\sigma_{1-s}-\sigma_{g-1}<0$

(C)$\sigma_{1-s}-\sigma_{g-1}-\sigma_{g-s}>0$ (D)$\sigma_{1-s}-\sigma_{g-1}-\sigma_{g-s}<0$

1-119 朗缪尔从理论上导出一吸附等温式,该式为( ),此吸附等温式只能应用于( )。

(A)$\theta=bp/(1+bp)$,物理吸附 (B)$\Gamma=-(c_B/RT)(\partial\gamma/\partial c_B)_T$,化学吸附

(C)$\theta=bp/(1+bp)$,单分子层吸附 (D)$\Gamma=-(c_B/RT)(\partial\gamma/\partial c_B)_T$,多分子层吸附

1.9 化学动力学基础

1-120 对于反应 $2NO_2 \longrightarrow 2NO+O_2$,选用不同的反应物和产物来表示反应速率时,其相互关系为( )。

(A) $-\frac{2dc_{NO_2}}{dt}=\frac{2dc_{NO}}{dt}=\frac{dc_{O_2}}{dt}$ (B) $-\frac{dc_{NO_2}}{dt}=\frac{dc_{NO}}{dt}=\frac{dc_{O_2}}{dt}$

(C) $-\frac{dc_{NO_2}}{2dt}=\frac{dc_{NO}}{2dt}=\frac{dc_{O_2}}{dt}$ (D) $-\frac{1}{2}\frac{dc_{NO_2}}{dt}=\frac{dc_{NO}}{2dt}=\frac{2dc_{O_2}}{dt}$

1-121 某基元反应 $A+2B\longrightarrow 3D$ 分别用反应组分 A、B、D 的浓度随时间的变化率表示反应的反应速率,则相应的 k_A、k_B、k_D 的关系为( )。

(A)$k_A=k_B=k_D$ (B)$k_A=2k_B=3k_D$

(C)$k_A=\frac{1}{2}k_B=\frac{k_D}{3}$ (D)$\frac{k_A}{2}=k_B=\frac{2k_D}{3}$

1-122 有一化学反应 $A\longrightarrow B$,其反应物 A 的起始浓度 $c_{A,0}$ 反应掉 7/8 时所需时间是 $c_{A,0}$ 反应掉一半所需时间的 3 倍,则该反应为( )反应。

(A)零级 (B)一级 (C)二级 (D)$-\frac{3}{2}$级

1-123 在 30 ℃下某反应 $A\longrightarrow B+D$ 的速率常数 $k=5.57\ mol^{-1}\cdot dm^3\cdot min^{-1}$。若起始浓度 $c_{A,0}=0.02\ mol\cdot dm^{-3}$,则转化率达 90% 时需耗时( )。

(A)80.8 min (B)161.6 min (C)0.413 min (D)3.23×10^{-3} min

1-124 反应 $A\longrightarrow B$,若 A 完全反应掉所需时间是 A 反应掉一半所需时间的两倍,则该反应为( )级反应。

(A)零 (B)一 (C)二 (D)三

1-125 某基元反应 $A\longrightarrow B$,设 A 的起始浓度为 $c_{A,0}$,当反应掉 $c_{A,0}$ 之 1/3 所需时间为 2 min,若将余下的 $2/(3c_{A,0})$ 又反应掉其 1/3,则需要( )min。

(A)1 (B)2 (C)3 (D)4

1-126 某物质 A 的分解反应为一级反应,其起始浓度 $c_{A,0}=0.1\ mol\cdot dm^{-3}$,经 50 min 后

分解了 $c_{A,0}$ 的 20%,则反应的速率常数 $k=($　　$)\ min^{-1}$。若 $c_{A,0}=0.2\ mol\cdot dm^{-3}$,同样分解 $c_{A,0}$ 的 20% 所需时间 $t=($　　$)$ min。

(A) 4.46×10^{-3},50　　(B) 3.22×10^{-2},6.93

(C) 4.46×10^{-3},360.86　　(D) 3.22×10^{-2},50

1-127　某一级反应的半衰期在 300 K 时为 50 min,在 310 K 时为 10 min,则该反应的活化能 $E_a=($　　$)\ kJ\cdot mol^{-1}$。

(A) 14.97　　(B) −124.43　　(C) 124.43　　(D) −14.97

1-128　有一复合反应为 $A+2B \underset{k'_C}{\overset{k_C}{\rightleftharpoons}} C \xrightarrow{k_D} D$,若用 B 的消耗速率表示此复合反应的反应速率,则其速率方程为(　　)。

(A) $-\dfrac{dc_B}{dt}=2k_C c_A c_B^2-2k'_C c_C$　　(B) $-\dfrac{dc_B}{dt}=\dfrac{1}{2}k_C c_A c_B^2-\dfrac{1}{2}k'_C c_C$

(C) $-\dfrac{dc_B}{dt}=2k_C c_A c_B^2-k'_C c_C$　　(D) $-\dfrac{dc_B}{dt}=k_C c_A c_B^2-\dfrac{1}{2}k'_C c_C$

1-129　一复杂反应的表观速率系数(速率常数)k 与各基元反应的速率系数 k_1、k_2、k_3 之间的关系式为 $k=k_2k_1/(2k_3)$,因此复杂反应的表观活化能 E_a 与各基元反应的活化能 $E_{a,1}$、$E_{a,2}$、$E_{a,3}$ 的关系式为(　　)。

(A) $E_a=E_{a,2}-1/[2(E_{a,1}-E_{a,3})]$

(B) $E_a=E_{a,2}+1/[2(E_{a,1}-E_{a,3})]$

(C) $E_a=E_{a,2}-\dfrac{1}{2}E_{a,1}-2E_{a,3}$

(D) $E_a=(E_{a,2}\times E_{a,1})/2E_{a,3}$

1-130　某连串反应 A→D→C,实验测得中间产物 D 非常活泼,当反应稳定后,则(　　)。

(A) D 的生成速率大于 D 的消耗速率　　(B) D 的生成速率小于 D 的消耗速率

(C) D 的生成速率等于 D 的消耗速率　　(D) 无法确定

1-131　在温度 T 下,由两个一级反应组成的平行反应 $A \begin{cases} \xrightarrow{k_1} C \\ \xrightarrow{k_2} D \end{cases}$,设两反应的指前因子 $k_{0,1}=k_{0,2}$,活化能 $E_{a,1}\neq E_{a,2}$,现测得 25 ℃时 $k_1/k_2=100$,则在 472 ℃下 k_1/k_2 为(　　)。

(A) 1.276　　(B) 0.244　　(C) 5.88　　(D) 无法求取

1-132　有一复合反应为 $A+2B\longrightarrow D$,其反应机理如下:

$$A+B\xrightarrow{k_1}C$$

$$C\xrightarrow{k_2}A+B$$

$$C\xrightarrow{k_3}D$$

C 为活泼中间产物,用稳态近似处理法导出以 D 的生成速率表示的速率方程为(　　)。

(A) $\dfrac{dc_D}{dt}=\dfrac{k_1k_3}{k_2+k_3}c_A c_B$　　(B) $\dfrac{dc_D}{dt}=\dfrac{k_3}{k_2+k_3}c_A c_B$

(C) $\frac{dc_D}{dt}=\frac{k_1}{k_2+k_3}c_Ac_B$ (D) $\frac{dc_D}{dt}=\frac{k_1k_3}{k_2}c_Ac_B$

1-133 有一复合反应为 $A+B\longrightarrow D$,其反应机理为

$$A+2B\underset{k_{2,C}}{\overset{k_{1,B}}{\rightleftharpoons}}C \quad (快速平衡)$$

$$C\xrightarrow{k_3}D \quad (慢)$$

用平衡近似处理法导得复合反应以D的生成速率表示的速率方程为(　　)。

(A) $\frac{dc_D}{dt}=\frac{k_3k_{1,B}}{2k_{2,C}}c_Ac_B^2$ (B) $\frac{dc_D}{dt}=\frac{k_3k_{1,B}}{k_{2,C}}c_Ac_B^2$

(C) $\frac{dc_D}{dt}=\frac{2k_3k_{1,B}}{k_{2,C}}c_Ac_B^2$ (D) $\frac{dc_D}{dt}=\frac{k_3k_{1,B}}{2k_{2,C}}c_Ac_B$

1-134 D的分解反应为一级反应,反应在 t ℃下D的浓度由 $c_{D,0}$ 变为 $2c_{D,0}/3$ 需时3分钟,若继续再反应3分钟,则此时D的浓度应为(　　)。

(A) $c_{D,0}$ (B) $2c_{D,0}/6$ (C) $2c_{D,0}$ (D) $2c_{D,0}/12$

1-135 两个活化能不同的反应1,2,$E_{a,1}>E_{a,2}$。若由同一温度 T_1 开始升至同一温度 T_2,则反应1的速率系数(速率常数)k_1 变化值(　　)反应2的速率系数(速率常数)k_2 变化值。

(A)大于 (B)小于

(C)等于 (D)可能大于也可能小于

1.10 各类特殊反应的动力学

1-136 波长为85 nm的1 mol光子,其所具有的能量为(　　)$J\cdot mol^{-1}$。

(A) 1.460×10^6 (B) 2.377×10^{-17} (C) 4.694×10^{-2} (D) 1.656×10^{-5}

1-137 有一光化学反应为 $3A_2\xrightarrow{h\nu}2A_3$,已知此反应吸收 3.011×10^{23} 个光子时能生成1 mol的 A_3,则上述光化学反应的量子效率 $\varphi=$(　　)。

(A)1 (B)2 (C)3 (D)4

1-138 光化学反应的初级反应 $B+h\nu\xrightarrow[I_a]{k_1}B^*$,则此光化学反应的反应速率 $v=$(　　)。

(A) k_1c_B (B) $k_1c_BI_a$ (C) k_1I_a (D) I_ac_B

1-139 在恒温、恒压下,在Ag催化剂作用下,$CO(g)+2H_2(g)\rightarrow CH_3OH(g)$ 的反应速率明显加快。设无催化剂时,上述反应的标准平衡常数为 $K^\ominus$,活化能为 E_a,而有催化剂存在时,上述反应的标准平衡常数为 $K^{\ominus\prime}$,活化能为 E_a',这两者的关系为(　　)。

(A) $K^{\ominus\prime}>K^\ominus$, $E_a'>E_a$ (B) $K^{\ominus\prime}<K^\ominus$, $E_a'<E_a$

(C) $K^{\ominus\prime}=K^\ominus$, $E_a'<E_a$ (D) $K^{\ominus\prime}=K^\ominus$, $E_a'=E_a$

1-140 在800 K下,$I_2(g)$ 作为催化剂加速气相乙醛分解反应,其反应为 $CH_3CHO(g)\longrightarrow CH_4(g)+CO(g)$,若无催化剂存在时,分解反应的活化能为 $190.38\ kJ\cdot mol^{-1}$,当加入催化剂后,在同样条件下,反应速率增至原速率的3 600倍,则催化剂加入后,反应活化能降低了(　　)$kJ\cdot mol^{-1}$。(设指前因子 A 不变)

(A)54.4 (B)6.55

(C)0.006 8　　(D)数据不足,无法计算

1-141　在 25 ℃下,无催化剂存在时,反应 $H_2(g)+Cl_2(g)\rightarrow 2HCl(g)$ 的 $\Delta_r G_m^{\ominus}=-184.614\ kJ\cdot mol^{-1}$。在同一反应条件下,上述反应系统中加入催化剂后,反应速率大大加快,则上述反应的 $\Delta_r G_m^{\ominus}$(　　)。

(A) $>-184.614\ kJ\cdot mol^{-1}$　　(B) $<-184.614\ kJ\cdot mol^{-1}$

(C) $=-184.614\ kJ\cdot mol^{-1}$　　(D)无法确定

1-142　催化剂之所以能加快反应速率,原因在于(　　)。

(A)催化剂加入使反应的平衡转化率变大

(B)催化剂加入使反应的 $\Delta_r G_m$ 变得更负

(C)催化剂的加入改变了反应途径,降低了反应活化能

(D)催化剂的加入使反应的反应热数值更大

1.11　胶体化学

1-143　当入射光的波长(　　)胶体粒子的线度时,可出现丁达尔效应。

(A)大于　　(B)等于　　(C)小于　　(D)无关于

1-144　胶体系统的电泳现象表明(　　)。

(A)分散介质是带电的　　(B)胶体粒子带有大量的电荷

(C)胶团是带电的　　(D)胶体粒子处于等电状态

1-145　电渗现象表明(　　)。

(A)胶体粒子是电中性的　　(B)分散介质是电中性的

(C)分散介质是带电的　　(D)胶体系统处于等电状态

1-146　在胶体系统中,ζ 电势(　　)的状态,称为等电状态。

(A)大于零　　(B)等于零　　(C)小于零　　(D)等于热力学电势

1-147　若分散相微小粒子的表面上选择性地吸附了大量相同元素的负离子,则该溶胶的 ζ 电势必然是(　　)。

(A)大于零　　(B)小于零　　(C)等于零　　(D)无法确定

1-148　以 $AgNO_3$ 为稳定剂的 AgI 溶胶的胶体粒子为(　　)。

(A) $[AgI(s)_m]\cdot nAg^+$

(B) $\{[AgI(s)]_m\cdot nAg^+\cdot(n-x)NO_3^-\}^{x+}$

(C) $\{[AgI(s)]_m\cdot nAg^+\cdot(n-x)NO_3^-\}^{x+}\cdot xNO_3^-$

(D) $[AgI(s)]_m$

1-149　天然的或人工合成的高分子化合物溶液与憎水溶胶在性质上最根本的区别是(　　)。

(A)前者是均相系统,后者为多相系统

(B)前者是热力学稳定系统,后者为热力学不稳定系统

(C)前者黏度大,后者黏度小

(D)前者对电解质的稳定性较大,而后者加入适度少量的电解质就能引起聚沉

1-150　在 20 mL 浓度为 $0.005\ mol\cdot dm^{-3}$ 的 $AgNO_3$ 溶液中,滴入 20 mL 浓度为 $0.01\ mol\cdot dm^{-3}$

的 KBr 溶液，可制备 AgBr 溶胶，则该溶胶的 ζ 电势(　　)。

(A)大于零　　(B)等于零　　(C)小于零　　(D)无法确定

1-151　为使以 KI 为稳定剂的 AgI 溶胶发生聚沉，下列电解质溶液中聚沉能力最强者为(　　)。

(A) KNO_3　　(B) $Ba(NO_3)_2$　　(C) $Cu(NO_3)_2$　　(D) $La(NO_3)_3$

1-152　一定温度下，在四个装有相同体积的 As_2S_3 溶胶的试管中，分别加入体积 V 和浓度 c 皆相等的下列电解质溶液，能使 As_2S_3 溶胶最快发生聚沉的是(　　)。

(A) KCl　　(B) NH_4Cl　　(C) $ZnCl_2$　　(D) $AlCl_3$

1-153　在油—水混合物中，加入的乳化剂分子亲水基团一端的横截面大于亲油基团一端的横截面，则形成(　　)型乳状液。

(A) W/O　　(B) O/W　　(C)无法确定　　(D)无特定类

习题答案

1-1 (C)、(B)　1-2 (D)　1-3 (A)　1-4 (C)　1-5 (A)　1-6 (C)
1-7 (B)　1-8 (A)　1-9 (B)　1-10 (C)　1-11 (B)　1-12 (D)
1-13 (B)　1-14 (D)　1-15 (C)　1-16 (D)　1-17 (B)　1-18 (A)、(A)
1-19 (B)　1-20 (D)　1-21 (D)　1-22 (C)　1-23 (D)　1-24 (C)
1-25 (A)　1-26 (C)　1-27 (C)　1-28 (C)　1-29 (B)　1-30 (B)、(A)、(C)
1-31 (D)　1-32 (A)、(B)、(A)、(B)、(C)　1-33 (B)、(C)、(A)
1-34 (1)(C)、(2)(C)、(3)(A)、(4)(D)、(5)(B)、(6)(B)、(7)(A)、(8)(D)
1-35 (C)、(D)　1-36 (C)　1-37 (B)、(A)、(A)、(C)　1-38 (D)
1-39 (D)、(B)、(C)　1-40 (C)　1-41 (D)、(C)、(A)、(B)
1-42 (B)、(A)、(C)、(C)　1-43 (C)　1-44 (C)　1-45 (C)、(D)、(A)
1-46 (B)　1-47 (A)　1-48 (C)　1-49 (D)　1-50 (C)　1-51 (C)、(D)
1-52 (A)、(A)、(D)、(B)　1-53 (A)　1-54 (C)　1-55 (C)、(C)、(C)
1-56 (C)、(A)、(A)　1-57 (C)、(B)　1-58 (C)、(B)　1-59 (C)
1-60 (B)、(C)、(A)　1-61 (A)、(C)、(C)、(C)、(B)　1-62 (A)　1-63 (A)
1-64 (D)　1-65 (A)、(C)、(B)　1-66 (B)、(C)、(C)　1-67 (B)　1-68 (D)
1-69 (C)　1-70 (B)　1-71 (C)　1-72 (A)　1-73 (C)　1-74 (A)
1-75 (B)　1-76 (B)　1-77 (B)　1-78 (A)　1-79 (A)　1-80 (A)
1-81 (C)　1-82 (C)　1-83 (C)　1-84 (C)　1-85 (B)　1-86 (A)
1-87 (A)　1-88 (D)　1-89 (C)　1-90 (C)　1-91 (B)　1-92 (A)
1-93 (A)　1-94 (B)　1-95 (A)　1-96 (B)　1-97 (A)　1-98 (C)
1-99 (C)　1-100 (A)　1-101 (A)　1-102 (A)　1-103 (B)　1-104 (B)
1-105 (A)　1-106 (A)　1-107 (C)　1-108 (A)、(C)　1-109 (A)
1-110 (B)、(C)　1-111 (C)　1-112 (A)　1-113 (A)　1-114 (A)　1-115 (C)
1-116 (C)　1-117 (B)　1-118 (A)　1-119 (C)　1-120 (C)　1-121 (C)

1-122	(C)	1-123	(B)	1-124	(A)	1-125	(B)	1-126	(A)	1-127	(C)
1-128	(A)	1-129	(B)	1-130	(C)	1-131	(C)	1-132	(A)	1-133	(A)
1-134	(C)	1-135	(A)	1-136	(A)	1-137	(C)	1-138	(C)	1-139	(C)
1-140	(A)	1-141	(C)	1-142	(C)	1-143	(A)	1-144	(B)	1-145	(C)
1-146	(B)	1-147	(B)	1-148	(B)	1-150	(C)	1-151	(D)	1-152	(D)
1-153	(B)										

参考书目

天津大学物理化学教研室. 物理化学[M].5 版.北京:高等教育出版社.

2 化工原理

考试大纲

2.1 流体输送机械

液体输送设备 离心泵 其他类型泵 气体输送和压缩设备

2.2 非均相物系的分离

流态化和气力输送 沉降 过滤 流态化 气力输送

2.3 液体搅拌

机械搅拌装置和混合机理:搅拌器的性能 搅拌功率 搅拌器的放大

2.4 传热

热传导 两流体间的热量传递 对流传热系数 热辐射 换热器

2.5 蒸发

蒸发设备 单效蒸发 多效蒸发

2.6 气体吸收

气—液相平衡 传质机理和吸收速率 吸收塔的计算 填料塔与填料

2.7 蒸馏

二元系的气—液平衡 蒸馏方式 二元系精馏的设计型计算 板式塔 多元系精馏

2.8 固体干燥

湿空气的性质和湿度图 干燥器的物料和能量衡算 干燥速率和干燥时间 干燥器

2.9 液液萃取

概念及萃取操作的流程和计算 萃取设备

2.10 浸取

概念 设备及过程的计算

复习指导

化工原理是一门重要的技术基础课,它包含工程科学与工程技术两个方面,覆盖了动量传递原理及遵循流体力学原理的单元操作(流体输送、沉降、过滤、搅拌及混合等),热量传递原理及其相应的单元操作(加热、冷却、冷凝、蒸发等),质量传递原理及其相应的单元操作(蒸馏、吸收、液液萃取、浸取、干燥、吸附等)等十分丰富的内容。该课程强调工程观点、定量运算、实验技能及工程设计能力。试题中化工原理占了 24 题,题型为单项选择(包括基本概念、分析、计算、记忆判断等类型)。为使本课程考试取得满意的成绩,在进行复习准备时,要按考试大纲规定的内容加深对基本概念、基本原理的理解,在此基础上熟练掌握基本的计算方法和技巧,并综合、灵活运用基础理论分析和解决实际的工程问题,最终体现为掌握好解选择题的技巧。

复习内容

2.1 流体输送机械

要求:应重点掌握离心泵的工作原理、操作特性及选型,通过和离心泵对比,掌握其他液体输送机械的操作特性,一般了解气体压送机械的类型。

流体输送是化工生产及其他许多过程中最常见、最重要的单元操作之一,属于流体力学原理的应用。其核心是确定输送机械在特定管路系统上的工作参数。

2.1.1 概述

1. 对流体输送机械的基本要求

流体输送机械的功能是对流体做功以提高其机械能。流体从输送机械获得能量后,其直接表现是静压能的增大。新增的静压能在输送过程中再转变为其他机械能(如动能、位能、静压能)或消耗于克服流动阻力。管路对流体输送机械的能量要求由伯努利方程计算,即

$$H_e = \Delta Z + \frac{\Delta p}{\rho g} + \frac{\Delta u^2}{2g} + \sum H_f \tag{2.1-1}$$

式中:H_e 为泵对单位重量流体(1 N)所做的有效功,m;ΔZ 为单位重量流体位压头的增量,m;$\frac{\Delta p}{\rho g}$为单位重量流体静压头的增量,m;$\frac{\Delta u^2}{2g}$为单位重量流体动压头的增量,m;ΔH_f 为单位重量流体的压头损失,m;g 为重力加速度,m/s^2。

管路中流体的流速为

$$u = Q_s/\left(\frac{\pi}{4}d^2\right) \tag{2.1-2}$$

式中:u 为管路中流体的平均流速,m/s;Q_s 为流体的流量,m^3/s;d 为管径,m。

压头损失 $\sum H_f$ 值的大小取决于管路布局及管内流速的大小,用下式计算,即

$$\sum H_f = \left(\lambda\frac{l + \sum l_e}{d} + \sum\zeta\right)\frac{u^2}{2g} \tag{2.1-3}$$

式中:λ 为摩擦系数,量纲为 1;l 为管长,m;l_e 为局部阻力当量长度,m;ζ 为不能用当量长度表示的局部阻力系数,量纲为 1。

对于特定的管路系统,忽略 λ 随 Re 的变化,则上式可简化为

$$\sum H_f = KQ_e^2$$

式中 $K = \left(\lambda \dfrac{l + \sum l_e}{d} + \sum \zeta\right)\dfrac{8}{\pi^2 d^4 g}$

再令 $A = \Delta Z + \dfrac{\Delta p}{\rho g}$,式 2.1-1 变为

$$H_e = A + KQ_e^2 \tag{2.1-1a}$$

式 2.1-1a 称为管路特性方程,式中 K 称为管路阻抗,S^2/m^5;H_e—Q_e 关系曲线即管路特性曲线。

流体输送机械除满足工艺上对流量和压头(对气体为风压与风量)两项主要技术指标要求外,还应满足如下要求。

①结构简单,重量轻,投资费用低。

②运行可靠,操作效率高,日常操作费用低。

③能适应被输送流体的特性,如黏性、可燃性、毒性、腐蚀性、爆炸性、含固体杂质等。

【例 2.1-1】 用离心泵将池中常温清水($\rho = 1\ 000\ kg/m^3$)送至常压高位槽中,两液面位差 12 m。当泵的输送量为 36 m^3/h 时,管内流动进入阻力平方区。泵的特性方程为

$$H = 42 - 1.1 \times 10^5 Q^2 \text{(} Q \text{ 的单位为 } m^3/s\text{)}$$

试推导管路特性方程。

解:$H_e = K + BQ_e^2$

式中 $K = \Delta Z + \dfrac{\Delta p}{\rho g} = 12\ m$

$$B = \frac{42 - 1.1 \times 10^5 \times \left(\dfrac{36}{3\ 600}\right)^2 - 12}{\left(\dfrac{36}{1\ 000}\right)^2} = 1.90 \times 10^5\ S^2/m^5$$

则 $H_e = 12 + 1.90 \times 10^5 Q_e^2$

2. 流体输送机械的分类

按惯例,输送液体的机械称为泵,输送气体的机械根据其产生的压力高低分别称为通风机、鼓风机、压缩机与真空泵。

液体输送机械按照工作原理可分为以下类型。

(1)动力式(又称叶轮式)

动力式液体输送机械利用高速旋转的叶轮向流体施加能量。离心式、轴流式、旋涡式为这类输送机械。

(2)容积式(又称正位移式)

容积式流体输送机械利用转子或活塞的挤压作用使流体获得能量。往复式、旋转式输送机械为其代表。

(3)流体作用式

流体作用式利用流体能量转换原理而输送流体,例如空气升扬器、蒸汽或水喷射泵等。

输送机械的分类如表 2.1-1 所示。

表 2.1-1　流体输送机械的分类

机械类型 流体状态	离心式	回转式	往复式	流体作用式
液体输送	离心泵、旋涡泵及轴流泵	齿轮泵、螺杆泵	往复泵、计量泵、隔膜泵	喷射泵、酸旦
气体压送	离心式通风机、鼓风机、压缩机	罗茨鼓风机、液环压缩机与真空泵	往复压缩机	蒸汽喷射真空泵

表 2.1-1 中的回转式及往复式输送机械称为容积式（又称正位移式或定排量式），其突出特点是在一定工况下能保持被输送流体的排出量恒定，而不受管路压头或压力的影响。

2.1.2　液体输送机械

1. 离心泵

离心泵的突出优点是结构简单、体积小、流量均匀、调节控制方便、适用范围广（包括流量、压头和介质的性质）、购置费和操作费用均较低等，因而在工业生产中是应用最为广泛的流体输送机械。

1）离心泵的基本结构和工作原理

讨论离心泵的基本结构和工作原理是紧紧围绕着如何提高液体静压能来展开的。

（1）离心泵的基本结构

吸入管路⇒泵体{叶轮（后弯叶片，供能部件）；蜗壳和导轮（转能部件）；轴封（填料函或机械密封）}⇒排出管路（带调节阀）

后弯叶片、蜗牛形外壳和导轮均有利于提高液体的静压能。

围绕离心泵的基本结构应该搞清如下问题。

①根据机械结构将叶轮分为闭式、半闭式及开式 3 种，了解各自特点及适用场合。

②何谓“轴向推力”？如何减少或消除其不利影响？

（2）离心泵的工作原理

离心泵的工作原理是依靠高速旋转的叶轮，叶片间的液体在惯性离心力作用下自叶轮中心被甩向外周并获得能量，直接表现为静压能的提高。

围绕着离心泵的工作原理应注意搞清如下概念。

①离心泵在启动前为什么必须向泵壳内灌满被输送的液体（简称为灌泵）？何谓“气缚现象”？

②离心泵启动后为什么能连续吸液和排液？

③离心泵吸入管路下端为什么要安装单向底阀和滤网？

2）离心泵的理论压头（或扬程）

离心泵的理论压头是指理想情况下离心泵可能达到的最大压头，用 $H_{T\infty}$ 表示，单位为 m。$H_{T\infty}$ 值受泵结构、尺寸、转速及流体流量等诸多因素所影响。由于液体在叶轮中的运动情况十分复杂，工程上采用数学模型法来建立理论压头的基本方程式。

数学模型法的基本要点是对实际过程的机理进行深入分析，抓住过程本质，作出某些合理

本章以离心泵为重点，其他类型流体输送机械通过和离心泵比较来掌握其结构上和操作控制上的特殊性。

简化,建立物理模型,进行数学描述,得出数学模型;通过实验确定模型参数。

(1)简化假设——物理模型

为了便于分析研究流体在叶轮内的运动情况,特作如下简化假设。

①叶轮为具有无限薄、无限多叶片的理想叶轮,流体质点将完全沿着叶片表面而流动,流体无旋涡、无冲击损失。

②被输送的是理想液体,液体在叶轮内流动不存在流动阻力。

③泵内为稳态流动过程。

按上面假想模型推导出来的压头必为在指定转速下可能达到的最大压头——理论压头。

根据如上简化假设,以静止的地面为参照系,将液体在叶轮内的复杂流动简化为流体质点作旋转运动和径向运动的两维运动。圆周速度 u、相对速度 ω 及二者的合速度——绝对速度 c 构成了速度三角形。

(2)数学描述——离心泵理论压头的基本方程式(即能量方程式)

离心泵理论压头基本方程式采用离心力做功的方法推导。推导的出发点在于有效提高液体静压能。

在离心泵叶片的入口截面 1—1′与出口截面 2—2′之间列伯努利方程式,则 1 N 理想流体所获得的机械能为

$$H_{T\infty}=\frac{p_2-p_1}{\rho g}+\frac{c_2^2-c_1^2}{2g}=H_p+H_c \tag{2.1-4}$$

式中:H_p 为 1 N 理想流体经叶轮后静压头的增量,m;H_c 为 1 N 理想流体经叶轮后动压头的增量,m。

静压头的增量由离心力做功及相对速度转化而获得,即

$$H_p=\frac{u_2^2-u_1^2}{2g}+\frac{\omega_1^2-\omega_2^2}{2g} \tag{2.1-5}$$

将式 2.1-5 代入式 2.1-4 便可得到基本方程式的一种表达式,即

$$H_{T\infty}=\frac{u_2^2-u_1^2}{2g}+\frac{\omega_1^2-\omega_2^2}{2g}+\frac{c_2^2-c_1^2}{2g} \tag{2.1-6}$$

式 2.1-4 中的动压头有一部分经蜗壳和导轮后转化为静压头。

为了便于分析各项因素对离心泵理论压头的影响,利用速度三角形和连续性方程,可推得基本方程式的另一种表达式,即

$$H_{T\infty}=\frac{u_2^2}{g}-\frac{u_2\cot\beta_2}{g\pi D_2 b_2}Q_T \tag{2.1-7}$$

$$u_2=\frac{n\pi D_2}{60} \tag{2.1-8}$$

$$Q_T=c_{r,2}\pi D_2 b_2 \tag{2.1-9}$$

式中:u_2 为叶轮出口的圆周速度,m/s;D_2 为叶轮外径,m;b_2 为叶轮外缘宽度,m;n 为叶轮转速,r/min;β_2 为流动角,表示相对速度与圆周速度反向延线的夹角;Q_T 为离心泵的理论流量,m^3/s;$c_{r,2}$ 为液体在叶轮出口处绝对速度的径向分量,m/s。

(3)离心泵理论压头影响因素的分析

由式 2.1-7 可看出,影响 $H_{T\infty}$ 的因素如下。

①叶轮的转速和直径:加大叶轮直径、提高转速均可提高压头。这是后面将要介绍的离心泵的比例定律和切割定律的理论依据。

②叶片的几何形状:实践证明,后弯叶片可获得较高的能量利用率,提高离心泵的经济指标,有利于提高泵的有效压头。

③理论流量:理论压头随理论流量的加大而下降。$H_{T\infty}$—Q_T 的关系曲线称为离心泵的理论特性曲线,这个关系是离心泵的主要特性。

④液体的密度:离心泵的理论压头与液体密度无关。同一台离心泵在一定转速下,不论输送何种液体,都可提供相同的理论压头。但是,在相同压头下,离心泵进出口的压力差却与液体的密度成正比。

(4)离心泵的实际压头与流量关系的实验测定

由于叶轮的叶片数目是有限的,输送的是黏性流体,因而必然导致液体在叶轮内的泄漏和能量损失,致使泵的实际流量和压头低于理论值。离心泵的 H—Q 关系曲线通常在一定条件下由实验测定。显然,H—Q 关系曲线应在 $H_{T\infty}$—Q_T 曲线下方,如图 2.1-1 所示。

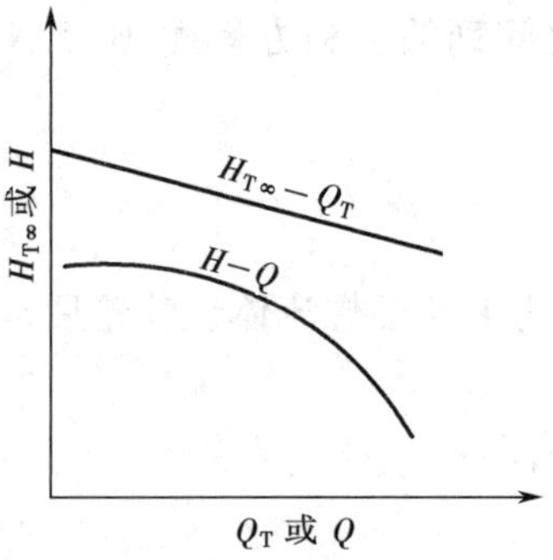

图 2.1-1　离心泵的 $H_{T\infty}$—Q_T、H—Q 关系曲线

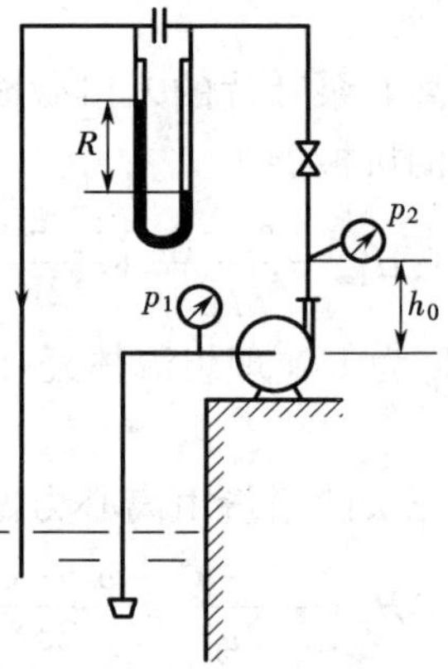

图 2.1-2　离心泵性能参数测定

3)离心泵的性能参数和特性曲线

(1)离心泵的性能参数

离心泵的主要性能参数有流量、压头、效率和轴功率等。

①流量:离心泵的流量是指单位时间内排到管路系统的液体体积,一般用 Q 表示,单位为 m^3/s 或 m^3/h。流量与泵的结构、尺寸和转速有关。

②压头:离心泵的压头是指泵对单位质量(1 N)液体所提供的有效能,一般用 H 表示,单位为 J/N 或 m。压头的影响因素上节已作讨论。泵压头 H 通常在特定转速下用清水实验测定。对图 2.1-2 所示的实验装置,泵压头的测量式为

$$H = h_0 + H_1 + H_2 + \frac{u_2^2 - u_1^2}{2g} \tag{2.1-10}$$

式中:h_0 为泵的两测压截面间的垂直距离,m;H_1 表示与泵入口真空度相对应的静压头,m;H_2 表示与泵出口表压相对应的静压头,m;u_1、u_2 分别为泵的入口和出口截面上液体的平均流速,m/s。

③效率:反映离心泵中能量损失大小的参数称为效率。能量损失包括容积损失(即泄漏

损失)、水力损失及机械摩擦造成的能量损失等3部分。离心泵的效率用η表示,通常小泵的效率为50% ~70%,而大型泵可达90%以上。影响离心泵效率的因素有泵的结构、尺寸、加工精度、液体流量及其性质。

④有效功率和轴功率:离心泵的有效功率是指单位时间内流体从泵的叶轮获得的能量,即

$$N_e = HQ\rho g \tag{2.1-11}$$

式中:N_e为离心泵的有效功率,W;Q为泵的实际流量,m/s。

由电动机输入泵轴的功率称为泵的轴功率。由于泵内各项能量损失所致,泵的轴功率必大于有效功率,即

$$N = \frac{N_e}{1\,000\eta} = \frac{HQ\rho}{102\eta} \tag{2.1-12}$$

式中N为轴功率,kW。

(2)离心泵的特性曲线

表示离心泵的压头、效率和功率与流量之间关系的曲线称为离心泵的特性曲线,如图2.1-3所示。特性曲线是在固定转速下用20℃的清水为介质于常压下实验测得。

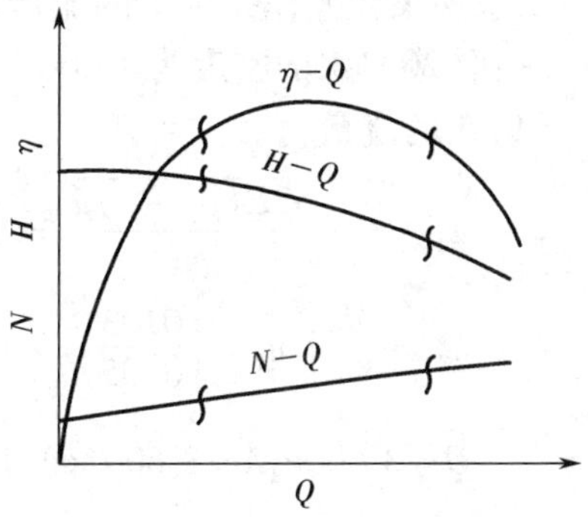

图2.1-3 离心泵的特性曲线

对于离心泵的特性曲线应掌握如下要点。

①每种型号的离心泵在特定转速下有其独有的特性曲线,且不受管路特性的影响。

②在固定转速下,离心泵的流量和压头、效率不随被输送液体的密度而变,但泵的功率与液体密度成正比。

③当$Q=0$时,泵的轴功率最低,启动泵时应关闭出口阀。停泵时先关出口阀,起到防止泵内液体倒流、保护泵叶轮的作用。

④离心泵压头一般随流量加大而下降(在极小流量时有例外)。此规律和离心泵理论压头的表达式相一致。

⑤在额定流量下泵的效率最高。该最高效率点称为泵的设计点,对应的各项参数称为最佳工况参数。离心泵铭牌上标出的性能参数即是最高效率点对应的数值。离心泵应尽可能在高效区操作(最高效率的92%范围内)。

(3)离心泵性能的改变和换算

①液体的密度比较明显地变化时,N—Q曲线不再适用,此时的N值需由式2.1-12进行换算。

②液体的黏度比清水的大得多时(运动黏度$\nu > 2\times10^{-5}$ m²/s),泵的流量和压头都要变小,效率下降,轴功率增大。此情况下泵的特性曲线不再适用,需要进行换算。

③当离心泵的转速或叶轮直径发生变化时,需要对泵的有关参数进行换算。换算的前提条件是泵的效率保持不变。

比例定律(对泵转速的换算,泵转速的变化在20%以内)如下。

$$\frac{Q_1}{Q_2} = \frac{n_1}{n_2} \quad \frac{H_1}{H_2} = \left(\frac{n_1}{n_2}\right)^2 \quad \frac{N_1}{N_2} = \left(\frac{n_1}{n_2}\right)^3 \tag{2.1-13}$$

下标1、2分别表示n_1、n_2转速下对应的参数。

切割定律(对叶轮直径的换算,叶轮直径的变化不大于$5\%D_2$)如下。

$$\frac{Q}{Q'}=\frac{D_2}{D_2'}\quad \frac{H}{H'}=\left(\frac{D_2}{D_2'}\right)^2\quad \frac{N}{N'}=\left(\frac{D_2}{D_2'}\right)^3 \tag{2.1-14}$$

带"′"的参数表示叶轮直径变化后对应的数值。

【例2.1-2】 在图2.1-2所示的实验装置上,在2 900 r/min转速下用20℃的清水于常压下测定离心泵的性能参数。测得一组数据如下:泵入口真空表的读数为68 kPa,泵出口压力表读数为252 kPa;两测压口之间的垂直距离$h_0=0.3$ m;电动机功率为2.5 kW,电动机的传动效率为96%;在泵的排出管路上孔板流量计U形管压差计读数$R=0.6$ m,汞为指示液(密度ρ_A为13 600 kg/m^3),孔流系数$C_0=0.62$,孔径$d_0=0.03$ m;泵的吸入管和排出管内径分别为80 mm和50 mm。

试求该泵在操作条件下的流量、压头、轴功率和效率,并列出泵的性能参数。

解:取20℃水的密度为1 000 kg/m^3,进行各项计算。

(1)泵的流量

$$u_0=C_0\sqrt{\frac{2R(\rho_A-\rho)g}{\rho}}=0.62\sqrt{\frac{2\times0.6\times(13\,600-1\,000)\times9.81}{1\,000}}=7.551\ \text{m/s}$$

$$u_2=\left(\frac{d_0}{d}\right)^2u_0=\left(\frac{0.03}{0.05}\right)^2\times7.551=2.718\ \text{m/s}$$

$$Q=3\,600u_2A=3\,600\times2.718\times\frac{\pi}{4}\times0.05^2=19.21\ \text{m}^3/\text{h}$$

(2)泵的压头

$$H=h_0+H_1+H_2+\frac{u_2^2-u_1^2}{2g}$$

式中 $$u_1=u_2\left(\frac{d_2}{d_1}\right)^2=2.718\left(\frac{0.05}{0.08}\right)^2=1.062\ \text{m/s}$$

则 $$H=0.3+\frac{68\times10^3}{1\,000\times9.81}+\frac{252\times10^3}{1\,000\times9.81}+\frac{2.718^2-1.062^2}{2\times9.81}=33.24\ \text{m}$$

(3)泵的轴功率

$N=0.96\times2.5=2.4$ kW

(4)泵的效率

$$\eta=\frac{HQ\rho}{102N}=\frac{33.24\times19.21\times1\,000}{102\times2.4\times3\,600}=0.724\,6=72.46\%$$

泵的性能参数为:$n=2\,900$ r/min,$Q=19.21$ m^3/h,$H=33.24$ m,$N=2.4$ kW,$\eta=72.46\%$。

本题包括了离心泵主要性能参数的计算。在列泵的性能参数时一定指出实验测定条件(主要是泵的转速)。改变泵的流量,测取对应流量下的各组数据,便可求得一系列性能参数,从而做出指定转速下泵的特性曲线。测量中要注意观察随着泵流量的加大,泵的真空表和压力表的变化规律。(前者加大,后者减小,为什么?)

【例2.1-3】 在液体循环管路系统中,液体循环量为18 m^3/h,液体密度$\rho=780$ kg/m^3。已测得从容器A到泵入口的吸入管路压头损失为1.40 m,从泵出口回到容器A的压头损失$H_{f,z}=9.26\times10^{-3}Q_e^2$($Q_e$的单位为m^3/h)。试求泵的理论功率。

解:$N_e = HgQ_s\rho$

对于循环管路系统

$$H_e = \Sigma H_f = 1.40 + 9.26 \times 10^{-3} \times 18^2 = 4.40\ \text{m}$$

则 $$N_e = 4.40 \times 9.81 \times \frac{18}{3600} \times 789 = 168.3\ \text{W}$$

【例 2.1-4】 用离心泵将 20℃ 的清水送至敞口高位槽。在泵出口阀某一开度下,测得例 2.1-1 的一组数据。现分别改变如下某一参数,则泵的流量 Q、压头 H 和轴功率将如何变化?假设泵的效率保持不变。

(1)改送密度为 1 260 kg/m^3 的水溶液;

(2)泵的转速提高 10%;

(3)泵的叶轮切削 4%。

解:本题旨在熟悉泵性能的换算。

(1)改送水溶液

当泵的上、下游压力相等,即 $p_3 - p_a = 0$ 时,泵的 Q、H 与液体的 ρ 无关,而 N 随密度加大而增大。改送水溶液后,泵的轴功率将变为

$$N_1 = \frac{1\,260}{1\,000} N = 1.26 \times 2.4 = 3.024\ \text{kW}$$

(2)泵的转速提高 10%

此时泵的性能参数由比例定律计算,即

$$Q_2 = \frac{n_2}{n_1} Q = 1.1 \times 19.21 = 21.13\ \text{m}^3/\text{h}$$

$$H_2 = \left(\frac{n_2}{n_1}\right)^2 H = 1.1^2 \times 33.24 = 40.22\ \text{m}$$

$$N_2 = \left(\frac{n_2}{n_1}\right)^3 N = 1.1^3 \times 2.4 = 3.194\ \text{kW}$$

(3)泵的叶轮切削 4%

泵的叶轮减小后其性能参数由切割定律计算,即

$$Q_3 = \frac{D_2'}{D_2} Q = 0.96 \times 19.21 = 18.44\ \text{m}^3/\text{h}$$

$$H_3 = \left(\frac{D_2'}{D_2}\right)^2 H = 0.96^2 \times 33.24 = 30.63\ \text{m}$$

同理 $$N_3 = 0.96^3 \times 2.4 = 2.12\ \text{kW}$$

通过本例要掌握泵性能参数的换算方法,并且要注意考察在改送水溶液和提高转速后,电机功率能否满足要求。

4)离心泵在管路中的运行

一台一定性能的离心泵安装在一定管路系统中,其运行参数不仅取决于泵本身性能,而且受管路特性的制约。

(1)离心泵的工作点

离心泵在管路中正常运行时,泵所提供的流量和压头应和管路要求的数值相一致。如果

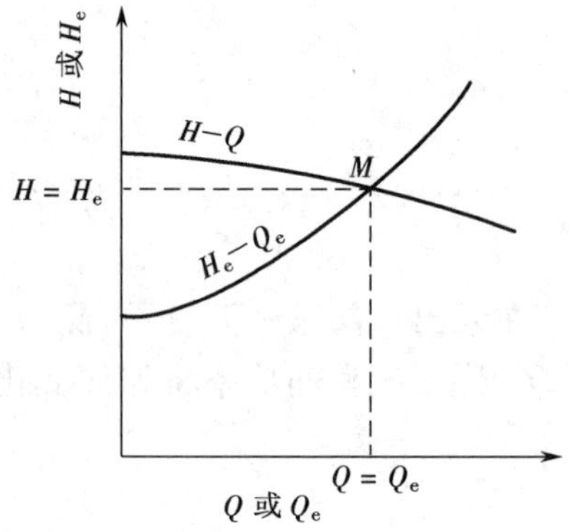

图2.1-4　管路特性曲线与泵的工作点

不一致，就需要进行调节。即泵的实际运行参数应同时满足如下方程组(或曲线)，即

$H_e = A + KQ_e^2$　(管路特性方程式)

$H = f(Q)$　(泵特性方程式)

联立泵的特性方程式和管路特性方程式所解得的流量和压头即为泵的工作点。在特性曲线图上，泵的工作点对应泵的特性曲线和管路特性曲线的交点。如图2.1-4所示的点M。在此点，$H = H_e$，$Q = Q_e$。

【例2.1-5】　用离心泵向密闭高位槽送清水($\rho = 1\ 000\ \text{kg/m}^3$)。在规定转速下，泵的特性方程式为

$H = 44 - 8.0 \times 10^4 Q^2$($Q$的单位为$\text{m}^3/\text{s}$)

密闭容器的表压为118 kPa，高位槽与水池液面保持恒定位差14 m，管路中全部流动阻力可表达为

$H_f = 1.10 \times 10^5 Q_e^2$　(Q_e的单位为m^3/s)

试求：(1)泵的流量、压头和功率(泵的效率为82%)；

(2)若改送$\rho = 1\ 200\ \text{kg/m}^3$的碱液(其他性质和水相近，且其他条件均不变)，泵的流量、压头和轴功率。

解：本例为确定泵的工作点。

(1)送清水时的流量、压头和轴功率

联解泵的特性方程和管路特性方程便可确定泵的操作参数。管路特性方程为

$$H_e = \Delta Z + \frac{\Delta p}{\rho g} + H_f = 14 + \frac{118 \times 10^3}{1\ 000 \times 9.81} + 1.10 \times 10^5 Q_e^2 = 26.02 + 1.10 \times 10^5 Q_e \qquad (1)$$

泵的特性方程为

$$H = 44 - 8.0 \times 10^4 Q^2 \qquad (2)$$

联立式(1)与式(2)，解得

$Q = 9.728 \times 10^{-3}\ \text{m}^3/\text{s} = 35.02\ \text{m}^3/\text{h}$

$H = 36.43\ \text{m}$

$$N = \frac{HQ\rho}{102\eta} = \frac{36.43 \times 9.728 \times 10^{-3} \times 1\ 000}{102 \times 0.82} = 4.24\ \text{kW}$$

(2)改送碱液的操作参数

改送碱液后，泵的特性方程不受影响，而管路特性方程则因ρ的改变而发生变化，即

$$H_e' = 14 + \frac{118 \times 10^3}{1\ 200 \times 9.81} + 1.10 \times 10^5 Q_e^2 = 24.02 + 1.10 \times 10^5 Q_e^2 \qquad (3)$$

联立方程(2)与式(3)，解得

$Q = 1.025 \times 10^{-2}\ \text{m}^3/\text{s} = 36.92\ \text{m}^3/\text{h}$

$H = 35.59\ \text{m}$

$$N = \frac{35.59 \times 1.025 \times 10^{-2} \times 1\ 200}{102 \times 0.82} = 5.234\ \text{kW}$$

本例求解的关键是确定管路特性方程。当 Δp 不等于零时（即 $p_2 \neq p_1$），介质密度改变将影响管路特性方程，导致泵工作点的改变。具体到本例，Q 加大，H 降低，N 值增大。若 $\Delta p = 0$（如例 2.1-2 的情况），密度改变只影响 N 值的大小。

（2）离心泵的流量调节

离心泵的流量调节即改变泵的工作点，可通过改变泵的特性或管路特性来实现，必要时，可采用泵的组合操作。

①改变管路特性——调节泵出口阀的开度：调节离心泵出口管路上阀门开度，可快捷方便地调节流量，但能耗加大，不够经济。

②改变泵的特性：可通过比例定律或切割定律改变泵的性能参数，此法甚为经济，但不适合频繁的调节。

③离心泵的组合操作：当单台离心泵不能满足生产任务要求时，可采用泵的组合操作。组合的原则是：单台泵压头不能满足管路要求时，必须采用泵的串联；高阻型管路（即管路特性曲线较陡），两台泵串联可获得较大流量，串联时，同一流量下泵的压头加倍；低阻型管路（管路特性曲线较平坦），两台泵并联可获得较大流量，并联时，同一压头下，泵的流量加倍。

由于管路特性的制约，组合后的实际效果如图 2.1-5 所示。

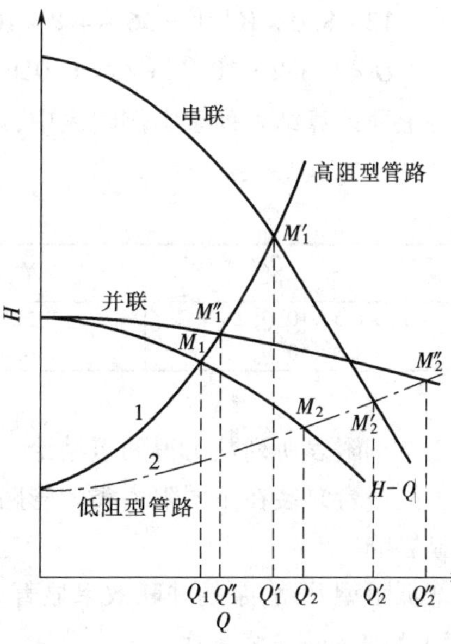

图 2.1-5 离心泵串并联组合方式的选择

【例 2.1-6】 已知泵的特性方程为

$$H = 36 - 4.8 \times 10^5 Q^2$$

管路特性方程分别为

低阻型 $H_e = 12 + 1.5 \times 10^5 Q_e^2$

高阻型 $H_e = 12 + 8.0 \times 10^6 Q_e^2$

式中 $Q(Q_e)$ 的单位均为 m^3/s。

试比较两台相同型号的泵在如上两个管路系统中组合操作送水量增加的效果。

解：本例旨在比较在不同管路系统中组合操作的效果。

（1）低阻型管路中泵的串联和并联

两台泵串联操作时，单台泵的送水量和管路中总流量一致，泵的压头加倍，则有

$$12 + 1.5 \times 10^5 Q^2 = 2(36 - 4.8 \times 10^5 Q^2)$$

解得 $Q = 7.352 \times 10^{-3}\ m^3/s = 26.47\ m^3/h$

两台泵并联操作时，单台泵的送水量为管路中总流量的 1/2，而泵的压头不变，则有

$$12 + 1.5 \times 10^5 Q^2 = 36 - 4.8 \times 10^5 \left(\frac{Q}{2}\right)^2$$

解得 $Q = 9.428 \times 10^{-3}\ m^3/s = 33.94\ m^3/h$

单台泵的送水量

$$12 + 1.5 \times 10^5 Q^2 = 36 - 4.8 \times 10^5 Q^2$$

解得 $Q=6.172\ \mathrm{m^3/s}=22.21\ \mathrm{m^3/h}$

(2)高阻型管路中泵的串联和并联

两台泵串联

$$12+8.0\times10^6Q^2=2(36-4.8\times10^5Q^2)$$

解得 $Q=2.588\times10^{-3}\ \mathrm{m^3/s}=9.316\ \mathrm{m^3/h}$

两台泵并联

$$12+8.0\times10^6Q^2=36-4.8\times10^5\left(\frac{Q}{2}\right)^2$$

解得 $Q=1.719\times10^{-3}\ \mathrm{m^3/s}=6.189\ \mathrm{m^3/h}$

单台泵操作时的送水量

$$12+8.0\times10^6Q^2=36-4.8\times10^5Q^2$$

解得 $Q=1.682\times10^{-3}\ \mathrm{m^3/s}=6.056\ \mathrm{m^3/h}$

将上面计算结果列于本例附表中，以便比较。

例 2.1-6 附表

管路特性 \ $Q/(\mathrm{m^3\cdot h^{-1}})$	单台泵	两台串联	两台并联
$12+1.5\times10^5Q_e^2$	22.21	26.47	33.94
$12+8.0\times10^6Q_e^2$	6.056	9.316	6.189

由本例附表所列数可得两点结论。

①同一台泵装在不同阻力类型管路中，其送水量相差甚大，说明管路特性对泵的操作参数有明显影响。

②低阻型管路，泵的并联效果显著；高阻型管路，泵的串联有利于加大流量。

5)离心泵的安装高度

离心泵的安装高度是指泵的入口距贮槽液面的垂直距离 H_g。安装位置是否合适，将会影响泵的运行及寿命。

(1)离心泵安装高度的限制——气蚀现象

为了保证液体在泵壳内的连续性（即液体不明显的汽化），离心泵的安装高度受泵吸入口附近最低允许压力的限制，其极限值为操作条件下液体的饱和蒸气压 p_v。

当泵吸入口附近的最低压力等于或低于 p_v 时，将可能发生气蚀现象。气蚀现象的标志是泵的压头较正常值下降3%以上。发生气蚀的危害是泵体产生震动与噪音，泵的性能下降（流量、压头、效率的降低），甚至不能操作，泵壳及叶轮受到冲蚀（点蚀到裂缝）。

(2)离心泵的气蚀余量

为了防止气蚀现象发生，在离心泵的入口处液体的静压头与动压头之和$\left(\frac{p_1}{\rho g}+\frac{u_1^2}{2g}\right)$必须大于操作温度下液体的饱和蒸气压头($p_v/\rho g$)某一数值。此数值即气蚀余量，用 $NPSH$ 表示，单位为 m，其定义式为

$$NPSH=\frac{p_1}{\rho g}+\frac{u_1^2}{2g}-\frac{p_v}{\rho g} \tag{2.1-15}$$

IS 系列离心泵产品样本或泵性能曲线上标绘的气蚀余量为必需气蚀余量$(NPSH)_r$，根据标准规定

$$NPSH=(NPSH)_r+0.5$$

【例 2.1-7】 在实验装置上用 25 ℃清水($\rho=997\ kg/m^3$，$p_v=3.291\ kPa$)于常压下($p_a=101.3\ kPa$)测定离心泵的抗气蚀性能参数。已知：离心泵安装高度为 3.6 m，吸入管路的压头损失为 1.2 m。试求离心泵在操作工况下的允许气蚀余量 $NPSH$。

解：由泵的允许安装高度表达式反求 $NPSH$，即

$$NPSH=\frac{p_a-p_v}{\rho_g}-H_g-H_{f,0-1}$$

$$=\frac{(101.3-3.291)\times10^3}{997\times9.81}-3.6-1.2=5.22\ m$$

(3)离心泵的允许安装高度

离心泵的允许安装高度可分别用下面式子计算，即

$$H_g=\frac{p_a-p_v}{\rho g}-NPSH-H_{f,0-1} \tag{2.1-16}$$

式中：$H_{f,0-1}$为吸入管路中的压头损失，m。

为安全起见，泵的实际安装高度比用上两式求得的 H_g 再减小 0.5～1.0 m，且应以可能的最大用水量为设计依据。

【例 2.1-8】 用 IS 80-65-125 型离心泵将池中 20℃的清水送至敞口容器，送水量为 50 m^3/h，吸入管路的压头损失为 2 m，当地的大气压为 100 kPa。试计算：

(1)泵的允许安装高度；

(2)若改送 60℃的热水，则泵的允许安装高度为多少米？

解：由泵的性能表查得，在 $Q=50\ m^3/h$ 时，IS 80-65-125 型水泵的必需气蚀余量$(NPSH)_r=3.0$ m。20℃时水的密度 $\rho=998.2\ kg/m^3$，其饱和蒸汽压 $p_v=2.335$ kPa；60℃水的密度 $\rho=983.2\ kg/m^3$，饱和蒸汽压 $p_v=19.923$ kPa。

(1)20℃时泵的允许安装高度

泵的允许安装高度用式 2.1-17 计算，即

$$H_g=\frac{p_a-p_v}{\rho g}-NPSH-H_{f,0-1}=\frac{(100-2.335)\times10^3}{9.81\times998.2}-(3+0.5)-2=4.47\ m$$

泵的实际安装高度应在 4.0 m 以下。

(2)60℃时泵的允许安装高度

将 60℃下水的有关物性数据代入式 2.1-17，得

$$H_g=\frac{(100-19.923)\times10^3}{9.81\times983.2}-(3+0.5)-2=2.8\ m$$

泵的实际安装高度宜在 2.0 m 上下。

从两种温度下求得的泵的允许安装高度数据看出，随着液体温度升高，H_g 值下降。故泵

的安装高度应以当地操作中可能出现的最高温度为设计基准。同时,为避免气蚀现象,应尽可能减小吸入管路压头损失。

6)离心泵的类型和选择

(1)离心泵的类型

离心泵
- 水泵(输送清水及理化性质类似于水的液体)
  - IS 型(单级单吸)
  - Sh 型(双吸泵)
  - D 型(多级泵)
- 油泵(Y 型)——输送石油产品,密封性能良好
- 耐腐蚀泵(F 型)——输送酸、碱等腐蚀性液体,耐腐材料制造
- 杂质泵(P 型)——输送悬浮液及稠厚的浆液,开式或半闭式叶轮
- 屏蔽泵(无密封泵)——输送易燃、易爆、剧毒及放射性液体
- 磁力泵(C 型)——高效节能,输送易燃、易爆、腐蚀性液体

(2)离心泵的选择

选择离心泵的基本步骤如下。

①根据被输送液体性质及操作条件选泵的类型。

②根据管路系统要求的流量和压头选泵的型号。若有几种型号的泵同时可满足要求时,应选择效率最高者,并参考泵的价格作综合权衡。

③当被输送液体密度大于水的密度时,则要核算泵的轴功率。

【例 2.1-9】 用离心泵将 20℃的清水送至某车间。由生产任务要求,管路的特性数据为:$H_e = 18$ m,$Q_e = 90$ m^3/h。试选择适宜的离心泵型号。若泵提供的 H、Q 与管路要求的不一致,要求核算操作时因调节阀门多消耗的功率。

解:(1)选泵的型号

根据 $H_e = 18$ m 及 $Q_e = 90$ m^3/h,选择 IS 100-80-125 型离心水泵。在 $n = 2\ 900$ r/min 转速下泵的性能参数为:$H = 20$ m,$Q = 100$ m^3/h,$N = 7.0$ kW,$\eta = 78\%$,$(NPSH)_r = 4.5$ m。H 和 Q 均略大于管路要求。

(2)调节阀门多消耗的功率

实际运行时(即 $Q = 90$ m^3/h 时),$H = 20.3$ m,$\eta = 78\%$,则泵所消耗的轴功率为

$$N = \frac{HQ\rho}{102\eta} = \frac{20.3 \times 90 \times 1\ 000}{102 \times 3\ 600 \times 0.78} = 6.38 \text{ kW}$$

因调节阀门多消耗的功率为

$$\Delta N = \frac{(20.3 - 18) \times 90 \times 1\ 000}{102 \times 3\ 600 \times 0.78} = 0.723 \text{ kW}$$

由于泵在实际运行时的效率接近最高效率点,H、Q 能满足任务要求,故所选泵的型号是适宜的。

又由于关小出口阀开度,增大了局部阻力,使泵所消耗的轴功率中有约 10% 用于克服阀门阻力的增加。

2. 其他类型液体输送机械

在全面掌握离心泵的基础上,通过对比,掌握其他类型液体输送机械的结构特点和操作特性,最后能根据介质性质和工艺要求,经济合理地选择和操作液体输送机械。

几种常用液体输送机械的性能比较列于表2.1-2。

表2.1-2 几种典型泵的性能比较

泵的类型	离心式		回转式	往复式	流体作用式
	离心泵(IS、Y、F、P型)	旋涡泵	齿轮、螺杆泵	往复泵	喷射泵，酸旦等
工作原理	惯性离心力(无自吸力——灌泵，防气缚)		转子的挤压作用，有自吸力	活塞的往复运动，有自吸力	能量转换
特性曲线	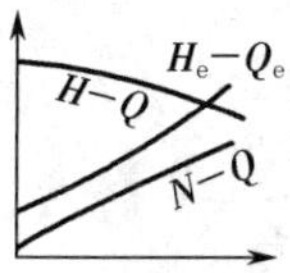	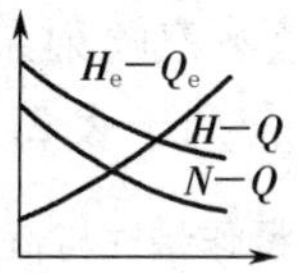	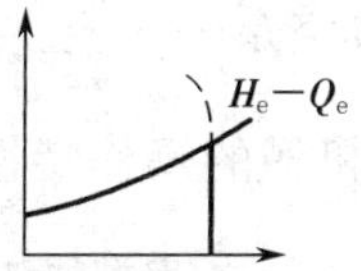 正位移(定排量)泵，H随管路要求		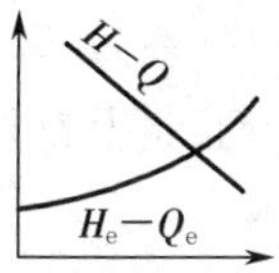
操作特性	启动前灌泵，关出口阀；连续吸液与排液；出口阀开度调流量	启动前灌泵，不能关出口阀；连续吸液与排液；支路调流量	启动前不灌泵，不能关出口阀；连续吸液与排液；支路调流量	启动时不灌泵，不能关出口阀；周期吸液与排液；支路(冲程)调流量	无运动内件，可连续排液
适用场合	不太黏稠液体；流量大，中等压头	低黏度清洁液体，小流量，较高压头	膏糊状黏稠液体，小流量，高压头	黏性不含杂质液体，小流量，高压头	腐蚀性液体

注：①上表中往复泵的理论流量可按下式计算，即

单动泵 $Q_T = ASn_r$ (2.1-17)

双动泵 $Q_T = (2A - a)Sn_r$ (2.1-18)

式中：A为活塞的截面积，m^2；a为活塞杆的截面积，m^2；n_r为活塞每分钟往返次数，1/min；S为活塞的冲程，m。

【例2.1-10】 用一台三联单动往复泵向密闭高位槽送料。泵的活塞直径$D = 160$ mm，冲程$S = 240$ mm，往返频率$n_r = 180\ \text{min}^{-1}$，容积效率$\eta_v = 0.94$，试求泵的输液量，$m^3$/min。

解：$Q = 3\eta_v ASn_r$

$$= 3 \times 0.94 \times \frac{\pi}{4} \times 0.16^2 \times 0.24 \times 180 = 2.45\ m^3/\text{min}$$

②正位移泵的操作特性

往复泵(包括柱塞泵、隔膜泵)、齿轮泵和螺杆泵等统称正位移泵，在一定转速下，其流量不随泵的压头而变，有自吸力，启动前不灌泵，采用旁路调节流量，泵的压头随管路要求而定。

2.1.3 气体输送和压缩机械

1. 气体压送机械的分类及特性

根据用途分类如下：

气体输送机械
- 通风机——出口表压低于 1.47×10^4 Pa,压缩比为 1 ~ 1.15,常见的有离心通风机(结构原理与离心泵相同)
- 鼓风机——出口表压 1.47×10^4 ~ 2.94×10^5 Pa,压缩比小于 4,如罗茨鼓风机(工作原理与旋转泵相同)、离心鼓风机等
- 压缩机——出口表压在 2.94×10^5 Pa 以上,压缩比大于 4,如往复压缩机(结构原理与往复泵同)、离心压缩机、液环压缩机等
- 真空泵——用于减压操作,出口压力为 1.013×10^5 Pa,如水环真空泵、往复真空泵、蒸汽喷射泵

工业上常用气体压送机械的操作特性与适用场合列于表 2.1-3。

表 2.1-3　典型气体压送机械的操作特性与适用场合

机械类型		出口压强/kPa	操作特性	适用场合
离心式	通风机	低 0.981(表) 中 2.94(表) 高 14.7(表)	风量大(可达 186 300 m^3/h),连续均匀,通过出口阀或风机并串联调节流量	主要用于通风
	鼓风机(透平式)	≤294(表)	多级,温升不高,不设级间冷却装置	主要用于高炉送风
	压缩机(透平式)	>294(表)	多级,段间设冷却装置	气体压缩
往复式	压缩机	低压 <981 中压 981 ~ 9 810 高压 >9 810	脉冲式供气,支路调节流量,高压时要多级,级间设冷却装置	适用于高压气体场合,如合成氨生产
旋转式	罗茨鼓风机	181	流量可达 120 ~ 3×10^4 m^3/h,支路调流量	操作温度不大于 85℃
	液环压缩机(纳氏泵)	490 ~ 588(表)	风量大,供气均匀	腐蚀性气体压送(如 H_2SO_4 作工质送 Cl_2)
真空泵*	水环真空泵	最高真空度 83.4	结构简单,操作平稳可靠	可产生真空,也可用作鼓风机
	蒸汽喷射真空泵	0.07 ~ 13.3	结构简单,无运动部件	多级可达高的真空度

*所有压缩机,当其入口连到设备上时,均可用作真空泵。

2. 离心式通风机

按照出口风压将离心式通风机分为低压式($H_T \leqslant 0.981 \times 10^3$ Pa)、中压式($H_T = (0.981 \sim 2.94) \times 10^3$ Pa)及高压式($H_T = 2.94 \times 10^3 \sim 14.7 \times 10^3$ Pa)3 类。由于气体通过风机前后绝压变化不超过 20%,故可当作不可压缩流体处理。

(1) 离心通风机的性能参数与特性曲线

和离心泵相对应,离心式风机的性能参数有风量、风压、轴功率和效率。

①风量 Q:风量是指单位时间内从风机出口排出的气体体积,并以风机进口处的气体状态计,计量单位为 m^3/h。

②风压 H_T:是单位体积气体通过风机时所获得的能量,计量单位为 J/m^3 或 Pa,习惯上用 mmH_2O 表示。

风机的全风压由静风压与动风压组成,即

$$H_T=(p_2-p_1)+\rho u_2^2/2 \tag{2.1-19}$$

通风机铭牌或手册中所列的风压是在空气的密度为1.2 kg/m^3(20℃、101.33 kPa)的条件下用空气作介质测定的。若实际的操作条件与上述的实验条件不同,应将操作条件下的风压H'_T换算为实验条件下的H_T来选择风机,即

$$H_T=H'_T\left(\frac{1.2}{\rho'}\right) \tag{2.1-20}$$

式中:ρ'为操作条件下空气的密度,kg/m^3。

③轴功率与效率:离心通风机的轴功率为

$$N=H_TQ_s/1\ 000\eta \tag{2.1-21}$$

式中:N为轴功率,kW;Q_s为风量,m^3/s;H_T为全风压,Pa;η为全压效率。

注意,用式2.1-21计算功率时,H_T与Q_s必须是同一状态下的数值。

离心通风机的特性曲线是出厂前在温度为20℃的常压下(101.3 kPa)实验测定的。离心通风机的特性曲线与离心泵的特性曲线相比,增加了一条静风压随流量的变化曲线H_{st}—Q,如图2.1-6所示。

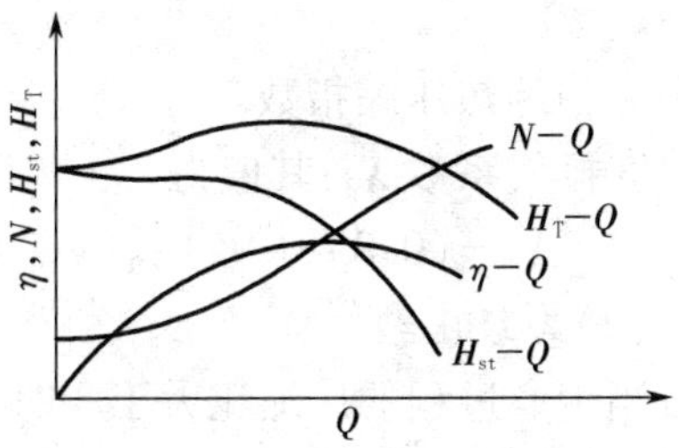

图2.1-6 离心通风机的特性曲线

(2)离心通风机的选择

与离心泵的选择遵循相似的步骤。

①根据管路布局和工艺条件,计算输送系统所需的实际风压H'_T,并按式2.1-20换算为实验条件下的风压H_T。

②根据所输送气体的性质及所需的风压范围,确定风机的类型。工业中常用的中、低压通风机为4-72型。4-72 N12表示叶轮直径为12 dm的离心风机。同一机号,转速不同,性能相差悬殊。

③根据实际风量和实验条件下的风压,选择适宜的风机型号。

④当$\rho'>1.2$ kg/m^{3}时,要核算轴功率。

【例2.1-11】 用离心式风机将空气经预热后送至干燥器。在平均条件下($t_m=50$ ℃,$p=101.3$ kPa,$\rho'=1.093$ kg/m^3)管路系统所需的全风压$H'_T=2\ 520$ Pa,试换算为实验条件下的全风压H_T。

解:$H_T=H'_T\left(\frac{1.2}{\rho'}\right)=2\ 520\times\left(\frac{1.2}{1.093}\right)=2\ 767$ Pa

3.往复压缩机

往复压缩机的基本结构和工作原理与往复泵相近。但是,由于往复压缩机处理的气体密度小,具有可压缩性,压缩后气体的体积变小、温度升高,因而又具有特殊性。

①往复压缩机的吸气活门和排气活门必须灵巧精制。

②为移除压缩放出的热量以降低气体的温度,还应附设冷却装置。

③由于气缸中余隙的影响,往复压缩机实际的工作过程也比往复泵复杂。往复压缩机的实际压缩循环如图2.1-7所示,其由吸气、压缩、排气和膨胀4个阶段所组成。

(1)往复压缩机的性能参数

往复压缩机的性能参数包括排气量、理论压缩功、理论功率、轴功率和效率等。在排气量

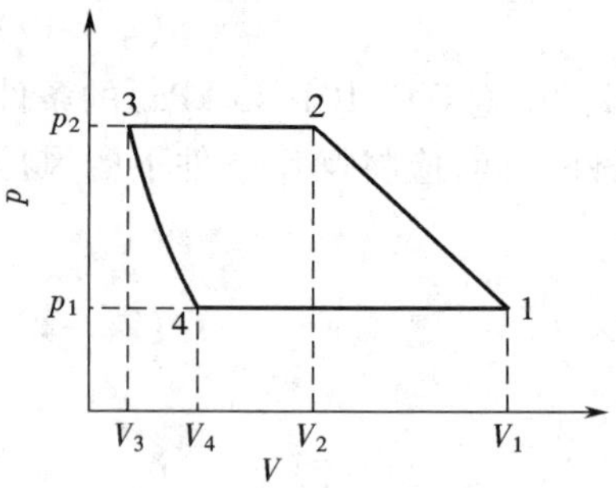

图 2.1-7　实际压缩循环 p—V 图

的计算中引出余隙系数 ε、容积系数 λ_0 和排气系数 λ_d 等概念。

①余隙系数 ε：其定义为余隙体积 V_3 与活塞一次扫过体积(V_1-V_3)之比，即

$$\varepsilon=\frac{V_3}{V_1-V_3} \tag{2.1-22}$$

②容积系数 λ_0：其定义为吸气体积(V_1-V_4)与活塞一次扫过体积(V_1-V_3)之比，即

$$\lambda_0=\frac{V_1-V_4}{V_1-V_3}=1-\varepsilon\left[\left(\frac{p_2}{p_1}\right)^{\frac{1}{k}}-1\right] \tag{2.1-23}$$

式中 ε 为绝热压缩指数。

③排气系数 λ_d：其值为

$$\lambda_d=(0.8\sim0.95)\lambda_0$$

(2)多级压缩

当生产过程的压缩比大于 8 时，工业上大都采用多级压缩。多级压缩的优点是，避免排出气体温度过高，提高气缸容积利用率(即保持在 λ_0 较高范围)，减少功率消耗，压缩机的结构更为合理，从而提高压缩机的经济效益。

根据理论计算可知，当每级的压缩比相等时，多级压缩所消耗的总理论功为最小。

当总压缩比为 p_2/p_1 时，每级的压缩比为

$$x=\left(\frac{p_2}{p_1}\right)^{\frac{1}{i}} \tag{2.1-24}$$

式中：x 为每级压缩比；i 为多级压缩的级数。

2.2　非均相物系的分离

要求：重点掌握沉降、过滤过程的原理、计算方法、典型设备的结构特性，能够根据生产工艺的要求合理选择设备；建立固体流态化的基本概念；了解气力输送过程的一般概念。

本章从理论上讨论颗粒相对于流体以及流体相对于颗粒床层的流动，并将其应用于沉降、过滤、固体流态化技术及气力输送等工业过程。

2.2.1　概述

非均相物系是指混合物物系内部存在相界面，且界面两侧物料的性质不同，如悬浮液、乳浊液、泡沫液、含尘气体、含雾气体等都属于非均相混合物，其中悬浮液、乳浊液、泡沫液是液态非均相混合物，含尘气体、含雾气体则是气态非均相混合物。非均相混合物中，处于分散状态的物质(如分散在流体中的固体颗粒、液滴、气泡等)称为分散相或分散物质；包围着分散相而处于连续状态的物质(如气态非均相混合物中的气体、液态非均相混合物中的液体)称为连续相或分散介质。

非均相物系通常采用机械方法分离，即利用非均相混合物中两相的物理性质(如密度、颗粒形状、尺寸等)的差异，使两相之间发生相对运动而使其分离。根据两相运动方式的不同，机械分离可按沉降和过滤两种操作方式进行。

2.2.2 颗粒及颗粒床层的特性

1. 颗粒的特性

(1)球形颗粒

球形颗粒的尺寸由直径 d 确定。其他参数均可表示为直径的函数,如

体积 $V = \frac{\pi d^3}{6}$ (2.2-1)

表面积 $S = \pi d^2$ (2.2-2)

比表面积(单位颗粒体积具有的表面积) $a = \frac{S}{V} = \frac{6}{d}$ (2.2-3)

(2)非球形颗粒

非球形颗粒则必须有两个参数才能确定其特性,通常用球形度和当量直径描述单个非球形颗粒的形状和大小。

①球形度 ϕ_s:为与该颗粒体积相等的球体的表面积除以颗粒的表面积,即

$$\phi_s = \frac{S}{S_p} \tag{2.2-4}$$

由于同体积不同形状的颗粒中,球形颗粒的表面积最小,因此对非球形颗粒,总有 $\phi_s < 1$,颗粒的形状越接近球形,ϕ_s 越接近1;对球形颗粒,$\phi_s = 1$。

②颗粒的当量直径:与该颗粒体积相等的球体的直径,即

$$d_e = \sqrt[3]{\frac{6}{\pi} V_p} \tag{2.2-5}$$

因此,对于非球形颗粒,体积、表面积、比表面积可表述为

$$V_p = \frac{\pi}{6} d_e^3$$

$$S_p = \frac{\pi d_e^2}{\phi_s}$$

$$a = \frac{6}{\phi_s d_e}$$

(3)颗粒群

①颗粒群的粒度分布:颗粒粒度的测量方法有筛分法、显微镜法、沉降法、电感应法、激光衍射法、动态光散射法等。目前工业上应用最普遍的是筛分法。

②颗粒群的平均直径:根据各号筛网上截留的颗粒重量,可以计算出直径为 d_{pi} 的颗粒占全部样品的质量分数 x_i,再根据实测的各层筛网上的颗粒质量分数,按下式可计算出颗粒群的平均直径:

$$\overline{d_p} = \frac{1}{\sum \frac{x_i}{d_{pi}}} \tag{2.2-6}$$

2. 颗粒床层的特性

大量固体颗粒堆积在一起便形成颗粒床层。流体流经颗粒床层时,床层中的固体颗粒静止不动,此时的颗粒床层又称为固定床。描述颗粒床层的特性参数主要有以下几项。

(1)床层的空隙率

床层中颗粒之间的空隙体积与整个床层体积之比,称为空隙率(或称空隙度),以 ε 表示。床层的空隙率可通过实验测定。一般非均匀、非球形颗粒的乱堆床层的空隙率大致在 0.47 ~ 0.7 之间。均匀的球体最松排列时的空隙率为 0.48,最紧密排列时的空隙率为 0.26。

(2)床层的自由截面积

床层截面上未被颗粒占据的流体可以自由通过的面积,称为床层的自由截面积。

(3)床层的比表面积

床层的比表面积是单位体积床层中具有的颗粒表面积(即颗粒与流体接触的表面积)。如果忽略床层中颗粒间相互重叠的接触面积,对于空隙率为 ε 的床层,床层的比表面积 a_b (m^2/m^3)与颗粒物料的比表面积 a 具有如下关系:

$$a_b = a(1-\varepsilon) \tag{2.2-7}$$

床层的比表面积也可用颗粒的堆积密度 $\rho_p = \rho_s(1-\varepsilon)$ 估算,即

$$a_b = \frac{6\rho_b}{\rho_s d} = \frac{6(1-\varepsilon)}{d} \tag{2.2-8}$$

(4)床层通道的当量直径

采用简化模型来处理固定床中不规则的流道,床层的当量直径 d_{eb} 可由床层的空隙率和颗粒的比表面积来计算,即

$$d_{eb} = \frac{4\varepsilon}{(1-\varepsilon)a} \tag{2.2-9}$$

2.2.3 沉降分离原理及方法

沉降是用机械方法分离非均相混合物的一种单元操作,它是指在某种外力作用下,利用分散相和连续相之间的密度差异,使之发生相对运动而实现分离的操作过程。根据实现沉降操作的外力不同,沉降过程可分为重力沉降和离心沉降。根据沉降过程中颗粒是否受到其他颗粒或器壁的影响,沉降过程又分为自由沉降和干扰沉降。

1. 重力沉降

在重力作用下发生的沉降过程称为重力沉降。

1)球形颗粒的自由沉降

分析一个表面光滑的刚性球形颗粒在静止的流体中的受力及运动状况可知,静止流体中颗粒的沉降过程可分为两个阶段,即开始的加速段和后来的匀速段。而由于小颗粒的比表面积很大,使得颗粒与流体间的接触面积很大,颗粒开始沉降后,在极短的时间内阻力便与颗粒所受的净重力(即重力减浮力)接近平衡。因此,颗粒沉降时加速阶段对整个沉降过程来说往往可以忽略。

匀速阶段中颗粒相对于流体的运动速度 u_t 称为沉降速度,由于该速度是加速段终了时颗粒相对于流体的运动速度,故又称为"终端速度",也可称为自由沉降速度。沉降速度的表达式为

$$u_t = \sqrt{\frac{4gd(\rho_s-\rho)}{3\zeta\rho}} \tag{2.2-10}$$

式中:u_t 为颗粒的自由沉降速度,m/s;d 为颗粒直径,m;ρ_s,ρ 分别为颗粒和流体的密度,kg/m^3;g 为重力加速度,m/s^2;ζ 为阻力系数,量纲为 1。

2)阻力系数ζ

用式2.2-10计算沉降速度时,首先需要确定阻力系数ζ值。根据量纲分析,ζ是颗粒形状及颗粒与流体相对运动时雷诺数Re_t的函数。ζ随雷诺数Re及球形度ϕ_s变化的实验测定结果见图2.2-1。

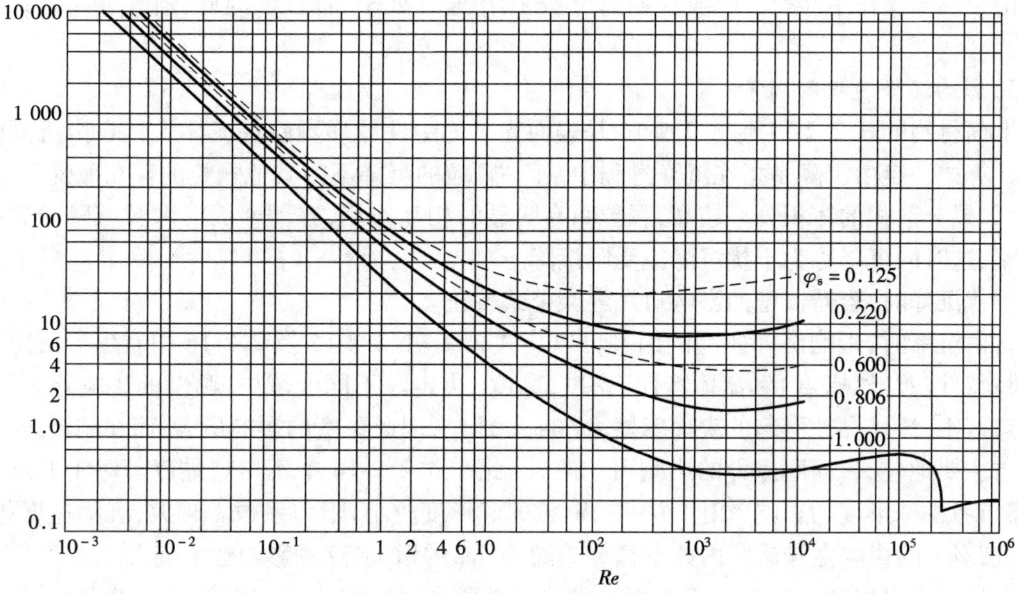

图2.2-1 ζ—Re关系曲线

$$Re_t = \frac{du_t\rho}{\mu}$$

式中:μ为流体的黏度,Pa·s。

从图中可以看出,对球形颗粒($\phi_s = 1$),曲线按Re_t值大致分为三个区域,各区域内的曲线可分别用相应的关系式表达如下:

$10^{-4} < Re_t < 1$的区域称为滞流区或斯托克斯(Stokes)定律区,此时的流动称为爬流(又称蠕动流),阻力系数为

$$\zeta = \frac{24}{Re_t} \tag{2.2-11}$$

过渡区或艾仑(Allen)定律区($1 < Re_t < 10^3$)

$$\zeta = \frac{18.5}{Re_t^{0.6}} \tag{2.2-12}$$

湍流区或牛顿(Newton)定律区($10^3 < Re_t < 2 \times 10^5$)

$$\zeta = 0.44 \tag{2.2-13}$$

将式2.2-11、式2.2-12及式2.2-13分别代入式2.2-10,便可得到球形颗粒在相应各区的沉降速度公式,即

滞流区 $$u_t = \frac{d^2(\rho_s - \rho)g}{18\mu} \tag{2.2-14}$$

过渡区 $$u_t = 0.27\sqrt{\frac{d(\rho_s - \rho)g}{\rho}Re_t^{0.6}} \tag{2.2-15}$$

湍流区 $u_t = 1.74\sqrt{\dfrac{d(\rho_s-\rho)g}{\rho}}$ (2.2-16)

式2.2-14、式2.2-15及式2.2-16分别称为斯托克斯(Stokes)公式、艾仑(Allen)公式和牛顿(Newton)公式。球形颗粒在流体中的沉降速度可根据不同流型,分别选用上述三式进行计算。由于沉降操作中涉及的颗粒直径都较小,操作通常处于滞流区,因此,斯托克斯公式应用较多。

3)影响沉降速度的因素

上面得到的式2.2-14到式2.2-16是表面光滑的刚性球形颗粒在流体中作自由沉降时的速度计算式。自由沉降是指在沉降过程中,任一颗粒的沉降不因其他颗粒的存在而受到干扰。相反,如果分散相的体积分率较高,颗粒间有明显的相互作用,容器壁面对颗粒沉降的影响不可忽略,这时的沉降称为干扰沉降或受阻沉降。

干扰沉降时,容器器壁的影响可用经验公式校正。

自由沉降时,影响沉降速度的因素可以从式2.2-14、2.2-15及2.2-16中看出。沉降速度由颗粒特性(尺寸,密度)和流体特性(密度,黏度)决定。不同区域中,黏度的影响差别很大,在滞流区中,流体黏性引起的表面摩擦力占主要地位,因此黏度的影响最大;而在湍流区,形体阻力占主要地位,表面磨擦力的影响可忽略,因此在式2.2-16中不出现黏度。对于非球形颗粒,还应考虑球形度的影响,相同 Re_t 下,颗粒的球形度越小,阻力系数 ζ 越大,沉降速度越小,但 ϕ_s 值对 ζ 的影响在滞流区内并不显著。随着 Re_t 的增大,这种影响逐渐变大。

上述自由沉降速度的公式不适用于非常细微颗粒(如 $<0.5\ \mu m$)的沉降计算,这是因为流体分子热运动使得颗粒发生布朗运动。当 $Re_t>10^{-4}$时,布朗运动的影响可不考虑。

上述各区沉降速度关系式可用于多种情况下颗粒与流体在重力方向上相对运动的计算,例如:颗粒密度大于流体密度的沉降操作和颗粒密度小于流体密度的颗粒浮升运动;静止流体中颗粒的沉降和流体相对于静止颗粒的运动;颗粒与流体逆向运动和颗粒与流体作同向运动但速度不同时相对运动速度的计算。

4)沉降速度的计算

在给定介质中颗粒的沉降速度可采用以下计算方法。

(1)试差法

先假设沉降属于某一流型(例如滞流区),选用与该流型相对应的沉降速度公式计算 u_t,然后再校核 Re_t,检验是否在原假设的流型区域内。

(2)用量纲为1数群 K 判断流型

设法找到一个不含 u_t的量纲为1数群代替 Re_t作为判别流型的判据。令

$$K = d^3\sqrt{\frac{(\rho_s-\rho)\rho g}{\mu^2}} \tag{2.2-17}$$

$K\leqslant 2.62$ 为斯托克斯定律区,$2.62<K<69.1$ 为艾仑定律区,$K>69.1$ 为牛顿定律区。

这样,计算已知直径的球形颗粒的沉降速度时,可根据 K 值选用相应的公式计算 u_t,从而避免试差。

【例2.2-1】 直径为80 μm,密度为3 000 kg/m³的固体颗粒分别在25℃的空气和水中自由沉降,试计算其沉降速度。

解：(1)在25℃水中的沉降　假设颗粒在滞流区内沉降，沉降速度可用式2.2-14计算，即

$$u_t = \frac{d^2(\rho_s - \rho)g}{18\mu}$$

25℃水的密度为996.9 kg/m³，黏度为0.897 3×10⁻³ Pa·s。

$$u_t = \frac{(80\times10^{-6})^2(3\,000 - 996.9)\times9.81}{18\times0.897\,3\times10^{-3}} = 7.786\times10^{-3}\ \text{m/s}$$

核算流型

$$Re_t = \frac{du_t\rho}{\mu} = \frac{80\times10^{-6}\times7.786\times10^{-3}\times996.9}{0.897\,3\times10^{-3}} = 0.692\,0 < 1$$

原设滞流区正确，所求沉降速度有效。

(2)在25℃空气中的沉降，25℃时空气的密度为1.185 kg/m³，黏度为1.84×10⁻⁵ Pa·s。用量纲为1数群K值判别颗粒沉降流型。

$$K = d\left(\frac{\rho(\rho_s-\rho)g}{\mu^2}\right)^{\frac{1}{3}} = (80\times10^{-6})\left(\frac{1.185(3\,000 - 1.185)\times9.81}{(1.84\times10^{-5})^2}\right)^{\frac{1}{3}} = 3.75$$

由于K值大于2.62而小于69.1，所以沉降在过渡区，可用艾仑公式计算沉降速度。由式2.2-15得

$$u_t = \frac{0.154g^{\frac{1}{1.4}}d^{\frac{1.6}{1.4}}(\rho_s-\rho)^{\frac{1}{1.4}}}{\rho^{\frac{0.4}{1.4}}\mu^{\frac{0.6}{1.4}}}$$

$$= \frac{0.154\times9.81^{\frac{1}{1.4}}(80\times10^{-6})^{\frac{1.6}{1.4}}(3\,000-1.185)^{\frac{1}{1.4}}}{1.185^{\frac{0.4}{1.4}}(1.84\times10^{-5})^{\frac{0.6}{1.4}}} = 0.507\,6\ \text{m/s}$$

从以上计算看出，同一颗粒在不同介质中沉降时，具有不同的沉降速度，且属于不同的流型。所以，沉降速度u_t是由颗粒特性和流体特性综合决定的。

5)重力沉降设备——降尘室

降尘室是依靠重力沉降从气流中分离出尘粒的设备。最常见的降尘室如图2.2-2(a)所示。含尘气体进入沉降室后，颗粒随气流有一水平向前的运动速度u，同时，在重力作用下，以沉降速度u_t向下沉降。只要颗粒能够在气体通过降尘室的时间内降至室底，便可从气流中分离出来。颗粒在降尘室的运动情况示于图2.2-2(b)中。设降尘室的长度为l，m；宽度为b，m；降尘室的生产能力(即含尘气通过降尘室的体积流量)为V_s，m³/s。根据降尘室的设计原则：气体在降尘室内的停留时间至少需等于颗粒的沉降时间。可得降尘室的生产能力为

$$V_s = blu_t \tag{2.2-18}$$

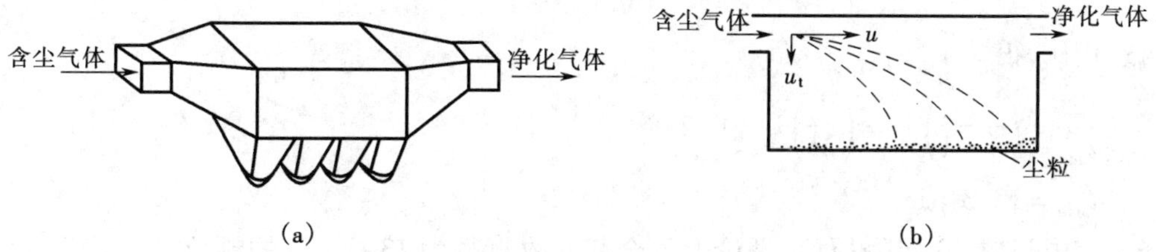

图2.2-2　降尘室示意图

(a)降尘室　(b)颗粒在降尘室中的运动情况

上式表明,理论上降尘室的生产能力只与其沉降面积 bl 及颗粒的沉降速度 u_t 有关,而与降尘室高度 H 无关。所以可在降尘室内设置多层水平隔板,构成多层降尘室。若降尘室内设置 n 层水平隔板,则多层降尘室的生产能力变为

$$V_s=(n+1)blu_t \tag{2.2-19}$$

同时降尘室高度的选取还应考虑气体通过降尘室的速度不应过高,一般应保证气体流动的雷诺数处于层流状态,气速过高会干扰颗粒的沉降或将已沉降的颗粒重新扬起。

【例 2.2-2】 采用降尘室回收 20℃空气中所含的球形固体颗粒,空气流量为 2 m^3/s。降尘室底面积为 10 m^2,宽和高均为 2 m。已知固体的密度为 1 800 kg/m^3。求:(1)理论上能完全除去的最小颗粒直径;(2)在原降尘室内设置 20 层水平隔板后可分离的最小颗粒直径。

解:(1)理论上能捕集的最小颗粒直径

由式 2.2-18 可知,降尘室能够完全分离出来的最小颗粒的沉降速度为

$$u_t=\frac{V_s}{bl}=\frac{2}{10}=0.2\ \mathrm{m/s}$$

假设颗粒沉降处于滞流区,则由

$$u_t=\frac{d^2(\rho_s-\rho)g}{18\mu}$$

可求出与 u_t 相对应的颗粒直径 d_{min}。根据 20℃空气,$\rho=1.205\ \mathrm{kg/m^3}$,$\mu=1.81\times10^{-5}\ \mathrm{Pa\cdot s}$,得

$$d_{min}=\sqrt{\frac{18\mu u_t}{(\rho_s-\rho)g}}=\sqrt{\frac{18\times1.81\times10^{-5}\times0.2}{(1\ 800-1.205)\times9.81}}=6.08\times10^{-5}\ \mathrm{m}=60.8\ \mu\mathrm{m}$$

校核:

$$Re_t=\frac{\rho u_t d_{min}}{\mu}=\frac{1.205\times0.2\times6.08\times10^{-5}}{1.81\times10^{-5}}=0.810<1$$

所以,颗粒沉降在滞流区,假设正确。理论上能捕集的最小颗粒直径为 60.8 μm。

(2)设置 20 层水平隔板后可分离的最小颗粒直径

由式 2.2-19,没加隔板时,

$$V_s=blu_t=bl\frac{d^2(\rho_s-\rho)g}{18\mu}$$

加隔板后,可除去的最小颗粒直径为 d'_{min},则

$$V_s=(n+1)blu_t=(n+1)bl\frac{d'^2_{min}(\rho_s-\rho)g}{18\mu}$$

两式相比,得

$$\frac{d'_{min}}{d_{min}}=\left(\frac{1}{n+1}\right)^{0.5}=\left(\frac{1}{21}\right)^{0.5}=0.218$$

$$d'_{min}=13.3\ \mu\mathrm{m}$$

在原降尘室内设置 20 层隔板后,理论上可全部回收直径为 13.3 μm 的颗粒。

2. 离心沉降

离心力作用下实现的沉降过程称为离心沉降。

1) 离心沉降速度

在重力沉降速度的所有计算公式中,用离心加速度$\frac{u_T^2}{R}$代替重力加速度 g,便可得到离心沉降速度相应的计算公式。如离心沉降速度通式为

$$u_r = \sqrt{\frac{4d(\rho_s - \rho)}{3\rho\zeta} \frac{u_T^2}{R}} \tag{2.2-20}$$

斯托克斯定律区离心沉降速度为

$$u_r = \frac{d^2(\rho_s - \rho)}{18\mu} \frac{u_T^2}{R} \tag{2.2-21}$$

应注意离心沉降速度 u_r不是颗粒运动的绝对速度,而是绝对速度在径向上的分量,且方向不是向下而是沿半径向外;另外,离心沉降速度 u_r随位置而变,不是恒定值,而重力沉降速度 u_t则是恒定不变的。

同一颗粒在相同介质中的离心沉降速度与重力沉降速度的比值称为离心分离因数 K_c,即

$$\frac{u_r}{u_t} = \frac{u_T^2}{gR} = K_c \tag{2.2-22}$$

K_c是离心分离设备的重要指标。某些高速离心机,分离因数 K_c值可高达数十万。旋风或旋液分离器的分离因数一般在 5 ~2 500 之间。

2) 离心沉降设备——旋风分离器

(1) 旋风分离器结构与操作原理

旋风分离器是利用离心力的作用从气体中分离出尘粒的设备。标准旋风分离器的结构如图 2. 2-3 所示。含尘气体由旋风分离器的圆筒上部的进气管切向进入,受器壁的约束由上向下作螺旋运动。在离心力作用下,颗粒被抛向器壁,再沿壁面落至锥底的排灰口而与气流分离。净化后的气体在中心轴附近由下而上作螺旋运动,最后由顶部排气管排出。图 2. 2-4 的侧视图上描绘了气流在器内的运动情况。通常,把下行的螺旋形气流称为外旋流,上行的螺旋形气流称为内旋流(又称气芯)。内、外旋流气体的旋转方向相同。外旋流的上部是主要除尘区。

旋风分离器一般用来除去气流中直径在 5 μm 以上的颗粒。对颗粒含量高于 200 g/m^{3}的气体,由于颗粒聚结作用,它甚至能除去 3 μm 以下的颗粒。

(2) 旋风分离器的性能

除分离因素外,评价旋风分离器的主要性能指标是分离效果及压力降。分离效果可用临界粒径和分离效率来表示。

①临界粒径:临界粒径是指理论上能够完全被旋风分离器分离下来的最小颗粒直径,即

$$d_c = \sqrt{\frac{9\mu B}{\pi N_e \rho_s u_i}} \tag{2.2-23}$$

式中:d_c为临界粒径,m;μ 为气体黏度,Pa · s;B 为旋风分离器进口宽度,m;N_e 为气流在旋风分离器内的有效旋转圈数;ρ_s 为固体颗粒密度,kg/m^3;u_i为进口气速,m/s。

临界粒径越小,旋风分离器的分离性能越好。因此,将若干个小旋风分离器并联使用(称为旋风分离器组),降低气体温度以减小黏度,适当提高进口气速,均可提高分离效率。

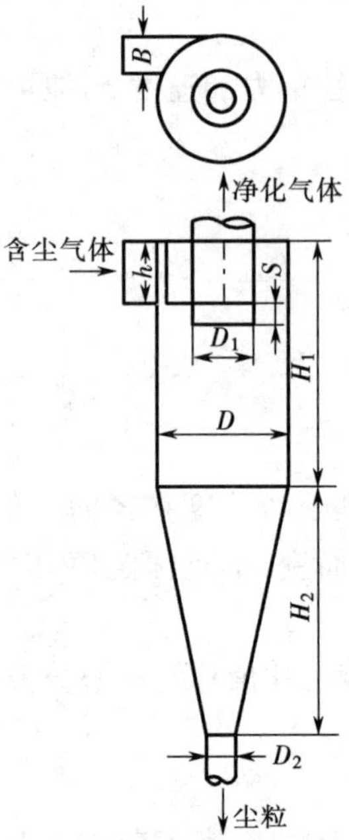

图 2.2-3　标准旋风分离器

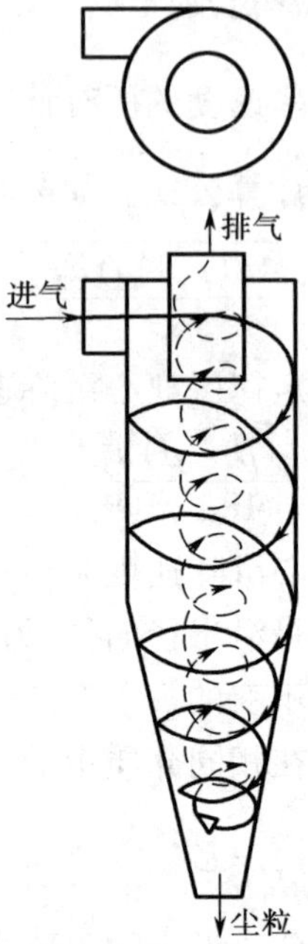

图 2.2-4　气体在旋风分离器内的运动情况

$$h=\frac{D}{2};B=\frac{D}{4};D_1=\frac{D}{2}$$

$$H_1=2D;H_2=2D;S=\frac{D}{8};D_2=\frac{D}{4}$$

②分离效率：旋风分离器的分离效率有两种表示法，总效率和分效率（又称粒级效率）。

总效率 η_0 是指进入旋风分离器的全部颗粒中被分离下来的质量分率，即

$$\eta_0=\frac{C_1-C_2}{C_1} \tag{2.2-24}$$

式中：C_1为旋风分离器进口气体含尘浓度，g/m^3；C_2为旋风分离器出口气体含尘浓度，g/m^3。

粒级效率是指其中有 i 个小段范围的颗粒（平均粒径为 d_i）被分离下来的质量分率，即

$$n_{pi}=\frac{C_{1i}-C_{2i}}{C_{1i}} \tag{2.2-25}$$

式中：C_{1i}为进口气体中粒径在第 i 小段范围内的颗粒的浓度，g/m^3；C_{2i}为出口气体中粒径的第 i 小段范围内的颗粒的浓度，g/m^3。

粒级效率 η_p 与颗粒直径 d_i的对应关系可用粒级效率曲线（η_p—d_i 关系曲线）或通用效率曲线（η_p—$\frac{d}{d_{50}}$关系曲线）表示。

d_{50}是粒级效率恰为 50% 的颗粒直径，称为分割粒径。对标准旋风分离器，其 d_{50} 可用下式估算：

$$d_{50}\approx 0.27\sqrt{\frac{\mu D}{\mu_i(\rho_s-\rho)}} \tag{2.2-26}$$

如果已知粒级效率曲线及气流中颗粒的粒度分布数据，则可按下式估算总效率：

$$\eta_0 = \sum_{i=1}^{n} x_i \eta_{pi} \tag{2.2-27}$$

式中：x_i为粒径在第 i 小段范围内的颗粒占全部颗粒的质量分率；η_{pi}为第 i 小段粒径范围内颗粒的粒级效率；n 为全部粒径被划分的段数。

③压力降：气体经旋风分离器的压力降可表示为与气体进口动能成正比，即

$$\Delta p = \zeta \frac{\rho u_i^2}{2} \tag{2.2-28}$$

式中：ζ 为比例系数，亦即阻力系数。

对标准旋风分离器，$\zeta = 8.0$。旋风分离器的压降一般为 500 ~ 2 000 Pa。

【例 2.2-3】 用标准旋风分离器净化含尘气体。已知旋风分离器圆筒部分直径为 400 mm，固体密度为 1 100 kg/m^3，气体密度为 1.2 kg/m^3、黏度为 1.8×10^{-5} Pa · s、流量为 0.40 m^3/s。试估算：(1)能够完全分离的最小颗粒尺寸；(2)旋风分离器圆筒部分的离心分离因数；(3)气体经旋风分离器的压降。

解：(1)标准型旋风分离器

圆筒部分直径 D 为 400 mm，进气口宽度为 $B = \frac{D}{4}$，进气口高度为 $h = \frac{D}{2}$。所以进口截面积为 $hB = \frac{D^2}{8}$，同时 $hB = \frac{V_s}{u_i}$，故旋风分离器的进口气速为

$$u_i = \frac{8V_s}{D^2} = \frac{8 \times 0.40}{0.4^2} = 20 \text{ m/s}$$

能够完全分离的最小颗粒为临界粒径，即

$$d_c = \sqrt{\frac{9\mu B}{\pi N_e \rho_s u_i}} = \sqrt{\frac{9 \times 1.8 \times 10^{-5} \times 0.4/4}{\pi \times 5 \times 20 \times 1\ 100}} = 6.85 \times 10^{-6} \text{ m}$$

(2)离心分离因数

$$K_c = \frac{u_T^2}{Rg}$$

圆筒处气流的旋转半径为 $R = \frac{D}{2} = 0.2$ m，所以

$$K_c = \frac{u_T^2}{Rg} = \frac{20^2}{0.2 \times 9.81} = 203.9$$

(3)压降

$$\Delta p = \zeta \frac{\rho u_i^2}{2}$$

对标准型旋风分离器，$\zeta = 8.0$，则

$$\Delta p = \zeta \frac{\rho u_i^2}{2} = 8 \frac{1.2 \times 20^2}{2} = 1\ 920 \text{ Pa}$$

(3)旋风分离器类型与选用

工业常用旋风分离器的类型及操作性能如表 2.2-1 所示。

表 2.2-1 旋风分离器的结构及性能

型号＼性能	XLT/A	XLP/B	扩散式(XLK)
适宜气速/$(m \cdot s^{-1})$	12 ~ 18	12 ~ 20	12 ~ 20
除尘粒度/μm	>10	>5	>5
含尘浓度/$(g \cdot m^3)$	4.0 ~ 50	>0.5	1.7 ~ 200
阻力系数 ζ	5.0 ~ 5.5	4.8 ~ 5.8	7 ~ 8

选用旋风分离器时主要依据:含尘气的处理量,即生产能力;允许的压力降;要求达到的分离效率。一般是在保证生产能力及允许压降的前提下,对效率作粗略估算。

2.2.4 过滤分离

1. 过滤操作的原理

过滤是在外力作用下,使悬浮液中的液体通过多孔介质的孔道,而固体颗粒被截留在介质上,从而实现固、液分离的操作。其中多孔介质称为过滤介质,所处理的悬浮液称为滤浆或料浆,滤浆中被过滤介质截留的固体颗粒称为滤渣或滤饼,滤浆中通过滤饼及过滤介质的液体称为滤液。

实现过滤操作的外力可以是重力、压力差或离心力。在化工中应用最多的是以压力差为推动力的过滤。

过滤是分离悬浮液最普遍有效的单元操作之一,在化工生产中被广泛采用。通过过滤操作可获得清净的液体或固相产品。与沉降分离相比,过滤可使悬浮液的分离更迅速更彻底。在某些场合,过滤是沉降的后继操作。过滤也属于机械分离操作,与蒸发、干燥等非机械操作相比,其能耗较低。

(1)过滤方式

工业上的过滤操作主要分为饼层过滤、深床过滤和膜过滤。

化工中所处理的悬浮液固相浓度往往较高,故这里只讨论饼层过滤。

(2)过滤介质

过滤介质起着支撑滤饼的作用,对其基本要求是具有足够的机构强度和尽可能小的流动阻力,同时,还应具有相应的耐腐蚀性和耐热性。工业上常用的过滤介质主要有:织物介质(又称滤布)、堆积介质、多孔固体介质、多孔膜等。

(3)滤饼的压缩性和助滤剂

构成滤饼的颗粒如果是不易变形的坚硬固体(如硅藻土、碳酸钙等),则当滤饼两侧的压力差增大时,颗粒的形状和颗粒间的空隙不会发生明显变化,单位厚度床层的流动阻力可视作恒定,这类滤饼称为不可压缩滤饼。相反,如果滤饼中的固体颗粒受压会发生变形,如一些胶体物质,则当滤饼两侧的压力差增大时,单位厚度饼层的流动阻力随压力差增大而增大,这种滤饼为可压缩滤饼。

为了降低可压缩滤饼的过滤阻力,可加入助滤剂以改变滤饼的结构。助滤剂是某种质地坚硬而能形成疏松饼层的固体颗粒或纤维状物质,将其混入悬浮液或预涂于过滤介质上,可以改善饼层的性能,使滤液得以畅流。

2. 过滤基本方程式

滤液通过滤饼和过滤介质的流动是流体流经固定床的一种情况。其流动特点为:通道细小曲折,相互交联,形成不规则的网状结构;滤液在通道内的流动阻力很大,流速很小,多属滞流流动;滤饼厚度随过滤进行而不断增加,若维持过滤操作压力不变,则随滤饼增厚,过滤阻力加大,滤液通过的速度将减小;若要维持滤液通过速率不变,则需不断增大操作压力。

为了能够从数学上描述上述过程,将滤液通过滤饼层的流动简化为(简化模型):滤液流过的是一组长度为 l 的平行细管,细管的当量直径可由床层的空隙率和颗粒的比表面积来计算;细管的全部流动空间等于床层的空隙容积;细管的内表面积等于床层中颗粒的全部表面积。

对滤液通过平行细管的滞流流动,可用康采尼公式描述,综合考虑滤饼和过滤介质的推动力和阻力,可得到如下过滤基本方程式:

$$\frac{dV}{d\theta}=\frac{A\Delta p}{\mu(rL+rL_e)}=\frac{A\Delta p}{\mu r(L+L_e)} \tag{2.2-29}$$

$$u=\frac{dV}{Ad\theta}=\frac{\Delta p}{\mu(rL+rL_e)}=\frac{\Delta p}{\mu r(L+L_e)} \tag{2.2-29a}$$

$$r=\frac{5a^2(1-\varepsilon)^2}{\varepsilon^3}$$

式中:u 为过滤速度,即单位时间通过单位过滤面积的滤液体积,m/s;$\frac{dV}{d\theta}$为过滤速率,单位时间获得的滤液体积,m^3/s;A 为过滤面积,m^2;L 为滤饼的厚度,m;L_e 为反映过滤介质阻力的当量(虚拟)滤饼厚度,m;r 为滤饼的比阻,$1/m^2$;a 为颗粒的比表面积,m^2/m^3;ε 为床层空隙率,m^3/m^3。

若每获得 1 m^3滤液所形成的滤饼体积为 v m^3,则任一瞬间的滤饼厚度 L 与当时已经获得的滤液体积 V 之间的关系为

$$LA=vV$$

则

$$L=\frac{vV}{A} \tag{2.2-30}$$

同理,如生成厚度为 L_e 的滤饼所应获得的滤液体积以 V_e 表示,则

$$L_e=\frac{vV_e}{A} \tag{2.2-31}$$

式中:V_e 为过滤介质的当量滤液体积,或称虚拟滤液体积,m^3。

将式 2.2-30,式 2.2-31 代入式 2.2-29 中,得

$$\frac{dV}{d\theta}=\frac{A^2\Delta p}{\mu rv(V+V_e)} \tag{2.2-32}$$

$$u=\frac{dV}{Ad\theta}=\frac{A\Delta p}{\mu rv(V+V_e)} \tag{2.2-32a}$$

对可压缩滤饼,比阻是两侧压力差的函数。通常用下面的经验公式来粗略估算:

$$r=r'(\Delta p)^s \tag{2.2-33}$$

式中:r'为单位压力差下滤饼的比阻,$1/m^2$;Δp 为过滤压力差,Pa;s 为滤饼的压缩性指数,量纲为 1。一般情况下,$s=0\sim1$;对于不可压缩滤饼,$s=0$。

将式2.2-33代入式2.2-32,得到

$$\frac{dV}{d\theta}=\frac{A^2(\Delta p)^{1-s}}{\mu r'v(V+V_e)} \tag{2.2-34}$$

$$\frac{dV}{Ad\theta}=\frac{A(\Delta p)^{1-s}}{\mu r'v(V+V_e)} \tag{2.2-34a}$$

上式称为过滤基本方程式,表示过滤进程中任一瞬间的过滤速率与各有关因素间的关系,是过滤计算及强化过滤操作的基本依据。该式适用于可压缩滤饼及不可压缩滤饼。对于不可压缩滤饼,因 $s=0$,上式即简化为式2.2-32。

【例2.2-4】 对每升水中含25 g固体颗粒的悬浮液进行过滤,得密度为1 930 kg/m^{3}的湿滤饼。已知固相密度为2 930 kg/m^3,求1 m^{3}滤饼所对应的滤液的体积。

解:已知1 m^{3}滤饼的质量为1 930 kg,设其中含水 x kg,水的密度按1 000 kg/m^{3}考虑,则

$$\frac{1\,930-x}{2\,930}+\frac{x}{1\,000}=1$$

解得　$x=518$ kg

故知1 m^{3}滤饼中的固相质量为1 930 − 518 = 1 412 kg。

生成1 m^{3}滤饼所需的滤浆质量为

$$1\,412\times\frac{1\,000+25}{25}=57\,890\ \text{kg}$$

则　1 m^{3}滤饼所对应的滤液质量为57 890 − 1 930 = 55 960 kg。

1 m^{3}滤饼所对应的滤液体积为$\frac{55\,960}{1\,000}=55.96\ \text{m}^3$。

3. 恒压过滤

若过滤操作是在恒定压力差下进行的,则称为恒压过滤。在恒压条件下积分式2.2-34,得到过滤时间与所得滤液体积之间的关系。

对于一定的悬浮液,恒压过滤时,μ,r'及 v 皆可视为常数,令

$$k=\frac{1}{\mu r'v} \tag{2.2-35}$$

$$K=2k(\Delta p)^{1-s} \tag{2.2-36}$$

式中:k 为表征过滤物料特性的常数,m^4/(N·s)。

所以,式2.2-34变为

$$\frac{dV}{d\theta}=\frac{KA^2}{2(V+V_e)} \tag{2.2-34b}$$

$\theta=0\sim\theta$,$V=0\sim V$,积分得

$$V^2+2V_eV=KA^2\theta \tag{2.2-37}$$

式2.2-37称为恒压过滤方程式,它表明恒压过滤时滤液体积与过滤时间的关系为抛物线方程。令

$$q=\frac{V}{A}\text{及}\ q_e=\frac{V_e}{A}$$

可得　$$q^2+2q_eq=K\theta \tag{2.2-37a}$$

式2.2-37a也称为恒压过滤方程式。

又当介质阻力可以忽略时，$V_e=0$，$q_e=0$，则恒压过滤方程式 2.2-37 和式 2.2-37a 可简化为

$$V^2=KA^2\theta \qquad (2.2\text{-}38)$$

$$q^2=K\theta \qquad (2.2\text{-}39)$$

恒压过滤方程式中的 K 是由物料特性及过滤压力差所决定的常数，称为过滤常数，其单位为 m^2/s，V_e（或 q_e）是反映过滤介质阻力大小的常数，均称为介质常数，单位为 m^3（或 m^3/m^2），K 和 V_e（或 q_e）总称为过滤常数，其数值由实验测定。

【例 2.2-5】 在 9.81×10^3 Pa 的压力差下对固相体积分率为 10% 的某种悬浮液进行恒压过滤。悬浮液中固相为直径 0.1 mm 的球形颗粒，液相为黏度为 1.0×10^{-3} Pa·s 的水。过滤时形成的滤饼中含水 50%（体积分数），滤饼不可压缩。已知过滤 10 min 后可得滤液 1.0 m^3/m^2。试求：(1) 每平方米过滤面积上获得 1.5 m^3 滤液所需的过滤时间；(2) 若将此过滤时间延长一倍，可再得滤液多少？

解：(1) 过滤时间

过滤常数 $K=2k(\Delta p)^{1-s}=\dfrac{2(\Delta p)^{1-s}}{\mu r'v}$

对于不可压缩滤饼，$s=0$，$r'=r=$ 常数，则

$$K=\frac{2\Delta p}{\mu rv}$$

已知 $\Delta p=9.81\times10^3$ Pa，$\mu=1.0\times10^{-3}$ Pa·s，滤饼的空隙率 $\varepsilon=0.5$，球形颗粒的比表面为

$$a=\frac{6}{d}=\frac{6}{0.1\times10^{-3}}=6\times10^4\ m^2/m^3$$

于是 $$r=\frac{5a^2(1-\varepsilon)^2}{\varepsilon^2}=\frac{5(6\times10^4)^2(1-0.5)^2}{(0.5)^3}=3.6\times10^{10}\ 1/m^2$$

又根据料浆中的固相含量及滤饼的空隙率，可求出滤饼体积与滤液体积之比 v。形成 1 m^3 滤饼需要固体颗粒 0.5 m^3，所对应的料浆量是 5 m^3，因此，形成 1 m^3 滤饼可得到 $5-1=4$ m^3 滤液，则

$$v=\frac{1}{4}=0.25\ m^3/m^3$$

$$K=\frac{2\times9.81\times10^3}{(1.0\times10^{-3})(3.6\times10^{10})(0.25)}=2.18\times10^{-3}\ m^2/s$$

根据过滤基本方程式

$$q^2+2qq_e=K\theta$$

将 $\theta=10$ min，$q=1.0\ m^3/m^2$，$K=2.18\times10^{-3}\ m^2/s$ 带入上式，得

$$1^2+2\times1\times q_e=2.18\times10^{-3}\times10\times60$$

解得 $$q_e=0.154\ m^3/m^2$$

当 $q=1.5\ m^3/m^2$ 时，

$$1.5^2+2\times1.5\times0.154=2.18\times10^{-3}\theta$$

解得 $$\theta=1\ 244\ s=20.73\ min$$

(2) 过滤时间加倍时增加的滤液量

$$\theta' = 2\theta = 2 \times 1\,244 = 2\,488 \text{ s}$$

$$q'^2 + 2 \times 0.154q' = 2.18 \times 10^{-3} \times 2\,488$$

则 $q' = 2.18 \text{ m}^3/\text{m}^2$

$$q' - q = 2.18 - 1.5 = 0.68 \text{ m}^3/\text{m}^2$$

即每平方米过滤面积上将再得 0.68 m^3 滤液。

4. 滤饼的洗涤

洗涤滤饼的目的是回收滞留在颗粒缝隙间的滤液，或净化构成滤饼的颗粒。

洗涤过程中滤饼不再增厚，阻力不变，因此，在恒定的压力差推动力下洗涤速率 $\left(\frac{dV}{d\theta}\right)_W$ 基本为常数。若每次过滤后以体积为 V_W 的洗水洗涤滤饼，则所需洗涤时间为

$$\theta_W = \frac{V_W}{\left(\frac{dV}{d\theta}\right)_W} \tag{2.2-40}$$

式中：V_W 为洗水用量，m^3；θ_W 为洗涤时间，s；下标 W 表示洗涤操作。

连续式过滤机及叶滤机等所采用的是置换洗涤法，洗涤速率大致等于过滤终了时的过滤速率，即

$$\left(\frac{dV}{d\theta}\right)_W = \left(\frac{dV}{d\theta}\right)_E = \frac{KA^2}{2(V + V_e)} \tag{2.2-41}$$

式中：V 为过滤终了时所得的滤液体积，m^3。

板框压滤机采用的是横穿洗涤法，过滤阶段和洗涤阶段液体的流动路径见图 2.2-5。洗涤速率约为过滤终了时过滤速率的四分之一，即

$$\left(\frac{dV}{d\theta}\right)_W = \frac{1}{4}\left(\frac{dV}{d\theta}\right)_E = \frac{KA^2}{8(V + V_e)} \tag{2.2-42}$$

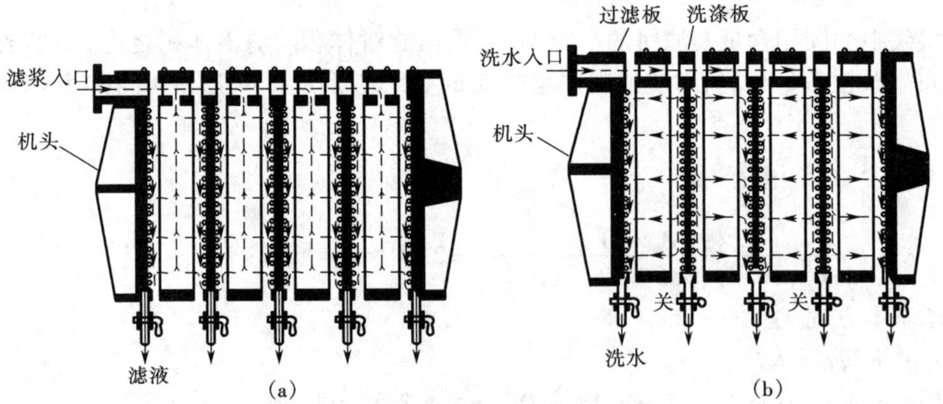

图 2.2-5 板框压滤机内液体的流动路径

(a)过滤阶段 (b)洗涤阶段

若洗水黏度、洗水表压与滤液黏度、过滤压力差有明显差异时，所需的洗涤时间可按下式进行校正，即

$$\theta'_W = \theta_W\left(\frac{\mu_W}{\mu}\right)\left(\frac{\Delta p}{\Delta p_W}\right) \tag{2.2-43}$$

式中：θ'_W为校正后的洗涤时间，s；θ_W为未经校正的洗涤时间，s；μ_W为洗水黏度，Pa·s；Δp 为过滤终了时刻的推动力，Pa；Δp_W为洗涤推动力，Pa。

5. 过滤机的生产能力

过滤机的生产能力通常以单位时间获得的滤液体积来计算，少数情况下，也有按滤饼的产量或滤饼中固相物质的产量来计算的。在此仅讨论以单位时间获滤液体积来计算的生产能力。

(1)间歇过滤机的生产能力

间歇过滤机的生产能力的计算式为

$$Q=\frac{3\ 600V}{T}=\frac{3\ 600V}{\theta+\theta_W+\theta_D} \tag{2.2-44}$$

式中：T 为一个操作循环的时间，即操作周期，s；θ 为一个操作循环内的过滤时间，s；θ_W为一个操作循环内的洗涤时间，s；θ_D为一个操作循环内的卸渣、清理、装合等辅助操作所需时间，s；V 为一个操作循环内所获得的滤液体积(即过滤时间内所获得的滤液体积)，m^3；Q 为生产能力，m^3/h。合理地设置过滤时间，可使生产能力在一个操作周期中获得最大值。

(2)连续过滤机的生产能力

连续式过滤机的生产能力计算也以一个操作周期为基准，对转筒真空过滤机，一个操作周期就是转筒旋转一周所用时间 T。若转筒转速为 n r/min，则

$$T=\frac{60}{n}\ (\mathrm{s}) \tag{2.2-45}$$

在转筒回转一周的时间 T 中只有部分时间进行过滤操作。过滤时间 θ 为

$$\theta=\psi T=\frac{60\psi}{n}\ (\mathrm{s}) \tag{2.2-46}$$

式中浸没度 ψ 为转筒表面浸入滤浆中的分数，ψ = 浸没角度/360°。

根据恒压过滤方程式

$$V^2+2V_eV=KA^2\theta$$

可知转筒每转一周所得的滤液体积为

$$V=\sqrt{V_e^2+KA^2\theta}-V_e=\sqrt{V_e^2+KA^2\frac{60\psi}{n}}-V_e \tag{2.2-47}$$

则过滤机的生产能力(m^3 滤液/h)为

$$Q=\frac{3\ 600V}{T}=60nV=60\sqrt{n^2V_e^2+60KA^2\psi n}-V_en \tag{2.2-48}$$

当滤布阻力可以忽略时，$V_e=0$，则上式简化为

$$Q=60n\sqrt{KA^2\frac{60\psi}{n}}=465A\sqrt{Kn\psi} \tag{2.2-48a}$$

式中：n 为转筒转速，r/min；A 为过滤面积，即转筒外表面积，m^2。

从上式中可以看出，对于特定的连续过滤机，其转速愈高，浸没度愈大，生产能力也愈大。但实际上 ψ 过大会使其他操作的面积减小过多，难以操作；旋转过快则每一周期中的过滤时间缩至很短，使滤饼太薄，难于卸除，也不利于洗涤，而且功率消耗增大，合适的转速需经实验决定。

【例 2.2-6】 4.6×10^4 Pa 压强差下的恒压过滤试验测得过滤方程式为 $q^2+0.0514q=$

$4.08\times10^{-4}\theta(q,\mathrm{m^3/m^2};\theta,\mathrm{s})$。现用26个框的BMS20/635-25板框压滤机过滤相同的悬浮液，在过滤机入口处滤浆的表压为1.95×10^5 Pa，滤饼体积与滤液体积之比为1∶56。所用滤布和滤浆温度与试验时的相同，浆料温度仍为25℃。每次过滤完毕用清水洗涤滤饼，洗水温度及表压与滤浆相同而其体积为滤液体积的8%。滤饼不可压缩。每次卸渣、清理、装合等辅助操作时间为15 min。求此板框压滤机的生产能力。

解：过滤面积 $A=(0.635)^2\times2\times26=21\ \mathrm{m^2}$

$$\text{滤框总容积}=(0.635)^2\times0.025\times26=0.262\ \mathrm{m^3}$$

由此可知，滤框全部充满时的滤液体积为

$$V=56\times0.262=14.67\ \mathrm{m^3}$$

则过滤终了时的单位面积滤液量为

$$q=\frac{V}{A}=\frac{14.67}{21}=0.6987\ \mathrm{m^3/m^2}$$

根据 $\Delta p=4.6\times10^4$ Pa 时的恒压过滤方程式为

$$q^2+0.0514q=4.08\times10^{-4}\theta$$

可得过滤常数为

$$K=4.08\times10^{-4}\ \mathrm{m^2/s},q_e=0.0257\ \mathrm{m^3/m^2}$$

现在需要确定操作压强差改变后，过滤常数相应的变化。

$$K=2k(\Delta p)^{1-s},$$

认为操作压强差改变后，介质的阻力 R_m 不变。

$$R_\mathrm{m}=rL_\mathrm{e}=r\Delta p^s\frac{vV_\mathrm{e}}{A}=r\Delta p^s vq_\mathrm{e}=\text{常数}$$

所以 $q_\mathrm{e}\propto\Delta p^{-s}$

对不可压缩滤饼

$$K=2k\Delta p,K\propto\Delta p$$

q_e 与 Δp 无关。

设操作压差改变后的过滤常数为 K'，则

$$\frac{K'}{K}=\frac{\Delta p'}{\Delta p}$$

$$K'=K\frac{\Delta p'}{\Delta p}=4.08\times10^{-4}\times\frac{4.6\times10^4}{1.95\times10^5}=9.62\times10^{-5}\ \mathrm{m^2/s}$$

所以，$\Delta p=1.95\times10^5$ Pa 时的恒压过滤方程为

$$q^2+0.0514q=9.62\times10^{-5}\theta$$

将 $q=0.6987\ \mathrm{m^3/m^2}$ 代入上式，得

$$0.6987^2+0.0514\times0.6987=9.62\times10^{-5}\theta$$

解得过滤时间为：$\theta=5448$ s。

根据式2.2-42，得

$$\left(\frac{\mathrm{d}V}{\mathrm{d}\theta}\right)_\mathrm{W}=\frac{1}{4}\left(\frac{\mathrm{d}V}{\mathrm{d}\theta}\right)_\mathrm{E}=\frac{KA}{8(q+q_e)}=\frac{9.62\times10^{-5}\times21}{8\times(0.6987+0.0257)}=3.486\times10^{-4}\ \mathrm{m^3/s}$$

已知 $V_\mathrm{W}=0.08V=0.08\times14.67=1.1736\ \mathrm{m^3}$，则洗涤时间为

$$\theta_W=\frac{V_W}{\left(\frac{dV}{d\theta}\right)_W}=\frac{1.173\ 6}{3.486\times10^{-4}}=3\ 367\ \text{s}$$

又知 $\theta_D=15\times60=900$ s，则生产能力为

$$Q=\frac{3\ 600V}{T}=\frac{3\ 600V}{\theta+\theta_W+\theta_D}=\frac{3\ 600\times14.67}{5\ 448+3\ 367+900}=5.436\ \text{m}^3/\text{h}$$

求解本例时应注意板框过滤机的过滤面积和洗涤速率的计算。

2.2.5 离心机

离心机是利用离心力分离非均相混合物的机械。它与旋液分离器的主要区别在于离心力是由设备(转鼓)本身旋转而产生的。由于离心机可产生很大的离心力，故可用来分离用一般方法难于分离的悬浮液或乳浊液。

根据分离方式，离心机可分为过滤式、沉降式和分离式三种基本类型。

根据分离因数，又可将离心机分为

常速离心机 $K_c<3\times10^3$(一般为600~1 200)

高速离心机 $K_c=3\times10^3\sim5\times10^4$

超速离心机 $K_c>5\times10^4$

最新式的离心机，其分离因数可高达5×10^5以上，常用来分离胶体颗粒及破坏乳浊液等。分离因数的极限值取决于转动部件的材料强度。

在离心机内，由于离心力远远大于重力，所以重力的作用可忽略不计。

离心机的操作方式也分为间歇操作与连续操作。此外，还可根据转鼓轴线的方向将离心机分为立式与卧式。

2.2.6 固体流态化

1. 流态化的基本概念

(1)流态化现象

当流体以不同速度由下向上通过固体颗粒床层时，根据流速的不同，可能出现以下几种情况。

①固定床阶段：流体速度较低，颗粒保持静止状态，流体只能穿过静止颗粒之间的空隙而流动，床层高度为L_0不变，如图2.2-6(a)所示。

②流化床阶段：当流速增至一定值时，颗粒床层开始松动，略有膨胀，但颗粒仍不能自由运动，床层的这种情况称为初始流化或临界流化，如图2.2-6(b)所示，此时的空塔气速称为初始流化速度或临界流化速度。继续增大流速，固体颗粒将悬浮于流体中作随机运动，此时颗粒与流体之间的摩擦力恰好与其净重力相平衡。此后床层高度将随流速提高而升高，但有明显上界面。这种床层具有类似于流体的性质，故称为流化床，如图2.2-6(c)、(d)所示。

③稀相输送床阶段：流速再升高达到带出速度(其值等于颗粒在该流体中的沉降速度)时，颗粒开始不断被气流带走。如图2.2-6(e)所示。

(2)两种不同流化形式

①散式流化：又称均匀流化。随流速增大，床层逐渐膨胀而没有气泡产生，颗粒均匀分散于介质中。通常，两相密度差小的系统趋向于散式流化，故大多数液—固流化属于散式流化。

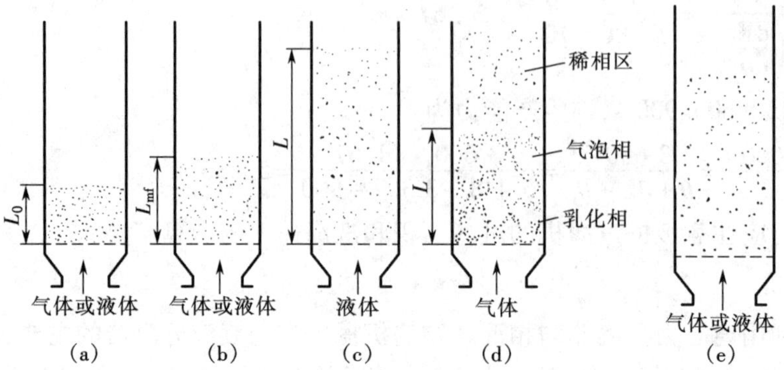

图 2.2-6　不同流速时床层的变化

(a)固定床　(b)初始或临界流化床　(c)散式流化床　(d)聚式流化床　(e)输送床

②聚式流化:床层内分为乳化相和气泡相,床层极不稳定,对于密度差较大的气—固流化系统,一般趋向于形成聚式流化。

(3)流化床的主要特点

①有恒定的压力降。随流速提高,流化床床层高度将升高,但压降不变。

②流化床具有液体的某些性质,如具有流动性,无固定形状,随容器形状而变,可从小孔中喷出,从一个容器流入另一个容器等。

③整个床层的温度、浓度均匀一致,但若出现不正常操作状态,会有气固接触不均匀现象。

④固体颗粒连续进出床层时,会造成返混,颗粒在床层内的停留时间不均。

⑤颗粒的激烈运动使颗粒间和颗粒与固体器壁间产生强烈的碰撞与摩擦,造成颗粒破碎和固体壁面磨损。

应用流态化技术时,需了解其特性,扬长避短,以获得更好的经济效益。

(4)流化床的操作范围

流化床的操作范围应在临界流化速度 u_{mf} 和带出速度 u_t(床层中被允许带出的最大颗粒的沉降速度)之间,可用比值 $\frac{u_t}{u_{mf}}$ 的大小来衡量。

对于均匀的细颗粒　$\frac{u_t}{u_{mf}}=91.7$

对于大颗粒　$\frac{u_t}{u_{mf}}=8.62$

显然,小颗粒床层的可操作范围比大颗粒床层宽。流化床实际操作速度与临界流化速度的比值称为流化数。

(5)流化床的不正常现象

①腾涌现象:腾涌现象是指床层内发生气泡合并的现象。当气泡直径长到与床层直径相等时,气泡将床层分为几段,形成相互间隔的气泡层与颗粒层。颗粒层被气泡推着向上运动,到达上部后气泡突然破裂,颗粒则分散落下。发生腾涌现象时,流化床压降会出现较大波动。

②沟流现象:沟流现象是指气体通过床层时形成短路,大部分气体穿过沟道上升,没有与固体颗粒很好地接触。如果测得的压力降比正常操作时低,则说明产生了沟流现象。

2. 气力输送简介

利用气体在管内的流动来输送粉粒状固体的方法称为气力输送。作为输送介质的气体通常是空气,但在输送易燃易爆粉料时,也可采用惰性气体,如氮气等。

(1)气力输送的主要优点

①系统密闭,避免了物料的飞扬、受潮、受污染,改善了劳动条件。

②可在运输过程中(或输送终端)同时进行粉碎、分级、加热、冷却以及干燥等操作。

③设备紧凑,占地面积小,可以根据具体条件灵活地安排线路。

④易于实现连续化、自动化操作,便于同连续的化工过程衔接。

气力输送与其他机械输送方法相比也存在一些缺点。例如:动力消耗较大,颗粒尺寸受到一定限制(<30 mm);在输送过程中物料破碎及物料对管壁的磨损不可避免,不适于输送黏附性较强或高速运动时易产生静电的物料。

(2)气力输送的分类

按照气流中固相浓度,定义混合比为单位质量气体所输送的固体质量,其表达式为

$$R = \frac{G_s}{G} \tag{2.2-49}$$

式中:G_s 为单位管道面积上单位时间内加入的固体质量,kg/(s · m^2);G 为气体质量流速,kg/(s · m^2)。

混合比是气力输送装置的一个经济指标。混合比在 25 以下(通常 $R = 0.1 \sim 5$)的气力输送称为稀相输送。在稀相输送中,气速较高,固体颗粒呈悬浮态。混合比大于 25 的气力输送称为密相输送。在密相输送中,固体颗粒呈集团状态。目前,稀相输送在我国应用较多。

3. 稀相输送

稀相输送中根据输送管路内压力的大小,可分为吸引式(输送管中的压力低于常压)和压送式(输送管中的压力高于常压)。

稀相输送相对来说需要较高的气速,但气速过高不仅动力消耗大,而且颗粒破碎和管道磨损也更加严重,还会增加系统尾部分离设备的负荷。因此,应将气速尽可能降低,但气速应大于稀相输送床能正常操作的最低气速。水平管内输送时应大于沉积气速,垂直管中的输送时应大于噎塞速度。

2.3 液体搅拌

要求:重点掌握几种典型搅拌器的性能(流动场)、混合机理及功率估算;初步建立设备或装置放大的概念。

搅拌过程是通过搅拌器的旋转向槽内液体输入机械能并造成适宜的流动场,以达到工艺对搅拌质量的要求。因此,流动场和输入能量便构成本章讨论的重点。

2.3.1 概述

1. 搅拌目的

搅拌操作涉及的范围有混合、分散、溶解、结晶、萃取、吸收与脱吸、传热与化学反应等过程。搅拌的目的如下。

①使被搅拌物料各处达到均质状态。互溶液体均匀混合;分散相均匀分布——乳浊液、悬浮液及泡沫液的制备。

②强化传质过程。增大相际接触面积,降低分散相周围液膜阻力,提高传质系数。

③强化传热过程。增大液体对壁面的相对速度,提高对流传热系数,加强冷、热流体之间混合。

④促进化学反应。

一个搅拌器可同时达到以上几种目的。

2. 搅拌效果的评价

根据搅拌目的采用不同评价方法:强化传热传质,可用传热或传质系数大小来评价;促进化学反应,可用转化率等指标来衡量;对于混合或分散,则用调匀度或分割尺度(宏观、微团及分子尺度)来度量。

2.3.2 机械搅拌装置和混合机理

1. 搅拌设备的基本结构

典型机械搅拌设备的基本结构如图 2.3-1 所示。一般由搅拌装置、轴封和搅拌槽(釜)3 大部分构成。

- 搅拌设备
  - 搅拌装置
    - 搅拌器
      - 叶轮
      - 搅拌轴
    - 传动机构
  - 轴封(填料函密封和机械密封)
  - 搅拌槽(釜)
    - 槽体
    - 附件(挡板、导流筒等)

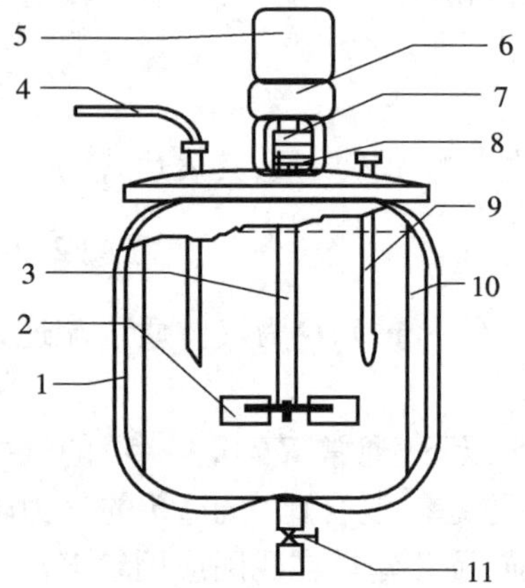

图 2.3-1 典型的搅拌设备

1—搅拌槽 2—搅拌器 3—搅拌轴 4—加料管 5—电动机 6—减速机 7—联轴节 8—轴封 9—温度计套管 10—挡板 11—放料阀

通过不同叶轮形式和不同结构槽体的组合,出现数百种搅拌设备构形,并具有不同的性能。

2. 混合机理

搅拌器叶轮的旋转造成搅拌槽内液体的强制对流扩散,以达到均匀混合目的。强制对流扩散包括总体对流扩散和涡流扩散。

(1)总体对流扩散

排出流和诱导流造成槽内液体大范围宏观流动,使整个槽内液体产生流动循环,这种流动称为总体流动。它能使液体宏观上均匀混合(大尺度混合)。

为达到搅拌槽内液体在大尺度上均匀混合,必须注意消除搅拌槽内不流动的死区,合理设计搅拌装置。

(2)涡流(湍流)扩散

由于射流中心与周围流体交界处的速度梯度很大而产生强的剪切作用,对于低黏度的液体形成大量旋涡,旋涡的分裂与能量传递使微团尺寸减小(最小尺寸可达几十微米),从而达到小尺度混合。

对于高黏度液体,同样由速度梯度的剪切作用使流体微团分散。

(3)分子扩散

均相液体在分子规模的混合靠分子扩散。强烈的湍动、微团尺寸的减小,大大加速了分子扩散。

对于大多数混合过程,上述 3 种混合机理同时存在。湍流扩散使大尺寸的流体团块分割成较小尺寸的流体微团;总体对流扩散将流体微团带到搅拌槽内各处,达到宏观上的均匀混合;分子扩散使流体微团最终消失,搅拌槽内达到分子尺度的均匀混合。但是一般说来,湍流扩散在整个混合过程中占主导地位。

为使非均相物系达到小尺度均匀宏观混合,应针对具体情况采取相应措施,使分散相尺寸尽可能减小。

2.3.3 搅拌器的性能

1. 机械搅拌器的类型

机械搅拌器可按不同方法进行分类。

①按搅拌器的叶片形状,可分为平叶、折叶和螺旋面3种。

②按搅拌器对液体黏度的适应性可分为两类。适用于低、中黏度的有桨式、涡轮式、旋桨式(推进式)及三叶后掠式;适用于高黏度的有大叶片、低转速搅拌器,如锚式、框式、螺带式、螺杆式及开启平叶涡轮式等,其中涡轮式搅拌器可有效完成几乎所有的化工生产过程对搅拌的要求。

③根据工作原理各种搅拌器可分为两类。一类以涡轮式为代表,与离心泵叶轮相同,具有流量小、压头较高的特点,桨叶外缘附近造成激烈的旋涡运动和很大的剪切力。平叶桨式、锚式、框式等也属于此类,但产生的压头较低。另一类以旋桨式为代表,与轴流泵叶轮相同,具有流量大、压头低的特点。螺带式、折叶桨式等属于此类。

2. 搅拌器的性能

(1)搅拌器的基本流型

叶轮旋转时,槽内液体进行着三维流动(径向、轴向、周向),且流动场(流型及速度分布)具有随机性。根据流型,搅拌器划分为以下几种。

①径向流:平叶桨式、涡轮式、三叶后掠式。

②轴向流:旋桨式及螺旋面叶轮(包括螺带式、螺杆式等)。

折叶叶轮居二者之间,但更接近轴向流。搅拌槽设置挡板,可产生轴向分量。

③周向流:锚式、框式以水平周向流为主。

(2)搅拌槽内液体的流动状态

在搅拌作用下流体的流动状态可用搅拌雷诺数 Re 来表达,即

$$Re=\frac{n\rho d^2}{\mu} \tag{2.3-1}$$

式中:n 为搅拌器转速,r/s;ρ 为液体密度,kg/m^3;d 为叶轮直径,m;μ 为液体黏度,Pa·s。

以八片平直开启涡轮为例,槽内液体随转速变化的流动状态可划分为:

$Re<10$ 完全层流,叶轮周围液体随叶轮旋转(周向流),远离叶轮的液体是停止的。

$Re=10\sim30$ 槽壁处有少量上下循环流发生。

$Re=30\sim10^3$ 过渡流,桨叶附近湍流,其外围仍为层流。

$Re>10^3$ 湍流区,由于离心力的作用,无挡板时,在搅拌轴附近出现旋涡——“打旋”现象,旋涡中液体几乎与转轴同步旋转,称为“圆柱状回转区”。

“打旋”发生时,导致多相物系分层;旋涡达到一定深度后,吸入气体,降低物料表观密度,搅拌功率下降,降低搅拌效果。所以,搅拌操作中应避免打旋现象发生。

(3)搅拌槽内液体的循环量和压头

①叶轮的排液量和循环量:搅拌槽内液体的循环速度取决于液体的循环量。排液量是指从叶轮直接排出的液体体积流量,循环量包括排液量和诱导流量。

对于几何相似的叶轮,其排液量 Q_1、叶轮直径 d 和转速 n 之间有如下关系,即

$$Q_1 \propto nd^2 \tag{2.3-2}$$

由于排出流的夹带作用,循环量可能远大于排液量。

②压头:和离心泵叶轮相同,搅拌器叶轮旋转时既能使液体产生流动又能产生用于克服摩擦阻力的压头。一般用速度头的倍数来表示压头。离心叶轮中液体的速度 $u \propto nd$,于是

$$H \propto n^2 d^2 \tag{2.3-3}$$

压头是流体湍动程度和剪切力大小的度量。

③搅拌器操作的原则:当消耗相同功率时,如采用低转速、大叶轮直径可产生大循环流、小剪切作用,有利于宏观混合或强化传热;而采用高转速、小直径叶轮可产生高剪切、小循环流,有利于微观混合。

3. 强化湍动的措施

增加液体的湍动程度(加大内部剪切力)即增大液体循环回路的流动阻力(体现为搅拌器压头提高),提高搅拌功率消耗。为强化液体的湍动,可采取如下措施。

(1)抑制"打旋"的发生

①搅拌槽内设置若干块挡板(全挡板条件):设置挡板后,消除打旋,形成强大的对流循环和高度湍流扩散作用,增强湍动。

当挡板高度和挡板数使搅拌功率达最大时,即符合全挡板条件。

槽内设置的其他能阻止水平回转流动的附件(温度计管、蛇管等)也能起到挡板的作用。

②破坏液体循环回路的对称性:偏心或偏心倾斜安装叶轮(小容器)、搅拌槽下部偏心水平安装叶轮(大容器)均可破坏循环回路的对称性,抑制"打旋"现象发生。

(2)导流筒

当需要控制流体的流动方向和速度以确定某一特定流型时,可在搅拌槽内设置导流筒。

涡轮式导流筒安装在搅拌器上方,推进式和螺杆式导流筒安装在搅拌器外面。

一般情况下,导流筒应将搅拌槽截面分成面积相等的两部分,即导流筒直径约为搅拌槽直径的70%。

导流筒的作用在于加强搅拌器对流体的直接剪切作用,确立了充分的循环流型,减少短路的机会。

(3)提高搅拌器转速

与泵的叶轮相同,搅拌器的压头随转速呈平方关系变化。采用小直径叶轮且符合全档板条件时,高转速操作可产生高剪切作用,增加湍动。

对于高黏度液体,采用大叶片、低转速的近壁型锚式、框式及螺带式搅拌器则比较适宜。螺杆式搅拌器往往与导流筒联合操作,以提高搅拌效果。

【例 2.3-1】 如图,在"标准"构形的搅拌设备内搅拌某种溶液。溶液的密度为 1 060 kg/m^3,黏度为 0.15 Pa·s,搅拌器叶轮直径为 0.8 m,其转速为 2.5 r/s,试求:

(1)搅拌雷诺数并判断流型;

(2)搅拌槽内溶液是否可能发生"打旋"现象?

解:(1)搅拌雷诺数和流型

$$Re=\frac{n\rho d^2}{\mu}=\frac{2.5\times1\ 060\times0.8^2}{0.15}=1.131\times10^4$$

由于 $Re>10^3$,故槽内液体为湍流。

(2)由于"标准"构形搅拌设备已经达到全档板条件,槽内溶液不可能发生"打旋"现象。

4. 其他类型混合器

促使液体混合,除机械搅拌器之外,还可采用多种其他方法。在某些场合发挥着特殊作用的有管道搅拌器、非回转型的管道静态混合器、射流混合器及气流搅拌等。

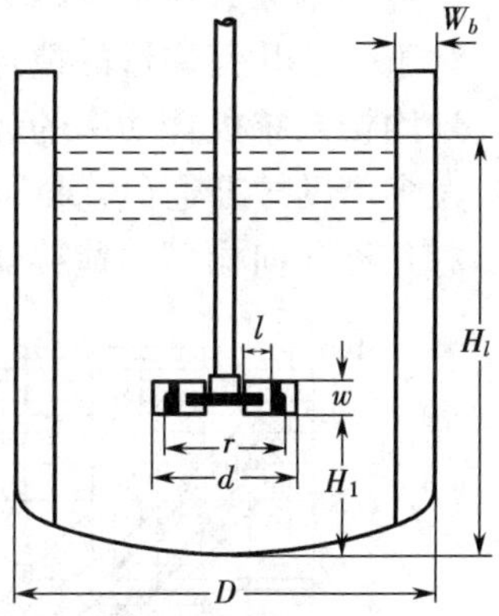

例 2.3-1 附图

"典型"搅拌装置构形

(1)六平片涡轮式,叶片安装在直径为 r 的中心圆盘上;(2)叶轮直径 $d=\frac{1}{3}D$;(3)叶轮距槽底距离 $H_l=1.0d$;(4)叶轮宽度 $W=\frac{1}{5}D$;(5)叶片长度 $l=\frac{1}{4}d$;(6)槽内液深 $H_1=1.0D$;(7)档板宽度 $W_b=\frac{1}{10}D$;(8)档板数目为 4

2.3.4 搅拌功率

搅拌功率是槽内液体流动状态和搅拌强度的度量,又是选配电机的依据。功率消耗于槽内液体的循环流动和剪切作用两个方面,其大小决定于流型、循环速度及湍动程度。

1. 影响搅拌功率的因素

影响搅拌功率的因素主要包括 4 个方面。

①搅拌器的因素:桨叶形状、叶轮直径及宽度、叶片数目、转速、在槽内安装高度等。

②搅拌槽的因素:槽形、槽内径、液深、挡板数目和宽度、导流筒尺寸等。

③物性因素:主要是密度和黏度。

④其他:出现打旋时还需要考虑重力加速度。

2. 搅拌功率的准数关联式

由于影响搅拌功率因素的复杂性,工程上采用量纲分析指导下的实验研究方法。

假定搅拌设备中各项尺寸都和叶轮直径成一定比例关系,并将这些比值称为形状因子。对于特定的搅拌装置,形状因子为定值。通过量纲分析,可得到

$$Np=K\left(\frac{d^2n\rho}{\mu}\right)^x\left(\frac{n^2d}{g}\right)^y \tag{2.3-4}$$

即

$$Np=KRe^xFr^y \tag{2.3-4a}$$

式中:$Np=\frac{N}{\rho n^3d^5}$为功率准数,量纲为 1;N 为搅拌功率,W;$Re=\frac{n\rho d^2}{\mu}$为搅拌雷诺数,量纲为 1,用以衡量流体流动状态;$Fr=\frac{n^2d}{g}$为弗鲁德数,量纲为 1,用以衡量重力的影响;g 为重力加速度,m/s^2。K、x、y 为与形状因子有关的待定常数。

若再令 $\phi=\frac{Np}{Fr^y}$(称为功率因数),则有

$$\phi=KRe^x \tag{2.3-5}$$

对于全挡板条件的搅拌装置,消除了"打旋",不考虑重力的影响,即 $Fr=1$,于是

$$\phi=Np=KRe^x \tag{2.3-5a}$$

注意功率准数与功率因数是两个完全不同的概念。

对于一定几何构形的搅拌器,通过实验得到相应的经验公式或算图。

3. 均相系统搅拌功率的计算

大多借助拉斯通(Rushton)的 ϕ—Re 关系曲线(称功率曲线)进行计算。

对几种几何构型的搅拌器测得的 ϕ—Re 关系曲线示于图 2.3-2 中。

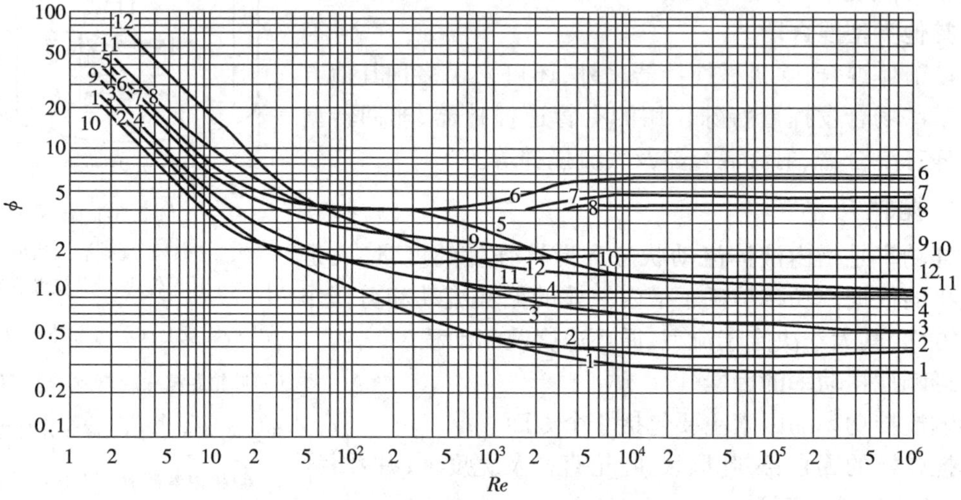

图 2.3-2　Rushton ϕ—Re 关系算图

1—三叶推进式,$s=d$,N　2—三叶推进式,$s=d$,Y　3—三叶推进式,$s=2d$,N　4—三叶推进式,$s=2d$,Y

5—六片平直叶圆盘涡轮,N　6—六片平直叶圆盘涡轮,Y　7—六片弯叶圆盘涡轮,Y

8—六片箭叶圆盘涡轮,Y　9—八片折叶开启涡轮(45°),Y　10—双叶平浆,Y

11—六叶闭式涡轮,Y　12—六叶闭式涡轮(带有二十叶的静止导向器)

图注中:s 为桨叶螺距,Y 为有挡板,N 为无挡板。

(1)全挡板条件下的搅拌功率

①当 $Re\leqslant 10$ 时,为层流区:在此区内搅拌时不会出现打旋现象,因此,反映重力影响的 Fr 可以忽略。不同构形搅拌器的 ϕ—Re 关系基本为斜率相同的直线,$x=-1$。在此区域有

$$N=K_1\mu n^2 d^3 \tag{2.3-6}$$

K_1 由相应的曲线在纵标上读取。由图 2.3-2 中曲线 6 的延线与纵轴交点读得 $K_1=71$。

②$Re=10\sim10^4$ 为过渡区:各种搅拌器的 ϕ—Re 关系曲线不一致,由 Re 查到 ϕ 后,用下式计算 N,即

$$N=\phi\rho n^3 d^5 \tag{2.3-7}$$

③$Re>10^4$ 为湍流区:流体黏滞力的影响可忽略,ϕ 值不随 Re 而变化,可取作定值。N 仍由式 2.3-7 计算。

【例 2.3-2】　在本例附图(同例 2.3-1 附图)所示的“典型搅拌器构形”(也称作标准搅拌器构形)中搅拌黏稠的液体。液体的黏度 $\mu=8.0\ \text{Pa·s}$,密度 $\rho=890\ \text{kg/m}^3$,搅拌槽直径 $D=0.6\ \text{m}$,叶轮转速 $n=2\ \text{r/s}$,试求搅拌功率 N。

解:本例搅拌器符合图 2.3-2 中曲线 6 所规定的条件。

$$d=\frac{1}{3}D=\frac{1}{3}\times0.6=0.2\ \text{m}$$

$$Re=\frac{n\rho d^2}{\mu}=\frac{2\times 890\times 0.2^2}{8.0}=8.9\text{(完全层流)}$$

由 $Re=8.9$ 从图 2.3-2 中曲线 6 在纵标读得 $\phi=8.0$，即

$$Np=\phi=\frac{N}{\rho d^5 n^3}$$

$$N=8.0\times 890\times 0.2^5\times 2^3=18.2\ \text{W}$$

或用式 2.3-6 计算（K_1 取 71），可得到相同的结果，即

$$N=71\times 8\times 2^2\times 0.2^3=18.2\ \text{W}$$

【例 2.3-3】 在例 2.3-1 所示“典型构形”搅拌装置中搅拌水溶液。溶液密度为 960 kg/m^3，黏度为 0.18 Pa·s。搅拌槽内径为 2.7 m，叶轮转速为 2 r/s。试求搅拌功率 N。

解：对于“典型构形”搅拌器，$d=\frac{1}{3}D=\frac{1}{3}\times 2.7=0.9$ m，则

$$Re=\frac{n\rho d^2}{\mu}=\frac{2\times 960\times 0.9^2}{0.18}=8\ 640\text{(过渡区)}$$

由图 2.3-2 中的曲线 6，当 $Re=8.64\times 10^3$ 时，查得 $\phi=6.6$。

将有关数据代入式 2.3-7，得

$$N=\phi\rho n^3 d^5=6.6\times 960\times 2^3\times 0.9^5=29.93\times 10^3\ \text{W}\approx 30\ \text{kW}$$

(2) 无挡板搅拌功率的计算

无挡板条件下，当 $Re>300$ 时，会出现打旋现象，Fr 对功率的影响不能忽略，此时的功率计算式为

$$N=\phi\rho n^3 d^5\left[\frac{n^2 d}{g}\right]^{\frac{k_1-\lg Re}{k_2}} \tag{2.3-8}$$

式中的 k_1、k_2 依搅拌器的结构形式由表 2.3-1 查取。

表 2.3-1 当 $300<Re<10^4$ 时无挡板搅拌器的 k_1、k_2 值

搅拌器形式	d/D	k_1	k_2
三叶推进式	0.47	2.6	18.0
	0.37	2.3	18.0
	0.33	2.1	18.0
	0.30	1.7	18.0
	0.22	0	18.0
六叶涡轮式	0.30	1.0	40.0
	0.33	1.0	40.0

【例 2.3-4】 对例 2.3-3 的搅拌装置，若槽中不加挡板，其他操作条件均不变，再求搅拌功率 N。

解：本搅拌装置符合图 2.3-2 中曲线 5 所规定的条件，由 $Re=8.64\times 10^3$ 查得 $\phi=1.4$。由表 2.3-1 查得 $k_1=1.0$，$k_2=40$。

将有关数据代入式 2.3-8，得

$$N=1.4\times 960\times 2^3\times 0.9^5\times\left(\frac{2^2\times 0.9}{9.81}\right)^{\frac{1-\lg 8\ 640}{40}}=6\ 834\ \text{W}\approx 7.0\ \text{kW}$$

比较例 2.3-3 与例 2.3-4 的计算结果可看出，在其他操作参数都相同的条件下，不安装挡板导致搅拌功率（即搅拌效果）大大下降。

4. 非均相物系搅拌功率的计算

对于非均相物系，如均匀态的不互溶液—液体系及固—液相体系，首先求出两相体系的平均密度和平均黏度，然后按均相物系搅拌功率的计算方法求解。

对于通气的被搅拌体系，由于气泡的存在，使液体的表观密度降低。因而通气搅拌功率 N_g 比均相物系搅拌功率 N 要低。N_g/N 的数值取决于通气系数 N_a 的大小。若通气速率为 Q_g，则

$$N_a = \frac{Q_g}{nd^3} \tag{2.3-9}$$

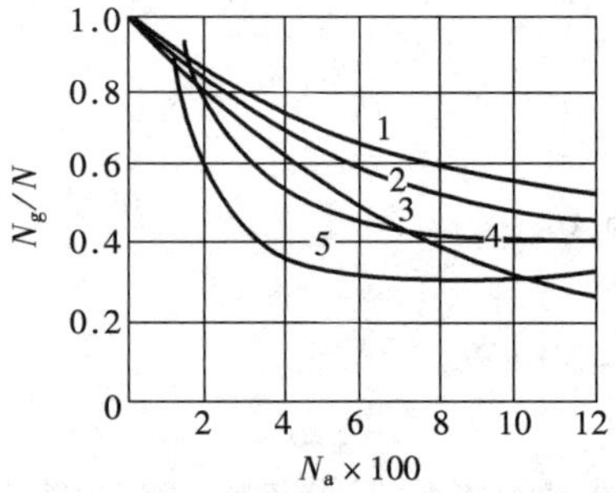

图 2.3-3 通气系数与功率比的关系

1—八片平直叶圆盘涡轮 2—八片平直叶上侧圆盘涡轮 3—十六片平直叶上侧圆盘涡轮 4—六片平直叶圆盘涡轮 5—平直叶双桨

搅拌条件：$d = D/3$，$H = D$，$C = D/3$，全挡板

由 N_a 值便可从图 2.3-3 读取对应的 N_g/N 值（其值宜在 0.6 以上）。

【例 2.3-5】 对例 2.3-3 的搅拌系统，以一定速率通以空气、维持 N_g/N 在 0.6 的比值，试求通气速率 Q_g 及通气搅拌功率 N_g。

解： 由例 2.3-3 已求得不通气的搅拌功率 $N = 29.93$ kW，则通气后的搅拌功率为

$$N_g = 0.6N = 0.6 \times 29.93 = 17.96\ \text{kW} \approx 18.0\ \text{kW}$$

欲保持 $N_g/N \geqslant 0.6$，由图 2.3-3 中的曲线 4 读得 $N_a = 0.034$。

$$Q_g = 0.034nd^3 = 0.034 \times 2 \times 0.9^3 = 0.049\ 6\ \text{m}^3/\text{s}$$

由图 2.3-3 计算通气搅拌功率时，要注意在全挡板条件下才可靠。

5. 搅拌功率的分配

为合理利用加于搅拌设备的能量，以获得最佳搅拌效果，就要考虑能量的合理分配问题。

如果为获得大尺度的混合或强化传热，则希望有较大的流量，对压头的要求并不高，此时加大直径降低转速是适宜的，功率主要消耗在总体流动方面。相反，如果要求快速分散或小尺度的混合均匀，则应减小 Q/H，使功率主要消耗于增加流体的湍动或加大剪切作用。

Q/H 反映了搅拌功率对于流量和压头的分配关系。某些生产工艺过程对 Q/H 比值要求依次减小（即剪切作用依次加大）的顺序是：均匀混合、传热、固体颗粒悬浮和溶解、气体分散、不互溶液体分散等。一些常用叶轮 Q/H 依次减小的顺序是：平桨、涡轮和螺旋桨。

若输入流体的能量大部分用于总体流动，此类叶轮为循环型（如平桨叶轮）；反之，若主要用于剪切上，则此类叶轮为剪切型（如涡轮、旋桨叶轮）。

2.3.5 搅拌器的放大

搅拌器放大是比较简单又具代表性的物理放大过程，是研究在小试装置上获得满意的搅拌效果后，如何决定工业装置的尺寸和操作条件。

1. 放大基准

为了达到理想的放大效果，在满足几何相似的前提下，还必须满足一些其他相似条件，诸如：

几何相似——试验模型与生产设备的相应几何尺寸比例相等；

运动相似——几何相似系统中对应位置上流体运动速度之比相等；

动力相似——对应位置上力的比值相等；

热相似和反应相似还要求对应位置上温度差或浓度差之比也相等。

动力相似要求对应位置上力的比值相等（即 Re，Fr 等相等），对同一种液体，同时满足几个准数相等是不可能的。因此，进行搅拌器放大时，应尽量把重力（加挡板）和界面张力的影响抑制起来，而变成单纯的 Re 相等，从而使问题简化。

2. 两种放大方法

（1）按搅拌功率放大

几何构型相同的搅拌器，不管其尺寸大小，均可用同一条功率曲线，即只要 Re 相等，则 Np 值便相同。这样通过测量试验设备的搅拌功率便可推算出生产设备的搅拌功率。

（2）按工艺过程的结果放大

在几何相似系统中获得相同搅拌效果，可能有如下判据。

①保持雷诺数 $Re=\dfrac{d^2n\rho}{\mu}$不变，要求 $n_1d_1^2=n_2d_2^2$。

②保持单位体积功率 N/V 不变，要求 $n_1^3d_1^2=n_2^3d_2^2$。

③保持 Q/H 不变，要求$\dfrac{d_1}{n_1}=\dfrac{d_2}{n_2}$。

④保持叶端速度 $u_T=\pi nd$ 不变，要求 $n_1d_1=n_2d_2$。

对于一个搅拌过程，哪一个准则适用，需通过逐级放大试验来确定。

【例 2.3-6】 拟采用例 2.3-1 所示“典型搅拌器构型”的槽内制备高分子化合物均相水溶液。溶液的密度 $\rho=1\ 100\ \text{kg/m}^3$，黏度 $\mu=0.028\ \text{Pa·s}$。由生产任务要求，搅拌槽的直径 $D=1.8$ m。为获得满意的搅拌效果，在实验室进行三次按几何相似的放大试验。试验数据如本例附表 1 所示。

例 2.3-6 附表 1

试验编号	槽径 D/m	桨径 d/m	转速 n/(r·min^{-1})
1	0.24	0.08	1 200
2	0.48	0.16	756
3	0.96	0.32	476

试根据试验数据确定放大准则、搅拌器转速和搅拌功率。

解：（1）确定放大准则

由试验数据计算各放大准则的相对值。计算结果列于本例附表 2。

例 2.3-6 附表 2

放大判据	1 号槽	2 号槽	3 号槽
$Re\propto nd^2$	7.68	19.4	48.7
$N/V\propto n^3d^2$	11.06×10^6	11.06×10^6	11.04×10^6
$Q/H\propto d/n$	6.67×10^{-5}	2.12×10^{-4}	4.20×10^{-4}
$u_T\propto nd$	96.0	121.0	152.3

由计算数据看出，应以保持单位体积搅拌功率不变为放大准则。

(2)生产设备中搅拌器的转速

$$d=\frac{1}{3}D=\frac{1}{3}\times 1.8=0.6\ \text{m}$$

根据 N/V 不变的放大准则，生产设备中搅拌器的转速为

$$n=\sqrt[3]{\frac{11.06\times 10^6}{0.6^2}}=313\ \text{r/min}=5.22\ \text{r/s}$$

(3)搅拌功率

$$Re=\frac{n\rho d^2}{\mu}=\frac{5.22\times 1\ 100\times 0.6^2}{0.028}=7.38\times 10^4\text{（湍流区）}$$

由 Re 的数值查图 2.3-2 中的曲线 6，$\phi=6.6$。

则 $$N=\phi\rho n^3d^5=6.6\times 1\ 100\times 5.22^3\times 0.6^5=80.3\times 10^3\ \text{W}=80.3\ \text{kW}$$

生产搅拌装置的转速为 313 r/min，搅拌功率为 80.3 kW。

2.4 传　热

要求：重点掌握平壁与圆筒壁的热传导速率方程及其应用，换热器的能量衡算、总传热速率方程和总传热系数的计算，用传热平均温度差法进行的传热计算以及对流传热系数的影响因素及其分析。掌握传热的基本方式，换热器的结构形式和强化途径，两固体间的辐射传热速率方程及其应用以及对流—辐射联合传热。

传热，即热量传递，是自然界和工程技术领域中极普遍的一种传递过程。几乎所有的工业部门，如化工、能源、冶金、机械、建筑等都涉及传热问题，而化学工业与传热的关系尤为密切。

根据热力学第二定律，凡是有温度差存在的地方就必然有热量传递，在无外功输入时，传热的净热流方向总是由高温处向低温处流动，而传递速率决定于系统内部的温度分布情况。

2.4.1　传热过程概述

1. 基本概念和傅里叶定律

(1)温度场

温度场就是任一瞬间物体或系统内各点的温度分布总和。若温度场内各点的温度随时间而变，此温度场为非定态温度场。若温度场内各点的温度不随时间而变，即为定态温度场。在特殊的情况下，若物体内的温度仅沿一个坐标方向发生变化，此温度场为定态的一维温度场，即

$$t=f(x) \tag{2.4-1}$$

式中：x,y,z 为系统内任一点的空间坐标，m；t 为温度，℃或 K；θ 为时间，s。

(2)等温面

温度场中同一时刻下相同温度各点所组成的面积为等温面。由于某瞬间内空间任一点不可能同时有不同的温度，故温度不同的等温面彼此不相交。由于等温面上温度处处相等，故在等温面上将无热量传递，而沿和等温面相交的任何方向，因温度发生变化，则有热量传递。

(3)温度梯度

将两相邻等温面的温度差 Δt 与其垂直距离 Δn 之比的极限称为温度梯度。对定态的一维温度场，温度梯度可表示为

$$\text{gradt} = \frac{\mathrm{d}t}{\mathrm{d}x} \tag{2.4-2}$$

温度梯度$\frac{\partial t}{\partial x}$为向量,它的正方向是指向温度增加的方向。通常,将温度梯度的标量$\frac{\partial t}{\partial n}$也称为温度梯度。

本章主要讨论定态传热,即传热速率在任何时刻都为常数,并且系统中各点的温度仅随位置变化而与时间无关。

2. 传热的基本方式

根据传热机理的不同,热的传递有三种基本方式:热传导、对流传热和辐射传热。热量传递可以其中一种方式进行,也可以二种或三种方式同时进行。在无外功输入时,净的热流方向总是由高温处向低温处流动。

2.4.2 热传导

热量不依靠宏观混合运动而从物体中的高温区向低温区移动的过程叫热传导,简称导热。物体或系统内的各点间的温度差,是热传导的必要条件。热传导在固体、液体和气体中都可以发生,但它们的导热机理有所不同,其中在固体中的热传导最为典型。

1. 傅里叶定律

描述热传导现象的物理定律为傅里叶定律(Fourier's Law),其数学表达式为

$$\frac{\mathrm{d}Q}{\mathrm{d}S} = -\lambda\frac{\partial t}{\partial x} \tag{2.4-3}$$

式中:Q为导热速率,即单位时间传导的热,W;S为等温表面的表面积,m^2;λ为比例系数,称为导热系数,W/(m·℃)。

式2.4-3中的负号表示热传导服从热力学第二定律,即热通量的方向与温度梯度的方向相反,也即热量朝着温度下降的方向传递。

2. 导热系数

导热系数的定义式为

$$\lambda = -\frac{\mathrm{d}Q/\mathrm{d}S}{\partial t/\partial n} \tag{2.4-4}$$

该式表明,导热系数在数值上等于单位温度梯度下的热通量。导热系数λ表征了物质导热能力的大小,是物质的物理性质之一。导热系数的大小和物质的形态、组成、密度、温度及压力有关。各种物质的导热系数通常用实验方法测定。一般来说,金属的导热系数最大,非金属固体次之,液体较小,气体最小。

3. 平壁的热传导

(1)单层平壁热传导

假设材料均匀,导热系数不随温度变化,或可取平均值;平壁内的温度仅沿垂直于平壁的方向变化,即等温面垂直于传热方向;平壁面积与平壁厚度相比很大,故可以忽略热损失。这是最简单的定态、一维、平壁热传导,则有

$$Q = \frac{\lambda S}{b}(t_1 - t_2) = \frac{\Delta t}{R} \tag{2.4-5}$$

式中:b为平壁厚度,m;Δt为温度差,导热推动力,℃;R为导热热阻,℃/W。

式2.4-5适用于λ为常数的定态热传导过程。在工程计算中,对于各处温度不同的固体,

其导热系数可以取固体两侧面温度下 λ 值的算术平均值。

式 2.4-5 表明,导热速率与导热推动力成正比,与导热热阻成反比;还可以看出,导热距离愈大,传热面积和导热系数愈小,则导热热阻愈大,即

$$Q=\frac{t_1-t_2}{\dfrac{b}{\lambda S}}=\frac{\Delta t}{R}=\frac{\text{热传导推动力}}{\text{热传导热阻}}=\text{过程传递速率}$$

该式与电学中的欧姆定律相比,形式完全类似。可以利用电学中串、并联电阻的计算方法类比计算复杂导热过程的热阻。

【例 2.4-1】 某平壁厚度为 0.37 m,内表面温度 t_1 为 1 650 ℃,外表面温度 t_2 为 300 ℃。平壁材料的导热系数 $\lambda=0.815+0.000\ 76t$(t 的单位为℃,λ 的单位为 W/(m·℃))。若平壁材料的导热系数按常数处理,试求平壁的温度分布式和导热热通量。

解:平壁的平均温度为

$$t_m=\frac{t_1+t_2}{2}=\frac{1\ 650+300}{2}=975\ ℃$$

平壁材料的平均导热系数为

$$\lambda=0.815+0.000\ 76\times975=1.556\ \text{W/(m·℃)}$$

则导热热通量为

$$q=\frac{\lambda}{b}(t_1-t_2)=\frac{1.556}{0.37}(1\ 650-300)=5\ 677\ \text{W/m}^2$$

设壁厚 x 处的温度为 t,则平壁内的温度分布为

$$t=t_1-\frac{qx}{\lambda}=1\ 650-3\ 649\ x$$

上式即为平壁的温度分布关系式,表示平壁距离 x 和等温表面的温度呈直线关系。

(2)多层平壁的热传导

在多层平壁稳态热传导时,除了与单层平壁热传导一样的假设外,还假设层与层之间接触良好,即互相接触的两表面温度相同。若各表面温度分别为 t_1、t_2、t_3、t_4……且 $t_1>t_2>t_3>t_4>$……,则通过各层平壁截面的传热速率必相等:$Q_1=Q_2=Q_3=Q_4=\cdots=Q$。由此得出热传导速率方程式为

$$Q=\frac{t_1-t_{n+1}}{\sum\limits_{i=1}^{n}\dfrac{b_i}{\lambda_i S}} \tag{2.4-6}$$

式中下标 i 表示平壁的序号。

由式 2.4-6 可见,多层平壁热传导的总推动力为各层温度差之和,即总温度差;总热阻为各层热阻之和。

应予指出,在多层平壁的计算中,不同材料构成的层与层界面之间可能出现明显的温度降低。这种温度变化是由于表面粗糙不平而产生接触热阻的缘故。接触热阻与接触面材料、表面粗糙度及接触面上压力等因素有关,目前主要依靠实验测定。

4. 圆筒壁的热传导

化工生产中,经常遇到圆筒壁的热传导问题,它与平壁热传导的不同之处在于圆筒壁的传热面积和热通量不再是常量,而是随半径而变,同时温度也随半径而变,但传热速率在稳态时

依然是常量。

与单层平壁的热传导类似,可得

$$Q = 2\pi\lambda L \frac{t_1 - t_2}{\ln(r_2/r_1)} = \lambda S_m \frac{t_1 - t_2}{r_2 - r_1} \tag{2.4-7}$$

式2.4-7即为单层圆筒壁的热传导速率方程。

其中 $$S_m = 2\pi \frac{r_2 - r_1}{\ln(r_2/r_1)} L = 2\pi r_m L \tag{2.4-8}$$

$$r_m = \frac{r_2 - r_1}{\ln \frac{r_2}{r_1}} \tag{2.4-9}$$

式中:r_m为圆筒壁的对数平均半径,m;S_m为圆筒壁的内外表面的对数平均面积,m^2。

应予指出,当$\frac{r_2}{r_1} \leqslant 2$时,上述各式中的对数平均值可用算术平均值代替。

像多层平壁一样,也可以将串联热阻的概念应用于多层圆筒壁,其解为

$$Q = \frac{t_1 - t_{n+1}}{\sum_{i=1}^{n} \frac{b_i}{\lambda_i S_{mi}}} = \frac{t_1 - t_{n+1}}{\sum_{i=1}^{n} \frac{1}{2\pi L \lambda_i} \ln \frac{r_{r+1}}{r_i}} \tag{2.4-10}$$

式中下标i表示圆筒壁的序号。多层圆筒壁热传导的总推动力亦为总温度差,总热阻亦为各层热阻之和,只是计算各层热阻所用的传热面积应采用各自的对数平均面积。

【例2.4-2】 在外径为140 mm的蒸汽管道外包扎保温材料,以减少热损失。蒸汽管外壁温度为390 ℃,保温层外表面温度不大于40 ℃。保温材料的导热系数$\lambda = 0.143$ W/(m·℃)。若要求每米管长的热损失不大于450 W/m,试求保温层的厚度。

解:将2.4-7改写为

$$\ln \frac{r_3}{r_2} = \frac{2\pi\lambda(t_2 - t_3)}{Q/L}$$

$$\ln r_3 = \frac{2\pi \times 0.143 \times (390 - 40)}{450} + \ln 0.07$$

得 $r_3 = 0.141$ mm

故保温层厚度为

$$b = r_2 - r_3 = 0.141 - 0.07 = 0.071 \text{ m} = 71 \text{ mm}$$

2.4.3 对流传热概述

对流传热是由流体内部各部分质点发生宏观运动而引起的热量传递过程,因而对流传热只能发生在有流体流动的场合。在化工生产中,通常将流体与固体壁面之间的传热称为对流传热过程,将热、冷流体通过壁面之间的传热称为热交换过程,简称传热过程。

1. 对流传热速率方程和对流传热系数

(1)对流传热速率方程

根据传递过程普遍关系,壁面与流体(或流体与壁面)间的对流传热速率也应该等于推动力和阻力之比。对流传热速率方程应该用微分形式表示,若以流体和壁面间的对流传热为例,对流传热速率方程可以用牛顿冷却定律表示为

$$Q = \alpha S \Delta t = \frac{\Delta t}{1/(\alpha S)} \tag{2.4-11}$$

式中：α 为平均对流传热系数，W/(m^2·℃)；S 为总传热面积，m^2；Δt 为流体与壁面（或壁面与流体）之间温度差的平均值，℃；$1/(\alpha S)$ 为对流传热热阻，℃/W。

牛顿冷却定律表达了复杂的对流传热问题，实质上是将矛盾集中到对流传热系数 α 上，因此研究各种情况下 α 的大小、影响因素及 α 的计算式，成为研究对流传热的核心。

（2）对流传热系数

牛顿冷却定律也是对流传热系数的定义式，即

$$\alpha = \frac{Q}{S\Delta t}$$

由此可见，对流传热系数在数值上等于单位温度差下、单位传热面积的对流传热速率，其单位为 W/(m^2·℃)，它反映了对流传热的快慢，α 愈大表示对流传热愈快。对流传热系数 α 不是流体的物理性质，而是受诸多因素影响的一个系数，它反映对流传热热阻的大小。

2. 对流传热机理

（1）对流传热分析

当流体流过固体壁面时，壁面附近的流体会形成边界层。处于层流状态下的流体在与流动方向相垂直的方向上进行热量传递时，其传递方式为热传导。

当湍流的流体流经固体壁面形成湍流边界层时，固体壁面处的热量首先以热传导方式通过静止的流体层进入层流内层，在层流内层中传热方式亦为热传导；然后热流经层流内层进入缓冲层，在这层流体中，兼有热传导和涡流传热两种传热方式；热流最后由缓冲层进入湍流核心，湍流核心的热量传递以旋涡传热为主。就热阻而言，层流内层的热阻占总对流传热热阻的大部分，因此，减薄层流内层的厚度是强化对流传热的主要途径。

（2）热边界层

当流体流过固体壁面时，若二者温度不同，则壁面附近的流体受壁面温度的影响将形成一个温度梯度，一般将流动流体中存在温度梯度的区域称为温度边界层，亦称热边界层。若紧靠壁面附近薄层流体（层流内层）中的温度梯度用 $(dt/dy)_w$ 表示，由于通过这一薄层的传热只能是流体间的热传导，因此传热速率可用傅里叶定律表示，联立牛顿冷却定律和傅里叶定律表示式，并消去 dQ/dS，则可得

$$\alpha = -\frac{\lambda}{T - T_w}\left(\frac{dt}{dy}\right)_w = -\frac{\lambda}{\Delta t}\left(\frac{dt}{dy}\right)_w \tag{2.4-12}$$

式中：λ 为流体的导热系数，W/(m·℃)；y 为与总壁面相垂直方向上的距离，m；$\left(\frac{dt}{dy}\right)_w$ 为壁面附近流体层内的温度梯度，℃/m。

式 2.4-12 是对流传热系数 α 的另一定义式。该式是理论上分析和计算 α 的基础。热边界层的厚薄影响层内的温度分布，因而影响温度梯度。当边界层内、外侧的温度差一定时，热边界层愈薄，则 $(dt/dy)_w$ 愈大，因而 α 就愈大。反之则相反。

2.4.4 传热过程计算

在化工过程经常遇到两流体之间的换热问题，换热器是传热过程中最主要的设备。根据传热过程中冷、热流体（接触）热交换可分为三种基本方式，每种传热方式所用换热设备的结

构也各不相同。

对于某些传热过程可使热、冷流体以直接混合接触式进行热交换，所采用的设备称为混合式换热器。蓄热式换热是热、冷流体交替地流过蓄热器，利用固体填充物来积蓄和释放热量而达到换热的目的。而在化工生产中遇到的多是间壁两侧流体的热交换，即冷、热流体在壁面两侧流动，固体壁面即构成间壁式换热器。间壁式换热器，亦称表面式换热器或间接式换热器。间壁式换热是本章讨论的重点。

套管式换热器是最简单的间壁式换热器，它是由直径不同的两根管子同心套在一起组成的，冷、热流体分别流经内管和环隙而进行热的传递。管壳式换热器是应用最广的换热设备。在管壳式换热器中，在管内流动的流体称为管程流体，而另一种在壳与管束之间从管外表面流过的流体称为壳程流体。管（壳）程流体在管束内（壳方）来回流过的次数，称为管（壳）程数。

两流体间的传热管壁表面积即为传热面积。传热面积愈大，传递的热量愈多。对于一定的传热任务，分别用管内径、外径或平均直径计算，则对应的传热面积分别为管内侧、外侧或平均面积。

换热器的热量衡算是传热计算的基础之一。传热速率和热通量是评价换热器性能的重要指标。传热速率 Q 是指单位时间内通过传热面的热量，其单位为 W，可表示传热的快慢。热通量则是指每单位面积的传热速率，其单位为 W/m^2。由于换热器的传热面积可以用圆管的内、外或平均面积表示，因此相应的热通量计算应标明选择的基准面积。

换热器的传热计算包括两类：一类是设计型计算，即根据工艺提出的条件，确定换热器传热面积；另一类是校核型计算，即对已知换热面积的换热器，核算其传热量、流体的流量或温度。但是，无论那种类型的计算，都是以热量衡算和总传热速率方程为基础的。

1. 能量衡算

间壁式换热器的能量衡算，以小时为基准，因系统中无外功加入，且一般位能和动能项均可忽略，故实质上为焓衡算。

假设换热器绝热良好，热损失可以忽略时，在单位时间内换热器中对于微元面积，热流体放出的热量等于冷流体吸收的热量，则对于整个换热器，其热量衡算式为

$$Q = W_h(I_{h1} - I_{h2}) = W_c(I_{c2} - I_{c1}) \tag{2.4-13}$$

式中：Q 为换热器的热负荷，kJ/h 或 kW；W 为流体的质量流量，kg/h；I 为单位质量流体的焓，kJ/kg；下标 h 和 c 分别表示热流体和冷流体；下标 1 和 2 分别表示换热器的进口和出口。

若换热器中两流体均无相变，且流体的比热容不随温度变化或可取流体平均温度下的比热容时，则热量衡算式为

$$Q = W_h c_{ph}(T_1 - T_2) = W_c c_{pc}(t_2 - t_1) \tag{2.4-14}$$

式中：c_p为流体的平均比热容，kJ/(kg · ℃)；t 为冷流体的温度，℃；T 为热流体的温度，℃。

若换热器中流体有相变，例如饱和蒸汽冷凝时，则

$$Q = W_h r = W_c c_{pc}(t_2 - t_1) \tag{2.4-15}$$

式中：W_h为饱和蒸汽（即热流体）的冷凝速率，kg/h；r 为饱和蒸汽的冷凝潜热，kJ/kg。

式 2.4-15 的应用条件是冷凝液在饱和温度下离开换热器，若冷凝液的温度低于饱和温度时，则变为

$$Q = W_h[r + c_{ph}(T_s - T_2)] = W_c c_{pc}(t_2 - t_1) \tag{2.4-16}$$

式中：c_{ph}为冷凝液的比热容，kJ/(kg · ℃)；T_s为冷凝液的饱和温度，℃。

2. 总传热速率微分方程和总传热系数

依导热速率方程和对流传热速率方程进行换热器的传热计算时,必须知道壁温,而实际上壁温往往是未知的。为便于计算,需避开壁温而直接用已知的冷、热流体的温度进行计算。为此,需要建立以冷、热流体温度差为传热推动力的传热速率方程,该方程即为总传热速率方程。

(1)总传热速率方程的微分形式

冷、热流体通过任取一微元面积的间壁传热过程的传热速率方程,可以仿照牛顿冷却定律写出,即

$$dQ = K(T-t)dS = K\Delta t dS \tag{2.4-17}$$

式中:K 为局部总传热系数,W/(m^2 · ℃);T 为换热器任一截面上热流体的温度,℃;t 为换热器任一截面上冷流体的温度,℃。

式 2.4-17 为总传热速率微分方程,该方程又称传热基本方程,是换热器传热计算的基本关系式。由该式可得出局部总传热系数,可表示为单位传热面积、单位传热温差下的传热速率,它反应了传热过程的强度。

应予指出,总传热系数必须和所选择的传热面积相对应,因此有

$$dQ = K_i(T-t)dS_i = K_o(T-t)dS_o = K_m(T-t)dS_m \tag{2.4-18}$$

式中:S_o,S_i,S_m分别为换热器管外表面积、管内表面积和内外表面平均面积,m^2;K_o,K_i,K_m分别为基于管外表面、管内表面和内外平均表面的总传热系数,W/(m^2 · ℃)。

在传热计算中,选择何种面积作为计算基准,结果完全相同。工程上大多以外表面积作为基准,故后面讨论中,除特别说明外,K 都是基于外表面积的总传热系数。K_i、K_o、K_m 间的关系为

$$\frac{K_o}{K_i} = \frac{dS_i}{dS_o} = \frac{d_i}{d_o} \quad 及 \quad \frac{K_o}{K_m} = \frac{dS_m}{dS_o} = \frac{d_m}{d_o} \tag{2.4-19}$$

式中:d_o,d_i,d_m分别为换热器管外径、管内径和内外平均直径,m^2。

(2)总传热系数

总传热系数 K(简称传热系数)是评价换热器性能的一个重要参数,也是对换热器进行传热计算的依据。K 的数值取决于流体的物性、传热过程的操作条件及换热器的类型等,因此 K 值变化范围很大。列管换热器的总传热系数 K 的经验值可查手册。

冷、热流体通过间壁换热是一个"对流—传导—对流"的串联过程。对定态传热过程,各串联环节速率必然相等。利用串联热阻叠加的原理导出的总传热系数计算公式为

$$K_o = \frac{1}{\dfrac{d_o}{\alpha_i d_i} + \dfrac{b d_o}{\lambda d_m} + \dfrac{1}{\alpha_o}}$$

上式即为总传热系数的计算式。总传热系数也可以表示为热阻的形式,即

$$\frac{1}{K_o} = \frac{d_o}{\alpha_i d_i} + \frac{b d_o}{\lambda d_m} + \frac{1}{\alpha_o}$$

换热器在实际操作中,传热表面上常有污垢积存,对传热产生附加热阻,该热阻称为污垢热阻。设管壁内、外侧表面上的污垢热阻分别为 R_{si} 和 R_{so},根据热阻叠加原理有

$$\frac{1}{K_o} = \frac{d_o}{\alpha_i d_i} + R_{si}\frac{d_o}{d_i} + \frac{b d_o}{\lambda d_m} + R_{so} + \frac{1}{\alpha_o} \tag{2.4-20}$$

式中：R_{so}，R_{si}分别为管外、管内的污垢热阻，又称污垢系数，$(m^2 \cdot ℃)/W$。

式 2.4-20 表明，间壁两侧流体间传热总热阻等于两侧流体的对流传热热阻、污垢热阻及管壁导热热阻之和。

(3)提高总传热系数途径的分析

若传热面为平壁或薄管壁，d_i、d_o 和 d_m 相等或近于相等，则式 2.4-20 可简化为

$$\frac{1}{K}=\frac{1}{\alpha_i}+R_{si}+\frac{b}{\lambda}+R_{so}+\frac{1}{\alpha_o}$$

当管壁热阻和污垢热阻均可忽略时，上式可简化为

$$\frac{1}{K}=\frac{1}{\alpha_i}+\frac{1}{\alpha_o}$$

若 $\alpha_i \gg \alpha_o$，则 $1/K \approx 1/\alpha_o$，称为管壁外侧对流传热控制，此时欲提高 K 值，关键在于提高管壁外侧的对流传热系数；若 $\alpha_o \gg \alpha_i$，则 $1/K \approx 1/\alpha_i$，称为管壁内侧对流传热控制，此时欲提高 K 值，关键在于提高内侧的对流传热系数。由此可见，K 值总是接近于 α 小的流体的对流传热系数值，且永远小于 α 的值；若 $\alpha_o \approx \alpha_i$，则称为管内、外侧对流传热控制，此时必须同时提高两侧的对流传热系数，才能提高 K 值。同样，若管壁两侧对流传热系数很大，即两侧的对流传热热阻很小，而污垢热阻很大，则称为污垢热阻控制，此时欲提高 K 值，必须设法减慢污垢形成速率或及时清除污垢。

【例 2.4-3】 某空气冷却器，空气在管外横向流过，管外侧的对流传热系数为 85 $W/(m^2 \cdot ℃)$，冷却水在管内流过，管内侧的对流传热系数为 4 200 $W/(m^2 \cdot ℃)$。冷却管为 $\phi 25 \times 2.5$mm 的钢管，其导热系数为 45 $W/(m \cdot ℃)$。试求：

(1)总传热系数；

(2)若将管外对流传热系数 α_o 提高一倍，其他条件不变，总传热系数增加的百分率；

(3)若将管内对流传热系数 α_i 提高一倍，其他条件不变，总传热系数增加的百分率。

设管内、外侧污垢热阻可忽略。

解：(1)由式 $K=\dfrac{1}{\dfrac{d_o}{\alpha_i d_i}+\dfrac{b d_o}{\lambda d_m}+\dfrac{1}{\alpha_o}}$可知

$$K=\frac{1}{\dfrac{0.025}{4\ 200\times 0.02}+\dfrac{0.002\ 5\times 0.025}{45\times 0.022\ 5}+\dfrac{1}{85}}=82.5\ W/(m^2\cdot ℃)$$

(2)α_o 提高一倍，传热系数为

$$K=\frac{1}{\dfrac{0.025}{4\ 200\times 0.02}+\dfrac{0.002\ 5\times 0.025}{45\times 0.022\ 5}+\dfrac{1}{2\times 85}}=160.2\ W/(m^2\cdot ℃)$$

$$传热系数增加的百分率=\frac{160.2-82.5}{82.5}\times 100\%=94.2\%$$

(3)α_i 提高一倍，传热系数为

$$K=\frac{1}{\dfrac{0.025}{2\times 4\ 200\times 0.02}+\dfrac{0.002\ 5\times 0.025}{45\times 0.022\ 5}+\dfrac{1}{85}}=83.5\ W/(m^2\cdot ℃)$$

传热系数增加的百分率 $=\dfrac{83.5-82.5}{82.5}\times 100\%=1.2\%$

通过计算可以看出,总传热系数总是接近于热阻大一侧流体的对流传热系数。气侧的热阻远大于水侧的热阻,故该换热过程为气侧热阻控制。此时将气侧对流传热系数提高一倍,总传热系数显著提高,而提高水侧对流传热系数,总传热系数变化不大。

3. 平均温度差法

前已述及,总传热速率方程式是换热器传热计算的基本关系式。在该方程中,冷、热流体的温度差是传热过程的推动力,它随着传热过程冷、热流体的温度变化而改变。因此,要用于整个换热器时,必须对该方程进行积分。若以 Δt_m 表示传热过程冷、热流体的平均温度差,则积分结果可表示为

$$Q=KS\Delta t_m \tag{2.4-21}$$

式 2.4-21 为总传热速率方程的积分形式,用该式进行传热计算时需先计算出 Δt_m,故此方法称为平均温度差法。

换热器的传热有恒温传热和变温传热两种,现分别予以讨论。

(1)恒温传热时的平均温度差

换热器中间壁两侧的流体均存在相变时,两流体温度可以分别保持不变,这种传热称为恒温传热。恒温传热时的平均温度差 $\Delta t_m=\Delta t=T-t$,故有

$$Q=KS\Delta t \tag{2.4-22}$$

(2)变温传热时的平均温度差

换热器中间壁两侧流体温度发生变化情况下的传热称为变温传热。变温传热时,若两流体的相互流向不同,则对温度差的影响也不相同。

逆流和并流时的平均温度差等于换热器两端温度差的对数平均值,称为对数平均温度差,即

$$\Delta t_m=\frac{\Delta t_2-\Delta t_1}{\ln\dfrac{\Delta t_2}{\Delta t_1}} \tag{2.4-23}$$

在工程计算中,当 $\Delta t_2/\Delta t_1\leqslant 2$ 时,用算术平均温度差 $\Delta t_m=(\Delta t_1+\Delta t_2)/2$)代替对数平均温度差,其误差不超过 4%。

式 2.4-23 是计算逆流和并流时平均温度差 Δt_m 的通式。在应用式 2.4-23 时,通常将换热器两端温度差 Δt 中数值大者写成 Δt_2,小者写成 Δt_1,这样计算 Δt_m 较为简便。

【例 2.4-4】 在一套管换热器中,用冷却水将热流体由 90 ℃冷却至 65 ℃,冷却水进口温度为 25 ℃,出口温度为 60 ℃,试分别计算两流体作逆流和并流时的平均温度差,并对计算结果进行比较。

解:逆流时

热流体温度 T	90 → 65	
冷流体温度 t	60 ← 25	
Δt	30	40

所以 $$\Delta t_m=\frac{\Delta t_2-\Delta t_1}{\ln\dfrac{\Delta t_2}{\Delta t_1}}=\frac{40-30}{\ln\dfrac{40}{30}}=34.8\ ℃$$

并流时	热流体温度 T	$90 \to 65$
	冷流体温度 t	$25 \to 60$
	Δt	65 5

所以 $$\Delta t_{\mathrm{m}} = \frac{65-5}{\ln\frac{65}{5}} = 23.4\ ℃$$

比较可知,在冷、热流体的初、终温度相同的条件下,逆流的平均温差较并流的要大。

(3)错流和折流时的平均温度差

在换热器中两流体是作比较复杂的错流或折流,其平均温度差 Δt_{m} 的计算基本思路是先按逆流计算对数平均温度差,然后再乘以考虑流动方向的校正因素,即

$$\Delta t_{\mathrm{m}} = \varphi_{\Delta t}\Delta t'_{\mathrm{m}} \tag{2.4-24}$$

由于各种复杂流动中同时存在逆流和并流的缘故,因此它们的 Δt_{m} 比纯逆流时小,故 $\varphi_{\Delta t}$ 值恒小于1。通常在换热器的设计中规定 $\varphi_{\Delta t}$ 值不应小于0.8,否则经济上不合理。若低于此值,则应考虑增加壳程数或将多台换热器串联,使传热过程接近于逆流。

(4)流向的选择

若两流体均为变温传热且在两流体进、出口温度不变的条件下,逆流时的平均温度差最大,并流时的平均温度差最小,其他流向的平均温度差介于逆流和并流两者之间,因此就传热推动力而言,逆流优于并流和其他流动形式。

当换热器的传热量 Q 及总传热系数 K 一定时,采用逆流操作,所需的换热器传热面积较小;逆流的另一优点是可节省加热介质或冷却介质的用量。这是因为当逆流操作时,热流体的出口温度 T_2 可以降低至接近冷流体的进口温度 t_1,即逆流时热流体的温降较并流时的温降大,因此逆流时加热介质用量较少。同理,逆流时冷流体的温升较并流时的温升大,故冷却介质用量可少些。所以,除了某些工艺对流体的温度有所限制时宜采用并流操作外,换热器应尽可能采用逆流操作。

另外,传热计算还可以采用传热单元数(NTU)法,又称传热效率—传热单元数(ε—NTU)法,该法在换热器的校核计算、换热器系统最优化计算方面得到了广泛的应用。这里不再赘述。

2.4.5 对流传热系数关联式

对流传热是指运动流体与固体壁面之间的热量传递过程,故对流传热与流体的流动状况密切相关。根据流体在传热过程中的状态,对流传热可分为两类。

①流体无相变的对流传热:如强制对流(强制层流和强制湍流)、自然对流。

②流体有相变的对流传热:如蒸汽冷凝和液体沸腾。

对流传热系数的计算成为解决对流传热的关键。求算对流传热系数的方法有两种:理论方法和实验方法。由于过程的复杂性,对于工程上遇到的对流传热仍依赖于实验方法。

表2.4-1列出了对流系数关联式中各准数名称、符号和含义。

表 2.4-1 准数的名称、符号和含义

准数名称	符号	准数式	含义
努塞尔数	Nu	$\dfrac{\alpha l}{\lambda}$	表示对流传热系数的准数
雷诺数	Re	$\dfrac{lu\rho}{\mu}$	表示惯性力与黏性力之比,是表征流动状态的准数
普朗特数	Pr	$\dfrac{c_p\mu}{\lambda}$	表示速度边界层和热边界层相对厚度的一个参数,反映与传热有关的流体物性
格拉晓夫数	Gr	$\dfrac{l^3\rho^2 g\beta\Delta t}{\mu^2}$	表示由温度差引起的浮力与黏性力之比

1. 流体无相变时的对流传热系数

(1)流体在管内作强制对流

以流体在光滑圆形直管内作强制湍流为例。当流体为低黏度流体时,可应用迪特斯(Dittus)—贝尔特(Boelter)关联式:

$$Nu = 0.023\ Re^{0.8} Pr^n \tag{2.4-25}$$

或

$$\alpha = 0.023\ \frac{\lambda}{d_i}\left(\frac{d_i u\rho}{\mu}\right)^{0.8}\left(\frac{c_p\mu}{\lambda}\right)^n \tag{2.4-25a}$$

式中的 n 值视热流方向而定。当流体被加热时,$n=0.4$;当流体被冷却时,$n=0.3$。

应用范围:$Re>10\ 000$,$0.7<Pr<120$,$\dfrac{L}{d_i}$(L 为管长)。若$\dfrac{L}{d_i}<60$,需考虑传热进口段对 α 的影响,此时可将由式 2.4-33a 求得的 α 值乘以$\left[1+\left(\dfrac{d_i}{L}\right)^{0.7}\right]$进行校正。

特性尺寸:管内径 d_i。

定性温度:流体进、出口温度的算术平均值。

若流体为高黏度流体,则可应用西德尔(Sieder)—泰特(Tate)关联式:

$$Nu = 0.027\ Re^{0.8} Pr^{1/3}\varphi_w \tag{2.4-26}$$

或

$$\alpha = 0.027\ \frac{\lambda}{d_i}\left(\frac{d_i u\rho}{\mu}\right)^{0.8}\left(\frac{c_p\mu}{\lambda}\right)^{1/3}\left(\frac{\mu}{\mu_w}\right)^{0.14} \tag{2.4-26a}$$

式中:$\varphi_w=\left(\dfrac{\mu}{\mu_w}\right)^{0.14}$ 也是考虑热流方向的校正项;μ_w 为壁面温度下流体的黏度。

应用范围:$Re>10\ 000$,$0.7<Pr<1\ 700$,$\dfrac{L}{d_i}>60$。

特性尺寸:管内径 d_i。

定性温度:除 μ_w 取壁温外,均取流体进、出口温度的算术平均值。

式中引入 φ_w 都是为了校正热流方向对 α 的影响。当液体被加热时,取 $\varphi_w\approx1.05$,液体被冷却时,取 $\varphi_w\approx0.95$;对气体,则不论加热或冷却,均取 $\varphi_w\approx1.0$。

流体在管内作其他形式的流动可查阅相关手册,这里从略。至于流体在非圆形管内作强制对流,只要将管内径改为当量直径 d_e,则仍可采用相应的各关联式。

【例 2.4-5】 常压空气在内径为 20 mm 的管内由 20 ℃加热到 100 ℃,空气的平均流速为 20 m/s,试求管壁对空气的对流传热系数。

解:定性温度 = (100 + 20)/2 = 60 ℃

查得 60 ℃时空气的物性如下:

$$\rho = 1.06\ \mathrm{kg/m^3}, \lambda = 0.02896\ \mathrm{W/(m \cdot ℃)}, \mu = 2.01 \times 10^{-5}\ \mathrm{Pa \cdot s}, Pr = 0.969$$

则 $$Re = \frac{d_i u \rho}{\mu} = \frac{0.02 \times 20 \times 1.06}{2.01 \times 10^{-5}} = 21\ 095(\text{湍流})$$

Re 和 Pr 值均在式 2.4-28 的应用范围内,但由于管长未知,故无法查核$\frac{L}{d_i}$,在此情况下,可采用该式近似计算 α。

气体被加热,取 $n = 0.4$,于是得

$$\alpha = 0.023 \frac{\lambda}{d_i} Re^{0.8} Pr^{0.4} = 0.023 \times \frac{0.02896}{0.02} \times (21\ 095)^{0.8} \times 0.696^{0.4} = 82.96\ \mathrm{W/(m^2 \cdot ℃)}$$

(2)流体在管外作强制对流

①流体在管束外作强制垂直流动:平均对流传热系数可分别用下式计算:

对于错列管束 $Nu = 0.33 Re^{0.6} Pr^{0.33}$ (2.4-27)

对于直列管束 $Nu = 0.26 Re^{0.6} Pr^{0.33}$ (2.4-27a)

应用范围:$Re > 3\ 000$。

特性尺寸:管外径 d_o。

流　　速:取流体通过每排管子中最狭窄通道处的速度。

定性温度:流体进、出口温度的算术平均值。

管束排数应为 10,否则应乘以修正系数。

②流体在换热器的管间流动:对于常用的列管式换热器,当换热器内装有圆缺形挡板(缺口面积约为 25% 的壳体内截面积)时,壳方流体的对流传热系数关联式有多诺呼(Donohue)法和凯恩(Kern)法,需要时可查阅手册。

需要指出,对不同的对流传热要会选用相应的关联式,在使用关联式时必须注意关联式的应用范围、特性尺寸和定性温度。

2. 流体有相变时的对流传热系数

有相变的对流传热具有对流传热系数高和恒温的特点。其中以蒸汽冷凝传热和液体沸腾传热最为常见。

(1)蒸汽冷凝传热

①蒸汽冷凝传热方式:当蒸汽处于比其饱和温度低的环境中时,将发生冷凝现象。蒸汽冷凝主要有膜状冷凝和滴状冷凝两种方式。进行冷凝计算时,通常总是将冷凝视为膜状冷凝。

②膜状冷凝时的对流传热系数:膜状冷凝时的对流传热系数是采用努塞尔首先提出的努塞尔(Nusselt)理论公式。

对蒸汽在垂直管外或垂直平板侧的冷凝,可推得努塞尔理论公式,即

$$\alpha = 0.943 \left[\frac{r \rho^2 g \lambda^3}{\mu L \Delta t} \right]^{1/4}$$

特性尺寸:取垂直管或板的高度。

定性温度:除蒸汽冷凝潜热取其饱和温度 t_s 下的值外,其余物性均取液膜平均温度 $t_m = (t_w + t_s)/2$ 下的值。

应予指出,努塞尔理论公式适用于膜内液体为层流、温度分布为直线的垂直平板或垂直管内、外冷凝时对流传热系数的求算。从滞流到湍流的临界 Re 值一般可取为 1 800。

实际上,在雷诺数低至 30 或 40 时,液膜即出现了波动,而要使实际的值较理论值高,麦克亚当斯建议应将计算结果提高 20%,即麦克亚当斯(McAdams)修正公式。

$$\alpha = 1.13\left[\frac{r\rho^2 g\lambda^3}{\mu L(t_s - t_w)}\right]^{1/4} \tag{2.4-28}$$

当液膜呈现湍流流动时可应用柯克柏瑞德(Kirkbride)的经验公式计算。

$$\alpha = 0.007\,6\lambda\left[\frac{\rho^2 g}{\mu^2}\right]^{13} Re^{0.4} \tag{2.4-29}$$

式中的定性温度仍取液膜的平均温度。

当 Re 值增加时:对滞流,α 值减小;而对湍流,α 值增大。

对于蒸汽在单根水平管外的层流膜状冷凝,努塞尔曾经获得下述关联式:

$$\alpha = 0.725\left[\frac{r\rho^2 g\lambda^3}{\mu d_o(t_s - t_w)}\right]^{1/4} \tag{2.4-30}$$

式中定性尺寸为管外径 d_o。

若水平管束在垂直列上的管数为 n,则冷凝传热系数可用凯恩(Kern)公式计算,即

$$\alpha = 0.725\left[\frac{r\rho^2 g\lambda^3}{\mu n^{2/3} d_o(t_s - t_w)}\right]^{1/4} \tag{2.4-31}$$

③影响冷凝传热的因素:单组分饱和蒸汽冷凝时,气相内温度均匀,都是饱和温度,故热阻集中在冷凝液膜内。因此对一定的组分,液膜的厚度及其流动状况是影响冷凝传热的关键因素。凡是有利于减薄液膜厚度的因素都可提高冷凝传热系数。这些因素有冷凝液膜两侧的温度差、流体物性、蒸汽的流速和流向、蒸汽中不凝气体含量的影响和冷凝壁面的影响,此外,冷凝壁面的表面情况对传热系数的影响也很大。

(2)液体沸腾传热

所谓液体沸腾是指在液体的对流传热过程中伴有由液相变为气相,即在液相内部产生气泡或气膜的过程。

①液体沸腾的分类:工业上的液体沸腾主要有两种:其一是将加热表面浸入液体的自由表面之下,液体在壁面受热沸腾时,液体的运动仅源于自然对流和气泡的扰动,称之为池内沸腾;其二是液体在管内流动过程中于管内壁发生的沸腾,称为流动沸腾或强制对流沸腾,亦称为管内沸腾,此时液体的流速对传热速率有强烈的影响,其传热机理要较池内沸腾复杂得多。

无论是池内沸腾还是强制对流沸腾,又均可分为过冷沸腾和饱和沸腾。池内饱和沸腾为主要讨论内容。

②液体沸腾曲线:池内沸腾时,热通量的大小取决于加热壁面温度与液体饱和温度之差 $\Delta t = t_w - t_{sat}$。池内沸腾时的热通量 q、对流传热系数 α 与 Δt 之间的关系曲线称为液体沸腾曲线,如图 2.4-1 所示。

由沸腾曲线分析得知,液体沸腾分三个阶段,即自然对流、泡核沸腾(或泡状沸腾)和膜状沸腾。由于泡核沸腾时可获得较高的对流传热系数和热通量,故工程上总是设法控制在泡核沸腾下操作。

③沸腾传热系数的计算:液体沸腾传热的影响因素有液体性质、温度差、操作压力和加热壁面等。

由于沸腾传热的机理十分复杂，目前还没有适当的分析解可以描述整个沸腾传热过程，故其传热系数的计算仍主要借助于经验公式。

3. 壁温的估算

在某些对流传热系数的关联式中，需要用试算法确定壁温。具体的方法是：根据算出的 α_i、α_o 及污垢热阻，在忽略管壁热阻时可用下列近似关系核算，即

$$\frac{|t_o - t_w|}{\frac{1}{\alpha_o} + R_{so}} = \frac{|t_w - t_i|}{\frac{1}{\alpha_i} + R_{si}} \tag{2.4-32}$$

上述的 t_o、t_i 和 t_w 是指管外流体、管内流体及管壁的平均温度。

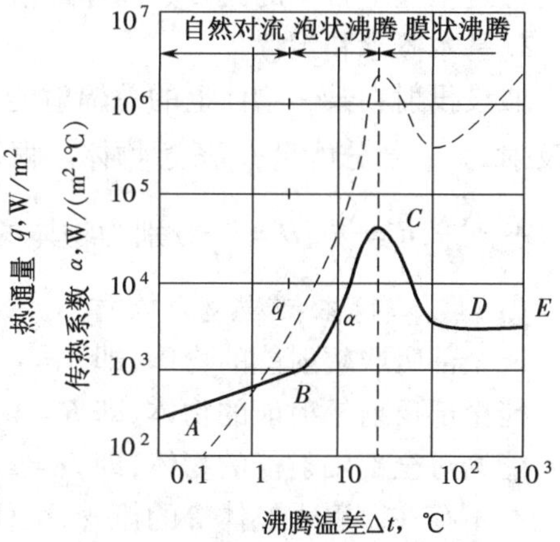

图 2.4-1 水的沸腾曲线

由此算出的 t_w 值应与原来假设的 t_w 值相符，否则应重新假设壁温，重复上述计算步骤，直到基本相符为止。

应予指出，所设的 t_w 值应接近 α 值大的那个流体的温度，且 α 相差愈大，壁温愈接近于 α 大的那个流体的温度。

【例 2.4-6】 在列管换热器中两流体进行换热，若已知管内外流体的平均温度分别为 170 ℃和 135 ℃；流体的对流传热系数分别为 12 000 W/(m² · ℃)和 1 100 W/(m² · ℃)，管内外侧的污垢热阻分别为 0.000 2(m² · ℃)/W 和 0.000 5(m² · ℃)/W。试估算管壁平均温度。假设管壁导热热阻可忽略。

解：管壁的平均温度可由式 2.4-32 进行计算，即

$$\frac{|t_o - t_w|}{\frac{1}{\alpha_o} + R_{so}} = \frac{|t_w - t_i|}{\frac{1}{\alpha_i} + R_{si}}$$

$$\frac{135 - t_w}{\frac{1}{11\,000} + 0.000\,5} = \frac{t_w - 170}{\frac{1}{12\,000} + 0.000\,2}$$

即 $$\frac{135 - t_w}{0.001\,41} = \frac{t_w - 170}{0.000\,283}$$

解得 $t_w \approx 164$ ℃

计算结果表明，管壁温度接近于热阻小的那一侧流体的温度。

2.4.6 辐射传热

因热的原因而产生的电磁波在空间的传递称为热辐射。热辐射与热传导和对流传热的最大区别就在于它可以在完全真空的地方传递而无需任何介质。热辐射的另一个特征是不仅产生能量的转移，而且还伴随着能量形式的转换。辐射传热是物体间相互辐射和吸收能量的总结果。应予说明的是，任何物体只要在绝对零度以上，都能发射辐射能，但仅当物体间的温度差较大时，辐射传热才能成为主要的传热方式。

热辐射和光辐射的本质完全相同，所不同的仅仅是波长的范围。热射线和可见光线一样，都服从反射和折射定律，在均匀介质中作直线传播，在真空和大多数气体中可以完全透过，但

不能透过工业上常见的大多数固体或液体。

1. 基本概念和定律

假设投射在某一物体上的总辐射能量为 Q,其中有一部分能量 Q_A 被吸收,一部分能量 Q_R 被反射,另一部分能量 Q_D 透过物体。根据能量守恒定律,可得 $A+R+D=1$。

$A=\dfrac{Q_A}{Q}$,$R=\dfrac{Q_R}{Q}$,$D=\dfrac{Q_D}{Q}$分别为物体的吸收率、反射率、透过率。

(1)黑体、镜体、透热体和灰体

能全部吸收辐射能的物体,即 $A=1$ 的物体,称为黑体或绝对黑体。

能全部反射辐射能的物体,即 $R=1$ 的物体,称为镜体或绝对白体。

能透过全部辐射能的物体,即 $D=1$ 的物体,称为透热体。黑体和镜体都是理想物体,实际上并不存在。引入黑体等的概念,可作为实际物体的比较标准,以简化辐射传热计算。

物体的吸收率 A、反射率 R 和透过率 D 的大小取决于物体的性质、表面状况及辐射线的波长等。能够以相等的吸收率吸收所有波长辐射能的物体,称为灰体。灰体也是理想物体,但是大多数工业上常见的固体材料均可视为灰体。灰体有如下特点:

①它的吸收率 A 与辐射线的波长无关;

②它是不透热体,即 $A+R=1$。

(2)物体的辐射能力 E

辐射能力指物体在一定温度下,单位表面积、单位时间内所发射的全部波长的辐射能,称为该物体在该温度下的辐射能力,以 E 表示,单位为 W/m^2。辐射能力可以表征物体发射辐射能的本领。在相同条件下,物体发射特定波长的能力称为单色辐射能力,用 E_Λ 表示。若用下标 b 表示黑体,则黑体辐射能力和单色辐射能力分别用 E_b 和 $E_{b\Lambda}$ 表示。

(3)普朗克定律、斯蒂芬—玻耳兹曼定律及克希霍夫定律

普朗克定律揭示了黑体的单色辐射能力 $E_{b\Lambda}$ 随波长变化的规律。斯蒂芬—玻耳兹曼定律揭示了黑体的辐射能力与其表面温度的关系,其表达式为

$$E_b=\sigma_0 T^4=C_0\left(\frac{T}{100}\right)^4 \tag{2.4-33}$$

式中:T 为黑体的热力学温度,K;σ_0 为黑体的辐射系数,其值为 $5.67\times10^{-8}\,W/(m^2\cdot K^4)$;$C_0$ 为黑体的辐射系数,其值为 $5.67\ W/(m^2\cdot K^4)$。

斯蒂芬—玻耳兹曼定律通常称为四次方定律,它表明黑体的辐射能力与其表面温度的四次方成正比。

克希霍夫定律揭示了物体的辐射能力 E 与吸收率 A 之间的关系,即

$$E_1/A_1=E_2/A_2=\cdots E/A=E_b=f(T) \tag{2.4-34}$$

克希霍夫定律表明任何物体(灰体)的辐射能力与吸收率的比值恒等于同温度下黑体的辐射能力,即仅和物体的绝对温度有关。

(4)物体的辐射能力的影响因素

对于实际物体,因 $A<1$,由此可见,在任一温度下黑体的辐射能力最大,对于其他物体而言,物体的吸收率愈大,其辐射能力也愈大。

在同一温度下,灰体的辐射能力与黑体的辐射能力之比称为灰体的黑度或发射率,用 ε 表示。在同一温度下,灰体的吸收率和黑度在数值上是相等的。显然,只要知道灰体的黑度 ε,

便可求得该灰体的辐射能力。而黑度 ε 和物体的性质、温度及表面情况（如表面粗糙度及氧化程度）有关，一般由实验测定。

2. 两固体间的辐射传热

化学工业中经常遇到的两固体间的辐射传热可视为灰体间的辐射传热。在两灰体间的辐射传热中，相互进行着辐射能的多次被吸收和反射的过程，因而在计算灰体间的辐射传热时，必须考虑其吸收率和反射率、形状和大小以及相互间的位置和距离等因素的影响。

两灰体间辐射传热的结果是高温物体向低温物体传递了能量。推导得出的灰体间辐射传热的计算式为

$$Q_{1-2}=C_{1-2}\varphi S\left[\left(\frac{T_1}{100}\right)^4-\left(\frac{T_2}{100}\right)^4\right] \tag{2.4-35}$$

式中：Q_{1-2}为净的辐射传热速率，W；T_1，T_2分别为高温和低温表面的的热力学温度，K；C_{1-2}为总辐射系数，视两物体间的位置而定其计算式；φ 为几何系数或角系数，视两物体间的位置而取值，举例见表 2.4-2。

上式表明，两灰体间的辐射传热速率正比于二者的绝对温度四次方之差。显然，此结果与另外两种传热方式——热传导和对流传热完全不同。

表 2.4-2 φ 值与 C_{1-2}的计算式

序号	辐射情况	S	φ	C_{1-2}
1	极大的两平行面	S_1或S_2	1	$C_0/(1/\varepsilon_1+1/\varepsilon_2-1)$
2	很大的物体 2 包住物体 1	S_1	1	εC_0
3	物体 2 恰好包住物体 1，$S_2=S_1$	S_1	1	$C_0/(1/\varepsilon_1+1/\varepsilon_2-1)$
4	介于 2、3 两种情况之间	S_1		$C_0/[1/\varepsilon_1+(1/\varepsilon_2-1)A_1/A_2]$

【例 2.4-7】 车间内有一高和宽各为 3 m 的炉门（黑度 $\varepsilon_1=0.70$），其表面温度为 600 ℃，室内温度为 27 ℃。(1)试求由于炉门辐射而引起的散热速率。(2)若在炉门前 25 mm 处放置一块尺寸和炉门相同而黑度为 0.11 的铝板作为热屏，则散热速率可降低多少？

解：(1)放置铝板前由于炉门辐射而引起的散热速率

由于炉门被车间四壁所包围，则 $\varphi=1$；又 $S_2\gg S_1$，故 $C_{1-2}=\varepsilon_1 C_0$，于是

$$S=S_1=3\times3=9\ \text{m}^2$$

$$C_{1-2}=\varepsilon_1 C_0=0.70\times5.67=3.969\ \text{W/(m}^2\cdot\text{K}^4)$$

$$Q_{1-2}=C_{1-2}\varphi S\left[\left(\frac{T_1}{100}\right)^4-\left(\frac{T_2}{100}\right)^4\right]$$

$$=3.969\times1\times9\times\left[\left(\frac{600+273.2}{100}\right)^4-\left(\frac{27+273.2}{100}\right)^4\right]=2.048\times10^5\ \text{W}$$

(2)放置铝板后由于炉门辐射而引起的散热速率

以下标 1、2 和 3 分别表示炉门、房间和铝板。假定铝板的温度为 T_3，则当传热达稳态时，炉门对铝板的辐射传热速率必等于铝板对房间的辐射传热速率，此即由于炉门辐射而引起的散热速率。

炉门对铝板的辐射传热速率为

$$Q_{1-3}=C_{1-3}\varphi_{1-3}S_1\left[\left(\frac{T_1}{100}\right)^4-\left(\frac{T_3}{100}\right)^4\right]$$

因 $A_1=A_3$，且两者相距很小，故可认为是两个极大平行平面间的相互辐射，故 $\varphi_{1-3}=1$。

$$C_{1-3}=\frac{C_0}{1/\varepsilon_1+1/\varepsilon_2-1}=\frac{5.67}{1/0.7+1/0.11-1}=0.596\ \mathrm{W/(m^2\cdot K^4)}$$

故
$$Q_{1-3}=0.596\times1\times9\left[\left(\frac{600+273.2}{100}\right)^4-\left(\frac{T_3}{100}\right)^4\right] \tag{a}$$

铝板对房间的辐射传热速率为

$$Q_{3-2}=C_{3-2}\varphi_{3-2}S_3\left[\left(\frac{T_3}{100}\right)^4-\left(\frac{T_2}{100}\right)^4\right]$$

式中 $S_3=3\times3=9\ \mathrm{m^2}$

$C_{3-2}=C_0\varepsilon_3=5.67\times0.11=0.624\ \mathrm{W/(m^2\cdot K^4)}$

$\varphi_{3-2}=1$

则
$$Q_{3-2}=0.624\times9\times\left[\left(\frac{T_3}{100}\right)^4-\left(\frac{27+273.2}{100}\right)^4\right] \tag{b}$$

于是 $Q_{1-3}=Q_{3-2}$

解得 $T_3=733\ \mathrm{K}$

将 T_3 值代入式(b)，得

$$Q_{3-2}=0.624\times9\times\left(\left(\frac{733}{100}\right)^4-\left(\frac{27+273.2}{100}\right)^4\right]=15\ 727\ \mathrm{W}$$

放置铝板后因辐射引起的散热速率可减少的百分率为

$$\frac{Q_{1-2}-Q_{3-2}}{Q_{1-2}}\times100\%=\frac{2.048\times10^3-15\ 727.3}{2.048\times10^5}\times100\%=92.3\%$$

以上计算说明，设置隔热挡板是减少辐射散热的有效方法，而且挡板材料的黑度越低，挡板的层数越多，则热损失越少。

3. 对流和辐射联合传热

在化工生产中，许多设备的外壁温度常高于环境温度，此时热量将以对流和辐射两种方式自壁面向环境传递而引起热损失。设备的热损失可根据对流传热速率方程和辐射传热速率方程来计算，散热速率为

$$Q=Q_c+Q_R=(\alpha+\alpha_R)S_w(t_w-t)=\alpha_T S_w(t_w-t) \tag{2.4-36}$$

式中 $\alpha_T=\alpha+\alpha_R$，为对流—辐射联合传热系数，其单位为 $\mathrm{W/(m^2\cdot ℃)}$。对于有保温层的设备，其外壁与周围环境的联合传热系数 α_T 可用公式估算。

【例2.4-8】 在 $\phi219\ \mathrm{mm}\times8\ \mathrm{mm}$ 的蒸汽管道外包扎一层厚为75 mm、导热系数为0.1 W/(m·℃)的保温材料，管内饱和蒸汽温度为160 ℃，周围环境温度为20 ℃，试估算管道外表面的温度及单位长度管道的热损失。假设管内冷凝传热和管壁热传导热阻均可忽略。

解：管道保温层外对流—辐射联合传热系数可用下式计算：

$$\alpha_T=9.4+0.052(t_w-t)=9.4+0.052(t_w-20)$$

则单位管长热损失为

$$Q/L=\alpha_T\pi d_o(t_w-t)=[9.4+0.052(t_w-20)]\pi d_o(t_w-20)$$

$$=0.06025(t_w-20)^2+10.891(t_w-20)$$

由于管内冷凝传热和管壁热传导热阻均可忽略，故

$$Q/L=\frac{2\pi\lambda(t-t_w)}{\ln\frac{d_o}{d}}=\frac{2\pi\times0.1\times(160-t_w)}{\ln\frac{0.219+0.075\times2}{0.219}}=1.2037(160-t_w)$$

即 $0.625(t_w-20)^2+10.8914(t_w-20)=1.2037(160-t_w)$

解得 $t_w=33.1\ ℃$

则 $Q/L=1.2037\times(160-33.1)=152.8\ W/m$

2.4.7 间壁式换热器

1. 换热器的结构形式

间壁式换热器按换热面的形状分管式、板式和热管换热器几大类。

(1)管式换热器

管式换热器有管壳式换热器、蛇管式换热器、套管式换热器和翅片管式换热器。

管壳式换热器又称列管式换热器，是一种应用最为广泛的通用标准换热设备。根据管壳式换热器结构特点及热补偿方式分为固定管板式、浮头式、U形管式、填料函式和釜式换热器等类型。蛇管式换热器是管式换热器中结构最简单、操作最方便的一种换热设备，按照换热方式分为沉浸式和喷淋式两类。套管式换热器是由两种不同直径的直管套在一起组成同心套管，其内管用U形肘管顺次连接，外管与外管互相连接而成。每一段套管称为一程，程数可根据传热面积要求而增减。翅片管式换热器又称管翅式换热器，其结构特点是在换热管的外表面或内表面装有许多翅片，常用的翅片有纵向和横向两类。

(2)板式换热器

板式换热器有平板式换热器、螺旋板式换热器、热板式换热器。

平板式换热器简称板式换热器。冷、热流体交替地在板片两侧流动通过板片进行换热。板片是板式换热器的核心部件。螺旋板式换热器由两张间隔一定的平行薄金属板卷制而成。根据流动方式不同，螺旋板式换热器分为Ⅰ、Ⅱ、Ⅲ和G型螺旋板式换热器四种。热板式换热器是一种新型高效板面式换热器，其传热基本单元为热板。热板式换热器作为一种新型的换热器，具有广阔的应用前景。

(3)热管换热器的结构形式

以热管为传热单元的热管换热器是一种新型高效换热器，它特别适用于低温差传热及某些等温性要求较高的场合。

2. 换热器传热过程的强化

所谓换热器传热过程的强化就是力求使换热器在单位时间内、单位传热面积传递的热量尽可能增多。

换热器传热计算的基本关系式揭示了换热器中传热速率 Q 与传热系数 K、平均温度差 Δt_m 以及传热面积之间的关系。根据此式，要使 Q 增大，无论是增加 K、Δt_m 还是增大 S 都能收到一定的强化传热过程效果。

(1)增大传热面积

增大传热面积可以提高换热器的传热速率，但增大传热面积要提高单位体积的传热面积。工业上往往通过改进传热面的结构来实现。目前已研制出并成功使用了多种高效能传热面，

它不仅使传热面得到充分的扩展,而且还使流体的流动和换热器的性能得到相应的改善。例如:用翅(肋)化面、异形面,多颗粒传热表面和减少管子直径等。

(2)增大平均温度差

增大平均温度差,可以提高换热器的传热速率。平均温度差的大小主要取决于两流体的温度条件和两流体在换热器中的流动类型。一般来说,物料的温度由生产工艺来决定,不能随意变动,而加热介质或冷却介质的温度由于所选介质不同,可以有很大的差异。需指出的是,提高介质的温度必须考虑到技术上的可行性和经济上的合理性。

(3)增大总传热系数

增大总传热系数,可以提高换热器的传热速率。总传热系数的计算公式为

$$K=\frac{1}{\frac{d_o}{\alpha_i d_i}+R_{si}\frac{bd_o}{\lambda d_m}+R_{so}+\frac{1}{\alpha_o}}$$

要提高 K 值就必须减少各项热阻。但因各项热阻所占比例不同,故应设法减少对 K 值影响较大的热阻。减少热阻的主要方法有:提高流体的速度,增强流体的扰动,在流体中加固体颗粒,在气流中喷入液滴,采用短管换热器和防止结垢和及时清除垢层。

2.5 蒸　发

要求:重点掌握蒸发操作特点、溶液的沸点升高及单效蒸发计算(包括物料衡算、热量衡算、传热面积的计算)、蒸发的生产强度和蒸发操作的节能途径。掌握蒸发器的基本结构和特点,并能根据实际情况选择合适的蒸发器。一般了解多效蒸发的操作流程、多效蒸发与单效的比较,并建立多效蒸发的效数有限制和最佳效数的概念。

2.5.1　概述

将含有不挥发溶质的溶液加热沸腾,使挥发性溶剂部分汽化从而将溶液浓缩的过程称为蒸发。工业上被蒸发的溶液多为水溶液,故本章的讨论仅限于水溶液的蒸发。在蒸发器中,管外用加热介质(通常为饱和水蒸气)加热管内的溶液,使之沸腾汽化。浓缩了的溶液(称为完成液)由蒸发器的底部排出。而溶液汽化产生的蒸汽经上部的分离室与溶液分离后由顶部引至冷凝器。为便于区别,将蒸出的蒸汽称为二次蒸汽,而将加热蒸汽称为生蒸汽或新鲜蒸汽。

蒸发是间壁两侧均发生相变化的恒温热量传递过程,其传热速率是蒸发过程的控制因素。蒸发所用的设备属于热交换设备。与一般的传热过程比较,蒸发过程又具有其自身的特点,主要表现在以下几方面。

①溶液沸点升高:被蒸发的料液是含有非挥发性溶质的溶液,在相同压力下,溶液的沸点高于纯溶剂的沸点。因此,当加热蒸汽温度一定,蒸发溶液时的传热温度差要小于蒸发溶剂时的温度差。溶液的组成越高,这种影响也越显著,在进行蒸发设备的计算时必须考虑。

②物料的工艺特性:包括物料的热效性、结垢、折晶、腐蚀性等。

③能量利用与回收:包括真空蒸发、多效蒸发、热泵蒸发、额外蒸汽抽出等措施。

根据二次蒸汽是否用作另一蒸发器的加热蒸汽,可将蒸发过程分为单效蒸发和多效蒸发。根据蒸发的过程模式,可将其分为间歇蒸发和连续蒸发。按蒸发操作压力的不同,可将蒸发过程分为常压、加压和减压(真空)蒸发。对于热敏性料液常采用减压蒸发。减压蒸发的优点:①在加热蒸汽温度一定的条件下,蒸发器传热平均推动力大;②可以利用低压蒸汽或废热蒸汽

作为加热介质;③溶液沸点低,可适用于热敏物料;④温度低,系统热阻小。但减压蒸发也存在溶液沸点降低,溶液黏度变大,使传热系数减小,造成需要增加设备和动力等不利因素。

工业上采用蒸发操作主要是达到以下目的:

①稀溶液的增浓直接制取液体产品,或者将浓缩的溶液再经进一步处理(如冷却结晶)制取固体产品,如果汁、牛奶的浓缩。

②纯净溶剂的制取,此时蒸出的溶剂是产品,如海水淡化。

③同时制备浓溶液和回收溶剂,如中药浸出液的蒸发。

2.5.2 蒸发设备

常用蒸发器主要由加热室和分离室两部分组成。蒸发器的多样性在于加热室、分离室的结构及其组合方式的变化。随着工业蒸发技术的不断发展,蒸发设备的结构不断改进与创新,其种类繁多,结构各异。目前工业上实用的蒸发设备约有 60 余种,其中最常用的也有十余种类型,本节仅介绍常用的几种。

1. 常用蒸发器的结构特点和性能

根据溶液被加热的方式,蒸发器可分为间接加热蒸发器和直接接触加热蒸发器(如浸没燃烧蒸发器)。直接接触加热蒸发器结构简单,传热效率高,适用于易结垢、结晶或有腐蚀性的物料蒸发。根据溶液在蒸发器中流动的情况,大致可将工业上常用的间接加热蒸发器分为循环型与单程型两类。

循环型蒸发器的特点是溶液在蒸发器内作循环流动。根据造成液体循环的原理不同,又可将其分为自然循环和强制循环两类。目前常用的循环型蒸发器有以下几种:中央循环管式蒸发器、悬筐式蒸发器、外热式蒸发器、列文蒸发器和强制循环蒸发器。

单程型蒸发器的特点是溶液沿加热管壁成膜状流动,一次通过加热室即达到要求的组成。单程型蒸发器传热效率高,蒸发速度快,因而特别适用于热敏性物料的蒸发。按物料在蒸发器内的流动方向及成膜原因的不同,单程型蒸发器可以分为升膜蒸发器、降膜蒸发器、升—降膜蒸发器和刮板薄膜蒸发器。

除上述两大类蒸发器外,还有直接接触传热的蒸发器和汽、液、固三相循环流蒸发器。

在蒸发时,还常常需要冷凝器、除沫器和真空装置等辅助设备。

2. 蒸发器的选型

蒸发器的结构类型很多,选择蒸发器的类型或设计蒸发器时,在满足生产任务要求、保证产品质量的前提下,还要兼顾所用蒸发器的结构简单、易于制造,操作和维修方便,传热效果好等。除此而外,还要对被蒸发物料的工艺特性有良好的适应性,包括物料的黏性、热敏性、腐蚀性以及是否结晶或结垢等因素。常见蒸发器的性能见表 2.5-1。

表 2.5-1 蒸发器的主要性能

蒸发器类型	造价	总传热系数		溶液在管内流速/($m\cdot s^{-1}$)	停留时间	完成液浓度能否恒定	浓缩比	处理量	对溶液性质的适应性					
		稀溶液	高黏度						稀溶液	高黏度	易生泡沫	易结垢	热敏性	有结晶析出
水平管型	最廉	良好	低	—	长	能	良好	一般	适	适	适	不适	不适	不适
标准型	最廉	良好	低	0.1~1.5	长	能	良好	一般	适	适	适	尚适	尚适	稍适
外热式(自然循环)	廉	高	良好	0.4~1.5	较长	能	良好	较大	适	尚适	较好	尚适	尚适	稍适

续表

蒸发器类型	造价	总传热系数		溶液在管内流速/(m·s⁻¹)	停留时间	完成液浓度能否恒定	浓缩比	处理量	对溶液性质的适应性					
		稀溶液	高黏度						稀溶液	高黏度	易生泡沫	易结垢	热敏性	有结晶析出
列文式	高	高	良好	1.5~2.5	较长	能	良好	较大	适	尚适	较好	尚适	尚适	稍适
强制循环	高	高	高	2.0~3.5	—	能	较高	大	适	好	好	适	尚适	适
升膜式	廉	高	良好	0.4~1.0	短	较难	高	大	适	尚适	好	尚适	良好	不适
降膜式	廉	良好	高	0.4~1.0	短	尚能	高	大	较适	好	适	不适	良好	不适
刮板式	最高	高	良好	—	短	尚能	高	较小	较适	好	较好	不适	良好	不适
甩盘式	较高	高	低	—	较短	尚能	较高	较小	适	尚适	适	不适	较好	不适
旋风式	最廉	高	良好	1.5~2.0	短	较难	较高	较小	适	适	适	尚适	尚适	适
板式	高	高	良好	—	较短	尚能	良好	较小	适	尚适	适	不适	尚适	不适
浸没燃烧	廉	高	高	—	短	较难	良好	较大	适	适	适	适	不适	适

3. 蒸发器的改进与发展

近年来，国内外对于蒸发器的研究十分活跃，归结起来主要有以下几个方面：

①通过改进加热管的表面形状来提高传热效果，开发出新型蒸发器。

②在蒸发器内装入多种形式的湍流构件或填料，改善蒸发器内液体的流动状况，可提高沸腾液体侧的传热系数。

③通过改进溶液性质来改善传热效果。

2.5.3 单效蒸发

对于单效蒸发，通常生产任务中已知的项目有：进料量、温度和浓度，完成液的浓度，加热蒸汽的压力和冷凝器的操作压力。要求计算的项目有：水的蒸发量或完成液的量、加热蒸汽的消耗量、蒸发器的传热面积。这些可分别由物料衡算、热量衡算和传热速率方程求出。

1. 物料与热量衡算方程

1）物料衡算

例如，对单效蒸发器进行溶质的质量衡算，可得水的蒸发量为

$$W = F\left(1 - \frac{x_0}{x_1}\right) \tag{2.5-1}$$

式中：F 为原料液量，kg/h；W 为水的蒸发量，kg/h；x_0为原料液中溶质的质量分数；x_1为完成液中溶质的质量分数。

2）热量衡算

设加热蒸汽的冷凝液在饱和温度下排出，则由蒸发器的热量衡算得

$$Q = D(H - h_c) = WH' + (F - W)h_1 - Fh_0 + Q_L \tag{2.5-2}$$

式中：Q 为蒸发器的热负荷或传热速率，kJ/h；D 为加热蒸汽消耗量，kg/h；Q_L为蒸发器的热损失，kJ/h；H 为加热蒸汽的焓，kJ/kg；H'为二次蒸汽的焓，kJ/kg；h_c为冷凝水的焓，kJ/kg；h_1为完成液的焓，kJ/kg；h_0为原料液的焓，kJ/kg。

由式 2.5-2 可知，如果各物流的焓值已知及热损失给定，即可求出加热蒸汽用量 D 以及蒸发器的热负荷 Q。

溶液的焓值是其组成和温度的函数。在求算 D 时，按两种情况分别讨论：溶液的稀释热可以忽略的情形和稀释热较大的情形。

(1)可忽略溶液稀释热的情况

大多数溶液属于此种情况，其焓值可由比热容近似计算。若以0℃的溶液为基准，假定加热蒸汽的冷凝水在饱和温度下排出，则

$$D=\frac{Wr'+Fc_0(t_1-t_0)+Q_L}{r} \tag{2.5-2a}$$

式中：c_0为原料液的比热容，kJ/(kg·℃)；r为加热蒸汽的汽化潜热，kJ/kg；r'为二次蒸汽在t_1下的汽化潜热，kJ/kg；t_1为完成液的温度，℃；t_0为原料液的温度，℃。

上式表明加热蒸汽放出的热量用于：①原料液由t_0升温到沸点t_1；②使水在t_1下汽化成二次蒸汽；③热损失。

若原料液在沸点下进入蒸发器并同时忽略热损失，则由式2.5-2a可得单位蒸汽消耗量e为

$$e=\frac{D}{W}=\frac{r'}{r} \tag{2.5-3}$$

e值是衡量蒸发装置经济程度的指标。对于单效蒸发，理论上每蒸发1 kg水约需1 kg加热蒸汽。但实际上，由于溶液的热效应和热损失等因素，e值约为1.1或更大。

(2)溶液稀释热不可忽略的情况

有些溶液在稀释时其放热效应非常显著，因而在蒸发时，作为溶液稀释的逆过程，除了提供水分蒸发所需的汽化潜热之外，还需要提供和稀释热效应相等的浓缩热。溶质的质量分数越大，这种影响越加显著。对于这类溶液，其焓值不能按上述简单的比热容加合方法计算，需由专门的焓浓图查得。

$$D=\frac{WH'+(F-W)h_1-Fh_0-Q_L}{r} \tag{2.5-2b}$$

要会利用焓浓图进行蒸发计算。

2. 传热速率方程

蒸发器的传热速率方程与通常的热交换器相同。热负荷Q可通过对加热器作热量衡算求得。当忽略加热器的热损失，则Q为加热蒸汽冷凝放出的热量。

但在确定蒸发器的Δt_m和K时，与普通的热交换器有着一定的差别。

1)传热的平均温度差

蒸发器加热室的一侧为蒸汽冷凝，其温度为T；另一侧为溶液沸腾，其温度为溶液的沸点t_1。因此，传热的有效平均温度差为

$$\Delta t_m=T-t_1 \tag{2.5-4}$$

式中：T为加热蒸汽的温度，℃；t_1为操作条件下溶液的沸点，℃。

Δt_m亦称为蒸发的有效温度差，是传热过程的推动力。

但在蒸发过程的计算中，一般给定的条件是加热蒸汽的压力(或温度T)和冷凝器内的操作压力。由给定的冷凝器内的压力，可以定出进入冷凝器的二次蒸汽的温度t_c。一般地，将蒸发器的总温度差定义为

$$\Delta t_T=T-t_c \tag{2.5-5}$$

式中：t_c为冷凝器内二次蒸汽的温度，℃。

蒸发计算中，通常将总温度差与有效温度差的差值称为温度差损失，即

$$\Delta = \Delta t_T - \Delta t_m \tag{2.5-6}$$

式中Δ亦称溶液的沸点升高。蒸发器内溶液的沸点升高(或温度差损失),应由如下三部分组成,即

$$\Delta = \Delta' + \Delta'' + \Delta''' \tag{2.5-7}$$

式中:Δ'表示由于溶液中溶质存在引起的沸点升高,℃;Δ''表示由于液柱静压头引起的沸点升高,℃;Δ'''表示由于流动阻力引起的沸点升高,℃。

(1)由于溶液中溶质存在引起的沸点升高Δ'

与溶剂相比,在相同压力下,由于溶液中溶质存在引起的沸点升高可定义为

$$\Delta' = t_B - T' \tag{2.5-8}$$

式中:t_B为溶液的沸点,℃;T'表示与溶液压力相等时水的沸点,℃。

溶液的沸点t_B主要与溶液的种类、溶质含量及压力有关。一般需由实验测定。当缺乏实验数据时,可以用下式近似估算溶液的沸点升高。

$$\Delta' = f\Delta'_a \tag{2.5-9}$$

$$f = \frac{0.016\,2(T'+273)^2}{r'} \tag{2.5-10}$$

式中:Δ'为操作压力下由于溶质存在引起的沸点升高,℃;Δ'_a为常压下(101.3 kPa)由于溶质存在引起的沸点升高,℃;f为校正系数;T'为操作压力下水的沸点,℃;r'为操作压力下水的汽化潜热,kJ/kg。

溶液的沸点亦可用杜林规则(Duhring's rule)估算。杜林规则表明:一定组成的某种溶液的沸点与相同压力下标准液体的沸点呈线性关系。此外还可以利用杜林线图来查取溶液沸点。

(2)由于液柱静压头引起的沸点升高Δ''

由于液层内部的压力大于液面上的压力,故相应的溶液内部的沸点高于液面上的沸点。一般以液层中部点处的压力和沸点代表整个液柱的平均压力和平均温度t_{av}。t_{av}和t_B二者之差即为液柱静压头引起的沸点升高。

应当指出,由于溶液沸腾时形成气液混合物,其密度大为减小,因此按上述求得的Δ''值比实际值略大。

(3)由于流动阻力引起的沸点升高Δ'''

二次蒸汽从蒸发室流入冷凝器的过程中,由于管路阻力,其压力下降,故蒸发器内的压力高于冷凝器内的压力,由此造成的沸点升高以Δ'''表示。Δ'''与二次蒸汽在管道中的流速、物性以及管道尺寸有关,很难定量分析。一般取经验值1~1.5 ℃;对于多效蒸发,效间的沸点升高一般取1 ℃。

2)蒸发器的总传热系数

蒸发器的总传热系数的表达式原则上与普通换热器相同,只是管外蒸汽冷凝的传热系数α_o可按膜式冷凝的传热系数公式计算,垢层热阻值R_s可按经验值估计。

管内溶液沸腾传热系数则受较多因素的影响,例如溶液的性质、蒸发器的类型、沸腾传热的形式以及蒸发操作的条件等等。由于管内溶液沸腾传热的复杂性,现有关联式的准确性较差,所以常用蒸发器管内沸腾传热系数的经验关联式或大多根据实测或经验值选定。

3)传热面积计算

在蒸发器的热负荷 Q、传热的有效温度差 Δt_m 及总传热系数 K 确定以后,蒸发器传热面积的计算与换热器相同,即 $S_o = Q/(K_o \cdot \Delta t_m)$。

【例 2.5-1】 在单效循环管蒸发器中,将 4 000 kg/h 的 NaOH 水溶液由 10% 浓缩至 25%(质量分数),原料液于 40 ℃进入蒸发器。分离室内的绝对压力 15 kPa,NaOH 水溶液在蒸发器加热管内的液层高度为 1.6 m,在操作条件下溶液的平均密度为 1 230 kg/m³。加热蒸汽为 120 kPa 绝压的饱和水蒸气,冷凝水在饱和温度下排出。已测得蒸发器的总传热系数 $K=$ 1 300 W/(m²·℃),热损失为总热量的 20%。试求:(1)加热蒸汽消耗量;(2)蒸发器的传热面积。

解:根据物料衡算,水分的蒸发量为

$$W = F\left(1 - \frac{x_0}{x_1}\right) = 4\ 000\left(1 - \frac{0.10}{0.25}\right) = 2\ 400\ \text{kg/h}$$

(1)加热蒸汽消耗量

NaOH 水溶液蒸发时的浓缩热不能忽略。因冷凝水在加热蒸汽的饱和温度下排出,故需采用式 2.5-2b 求 D。

由水的饱和蒸气压表查出:

加热蒸汽 $p = 120$ kPa 时,$r = 2\ 247$ kJ/kg,$T = 104.5$ ℃

二次蒸汽 $p' = 15$ kPa 时,$H' = 2\ 594$ kJ/kg

由 NaOH 溶液的焓浓图查出:

原料液 $t_0 = 40$ ℃,$x_0 = 0.1$,$h_0 = 145$ kJ/kg

完成液 $t_1 = 72.7$ ℃,$x_1 = 0.25$,$h_1 = 280$ kJ/kg

因此

$$D = \frac{WH' + (F - W)h_1 - Fh_0 - Q_L}{H - h_w} = \frac{[WH' + (F - W)h_1 - Fh_0] \times 1.2}{r}$$

$$= \frac{[2\ 400 \times 2\ 594 + (4\ 000 - 2\ 400) \times 280 - 4\ 000 \times 145] \times 1.2}{2\ 247} = 3\ 254\ \text{kg/h}$$

(2)蒸发器所需的传热面积

这是一个正规的单效蒸发器的设计型计算题。计算的依据就是物料衡算、热量衡算及传热速率方程。由传热速率方程可以看出,传热速率 K 为已知,欲求传热面积 S,则需要求出传热速率 Q 及传热温度差 Δt。将水分蒸发量代入热量衡算式即可求出传热速率 Q。传热温度差 $\Delta t = T - t$,加热蒸汽温度为 T 已知,关键要求出溶液的沸点 t。

①求因溶液蒸气压下降而引起的沸点升高 Δ'。由于溶液在中央循环管式蒸发器的加热管内不断循环,管内溶液始终接近完成液组成,故按 25% 的组成计算溶液沸点升高。

采用校正系数法:

首先查出常压下(101.3 kPa)25% NaOH 水溶液的沸点为 113.1 ℃,故

$$\Delta'_a = 113.1 - 100 = 13.1\ ℃$$

查出在 15 kPa 下,二次蒸汽的温度 $T' = 53.5$ ℃,汽化热 $r' = 2\ 370$ kJ/kg。则 15 kPa 下的沸点升高为

$$\Delta' = f\Delta'_a = \frac{0.016\ 2(T' + 273)^2}{r'} = \frac{0.016\ 2(53.5 + 273)^2}{2\ 370} \times 13.1 = 9.55\ ℃$$

②求因液柱静压力引起的沸点升高 Δ''。蒸发器加热管液层中部的压力为

$$p_{av}=p'+\frac{\rho_{av}gL}{2}=15\times10^{3}+\frac{1\ 230\times9.81\times1.6}{2}=24\ 653\ \text{Pa}=24.65\ \text{kPa}$$

查出与 24.65 kPa 相对应的饱和蒸汽的温度为 63.1 ℃，与二次蒸汽压力 15 kPa 相对应的饱和蒸汽的温度为 53.51 ℃，故由于液柱静压力引起的沸点升高为

$$\Delta''=63.1-53.5=9.6\ ℃$$

因此，溶液的平均沸点为

$$t=T'+\Delta'+\Delta''=53.5+9.55+9.6=72.7\ ℃$$

有效温度差为

$$\Delta t_m=104.5-72.7=31.8\ ℃$$

可得传热面积为

$$S=\frac{Q}{K\Delta t_m}=\frac{Dr}{K\Delta t_m}=\frac{3\ 254\times2\ 247\times10^{3}}{3\ 600\times31.8\times1\ 000}=63.9\ \text{m}^2$$

需要指出：①在进行蒸发操作的热量衡算时，对于稀释热可忽略的物系，可用式 2.5-2a 计算，对于稀释热不可忽略的物系，则用式 2.5-2b 计算；②由于溶液在蒸发器内不断循环，故按完成液组成来计算溶液沸点升高。

3. 蒸发强度与加热蒸汽的经济性

蒸发强度与加热蒸汽的经济性是衡量蒸发装置性能的两个重要技术经济指标。

1）蒸发器的生产能力和蒸发强度

蒸发器的生产能力通常指单位时间内蒸发的水量，其单位为 kg/h。蒸发器生产能力的大小由蒸发器的传热速率 Q 来决定。

如果忽略蒸发器的热损失，且原料液在沸点下进料，则蒸发器的生产能力为

$$W=\frac{Q}{r'}=\frac{KS\Delta t_m}{r'} \tag{2.5-11}$$

蒸发器的生产强度简称蒸发强度，是指单位时间内单位传热面积上所蒸发的水量，即

$$U=\frac{W}{S} \tag{2.5-12}$$

式中：U 表示蒸发强度，kg/(m^2·h)。

蒸发器的生产能力只能笼统地表示一个蒸发器生产量的大小，并未涉及蒸发器本身的传热面积，不能定量地反映一个蒸发器的优劣。蒸发强度是评价蒸发器优劣的重要指标，对于给定的蒸发量而言，蒸发强度越大，则所需的传热面积越小，因而蒸发设备的投资越小。

假定沸点进料，并忽略蒸发器热损失，则可得

$$U=\frac{Q}{Sr'}=\frac{K\Delta t_m}{r'} \tag{2.5-13}$$

由上式可知，提高蒸发强度的基本途径是提高总传热系数 K 和传热温度差 Δt_m。

（1）提高传热温度差

传热温度差 Δt_m 的大小取决于加热蒸汽的压力和冷凝器操作压力。但加热蒸汽压力的提高常常受工厂供气条件的限制；而冷凝器中真空度的提高要考虑到造成真空的动力消耗，而且随着真空度的提高，溶液的沸点降低，黏度增加，使得总传热系数 K 下降。由以上分析可知，

传热温度差的提高是有限制的。

(2)增大总传热系数

蒸汽冷凝的传热系数 α_o 通常总比溶液沸腾传热系数 α_i 大，即在总传热热阻中，蒸汽冷凝侧的热阻较小。但在蒸发器操作中，需要及时排除蒸汽中的不凝气体，否则其热阻将大大增加，使总传热系数下降。

管内溶液侧的沸腾传热系数 α_i 是影响总传热系数的主要因素。要了解影响 α_i 的因素，以便根据实际的蒸发任务，选择适宜的蒸发器形式及其操作条件。

管内溶液侧的污垢热阻往往是影响总传热系数的重要因素。特别当蒸发易结垢和有结晶析出的溶液时，易在传热面上形成垢层，使 K 值急剧下降。为减小垢层热阻，通常的办法是定期清洗采用减小垢层热阻的其他措施，如选用适宜的蒸发器形式，在溶液中加入晶种或微量阻垢剂等。

2)加热蒸汽的经济性

能耗是蒸发过程优劣的另一个重要评价指标，通常以单位蒸汽消耗量 e 或加热蒸汽的经济性 E 来表示。单位蒸汽消耗量 e 是指蒸发 1 kg 水分消耗的加热蒸汽，即 D/W；加热蒸汽的经济性 E 是指 1 kg 生蒸汽可蒸发的水分量，即 W/D。由此可知，$E=1/e$，且 E 越大(或 e 越小)，蒸发过程的经济性越好。为了提高加热蒸汽的利用率或经济性，可采取多种途径，多效蒸发就是其中之一。

【例 2.5-2】 在一单效蒸发器中，将 2 000 kg/h 的某种水溶液从浓度为 10%(质量分数)浓缩至 25%(质量分数)。原料液的比热容为 3.77 kJ/(kg · ℃)，操作条件下溶液的沸点为 80 ℃。加热蒸汽的绝对压力为 200 MPa，冷凝水在加热蒸汽的饱和温度下排出。蒸发器内操作的绝对压力为 40 kPa。忽略浓缩热及蒸发器的热损失。当原料液进入蒸发器的温度分别为 30 ℃和 80 ℃时，通过计算比较它们的经济性。

解：蒸发操作的经济性为 $E=\dfrac{W}{D}=\dfrac{1}{e}$，则需要用物料衡算求出水分蒸发量 W，用热量衡算求出加热蒸汽消耗量 D。

先由物料衡算式 2.5-1 求出水分蒸发量，即

$$W=2\ 000\left(1-\frac{0.1}{0.25}\right)=1\ 200\ \text{kg/h}$$

因浓缩热及蒸发器的热损失可忽略，则热量衡算的计算式为式 2.5-2a。

由水的饱和蒸气压表查出：

加热蒸汽 $p=200$ kPa 时，$r=2\ 205$ kJ/kg

二次蒸汽 $p=40$ kPa 时，$r'=2\ 319$ kJ/kg

当 $t_0=30$ ℃时

$$D=\frac{1\ 200\times2\ 319+2\ 000\times3.77\times(80-30)}{2\ 205}=1\ 433\ \text{kg/h}$$

$$e=\frac{D}{W}=\frac{1\ 433}{1\ 200}=1.194$$

当 $t_0=80$ ℃时

$$D=\frac{1\ 200\times2\ 319}{2\ 205}=1\ 262\ \text{kg/h}$$

$$e=\frac{D}{W}=\frac{1\ 262}{1\ 200}=1.052$$

计算结果表明，原料液的温度越高，蒸发 1 kg 水分消耗的加热蒸汽量越少，蒸发的经济性越好。

2.5.4 多效蒸发

单效蒸发时单位加热蒸汽消耗量 e 大于 1，即采用单效操作在经济上是不合理的。

多效蒸发中各效的操作压力依次降低，相应地，各效的加热蒸汽温度及溶液的沸点亦依次降低，因此，工业上多采用多效蒸发操作。但是，只有当提供的新鲜加热蒸汽的压力较高或末效采用真空的条件下，多效蒸发才可行。

1. 多效蒸发流程特点及适用场合

按溶液与蒸汽相对流向的不同，多效蒸发有三种基本的加料流程（模式）。

采用并流模式时，溶液与蒸汽的流动方向相同，均由第一效顺序流至末效。并流法的优点是：溶液从压力和温度较高的蒸发器流向压力和温度较低的蒸发器，故溶液在效间的输送可以利用效间的压差，而不需要泵送；同时，当前一效溶液流入温度和压力较低的后一效时，会产生自蒸发（闪蒸），因而可以多产生一部分二次蒸汽；此外，此法操作简便，工艺条件稳定。但随着溶液从前一效逐效流向后面各效，其浓度增高而温度反而降低，致使溶液的黏度增加，蒸发器的传热系数下降。因此，对于随浓度的增加其黏度变化很大的料液不宜采用并流。

采用逆流模式时，溶液的流向与蒸汽的流向相反，加热蒸汽由第一效进入，而原料液由末效进入，由第一效排出。逆流法的优点是：沿着流动的方向，溶液的浓度、温度也随之升高，因此，因浓度增高使黏度增大的影响大致与因温度升高使黏度降低的影响相抵，故各效溶液的黏度、传热系数比较接近。由于溶液在效间的流动是由低压流向高压，由低温流向高温，必须用泵输送，故能量消耗大；此外，各效（末效除外）均在低于沸点下进料，没有自蒸发，与并流法相比，所产生的二次蒸汽量较少。一般说来，逆流加料法适合于黏度随温度和浓度变化较大的溶液，但不适合于处理热敏性物料。

平流模式的原料液平行加入各效，完成液亦分别自各效排出，蒸汽的流向仍由第一效流向末效。此种流程适合于处理蒸发过程中有结晶析出的溶液。

2. 多效蒸发与单效蒸发的比较

（1）加热蒸汽的经济性

设单效蒸发与 n 效蒸发所蒸发的水量相同，则在理想情况下，单效蒸发时单位蒸汽用量 e 为 1，而 n 效蒸发时 e 为 $1/n$（kg 蒸汽/kg 水）。如果考虑了热损失、各种温度差损失以及不同压力下汽化热的差别等因素，则多效蒸发时单位蒸汽用量比 $1/n$ 稍大。但无论怎样，多效蒸发的效数越多，单位蒸汽的消耗量越小，相应的操作费用越低。

（2）溶液的温度差损失

设多效蒸发与单效蒸发的操作条件相同，即加热蒸汽压力、冷凝器操作压力相同以及料液与完成液组成相同，则多效蒸发的温度差损失较单效蒸发时大，且效数越多，温度差损失越大。

（3）蒸发强度

设单效蒸发与多效蒸发的操作条件相同，即加热蒸汽压力、冷凝器操作压力相同以及原料与完成液组成均相同，则多效蒸发的蒸发强度较单效蒸发时小。即效数越多，蒸发强度越小，也就是说，蒸发每公斤水需要的设备投资增大。

3. 多效蒸发中的效数限制及最佳效数

随着多效蒸发效数的增加,温度差损失加大。某些溶液的蒸发还可能出现总温度差损失大于或等于总温度差的极端情况,此时蒸发操作则无法进行。因此多效蒸发的效数是有一定限制的。

随着多效蒸发效数的增加,一方面,单位蒸汽的耗量减小,操作费用降低,但降低的幅度越来越小;而另一方面,效数越多,设备投资费也越大。因此,蒸发的适宜效数应根据设备费与操作费之和最小的原则来确定。

通常,工业多效蒸发操作的效数还取决于被蒸发溶液的性质和温度差损失的大小等各种因素。

4. 提高加热蒸汽经济性的其他措施

(1)抽出额外蒸汽

所谓额外蒸汽是指将蒸发器蒸出的二次蒸汽用于其他加热设备的热源,这样不仅大大降低了能耗,而且使进入冷凝器的二次蒸汽量降低,从而减少了冷凝器的负荷。

(2)冷凝水显热的利用

蒸发器的加热室排出大量冷凝水,可以将其用作预热料液,加热其他物料,作为其他工艺用水,或用减压闪蒸的方法使之产生部分蒸汽与二次蒸汽一起作为下一效蒸发器的加热蒸汽。

(3)热泵蒸发

热泵蒸发就是将蒸发器蒸出的的二次蒸汽用压缩机压缩提高压力,使其饱和温度超过溶液沸点,然后送回蒸发器的加热室作为加热蒸汽。采用热泵蒸发只需在蒸发器开工阶段供应加热蒸汽,当操作达到稳定后,不再需要加热蒸汽,只需提供使二次蒸汽升压所需要的功,因而节省了大量的生蒸汽,二次蒸汽的潜热不但没有被冷凝水全部带走,而且不消耗冷却水,这是热泵蒸发节能的原因。

2.6 气体吸收

要求:重点复习气体吸收的基本概念,包括吸收的原理与流程、吸收过程的气液平衡关系、传质机理和吸收速率;低组成气体吸收的计算,包括物料衡算与操作线方程、吸收剂用量的确定、吸收塔有效高度的计算;填料塔,包括填料塔的结构、填料的类型、填料塔的流体力学性能等。

2.6.1 概述

1. 气体吸收的原理与流程

气体吸收是分离气体混合物的单元操作过程。气体吸收的原理是根据混合气体中各组分在某液体溶剂中的溶解度不同而将气体混合物进行分离。吸收操作所用的液体溶剂称为吸收剂,以 S 表示;混合气体中,能够显著溶解于吸收剂的组分称为吸收物质或溶质,以 A 表示;而几乎不被溶解的组分统称为惰性组分或载体,以 B 表示;吸收操作所得到的溶液称为吸收液或溶液,它是溶质 A 在溶剂 S 中的溶液;被吸收后排出的气体称为吸收尾气,其主要成分为惰性气体 B,但仍含有少量未被吸收的溶质 A。

吸收过程通常在吸收塔中进行。根据气、液两相的流动方向,分为逆流操作和并流操作两类,工业生产中以逆流操作为主。吸收塔操作示意图如图 2.6-1 所示。

应予指出,吸收过程使混合气中的溶质溶解于吸收剂中而得到一种溶液,但就溶质的存在

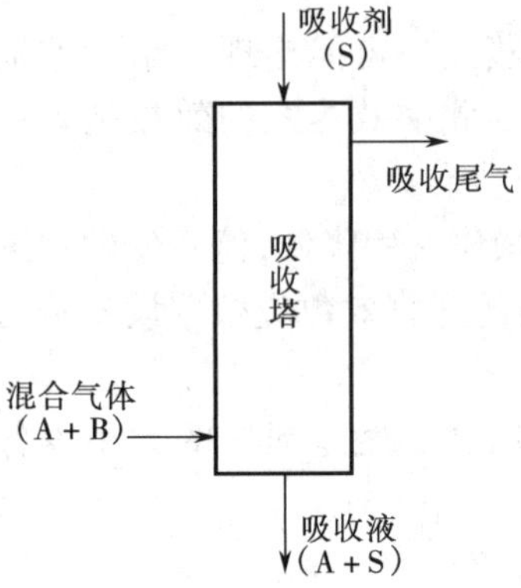

图 2.6-1　吸收塔操作示意图

形态而言,仍然是一种混合物,并没有得到纯度较高的气体溶质。在工业生产中,除以制取溶液产品为目的的吸收(如用水吸收 HCl 气制取盐酸等)之外,大都要将吸收液进行解吸,以便得到纯净的溶质或使吸收剂再生后循环使用。解吸也称为脱吸,它是使溶质从吸收液中释放出来的过程,解吸通常在解吸塔中进行。

2. 气体吸收的分类

工业上,吸收操作可按以下方法分类。

①被吸收组分数目:可分为单组分吸收与多组分吸收。若混合气体中只有一个组分进入液相,其余组分不溶(或微溶)于吸收剂,这种吸收过程称为单组分吸收;反之,则称为多组分吸收。

②吸收过程中有无化学反应:可分为物理吸收与化学吸收。在吸收过程中,如果溶质与溶剂之间不发生显著的化学反应,则称为物理吸收;反之,则称为化学吸收。

③溶质在气、液两相中的组成:可分为低组成吸收与高组成吸收。在吸收过程中,若溶质在气、液两相中的摩尔分数均较低(通常不超过 0.1),这种吸收称为低组成吸收;反之,则称为高组成吸收。

④吸收过程温度变化:可分为等温吸收与非等温吸收。若气体溶质溶解于液体时,由于溶解热或化学反应热而产生热效应,使液相的温度逐渐升高,这种吸收称为非等温吸收;反之,则称为等温吸收。

本节复习单组分、低组成的等温物理吸收过程。

3. 吸收剂的选择

选择吸收剂有如下原则。

①溶解度:吸收剂对溶质组分的溶解度越大,则传质推动力越大,吸收速率越快,且吸收剂的耗用量越少。

②选择性:吸收剂应对溶质组分有较大的溶解度,而对混合气体中的其他组分溶解度甚微,否则不能实现有效的分离。

③挥发度:在吸收过程中,吸收尾气往往为吸收剂蒸气所饱和,故在操作温度下,吸收剂的蒸汽压要低,即挥发度要小,以减少吸收剂的损失量。

④黏度:吸收剂在操作温度下的黏度越低,其在塔内的流动阻力越小,扩散系数越大,这有助于传质速率的提高。

⑤其他:所选用的吸收剂应尽可能无毒性、无腐蚀性、不易燃易爆、不发泡、冰点低、价廉易得,且化学性质稳定。

2.6.2　吸收过程的气液平衡关系

1. 气体在液体中的溶解度

在一定的温度和压力下,使一定量的吸收剂与混合气体接触,气相中的溶质便向液相溶剂中转移,直至液相中溶质组成达到饱和为止,此时气、液两相处于平衡状态。平衡状态下气相中的溶质分压称为平衡分压或饱和分压,液相中的溶质组成称为平衡组成或饱和组成。气体在液体中的溶解度,就是指气体在液体中的饱和组成。

气体在液体中的溶解度可通过实验测定，由实验结果绘成的曲线称为溶解度曲线。溶解度与温度和压力有关。

①对同一溶质，在相同的气相分压下，溶解度随温度的升高而减小。

②对同一溶质，在相同的温度下，溶解度随气相分压的升高而增大。

由此可见，加压和降温有利于吸收操作，减压和升温则有利于解吸操作。

2. 亨利定律

(1) 亨利定律表达式

对于稀溶液或难溶气体，在一定温度下，当总压不很高(通常不超过500 kPa)时，互成平衡的气、液两相组成间的关系用亨利(Henry)定律来描述。因组成的表示方法不同，亨利定律有以下四种不同的表达形式：

$$p^* = Ex \tag{2.6-1}$$

$$p^* = \frac{c}{H} \tag{2.6-2}$$

$$y^* = mx \tag{2.6-3}$$

$$Y^* = mX \tag{2.6-4}$$

式中：p^* 为溶质在气相中的平衡分压，kPa；y^* 为与液相成平衡的气相中溶质的摩尔分数；Y^* 为与液相成平衡的气相中溶质的摩尔比；x 为溶质在液相中的摩尔分数；c 为溶液中溶质的物质的量浓度，$kmol/m^3$；X 为液相中溶质的摩尔比；E 为亨利系数，kPa；H 为溶解度系数，$kmol/(m^3 \cdot kPa)$；m 为相平衡常数。

应予指出，亨利定律的各种表达式所描述的都是互成平衡的气、液两相组成之间的关系，因此，上述亨利定律表达形式可改写为

$$x^* = \frac{p}{E} \tag{2.6-1a}$$

$$c^* = Hp \tag{2.6-2a}$$

$$x^* = \frac{y}{m} \tag{2.6-3a}$$

$$X^* = \frac{Y}{m} \tag{2.6-4a}$$

(2) 亨利定律中各系数的关系

对于稀溶液，可导出亨利定律中各系数的关系为

$$H = \frac{\rho}{EM_S} \tag{2.6-5}$$

$$m = \frac{E}{P} \tag{2.6-6}$$

$$H = \frac{\rho}{PM_S}\frac{1}{m} \tag{2.6-7}$$

【例 2.6-1】 含有8%(体积分数)C_2H_2的某种混合气体与水充分接触，系统温度为25 ℃，总压为105.0 kPa。试求达平衡时液相中C_2H_2的摩尔组成。已知25℃时C_2H_2在水中的亨利系数为1.35×10^5 kPa。

解：混合气体按理想气体处理，则C_2H_2在气相中的分压为

$$p = Py = 105.0 \times 0.08 = 8.4\ \text{kPa}$$

C_2H_2为难溶于水的气体，其水溶液的组成很低，故气液平衡关系符合亨利定律，且溶液的密度可按纯水的密度计算。

查得25℃水的密度为$\rho = 997.0\ \text{kg/m}^3$。

由 $c^* = Hp$ 及 $H = \dfrac{\rho}{EM_S}$

故 $$c^* = \frac{\rho p}{EM_S} = \frac{997.0 \times 8.4}{1.35 \times 10^5 \times 18} = 3.45 \times 10^{-3}\ \text{kmol/m}^3$$

求解本题的关键是熟练掌握亨利定律的表达式和各系数间的关系。

【例2.6-2】 在总压101.3 kPa及25 ℃下，氨在水中的溶解度为2.12 g(NH_3)/100 g(H_2O)。若氨水的气、液平衡关系符合亨利定律，相平衡常数为0.762，试求：

(1)液相组成x及X；

(2)气相组成y及Y。

解：(1)液相组成x及X

$$x = \frac{\dfrac{2.12}{17}}{\dfrac{2.12}{17} + \dfrac{100}{18}} = 0.0220$$

$$X = \frac{x}{1-x} = \frac{0.0220}{1-0.0220} = 0.0225$$

(2)气相组成y及Y

$$y = mx = 0.762 \times 0.0220 = 0.0168$$

$$Y = \frac{y}{1-y} = \frac{0.0168}{1-0.0168} = 0.0171$$

求解本题的关键是熟练掌握亨利定律的表达式及摩尔比的定义。

【例2.6-3】 在一定的压力和温度下，气体1和气体2分别在水中溶解，其亨利系数分别为E_1和E_2，若$E_1 < E_2$，则两种气体的溶解度关系为（　　）。

(A)气体1的溶解度大于气体2　　(B)气体1的溶解度小于气体2

(C)气体1的溶解度等于气体2　　(D)不确定

解：由亨利定律$p^* = Ex$可知，在一定的气相分压下，难溶气体的E值较大，故本例中气体1的溶解度大于气体2，答案应选择(A)。

求解本题的关键是熟练掌握亨利定律的表达式。

2.6.3 传质机理和吸收速率

1. 传质机理

1)分子传质(扩散)

(1)分子扩散现象与费克定律

分子传质又称为分子扩散，简称扩散，它是由于分子的无规则热运动而形成的物质传递现象。分子传质在气相、液相和固相中均能发生。

描述分子扩散的通量(或速率)的基本定律为费克定律，其表达式为

$$J_A = -D_{AB}\frac{dc_A}{dz} \tag{2.6-8}$$

式中：J_A 为组分 A 的扩散通量，kmol/(m^2·s)；$\frac{dc_A}{dz}$为组分 A 在扩散方向的浓度梯度，(kmol·m^{-3})/m；D_{AB}为组分 A 在组分 B 中的扩散系数，m^2/s。

应予指出，费克定律只适用于由于分子无规则热运动而引起的扩散过程。实际上，在分子扩散的同时经常伴有流体的总体流动。例如用液体吸收气体混合物中溶质组分的过程。设由 A、B 组成的二元气体混合物，其中 A 为溶质，可溶解于液体中，而 B 不能在液体中溶解。这样，组分 A 可以通过气液相界面进入液相，而组分 B 不能进入液相。由于 A 分子不断通过相界面进入液相，在相界面的气相一侧会留下“空穴”，根据流体连续性原则，混合气体便会自动地向界面递补，这样就发生了 A、B 两种分子并行向相界面递补的运动，这种递补运动就形成了混合物的总体流动。很显然，通过气液相界面组分 A 的传质通量应等于由于分子扩散所形成的扩散通量与由于总体流动所形成的总体流动通量的和。此时，由于组分 B 不能通过相界面，当组分 B 随总体流动运动到相界面后，又以分子扩散形式返回气相主体中，故组分 B 的传质通量为零。

如上所述，若在扩散的同时伴有混合物的总体流动，则组分 A 的传质通量为

$$N_A = J_A + y_A N \tag{2.6-9}$$

或

$$N_A = -D_{AB}\frac{dc_A}{dz} + y_A N \tag{2.6-10}$$

式中：N_A 为组分 A 的传质通量，kmol/(m^2·s)；N 为混合物的总传质通量，kmol/(m^2·s)；y_A 为组分 A 的摩尔分数。

式 2.6-10 为费克定律的普遍表达形式。

(2)气体中的稳态分子扩散

①等分子反方向扩散：若 A、B 两组分间相互扩散，其扩散通量相等，扩散方向相反，则称之为等分子反方向扩散，如图 2.6-2 所示。

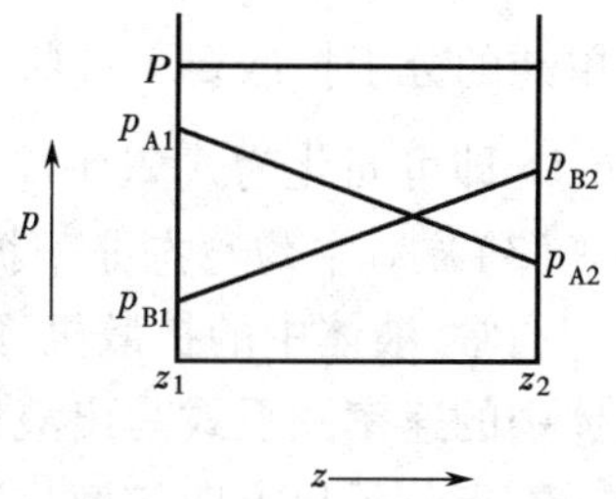

图 2.6-2 等分子反方向扩散示意图

对于等分子反方向扩散过程，由费克定律可解出扩散通量方程为

$$N_A = J_A = \frac{D_{AB}}{\Delta z}(c_{A1} - c_{A2}) \tag{2.6-11}$$

或

$$N_A = J_A = \frac{D_{AB}}{RT\Delta z}(p_{A1} - p_{A2}) \tag{2.6-12}$$

$$\Delta z = z_2 - z_1 \tag{2.6-13}$$

式中：c_{A1}、c_{A2}为组分 A 在平面 z_1、z_2 处的物质的量浓度，kmol/m^3；p_{A1}、p_{A2}为组分 A 在平面 z_1、z_2 处的分压，kPa；T 为扩散系统的热力学温度，K；R 为通用气体常数，8.314 kJ/(kmol·K)。

②一组分通过另一停滞组分的扩散：设由 A、B 两组分组成的二元混合物中，组分 A 为扩散组分，组分 B 为不扩散组分(称为停滞组分)，组分 A 通过停滞组分 B 进行扩散，如图 2.6-3 所示。该扩散过程多在吸收操作中遇到。例如用水吸收空气中氨的过程，气相中氨(组分 A)通过不扩散的空气(组分 B)扩散至气、液相界面，然后溶于水中，而空气在水中可认为是不溶

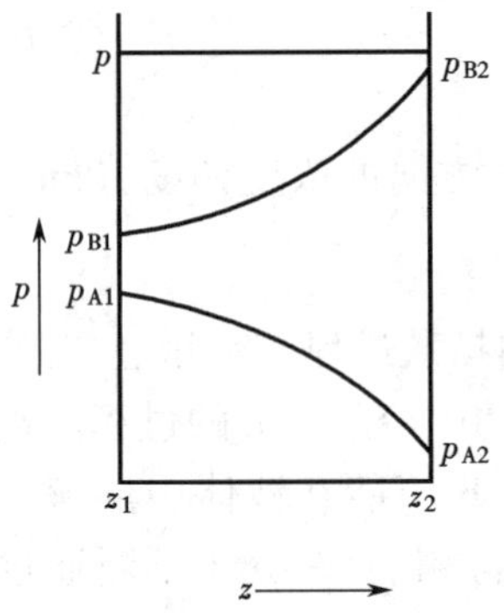

图 2.6-3 一组分通过另一停滞组分扩散示意图

解的，故它并不能通过气、液相界面，而是“停滞”不动的。

对于一组分通过另一停滞组分的扩散过程，由费克定律可解出扩散通量方程为

$$N_A = \frac{D_{AB}c}{\Delta z c_{BM}}(c_{A1} - c_{A2}) \tag{2.6-14}$$

或

$$N_A = \frac{D_{AB}P}{RT\Delta z p_{BM}}(p_{A1} - p_{A2}) \tag{2.6-15}$$

其中

$$c_{BM} = \frac{c_{B2} - c_{B1}}{\ln \frac{c_{B2}}{c_{B1}}} \tag{2.6-16}$$

$$p_{BM} = \frac{p_{B2} - p_{B1}}{\ln \frac{p_{B2}}{p_{B1}}} \tag{2.6-17}$$

式中：c 为总物质的量浓度，$kmol/m^3$；P 为总压力，kPa；c_{BM}为组分 B 的对数平均物质的量浓度，$kmol/m^3$；p_{BM}为组分 B 的对数平均分压，kPa。

比较式 2.6-12 与式 2.6-15 可知，一组分通过另一停滞组分扩散的传质通量较等分子反方向扩散的传质通量相差 P/p_{BM}。P/p_{BM}反映了总体流动对传质速率的影响，定义为“漂流因数”。因 $P > p_{BM}$，所以漂流因数 $P/p_{BM} > 1$，这表明由于有总体流动而使物质 A 的传递速率较之单纯的分子扩散要大一些。当混合气体中组分 A 的浓度很低时，$p_{BM} \approx P$，因而 $P/p_{BM} \approx 1$，式 2.6-15 即可简化为式 2.6-12。

(3) 液体中的稳态分子扩散

通常，液体中的扩散机理较为复杂，对其扩散规律远不及气体研究的充分，因此只能仿效气体中的速率关系式写出液体中的相应关系式。

①等分子反方向扩散：参照式 2.6-11，可写出液体中进行等分子反方向扩散时的传质通量方程为

$$N_A = \frac{D'_{AB}}{\Delta z}(c_{A1} - c_{A2}) \tag{2.6-18}$$

式中：D'_{AB}为组分 A 在溶剂 B 中的扩散系数，m^2/s。

②一组分通过另一停滞组分的扩散：参照式 2.6-14，可写出液体中一组分通过另一停滞组分扩散时的传质通量方程为

$$N_A = \frac{D'_{AB}\ c}{\Delta z\ c_{BM}}(c_{A1} - c_{A2}) \tag{2.6-19}$$

(4) 扩散系数

分子扩散系数简称扩散系数，它是物质的特性常数之一。扩散系数是计算分子扩散通量的关键。同一物质的扩散系数随介质的种类、温度、压力及浓度的不同而变化。对于气体中的扩散，浓度的影响可以忽略；对于液体中的扩散，浓度的影响不能忽略，而压力的影响可以忽略。分子扩散系数可由实验测定，亦可由有关手册中查得或通过经验公式计算。

2)对流传质

(1)涡流扩散

分子扩散只有在固体、静止或层流流动的流体内才会单独发生。在湍流流体中,由于存在大大小小的旋涡运动,而引起各部位流体间的剧烈混合,在有浓度差存在的条件下,物质便朝着浓度降低的方向进行传递。这种凭借流体质点的湍动和旋涡来传递物质的现象,称为涡流扩散。

对于涡流扩散,其扩散通量表达式为

$$J_A^e = -\varepsilon_M \frac{dc_A}{dz} \tag{2.6-20}$$

式中:J_A^e 为涡流扩散通量,kmol/(m² · s);ε_M 为涡流扩散系数,m²/s。

应予指出,在湍流流体中,虽然有强烈的涡流扩散,但分子扩散是时刻存在的。因涡流扩散的通量远大于分子扩散的通量,一般可忽略分子扩散的影响。

(2)对流传质

运动流体与固体表面之间或两个有限互溶的运动流体之间的质量传递过程统称为对流传质。描述对流传质的基本方程为

$$N_A = k_c \Delta c_A \tag{2.6-21}$$

式中:N_A 为对流传质通量,kmol/(m² · s);Δc_A 为组分 A 在界面处的浓度与流体主体浓度之差,kmol/m³;k_c 为对流传质系数,kmol/(m² · s · Δc)。

式 2.6-21 称为对流传质速率方程,其中的对流传质系数 k_c 是以浓度差定义的。因浓度差还可以采用其他单位,故根据不同的浓度差表示法,可以定义出相应的多种形式的对流传质系数。

【例 2.6-4】 在直径为 0.005 m、长度为 0.1 m 的圆管中,He 和 N_2 进行等分子反方向稳态分子扩散。已知管内的温度为 298 K,总压为 101.3 kPa,管两端 He 的分压分别为 72.0 kPa 和 7.2 kPa。在上述条件下的扩散系数为 0.687×10^{-4} m²/s。试求 He 和 N_2 的扩散通量。

解:此题为组分 A(He)与组分 B(N_2)的等分子反方向扩散问题。

应用式 2.6-12

$$N_A = J_A = \frac{D_{AB}}{RT\Delta z}(p_{A1} - p_{A2})$$

He 的扩散通量为

$$N_A = J_A = \frac{0.687 \times 10^{-4}}{(8.314)(298)(0.1)}(72.0 - 7.2) = 1.797 \times 10^{-5} \text{ kmol/(m}^2 \cdot \text{s)}$$

N_2 的扩散通量为

$$N_B = -N_A = -1.797 \times 10^{-5} \text{ kmol/(m}^2 \cdot \text{s)}$$

计算该题的关键是掌握等分子反方向扩散时,$N_B = -N_A$。

【例 2.6-5】 在某一细管的底部装有水,水在 293 K 温度下向干空气中蒸发。干空气的总压为 101.3 kPa、温度亦为 293 K。水蒸气在管内的扩散距离(由液面至顶部)为 0.2 m。在 101.3 kPa 和 293 K 下,水蒸气在空气中的扩散系数为 0.250×10^{-4} m²/s。试求稳态扩散时水蒸气的传质通量 N_A。水在 293K 时的蒸气压为 17.54 mmHg。

解:此题为组分 A(水蒸气)通过停滞组分 B(空气)的稳态扩散问题。

应用式 2.6-15,即

$$N_A = \frac{D_{AB}P}{RT\Delta z p_{BM}}(p_{A1} - p_{A2})$$

在水面(即 $z = z_1 = 0$)处,p_{A1} 为水的饱和蒸气压,为

$$p_{A1} = \frac{17.54}{760} \times 101.3 = 2.338 \text{ kPa}$$

在管顶部(即 $z = z_2 = 0.2$ m)处,由于水蒸气的分压很小,可视为零,即

$$p_{A2} = 0$$

故

$$p_{B1} = P - p_{A1} = 101.3 - 2.338 = 98.962 \text{ kPa}$$

$$p_{B2} = P - p_{A2} = 101.3 \text{ kPa}$$

$$p_{BM} = \frac{p_{B2} - p_{B1}}{\ln \frac{p_{B2}}{p_{B1}}} = \frac{101.3 - 98.962}{\ln \frac{101.3}{98.962}} = 100.1 \text{ kPa}$$

故水蒸气的传质通量为

$$N_A = \frac{(0.250 \times 10^{-4})(101.3)}{(8.314)(293)(0.2)(100.1)}(2.338 - 0) = 1.214 \times 10^{-7} \text{ kmol/(m}^2 \cdot \text{s)}$$

计算该题的关键是判断所求的扩散问题属于哪种类型的扩散,以合理选择计算公式。

2. 吸收速率

1)吸收机理——双膜模型

吸收操作是气、液两相间的对流传质过程。对于相际间的对流传质问题,其传质机理往往是非常复杂的,为使问题简化,通常对吸收过程作一定的假定,即所谓的吸收机理,亦称为传质模型。传质模型有不同的表达形式,在吸收计算中通常以双膜模型为基础。

双膜模型由惠特曼(Whiteman)于 1923 年提出,为最早提出的一种传质模型。惠特曼把两流体间的对流传质过程设想成图 2.6-4 所示的模式,其基本要点如下:

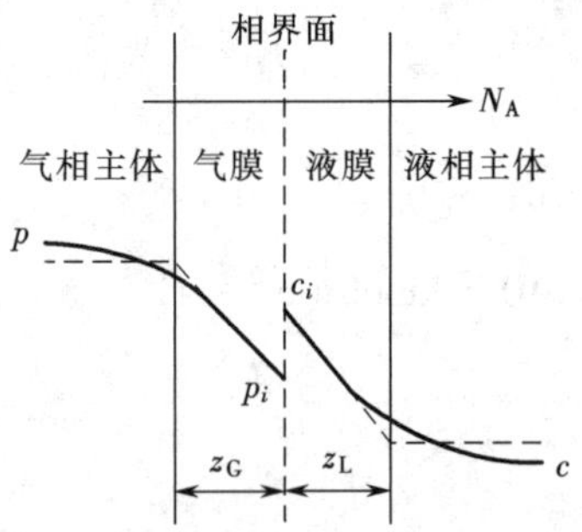

图 2.6-4　双膜模型示意图

①当气、液两相相互接触时,在气、液两相间存在着稳定的相界面,界面的两侧各有一个很薄的停滞膜,气相一侧的称为"气膜",液相一侧的称为"液膜",溶质 A 经过两膜层的传质方式为分子扩散。

②在气、液相界面处,气、液两相处于平衡状态。

③在气膜、液膜以外的气、液两相主体中,由于流体的强烈湍动,各处浓度均匀一致。

双膜模型把复杂的相际传质过程归结为两种流体停滞膜层的分子扩散过程。依此模型,在相界面处及两相主体中均无传质阻力存在,这样,整个相际传质过程的阻力便全部集中在两个停滞膜层内。因此,双膜模型又称为双阻力模型。

2)吸收速率方程式

描述吸收速率与吸收推动力之间关系的数学表达式即为吸收速率方程式。

(1)膜吸收速率方程式

根据双膜模型的要点,在停滞膜层内进行分子传质。因此,组分 A 通过气膜和液膜的扩散通量方程可分别由式 2.6-15 和式 2.6-19 写出,即

$$N_A = \frac{D_{AB}P}{RTz_G p_{BM}}(p - p_i)$$

$$N_A = \frac{D'_{AB}}{z_L}\frac{c}{c_{BM}}(c_i - c)$$

令

$$k_G = \frac{D_{AB}P}{RTz_G p_{BM}} \tag{2.6-22}$$

$$k_L = \frac{D'_{AB}c}{z_L c_{BM}} \tag{2.6-23}$$

因此可得

$$N_A = k_G(p - p_i) \tag{2.6-24}$$

$$N_A = k_L(c_i - c) \tag{2.6-25}$$

式中:k_G为气膜吸收系数,kmol/(m^2 · s · kPa),k_L为液膜吸收系数,kmol/(m^2 · s · kmol/m^{-3})或 m/s;$p - p_i$ 为溶质 A 在气相主体中的分压与相界面处的分压差,kPa;$c_i - c$ 为溶质 A 在相界面处的物质的量浓度与液相主体中的物质的量浓度差,kmol/m^3。

式 2.6-24 和式 2.6-25 分别称为气膜吸收速率方程和液膜吸收速率方程。若以摩尔分数表示推动力时,则气膜吸收速率方程和液膜吸收速率方程可分别表示为

$$N_A = k_y(y - y_i) \tag{2.6-26}$$

及

$$N_A = k_x(x_i - x) \tag{2.6-27}$$

式中:k_y为气膜吸收系数,kmol/(m^2 · s);k_x为液膜吸收系数,kmol/(m^2 · s);$y - y_i$ 为溶质 A 在气相主体中的摩尔分数与相界面处的摩尔分数差;$x_i - x$ 为溶质 A 在相界面处的摩尔分数与液相主体中的摩尔分数差。

经推导可得

$$k_y = Pk_G \tag{2.6-28}$$

$$k_x = ck_L \tag{2.6-29}$$

(2)总吸收速率方程式

膜吸收速率方程式中包含界面组成,而通常界面组成是难以测定的。为此,可采用两相主体组成的某种差值来表示总推动力,从而写出相应的总吸收速率方程式。

①气相总吸收速率方程式:气相总吸收速率方程的常用表达式为

$$N_A = K_G(p - p^*) \tag{2.6-30}$$

式中:K_G为气相总吸收系数,kmol/(m^2 · s · kPa);p^* 为与液相主体浓度 c 成平衡的气相分压,kPa。

总吸收系数的倒数 $1/K_G$ 为两膜总阻力。此总阻力是由气膜阻力 $1/k_G$ 和液膜阻力 $1/Hk_L$ 两部分组成的,即

$$\frac{1}{K_G} = \frac{1}{Hk_L} + \frac{1}{k_G} \tag{2.6-31}$$

对于易溶气体,H 值很大,在 k_G与 k_L数量级相同或接近的情况下存在如下的关系,即

$$\frac{1}{Hk_L} \ll \frac{1}{k_G}$$

此时传质总阻力的绝大部分存在于气膜之中，液膜阻力可忽略，式 2.6-31 可简化为

$$\frac{1}{K_G} \approx \frac{1}{k_G} \text{或} K_G \approx k_G$$

该式表明气膜阻力控制着整个吸收过程的速率，吸收的总推动力主要用来克服气膜阻力，这种情况称为“气膜控制”。用水吸收氨等过程，通常都被视为气膜控制的吸收过程。

除式 2.6-30 外，气相总吸收速率方程还可表达成以下形式，即

$$N_A = K_y(y - y^*) \tag{2.6-32}$$

$$N_A = K_Y(Y - Y^*) \tag{2.6-33}$$

式中：K_y为气相总吸收系数，$kmol/(m^2 \cdot s)$；y^*表示与液相主体摩尔分数 x 成平衡的气相摩尔分数；K_Y为气相总吸收系数，$kmol/(m^2 \cdot s)$；Y^*表示与液相组成 X 成平衡的气相组成。

②液相总吸收速率方程式：液相总吸收速率方程的常用表达式为

$$N_A = K_L(c^* - c) \tag{2.6-34}$$

式中：K_L为液相总吸收系数，$kmol/(m^2 \cdot s \cdot kmol \cdot m^{-3})$或 m/s；$c^*$表示与气相分压 p 成平衡的液相物质的量浓度，$kmol/m^3$。

总吸收系数的倒数 $1/K_L$ 为两膜总阻力，此总阻力是由气膜阻力 H/k_G 和液膜阻力 $1/k_L$ 两部分构成的，即

$$\frac{1}{K_L} = \frac{1}{k_L} + \frac{H}{k_G} \tag{2.6-35}$$

对于难溶气体，H 值很小，在 k_G与 k_L数量级相同或接近的情况下存在如下的关系，即

$$\frac{H}{k_G} \ll \frac{1}{k_L}$$

此时传质阻力的绝大部分存在于液膜之中，气膜阻力可以忽略，式 2.6-35 可简化为

$$\frac{1}{K_L} \approx \frac{1}{k_L} \text{或} K_L \approx k_L$$

该式表明液膜阻力控制着整个吸收过程的速率，吸收总推动力的绝大部分用于克服液膜阻力，这种情况称为“液膜控制”。用水吸收氧等过程，通常都被视为液膜控制的吸收过程。

除式 2.6-34 外，液相总吸收速率方程还可表达成以下形式，即

$$N_A = K_x(x^* - x) \tag{2.6-36}$$

$$N_A = K_X(X^* - X) \tag{2.6-37}$$

式中：K_x为液相总吸收系数，$kmol/(m^2 \cdot s)$；x^*为与气相主体摩尔分数 y 成平衡的液相摩尔分数；K_X为液相总吸收系数，$kmol/(m^2 \cdot s)$；X^*为与气相组成 Y 成平衡的液相组成。

当吸收质的组成很低时，有

$$K_Y \approx K_G P \tag{2.6-38}$$

$$K_X \approx K_L c \tag{2.6-39}$$

【例 2.6-6】 已知某低浓度气体溶质被吸收时，平衡关系服从亨利定律，气、液膜吸收系数分别为 $k_G = 1.82 \times 10^{-7}\ kmol/(m^2 \cdot s \cdot kPa)$和 $k_L = 8.12 \times 10^{-5}$ m/s，溶解度系数为 $H = 1.56\ kmol/(m^3 \cdot kPa)$。试求气相总吸收系数 K_G，并分析该吸收过程的控制因素。

解:因系统符合亨利定律,故可按式 2.6-31 计算气相总吸收系数 K_G,即

$$\frac{1}{K_G}=\frac{1}{Hk_L}+\frac{1}{k_G}=\frac{1}{1.56\times8.12\times10^{-5}}+\frac{1}{1.82\times10^{-7}}=7.89\times10^3+5.49\times10^6=5.498\times10^6$$

$$K_G=\frac{1}{5.498\times10^6}=1.82\times10^{-7}\ \mathrm{kmol/(m^2\cdot s\cdot kPa)}$$

由计算可知,液膜阻力为 $7.89\times10^3\ \mathrm{(m^2\cdot s\cdot kPa)/kmol}$,气膜阻力为 $5.49\times10^6\ \mathrm{(m^2\cdot s\cdot kPa)/kmol}$,液膜阻力远小于气膜阻力,故该吸收过程为气膜控制。

求解该题的关键是熟练掌握总吸收系数与膜吸收系数的关系,会判断吸收过程的控制因素。

【例 2.6-7】 在总压 101.3 kPa 和温度 20 ℃下,用清水在填料塔内吸收混于空气中的二氧化硫。在塔的某一截面上,二氧化硫的气、液相组成分别为 $y=0.03$、$x=0.000\ 65$。若气膜吸收系数为 $1.0\times10^{-6}\ \mathrm{kmol/(m^2\cdot s\cdot kPa)}$,液膜吸收系数为 8.0×10^{-6} m/s,20℃时二氧化硫水溶液的亨利系数为 3.54×10^3 kPa。试计算:

(1)以 Δp 表示的吸收总推动力及相应的总吸收系数;

(2)该截面处的吸收速率及以 Δy 为总推动力的气相总吸收系数。

解:(1)以 Δp 表示的吸收总推动力及相应的总吸收系数

$$p=Py=101.3\times0.03=3.039\ \mathrm{kPa}$$

$$p^*=Ex=3.54\times10^3\times0.000\ 65=2.301\ \mathrm{kPa}$$

$$\Delta p=p-p^*=3.039-2.301=0.738\ \mathrm{kPa}$$

20℃水的密度为 998.2 $\mathrm{kg/m^3}$

$$H=\frac{\rho}{EM_S}=\frac{998.2}{3.54\times10^3\times18}=1.567\times10^{-2}\ \mathrm{kmol/(m^3\cdot kPa)}$$

总吸收系数为

$$\frac{1}{K_G}=\frac{1}{Hk_L}+\frac{1}{k_G}=\frac{1}{1.567\times10^{-2}\times8.0\times10^{-6}}+\frac{1}{1.0\times10^{-6}}=8.977\times10^6$$

$$K_G=1.11\times10^{-7}\ \mathrm{kmol/(m^2\cdot s\cdot kPa)}$$

(2)该截面处的吸收速率及以 Δy 为总推动力的气相总吸收系数

$$N_A=K_G(p-p^*)=1.11\times10^{-7}\times0.738=8.22\times10^{-8}\ \mathrm{kmol/(m^2\cdot s)}$$

$$K_y=PK_G=101.3\times1.11\times10^{-7}=1.124\times10^{-5}\ \mathrm{kmol/(m^2\cdot s)}$$

求解该题的关键是熟练掌握吸收速率方程式。

【例 2.6-8】 在一填料塔中,用水吸收某气体混合物中的溶质组分,若该吸收过程为液膜控制,则( )。

(A)$c-c^*\approx c_i-c$ (B)$p-p^*\approx p-p_i$

(C)$p^*-p\approx p-p_i$ (D)$c^*-c\approx c_i-c$

解:对于液膜控制过程,$K_L\approx k_L$

由 $N_A=K_L(c^*-c)$ 和 $N_A=k_L(c_i-c)$

比较得 $c^*-c\approx c_i-c$

答案应选择(D)。

求解本题的关键是熟练掌握吸收速率方程式和理解液膜控制的概念。

2.6.4 低组成气体吸收的计算

1. 物料衡算与操作线方程

(1)物料衡算

在吸收塔两端面间对溶质A作物料衡算,得

$$V(Y_1 - Y_2) = L(X_1 - X_2) \tag{2.6-40}$$

式中:V为单位时间通过吸收塔的惰性气体量,kmol B/s;L为单位时间通过吸收塔的溶剂量,kmol S/s;Y_1、Y_2分别为进塔、出塔气体中溶质组分的摩尔比,kmol A/kmol B;X_1、X_2分别为出塔、进塔液体中溶质组分的摩尔比,kmol A/kmol S。

在吸收塔计算中,通常规定溶质的回收率为φ_A,其定义式为

$$\varphi_A = \frac{Y_1 - Y_2}{Y_1} \tag{2.6-41}$$

式中φ_A为溶质A的吸收率或回收率。

由式2.6-41可得气体出塔时的组成Y_2为

$$Y_2 = Y_1(1 - \varphi_A) \tag{2.6-42}$$

(2)吸收塔的操作线方程

吸收塔内任一横截面上,气相组成Y与液相组成X之间的关系称为操作关系,描述该关系的方程即为操作线方程,其表达式为

$$Y = \frac{L}{V}X + \left(Y_1 - \frac{L}{V}X_1\right) \tag{2.6-43}$$

或

$$Y = \frac{L}{V}X + \left(Y_2 - \frac{L}{V}X_2\right) \tag{2.6-44}$$

由操作线方程可知,塔内任一横截面上的气相组成Y与液相组成X成线性关系,直线的斜率为L/V,该直线通过点$B(X_1,Y_1)$及点$T(X_2,Y_2)$。图2.6-5中的直线BT即为逆流吸收塔的操作线。操作线BT上任一点A的坐标(X,Y)代表塔内相应截面上液、气组成X、Y。端点B代表塔底的情况,该处具有最大的气、液组成,故称之为"浓端";端点T代表塔顶的情况,该处具有最小的气、液组成,故称之为"稀端"。图2.6-5中的曲线OE为相平衡曲线。当进行吸收操作时,在塔内任一截面上,溶质在气相中的实际组成Y总是高于与其相接触的液相平衡组成,所以吸收操作线BT总是位于平衡线OE的上方。反之,如果操作线位于相平衡曲线的下方,则应进行脱吸过程。

2. 吸收剂用量的确定

在吸收塔的计算中,通常气体处理量是已知的,而吸收剂的用量需要通过工艺计算来确定。在气量一定的情况下,确定吸收剂的用量也即确定液气比L/V。

(1)最小液气比

操作线斜率L/V称为液气比。如图2.6-6所示,在Y_1、Y_2及X_2已知的情况下,操作线的端点T已固定,另一端点B则可在$Y=Y_1$的水平线上移动。B点的横坐标将取决于操作线的斜率L/V,若V值一定,则取决于吸收剂用量L的大小。在V值一定的情况下,吸收剂用量L减小,操作线斜率也将变小,点B便沿水平线$Y=Y_1$向右移动,其结果是使出塔吸收液的组成增大,但此时吸收推动力也相应减小。当吸收剂用量减小到恰使点B移至水平线$Y=Y_1$与平衡线OE的交点时,$X_1=X_1^*$,即塔底流出液组成与刚进塔的混合气组成达到平衡。这是理论上

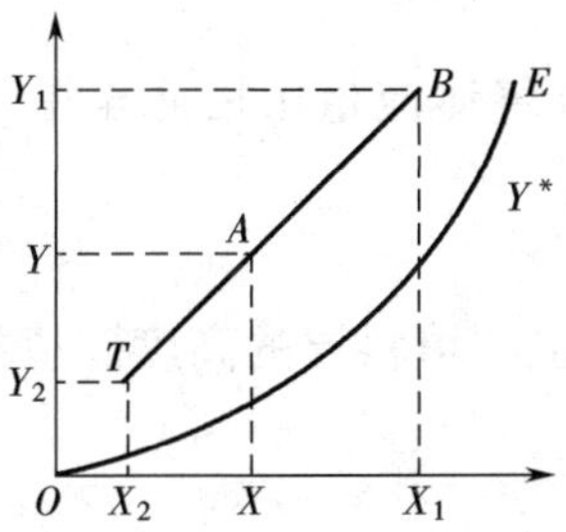

图 2.6-5 逆流吸收塔的操作线

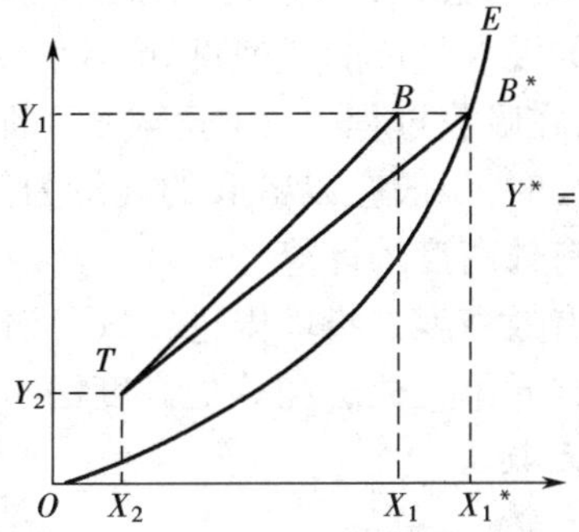

图 2.6-6 吸收塔的最小液气比

吸收液所能达到的最高组成，但此时吸收过程的推动力已变为零，因而需要无限大的相际接触面积，即吸收塔需要无限高的填料层，这在工程上是不能实现的，只能用来表示一种极限的情况。此种状况下吸收操作线的斜率称为最小液气比，以$(L/V)_{\min}$表示；相应的吸收剂用量即为最小吸收剂用量，以$L_{\min}$表示。

最小液气比可用图解法求得，由图 2.6-6 可得

$$\left(\frac{L}{V}\right)_{\min} = \frac{Y_1 - Y_2}{X_1^* - X_2} \tag{2.6-45}$$

或
$$L_{\min} = \frac{Y_1 - Y_2}{X_1^* - X_2}V \tag{2.6-45a}$$

若平衡关系可用 $Y^* = mX$ 表示，则可直接用下式计算最小液气比，即

$$\left(\frac{L}{V}\right)_{\min} = \frac{Y_1 - Y_2}{\dfrac{Y_1}{m} - X_2} \tag{2.6-46}$$

或
$$L_{\min} = \frac{Y_1 - Y_2}{\dfrac{Y_1}{m} - X_2}V \tag{2.6-46a}$$

(2)适宜的液气比

在吸收任务一定的情况下，吸收剂用量越小，溶剂的消耗、输送及回收等操作费用减少，但吸收过程的推动力减小，所需的填料层高度及塔高增大，设备费用增加。反之，若增大吸收剂用量，吸收过程的推动力增大，所需的填料层高度及塔高降低，设备费减少，但溶剂的消耗、输送及回收等操作费用增加。由以上分析可见，吸收剂用量的大小，应从设备费用与操作费用两方面综合考虑，选择适宜的液气比，使两种费用之和最小。根据生产实践经验，一般情况下取

$$\frac{L}{V} = (1.1 \sim 2.0)\left(\frac{L}{V}\right)_{\min} \tag{2.6-47}$$

或
$$L = (1.1 \sim 2.0)L_{\min} \tag{2.6-47a}$$

3. 塔径的计算

吸收塔的直径可按下式计算，即

$$D = \sqrt{\frac{4V_s}{\pi u}} \tag{2.6-48}$$

式中：D 为吸收塔的直径，m；V_s 为操作条件下混合气体的体积流量，m^3/s；u 为空塔气速，即按空塔截面计算的混合气体的线速度，m/s。

应予指出，在吸收过程中，由于溶质不断进入液相，故混合气体流量由塔底至塔顶逐渐减小。在计算塔径时，一般应以塔底的气量为依据。

4. 吸收塔有效高度的计算

吸收塔的有效高度是指塔内进行气、液传质部分的高度，也即填料层的高度。填料层高度的计算可分为传质单元数法和等板高度法。

1）传质单元数法

（1）基本计算式

采用传质单元数法计算填料层高度，将涉及到物料衡算、传质速率与相平衡这三种关系式的应用。经推导，填料层高度的基本计算公式为

$$Z=\frac{V}{K_Y a\Omega}\int_{Y_2}^{Y_1}\frac{dY}{Y-Y^*} \tag{2.6-49}$$

$$Z=\frac{L}{K_X a\Omega}\int_{X_2}^{X_1}\frac{dX}{X^*-X} \tag{2.6-50}$$

式中：Z 为填料层高度，m；a 为填料的有效比表面积（单位体积填料层所提供的有效传质面积），m^2/m^3；Ω 为吸收塔截面积，m^2；K_Y 为气相总吸收系数，$kmol/(m^2\cdot s)$；K_X 为液相总吸收系数，$kmol/(m^2\cdot s)$。

应予指出，上述二式中的有效比表面积 a 不仅与填料的形状、尺寸及填充状况有关，而且受流体物性及流动状况的影响。一般 a 的数值很难直接测量，通常将其与吸收系数的乘积视为一体，作为一个完整的物理量来看待，称为"体积吸收系数"。式 2.6-49 和式 2.6-50 中的 K_Ya 和 K_Xa 分别称为气相总体积吸收系数及液相总体积吸收系数，其单位均为 $kmol/(m^3\cdot s)$。

（2）传质单元高度与传质单元数

对式 2.6-49 分析可知，等号右端的因式 $V/K_Ya\Omega$ 是由过程条件所决定的，具有高度的单位，定义为"气相总传质单元高度"，以 H_{OG} 表示，即

$$H_{OG}=\frac{V}{K_Y a\Omega} \tag{2.6-51}$$

等号右端的积分项 $\int_{Y_2}^{Y_1}\frac{dY}{Y-Y^*}$ 中的分子与分母具有相同的单位，因而整个积分为量纲为 1 的数值。它代表所需填料层总高度 Z 相当于气相总传质单元高度 H_{OG} 的倍数，定义为"气相总传质单元数"，以 N_{OG} 表示，即

$$N_{OG}=\int_{Y_2}^{Y_1}\frac{dY}{Y-Y^*} \tag{2.6-52}$$

于是，式 2.6-49 可改写为

$$Z=H_{OG}N_{OG} \tag{2.6-53}$$

式中：H_{OG} 为气相总传质单元高度，m；N_{OG} 为气相总传质单元数，量纲为 1。

同理，式 2.6-50 可写成如下的形式，即

$$Z=H_{OL}N_{OL} \tag{2.6-54}$$

其中 $H_{OL}=\frac{L}{K_X a\Omega}$，$N_{OL}=\int_{X_2}^{X_1}\frac{dX}{X^*-X}$

式中：H_{OL}为液相总传质单元高度，m；N_{OL}为液相总传质单元数，量纲为1。

传质单元高度反映了传质阻力的大小、填料性能的优劣以及润湿情况的好坏。吸收过程的传质阻力越大，填料层有效比表面越小，则每个传质单元所相当的填料层高度就越大。

传质单元数反映吸收过程进行的难易程度。生产任务所要求的气体组成变化越大，吸收过程的平均推动力越小，就意味着吸收过程的难度越大，此时所需的传质单元数也就越大。

(3)传质单元数的求法

①脱吸因数法：脱吸因数法适用于在吸收过程所涉及的组成范围内平衡关系为直线的情况，其表达式为

$$N_{OG}=\frac{1}{1-S}\ln\left[(1-S)\frac{Y_1-Y_2^*}{Y_2-Y_2^*}+S\right] \tag{2.6-55}$$

或
$$N_{OL}=\frac{1}{1-A}\ln\left[(1-A)\frac{Y_1-Y_2^*}{Y_1-Y_1^*}+A\right] \tag{2.6-56}$$

式中：S为脱吸因数，$S=\frac{mV}{L}$，表示平衡线斜率与操作线斜率的比值，量纲为1；A为吸收因数，$A=\frac{L}{mV}$，表示操作线斜率与平衡线斜率的比值，量纲为1；Y_2^*为与进塔液相组成X_2成平衡的气相组成，由平衡方程计算。

②对数平均推动力法：对式2.6-55和式2.6-56作进一步变换，可获得用对数平均推动力表示的N_{OG}及N_{OL}的计算式为

$$N_{OG}=\frac{Y_1-Y_2}{\Delta Y_m} \tag{2.6-57}$$

或
$$N_{OL}=\frac{X_1-X_2}{\Delta X_m} \tag{2.6-58}$$

$$\Delta Y_m=\frac{\Delta Y_1-\Delta Y_2}{\ln\frac{\Delta Y_1}{\Delta Y_2}}=\frac{(Y_1-Y_1^*)-(Y_2-Y_2^*)}{\ln\frac{Y_1-Y_1^*}{Y_2-Y_2^*}}$$

$$\Delta X_m=\frac{\Delta X_1-\Delta X_2}{\ln\frac{\Delta X_1}{\Delta X_2}}=\frac{(X_1^*-X_1)-(X_2^*-X_2)}{\ln\frac{X_1^*-X_1}{X_2^*-X_2}}$$

式中：ΔY_m为以气相组成表示的对数平均推动力；ΔX_m为以液相组成表示的对数平均推动力。

2)等板高度法

(1)基本计算式

设填料层由N级组成，在每一级上，气、液两相密切接触，溶质组分由气相向液相转移。若离开某一级时，气、液两相的组成达到平衡，则称该级为一个理论级。

设完成指定的分离任务所需的理论级为N_T，则所需的填料层高度可按下式计算，即

$$Z=N_T\cdot HETP \tag{2.6-59}$$

式中：N_T为理论级数；$HETP$为等板高度，m。

所谓等板高度$HETP$是指分离效果与一个理论级的作用相当的填料层高度，又称当量高度，等板高度一般由实验测定或由经验公式计算。

(2)理论级数的确定

若在吸收过程所涉及的组成范围内平衡关系为直线时，可采用克列姆塞尔（Kremser（A））等人提出的解析方法求理论级数，其表达式为

$$\frac{Y_1-Y_2}{Y_1-Y_2^*}=\frac{A^{N_T+1}-A}{A^{N_T+1}-1} \tag{2.6-60}$$

式2.6-60左端的$\frac{Y_1-Y_2}{Y_1-Y_2^*}$表示吸收塔内溶质的吸收率与理论最大吸收率（即在塔顶达到气、液平衡时的吸收率）的比值，可称为相对吸收率，以φ表示（当进塔液相为纯溶剂时，$\varphi=\frac{Y_1-Y_2}{Y_1}$，即等于溶质的吸收率$\varphi_A$）。

式2.6-60又可写成如下的形式：

$$\varphi=\frac{A^{N_T+1}-A}{A^{N_T+1}-1} \tag{2.6-60a}$$

或

$$N_T=\frac{\ln\frac{A-\varphi}{1-\varphi}}{\ln A}-1 \tag{2.6-60b}$$

【例2.6-9】 在常压逆流吸收塔中，用清水吸收混合气体中溶质组分A。进塔气体组成为0.05（摩尔比，下同），吸收率为98%；出塔液相组成为0.012。操作压力为101.3 kPa，温度为27 ℃，操作条件下的平衡关系为$Y=2.0X$。已知单位塔截面上惰气流量为80 kmol/(m^2·h)，气相总体积吸收系数为1.12 kmol/(m^3·h·kPa)，试求所需填料层高度。

解： 气相进塔组成 $Y_1=0.05$

气相出塔组成 $Y_2=Y_1(1-\varphi_A)=0.05\times(1-0.98)=0.001$

液相出塔组成 $X_1=0.012$

液相进塔组成 $X_2=0$

$Y_1^*=2.0X_1=2.0\times0.012=0.024$

$Y_2^*=2.0X_2=0$

$\Delta Y_1=Y_1-Y_1^*=0.05-0.024=0.026$

$\Delta Y_2=Y_2-Y_1^*=0.001$

$$\Delta Y_m=\frac{\Delta Y_1-\Delta Y_2}{\ln\frac{\Delta Y_1}{\Delta Y_2}}=\frac{0.026-0.001}{\ln\frac{0.026}{0.001}}=0.007\ 67$$

$$N_{OG}=\frac{Y_1-Y_2}{\Delta Y_m}=\frac{0.05-0.001}{0.007\ 67}=6.389$$

$$H_{OG}=\frac{V}{K_Ya\Omega}=\frac{V}{K_GaP\Omega}=\frac{80}{1.12\times101.3}=0.705\ \text{m}$$

$$Z=H_{OG}N_{OG}=0.705\times6.389=4.504\ \text{m}$$

计算本题应注意两点：

①单位塔截面上惰气流量的概念。

②气相总体积吸收系数K_Ga与K_Ya的换算。

【例2.6-10】 在总压101.3 kPa和温度27 ℃下，用清水在填料塔内吸收混于空气中的丙

酮蒸气。已知混合气体的流量为 30 kmol/h，丙酮的体积分数为 0.01，要求丙酮的回收率为 95%，清水用量为最小用量的 1.6 倍，操作条件下的气、液平衡关系为 $Y=2.53X$，填料的等板高度为 0.650 m。试求所需的填料层高度。

解：$V=30\times(1-0.01)=29.7$ kmol/h

$$Y_1=\frac{y_1}{1-y_1}=\frac{0.01}{1-0.01}=0.0101$$

$$Y_2=Y_1(1-\varphi_A)=0.0101\times(1-0.95)=5.05\times10^{-4}$$

最小液气比为

$$\left(\frac{L}{V}\right)_{\min}=\frac{Y_1-Y_2}{\frac{Y_1}{m}-X_2}=\frac{0.0101-5.05\times10^{-4}}{0.0101/2.53-0}=2.404$$

操作液气比为

$$\frac{L}{V}=1.6\times2.404=3.846$$

吸收因数为

$$A=\frac{L}{mV}=\frac{3.846}{2.53}=1.520$$

对于纯溶剂吸收，$\varphi=\varphi_A=0.95$，则所需的理论级数为

$$N_T=\frac{\ln\frac{A-\varphi}{1-\varphi}}{\ln A}=\frac{\ln\frac{1.520-0.95}{1-0.95}}{\ln1.520}=5.812$$

填料层高度为

$$Z=HETP\times N_T=0.650\times5.812=3.778\ \text{m}$$

计算本题的关键是判断采用等板高度法求填料层高度。

【例 2.6-11】 在一直径 0.6 m 的填料吸收塔中用纯溶剂逆流吸收某气体混合物中的溶质组分。已知入塔惰性气体的流量为 25.5 kmol/h，其中含溶质为 5.5%（体积%），操作液气比为 1.452，操作条件下的平衡关系为 $Y=1.452X$，气体总体积吸收系数为 176.6 kmo/($m^3\cdot h$)，若要求溶质的回收率为 88.5%，则所需填料层高度为（ ）。

(A)6.552 m　(B)7.285 m　(C)3.935 m　(D)1.126 m

解：$Y_1=\dfrac{y_1}{1-y_1}=\dfrac{0.055}{1-0.055}=0.0582$

$$Y_2=Y_1(1-\varphi_A)=0.0582\times(1-0.885)=0.00669$$

$$H_{OG}=\frac{V}{K_Ya\Omega}=\frac{25.5}{176.6\times0.785\times0.6^2}=0.511\ \text{m}$$

依题意，操作线与平衡线的斜率相等，操作线与平衡线相互平行，故

$$\Delta Y_m=\Delta Y_1=\Delta Y_2$$

对于纯溶剂吸收，$X_2=0$，故

$$\Delta Y_m=\Delta Y_2=Y_2-Y_2^*=Y_2=0.00669$$

$$N_{OG}=\frac{Y_1-Y_2}{\Delta Y_m}=\frac{0.0582-0.00669}{0.00669}=7.7$$

$Z = H_{OG}N_{OG} = 0.511 \times 7.7 = 3.935$ m

答案应选择(C)。

求解本题的关键是理解当操作线与平衡线的斜率相等时,操作线与平衡线相互平行,此时

$\Delta Y_m = \Delta Y_1 = \Delta Y_2$

2.6.5 填料塔

1. 填料塔的结构

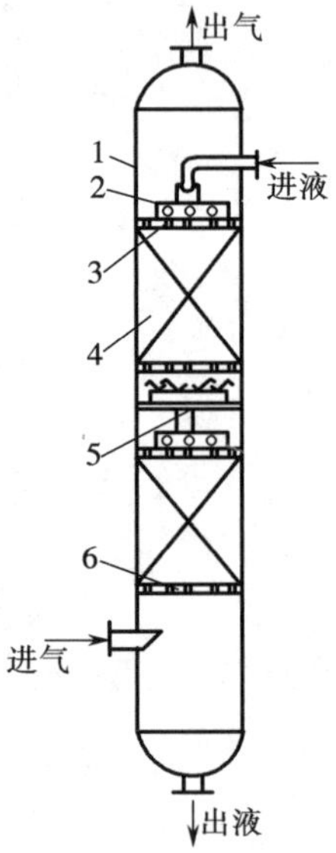

图2.6-7 填料塔的结构示意图

1—塔壳体 2—液体分布器 3—填料压板 4—填料 5—液体再分布装置 6—填料支承板

图2.6-7所示为填料塔的结构示意图。填料塔是以塔内的填料作为气、液两相间接触构件的传质设备。填料塔的塔身是一直立式圆筒,底部装有填料支承板,填料以乱堆或整砌的方式放置在支承板上。填料的上方安装填料压板,以防被上升气流吹动。液体从塔顶经液体分布器喷淋到填料上,并沿填料表面流下。气体从塔底送入,经气体分布装置(小直径塔一般不设气体分布装置)分布后,与液体呈逆流连续通过填料层的空隙。在填料的表面上,气、液两相密切接触进行传质。填料塔属于连续接触(微分接触)式气液传质设备,两相组成沿塔高呈连续变化,在正常操作状态下,气相为连续相,液相为分散相。

当液体沿填料层下流时,有逐渐向塔壁集中的趋势,使得塔壁附近的液流量逐渐增大,这种现象称为壁流。壁流效应会造成气、液两相在填料层中分布不均,从而使传质效率下降。因此,当填料层较高时,需要进行分段,中间设置再分布装置。液体再分布装置包括液体收集器和液体再分布器两部分,上层填料流下的液体经液体收集器收集后,送到液体再分布器,经重新分布后喷淋到下层填料上。

2. 填料的类型

根据装填方式的不同,通常将填料分为散装填料和规整填料两大类。

(1)散装填料

散装填料是一个个具有一定几何形状和尺寸的颗粒体,一般以随机的方式堆积在塔内,又称为乱堆填料或颗粒填料。散装填料根据结构特点不同,又可分为环形填料(主要包括拉西环填料、鲍尔环填料、阶梯环填料、扁环填料等)、鞍形填料(主要包括弧鞍填料、矩鞍填料等)、环鞍形填料(主要包括金属环矩鞍填料等)、球形填料(主要包括多面球填料、TRI球形填料等)及花环填料(主要包括共轭环填料、海尔环填料、纳特环填料等)。

(2)规整填料

规整填料是按一定的几何构形排列,整齐堆砌的填料。规整填料种类可分为格栅填料(主要包括木格栅填料、格里奇格栅填料、网孔格栅填料等)、波纹填料(主要包括丝网波纹填料、孔板波纹填料等)及脉冲填料等。

3. 填料的几何特性

填料的几何特性数据主要包括比表面积、空隙率、填料因子等,是评价填料性能的基本参数。

①比表面积:单位体积填料的填料表面积称为比表面积,以 a 表示,其单位为 m^2/m^3。填料的比表面积愈大,所提供的气液传质面积愈大。

②空隙率:单位体积填料中的空隙体积称为空隙率,以 ε 表示,其单位为 m^3/m^3,或以% 表示。填料的空隙率越大,气体通过的能力越大且压降低。

③填料因子:填料的比表面积与空隙率三次方的比值,即 a/ε^3,称为填料因子,以 Φ 表示,其单位为 1/m。填料因子越小,表明流动阻力越小。

4. 填料塔的流体力学性能

填料塔的流体力学性能通常包括填料层的持液量、填料层的压降、液泛、填料表面的润湿及返混等,其中填料层的压降是最主要的流体力学性能,故填料塔的流体力学性能通常用填料层的 $\Delta p/Z—u$ 关系来表示。

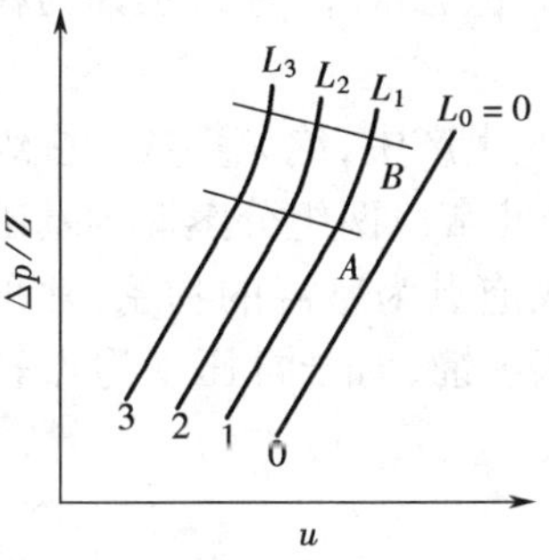

图 2.6-8 填料层 $\Delta p/Z—u$ 关系

填料层压降与液体喷淋量及气速有关。在一定的气速下,液体喷淋量越大,压降越大;在一定的液体喷淋量下,气速越大,压降也越大。将不同液体喷淋量下的单位填料层高度的压降 $\Delta p/Z$ 与空塔气速 u 的关系标绘在对数坐标纸上,可得到如图 2.6-8 所示的一组曲线簇。图中,直线 0 表示无液体喷淋($L=0$)时干填料的 $\Delta p/Z—u$ 关系,称为干填料压降线;曲线 1、2、3 表示不同液体喷淋量下填料层的 $\Delta p/Z—u$ 关系,称为填料操作压降线。

从图中可看出,在一定的喷淋量下,压降随空塔气速的变化曲线大致可分为三段:当气速低于 A 点时,气体流动对液膜的曳力很小,液体流动不受气流的影响,填料表面上覆盖的液膜厚度基本不变,因而填料层的持液量不变,该区域称为恒持液量区。此时 $\Delta p/Z—u$ 为一直线,位于干填料压降线的左侧,且基本上与干填料压降线平行。当气速超过 A 点时,气体对液膜的曳力较大,对液膜流动产生阻滞作用,使液膜增厚,填料层的持液量随气速的增加而增大,此现象称为拦液。开始发生拦液现象时的空塔气速称为载点气速,曲线上的转折点 A,称为载点。若气速继续增大,到达图中 B 点时,由于液体不能顺利向下流动,使填料层的持液量不断增大,填料层内几乎充满液体。气速增加很小便会引起压降的剧增,此现象称为液泛,开始发生液泛现象时的气速称为泛点气速,以 u_F 表示,曲线上的点 B,称为泛点。从载点到泛点的区域称为载液区,泛点以上的区域称为液泛区。填料塔的正常操作区域为恒持液量区。

2.7 蒸馏

要求:重点复习蒸馏的基本概念,包括蒸馏的原理、精馏操作流程、两组分理想物系的气—液平衡关系;单级蒸馏过程的计算,包括平衡蒸馏和简单蒸馏;两组分连续蒸馏的计算,包括物料衡算与操作线方程、理论板层数的确定、回流比的影响及选择、塔高和塔径的计算、精馏装置的热量衡算;板式塔,包括板式塔的结构、塔板的类型、板式塔的流体力学性能等。

2.7.1 概述

1. 蒸馏过程的原理

蒸馏是分离液体混合物的单元操作过程。蒸馏分离的原理是根据溶液中各组分挥发度(或沸点)的差异使各组分得以分离。其中较易挥发的称为易挥发组分(或轻组分);较难挥发的称为难挥发组分(或重组分)。例如在容器中将甲醇和水的混合液加热使之部分汽化,形成气液两相。当气液两相趋于平衡时,由于甲醇的挥发性能比水强(即甲醇的沸点较水低),气相中甲醇的含量必然较原来溶液高，将蒸汽引出并冷凝后，即可得到含甲醇较高的液体。而残留在容器中的液体，甲醇的含量比原来溶液的低，也即水的含量比原来溶液的高。这样，溶液就得到了初步的分离。若多次进行上述分离过程，即可获得较纯的甲醇和水。

2. 蒸馏过程的分类

工业上，蒸馏操作可按以下方法分类：

①蒸馏操作方式：可分为简单蒸馏、平衡蒸馏（闪蒸），精馏和特殊精馏等。简单蒸馏和平衡蒸馏为单级蒸馏过程；精馏为多级蒸馏过程；特殊精馏适用于某些普通精馏难以分离或无法分离的物系。

②蒸馏操作流程：可分为间歇蒸馏和连续蒸馏。间歇蒸馏为非稳态操作，连续蒸馏为稳态操作。

③物系中组分的数目：可分为两组分蒸馏和多组分蒸馏。工业生产中，绝大多数为多组分蒸馏，但两组分蒸馏的原理及计算原则同样适用于多组分蒸馏，因此常以两组分蒸馏为基础。

④操作压力：可分为加压、常压和减压蒸馏。常压下为气态或泡点为室温的物系，常采用加压蒸馏；常压下泡点为室温至150℃左右的物系，一般采用常压蒸馏；对于常压下泡点较高的物系或热敏性物系，宜采用减压蒸馏，以降低操作温度。

本节重点复习两组分物系的连续精馏过程。

3. 精馏操作流程

精馏过程根据操作方式的不同，分为连续精馏和间歇精馏两种流程。

（1）连续精馏操作流程

图2.7-1所示为典型的连续精馏操作流程。在精馏塔的中间某部位，原料液连续地加入精馏塔内。从再沸器的底部，连续地取出部分液体作为塔底产品（称为釜残液）；部分液体被汽化，产生上升蒸气，至塔顶后进入冷凝器被全部冷凝，将部分冷凝液用泵（或借重力作用）送回塔顶作为回流液体，其余部分作为塔顶产品（称为馏出液）连续地采出。通常，将原料液加入的那层塔板称为进料板。在进料板以上的塔段称为精馏段，进料板以下的塔段（包括进料板）称为提馏段。

（2）间歇精馏操作流程

图2.7-2所示为间歇精馏操作流程。与连续精馏不同之处是：原料液一次加入精馏釜中，因而间歇精馏塔只有精馏段而无提馏段。在精馏过程中，精馏釜的釜液组成不断变化，在塔底上升蒸气量和塔顶回流液量恒定的条件下，馏出液的组成也逐渐降低。当精馏釜的釜液达到规定组成后，精馏操作即被停止。

2.7.2　两组分理想物系的气、液平衡

1. 气、液平衡相图

（1）温度—组成（t—x—y）图

在恒定的总压下，溶液的平衡温度与液（气）相组成的关系曲线图即为温度—组成图或t—x—y图。

图2.7-3所示为总压101.3 kPa下，苯—甲苯混合液的平衡温度—组成图。图中以x（或y）为横坐标，以t为纵坐标。图中有两条曲线，下方的曲线为t—x线，表示混合物的平衡温度t与液相组成x之间的关系，称为饱和液体线或泡点线；上方的曲线为t—y线，表示混合物的平衡温度t与气相组成y之间的关系，称为饱和蒸气线或露点线。上述的两条曲线将t—x—y图

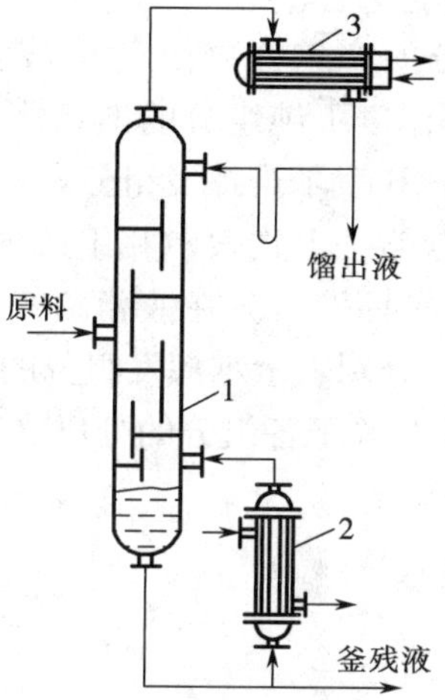

图 2.7-1 连续精馏操作流程

1—精馏塔 2—再沸器 3—冷凝器

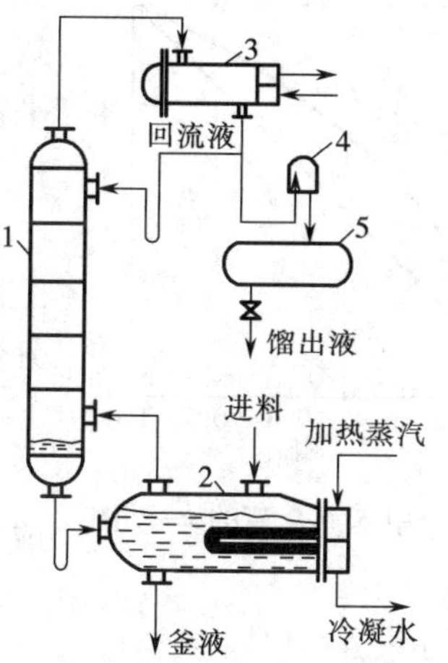

图 2.7-2 间歇精馏操作流程

1—精馏塔 2—再沸器 3—全凝器

4—观察罩 5—储槽

分成三个区域。饱和液体线以下的区域代表未沸腾的液体，称为液相区；饱和蒸气线上方的区域代表过热蒸气，称为过热蒸气区；两曲线包围的区域表示气液两相同时存在，称为气、液共存区。

在恒定的压力下，若将温度为 t_1、组成为 x_1（点 A）的混合液加热，当温度升高到 t_2（点 B）时，溶液开始沸腾，此时产生第一个气泡，该温度即为泡点。继续升温到 t_3（点 C）时，气液两相共存，其气相组成为 y、液相组成为 x，两相互成平衡。同样，若将温度为 t_5、组成为 y_1（点 E）的过热蒸气冷却，当温度降到 t_4（点 D）时，过热蒸气开始冷凝，此时产生第一个液滴，该温度即为露点。继续降温到 t_3（点 C）时，气液两相共存。

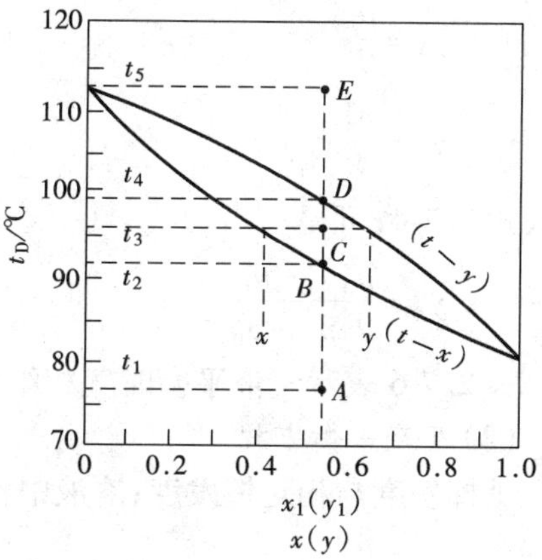

图 2.7-3 苯—甲苯混合液的 t—x—y 图

（2）气—液相组成（x—y）图

在恒定的压力下，处于平衡状态的气液两相组成的关系曲线图即为气—液相组成图或 x—y 图。

图 2.7-4 所示为总压 101.3 kPa 下，苯—甲苯混合物系的 x—y 图。图中以 x 为横坐标，y 为纵坐标。图中的曲线代表液相组成和与之平衡的气相组成间的关系，称为平衡曲线。若已知液相组成 x_1，可由平衡曲线得出与之平衡的气相组成 y_1，反之亦然。图中的直线为对角线（$x=y$），该线作为参考线供计算时使用。对于理想物系，气相组成 y 恒大于液相组成 x，故平衡线位于对角线上方。平衡线偏离对角线愈远，表示该溶液愈易分离。

2. 气液平衡的关系式

（1）拉乌尔定律

拉乌尔定律表达式为

$$p_A = p_A^{o} x_A \tag{2.7-1}$$

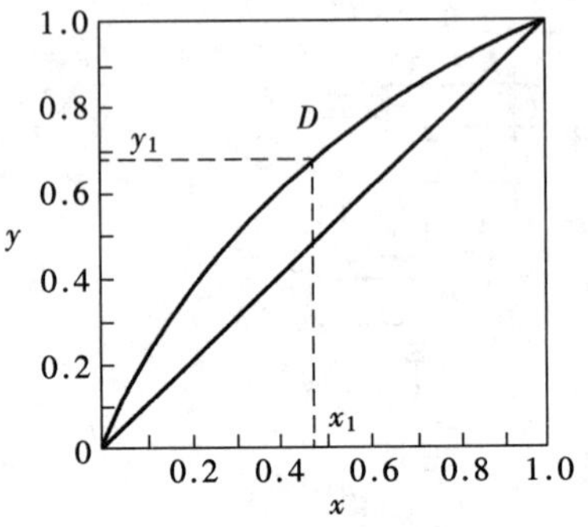

图 2.7-4 苯—甲苯混合液的 x—y 图

$$p_B = p_B^\circ x_B = p_B^\circ (1 - x_A) \qquad (2.7\text{-}2)$$

式中:x 为溶液中组分的摩尔分数;p 为溶液上方组分的平衡分压,Pa;p° 为同温度下纯组分的饱和蒸气压,Pa;下标 A 表示易挥发组分,B 表示难挥发组分。

为了简单起见,常略去上式表示相组成的下标,习惯上以 x 和 y 分别表示易挥发组分在液相和气相中的摩尔分数,以 $1-x$ 和 $1-y$ 分别表示难挥发组分的摩尔分数。

溶液上方的总压 P 等于各组分的分压之和,即

$$P = p_A + p_B \qquad (2.7\text{-}3)$$

或 $$P = p_A^\circ x_A + p_B^\circ (1 - x_A)$$

整理上式可得

$$x_A = \frac{P - p_B^\circ}{p_A^\circ - p_B^\circ} \qquad (2.7\text{-}4)$$

式 2.7-4 表示气液平衡时液相组成与平衡温度之间的关系,称为泡点方程。

设平衡的气相遵循道尔顿分压定律,即

$$y_A = \frac{p_A}{P} \qquad (2.7\text{-}5)$$

或 $$y_A = \frac{p_A^\circ}{P} x_A \qquad (2.7\text{-}5a)$$

代入式 2.7-4,可得

$$y_A = \frac{p_A^\circ}{P} \frac{P - p_B^\circ}{p_A^\circ - p_B^\circ} \qquad (2.7\text{-}6)$$

式 2.7-6 表示气液平衡时气相组成与平衡温度之间的关系,称为露点方程。

(2)气液平衡方程

①挥发度与相对挥发度:溶液中各组分的挥发度表达式为

$$v_A = \frac{p_A}{x_A} \qquad (2.7\text{-}7)$$

及 $$v_B = \frac{p_B}{x_B} \qquad (2.7\text{-}8)$$

对于理想溶液,因符合拉乌尔定律,则有

$$v_A = p_A^\circ \qquad (2.7\text{-}9)$$

$$v_B = p_B^\circ \qquad (2.7\text{-}10)$$

挥发度表示某组分挥发能力的大小,随温度而变,在使用上不太方便,故计算中常采用相对挥发度。所谓相对挥发度是指易挥发组分的挥发度与难挥发组分的挥发度的比值,以 α 表示,即

$$\alpha = \frac{v_A}{v_B} = \frac{p_A/x_A}{p_B/x_B} \qquad (2.7\text{-}11)$$

对于理想物系,气相遵循道尔顿分压定律,则上式可改写为

$$\alpha = \frac{P y_A / x_A}{P y_B / x_B} = \frac{y_A x_B}{y_B x_A} \qquad (2.7\text{-}12)$$

对理想溶液，则有

$$\alpha=\frac{p_A^\circ}{p_B^\circ} \tag{2.7-13}$$

②气液平衡方程：对于两组分溶液，当总压不高时，由式2.7-12可得

$$\frac{y_A}{y_B}=\alpha\frac{x_A}{x_B} \quad 或 \quad \frac{y_A}{1-y_A}=\alpha\frac{x_A}{1-x_B}$$

略去下标，经整理可得

$$y=\frac{\alpha x}{1+(\alpha-1)x} \tag{2.7-14}$$

式2.7-14即为气液平衡方程。

根据相对挥发度α值的大小可判断某混合液是否能用一般蒸馏方法分离及分离的难易程度。若$\alpha>1$，表示组分A较B容易挥发，α值偏离1的程度愈大，挥发度差异愈大，分离愈容易。若$\alpha=1$，则$y=x$，此时不能用普通蒸馏方法加以分离。

【例2.7-1】 计算含苯0.525（摩尔分数）的苯—甲苯混合液在总压101.3 kPa下的泡点温度。苯（A）—甲苯（B）的饱和蒸气压数据如本例附表所示。

例2.7-1 附 表

温度/℃	80.1	85.0	90.0	95.0	100.0	105.0	110.6
p_A°/kPa	101.3	116.9	135.5	155.7	179.2	204.2	240.0
p_B°/kPa	40.0	46.0	54.0	63.3	74.3	86.0	101.3

解：设泡点温度$t=90$ ℃，查附表得

$$p_A^\circ=135.5\ \text{kPa} \quad p_B^\circ=54.0\ \text{kPa}$$

由式2.7-4 $x_A=\dfrac{P-p_B^\circ}{p_A^\circ-p_B^\circ}=\dfrac{101.3-54.0}{135.5-54.0}=0.5804>0.525$

计算结果表明，所设泡点温度偏低。再设泡点温度$t=91.5$℃，由附表数据插值求得

$$p_A^\circ=141.6\ \text{kPa},p_B^\circ=56.8\ \text{kPa}$$

由式2.7-4 $x_A=\dfrac{P-p_B^\circ}{p_A^\circ-p_B^\circ}=\dfrac{101.3-56.8}{141.6-56.8}=0.5248\approx0.525$

所以，泡点温度$t=91.5$℃。

求解本题的关键是明确用气液平衡关系求泡点温度时，需采用试差法。

【例2.7-2】 苯（A）—甲苯（B）的饱和蒸气压数据见例2.7-1附表，试计算在总压101.3 kPa下苯—甲苯混合液的气液平衡数据。该溶液可视为理想溶液。

解：以95℃下的数据为例，计算过程如下：

由式2.7-4

$$x_A=\frac{P-p_B^\circ}{p_A^\circ-p_B^\circ}=\frac{101.3-63.3}{155.7-63.3}=0.4113$$

由式2.7-5a

$$y_A = \frac{p_A^\circ}{P} x_A = \frac{155.7}{101.3} \times 0.4113 = 0.6322$$

其他温度下的计算结果列于本例附表。

例 2.7-2　附　表

温度/℃	80.1	85.0	90.0	95.0	100.0	105.0	110.6
x	1.000 0	0.780 0	0.580 4	0.411 3	0.257 4	0.129 4	0
y	1.000 0	0.900 1	0.776 3	0.632 2	0.455 3	0.260 8	0

求解本题的关键是熟练应用气液平衡关系式。

【例 2.7-3】 由组分 A 和组分 B 组成的理想物系，在某温度下气、液两相达到平衡，其气、液两相的平衡组成分别为 0.608 和 0.515（均为磨尔分数），若该温度下组分 A 的饱和蒸气压为 163 kPa，则组分 B 的饱和蒸气压约为（　　）。

（A）105 kPa　　（B）112 kPa　　（C）151 kPa　　（D）79 kPa

解：由 $y = \frac{\alpha x}{1+(\alpha-1)x}$

$$y = \frac{0.515\alpha}{1+(\alpha-1)\times 0.515} = 0.608$$

解出　$\alpha = 1.46$

$$\alpha = \frac{p_A^\circ}{p_B^\circ} = \frac{163}{p_B^\circ} = 1.46$$

解出　$p_B^\circ = 112$ kPa

答案应选择（B）。

求解本题的关键是熟练掌握相对挥发度的概念和以相对挥发度表示的气液平衡方程。

2.7.3　单级蒸馏过程

单级蒸馏过程包括平衡蒸馏和简单蒸馏。

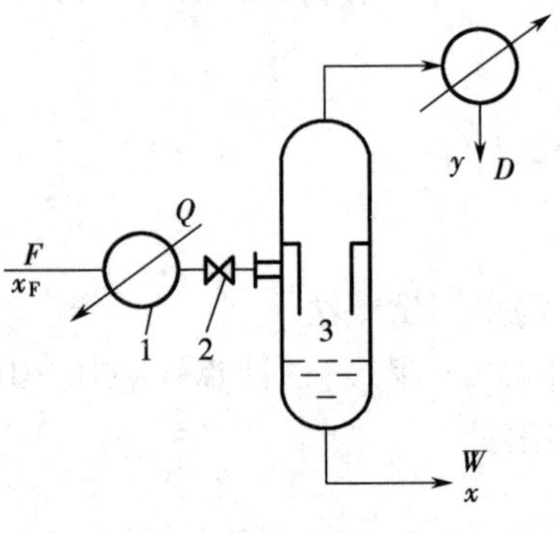

图 2.7-5　平衡蒸馏装置与流程

1—加热器　2—节流阀　3—分离器

1. 平衡蒸馏

（1）平衡蒸馏装置与流程

平衡蒸馏又称闪急蒸馏，简称闪蒸，是一种连续、稳态的单级蒸馏操作。如图 2.7-5 所示，被分离的混合液先经加热器加热，使之温度高于分离器压力下料液的泡点，然后通过减压阀使压力降低至规定值后进入分离器。过热的液体混合物在分离器中部分汽化，形成气液两相。将气相作为闪蒸的轻组分产品从分离器的顶部引出，液相作为闪蒸的重组分产品从分离器的底部引出，这样即实现了混合液的初步分离。

（2）平衡蒸馏过程的物料衡算

对平衡蒸馏装置作物料衡算，得

总物料衡算

$$F = D + W \tag{2.7-15}$$

易挥发组分衡算

$$Fx_F = Dy + Wx \tag{2.7-16}$$

式中：F、D、W 分别表示原料液、气相和液相产品流量，kmol/h 或 kmol/s；x_F、y、x 分别为原料液、气相和液相产品中易挥发组分的摩尔分数。

设 $q = W/F$

则 $1 - q = D/F$

式中 q 称为原料液的液化率，$1 - q$ 为原料液的汽化率。联立以上各式，可得

$$y = \frac{q}{q-1}x - \frac{x_F}{q-1} \tag{2.7-17}$$

式 2.7-17 表示平衡蒸馏中气、液相组成的关系。在平衡蒸馏中，因气、液两相处于平衡状态，则有

$$y = \frac{\alpha x}{1 + (\alpha - 1)x}$$

应用上述两类基本关系，即可计算平衡蒸馏中气、液相的平衡组成。

2. 简单蒸馏

(1) 简单蒸馏装置与流程

简单蒸馏又称微分蒸馏，是一种间歇、非稳态的单级蒸馏操作。如图 2.7-6 所示，原料液分批加入蒸馏釜中，通过间接加热使之部分汽化，产生的蒸气进入冷凝器中冷凝，冷凝液作为馏出液产品排入接受器中。随着蒸馏过程的进行，釜液中易挥发组分的含量不断降低，与之平衡的气相组成（即馏出液组成）也随之下降，釜中液体的泡点则逐渐升高。当馏出液平均组成或釜液组成降低至某规定值后，即停止蒸馏操作。

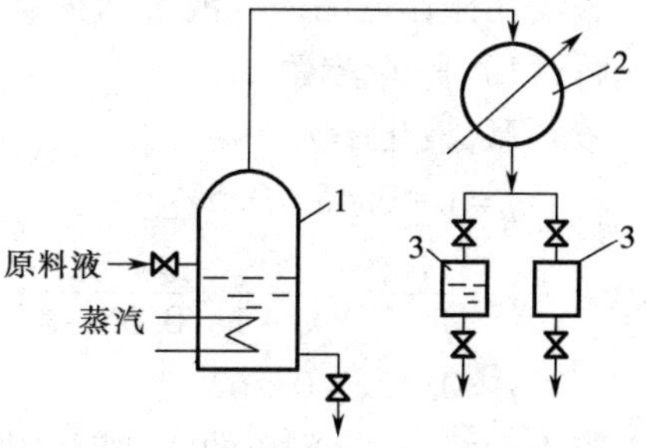

图 2.7-6 简单蒸馏装置与流程

1—蒸馏釜 2—冷凝器 3—接受器

(2) 简单蒸馏过程的物料衡算

在简单蒸馏过程中，馏出液和釜液中易挥发组分的组成逐渐降低，釜温则逐渐升高，故简单蒸馏为非稳态过程。因此，简单蒸馏的计算应该进行微分衡算。

设在某瞬间 θ，釜液量为 L kmol、组成为 x，经微分时间 $d\theta$ 后，釜液量变为 $L - dL$、组成为 $x - dx$，蒸出的气相量为 dD、组成为 y。

在 $d\theta$ 时间内进行物料衡算，得

总物料衡算

$$dL = dD$$

易挥发组分衡算

$$Lx = (L - dL)(x - dx) + ydD$$

联立以上两式，并略去二阶无穷小量，可得

$$\frac{dL}{L}=\frac{dx}{y-x}$$

设：蒸馏开始时　$L=F, x=x_F$

蒸馏结束时　$L=W, x=x_W$

在以上范围内积分，可得

$$\ln\frac{F}{W}=\int_{x_W}^{x_F}\frac{dx}{y-x} \tag{2.7-18}$$

若已知气液平衡关系，则可由该式确定 F、W、x_F 及 x_W 之间的关系。

在简单精馏过程中，馏出液的组成不断降低，其平均组成 $\bar{y}$ 可通过一批操作的物料衡算求得，即

$$\bar{y}=\frac{Fx_F-Wx_W}{F-W}=x_F+\frac{W}{F-W}(x_F-x_W) \tag{2.7-19}$$

【例 2.7-4】 在常压下将组成为 0.5（易挥发组分的摩尔分数）的某理想二元混合物分别进行平衡蒸馏和简单蒸馏，若规定汽化率为 0.45，试计算：

（1）平衡蒸馏的气液相组成；

（2）简单蒸馏的馏出液中易挥发组分平均组成。

假设在操作范围内气液平衡关系为：$y=0.42x+0.562$。

解：（1）平衡蒸馏

依题意，液化率为

$$q=1-0.45=0.55$$

由
$$y=\frac{q}{q-1}x-\frac{x_F}{q-1}=\frac{0.55}{0.55-1}x-\frac{0.5}{0.55-1}=1.111-1.222x$$

及
$$y=0.42x+0.562$$

联立以上两式，求得平衡的气、液相组成分别为

$$x=0.334\ 3\quad y=0.702\ 4$$

（2）简单蒸馏

依题意　$D=0.45F, W=0.55F$

由
$$\ln\frac{F}{W}=\int_{x_W}^{x_F}\frac{dx}{y-x}$$

$$\ln\frac{F}{0.55F}=\int_{x_W}^{0.5}\frac{dx}{0.562-0.58x}=\frac{1}{0.58}\ln\frac{0.562-0.58x_W}{0.562-0.58\times0.5}$$

解得　$x_W=0.305\ 7$

馏出液的平均组成为

$$\bar{y}=x_F+\frac{W}{D}(x_F-x_W)=0.5+\frac{0.55F}{0.45F}(0.5-0.305\ 7)=0.737\ 5$$

求解本题的关键是熟练应用物料衡算式和气液平衡关系式进行平衡蒸馏和简单蒸馏的计算。

2.7.4 两组分连续精馏的计算

精馏过程的计算可分为设计型计算和操作型计算两类，此处重点讨论板式精馏塔的设计型计算问题。

1. 计算的基本假定

1)理论板的假定

(1)理论板的定义

若离开某层塔板的气、液两相互成平衡,且塔板上各处的液相组成均匀一致,则该层塔板称为理论板。

(2)理论板提出的意义

实际上,由于塔板上气、液间的接触面积和接触时间是有限的,在任何形式的塔板上,气、液两相都难以达到平衡状态,除非接触时间无限长,因而理论板是不存在的。理论板作为一种假定,可用作衡量实际板分离效率的依据和标准。通常,在工程设计中,先求得理论板层数,用塔板效率予以校正,即可求得实际塔板层数。

2)恒摩尔流假定

精馏操作时,在精馏段和提馏段内,每层塔板上升的气相摩尔流量和下降的液相摩尔流量一般并不相等,为了简化精馏计算,通常引入恒摩尔流的假定。

(1)恒摩尔气流

若在精馏塔内,精馏段(或提馏段)的每层塔板上升的气相摩尔流量相等,则称为恒摩尔气流,即

精馏段 $V_1 = V_2 = V_3 = \cdots = V =$ 常数

提馏段 $V'_1 = V'_2 = V'_3 = \cdots = V' =$ 常数

式中下标表示塔板序号。应予指出,两段上升的气相摩尔流量不一定相等。

(2)恒摩尔液流

若在精馏塔内,精馏段(或提馏段)的每层塔板下降的液相摩尔流量相等,则称为恒摩尔液流,即

精馏段 $L_1 = L_2 = L_3 = \cdots = L =$ 常数

提馏段 $L'_1 = L'_2 = L'_3 = \cdots = L' =$ 常数

式中下标表示塔板序号。应予指出,两段下降的液相摩尔流量不一定相等。

恒摩尔流必须满足以下条件:

①混合物中各组分的摩尔汽化热相等。

②气、液接触时因温度不同而交换的显热可以忽略。

③塔设备保温良好,热损失可以忽略。

恒摩尔流虽是一项简化假设,但某些物系能基本上符合上述条件,因此,可将这些系统在精馏塔内的气、液两相视为恒摩尔流。后面介绍的精馏计算均是以恒摩尔流为前提的。

2. 物料衡算与操作线方程

1)全塔物料衡算

在全塔范围内作物料衡算,可得

总物料衡算

$$F = D + W \tag{2.7-20}$$

易挥发组分衡算

$$Fx_F = Dx_D + Wx_W \tag{2.7-21}$$

式中:F 为原料液流量,kmol/h;D 为塔顶馏出液流量,kmol/h;W 为塔底釜残液流量,kmol/h;

x_F 为原料液中易挥发组分的摩尔分数；x_D 为馏出液中易挥发组分的摩尔分数；x_W 为釜残液中易挥发组分的摩尔分数。

塔顶易挥发组分的回收率为

$$\eta_D = \frac{Dx_D}{Fx_F} \times 100\% \tag{2.7-22}$$

塔底难挥发组分的回收率为

$$\eta_W = \frac{W(1-x_W)}{F(1-x_F)} \times 100\% \tag{2.7-23}$$

2）操作线方程

在精馏塔中，任意塔板下降的液相组成与由其下一层塔板上升的蒸气组成之间的关系称之为操作关系，描述它们之间关系的方程称为操作线方程。

（1）精馏段操作线方程

精馏段操作线方程为

$$y_{n+1} = \frac{L}{V}x_n + \frac{D}{V}x_D \tag{2.7-24}$$

或

$$y_{n+1} = \frac{R}{R+1}x_n + \frac{1}{R+1}x_D \tag{2.7-25}$$

式中：x_n 为精馏段第 n 层板下降液相中易挥发组分的摩尔分数；y_{n+1} 为精馏段第 $n+1$ 层板上升蒸气中易挥发组分的摩尔分数；L 为精馏段下降液相的流量，kmol/h；V 为精馏段上升蒸气的流量，$V=L+D$，kmol/h；R 为回流比，$R=L/D$。

由式 2.7-25 可知，精馏段操作线在 x—y 相图上为直线，其斜率为 $R/(R+1)$，截距为 $x_D/(R+1)$。

（2）提馏段操作线方程

提馏段操作线方程为

$$y'_{m+1} = \frac{L'}{V'}x'_m - \frac{W}{V'}x_W \tag{2.7-26}$$

式中：x'_m 为提馏段第 m 层板下降液相中易挥发组分的摩尔分数；y'_{m+1} 为提馏段第 $m+1$ 层板上升蒸气中易挥发组分的摩尔分数；L' 为提馏段下降液相的流量，kmol/h；V' 为提馏段上升蒸气的流量，$V'=L'-W$，kmol/h。

由式 2.7-26 可知，提馏段操作线在 x—y 相图上亦为直线，其斜率为 $L'/(L'-W)$，截距为 $-Wx_W/(L'-W)$。

3）进料热状况对操作线方程的影响

精馏塔在操作过程中，精馏段和提馏段气、液两相流量间的关系与精馏塔的进料热状况有关，因而进料热状况对提馏段的操作线方程有直接的影响。

（1）精馏塔的进料热状况

根据工艺条件和操作要求的不同，精馏塔有以下五种进料热状况。

①冷液进料：进料温度低于泡点的进料热状况称为冷液进料。对于冷液进料，

$$L' > L+F, V' > V$$

②饱和液体（泡点）进料：进料温度等于泡点的进料热状况称为饱和液体（泡点）进料。对于饱和液体（泡点）进料，

$L' = L + F, V' = V$

③气液混合物进料:进料温度介于泡点和露点之间的进料热状况称为气液混合物进料。对于气液混合物进料,

$L < L' < L + F, V' < V$

④饱和蒸气(露点)进料:进料温度等于露点的进料热状况称为饱和蒸气(露点)进料。对于饱和蒸气(露点)进料,

$L' = L, \quad V = V' + F$

⑤过热蒸气进料:进料温度高于露点的进料热状况称为过热蒸气进料。对于过热蒸气进料,

$L' < L, \quad V > V' + F$

(2)进料热状况参数

进料的热状况参数用 q 表示,其定义式为

$$q = \frac{I_V - I_F}{I_V - I_L} = \frac{\text{将 1 mol 进料变为饱和蒸气所需热量}}{\text{原料液的摩尔汽化热}} \tag{2.7-27}$$

式中:I_F 为原料液的焓,kJ/kmol;I_V、$I_{V'}$ 分别为进料板上、下处饱和蒸汽的焓,kJ/kmol;I_L、$I_{L'}$ 分别为进料板上、下处饱和液体的焓,kJ/kmol。

(3)进料热状况对操作线方程的影响

引入进料热状况参数后,可导出精馏塔内精馏段和提馏段的气液相流量之间的关系为

$$L' = L + qF \tag{2.7-28}$$

$$V' = V + (q - 1)F \tag{2.7-29}$$

由此提馏段操作线方程可改写为

$$y'_{m+1} = \frac{L + qF}{L + qF - W} x'_m - \frac{W}{L + qF - W} x_W \tag{2.7-30}$$

根据 q 的定义,可得

冷液进料	$q > 1$
饱和液体(泡点)进料	$q = 1$
气液混合物进料	$0 < q < 1$
饱和蒸气(露点)进料	$q = 0$
过热蒸气进料	$q < 0$

(4)进料方程

精馏段操作线与提馏段操作线交点轨迹的方程,称为进料方程或 q 线方程,其表达式为

$$y = \frac{q}{q - 1} x - \frac{x_F}{q - 1} \tag{2.7-31}$$

式中 q 为精馏塔的进料热状况参数。

由式 2.7-31 可知,提馏段操作线在 x—y 相图上亦为直线,其斜率为 $q/(q-1)$,截距为 $-x_F/(q-1)$。

【例 2.7-5】 在连续精馏塔中分离某理想二元混合物。已知原料液流量为 100 kmol/h,组成为 0.5(易挥发组分的摩尔分数,下同),泡点进料,釜残液的流量为 48 kmol/h,组成为 0.02,回流比为 2.6。试计算:

(1)易挥发组分回收率；

(2)提馏段操作线方程。

解:(1)易挥发组分回收率

由 $F = D + W$

$Fx_F = Dx_D + Wx_W$

$100 = D + 48$

$100 \times 0.5 = Dx_D + 48 \times 0.02$

解得 $D = 52\ \text{kmol/h}$

$x_D = 0.943$

$$\eta_D = \frac{Dx_D}{Fx_F} \times 100\%$$

$$\frac{52 \times 0.943}{100 \times 0.5} \times 100\% = 98.07\%$$

(2)提馏段操作线方程

$V = (R+1)D = (2.6+1) \times 52 = 187.2\ \text{kmol/h}$

$L = RD = 2.6 \times 52 = 135.2\ \text{kmol/h}$

泡点进料,$q = 1$

$L' = L + qF = 135.2 + 100 = 235.2\ \text{kmol/h}$

$V' = V + (q-1)F = V = 187.2\ \text{kmol/h}$

由 $$y'_{m+1} = \frac{L'}{V'}x'_m - \frac{W}{V'}x_W$$

$$y'_{m+1} = \frac{235.2}{187.2}x'_m - \frac{48}{187.2} \times 0.02 = 1.256x'_m - 0.0051$$

求解本题的关键是熟练掌握总物料衡算式和操作线方程。

【例2.7-6】 在连续精馏塔内分离某理想二元混合物。已知进料量为100 kmol/h，其组成为0.5(易挥发组分的摩尔分数,下同)；釜残液组成为0.05；精馏段操作线方程为$y = 0.75x + 0.245$。试计算：

(1)馏出液的组成；

(2)塔釜重组分的收率。

解:(1)馏出液的组成

由精馏段操作线方程 $y = 0.75x + 0.245$

则 $$\frac{R}{R+1} = 0.75\text{，解出 } R = 3$$

$$\frac{x_D}{R+1} = 0.245\text{，解出 } x_D = 0.98$$

(2)塔釜重组分的收率

由 $F = D + W$

$Fx_F = Dx_D + Wx_W$

$100 = D + W$

$100 \times 0.5 = 0.98D + 0.05W$

解得 $W = 51.6\ \mathrm{kmol/h}$

$D = 48.4\ \mathrm{kmol/h}$

$$\eta_W = \frac{W(1-x_W)}{F(1-x_F)} \times 100\% = \frac{51.6 \times (1-0.05)}{100 \times (1-0.5)} \times 100\% = 98.04\%$$

求解本题的关键是熟练掌握精馏段操作线方程、全塔物料衡算式及重组分收率的概念。

3. 理论板层数的确定

理论板层数的确定是精馏计算的主要内容之一，它是确定精馏塔有效高度的关键。计算理论板层数通常采用逐板计算法和图解法。

1)逐板计算法

逐板计算法通常从塔顶开始，计算过程中依次使用平衡方程和操作线方程，逐板进行计算，直至满足分离要求为止。

设塔顶最上一层塔板序号为1，该板上升的蒸气经全凝器全部冷凝成饱和温度下的液体，因此馏出液和回流液的组成均为 y_1，即

$$y_1 = x_D$$

根据理论板的概念，自第一层板下降的液相组成 x_1 与 y_1 互成平衡，由平衡方程得

$$x_1 = \frac{y_1}{y_1 + \alpha(1-y_1)}$$

从第二层塔板上升的蒸气组成 y_2 与 x_1 符合操作关系，故可用精馏段操作线方程由 x_1 求得 y_2，即

$$y_2 = \frac{R}{R+1}x_1 + \frac{x_D}{R+1}$$

同理，y_2 与 x_2 为平衡关系，可用平衡方程由 y_2 求得 x_2，再用精馏段操作线方程由 x_2 计算 y_3。如此交替地利用平衡方程及精馏段操作线方程进行逐板计算，直至求得的 $x_n \leqslant x_F$（泡点进料）时，则第 n 层理论板便为进料板。通常，进料板算在提馏段，因此精馏段所需理论板层数为 $n-1$。应予注意，对于其他进料热状况，应计算到 $x_n \leqslant x_q$ 为止（x_q 为两操作线交点坐标值）。

在进料板以下，改用提馏段操作线方程由 x_n（将其记为 x_1'）求得 y_2'，再利用平衡方程由 y_2' 求算 x_2'，如此重复计算，直至计算到 $x_2' \leqslant x_W$ 为止。对于间接蒸汽加热，再沸器内气、液两相可视为平衡，再沸器相当于一层理论板，故提馏段所需理论板层数为 $m-1$。

2)图解法

图解法又称麦克布-蒂利法，简称 M-T 法，其求解步骤如下。

(1)在 x—y 相图上作出精馏段和提馏段的操作线

①由馏出液组成 x_D 作出精馏段操作线与对角线的交点 a；根据精馏段操作线在 y 轴的截距 $x_D/(R+1)$ 在 y 轴上标出点 b，直线 ab 即为精馏段操作线。

②由釜残液组成 x_W 作出提馏段操作线与对角线的交点 c。

③由进料组成 x_F 作出进料方程与对角线的交点 e；过点 e 作斜率为 $q/(q-1)$ 的直线与精馏段操作线交于点 d，直线 cd 即为提馏段操作线。

精馏段和提馏段的操作线的作法参见图 2.7-7。

(2)梯级图解法求理论板层数

理论板层数的图解方法如图 2.7-8 所示。自对角线上的点 a 开始，在精馏段操作线与平

衡线之间作由水平线和铅垂线构成的阶梯。当阶梯跨过两操作线的交点 d 时,改在提馏段操作线与平衡线之间绘阶梯,直至阶梯的垂线达到或跨过点 c 为止。平衡线上每个阶梯的顶点即代表一层理论板。跨过点 d 的阶梯为进料板,最后一个阶梯为再沸器。总理论板层数为阶梯数减 1。图 2.7-8 中的图解结果为:所需理论板层数为 6,其中精馏段与提馏段各为 3,第 4 板为进料板。

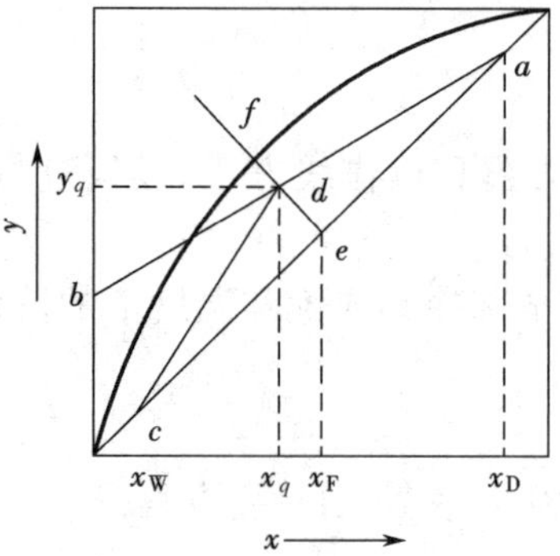

图 2.7-7　操作线的作法

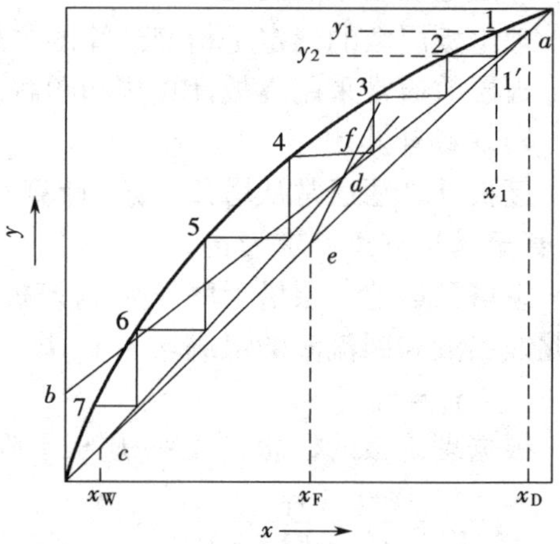

图 2.7-8　梯级图解法求理论板层数

3)适宜的进料位置

如前所述,进料位置对应于两操作线交点 d 所在的梯级,这一位置即为适宜的进料位置。因为若实际进料位置下移(梯级已跨过两操作线交点 d,而仍在精馏段操作线和平衡线之间绘梯级)或上移(未跨过两操作线交点 d 而过早更换操作线),所需的理论板层数增多,只有在跨过两操作线交点 d 即更换操作线所需的理论板层数最少。

4. 回流比的影响及其选择

在精馏塔的设计中,回流比是一个重要的参数。回流比有两个极限值,其上限为全回流(即回流比为无限大),下限为最小回流比,操作回流比介于两个极限值之间。

1)全回流

若上升至塔顶的蒸气经全凝器冷凝后,冷凝液全部回流到塔内,该回流方式称为全回流,全回流时的回流比为

$$R=\frac{L}{D}=\frac{L}{0}=\infty$$

在全回流下,精馏段操作线及提馏段操作线与对角线重合,全塔无精馏段和提馏段之区分,两段的操作线合二为一,即

$$y_{n+1}=x_n \tag{2.7-32}$$

2)最小回流比

(1)最小回流比的概念

对于一定的分离任务,如减小操作回流比,精馏段操作线的斜率变小,截距变大,两操作线向平衡线靠近,表示气、液两相间的传质推动力减小,所需理论板层数增多。当回流比减小到某一数值时,两操作线的交点 d 落到平衡线上,如图 2.7-9 所示。此时,若在平衡线与操作线之间绘阶梯,将需要无穷多阶梯才能到达点 d,相应的回流比即为最小回流比,以 $R_{\min}$ 表示。在

点 d 前后(通常为进料板上下区域),各板之间的气、液两相组成基本上不发生变化,即没有增浓作用,故点 d 称为夹紧点,这个区域称为夹紧区(恒浓区)。最小回流比是回流的下限。当回流比较 R_{min} 还要低时,操作线和 q 线的交点就落在平衡线之外,精馏操作无法完成指定的分离程度。

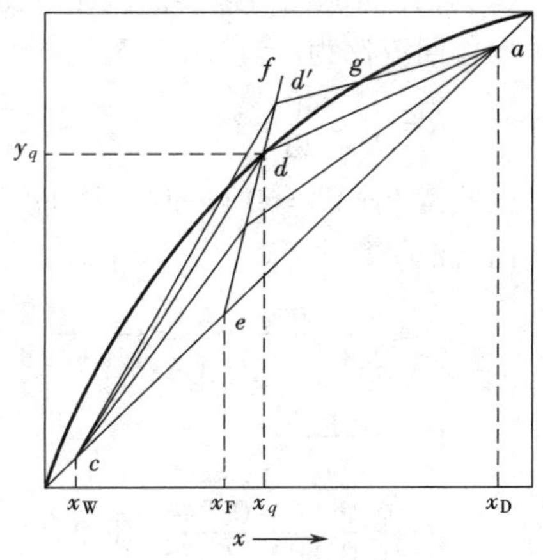

图 2.7-9 最小回流比的确定

(2)最小回流比的求法

如图 2.7-9 所示,由精馏段操作线的斜率可求出最小回流比,即

$$\frac{R_{min}}{R_{min}+1}=\frac{x_D-y_q}{x_D-x_q} \tag{2.7-33}$$

整理得

$$R_{min}=\frac{x_D-y_q}{y_q-x_q} \tag{2.7-34}$$

式中 x_q、y_q 为线与平衡线的交点坐标,由图中读得。

对于相对挥发度 α 为常量(或取平均值)的物系,x_q 与 y_q 的关系可用相平衡方程确定,并直接用式 2.7-34 计算 R_{min}。

3)适宜回流比的选择

设计计算时的回流比应介于 R_{min} 与 $R=\infty$ 之间,其选择的原则是根据经济核算,使操作费用和设备费用之和为最低。操作费用和设备费用之和最低时的回流比称为适宜回流比。在精馏设计计算中,一般不需进行经济核算,常采用经验值。根据实践总结,适宜回流比的范围为

$$R=(1.1-2.0)R_{min} \tag{2.7-35}$$

【例 2.7-7】 某制药厂用一板式精馏塔回收丙酮含量为 75%(摩尔分数,下同)的废丙酮溶液。塔顶采用全凝器,泡点回流,馏出液中丙酮含量 96%。因在常压下操作,该分离物系可视为二元理想物系,其平均相对挥发度为 1.8。现场测得一组数据如下:

精馏段液相负荷 40 kmol/h; 精馏段气相负荷 60 kmol/h

提馏段液相负荷 66 kmol/h; 提馏段气相负荷 60 kmol/h

试根据以上数据核算:

(1)丙酮的回收率;

(2)操作回流比与最小回流比的比值。

解:(1)丙酮的回收率

由已知条件可解出

$$D=V-L=60-40=20\ \text{kmol/h}$$

$$W=L'-V'=66-60=6\ \text{kmol/h}$$

$$F=D+W=20+6=26\ \text{kmol/h}$$

$$\eta_D=\frac{Dx_D}{Fx_F}\times 100\%$$

$$\frac{20\times 0.96}{26\times 0.75}\times 100\%=98.46\%$$

(2)操作回流比与最小回流比的比值

操作回流比为

$$R=\frac{L}{D}=\frac{40}{20}=2$$

依题意 $V=V'=60$ kmol/h,故可判断为泡点进料,$q=1$,$x_q=x_F=0.75$。

由气液平衡方程

$$y_q=\frac{\alpha x_q}{1+(\alpha-1)x_q}=\frac{1.8\times0.75}{1+(1.8-1)\times0.75}=0.844$$

由 $$R_{min}=\frac{x_D-y_q}{y_q-x_q}$$

$$R_{min}=\frac{0.96-0.844}{0.844-0.75}=1.234$$

$$\frac{R}{R_{min}}=\frac{2}{1.234}=1.621$$

求解本题的关键是熟练掌握物料衡算式、轻组分收率的概念及泡点进料的判断。

【例2.7-8】 在一连续精馏塔中分离某二元理想混合物。已知原料液的组成为0.4(易挥发组分的摩尔分数,下同),泡点进料;塔顶采用全凝器,泡点回流,操作回流比为最小回流比的1.6倍;操作条件下平均相对挥发度为2.5。若要求轻组分的回收率为97%,塔釜残液组成为0.02。试求:

(1)塔顶产品的组成;

(2)精馏段操作线方程。

解:(1)塔顶产品的组成

设进料量为100 kmol/h。

由 $$\eta_D=\frac{Dx_D}{Fx_F}\times100\%$$

$$\frac{Dx_D}{100\times0.4}\times100\%=97\% \tag{1}$$

由 $$Fx_F=Dx_D+Wx_W$$

$$100\times0.4=Dx_D+0.02W \tag{2}$$

联立(1)、(2)式,解出

$$x_D=0.97$$

(2) 精馏段操作线方程

先求最小回流比,由

$$R_{min}=\frac{x_D-y_q}{y_q-x_q}$$

对于泡点进料,有

$$x_q=x_F=0.4$$

由气液平衡方程

$$y_q=\frac{\alpha x_q}{1+(\alpha-1)x_q}=\frac{2.5\times0.4}{1+(2.5-1)\times0.4}=0.625$$

故 $R_{\min}=\dfrac{0.97-0.625}{0.625-0.4}=1.533$

依题意 $R=1.6R_{\min}=1.6\times1.533=2.453$

精馏段操作线方程为

$$y=\frac{R}{R+1}x+\frac{x_D}{R+1}=\frac{2.453}{2.453+1}x+\frac{0.97}{2.453+1}=0.710x+0.281$$

求解本题的关键是理解所求的问题与进料量无关,故可设进料量为100 kmol/h。

【例2.7-9】 在一连续精馏塔内分离某理想二元混合物。已知进料量为100 kmol/h,进料组成为0.5(易挥发组分的摩尔分数,下同),泡点进料;釜残液组成为0.05;塔顶采用全凝器;操作条件下物系的平均相对挥发度为2.303;精馏段操作线方程为 $y=0.72x+0.275$。试计算:

(1)馏出液的组成;

(2)所需的理论板层数。

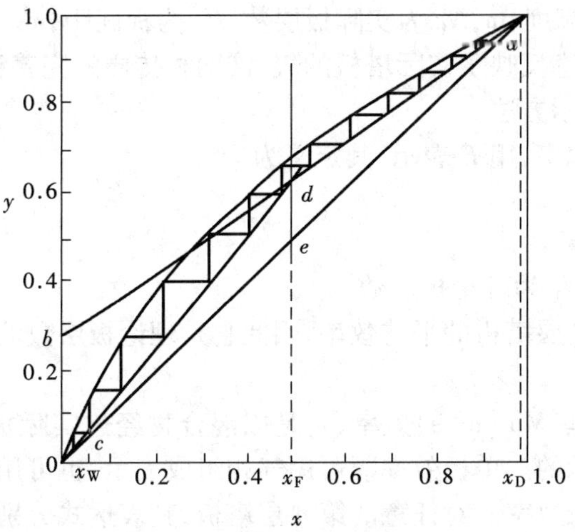

例2.7-9 附图

解:(1)馏出液的组成

由精馏段操作线方程可得

$$\frac{R}{R+1}=0.72,解出\ R=2.571$$

$$\frac{x_D}{R+1}=0.275,解出\ x_D=0.982$$

(2)所需的理论板层数

气液平衡方程为

$$y=\frac{\alpha x}{1+(\alpha-1)x}=\frac{2.303x}{1+1.303x}$$

给定一系列 x 值,依上式可计算出与之平衡的 y 值,计算结果如下表:

x	0	0.1	0.2	0.3	0.4	0.5	0.6	0.7	0.8	0.9	1.0
y	0	0.204	0.365	0.497	0.606	0.697	0.776	0.843	0.902	0.954	1.0

将以上数据绘成 x—y 图，用图解法求理论板层数，图解过程见本例附图。图解结果为

理论板层数　$N_T=15$（包括再沸器）

进料板位置　$N_F=9$

求解本题的关键是由已知的精馏段操作线方程求出 x_D。

5. 塔高和塔径的计算

(1) 塔高的计算

精馏过程在精馏塔内进行，精馏塔有板式塔和填料塔两种形式，工业中以应用板式塔为主，在此介绍板式塔有效高度的计算。

①基本计算公式：板式塔的有效高度是指安装塔板部分的高度，其基本计算公式为

$$Z=(N_P-1)H_T \tag{2.7-36}$$

式中：Z 为板式塔的有效高度，m；N_P 为实际板层数；H_T 为板间距，m。

②塔板效率：塔板效率反映了实际塔板的气、液两相传质的完善程度。塔板效率有全塔效率、单板效率等不同的表示方法。

全塔效率又称总板效率，用 E 表示，其定义为

$$E=\frac{N_T}{N_P}\times 100\% \tag{2.7-37}$$

式中：E 为全塔效率，%；N_T 为理论板层数。

全塔效率反映塔中各层塔板的平均效率，因此它是理论板层数的一个校正系数，其值恒小于1。

单板效率又称默弗里(Murphree)效率，它是以混合物经过实际板的组成变化与经过理论板的组成变化之比来表示的。单板效率既可用气相组成表示，也可用液相组成表示，分别称为气相单板效率和液相单板效率。对任意的第 n 层塔板，其表达式分别为

气相单板效率

$$E_{MV}=\frac{y_n-y_{n+1}}{y_n^*-y_{n+1}} \tag{2.7-38}$$

液相单板效率

$$E_{ML}=\frac{x_{n-1}-x_n}{x_{n-1}-x_n^*} \tag{2.7-39}$$

式中：E_{MV} 为气相单板效率（气相默弗里板效率）；E_{ML} 为液相单板效率（液相默弗里板效率）；y_n^* 为与 x_n 成平衡的气相组成，摩尔分数；x_n^* 为与 y_n 成平衡的液相组成，摩尔分数。

(2) 塔径的计算

精馏塔的直径可按下式计算，即

$$D=\sqrt{\frac{4V_s}{\pi u}} \tag{2.7-40}$$

式中：D 为精馏塔内径，m；u 为空塔速度，m/s；V_s 为塔内上升蒸气的体积流量，m^3/s。

空塔速度是影响精馏操作的重要因素，适宜空塔速度的确定方法可参考有关书籍。

【例 2.7-10】 在连续操作的板式精馏塔中分离某两组分理想溶液。在全回流下测得塔中相邻两层塔板下降液相组成分别为 0.45 和 0.36(均为摩尔分数),试求其中下一层塔板的单板效率(以气相表示)。在本例题条件下,气液平衡方程为 $y = 1.25x + 0.07$。

解:气相表示的单板效率为

$$E_{MV} = \frac{y_n - y_{n+1}}{y_n^* - y_{n+1}}$$

依据已知条件,可得

$$x_n = 0.36 \quad x_{n-1} = 0.45$$

在全回流下操作,其操作线方程为

$$y_{n+1} = x_n$$

$$y_{n+1} = x_n = 0.36$$

$$y_n = x_{n-1} = 0.45$$

由气液平衡方程,可得

$$y_n^* = 1.25 \times 0.36 + 0.07 = 0.52$$

$$E_{MV} = \frac{0.45 - 0.36}{0.52 - 0.36} = 0.563$$

求解本题的关键是掌握全回流下的操作线方程和理解相邻两层塔板间气、液相组成的关系。

【例 2.7-11】 在精馏塔内分离某两组分理想溶液。已知进料量为 100 kmol/h,进料组成为 0.4(易挥发组分的摩尔分数,下同),馏出液的流量为 40 kmol/h,其组成为 0.95;进料为泡点进料;塔顶采用全凝器,泡点回流,操作回流比为最小回流比的 1.6 倍;每层塔板的液相默弗里板效率为 0.5;在本例题条件下,气液平衡方程为 $y = 0.6x + 0.35$;测得进入该塔第 m 层塔板的液相组成为 0.65。试计算:

(1)釜残液组成;

(2)离开第 m 层塔板的液相组成。

解:(1)釜残液组成

由全塔物料衡算方程

$$F = D + W$$

$$Fx_F = Dx_D + Wx_W$$

联立得

$$x_W = \frac{Fx_F - Dx_D}{F - D} = \frac{100 \times 0.4 - 40 \times 0.95}{100 - 40} = 0.033$$

(2)离开第 m 层塔板的液相组成

依题意 $x_{m-1} = 0.65 > 0.4$,故第 m 层塔板位于精馏段。

由 $$R_{min} = \frac{x_D - y_q}{y_q - x_q}$$

泡点进料 $x_q = x_F = 0.4$

由气液平衡方程

$$y_q = 0.6 \times 0.4 + 0.35 = 0.59$$

$$R_{\min}=\frac{0.95-0.59}{0.59-0.4}=1.895$$

依题意 $R=1.6R_{\min}=1.6\times1.895=3.032$

精馏段操作线方程为

$$y=\frac{R}{R+1}x+\frac{x_D}{R+1}=\frac{3.032}{3.032+1}x+\frac{0.95}{3.032+1}=0.752x+0.236$$

依题意 $E_{ML}=\dfrac{x_{m-1}-x_m}{x_{m-1}-x_m^*}=0.5$

$$y_m=0.752\times0.65+0.236=0.725$$

由气液平衡方程,得

$$x_m^*=\frac{0.725-0.35}{0.6}=0.625$$

$$\frac{0.65-x_m}{0.65-0.625}=0.5$$

解得 $x_m=0.638$

求解本题的关键是熟练运用操作线方程、气液平衡方程和板效率定义式进行有关计算。

【例2.7-12】某化工厂拟建立一板式精馏塔,用来分离甲醇-水溶液。经工艺计算和方案论证,确定出以下设计条件:

进料热状况:	泡点进料	塔板间距:0.35 m
精馏塔气相负荷:	50.5 kmol/h	空塔气速:0.85 m/s
塔顶压力:	常压	塔顶温度:65.2 ℃
塔釜压力:	114 kPa	塔釜温度:101.5 ℃
理论板层数:	8 层	全塔效率:55.2%

试根据以上条件,计算精馏塔的有效高度和塔径。

解:(1)精馏塔的有效高度

$$Z=(N_P-1)H_T$$

其中 $N_P=\dfrac{N_T}{E}=\dfrac{8}{0.552}=14.49$,取 $N_P=15$

$$Z=(15-1)\times0.35=4.9\ \text{m}$$

(2)精馏塔的塔径

依题意 $V=V'=50.5$ kmol/h

平均温度 $t_m=\dfrac{1}{2}(65.2+101.5)=83.35$ ℃

平均压力 $P_m=\dfrac{1}{2}(101.3+114.0)=107.65$ kPa

$$V_s=\frac{22.4\times50.5}{3\,600}\times\frac{273+83.35}{273}\times\frac{101.3}{107.65}=0.386\ \text{m}^3/\text{s}$$

由 $D=\sqrt{\dfrac{4V_s}{\pi u}}$

$$D=\sqrt{\frac{4\times0.386}{0.85\pi}}=0.761\ \text{m}$$

按塔径系列标准，经圆整得

$$D=0.8\ \text{m}$$

求解本题的关键是掌握计算精馏塔上升蒸气的体积流量 V_s 的方法。

6. 连续精馏装置的热量衡算

连续精馏装置的热量衡算通常是指对冷凝器和再沸器进行的热量衡算。

(1)冷凝器的热负荷

精馏塔的冷凝方式有全凝器冷凝和分凝器—全凝器冷凝两种，工业上采用前者为多。对全凝器，其热负荷的计算式为

$$Q_C=(R+1)D(I_{\text{VD}}-I_{\text{LD}}) \tag{2.7-41}$$

式中：Q_C 为全凝器的热负荷，kJ/h；I_{VD} 为塔顶上升蒸气的焓，kJ/kmol；I_{LD} 为塔顶馏出液的焓，kJ/kmol。

冷却介质消耗量的计算式为

$$W_{\text{c}}=\frac{Q_C}{c_{pc}(t_2-t_1)} \tag{2.7-42}$$

式中：W_{c} 为冷却介质消耗量，kg/h；c_{pc} 为冷却介质的比热容，kJ/(kg·℃)；t_1、t_2 分别为冷却介质在冷凝器的进、出口处的温度，℃。

(2)再沸器的热负荷

精馏的加热方式分为直接蒸汽加热与间接蒸汽加热两种方式，工业上采用后者为多。对间接蒸汽加热的再沸器，其热负荷的计算式为

$$Q_B=V'(I_{\text{VW}}-I_{\text{LW}})+Q_{\text{L}} \tag{2.7-43}$$

式中：Q_B 为再沸器的热负荷，kJ/h；Q_{L} 为再沸器的热损失，kJ/h；I_{VW}为再沸器中上升蒸气的焓，kJ/kmol；I_{LW}为釜残液的焓，kJ/kmol。

加热介质消耗量的计算式为

$$W_h=\frac{Q_B}{I_{B1}-I_{B2}} \tag{2.7-44}$$

式中：W_{h} 为加热介质消耗量，kg/h；I_{B1}、I_{B2}分别为加热介质进、出再沸器的焓，kJ/kg。

若用饱和蒸汽加热，且冷凝液在饱和温度下排出，则加热蒸汽消耗量的计算式为

$$W_{\text{h}}=\frac{Q_B}{r} \tag{2.7-45}$$

式中：r 为加热蒸汽的汽化热，kJ/kg。

【例 2.7-13】 试计算例 2.7-12 中冷凝器的热负荷、冷却介质的消耗量及再沸器的热负荷、加热蒸汽消耗量。已知条件如下：

(1)冷却水的进、出口温度分别为 25 ℃及 35 ℃，冷凝液在饱和温度下排出，冷凝器的热损失可忽略；

(2)加热蒸汽的压力为 250.0 kPa，冷凝水在饱和温度下排出，再沸器的热损失为有效传热量的 12%。

解：(1)冷凝器的热负荷、冷却介质的消耗量

塔顶温度为 65.2 ℃，而甲醇在常压下的泡点为 64.7 ℃，由此可知，塔顶产品中水的组成很低，可近似按纯甲醇计算。

在塔顶温度65.2 ℃条件下，查得甲醇的汽化热为 $r_A = 1\ 108$ kJ/kg，由

$$Q_C = (R+1)D(I_{VD} - I_{LD})$$

$$Q_C = VM_A r_A = 50.5 \times 32 \times 1\ 108 = 1.791 \times 10^6 \text{ kJ/h}$$

水的定性温度 $t_f = \frac{1}{2}(25+35) = 30$ ℃

在30 ℃下水的比热容为 $c_p = 4.174$ kJ/(kg · ℃)

冷却水的消耗量为

$$W_c = \frac{Q_C}{c_{pc}(t_2 - t_1)} = \frac{1.791 \times 10^6}{4.174 \times (35-25)} = 4.29 \times 10^4 \text{ kg/h}$$

(2)再沸器的热负荷、加热蒸汽消耗量

塔釜中甲醇的组成很低，可近似按纯水计算。

在塔釜温度101.5 ℃条件下，查得水的汽化热为 $r_B = 2\ 253.6$ kJ/kg。由

$$Q_B = V'(I_{VW} - I_{LW}) + Q_L$$

$$Q_B = V'M_B r_B + Q_L$$

$$= 50.5 \times 18 \times 2\ 253.6 + 0.12 \times (50.5 \times 18 \times 2\ 253.6) = 2.294 \times 10^6 \text{ kJ/kg}$$

在加热蒸汽的压力250.0 kPa条件下，查得蒸汽的汽化热为 $r = 2\ 185.4$ kJ/kg，则加热蒸汽消耗量为

$$W_h = \frac{Q_B}{r} = \frac{2.294 \times 10^6}{2\ 185.4} = 1\ 049.7 \text{ kg/h}$$

求解本题的关键是掌握热量衡算的简化计算方法。

2.7.5 多组分精馏

化工中的精馏操作大多是分离多组分精馏过程。虽然多组分精馏与两组分精馏在基本原理上是相同的，但因多组分精馏中溶液的组分数目增多，故影响精馏操作的因素也增多，计算过程就更为复杂。本节重点讨论多组分精馏的基本概念。

1. 流程方案的选择

(1)精馏塔的数目

若用普通精馏塔(指仅分别有一个进料口、塔顶和塔底出料口的塔)以连续精馏的方式将多组分溶液分离为纯组分，则需多个精馏塔。分离三组分溶液时需要两个塔，分离四组分溶液时需要三个塔，分离 n 组分溶液时需要 $n-1$ 个塔。若不要求将全部组分都分离为纯组分，或原料液中某些组分的性质及数量差异较大时，可以采用具有侧线出料口的塔，此时塔数可减少。

(2)流程方案的选择

对于多组分精馏，首先要确定流程方案，然后才能进行计算。一般较佳的方案应满足：

①能保证产品质量，满足工艺要求，生产能力大；

②流程短，设备投资费用少；

③耗能低，收率高，操作费用低；

④操作管理方便。

在实际生产中还应考虑如下两个因素。

①考虑多组分溶液的性质：许多有机化合物在加热过程中易分解或聚合，因此除了在操作

压力、温度及设备结构等方面予以考虑外，还应在流程安排上减少这种组分的受热次数，尽早将它分离出来。

②考虑产品的质量要求：某些产品如高分子单体及有特殊用途的物质，要求有非常高的纯度，由于固体杂质易存留在塔釜中，故不希望从塔底得到这种产品。

应予指出，多组分精馏流程方案的确定是比较困难的，通常设计时可初选几个方案，通过计算、分析比较后，再从中择优选定。

2. 多组分物系的气液平衡

多组分溶液的气液平衡关系，一般采用平衡常数法表示，其表达式为

$$K_i = \frac{y_i}{x_i} \tag{2.7-46}$$

式中：K_i 为平衡常数；下标 i 表示溶液中任意组分。

对于多组分理想物系，相平衡常数可表示为

$$K_i = \frac{y_i}{x_i} = \frac{p_i^{\circ}}{P} \tag{2.7-47}$$

对于多组分非理想物系，气液平衡可分为以下三种情况。

①气相是非理想气体，液相是理想溶液：若系统的压力较高，气相不能视为理想气体，但液相仍是理想溶液，此时相平衡常数可表示为

$$K_i = \frac{y_i}{x_i} = \frac{f_{i\mathrm{L}}^{\circ}}{f_{i\mathrm{V}}^{\circ}}$$

式中：$f_{i\mathrm{L}}^{\circ}$、$f_{i\mathrm{V}}^{\circ}$ 分别为液相及气相的纯组分 i 在压力 P 及温度 t 下的逸度，Pa。

②气相为理想气体，液相为非理想溶液：若系统的压力较低，气相可视为理想气体，但液相为非理想溶液，此时相平衡常数可表示为

$$K_i = \frac{\gamma_i p_i^{\circ}}{P} \tag{2.7-48}$$

式中：γ_i 为组分的活度系数。

③两相均为非理想溶液：若系统的压力较高，气相不能视为理想气体，液相亦为非理想溶液，此时相平衡常数可表示为

$$K_i = \frac{\gamma_i f_{i\mathrm{L}}^{\circ}}{f_{i\mathrm{V}}^{\circ}} \tag{2.7-49}$$

3. 关键组分的概念及各组分在塔顶和塔底产品中的预分配

与两组分精馏一样，为求精馏塔的理论板层数，需要知道塔顶和塔底产品的组成。在多组分精馏中，对两产品的组成，一般只能规定馏出液中某组分的含量不能高于某一限值，釜液中另一组分不能高于另一限值，两产品中其他组分的含量都不能任意规定。为了简化计算，引入关键组分的概念。

(1)关键组分

在待分离的多组分溶液中，选取工艺中最关心的两个组分（一般是选择挥发度相邻的两个组分），规定它们在塔顶和塔底产品中的组成或回收率（即分离要求），那么在一定的分离条件下，所需的理论板层数和其他组分的组成也随之而定。由于所选定的两个组分对多组分溶液的分离起控制作用，故称它们为关键组分，其中挥发度大的那个组分称为轻关键组分，挥发

度小的称为重关键组分。

所谓轻关键组分,是指在进料中比其还要轻的组分(即挥发度更大的组分)及其自身的绝大部分进入馏出液中,它在釜液中的含量则加以限制。所谓重关键组分,是指进料中比其还要重的组分(即挥发度更小的组分)及其自身的绝大部分进入釜液中,而它在馏出液的含量应加以限制。例如,分离由组分 A、B、C、D 和 E(按挥发度降低的顺序排列)所组成的混合液,根据分离要求,规定 B 为轻关键组分,C 为重关键组分。因此,在馏出液中有组分 A、B 及限量的 C,而比 C 还要重的组分(D 和 E)在馏出液中只有极微量或完全不出现。同样,在釜液中有组分 E、D、C 及限量的 B,比 B 还轻的组分 A 在釜液中含量极微或不出现。

(2)组分在塔顶和塔底产品中的预分配

在多组分精馏中,一般先规定关键组分在塔顶和塔底产品中的组成或回收率,其他组分的分配应通过物料衡算或近似估算得到,待求出理论板层数后,再核算塔顶和塔底产品的组成。根据各组分间挥发度的差异,可按以下两种情况进行组分在产品中的预分配。

①清晰分割的情况:若两关键组分的挥发度相差较大,且两者为相邻组分,此时可认为比重关键组分还重的组分全部在塔底产品中,比轻关键组分还轻的组分全部在塔顶产品中,这种情况称为清晰分割。清晰分割时,非关键组分在两产品中的分配可以通过物料衡算求得。

②非清晰分割的情况:若两关键组分不是相邻组分,则塔顶和塔底产品中必有中间组分;或者,若进料中非关键组分的相对挥发度与关键组分的相差不大,则塔顶产品中就含有比重关键组分还重的组分,塔底产品中就会含有比轻关键组分还轻的组分。上述二种情况称为非清晰分割。非清晰分割时,各组分在塔顶和塔底产品中的分配情况不能用物料衡算求得,其计算方法较为复杂。

【例 2.7-14】 采用连续精馏方法,分离由 a、b、c、d、e、f(按挥发度降低顺序排列)组成的六元物系,根据分离要求,馏出液中有组分 a、b 及限量的 c,釜残液中有组分 f、e、d、c 及限量的 b,则所规定的重关键组分为(　　)。

(A)b　　(B)c　　(C)d　　(D)e

解:依题意,馏出液中有组分 a、b 及限量的 c,釜残液中有组分 f、e、d、c 及限量的 b,则所规定的轻关键组分为 b,重关键组分为 c。

答案应选择(B)。

求解本题的关键是熟练掌握多组分精馏中的轻关键组分和重关键组分的概念。

2.7.6 板式塔

1. 板式塔的结构

板式塔为逐级接触式的气、液传质设备,其结构如图 2.7-10 所示,它主要由圆柱形壳体、塔板、溢流堰、降液管及受液盘等部件构成。

操作时,塔内液体依靠重力作用,由上层塔板的降液管流到下层塔板的受液盘,然后横向流过塔板,从另一侧的降液管流至下一层塔板。溢流堰的作用是使塔板上保持一定厚度的液层。气体则在压力差的推动下,自下而上穿过各层塔板的气体通道(泡罩、筛孔或浮阀等),分散成小股气流,鼓泡通过各层塔板的液层。在塔板上,气液两相密切接触,进行热量和质量的交换。在板式塔中,气液两相逐级接触,两相的组成沿塔高呈阶梯式变化,在正常操作下,液相为连续相,气相为分散相。

2. 塔板的类型

塔板可分为错流式塔板(也称溢流式塔板或有降液管式塔板)及逆流式塔板(也称穿流式塔板或无降液管式塔板)两类。在工业生产中,以错流式塔板应用最为广泛。错流式塔板的主要类型包括泡罩塔板、筛孔塔板(简称筛板)、浮阀塔板、舌形塔板、浮舌塔板及斜孔塔板等。

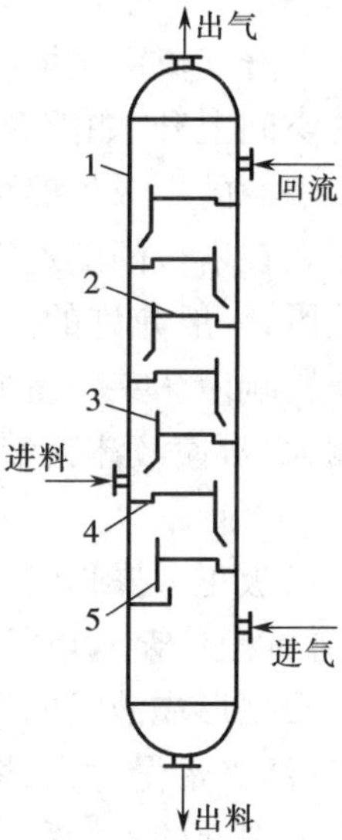

图 2.7-10 板式塔的结构

1—塔壳体 2—塔板
3—溢流堰 4—受液盘
5—降液管

3. 板式塔的流体力学性能

在板式精馏塔中,塔板是气液两相进行传热和传质的重要场所,塔板上气液两相的流动状况与传热和传质过程密切相关,板式塔内气液两相的流动状况即所谓的板式塔的流体力学性能。

(1)塔板压降

上升气流通过塔板时需要克服以下几种阻力:塔板本身的干板阻力(即板上各部件所造成的局部阻力)、板上充气液层的静压力和液体的表面张力。这些阻力就形成了塔板的压降。

塔板压降是影响板式塔操作特性的重要因素。塔板压降增大,一方面塔板上气液两相的接触时间随之延长,板效率升高,完成同样的分离任务所需实际塔板数减少,设备费降低;另一方面,塔釜温度随之升高,能耗增加,操作费增大,若分离热敏性物系时易造成物料的分解或结焦。因此,进行塔板设计时,应综合考虑,在保证较高效率的前提下,力求减小塔板压降,以降低能耗和改善塔的操作。

(2)塔板上的液面落差

在错流式塔板上,液体在塔板上横向流动。当液体横向流过塔板时,为克服板上的摩擦阻力和板上部件(如泡罩、浮阀等)的局部阻力,需要一定的液位差,则在板上形成由液体进入板面到离开板面的液面落差。液面落差也是影响板式塔操作特性的重要因素,液面落差将导致气流分布不均,从而造成漏液现象,使塔板的效率下降。因此,在塔板设计中应尽量减小液面落差。

液面落差的大小与塔板结构有关。泡罩塔板结构复杂,液体在板面上流动阻力大,故液面落差较大;筛板板面结构简单,液面落差较小。除此之外,液面落差还与塔径和液体流量有关,当塔径或流量很大时,也会造成较大的液面落差。为此,对于直径较大的塔,设计中常采用双溢流或阶梯溢流等溢流形式来减小液面落差。

(3)漏液

在正常操作的塔板上,液体横向流过塔板,然后经降液管流下。当气体通过塔板的速度较小时,气体通过升气孔道的动压不足以阻止板上液体经孔道流下时,便会出现漏液现象。漏液的发生导致气液两相在塔板上的接触时间减少,塔板效率下降,严重时会使塔板不能积液而无法正常操作。通常,为保证塔的正常操作,漏液量应不大于液体流量的 10% 。漏液量达到 10% 的气体速度称为漏液速度,它是板式塔操作气速的下限。

造成漏液的主要原因是气速太小和板面上液面落差所引起的气流分布不均匀。在塔板液体入口处,液层较厚,往往出现漏液,为此常在塔板液体入口处留出一条不开孔的区域,称为安定区。

(4)液沫夹带

上升气流穿过塔板上液层时，必然将部分液体分散成微小液滴，气体夹带着这些液滴在板间的空间上升，如液滴来不及沉降分离，则将随气体进入上层塔板，这种现象称为液沫夹带。

液滴的生成虽然可增大气液两相的接触面积，有利于传质和传热，但过量的液沫夹带常造成液相在塔板间的返混，进而导致板效率严重下降。为维持正常操作，需将液沫夹带限制在一定范围，一般允许的液沫夹带量为 $e_V < 0.1$ kg(液)/ kg(气)。

影响液沫夹带量的因素很多，最主要的是空塔气速和塔板间距。空塔气速减小及塔板间距增大，可使液沫夹带量减小。

(5)液泛

塔板正常操作时，在板上维持一定厚度的液层，以和气体进行接触传质。若由于某种原因，导致液体充满塔板之间的空间，使塔的正常操作受到破坏，这种现象称为液泛。

根据形成液泛的原因不同，可分为夹带液泛和降液管液泛。若塔板上升气体的速度过高时，液沫夹带量过大，塔板间充满气液混合物，最终使整个塔内都充满液体，这种由于液沫夹带量过大引起的液泛称为夹带液泛；若塔板的液流量过大，降液管内液体不能顺利向下流动时，管内液体必然积累，致使管内液位增高而越过溢流堰顶部，两板间液体相连，塔板产生积液，并依次上升，最终导致塔内充满液体。这种由于降液管内充满液体而引起的液泛称为降液管液泛。为防止降液管液泛，液体在降液管内的停留时间应大于 3 ~5 s。

液泛的形成与气液两相的流量相关。对一定的液体流量，气速过大会形成液泛；反之，对一定的气体流量，液量过大也可能发生液泛。液泛时的气速称为泛点气速，正常操作气速应控制在泛点气速之下。

影响液泛的因素除气液流量外，还与塔板的结构，特别是塔板间距等参数有关，设计中采用较大的板间距，可提高泛点气速。

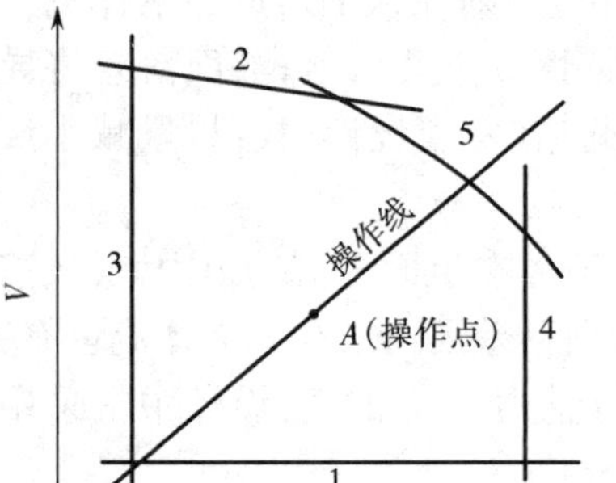

图 2.7-11 塔板的负荷性能图

(6)塔板的负荷性能图

影响板式塔操作状况和分离效果的主要因素为物料性质、塔板结构及气液负荷。对一定的分离物系，当设计选定塔板类型后，其操作状况和分离效果便只与气液负荷有关。要维持塔板正常操作和塔板效率的基本稳定，必须将塔内的气液负荷限制在一定的范围内，该范围即为塔板的负荷性能。将此范围在直角坐标系中，以液相负荷 L 为横坐标，气相负荷 V 为纵坐标进行绘制，所得图形称为塔板的负荷性能图，如图 2.7-11 所示。

负荷性能图由以下五条线组成。

①漏液线：图中线 1 为漏液线，又称气相负荷下限线。当操作的气相负荷低于此线时，将发生严重的漏液现象，气液不能充分接触，使塔板效率下降。

②液沫夹带线：图中线 2 为液沫夹带线，又称气相负荷上限线。如操作的气相负荷超过此线时，表明液沫夹带现象严重，使塔板效率急剧下降。

③液相负荷下限线：图中线 3 为液相负荷下限线。若操作的液相负荷低于此线时，表明液体流量过低，板上液流不能均匀分布，气液接触不良，易产生干吹、偏流等现象，导致塔板效率

下降。

④液相负荷上限线：图中线4为液相负荷上限线。若操作的液相负荷高于此线时，表明液体流量过大，此时液体在降液管内停留时间过短，进入降液管内的气泡来不及与液相分离而被带入下层塔板，造成气相返混，使塔板效率下降。

⑤液泛线：图中线5为液泛线。若操作的气液负荷超过此线时，塔内将发生液泛现象，使塔不能正常操作。

在塔板的负荷性能图中，由五条线所包围的区域称为塔板的适宜操作区。操作时的气相负荷 V 与液相负荷 L 在负荷性能图上的坐标点称为操作点。在连续精馏塔中，回流比为定值，故操作的气液比 V/L 也为定值。因此，每层塔板上的操作点沿通过原点、斜率为 V/L 的直线而变化，该直线称为操作线。操作线与负荷性能图上曲线的两个交点分别表示塔的上下操作极限。两极限的气体流量之比称为塔板的操作弹性。设计时应使操作点尽可能位于适宜操作区的中央，若操作点紧靠某一条边界线，则负荷稍有波动时，塔的正常操作即被破坏。

应予指出，当分离物系和分离任务确定后，操作点的位置即固定，但负荷性能图中各条线的相应位置随着塔板的结构尺寸而变。因此，在设计塔板时，根据操作点在负荷性能图中的位置，适当调整塔板结构参数，可改进负荷性能图，以满足所需的操作弹性。例如：加大板间距可使液泛线上移，减小塔板开孔率可使漏液线下移，增加降液管面积可使液相负荷上限线右移等。

【例 2.7-15】 如图所示为某塔板的负荷性能图，A 点为操作点。试根据该图：

(1)确定塔板的气、液负荷；

(2)判断塔板的操作上、下限各为什么控制；

(3)计算塔板的操作弹性。

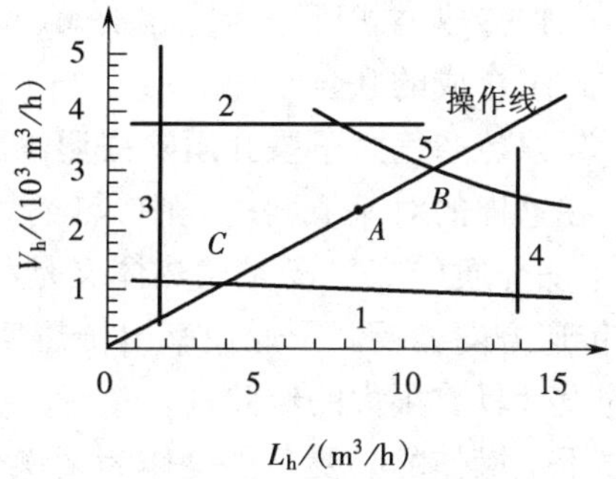

例 2.7-15 附图

解：(1)操作点 A 的坐标值即为塔板的气、液负荷，由附图查得

$$V_h = 2\ 300\ m^3/h, L_h = 8.5\ m^3/h$$

(2)连接 OA，即作出操作线。由操作线与负荷性能图上曲线的交点 B、C 可知，该塔板的操作上限为液泛控制，操作下限为漏液控制。

(3)由图中交点 B、C 查得

$$V_{h,max} = 3\ 000\ m^3/h$$

$$V_{h,min} = 1\ 000\ m^3/h$$

故操作弹性为

$$\frac{V_{h,max}}{V_{h,min}} = \frac{3\ 000}{1\ 000} = 3$$

求解本题的关键是熟悉塔板的负荷性能图。

【例 2.7-16】 在塔板的设计中，若气液流量一定，较小塔板间距，则液沫夹带线(　　)。

(A)不变　　(B)上移　　(C)下移　　(D)不确定

解：依题意，若气液流量一定，较小塔板间距，气液分离的空间高度降低，气体夹带的液体量增加，使得塔板的适宜操作区减小，故液沫夹带线下移。

答案应选择(C)。

求解本题的关键是熟练掌握塔板的负荷性能图的构造。

2.8 固体干燥

要求:重点掌握描述湿空气性质的参数及湿焓图、湿物料中水分的性质、干燥过程的物料衡算及热量衡算、恒定干燥条件下干燥速率和干燥时间的计算。了解干燥器的类型及适用场合。

干燥是利用热能除去湿物料中湿分的单元操作。其中既包含有传热过程,又包含有传质过程。这里重点讨论用热空气除去湿物料中水分的对流干燥过程。

2.8.1 概述

1. 化工中常用的除湿方法

①机械除湿,如沉降、过滤、离心分离等利用重力或离心力除湿。

②吸附除湿,用干燥剂(如无水氯化钙,硅胶等)来吸附湿物料中的水分。

③干燥,即利用热能来除去湿物料中湿分的方法。

为节省能源,工业中往往将两种方法联合起来操作,即先用比较经济的机械方法尽可能除去湿物料中大部分湿分,然后再利用干燥方法继续除湿,以获得湿分符合规定的产品。

2. 干燥操作的分类

①按操作压力分为常压干燥和真空干燥。

②按操作方式分为连续干燥和间歇干燥。

③按传热方式可分为传导干燥、对流干燥、辐射干燥、介电加热干燥以及由上述两种或多种方式组合成的联合干燥。

3. 以热空气为干燥介质除去湿物料中水分的对流干燥过程

在这样的对流干燥过程中,热空气将热量传给湿物料,物料表面汽化的水分又由空气带走,干燥介质(空气)既是载热体又是载湿体。因此,干燥过程中,热量传递和质量传递同时进行,传递方向相反。干燥速率由传热速率和传质速率共同控制,影响因素较为复杂,因此干燥器的设计具有很大的经验性。

干燥操作的必要条件是作为干燥介质的热空气温度高于物料表面温度,同时物料表面的水气分压大于干燥介质中的水气分压。两者差别越大,干燥操作进行得越快。

2.8.2 湿空气的性质及湿度图

1. 湿空气的性质

干燥过程中湿空气中的水分含量是不断变化的,但绝干空气量没有变化,故湿空气各种有关性质都是以 1 kg 绝干空气为基准的。

(1)湿空气中水气含量的表示方法

①水蒸气分压 p:湿空气中的水蒸气分压,kPa。

②湿度 H:湿空气中水气的质量与绝干空气的质量之比,又称湿含量,kg 水/kg 绝干气。

$$H=\frac{0.622p}{P-p} \tag{2.8-1}$$

由式 2.8-1 看出,湿空气的湿度是总压 P 和水气分压 p 的函数。

当湿空气中的水气分压等于该空气温度下纯水的饱和蒸气压时,相应的湿度称为饱和湿

度，以 H_s 表示，

$$H_s = \frac{0.622 p_s}{P - p_s} \tag{2.8-2}$$

③相对湿度百分数 φ：在一定总压下，湿空气中水气分压 p 与同温度下饱和水气分压 p_s 之比，简称相对湿度。

$$\varphi = \frac{p}{p_s} \times 100\% \tag{2.8-3}$$

相对湿度代表空气的不饱和程度。饱和空气 $p = p_s$，$\varphi = 1$，不能用作干燥介质；湿空气的 φ 值越小，吸湿能力越大；对湿度一定的湿空气，可提高温度以降低其 φ，从而提高湿空气的吸湿能力。

将式 2.8-3 代入式 2.8-1，得

$$H = \frac{0.622 \varphi p_s}{P - \varphi p_s} \tag{2.8-4}$$

在一定的总压和温度下，上式表示湿空气的 H 与 φ 之间的关系。

(2) 湿空气的比容 v_H

在湿空气中，1 kg 绝干空气体积和相应 H kg 水气体积之和称为湿空气的比容，又称为湿容积，m^3 湿空气/kg 绝干气。

$$v_H = \left(\frac{1}{29} + \frac{H}{18}\right) \times 22.4 \times \frac{273 + t}{273} \times \frac{1.013 \times 10^5}{P}$$

$$= (0.772 + 1.244H) \times \frac{273 + t}{273} \times \frac{1.013 \times 10^5}{P} \tag{2.8-5}$$

一定总压下，湿容积是湿空气的温度 t，湿度 H 的函数。

(3) 湿空气的比热容 c_H 和焓 I

①比热容 c_H：常压下，将湿空气中 1 kg 绝干空气及相应 H kg 水气的温度升高（或降低）1℃所要吸收（或放出）的热量又称湿热，kJ/(kg 绝干气 · ℃)。

$$c_H = 1.01 + 1.88H \tag{2.8-6}$$

上式说明在绝干空气和水蒸气比热容均为常数时，湿空气的比热容只是湿度的函数。

②焓 I：湿空气中 1 kg 绝干空气的焓与相应 H kg 水气的焓之和，kJ/kg 绝干气。

$$I = I_g + HI_v = (1.01 + 1.88H)t + 2\,490H \tag{2.8-7}$$

焓的基准状态为 0 ℃的绝干空气及 0 ℃的液态水的焓值为零。

【例 2.8-1】 常压下某湿空气的温度为 30 ℃、湿度为 0.025 kg/kg 绝干气，试求：(1) 湿空气的相对湿度；(2) 水气分压；(3) 湿空气的比容；(4) 湿空气的比热容；(5) 湿空气的焓。

若将上述空气加热到 100 ℃，再求空气的相对湿度和焓，以及加热过程中每 1 m^3 原湿空气的焓变。

解：30 ℃时的性质：

(1) 相对湿度

30 ℃时水的饱和蒸气压 $p_s = 4.246\,4$ kPa。用式 2.8-4 求相对湿度，即

$$H = \frac{0.622 \varphi p_s}{P - \varphi p_s}$$

将数据带入　$0.025=\frac{0.622\times 4.2464\varphi}{101.3-4.2464\varphi}$

解得　　$\varphi=92.18\%$

(2)水气分压

$$p=\varphi p_s=0.9218\times 4.2464=3.914\ \text{kPa}$$

(3)比容 v_H

由式2.8-5求比容,即

$$v_H=(0.772+1.244H)\times\frac{273+t}{273}\times\frac{1.013\times 10^5}{P}$$

$$=(0.772+1.244\times 0.025)\times\frac{273+30}{273}=0.8913\ \text{m}^3\ \text{湿空气/kg 绝干气}$$

(4)比热容 c_H

由式2.8-6求比热容,即

$$c_H=1.01+1.88H=1.01+1.88\times 0.025=1.057\ \text{kJ/(kg 绝干气}\cdot\text{℃)}$$

(5)焓 I

用式2.8-7求湿空气的焓,即

$$I=(1.01+1.88H)t+2\,490H$$

$$I=(1.01+1.88\times 0.025)\times 30+2\,490\times 0.025=93.96\ \text{kJ/kg 绝干气}$$

100 ℃时的性质:

(1)相对湿度 φ

100 ℃时水蒸气的饱和蒸气压为101.33 kPa。当空气从30 ℃加热到100 ℃时,湿度没有变化,仍为0.025 kg/kg绝干气,故

$$0.025=\frac{0.622\times 12.340\varphi}{101.3-12.340\varphi}$$

解得 $\varphi=3.86\%$

空气被加热后虽然湿度没有变化,但是相对湿度降低,空气的干燥能力加大了。

(2)焓 I

$$I=(1.01+1.88\times 0.025)\times 100+2\,490\times 0.025=167.95\ \text{kJ/kg 绝干气}$$

湿空气被加热后虽然湿度没有变化,但温度升高使得焓值加大。湿空气升温过程的焓变为

$$\Delta I=167.95-93.96=73.99\ \text{kJ/kg 绝干气}$$

1 m^3原湿空气的焓变为

$$\frac{\Delta I}{v_H}=\frac{73.99}{0.8913}=83.01\ \text{kJ/m}^3\ \text{湿空气}$$

(4)温度

①干球温度 t:用普通温度计测出的湿空气的真实温度简称温度。

②湿球温度 t_w:用湿球温度计(用湿纱布包裹温度计的感温部分(水银球))测出的温度。此时空气传给水分的显热恰好等于水分汽化所需的潜热,用公式表达此热质平衡,可以得到

$$t_w=t-\frac{k_H r_{t_w}}{\alpha}(H_{s,t_w}-H)\tag{2.8-8}$$

式中:t_w为空气的湿球温度,℃;t 为空气的温度,℃;α 为空气向湿纱布的对流传热系数,W/(m$^2\cdot$℃);k_H表示以湿度差为推动力的传质系数,kg/(m$^2\cdot$s$\cdot\Delta H$);H_{s,t_w}为湿球温度 t_w下空

气的饱和湿度，kg/kg 绝干气；r_{t_w}为湿球温度 t_w下水气的汽化热，kJ/kg。

实验表明，对空气—水蒸气系统，$\frac{\alpha}{k_H}\approx 1.09$。

应注意，湿球温度并不是空气的真实温度，而是湿纱布内水分的温度。湿球温度 t_w是湿空气温度 t 和湿度 H 的函数。在一定的总压下，只要测出湿空气的干、湿球温度，就可算出空气的湿度。当湿空气的温度一定时，不饱和湿空气的湿球温度总低于干球温度，空气的干、湿球温度之差越大，空气的相对湿度越低，当空气为水气所饱和时，湿球温度就等于干球温度。

③绝热饱和冷却温度 t_{as}：湿空气经历绝热饱和冷却过程或绝热增湿过程所达到的温度。过程如图 2.8-1 所示。其特点为：空气传给水分的显热恰好等于水分汽化所需的潜热，湿空气的温度降低湿度增加而焓不变。由此热质平衡可以得到

$$t_{as}=t-\frac{r_{as}}{c_H}(H_{as}-H) \tag{2.8-9}$$

式中：r_{as}为温度 t_{as}时水的汽化潜热，kJ/kg；H_{as}表示与 t_{as}相应的绝热饱和湿度。

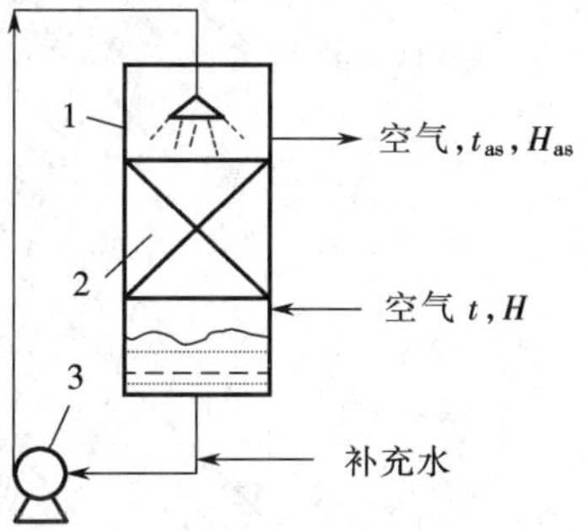

图 2.8-1 绝热饱和冷却塔示意图
1—塔身 2—填料 3—循环泵

上式表明，绝热饱和温度 t_{as}是湿空气初始温度 t 和湿度 H 的函数，它是湿空气在绝热、冷却、增湿过程中达到的极限冷却温度。在一定的总压下，只要测出湿空气的初始温度和绝热饱和温度 t_{as}就可用式 2.8-9 算出湿空气的湿度 H。

实验证明，对于湍流状态下的水蒸气—空气系统，湿球温度近似地等于绝热饱和冷却温度，即

$$t_w\approx t_{as} \tag{2.8-10}$$

必须强调，绝热饱和温度 t_{as}和湿球温度 t_w只是对水蒸气—空气系统在数值上近似相等，两者虽均为湿空气温度和湿度的函数，但是两个完全不同的概念。

④露点温度 t_d：将不饱和空气等湿冷却到饱和状态时的温度。即空气的湿度为 t_d温度下的饱和湿度，以 H_{s,t_d}表示。

$$H_{s,t_d}=\frac{0.622p_{s,t_d}}{P-p_{s,t_d}} \tag{2.8-11}$$

式中：H_{s,t_d}为湿空气在露点下的饱和湿度，kg/kg 绝于气；p_{s,t_d}为露点下水的饱和蒸气压，Pa。

在一定的总压下，可用式 2.8-11 由空气的露点求空气的湿度；反之，也可由空气的湿度求空气的露点。

根据以上分析，对水蒸气—空气系统，干球温度 t、绝热饱和温度 t_{as}（即湿球温度 t_w）及露点 t_d三者之间的关系为

不饱和空气 $t>t_{as}$（或 t_w）$>t_d$

饱和空气 $t=t_{as}$（或 t_w）$=t_d$

虽然只要能确定空气的状态（如已知湿空气的温度、湿度），就可用式 2.8-8，或式 2.8-9 求出湿空气的 t_w 或 t_{as}，但实际计算时需要试差，计算较为繁琐。工程上为了避免试差，将湿空气各参数间的关系标绘在坐标图上，只要知道湿空气任意两个独立参数，即可从图上查出其他参数，常用的图有湿度—焓（H—I）图、温度—湿度（t—H）图等，其中 H—I 图应用较广。

2. 湿空气的湿度图

(1)湿空气的 H—I 图

湿空气的 H—I 图如图 2.8-2 所示，该图表示总压为 1.013×10^5 Pa 时，湿空气各参数间的关系。

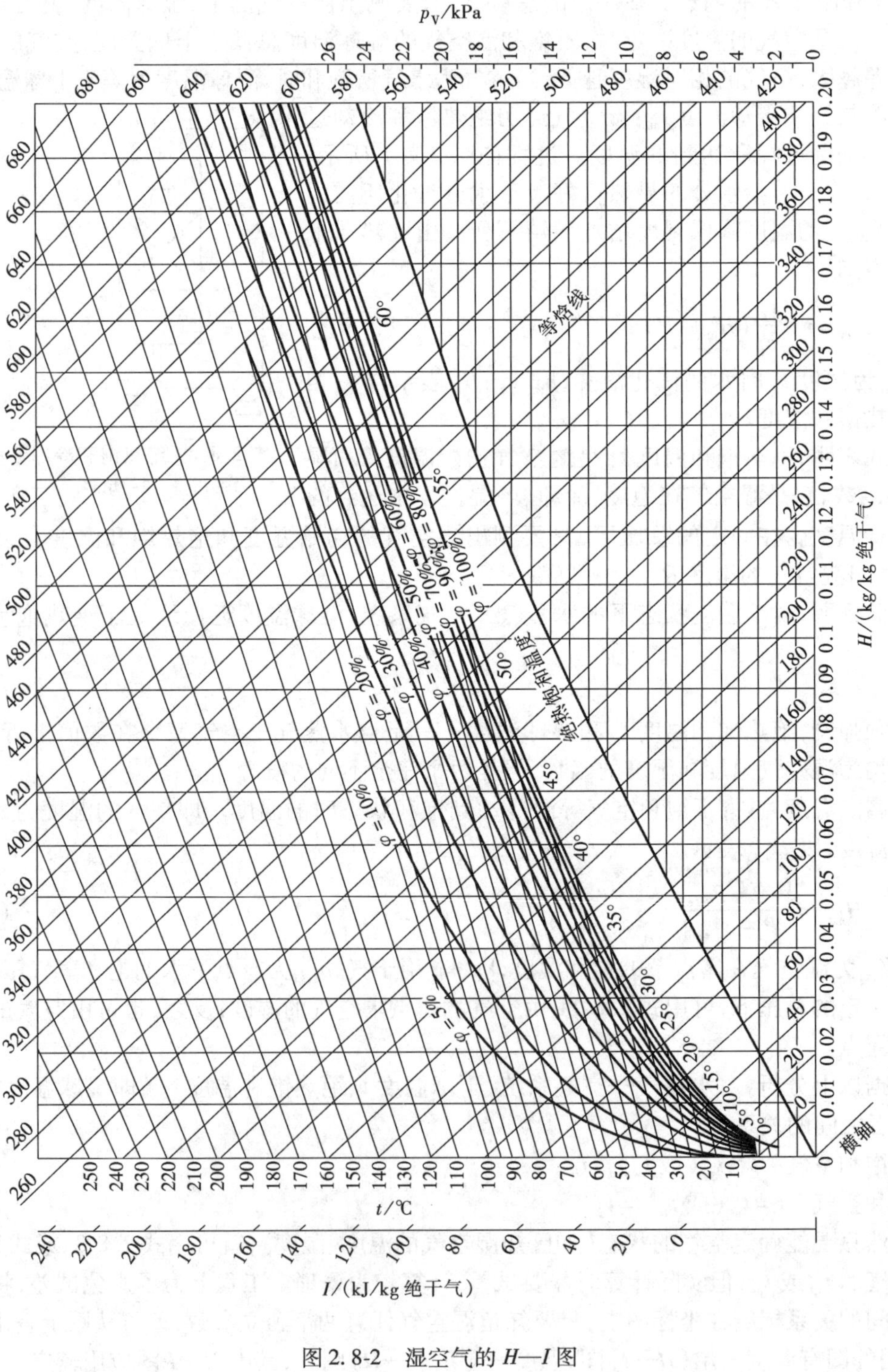

图 2.8-2　湿空气的 H—I 图

湿空气的 $H—I$ 图由以下诸线群组成。

①等湿度线（等 H 线）群：读数范围为 0 ~ 0.2 kg/kg 绝干气。

②等焓线（等 I 线）群：读数范围为 0 ~ 680 kJ/kg 绝干气。

③等干球温度线（等 t 线）群：读数范围为 0 ~ 250 ℃。

④等相对湿度线（等 φ 线）群：读数范围为 5% ~ 100%。

⑤蒸汽分压线：p_V 读数范围为 0 ~ 25 kPa。

（2）$H—I$ 图的应用

①根据 $H—I$ 图上空气的状态点，可查出空气的其他性能参数。

②根据湿空气任两个独立参数确定空气的状态，进而确定空气的其他参数。

但应注意，并不是所有参数都是相互独立的，例如 $t_d—H$、$p—H$、$t_d—p$、$t_w—I$、$t_{as}—I$ 等都不是相互独立的，它们不是在同一条等 H 线上就是在同一条等 I 线上，因此根据上述各组数据不能在图上确定空气状态点。

③可在 $H—I$ 图上表述空气的状态变化，比如空气的混合，空气经过预热器或干燥器的状态变化等。杠杆规则也适用于 $H—I$ 图中。

【例 2.8-2】 在总压 101.33 kPa 下，已知湿空气的某些参数如附表所示（见本例附表，已知数据在括号内），利用湿焓图查出其他参数的值。

解：由 t，t_w 确定湿空气状态点的方法如例 2.8-2 附图（a）所示。由 t，t_d 确定湿空气状态点的方法如例 2.8-2 附图（b）所示。由 t 和 φ 确定湿空气状态点的方法如例 2.8-2 附图（c）所示。

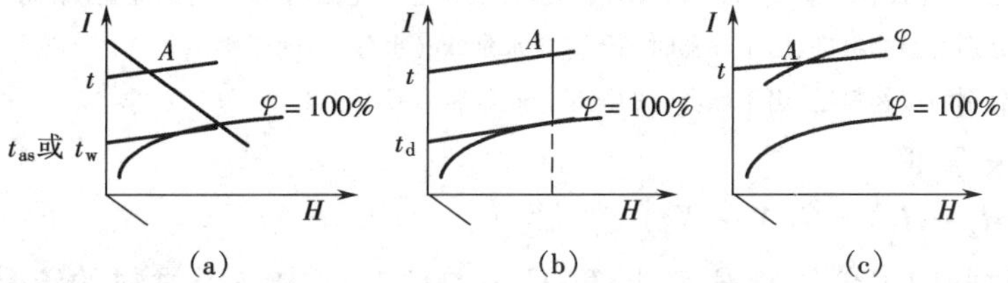

例 2.8-2 附图 在 $H—I$ 图中确定湿空气的状态点

湿空气状态点确定后，由 A 点确定湿空气的其他参数。具体方法是：由通过 A 点的等 t、等 H、等 I 线可确定 A 点的温度、湿度和焓。等 H 线与 $\varphi = 100\%$ 的饱和空气线的交点所对应的等 t 线所示的温度为露点，因为露点是在湿空气湿度 H 不变的条件下冷却至饱和时的温度。由等 H 线与蒸汽分压线的交点读出湿空气中的水气分压值。对水蒸气—空气系统，湿球温度 t_w 与绝热饱和温度 t_{as} 近似相等，因此由通过空气状态点 A 的等 I 线与 $\varphi = 100\%$ 的饱和空气线交点的等 t 线所示的温度即为 t_w 或 t_{as}。

查出的各参数值见例 2.8-2 附表。

例 2.8-2 附表

序号	干球温度 /℃	湿球温度 /℃	湿度 /（kg/kg 绝干气）	相对湿度 /%	焓 /（kJ/kg 绝干气）	水气分压 /kPa	露点 /℃
1	（60）	（35）	0.027	21	130	4.18	29
2	（40）	28	0.02	43	92	3.16	（25）
3	（20）	17	0.011	（75）	48	1.8	16

2.8.3 干燥过程的物料衡算与热量衡算

1. 湿物料含水量的表示方法

(1)湿基含水量 w

湿物料中水分的质量分数,kg 水/kg 湿物料。

(2)干基含水量 X

湿物料中的水分与绝干物料的质量比,kg 水/kg 绝干料。

两种含水量之间的关系为

$$w=\frac{X}{1+X} \tag{2.8-12}$$

$$X=\frac{w}{1-w} \tag{2.8-13}$$

2. 干燥系统的物料衡算

图 2.8-3 所示是一个连续逆流干燥器的流程,气、固两相在进出口处的流量及含水量均标注于图中。

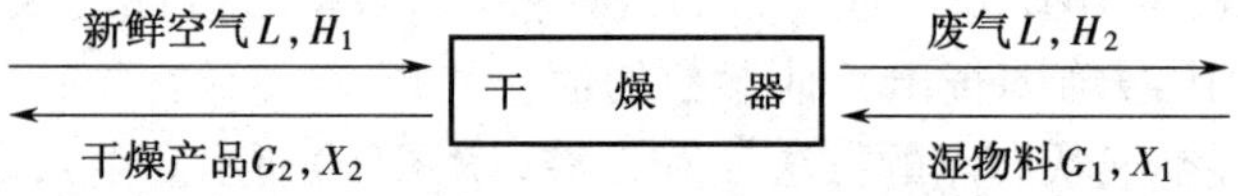

图 2.8-3　各流股进出逆流干燥器的示意图

L—绝干空气的消耗量,kg(绝干气)/s;H_1、H_2—分别为空气进、出干燥器时的湿度,kg/kg(绝干气);

X_1、X_2—分别为湿物料进、出干燥器时的干基含水量,kg(水分)/kg(干料);

G_1、G_2—分别为湿物料进、出干燥器时的流量,kg(物料)/s。

(1)水分蒸发量 W

$$W=L(H_2-H_1)=G(X_1-X_2) \tag{2.8-14}$$

式中:W 为单位时间内水分的蒸发量,kg/s;G 为单位时间内绝干物料的流量,kg 绝干料/s;L 为单位时间内消耗的绝干空气量,kg 绝干气/s。

(2)空气消耗量 L

$$L=\frac{G(X_1-X_2)}{H_2-H_1}=\frac{W}{H_2-H_1} \tag{2.8-15}$$

及

$$l=\frac{L}{W}=\frac{1}{H_2-H_1} \tag{2.8-16}$$

式中:l 为单位空气消耗量(kg 绝干气/kg 水分),即每蒸发 1 kg 水分时,消耗的绝干空气量。

新鲜空气消耗量为

$$L_0=L(1+H_0) \tag{2.8-17}$$

(3)干燥产品流量 G_2

$$G_2=\frac{G_1(1-w_1)}{1-w_2} \tag{2.8-18}$$

式中:w_1 为物料进干燥器时的湿基含水量;w_2 为物料离开干燥器时的湿基含水量。

3. 干燥系统的热量衡算

(1)热量衡算的基本方程

图2.8-4为连续干燥过程的热量衡算示意图。若忽略预热器的热损失,以1 s为热量衡算的基准。对预热器作热量衡算得

$$Q_P = L(I_1 - I_0) = L(1.01 + 1.88H_0)(t_1 - t_0) \quad (2.8\text{-}19)$$

对干燥器的热量衡算为

$$Q_D = L(I_2 - I_1) + G(I_2' - I_1') + Q_L \quad (2.8\text{-}20)$$

对整个干燥系统的热量衡算为

$$Q = Q_P + Q_D = L(I_2 - I_0) + G(I_2' - I_1') + Q_L \quad (2.8\text{-}21)$$

其中物料的焓I'包括绝干物料的焓(以0 ℃的物料为基准)和物料中所含水分(以0 ℃的液态水为基准)的焓,即

$$I' = c_s\theta + Xc_w\theta = (c_s + 4.187X)\theta = c_m\theta \quad (2.8\text{-}22)$$

$$c_m = (c_s + 4.187X) \quad (2.8\text{-}23)$$

式中:c_s为绝干物料的比热,kJ/(kg 绝干料 · ℃);c_w为湿物料中水分的比热,取为4.187 kJ/(kg 水 · ℃);c_m为湿物料的比热,kJ/(kg 绝干料 · ℃)。

式2.8-19、式2.8-20及式2.8-21为连续干燥系统热量衡算的基本方程式。为了便于分析和应用,可通过适当简化得到以下方程:

$$Q = Q_P + Q_D = 1.01L(t_2 - t_0) + Gc_m(\theta_2 - \theta_1) + W(2\,490 + 1.88t_2) + Q_L \quad (2.8\text{-}24)$$

分析上式看出,加入干燥系统的热量Q用于:①加热空气;②加热物料;③蒸发水分;④热损失等四个方面。

上述干燥系统热量衡算方程式中涉及到的符号说明见图2.8-4。

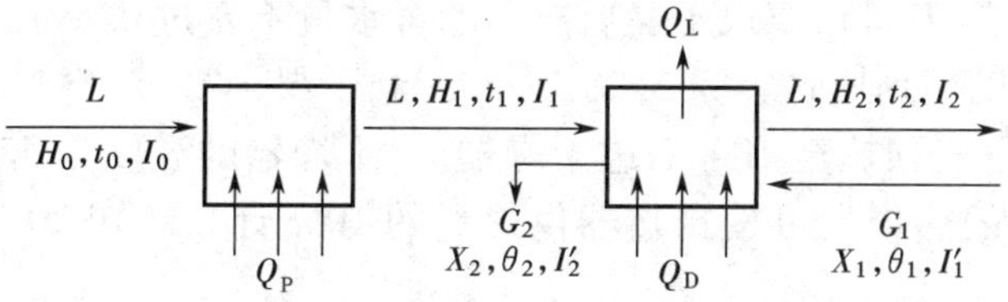

图2.8-4 连续干燥过程的热量衡算示意图

H_0、H_1、H_2——分别为湿空气进入预热器、离开预热器(即进入干燥器)及离开干燥器时的湿度,kg/kg(绝干气);

I_0、I_1、I_2——分别为湿空气进入预热器、离开预热器(即进入干燥器)及离开干燥器时的焓,kJ/kg(绝干气);

t_0、t_1、t_2——分别为湿空气进入预热器、离开预热器(即进入干燥器)及离开干燥器时的温度,℃;

L——绝干空气流量,kg(绝干气)/s;

Q_P——单位时间内预热器消耗的热量,kW;

G_1、G_2——分别为湿物料进入和离开干燥器时的流量,kg(湿物料)/s;

θ_1、θ_2——分别为湿物料进入和离开干燥器时温度,℃;

X_1、X_2——分别为湿物料进入和离开干燥器时的干基含水量,kg(水分)/kg(干料);

I_1、I_2'——分别为湿物料进入和离开干燥器时的焓,kJ/kg;

Q_D——单位时间内向干燥器补充的热量,kW;

Q_L——干燥器的热损失速率(若干燥器中采用输送装置输送物料,则装置带出的热量也应计入热损失中),kW。

(2)干燥系统的热效率

干燥系统的热效率η定义为蒸发水分所需热量与向干燥系统输入的总热量的比值。若

忽略湿物料中水分带入系统中的焓，则

$$\eta=\frac{W(2\ 490+1.88t_2)}{Q}\times 100\% \tag{2.8-25}$$

热效率愈高表明干燥系统的热利用率愈好。可通过以下措施降低干燥操作的能耗，提高干燥器的热效率。

①提高 H_2 而降低 t_2：但是这样会降低干燥过程的传质、传热推动力，降低干燥速率。特别是对于吸水性物料的干燥，空气出口温度应高些，而湿度则应低些，即相对湿度要低些。在实际干燥操作中，一般空气离开干燥器的温度需比进入干燥器时的绝热饱和温度高 20 ~ 50 ℃，这样才能保证在干燥系统后面的设备内不致析出水滴，否则可能使干燥产品返潮，且易造成管路的堵塞和设备材料的腐蚀。

②提高空气入口温度 t_1：但对热敏性物料和易产生局部过热的干燥器，入口温度不能过高。在并流的悬浮颗粒干燥中，颗粒表面的蒸发温度比较低，因此，入口温度可高于产品变质温度。

③废气利用：利用废气（离开干燥器的空气）来预热空气或物料，或采用废气循环流程，以回收被废气带走的热量。

④采用二级干燥：如奶粉的干燥，第一级为喷雾干燥，获得湿含量 0.06% ~ 0.07% 的粉状产品；第二级为体积较小的流化床干燥器，获得湿含量为 0.03% 的产品。这样，可节省总能量的 80%。二级干燥可提高产品的质量和节能，尤其适用于热敏性物料。

⑤利用内换热器：在干燥系统内设置换热器称为内换热器，它可使能量的供给和生产能力提高三分之一或更多，且可降低空气的流率。

此外还应注意干燥设备和管路的保温隔热，减少干燥系统的热损失。

【例 2.8-3】 在常压下用热空气干燥某湿物料，湿物料的处理量为 1 000 kg/h，温度为 20 ℃，含水量为 4%（湿基，下同），要求干燥后产品的含水量不超过 0.5%，物料离开干燥器时温度升至 40 ℃，湿物料的平均比热容为 3.28 kJ/(kg 绝干料 · ℃)。空气的初始温度为 20 ℃，相对湿度为 50%，将空气预热至 100 ℃进干燥器，出干燥器的温度为 45 ℃，湿度为 0.04 kg/(kg 绝干气)，干燥器的热损失可按预热器供热量的 10% 计。已知 20 ℃水的饱和蒸气压为 2.334 1 kPa。

(1) 计算新鲜空气的消耗量。

(2) 预热器的加热量 Q_P。

(3) 计算加热物料消耗的热量占消耗总热量的百分数。

(4) 干燥系统的热效率。

(5) 若干燥系统保温良好，热损失可忽略，则干燥效率可提高多少个百分点？

解：根据题意画的流程图如本例附图所示

(1) 新鲜空气的消耗量

先求水分蒸发量 W。用式 2.8-14 计算，即

$$W=G(X_1-X_2)$$

$$X_1=\frac{w_1}{1-w_1}=\frac{0.04}{1-0.04}=0.041\ 7\ \text{kg/(kg 绝干物料)}$$

$$X_2=\frac{w_2}{1-w_1}=\frac{0.005}{1-0.005}=0.005\ 03\ \text{kg/(kg 绝干物料)}$$

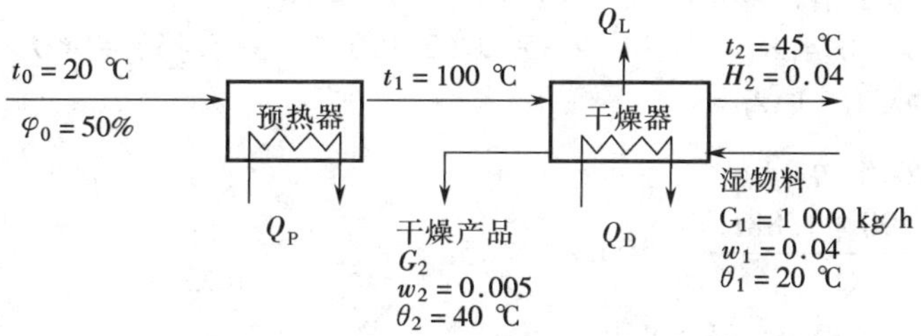

例 2.8-3 附图

$G=G_1(1-w_1)=1\ 000(1-0.04)=960$ kg 绝干物料/h

$W=G(X_1-X_2)=960(0.041\ 7-0.005\ 03)=35.20$ kg 水分/h

先用式 2.8-15 计算绝干空气消耗量,即

$$L=\frac{W}{H_2-H_1}$$

20 ℃水的饱和蒸气压 $p_s=2.334\ 1$ kPa,则

$$H_0=\frac{0.622\varphi_0p_s}{P-\varphi_0p_s}=\frac{0.622\times0.5\times2.334\ 1}{101.3-0.5\times2.334\ 1}=0.007\ 249 \text{ kg 水/(kg 绝干气)}$$

$$L=\frac{35.2}{0.040-0.007\ 249}=1\ 074.8 \text{ kg 绝干气/h}$$

新鲜空气消耗量为

$L_0=L(1+H_0)=1\ 074.8(1+0.007\ 249)=1\ 082.6$ kg 新鲜空气/h

(2)预热器中消耗的热量 Q_P

用式 2.8-19 计算 Q_P,即

$$Q_P=L(I_1-I_0)=L(1.01+1.88H_0)(t_1-t_0)$$
$$=1\ 074.8(1.01+1.88\times0.007\ 249)(100-20)=8.80\times10^4 \text{ kJ/h}=24.45 \text{ kW}$$

(3)加热物料消耗的热量

干燥系统消耗的总热量 Q,用式 2.8-24 计算,即

$$Q=1.01L(t_2-t_0)+W(2\ 490+1.88t_2)+Gc_m(\theta_2-\theta_1)+Q_L$$
$$=1.01\times1\ 074.8(45-20)+35.20(2\ 490+1.88\times45)+960\times3.28(40-20)+0.1\times8.80\times10^4$$
$$=1.895\times10^5 \text{ kJ/h}=52.65 \text{ kW}$$

加热物料消耗的热量

$$Gc_m(\theta_2-\theta_1)=960\times3.28(40-20)=6.298\times10^4 \text{ kJ/h}$$

加热物料消耗的热量占消耗总热量的百分数

$$\frac{6.298\times10^4}{1.895\times10^5}\times100\%=33\%$$

(4)干燥系统的热效率 η

若忽略湿物料中水分带入系统中的焓,则可用式 2.8-25 计算 η,即

$$\eta=\frac{W(2\ 490+1.88t_2)}{Q}\times100\%=\frac{35.2(2\ 490+1.88\times45)}{189\ 500}\times100\%=47.82\%$$

(5)忽略热损失的干燥效率

若干燥系统保温良好,热损失可忽略,则干燥系统消耗的总热量 Q 为

$$Q = 1.01L(t_2 - t_o) + W(2\ 490 + 1.88t_2) + Gc_m(\theta_2 - \theta_1)$$
$$= 1.01 \times 1\ 074.8(45 - 20) + 35.20(2\ 490 + 1.88 \times 45) + 960 \times 3.28(40 - 20)$$
$$= 1.807 \times 10^5\ \text{kJ/h}$$

干燥系统的热效率 η 变为

$$\eta' = \frac{W(2\ 490 + 1.88t_2)}{Q} \times 100\%$$

$$\eta' = \frac{35.2(2\ 490 + 1.88 \times 45)}{180\ 740} \times 100\% = 50.14\%$$

干燥效率提高为

$$\Delta\eta = 50.14\% - 47.82\% = 2.32\%$$

4. 空气通过干燥器时的状态变化

对干燥系统进行物料衡算与热量衡算时，须知道空气离开干燥器的状态参数，空气离开干燥器的状态取决于空气在干燥器内所经历的过程。一般根据空气在干器内焓的变化，将干燥过程分为等焓过程与非等焓过程两大类。

(1)等焓干燥过程

等焓干燥过程又称绝热干燥过程或理想干燥过程，等焓干燥过程应满足以下条件：

①不向干燥器补充热量，即 $Q_D = 0$。

②忽略干燥器向周围散失的热量，即 $Q_L = 0$。

③物料进出干燥器的焓相等，即$I_2' = I_1'$。

将以上三项假设代入式 2.8-20，得

$$I_1 = I_2$$

上式说明空气在干燥器中的状态变化是一个等焓过程。空气放出的显热全部用于湿物料中水分的汽化，水分汽化时又将热量以潜热的形式带回空气中，整个过程在湿焓图上沿着等 I 线变化，故只要知道空气离开干燥器时的任一参数，即可确定空气出干燥器的状态点。

(2)非等焓干燥过程

相对于理想干燥过程而言，非等焓干燥过程又称为实际干燥过程。非等焓干燥过程根据空气焓的变化可能有以下几种情况。

①干燥过程中空气焓值降低。

②干燥过程中空气焓值增大。

③干燥过程中空气经历等温过程。若向干燥器补充的热量足够多，恰好使空气在干燥过程中维持恒定的温度，即干燥过程沿等温线进行。

非等焓干燥过程中空气离开干燥器时的状态点可用计算法或图解法确定。

【例 2.8-4】 采用常压理想干燥器干燥某种湿物料。已知的操作条件均标于本例附图中。试求：(1)出干燥器的空气湿度；(2)新鲜空气消耗量；(3)单位时间内预热器消耗的热量，忽略预热器的热损失；(4)干燥器的热效率。

解：(1)出干燥器的空气湿度

绝干物料 $G = \dfrac{G_2}{1 + X_2} = \dfrac{250}{1 + 0.002} = 249.5$ kg 绝干料/h

所以 $W = G(X_1 - X_2) = 249.5(0.15 - 0.002) = 36.93$ kg

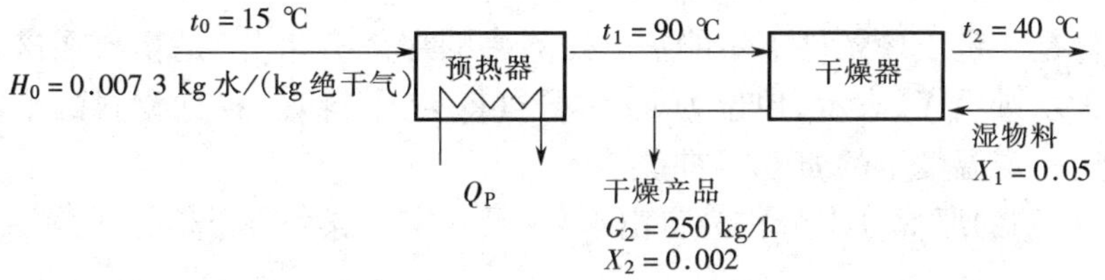

例 2.8-4 附图

由 $t_0=15$ ℃,$H_0=0.007\ 3$ kg/(kg 绝干气),可求出

$$I_0=(1.01+1.88H_o)t_0+2\ 490H_0=(1.01+1.88\times0.007\ 3)\times15+2\ 490\times0.007\ 3$$
$$=35.53\ \text{kJ/(kg 绝干气)}$$

同理,由 $t_1=90$ ℃,$H_1=H_0=0.007\ 3$ kg/kg 绝干气,可求出 $I_1=110.3$ kJ/kg 绝干气。

由于是理想干燥器,必然:$I_2=I_1=110.3$ kJ/kg 绝干气

$$I_2=(1.01+1.88H_2)t_2+2\ 490H_2=(1.01+1.88H_2)\times40+2\ 490H_2=110.3$$

解出 $H_2=0.027\ 25$ kg 水/(kg 绝干气)

(2)新鲜空气消耗量

先按式 2.8-15 计算绝干空气消耗量,即

$$L=\frac{W}{H_2-H_1}=\frac{36.93}{0.027\ 25-0.007\ 3}=1\ 851\ \text{kg 绝干气/h}$$

新鲜空气消耗量为

$$L_0=L(1+H_0)=1\ 851(1+0.007\ 3)=1\ 865\ \text{kg 湿空气/h}$$

(3)预热器的加热量 Q_p

用式 2.8-19 计算 Q_p,即

$$Q_P=L(I_1-I_0)=1\ 851(110.3-33.53)=1.421\times10^5\ \text{kJ/h}=39.47\ \text{kW}$$

(4)干燥系统的热效率 η

若忽略湿物料中水分带入系统中的焓,则用式 2.8-25 计算干燥系统的热效率

$$\eta=\frac{W(2\ 490+1.88t_2)}{Q}\times100\%$$

对理想干燥器,由于对干燥器没有外加热量,干燥系统的总耗热量就是预热器的耗热量,因此

$$\eta=\frac{W(2\ 490+1.88t_2)}{Q_P}\times100\%=\frac{36.93\times(2\ 490+1.88\times40)}{142\ 101}\times100\%=66.67\%$$

2.8.4 固体物料在干燥过程中的平衡关系与速率关系

1. 物料中的水分的性质——干燥过程中的平衡关系

干燥过程中物料脱水的快慢不仅与干燥介质的状态有关,而且还与物料本身的特性有关。干燥过程中水分由湿物料表面向空气主流中扩散的同时,物料内部水分也源源不断地向表面扩散,水分在物料内部的扩散速率与物料结构以及物料中的水分性质有关。除去物料中水分的难易程度取决于物料与水分的结合方式。

(1)平衡水分及自由水分

根据一定条件下物料中的水分能否被干燥除去,将物料中的水分分为自由水分和平衡

水分。

平衡含水量是一定干燥条件下不能被干燥除去的那部分水分,是物料在该条件下被干燥的极限。平衡含水量用 X^* 表示,单位为 kg 水分/(kg 绝干料)。各种物料的平衡含水量由实验测得。通常用一定温度下的 φ—X^* 曲线表示。

物料中超过 X^* 的那部分水分称为自由水分,是一定干燥条件下能被干燥除去的那部分水分。

应该注意,物料中平衡含水量与自由含水量的划分不仅与物料的性质有关,还与空气的状态有关。对一定的物料,平衡含水量 X^* 会随空气相对湿度 φ 的增大而增大。

(2)结合水分与非结合水分

根据物料中的水分被除去的难易程度,可将物料中的水分分为结合水和非结合水。

非结合水易于被干燥除去。非结合水的汽化与纯水表面的汽化相同。物料中的吸附水分和孔隙中的水分,都属于非结合水,它与物料为机械力结合,一般结合力较弱。

结合水难于用干燥方法除去。物料中结合水产生的蒸气压低于同温度下纯水的饱和蒸气压,通常细胞壁内的水分及小毛细管内的水分都属于结合水,它与物料以化学力或物理化学力结合。结合水与非结合水都难于用实验方法直接测得,但根据它们的特点,可将平衡曲线外延与 $\varphi=100\%$ 线相交而获得。

应指出,在恒定的温度下,物料的结合水与非结合水的划分只取决于物料本身的特性,而与空气状态无关。

2. 恒定干燥条件下的干燥速率

通常按空气状态在干燥过程中的变化情况,将干燥过程分为:恒定干燥操作和非恒定(或变动)干燥操作两大类。恒定状态下的干燥操作(简称恒定干燥)是指干燥操作过程中空气的温度、湿度、流速及与物料的接触方式不发生变化。变动状态下的干燥操作(简称变动干燥)是指干燥操作过程中空气的状态是不断变化的。

大量空气干燥少量湿物料时,由于物料中汽化出的水分相对于空气来说很少,可以认为空气状态不变,为恒定干燥。而连续干燥器内,空气的温度和湿度沿干燥器管长变化,就属于变动干燥。在此只讨论恒定干燥。

1)干燥曲线

恒定干燥条件下,通过实验测定的物料含水量 X 与干燥时间 τ。物料表面温度 θ 与干燥时间 τ 之间的关系曲线均称为干燥曲线,如图 2.8-5 所示。

2)干燥速率及干燥速率曲线

干燥速率是指单位时间内、单位干燥面积上汽化的水分质量,即

$$U=\frac{\mathrm{d}W'}{S\mathrm{d}\tau}=-\frac{G'\mathrm{d}X}{S\mathrm{d}\tau} \tag{2.8-26}$$

式中:U 为干燥速率,又称干燥通量,kg/(m^2·s);S 为干燥面积,m^2;W' 表示一批操作中汽化的水分量,kg;τ 为干燥时间,s;G' 为一批操作中绝干物料的质量,kg。

$$\mathrm{d}W'=-G'\mathrm{d}X$$

由图 2.8-5 的干燥曲线得到 $\mathrm{d}X/\mathrm{d}\tau$ 与 X 的关系,从而得到图 2.8-6 的干燥速率曲线。从图中看出,干燥过程可明显地划分为两个阶段。ABC 段表示干燥第一阶段,称为恒速干燥阶段(其中预热段 AB 很短,通常并入 BC 段内一起考虑);CDE 段表示干燥的第二阶段,称为降

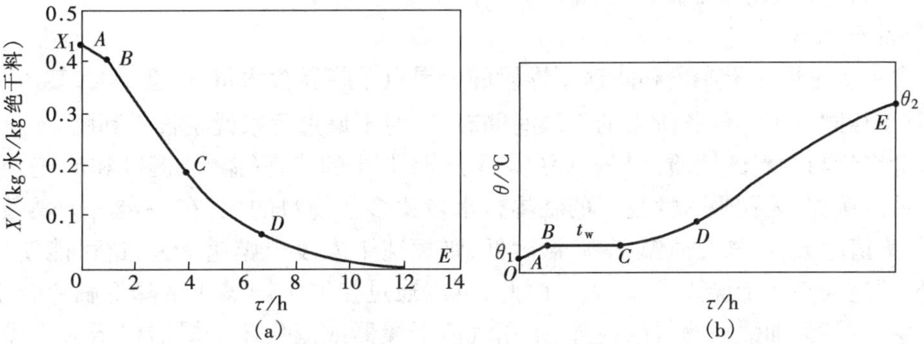

图 2.8-5 恒定干燥条件下某物料的干燥曲线

(a)物料含水量随时间变化关系 (b)物料表面温度随时间变化关系

速干燥阶段。两段的干燥机理和影响因素各不相同，分别讨论如下。

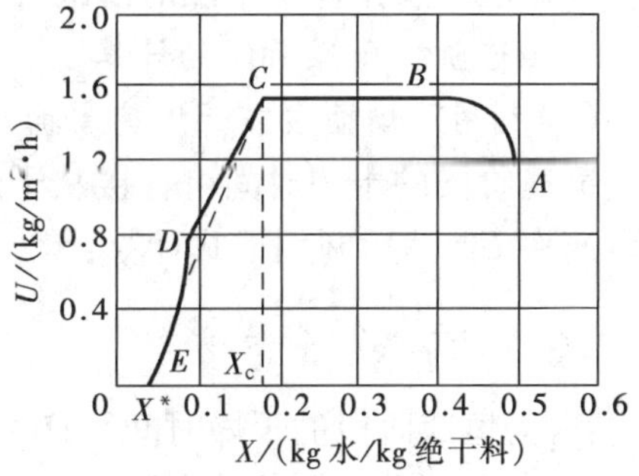

图 2.8-6 恒定干燥条件下干燥速率曲线

(1)恒速干燥阶段

①湿物料以恒定的速率 U 向空气中汽化水分。空气传给湿物料的显热恰等于水分汽化所需的汽化热。干燥速率为

$$U = k_H(H_{s,t_w} - H) = \frac{\alpha}{r_{t_w}}(t - t_w) \tag{2.8-27}$$

②物料表面的温度 θ 等于空气的湿球温度 t_w，物料表面的空气湿含量等于 t_w 下的饱和湿度 H_{s,t_w}。

③汽化的水分为非结合水。

④干燥速率取决于物料表面水分的汽化速率，恒速干燥阶段又称为表面汽化控制阶段。

⑤影响恒速干燥阶段干燥速率的因素是干燥介质的状况，如空气的温度、湿度和流速。可通过提高空气温度、流速，降低空气湿度来提高干燥速率。

(2)降速干燥阶段

①干燥速率随湿物料中含水量的减少而逐渐减小。水分自物料内部向表面迁移的速率小于物料表面水分汽化速率，物料表面不能维持充分润湿，部分表面变干。空气传给物料的热量一部分用于汽化水分，另一部分用于加热物料。

②物料表面的温度 θ 高于空气的湿球温度 t_w。由于物料表面变干，含水量降低，可汽化水分减少，使得一部分热量用于物料升温。

③干燥除去的水分为结合水和非结合水。

④降速阶段的干燥速率取决于物料内部的水分向表面的迁移速度，故降速阶段又称为物料内部迁移控制阶段。

⑤影响降速段干燥速率的因素及强化措施：降速阶段的干燥速率取决于物料本身结构、形状和尺寸，而与干燥介质的状态参数关系不大，所以可用减少物料尺寸、堆积厚度、使物料分散等方法提高降速干燥阶段的干燥速率。

降速阶段的干燥速率曲线的形状随物料内部的结构而异。对某些多孔性物料，降速阶段曲线只有 CD 段；对某些无孔吸水性物料，干燥曲线没有等速段，而降速段只有类似 DE 段的曲线;也有些物料 DE 段的弯曲情况与图 2.8-6 中的相反。

(3)临界含水量

临界含水量是恒速干燥段和降速干燥段的分界点。临界含水量 X_c 值越大,转入降速干燥段越早,对于相同的干燥任务所需的干燥时间越长,对干燥过程来说是很不利的。

临界含水量与物料的性质(结构、厚度等)、干燥介质的状态(温度、湿度和流速)和干燥器的结构有关。例如,无孔吸水性物料的临界含水量比多孔物料的大;在一定的干燥条件下,物料层越厚,X_c 值越大;干燥介质温度高、湿度低,则恒速干燥段干燥速率大,这可能使物料表面板结,较早地进入降速干燥段,X_c 较大。因此,可以通过控制干燥操作来降低临界含水量。如减低物料层的厚度,加强对物料的搅拌,采用气流干燥器或流化床干燥器以增大干燥面积,控制恒速干燥段干燥速率不要过大以降低临界含水量,延长恒速干燥阶段。

湿物料的临界含水量通常由实验测定,可从有关手册中查到。

3. 恒定干燥条件下干燥时间的计算

1)恒速阶段干燥时间的计算

(1)利用干燥曲线或干燥速率曲线计算

恒速阶段的干燥时间可直接从干燥曲线上查得,或从干燥速率曲线上查恒速干燥阶段的干燥速率 U_c,然后利用下式计算:

$$\tau_1 = \frac{G'}{U_c S}(X_1 - X_c) \tag{2.8-28}$$

式中:τ_1 为恒速阶段的干燥时间,s;U_c 为恒速干燥阶段的干燥速率(即临界干燥速率),kg/(m^2·s);X_1 为物料的初始含水量,kg/kg 绝干料;X_c 为物料的临界含水量,即恒速阶段终了时的含水量,kg/kg 绝干料;G'/S 为单位干燥面积上的绝干物料量,kg 绝干料/m^2。

(2)利用对流传热系数计算

缺乏 U_c 的数据时可采用下式计算,即

$$U_c = \frac{\alpha}{r_{t_w}}(t - t_w) \tag{2.8-29}$$

式中:t 为恒定干燥条件下空气的平均温度,℃;t_w 为初始状态空气的湿球温度,℃;α 为对流传热系数,W/m^2·℃。

对流传热系数 α 同物料与干燥介质的接触方式有关,可用经验公式估算,所以干燥时间为

$$\tau_1 = \frac{G'\gamma_{t_w}(X_1 - X_c)}{S\alpha(t - t_w)} \tag{2.8-30}$$

由上述经验公式计算出的干燥速率和干燥时间都是近似的。但通过以上关联式可以分析影响干燥速率的因素。例如空气的流速越高、温度越高、湿度越低,干燥速率越快,但温度过高、湿度过低,可能会因干燥速率太快而引起物料变形、开裂或表面硬化。此外,空气速度太大,还会产生气流夹带现象。所以,应视具体情况选择适宜的操作条件。

【例 2.8-5】 将某颗粒物料放在长、宽各为 0.5 m 的浅盘里进行干燥。干燥介质为常压空气,空气平均温度为 55℃,湿度为 0.01 kg/(kg 绝干气),空气以 5 m/s 的速度平行地吹过湿物料表面,假设干燥盘的底部及四周绝热良好。试求:恒速段的干燥速率及恒速干燥阶段中每小时汽化的水分量。

解:温度为55 ℃、湿度为0.01 kg/(kg 绝干气)的湿空气的比容可按式2.8-5计算,即

$$\nu_H = (0.772 + 1.244H) \times \frac{273+t}{273} \times \frac{1.013\times 10^5}{P}$$

$$= (0.772 + 1.244\times 0.01) \times \frac{273+55}{273} = 0.942\ 5\ \text{m}^3\ \text{湿空气/(kg 绝干气)}$$

湿空气的密度

$$\rho = \frac{1+H}{v_H} = \frac{1+0.01}{0.942\ 5} = 1.072\ \text{kg 湿空气/(m}^3\text{湿空气)}$$

湿空气的质量流速

$$L' = u\rho = 5 \times 1.072 \times 3\ 600 = 19\ 289\ \text{kg/(m}^2\cdot\text{h)}$$

空气平行吹过湿物料表面时,空气与物料间的对流传热系数为

$$a = 0.020\ 4(L')^{0.8} = 0.020\ 4(19\ 289)^{0.8} = 54.69\ \text{W/(m}^2\cdot℃)$$

湿物料表面温度近似地等于湿空气的湿球温度 t_w,根据 $t = 55$ ℃,$H = 0.01$ kg/(kg 绝干气),由图2.8-2查得 $t_w = 26$ ℃。

26 ℃时水的汽化热 $r_{t_w} = 2\ 433.6$ kJ/kg,则恒速干燥阶段的干燥速率为

$$U_c = \frac{\alpha}{r_{t_w}}(t - t_w) = \frac{54.69}{2\ 433.6\times 10^3}(55-26) = 6.52\times 10^{-4}\ \text{kg/(m}^2\cdot\text{s)} = 2.35\ \text{kg/(m}^2\cdot\text{h)}$$

故每小时的汽化量

$$W = 2.35(0.5\times 0.5) = 0.587\ 5\ \text{kg/h}$$

2)降速干燥段干燥时间的计算

降速干燥段的干燥时间为

$$\tau_2 = \int_0^{\tau_2} d\tau = -\frac{G'}{S}\int_{X_c}^{X_2}\frac{dX}{U} \tag{2.8-31}$$

式中:τ_2为降速阶段的干燥时间,s;U 为降速阶段的瞬时干燥速率,kg/(m^2·s);X_2 为降速阶段终了时物料的含水量,kg/(kg 绝干料)。

计算式2.8-31中的积分项需要 U 与 X 的关系。若 U 与 X 呈非线性关系,则应采用图解积分或数值积分法计算。

若 U 随 X 呈线性变化,可根据降速阶段干燥速率曲线过(X_c,U_c),(X^*,0)两点,确定其方程为

$$\tau_2 = \frac{G'}{S}\frac{X_c - X^*}{U_c}\ln\frac{X_c - X^*}{X_2 - X^*} \tag{2.8-32}$$

当平衡含水量 X^* 非常低,或缺乏 X^* 的数据时,可忽略 X^*,假设降速阶段速率线为通过原点的直线,$X^* = 0$ 时,式2.8-32变为

$$\tau_2 = \frac{G'}{S}\frac{X_c}{U_c}\ln\frac{X_c}{X_2} \tag{2.8-33}$$

【例2.8-6】 在恒定干燥条件下干燥某物料,由干燥曲线知,物料的临界含水量 X_c 为0.10 kg/(kg 绝干料),平衡含水量为0.01 kg/(kg 绝干料),恒速干燥阶段的干燥速率为1.5 kg/(m^2·h),降速阶段干燥速率与物料干基含水量呈直线关系。若需将该物料由含水量 X_1 = 0.40 kg/(kg 绝干料)干燥至 X_2 = 0.06 kg/(kg 绝干料)。已知单位干燥面积的绝干物料量为 G'/S = 21.5 kg 绝干料/m^2。试估算干燥所需的时间。

解:由于物料的临界含水量X_c为0.10 kg/(kg绝干料),因此,本题的干燥过程包括恒速干燥和降速干燥两个阶段。

由式2.8-28,恒速段的干燥时间为

$$\tau_1=\frac{G'}{U_cS}(X_1-X_c)=\frac{21.5(0.4-0.10)}{1.5}=4.30\ \text{h}$$

由于降速段U随X呈线性变化,可根据降速阶段干燥速率曲线过$(X_c,\ U_c)$,$(X^*,0)$两点,使用式2.8-32,得

$$\tau_2=\frac{G'}{S}\frac{X_c-X^*}{U_c}\ln\frac{X_c-X^*}{X_2-X^*}=21.5\frac{0.1-0.01}{1.5}\ln\frac{0.1-0.01}{0.06-0.01}=0.758\ \text{h}$$

所以总干燥时间

$$\tau=\tau_1+\tau_2=4.30+0.758=5.058\ \text{h}$$

2.8.5 干燥器

干燥器在化工、食品、造纸和医药等许多工业领域都有应用。由于被干燥物料的形状(块状、粒状、溶液、浆状及膏糊状等)和性质(如耐热性、含水量、分散性、黏性、耐酸碱性、防爆性及湿度等)不同;生产规模或生产能力也相差很大,对于干燥后的产品要求(如含水量、形状、强度及粒度等)也不尽相同,因此,所采用的干燥方法和干燥器的类型也是多种多样的。

1. 对干燥器的性能要求

①能保证干燥产品的质量要求,如含水量、强度、形状等。

②要求干燥速率快、干燥时间短,以减小干燥器的尺寸,提高热效率,降低能耗;同时还应考虑干燥器的辅助设备的规格和成本,即经济性要好。

③操作控制方便,劳动条件好。

2. 干燥器的分类

干燥器通常可按加热的方式来分类,如表2.8-1所示。

表2.8-1 常用干燥器的分类

类型	干燥器
对流干燥器	厢式干燥器、气流干燥器、沸腾干燥器、转筒干燥器、喷雾干燥器
传导干燥器	滚筒干燥器、真空盘架式干燥器
辐射干燥器	红外线干燥器
介电加热干燥器	微波干燥器

其中以对流干燥器在工业上应用最为广泛。

3. 干燥器的选型与设计

在选择干燥器时,主要应根据湿物料的特性、处理量、干燥程度、处理方式及可选用的热源等选择出适宜的干燥器类型。表2.8-2列出主要干燥器的选择表,可供选型时参考。

干燥器的设计依据是物料衡算、热量衡算、速率关系和平衡关系四个基本关系。设计的基本原则是物料在干燥器内的停留时间必须等于或稍大于所需的干燥时间。由于不同物料、不同操作条件、不同型式的干燥器中气固两相的接触方式差别很大,使得各类干燥器的设计方法

都不相同,目前干燥器的设计大多仍采用经验或半经验方法进行。

表 2.8-2 主要干燥器的选择表

湿物料的状态	物料的实例	处理量	适用的干燥器
液体或泥浆状	洗涤剂、树脂溶液、盐溶液、牛奶等	大批量	喷雾干燥器
		小批量	滚筒干燥器
泥糊状	染料、颜料、硅胶、淀粉、黏土、碳酸钙等的滤饼或沉淀物	大批量	气流干燥器、带式干燥器
		小批量	真空转筒干燥器
粉粒状 (0.01~20 μm)	聚氯乙烯等合成树脂、合成肥料、磷肥、活性炭、石膏、钛铁矿、谷物	大批量	气流干燥器、转筒干燥器 流化床干燥器
		小批量	转筒干燥器、厢式干燥器
块状 (20~100 μm)	煤、焦炭、矿石等	大批量	转筒干燥器
		小批量	厢式干燥器
片状	烟叶、薯片	大批量	带式干燥器、转筒干燥器
		小批量	穿流厢式干燥器
短纤维	酯酸纤维、硝酸纤维	大批量	带式干燥器
		小批量	穿流厢式干燥器
一定大小的物料或制品	陶瓷器、胶合板、皮革等	大批量	隧道干燥器
		小批量	高频干燥器

2.9 液液萃取

要求:重点掌握萃取分离的基本原理、三元体系的相平衡关系及单级萃取的计算。一般掌握多级萃取过程的流程与计算、萃取设备的特性与选型。

2.9.1 概述

1. 萃取操作的基本原理和过程

液液萃取又称溶剂萃取,简称萃取(某些行业如炼油工业中常称为抽提),是分离液体混合物的一种方法。

萃取过程中,在欲分离的液体混合物(原料液)中,加入一种与其不溶或部分互溶的液体溶剂,形成两相系统;利用原料液中各组分在液体溶剂中溶解度大小不同的性质,易溶组分较多地溶入加入的溶剂相,从而使该组分从原料液中分离出来。

在萃取过程中,所用的溶剂称为萃取剂,原料液中欲分离的组分称为溶质,原料液中的溶剂称为原溶剂(或称稀释剂)。萃取剂应对溶质有较大的溶解能力,而与原溶剂不互溶或只有小部分互溶。

工业萃取过程由 3 个基本过程组成,如图 2.9-1 所示。

①混合。采取措施使萃取剂和原料液充分混合,实现溶质 A 由原溶液向萃取剂传递。

②沉降分层。进行萃取相 E 和萃余相 R 的分离。

③脱溶剂。萃取相和萃余相脱除溶剂得到萃取液 E′和萃余液 R′,萃取剂循环使用。

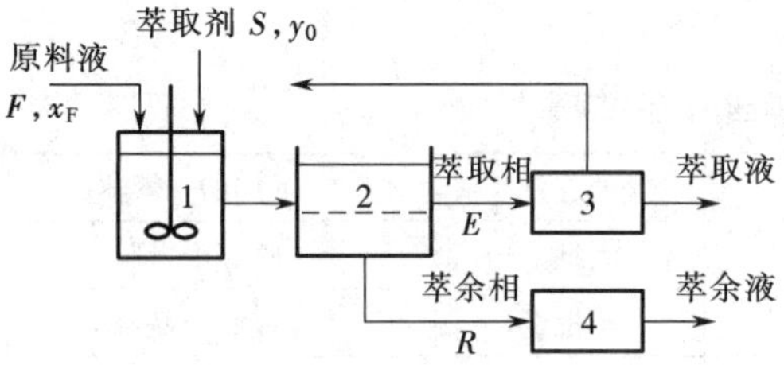

图 2.9-1　萃取过程示意

1—混合槽　2—澄清槽　3,4—溶剂分离器Ⅰ与Ⅱ

2. 萃取分离的适用场合

根据技术可行性和经济上的合理性，萃取适用于如下场合。

①不能用普通蒸馏、蒸发方法分离的物系，如恒沸混合液、热敏性物系等。

②用蒸馏方法很不经济的场合，如相对挥发度接近于“1”的物系、待分离组分含量很低且为重组分的物系。

③多种金属物质的提取，如核燃料及稀有元素的提取。

④环境保护，如废水脱酚等。

欲分离的原料液有两种情况：①只要求将其中的一种组分分离出来；②要求将其中的两种(或多种组分)分开。例如原料液中只有一种溶质，但要求将溶质与原溶剂完全分开，或原料液中有两种溶质而要求将此两种溶质分开。

所用萃取剂也有两种情况：①与原溶剂完全不互溶；②与原溶剂部分互溶。

对于萃取剂与原溶剂不互溶且只要求从原料液中将一种组分分离出来的情况，萃取的基本流程与过程计算与吸收过程类似。对于要求将原料液中两种组分完全分开的情况，其流程原理与精馏类似，称为分馏萃取。

本节只介绍萃取剂与原溶剂部分互溶和只要求将原料液中一种组分分离出来的情况。这种情况下，两相中只有 3 个组分，是三组分体系。

2.9.2　液液两相平衡

组分在液液两相间的平衡关系是萃取过程的热力学基础，它决定过程的传质方向，推动力的大小和过程的极限。因此，了解组分在液液两相间的平衡关系是理解与掌握萃取过程及其计算的最基本的条件。液液两相平衡有几种不同的表示方法。

根据组分互溶度情况，三组分体系可分为两类：

第Ⅰ类物系：组分 A 与 B、S 均完全互溶，组分 B、S 部分互溶或不互溶；

第Ⅱ类物系：组分 A 与 B 互溶，组分 S 与 A、B 分别形成部分互溶体系。

本章只讨论第Ⅰ类物系。

1. 三元相图

对于组分 B、S 部分互溶物系，相的组成、相平衡关系和萃取过程的计算，采用图 2.9-2 所示的等腰直角三角形相图最为简便。常用质量分数表示相组成。

(1) 组成在三角形相图上的表示

三角形的三个顶点分别表示纯组分 A、B、S。

三角形的边 *AB*、*AS* 和 *SB* 依次表示组分 A 与 B、A 与 S 以及 S 与 B 的二元混合液。

三角形内任一点代表三元混合液的组成，如图 2.9-2 中的 *M* 点对应的质量分数为

$$x_A = 0.25, x_B = 0.30, x_S = 0.45$$

三者之和为 1，即

$$x_A + x_B + x_S = 1$$

(2)相平衡关系在三角形相图上的表示

要能够根据一定条件下测得的溶解度数据和共轭相的对应组成在三角形相图上准确作出溶解度曲线 LPJ、联结线 RE、辅助曲线(又称共轭曲线)PHJ,并确定临界混溶点 P。

会利用辅助曲线由一已知相组成点确定与之平衡的另一相组成点的坐标位置。

溶解度曲线将三角形分成单相区(均相区)与两相区,萃取操作只能在两相区中进行。

①不同物系在相同温度下具有不同形状的溶解度曲线。

②同一物系,当温度变化时,可引起溶解度曲线和两相区面积的变化,甚至发生Ⅰ、Ⅱ类物系的转化。一般温度升高,组分间互溶度加大,两相区面积缩小,不利于萃取分离。

③一定温度下,同一物系的联结线倾斜方向随溶质组成而变,即各联结线一般互不平行,少数物系联结线的倾斜方向也会发生改变(等溶度体系),如吡啶—氯苯—水系统即为一例。

(3)萃取过程在三角形相图上的表示

萃取过程的3个基本阶段可在三角形相图上清晰地表达出来(参见图2.9-2)。

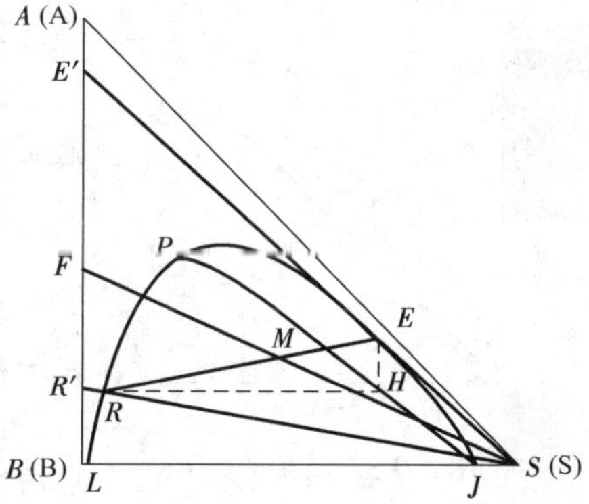

图2.9-2　三角形相图

①混合。将 S kg的萃取剂加到 F kg的料液中并混匀,即得到总量为 M kg的混合液,其组成由点 M 的坐标位置读取。

$$F+S=M \tag{2.9-1}$$

$$Fx_F+Sy_S=Mx_M \tag{2.9-2}$$

②沉降分层。混合液沉降分层后,得到平衡的两液相 E、R,其组成由图上读得,各相的量由杠杆规则及总物料衡算求得,即

$$E=M\times\frac{\overline{MR}}{\overline{ER}} \tag{2.9-3}$$

$$R=M-E \tag{2.9-4}$$

图中的 M 点称为和点,R、E 或 F、S 称为差点。

杠杆规则是三角形相图的一个重要特性,它表述为:代表新混合液总组成的 M 点(和点)和代表两混合液组成的 E 点和 R 点(差点)在同一直线上,且混合液 E 与新混合液 M 质量之比等于线段$\overline{MR}$线段$\overline{ER}$之比,如式2.9-3所示;而两混合液 E 与 R 的质量之比等于线段$\overline{MR}$与线段$\overline{ME}$之比。

③脱除溶液。若将得到的萃取相及萃余相完全脱除溶剂,则得到萃取液 E' 和萃余液 R',其组成由图上读得,其量利用杠杆规则确定,即

$$E'=E\times\frac{\overline{SE}}{\overline{SE'}} \tag{2.9-5}$$

或

$$E'=F\times\frac{\overline{FR'}}{\overline{E'R'}} \tag{2.9-5a}$$

$$R'=F-E' \tag{2.9-6}$$

杠杆规则是物料衡算过程的图解表示,萃取过程在三角表相图上的表示和计算,关键在于熟练地运用杠杆规则。

2. 分配系数和分配曲线

(1)分配系数

在一定温度下,溶质 A 在平衡的萃取相和萃余相中组成之比称为分配系数,即

$$k_A = \frac{y_A}{x_A} \tag{2.9-7}$$

同样,对于组分 B 也可写出相应表达式,即

$$k_B = \frac{y_B}{x_B} \tag{2.9-7a}$$

(2)分配曲线

若主要关心溶质 A 在平衡的两液相中的组成关系,则可在直角坐标图上表示相组成,即图 2.9-3 所示的 $x-y$ 关系曲线,此即分配曲线。

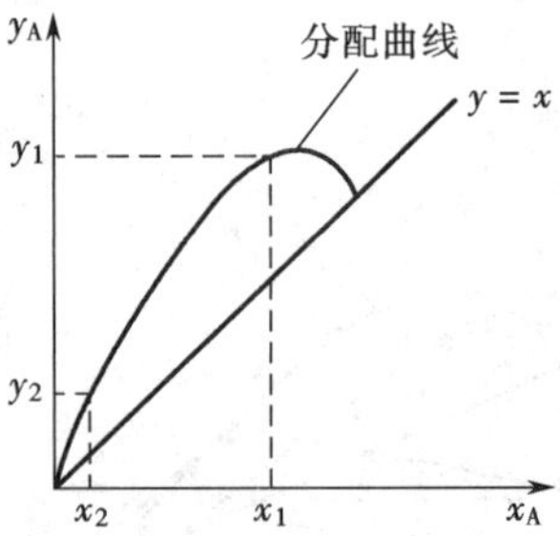

图 2.9-3 分配曲线

3. 组分 B、S 完全不互溶物系的相平衡关系

在操作条件下,若组分 B、S 互不相溶,则以质量比表示相组成的分配系数可改写成如下形式,即

$$K_A = \frac{Y_A}{X_A} \tag{2.9-7b}$$

其分配曲线可仿照吸收中平衡曲线的方法,做出以质量比表示相组成的 $X-Y$ 相图。

再若在操作范围内,以质量比表示相组成的分配系数 K 为常数,平衡关系可表示为直线方程,即

$$Y_A = K_A X_A \tag{2.9-7c}$$

则分配曲线为通过原点的直线。

4. 萃取剂的选择

萃取剂的选择是萃取操作分离效果和是否经济的关键。选择萃取剂时主要考虑如下因素。

(1)萃取剂的选择性和选择性系数

选择性是指萃取剂 S 对原料液中两个组分溶解能力的差异,可用选择性系数来表示:

$$\beta = \frac{y_A}{y_B}\Big/\frac{x_A}{x_B} = k_A\frac{x_B}{y_B} \tag{2.9-8}$$

或

$$\beta = k_A/k_B \tag{2.9-8a}$$

β 对应于蒸馏中的相对挥发度 α,统称为分离因子。在萃取操作中,β 值均应大于 1。β 值越大,越有利于组分的分离;若 $\beta=1$,萃取相和萃余相脱除溶剂 S 后将具有相同的组成,且均等于原料液的组成,无分离能力,说明所选择的萃取剂是不适宜的。

当在操作条件下组分 B、S 可视作不互溶时,$y_B=0$,选择性系数趋于无穷大。

(2)组分 B、S 间的互溶度

组分 B、S 间的互溶度愈小愈有利于萃取分离,完全不互溶为理想情况。

(3)萃取剂回收的难易

萃取剂易于回收,可降低能量消耗。

(4)其他

两相密度差要大,界面张力适中,黏度与凝固点要低,化学及热稳定,无毒不易燃,来源充

分，价格低廉等。

【例 2.9-1】 25 ℃时醋酸—氯仿—水三组分系统的两相平衡数据如附表所示。

例 2.9-1 附表（表中数字为质量分数）

共轭相序号	氯仿层（R 相）		水层（E 相）	
	醋酸	水	醋酸	水
1	0.00	0.99	0.00	99.16
2	6.77	1.38	25.10	73.69
3	17.72	2.28	44.12	48.58
4	25.72	4.15	50.18	34.71
5	32.08	7.93	49.41	25.39
6	34.16	10.03	47.87	23.28
7	42.5	16.5	42.50	16.50

（1）在直角三角形相图上作此系统的溶解度曲线与辅助曲线，并确定临界混溶点组成；

（2）有一氯仿层（R 相），其中醋酸的含量为 15.0%，求其共轭的液相组成；

（3）求（2）的分配系数 k_A、k_B 及选择性系数 β 值。

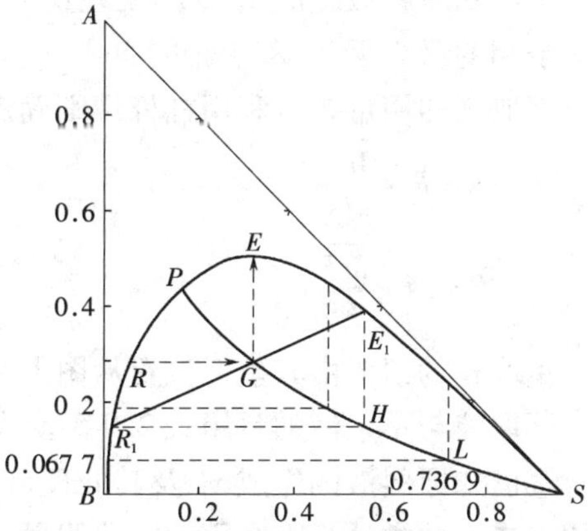

例 2.9-1 附图

解：（1）作溶解度曲线与辅助曲线

在图中标出各共轭相的状态点，连接各点即得溶解度曲线。

对于共轭相 2，以醋酸含量为 6.77% 的水平线与水含量为 73.69% 的垂直线相交得交点 L，对于其他各对共轭相，用同样的方法得其交点，连接这些交点，即得辅助曲线。

临界混溶点 P 的组成为 $x_A = 0.425$，$x_B = 0.41$，$x_S = 0.165$（即附表中最后一组数据）

（2）两共轭相的组成

由 x_A 在附图上确定 R_1 点，过 R_1 作联结线 R_1E_1，由图上可读得

萃余相组成为 $x_A = 0.15$，$x_B = 0.829$，$x_S = 0.021$

萃取相组成为 $y_A = 0.388$，$y_B = 0.052$，$y_S = 0.560$

（3）$x_A = 0.15$ 时对应的分配系数及选择性系数依据各定义式计算如下

$$k_A = \frac{y_A}{x_A} = \frac{0.388}{0.15} = 2.587$$

$$k_B = \frac{y_B}{x_B} = \frac{0.052}{0.829} = 0.0627$$

$$\beta = \frac{k_A}{k_B} = \frac{2.587}{0.0627} = 41.3$$

在本例条件下，氯仿和水可视作基本不互溶。

2.9.3 萃取过程的流程及其计算

1. 萃取操作中两相的接触方式

两相接触方式
- 级式接触
  - 单级萃取
  - 多级错流接触萃取
  - 多级逆流接触萃取
- 连续(微分)接触逆流萃取

要重点掌握各种接触萃取方式的特点及萃取过程的计算。级式萃取计算中,均假设各级为理论级。

2. 单级萃取的流程和计算

图 2.9-1 即为单级萃取的流程示意图,单级萃取过程中,有两种类型计算。

(1)组分 B、S 部分互溶体系的计算

在此情况下,一般在三角形相图上进行计算。

①已知原料液组成 x_F 及其处理量 F,规定萃余相组成 x_1,要求计算萃取剂用量 S、萃取相与萃余相的量 E 及 R、萃取相的组成 y_1。

萃取剂的用量 S 可利用杠杆规则确定:

$$S = F \times \frac{\overline{MF}}{\overline{MS}} \tag{2.9-9}$$

或

$$S = M \times \frac{\overline{MF}}{\overline{FS}} \tag{2.9-9a}$$

萃取相的组成由其坐标位置从图上读得,E 相和 R 相的量用式 2.9-3、式 2.9-4 计算。

萃取液与萃余液的量用式 2.9-5 及式 2.9-6 计算。

②已知原料液的组成 x_F 及其处理量 F、萃取剂的用量 S,要求计算萃取相、萃余相的量及两相组成。此类计算需利用辅助曲线通过和点 M 试差法作联结线,两相组成由联结线两端点坐标位置读得,两相的量用式 2.9-3 及式 2.9-4 计算。

经过单级萃取后所能获得的最高萃取液组成y'_{max},一般可由点 S 作溶解度曲线的切线 SE_{max}而确定。

(2)组分 B、S 完全不互溶体系的计算

当组分 B、S 可视作完全不互溶时,则以质量比表示相组成的物料衡算式为

$$B(X_F - X_1) = S(Y_1 - Y_S) \tag{2.9-10}$$

当分配系数 K 为常数时,Y_1、X_1 之间的关系由式 2.9-7c 表示。

【例 2.9-2】 有 1 000 kg 醋酸与氯仿的混合液,其中醋酸含量为 35%(质量分数,下同),采用单级萃取用纯水来萃取其中的醋酸,要求萃取后萃余相中醋酸含量降至 7%。求:(1)所需水量;(2)所得萃取相与萃余相的量和萃取相的组成。

氯仿—醋酸—水三组分系统的平衡关系见例 2.9-1。

解:(1)所需水量

在 AB 边上找出原料液的状态点 F。在溶解度曲线上确定萃余相(氯仿相)醋酸含量为 7% 的点 R。藉助辅助曲线得出萃取相的状态点 E。连直线 RE 并与 FS 线相交于 M,则根据杠杆规则,得

$$\frac{S}{F}=\frac{\overline{FM}}{\overline{MS}}=\frac{\overline{BM'}}{\overline{M'S}}=\frac{45.5}{54.5}$$

则　　$S=835\ \text{kg}$

(2) E 与 R 两相的量及 E 相组成

$$\frac{E}{R}=\frac{\overline{RM}}{\overline{ME}}=\frac{\overline{BM'}}{\overline{M'E'}}=\frac{45.5}{26.5}=1.717$$

$$E+R=F+S=1\ 835\ \text{kg}$$

解上述二式，得

$$E=1\ 160\ \text{kg}$$

$$R=675\ \text{kg}$$

由图上读得，萃取相的组成为醋酸26.5%，氯仿2.0%，水71.5%。

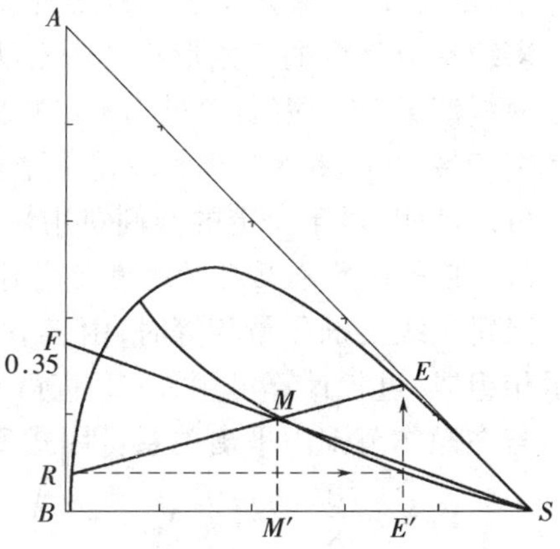

例2.9-2附图

【例2.9-3】 用纯溶剂45 kg在单级萃取器中处理A、B两组分混合液。料液处理量为39 kg，其中组分A的质量比组成为 $X_F=0.3$。操作条件下，组分B、S可视作完全不互溶，且两相的平衡方程为

$$Y=1.5X$$

试求组分A的萃出率 φ_A。

解：由题给条件知

$$Y_S=0\quad S=45\ \text{kg}$$

$$B=\frac{F}{1+x_F}=\frac{39}{1+0.3}=30\ \text{kg}$$

根据理论级的假设，$Y_1=1.5X_1$，由组分A的物料衡算便可求得 X_1（或 Y_1），即

$$B(X_F-X_1)=S(Y_1-Y_S)$$

即　　$30(0.3-X_1)=45(1.5X_1-0)$

解得　　$X_1=0.092\ 31$

$$\varphi_A=\frac{SY_1}{BX_F}\times100\%=\frac{45\times1.5\times0.092\ 31}{30\times0.3}\times100\%=69.23\%$$

对于组分B、S完全不互溶体，用解析法计算十分快捷。

3. 多级错流萃取流程与计算

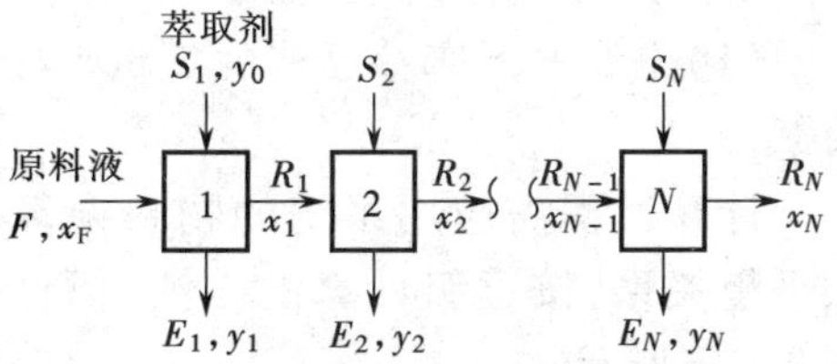

图2.9-4　多级错流萃取流程

多级错流萃取的流程如图2.9-4所示。图中每一级都表示两相混合与分层两个过程，从每一级流出的萃取相E与萃余相R达到平衡，即均为理论级。

多级错流接触萃取操作的特点是：每级都加入新鲜溶剂，前级的萃余相为后级的原料，传质推动力大。只要级数足够多，最终可获得所希望的萃取率。其缺点是溶剂用量较多。

多级错流接触萃取设计计算中，通常已知 F、x_F 及各级溶剂用量 S_i，规定最终萃余相组成 x_n，要求计算所需理论级数。

根据组分B、S的互溶度，多级错流接触萃取理论级数的计算有如下3种方法。

(1)组分B、S部分互溶时的三角形相图图解法

多级错流萃取的三角形相图图解法是单级萃取图解的多次重复。

原料液F,其中溶质含量为x_F,在第1级中用萃取剂S萃取,得到萃余相R_1,然后萃余相R_1在第2级中再用萃取剂萃取得萃余相R_2。以此类推,直到x_n小于或等于规定值为止。

可以证明,对于一定的溶剂总用量,各级溶剂用量相同时,可获得最佳萃取效果。

(2)组分B、S不互溶时的直角坐标图解法和解析法

当每一级溶剂用量相等时,由于B、S不互溶,可仿照吸收中组成的表示方法,即以质量比表示相组成,过程计算可用$X-Y$直角坐标图解法或解析法进行。

若在操作范围内平衡关系可用式2.9-7c表示,则操作线方程为

$$Y_n = -\frac{B}{S}X_n + \left(\frac{B}{S}X_{n-1} + Y_s\right) \quad (2.9\text{-}11)$$

所需理论级数为

$$n = \frac{1}{\ln(1+A_m)}\ln\frac{X_F - Y_s/K}{X_n - Y_s/K} \quad (2.9.12)$$

式中A_m为萃取因子,其值有利于萃取分离。其定义为

$$A_m = KS/B \quad (2.9\text{-}13)$$

4. 多级逆流萃取流程与计算

多级逆流萃取的流程如图2.9-5所示。这种流程的特点是:大多数为连续操作,平均推动力大,分离效率高,达到指定萃取率溶剂用量小。

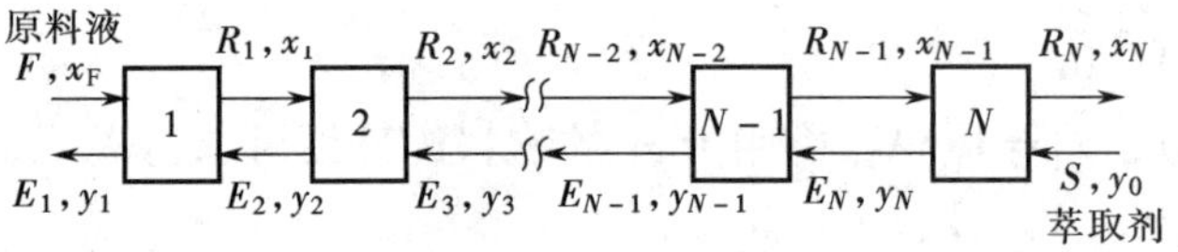

图2.9-5　多级逆流萃取流程

多级逆流萃取的典型设计型计算问题是,已知原料量F kg/h,要求萃取结果最终萃余相的组成x_R,萃取剂的组成y_0和两相平衡关系,要求选择萃取剂用量S kg/h,求所需的理论级数。

根据组分B、S间互溶度及平衡关系,理论级数的计算可分别采取如下方法。

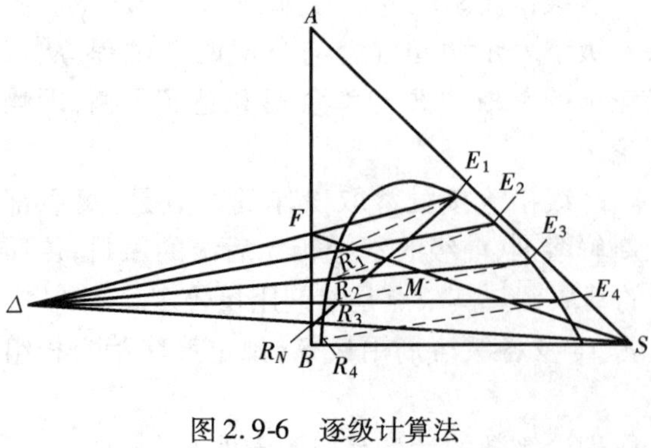

图2.9-6　逐级计算法

(1)组分B、S部分互溶的三角形坐标图解法

计算过程需应用系统的物料衡算和相平衡关系,按逐级计算的方法进行,如图2.9-6所示。

首先确定操作点:根据选定的萃取剂量S与原料量F确定其和点M,根据要求的萃余相组成x_R确定R_N点,根据全系统的物料衡算

$$F + S = R_N + E_1$$

可知,连 R_NM 线并延长得其与溶解度曲线的交点,即为所得的萃取相 E_1。连接 FE_1 与 R_NS 其延长线的交点即为操作点 Δ。

求所需理论级的步骤如下:从 E_1 点作连接线得 R_1 点,连 ΔR_1 线并延长至溶解度曲线得 E_2 点,由 E_2 作连接线得 R_2,连 ΔR_2 并延长得 E_3,再作连接线得 R_3,连 ΔR_3 得 E_4,作连接线得 R_4。图示 R_4 中溶质的组成已低于要求的值,故所需理论级估计约为3.5级。

当萃取过程所需理论级数较多时,可在直角坐标上绘制分配曲线与操作线,利用阶梯法求解理论级数。

(2)组分B、S不互溶时理论级数的计算

根据平衡关系情况,可用图解法和解析法求解理论级数。

在 $X-Y$ 坐标图上求解理论级数的方法与脱吸计算十分相似。此时的操作线方程式为

$$Y_n=\frac{B}{S}X_{n-1}+\left(Y_1-\frac{B}{S}x_F\right) \tag{2.9-14}$$

若在操作范围内以质量比表示相组成的分配系数为常数时,可用下式求解理论级数:

$$n=\frac{1}{\ln A_m}\ln\left[\left(1-\frac{1}{A_m}\right)\frac{X_F-Y_S/K}{X_n-Y_S/K}+\frac{1}{A_m}\right] \tag{2.9-15}$$

再若分配曲线与操作线为互相平行的直线时(即 $A_m=1$),所需理论级数可表示为

$$n=\frac{X_F-X_n}{X_n-Y_S/K} \tag{2.9-16}$$

(3)溶剂比 $\frac{S}{F}\left(或\frac{S}{B}\right)$ 和萃取剂的最小用量

和精馏中的回流比 R、吸收中的液气比 L/V 相对应,萃取中的溶剂比 S/F(或 S/B)表示了萃取剂用量对设备费和操作费的影响,有个最佳值选择。

达到指定分离程度需要无穷多个理论级时所对应的萃取剂用量为最小溶剂用量,用 S_{min} 表示。在 $x-y$ 或 $X-Y$ 坐标图上,出现某操作线与分配曲线相交或相切时对应的 S_{min} 即为最小溶剂用量。

适宜的萃取剂用量通常取为 $S=1.1\sim2.0S_{min}$。

5.微分接触逆流萃取

微分接触逆流萃取操作常在塔式设备内进行。塔式设备的计算和气液传质设备一样,即要求确定塔高及塔径两个基本尺寸。

(1)塔高的计算

塔高的计算有两种方法,即

①理论级当量高度法

$$h=n(HETS) \tag{2.9-17}$$

②传质单元法(以萃余相为例)。假设在操作条件下组分B、S完全不互溶,用质量比表示相组成,再若在整个萃取段内体积传质系数 K_Xa 可视作常数,则萃取段的有效高度可用下式计算:

$$h=H_{OR}N_{OR} \tag{2.9-18}$$

式中

$$H_{OR}=\frac{B}{K_Xa\Omega} \tag{2.9-19}$$

当分配系数 K 为常数时,N_{OR} 可用平均推动力法或萃取因子法计算。萃取因子法的计算

式为

$$N_{OR}=\frac{1}{1-\frac{1}{A_m}}\ln\left[\left(1-\frac{1}{A_m}\right)\frac{X_F-Y_S/K}{X_n-Y_S/K}+\frac{1}{A_m}\right] \tag{2.9-20}$$

当 $A_m=1$ 时，N_{OR} 与 n 在数值上相等，可用式 2.9-16 计算，即

$$N_{OR}=n=\frac{X_F-X_n}{X_n}$$

(2)塔径的计算

塔径的尺寸取决于两液相的流量及适宜的操作速度，可用下式计算：

$$D=\sqrt{\frac{4V_c}{\pi U_c}}=\sqrt{\frac{4V_d}{\pi U_d}} \tag{2.9-21}$$

实际设计时，空塔速度可取液泛速度的 50% ~80%。关于液泛速度，许多研究者针对不同类型的萃取设备提出了经验或半经验的公式，还有的绘制成关联线图（如填料萃取塔的液泛速度 U_{cf} 关联图）。

【例 2.9-4】 对于例 2.9-3 的体系，为提高组分 A 的回收率，特设计 3 种方案，即

(1)将 45 kg/h 的萃取剂分成 3 等分进行三级错流萃取；

(2)三级逆流萃取；

(3)在传质单元数 $N_{OR}=3$ 的填料塔中进行逆流萃取。

试比较各方案的萃取效果并选出最优方案。

解：由于在操作条件下，组分 B、S 可视作互不相溶，且分配系数 K 取作常数 1.5，故可用解析法求解最终萃余液组成 X_n，则溶质回收率可用下式计算：

$$\varphi_A=\frac{X_F-X_n}{X_F}\times100\%$$

(1)三级错流萃取

每级萃取剂加入量为

$$S_i=\frac{1}{3}S=\frac{1}{3}\times45=15\ \text{kg/h}$$

$$A_m=\frac{KS_i}{B}=\frac{1.5\times15}{30}=1.125$$

将有关数据代入式 2.9-12，便可求得 X_2：

$$n=\frac{1}{\ln(1+A_m)}\ln\frac{X_F-Y_S/K}{X_n-Y_S/K}$$

即 $$3=\frac{1}{\ln(1+0.75)}\ln\frac{0.3-0}{X_2-0}$$

解得 $$X_2=0.056$$

故 $$\varphi_A=\frac{0.3-0.056}{0.3}\times100\%=81.3\%$$

(2)三级逆流萃取

$$A'_m=\frac{KS}{B}=\frac{1.5\times45}{30}=2.25$$

将有关数据代入式 2. 9-15 便可求得 X_3：

$$n=\frac{1}{\ln A'_m}\ln\left[\left(1-\frac{1}{A'_m}\right)\frac{X_F-Y_S/K}{X_n-Y_S/K}+\frac{1}{A'_m}\right]$$

即 $$3=\frac{1}{\ln 2.25}\ln\left[\left(1-\frac{1}{2.25}\right)\frac{0.3-0}{X_3-0}+\frac{1}{2.25}\right]$$

解得 $X_3=0.027\ 41$

所以 $$\varphi_A=\frac{0.3-0.027\ 41}{0.3}\times 100\%=90.86\%$$

(3)逆流微分接触萃取

将有关数据代入式 2. 9-20 便可求得 X_2：

$$N_{OR}=\frac{1}{1-\frac{1}{A_m}}\ln\left[\left(1-\frac{1}{A_m}\right)\frac{X_F-Y_S/K}{X_n-Y_S/K}+\frac{1}{A_m}\right]$$

即 $$3=\frac{1}{1-\frac{1}{2.25}}\ln\left[\left(1-\frac{1}{2.25}\right)\frac{0.3-0}{X_2-0}+\frac{1}{2.25}\right]$$

解得 $X_2=0.034\ 36$

$$\varphi_A=\frac{0.3-0.034\ 36}{0.3}\times 100\%=88.55\%$$

由上面计算数据可看出，在相同萃取剂总用量条件下，三级逆流萃取获得最高溶质 A 的回收率(90. 86%)，传质单元数为 3 的逆流微分萃取次之(88. 55%)，单级萃取收率最低(69. 23%)。因此，工业上大都采用逆流萃取操作。此处，选择三级逆流萃取方法。

【例 2. 9-5】 在填料层高度为 5 m 的逆流萃取塔内，以水作萃取剂处理乙醛和甲苯的混合液。原料液处理量为 1 200 kg/h，其中乙醛的质量分率为 0. 05，要求最终萃余相中乙醛含量不高于 0. 005，操作溶剂比(S/B)为 0. 455。操作条件下，水和甲苯可视作互不相溶，且以质量比表示相组成的平衡关系为 $Y=2.2X$，试求：

(1)操作溶剂比为最小溶剂比的倍数及水的用量；

(2)填料层的传质单元高度 H_{OR} 与理论级当量高度 $HETS$。

解：对于已知填料层高度的萃取塔，欲求 H_{OR} 及 $HETS$，需先计算达到规定分离程度所需的传质单元数 N_{OR} 及理论级数 n。由于在操作条件下，水和甲苯可视作互不相溶，且分配系数 K 取作常数，可用解析法计算。至于最小溶剂比的计算，需利用物料衡算及相平衡关系。

(1)操作溶剂比为最小溶剂比的倍数及水的用量

$$X_F=\frac{x_F}{1-x_F}=\frac{0.05}{1-0.05}=0.052\ 6$$

$$X_n=\frac{0.005}{1-0.005}\approx 0.005$$

$$Y_S=0$$

$$\left(\frac{S}{B}\right)_{\min}=\frac{X_F-X_n}{Y_1^*-Y_S}=\frac{0.052\ 6-0.005}{2.2\times 0.0526-0}=0.411\ 3$$

$$\left(\frac{S}{B}\right)\Big/\left(\frac{S}{B}\right)_{\min}=\frac{0.455}{0.411\ 3}=1.106$$

$$B=\frac{F}{1+x_F}=\frac{1\ 200}{1+0.05}=1\ 143\ \text{kg/h}$$

$$S=0.455B=0.455\times1\ 143=520\ \text{kg/h}$$

(2) H_{OR}及 $HETS$

根据 $H_{OR}=\dfrac{Z}{N_{OR}}$及 $HETS=\dfrac{Z}{n}$,关键是计算 N_{OR}及 n。

$$A_m=\frac{KS}{B}=2.2\times0.455=1.00$$

分配曲线与操作线为互相平行的直线,则

$$n=N_{OR}=\frac{X_F-X_n}{X_n}=\frac{0.052\ 6-0.005}{0.005}=9.52$$

$$HETS=H_{OR}=5/9.52=0.526\ \text{m}$$

由本例看出,当萃取因子 $A_m=1$,即分配曲线与操作线为互相平行的直线时,达到指定分离程度所需的传质单元数和理论级数相等,相应地传质单元高度与理论级当量高度相同。

2.9.4 萃取设备

和气—液传质过程相类似,在液—液萃取过程中,要求萃取相和萃余相在设备内密切接触,以实现有效的质量传递;尔后,又能使两相快速、完善分离,以提高分离效率。由于萃取操作中两相密度差较小,对设备提出了更高的要求。

①为使两相密切接触、适度湍动、高频率的界面更新,可采用外加能量,如机械搅拌、射流和脉冲等。

②为使两相完善分离,除重力沉降外,还可采用离心分离(离心分离机、旋液分离器等)。

1. 萃取设备的分类

根据两相接触方式,可将萃取设备分为逐级接触式和微分接触式两类;根据有无外功加入,萃取设备可分为有外加能量和无外加能量两种。工业上常用萃取设备的分类情况示于表 2.9-1。

表 2.9-1 萃取设备分类

流体分散的动力		逐级接触式	微分接触式
重力差		筛板塔	喷洒塔 填料塔
外加能量	脉冲	脉冲混合—澄清器	脉冲填料塔 液体脉冲筛板塔
	旋转搅拌	混合—澄清器 夏贝尔(Scheibel)塔	转盘塔(RDC) 偏心转盘塔(ARDC) 库尼(Kühni)塔
	往复搅拌		往复筛板塔
	离心力	卢威离心萃取机	POD 离心萃取机

为了提高萃取设备的使用效率，要了解各种萃取设备的流体力学及传质特性，强化萃取操作的措施，具体说，对各种类型萃取设备应掌握如下内容。

①各种设备是如何实现“有效传质”和“完善分离”的。

②所有连续操作的萃取设备，都有两相适宜的流速范围，以避免液泛，抑制返混的不利影响。

③分散相的选择应考虑 3 个主要因素：①尽可能选择两相中流量大的作分散相，以提供两相较大的接触面积；②不润湿设备及其附件，以保持分散相的相对稳定性；③黏度大的作分散相，以提高两相间的相对流速。

2. 萃取设备的选择

选择萃取设备时要根据物系性质、分离的难易程度、设备特性及厂房条件，合理选取萃取设备的类型及尺寸，这时应考虑的各种因素列于表 2.9-2。

表 2.9-2　萃取设备的选择

考虑因素 \ 设备类型		混合—澄清槽	喷洒塔	填料塔	筛板塔	转盘塔	往复筛板 脉动筛板	离心萃取器
工艺条件	埋论级多	△	×	△	△	○	○	△
	处理量大	○	×	×	△	○	×	△
	两相流比大	○	×	×	×	△	△	○
物系性质	密度差小	○	×	×	×	△	△	○
	黏度高	○	×	×	×	△	△	○
	界面张力大	△	×	×	×	△	△	○
	腐蚀性强	×	○	○	△	△	△	×
	有固体悬浮物	△	○	×	×	○	△	×
设备费用	制造成本	△	○	△	△	△	△	×
	操作费用	×	○	○	○	△	△	×
	维修费用	△	○	○	△	△	△	×
安装场地	面积有限	×	○	○	○	○	○	○
	高度有限	○	×	×	×	△	△	○

注：○——适用；△——可以；×——不适用。

2.10 浸取

要求：重点掌握浸取的基本原理，浸取过程的物料衡算；一般掌握浸取设备、流程及理论级数的计算。

2.10.1 概述

1. 液—固浸取操作的基本原理和过程

(1)操作原理

用有机或无机溶剂将固体物料中的可溶解组分溶解使其进入液相，从而将它从固体原料中分离出来的操作称液—固浸取，简称浸取，亦称浸出、固—液萃取、浸滤、蒸煮、溶出等。

固体原料中的可溶解组分称为溶质(A)；固体原料中的不溶解组分称为载体或惰性组分(B)；用于溶解溶质的液体称为溶剂或浸取剂(C)；浸取后得到的含有溶质的液体称为浸出液

或上清液；浸取后的载体及少量残存于其中的溶液（附液）所构成的固体称为残渣或浸取渣。

（2）物料的浸取过程

物料的浸取过程一般有3步。

①预处理。如将物料粉碎成小颗粒、压成薄片、矿石经焙烧等，改变物质存在的状态。预处理的目的是使原料中的有用溶质易于被溶剂浸取出来。

②用溶剂浸取。

③对固体残渣进行洗涤，使残渣中的溶质尽可能多地分离出来。

（3）浸取过程是固液两相传质过程

浸取过程是固液两相传质过程，一般可归结为5个步骤。

①溶剂或溶剂中的反应剂从液相主体穿过液膜扩散到固体外表面。

②溶剂或溶剂中的反应剂通过固体内的孔道扩散到固体的内表面。

③在固体表面进行溶解或化学反应过程。

④溶质或其反应产物通过固体内孔道扩散到固体外表面。

⑤溶质或其反应产物通过液膜扩散到液相主体。

上述5个步骤中最慢一步是决定整个过程速度的控制步骤。要加快浸取速度，需从加快控制步骤的速度入手，至于哪一步是控制步骤视浸取体系的具体条件而异，一般说固体孔道内的扩散常常是控制因素。

影响浸取过程速度的因素，大致有3方面。

①固体物的结构，如孔结构、溶质在固体内的分布以及颗粒的尺寸等。颗粒小，速率快。

②溶剂与溶质的性质，如黏度、扩散系数等。黏度小、扩散系数大，速率快。

③操作条件，如温度、固液两相的接触状态等。温度高，速率快。

2. 浸取剂选择需考虑的因素

浸取所用溶剂的选择需考虑以下方面。

①溶质的溶解度大。

②与固体残渣分离容易，易于洗涤回收。

③浸取液易于分离，易于获得溶质产品，易于回收溶剂。

④使用安全、无毒、腐蚀性低、不易燃、不易爆、价廉易得。

通常根据溶质和浸取剂的结构及极性选择溶剂。水是常用的溶剂，如对甜菜、咖啡豆以及茶等的浸取；对矿物提取通常用的溶剂是含酸碱及络合剂的水溶液；对油脂类物质的浸取则常用烷烃、醇、酮、醚等有机溶剂。

3. 浸取操作的应用

浸取广泛应用于以下方面。

①湿法冶金，如从矿石中提取金、银、铜、镍、钴、锰、锌、铀、钒、钨、钼以及稀土金属等。

②食品工业，如从各种天然油料和植物籽实中提取豆油、花生油等各种植物油；从甜菜中提取糖；速溶咖啡，速溶茶，一些香料、植物蛋白、色素、碑酒香精等的生产也都要用到浸取过程。

4. 浸取操作中的相平衡的表示方法

假如固体载体不溶于溶剂，浸取过程中固体不吸附溶质，则离开某一级的液相溶液（溢流液）与离开该级的沉降浆液（底流或浆液流）中残留的溶液是相同的，即溢流液中的溶质浓度与底流中的溶质浓度相等，故在 $x-y$ 坐标图上的平衡线是对角线。如果以 x_A、y_A 代表溢流液、底流液中溶质 A 的质量分数，N 代表混合液中载体 B 的质量比浓度，则浸取过程的平衡关系还可以 $N-x_A(y_A)$ 表示；对于溢流液，由于不含载体，则 $N-x_A$ 就是横坐标；对于底流液，N 随其溶质的浓度 y_A 的不同而变化。对于纯固体物料，$y_A=1.0$，对于纯溶剂进料，$x_A=0$，$N=0$。由于 $x_A=y_A$，所以联结线是垂直的。

2.10.2 浸取设备

浸取设备种类繁多，有多种分类方法。按级数分，有单级与多级；按两相接触方式，分为级式与微分式；按操作方式，分为间歇式、半连续式及连续式。根据被处理固体颗粒大小，浸取设备可分为两大类，即：

①固体处于静止状态的浸取器（较大颗粒）；

②固体处于悬浮状态的浸取器（细粒固体）。

1. 固体处于静止状态的浸取器

这类浸取器用于颗粒较大的物料的浸取，其基本特点是颗粒放在设备中形成颗粒床层，溶剂穿过颗粒层与颗粒接触，将其中的有用溶质浸取出来。

(1)渗滤浸取器

图 2.10-1 所示为两种单级间歇式浸取器。其中图 2.10-1(a)为密闭浸出器，图 2.10-1(b)为溶剂再循环浸出器。设备中的假底为多孔板，用以支撑颗粒状物料。溶剂从上部进入，穿过颗粒层进行浸取。图(b)的浸取器下部设有溶剂蒸发回收装置，其中加热将溶剂蒸出，溶剂蒸气经冷凝后回收，或循环回到浸取器继续使用。这类浸取器中溶剂也可以自下而上穿过颗粒层。这类设备可以单个使用，也可以几个串联组成多级逆流浸取系统。

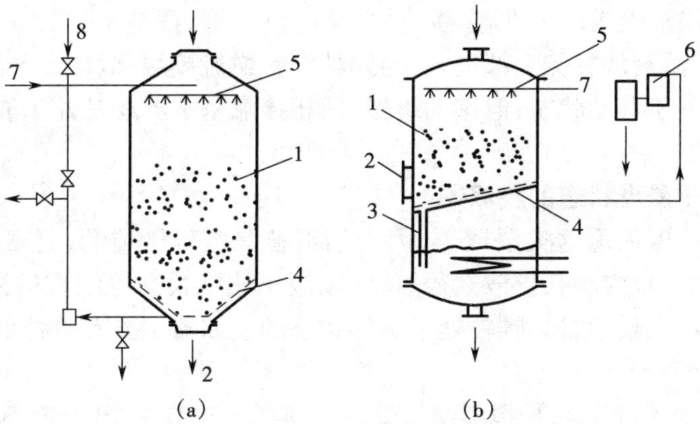

图 2.10-1 单级间歇式浸取器

1—物料 2—固体卸出口 3—液体下降管 4—假底 5—溶剂分配器
6—冷凝器 7—新鲜溶剂进口 8—洗液进口

(2)篮式浸取器

图 2.10-2 是篮式浸取器的示意图，其主体构造类似于斗式提升机，它置于一密闭的箱体中。粗颗粒物料放置在底部开孔的渗滤筐内，渗滤筐按箭头所示方向循环移动。纯溶剂从左上侧淋下，一层层穿流通过各渗滤筐中的颗粒层，溶剂与物料呈逆流。溶剂流到底部后用泵打

到右侧上部，与送入的原料接触，并一层层穿流通过各渗滤筐，溶剂与物料呈并流，溶液流到底为最终浸出液。在此种浸取器中被浸取的原料最终与新鲜的溶剂接触，可以保证其中溶质尽可能多地浸取出来，最后渗滤筐转到顶部，筐翻转，筐中的固体残渣倒出，然后用螺旋输送机排出。

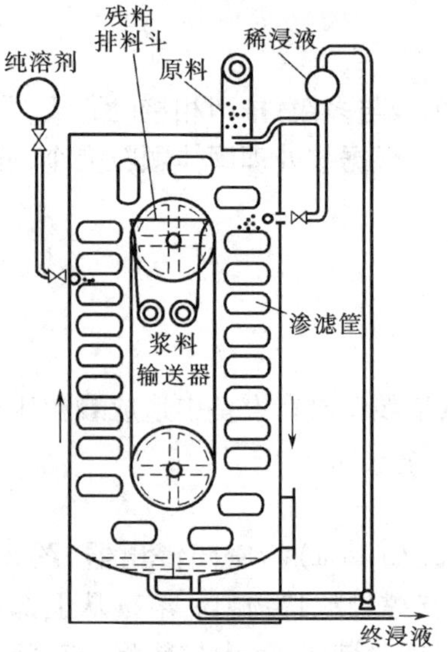

图 2.10-2　篮式浸取器

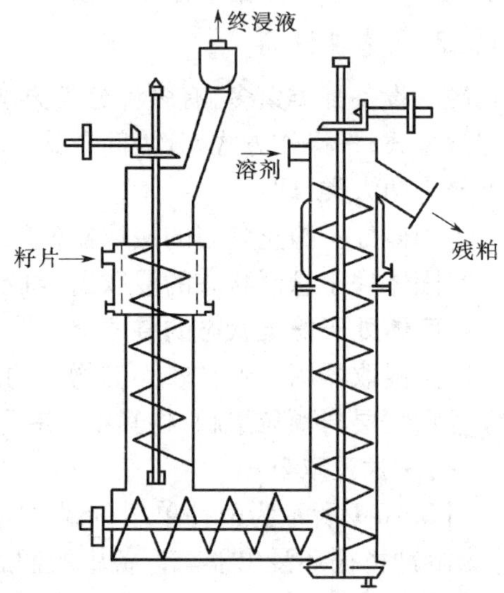

图 2.10-3　浸泡式连续浸取器

(3)浸泡式连续浸取器

图 2.10-3 是一种浸泡式连续浸取器的示意图。它的外形为一 U 形管，原料从左侧上部进入，通过螺旋推动装置，慢慢沿 U 形管移动，直至右侧上部，残渣从此卸出。螺旋片上开有可使液体通过的小孔，溶剂从右侧上部进入，与颗粒物料逆流接触，最终浸出液从左侧上部流出。这种设备中物料虽处于移动状态，但移动缓慢，两相接触基本上还是处于液体穿流通过颗粒层的状态。

2. 固体颗粒处于悬浮状态的浸取器

对于细粒固体一般采用这类浸取器，因为细颗粒只需轻微搅动，就可以使其处于悬浮状态。细颗粒表面积大，粒内小孔扩散途径短，所以浸出速度快。但细粒的溶质浸出后，残渣与液体的分离以及洗涤比较困难。颗粒处于悬浮状态的浸取器主要有两种形式。

(1)机械搅拌浸取槽

图 2.10-4 是一种简单的机械搅拌浸取器的示意图。它是一个圆筒形设备，中间设有中央管，其中装有螺旋桨式搅拌器，依靠搅拌器的作用使液体形成沿中心管上升，从环隙下流的循环流动，从而使固液两相充分接触。

(2)气流提升式浸取器——巴秋卡槽

巴秋卡槽是利用压缩空气进行搅拌的浸取器。如图 2.10-5 所示，它是一个具有锥形底的圆柱形槽，中央管底部引入压缩空气，使其成为一个空气升液器，使固液混合物在槽内形成循环流动，下部锥形部分安装若干空气喷射器，防止固体颗粒在桶底沉积。

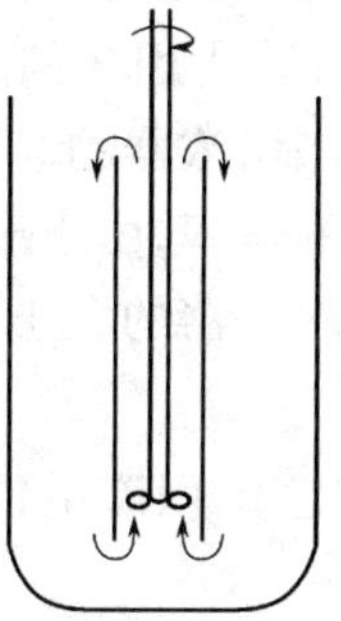

图 2.10-4 机械搅拌浸取槽

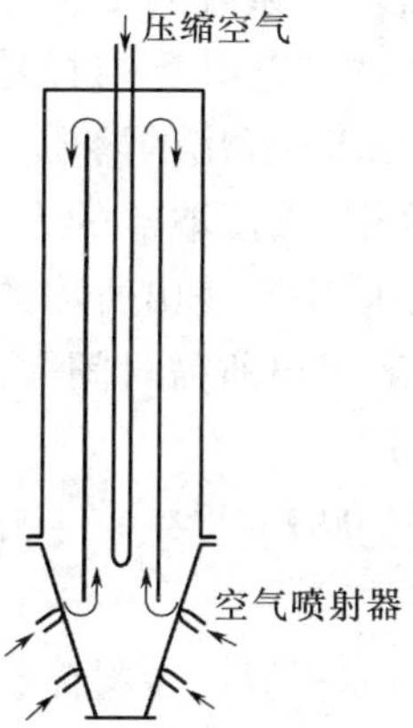

图 2.10-5 巴秋卡槽

2.10.3 浸取过程的流程与工艺计算

1. 浸取过程流程

浸取过程设计的主要要求是，用较少溶剂使固体混合物中的有用溶质尽量多地分离出来，为此不仅要使固体中的溶质全部溶解到溶剂中，还要将残渣夹带的液体中的溶质通过洗涤回收下来。图 2.10-2 和图 2.10-3 所示的浸取器以及其他一些连续操作的浸取器（本节未介绍）都是按照这样的要求设计的。

这里介绍一种用搅拌器浸取与逆流洗涤的浸取流程（图 2.10-6）。固体原料与从洗涤器过来的溶液一起加入搅拌浸取器，两相混合经过一定时间，固体中的有用溶质溶出后，混合液进入第一增浓器进行固液分离，清液从上部溢出，称为溢流，为浸取所得的最终浸出液。固体残渣夹带一部分溶液从下部排出，称为底流。此底流送入第一洗涤增浓器，用前一级洗涤器出来的溢流液进行洗涤，两者经充分混合后固液分离，上清液（溢流）送入浸取器。夹带着溶液的残渣（浆液）送入第二洗涤增浓器，在此器中送入新鲜溶剂进行洗涤，洗涤后固液分离，夹带有溶液的残渣（底流）作为废物排出，上清液（溢流）进入第一洗涤增浓器。在此系统中溶剂与固体逆流，新鲜溶剂（不含溶质或含少量溶质）与要排出的废渣接触，这样可以使废渣中夹带尽可能少的溶质，同时也可得到高浓度的浸出液。实际上为了减少残渣带走的溶质量可以采用更多个洗涤器。

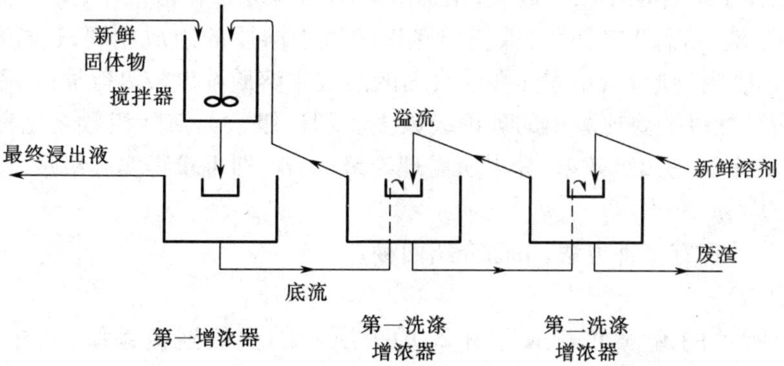

图 2.10-6 搅拌器浸取及逆流洗涤系统

2. 浸取及逆流洗涤系统的工艺计算

对于上述系统的工艺计算内容是对于已知的浸取任务，即：①要处理的固体原料量与溶质含量；②溶质的浸出率（浸出的溶质量与原料中的溶质量之比）；③所用溶剂的组成，即其中溶质的含量。计算确定：①浸取器的大小；②溶剂的需用量；③洗涤增浓器的级数。

浸取器的大小取决于浸出所需的时间，它取决于溶质浸出的速率，由于浸出过程是一个十分复杂的过程，一般浸出所需时间需由实验或实际经验确定。浸取器的大小可按下式确定，即

$$V_e = Q_{总}\,\theta \tag{2.10-1}$$

式中：V_e 为浸取器的装料体积，m^3；$Q_{总}$ 为固体原料与溶剂相的总体积流量，m^3/h；θ 为浸取所需的时间，h。

实际浸取器的体积应比装料体积大，一般装料加上器内附属设备（如加热管、搅拌器等）所占体积应为浸取器总容积的70%。

溶剂的需用量根据物料衡算求得（见例 2.10-1 的(1)问）。

【例 2.10-1】 在单级间歇式浸取器中用清水提取甜菜中的糖分。固体处理量为 1 600 kg（其密度取为 1 230 kg/m^3），其中糖分含量为 18.6%（质量分数，下同），最终浸出液中糖的含量为 28%，要求浸出率为 96%，每 kg 固渣中夹带溶液 0.4 kg。试求：

(1) 清水的用量；

(2) 取装料系数为 0.7，则浸取器的容积为若干 m^3。

解：(1) 清水用量

$$浸出液量 = \frac{1\,600 \times 0.186 \times 0.96}{0.28} = 1\,020\ \text{kg}$$

$$底流量 = 1\,600(1-0.186)\times 0.4 = 521\ \text{kg}$$

则 $$清水用量\ W = 1\,020 + 521 - 1\,600 \times 0.186 = 1243\ \text{kg}$$

(2) 浸取器容积

$$V_e = \frac{1\,600}{1\,230} + \frac{1\,243}{1\,000} = 2.544\ m^3$$

则 $$V = \frac{2.544}{0.7} = 3.635\ m^3$$

洗涤器数的计算常应用理论级的概念。理论级是指固体物料与溶液接触后，溶质扩散到溶液中，最后固体中不含也不吸附溶质，全部溶质均匀地分布在溶液中，此时将混合液分为上清液（溢流）和浆液（底流）二部分，溢流与底流溶液中溶质的组成相同，这样的级叫理论级。实际上由于固体吸附溶质，紧贴固体颗粒表面的溶液中溶质浓度较高等原因，不可能成为理论级，所以实际所需的级数要比算出的理论级数多。理论级数与实际级数之比称为级效率。级效率 η 由经验确定。已知级效率，算出所需理论级数 N_T，即可求得实际级数 N_P，即

$$N_P = N_T/\eta \tag{2.10-2}$$

理论级数的计算有多种方法，下面介绍两种。

(1) 代数计算法

图 2.10-6 所示的流程可表示为图 2.10-7 所示的多级逆流系统，其中第 1 级相当于图 2.10-6 中的搅拌器与第一增浓器，其他诸级均相当于一个洗涤增浓器。固体原料 F 进入第 1 级，经浸取后固体渣夹带溶液 L（底流）依次经第 2，3，…，n 级被一级级逆流而来的溢流液洗

涤,最后从第 n 级排出。新鲜溶剂 S 进入第 n 级,与从第 $n-1$ 级进来的底流接触,达一个理论级时,其溢流进入第 $n-1$ 级,与前一级($n-2$ 级)来的底流接触进行洗涤,如此溢流一级级向前,最后进入第 1 级,对固体原料进行浸取,得最终浸出液 E。图中 y 为溢流液中的溶质组成(质量分数,本节组成均用质量分数),x 为底流液中溶质的组成。因为各级均假设为理论级,故每一级流出的溢流与底流的组成相同,即

$$y_i = x_i$$

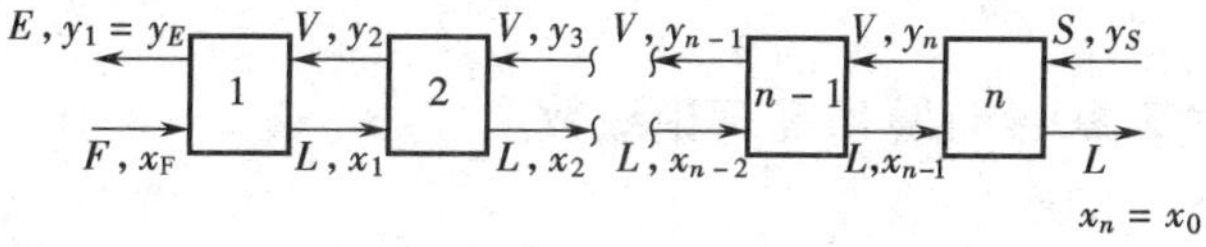

图 2. 10-7 多级逆流浸取洗涤系统

假设该系统为恒底流,即各级随固体渣一起排出的溶液量 L(kg)相同。因此,若溢流中不带固体,则各级排出的溢流液量 V(kg)也相同。

根据上述理论级与恒底流假设,对各级作溶质的物料衡算,从 n 级开始逐级演算,最后可得溶质损失率 R 与所需理论级数 n 的关系,即

$$\frac{1}{R} = \left(1 + a_1 \frac{1-a^n}{1-a}\right) - \frac{Sy_S}{Lx_D}\left(1 + a_1 \frac{1-a^{n-1}}{1-a}\right)$$

$$= \left(1 + a_1 \frac{1-a^n}{1-a}\right) - \frac{y_S}{x_D}\left(a + a_1 \frac{a-a^n}{1-a}\right) \qquad (2.10\text{-}3)$$

如果新鲜溶剂 S 中不含溶质,即 $Y_S = 0$,则

$$\frac{1}{R} = 1 + a_1\left(\frac{1-a^n}{1-a}\right) \qquad (2.10\text{-}4)$$

上两式中:R 为$\frac{Lx_D}{Fx_F}$,溶质损失率,即随残渣排走的溶质量与原料中所含溶质量之比;x_D 为残渣带出的溶液中溶质的组成,质量分数;x_F 为原料中溶质的组成,质量分数;a 为洗涤级中溢流与底流之比,即 $a = \frac{V}{L}$;a_1 为第 1 级,即浸出级的溢流与底流比 $a_1 = \frac{E}{L}$,E 为最终浸出液量,kg;S 为进入第 n 级的溶剂量,kg;n 为所需的总理论级数。

【例 2. 10-2】 设计一逆流多级浸取洗涤装置,以淡水为溶剂,每小时处理 4 吨炒咖啡豆,以制造速溶咖啡。咖啡中可溶溶质含量为 24%,其含水量可忽略不计,离开装置的最终浸出液含可溶溶质 30%,要求浸出液中含有 95% 的可溶溶质,即浸取率为 95%,试确定:

(1)每小时得到的浸出液量;

(2)每小时的淡水用量;

(3)若级效率为 70%,底流中每吨固体渣带溶液 1.7 t,求所需级数。

解:(1)每小时得到的浸出液量

以 1 h 为计算基准,作整个系统的溶质物料衡算。

原料咖啡豆中可溶溶质量 = 4 × 0. 24 = 0. 96 t/h

浸出液中所含可溶溶质量 = 0. 96 × 0. 95 = 0. 912 t/h

$$浸出液量=\frac{0.912}{0.3}=3.04\ t/h$$

(2)每小时的淡水用量

可根据总物料衡算求得,也以 1 h 为基准。作整个系统的物料衡算,不计纯固体,则

进入系统的水量+原料中的可溶溶质量=浸出液量+随固体渣排出的溶液量(底流量)

$$底流量=4\times(1-0.24)\times1.7=5.17\ t/h$$

$$淡水用量=3.04+5.17-4\times0.24=7.25\ t/h$$

(3)求级数

因溶剂为纯水,故应用式 2.10-4 计算所需理论级数。

$$损失率\ R=1-0.95=0.05$$

$$a=\frac{V}{L}=\frac{7.25}{5.17}=1.4$$

$$a_1=\frac{E}{L}=\frac{3.04}{5.17}=0.588$$

代入式 2.10-4,得

$$\frac{1}{0.05}=1+0.588\,\frac{1-1.4^n}{1-1.4}$$

解之得所需理论级数　$n=7.82$

故　　实际级数 $N=\frac{7.82}{0.7}=11.2$

取 12 级。

(2)用三角形相图的图解计算法

对于上述多级逆流浸取洗涤系统,可以用三角形相图的图解法求所需理论级数,其方法与萃取中用三角形相图求理论级数类似。三角形图中(图 2.10-8)B 点表示纯固体,A 点表示溶质,S 点表示溶剂。图解过程从略。

仿真习题

2.1　流体输送机械

2-1　一定转速下,用离心泵向表压为 50 kPa 的密闭高位槽输送密度 $\rho=1\ 200\ kg/m^3$ 的水溶液。泵出口阀全开时,管路特性方程式为

$$H_e=\Delta Z+\frac{\Delta p}{\rho g}+BQ_e^2=A+BQ_e^2$$

现分别改变如下操作条件:

(1)关小泵出口阀;

(2)改为 20 ℃的清水;

(3)将密闭高位槽改为常压。

假设改变条件前后流动均在阻力平方区,试判断管路特性方程式中参数变化趋势。(　　)

(A)A 值增大　　(B)A 值变小　　(C)B 值变大　　(D)B 值变小

2-2　用离心泵将 20 ℃的清水从水池送至敞口高位槽。在一定出口阀开度下,读得一组数据:流量 Q、压头 H、功率 N、泵入口真空表读数 p_1、泵出口压力表读数 p_2。若将泵的出口阀

开度加大,试判断如上五个参数的变化趋势。(　　)

(1)流量 Q;

(2)压头 H;

(3)功率 N;

(4)泵入口真空表读数 p_1;

(5)泵出口压力表读数 p_2。

(A)增大　　(B)不变　　(C)变小　　(D)无法判断

2-3　用 IS 80-65-160 型水泵从敞口水池将 40 ℃的清水($\rho=992.2\ \text{kg/m}^3$)送至某车间。送水量为 45 ~ 60 m^3/h。在此流量范围内吸入管路的压头损失为 1 ~ 1.8 m;泵的必需气蚀余量$(NPSH)_r=3$ m。泵安装地区大气压为 9.81×10^4 Pa,40 ℃下水的饱和蒸汽压为 7.38×10^3 Pa,则泵的允许安装高度为(　　)。

(A)3.72 m　　(B)4.52 m　　(C)5.52 m　　(D)9.32 m

2-4　有自吸能力的泵是(　　)。

(A)离心泵　　(B)往复泵　　(C)旋涡泵　　(D)轴流泵

2-5　离心泵的气蚀余量越小,则其抗气蚀能力(　　)。

(A)越强　　(B)越弱　　(C)无关　　(D)不确定

2-6　离心泵的效率随流量的变化情况是(　　)。

(A)Q 增大,η 增大　　(B)Q 增大,η 先增大后减小

(C)Q 增大,η 减小　　(D)Q 增大,η 先减小后增大

2-7　离心泵的轴功率 N 和流量 Q 的关系为(　　)。

(A)Q 增大,N 增大　　(B)Q 增大,N 先增大后减小

(C)Q 增大,N 减小　　(D)Q 增大,N 先减小后增大

2-8　离心泵在一定管路系统下工作时,压头与被输送液体的密度无关的条件是(　　)。

(A)$Z_2-Z_1=0$　　(B)$\sum h_f=0$　　(C)$\dfrac{u_2^2}{2}-\dfrac{u_1^2}{2}=0$　　(D)$p_2-p_1=0$

2-9　离心泵停止操作时宜(　　)。

(A)先关出口阀后停电　　(B)先停电后关阀

(C)先关出口阀或先停电均可　　(D)单级泵先停电,多级泵先关出口阀

2-10　往复泵适用于(　　)。

(A)大流量且要求流量特别均匀的场合　　(B)介质腐蚀性特别强的场合

(C)流量较小、压头较高的场合　　(D)投资较小的场合

2-11　在测定离心泵性能时,若将压强表装在调节阀以后,则压强表读数 p_2 将随流量增大而增大;若将压强表装在调节阀以前,则压强表读数 p_2' 将(　　)。

(A)随流量增大而减小　　(B)随流量增大而增大

(C)随流量增大而基本不变　　(D)随真空表读数的增大而减小

2-12　离心泵铭牌上标出的流量和压头数值是(　　)。

(A)最高效率点对应值　　(B)操作点对应值

(C)最大流量下对应值　　(D)计算值

2-13　在实验装置上用 20 ℃的清水测定离心泵的性能参数。泵的转速为 2 900 r/min。

在 $Q=18.84\ m^3/h$ 的流量下，测得一组数据为：泵入口真空表读数 $p_1=70$ kPa，泵出口压力表读数 $p_2=226$ kPa，两测压口之间的垂直距离 $h_0=0.4$ m。电动机功率为 2.4 kW，泵由电动机直接带动，电动机效率为 94%，忽略管路中动压头的影响。试计算操作条件下泵的压头及效率接近(　　)。

(A)30.6 m，69.6%　　(B)30.2 m，68.7%

(C)26.6 m，60.6%　　(D)30.6 m，65.4%。

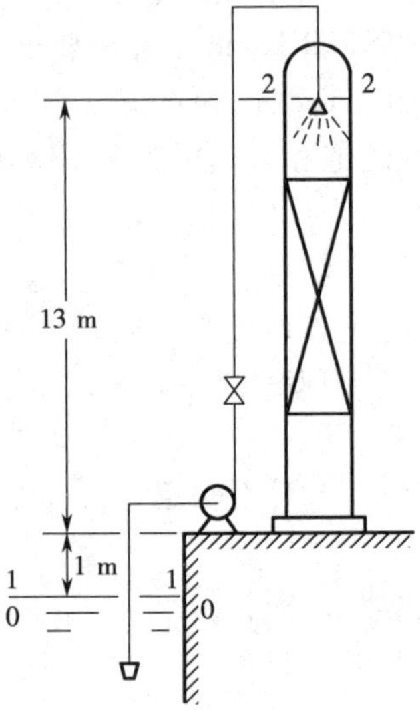

题 2-14 图

2-14　用 IS 80-50-200 型（$n=2\ 900$ r/min）离心泵将 20 ℃的清水以 50 m^3/h 的流量由水池送到水洗塔内，流程如本例附图所示。塔的操作压力为 177 kPa（表压），管径为 $\phi108$ mm × 4 mm，管路全长（包括除管路出口阻力外的所有局部阻力当量长度）为 288 m，摩擦系数 λ 取为 0.025。在指定转速下，泵的性能参数为：$Q=50\ m^3/h$，$H=50.0$ m，$N=9.87$ kW，$\eta=69.0\%$。试计算调节阀门所损失的压头占泵压头的百分数接近(　　)。

(A)12.74%　　(B)14.74%

(C)13.0%　　(D)56.56%

注：求解本题的关键是计算管路所需压头 H_e，进而计算 $\dfrac{H-H_e}{H}\times100\%$。

2-15　用离心泵将常压水池中 20 ℃的清水送至敞口高位槽中。泵入口真空表和出口压力表的读数分别为 $p_1=60$ kPa 和 $p_2=220$ kPa，两测压口之间的垂直距离 $h_0=0.5$ m。泵吸入管内径为 80 mm，清水在吸入管中的流动阻力可表达为 $\sum h_f=3.5u_1^2$（u_1 为吸入管内水的流速，m/s）。离心泵的安装高度为 2.5 m。试求泵的功率（其效率为 68%）接近(　　)。

(A)6.7 kW　　(B)6.23 kW

(C)3.85 kW　　(D)2.14 kW

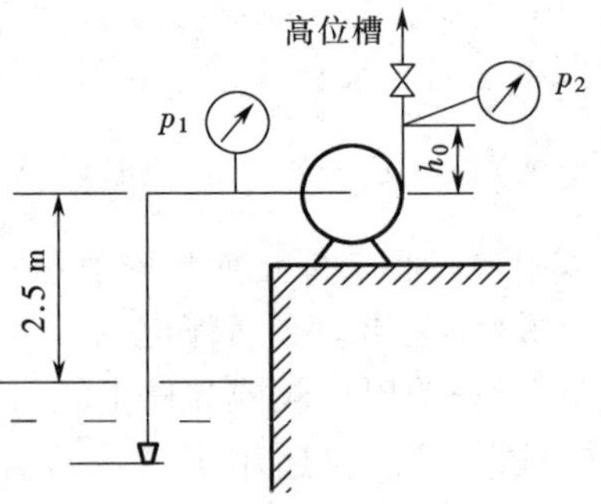

题 2-15 图

2-16　用离心泵将池中清水送至表压为 49.1 kPa 的密闭高位槽，两液面恒差 13 m，管路系统的压头损失为 $H_f=3\times10^5Q_e^2$（Q_e 的单位为 m^3/s），流动在阻力平方区。在指定转速下，输送清水时泵的特性方程式为

$$H=28-2.5\times10^5Q^2\ (Q\ 的单位为\ m^3/s)$$

现用该泵改送碱的水溶液（$\rho=1\ 250\ kg/m^3$），试计算输送清水和碱液时泵的轴功率接近(　　)。

各种情况下泵的效率均取 70%。

(A)1.4 kW，1.8 kW　　(B)1.4 kW，1.75 kW

(C)1.47 kW，1.8 kW　　(D)1.47 kW，1.75 kW

解本题的要点是分别计算出输送清水和碱液时的流量和压头。

2-17 用离心泵将池中清水送至某车间。管内流动在阻力平方区，管路特性方程式为

$H_e = 14 + 1.5 \times 10^5 Q_e^2$ （Q_e 的单位为 m^3/s）

单台泵的特性方程式为（$n = 2\ 900$ r/min）

$H = 29 - 3.0 \times 10^5 Q^2$ （Q 的单位为 m^3/s）

库房里有两台规格相同的同型号离心泵。两台泵并联时送水量接近（　　）。

(A)29.4 m^3/h　　(B)27.6 m^3/h　　(C)20.8 m^3/h　　(D)41.6 m^3/h

解本题应注意，两台泵并联操作时，每台泵的流量为管路中总流量的1/2。

2-18 在实验装置上用30 ℃的清水（$\rho = 995.7$ kg/m^3，$p_v = 4.247$ kPa）于常压下（$p_a = 100$ kPa）测定离心泵的气蚀余量。今测得一组数据如下：泵入口真空表读数为66 kPa，吸入管内的流速 $u_1 = 1.0$ m/s，则操作条件下泵的气蚀余量 *NPSH* 约为（　　）。

(A)6.76 m　　(B)3.10 m　　(C)9.80 m　　(D)3.00 m

2-19 用两级往复压缩机将常压空气（$p_1 = 100$ kPa）压缩至终压 $p_2 = 900$ kPa。为降低功率消耗，则两级的压缩比分配宜采用（　　）。

(A)1,9　　(B)3,3　　(C)2,4.5　　(D)2.5,3.6

2.2 非均相物系的分离

2-20 在斯托克斯定律区，颗粒的沉降速度与其直径的（　　）次方成正比。

(A)1　　(B)2　　(C)0.5　　(D)0.25

2-21 降尘室的设计中，应保证气体在降尘室内的流动处于（　　）。

(A)层流　　(B)过渡流　　(C)湍流　　(D)无限制

2-22 颗粒的球形度越（　　），说明颗粒越接近于球形。

(A)接近0　　(B)接近1　　(C)大　　(D)小

2-23 含尘气体通过边长为4 m、宽为3 m、高为1 m的降尘室，若颗粒的沉降速度为0.5 m/s，则降尘室的生产能力为（　　）。

(A)4 m^3/s　　(B)2 m^3/s　　(C)6 m^3/s　　(D)1.5 m^3/s

2-24 旋风分离器的尺寸增大时，旋风分离器的临界粒径（　　）。

(A)增加　　(B)减小　　(C)不变　　(D)不确定

2-25 颗粒在静止的流体中沉降时，在相同的 *Re* 下，颗粒的球形度越大，阻力系数（　　）。

(A)越大　　(B)越小　　(C)不变　　(D)不确定

2-26 旋风分离器的分割粒径 d_{50} 是（　　）。

(A)临界粒径的一半　　(B)临界粒径的二倍

(C)粒级效率为50%的颗粒直径　　(D)总效率为50%的颗粒直径

2-27 某颗粒在离心力场内作圆周运动，其旋转半径为0.2 m，切线速度为20 m/s，则其分离因数最接近（　　）。

(A)10　　(B)204　　(C)2 000　　(D)41

2-28 由过滤基本方程式知，过滤速度与过滤面积的（　　）次方成正比。

(A)2　　(B)1　　(C)0.5　　(D)0.25

2-29 板框过滤机，已知过滤终了时的过滤速率 $\left(\frac{dV}{d\theta}\right)_E$ 为0.04 m^3/s，现采用横穿洗涤法

洗涤，则洗涤速率$\left(\frac{dV}{d\theta}\right)_W$为（　　）。

（A）0.08 m^3/s　　（B）0.02 m^3/s　　（C）0.01 m^3/s　　（D）0.04 m^3/s

2-30　恒压过滤某悬浮液，已知过滤 10 min 后得滤液 5 L，又过滤 5 min 后，又得滤液 1.5 L，则过滤常数 V_e 为（　　）。

（A）3.719 L　　（B）5.125 L　　（C）2.375 L　　（D）2.937 L

2-31　在小型过滤机上进行恒压过滤试验，操作压力差 46 kPa 下测得过滤常数 K 为 4×10^{-5} m^2/s。现在板框过滤机上过滤同样的悬浮液，假设滤饼不可压缩，操作压力差为 100 kPa，则过滤常数为（　　）。

（A）0.8×10^{-5} m^2/s　（B）1.8×10^{-5} m^2/s　（C）8.7×10^{-5} m^2/s　（D）1.9×10^{-5} m^2/s

2-32　密度 2 650 kg/m^3、直径 50 μm 的球形颗粒，在 20 ℃（已知 20 ℃空气的密度为 1.205 g/cm^3，黏度为 1.81×10^{-5} Pa·s）的空气中的自由沉降速度接近（　　）。

（A）0.272 m/s　　（B）0.199 m/s　　（C）1.281 m/s　　（D）1.806 m/s

2-33　恒压力差下过滤某悬浮液，已知过滤 10 min 后得滤液 1.25 m^3，再过滤 10 min 后又得滤液 0.65 m^3，过滤 40 min 后总共得滤液接近（　　）。

（A）2.8 m^3　　（B）0.99 m^3　　（C）2.1 m^3　　（D）3.13 m^3

2.3　液体的搅拌

2-34　涡轮式叶轮是（　　）流型的典型代表，它具有流量较小和压头较高的特点；旋桨式（推进式）叶轮是（　　）流型的典型代表，具有流量较大和压头较低的特点；锚式搅拌器则以（　　）流型为主。

（A）轴向　　（B）径向　　（C）周向　　（D）轴向和径向复合

2-35　可有效完成几乎所有化工生产过程对搅拌要求的搅拌器是（　　）。

（A）桨式　　（B）推进式　　（C）涡轮式　　（D）螺带式

2-36　均相液体的混合要求循环量大，宜选用的搅拌器是（　　）；制备乳状液要求大循环流动和高剪切，宜选用的搅拌器是（　　）。

（A）推进式　　（B）涡轮式　　（C）平桨式　　（D）框式

2-37　根据介质黏度由小到大，选择搅拌器的顺序是（　　），（　　），（　　），（　　）。

（A）平桨式　　（B）涡轮式　　（C）锚式　　（D）推进式

2-38　搅拌槽内的 Q/H 反映了搅拌功率对流量和压头的分配关系。如果要快速分散或微观混合均匀，则 Q/H 值宜（　　）。

（A）较大　　（B）较小　　（C）适中　　（D）随意大小均可

2-39　搅拌槽的全挡板条件是指安装的挡板数和挡板宽度使搅拌功率为（　　）。

（A）最小　　（B）最大　　（C）适中　　（D）随意

2-40　当搅拌槽内发生“打旋”现象时，将使搅拌效果（　　）。

（A）显著提高　　（B）严重下降　　（C）基本不变　　（D）没规律

2-41　为了达到理想的放大效果，搅拌装置在满足（　　）相似的前提下，还必须满足其他一些相似条件。

（A）运动　　（B）动力　　（C）几何　　（D）反应

2-42　采用六片平直叶圆盘涡轮式搅拌器搅拌某黏稠液体。液体密度为 980 kg/m^3、黏度为41 Pa·s,搅拌叶轮直径为0.4 m、转速为126 r/min,则搅拌槽内液体的流型为( )区。

(A)湍流 (B)层流 (C)过渡 (D)不确定

2-43 为设计一套工业规模的搅拌装置,在实验室进行三次几何相似放大实验。实验数据如本题附表所示。

题2-43 附表 实验数据

实验编号	槽径 D/mm	叶轮直径 d/mm	转速 n/(r·min^{-1})
1	200	67	1 360
2	400	135	675
3	800	270	340

该搅拌装置应遵循的放大准则为( )。

(A)保持雷诺数 Re 不变,$Re \propto nd^2$

(B)保持叶轮叶端速度 u_T 不变,$u_T \propto nd$

(C)保持 N/V 不变,$N/V \propto n^3d^2$

(D)保持 Q/H 比值不变,$Q/H \propto \frac{d}{n}$

2-44 搅拌槽的直径为2.4 m,叶轮直径为0.8 m,根据题2-43的结果,应选定工业搅拌装置的转速为( )。

(A)1 360 r/min (B)675 r/min (C)340 r/min (D)114 r/min

2.4 传热

2-45 在多层平壁定态热传导中,若某层的导热热阻最小,则该层两侧的温度差( )。

(A)最大 (B)最小 (C)与其他导热层相同 (D)无法判断

2-46 在多层圆筒壁定态导热中,通过每层的( )物理量保持不变。

(A)温度差 (B)导热速率 (C)热通量 (D)热阻

2-47 在化工传热中,对流传热的推动力为( )。

(A)冷流体进出口的温度差

(B)热流体进出口的温度差

(C)冷热流体间的温度差

(D)冷(热)流体与壁面之间的温度差

2-48 对流传热的热阻主要集中在( )。

(A)湍流主体 (B)缓冲层 (C)滞流内层 (D)以上三层均接近

2-49 在间壁换热器中,换热器的总传热系数 K_o 与管内外两侧流体的对流传热系数 α_i、α_o 之间的关系为( )。

(A)$\alpha_i > K_o > \alpha_o$ (B)$\alpha_i > K_o < \alpha_o$ (C)$\alpha_i < K_o > \alpha_o$ (D)$\alpha_i < K_o < \alpha_o$

2-50 若在间壁换热器中的两流体均为变温,且两流体进出口温度各自相等,以两流体呈( )流动时所获得的平均温度差最大。

(A)逆流 (B)并流 (C)错流 (D)折流

2-51 在对流传热系数关联式中,反映物性对对流传热影响的准数是( )。

(A)努塞尔数 Nu

(B)雷诺数 Re

(C)普朗特数 Pr

(D)格拉晓夫数 Gr

2-52 流体在圆形直管内作强制湍流时,对流传热系数与雷诺数的( )次方成正比。

(A)0.3 (B)0.4 (C)0.6 (D)0.8

2-53 在蒸汽冷凝传热中,不凝气体对其冷凝传热系数 α 的影响是( )。

(A)使 α 降低　　(B)使 α 升高　　(C)对 α 无影响　　(D)无法判定

2-54　对于池式(大容器)沸腾,工业上总是将其控制在(　　)状态下操作。

(A)自然对流　　(B)泡核沸腾　　(C)膜状沸腾　　(D)不稳定膜状沸腾

2-55　物体的黑度在数值上与该物体在同一温度下的(　　)相等。

(A)透过率 D　　(B)吸收率 A　　(C)反射率 R　　(D)辐射系数 C

2-56　根据(　　)的不同,列管换热器可分为固定管板换热器、U 形管换热器和浮头换热器等几种形式。

(A)传热原理和两流体的接触方式　　(B)换热面形状

(C)热补偿方式　　(D)换热器用途

2-57　在间壁式换热器中,用常压下的饱和水蒸气加热空气,空气的进出口温度分别为 20 ℃和50 ℃,则换热管的壁温接近于(　　)℃。

(A)100　　(B)20　　(C)50　　(D)63

2-58　一定质量流量的流体在 ϕ25 mm×2.5 mm 的直管内作强制湍流流体,如果该流体的流量和物性不变,改在 ϕ19 mm×2 mm 的的直管内流动,其对流传热系数是原来对流传热系数的倍数与(　　)接近。

(A)0.79　　(B)1.06　　(C)1.26　　(D)1.68

2-59　直径为 ϕ60 mm×5 mm 的管道用 30 mm 厚的软木包扎,其外再用 100 mm 厚的保温灰包扎来作为绝热层。现测得钢管外壁面温度为 -110 ℃,绝热层外表面的温度为 10 ℃,已知软木、保温灰的平均导热系数分别为 0.043 W/(m·℃)和 0.07 W/(m·℃),求出每米管长的冷量损失量与(　　)接近。

(A) -37.5 W/m　　(B) -32.5 W/m　　(C) -25 W/m　　(D) -23 W/m

2-60　在一套管换热器中,冷热两流体进行逆流传热。冷流体的流量为 7 200 kg/h,比热容为 4.2 kJ/(kg·℃),进出口温度为 15 ℃、40 ℃。热流体从 130 ℃降至 45 ℃。该换热器的总传热系数为 1 kW/(m^2·℃),则所需传热面积与(　　)接近。

(A)4 m^2　　(B)6 m^2　　(C)14 m^2　　(D)22 m^2

2-61　在一间壁换热器中,两流体均在湍流下进行换热。冷热流体的对流传热系数分别为 150 kW/(m^2·℃)和 300 kW/(m^2·℃)。若只使某一侧流体的流速加倍以强化传热,对流总传热系数增加的最大百分数与(　　)接近。(可按平壁处理,忽略管壁热阻,污垢热阻和热损失)

(A)16%　　(B)20%　　(C)40%　　(D)50%

2-62　有一双管程列管换热器由 30 根 ϕ19 mm×2 mm、长 4 m 的钢管组成。热流体走管内,其进出口温度分别为 80 ℃和 40 ℃;冷流体走管间,其进出口温度分别为 20 ℃和 35 ℃,冷水流量为 1.6 kg/s,平均比热容为 4.2 kJ/(kg·℃)。换热器的温差校正系数为 0.9,其热损失可以忽略,该换热器的总传热系数 K_o 更接近(　　)。

(A)508 W/(m^2·℃)(B)567 W/(m^2·℃)(C)643 W/(m^2·℃)(D)1 016 W/(m^2·℃)

2-63　对于一物体,若其表面温度从 100 ℃升高至 200 ℃,则其辐射能力提高到原来的(　　)倍。

(A)1.6　　(B)2.6　　(C)4　　(D)15

2.5 蒸发

2-64 根据( ),可以将蒸发过程分为单效蒸发和多效蒸发。

(A)操作压力 (B)二次蒸汽是否用作另一蒸发器的加热蒸汽

(C)操作模式 (D)溶液在蒸发器中的流动情况

2-65 为防止热敏性物料变性或分解,蒸发热敏性溶液时常采用( )蒸发。

(A)加压 (B)常压 (C)减压 (D)超高压

2-66 单效蒸发中,原料液的温度越高,蒸发时的单位蒸汽消耗量( )。

(A)越大 (B)越小 (C)不变 (D)无法确定

2-67 蒸发计算时,溶液的沸点按( )确定。

(A)完成液组成 (B)原料液组成与完成液组成的算术平均值

(C)原料液组成 (D)原料液组成与完成液组成的对数平均值

2-68 在相同操作条件下,蒸发稀释热不可忽略的溶液要比蒸发稀释热可忽略的溶液所消耗的加热蒸汽( )。

(A)多 (B)少 (C)相等 (D)无法确定

2-69 在相同操作条件下,多效蒸发与单效蒸发相比,其( )。

(A)温度差损失较小,蒸发强度较小 (B)温度差损失较小,蒸发强度较大

(C)温度差损失较大,蒸发强度较大 (D)温度差损失较大,蒸发强度较小

2-70 多效蒸发与单效蒸发的单位蒸汽消耗量 e 和加热蒸汽经济性 E 相比,多效蒸发的( )。

(A)e 较大,E 较大 (B)e 较小,E 较小

(C)e 较小,E 较大 (D)e 较大,E 较小

2-71 多效蒸发时,效数增多,则( )。

(A)操作费用增多,设备费用增多 (B)操作费用降低,设备费用降低

(C)操作费用增多,设备费用降低 (D)操作费用降低,设备费用增多

2-72 多效蒸发时,效数增多,其 D/W 降低,且降低幅度( )。

(A)增大 (B)减小 (C)保持恒定 (D)存在极大值

2-73 在多效蒸发流程中,( )加料流程所产生的二次蒸汽较多。

(A)并流 (B)逆流 (C)平流 (D)错流

2-74 在标准蒸发器中,用 140 ℃的饱和蒸汽加热盐水。蒸发空间二次蒸汽的温度为 86 ℃,溶液的平均沸点为 98 ℃,则该蒸发器中的有效温度差为( )℃。

(A)54 (B)48 (C)45 (D)42

2.6 气体吸收

2-75 在一定的压力和温度下,气体 1 和气体 2 分别在水中溶解,其相平衡常数分别为 m_1 和 m_2,若 $m_1 < m_2$,则两种气体的溶解度关系为( )。

(A)气体 1 的溶解度大于气体 2 (B)气体 1 的溶解度小于气体 2

(C)气体 1 的溶解度等于气体 2 (D)不确定

2-76 若某气体在水中的亨利系数 E 非常大,则该气体为( )。

(A)易溶气体 (B)难溶气体 (C)中等溶解度气体 (D)不确定

2-77 若某气体在水中的溶解度系数 H 非常大,则该气体为( )。

(A)易溶气体　　(B)难溶气体　　(C)中等溶解度气体　(D)不确定

2-78　含有10%(体积分数)C_2H_2的某种混合气体与水充分接触,系统温度为30 ℃,总压为105.0 kPa。已知30 ℃时C_2H_2在水中的亨利系数为1.48×10^5 kPa,水的密度为995.7 kg/m³。则达平衡时液相中C_2H_2的摩尔组成为(　　)。

(A)3.924×10^{-3}　(B)3.924×10^{-2}　(C)2.717×10^{-3}　(D)3.786×10^{-2}

2-79　氨水的气液平衡关系符合亨利定律,其相平衡常数为0.75,若氨水中氨的摩尔分数为0.025,则与之平衡的气相摩尔比为(　　)。

(A)0.019 2　(B)0.018 8　(C)0.018 5　(D)0.025 6

2-80　如图所示为同一温度下A、B、C三种气体在水中的溶解度曲线。由图可知,它们的溶解度由大到小的次序为(　　)。

(A)A,B,C　(B)C,B,A　(C)C,A,B　(D)A,C,B

2-81　如图所示为不同温度下某气体在水中的溶解度曲线。由图可知,温度t_1、t_2、t_3由高到低的次序为(　　)。

(A)t_1,t_2,t_3　(B)t_1、t_3、t_2　(C)t_3,t_2,t_1　(D)t_2、t_1、t_3

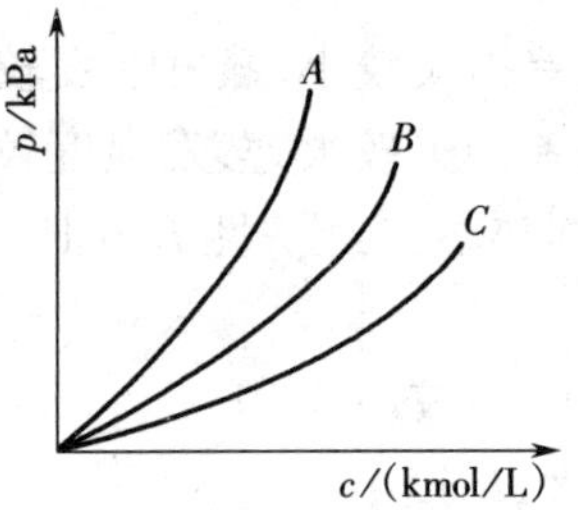

题2-80图

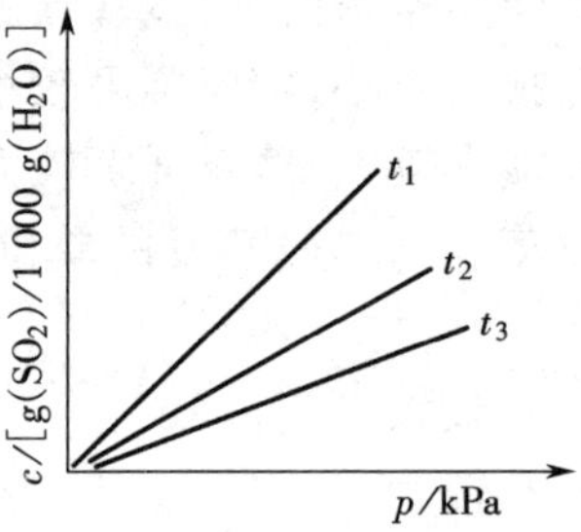

题2-81图

2-82　在吸收过程中,由于有总体流动,所以漂流因数P/p_{BM}(　　)。

(A)>1　(B)<1　(C)=1　(D)不确定

2-83　在吸收操作中,以液相组成差表示的吸收塔某一截面上的总推动力为(　　)。

(A)$X-X_i$　(B)$X-X^*$　(C)X_i-X　(D)X^*-X

2-84　推动力c^*-c与吸收系数(　　)相对应。

(A)k_L　(B)k_y　(C)K_L　(D)k_G

2-85　在下列吸收过程中,属于气膜控制的是(　　)。

(A)水吸收氧　(B)水吸收氨　(C)水吸收二氧化碳　(D)水吸收氢

2-86 在气体处理量一定时,增加吸收剂用量,操作线的斜率(　　),吸收推动力(　　)。

(A)增大　(B)不变　(C)减小　(D)不确定

2-87　在填料吸收塔中用纯溶剂吸收某混合气体中的溶质组分。已知进塔混合气中溶质的组成为6%(体积分数,下同),吸收尾气中溶质的组成为1.2%,则溶质的吸收率为(　　)。

(A)81.03%　(B)80.0%　(C)118.97%　(D)18.97%

2-88　在填料吸收塔中用纯溶剂吸收某混合气体中的溶质组分。已知进塔混合气中溶质的组成为10%(体积分数),溶质的吸收率为96.5%,则吸收尾气中溶质的摩尔比为(　　)。

(A)0.003 89　(B)0.003 5　(C)0.218　(D)0.003 87

2-89 在填料吸收塔中用清水吸收氨—空气混合物中的氨。混合气的进塔组成为0.01，出塔组成为0.001（均为摩尔比），操作条件下的气液平衡关系为$Y=0.88X$，则溶液出塔的最大摩尔比为（ ）。

（A）0.011 4 （B）0.008 8 （C）0.001 14 （D）0.011 3

2-90 在填料吸收塔中用清水吸收氨—空气混合物中的氨。混合气的进塔组成为0.02，出塔组成为0.001 2（均为摩尔比），操作条件下的气液平衡关系为$Y=0.88X$，若吸收剂的用量为最小用量的1.6倍，则实际操作的液气比为（ ）。

（A）1.323 （B）0.827 （C）1.504 （D）1.493

2-91 在填料吸收塔中用纯溶剂吸收某混合气体中的溶质组分。混合气的流量为40 kmol/h，进塔组成为0.025，出塔组成为0.001 2（均为摩尔比），操作条件下的气液平衡关系为$Y=2.25X$，吸收剂的用量为最小用量的1.66倍，则脱吸因数为（ ）。

（A）0.633 （B）1.523 （C）0.130 （D）7.711

2-92 常压下，在一直径为0.8 m填料吸收塔中，用纯溶剂吸收某混合气体中的溶质组分。已知混合气的流量为50 kmol/h，组成为0.05（摩尔分数），溶质的吸收率为98%，出塔的液相摩尔比为0.015。操作条件下的气液平衡关系为$Y=2.25X$，气相总体积吸收系数为1.15 kmol/(m^3·h·kPa)，则填料层高度为（ ）。

（A）6.680 m （B）7.026 m （C）676.4 m （D）4.196m

2-93 在填料吸收塔中，用纯溶剂吸收某混合气体中的溶质组分。已知混合气的流量为30 kmol/h，组成为0.06（摩尔分数），溶质的吸收率为95%，溶剂的流量为55 kmol/h。操作条件下的气液平衡关系为$Y=1.65X$，吸收塔中所用填料的等板高度为0.45 m，则填料层高度为（ ）。

（A）4.130 m （B）5.762 m （C）2.879 m （D）6.755 m

2-94 某填料的比表面积为220 m^2/m^3，空隙率为97%，则该填料的填料因子为（ ）。

（A）241.05 （B）233.82 （C）226.80 （D）0.004

2-95 填料塔的正常操作区域为（ ）。

（A）液泛区 （B）载液区 （C）恒持液量区 （D）任何区域

2.7 蒸馏

2-96 气液两相呈平衡状态时，气液两相温度相同，但气相组成（ ）液相组成。

（A）等于 （B）大于 （C）小于 （D）不确定

2-97 气液两相呈平衡状态时，若气液两相组成相同，则气相露点（ ）液相泡点。

（A）大于 （B）等于 （C）小于 （D）不确定

2-98 对于某二元理想物系，其平均相对挥发度为2.5，若液相组成为0.425，则与之平衡的气相组成为（ ）。

（A）0.649 （B）0.427 （C）2.931 （D）0.515

2-99 两组分的相对挥发度愈接近1，则表示用普通精馏方法对该两组分的分离（ ）。

（A）愈容易 （B）愈完全 （C）愈难 （D）不好判断

2-100 在平衡蒸馏过程中，已知原料液的组成为0.5，其汽化率为0.58。设气液平衡方程为$y=0.38x+0.512$。则平衡蒸馏的液相组成为（ ）。

（A）0.317 （B）0.385 （C）0.250 （D）0.171

2-101　在简单蒸馏过程中，已知原料量为 20.5 kmol，原料液的组成为 0.552（摩尔分数，下同），馏出液的流量为 12.3 kmol，平均组成为 0.728，则釜残液的组成为（　　）。

（A）0.452　　（B）0.288　　（C）0.552　　（D）0.315

2-102　某精馏塔的精馏段操作线方程为 $y=0.75x+0.245$，则操作回流比为（　　）。

（A）3.0　　（B）0.333　　（C）-3.0　　（D）0.429

2-103　某精馏塔的精馏段操作线方程为 $y=0.714x+0.275$，则馏出液组成为（　　）。

（A）0.962　　（B）0.850　　（C）0.735　　（D）0.525

2-104　精馏段操作线方程 $y=0.75x+0.3$ 是（　　）。

（A）可能的　　（B）不可能的　　（C）不好判断　　（D）缺乏判据

2-105　精馏塔中由塔顶向下的第 $n-1$、n、$n+1$ 层塔板，其气相组成关系为（　　）。

（A）$y_{n+1}>y_n>y_{n-1}$　　（B）$y_{n+1}=y_n=y_{n-1}$

（C）$y_{n+1}<y_n<y_{n-1}$　　（D）不确定

2-106　用一连续精馏塔分离某二元理想混合物。已知原料液的组成为 0.5（易挥发组分的摩尔分数，下同），馏出液组成为 0.95，釜残液组成为 0.02。若进料量为 100 kmol/h，则馏出液的流量为（　　）kmol/h。

（A）51.61　　（B）48.26　　（C）65.18　　（D）55.20

2-107　用一连续精馏塔分离某二元理想混合物。已知原料液的组成为 0.5（易挥发组分的摩尔分数，下同），馏出液组成为 0.95，釜残液组成为 0.02。若进料量为 100 kmol/h，则重组分的回收率为（　　）。

（A）94.84%　　（B）1.94%　　（C）98.06%　　（D）48.39%

2-108　对于饱和蒸气进料，进料线（q 线）方程的斜率（　　）。

（A）$=0$　　（B）>0　　（C）<0　　（D）$=1$

2-109　某边疆精馏塔的进料量为 32.65 kmol/h，进料热状况参数为 1.276，釜残液的流量为 16.65 kmol/h，操作回流比为 2.52，则提馏段的液气比 L'/V' 为（　　）。

（A）1.612　　（B）0.736　　（C）0.525　　（D）1.255

2-110　用一连续精馏塔分离某二元理想混合物。已知进料量为 100 kmol/h，釜残液的流量为 50 kmol/h，提馏段的上升蒸汽量为 150 kmol/h，该精馏塔的操作回流比为 2，则该精馏塔的进料为（　　）。

（A）泡点进料　　（B）露点进料　　（C）冷液进料　　（D）气液混合物进料

2-111　用一连续精馏塔分离某二元理想混合物。已知进料组成为 0.5（易挥发组分的摩尔分数，下同），饱和液体进料，馏出液组成为 0.96，物系的平均相对挥发度为 1.8，则最小回流比为（　　）。

（A）2.217　　（B）3.217　　（C）1.402　　（D）0.277

2-112　操作中的精馏塔，保持 F、x_F、q、R 不变，增加 W，则 L/V（　　），V'（　　）。

（A）增加　　（B）不变　　（C）不确定　　（D）减小

2-113　操作中的精馏塔，保持 F、x_D、q、x_W、V' 不变，减小 x_F，则有（　　）。

（A）D 增加，R 减小　　（B）D 不变，R 增加

(C)D减小,R增加 (D)D减小,R不变

2-114 在常压精馏塔中分离某二元理想混合物。泡点进料,进料量为 100 kmol/h,进料组成为 0.5(易挥发组分的摩尔分数,下同),馏出液流量为 50 kmol/h,组成为 0.95,操作回流比为最小回流比的 2 倍,物系的平均相对挥发度为 3。该情况下的精馏段操作线方程为( )。

(A)$y_{n+1}=0.615x_n+0.365$ (B)$y_{n+1}=0.615x_n-0.365$

(C)$y_{n+1}=0.385x_n+0.365$ (D)$y_{n+1}=2.667x_n+1.583$

2-115 用一连续精馏塔分离苯—甲苯混合物。已知原料液中含苯 0.40(摩尔分数,下同),馏出液中含苯 0.96,苯—甲苯的平均相对挥发度为 2.5,回流比为 3.2,塔顶采用全凝器,则离开第二层理论板(塔顶为第一层理论板)的液相组成为( )。

(A)0.819 (B)0.919 (C)0.906 (D)0.794

2-116 某操作中的精馏塔,若将回流比增大,其他条件保持不变,则馏出液的组成( )。

(A)增加 (B)不变 (C)不确定 (D)减小

2-117 某操作中的精馏塔,若将进料口位置上移,其他条件保持不变,则馏出液的组成( )。

(A)增加 (B)不变 (C)不确定 (D)减小

2-118 在精馏实验中,所用精馏塔装有 10 层塔板,塔顶采用分凝器和全凝器,塔底采用再沸器间接加热。在一定条件下,由分析得出的馏出液组成 x_D、釜残液组成 x_W 等数据计算出所需的理论板数为 8 层,则其总板效率为( )。

(A)60% (B)80% (C)70% (D)166.67%

2-119 在连续精馏塔中分离苯—甲苯混合物。在全回流条件下,测得相邻两层塔板上的液相组成分别为 0.41 和 0.28(摩尔分数),操作条件下苯—甲苯的平均相对挥发度为 2.5,则相邻两层塔板中较下层塔板的单板效率 E_{MV} 为( )。

(A)0.610 (B)0.550 (C)0.650 (D)0.450

2-120 在某连续精馏装置的设计中,塔顶采用全凝器冷凝,塔釜采用再沸器间接加热。通过工艺计算,已知完成指定的分离任务需要 25 层理论板(包括再沸器),所选塔板的总效率为 50%,塔板间距取为 0.35 m。则所设计的精馏塔的有效高度为( )。

(A)16.45 m (B)16.80 m (C)17.15 m (D)17.50 m

2-121 采用连续精馏方法分离由 A、B、C、D、E 组成的五元物系,若实现以上五元物系的完全分离,则所需的精馏塔数目为( )。

(A)4 (B)5 (C)6 (D)3

2-122 对于低压下多组分非理想物系的分离,其气相可视为理想气体,此时相平衡常数可表示为( )。

(A)$K_i=\dfrac{\gamma_i p_i^{\circ}}{P}$ (B)$K_i=\dfrac{p_i^{\circ}}{P}$ (C)$K_i=\dfrac{\gamma_i f_{iL}^{\circ}}{f_{iV}^{\circ}}$ (D)$K_i=\dfrac{f_{iL}^{\circ}}{f_{iV}^{\circ}}$

2-123 下列塔板属于逆流塔板的是( )。

(A)浮阀塔板 (B)泡罩塔板 (C)穿流筛板 (D)筛孔塔板

2-124　在下列塔板结构参数中，影响液相负荷上限线的参数是(　　)。

(A)降液管面积　(B)塔板开孔率　(C)板上液面落差　(D)溢流堰高度

2-125　在塔板的设计中，若气液流量一定，增大塔板间距，则漏液线(　　)。

(A)不变　(B)上移　(C)下移　(D)不确定

2.8　固体干燥

2-126　在总压 101.33 kPa 下，将使空气由温度 t_1 加热至温度 t_2，则该湿空气的下列参数(　　)。

(1)湿度 H；

(2)相对湿度 φ；

(3)露点 t_d；

(4)湿球温度 t_w。

(A)不变　(B)增加　(C)减小　(D)不确定

2-127　将湿物料干基含水量由 0.4 kg/kg 绝干料干燥至 0.15 kg/(kg 绝干料)，已知临界含水量为 0.1 kg/(kg 绝干料)，则干燥过程为(　　)。

(A)恒速干燥阶段　(B)降速干燥阶段

(C)恒速干燥阶段加降速干燥阶段　(D)物料内部迁移控制阶段

2-128　可确定湿空气状态的两个参数是(　　)。

(A)H、p　(B)H、t_d　(C)I、t_w　(D)t_w、t_d

2-129　通常恒速干燥阶段除去的水分是(　　)。

(A)平衡水分　(B)结合水和非结合水

(C)结合水　(D)非结合水

2-130　某常压湿空气由 t_1 被加热到 t_2，则湿空气的性质参数变化的是(　　)。

(A)c_H　(B)t_d　(C)H_w　(D)φ

2-131　相对湿度 60% 的湿空气，其干球温度 t、湿球温度 t_w、露点温度 t_d 之间的关系为(　　)。

(A)$t = t_w = t_d$　(B)$t > t_w > t_d$　(C)$t < t_w < t_d$　(D)$t > t_w = t_d$

2-132　已知恒定干燥条件下物料的临界含水量为 0.15 kg/(kg 绝干料)，现将该物料从含水量 0.4 kg/(kg 绝干料)干燥至含水量 0.1 kg/(kg 绝干料)，则干燥终了时物料表面的温度 θ 为(　　)。

(A)$\theta = t_w$　(B)$\theta > t_w$　(C)$\theta = t$　(D)$\theta = t_d$

2-133　以湿空气作为干燥介质，在一定温度、总压 101.33 kPa 下干燥某湿物料，若所用空气的相对湿度增大，则湿物料的平衡含水量(　　)。

(A)不变　(B)增加　(C)减小　(D)不确定

2-134　在恒定干燥条件下用热空气干燥某湿物料，恒速干燥阶段中，物料表面的温度(　　)。

(A)近似等于空气的湿球温度　(B)近似等于空气的露点温度

(C)随干燥进行逐渐升高　(D)不确定

2-135 在总压 101.33 kPa 下，温度 40 ℃，相对湿度 50% 的空气的焓最接近(　　)。已知 40 ℃下水的饱和蒸汽压为 7.38 kPa。

(A)50 kJ/(kg 绝干气)　　(B)100 kJ/(kg 绝干气)

(C)200 kJ/(kg 绝干气)　　(D)150 kJ/(kg 绝干气)

2-136 在恒定干燥条件下进行干燥实验，湿物料的初始含水量为 0.5(干基，下同)，开始阶段以恒定的速率进行干燥，当含水量降至 0.2 时干燥速率开始下降，其后干燥速率不断下降，当含水量达到 0.02 时干燥速率降为零，则物料的临界含水量为(　　)。

(A)0.5　　(B)0.2　　(C)0.02　　(D)0.25

2-137 一定温度下，物料中结合水和非结合水的划分取决于(　　)。

(A)物料的性质　　(B)空气的状态

(C)空气的状态和物料的性质　　(D)无法确定

2-138 在总压 101.33 kPa 下，湿度 0.01 kg/(kg 绝干气)、温度 150 ℃的湿空气在理想干燥器中降温至 60 ℃时离开，出干燥器的废气的湿度最接近(　　)。

(A)0.045 6 kg/(kg 绝干气)　　(B)1.051 kg/(kg 绝干气)

(C)0.047 6 kg/(kg 绝干气)　　(D)0.09 kg/(kg 绝干气)

2-139 某常压干燥系统的有关操作参数如附图所示。若干燥过程为理想干燥过程，忽略预热器的热损失，试求预热器的热负荷 Q_P 最接近(　　)。

(A)44.64 kW　　(B)42.00 kW　　(C)43.30 kW　　(D)48.56 kW

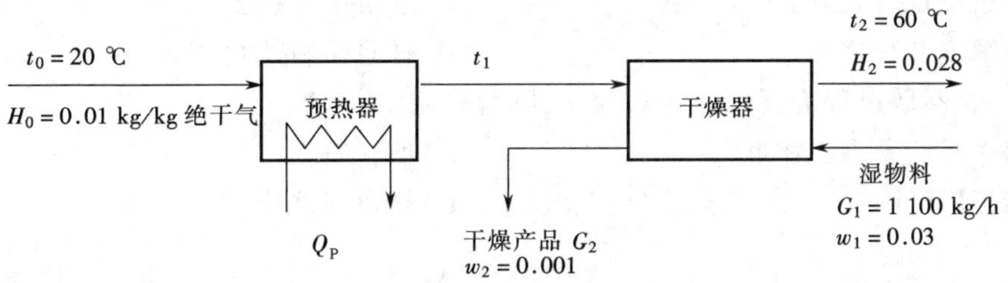

题 2-139 图

2-140 在常压下以温度为 20 ℃，湿度为 0.008 kg/(kg 绝干气)的新鲜空气为干燥介质干燥某物料。空气在预热器中被加热后送入干燥器，离开干燥器时的温度为 40 ℃(40 ℃水的饱和蒸气压为 7.38 kPa)，相对湿度为 70%。进干燥器的湿物料量 0.28 kg/s，温度为 20 ℃，湿基含水量为 40%，干燥后产品的湿基含水量为 0.05，离开干燥器物料的温度为 60 ℃，绝干物料的比热容为 3.28 kJ/(kg 绝干料·℃)。干燥过程热损失为 20 kW。则

(1)干燥过程中蒸发的水分量 W 最接近(　　)。

(A)0.103 2 kg 水/s　　(B)0.35 kg 水/s　　(C)0.17 kg 水/s　　(D)0.26 kg 水/s

(2)新鲜空气的消耗量 L_0 最接近(　　)。

(A)4.09 kg 新鲜空气/s　　(B)13.8 kg 新鲜空气/s

(C)6.8 kg 新鲜空气/s　　(D)4.06 kg 新鲜空气/s

(3)干燥系统总的供热量 Q 最接近(　　)。

(A)382.7 kW　　(B)608.9 kW　　(C)226 kW　　(D)362.7 kW

2-141　在恒定干燥条件下干燥某湿物料，湿物料处理量为 5 kg/m^2，干基含水量 0.5，已知物料的临界含水量为 0.15 kg 水/(kg 绝干料)，平衡含水量为 0.02 kg 水/(kg 绝干料)，恒速段干燥速率为 1.8 kg/m^2 · h，降速段干燥速率与物料干基含水量呈线性关系，则将物料含水量降至 0.05 所需要的时间最接近(　　)。

(A)1.25 h　　(B)0.972 h　　(C)1.502 h　　(D)0.530 h

2.9　液液萃取

2-142　在原溶液与萃取剂部分互溶的三元相图的溶解度曲线上的临界混溶点的含义是(　　)。

(A)溶质的百分含量最大　　(B)溶质的百分含量最小

(C)只存在一个相　　(D)连接线的斜率为无穷大

2-143　用萃取法分离原料液中的溶质时，对萃取剂的要求是(　　)。

(A)萃取剂对溶质与原溶剂的选择性系数 $\beta = 1$　　(B) $\beta < 1$

(C) $\beta > 1$　　(D) β 可为任意值

2-144　在选择液液萃取的萃取剂时，除要求其对溶质有较大的分配系数和选择性系数外，还要求(　　)。

(A)两相密度差大且两相界面张力适度　　(B)两相密度差小且两相界面张力适度

(C)两相界面张力大　　(D)两相界面张力小

2-145　单级萃取操作中，萃取剂用量应使其与原料液的和点 M 在(　　)。

(A)溶解度曲线之外　　(B)溶解度曲线上

(C)溶解度曲线之内　　(D)任意位置均可

2-146　某萃取过程需要理论级数较多，则宜采用(　　)。

(A)多个单级萃取器串联　　(B)填料塔

(C)筛板塔　　(D)转盘萃取塔

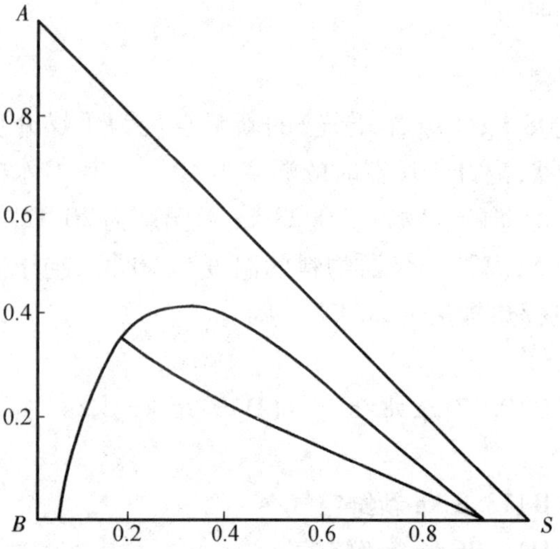

题 2-147 图

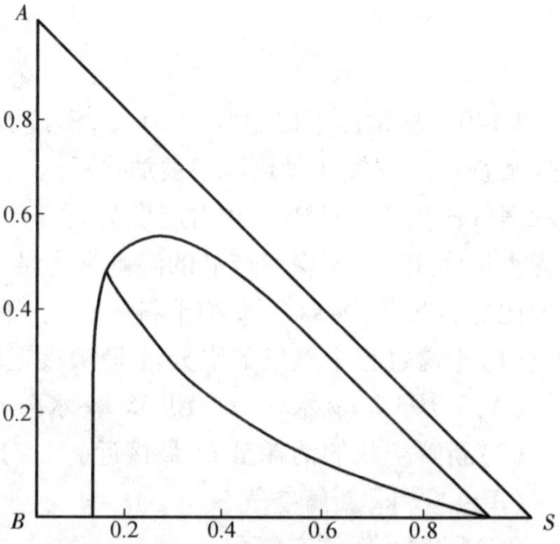

题 2-148 图

2-147　某一原料液与萃取剂的混合液 1 000 kg，某组成为原溶剂 40%，溶质 20%，萃取剂

40%,根据附图中的溶解度曲线与辅助曲线,计算萃取相和萃余相的量接近(　　)。

(A)$E=607$ kg,$R=393$ kg　　(B)$E=393$ kg,$R=607$ kg

(C)$E=500$ kg,$R=500$ kg　　(D)$E=460$ kg,$R=540$ kg

2-148　对于题2-147 的混合液,溶质在萃取相和萃余相中的分配系数 k_A 及溶剂的选择性系数 β 接近(　　)。

(A)$k_A=0.508$,$\beta=2.81$　　(B)$k_A=1.97$,$\beta=10.9$

(C)$k_A=0.307$,$\beta=1.7$　　(D)$k_A=1.97$,$\beta=1.16$

2-149　用萃取剂在单级萃取器中萃取原料液中的溶质 A。原料液量为 800 kg,其中溶质含量为 40%,要求萃取后萃余相中溶质含量降至 10%,则萃取剂的用量 S 约为(　　)。

(A)800 kg　(B)517 kg　(C)715 kg　(D)400 kg

2-150　对 2-149 题,溶质的萃取率 φ_E 约为(　　)。

(A)84.34%　(B)110.7%　(C)11.9%　(D)48.12%

2-151　在 25 ℃下用清水从醋酸与氯仿的混合液中提取醋酸。原料液的处理量为 600 kg/h,醋酸的质量分数为 0.4,要求醋酸回收率为 90%。氯仿和水可视作完全不互溶,且以质量比表示相组成的分配系数 K_A 值为 3.4,则清水的用量为(　　)。

(A)952.8 kg/h　(B)600 kg/h　(C)1 588 kg/h　(D)176.5 kg/h

2-152　在填料层高度为 3.5 m 的萃取塔内用纯水提取乙醛和甲苯混合液中的乙醛,原料液中乙醛的质量比组成为 0.053,要求乙醛的萃取率为 85%,操作条件下水和甲苯可视作不互溶,且以质量比表示相组成的分配系数 $K_A=2.2$。操作溶剂比(S/B)为 0.455。则操作溶剂比与最小溶剂比的比值为(　　)。

(A)1.178　(B)1.781　(C)1.871　(D)2.2

2-153　对于题 1-152 的萃取塔,填料层的传质单元高度 H_{OR} 约为(　　)。

(A)0.62 m　(B)0.48 m　(C)3.5 m　(D)2.2 m

2-154　某萃取塔设计时,已知组分 B、S 完全不互溶,且萃取因子 $A_m=1$(在 $X-Y$ 坐标图上操作线与分配同曲线为互相平行的直线),要求溶质萃取率达 90%,取板间距为 0.45 m,则该板式塔的有效高度约为(　　)。

(A)4.05 m　(B)3.60 m　(C)1.80 m　(D)2.40 m

2-155　某 B、S 不互溶萃取过程,萃取因子 $A_m=1$,设备能提供 6 个理论板,则溶质的萃取率可达(　　)。

(A)80%　(B)90%　(C)85.7%　(D)100%

2.10　浸取

2-156　用浸取法从油菜籽中提取菜油,宜采用(　　)作溶剂。

(A)水　(B)稀碱溶液　(C)易挥发的有机溶液　(D)稀酸溶液

2-157　要从细粉粒的矿石原料中提取某种金属,用酸溶液为溶剂,宜选用(　　)。

(A)单级间歇式浸取器　　(B)篮式浸取器

(C)浸泡式连续浸取器　　(D)巴秋卡槽

2-158　从甜菜中用水提取其中的糖分,甜菜切成块状,宜选用(　　)。

(A)巴秋卡槽　　(B)机械搅拌浸取器

(C)篮式浸取器　　(D)单级间歇式浸取器

2-159　用稀硫酸溶液浸取经氧化焙烧的铜矿中的铜，要求矿粉处理量为 100 kg/h，矿粉密度2 500 kg/m^3，采用液固质量比为 10∶1，稀硫酸密度接近水，用间歇操作的搅拌槽进行浸取，每批操作除了浸取所需时间外，另需辅助时间(装料、卸料等时间总和)1.7 h，要求铜的浸出率为 99%，根据经验，其所需浸取时间为 0.5 h，浸取器的体积应为(　　)。

(A)2.288 m^3　　(B)3.27 m^3　　(C)2.2 m^3　　(D)3.14 m^3

2-160　用纯乙醚浸取鱼肝脏中的油分，鱼肝脏量为 100 kg，其中含油 25.7%(质量分数，下同)，最终浸出液中含油 50%，要求浸出液中含油量为原料肝脏中油含量的 95%，采用多级逆流浸取洗涤系统。按恒底流计，每公斤纯肝脏渣平均夹带溶液 0.35 kg。乙醚用量 S 与所需理论级数 n 接近(　　)。

(A)$S=49.1$ kg，$n=3.6$　　(B)$S=100$ kg，$n=2.0$

(C)$S=56$ kg，$n=3.0$　　(D)$S=50$ kg，$n=3.2$

习题答案

2-1　(1)(C)　(2)(A)　(3)(B)　2-2　(1)(A)　(2)(C)　(3)(A)　(4)(A)　(5)(C)
2-3　(A)　2-4　(B)　2-5　(A)　2-6　(B)　2-7　(A)　2-8　(D)　2-9　(A)
2-10　(C)　2-11　(A)　2-12　(A)　2-13　(A)　2-14　(A)　2-15　(A)
2-16　(A)　2-17　(A)　2-18　(B)　2-19　(B)　2-20　(B)　2-21　(A)
2-22　(B)　2-23　(C)　2-24　(A)　2-25　(B)　2-26　(C)　2-27　(B)
2-28　(B)　2-29　(C)　2-30　(C)　2-31　(C)　2-32　(B)　2-33　(A)
2-34　(B)、(A)、(C)　2-35　(C)　2-36　(A)、(B)　2-37　(D)、(B)、(A)、(C)
2-38　(B)　2-39　(B)　2-40　(B)　2-41　(C)　2-42　(B)　2-43(B)
2-44　(D)　2-45　(B)　2-46　(B)　2-47　(D)　2-48　(C)　2-49　(B)
2-50　(A)　2-51　(C)　2-52　(D)　2-53　(A)　2-54　(B)　2-55　(B)
2-56　(C)　2-57　(A)　2-58　(D)　2-59　(C)　2-60　(A)　2-61　(C)
2-62　(A)　2-63　(B)　2-64　(B)　2-65　(C)　2-66　(B)　2-67　(A)
2-68　(A)　2-69　(D)　2-70　(C)　2-71　(D)　2-72　(B)　2-73　(A)
2-74　(D)　2-75　(A)　2-76　(B)　2-77　(A)　2-78　(A)　2-79　(A)
2-80　(B)　2-81　(C)　2-82　(A)　2-83　(D)　2-84　(C)　2-85　(B)
2-86　(A)、(A)　2-87　(A)　2-88　(A)　2-89　(A)　2-90　(A)
2-91　(A)　2-92　(A)　2-93　(A)　2-94　(A)　2-95　(B)　2-96　(B)
2-97　(A)　2-98　(A)　2-99　(C)　2-100　(A)　2-101　(B)　2-102　(A)
2-103　(A)　2-104　(B)　2-105　(C)　2-106　(A)　2-107　(A)　2-108　(A)
2-109　(D)　2-110　(A)　2-111　(A)　2-112　(B)、(D)　2-113　(C)
2-114　(A)　2-115　(A)　2-116　(A)　2-117　(D)　2-118　(A)　2-119　(A)
2-120　(A)　2-121　(A)　2-122　(A)　2-123　(C)　2-124　(A)　2-125　(A)

2-126 (A),(C),(A),(B) 2-127 (A) 2-128 (D) 2-129 (D) 2-130 (D)
2-131 (B) 2-132 (B) 2-133 (B) 2-134 (A) 2-135 (B) 2-136 (B)
2-137 (A) 2-138 (A) 2-139 (C) 2-140 (A),(A),(A) 2-141 (C)
2-142 (C) 2-143 (C) 2-144 (A) 2-145 (C) 2-146 (D) 2-147 (A)
2-148 (B) 2-149 (B) 2-150 (A) 2-151 (A) 2-152 (A) 2-153 (A)
2-154 (B) 2-155 (C) 2-156 (C) 2-157 (D) 2-158 (C) 2-159 (B)
2-160 (A)

参考书目

夏清,贾绍义主编. 化工原理[M].2 版. 天津:天津大学出版社,2012.

3 化工过程控制

考试大纲

3.1 过程控制系统的基本概念 自动控制的组成

3.2 被控对象的特性

3.3 工艺参数(压力、流量、温度、液位)的主要测量及转换方法 原理 常用仪表的基本工作原理 特点 性能指标 使用场合 误差分析

3.4 显示仪表

自动电子电位差计的测量原理 数字式显示仪表的基本组成及使用方法

3.5 自动调节仪表

常用调节规律的输入—输出关系特性 特点及应用

3.6 执行器

执行器基本组成 气动薄膜调节阀的结构特点及应用 调节阀的流量特性 调节阀的气开、气关形式及控制器的正反作用选择方法

3.7 简单控制系统的工艺设计

3.8 计算机控制系统的组成及特点 过程控制计算机接口技术知识和过程控制计算机硬件、软件技术知识

复习指导

化工过程控制是一门综合性的技术学科,着重叙述工业自动化系统的组成及各组成环节的特性和工业自动化单元仪表(检测、变送、显示、控制、执行等)的组成、原理、特点及选择使用,讨论简单控制系统的分析、设计、投运和参数整定全过程,并介绍计算机控制系统的组成与应用。该课程以自动控制系统为体系,重视基础,结合实际,力求系统性和实用性。试题中化工过程控制占4题,题型为单项选择(包括基本概念、基本原理、分析)。因此在复习准备时,要按考试大纲规定的内容,加深对基本概念、基本原理等基础知识的理解。

复习内容

3.1 过程控制系统的基本概念

要求:重点掌握过程控制系统的组成,了解各个组成部分的作用及相互影响和联系;理解过程控制系统中常用的术语,掌握方块图的意义及画法;掌握闭环控制系统在阶跃扰动作用下,过渡过程的几种基本形式及过渡过程品质指标的含义。

3.1.1 自动控制系统的组成

1. 自动控制系统的基本组成

自动控制系统主要由两大部分组成。一部分是起控制作用的全套自动化装置,对于常规仪表来说,它包括检测元件与变送器、控制器、执行器等;另一部分是受自动化装置控制的被控对象。图 3.1-1 所示为液体储槽液位控制系统。自动化装置的三个部分具体如下。

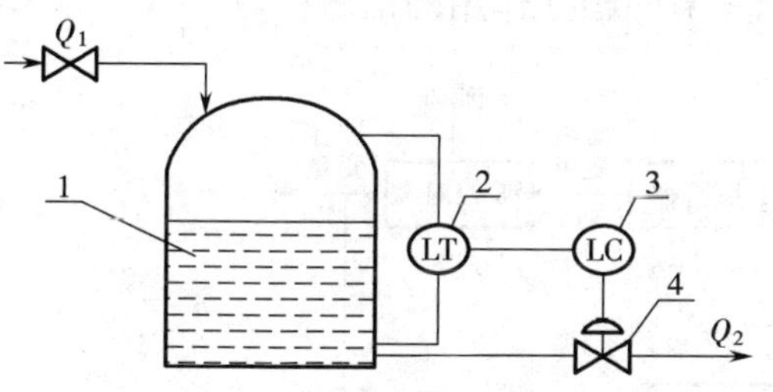

图 3.1-1 液体储槽液位控制系统

1—储槽 2—液位检测与变送仪表 3—液位控制器 4—执行器

(1)检测元件与变送器

检测元件与变送器的功能是测量被控变量并将其转换成一种特定的信号(如气压信号或电压、电流信号等)。

(2)控制器

控制器接收检测元件与变送器送来的信号,与工艺需要保持的设定值信号进行比较得出偏差,根据偏差的大小及变化趋势,按预先设计好的控制规律进行运算后,将运算结果用特定的信号(气压信号或电流信号)发送给执行器。

(3)执行器

执行器通常指控制阀,它与普通阀门的功能一样,只不过它能根据控制器送来的信号值自动地改变阀门的开启度。

2. 自动控制系统中常用的各种术语

(1)被控对象

被控对象指在自动控制系统中,工艺参数需要控制的生产过程、设备或机器等。如图 3.1-1 中的储槽即是被控对象。

(2)被控变量

被控变量指被控对象内要求保持设定数值的工艺参数。图 3.1-1 中储槽的液位即是被控变量。

(3)操纵变量

操纵变量指受控制器操纵的,用以克服扰动的影响,使被控变量保持设定值的物料量或能量。图 3.1-1 中流量 Q_2 是操纵变量。

(4)扰动量

扰动量指除操纵变量外,作用于被控对象并引起被控变量变化的因素。图 3.1-1 中流量 Q_1 为扰动量。

(5)设定值

设定值指被控变量的预定值。

(6)偏差

偏差是被控变量的设定值与实际值之差。

3.1.2 自动控制系统的方块图

1. 自动控制系统方块图的画法

在研究自动控制系统时,为了更清楚地表示控制系统各环节的组成、特性和信号间的信号联系,一般都采用方块图。

自动控制系统的方块图是由传递方块、信号线(带有箭头的线段)、综合点、分支点构成的表示控制系统组成和作用的图形。例如图3.1-1所示的液体储槽液位控制系统可以用图3.1-2所示的方块图来表示。每个方块代表系统中的一个组成部分,称为“环节”;两个方块之间用一条带有箭头的线段表示其信号的相互关系,箭头指向方块表示为这个环节的输入,箭头离开方块表示为这个环节的输出;用规定的字母表示环节间相互作用的信号参数。

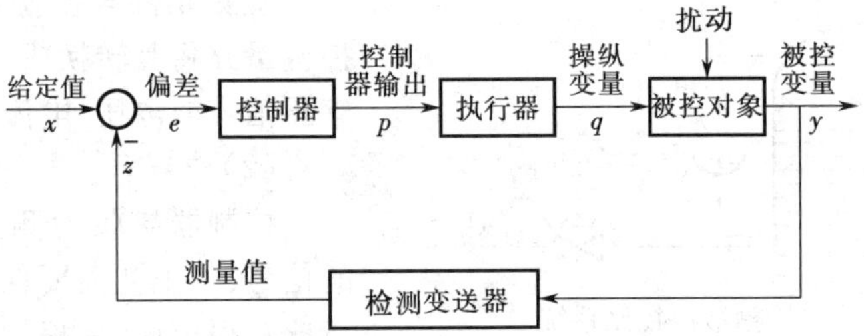

图3.1-2 自动控制系统方块图

2. 方块之间的连接线

方块图中的每一个方块都代表一个具体的装置,方块与方块之间的连接线,只是代表方块之间的信号联系,并不代表方块之间的物料联系。方块之间连接线的箭头也只是代表信号作用的方向,与工艺流程图上的物料线是不同的。工艺流程图上的物料线是代表物料从一个设备进入另一个设备。

3. 自动控制系统是具有被控变量负反馈的闭环系统

通常,设定值是系统的输入变量,而被控变量是系统的输出变量。输出变量通过适当的检测仪表,又被送回输入端,并与输入变量相比较,因此称为反馈,二者相加称为正反馈,二者相减称为负反馈。

在自动控制系统中都采用负反馈控制,是因为当被控变量受到扰动作用后,若使其升高,则反馈信号升高,经过比较,偏差信号将降低,此时控制器将发出信号而使执行器动作,施加控制作用,其作用方向与扰动作用方向相反,致使被控变量下降,这样就达到了控制的目的。

在反馈控制系统中,被控变量被送回输入端,与设定值进行比较,根据偏差控制被控变量,这样,整个系统构成了一个闭环,因此称为闭环控制。

【例3.1-1】 图3.1-3所示是一反应器控制系统。A、B两物料进入反应器进行反应,通过改变进入夹套的冷却水流量来控制反应器内的温度保持不变。图中TT表示温度检测变送器,TC表示温度控制器。指出该控制系统中的被控对象、被控变量、操纵变量及可能影响被控变量变化的扰动各是什么?该控制系统是由哪几部分组成的?并画出该温度控制系统的方块图。

解:反应器温度控制系统中被控对象为反应器;被控变量为反应器内温度;操纵变量为冷却水流量;扰动为A、B物料的流量、温度、浓度,冷却水的温度,压力及搅拌器的转速等。

该控制系统是由被控对象反应器、温度检测变送器TT、温度控制器TC、执行器(控制阀)组成的。

反应器温度控制系统的方块图如图3.1-4所示。

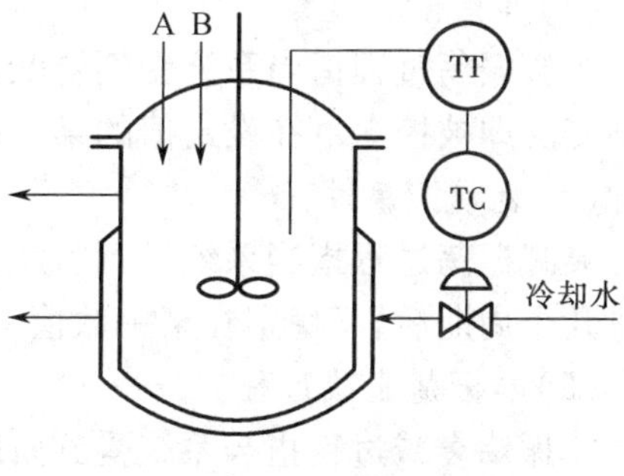

图3.1-3 反应器温度控制系统

【例3.1-2】 图3.1-1所示为一液体储槽液位控制系统。

(1)画出该控制系统的方块图;

(2)比较图3.1-1及它的方块图,说明操纵变量的信号流向与物料的实际流动方向不同。

解:(1)该系统的方块图如图3.1-5所示。

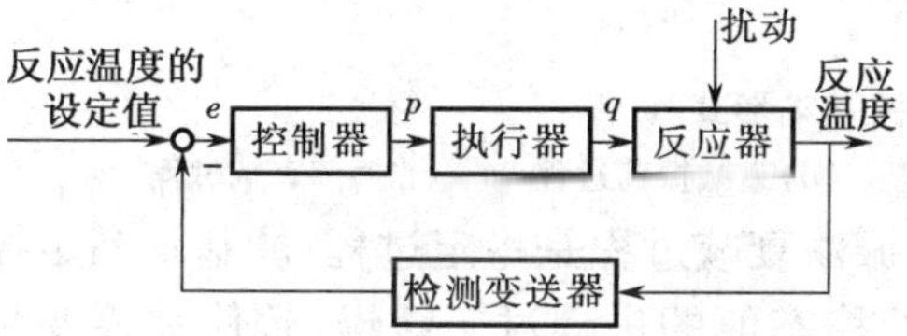

图3.1-4 反应器温度控制系统方块图

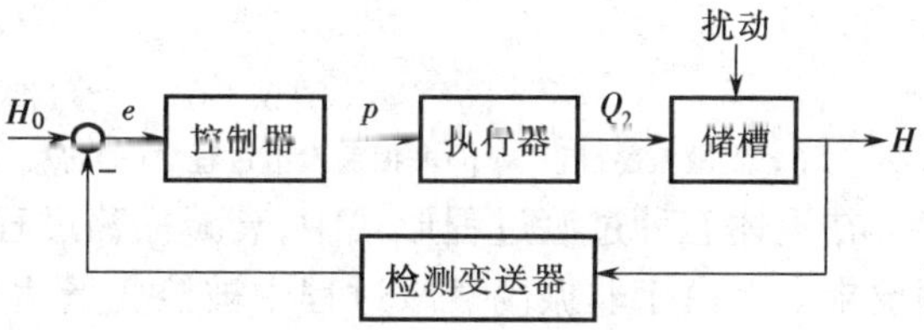

图3.1-5 液体储槽液位控制系统方块图

(2)在图3.1-1中,流量Q_2的流向是由储槽流出。而在方块图中,流量Q_2作为操纵变量,其信号流向总是指向储槽的。

通过这两个例题,应该进一步理解:①自动控制系统中常用的一些基本概念,如被控对象、被控变量、操纵变量、扰动等;②自动控制系统由哪几部分组成;③方块图的画法;④方块图与工艺流程图的区别。

3.1.3 自动控制系统的过渡过程及品质指标

1. 自动控制系统的过渡过程

对于任何一个控制系统,扰动作用是不可避免的客观存在。系统受到扰动作用后,其平衡状态被破坏,被控变量就要发生波动,在自动化装置作用下,经过一段时间,被控变量回复到新的稳定状态。系统从一个平衡状态达到另一个平衡状态的过程称为系统的过渡过程。

过渡过程中被控变量的变化情况与扰动的形式有关。在生产中,出现的干扰没有固定的形式,且多半属于随机性质。在分析和设计控制系统时,为了安全和方便,常选择一些定型的干扰形式,其中常用的是阶跃扰动。在阶跃扰动作用下,过渡过程曲线有以下几种形式。

(1)发散振荡过程

发散振荡过程指当系统受到阶跃扰动作用后,被控变量偏离设定值来回波动,且波动幅度越来越大,即被控变量偏离设定值越来越远,以至超越工艺允许范围,如图3.1-6(a)所示。

(2)非振荡发散过程

非振荡发散过程指当系统受到阶跃扰动作用后,被控变量偏离设定值作单向变化,最后被控变量超出工艺允许范围,如图3.1-6(b)所示。

(3)等幅振荡过程

等幅振荡过程指当系统受到阶跃扰动作用后,被控变量在设定值附近上下波动,振幅值保持不变。即被控变量在设定值的某一范围内来回波动,而不能稳定下来,如图3.1-6(c)所示。

(4)衰减振荡过程

衰减振荡过程指当系统受到阶跃扰动作用后,被控变量上下波动,且波动幅度逐渐减小,经过几个周期后,又稳定在某一数值上,如图3.1-6(d)所示。

(5)非振荡衰减过程

非振荡衰减过程指当系统受到阶跃扰动作用后,被控变量在设定值的某一侧作缓慢变化,当达到最大偏差后逐渐衰减,最后又回到设定值或稳定在某一数值上,如图3.1-6(e)所示。

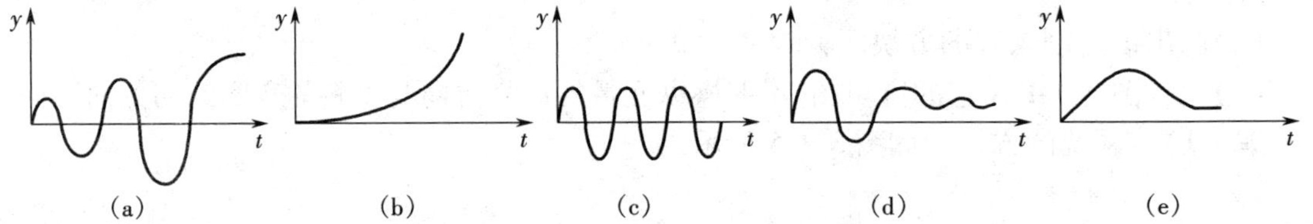

图3.1-6 过渡过程的几种基本形式

(a)发散振荡过程 (b)非振荡发散过程 (c)等幅振荡过程 (d)衰减振荡过程 (e)非振荡衰减过程

在上述五种过渡过程形式中,衰减振荡过程和非振荡衰减过程是稳定过程,能基本满足控制要求。但由于非振荡衰减过程中被控变量达到新的稳态值的进程过于缓慢,致使被控变量长时间偏离设定值,所以一般不采用,只有当生产工艺不允许被控变量有波动时才考虑采用这种形式的过渡过程。衰减振荡过程能够较快地使系统达到稳定状态,所以在多数情况下,都希望自动控制系统在阶跃输入作用下,能够得到如图3.1-6(d)所示的过渡过程。

2. 自动控制系统的品质指标

衰减振荡过程的品质指标主要有:最大偏差、衰减比、余差、过渡时间、振荡周期(或频率)等。

(1)最大偏差

最大偏差是指过渡过程中被控变量偏离设定值的最大数值。图3.1-7中A表示最大偏差。

(2)衰减比

衰减比是指过渡过程曲线上同方向第一个波的振幅与第二个波的振幅之比。图3.1-7中衰减比$n=B:B'$。根据实际操作经验,通常取衰减比在4:1到10:1的范围内。

(3)余差

余差是指过渡过程终了时,被控变量所达到的新的稳态值与设定值之间的差值。图3.1-7中C表示余差。余差是一个重要的静态指标,它反映了控制的精确程度,一般希望它为0或在一预定的允许范围内。

(4)过渡时间

过渡时间是指控制系统受到扰动作用后,被控变量进入新的稳态值的±5%(或±2%)范围内且不再越出为止所经历的时间。

(5)振荡周期(或频率)

振荡周期是指过渡过程同向两波峰(或波谷)之间的间隔时间,其倒数为振荡频率。在衰减比相同的条件下，振荡周期与过渡时间成正比。一般希望振荡周期短些好。

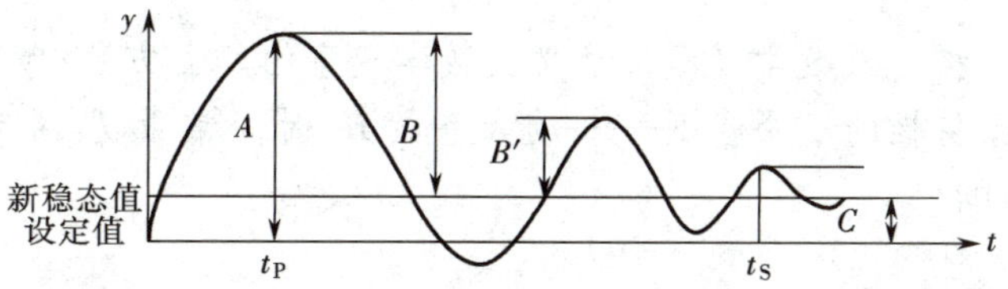

图 3. 1-7 过渡过程品质指标示意图

【例 3. 1-3】 某发酵过程工艺规定操作温度为(40 ±2) ℃。考虑到发酵效果，控制过程中温度偏离设定值最大不得超过 6 ℃。现运行的温度控制系统在阶跃扰动下的过渡过程曲线如图 3. 1-8 所示。试求该系统的过渡过程品质指标：最大偏差、余差、衰减比、过渡时间（温度进入 ±2% 新稳态值即视为系统已稳定）和振荡周期，并回答该控制系统能否满足题中所给的工艺要求。

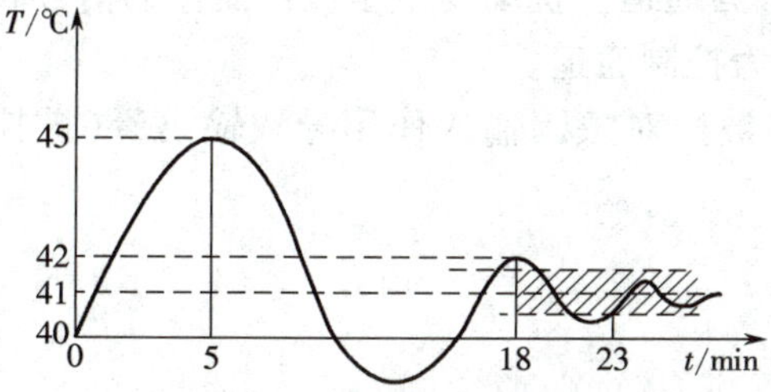

图 3. 1-8 过渡过程曲线

解：由过渡过程曲线可知：

①最大偏差：$A=45-40=5$ ℃。

②余差：$C=41-40=1$ ℃。

③衰减比：第一个波峰值 $B=45-41=4$ ℃，第二个波峰值$B'=42-41=1$ ℃，故衰减比 $n=B:B'=4:1$。

④过渡时间：被控变量进入新稳态值的 ±2% 就可以认为过渡过程结束，那么在新稳态值(41 ℃)两侧以宽度为 41 ×(±2%) = ±0. 82 ℃画一区域，用阴影线表示，只要被控变量进入这一区域且不再越出，就可以认为过渡过程已经结束。因此，从图上可以看出，过渡时间为 23 min。

⑤振荡周期：为同向两波峰之间的时间间隔，故周期 $T=18-5=13$ min。

【例 3. 1-4】 图 3. 1-9 为一组在阶跃扰动作用下的过渡过程曲线。

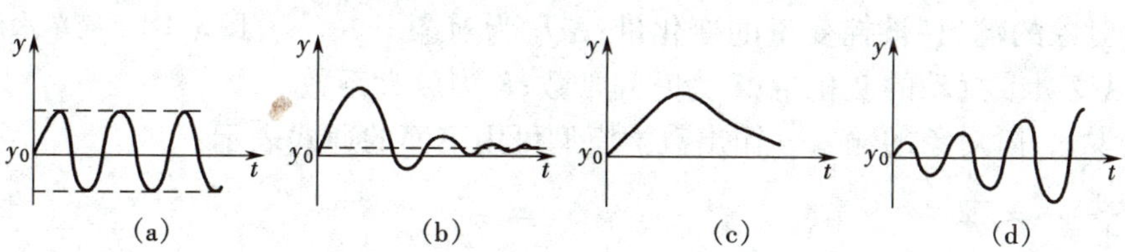

图 3. 1-9 过渡过程曲线

(1)指出每种过程曲线的名称；

(2)你认为哪个过程最理想，说明理由。

解：(1)每种过程曲线的名称分别为：(a)等幅振荡过程；(b)衰减振荡过程；(c)非振荡衰减过程；(d)发散振荡过程。

(2)曲线(b)最为理想，因为衰减振荡过程能够较快地使系统达到稳定状态。

3.2 被控对象的特性

要求：了解建立被控对象数学模型的意义及数学模型的建立方法；掌握一阶对象的数学模型；掌握表征被控对象特性的三个参数——放大系数 K、时间常数 T、滞后时间 τ 的物理意义及其对控制质量的影响。

3.2.1 被控对象的特性

所谓被控对象的特性，就是指被控对象的输入量发生变化时，其输出量的变化规律。被控对象的输出量是自动控制系统的被控变量，而被控对象的输入量是自动控制系统的操纵变量及各种扰动变量。

被控对象的输入变量至输出变量的信号联系称为通道。扰动变量至被控变量的信号联系称为扰动通道；操纵变量至被控变量的信号联系称为控制通道。

研究和分析被控对象的特性，就是要建立描述被控对象因输入作用导致输出量（被控变量）变化的数学表达式，即数学模型。

3.2.2 被控对象数学模型的建立

1. 机理建模

机理建模是通过对对象内部运动机理进行分析，根据对象中物理或化学变化的规律（比如三大守恒定律等），在忽略一些次要因素或作一些近似处理后推导出对象特性方程。通过这种方法得到的数学模型称为机理模型，它们的表现形式往往是微分方程或代数方程。

当对象的动态特性可以用一阶微分方程式来描述时，一般称为一阶对象。如图 3.2-1 所示的简单水槽，液位 h 是被控变量，阀门 1 的开度变化会引起液位的变化。也就是说，液位 h 是输出变量，Q_1 是输入变量。Q_1 与 h 的关系可用下面的式子表示，即

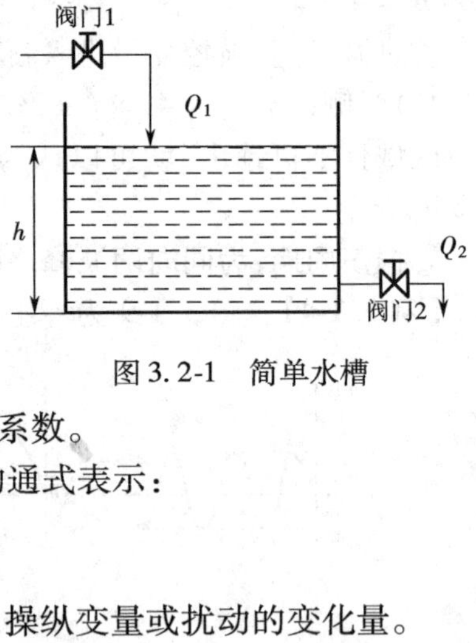

图 3.2-1 简单水槽

$$T\frac{\mathrm{d}\Delta h}{\mathrm{d}t}+\Delta h=K\Delta Q_1$$

式中：Δh 为对象的输出，被控变量的变化量；ΔQ_1 为对象的输入，操纵变量或扰动的变化量；T 为时间常数；K 为放大系数。

也就是说，一阶对象的输入—输出数学模型可用下面的通式表示：

$$T\frac{\mathrm{d}y}{\mathrm{d}t}+y=Kx$$

式中：y 为对象的输出，被控变量的变化量；x 为对象的输入，操纵变量或扰动的变化量。

一阶对象属于自衡对象，即在没有操作人员或仪表干预的情况下，被控对象能自己建立新的平衡。

2. 实验建模

（1）阶跃响应曲线法

当对象处于稳定状态时，在对象的输入端施加一个幅值已知的阶跃扰动，然后测量和记录输出变量的数值，就可以画出输出变量随时间变化的曲线。再经过一定的处理，就可以得到描述对象特性的几个参数。

例如对图 3.2-1 所示的简单水槽，测量 h 随 Q_1 的变化规律。假定在时刻 t_0 之前，对象处

于稳定状态；在时刻 t_0，突然开大进水阀门，使 Q_1 作阶跃变化，并一直保持此值不变。Q_1 的变化量由仪表测量出来，用液位测量仪表测量并记录 h 随时间变化的曲线，此即简单水槽的阶跃响应曲线，如图 3.2-2 所示。

(2)矩形脉冲响应曲线法

当对象处于稳定状态时，在时刻 t_0 突然加一幅值为 A 的阶跃扰动，到时刻 t_1 时突然除去，这时测得输出变量随时间变化的曲线，称为矩形脉冲响应曲线，如图 3.2-3 所示。

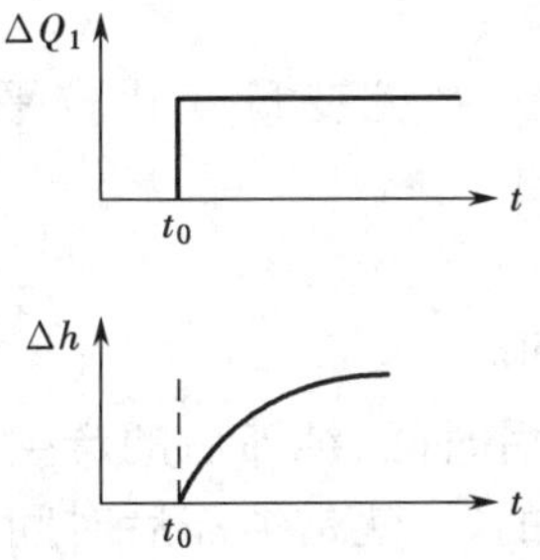

图 3.2-2　简单水槽的阶跃响应曲线

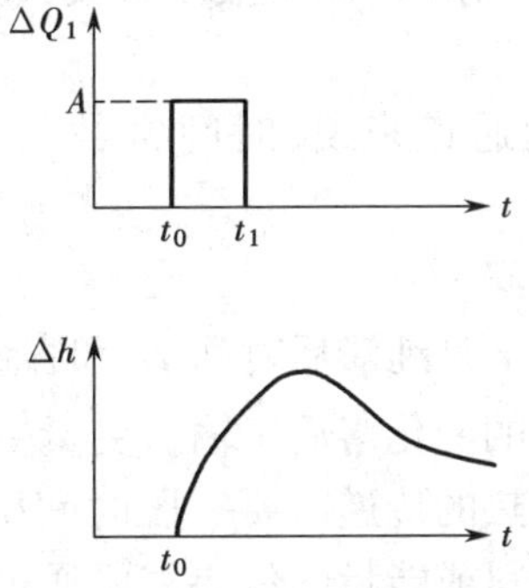

图 3.2-3　矩形脉冲响应曲线

3.2.3 描述被控对象特性的参数

1. 放大系数 K

放大系数 K 在数值上等于对象重新稳定后的输出变化量与输入变化量之比，即

$$K=\frac{\text{输出的变化量}}{\text{输入的变化量}}$$

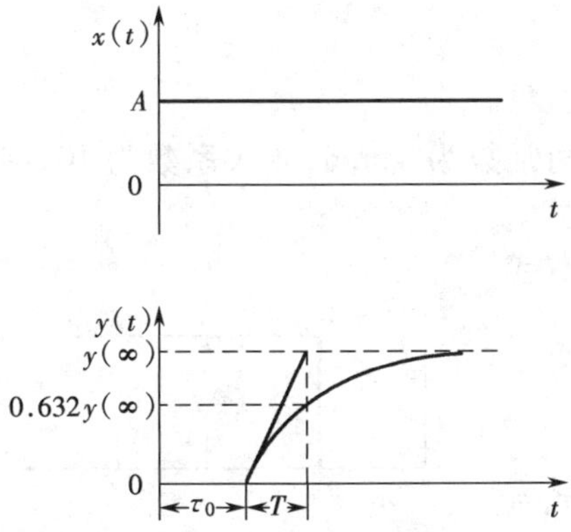

图 3.2-4　一阶对象特性参数示意图

由于放大系数 K 反映的是对象受到输入作用后，重新达到平衡状态时的性能，是不随时间而变的，所以是对象的静态性能，故有时也称 K 为静态增益。图 3.2-4 所示一阶对象的放大系数为

$$K=\frac{y(\infty)}{A}$$

放大系数 K 越大，就表示对象的输入量有一定变化时，对输出量的影响越大，即输入对输出的影响越大，被控对象的自身稳定性越差，被控变量对这个输入量的变化就越灵敏。

对于控制通道，放大系数 K 大，则操纵变量的变化对被控变量的影响就大，即控制作用对扰动的补偿能力强，余差也小；放大系数 K 小，控制作用的影响不显著，被控变量的变化缓慢。但 K 太大，会使控制作用对被控变量的影响过强，使系统的稳定性下降。

对于扰动通道，放大系数 K 大，被控变量的波动就会很大，使得最大偏差增大；放大系数 K 小，即使扰动较大，对被控变量也不会产生多大影响。

2. 时间常数 T

时间常数是指当对象受到阶跃输入作用后，被控变量如果保持初始速度变化，达到新的稳态值所需要的时间。或当对象受到阶跃输入作用后,被控变量达到新的稳态值的63.2%时所需的时间。时间常数越大,被控变量的变化也越慢,达到新的稳定值所需的时间也越长。时间常数 T 是反映被控变量变化快慢的参数,因此它是对象的一个重要的动态参数 。图3.2-4中的 T 就是时间常数。

对于控制通道来说,在相同的控制作用下,时间常数 T 大,则被控变量的变化比较缓慢,此时对象比较平稳,容易进行控制,但过渡过程时间较长;若时间常数 T 小,则被控变量变化速度快,不易控制。时间常数太大或太小,在控制上都存在一定困难,因此,需要根据实际情况适中考虑。

对于扰动通道来说,时间常数大,扰动作用比较平缓,被控变量变化较平稳,对象较易控制。

3. 滞后时间 τ

滞后时间 τ 是纯滞后时间 τ_0 和容量滞后时间 τ_c 的总和。

输出变量的变化落后于输入变量变化的时间称为纯滞后时间,纯滞后的产生一般是由于介质的输送或热的传递需要一段时间引起的。图3.2-4中的 τ_0 就是纯滞后时间。容量滞后一般是因为物料或能量的传递需要通过一定的阻力而引起的。

在此,重点讨论纯滞后对控制系统的影响。

对于控制通道,滞后时间的存在,使得控制作用总是落后于被控变量的变化,造成被控变量的最大偏差增大,控制质量下降。因此,应尽量减小滞后时间 τ。

对于扰动通道来说,纯滞后的存在,相当于将扰动推迟 τ_0 时间才进入系统,而扰动在什么时间出现,本来就是不能预知的。因此并不影响控制系统的品质,即对过渡过程曲线的形状没有影响。

有纯滞后的一阶对象的数学模型可用下式表示,即

$$T\frac{dy(t+\tau_0)}{dt}+y(t+\tau_0)=Kx(t)$$

【例3.2-1】 已知一个具有纯滞后的一阶过程的时间常数为4 min,放大系数为10,纯滞后时间为1 min,试写出描述该过程特性的一阶微分方程式。

解:具有纯滞后的一阶对象特性的微分方程可以用下式表达:

$$T\frac{dy(t+\tau_0)}{dt}+y(t+\tau_0)=Kx(t)$$

将时间常数 $T=4$ min、放大系数 $K=10$、纯滞后时间 $\tau_0=1$ min 代入上式,即得

$$4\frac{dy(t+1)}{dt}+y(t+1)=10x(t)$$

【例3.2-2】 用实验方法测取某被控对象的特性参数,得到如图3.2-5所示的响应曲线,试从图中求出对象的放大系数 K、时间常数 T 及纯滞后时间 τ_0。

解:由阶跃响应曲线可知:

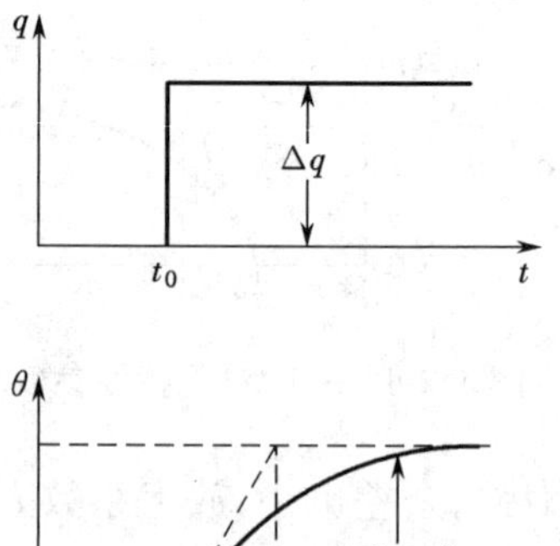

图3.2-5 响应曲线

放大系数 $K=\frac{\Delta\theta(\infty)}{\Delta q}$

时间常数 $T=t_1-t_0$

纯滞后时间 $\tau_0=0$

3.3 工艺参数(压力、流量、温度、液位)的检测

要求:掌握仪表精度的意义及仪表精度与测量误差的关系;初步掌握各种压力检测仪表的基本原理;掌握差压式流量计及转子流量计的测量原理;了解各种液位测量方法,掌握差压式液位变送器的工作原理及零点迁移的意义;掌握热电偶温度计及热电阻温度计的测温原理,熟悉热电偶温度测量中的冷端温度补偿及方法。

3.3.1 工业自动化仪表的主要性能指标

1. 测量误差

在测量过程中,由于所使用的测量工具本身不够准确,观测者的主观性和周围环境的影响等,使得测量的结果不可能绝对准确。由仪表读得的被测值与被测值的真值之间总是存在一定的差距,这一差距就称为测量误差。

测量误差有两种表示方法,即绝对误差和相对误差。

绝对误差指仪表指示值 x_i 和被测量的真值 x_t 之间的差值,即

$$\Delta=x_i-x_t$$

实际上真值是无法真正得到的。通常用标准仪表(精确度较高)的测量值 x_0 代替 x_t,即

$$\Delta=x_i-x_0$$

式中:Δ 为绝对误差;x_i 为仪表的读数值;x_0 为标准仪表的读数值。

相对误差等于某一点的绝对误差 Δ 与标准仪表在这一点的指示值 x_0 之比,表示为

$$y=\frac{\Delta}{x_0}$$

检测仪表都有各自的量程,同一台仪表量程发生变化,也会影响测量的准确性。因此工业上定义了一个仪表引用误差,它是绝对误差与对应的量程之比,即

$$\delta=\pm\frac{\text{绝对误差值}}{\text{测量范围上限值}-\text{测量范围下限值}}\times100\%$$

考虑到整个量程范围内的最大绝对误差,则可得到仪表最大引用误差为

$$\delta_{max}=\pm\frac{\text{最大绝对误差值}}{\text{测量范围上限值}-\text{测量范围下限值}}\times100\%$$

仪表最大引用误差又称为允许误差。

2. 仪表的性能指标

仪表的性能优劣可以用精确度、变差、灵敏度、分辨力、反应时间等指标来衡量,在此重点介绍精确度这个指标。

仪表的精确度简称精度,用来表示仪表测量结果的可靠程度。任何测量过程都存在着测量误差。在使用仪表测量生产过程中的工艺变量时,不仅需要知道仪表的指示值,而且还应该了解该仪表的精度。

仪表的精度常采用仪表允许误差和精度等级来表示。

仪表的精度等级是按国家统一规定的允许误差大小来划分的。仪表的精度等级是将仪表的允许误差的“±”号及“%”号去掉后的数值，以一定的符号形式表示在仪表标尺板上，如1.0外加一个圆圈或三角形。如果某台测温仪表的允许误差为±1.5%，则认为该仪表的精度等级为1.5级。仪表精度等级数值越小，说明仪表测量精确度越高。目前，我国生产的仪表常用的精度等级有：0.005，0.02，0.05，0.1，0.2，0.4，0.5，1.0，1.5，2.5，4.0等。

【例3.3-1】 某台测温仪表的量程是600～1 100 ℃，仪表的最大绝对误差为±4 ℃，试确定该仪表的精度等级。

解：仪表的允许误差

$$\delta_{允} = \pm\frac{4}{1\ 100-600}\times 100\% = \pm 0.8\%$$

由于国家规定的精度等级中没有0.8级，而该仪表的最大引用误差超过了0.5级仪表所允许的误差，所以这台仪表的精度等级应定为1.0级。

【例3.3-2】 某台测温仪表的量程是600～1 100 ℃，工艺要求该仪表指示值的误差不得超过±4 ℃，应选精度等级为多少的仪表才能满足工艺要求？

解：根据工艺要求，仪表的最大引用误差即允许误差为

$$\delta_{允} = \pm\frac{4}{1\ 100-600}\times 100\% = \pm 0.8\%$$

将仪表的允许误差去掉“±”号与“%”号，其数值介于0.5～1.0之间，如果选择精度等级为1.0级的仪表，其可能产生的最大绝对误差为±5 ℃，超过了工艺允许的数值，故应选择0.5级仪表才能满足工艺要求。

由这两个例子可以看出，校验仪表时确定仪表的精度等级与根据工艺要求来选择仪表的精度等级是不一样的。根据仪表校验数据来确定仪表精度等级时，仪表的允许误差应该比校验所得的引用误差的最大值要大或相等；而根据工艺要求确定仪表的精度等级时，仪表的允许误差应该小于或等于根据工艺要求计算出的引用误差的最大值。

3.3.2 工业自动化仪表的分类

1. 按仪表使用的能源分类

按使用的能源来分，工业自动化仪表可分为气动仪表、电动仪表和液动仪表。目前工业上常用的是电动仪表和气动仪表。电动仪表以电为能源，信号之间联系比较方便，适宜于远距离传送和集中控制，便于和计算机联用。气动仪表用压缩空气作为能源，其特点是结构简单、动作平稳、维修方便、防火防爆性能好。

2. 按仪表的功能分类

工业自动化仪表按在信息传递过程中作用的不同，可以分为：检测仪表、显示仪表、控制仪表、执行器、集中控制仪表。

3. 按仪表的结构形式分类

(1)基地式仪表

这类仪表是将测量、显示、控制各个部分集中组装在一个表壳里，形成一个整体。这种仪表比较适合于现场就地检测和控制，但不能实现多种参数的集中显示与控制。

(2)单元组合仪表

将对参数进行测量及变送、显示、控制等的各部分，分别制成能独立工作的单元仪表。这

些单元仪表之间以统一的标准信号互相联系,可以根据不同要求,方便地将各单元任意组合成各种控制系统。

化工生产中的单元组合仪表有气动单元组合仪表和电动单元组合仪表两种。国产的气动单元组合仪表简称为 QDZ 仪表,电动单元组合仪表简称为 DDZ 仪表。气动单元仪表之间以统一的 0.02~0.1 MPa 气压标准信号联系;电动单元仪表目前常使用的是Ⅲ型,DDZ-Ⅲ型仪表之间以统一的 4~20 mA 直流电流信号联系。

3.3.3 压力检测

1. 压力检测仪表的分类

压力检测仪表按照转换原理的不同,可以分为四类,即液柱式压力仪表、弹性式压力仪表、电气式压力仪表、活塞式压力标准仪表。

在工业上常用的压力检测仪表是弹性式压力仪表和电气式压力仪表。

2. 弹性式压力仪表的测量原理

弹性式压力仪表是根据各种弹性元件在被测介质压力作用下产生弹性变形的位移大小来测量压力的。如弹簧管压力表就是利用弹簧管在正压或负压的作用下,自由端产生位移,带动传动机构使指针偏转,从而指示出压力值的。

常用的弹性元件有:单圈弹簧管、多圈弹簧管、波纹膜片、膜盒、波纹管等,如图 3.3-1 所示。

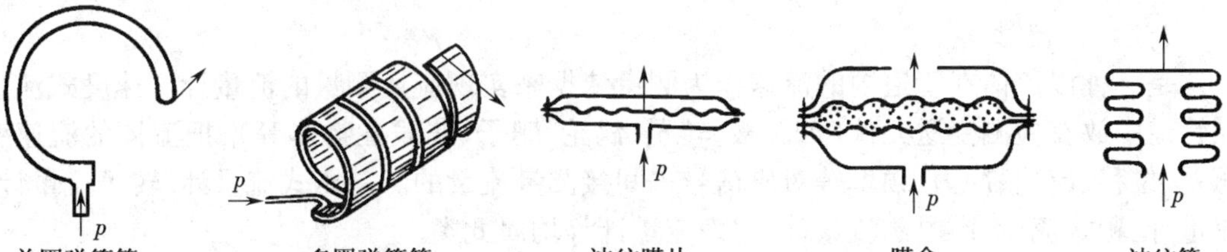

图 3.3-1 弹性元件示意图

3. 电气式压力仪表的测量原理及组成

电气式压力仪表是一种能将压力转换成电信号进行传输及显示的仪表。

电气式压力仪表一般由压力传感器、测量电路和信号显示装置组成。压力传感器的作用是把压力信号检测出来,并转换成电信号输出。当输出的电信号能够被进一步变换为标准信号时,压力传感器又称为压力变送器。常用的压力传感器有:应变片式压力传感器、压电式压力传感器、压阻式压力传感器、电容式压力传感器等。测量电路的作用是对传感器输出的电信号进行适当电路加工处理,如衰减、放大、调制和解调、滤波、运算和数字化等。信号显示装置常见的有模拟和数字显示,如各种指示仪、记录仪、控制仪及工业计算机等。

下面以应变片式压力传感器为例说明压差如何转变为电信号。图 3.3-2 是一种应变片式压力传感器的示意图。应变筒 1 的上端与外壳 2 固定在一起,下端与不锈钢密封膜片 3 紧密接触,两片康铜丝应变片 r_1 和 r_2 用特殊胶合剂贴紧在应变筒的外壳上。r_1 沿应变筒轴向贴放,作为测量片;r_2 沿径向贴放,作为温度补偿片。当被测压力 p 作用于膜片而使应变筒轴向受压变形时,应变片 r_1 也将产生轴向压缩应变 ε_1,于是 r_1 的阻值变小;而应变片 r_2 受到横向压缩将引起纵向拉伸应变 ε_2,于是 r_2 阻值变大。应变片 r_1 和 r_2 与两个固定电阻 r_3 和 r_4 组成

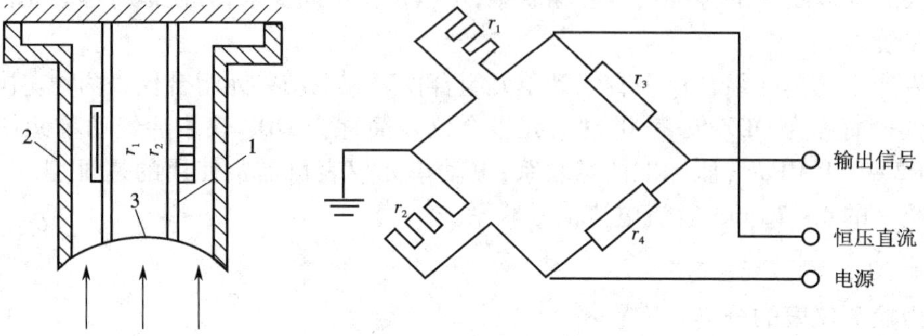

（a）　　　　　　　　　　（b）

图 3.3-2　应变片式压力传感器示意图

（a）传感筒　（b）测量桥路

1—应变筒　2—外壳　3—密封膜片

桥式电路，由于 r_1 和 r_2 的阻值变化而使桥路失去平衡，从而得到相应的毫伏级电势输出，并用毫伏计或其他记录仪表显示出被测压力。

3.3.4　流量检测

1. 流量测量仪表分类

目前工业上检测流量的方法很多，测量原理和仪表的结构也各不相同，一般可分为三大类。

（1）速度式流量计

这是一种以流体在管道内的流速作为测量依据来实现流量测量的流量计。速度式流量计是在管道中放置检测变送元件（如孔板、转子、涡轮、靶子、非线性物体等），把流体的流速变换成压差、位移、流速、冲力、频率等对应信号来间接测量流量的。差压式流量计、转子流量计、涡轮流量计、靶式流量计、电磁流量计、超声流量计等均属此类。

（2）容积式流量计

这是一种以单位时间内所排出的流体的固定容积数来计算流量的仪表，例如椭圆齿轮流量计、活塞式流量计等。

（3）质量流量计

这是一种以测量流体流过的质量为依据的流量计。直接式质量流量计直接测量质量流量，如量热式、角动量式、陀螺式和科氏力式等质量流量计。间接式质量流量计是用密度与容积流量经过运算求得质量流量。质量流量计具有测量精度不受流体的温度、压力、黏度等变化影响的优点，是一种发展中的流量测量仪表。

2. 差压式流量计

差压式流量计是利用流体流经节流装置时产生的压力差而实现流量测量的。它通常由能将被测流量转换成压差信号的节流装置和测量压力差的差压计组成。节流装置有孔板、喷嘴、文丘里管。由节流装置产生的压差信号，可以通过差压变送器转换成标准信号，以供显示、记录或控制用。

1）节流现象与流量方程式

（1）节流现象

流体在有节流装置的管道中流动时，在节流装置前后的管壁处，流体的静压力产生差异的

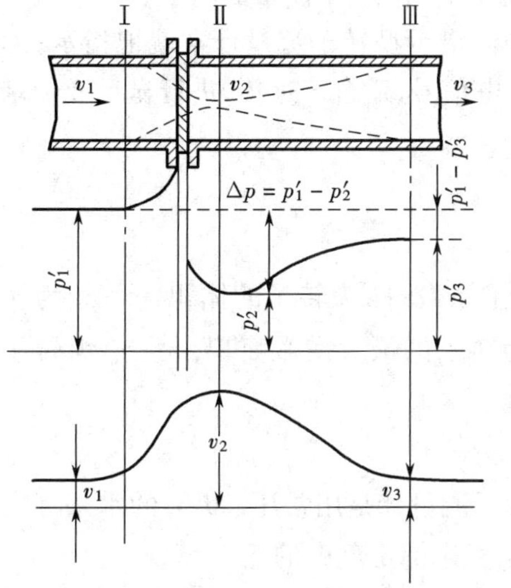

图 3.3-3 孔板前后流体的压力与速度分布情况

现象称为节流现象。如图 3.3-3 所示的孔板前后流体的压力与速度分布情况。

当节流装置形状一定，测压点位置也一定时，根据测得的压差就可以求出流量。

(2) 流量基本方程式

根据伯努利方程和流体的连续性方程，可推导出流量与压差之间的流量方程式为

$$q_v=\alpha\varepsilon A_0\sqrt{2\Delta p/\rho}$$

式中：α 为流量系数，它与节流装置的结构形式、取压方式、孔口直径、孔口直径与管道直径之比、流体的流动状态（雷诺数）、管道内壁的粗糙程度等因素有关；ε 为流束膨胀系数，它与流体流经节流装置前后的状态变化及介质的等熵指数等因素有关，应用时可查有关手册，对液体（不可压缩），一般 $\varepsilon=1$，对气体（可压缩），$\varepsilon<1$；A_0 为节流装置的开孔截面积；ρ 为介质流体的密度。

2) 节流装置使用要求

①流量系数 α 是受许多因素影响的重要参数。对标准节流装置，α 值可直接从有关手册中查出；对于非标准节流装置，α 值要由实验方法确定，不能使用标准 α 值。在生产、使用、安装等不符合标准规定条件时，α 值也不能使用标准规定的值，否则将产生误差。

②在测量流体流量时，常遇到工作条件的密度 $\rho_{实}$ 与设计时的密度 $\rho_{标}$ 不相同的情况，这时必须对设计值（标定值）$q_{标}$ 进行修正。工作条件下的流量 $q_{实}$ 为

$$q_{实}=q_{标}\sqrt{\rho_{标}/\rho_{实}}$$

③节流装置应正确安装，如节流装置前后应有一定长度的直管段，节流装置的安装方向要正确，管道里要充满流体，流体必须是单相的等。

④对于不同状态的被测介质，取压口及导压管的安装有不同的要求。

⑤被测流量应该是稳定的，即在进行测量时，流量应不随时间变化，或即使变化也非常缓慢。节流式流量计不适用于对脉动流和临界状态液体的流量进行测量。

【例 3.3-3】将喉径相同的孔板流量计和喷嘴流量计分别安装在直径相同的不同管道中，两条管道中输送的液体介质和液体温度是相同的，两个流量计显示的压差读数相同，问这两条管道流过的液体流量相同吗？为什么？

答：流过这两个管道的液体流量是不同的。因为孔板流量计的流量系数一般在 0.7 左右，喷嘴流量计的流量系数一般在 1.1 左右，由流量与压差的关系 $q_v=\alpha\varepsilon A_0\sqrt{\frac{2\Delta p}{\rho}}$ 可以看出，流过喷嘴流量计的流量比较大。

3. 转子流量计

转子流量计是利用压降不变、节流面积变化来测量流量的。转子流量计是由从下往上逐渐扩大的锥形管和在锥形管内自由运动的转子组成的。利用流体通过转子和管壁之间的间隙产生的压差来平衡转子的重量。流量越大，转子被托得越高，流量计具有越大的环隙面积，也

即环隙面积随流量变化，所以一般称为面积法。它较多地用于中、小流量的测量。

转子流量计按结构形式分为指示型和远传型两种。指示型转子流量计常就地指示；远传型转子流量计可以将反映流量大小的转子高度转换为电信号，适合于远传，进行显示或记录。

(1)流量基本方程

$$q_v=\left[\alpha\sqrt{\frac{2g}{\rho}\times\frac{V_f(\rho_f-\rho)}{A_f}}\right]A_0$$

式中：q_v 为转子最大截面所指示的流量，m^3/s；α 为流量系数；V_f 为转子的体积，m^3；ρ_f 为转子材料的密度，kg/m^3；ρ 为被测流体的密度，kg/m^3；A_f 为转子的最大横截面积，m^2；A_0 为转子最大截面处环形通道的截面积，m^2。

(2)转子流量计读数修正

仪表制造厂为了成批生产、制造方便，测液体的转子流量计是用常压、20 ℃的水来标定刻度的；而测气体的转子流量计则是用常压、20 ℃下的空气来标定刻度的。

转子流量计用来测量液体时，如果被测介质与出厂标定介质的密度不同时，必须对流量计的读数按下式进行修正：

$$q_{v实}=q_{v标}\sqrt{\frac{(\rho_f-\rho_实)}{(\rho_f-\rho_标)}\times\frac{\rho_标}{\rho_实}}$$

转子流量计用来测量气体时，如果被测介质不是空气，且工作状态不同于标定状态，则按下式修正：

$$q_{v实}=q_{v标}\sqrt{\frac{\rho_标}{\rho_实}}\times\sqrt{\frac{p_实}{p_标}}\times\sqrt{\frac{T_标}{T_实}}$$

式中：$q_{v实}$为所测气体的实际流量，m^3/s；$q_{v标}$为从流量计上读出的流量，m^3/s；$p_实$，$T_实$ 分别为气体的实际工作压力和温度，Pa 和 K；$p_标$，$T_标$ 分别为流量计标定时的压力和温度，Pa 和 K；$\rho_标$，$\rho_实$ 分别为标定条件下的空气密度和气体在工作状态下的密度，kg/m^3。

【例 3.3-4】 某一用水标定的转子流量计，其满刻度值为 1 000 L/h，转子用密度为 7.92 g/cm^3的不锈钢制成，现用来测量密度为 0.789 g/cm^3的乙醇的流量，试问：(1)当转子流量计显示值为 60 L/h 时，乙醇的实际流量为多少？(2)若转子材料换成密度为 2.86 g/cm^3的铝时，此时仪表的最大测量值为多少？

解：(1)因为所测流体乙醇的密度不同于标定介质水的密度，所以需对转子流量计的显示值 60 L/h 进行修正。

$$q_{v实}=q_{v标}\sqrt{\frac{(\rho_f-\rho_实)}{(\rho_f-\rho_标)}\times\frac{\rho_标}{\rho_实}}=60\times\sqrt{\frac{(7.92-0.789)}{(7.92-0.998)}\times\frac{0.998}{0.789}}=68.5\ L/h$$

乙醇的实际流量为 68.5 L/h。

(2)当转子的材料为不锈钢时，流量可表示为

$$q_{v1}=\left[\alpha\sqrt{\frac{2g}{\rho}\times\frac{V_f(\rho_{f1}-\rho)}{A_f}}\right]A_0$$

当转子的材料换为密度为 2.86 g/cm^3的铝时，转子的体积、面积保持不变，流量可表示为

$$q_{v2}=\left[\alpha\sqrt{\frac{2g}{\rho}\times\frac{V_f(\rho_{f2}-\rho)}{A_f}}\right]A_0$$

转子在同样的高度时，两者表示的体积流量是不同的，存在如下关系：

$$q_{v2}=q_{v1}\sqrt{\frac{(\rho_{f2}-\rho)}{(\rho_{f1}-\rho)}}$$

用不锈钢转子时最大刻度为 1 000 L/h，换为铝时最大刻度对应的体积流量为

$$q_{v2}=q_{v1}\sqrt{\frac{(\rho_{f2}-\rho)}{(\rho_{f1}-\rho)}}=1\ 000\sqrt{\frac{2.86-0.998}{7.92-0.998}}=518.6\ \text{L/h}$$

此时最大流量为 518.6 L/h。

4. 涡轮流量计

涡轮流量计为速度式流量计，图 3.3-4 是涡轮流量计的结构示意图，它主要由涡轮、导流器、磁电感应转换器、外壳、前置放大器等组成。

涡轮流量计是在动量矩守恒原理的基础上设计的。涡轮叶片因流动流体冲击而旋转，旋转速度随流量的变化而改变。通过磁电感应转换器将涡轮转速转换成电脉冲信号来进行测量。

涡轮流量计的特点是安装方便、测量精度高、效应快、可测量脉动信号、输出信号为电频率信号、便于远传、不受干扰。

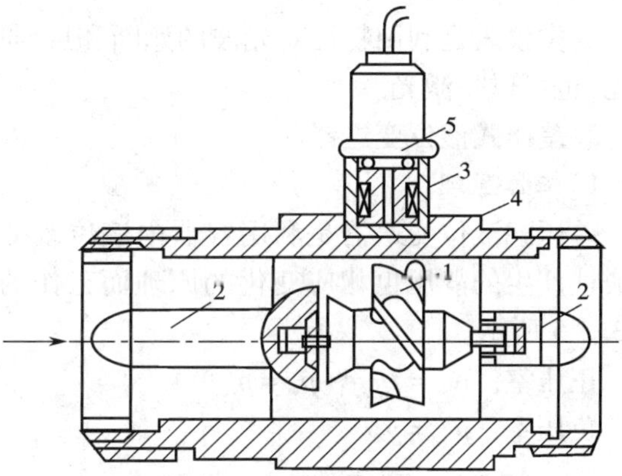

图 3.3-4　涡轮流量计

1—涡轮　2—导流器　3—磁电感应转换器　4—外壳　5—前置放大器

涡轮流量计的涡轮易磨损，被测流体应洁净，因此一般应加过滤器。为使流向比较平稳，其前后应有一定长度的直管段。

3.3.5　物位检测

1. 物位检测仪表

测量物位的仪表种类很多，按其工作原理划分，主要有下列几种类型。

(1) 直读式

这类仪表主要有玻璃管液位计、玻璃板液位计等。它们是根据流体力学的连通性原理测量液位的。

(2) 差压式

这类仪表又可分为压力式物位仪表和差压式物位仪表。它们是根据液柱或物料堆积高度变化对某点产生的静压力的变化测量液位的。

(3) 浮力式

这类仪表又可分为浮子式和沉筒式等几种。它们是利用浮子的高度随液位变化而改变或液体对浸沉于液体中的浮子(或沉筒)的浮力随液位高度而变化的原理来工作的。

(4) 电磁式

这类仪表可分为电阻式(即电极式)、电容式和电感式等几种。它们是把物位的变化转换

为一些电量的变化,通过测出这些电量的变化来测知物位的。另外,还有利用压磁效应工作的物位仪表。

(5)核辐射式

这类仪表是利用核辐射透过物料时,其强度随物质的厚度而变化的原理而工作的,目前应用较多的是 γ 射线。

(6)声波式

这类仪表可根据它们的工作原理分为声波遮断式、反射式和阻尼式几种。它们的原理是:由于物料的变化引起声阻抗的变化、声波的遮断和声波反射距离的不同,测出这些变化就可以测知物位。

(7)光学式

这类仪表是利用物位对光波的遮断和反射原理而工作的。它利用的光源可以是普通白炽灯光,也可以是激光。

2. 差压式液位变送器

1)工作原理

差压式液位变送器是利用容器内液位改变时,由液柱产生的静压也相应变化的原理而工作的,如图 3.3-5 所示。

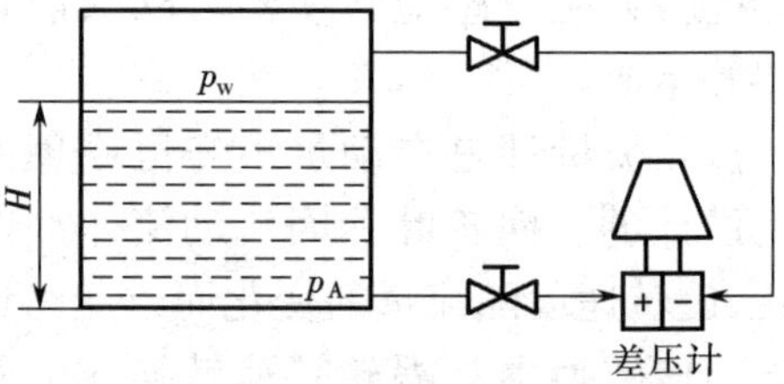

图 3.3-5　差压式液位变送器测量原理

正压室　$p_+ = H\rho g + p_w = p_A$

负压室　$p_- = p_w$

$$\Delta p = p_A - p_w = H\rho g$$

式中:p_w、p_A 分别为液面上方气相压力和容器底部的压力;H 为液位高度;ρ 为液体介质密度;g 为重力加速度。

当被测介质的密度是已知的,则差压变送器测得的压差与液位高度成正比,这样就把测量液位高度转换为测量压差的问题了。

2)零点迁移问题

使用差压式液位变送器测量液位时,一般压差 Δp 与液位高度 H 之间关系为 $\Delta p = H\rho g$。这就是一般的"无迁移"的情况。当 $H=0$ 时,作用在正、负压室的压力是相等的。

在实际测量中,常在差压式液位变送器的正、负压室与取压点之间加装隔离罐,或者差压式液位变送器安装的位置与容器最低位不在同一水平位置上,此时当 $H=0$ 时,差压式液位变送器的正、负压室的压力是不相等的,正、负压室间的压差不为零,此为"有迁移"情况。

若采用 DDZ-Ⅲ型差压式液位变送器,其输出范围为 4 ~ 20 mA 的电流信号。"无迁移"时,$H=0$,$\Delta p=0$,变送器输出 $I_0 = 4$ mA,$H = H_{max}$,$\Delta p = \Delta p_{max}$,$I_0 = 20$ mA。在"有迁移"情况下,为了使液位的零值、满量程能与变送器输出的上、下限相对应,可调节仪表上的迁移弹簧,以抵消正、负压室间的固定压差,使变送器的输出范围仍为 4 ~ 20 mA,此为"零点迁移"方法。

【例 3.3-5】　如图 3.3-6 所示,用一台差压式液位变送器测量某容器的液位,其最高液位和最低液位到仪表的距离分别为 $h_1 = 1$ m 和 $h_2 = 4$ m,被测介质的密度为 980 kg/m³。求:(1)变送器的量程;(2)是否需要迁移? 迁移量为多少?

解:(1)当不考虑迁移量时,变送器的测量范围应根据液位的最大变化范围来计算。

$$\Delta p_{max} = (h_2 - h_1)\rho g = 3 \times 980 \times 9.81$$

$$=28\ 841\ \text{Pa}=28.8\ \text{kPa}$$

所以测量范围可选 0 ~ 30 kPa。

(2)正、负压室的压力分别为

$$p_{+}=h_1\rho g+H\rho g+p_0$$

$$p_{-}=p_0$$

正、负压室的压力差为 $\Delta p=h_1\rho g+H\rho g$。

当 $H=0$ 时，$\Delta p_{\min}=h_1\rho g>0$，即需要正迁移。迁移量为

$$\Delta p_{\min}=h_1\rho g=1\times 9.81\times 980=9\ 613.8\ \text{Pa}$$

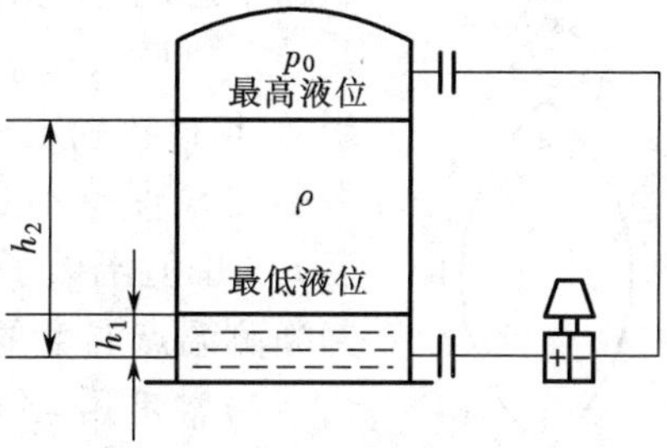

图 3.3-6　液位测量安装示意图

3.3.6　温度检测

1. 温度测量仪表的种类

检测温度的方法按测温元件和被测介质接触与否可以分成接触式和非接触式两大类。表 3.3-1 列出了几种主要的温度检测方法。

表 3.3-1　主要温度检测方法及特点

测温方式	类别和仪表		测温范围/℃	作用原理	使用场合
接触式	膨胀式	玻璃液体	-100 ~ 600	液体受热时产生热膨胀	用于现场指示轴承、定子等处的温度
		双金属	-80 ~ 600	两种金属的热膨胀	
	压力式	气体	-20 ~ 350	封闭在固体体积中的气体、液体或某种液体的饱和蒸气受热后产生体积膨胀或压力变化	用于测量易爆、易燃、振动处的温度，传递距离不很远
		蒸汽	0 ~ 250		
		液体	-30 ~ 600		
	热电类	热电偶	0 ~ 1 600	热电效应	测量液体、气体、蒸汽的中、高温，能远距离传输
	热电阻	铂电阻	-200 ~ 850	导体或半导体材料受热后电阻值变化	测量液体、气体、蒸汽的中、低温，能远距离传输
		铜电阻	-50 ~ 150		
		热敏电阻	-50 ~ 300		
非接触式	辐射式	辐射式	400 ~ 2 000	物体辐射能随温度变化	用于测量火焰、钢水等不能接触测量的高温物体
		光学式	800 ~ 3 200		
		比色式	500 ~ 3 200		
	红外线	光电探测	0 ~ 3 500	物体的红外强度及波长随温度变化	用于测量辐射系数已知的物体的表面温度，也可用于测量物质对红外线的吸收或透过能力
		热电探测	200 ~ 2 000		

2. 热电偶温度计

1)测温原理

热电偶温度计是根据热电效应来测量温度的。将两种不同材料的导体或半导体 A 和 B 的两端连在一起，形成一个闭合回路。如果将它们的两个接点分别置于温度为 t 及 t_0($t>t_0$) 的热源中，则回路内就会产生热电动势，这种现象称为热电效应，如图 3.3-7 所示。在此闭合

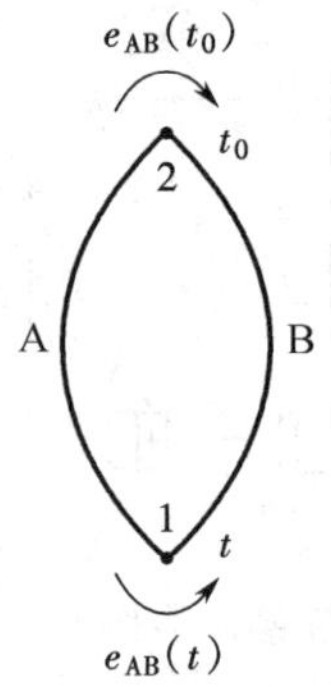

图 3.3-7 热电偶测温原理图

回路中总的热电势 $E_{AB}(t,t_0)$ 为

$$E_{AB}(t,t_0)=e_{AB}(t)-e_{AB}(t_0)$$

当 A、B 材料确定后，热电势 $E_{AB}(t,t_0)$ 是接点温度 t 和 t_0 的函数之差。若一端温度 t_0 保持不变，即 $e_{AB}(t_0)$ 为常数，则热电势 $E_{AB}(t,t_0)$ 就成为另一端温度 t 的单值函数了。若 t 就是被测温度，那么只要测出热电势的大小，就能判断测温点温度的高低。

2）常用热电偶的种类

各种热电偶的热电势与温度的一一对应关系都可以从数据表中查到，这种表称为热电偶的分度表。每种热电偶都对应一个分度号，如表 3.3-2 所示。

表 3.3-2 工业常用热电偶的测温范围和使用特点

热电偶名称	分度号	测温范围/℃		特点
		长期使用	短期使用	
铂铑$_{30}$—铂铑$_6$	B	300～1 600	1 800	①热电势小，测量温度高，精度高； ②适用于中性和氧化性介质； ③价格高
铂铑$_{10}$—铂	S	0～1 300	1 600	①热电势小，精度高，线性差； ②适用于中性和氧化性介质； ③价格高
镍铬—镍硅（镍铝）	K	0～1 000	1 200	①热电势大，线性好； ②适用于中性和氧化性介质； ③价格便宜
镍铬—康铜	E	0～550	750	①热电势大，线性差； ②适用于氧化及弱还原性介质； ③价格低

3）补偿导线

由热电偶测温原理可知，只有当热电偶冷端温度保持不变时，热电势才是被测温度的单值函数。在实际应用中，由于热电偶的工作端与冷端离得很近，而且冷端又暴露在空间，易受到周围环境温度波动的影响，因而冷端温度难以保持恒定。当然可以把热电偶做得很长，使冷端远离工作端，但是这样做会消耗许多贵金属材料。解决这一问题的方法是采用一对专用导线，将热电偶的冷端延伸出来，这对专用导线称为“补偿导线”。

在使用热电偶补偿导线时，要注意型号相配，极性不能接错，热电偶与补偿导线连接端所处的温度不应超过 100 ℃。

4）冷端温度补偿

采用补偿导线后，把热电偶的冷端从温度较高和不稳定的地方，延伸到温度较低和比较稳定的操作室内，但冷端温度还不是 0 ℃。而工业上常用的各种热电偶的温度—热电势数据是在冷端温度保持为 0 ℃的情况下得到的，与它配套使用的仪表也是根据这一关系曲线进行刻度的。由于操作室的温度往往高于 0 ℃，而且是不恒定的，这时，热电偶所产生的热电势必然偏小，且测量值也随冷端温度变化而变化，这样测量结果就会产生误差。因此，在应用热电偶测温时，只有将冷端温度保持为 0 ℃，或者进行一定的修正才能得到准确的测量结果。这样做，就称为热电偶的冷端温度补偿。

冷端温度补偿的方法有以下几种。

(1)冰浴法

冰浴法是将热电偶的冷端放入冰水混合物中，使冷端温度保持 0 ℃。

(2)计算法

计算法指将热电偶测得的热电势 $E_{AB}(t,t_0)$ 加上根据冷端温度查分度表所得的电势 $E_{AB}(t_0,0)$，得到工作端温度相对于冷端温度为 0 ℃时对应的热电势 $E_{AB}(t,0)$，再查分度表得到工作端温度。

(3)机械调零法

机械调零法指一般仪表在未工作时指针指在零位(机械零点)。在冷端温度不为 0 ℃时，可以预先将仪表零点调到冷端温度处。

(4)补偿电桥法

补偿电桥法指利用不平衡电桥产生的电势来补偿热电偶因冷端温度变化而引起的热电势变化值。

【例 3.3-6】 用 K 热电偶测某设备的温度，测得的热电势为 20 mV，冷端温度(室温)为 25 ℃，求设备的温度。如果改用 E 热电偶来测温，在相同的条件下，E 热电偶测得的热电势为多少？

解：(1)当热电势为 20 mV 时，此时冷端温度为 25 ℃，即

$$E(t,25)=20\ \text{mV}$$

查表可得 $E(25,0)=1$ mV，因为

$$E(t,0)=E(t,25)+E(25,0)=20+1=21\ \text{mV}$$

由此电势查表可得 $t=509$ ℃，即设备温度为 509 ℃。

(2)若改用 E 热电偶来测温，此时冷端温度仍为 25 ℃。查表可得

$$E(25,0)=1.5\ \text{mV}$$

设备温度为 509 ℃，查表可得：$E(509,0)=37.7$ mV。

$$E(509,25)=E(509,0)-E(25,0)=37.7-1.5=36.2\ \text{mV}$$

即 E 热电偶测得的热电势为 36.2 mV。

从这个题，大家可以看出：①在热端、冷端温度相同时，用不同的热电偶来测量，其热电势数据是不同的；②在冷端温度为室温(高于 0 ℃)时，测得的热电势小于冷端温度为 0 ℃时的热电势数值。

3. 热电阻温度计

(1)测温原理

热电阻温度计是利用金属导体的电阻值随温度变化而变化的特性来进行温度测量的，其电阻值与温度关系如下：

$$R_t=R_0[1+\alpha(t-t_0)]$$

可见,由于温度的变化,导致了金属导体电阻的变化。只要设法测出电阻值的变化,就可达到测量温度的目的。

(2)工业常用热电阻

工业上常用的热电阻有铜电阻和铂电阻两种,见表3.3-3。

表3.3-3 工业常用热电阻

热电阻名称	分度号	0 ℃时阻值	测温范围	特点
铂电阻	Pt50	50 Ω	-200~500 ℃	①精度高,价格贵; ②适用于中性和氧化性介质
	Pt100	100 Ω		
铜电阻	Cu50	50 Ω	-50~150 ℃	①线性好,价格低; ②适用于无腐蚀性介质

【例3.3-7】 某现场采用Cu50的铜热电阻测量温度,已测得热电阻R_t为80 Ω,试计算现场测温点处的实际温度为多少。(已知$R_0=50\ \Omega$,$R_{100}=71.4\ \Omega$,不查分度表)

解:根据电阻值与温度的关系

$$R_t=R_0[1+\alpha(t-t_0)]$$

将$R_0=50\ \Omega$,$R_{100}=71.4\ \Omega$代入,可得到

$$\alpha=\frac{R_t-R_0}{R_0(t-t_0)}=\frac{71.4-50}{50\times(100-0)}=4.28\times10^{-3}$$

将$R_0=50\ \Omega$,$\alpha=4.28\times10^{-3}$代入$R_t=R_0[1+\alpha(t-t_0)]$,可求得80 Ω对应的温度

$$t=\frac{R_t-R_0}{\alpha R_0}+t_0=\frac{80-50}{4.28\times10^{-3}\times50}+0=140.2\ ℃$$

现场测温点处的实际温度为140.2 ℃。

3.4 显示仪表

要求:了解动圈式显示仪表的基本结构及原理;掌握自动电子电位差计的工作原理;了解数字式显示仪表的原理与组成。

3.4.1 显示仪表的分类

显示仪表按照显示的方式来分,可分为模拟式、数字式和屏幕显示式三种。

(1)模拟式显示仪表

模拟式显示仪表是以仪表的指针(或记录笔)的线性位移或角位移来模拟显示被测参数连续变化的仪表。这类仪表的特点是测量速度较慢、精度较低、难以准确读数,但其结构简单、工作可靠、价廉,又能直观反映出被测参数的变化趋势,因而目前大量地应用于工业生产中。

(2)数字显示仪表

数字显示仪表是直接以数字形式显示被测参数大小的仪表。其特点是测量速度快、精度高、读数直观准确,便于和计算机等数字化装置联用,因而近年来得到迅速发展。

(3)屏幕显示仪表

屏幕显示仪表是一种与计算机联用的新型显示装置,可以把生产过程中的工艺参数以文

字、符号和图形等形式在屏幕上显示出来。它兼有模拟式显示仪表和数字显示仪表的特点。

3.4.2 模拟式显示仪表

工业上常用的模拟式显示仪表有动圈式显示仪表和自动平衡式显示仪表。

常用的自动平衡式显示仪表有自动平衡式电子电位差计和自动平衡式电子电桥。在此要求大家重点理解自动电子电位差计的测量原理。

下面看一下手动电子电位差计的测量原理。

电子电位差计是根据“电压补偿原理”工作的。以图 3.4-1 的电压测量系统说明电压补偿原理。图中 E_t 为被测热电势，滑线电阻 W 与稳压电源 E 组成一闭合回路，因此流过 W 的电流 I 是恒定的，这样就可以将 W 的标尺刻成电压数值。G 为检流计。被测电压的测量方法是移动滑动触点 C，使通过检流计 G 的电流为零，这时触点 C 所指的电压值即是被测电压 E_t。

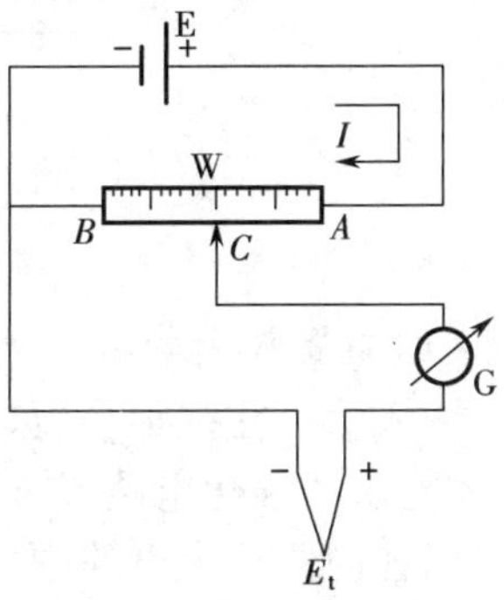

图 3.4-1　电子电位差计电压平衡原理图

自动电子电位差计就是根据这种电压平衡原理进行工作的。它是用可逆电动机及一套机械传动机构代替了人手进行电压平衡操作，用放大器代替了检流计来检测不平衡电压并控制可逆电机的工作。图 3.4-2 是自动电子电位差计的简单原理图。当热电势 E_t 与已知的直流压降相比较时，若 $E_t \neq U_{CB}$，比较之后的差值（即不平衡信号）经放大器放大后，输出足以驱动可逆电机的功率，使可逆电机通过一套传动系统去带动滑动触点 C 的移动，直到 $E_t = U_{CB}$ 为止。这时放大器输入端的输入信号为零，可逆电机不再转动，这样 U_{CB} 就可以代表被测量的 E_t 值。

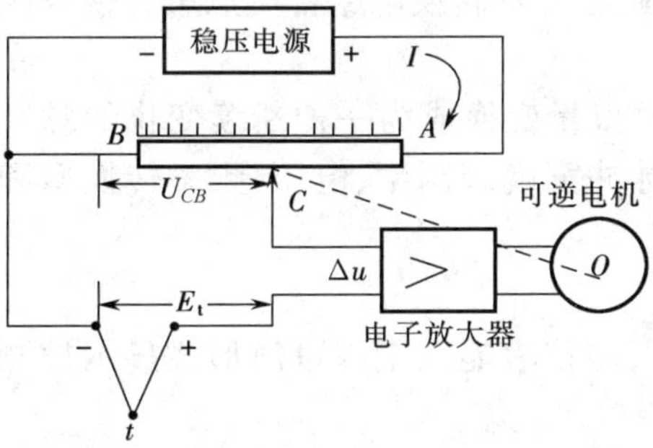

图 3.4-2　自动电子电位差计原理图

3.4.3 数字式显示仪表

1. 数显仪表的分类

①按输入信号形式划分，可分为电压型和频率型两类。所谓电压型是指输入信号是电压或电流，而频率型是指输入信号是频率、脉冲或开关信号。

②按输入信号的点数划分，可分为单点和多点两种。

③按显示位数划分，可分为 3 位半或 4 位半等多种。所谓半位的显示，是指最高位是 1 或 0。如 $3\frac{1}{2}$ 位显示数范围为 −1 999 ~ +1 999。

2. 数显仪表的基本组成

数显仪表一般包括前置放大、非线性校正或开方等运算电路、模/数（A/D）转换、标度变换及显示装置等部分，其组成框图如图 3.4-3 所示。

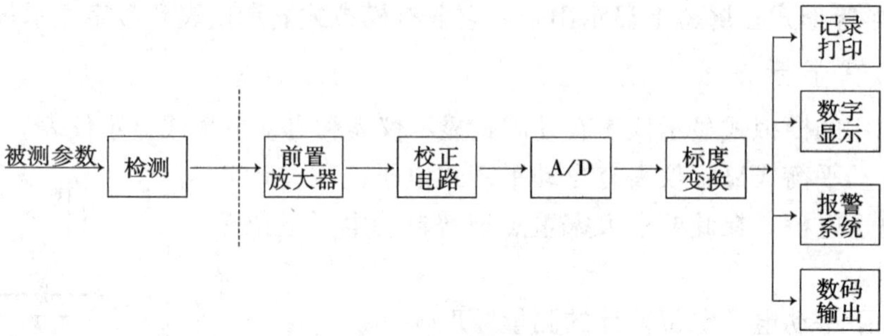

图 3.4-3　数显仪表的组成框图

(1)前置放大电路

输入信号往往很小(如热电势信号是毫伏信号),必须经前置放大电路放大至伏级电压幅度,才能供线性化电路或 A/D 转换电路工作。有时输入信号夹带测量噪声(干扰信号),因此也可以在前置放大电路中加上一些滤波电路,抑制干扰影响。

(2)非线性校正或开方等运算电路

许多检测元件(如热电偶、热电阻)具有非线性特性,须使信号经过非线性校正或开方等运算电路的处理后呈线性特性,以提高仪表测量精度。

(3)模/数转换(A/D 转换)电路

数显仪表的输入信号多数为连续变化的模拟量,须经 A/D 转换电路将模拟量转换成断续变化的数字量。A/D 转换是数显仪表的核心。

A/D 转换是把在时间上和数值上均连续变化的模拟量变换成为一种断续变化的脉冲数字量。A/D 转换电路种类较多,常见的有双积分型、脉冲宽度调制型、电压/频率转换型和逐次比较型。

(4)标度变换电路

标度变换电路的作用是对被测信号进行量纲换算,使仪表能以工程量值形式显示被测参数大小。

(5)数字显示电路

数字显示电路的数字显示方法很多,常用的有发光二极管显示器(LED)和液晶显示器(LCD)。

3.5　自动调节仪表

要求:掌握各种基本控制规律及其特点,熟悉比例度、积分时间、微分时间对控制系统的影响。

3.5.1　基本控制规律

所谓控制器的控制规律是指控制器的输出信号 p 与输入偏差信号 e 之间的关系,即

$$p=f(e)=f(z-x)$$

式中:z 为测量值信号;x 为给定值信号。

常用的控制规律有位式控制、比例控制(P)、积分控制(I)、微分控制(D)以及它们的组合控制规律,如 PI、PD、PID 等。

1. 位式控制

位式控制器的输出只有数个特定的数值,或它的执行机构只有数个特定的位置。最为常

见的是双位控制，它的输出只有两个数值（最大或最小），其执行机构只有两个特定的位置（关或开）。

位式控制器结构简单、成本较低、易于实现，应用较普遍。但它的控制作用不是连续变化的，由它所构成的位式控制系统其被控变量的变化将是一个等幅振荡过程，不可能使被控变量稳定在某一个数值上。

2. 比例控制（P）

（1）比例控制规律

比例控制（P）规律是指控制器的输出信号变化量与输入偏差信号变化量之间成比例关系，即

$$p = K_P e$$

式中：K_P 为比例放大系数；e 为输入（偏差）变化量；p 为相应的输出变化量。

比例控制器的输入—输出特性如图 3.5-1 所示。

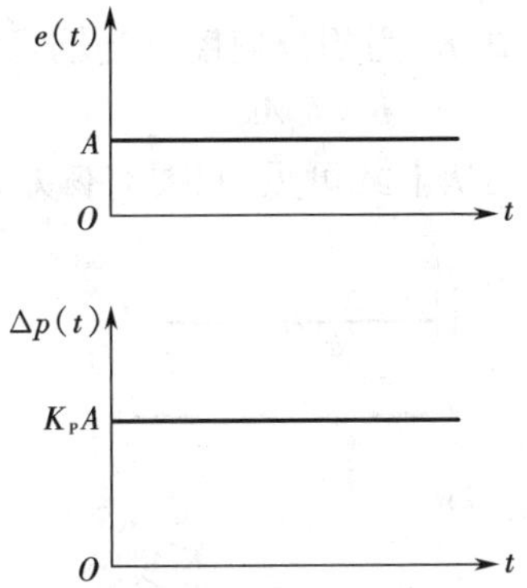

图 3.5-1　比例控制器的输入—输出特性

比例控制的优点是反应快、控制及时，其缺点是当系统的负荷改变时，控制结果有余差存在。

比例控制规律是一种基本的控制规律。由于它有余差存在，故只在对被控变量要求不高的场合，才单独使用比例控制。

（2）比例度 δ

比例度 δ 是反映比例控制器的比例控制作用强弱的一个参数。在数值上比例度等于输入偏差变化相对值与相应的输出变化相对值之比的百分数，用式子表示为

$$\delta = \left(\frac{e}{x_{max} - x_{min}} \Big/ \frac{p}{p_{max} - p_{min}} \right) \times 100\%$$

式中：δ 为比例度；$x_{max} - x_{min}$ 为输入的最大变化量，即仪表的量程；$p_{max} - p_{min}$ 为输出的最大变化量，即控制器输出的工作范围。

比例度也可以理解为使控制器的输出变化满刻度（也就是使控制阀从全关到全开或相反）时，相应所需的输入偏差变化量占仪表测量范围的百分数。

比例度 δ 越大，表示比例控制作用越弱。减小比例度，会使系统的稳定性和动态性能变差，但可相应地减小余差，使系统的静态准确度提高。

在单元组合仪表中，控制器的输入和输出都是标准统一信号，即 $x_{max} - x_{min} = p_{max} - p_{min}$，此时比例度为

$$\delta = \frac{1}{K_P} \times 100\%$$

（3）比例度对系统过渡过程的影响

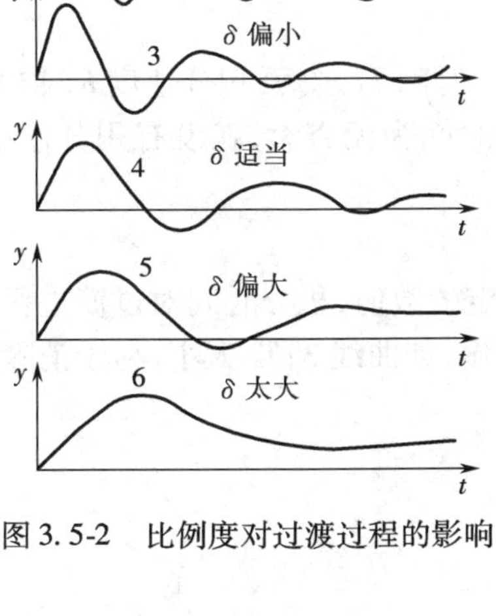

图 3.5-2　比例度对过渡过程的影响

将比例控制器切入系统，控制器在闭环运行下比例度 δ 对系统过渡过程的影响见图 3.5-2。由图可见，比例度

越大(即 K_P 越小),过渡过程曲线越平稳,但余差也越大;比例度越小,则过渡过程曲线越振荡。比例度过小时可能出现发散振荡。

3. 比例积分控制(PI)

(1)积分控制规律

积分控制规律是指控制器的输出变量 p 与输入偏差 e 的积分成正比,即

$$p = K_I \int e\mathrm{d}t$$

式中:K_I 为积分速度。当输入偏差是常数 A 时,上式可写成

$$p = K_I A t$$

从上式可见,只要有偏差,控制器的输出就不断变化,而且偏差存在的时间越长,输出信号的变化量也越大,直到输出达到极限值为止,如图 3.5-3 所示。因此,力图消除余差是积分控制作用的重要特性。

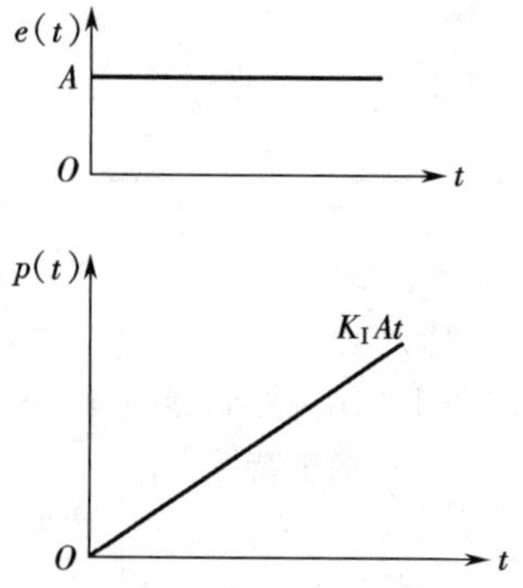

图 3.5-3　积分控制器特性

输出信号的大小不仅与偏差 e 及 K_I 有关,而且控制作用是随着时间的积累才逐渐增强的,所以控制动作缓慢会造成控制不及时,因此常常把比例控制与积分控制组合起来,这样既控制及时,又能消除余差。

(2)比例积分控制规律

在比例控制的基础上,再加上积分控制作用,便构成比例积分控制,其输出 p 与输入 e 的关系为

$$p = K_P\left(e + K_I \int e\mathrm{d}t\right)$$

经常采用积分时间 T_I 来代替 K_I,$T_I = \frac{1}{K_I}$,上式变为

$$p = K_P\left(e + \frac{1}{T_I}\int e\mathrm{d}t\right)$$

若偏差是幅值为 A 的阶跃干扰,则可得

$$p = K_P A + \frac{K_P}{T_I}At$$

这一关系如图 3.5-4 所示,当输入偏差为阶跃 A 时,比例控制作用输出立即增高至 K_PA,随后积分输出随时间以斜率$\frac{K_P}{T_I}A$ 线性上升。

积分时间 T_I 是表征积分作用强弱的一个重要参数。积分时间 T_I 越短,积分速度 K_I 越大,积分作用越强;反之,积分时间越长,积分作用越弱。若积分时间为无穷大,就没有积分作用,成为纯比例控制器了。

(3)积分时间对系统过渡过程的影响

将比例积分控制器切入系统,保持控制器的比例度为一定的数值,积分时间对过渡过程曲线的影响见图 3.5-5。T_I 过大,积分作用不明显,余差消除很慢,如曲线 3;T_I 太小,易于消除余差,但系统振荡加剧,如曲线 1。

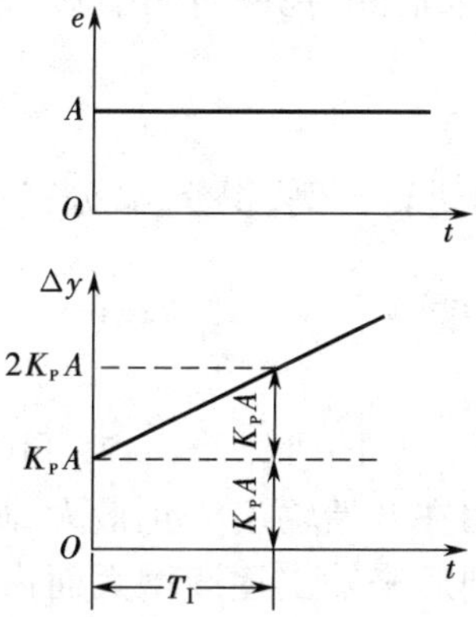

图 3.5-4 比例积分控制器输出特性

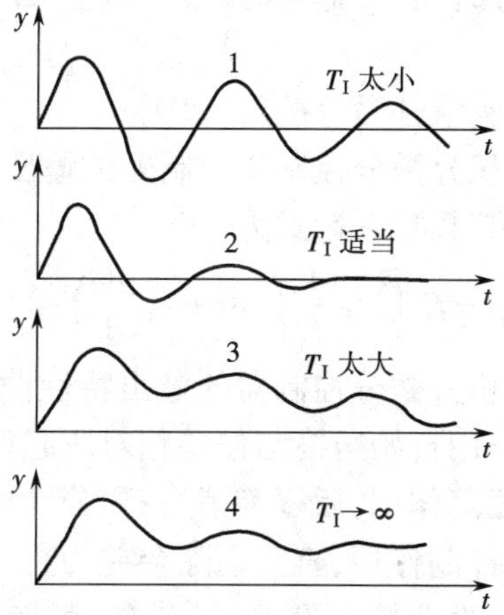

图 3.5-5 积分时间对过渡过程的影响

4. 比例微分控制(PD)

(1)微分控制规律

微分控制规律是指控制器的输出变化量 p 与输入偏差 e 的变化速度成正比,即

$$p = T_D \frac{de}{dt}$$

式中:T_D 为微分时间。

理想微分器在阶跃偏差信号作用下的开环特性是一个幅度无穷大、脉冲趋于零的尖脉冲,如图 3.5-6 所示。这种控制器用在系统中,即使偏差很小,只要出现变化趋势,马上就进行控制,故有超前控制之称,这是它的优点。但它的输出不能反映偏差的大小,假如偏差固定,即使数值很大,微分作用都无输出,这样控制结果不能消除余差。因此,理想微分控制器不能单独使用。在实际应用中,微分控制常与比例控制或比例积分控制结合起来使用。

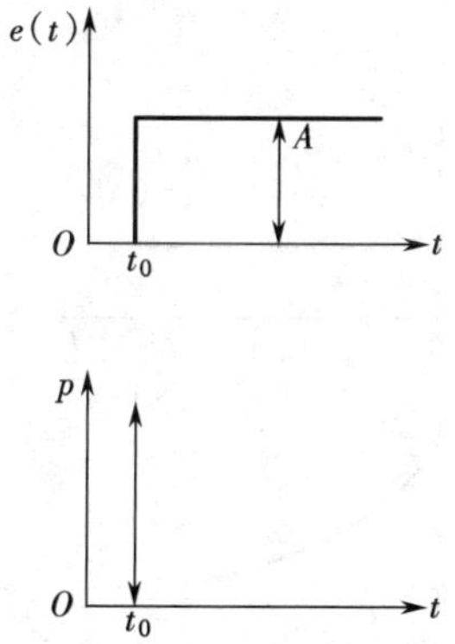

图 3.5-6 微分控制器的特性

(2)比例微分控制规律

理想的比例微分控制规律的输出变化量 p 与输入偏差 e 的关系为

$$p = K_P\left(e + T_D \frac{de}{dt}\right)$$

理想的比例微分控制器在制造上较困难,工业上是用具有实际比例微分控制规律的控制器。

实际比例微分器的输入输出特性如图 3.5-7 所示。

微分时间是用来表示微分控制作用强弱的一个参数。当微分时间 T_D 增大时,微分曲线下降慢,微分作用增强;反之,T_D 减小,微分曲线下降快,微分作用减弱。当 $T_D = 0$ 时,无微分作用,比例微分控制器变为纯比例控制器。

(3)微分时间对系统过渡过程的影响

微分时间 T_D 的大小对过渡过程的影响如图 3.5-8 所示。当微分时间 T_D 太大时,微分作用太强,系统振荡频繁;当微分时间 T_D 太小时,微分作用太弱,系统稳定性比较好,但余差比较大;当微分时间 T_D 适当时,最大偏差减小,余差减小,但并未消除,控制时间缩短,系统的稳定性提高。

5. 比例积分微分控制(PID)

比例积分微分控制是控制器的输出量对输入偏差信号进行比例、积分、微分三种控制作用的组合。其数学表达式为

$$p = K_P\left(e + \frac{1}{T_I}\int e\mathrm{d}t + T_D\frac{\mathrm{d}e}{\mathrm{d}t}\right)$$

比例积分微分控制器的输出特性曲线如图 3.5-9 所示。从图可以看出:在 PID 控制过程中,比例作用自始至终与偏差相对应起调节作用;微分作用在开始输出变化最大,具有超前控制、抑制振荡作用,后逐渐消失;积分作用在开始比较弱,到后来输出逐渐增大而占主导地位,具有滞后控制作用,直至消除余差为止。所以 PID 控制器综合了各种控制规律的优点,取长补短,只要合理选择 δ、T_I、T_D 三参数,就能获得较高的控制质量。如果把 PID 控制器的微分时间 T_D 调到零就成了 PI 控制器;如果把 PID 控制器的积分时间 T_I 调到无穷大就成了 PD 控制器。

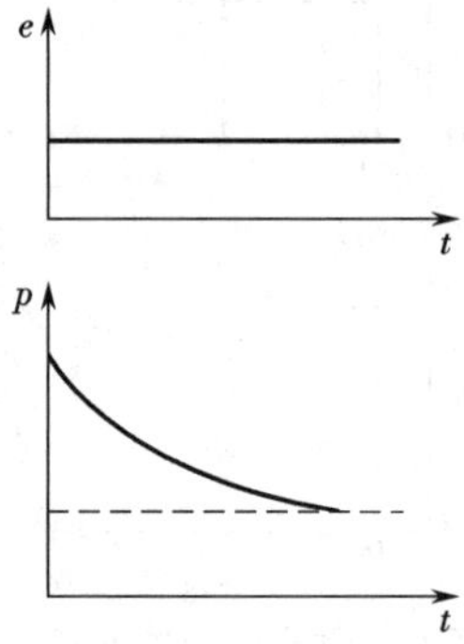

图 3.5-7　实际比例微分器的输入输出特性

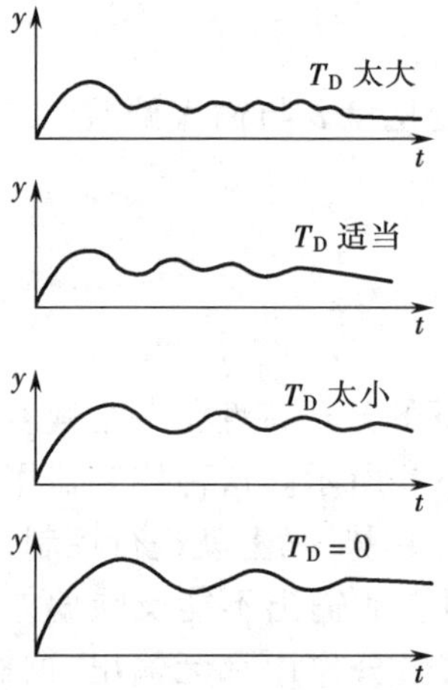

图 3.5-8　微分时间对过渡过程的影响

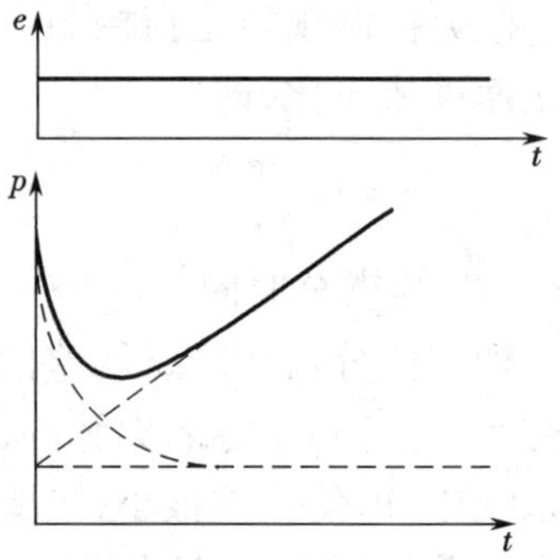

图 3.5-9　比例积分微分控制器的输入输出特性

PID 控制规律综合了各种控制规律的优点,具有较好的控制性能,但这并不意味着它在任何情况下都是最合适的,必须根据过程特性和工艺要求,选择最为合适的控制规律。下列是各类化工过程中常见的控制规律。

①液位控制:一般要求不高,用 P 或 PI 控制规律。

②流量控制:时间常数小,测量信号中杂有噪声,用 PI 控制或加反微分控制规律。

③压力控制:介质为液体的时间常数小,介质为气体的时间常数中等,用 P 或 PI 控制规律。

④温度控制:容量滞后较大,用 PID 控制规律。

【例 3.5-1】　一台 DDZ-Ⅲ型温度比例控制器,测温范围为 200～1 200 ℃。当温度给定值由 800 ℃变动到 850 ℃时,其输出由 12 mA 变化到 16 mA。试求该控制器的比例度及放大系数。

解:根据比例度的定义,并代入有关数据,可得比例度为

$$\delta = \left(\frac{e}{x_{max} - x_{min}}\bigg/\frac{p}{p_{max} - p_{min}}\right)\times 100\% = \left(\frac{850-800}{1\,200-200}\bigg/\frac{16-12}{20-4}\right)\times 100\% = 20\%$$

由于是单元组合式仪表，输入温度控制器的信号是由温度变送器来的 4 ~ 20 mA 的信号，与输出信号一样，都是统一的标准信号，所以温度控制器的放大系数与其比例度成倒数关系，故有

$$K_P=\frac{1}{\delta}\times 100\%=\frac{1}{20\%}=5$$

【例 3.5-2】一台 DDZ-Ⅲ型比例积分控制器，比例度为 80%，积分时间为 1 min。某瞬间输入突然增加了 0.3 mA，经过 3 min，其输出变化多少？

解：由于比例度 δ 为 80%，故其比例放大系数为 $K_P=\frac{1}{\delta}=1.25$

比例积分输出变化量 p 与输入偏差 e 的关系为 $p=K_P\left(e+\frac{1}{T_I}\int e\mathrm{d}t\right)$。

当输入突然变化 0.3 mA，输入偏差 e 为一常数，即 $e=0.3$ mA，则输出变化量为

$$p=K_P\left(e+\frac{1}{T_I}\int e\mathrm{d}t\right)=K_P\left(e+\frac{e}{T_I}t\right)=1.25\times\left(0.3+\frac{0.3\times 3}{1}\right)=1.5\ \text{mA}$$

故输出变化为 1.5 mA。

3.6　执行器

要求：了解气动执行器的基本组成、气动薄膜调节阀的基本结构及主要类型；掌握控制阀的流量特性，了解串联管道中阻力比 s 和并联管道中分流比 x 对流量特性的影响；理解气动执行器的气开、气关形式及其选择原则。

3.6.1　气动执行器的组成和类型

1. 气动执行器的组成

气动执行器由执行机构和控制机构两部分组成，如图 3.6-1 所示。执行机构是执行器的推动装置，它根据控制器来的控制信号压力大小产生相应的推力推动控制机构动作，所以它是将信号压力的大小转换为阀杆位移的装置。控制机构指控制阀（调节阀），它是执行器的控制部分，直接与被控介质接触，控制流体的流量，所以它是将阀杆的位移转换为流过阀的流量的装置。

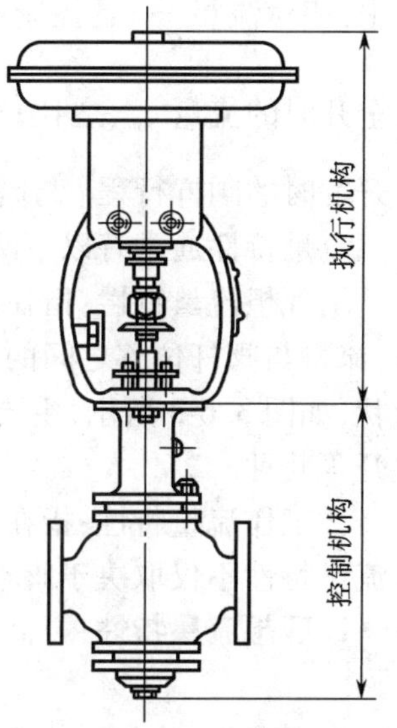

图 3.6-1　气动执行器示意图

(1) 执行机构

气动执行机构主要有薄膜式、活塞式和长行程式三种。薄膜式是最常用、最普遍的一种。

薄膜式执行机构由上下膜盖、波纹膜片、推杆、弹簧、标尺等组成。当来自控制器的气压信号增大时，作用在橡胶膜片上向下的推力增大，使推杆移动并压缩弹簧。当弹簧的反作用力与推力相等时，推杆稳定在某一位置上。执行机构的输出位移与输入气压信号成比例关系。信号压力越大，推杆的位移量也越大，推杆的位移 l 就是执行机构的直线输出位移，也称行程。从控制器传来的信号一般为电信号，经过电—气转换器或电—气阀门定位器可将电信号转换为 0.02 ~ 0.1 MPa 的标准气压信号。因此当信号压力在 0.02 ~ 0.1 MPa 范围变化时，阀杆作

全行程动作。

气动薄膜执行机构有正作用和反作用两种形式。当信号压力增大时，推杆向下移动，这种结构称为正作用式；当信号压力增大时，推杆向上移动，这种结构为反作用式。

(2)控制机构(控制阀)

控制机构是一个局部阻力可以改变的节流元件，习惯上称其为控制阀(也称调节阀)。在执行机构推力作用下，阀芯在阀体内移动，改变了阀芯和阀座的流通面积，即阻力系数，操纵变量的流量也就相应地改变，从而达到控制工艺变量的目的。

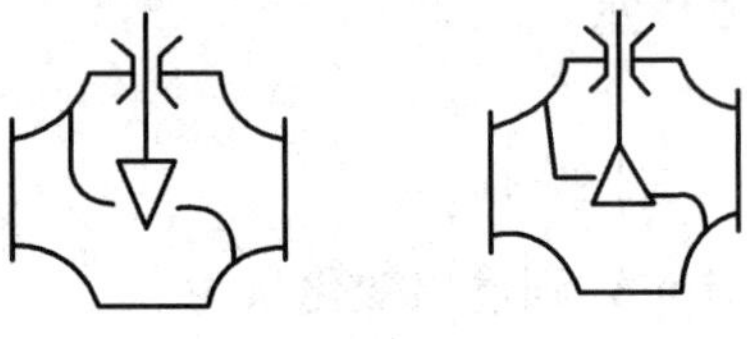

图 3.6-2　控制阀的正反作用

(a)正作用　(b)反作用

控制阀的阀芯与阀杆间用销钉连接，这种连接形式使阀芯根据需要可以正装(正作用)，也可以反装(反作用)，如图 3.6-2 所示。

2. 控制阀的类型

根据不同的使用要求，控制阀有许多类型，主要有直通单座控制阀、直通双座控制阀、角型控制阀、隔膜控制阀、三通控制阀等。

3.6.2　控制阀的流量特性

控制阀的流量特性是指被控介质流过阀门的相对流量与阀门的相对开度(或相对位移)之间的关系，即

$$\frac{q}{q_{max}}=f\left(\frac{l}{L}\right)$$

式中：相对流量$\frac{q}{q_{max}}$是控制阀处于某一开度时的流量 q 与全开时的流量 q_{max}之比；相对开度$\frac{l}{L}$是控制阀处于某一开度时的阀杆行程 l 与阀杆全行程 L 之比。

流量特性通常有以下两种形式。

①理想流量特性：指在阀前后压差保持不变的条件下，流量与阀杆位移之间的关系。它取决于阀芯的结构形状，如图 3.6-3 所示，主要有线性、等百分比(对数)及快开等几种。

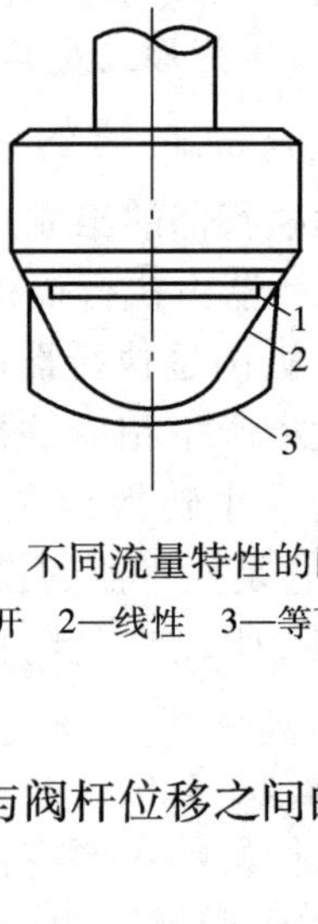

图 3.6-3　不同流量特性的阀芯形状

1—快开　2—线性　3—等百分比

②工作流量特性：指在工作条件下，阀门两端压差变化时流量与阀杆位移之间的关系。工作流量特性不仅取决于阀本身的结构参数，还与配管情况等有关。

1. 理想流量特性

控制阀的放大系数一般用 K_v 表示，其定义为 $K_v=\frac{d\left(\frac{q}{q_{max}}\right)}{d\left(\frac{l}{L}\right)}$。$K_v$ 在不同情况下具有不同的数值。

(1)线性流量特性

线性流量特性是指控制阀的相对流量与相对开度成直线关系，即单位位移变化所引起的流量变化是常数，表示为

$$\frac{\mathrm{d}\left(\frac{q}{q_{max}}\right)}{\mathrm{d}\left(\frac{l}{L}\right)}=k$$

式中：k 为常数，即控制阀的放大系数 K_v。

具有线性流量特性的控制阀，其相对流量与相对位移之间的关系式为

$$\frac{q}{q_{max}}=\frac{1}{R}\left[1+(R-1)\frac{l}{L}\right]$$

式中 R 为可调比，是控制阀所能控制的最大流量与最小流量的比值。国产控制阀理想可调范围 R 为 30（除隔膜阀之外）。线性控制阀流量特性见图 3.6-4 中直线 2。

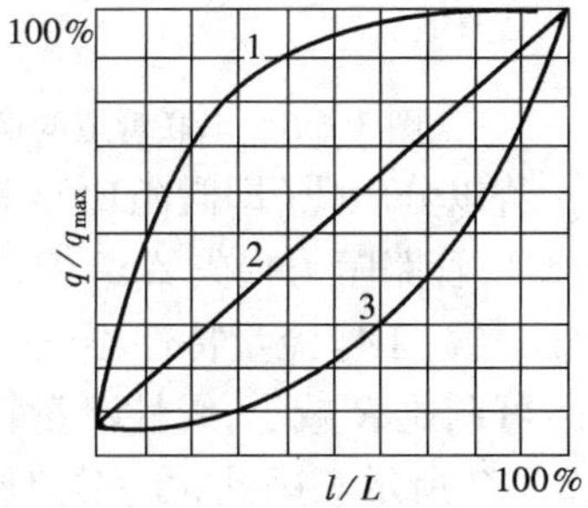

图 3.6-4 理想流量特性

线性控制阀的放大系数 K_v 是一个常数，不论阀杆原来在什么位置，只要阀杆作相同的变化，流量的数值也作相同的变化。可见线性控制阀在开度较小时流量相对变化值大，这时灵敏度过高，控制作用过强，容易产生振荡，对控制不利；在开度较大时流量相对变化值小，这时灵敏度又太小，控制缓慢，削弱了控制作用。因此线性控制阀工作在小开度或大开度情况下，控制性能都较差，故其不宜用于负荷变化大的场合。

（2）等百分比（对数）流量特性

等百分比流量特性是指单位相对开度变化所引起的相对流量变化与此点的相对流量成正比关系，即控制阀的放大系数 K_v 随相对流量的增加而增加，表示为

$$\frac{\mathrm{d}\left(\frac{q}{q_{max}}\right)}{\mathrm{d}\left(\frac{l}{L}\right)}=k\frac{q}{q_{max}}=K_v$$

具有等百分比流量特性的控制阀，其相对流量与相对位移之间的关系式为

$$\frac{q}{q_{max}}=R^{\left(\frac{l}{L}-1\right)}$$

式中：R 为可调比。等百分比控制阀流量特性见图 3.6-4 中曲线 3。

等百分比流量控制阀的特点：对于同样的开度变化量，当原流量较小时，此点流量变化量也较小，阀的放大系数也小，控制平稳、缓和；当原流量较大时，流量变化量也较大，阀的放大系数也大，控制灵敏、有效、及时。在全行程不同开度时的相对流量变化率是相等的。

（3）快开流量特性

这种流量特性是在开度较小时就有较大流量，随着开度的增大，流量很快达到最大，随后再增加开度时流量的变化很小，故称为快开特性，其特性曲线见图 3.6-4 中曲线 1。快开特性控制阀主要适用于迅速启闭的切断阀或双位控制系统。

2. 工作流量特性

在实际生产中，控制阀前后的压差总是变化的。因为控制阀总是与工艺设备、管道串联或并联使用，控制阀前后压差随管路系统阻力变化而发生变化，这时的流量特性就称为工作流量特性。

串联管道的工作流量特性以图 3.6-5 所示的串联系统为例,系统的总压差 Δp 等于管路系统的压差 Δp_f 与控制阀的压差 Δp_v 之和,如图 3.6-6 所示。

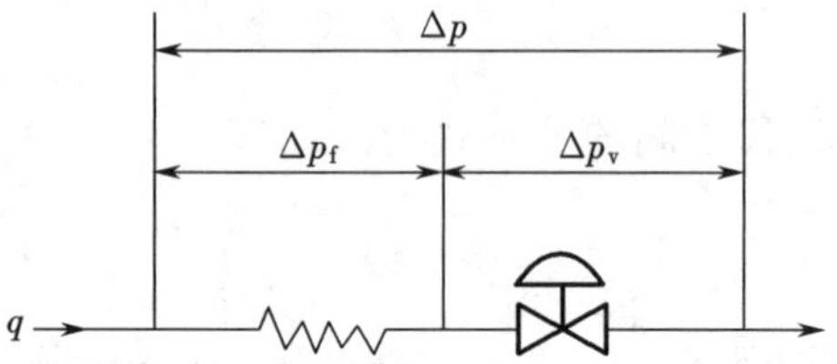

图 3.6-5　串联管道的情形

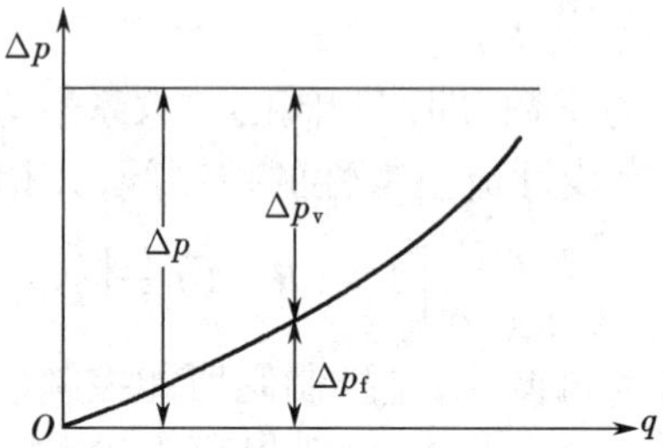

图 3.6-6　管道串联时控制阀压差变化情况

若以分压比(即阀阻比)s 表示控制阀全开时阀上压差 Δp_v 与系统总压差 Δp 之比,则当 $s=1$时,管路阻力损失 $\Delta p_f=0$,系统的总压差全部降在控制阀上,其工作流量特性与理想流量特性一致,工作流量特性不发生畸变。随着 s 值的减小,控制阀全开时压差减小,流量也减小,实际可调比 R 减小,线性流量特性渐渐趋近于快开特性,等百分比特性逐渐趋于线性特性,如图 3.6-7 所示。因此,在实际使用中,一般要求 s 值不得低于 0.3。

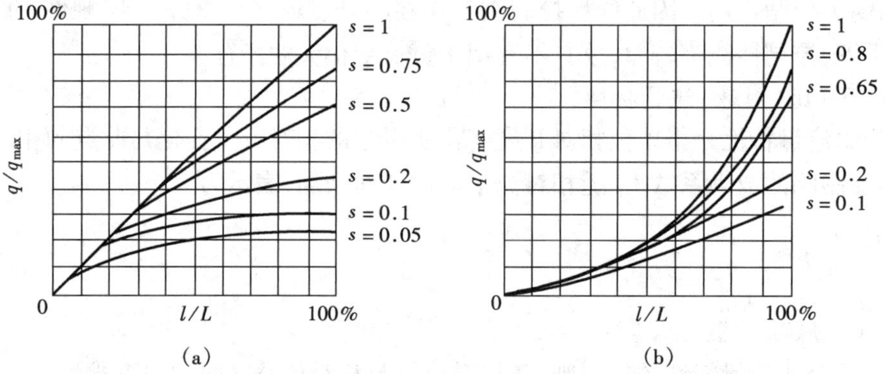

图 3.6-7　管道串联时控制阀的工作特性

(a)理想特性为线性　(b)理想特性为等百分比

【例 3.6-1】　已知阀的最大流量 $q_{max}=100\ m^3/h$,可调比 $R=30$,试分别计算在理想情况下阀的相对行程 l/L 为 0.1、0.2、0.8、0.9 时的流量 q,并比较在下列理想流量特性下控制阀在小开度与大开度时的流量变化情况。

(1)线性流量特性;

(2)等百分比流量特性。

解:(1)根据线性流量特性的相对流量与相对行程之间的关系:

$$\frac{q}{q_{max}}=\frac{1}{R}\left[1+(R-1)\frac{l}{L}\right]$$

分别在公式中代入数据:$q_{max}=100\ m^3/h$,$R=30$,l/L 为 0.1、0.2、0.8、0.9 等,可计算出在相对行程为 0.1、0.2、0.8、0.9 时的流量值,即

$$q_{0.1}=13\ m^3/h,q_{0.2}=22.67\ m^3/h,q_{0.8}=80.67\ m^3/h,q_{0.9}=90.33\ m^3/h$$

(2)根据等百分比流量特性的相对流量与相对行程之间的关系:

$$\frac{q}{q_{max}}=R^{\left(\frac{l}{L}-1\right)}$$

分别代入上述数据，可得

$$q_{0.1}=4.68\ m^3/h,q_{0.2}=6.58\ m^3/h,q_{0.8}=50.65\ m^3/h,q_{0.9}=71.17\ m^3/h$$

由上述数据可以算得，对于具有线性流量特性的控制阀，相对行程由10%变化到20%时，流量变化的相对值为$\frac{22.67-13}{13}\times100\%=74.4\%$；相对行程由80%变化到90%时，流量变化的相对值为$\frac{90.33-80.67}{80.67}\times100\%=12\%$。由此可见，对于具有线性流量特性的控制阀，在小开度时，行程变化了10%，流量在原来的基础上增加了74.4%，控制作用很强，容易使系统产生振荡；在大开度时，行程同样变化10%，流量只在原有基础上增加了12%，控制作用很弱，控制不及时。这是线性流量特性控制阀的一个缺陷。

对于具有等百分比流量特性的控制阀，相对行程由10%变化到20%时，流量变化的相对值为$\frac{6.58-4.68}{4.68}\times100\%=40.6\%$；相对行程由80%变化到90%时，流量变化的相对值为$\frac{71.17-50.65}{50.65}\times100\%=40.5\%$。故对于等百分比流量特性控制阀，不管是在小开度或大开度时，行程同样变化了10%，流量在原来的基础上变化的百分数是相等的，故取名为等百分比流量特性。具有这种特性的控制阀，在同样的行程变化值下，小开度时，流量变化小，控制比较平稳缓和；大开度时，流量变化大，控制灵敏有效。这是它的一个优点。

3.6.3 执行器气开式与气关式的选择

气动执行器有气开式与气关式两种类型。随着送往执行器的气压信号的增加，阀门开度逐渐增大的称为气开式，反之称为气关式。由于执行机构有正、反作用，控制阀也有正、反作用，因此就可以有四种组合方式组成气开式或气关式，见图3.6-8和表3.6-1。

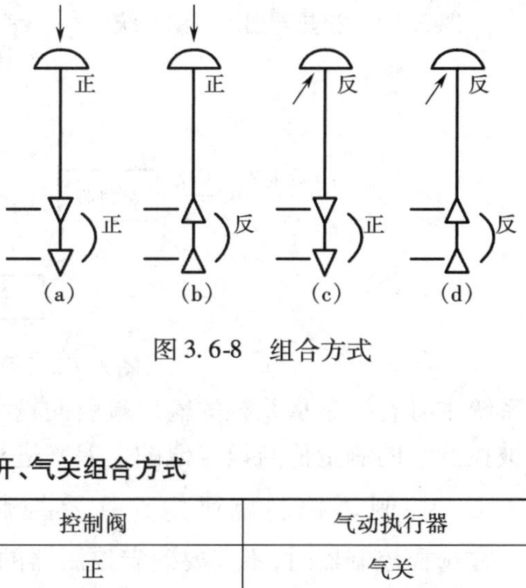

图3.6-8 组合方式

表3.6-1 气动执行器气开、气关组合方式

序号	执行机构	控制阀	气动执行器
(a)	正	正	气关
(b)	正	反	气开
(c)	反	正	气开
(d)	反	反	气关

气开、气关式的选择原则是从工艺生产设备和人身安全出发。当仪表供气系统发生故障或控制信号突然中断时，应保证生产装置和操作人员的安全，这时阀门处于打开位置时危害性小，安全，则应选气关式；反之，则选气开式。

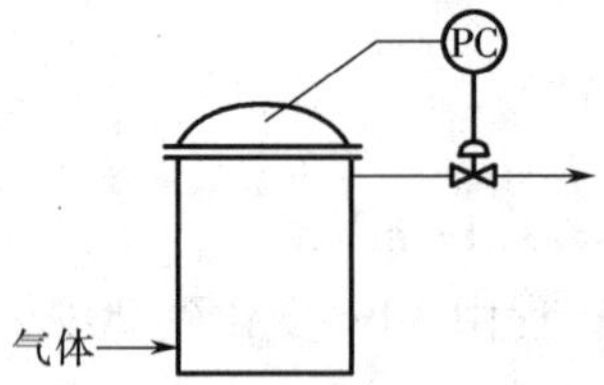

图 3.6-9 容器压力控制

【例 3.6-2】 图3.6-9表示一受压容器,采用改变气体排出量的方法以维持容器内压力恒定,试问控制阀应选择气开式还是气关式?为什么?

解: 在一般情况下,应选择气关式。因为在信号压力中断的情况下,控制阀处于全关时比较危险,容器内的压力会不断上升,严重时会超过受压容器的耐压范围,以致损坏设备,造成不应有的事故。选择气关式,可以保证在气源压力中断时,控制阀自动打开,使容器内压力不至于过高而出事故。

3.7 简单控制系统的工艺设计

要求:掌握简单控制系统的结构、组成及作用;了解各种基本控制规律的特点及应用场合,掌握控制器正、反作用确定的方法;了解控制器参数工程整定的方法。

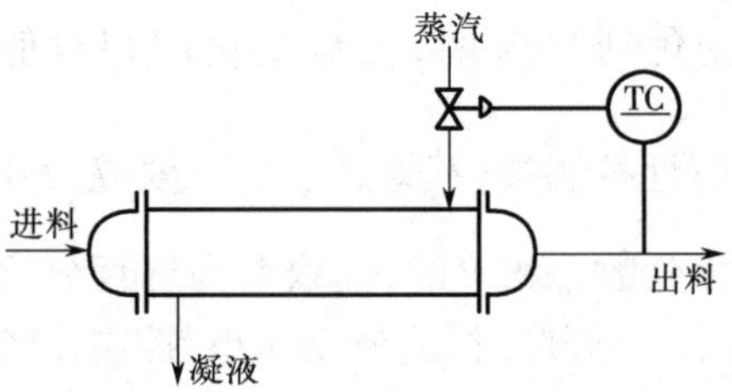

图 3.7-1 换热器温度控制系统

3.7.1 简单控制系统的结构与组成

简单控制系统是由一个被控对象、一个检测元件及传感器(或变送器)、一个控制器和一个执行器所构成的单闭环控制系统,有时也称为单回路控制系统。图 3.7-1 所示是一个典型的简单控制系统。

图 3.7-2 是该系统的方块图。由图可知,简单控制系统由四个基本环节组成,即被控对象、测量变送装置、控制器和执行器。从图 3.7-2 还可看出,在

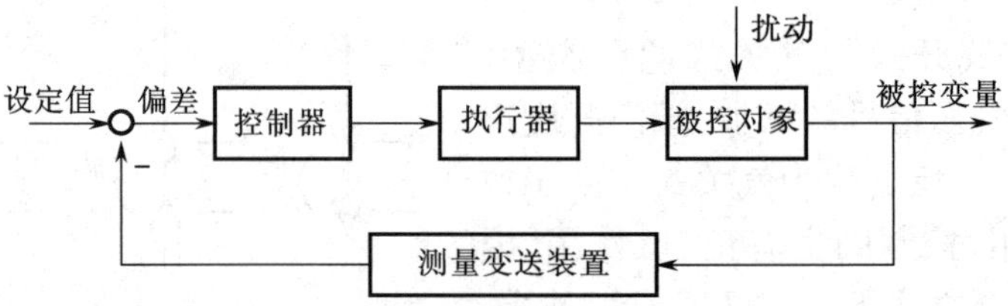

图 3.7-2 简单控制系统的方块图

该系统中有着一条从系统的输出端引向输入端的反馈路线,也就是说该系统中的控制器是根据被控变量的测量值与设定值的偏差来进行控制的,这是简单控制系统的一个特点。

3.7.2 控制器控制规律的选择及控制器正、反作用的确定

在选择控制器时,不仅要确定控制器的控制规律,而且要确定控制器的正、反作用。

(1) 控制器控制规律的确定

比例控制规律是最基本的控制规律。它的特点是控制及时,克服扰动能力强,但在系统负荷变化后,控制结果有余差。这种控制规律适用于被控对象控制通道滞后较小、负荷变化不大、对控制要求不高的场合。

比例积分控制规律是在比例作用的基础上引入积分作用,使系统具有消除余差的能力。一般来说,积分时间越小,积分作用越强,振荡越剧烈,稳定性越差,但消除余差能力越强。比例积分控制器适合于负荷变化不太大、控制通道滞后小、工艺上不允许有余差的场合,如流量

和压力的控制。

比例微分控制规律是在比例作用的基础上引入微分作用,有超前控制作用,能使系统的稳定性增强,最大偏差和余差减小,加快了控制过程,改善了控制质量,故比例微分控制适用于过程容量滞后较大的场合。对于滞后很小和扰动频繁的系统,应尽可能避免使用微分作用。

比例积分微分控制规律综合了各种控制规律的优点,具有较好的控制性能。它的特点是能克服被控对象的滞后,提高稳定性,又能消除余差;适当调整 δ、T_I、T_D 三个参数值,可使控制系统得到较高的控制质量。它适用于容量滞后大、负荷变化大、控制质量要求较高的场合,如反应器、聚合釜的温度控制。

(2)控制器正、反作用的确定

在控制系统中,要正确选择控制器的作用方向,即“正”、“反”作用。选择控制器的正、反作用的目的是使系统中控制器、执行器、被控对象三个环节组合起来,能在系统中起负反馈的作用。

被控对象的正、反作用方向规定为:当操纵变量增加时,被控变量也增加的被控对象属于“正”作用的;反之,被控变量随操纵变量的增加而降低的被控对象属于“反”作用的。

执行器的作用方向由它的气开、气关形式来确定。气开阀为“正”作用;气关阀为“反”作用。

如果将控制器的输入偏差信号定义为测量值减去设定值,那么当偏差增加时,其输出也增加的控制器称为“正作用”控制器;反之,控制器的输出信号随偏差的增加而减小的称为“反作用”控制器。

选择控制器正、反作用的一般步骤为:

①由操纵变量对被控变量的影响方向确定对象的作用方向;

②由工艺安全条件来确定执行器的气开、气关形式;

③在满足系统负反馈控制的各环节(被控对象、执行器、控制器)符号乘积为“负”的条件下,选择控制器的正、反作用;

④验证控制系统负反馈控制过程的正确性。

【例 3.7-1】 图 3.7-3 是一个简单的加热炉出口温度控制系统,确定控制器的正反作用。

解:在这个系统中,加热炉是被控对象,燃料气流量是操纵变量,被加热的原料油出口温度是被控变量。当操纵变量燃料气流量增加时,被控变量是增加的,故对象是“正”作用方向。从工艺安全条件出发选定执行器是气开阀,以免当信号气源突然中断时,控制阀大开而烧坏炉子,那么执行器便是“正”作用方向。为了保证由被控对象、执行器与控制器所组成的系统是负反馈的,控制器应该选“反”作用,这样才能在炉温升高时,控制器 TC 的输出减小。因为是气开阀,当输入信号减小时,阀门是关小的,从而使炉温降下来。

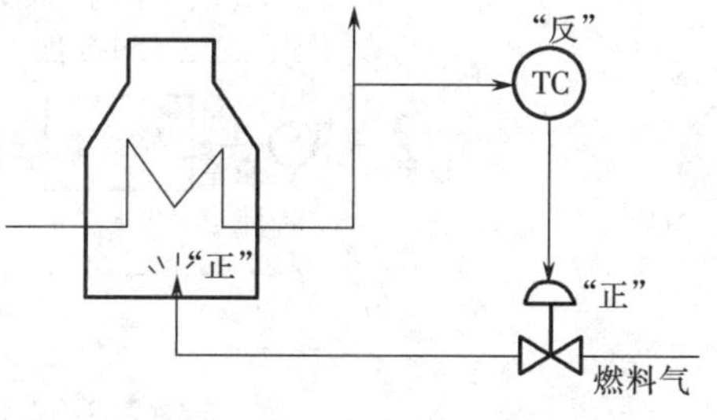

图 3.7-3 加热炉出口温度控制系统

3.7.3 控制器参数的工程整定

所谓控制器参数的整定,就是按照已定的控制方案,确定控制器的最佳参数值,即比例度

δ、积分时间 T_I 和微分时间 T_D，以便使系统获得好的控制质量。

控制器参数整定的方法有理论计算法和工程整定法两大类，其中常用的是工程整定法。工程整定法有三种：临界比例度法、衰减曲线法和经验法。

(1)临界比例度法

临界比例度法是在纯比例运行下通过试验，得到临界比例度 δ_k 和临界周期 T_k（等幅振荡过程对应的比例度和周期），然后根据经验总结出来的关系求取控制器各参数值。这种方法比较简单，容易掌握和判断，适用于一般的控制系统。但是不适用于临界比例度小的系统和不允许产生等幅振荡的系统，否则易影响生产的正常进行或造成事故。

(2)衰减曲线法

衰减曲线法是在纯比例运行下通过使系统产生衰减比为 4∶1或 10∶1的衰减振荡，根据该衰减曲线对应的比例度 δ_s 和衰减周期 T_s 以及经验总结出来的关系求出控制器各参数值。这种方法比较简单，整定质量高，整定过程安全可靠，应用广泛，但对于扰动频繁、记录曲线不规则的曲线难于应用。

(3)经验法

经验法是根据经验先将控制器参数置于一定数值上，然后通过不断观察过渡过程曲线，逐渐凑试，直到获得满意的控制器参数值为止。这种方法很简单，应用广泛，特别是外界扰动作用频繁、记录曲线不规则的控制系统，采用此法最为合适。

3.8 计算机控制系统

要求：了解计算机控制系统的基本组成，了解计算机控制系统的硬件系统和软件系统的基本知识。

3.8.1 计算机控制系统的组成及特点

1. 计算机控制系统的一般组成

由被控制的生产过程和工业控制计算机所组成的控制系统，称为计算机控制系统。在常规仪表组成的控制系统中，如果用计算机代替常规控制器，则可构成计算机控制系统。图 3.8-1 是计算机控制系统的原理块图。

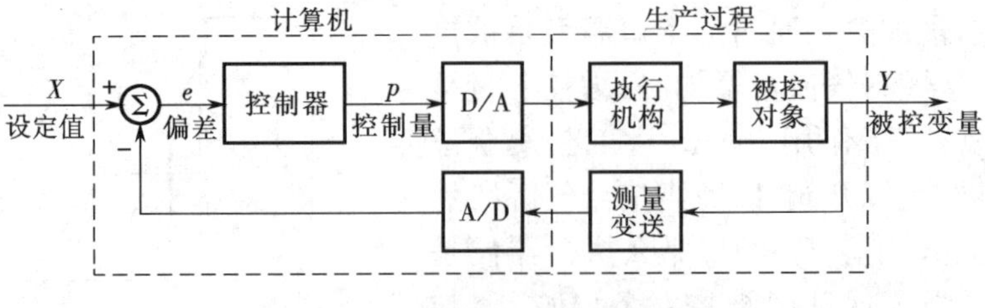

图 3.8-1　计算机控制系统的原理块图

计算机控制系统本身是通过各种接口及外部设备与生产过程发生关系，并对生产过程进行数据处理及控制的，如图 3.8-2 所示。

在图 3.8-2 中，被测参数经传感器或变送器转换成统一的标准信号，再经多路开关采样保持器巡回检测，送到 A/D 转换器后得到数字信号，该数字信号通过接口送入计算机与设定值比较，并按照一定的控制规律进行运算，输出的数字量通过 D/A 转换器转换成模拟量，送至执

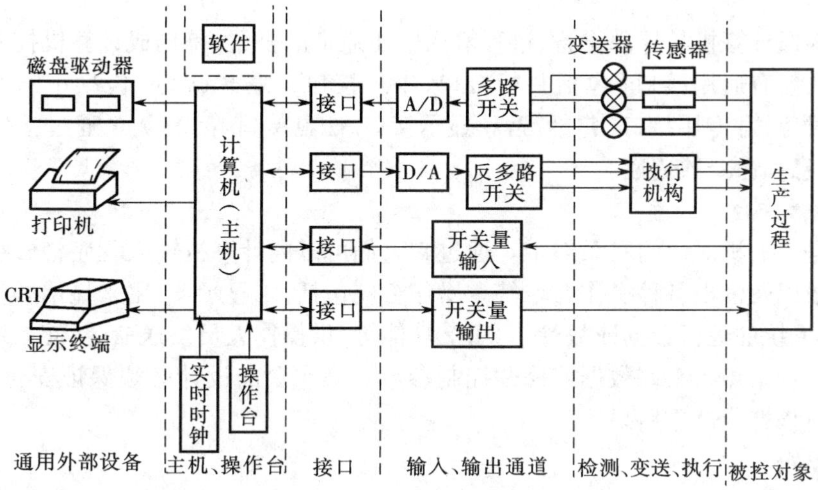

图 3.8-2 计算机控制系统

行器控制各被控变量。

2. 计算机控制系统的特点

与模拟控制系统相比,计算机控制系统具有下述特点:

①控制精度高,系统可靠性强;

②稳定性好,灵活性好,实时性好;

③存储能力强,逻辑运算能力强;

④具有自诊断功能,抗干扰能力强;

⑤具有多种功能,且便于扩充。

3.8.2 计算机控制系统的硬件系统和软件系统

1. 硬件系统

硬件系统包括计算机、标准外部设备、输入输出通道、接口、运行操作台等。

(1) 计算机

计算机是计算机控制系统的核心,由 CPU、ROM、RAM 组成。它可通过接口向系统的各个部分发出命令,同时对系统的各参数进行巡回检测、数据处理以及控制计算、报警处理、逻辑判断等。

(2) 标准外部设备

常规的外部设备是计算机控制系统进行正常工作的必要设备,按功能可分为输入设备、输出设备和外存储器三类,如键盘、打字机、磁盘驱动器等,其规模和数量可随系统的大小和具体需求来定。

(3) 输入、输出通道

工业现场的被控制参数往往是一些非电量(如温度、压力、流量、液位等),首先必须用传感器(检测装置)将它转换成电信号,并通过建立在计算机与检测装置之间的信息传递与变换通道——输入、输出通道,与计算机进行联系,实现信息采集与控制。输入、输出通道一般分为模拟量输入通道、模拟量输出通道、开关量输入通道、开关量输出通道。

(4)接口

接口是沟通计算机与外部设备、过程输入输出通道的桥梁，是构成计算机控制系统的重要部件。接口一般有通用接口(包括并行接口、串行接口)、管理接口(包括中断管理、DMA 管理、计数/定时等)和专用接口(包括键盘/显示接口、磁盘接口等)三类。通过接口电路的协调工作，实现信息和命令的传递。

(5)运行操作台

操作台是人—机对话的联系纽带。通过它人们可以向计算机输入程序，修改内存的数据，显示被测参数以及发出各种操作命令等。操作台应包括：①显示器，用来显示操作人员希望了解的内容，如系统的运行数据或故障信息；②功能键，供操作人员发送命令，使系统执行有关动作；③数字键，用来输入某些数据或修改控制参数。操作台的设计必须保证安全可靠，即使操作错误也不应该造成严重后果。

2. 软件系统

对计算机控制系统来说，硬件只是控制系统的躯体，各种软件才是控制系统的大脑和灵魂。我们把各种程序统称为软件。因此，所谓软件是计算机中使用的所用程序和有关资料的总称，它关系到计算机的正常运行和硬件功能的发挥。

软件通常分两大部分：系统软件、应用软件。

(1)系统软件

系统软件一般包括程序设计系统、操作系统及诊断系统。程序设计系统是为用户进行程序编制而提供的工作程序，如把用程序设计语言编写的源程序翻译成计算机可以识别和执行的目的程序。操作系统是对计算机控制系统进行管理、调度的程序。诊断系统是为计算机调试和试用人员进行测试、查错和故障修复而提供的工具性程序。

(2)应用软件

应用软件是为执行具体任务而编写的用户程序，因控制对象的不同而异，一般由用户自行建立，生产厂有时也提供其中的通用部分。它主要包括过程监视程序(如巡回检测、数据处理、越限报警以及操作台服务程序等)、过程控制程序(主要指描述生产过程和控制规律以及实现控制动作的一整套程序)、公共应用程序(如制表打印、服务子程序库等)。

仿真习题

3.1 过程控制系统的基本概念

3-1 自动控制系统主要由(　　)组成。

(A)检测与变送装置、控制器、执行器

(B)检测与变送装置、控制器、显示器、被控变量

(C)检测与变送装置、控制器、执行器、被控对象

(D)被控对象、被控参数、控制器、执行器

3-2 附图所示是一反应器反应温度自动控制系统。该系统中的被控变量、操纵变量分别是(　　)。

(A)反应器内温度、热剂温度

(B)反应器内温度、热剂流量

(C)反应器内液位高度、热剂流量

(D)反应器内液位高度、热剂温度

3-3 在自动控制系统中，控制器的作用是(　　)。

(A)测量被控变量并将其转化成特定的信号

(B)接收检测变送器送来的信号，与工艺需要保持的设定值信号进行比较得出偏差，根据偏差的大小及变化趋势按预先设计好的控制规律进行运算，将运算结果用特定的信号发送给执行器

(C)接收检测变送器送来的信号，与工艺需要保持的设定值信号进行比较得出偏差，将此偏差结果用特定的信号发送给执行器

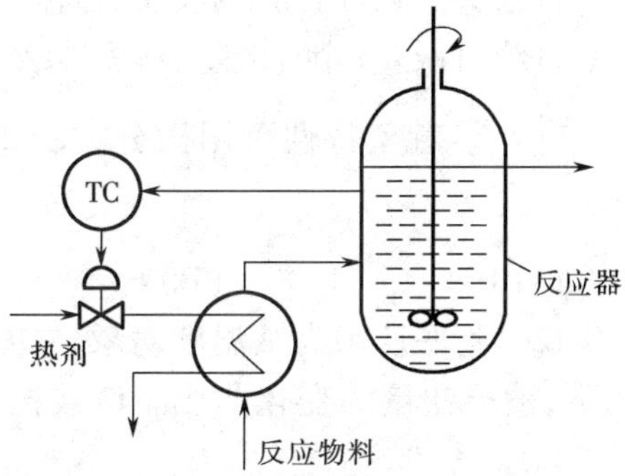

题 3-2 附图

(D)根据控制器送来的信号自动地改变阀门的开启度

3-4 自动控制系统方块图中带有箭头的线段表示(　　)。

(A)信号的相互关系，箭头指向方块表示为这个环节的输入，箭头离开方块表示为这个环节的输出

(B)物料从一个设备进入另一个设备

(C)能量从一个设备进入另一个设备

(D)方块之间的物料流动方向，也表示方块之间的信号流向，两者是一致的

3-5 一般来说，自动控制系统在阶跃扰动作用下，希望得到的过渡过程是(　　)。

(A)非振荡发散过程　　(B)衰减振荡过程

(C)等幅振荡过程　　(D)发散振荡过程

3-6 某换热器的温度调节系统在单位阶跃扰动作用下的过渡过程曲线如附图所示，则最大偏差为(　　)。

(A)30 ℃　　(B)25 ℃

(C)20 ℃　　(D)230 ℃

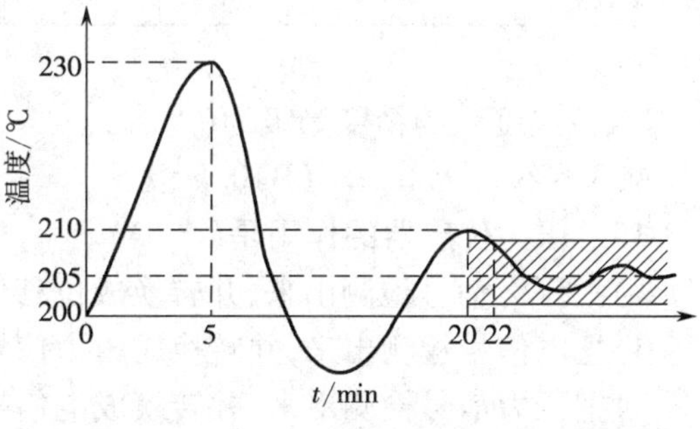

题 3-6 附图

3.2 被控对象的特性

3-7 被控对象的特性是指(　　)。

(A)被控对象的输入与输出之间的关系

(B)整个自动控制系统的输入与输出之间的关系

(C)操纵变量与被控变量之间的关系

(D)扰动变量与操纵变量之间的关系

3-8 控制通道是指(　　)。

(A)操纵变量至扰动变量的信号联系　　(B)操纵变量至被控变量的信号联系

(C)扰动变量至被控变量的信号联系　　(D)输入变量至被控变量的信号联系

3-9 对于控制通道来说，放大系数 K 大，说明(　　)的变化对被控变量的影响比较大。

(A)操纵变量　　(B)扰动变量　　(C)设定值　　(D)输出变量

3-10 描述一阶对象特性的模型参数有(　　)。

(A)放大系数、时间常数、滞后时间　　(B)精度等级、灵敏度、时间常数

(C)绝对误差、相对误差、精度等级　　(D)比例度、积分时间、微分时间

3-11　某对象特性可用微分方程 $10\frac{dy(t)}{dt}+y(t)=4x(t)$ 表示,则该对象的放大系数为(　　)。

(A)10　　(B)4　　(C)4/10　　(D)2.5

3-12　附图所示为某温度对象在单位阶跃输入信号作用下,被控变量的变化曲线。该被控对象的时间常数是(　　)。

(A)1 min　　(B)5 min

(C)6 min　　(D)3.1 min

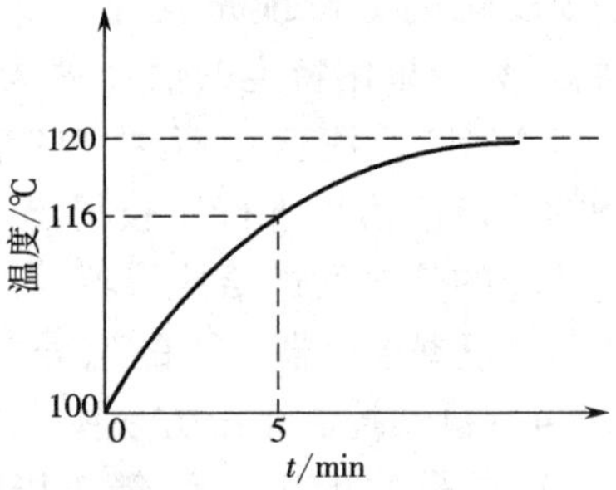

题 3-12 附图

3.3　**工艺参数(压力、流量、温度、液位)的检测**

3-13　某压力表刻度为 0 ~ 100 kPa,在 50 kPa 处计量检定值为 49.5 kPa,那么在 50 kPa 处仪表的绝对误差、示值相对误差、仪表引用误差分别是(　　)。

(A)0.5 kPa,0.5%,1%　　(B)0.5 kPa,0.5%,0.5%

(C)0.5 kPa,1%,1%　　(D)0.5 kPa,1%,0.5%

3-14　某一标尺为 0 ~ 1 000 ℃的温度计出厂前经校验,其刻度标尺上的各点测量结果如下表。

被校表读数/℃	0	200	400	600	700	800	900	1 000
标准表读数/℃	0	201	402	604	706	805	903	1 001

那么该温度计的精度等级为(　　)。

(A)0.6 级　　(B)0.5 级　　(C)1.0 级　　(D)0.4 级

3-15　压力传感器的作用是(　　)。

(A)把压力信号检测出来,并转换成位移信号输出

(B)把电信号检测出来,并转换成压力信号输出

(C)把压力信号检测出来,并转换成电信号输出

(D)把位移信号检测出来,并转换成电信号输出

3-16　在节流式流量计中,要用到节流元件,常用的节流元件有(　　)。

(A)转子、孔板、喷嘴　　(B)孔板、皮托管、文丘里管

(C)孔板、喷嘴、文丘里管　　(D)转子、孔板、皮托管

3-17　流体流过孔径相同的孔板、喷嘴或文丘里管这几种节流装置时,在同样的流量下,能量损失最大的元件是(　　)。

(A)喷嘴　　(B)孔板

(C)文丘里管　　(D)三种节流元件都有可能

3-18　一转子流量计用标准状态下的水进行标定,量程范围为 100 ~ 1 000 L/h,转子材质为不锈钢(密度为 7.92 g/cm^3),现用来测量密度为 0.791 g/cm^3 的甲醇,流量计测甲醇的量程

范围为(　　)。

(A)100 ~ 1 000 L/h　　(B)100 ~ 1 140 L/h

(C)114 ~ 1 140 L/h　　(D)114 ~ 1 000 L/h

3-19 以下不属于节流式流量计的是(　　)。

(A)转子流量计　　(B)孔板流量计

(C)喷嘴流量计　　(D)文丘里流量计

3-20 浮力式液位测量仪表的工作原理是(　　)。

(A)利用流体力学的连通性原理来工作的

(B)利用浮子的高度随液位变化而变化或液体对浸沉于液体中的浮子的浮力随液位高度而变化的原理来工作的

(C)利用核辐射透过物料时,其强度随物质的厚度而变化的原理来测量液位的

(D)利用容器内液位改变时,由液柱产生的静压也相应变化的原理来测量液位的

3-21 在用热电偶测温时,常采用补偿导线。补偿导线的作用是(　　)。

(A)为了接入其他测量仪表

(B)为了延伸冷端,使冷端远离热端,节省贵金属材料

(C)将热电偶和显示仪表连接起来

(D)为了改变整个回路中的热电势

3-22 热电阻温度计是根据(　　)来测量温度的。

(A)物体受热时体积膨胀的性质

(B)金属导体的电阻值随温度变化而变化的特性

(C)半导体元件的电阻值随温度变化而变化的特性

(D)热电效应

3-23 用分度号为 Cu50 的热电阻测温,测得其热电阻为 71.4 Ω,若 $\alpha = 0.004\ 28$,被测温度是(　　)。

(A)50 ℃　　(B)80 ℃　　(C)150 ℃　　(D)100 ℃

3.4 显示仪表

3-24 自动电子电位差计是根据(　　)。

(A)平衡电桥原理测量热电阻变化的

(B)电位平衡原理测量被测电势的

(C)不平衡电桥原理测量热电阻变化的

(D)平衡电桥原理测量被测电势的

3-25 在数字式显示仪表中,A/D 转换的主要任务是(　　)。

(A)将信号处理成线性特性,以提高仪表测量精度

(B)将工艺变量转换为电压或电流值

(C)使连续变化的模拟量转换为断续变化的数字量

(D)将较小的输入信号放大至伏级电压幅度

3-26 在数字式显示仪表中,按显示位数划分,可分为 3 位半、4 位半等多种。所谓半位的显示是指(　　)。

(A)最高位是正号或负号　　(B)最高位是 9 或 0

(C)最高位是 5 或 0　　(D)最高位是 1 或 0

3.5 自动调节仪表

3-27　对于比例控制器来说，常用比例度来表示比例控制作用的强弱，比例度越大，控制作用(　　)，余差越大。

(A)越大　　(B)不变　　(C)越强　　(D)越弱

3-28　比例控制的特点是(　　)。

(A)反应快，控制及时，有余差存在　　(B)反应慢，控制不及时，有余差存在

(C)反应快，控制及时，能消除余差　　(D)反应慢，控制不及时，但能消除余差

3-29　积分控制规律的特点是(　　)。

(A)反应快，控制及时，有余差存在　　(B)反应慢，控制不及时，有余差存在

(C)反应快，控制及时，能消除余差　　(D)反应慢，控制不及时，但能消除余差

3-30　比例积分控制规律是指输出变量与输入偏差之间存在关系(　　)。

(A)$p=K_Pe$　　(B)$p=K_I\int e\mathrm{d}t$

(C)$p=K_P\left(e+T_D\frac{\mathrm{d}e}{\mathrm{d}t}\right)$　　(D)$p=K_P\left(e+K_I\int e\mathrm{d}t\right)$

3-31　控制系统在控制器积分时间不同的情况下，分别得到两条过渡过程曲线，如下图所示，比较这两条曲线所对应的积分时间大小和积分作用强弱(　　)。

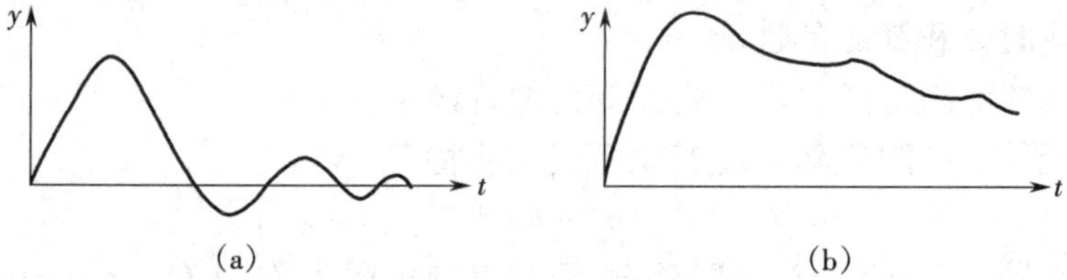

题 3-31 附图

(A)图(a)曲线对应的积分时间较短，积分作用较强

(B)图(a)曲线对应的积分时间较短，积分作用较弱

(C)图(a)曲线对应的积分时间较长，积分作用较强

(D)图(a)曲线对应的积分时间较长，积分作用较弱

3-32　一台 DDZ-Ⅲ型温度比例控制器，测量的全量程为 0～1 000 ℃，当指示值变化为 100 ℃，控制器比例度为 80% 时，相应的控制器输出将变化(　　)。

(A)1.25 mA　　(B)1.6 mA　　(C)2.0 mA　　(D)125 mA

3-33　在自动控制中，PID 控制表示(　　)。

(A)比例积分微分控制　　(B)比例控制

(C)积分控制　　(D)微分控制

3-34　比例积分微分控制规律是指输出变量 p 与输入偏差 e 之间存在关系(　　)。

(A)$p=K_P\left(\frac{1}{T_I}\int e\mathrm{d}t+T_D\frac{\mathrm{d}e}{\mathrm{d}t}\right)$　　(B)$p=K_P\left(e+\frac{1}{T_I}\int e\mathrm{d}t+T_D\frac{\mathrm{d}e}{\mathrm{d}t}\right)$

(C)$p=K_P\left(e+T_D\frac{\mathrm{d}e}{\mathrm{d}t}\right)$　　(D)$p=K_P\left(e+K_I\int e\mathrm{d}t\right)$

3.6 执行器

3-35 控制阀的理想流量特性是指(　　)。

(A)阀前后压差保持不变时,流过阀门的相对流量与阀门相对开度之间的关系

(B)阀门两端压差变化时,流过阀门的相对流量与阀门相对开度之间的关系

(C)阀前后压差保持不变时,被控变量大小与控制阀相对开度之间的关系

(D)阀门两端压差变化时,控制器输出与控制阀相对开度之间的关系

3-36 在理想情况下,等百分比流量特性控制阀的相对流量与相对开度之间的关系为(　　)。

(A)$\frac{q}{q_{max}}=\frac{1}{R}\left[1+(R-1)\frac{l}{L}\right]$　　(B)$\frac{q}{q_{max}}=\frac{1}{R}\left[1+(R-1)\frac{l}{L}\right]^{\frac{1}{2}}$

(C)$\frac{q}{q_{max}}=\frac{1}{R}\left[1+(R-1)\frac{l}{L}\right]^{2}$　　(D)$\frac{q}{q_{max}}=R^{\left(\frac{l}{L}-1\right)}$

3-37 对于线性流量特性控制阀,在小开度时和大开度时行程变化同样的百分数,流量在原来的基础上增加的百分数(　　)。

(A)完全相同,与开度无关

(B)不相同,小开度时增加的百分数少,大开度时增加的多

(C)不相同,小开度时增加的百分数多,大开度时增加的少

(D)没有规律

3-38 等百分比流量特性控制阀的放大系数 $K_v=\frac{d\left(\frac{q}{q_{max}}\right)}{d\left(\frac{l}{L}\right)}$,随着阀门相对开度的增加,放大系数(　　)。

(A)逐渐减小　　(B)逐渐增大

(C)保持不变　　(D)可能增大,也可能减小

3-39 对于串联在管道上的控制阀来说,随着分压比 s 减小,意味着(　　)。

(A)控制阀全开时压差减小,流量减小,实际可调比减小

(B)控制阀全开时压差增大,流量增大,实际可调比增大

(C)控制阀全开时压差减小,流量增大,实际可调比增大

(D)控制阀全开时压差增大,流量减小,实际可调比减小

3-40 气开阀是指当信号压力增大时阀的开度逐渐增大,无信号压力时阀(　　)。

(A)保持原来开度　(B)开度增大　(C)全开　(D)全关

3-41 执行器的气开、气关选择原则是由(　　)决定的。

(A)工艺生产设备和人身安全

(B)控制机构的正、反作用

(C)执行机构的正、反作用

(D)执行机构的正、反作用和控制机构的正、反作用组合

3.7 简单控制系统的工艺设计

3-42 附图所示系统为一冷却器出口物料温度控制系统,要求物料温度不能太低,否则容

易结晶,控制阀、控制器分别应选(　　)。

(A)气开阀、正作用

(B)气关阀、正作用

(C)气开阀、反作用

(D)气关阀、反作用

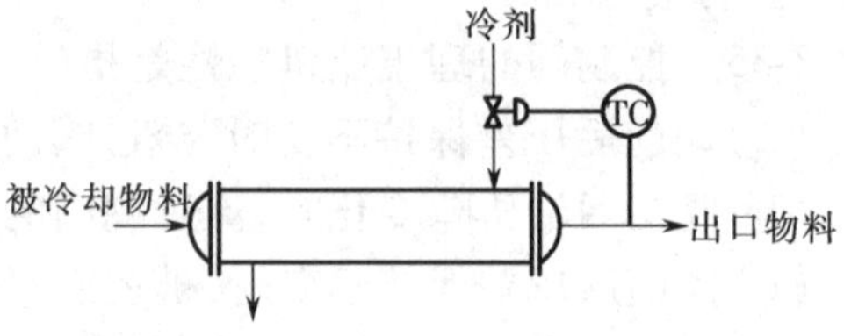

题 3-42 附图

3-43　附图所示为一反应器温度控制系统示意图。反应器内物料需要加热,但如温度过高,会有爆炸危险,控制阀、控制器分别应选(　　)。

(A)气开阀、正作用

(B)气关阀、正作用

(C)气开阀、反作用

(D)气关阀、反作用

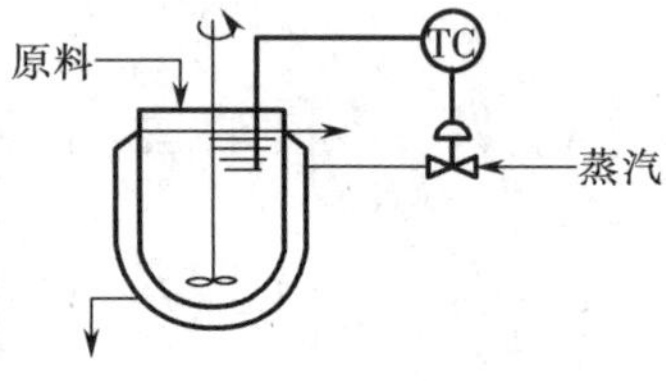

题 3-43 附图

3-44　在简单控制系统中,选择控制器的正、反作用的目的是使系统中控制器、执行器、被控对象三个环节组合起来,形成(　　)的闭环系统。

(A)正作用　(B)反作用　(C)正反馈　(D)负反馈

3-45　控制参数的工程整定就是按照已定的控制方案,确定(　　)。

(A)控制器的比例度、积分时间、微分时间　(B)控制器的正反作用

(C)控制器的控制规律　(D)控制阀的气开气关形式

3.8　计算机控制系统

3-46　计算机控制系统是由(　　)组成的。

(A)被控对象、测量变送、执行器

(B)被控对象、测量变送、执行器、数字计算机

(C)计算机硬件、计算机软件

(D)被控对象、数字计算机

习题答案

3-1 (C)	3-2 (B)	3-3 (B)	3-4 (A)	3-5 (B)	3-6 (A)
3-7 (A)	3-8 (B)	3-9 (A)	3-10 (A)	3-11 (B)	3-12 (D)
3-13 (D)	3-14 (C)	3-15 (C)	3-16 (C)	3-17 (B)	3-18 (C)
3-19 (A)	3-20 (B)	3-21 (B)	3-22 (B)	3-23 (D)	3-24 (B)
3-25 (C)	3-26 (D)	3-27 (D)	3-28 (A)	3-29 (D)	3-30 (D)
3-31 (A)	3-32 (C)	3-33 (A)	3-34 (B)	3-35 (A)	3-36 (D)
3-37 (C)	3-38 (B)	3-39 (A)	3-40 (D)	3-41 (A)	3-42 (A)
3-43 (C)	3-44 (D)	3-45 (A)	3-46 (B)		

参考书目

历玉鸣. 化工仪表及自动化[M]. 5 版. 北京:化学工业出版社,2011 年.

4 化工设计基础

考试大纲

4.1 工艺设计

工艺设计和工程设计含义 类型及分类 不同设计阶段的工作内容及其主要工作顺序

化工设计的前期工作内容 工作顺序和具体要求 厂址选择 项目建议书 可行性研究和设计任务书

工艺计算内容和要求 物料衡算和能量衡算基本方法

化工工艺流程设计 工艺流程设计主要任务(技术合理性) 工艺流程设计方法和工艺流程图绘制

车间的平、立面布置图 设备布置基本内容 工艺、建筑、设备对车间布置基本要求

管道布置图和管道布置 一般要求和基本规范 管道常用配件 各种管子和阀门规格材料 性能及用途

4.2 工艺设计安全

工艺设计安全性涉及的安全因素

消防、防爆、防毒、劳动安全卫生的基本内容和一般性要求

4.3 工艺设计经济分析

工艺设计经济合理性应分析的因素 基本内容和一般性要求

设计方案评价的要求和准则 评价的一般方法

复习指导

化工设计是一门综合性、应用性、实践性很强的技术基础课程。本课程应用了化工原理、物理化学及化工领域各专业课程的相关知识。其中包括了化工设计中基本概念、基本方法及有关技术经济和安全环保等内容。注册化工工程师执业资格考试的基础考试中化工设计基础

部分有 8 题,题型均为单项选择题(内容包括基本概念、计算和分析、记忆判断等类型)。本章根据考试大纲要求,除重点叙述设计基本内容、基本方法和相关设计原则外,还编制了例题和练习题以帮助考生熟悉和掌握化工设计基础部分的基本内容。

复习内容

4.1 工艺设计

要求:本节需要掌握的要点有

①化工工艺设计和工程设计类型及分类;

②化工工程设计阶段、主要任务;

③化工工程设计的程序、各程序的联系和任务;

④化工设计计算内容、基本原理和基本方法;

⑤化工工艺流程设计的原则、内容及流程图的绘制;

⑥化工装置设备布置原则、要求与设备布置图;

⑦化工管道、管道布置设计与管道布置图。

4.1.1 工艺设计和工程设计类型及分类

一个新产品或新工艺从实验研究到工厂投产和应用,在这个过程中需要进行两大类设计。第一类设计包括 3 个环节,即概念设计、中试设计和基础设计。第二类设计是工程设计,工程设计包括初步设计和施工图设计(有的教科书中称其为详细设计)。各类设计的具体内容和任务详述如下。

(1)概念设计

概念设计是应用研究进行到一定程度后,按未来工业生产装置所进行的假想设计。概念设计的任务是:确定流程、工艺条件、主要设备形式和材质、三废处理措施等。概念设计的主要作用是:通过概念设计,可以及早暴露研究工作中存在的问题和不足之处,从而及时解决问题,缩短开发周期。

(2)中试设计

某些开发项目不能采用数学模型法投产,而必须通过相当规模的装置才能获取数据时,需要进行中试设计。

中试设计的内容基本上和工程设计相同,但规模小,在施工安装力量强时,可以不出管道、仪表、管架等的安装图。中试设计在流程和设备结构的形式上不一定与工业装置相同,但必须在实质上反映工业装置的特性和规律,得到基础设计所需的数据,避免工业装置投产时出现没有预见的问题。

(3)基础设计

基础设计是设计将要建设的生产装置的一切技术要点。

基础设计是工程设计的依据,工程设计人员根据基础设计完成一个能顺利投产、达到一定产量和质量指标的生产装置。基础设计须详细说明工业生产过程、主要工艺特点、反应原理及工艺参数和操作条件;提出管道流程和控制方案,对特殊管道的等级、公称直径提出要求;确定流程中主要控制方案的原则、控制要求、控制点数据表、主要仪表类型及特殊仪表技术条件;说明装置危险区、介质特性和允许浓度、安全生产条件、劳动保护装置。

(4)初步设计

初步设计的任务是根据基础设计并结合建厂的具体条件做出工程设计阶段的主要技术决定。初步设计内容见4.1.3。

(5)施工图设计

施工图设计在有的教科书中被称为详细设计。按我国设计分类,通常当初步设计文件审批后,即进入施工图设计阶段。我国进行的施工图设计相当于国际项目的详细设计加基础设计。其内容见4.1.3。

【例4.1-1】 新产品或新工艺开发需要进行的设计包括(　　)。

(A)概念设计、中试设计、初步设计和施工图设计

(B)概念设计、基础设计、初步设计和施工图设计

(C)中试设计、基础设计、初步设计和施工图设计

(D)概念设计、中试设计、基础设计和工程设计

正确选项(D)。

【例4.1-2】 概念设计的内容包括(　　)。

(A)确定流程、工艺条件、主要设备形式、材质、三废处理措施及工厂布局

(B)确定流程、工艺条件、主要设备形式、材质、工厂布局

(C)确定流程、工艺条件、主要设备形式、材质、三废处理措施

(D)确定流程、工艺条件、主要设备材质、三废处理措施及工厂布局

正确选项(A)。

4.1.2 不同设计阶段的设计内容和程序

根据原化学工业部《化工设计管理标准》关于"设计工作基本程序"的规定,目前中国化工基本建设程序如图4.1-1所示。

图4.1-1可以分成三部分:设计的前期工作阶段,初步设计和施工图设计阶段,施工、试车阶段。

1.化工设计的前期工作内容

(1)项目建议书

根据国民经济和社会发展的长远规划及市场需求,并结合矿藏和水利资源等条件,在分析现有生产力,广泛调查、收集资料、踏勘厂址等工作完成之后,提出具体的项目建议书,向国家推荐项目。项目建议书内容如下:

①项目建设的目的和意义,即项目提出的背景和依据,投资的必要性和意义;

②市场初步预测;

③产品方案和拟建规模;

④工艺技术初步方案(原料路线、生产方法和技术来源);

⑤原材料、燃料和动力的供应;

⑥建厂条件和厂址初步方案;

⑦公用工程和辅助设施初步方案;

⑧环境保护;

⑨工厂组织和劳动定员估算;

⑩项目实施初步规划;

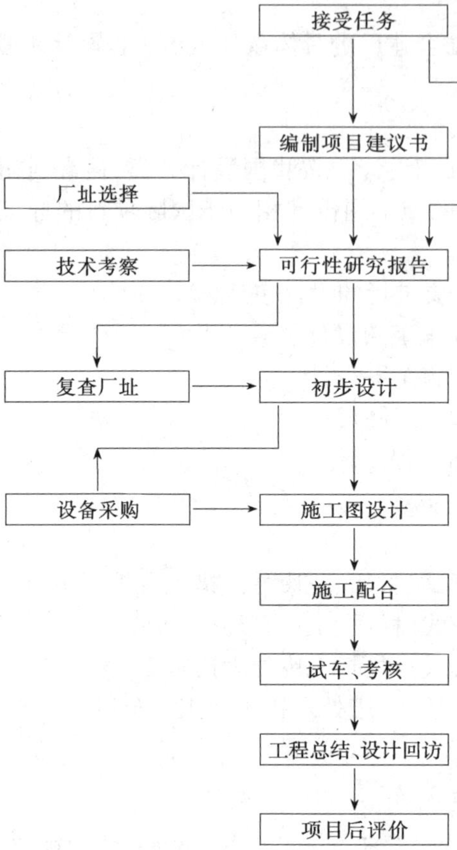

图 4.1-1　工程设计基本程序

⑪投资估算和资金筹措方案；

⑫经济效益和社会效益的初步评价；

⑬结论与建议。

上述内容，在理解和应用时可归纳成三方面：①必要性，即项目提出的背景、依据和市场需求；②可行性，即产品方案、拟建规模、工艺技术的可行性，原料、公用工程的可行条件，建厂地址及环境保护的可行性；③合理性，即劳动人员组织合理、投资费用有保证且合理、产品具有经济和社会效益。

(2)可行性研究报告的编制

可行性研究报告的编制必须以批准的项目建议书为依据，与委托单位签订合同。在主管部门的组织下，由主管部门、建设单位、设计单位组成小组，对拟建项目进行全面科学的分析论证，最后编制成可行性研究报告。根据原化学工业部对“可行性研究报告”的有关规定，可行性研究报告内容可以参考相关书籍，在此不再详述。

“可行性研究报告”视项目规模大小，可以由主管部门，各省、市、自治区或全国性工业公司负责主审，报国家计委审批，或由国家计委委托有关单位审查。重大特殊项目则由国家计委会同有关部门主审，报国务院审批。

(3)设计任务书

在可行性研究的基础上,按照上级审批的建设方案,落实各项建设条件后,便可编制设计任务书,并下达给设计者。对于设计者来讲,设计任务书是指令性文件,设计者必须按设计任务书的各项要求,完成设计任务。设计任务书内容可参考相关书籍。

2. 厂址的选择及总图布置

1)厂址选择的原则

厂址选择是一项政策性、技术性很强的工作。厂址选择既要符合现行的国家政策、方针和规范,又须与城市总体规划相协调,力求厂址经济合理,节约用地和减少工程投资。厂址选择后才能进行设计的前期工作。

厂址选择的原则:

①厂址的选择应由有关部门和有关专业协同进行,并对建厂条件进行深入的调查研究。

②厂址选择应进行方案的技术经济比较,择优确定经济效益、社会效益和环境效益好的厂址。

③厂址应符合国家工业布局,并和当地城市及工业区总体规划相协调。

④厂址选择时应同时选择确定居住区、交通运输设施、公用工程设施及环境保护工程的建设地点。

⑤厂址宜靠近主要原料和燃料供应地或产品主要销售地及协作条件好的地区。

⑥厂址应具有方便、畅通和经济的交通运输条件。临江、河、湖、海的厂址,当通航条件能满足工厂运输要求时,应充分利用水路运输,且厂址靠近适于建设码头的地段。

⑦厂址应有充足、可靠、符合生产和生活要求的水源和电源,且能满足企业发展需要。

⑧厂址宜靠近可供依托的城镇或职工生活方便的地区,并应位于城镇或居住区全年最多频率风向的下风向或最小频率风向的上风向。

⑨排放或散发大量有害气体的企业,其厂址不宜选择在经常发生逆温层较低、厚度较大的地区及全年静风频率超过45%的地区。

⑩产生噪声污染的工厂不应在噪声敏感区域内选择厂址;对外部噪声敏感的工厂,应根据其正常生产运行的要求,避免在产生噪声污染的环境中选择厂址。

⑪不应在下列地段或地区选择厂址:

a. 地震断层及地震基本烈度高于9度的地震区;

b. 工程地质严重不良地段;

c. 有开采价值的矿藏区及采矿陷落(错动)区界限内;

d. 国家规定的风景区、自然保护区及历史文物古迹保护区;

e. 对飞机起降、电台通信、电视传播、雷达导航和天文、气象、地震观测及重要军事设施等规定的影响范围内;

f. 不能确保安全的水库,在库坝决溃后可能被淹没的地区;

g. 易受洪水危害,或防洪工程量很大,尚难以确保工厂安全的地段;

h. 在爆破危险区范围内;

i. 大型尾矿库及废料场下方;

j. 有严重放射性物质污染影响区;

k. 供水水源卫生防护地带;

l. 全年静风频率超过60%的地区。

⑫厂址应具有建设必需的场地面积和宜于建厂的地形，场地外形尽可能简单。并应根据工厂发展规划的需要，留有适当的发展余地。

⑬厂址的自然地形，应有利于工厂布置、厂内运输、场地排水及减少土（石）方工程等，且自然地面坡度不宜大于5%。

⑭厂址应具有满足建设工程需要的工程地质及水文地质条件。

⑮厂址应不受洪水、潮水和内涝威胁，其防洪标准应按相关规定执行，并符合规范规定。其他防洪要求，应符合现行国家标准《防洪标准》的规定。

⑯当厂址位于山坡或山脚处时，应避开受山洪威胁的地段，当不可避免时，应具有可靠的截洪或排洪措施。并应对山坡的稳定性做出评价，确定其对工程有无危害。

2）总图布置原则

总平面布置应在总体布置基础上，根据工厂性质、规模、生产流程、交通运输、环境保护、防护、安全、卫生、施工、检修、生产、经营管理、厂容厂貌及发展等要求，并结合当地自然条件进行布置，经方案比较后择优确定。

总平面布置应符合以下要求。

①总平面布置应符合国家有关用地控制指标的规定，并应符合下列要求。

a. 工艺装置在生产、操作和环境许可时，应露天化、联合集中布置。

b. 生产及辅助生产建筑物，在生产流程、防火、安全及卫生要求许可时，宜合并建造；宜利用生产装置区的管廊及框架等处空间布置的有关设施。

c. 仓库设施宜按储存货物的性质及要求，合并设计为大体量仓库或多层仓库。对大宗物料的储存，宜采用机械化装卸设施。

d. 行政办公及生活服务设施，宜根据其性质及使用功能，分别进行平面和空间组合，并按多功能综合建筑设计。

e. 应合理划分街区和确定通道宽度，街区、装置区和建筑物、构筑物的外形宜规整。

f. 铁路线路、装卸设施及仓储设施，应根据其性质及使用功能，相对集中布置，并应避免或减少铁路进线在厂区形成扇形地带。

g. 工厂改建或扩建时应结合原有的总平面布置以及生产运行管理的特点，相互协调、合理布置。

②总平面布置的预留发展用地应符合相关规范要求。

③厂区总平面应按功能分区布置，可分为生产装置区、辅助生产区、公用工程设施区、仓储区和行政办公及生活服务区。辅助生产和公用工程设施也可布置在生产装置内。功能分区布置应符合下列要求：

a. 各功能区应布置紧凑、合理并与相邻功能区相协调；

b. 各功能区之间物流运输、动力供应便捷合理；

c. 生产装置区宜布置在全年最小频率风向的上风侧，行政办公及生活服务设施区宜布置在全年最小频率风向的下风侧，辅助生产和公用工程设施宜布置在生产装置区与行政办公及生活服务设施区之间。

④街区外形宜为矩形。街区面积应根据生产装置、辅助生产设施、公用工程、仓储设施的组成和用地要求，结合地形等因素综合确定。

⑤厂区通道宽度应考虑系列因素经计算确定：

a. 符合防火、安全、卫生间距的要求；

b. 符合各种管线、管廊、运输线路及设施、竖向设计、绿化等布置要求；

c. 符合施工、安装及检修要求；

d. 厂区通道的预留宽度应为该通道计算宽度的10% ~20% 。

⑥当厂区通道宽度不具备上述条款因素计算时，通道宽度按相关规定采用。

⑦总平面布置应合理利用场地地形。

⑧总平面布置应结合工程地质及水文地质条件进行设计。

⑨地下构筑物宜布置在地下水位较低的填方地段。

⑩总平面布置应根据当地气象条件和地理位置等，使建筑物具有良好的朝向和自然通风。

⑪总平面布置应防止或减少有害气体、烟雾、粉尘、振动、噪声对周围环境的污染。

⑫产生环境污染的设施，宜相对集中布置，并应远离人员集中或有安静要求的场所。

⑬运输线路的布置，应使物流顺畅、短捷，并应避免或减少折返迂回。人流、货流组织应合理，应避免运输繁忙的路线与人流交叉和运输繁忙的铁路与道路平面交叉。

⑭平面布置应使建筑群体的平面布置与空间景观相协调，并应与厂外环境相适应。

⑮厂区建筑系数不应小于30%，厂区利用系数不应小于50%。

【例4.1-3】 进行厂区总平面布置时，生产装置宜布置在以下哪个区域（　　）？

(A)全年最小频率风向的下风侧　　(B)全年最小频率风向的上风侧

(C)全年最大频率风向的上风侧　　(D)夏季最小频率风向的下风侧

正确选项(B)。

【例4.1-4】 根据《化工企业总图运输设计规范》，厂址不能选择在以下哪个区域（　　）？

①靠近城镇或职工生活地区，且位于城镇或居住区全年最多频率风向的下风向；

②有可靠的截洪或排洪措施，且对山坡的稳定性做出评价，确定其对工程无危害的山坡或山脚处；

③有开采价值的矿藏区；

④全年静风频率超过60%的地区。

(A)①③　　(B)②④　　(C)①④　　(D)③④

正确选项(D)。

4.1.3 工程设计的程序、内容

1. 化工厂整套设计

对于化工厂，不论其产品品种、规模、生产方式或生产技术的先进程度是否相同，企业的结构基本上是类同的。因此，化工厂整套设计应包括以下各项内容：

①化工工艺设计；

②总图运输设计；

③土建设计；

④公用工程（供电、供热、供排水、采暖通风）设计；

⑤自动控制设计；

⑥机修、电修等辅助车间设计；

⑦外管设计；

⑧工程概算与预算。

为了使整个化工厂建设得经济合理,在设计中应努力做到:

①符合国家的经济政策和技术政策,合理利用国家资源;

②工艺上可靠,经济上合理;

③技术先进;

④不造成环境污染。

⑤符合国家工业安全与卫生要求。

2. 初步设计

初步设计的任务是:确定全厂性的设计原则、设计标准、设计方案等重大技术问题,如总工艺流程设计、生产方法、工厂组成、总图布置、水电气供应方式和用量、物料计算、关键设备及仪表的选择、车间布置设计、管道选择、全厂的贮运方式、消防安全、卫生、环境保护等,并编制初步设计文件及概算书。有关初步设计说明书的内容深度规定参见《化工工厂初步设计文件内容深度规定》和《石油化工装置基础工程设计内容规定》。

3. 施工图设计

施工图设计阶段的主要任务:把初步设计中确定的设计原则和设计方案,根据建筑施工、设备制造及安装工程进一步具体化。

施工图设计必须满足以下几个要求:建筑工程施工、设备及管道安装、设备制作及自动控制工程等建筑造价的要求。

化工工艺设计施工图是工艺设计的最终成品,它由文字说明、表格和图纸三部分组成,分提交业主和内部两类文件。施工图成品文件组成见表4.1-1。

表4.1-1　施工图文件组成

序号	名称	提交业主	内部文件	备注
1	图纸目录	✓		总则
2	设计说明	✓		
3	工艺及系统设计规定		✓	工艺系统
4	首页图	✓		
5	管道及仪表流程图	✓		
6	管道特性表	✓		
7	设备一览表	✓		
8	特殊阀门和管道附件数据表	✓		
9	设备布置设计规定		✓	设备布置
10	分区索引图	✓		
11	设备布置图	✓		
12	设备安装材料一览表	✓		

续表

序号	名称	提交业主	内部文件	备注
13	管道布置设计规定		√	管道布置
14	管道布置图	√		
15	软管站布置图	√		
16	伴热站布置图和伴热表	√		
17	伴热系统图	√		
18	管道轴测图索引及管道轴测图	√		
19	管道材料表索引及管道材料表	√		
20	管架表	√		
21	设备管口方位图	√		
22	管道机械设计规定		√	管道机械
23	管道应力计算报告		√	
24	管架图索引及特殊管架图	√		
25	波纹膨胀节数据表	√		
26	弹簧汇总表	√		
27	管道材料控制设计规定		√	管道材料
28	管道材料等级索引表及等级表		√	
29	阀门技术条件表	√		
30	绝热工程规定		√	
31	防腐工程规定		√	
32	特殊管件图	√		
33	绝热材料表	√		
34	防腐材料表	√		
35	综合材料表	√		

4.1.4 原始数据的收集

原始资料收集是设计的先决条件,需收集的资料有以下方面。

(1)基础资料

基础资料包括水文地质资料、人文地理情况、矿产资源等。

(2)生产方法及工艺流程资料

①各种生产方法及其工艺流程的比较资料,如原料路线、操作条件、生产控制方面的资料。

②各种生产方法及其工艺流程的经济比较资料。

(3)工艺资料

①物料衡算资料。

②热量衡算资料及设备计算资料。

③车间布置相关资料。

(4)其他资料

①非工艺设计资料。

②安全环保、三废治理资料。

③概算资料。

资料来源于以下方面：

①开发研究单位的小试、中试报告；

②项目建议书和可行性研究报告；

③建设单位提供的资料；

④相关书籍、手册等。

4.1.5 化工工艺流程设计

1. 化工工艺技术路线的选择

所谓工艺技术路线，就是把原料加工成为产品的方法，包括工艺流程、生产方法、工艺设备和技术方案。工艺技术路线选择应满足以下原则。

(1)可靠性

工业企业的工艺技术路线必须是经过科学试验与大生产检验证实是可行的技术，无论方案某一方面多么先进，凡可靠性不高的方案在大生产中都不能选用。工艺技术可靠性可从流程是否通畅，生产是否安全，工艺是否稳定，消耗定额、生产能力、产品质量和三废排放能否达到预定指标等方面来判断。

(2)适用性

所选择的技术路线要能与具体环境、资源和技术的接受能力相适合。选择技术路线时一定要考虑当时、当地的具体情况。

(3)技术的合理性

每一个技术如产品一样，都有一个生命期，即包括投入期、成长期、成熟期和衰退期。选择技术路线时，最好选择正处于成长期的技术。这样不仅成功把握性大，且在一个较长时间段内都能取得经济效益。

(4)经济性

选择的技术路线投产后应该取得良好的经济效果。

2. 工艺流程设计的主要任务

工艺流程设计和车间布置设计是决定整个装置基本面貌的关键步骤。工艺流程设计的主要内容包括两个方面。

(1)确定生产流程

确定生产流程中各个生产过程的具体组成、顺序和组合方式。

(2)绘制工艺流程图

绘制工艺流程图的主要任务如下。

①确定整个流程的组成。工艺流程反映了从原料到产品的全过程，因此首先要确定采用多少工序及各工序之间的连接方法。

②确定每个生产过程(或工序)的具体任务，即物料通过该工序发生哪些物理变化、化学反应和能量变化。

③确定每一个生产过程所选用的设备及设备操作条件。

④确定控制方案及选用适合的控制仪表。

⑤确定三废治理和综合利用的方案。

⑥确定安全生产措施。

3. 工艺流程设计方法与步骤

①充分做好准备工作。

②确定生产线数目。

③确定操作方式。

④确定主要生产过程。

⑤合理利用物料和能量，确定辅助过程。

⑥合理确定操作条件。

⑦流程生产能力的弹性和设备设计。

⑧控制系统的确定。

⑨工艺流程的逐步完善与简化。

⑩多种流程设计方案的比较与择优。

4. 工艺流程图绘制

工艺流程设计的不同阶段，有不同类别的工艺流程图，且具有不同作用。根据工艺流程设计的先后有：工艺流程方框图、工艺流程简(草)图、工艺流程图、管道仪表流程图等。

1)工艺流程方框图

工艺流程方框图采用方框和文字表示主要化工过程及主要设备，用箭头表示物流方向。在设计工艺流程方框图时，必须知道生产过程，选择最清晰的物流走向。

2)工艺流程简(草)图

工艺流程简图中包括主要工艺设备及辅助设备，用箭头表示物流走向，标注工艺设备位号与名称，用图例表示主要控制代表的参数、功能和控制方法。

3)工艺流程图与物料平衡表

工艺流程图一般包括如下内容。

①全部工艺物料和产品所经过的设备，标注设备位号和名称，表示出设备的内外特性结构。设备尽量采用合适比例和相对位置的规定图形符号简化表示。当设备结构型式尚未确定时，可用长方框表示。备用设备不表示。完全相同的、并用一个设备位号命名的多台设备，可只表示一台。

②全部物料管道，注明流向和进出界区的标志。标出流程图上各点物料的编号，表示出正常生产条件下的升温和催化剂还原管道，放空、排液、液封等有特殊要求的管道和主要旁路管道，注明去向。

③表示出和设备、工艺管道相连的一小段公用工程物料进出管，标注流向和各点物料的编号，不表示公用物料的总管。

④表示有压力变化处的阀门，其他阀门不在图上表示。

⑤主要控制仪表(调节阀)和检测点。

物料平衡表是反映工艺流程图上各点物料编号的物料平衡。物料平衡表可以合并在工艺流程图上，也可以单独编制。其主要内容包括：序号、工艺流程图上各点物料的编号、物料名称和状态、流量(分别列出各股的总量，其中的气、液、固体数量，组分量，组分的重量百分率、体积百分率或公斤分子百分率)、操作条件(温度、压力)、分子量、密度、黏度、导热系数、比热、表面张力、蒸汽压等。

4)管道仪表流程图

管道仪表流程图是在工艺设计的基础上开展工作的,是工程设计的一个重要的工作环节。管道仪表流程图是借助统一规定的图形符号和文字代号,用图示的方法把建立化工工艺装置所需的全部设备、仪表、管道、阀门及主要管件,按其各自功能,为满足工艺要求和安全、经济目的而组合起来,以起到描述工艺装置的结构和功能的作用。它不仅是设计、施工的依据,而且也是企业管理、试运转、操作、维修和开停车等各方面所需的完整技术资料的一部分。

管道仪表流程图在设计过程中是逐步加深和完善的,它分阶段和版次分别发表。管道仪表流程图按管道中物料类别,通常分为:工艺管道仪表流程图(简称工艺 PI 图)和公用物料管道仪表流程图(简称公用物料系统流程图)。

- 管道仪表流程图(统称 PI 图)
  - 工艺管道仪表流程图(简称工艺 PI 图)Piping and instrument flow diagram(P&ID)
    - 装置内工艺管道仪表流程图
    - 装置间工艺管道仪表流程图
  - 辅助物料、公用物料管道仪表流程图(简称公用物料系统流程图)Utility flow diagram(UFD)
    - 装置内辅助物料、公用物料管道仪表流程图(简称装置内公用物料发生图)
    - 装置内辅助物料、公用物料管道仪表分配图(简称装置内公用物料分配图)
    - 装置间辅助物料、公用物料管道仪表流程图(简称装置间公用物料系统流程图)

(1)管道仪表流程图的设计阶段和版次

工程设计分为两个阶段:基础工程设计和详细工程设计。

图纸的版次表示在各工程设计阶段图纸上内容表达的程度。通常在基础工程设计阶段完成四版 PI 图:A 版 PI 图(初版),B 版 PI 图(内审版),C 版 PI 图(用户版),D 版 PI 图(确认版)。在详细工程设计阶段完成三版:E 版 PI 图(详 1 版),F 版 PI 图(详 2 版),G 版 PI 图(施工版)。

(2)管道仪表流程图一般规定

图幅。管道仪表流程图采用标准规格,并带有设计单位名称的统一标题栏。一般应采用 1 号(A1)图幅,横幅绘制。流程简单者可用 A2 图幅。

比例。管道仪表流程图不按比例绘制,但应示意出各设备相对位置的高低。一般设备图例只取相对比例,实际尺寸过大的设备比例可适当缩小,实际尺寸过小的设备比例可适当放大。

相同系统的绘制方法。当流程中包括有两个或两个以上相同的系统时,需绘出一张总图表示各系统间的关系,再单独绘出一个系统的详细流程图,其余系统以细双点画线的方框表示,框内注明系统的名称及其编号。当多个不同系统流程比较复杂时,可以分别绘制各系统单独的流程图。在总流程图中，各系统采用细双点画线的方框表示，框内注明系统名称、编号和各系统流程图图号。

(3)G版(施工版)管道仪表流程图的基本内容

①用规定的类别图形符号和文字代号表示PI图所设计装置的各工序中工艺过程的全部设备、机械和驱动机，包括需就位的备台和生产用移动式设备，并进行编号和标注。

②用规定的图形符号和文字代号，详细表示所需的全部管道、阀门、主要管件、公用工程站和隔热等，并进行编号和标注。

③用规定的图形符号和文字代号表示全部工艺取样点，并进行编号和标注。

④用规定的图形符号和文字代号表示全部检测、指示、控制功能仪表，包括一次仪表和传感器，并进行编号和标注。

⑤安全生产、试车、开停车和事故处理在PI图上需要说明的事项，包括工艺系统专业对管道、自控等有关专业的设计要求和关键尺寸。

其他有关工艺管道及仪表流程图的绘制要求参见相关标准。

【例4.1-5】 以下内容不符合关于施工版管道仪表流程图的规范的是(　　)。

(A)用规定的图形符号和文字代号，详细表示所需的全部管道、阀门、主要管件、公用工程站和隔热等

(B)用规定的类别图形符号和文字代号表示所设计装置的各工序中工艺过程的全部设备、机械和驱动机，不包括需就位的备台和生产用移动式设备

(C)表示全部检测、指示、控制功能仪表，包括一次仪表和传感器

(D)安全生产、试车、开停车和事故处理需要说明的事项

正确选项(B)。

4.1.6 物料衡算的基本方法

物料衡算是化工工艺设计的基础。物料衡算的任务是根据化工装置的生产规模、已知的基本数据，通过对化工过程中每个单元过程的物料衡算，计算原料消耗定额、三废排放量及三废的组成，为整个化工设计提供量化基础。

1. 物料衡算基础及基准

(1)物料衡算方程式

物料衡算的理论基础是质量守恒。根据这一定律，对一个系统来讲，有如下方程式：

$$(F_i - F_o) + (D_p - D_r) = W \tag{4.1-1}$$

式中：F_i 为进入系统的物料量；F_o 为从系统流出的物料量；D_p 为在系统内生成的物料量；D_r 为在系统内消耗的物料量；W 为在系统中积累的物料量。

对系统中无化学变化的过程，式4.1-1简化为

$$F_i - F_o = W \tag{4.1-2}$$

对连续操作的稳定操作过程，式4.1-1简化为

$$(F_i - F_o) + (D_p - D_r) = 0 \tag{4.1-3}$$

(2)物料衡算基准

在物料衡算中，恰当选择计算基准不仅可以使计算简化，而且可以减小计算误差。在化工计算中，根据过程特点和计算任务可以选择如下几个基准。

①以单位时间为基准，如小时、秒等，多用于连续操作。

②以单位质量为基准，如 1 吨、1 千克等，主要用于计算原料消耗定额。

③以每一批物料为基准，多用于分批（间歇）操作。

④以单位体积为基准，对气体物料进行衡算时选择体积基准。这里必须注意的是应将实际情况下的体积换算成标准体积，用 m^3（STP）表示。这种换算可以排除温度、压力变化带来的影响，也可以直接换算为摩尔数。

2. 物料衡算的程序

在进行物料衡算时，为了避免错误，便于检查，必须采取正确的计算步骤。通常按以下程序进行计算。

①确定衡算的范围（如一个系统、一个装置或一个单元设备），并绘制出相应的流程方框图。

②写出化学反应方程式，包括主反应和所有的副反应。

③收集计算所需的数据，一般要收集以下一些数据：反应物料的配比，原料、半成品、成品及副产品的纯度（或组成、浓度），总产率、阶段产率、转化率、单程转化率，原料、半成品、成品的物化性质等。

④确定年工作日。根据所处理物料性质不同、操作组成情况不同，可以选择年工作日 330 天或 300 天。

⑤选择计算基准。

⑥进行物料衡算。

⑦将物料衡算结果列成物料平衡表，绘制物料平衡图。

3. 物料衡算中所用到的基本参数

①目的产物收率 Y

$$Y=\frac{\text{转化为目的产物消耗的关键组分的量}}{\text{加入反应系统的关键组分的总量}}\times 100\%$$

②关键组分转化率 X

$$X=\frac{\text{转化了的关键组分的量}}{\text{加入反应系统的关键组分的总量}}\times 100\%$$

③目的产物选择性 S

$$S=\frac{\text{转化为目的产物消耗的关键组分的量}}{\text{转化了的关键组分的量}}\times 100\%$$

$$S=\frac{Y}{X}$$

④循环比

$$\text{循环比}=\frac{\text{循环物流流量}}{\text{产物物流流量}}\times 100\%$$

⑤混合比

$$\text{混合比}=\frac{\text{循环物流流量}}{\text{新鲜物流流量}}\times 100\%$$

⑥总转化率

$$\text{总转化率}=\frac{\text{在总系统中反应消耗的关键组分的量}}{\text{进入循环系统中的关键组分的量}}\times 100\%$$

⑦单程转化率

$$单程转化率=\frac{反应器中反应消耗的关键组分的量}{进入反应器的混合原料中关键组分的量}\times 100\%$$

⑧总收率

$$总收率=\frac{在系统中生成目的产物消耗的关键组分的量}{进入循环系统的新鲜原料中关键组分的量}\times 100\%$$

⑨单程收率

$$单程收率=\frac{在反应器中生成目的产物消耗的关键组分的量}{进入反应器的混合原料中关键组分的量}\times 100\%$$

【例 4.1-6】 甲苯与混酸硝化制取一硝基苯。原料甲苯纯度为 98%，混酸的组成为 H_2SO_4 56%，HNO_3 27%，H_2O 17%。甲苯与硝酸的摩尔比为 1∶1.02。一硝基苯的收率为 95%。年产 5 000 吨纯度为 99% 的一硝基苯，原料甲苯的消耗量与下列哪一项最接近(　　)？

反应方程式为

$$\underset{甲苯}{C_6H_5—CH_3}+HNO_3 \rightarrow \underset{一硝基苯}{H_3C—C_6H_4—NO_2}+H_2O$$

(A)3 392 吨　　(B)3 500 吨　　(C)3 571 吨　　(D)3 607 吨

解：正确选项(C)。

甲苯分子量：92；一硝基苯分子量：137。

年产 5 000 吨纯度为 99% 的一硝基苯，甲苯的消耗量可根据收率确定。

纯甲苯的消耗量为

$$\frac{(5\,000\times 0.99)/137}{0.95}\times 92=3\,499.04\ 吨$$

原料甲苯的消耗量为

$$\frac{3\,499.04}{0.98}=3\,570.4\ 吨$$

错误选项(A)，未考虑反应的收率 95%。

错误选项(B)，未考虑甲苯的纯度 98%。

错误选项(D)，未考虑产品一硝基苯的纯度 99%。

【例 4.1-7】 甲苯与混酸硝化制取一硝基苯。原料甲苯纯度为 98%，混酸的组成为 H_2SO_4 56%，HNO_3 27%，H_2O 17%。甲苯与硝酸的摩尔比为 1∶1.02。一硝基苯的收率为 95%。年产 5 000 吨纯度为 99% 的一硝基苯，原料混酸的消耗量与下列哪一项最接近(　　)？

反应方程式为

$$\underset{甲苯}{C_6H_5—CH_3}+HNO_3 \rightarrow \underset{一硝基苯}{H_3C—C_6H_4—NO_2}+H_2O$$

(A)9 143 吨　　(B)9 052 吨　　(C)8 875 吨　　(D)8 599 吨

解：正确选项(B)。

甲苯分子量：92；一硝基苯分子量：137；硝酸分子量 63。

年产 5 000 吨纯度为 99% 的一硝基苯，甲苯的消耗量可根据收率确定。

纯甲苯的消耗量为

$$\frac{(5\,000\times 1\,000\times 0.99)/137}{0.95}=38\,033.04\ \text{kmol}$$

硝酸的消耗量为

$$\frac{38\ 033.04 \times 1.02 \times 63}{1\ 000} = 2\ 444.00\ 吨$$

混酸的消耗量为

$$\frac{2\ 444.00}{0.27} = 9\ 051.86\ 吨$$

错误选项(A)：未考虑产品硝基苯的纯度；

错误选项(C)：未考虑原料硝酸与甲苯的摩尔比；

错误选项(D)：未考虑反应收率。

【4.1-8】 每小时需配制含 H_2SO_4 56%、HNO_3 27% 和 H_2O 17% 的混酸 914 kg。原料为 98% 的 H_2SO_4、98% 的 HNO_3 和 70% 的 H_2SO_4。则需要的 98% 的 H_2SO_4 的量与下列哪组数据接近(　　)?

(A)169.1 kg　　(B)172.5 kg　　(C)246.8 kg　　(D)251.8 kg

解:正确选项(B)。

假设:配制混酸所需 98% 的 H_2SO_4、98% 的 HNO_3 和 70% 的 H_2SO_4 的量分别为 x kg, y kg 和 z kg。对各组分可列如下方程:

$$x + y + z = 914$$

$$0.98y = 914 \times 0.27$$

$$0.98x + 0.70y = 914 \times 0.56$$

解得　$x = 172.5$ kg

$y = 251.8$ kg

$z = 489.7$ kg

错误选项(A)：结果为 98% 硫酸中纯 H_2SO_4 的量；

错误选项(C)：结果为 98% 硝酸中纯 HNO_3 的量；

错误选项(D)：结果为 98% 硝酸的用量。

4.1.7 能量衡算的基本方法

在化工生产过程中往往伴随着能量的变化,同时大多数化工生产均要求过程在某一指定温度下进行。为维持这一温度,常有载热体或载冷体加入或带出一定热量。因此能量衡算也是化工设计的主要内容。能量是热能、电能、辐射能和化学能的总称,而这里的能量衡算单指热量衡算。热量衡算与物料衡算有密切关系,物料衡算是热量衡算的基础。

1. 热量衡算的基本方法

(1)热量衡算式

热量衡算的依据是热力学第一定律,其一般形式为

$$\Delta U = Q + W \tag{4.1-4}$$

式中:ΔU 为系统热力学能的变化;Q 为系统从环境中吸收的能量;W 为环境对系统所做的功。

但在实际生产中往往是对传热设备进行热量衡算。热量衡算式又可表示为

$$Q_1 + Q_2 + Q_3 = Q_4 + Q_5 + Q_6 + Q_7 \tag{4.1-5}$$

式中:Q_1 为进系统的物料带到系统中去的热量,kJ;Q_2 为传热介质向系统输入或输出的热量,kJ,符号规定输入为 +、输出为 -;Q_3 为过程的热效应(物理变化热和化学反应热),kJ,符号规

定放热时 ΔH 值为 -，吸热时 ΔH 值为 +；Q_4 为离开系统的物料带出的热量，kJ；Q_5 为消耗在加热设备各个部件上的热量，kJ；Q_6 为设备向四周散失的热量，kJ；Q_7 为离开系统的气体带出的热量，kJ（有些书中将 Q_7 归结到 Q_4 中）。

(2)热量衡算方法

关于热量衡算方法可参考相关书籍。

2. 热量衡算基准和步骤

(1)热量衡算的基准

热量衡算计算基准包括两方面，一指数量上的基准，二指温度和物料相态的基准。一般作为基准的温度，可以取任何温度，但在计算中应一致。

关于数量上的基准，可以 1 kmol 或 1 kg 物料为基准，也可以 1 h 处理物料量作为衡算的基准。

在热量衡算中广泛使用焓这个热力学函数。焓没有绝对值，只有相对于某一基准温度和物料相态的相对值，从焓图和焓表中查到的焓值，是与基准态的焓差。应该注意的是各种焓图和焓表所采用的基准态不一定是相同的，所以在进行热量衡算时需要规定基准态。

(2)热量衡算的步骤

①确定热量衡算类型。

②收集物性数据、操作条件数据、热性质数据。

③画出流程图，确定系统，标注进出系统的物流和热流。

④选择衡算计算的基准。

⑤列出各种关系式，包括热量衡算式、焓方程式、物料衡算式与限制关系式。

⑥根据所列的方程选择合适的方法进行解题。

⑦将计算结果列成热量衡算表，并进行验算。

3. 热量衡算种类和计算举例

单元操作设备热量衡算主要包括：物理过程单元设备的热量衡算和反应设备的热量衡算。物理过程单元设备的热量衡算有换热设备热量衡算、分离设备热量衡算、混合设备热量衡算等。

(1)物理过程单元设备的热量衡算

①换热设备热量衡算：加热和冷却设备的传热方式可分为直接换热方式和间接换热方式。直接式换热设备是加热（或冷却）介质与被加热（或被冷却）的物流直接接触，以达到加热（或冷却）的目的；间接式换热设备称做热交换器，如冷却器、冷凝器、加热器和再沸器，在这类设备中，热量通过间壁传递，流体在传热过程中只有温度或相态的变化，不发生化学反应。

②分离设备热量衡算：这类设备如精馏分离过程的塔釜再沸器和塔顶冷凝器，分别对系统加热和对系统冷却，使物流发生相变。这类分离过程与热量衡算密切相关。其他分离过程还有吸收和解吸分离。

③其他物理过程设备热量衡算，如相变热、溶解热、稀释热、混合热等。

(2)化学反应器的热量衡算

化学反应过程多种多样，有的反应过程还很复杂，伴随着这些化学反应总有能量变化。化学反应器中热量变化不仅有化学反应产生的热效应，同时还可能有相变热、混合热、稀释热等物理过程热效应，所以在进行这类化学反应器热量衡算时，一定要对反应情况、物流变化情况等认真分析，然后根据热力学第一定律列出热量平衡方程，再根据具体情况进行求解。

【例 4.1-9】 1 000 kg73% 的硫酸稀释至 40%，稀释过程的恒压热为(　　)。

73% 硫酸的积分溶解热为 4.184×10^4 kJ/mol(溶质)；

40% 硫酸的积分溶解热为 6.276×10^4 kJ/mol(溶质)。

(A)1.558×10^5 kJ　(B)8.539×10^4 kJ　(C)1.206×10^5 kJ　(D)3.896×10^5 kJ

解：正确选项(A)。

该过程的恒压热为

$$Q_s = \frac{G}{M}(q_{s2} - q_{s1})$$

式中：G 为溶液中溶质的质量，kg；M 为溶质的相对分子量；q_{s1} 和 q_{s2} 分别为溶液稀释前后的积分溶解热，kJ/kmol(溶质)。

$$Q_s = \frac{G}{M}(q_{s2} - q_{s1}) = \frac{1\,000 \times 0.73}{98} \times (62\,760 - 41\,840) = 1.558 \times 10^5 \text{ kJ}$$

错误选项(B)：

$$Q_s = \frac{G}{M}(q_{s2} - q_{s1}) = \frac{1\,000 \times 0.40}{98} \times (62\,760 - 41\,840) = 8.539 \times 10^4 \text{ kJ}$$

错误选项(C)：

$$Q_s = \frac{1\,000 \times (0.73 + 0.40)/2}{98} \times (62\,760 - 41\,840) = 1.206 \times 10^5 \text{ kJ}$$

错误选项(D)：

$$Q_s = \frac{1\,000 \times 0.73}{98} \times \left(\frac{62\,760 + 41\,840}{2}\right) = 3.896 \times 10^5 \text{ kJ}$$

【例 4.1-10】 在固定床绝热反应器中进行一氧化碳水蒸气转化制 H_2 反应，反应器入口气体的组成和流量如下：

组分	H_2	CO	CO_2	O_2	N_2	CH_4	H_2O	合计
流量(kmol/h)	47.250	28.500	19.000	0.500	24.790	1.422	122.200	243.662

反应中 CO 的转化率为 72.5%，CO 转化反应在 490 ℃下的反应热为 37 258.5 kJ/kmol CO，转化反应方程为 $CO + H_2O \rightarrow CO_2 + H_2$；原料气中的 O_2 全部与 H_2 反应生成水，该反应在 490 ℃下的反应热为 4.837×10^5 kJ/kmol O_2，反应方程为 $O_2 + 2H_2 \rightarrow 2H_2O$；反应气入口温度为 380 ℃，出口温度为 490 ℃，反应器入口气体在 380 ~ 490 ℃的平均热容为 35.84 kJ/(kmol · K)；固定床绝热反应器器壁向环境散失的热量接近以下哪组数据(　　)?

(A)5.109×10^4 kJ/h　(B)9.623×10^5 kJ/h　(C)1.013×10^6 kJ/h　(D)1.976×10^6 kJ/h

解：正确选项(A)。

假设如下热力学途径，计算过程总焓变。

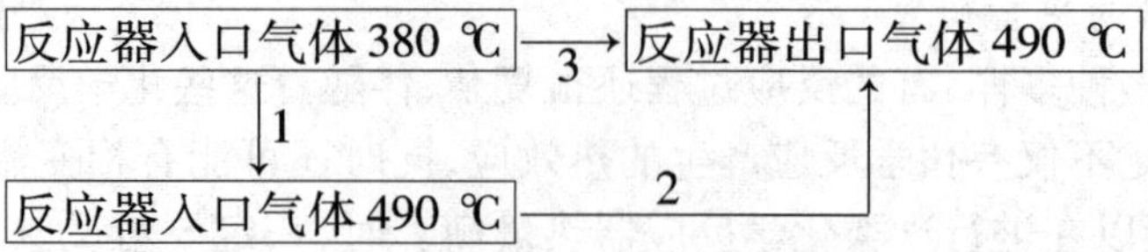

$$\Delta H_1 = 243.662 \times 35.84 \times (490 - 380) = 9.606 \times 10^5 \text{ kJ/h}$$

$$\Delta H_2 = 28.5 \times 0.725 \times (-37\,258.5) + 0.5 \times (-4.837 \times 10^5) = -1.012 \times 10^6 \text{ kJ/h}$$

$$\Delta H_3 = \Delta H_1 + \Delta H_2 = -5.109 \times 10^4 \text{ kJ/h}$$

由于反应器为绝热反应器,所以反应器器壁向环境散失的热量等于反应过程热。

4.1.8 设备工艺计算内容及要求

1. 化工设备分类及设备设计选择原则

化工生产中所用的设备是多种多样的,按用途分有物理过程设备和化学反应设备。物理过程设备如流体输送设备、分离设备、换热设备等;化学反应设备又称为反应器,反应器可分为搅拌釜式反应器、塔式反应器、管式反应器、固定床或流动床反应器等。上述这些设备又可分为定型设备和非定型设备两大类(也称标准设备和非标设备)。不管是哪类设备,在设计和选择时都要满足以下原则。

①合理性:设计的设备必须满足工艺一般要求,设备与工艺流程、生产规模、工艺操作条件、工艺控制水平等要相适应。

②先进性:设计和选择的设备运转可靠,其自控水平、生产能力等尽可能达到先进水平。

③安全性:设计和选择的设备安全可靠、操作稳定、弹性好、无事故隐患,特别要考虑当温度和压力升高时设备强度降低,应综合各种因素确定适宜设备。

④经济性:设计和选择的设备易加工、投资少、易维修、易于更新。

2. 化工设备工艺设计的内容

化工设备工艺设计的内容如下:

①确定化工单元操作所用设备的类型,这是与工艺流程设计相结合的内容;

②确定设备的材质,根据化工过程处理物料的性质、温度、压力,正确选择适宜材料;

③确定设备设计和选择的各种参数,设备计算与设计需要工艺流程设计、物料衡算、热量衡算提供相应的基础资料,对不同单元设备,所需要的参数是不相同的;

④确定定型设备的型号、台数;

⑤向化工设备专业人员提供非定型设备草图、管口方位图及设备操作条件;

⑥编制设备一览表。

3. 设备设计与选择

如上所述,化工过程涉及的单元设备类型很多,在此,仅对所涉及设备的选择原则进行说明。

1)泵的选用

化工生产中输送的物料性质相差很大,对泵的要求相对就比较严格,通常还有一些特殊要求,应针对不同物料进行分析和选择。

(1)易燃、易爆、有毒物料

所输送的物料是易燃、易爆、有毒或是贵重介质时,应选择无泄漏的磁力驱动泵或是屏蔽泵。

(2)腐蚀性物料

所输送的物料是腐蚀性较强的介质时,应根据不同介质及操作条件,选择耐腐蚀性泵。金属耐腐蚀泵中有流体通过的部件,可以选择的材料如普通铸铁、高硅铸铁、各种不锈钢等,也可以选择非金属材料,如聚氯乙烯、玻璃钢、聚丙烯、陶瓷、搪玻璃等。具体设计时可根据所处理介质的性质以及操作温度，借助相关教科书和有关手册选择。

(3)易汽化物料

所输送物料是易汽化介质，如液态烃、液化天然气等温度很低的物料时，在设计时应注意以下几个问题。

①因为易汽化物料在常温常压下通常是气态，只有在一定压力下或低温下才是液体。比如甲烷的液化条件为3 MPa、-100 ℃，所以设计时应确保泵入口处能耐高压。

②设计时对泵的轴封要求高。

③由于汽化压力随温度变化非常显著，所以应选择低温泵。

(4)物料的黏度

选择泵时要注意物料的黏度大小，在相关手册上均列出了适用于不同黏度范围的泵。

(5)含气体的物料

如果所输送物料中含有气体时，要根据含气量大小选择泵，如离心泵允许含气量<5%(体积分数，以下同)，旋涡泵5%～20%，容积泵5%～20%。如果选择不当，会出现振动、噪声、腐蚀加剧等现象。

(6)含固体颗粒的物料

输送含固体颗粒的液体时，会使泵的扬程、效率降低，所以要按有关规定校核。

(7)其他物料

输送高温介质时可选热油泵；要求高吸入性能时，选择允许气蚀余量小的泵；要求低流量、高扬程时，可选多级泵。

2)换热设备的设计与选择

换热设备有间壁式、混合式和蓄热式。间壁式换热器应用最广，其形式主要包括列管式换热器、套管式换热器、沉浸式换热器和空气冷却器。在此只简单介绍间壁式换热器的选用。

(1)流体路径的选择

在换热器中哪一种流体走管方，哪一种流体走壳方，通常用以下原则确定。

①适宜走管方的介质是不清洁、易结垢、流量小、黏度大、有毒、腐蚀性强和压力高的流体。

②适宜走壳程的是饱和蒸汽和被冷却的流体。

(2)换热器两端冷、热流体温差取值

为使换热效果佳，又节约能源，换热器两端冷、热流体温差取值可以考虑以下原则。

①换热器热端冷、热流体温差应在20 ℃以上。

②用水或其他冷却介质时，冷端温差可以小些，但不要低于5 ℃。

③冷凝含有惰性气体的流体时，冷却剂出口温度至少比冷凝液的露点低5 ℃。

④空气冷却器冷、热流体温差应大于15 ℃，最好大于20～25 ℃。

⑤用水为冷却剂时，冷却水进、出口温度差一般取5～10 ℃，缺水地区用比较大的温差，而水源丰富地区用比较小的温差。

(3)总传热系数

由于换热器的类型不同、冷热流体性质不同、流动情况不同等因素，使总传热系数也有较大区别。而总传热系数是估算和计算传热面积的重要参数，所以在有关化工设计手册中，对总传热系数均作了推荐，在设计中可以查阅，在此不再赘述。

3)贮罐的设计与选择

(1)贮罐设计的种类

通常所用的贮罐有原料罐、成品罐、中间罐、计量罐、缓冲罐、回流罐等。不同贮罐的贮存量是不相同的。

(2)贮罐设计程序

贮罐设计有如下参数依据和步骤。

①汇集工艺设计数据:经过物料衡算和热量衡算,已经知道贮罐中要存贮物料的温度、压力、最大使用压力、最高使用温度、最低使用温度、介质的腐蚀性、毒性、蒸气压、进出量等,将这些数据汇集起来作为设计的基础数据。

②选择贮罐的材料:对化工贮罐来说,介质的腐蚀性是考虑贮罐材料的重要因素。贮罐材料视工作压力、工作温度的情况可适当选择。

③确定贮罐的形式:贮罐形式包括卧式、立式以及封头的形式。设计时根据工艺条件的要求,从国家标准系列容器中,选择与工艺条件各参数(工作压力、工作温度、介质、容积)相符的容器形式。

④确定需要贮存的物料总体积。

⑤确定贮罐的台数和初定尺寸:需要贮存的物料总体积除以贮罐的适宜容积所得的数值经圆整后就是所需的台数。

当贮罐容积确定后,就可定直径和长度(或高度)。先根据场地大小定一个大约的直径,再根据国家设备零件(筒体和封头)规范调整直径,然后计算贮罐的长度(或高度),再核实长径比。

⑥选择标准型号:根据初步确定的贮罐直径、长度和容积以及工作温度、工作压力、介质的腐蚀性等条件,尽量在国家标准系列内选择与之相符的规格。

⑦核对标准系列贮罐的管口和支座:如果选用标准系列贮罐,则其管口和管口的方位都是固定的。选择标准图纸之后,要核对设备的管口及其方位。贮罐的支承方式和支承座的方位在标准系列上也是一定的,如果位置和形式有变更要求,则订货时应加以说明或附草图。

⑧如果在标准系列中实在没有能够符合工艺要求或与工艺要求相近的图纸,可以提出设备设计条件,由设备设计专业人员设计非标准设备。

4)塔器的选择与设计

化工生产中用得较多的塔器有板式塔和填料塔。用于蒸馏和吸收操作的板式塔和填料塔的设计,在本书有关章节中有详细讲解,此处仅就板式塔和填料塔的选择等问题作简单介绍。

(1)板式塔和填料塔的选择

适宜选择板式塔的几种情况:①气体流量大、塔径大时;②液体流量小时;③料液含固体颗粒时;④产生大量溶解热或反应热的物系;⑤过程属液膜控制时;⑥对弹性操作要求高的系统;⑦工艺上要求侧线出料时;⑧当要求设备重量不能太重时。

适宜选用填料塔的几种情况:①处理腐蚀性物料时;②处理热敏性物料时;③处理易发泡物料时;④要求物料在塔内停留时间短的吸收过程。

(2)板式塔和填料塔的设计

关于板式塔和填料塔的设计,请参考本书化工原理部分。

5)反应器的计算与选择

(1)反应器类型及应用

在化学反应过程中,因为所处理的物料性质不同,反应情况不同,反应器的形式也不相同。最常用的反应器主要有以下几种。

①管式反应器:管式反应器的特征是长度远较管径大、内部中空、不设任何构件,多用于均相反应。

②釜式反应器:釜式反应器通常都带有各种形式的搅拌,一般称搅拌釜式反应器。其高度一般与直径相等或稍大,可以带夹套进行换热。搅拌釜式反应器应用十分广泛,可以用于液相反应、气—液相反应、液—液相反应、液—固相反应以及气—液—固三相反应。

③塔式反应器:这类反应器的高径比通常为数倍乃至十余倍,主要用于气—液相反应。

④固定床反应器:固定床反应器的特征为反应器内填充有固定不动的固体颗粒,固体颗粒可以是催化剂,也可以是反应物,主要用于气—固相反应。

⑤流化床反应器:流化床反应器也用于气—固相反应,内部也有固体颗粒,但在反应过程中这些颗粒处于运动状态。

(2)反应器设计与容积计算

在化学反应器中既有化学反应,又有流体流动、传热、传质等过程。反应器设计比较复杂,一般采用三种方法:①通过小试、中试的逐级经验放大法;②小试→数学模型→计算机求解→工业反应器设计;③对上述两种方法进行折中,即在将反应器数学模型用于工业反应器设计计算之前,仍要经过一步中试,用中试试验结果检验模型,预测其可靠性,并对反应器数学模型进行修正。

在计算反应器的容积时需要有以下参数:①设备需要完成的生产任务,m^3/h;②达到规定关键组分转化率所需的反应时间(如果为间歇操作必须知道操作辅助时间);③设备的适宜装料系数。

【例 4.1-11】 在连续搅拌釜式反应器中进行液相反应:$A+2B \rightarrow P$。反应温度下,动力学方程为:$r_A = 0.5\,c_A c_B$ mol/(L·min)。进料量为 3.1 m^3/min,进料中 A、B 的浓度分别为 2 mol/L 和 4 mol/L。则 A 的出口转化率达到 60%,所需的反应器体积为(　　)。

(A)2.33 m^3　　(B)3.32 m^3　　(C)5.82 m^3　　(D)8.30 m^3

解:正确选项(D)。

由连续釜式反应器的物料衡算方程得

$$\tau = \frac{c_{A0}X_A}{0.5\,c_A c_B}$$

其中:$c_A = c_{A0}(1-X_A) = 2\times(1-0.6) = 0.8$ mol/L

$$c_B = c_{B0} - 2c_{A0}X_A = 4 - 2\times2\times0.6 = 1.6 \text{ mol/L}$$

$$\tau = \frac{c_{A0}X_A}{0.5\,c_A c_B} = \frac{2\times0.6}{0.5\times0.8\times1.6} = 1.875 \text{ min}$$

则所需的反应体积为

$$V = Q_0 \times \tau = 3.1\times1.875 = 5.813 \text{ m}^3$$

所需的反应器体积为

$$V_r = \frac{V}{f} = \frac{5.813}{0.7} = 8.30 \text{ m}^3$$

错误选项(A)：误用间歇反应器设计方程计算所需的反应体积。

错误选项(B)：误用间歇反应器设计方程计算所需的反应器体积。

错误选项(C)：所求为所需的反应体积,而非反应器体积。

4.1.9 化工装置布置设计

化工装置布置设计是化工工程设计中的重要内容。工程设计分为基础工程设计阶段和详细工程设计段。在基础工程设计阶段共编制两版设备布置图,即初版设备布置图(简称"初版")和确认版设备布置图(简称"确认版");在详细工程设计阶段共编制两版设备布置图,即设计版设备布置图(简称"设计版")和施工版设备布置图(简称"施工版")。

1. 不同版次设备布置图的基本内容

1)"初版"

"初版"是根据符合规定所引用的标准、规范及工艺包中设备布置建议图、设备表、设备数据表和全厂总平面图等有关资料绘制的。本版图仅表示装置内设备布置的概貌,供各有关专业开展基础设计。

①装置界区范围;

②装置界区内建、构筑物的形式、主要尺寸和结构;

③根据设备一览表所列出的全部设备按比例表示出它们的初步位置和高度,并标上设备位号;

④装置界区内管廊的初步走向和进出界区的管道方位、物流的方向;

⑤埋地冷却水管道进出界区的初步方位和走向;

⑥电气、仪表电缆进出界区的方位(埋地或架空);

⑦装置界区的坐标基准点(以确定本装置与其他装置的相对位置);

⑧大型设备安装的预留场地和空间;

⑨主要设备的检修空间、换热器抽芯的预留空间;

⑩装置界区内主要道路、通道的走向;

⑪装置工厂北向(PN)的标志;

⑫辅助间占地面积;

⑬附注或待定事项;

⑭装置地面相对标高 EL ±0.000;

⑮尺寸或坐标和标高单位。

2)"确认版"

"确认版"是在"初版"的基础上,根据相应版次工艺和公用工程系统的管道及仪表流程图、全厂总平面图、设计规定、设备询价图以及配管、管道机械人员对重要管道的走向和有关方的审查意见等绘制的。本版图为基础工程设计阶段成品文件,并作为详细工程设计阶段"设计版"的设计依据。

"确认版"除符合"初版"的规定外,应表示出下列内容和深度:

①装置界区内建、构筑物楼层标高;

②关键或大型设备的支撑方式和初步支撑点标高;

③管廊的位置、宽度、层数和标高,并考虑仪表、电气电缆桥架的位置;

④关键设备的定位尺寸;

⑤主要操作、维修平台和梯子；

⑥装置界区的控制室、配电室、生活间和辅助间，应表示出各自的位置和尺寸，并注明其组成和名称；

⑦装置界区的道路和走向；

⑧装置界区内铺砌地面的范围和类型；

⑨大型设备安装方案；

⑩装置地面相对标高和绝对标高的关系；

⑪行车位置及轨顶标高。

3)“设计版”

“设计版”是在“确认版”的基础上，根据相应管道及仪表流程图、设备询价图、建构筑物梁柱布置和初步断面尺寸图、主要管道研究草图等有关资料，综合各有关专业和用户所提出的意见，对设备布置进行深化研究。本版图作为各有关专业进行详细工程设计的重要依据。如果工程设计规定要进行模型设计时，也作为模型制作和设备定位的依据。

“设计版”除符合“确认版”的规定外，还应表示出下列内容和深度：

①楼面(平台)上设备的支撑标高及其支座位置尺寸；

②标注卧式换热器、容器的固定支座；

③画出立式设备的支耳或支腿；

④标注出所有设备的定位尺寸；

⑤表示出所有平台、梯子及吊梁位置；

⑥隔声范围；

⑦核对地面铺砌范围、地沟位置。

4)“施工版”

“施工版”是在“设计版”基础上，根据相应版次的管道仪表流程图、管道平面布置图(“设计版”)、设备最终确认图纸等有关资料绘制，并经过各专业图纸会签，只对“设计版”作很小的调整。如“设计版”无修改时，将版次“设计版”改为最终“施工版”。本版为详细工程设计阶段的成品文件，并发往施工现场。

“施工版”除符合“设计版”的规定外，还应表示出下列内容：

①修正并补齐所有定位尺寸和标高；

②根据管道平面布置图(“设计版”)修正补加操作维修平台和梯子；

③补充其他未表示完全的小设备，如洗眼器、软管站等设施的位置。

2. 装置设备布置的基本要求

1)应满足工艺及流程的要求

真空、重力流、固体卸料等一律按管道仪表流程图(PID)的标高要求布置设备。对处理腐蚀性、有毒、黏稠物料的设备宜按物料性质紧凑布置，必要时还需采取设隔离墙等措施，还应根据地形、全年最小频率风向等情况布置，以免影响工艺的要求。例如空气吸入口及循环水冷却塔等。

2)应考虑环境保护、防火及气体安全生产的要求

设备、建筑物、构筑物等的防火间距应严格遵循现行的有关防火的法规、规范，工艺装置内如有配套的公用工程及辅助设施，应单独布置成一个小区，且位于爆炸危险区范围之外，与工

艺装置之间留有防火间距。要注意环境保护,对使用、储存和产生有毒物质及污染严重的设备宜采取分区布置的方式,对产生噪声的设备宜采取与其他设备隔离布置的方式防止污染及噪声。火灾、爆炸危险性较大和散发有害气体的装置和设备,应尽可能露天或半敞开布置,以相对降低其危险性、毒害性和事故的破坏性。应根据危险程度的划分来分区布置设备。

利用电能或电动机的电气设备的布置,应符合国家现行的《爆炸和火灾危险场所电力装置设计规范》的要求。装置的集中控制室、变配电室、化验室、办公室等辅助建筑物,应布置在爆炸危险区范围以外,且靠近装置区边缘。

对于有明火的设备及控制室、配电室等的位置要考虑全年最小频率风向的问题。有明火设备的装置宜布置在有可能散发可燃性气体的装置、液化烃和易燃液体储罐区的全年最小频率风向的下风侧。烟囱排出的烟气不应吹向压缩机或控制室。配电室宜布置在能漏出易燃易爆气体场所的上风侧。

3)方便操作

装置布置应考虑能给操作者创造一个良好的操作条件,主要包括:必要的操作通道和平台;楼梯与安全出入口要符合规范要求;合理安排设备间距和净空高度等。

控制室的位置要合理,应避开危险区,远离振动设备,以免影响仪表的运行。

4)便于安装和维修

设备的安装和维修应尽量采用可移动式的起吊设备。在布置设计阶段应满足以下各方面的要求:

①道路的出入口及净空高度要方便移动式吊车的出入;

②搬运及吊装所需的占地面积和空间;

③设备内填充物的清理场地;

④在定期大修时,能对所有设备同时进行大修;

⑤对换热器、加热炉等的管束抽芯要考虑有足够的场地,应避免拉出管束时延伸到相邻的通道上。

⑥对压缩机、驱动机等转动设备部件的检修和更换,也要提供足够的检修区。

5)经济合理的要求

设备布置在符合工艺要求的前提下应以经济合理为主,并注意整齐美观。除热膨胀有要求的管道外,设备布置时应考虑管道尽量短而直,有的设备为了达到经济的目的可以不按工序来布置。

为了整齐美观,可采取下列方式布置设备。

①成排布置的塔,如可能时可设置联合平台。

②换热器并排布置时,宜靠管廊侧管程接管中心线取齐。

③离心泵的排列应以泵出口管中心线取齐。

④卧式容器宜以靠管廊侧封头切线取齐;加热炉、反应器等宜以中心线取齐。

3. 设备布置图的绘制

1)图幅

一般采用 A1 图幅,不加长加宽。特殊情况也可采用其他图幅。

2)比例

常用绘制比例为 1:100,也可用 1:200 或 1:50,视装置的设备布置疏密情况而定。

3)尺寸单位

设备布置图中标注的标高,坐标以米为单位,小数点后取3位数至毫米为止,其余的尺寸一律以毫米为单位,只注数字,不注单位。采用其他单位标注尺寸时,应注明单位。

4)图面安排及视图要求

①设备布置图一般只绘平面图。对于较复杂的装置或有多层建、构筑物的装置,当平面图表示不清楚时,可绘制剖视图。

②多层建筑物或构筑物,应依次分层绘制各层的设备布置平面图,如在同一层图纸上绘制几层平面时,应从最底层平面开始,在图中由下至上或由左至右按层次顺序排列,并在图形下方注明“EL+×××, ×××平面”等。

③一个设备穿越多层建、构筑物时,在每层平面上均需画出设备的平面位置,并标注设备位号,各层平面图是以上一层的楼板底面水平剖切的俯视图。

④在绘制平面图的图纸右上角,应画一个指示工厂北向的方向标。

⑤表示的内容及尺寸标注 按土建专业图纸标注建筑物和构筑物的轴线号及轴线间尺寸,并标注室内外的地坪标高。按建筑图纸所示位置画出门、窗、柱、楼梯、操作台(注出平台顶面标高)、下水、篦子、管沟(注出沟底标高)、明沟(注出沟底标高)、散水坡等。

⑥辅助间和生活间应写出各自的名称。

⑦用虚线表示预留的检修场地(如换热器抽管束),按比例画出,不标注尺寸。

⑧非定型设备可适当简化画出其外形,包括附属的操作台、梯子和支架。卧式设备,应画出其特征管口或标注固定侧支座。

⑨动设备可只画基础,表示出特征管口和驱动机的位置。

⑩在设备图形中心线上方标注出设备位号。设备的类型和外形尺寸,可根据工艺专业提供的设备数据表中给出的有关数据和尺寸。如设备数据表中未给出有关数据和尺寸,设备应按实际外形简略画出。

5)设备的平面定位尺寸

①设备的平面定位尺寸尽量以建、构筑物的轴线或管架、管廊的柱中心线为基准线进行标注。要尽量避免以区的分界线为基准线标注尺寸。也可采用坐标系进行定位尺寸标注。

②卧式容器和换热器以中心线和靠近柱轴线一端的支座为基准。

③立式反应器、塔、槽、罐和换热器以中心线为基准。

④离心式泵、压缩机、鼓风机、蒸汽透平以中心线和出口管中心线为基准。

⑤往复式泵、活塞式压缩机以缸中心线和曲轴(或电动机轴)中心线为基准。

⑥板式换热器以中心线和某一出口法兰端面为基准。

6)设备的标高

①卧式换热器、槽、罐以中心线标高表示(ΦEL××××),也可以支撑点标高表示(POSEL+××,×××)。

②立式、板式换热器以支承点标高表示(POSEL+××,×××)。

③反应器、塔和立式槽罐以支承点标高表示(POSEL+××,×××)。

④泵、压缩机以主轴中心线标高(ΦEL+××,×××)、底盘底面标高(BBPEL+××,×××)或基础顶面标高(POSEL+××,×××)表示。

⑤对管廊、管架则应注出架顶的标高(TOSEL +××, ×××)。

⑥分区线外侧应标注接续图图号。

⑦装置地面设计标高宜用 EL ±0.000 表示，而且一个装置采用同一基准标高。

【例 4.1-12】 以下关于设备布置图的版次叙述不正确的是(　　)。

(A)"施工版"是在"设计版"基础上，根据相应版次的管道仪表流程图、管道平面布置图("设计版")、设备最终确认图纸等有关资料绘制

(B)若"设计版"无修改时，可将版次"设计版"改为最终"施工版"发往施工现场

(C)"初版"仅表示装置内设备布置的概貌，供各有关专业开展基础设计

(D)"确认版"根据主要管道研究草图等有关资料，综合各有关专业和用户所提出的意见，对设备布置进行深化研究。本版图作为各有关专业进行详细工程设计的重要依据。如果工程设计规定要进行模型设计时，也作为模型制作和设备定位的依据

正确选项(D)。

4.1.10 化工管道布置设计

1. 化工管道材料

1)管道材料及常用化工用管

常用的化工管道材料有：铸铁材料、碳素钢及低中合金钢、高合金钢、非金属材料。

管道材料的选择必须满足工艺流体操作条件，既经济又适用。当选用较昂贵材料时，应作材料的经济比较。

2)常用管道材料的性能及用途

(1)铸铁材料

铸铁材料包括：灰铸铁、可锻铸铁、球墨铸铁、高硅铸铁等。

灰铸铁、可锻铸铁、高硅铸铁的拉伸强度、塑性及韧性较低，仅用于强度、韧性要求不高的工况。灰铸铁不宜用于在环境或操作条件下是气体或可闪蒸产生气体的液体，这些流体能点燃并在空气中燃烧。如烃类和可燃性气体在特殊情况下必须使用时，其设计温度不应高于 150 ℃，设计压力不应超过 1.0 MPa；对于不可燃、无毒的气体或液体，其设计温度不应高于 230 ℃，设计压力不应超过 1.6 MPa。可锻铸铁的适宜温度范围为 -19 ~ 300 ℃，但为输送可燃性介质的管道时，温度不应高于 150 ℃，压力不大于 2.5 MPa。高硅铸铁不得用于可燃性介质。球墨铸铁用于制造受压零部件时，使用温度范围为 -19 ~ 350 ℃，压力不大于 2.5 MPa。在常温下，设计压力不宜超过 4.0 MPa，不可采用焊接方法连接，奥氏体球墨铸铁除外。

(2)碳素钢及低中合金钢

碳素钢和碳锰钢在高于 425 ℃下长期使用，应考虑钢种碳化物的石墨化倾向。碳钢和低合金钢大都为铁素体加珠光体组织，在高温下如 450 ℃以上，发生珠光体球化，使材料的蠕变极限及持久强度下降。在此温度范围内宜选用 Cr-Mo 耐热钢。碳素钢和低合金钢在高温下强度下降的同时，表面材料极易氧化，钢中加入足够的 Cr、Si、Al 可有效防止高温氧化。管材表面受一定浓度的碱性流体长期侵蚀或反复作用，并在高温和应力的综合影响下易产生脆化破裂。金属材料在一定温度和压力范围与氢介质易接触产生氢脆现象和氢腐蚀。

(3)高合金钢

含 Cr 铁素体钢在 400 ~ 500 ℃温度下长期使用会产生 475 ℃脆性，在 500 ~ 800 ℃加热后易析出 δ 相从而导致 δ 相脆性。奥氏体钢导热性差。Cr18Ni18 可用于 -196 ~ 800 ℃温度范围。各种氯化物水溶液、高温碱液、硫化氢水溶液、连多硫酸、高温水及蒸汽等能造成奥氏体不

锈钢应力腐蚀开裂。奥氏体不锈钢对 Cl^- 离子极为敏感，易产生点腐蚀，使用时应对管内外的 Cl^- 离子含量加以严格控制。不含稳定化元素 Nb、Ti 的非超低奥氏体不锈钢，在 450 ~ 850 ℃下加热停留以及焊接接头的热影响区，会产生晶间腐蚀的倾向，在此操作温度范围应选用低碳材料或采取相应措施如固溶化处理。

(4) 非金属材料

各种不同的非金属材料对各种流体有不同的耐腐蚀性能；非金属材料对温度非常敏感，温度对使用寿命影响极大；非金属材料的线性膨胀系数较大、导热性差、刚性差；使用非金属材料须考虑其加工工艺性能及连接性能；对于衬里材料需考虑衬里材料和基体材料的黏结力和亲和力，当用于负压工况时尤其需要注意；热塑性塑料不得用于地面上输送可燃性流体；热固性树脂材料用于输送有毒或可燃性流体时应采取安全防护措施；硼硅玻璃和陶瓷等脆性材料不得用于输送有毒和易燃流体；可燃易燃的非金属材料须采取防火措施；塑料类管子的壁厚须考虑塑料的蠕变，防止管子在预期寿命内因蠕变而发生破裂，根据不同塑料选用其安全系数；高分子材料性能差异大，选用时应确保材料性能的可靠性，并掌握所选材料加工工艺性能和制造、安装、维修等性能。

管道材料的选择必须满足工艺流体操作条件，既经济又适用。当选用较昂贵材料时，应作材料的经济比较。根据流体的不同，管子可选无缝钢管、焊接钢管、镀锌钢管、铸铁管、复合管、塑料管、衬里管等各种材质的管道。

2. 管道设计一般要求和基本规范

1) 管道材料

管道材料设计按照化工管道设计相关规范和标准进行。

2) 管道等级的制定与划分

(1) 管道材料等级制定

①根据系统专业提供的条件，按输送流体的种类、温度、压力、腐蚀特性等进行装置区的管道材料等级编制，划分为不同类别等级，根据等级确定材料标准，并明确规定每一等级内所有的管子、阀门、法兰、管件、紧固件、垫片等的规格、范围、特性、材料及标准；

②管道材料等级代号，以数字和英语字母分别表示管道压力等级和主要用材类别；

③管道材料等级表相关规定参阅相关规定。

(2) 温度压力范围

①一般金属、管件等都可使用法兰的温度—压力额定值表，它是在不同工作温度下所能承受的最大无冲击工作压力，特别是对在高温下使用的管件，温度—压力额定值表是设计中极重要的参数。

②由于各国标准对不同材料的基准温度不同，相同公称压力值的法兰，在相同温度下允许的工作压力就有不同。使用温度与基准温度不同时，允许的工作压力也与公称压力不同。

③非金属盒衬里管道的温度—压力额定值，必须通过试验和有使用经验才能使用。

3) 腐蚀裕量

①工程管道的腐蚀裕量，应以“材料备忘录”中所列出的数值为依据。

②腐蚀裕量的值是按工艺装置生产厂的经验和实验室的试验数据确定的。工程设计中一般是按材料在流体中的年腐蚀速度(mm/a)乘以使用年限(一般为 8 ~ 15 年)而定。

③通常材料在非腐蚀性流体中的腐蚀裕量按表 4.1-2 选取。

表 4.1-2 材料在非腐蚀性流体中的腐蚀裕量

材质	碳钢	低合金钢	不锈钢	高合金钢	有色金属
腐蚀裕量/mm	>1.0	>1.0	0	0	0

流体为压缩空气、水蒸气和冷却水的碳钢和低合金钢管道，取腐蚀裕量最小为 1.27 mm。

④当流体的腐蚀性较强时，相应在计算管壁厚度时增大管壁厚度。

⑤当使用不锈钢材料时，可在温度不高的部分用非金属材料或衬里材料替代不锈钢。

⑥当采用腐蚀裕量较大的碳钢管时，DN50 以下的管道可以采用不锈钢材料。

4）管径使用限制

①管径是由系统专业根据生产规模、流量、压力、流速等条件而定。通常取用的管道最小通径如表 4.1-3 所示。

表 4.1-3 常用管道通常取用的管道最小通径

管道类型	最小通径
工艺管道（中低压）	DN15
公用物料管道	DN15
地下管道	DN50
黏度大易堵流体的管道	DN25
排液管	DN20（当主管为 DN15 时可用 DN15 的排液管）
工艺管道（高压）	DN6
管廊上管道	DN50
地下排水管道	DN100
高点放空管	DN15

②蒸汽伴管和仪表管、高压设备检漏管根据需要选择。

③工艺装置管道应避免使用以下规格的管子和管件：DN32、DN65、DN125、DN175、DN225、DN550、DN650、DN750、DN850、DN950。

④引进装置如采用英制标准时，应避免使用以下规格的管子和管件：$1\frac{1''}{4}$、$2\frac{1''}{2}$、$3\frac{1''}{2}$、5″、9″。

⑤当设备连接口的尺寸为上述规格时，应在设备口处使用异径管立即调整为标准规格（除工艺管道有特定的流速要求等原因外）。

5）端部连接要求

（1）管道端部连接方式

金属管道的端部连接可分为法兰、对焊、承插、螺纹、卡套、卡箍等型式。

法兰的连接分为平焊、对焊、承插、螺纹等型式。

管件和阀门的连接方式分为法兰、对焊、承插、螺纹等四种型式。

（2）不同连接方式的适用范围

①法兰连接主要用于管子与设备、阀门和管件的连接。对于铸铁管和金属衬里管子，必须用法兰连接。

②对焊连接型管件、阀门一般用于 DN50 和 DN50 以上的管道。

③承插连接通常用于 DN40 和 DN40 以下的管道。

④螺纹连接管件通常用于公称通径小于 DN50 的管道。锥管螺纹密封的接头,设计温度不宜高于 200 ℃;对于不可燃、无毒流体,当公称直径为 32 ~ 50 mm 时,设计压力不应大于 4 MPa;公称直径为 25 mm 时,设计压力不应大于 8 MPa;公称直径小于或等于 20 mm 时,设计压力不应大于 10 MPa;高于上述压力应采用密封焊。

⑤卡套连接一般用于外径小于等于 25 mm 管子,适用于蒸汽伴热管、检漏管和仪表控制系统。

⑥卡箍连接用于金属管插入非金属管,适用于公用物料站,需临时和经常拆洗的洁净管。

6)常用组件的选择

(1)一般要求

①原则。

根据工艺系统专业提出的设计条件,按输送流体的设计温度、设计压力及流体性质,并满足试压、吹扫、试车等开车时的工作条件,经济地、安全地加以平衡,综合选用廉价材料,力求节省投资,特别是使用昂贵材料时要进行技术经济比较。

②材料标准。

管子和组成件及其材质,应按国家最新颁发的国家标准和行业标准选用。

对引进工程和涉外工程推荐用 ANSI、ASME、API、ASTM、MSS 等标准,或根据合同规定采用有关标准。

③温度—压力等级。

管子、管件的壁厚、阀门、法兰等是以所选用材料的许用应力为基准技术。

通常公称压力是指在特定温度下的最高无冲击工作压力。公称压力是与管道组成件的机械强度有关的设计给定压力。我国规定公称压力用代号 PN 表示,公称压力的单位为 MPa。

(2)管子

①通径与壁厚的确定。

管子通径的确定:公称通径是管子的名义直径,英制系列尺寸以英寸表示;公制系列尺寸以毫米表示。

壁厚系列的表示方法:用管表号(Sch)表示壁厚;用毫米(mm)表示壁厚,即管外径 × 壁厚。

管壁厚度的确定:管壁厚度的确定应由工艺系统专业提出操作工况条件,经管道机械专业计算后,提交"管道壁厚计算表",由管道材料控制专业圆整并选择标准的管道壁厚(特殊材质管子壁厚除外)。对于焊接管子,种类选择、壁厚计算、焊缝质量系数参阅相关标准。

②管子的选用。

参阅《化工配管用无缝及焊接钢管尺寸选用系列》。在工程设计中应优先选用 Ia 系列的管子外径和各种管表号的管子。常用管子标准和使用范围见有关标准规定。

③管子的理论重量计算。

$$W = 0.02466(D - t)t$$

式中:D—管子的外径,mm;t—管子的壁厚,mm;W—管子的重量,kg/m。

(3)管件

管件的选择主要是根据用途、使用的场合等来确定管件的种类;按照所在管道的设计压力、设计温度确定其温度—压力等级;以公称压力或管表号或壁厚表示该管件的等级。

①弯头优先选用弯曲半径为 1.5DN 的长半径弯头,特殊情况可选用其他弯曲半径的弯头。

② 一般 DN50 及以上的管道采用对焊管件;DN40 及以下的管件采用承插管件或螺纹管件。

③从主管引出支管时,支管直径与主管直径的比值大于等于 0.5 时,采用异径三通或等径三通。当主管直径大于 DN65 而支管直径为 DN40 及以下时,根据设计压力采用支管台或半管接头。

④主管直径小于 DN50 时,支管小于主管,选用异径三通或等径三通加异径短管。

⑤钢板卷焊的异径管,用于 PN < 2.5 MPa 的场合。

⑥螺纹连接的可锻铸铁管件用于不可燃、无毒、对人体无害的流体,温度在 -19 ~ 230 ℃时,设计压力 ≤ 2.5 MPa。

(4) 法兰

①法兰的级别、类型及密封面型式。

欧洲体系的法兰公称压力分为 10 个级别:PN0.25、PN0.6、PN1.0、PN1.6、PN2.5、PN4.0、PN6.3、PN10.0、PN16.0、PN25.0。

法兰的类型包括:(板式平焊、带颈平焊、带颈对焊、整体、承插焊、螺纹、对焊环松套、平焊环松套、法兰盖、衬里法兰盖等。)

美洲体系的法兰公称压力有 6 个级别:2.0 MPa(150LB);5.0 MPa(300LB);11.0 MPa(600LB);15.0 MPa(900LB);26.0 MPa(1500LB); 42.0 MPa(2500LB)。

法兰的类型包括:带颈平焊、带颈对焊、整体、承插焊、螺纹、对焊环松套。

法兰的密封面有:突面(RF)、凹凸面(M. FM)、榫槽面(T. G)、全平面(FF)、环连接面(RJ)。

②法兰选用注意事项。

在剧烈循环条件下,应选用对焊法兰;对于剧毒和有毒流体,不应选用平焊(平板式)法兰;承插焊法兰不宜用于有缝隙腐蚀的流体;有频繁大幅度温度循环的情况下,承插焊法兰、螺纹法兰不宜用于 > 260 ℃或 < -45 ℃的流体。

(5) 阀门

阀门的选用主要从装置无故障操作和经济两方面考虑。阀门选用应考虑以下内容:输送流体的性质;需操作的功能,切断、调节速度等;压力损失;温度和压力;经济耐用;驱动方式。

化工生产过程中可供选择的阀门有:闸阀、截止阀、节流阀、止回阀、球阀、柱塞阀、旋塞阀、蝶阀、隔膜阀、减压阀、疏水阀、安全阀等。

①阀门种类的选择。

阀门种类的选择首先取决于流体的相态,是液体还是气体或是二相流体;其次考虑压力降和流通能力;第三应考虑工作温度。

②阀门材质的选择。

阀体材质是指阀体和阀盖的材质。阀体材质的选择首先取决于流体对阀体材质的腐蚀性,其次考虑流体的工作温度。

阀杆和阀芯的材质通常应根据阀门的使用场合选择,首先其材质应具有良好的耐腐蚀性能,其次考虑工作温度,第三考虑工作压力。

③垫片与填料材质的选择。

其材质的选择同阀体材质的选择一样,流体的工作温度、工作压力是选择的重要因素。

3. 管道布置

1)管道布置设计的原则

①管道布置设计必须符合管道仪表流程图(PID)的设计要求,并应做到安全可靠、经济合理,满足施工、操作、维修等方面的要求。

②管道布置必须遵守安全及环保的法规,对防火、防爆、安全防护、环保要求等条件进行检查,以使管道布置能满足安全生产的要求。

③管道布置应满足热胀冷缩所需的柔性。对于动设备的管道,应注意控制管道的固有频率,避免产生共振。

④管道布置应严格按照管道等级表和特殊件表选用管道组成件。

⑤管道布置应符合《化工装置设备布置设计工程规定》的有关要求。

2)管道布置设计的一般要求

①管道布置的净空高度、通道宽度、基础标高应符合《化工装置设备布置设计工程规定》。

②应按国家现行标准中许用最大支架间距的规定进行管道布置设计。

③管道尽可能架空敷设,如必要时,也可埋地或管沟敷设。

④管道布置应考虑操作、安装及维护方便,不影响起重机的运行。在建筑物安装孔的区不应布置管道。

⑤管道布置设计应考虑便于作支吊架的设计,使管道尽量靠近已有建筑物或构筑物,但应避免使柔性大的构件承受较大的荷载。

⑥在有条件的地方,管道应集中成排布置。裸管的管底与管托底面取齐,以便设计支架。

⑦无绝热层的管道不用管托或支座。大口径薄壁裸管及有绝热层的管道应采用管托或支座支承。

⑧在跨越通道或转动设备上方的输送腐蚀性介质的管道上,不应设置法兰或螺纹连接等可能产生泄漏的连接点。

⑨管道穿过隔离剧毒或易爆介质的建筑物隔离墙时应加套管,套管内的空隙应采用非金属柔性材料充填。管道上的焊缝不应在套管内,并距套管端口不小于100 mm。管道穿屋面处,应有防雨措施。

⑩消防水、冷却水总管以及下水管一般埋地敷设,管外表面应按有关规定采取防腐措施。

⑪埋地管道应考虑车辆荷载的影响,管顶与路面的距离不小于0.6 m,并应在冻土深度以下。

⑫对于有“无袋形”、“带有坡度”及“带液封”等要求的管道,应严格按PID要求配管。

⑬从水平的气体主管上引接支管时,应从主管的顶部接出。

3)平行管道的间距及安装空间

①平行管道间净距应满足管子焊接、隔热层及组成件安装维修的要求。管道上突出部之间的净距不应小于30 mm,例如法兰外缘与相邻管道隔热层外壁间的净距或法兰与法兰间的净距等。

②无法兰不隔热的管道间的距离应满足管道焊接及检验的要求,一般不小于50 mm。

③有侧向位移的管道应适当加大管道间的净距。

④管道突出部或管道隔热层外壁的最突出部分，距管架或框架的支柱、建筑物墙壁的净距不应小于 100 mm，并考虑拧紧法兰螺栓所需的空间。

4）排气与排液

①由于管道布置形成的高点或低点，应设置排气和排液口。

②高点排气口最小管径为 DN15，低点排液口最小管径为 DN20（主管为 DN15 时，排液口为 DN15）。高黏度介质的排气、排液口最小管径为 DN25。

③气体管的高点排气口可不设阀门，采用螺纹管帽或法兰盖封闭。除管廊上的管道外，管径不大于 DN25 的管道可不设高点排气口。

④非工艺性的高点排气和低点排液口可不在 PID 上表示。

⑤工艺要求的排气和排液口（包括设备上连接的）应按 PID 上的要求设置。

⑥排气口的高度要求，应符合国家现行标准《石油化工企业设计防火规范》（GB 50160—2008）的规定。

⑦有毒及易燃易爆液体管道的排放点不得接入下水道，应接入封闭系统。比空气重的气体的放空点应考虑对操作环境的影响及人身安全的防护。

5）管道布置图

（1）图幅

尽量采用 A1 图幅，较简单的也可采用 A2，较复杂的可采用 A0，同区的图应采用同一种图幅。图幅不宜加宽加长。

（2）比例

常用比例为 1:50，也可采用 1:25 或 1:30，但同区的或各分层的平面图，应采用同一比例。

（3）尺寸单位

标注的标高、坐标以米（m）为单位，小数点后取三位数，至毫米（mm）；其余的尺寸一律以毫米（mm）为单位，只注数字，不注单位。管子公称直径一律用毫米（mm）表示。

（4）地面设计标高

地面设计标高为 EL ±0.000。

（5）图名

标题栏中的图名一般分成两行书写，上行为“管道布置图”，下行为“EL ××.×××平面”或“A—A、B—B……剖视”等。

（6）尺寸线

尺寸线始末应标绘箭头（打箭头或打杠），尺寸应写在尺寸线上方中间，且平行于尺寸线。

（7）管道布置图的主要内容

①管道布置图应按设备布置图或按分区索引图所划分的区域（以小区为基本单位）绘制。区域分界线用粗双点划线表示，在区域分界线的外侧标注分界线的代号、坐标和与此图标高相同的相邻部分的管道布置图图号。

②管道布置图以平面图为主。当平面图中局部表示不够清楚时，可绘制剖视图或轴测图，此剖视图或轴测图可画在管道平面布置图边界线以外的空白处（不允许在管道平面布置图内的空白处再画小的剖视图或轴测图）或绘在单独的图纸上。绘制剖视图时要按比例画，可根据需要标注尺寸。轴测图可不按比例，但应标注尺寸，且相对尺寸正确。剖视符号规定用 A—

A,B—B,……等大写英文字母表示,在同一小区内符号不得重复。平面图上要表示所剖截面的剖切位置、方向及编号,必要时标注网格号。

③多层建筑物、构筑物的管道平面布置图应按层次绘制,如在同一张图纸上绘制几层平面图时,应从最低层起,在图纸上由下至上或由左至右依次排列,并于各平面图下注明“EL ±0.000 平面”或“EL××.×××平面”。

④在绘有平面图的图纸右上角,管口表的左边,应画一个与设备布置图的设计北向一致的方向标。

⑤管道布置图上建(构)筑物应表示的内容如下。

建筑物和构筑物应按比例绘制;根据设备布置图画出柱、梁、楼板、门、窗、楼梯、操作台、安装孔、管沟、篦子板、散水坡、管廊架、围堰、通道等。

标注建筑物、构筑物的轴线号和轴线间的尺寸;标注地面、楼板、平台面、吊车、梁顶面的标高。

按比例用细点划线标出电缆托架、电缆沟、仪表电缆盒、架的宽度和走向,并标出底面标高。

生活间及辅助间应标出其组成和名称。

⑥设备应表示的内容如下。

用细实线按比例根据设备布置图确定的位置画出设备的简略外形和基础、平台、梯子。

标注设备的定位尺寸;设备中心线上方标注与流程图一致的设备位号,下方标注支承点的标高或主轴中心线的标高。剖视图上设备位号注在设备近侧或设备内。

按比例画出卧式设备的支撑底座,并标注固定支座的位置。

立式容器还应表示出裙座人孔的位置及标记符号。

⑦管道布置图上管道应表示的内容。

参阅 HG/T 20519—2009 和 HG/T 20549—1998 相关内容。

【例 4.1-13】 以下关于管道布置排气、排液设计不符合规范的是(　　)。

(A)高点排气口最小管径为 DN15

(B)低点排液口最小管径为 DN20

(C)当主管为 DN 15 时,低点排液口管径应小于 DN15

(D)高黏度介质的排气、排液口最小管径为 DN25

正确选项(C)。

4.2 工艺设计安全

化学工业是过程制造业,使用不同性质化学品种类多,其中包括可燃性或有毒性的物质,所以由这些物质引起火灾、爆炸或中毒的危险性较大。另外,随着装置及设备的大型化,处理量明显增大,操作也涉及危险的反应和高温、高压等苛刻操作条件,增加了装置本身被损伤、破坏的危险性,灾害的波及面也就较大,亦增加了消防灭火的困难,最坏的情况是造成企业本身的致命损伤以及对周边环境的污染与污染的扩大。

如何解决这些导致灾害的问题?必须强调的原则是源头防治为本,也就是说解决前述严重安全问题,最根本的方法是进行新的内在更安全的设计,即通过工艺设计减小固有危害性,而不是仅考虑选用对危害进行防护的方案;需进行环境影响最小化的新工艺过程设计,而不是仅仅通过处理废料来实现环境友好。

4.2.1 工艺设计中的安全因素

在化工生产中影响人身安全的事故一般有燃烧、腐蚀、爆炸和中毒几类。化工生产中潜在有发生火灾、爆炸等危险，例如加工和贮存可燃、易爆、有毒物品的设备，高压含氧或高压设备等，由于操作因素可能引起的危险。这些危险在有的教科书中被称为第一次危险，而由第一次危险引起的后果，当直接危害人身、设备以及建筑物的安全时，称之为第二次危险。第一次危险是由过程特性决定的，无法改变。设计者要针对第一次危险采取措施，以防第二次危险的发生。采取的措施有：

①预防由第一次危险产生第二次危险；

②限制第二次危险的危害范围；

③事故发生后能使人员及时疏散和得到抢救。

1. 毒性

大多数化学品或多或少会对人体有一定损害，而危害程度取决于物质的毒性强弱和接触毒性物质的持续时间和频率。可以把毒性物质分为两类：一类是急性中毒物质，即短期接触就会造成严重甚至致命伤害，如氰化钾、氯气等；另一类是慢性中毒物质，长期接触会危害人的身体健康，例如芳烃、稠环芳烃、氯乙烯等。为了便于表达，常用 LD_{50}(Lethal Dose)来表示前一类毒性，用 TLV(Threshold Limit Value)来表示后一类毒性。

(1) LD_{50}

LD_{50}是使 50% 接受试验的动物死亡的致命剂量(经口鼻吸入)，单位是 mg 毒物/kg 动物质量。对大白鼠经口鼻吸入时进行毒性分级，即 LD_{50} 值分别为：极毒 <1 mg/kg，剧毒 1 ~ 50 mg/kg，中等毒 51 ~ 500 mg/kg，低毒 501 ~ 5 000 mg/kg，相对无毒 5 001 ~ 15 000 mg/kg，无毒 >15 000 mg/kg。氰化钾 LD_{50}值为 10 mg/kg，铅为 100 mg/kg，四乙基铅为 35 mg/kg，阿司匹林为1 500 mg/kg，食盐为 3 000 mg/kg。

(2) TLV

TLV 是指人们长期接触后，虽无明显感觉，却能慢性中毒的毒物剂量。空气中有害物质的质量浓度用 mg/m^3 表示。职业接触毒物的危害程度一般分为极度危害、高度危害、中度危害和轻度危害，对应的空气中的容许质量浓度(mg/m^3)分别为 <0.1，0.1 ~ 1.0，1.0 ~ 10，>10。

2. 腐蚀性

化工生产中经常用到各种腐蚀性物质，如无机酸、无机碱和有机酸等，它们不但可能伤害生产者，而且会对设备造成腐蚀，从而造成破坏。设备腐蚀主要是由于化学和电化学的作用引起的破坏。

金属腐蚀的形态可以分为全面腐蚀(或称均匀腐蚀)和局部腐蚀。一般局部腐蚀比全面腐蚀的危害更严重，有一些局部腐蚀往往是突发性的，比如设备和管道穿孔而造成易燃、易爆、腐蚀性物质和毒物泄漏而引起火灾、爆炸、环境污染等事故。

金属腐蚀可以根据金属材料腐蚀率大小分为四个等级：腐蚀率小于 0.05 mm/a 为优良；0.05 ~ 0.5 mm/a 为良好；0.5 ~ 1.5 mm/a 为腐蚀较严重，但可用；大于 1.5 mm/a 为腐蚀严重，不可用。在有关教科书中，对于选择设备材料，按照上述四级分类，用符号表示是否采用。

影响腐蚀程度的主要因素有：介质的成分和浓度，含杂质情况，温度，pH 值，介质的含水情况,介质的流速,停开车的周围自然环境等。

非金属腐蚀是纯粹的化学或物理作用的结果,这是其和金属腐蚀最大的区别。金属腐蚀中物理腐蚀只在极少数环境中发生,而非金属腐蚀许多是由物理作用引起的。非金属内部腐蚀是常见的现象,这与金属腐蚀也不一样。

3. 燃烧和爆炸

1)燃烧及防护

燃烧的定义:物质发生强氧化反应,并同时伴随着热和光的化学现象,称为燃烧。

燃烧的必需条件:可燃性物质和助燃物质共同存在于一个燃烧系统中;存在着导致着火的火源。

在工业生产中通常将火灾按危险性分为五级,即甲、乙、丙、丁、戊,具体危险特征可以参看化工工艺设计手册等书籍。

2)防爆

爆炸的定义:物质从一种状态迅速转化成另一种状态,并在瞬间以机械功的形式放出大量能量的现象称为爆炸。

(1)爆炸的类型

爆炸可以分为物理爆炸和化学爆炸。物理爆炸是受压设备如高压容器、高压管道等的爆炸。化学爆炸是几种物质在瞬间经过化学变化转变成另一种物质或几种物质,在极短时间内,产生大量的热和气体产物,在爆炸的同时,伴随产生破坏力极大的冲击波。

(2)化学爆炸的条件

①具有易燃易爆性物质,如氢气、甲烷、乙炔和汽油等;

②爆炸性物质与空气或氧气混合达到一定的爆炸范围;

③达到爆炸范围的爆炸混合物在明火或着火点温度作用下。

(3)防爆措施

①防止明火发生,以免引起火灾;

②选择设备材质和附属设备要恰当;

③严格控制操作条件(温度、压力等);

④在车间设计时,要考虑火灾和爆炸发生的可能性,应具备相关一切措施,以减轻危害程度;

⑤车间布置设计中,建筑物应具备防火防爆设施,如设有足够泄压面、安全梯、轻质屋顶,车间至少有两个出口等。

3)概念

在防火防爆设计中,要了解液体闪点和可燃气体或液体蒸气的爆炸极限。

(1)液体闪点

各种液体发生闪燃现象的最低温度,称为该液体的闪点。闪点与自燃点有关,但又不相同。

(2)自燃点

自燃点是物质在外界没有引燃因素的条件下在空气中能自燃的温度,它表明该物质在空气中能被加热的极限温度。

(3)爆炸极限

可燃气体或可燃液体蒸气与空气组成的混合物,并不是在任何混合比例下都是可燃或可爆的。浓度低于某一最低极限或高于某一最高极限时,都不发生燃烧和爆炸。此最低极限称为爆炸下限,最高极限称为爆炸上限。爆炸极限,特别是爆炸下限在防火防爆上具有重要意义。

4. 噪声

噪声对人体的健康和安全都是有害的,长期处于高强度噪声的环境中能损坏一个人的听觉,强度不高的噪声也能使人疲劳。

噪声的单位为分贝,当噪声达到90分贝以上时会损害人的听觉。一般情况下,噪声高于80分贝时,应对耳朵采取保护措施。化工厂中噪声的来源有压缩机、鼓风机、放空阀等。离这些噪声声源1 m处,噪声可能高达90~110分贝,压缩机的噪声甚至高达120分贝。为了降低噪声,在订购设备时可对制造商提出最高允许噪声要求,还可以采取加消噪声材料或隔离声源等设施。

4.2.2 工艺设计的安全目标

工艺必须以下列三项作为达到工艺安全的目标进行研究,即

①在设计条件下能够安全运转;

②即使多少有些偏离设计条件也能将其安全处理并恢复到原来的条件;

③确立安全的启动或停车办法。

因此,必须评价化工工艺所具有的各种潜在危险性,例如原料、化学反应、操作条件的不同、偏离正常运转的变化、工艺设备本身的危险性,研究排除这些危险性,或者用其他适当办法对这些危险性加以限制的方法。化工装置一般是多个工艺过程高度集中构成的,所以有时各工艺过程的每个阶段也影响其他阶段的操作。一开始就考虑全部工艺过程的安全问题是比较复杂的,所以有必要将工艺过程进行分类,考虑每类工艺过程对其他工艺过程的影响,以求达到整个工艺过程的安全化。

4.2.3 工艺设计需要考虑解决的安全问题

在进行工艺设计或重新设计(过程改造)时必须要首先考虑与解决如下问题。

(1)最小化

尽量使用最小量的危害性物质。

①是否已经将储罐中与过程相关的危险品存量压缩到最小;

②是否已尽可能减少危险品的储罐数量;

③其他类型的单元操作或设备能够缩减化学品的使用限额(例如,用连续在线混合器代替混合容器)。

(2)替代工艺或替代品

尽量使用危害性小的工艺和物质代替危害性大的工艺和物质。

①是否有可能通过采用替代工艺而彻底消除危害性原料、过程中间体或副产物;

②能否将原料替换为毒性更小的物质,或能否将易燃或有毒的溶剂替换为非易燃或无毒的溶剂。

(3)优化操作条件或设施

选用危害性更小的操作条件或设施,使排放物质或能量的危害性最小。

①原料的进料压力能否被限制在接近容器的操作压力的范围内；

②能否通过使用更优良的催化剂尽可能使反应条件（温度、压力）变得不那么苛刻。

(4)简单化

尽可能简化设计以消除不必要的复杂性，避免因操作繁复而导致的操作失误的发生。

①设计的容器能否承受最坏的情况下可能产生的最大压力；

②能否实现过程单元耦合，简化与减少高温高压设备与储罐的个数。

其中选择安全的、经济的和环境友好的工艺路线，是一项非常重要也是较难的工作，因为必须考虑到整个化学品供应链优化。分析鉴别能耗最小的、毒性中间体利用最少的和原料应用最小的安全的生产网络，同时还要进行其他分析，如网络对能量供应波动和有毒物质应用限制的响应。总之，化学品生产网络的物流模型可以提供判别和优化过程网络的基本必要信息，供设计者参考。

4.3 工艺设计经济分析

建设一个化工项目，就是在某一地点，在一定时期内，投入资金、劳动力、材料和设备等资源，建成生产装置；然后再投入资金、劳动力、原料、燃料、水电气等资源进行生产；由产品销售得到经济收入，亦即回收投资和取得利润。建设和生产所消耗的资源都叫投入，生产出来的产品和副产品叫做产出。在经济评价中，投入和产出都以同一种货币来计量，用以计量投入和产出的货币称为现金。经济评价的一项重要内容，是估算工程项目投入和产出之间的现金差额或比例。

一个工程项目在某一时间内，支出的费用称为现金流出，取得的收入称为现金流入。在经济评价中，现金流出用负值表示，现金流入用正值表示。现金流出和现金流入统称现金流量。在经济评价开始之前，必须先估算出各项现金流入和现金流出，力求做到准确，没有遗漏，这是经济评价的起点。

工程项目的现金流出，包括工程项目建成投入生产之前的总投资和生产之后的总生产成本。建设投资与生产成本是设计方案的经济分析、评价与优化评比的基础。在过程设计中，一般要进行多次经济评价，只有确认有明显的经济效果时，才进行下一步工作，否则即行停止，以免造成人力和资金的浪费。对于一个化工项目，由立项、初步可行性论证、可行性研究、基础设计、初步设计或扩初设计到施工设计，经历着不同阶段，对经济分析与评价的深度和要求逐渐加强。

4.3.1 工艺设计经济投资分析

投资是建设一个工厂或生产装置，并使之投入生产和维持运行所需的全部资金。它主要由固定资产投资、建设期借款利息和流动资金三部分组成，对有的项目，还应包括固定资产投资方向调节税。固定资产投资方向调节税是指国家为了引导和控制社会投资方向和规模，使其符合国民经济和社会发展规划以及产业政策而采用的税收杠杆。对于限制投资的项目，将征收这种调节税。

投资主要由固定资产投资和流动资金两部分组成。

1. 固定资产投资

固定资产投资可以分为直接费用和间接费用。

(1)直接费用

直接费用即为建设所需的设备材料和劳动力费用。如设备购置、设备安装、管道工程安装、电气工程、土建工程、场地建设、公用工程设施等的费用。

(2)间接费用

间接费用包括:工程设计和监督费、施工费、承包管理费、不可预见费等。

(3)固定资产投资中各项投资所占百分比

固定资产投资中各项所占比例与具体工程项目有关,各项所占百分比只是一个范围,在相关教科书中可以查到,可以作为研究投资估计时的参考。

2. 流动资金

流动资金是指使建设项目生产经营活动正常进行而预先支付并周转使用的资金。流动资金包括用于购买原材料、燃料动力、备品备件,支付工资和其他的费用以及垫支在制品、半成品和制成品上的周转资金。流动资金的价值全部转移到产品中去,通过销售实现回收,并不断周转。

4.3.2 投资估算

1. 估算种类

投资估算按设计不同阶段可分为以下几类。

(1)数量级估算

这种估算用于项目正在酝酿和初步筛选方案阶段,这种估算也称为风险估算,误差可能较大。

(2)研究估算

这种估算在可行性研究阶段进行,估算依据的是概略的工艺流程图、设备一览表、主要设备初步规格、公用工程量、建筑物构筑物的近似尺寸和结构类别,此阶段估算误差为30%左右。

(3)概算

概算是在初步设计阶段完成的。它可以作为申请贷款、建设投资计划和订施工合同的依据,估算的误差要求小于10%左右,审批时如果认为投资过大,可以要求修改设计。

(4)预算

预算是在施工图阶段进行的,要求估算误差在5%以内,用于控制投资。

(5)决算

决算是在施工图设计结束后,由承包商以完整的工程图纸和规格说明书为依据编制的。

2. 固定资产投资估算方法

(1)比例法

比例法用于数量级估算,当无任何类似数据参考时,只能用销售额之比法,其公式为:销售额之比=年销售毛收入/固定投资。对于化学工业,不少企业的销售额之比接近于1。

(2)单位生产能力投资估算法

在拟建厂与现有厂的产品品种和工艺技术路线基本相同、生产能力差别不大的情况下,可以用现有工厂的已知投资,来估算拟建厂的投资额。

$$I_A = P_A(I_B/P_B)$$

式中:I_A为拟建装置的投资额;I_B为已建装置的投资额; P_A为拟建装置的生产能力;P_B为已建装置的生产能力。

注意单位生产能力投资估算法的运用条件:产品品种、工艺路线基本相同或相似;两者之间生产能力不能相差太大(一般在两倍以内);同时要注意厂址和投资年份会影响估算精度。

(3)装置能力指数法

一般来讲,装置的投资费用与生产能力之间不是简单的线性关系,而是呈指数关系。在工程项目建议书阶段,用指数法框算投资。公式如下:

$$I_A = I_B(S_A / S_B)^n$$

式中:I_A为拟建工程投资;I_B为已建成装置投资;S_B为已建成装置的建设规模;S_A为拟建成装置的建设规模;n 为装置的规模指数。在有关化工领域的文献、投资年鉴中,可以查到许多化工产品、化工装置(设备)的规模指数值,一般选择 0.6 左右,所以,规模指数投资估算法又称为"0.6 次方法则",有时也可选择 0.3 ~0.5 或 0.8 ~1.0。规模指数 n 越小,表明其规模效应越明显,若 $n=1$,表明没有规模效应。该方法也要注意厂址和投资年份会影响估算精度。

(4)价格指数法

价格指数法用下式表示:

$$I_A = I_B(F_A / F_B)$$

式中:I_A为拟建装置的建设投资;I_B为已建成装置的建设投资;F_A为拟建装置建设时的价格指数;F_B为已建成装置建设时的价格指数。价格指数是根据各种机械设备的价格以及所需的安装材料费和人工费加上一部分间接费,按一定百分比根据物价变动情况编制的指数。价格指数法是应用较广的一种方法。设备指数各年不一样。

固定资产投资估算方法还有费用系数法、资金周转率法和因子法等。

3. 单元设备价格估算

单元设备价格估算是各种估算方法的基础,单元设备价格最可靠的来源是直接从制造厂商那里获得报价,但这样做花费太多精力;另外有的设备机械尚未设计时也不具备这样的条件,这时可用单元设备价格估算的方法得到设备价格,单元设备价格估算的基本方法是先根据设备特性参数,例如热交换器的传热面积等,决定设备基准价格,然后再根据不同材料、不同形式和压力等因素加以校正。

对于容器和塔类的价格估算都以质量为基础,所以应该首先估算设备质量,设备质量可以按照下式计算:

$$W = \pi D(L + 0.8116D) T_s \rho$$

式中:W 为设备质量,kg;D 为设备内径,m;L 为设备筒体长度加两边封头直边长度,m;T_s为设备的壁厚,mm;ρ 为材质密度,kg/m^3。

对于泵,可以其功率来进行价格估算,然后根据材质、形式和压力等因素加以校正。设备质量价格估算详细方法,请参考化工设计教科书和手册。

4. 流动资金的估算(类比估算法)

由于项目的流动资金需要量与项目的产业类别及特点有密切的内在联系,一般可参照同类生产企业流动资金占销售收入、经营成本、固定资产投资的比率以及单位产量占用流动资金的比率来估算。例如,对于大多数化工项目,可取经营成本的 25%,或固定资产投资额的 12% ~20%,或销售收入的 15% ~25%,或 1.5 ~3 个月的生产成本作为流动资金。

4.3.3 生产成本估算

总生产成本是决定工厂经济效益最重要的因素，必须正确估算构成总成本的每一组成部分。总的生产成本包括直接生产成本、固定成本、工厂管理费和销售费用。

1. 直接生产成本

直接生产成本包括直接与生产操作有关的各项开支，这些费用是产量的函数，通常随产量呈线性变化，故又称为可变成本。其中维修费、专利使用费等对产量的变化不敏感，甚至无关。这些费用在直接生产成本中只占一小部分，所以也把它放在可变成本中。当然也有仅把原料费、辅助材料费、公用工程费作为可变成本，其他各项费用作为固定成本的。在可变成本中还包括操作人员管理费、实验室费用、操作消耗品开支、专利使用费、维护检修费等。

2. 固定成本

所谓固定成本是不论工厂是否开工都要支付的固定不变的费用，包括折旧费、资金利息和保险费。

固定成本是进行短期分析时所使用的一个概念。在长期内，由于投入的所有成本都会发生变化，例如企业可以通过扩建厂房、购买设备，或卖掉厂房、设备，增加或减少成本来改变各种成本支出。因此，从短期看，企业的成本分为可变成本与固定成本，但从长期看，所有成本都是可变成本。

3. 工厂管理费

(1)全厂性费用

工厂管理费是为了管理工厂和组织生产所需要的全厂性费用。工厂除行政管理部门外，还必须建立一些其他设施，如医疗机构、食堂、浴室、娱乐设施、消防设施、车库、警卫设施等，这些部门的固定费用都应该按照一定比例分摊至各装置，计入生产成本。

(2)研究和开发费用

为了提高企业的经济效益，要投入必需的研究开发费用，研究开发费用包括有关人员的工资、研究设备费用、操作费用、原材料费用、直接管理费和各项杂费等。对于重视新技术开发的国家或者企业，这项费用可达到销售收入的2% ~5%。

4. 销售费用

销售费用包括销售人员的工资、差旅费、广告费、运输费等。这项费用占总生产成本的1% ~5%。

5. 财务费用

财务费用是指为筹集资金而发生的各项费用，包括生产经营期间发生的利息净支出及其他财务费用(汇兑净损失、金融机构手续费、调剂外汇手续费等)。财务费用主要是贷款利息，因而财务费用可用贷款利息来计算。

4.3.4 设计方案经济评价要求和一般方法

化工建设项目经济评价包括财务评价和国民经济评价。

财务评价是从企业角度出发的盈利分析，对企业来说，可作为是否投资的依据。只从企业的财务角度来考虑货币的收支、盈利以及借款清偿能力。

国民经济评价是从国家整体(社会)的角度来考察建设项目，在国家资源合理配置的前提下，分析计算项目对国民经济的净贡献，以考察项目的经济合理性。

在此主要对建设项目财务评价的一些主要指标及有关概念作简单介绍。

1. 税金和利润

(1)产值

产值是年产量和单位产品价格的乘积,即:产值 = 产量 × 单价。

(2)销售收入

销售收入是产品售出后的收入,其数值等于销售量和现行市场价格的乘积。

(3)利润

利润是指企业生产成果补偿生产耗费以后的盈余,即产品销售收入扣除生产成本以后的余额。其是企业为社会所创造价值的一部分,是反映项目经济效益状况的最直接、最重要的一项综合指标。利润以货币单位计量,有多种形式和名称,计算式分别如下:

毛利 = 销售收入 - 总成本费用

销售利润 = 毛利润 - 销售税金 = 销售收入 - 总成本费用 - 销售税金

利润总额 = 销售利润 + 营业外收支净额 - 资源税 - 其他税及附加

税后利润 = 利润总额 - 所得税

其中毛利又称盈利,销售利润又称税前利润,税后利润又称净利润。

上述销售税金包括增值税和城市维护建设税;其他税及附加包括调节税、教育费附加等。

(4)税金

税金是国家根据税法向企业和个人无偿征收的财政资金,用以增加社会积累和对经济活动进行调节,具有强制性、无偿性和固定性的特点。与化工企业有关的税收有增值税、营业税、所得税、资源税、关税、城市建设附加税、教育附加税等,主要是增值税和所得税。

(5)资金的时间价值

将一笔资金存入银行或投资于某个项目进行扩大再生产或商业周转,随着时间的推移,将产生增值现象,这就是资金的时间价值。存款得到的利息或投资得到的利润,便是资金时间价值最常见的表现形式。

(6)利息与利率

如果工程项目投资所需的资金是由借贷而来的,将来必然要还本付息,借贷时间愈长付出的利息总额愈高。需付予利息的资金数额称为本金,单位时间内利息与本金的比率称为利率。如果资金是自有的,不必付利息。但是,由于把这笔资金投入工程项目,从而失掉了赚取利息的机会,则这笔未赚到手的利息就是将这笔资金投入此工程项目的机会成本,也同样存在时间价值的问题。

利率的计算方式主要有单利和复利两种。单利是指仅本金生息,利息不累计进本金而不再计息的方式。

$$S = P(1 + n \times i)$$

式中:P 为本金;i 为利率;n 为计息周期数;S 为第 n 个计息周期末的本利和。银行吸收储户存款一般都采用单利方式计算利息。

复利是指除本金外,将前一个计息期内的利息累加到本金中,作为扩大的本金在下一个计息期内再计息的方式。复利的计算公式为

$$S = P(1 + i)^n$$

复利可以分为年复利、月复利、周复利、日复利,一般经济分析与评价均采用年复利。上式

中，P 又称为将来付款额 S 的现值，把将来付款额 S 折合成现值 P 的因子是 $1/(1+i)^n$，该因子被称为折现因子。

(7)现金流通图

把工程项目的预计服务寿命期内各年的现金流量累计起来，可画出累计现金流量曲线，典型的累计现金流量曲线如图 4.3-1 中的曲线 1 所示，图中曲线 2 是累计折现现金流量曲线。

从曲线 1 能看出总共需要投入多少资金(QD)，需要多长时间才能回收投资(AF)，到工程项目寿命终了时能够取得多少总收入。

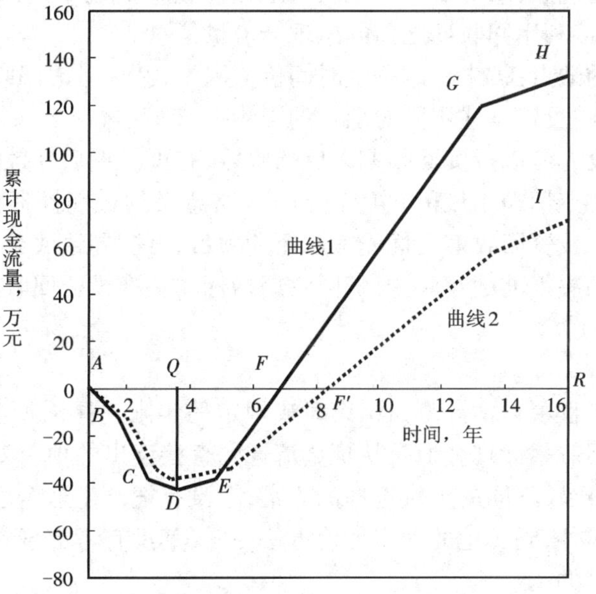

图 4.3-1 累计现金流量曲线和累计折现现金流量曲线

图中：AB—前期费用（研究、开发、可行性研究、设计）；

BC—基建费用（土地、厂房、设备、界区外建设）；

CD—试车；

DE—试车合格产品的销售收入；

$EFGH$—获利性生产；

F—盈亏平衡点；

QD—累计最大投资额或累计最大债务。

2. 财务静态评价方法

(1)投资利润率

投资利润率(ROI)是指项目达到设计生产能力后的一个正常生产年份的利润总额或生产期年平均利润总额与项目总投资的比率，即

$$投资利润率=\frac{年利润总额或年平均利润总额}{总投资}\times 100\%$$

在财务评价中，将投资利润率与行业平均投资利润率或基准投资利润率对比。若项目的投资利润率大于或等于行业平均投资利润率或基准投资利润率，则该项目在经济上是可取的。否则，一般不可取。

(2)静态投资回收期

静态投资回收期也称为投资偿还期或投资返本期(payback period)。它是一个粗略的、大约的指标。投资回收期是指以项目的净收益或净利润抵偿全部投资额(固定资产投资、投资方向调节税和流动资金)所需的时间,一般以年表示。对投资回收期规定从项目投资开始时算起。

$$P_t = \text{累计净现金流量开始出现正值年份数} - 1 + \frac{\text{上年累计净现金流量的绝对值}}{\text{当年净现金流量}}$$

静态投资回收期的优点:①能够直观地反映原始总投资的返本期限;②便于理解;③计算也比较简单;④可以直接利用回收期之前的净现金流量信息。

静态投资回收期的缺点:①未考虑资金时间价值因素;②未考虑回收期满后继续发生的现金流量;③不能正确反映投资方式不同对项目的影响。

静态投资回收期没有考虑投资回收期以后的收益,有可能把后期效益好、整体效益也不错的项目舍弃掉,进而导致错误的决策。事实上,有战略意义的长期投资往往早期收益较低,而中后期收益较高。静态投资回收期法优先考虑短期项目,可能导致放弃长期成功的方案。

静态投资回收期的决策准则:静态投资回收期指标≤基准投资回收期指标,投资项目才具有财务可行性。

(3)累计现金值

累计现金值代表工程项目估计寿命结束时或规定的年限末尾时所有现金流量的累加值,是一种粗略的评价指标。累计现金值是从现金流通图直接读出的项目寿命结束时的累计现金位值,这个方法可用于比较不同的可供选择的方案,但没有把产生这个净现金量所需要的投资额和模式考虑进去。另外,同其他的静态评价方法一样,其没有考虑投资和现金回收两者随着时间推移价值是不相等的。

(4)增量投资利润率

每个企业都根据各自的情况确定了最低允许的投资利润率,如果增加投资所得利润大于最低允许的利润率,则增加投资是可取方案。

在进行多方案比较时,一般可选用投资利润率最大且高于基准投资利润率(可接受的最低投资利润率)的方案。

但是投资利润率最大的方案净收益并不一定最大,即不一定是最优方案。因为往往投资越大,净收益额越大,但投资利润率却稍低。当然如果资金比较充裕,可以选择利润率稍低而总收益较大的方案。

从经济学的角度来说,在进行投资额不同的多方案比较时,必须把净收益的增长与投资额的增长联系起来综合考虑,也就要利用增量投资利润率这一指标来考查。增量投资利润率的思路是:在不同的方案进行比较时,在满足投资利润率大于基准投资利润率条件下,优先选用投资额高的方案。

3. 财务动态评价方法

静态评价方法虽然简单,但未考虑资金的时间价值。按照同一时间进行衡算,然后在相同的基准上进行比较和评价,叫动态评价方法。

(1)动态投资回收期

动态投资回收期是指在考虑资金时间价值条件下,按一定利率复利计算,收回项目总投资所需的时间,一般以年表示,也可以由累计现金流量图读出。

P_t = 累计折现值出现正值年数 - 1 + 上年累计折现值的绝对值/当年净现金流量折现值

动态投资回收期的优点是经济意义明确直观;考虑了资金的时间价值,计算方法科学合理,所反映的项目风险性和赢利能力更加真实可靠。

动态投资回收期的缺点是计算方法和过程更为复杂;不能反映投资回收以后,项目的收益情况、项目的使用年限和项目的期末残值等,不能全面反映项目的经济效益。

设基准动态回收期为 P_c,如果 P_t小于 P_c,则项目可行;否则不可行。投资回收期是反映项目在财务上偿还能力的重要经济指标,除特别强调项目偿还能力的情况外,一般只作为方案选择的辅助指标。

(2)净现值法

按行业的基准收益率或设定的折现率,将项目寿命期内各年净现金流量折现到建设初期的现值之和,称为该项目的净现值(Net Present Value,缩写为 NPV)。

如果净现值为 0,则说明在资金时间价值的意义上,该项目的现金流入刚好抵消现金流出,即“不盈不亏”。如果净现值大于 0,意味着在给定的折现率下,投资于该项目是可以获利的。净现值越大,获利能力越大。反之,如果净现值小于 0,则该项目不可取。

净现值法考虑了资金的时间价值,若采取的折现率是正确的,则所得利润也是正确的。但其缺点是不能反映所得净现值是由多少投资产生的,为避免这个缺点,可以采用净现值比法加以比较。

(3)净现值比(NPVR)法

净现值比又称净现值率,它是净现值与投资额的现值之比值(净现值比 = 净现值/投资现值)。净现值比的物理意义是指投资项目除了偿还贷款本息或确保一定利润率的前提下,每元投资的现值还能带来数值为 *NPVR* 的现值资金收益。

实际财务评价时,*NPV* 和 *NPVR* 两个指标经常结合使用。

(4)贴现现金流通收益率

贴现现金流通收益率也称折现现金流量利润率、内部收益率(Internal Rate of Return,缩写为 IRR),是使该工程项目的净现值 *NPV* 为零时的贴现率,也即当贷款利率为贴现现金流通收益率时,该项目在整个寿命期内的收益刚够偿还本息。因此贴现现金流通收益率表示工程项目的借贷资金所能负担的最高利率。

内部收益率的物理意义:若项目的投资全部来源于贷款,则内部收益率是该项目所能承受的最高贷款年利率。即当贷款利率等于一个项目的内部收益率时,那么,该项目的收益刚好能偿还贷款的本息。所以,*IRR* 代表项目所能承担的最高贷款利率或资金成本。在财务评价中,将计算得到的 *IRR* 与行业的基准收益率或设定的折现率(i_0)比较,当 $IRR \geqslant i_0$时,即认为其盈利能力达到了最低要求,在财务上可以考虑接受。否则,不可取。

4.3.5 风险分析

风险是所有项目规划和选择中必然存在的固有的内部特性,因此,在做出决策时必须充分考虑各种变化因素对经济效益的影响,处理不确定因素影响的简单办法是改变各种价格指数的边界值,如提高基准投资收益率、贴现现金流通收益率或降低还本期。这些做法有时会丢失获利机会,因此应尽可能获得这些因素变化的统计数据,并进行盈亏平衡分析和敏感性分析,得到效益变化的定量数据,然后再做出决策。盈亏平衡分析和敏感性分析,请参考相关教科书。

仿真习题

4.1 工艺设计

4-1 一个新产品或新工艺从开始研制到投入生产,需要进行( )。

(A)概念设计、中试设计及基础设计

(B)初步设计和施工图设计

(C)概念设计、中试设计、基础设计、初步设计和施工图设计

4-2 下述说法正确的是( )。

(A)中试设计用于所有单元过程

(B)中试设计是某些开发项目不能采用数学模型法放大时而进行的

(C)中试装置的流程和设备结构在形式上一定要与工业装置完全相同

4-3 工程设计包括的内容是( )。

(A)初步设计和施工图设计(有的书将施工图设计称为详细设计)

(B)中试设计、初步设计和施工图设计

(C)概念设计、中试设计、基础设计、初步设计和施工图设计

4-4 在初步设计程序中有生产方式的选择。现有一个年产600吨的原料药合成车间,正确的生产方式是( )。

(A)连续生产　　(B)间歇生产

(C)既可连续生产,也可间歇生产

4-5 在初步设计中物料计算的成果是( )。

(A)原料消耗定额、三废排放量和三废组成

(B)原料消耗定额、三废排放表和物料平衡表

(C)三废排放量和三废组成

(D)原料消耗定额

4-6 可行性研究是基本建设前期工作的重要内容,其主要任务是( )。

(A)对项目的必要性和可行性作分析预测

(B)对项目技术的先进性、经济的合理性作论证和比较

(C)应该包括A、B两项

(D)对项目的必要性和先进性进行论证

4-7 在初步设计中工艺流程设计根据各个阶段不同要求,应绘制( )。

(A)工艺流程方框图、工艺流程草图和带控制点的工艺流程图

(B)工艺流程方框图、工艺流程草图、物料流程图和带控制点的工艺流程图

(C)管道布置图

(D)仪表布置图

4-8 按照化工工艺流程图绘制方法,下列说法正确的是( )。

(A)设备轮廓线与辅助物料管线相同,都用中实线(0.6 mm)表示

(B)设备轮廓线与主物料线相同,都用粗实线(0.9 mm)表示

(C)设备轮廓线用细实线(0.3 mm)表示

(D)主物料线用中实线(0.6 mm)表示

4-9 在化工工艺流程图中,符号$\frac{\text{R×××A、B、C}}{\text{××反应器}}$中的A、B、C表示( )。

(A)A、B、C 3个设备串联　　(B)××反应器有3个

(C)××反应器有3个,作用相同且并联　　(D)××反应器的3个型号

4-10 在化工工艺流程图中,下列标注中50表示( )。

PG0801-50　B32L01

(A)工序代号　　(B)管道的公称直径

(C)管道的外径　　(D)管道的内径

4-11 化工工艺流程图中符号⊖表示( )。

(A)集中控制仪表　　(B)就地控制仪表

(C)就地仪表表盘面安装仪表

4-12 在化工工艺流程图中单元反应设备如图所示,其中虚线框中符号表示( )。

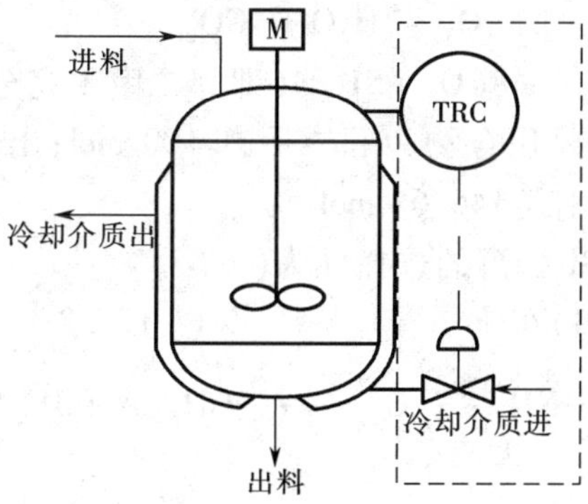

题4-12 附图

(A)温度调节系统　　(B)通过调节冷却介质流量的自控釜温系统

(C)压力调节系统　　(D)通过调节冷却介质温度的自控釜温系统

4-13 关于泵的流量调节,往复泵安装调节装置的正确方法是( )。

(A)在泵的出口管道上直接安装调节装置

(B)在泵的旁路安装调节装置

4-14 带控制点的化工工艺流程图中,不包括( )。

(A)全部管道的管道代号、管径、材料、保温

(B)工艺物料和辅助物料的流向及工艺管道上的阀门

(C)以图例表示出控制回路、仪表参数、功能、仪表位号和控制方法

(D)绘出法兰、弯头、三通等管件

4-15 在化工生产工艺技术路线选择中,首先要考虑的原则是( )。

(A)工艺路线的先进性　　(B)工艺技术路线的可靠性

(C)工艺路线的经济合理性　　(D)工艺路线的先进性及经济合理性

4-16 在氯苯硝化生产一硝基氯化苯生产车间,一硝基氯化苯收率为92%,选择性为98%,则氯化苯的转化率为( )。

(A)93.9%　　(B)90.16%　　(C)92.4%　　(D)96.5%

4-17　在硝基苯生产中，要求每年生产纯度为 99% 的硝基苯 2 000 吨，车间总收率为 95%，则每年实际应生产硝基苯的吨位为（　　）。

(A)2 084.2 吨/年　　(B)1 980 吨/年　　(C)2 105.2 吨/年　　(D)2 126.5 吨/年

4-18　有一物理吸收过程，用液体 x 吸收 y 气体，物料 x 从塔顶进入，y 从塔底进入，如图所示。根据质量守恒定律，下述说法不正确的是（假定无损失）（　　）。

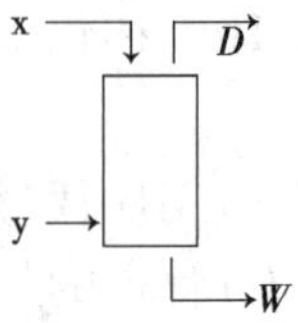

题 4-18 附图

(A)x + y 的总质量等于 $D + W$ 的总质量

(B)y 中 i 组分的质量等于 D 中 i 组分质量与 W 中 i 组分质量之和

(C)x + y 的总摩尔数不等于 $D + W$ 的总摩尔数

(D)x + y 的总摩尔数等于 $D + W$ 的总摩尔数

4-19　在由邻二甲苯经空气氧化生成邻苯二甲酸酐的过程中，反应方程式如下：

主反应　$C_8H_{10} + 3O_2 \longrightarrow C_8H_4O_3 + 3H_2O$

副反应　$C_8H_{10} + 7O_2 \longrightarrow C_4H_4O_3 + 3H_2O + 4CO_2$

副反应　$C_8H_{10} + 10.5O_2 \longrightarrow 8CO_2 + 5H_2O$（即邻二甲苯完全燃烧）

经实验测得，物料进口主要化合物为邻二甲苯 100 mol；出口物料为邻苯二甲酸酐 78.2 mol、马来酸酐 6.44 mol、二氧化碳 146.64 mol。

经计算，目的产物邻苯二甲酸酐的选择性为（　　）。

(A)99%　　(B)79%　　(C)78.2%　　(D)80%

4-20　对于反应 $C_3H_6 + \frac{3}{2}NH_3 + \frac{3}{2}O_2 \longrightarrow \frac{3}{2}CH_3CN + 3H_2O$，反应产物 CH_3CN 的收率计算公式为（　　）。

(A)$\frac{CH_3CN\text{ 生成的摩尔数}}{C_3H_6\text{ 消耗的摩尔数}} \times 100\%$　　(B)$\frac{CH_3CN\text{ 生成的摩尔数}}{C_3H_6\text{ 加料的摩尔数}} \times 100\%$

(C)$\frac{2}{3}\frac{CH_3CN\text{ 生成的摩尔数}}{C_3H_6\text{ 加料的摩尔数}} \times 100\%$　　(D)$\frac{3}{2}\frac{CH_3CN\text{ 生成的摩尔数}}{C_3H_6\text{ 加料的摩尔数}} \times 100\%$

4-21　在化工设计热量计算前应选取基准温度，基准温度选择原则是（　　）。

(A)定为 0 ℃　　(B)定为 25 ℃

(C)基准温度可取任何温度，但在计算系统内应统一

(D)出口和进口基准可不同

4-22　160 ℃水蒸气的焓值为 2 756 kJ/kg，计算出每摩尔水蒸气的焓值为（　　）。

(A)49.61 kJ/mol　　(B)49.61×10^3 kJ/mol

(C)15.31×10^3 kJ/mol　　(D)15.31×10^{-2} kJ/mol

4-23　某物料需加热至 115 ℃，可以用来加热的热载体是（　　）。

(A)常压热水　　(B)常压水蒸气　　(C)加压水蒸气　　(D)熔盐混合物

4-24　在化工厂中，使用得最普遍的冷却水是（　　）。

(A)一次地表水　　(B)一次深井水

(C)循环水（即二次水）　　(D)经淡化处理后的海水

4-25　化工设备选择和计算中，选择流体输送设备时首选的依据为（　　）。

(A)流量和扬程　　(B)流量、扬程和出口压力

(C)被输送物料的性质　　(D)流体输送设备价格

4-26　化工生产中常用分离设备进行物料分离,分离过程基本上可以分为三大类:以能量为分离剂的过程、以物质为分离剂的过程及机械分离过程。下列各过程中,不属于以能量为分离剂的过程是(　　)。

(A)精馏　　(B)结晶　　(C)解吸　　(D)蒸发

4-27　在精馏过程中蒸汽用量大小主要取决于回流比,若要尽量节省热能,回流比适用范围为(　　)。

(A)大于0,小于1　　(B)大于1,但接近1　　(C)远大于1

4-28　化工用塔式设备通常有板式塔和填料塔,对于既可以选择板式塔也可选择填料塔的场合,新建工厂和老厂改造应分别选择(　　)。

(A)板式塔,新型填料塔　　(B)新型填料塔,板式塔

4-29　在一个化工过程中,如果反应为平行反应,即

$a_1A \rightarrow P$　P为目的产物　$r_P = k_1 c_A^{a_1}$

$a_2A \rightarrow S$　S为副产物　$r_S = k_2 c_A^{a_2}$

试问当 $a_2 > a_1$ 时,要求反应器的流型为(　　)。

(A)平推流　　(B)全混釜式

4-30　在确定化工过程采用连续操作时,下述几个理由不正确的是(　　)。

(A)操作稳定安全　　(B)一般年产量大于4 500吨的产品

(C)反应速度极慢的化学反应过程　　(D)工艺成熟

4-31　在进行化工单元设备设计时,温度和材料强度有一定关系,材料强度随温度升高而降低,设计温度是指(　　)。

(A)正常操作时的温度　　(B)可能出现的最高温度

(C)可能出现的最低温度　　(D)综合各种因素后确定出的温度

4-32　在设计压力容器时的设计压力是指(　　)。

(A)正常操作时的压力

(B)可能出现的各种操作状态下的最大压力

4-33　在进行化工厂厂房建筑设计时,单层厂房的跨度不应大于(　　)。

(A)30 m　　(B)22 m　　(C)24 m　　(D)18 m

4-34　化工厂选址是建厂的重要内容,一般情况下选址地最重要的三个因素是(　　)。

(A)原料所在地、市场所在地和交通运输条件

(B)原料所在地、市场所在地和气候条件

(C)市场所在地、交通运输条件和气候条件

4-35　在车间布置平面图绘制中,下列标高标注正确的是(　　)。

(A)$\underset{\nabla}{\underline{+3.500\ \text{m}}}$　　(B)$\underset{\nabla}{\underline{-1.50\ \text{m}}}$　　(C)$\underset{\nabla}{\underline{\pm 0.00\ \text{m}}}$　　(D)$\underset{\nabla}{\underline{\pm 0.000\ \text{m}}}$

4-36　在进行车间设备布置时,一些高大设备多采用(　　)。

(A)露天布置,以减少建筑物的费用,降低毒物的积累

(B)室内布置,以保护设备,使设备不受冷、热的影响

4-37　在进行车间设备布置时,为使管路尽量短和便于操作,通常设备多采用(　　)。

(A)按流程图出现的顺序布置

(B)按相似的设备布置在一起的分组布置

4-38　对化工管道公称直径的概念进行正确选择(　　)。

(A)为了简化管道器材元件尺寸而对管道分级标准化的管道直径的表示方法

(B)公称直径即是管道的内径

4-39　管道公称压力按使用压力不同可分为真空、低压、中压、高压。通常说的低压管道使用压力范围为(　　)。

(A)$p \leqslant 1.0$ MPa　　(B)$0 \leqslant p \leqslant 1.6$ MPa　　(C)$1.6 \leqslant p \leqslant 10$ MPa

4-40　管道连接方式有焊接、承插焊、法兰连接、螺纹连接、承插连接等,密封性要求高的管子的连接方式是(　　)。

(A)焊接　　(B)螺纹连接　　(C)承插焊　　(D)法兰连接

4-41　有一管道所输送的物料为80 ℃、93%的硝酸,所使用的材料应为(　　)。

(A)铬不锈钢　　(B)纯铝　　(C)铬镍不锈钢　　(D)一般钢

4-42　一般仪表用空气和置换用氮气可能会处在露天低于-40 ℃的情况下,因此必须对这些气体进行干燥除去水分,这样做是因为(　　)。

(A)微量水分的存在会腐蚀设备和仪表

(B)气体中所含的水分可能在冬天冻结而堵塞管道

4-43　在初步设计文件中,(　　)不包括在内。

(A)带控制点的工艺流程图　　(B)物料流程图

(C)设备一览表　　(D)管路布置图

4-44　中试装置设计的主要任务是考察小试的放大效应,板式塔或填料塔、管壳式换热器等(　　)进行中试。

(A)都需要　　(B)都不需要

4-45　详细设计(或称施工图设计)的主要任务不包括(　　)。

(A)管路选择和计算

(B)设计各专业进行工程建设和生产所需的一切施工图和文件

(C)编制精确的投资估算

(D)根据设备规格说明书的要求落实设备制造单位或者直接订购设备

4-46　在一个反应系统中进料气体含有不参加反应的惰性组分,反应后产物中有未反应的原料、不参加反应的惰性气体和产物。通常情况下,在产物先分离出来之后使气体原料循环使用,为了防止惰性组分的积累,必须将一部分物料排放,保持惰性组分量在允许范围内。在稳态操作时,下面有关排放惰性组分的描述,正确的是(　　)。

(A)排放气体中惰性组分的浓度越高越好

(B)排放气体中惰性组分的浓度是不能人为控制的

(C)排放气体中惰性组分的量等于随气体原料加入反应器的惰性组分量

4-47　某厂用空气氧化邻二甲苯生产苯酐,原料(邻二甲苯)流量为205 kg/h。已知苯酐收率为68.6%,则每年苯酐生产量是(　　)(设年工作日为330天,邻二甲苯和苯酐相对分子量分别为106和148)。

(A)1 113.8 吨　　(B)1 555.1 吨　　(C)797.7 吨　　(D)1 413.7 吨

4-48　现有两股物流，物流 1 需要从 150 ℃冷却到 60 ℃，物流 2 需要从 70 ℃升温到 115 ℃，物流 1 和物流 2 的质量热容与质量流量的乘积（c_pF）分别为 1.0 kW/℃和 2.0 kW/℃，这两股物流间换热（　　）满足上述工艺要求。

(A)不能　　(B)能　　(C)无法判断

4-49　在进行车间设备布置时有许多要求，如下几项要求中（　　）项不合理。

(A)高大的设备尽量放在露天，以降低厂房造价

(B)设备布置时应留一定的间隙，有利于操作及检修

(C)设备布置时尽量使设备布局与其在流程图上出现的顺序一样

(D)设备布置时应充分利用高位差布置有压差的设备

4-50　在化工管路设计中，关于公称压力和工作压力之间关系的说法，正确的是（　　）。

(A)公称压力等于工作压力

(B)当温度在 0～120 ℃时公称压力等于工作压力

(C)公称压力小于工作压力

4-51　法兰与管道的连接方式有螺纹、平焊和对焊等几种，当压力高于 4.0 MPa 时，应采用（　　）。

(A)螺纹连接　　(B)平焊法兰　　(C)对焊法兰

4-52　化工管道设计中，关于管径的选择关系到经济问题，所选的管径应该使整体生产成本最低。在没有可靠的经济数据的条件下，可以使用一些经验数据来确定管径。下面的经验（　　）更合理。

(A)所输送流体的密度越小，经济流速越快

(B)所输送流体的密度越小，经济流速越慢

4-53　切断阀主要用于停启物流的流动，（　　）通常用做切断阀。

(A)闸阀　　(B)截止阀　　(C)止回阀　　(D)自控调节阀

4-54　公用工程是化工整套设计的重要内容，下面对于公用工程的描述，不全面的是（　　）。

(A)根据所使用的电器设备不同，电压可以从 24 V 到 6 000 V 不等

(B)普通冷却水自身得到加热后直接用于生产蒸汽，可以节约大量的热能

(C)公用工程中常用的气体包括仪表用空气、普通压缩空气和氮气等

4-55　化工车间通风是为了保证正常的安全卫生条件，一般通风分自然通风和机械通风。下边对这两种通风方式的描述，错误的是（　　）。

(A)自然通风是利用空气的相对密度差以及空气流动时的压差来进行自然交换，通过门窗达到通风要求

(B)机械通风是当车间内局部地方高温或散发有毒气体时采用的局部通风方法

(C)机械通风是在自然通风不能满足车间的通风要求时设置的，使用通风机械进行送风或排风，或送风、排风联合进行

4-56　在化工企业中，用水量是很大的，如果使用地下水作供水源，此水应（　　）。

(A)经过处理后使用　　(B)直接使用

4-57　在精馏塔进行精馏操作时，常采用热泵技术和多股进料，采取这些措施的目的是

(　　)。

(A)提高能量的利用效率　　(B)提高产品的分离纯度

4.2　工艺设计安全

4-58　关于燃烧,以下说法不正确的是(　　)。

(A)一定伴有发光发热　　(B)必须有氧气参与反应

(C)必须有可燃物质存在　　(D)必须有助燃物质存在

4-59　以下关于爆炸的描述,正确的是(　　)。

(A)可燃气体或可燃液体蒸气与空气混合,浓度只要高于爆炸下限,就会发生爆炸

(B)爆炸过程伴随剧烈的化学反应,常伴随发热、发光等现象,具有很大的破坏作用

(C)可燃气体或可燃液体蒸气与空气混合,还存在一个爆炸上限,混合比例超过这个浓度,会产生爆轰效应

(D)爆炸一定产生燃烧,而燃烧不一定会发生爆炸

(E)气、液、固都有可能产生爆炸

4-60　对于毒性物质有效剂量的描述,LD_{50}表示的是(　　)。

(A)急性中毒半数(50%)死亡的毒性物质的最小剂量

(B)急性中毒半数(50%)死亡的毒性物质的最大剂量

(C)慢性中毒半数(50%)死亡的毒性物质的最大剂量

(D)慢性中毒半数(50%)死亡的毒性物质的最小剂量

4-61　以下关于闪点的描述,正确的是(　　)。

(A)各种液体发生闪燃现象的最高温度,称为该液体的闪点

(B)可燃液体的温度高于其闪点时,随时都有被火点燃的危险

(C)对于可燃固体,没有闪点的概念,只有自燃点

(D)闪点是自燃点的通俗叫法

4-62　化合物对金属的腐蚀性大小用腐蚀率来表示,腐蚀率用(　　)表示。

(A)mg/a　　(B)mg/t　　(C)mm/a

4-63　噪声是对人身的一种伤害,当噪声达到(　　)分贝时,就应该对耳朵采取保护措施。

(A)50　　(B) 60　　(C)80　　(D)100

4.3　工艺设计经济分析

4-64　在化工设计估算中,数量级估算常用过去某年份的资料乘以一个系数,这个系数值等于(　　)。

(A)目前指数/过去某年份的指数　　(B) 1+“通货膨胀率”

(C)1+“银行平均利率”

4-65　在化工项目的可行性研究或方案比较阶段,单元设备中化工容器的价格可以用(　　)为基准进行估算,然后再根据材质、压力等因素加以校正。

(A)设备的体积　　(B)设备的质量

4-66　已知C_1为生产能力P_1的成本,C_2为生产规模P_2的成本,C_1设备成本已知,若估算C_2的成本可以用指数法,即$C_2=C_1(P_2/P_1)^m$,一般情况下,m值为(　　)。

(A)0.6~0.7　　(B)1~1.2　　(C)2.0左右　　(D)2.2

4-67 热交换器的价格 C_E 的计算公式为 $C_E = C_bF_rF_pF_m$，其中 C_b 是基准价格。当换热面积 A 在一定范围内时，C_b、F_r、F_p、F_m 可以通过公式求出，那么在估算热交换器价格时，可以（ ）为估算基准。

（A）换热功率　　（B）传热面积

4-68 在进行单元设备估算时，在可行性研究阶段如果估算塔时则可以以（ ）为基础。

（A）塔的不同类型（如填料成本、塔板类型）

（B）塔的直径

（C）塔的质量

4-69 净现值法是对现金流通的每个分量根据发生的时刻计算其贴现因子和现值，并将项目寿命期内每个分量的现值加和，得到该项目的净现值 *NPV*。如果方案不可取，则 *NPV* 值为（ ）。

（A）$NPV > 0$　　（B）$NPV = 0$　　（C）$NPV < 0$

4-70 投资估算是非常重要的，决定着项目的取舍，其中概算（ ）。

（A）在可行性研究阶段进行

（B）估算误差在 30% 左右

（C）在审批时如果认为投资过大，不可以要求修改设计

（D）可以作为申请贷款、建设投资计划和订施工合同的依据

4-71 关于建设项目投资，以下说法不正确的是（ ）。

（A）化工项目的投资要大于项目固定资产

（B）试车费一般都打入流动资金，化工项目一旦投产，就必须立即进行资产核算

（C）只要工厂不停工，流动资金就不能全部收回

（D）建设项目总投资是指建设一个工厂或建立一套生产装置、投入生产并连续运行所需的全部资金

4-72 产品成本与费用是指企业在产品的生产和销售过程中所需费用的总和，包括可变成本和固定成本，以下理解不正确的是（ ）。

（A）从长期看，所有成本都是固定成本

（B）单位可变成本相对稳定

（C）单位固定成本随业务量呈反比例变化

（D）固定成本和可变成本是按照是否随生产负荷而变化来区分

4-73 化工企业投入固定投资而形成的固定资产，采取折旧的形式摊销到每吨（个）化工产品中，而达到逐步收回绝大部分固定投资的目的。对于化工企业的折旧，以下说法正确的是（ ）。

（A）化工类企业的折旧年限一般取 10 年

（B）加速折旧是每年的折旧率逐年上升

（C）化工类企业的固定资产残值率一般取 1% ~2%

（D）直线折旧也称匀速折旧，是指在项目寿命期内，每年采取相同的年折旧率对固定资产进行折旧

4-74 净现值和净现值比是重要的投资经济评价指标，以下说法正确的是（ ）。

（A）这两个指标属于静态指标

(B)这两个指标属于现金指标

(C)实际财务评价时,净现值比经常替代净现值指标

习题答案

4-1 (C)	4-2 (B)	4-3 (A)	4-4 (B)	4-5 (B)	4-6 (C)
4-7 (B)	4-8 (C)	4-9 (C)	4-10 (B)	4-11 (A)	4-12 (B)
4-13 (B)	4-14 (D)	4-15 (B)	4-16 (A)	4-17 (A)	4-18 (C)
4-19 (B)	4-20 (D)	4-21 (C)	4-22 (D)	4-23 (B)	4-24 (B)
4-25 (C)	4-26 (C)	4-27 (B)	4-28 (A)	4-29 (B)	4-30 (C)
4-31 (D)	4-32 (B)	4-33 (A)	4-34 (A)	4-35 (D)	4-36 (A)
4-37 (B)	4-38 (A)	4-39 (B)	4-40 (C)	4-41 (C)	4-42 (B)
4-43 (D)	4-44 (B)	4-45 (A)	4-46 (C)	4-47 (B)	4-48 (A)
4-49 (C)	4-50 (B)	4-51 (C)	4-52 (A)	4-53 (C)	4-54 (B)
4-55 (B)	4-56 (A)	4-57 (A)	4-58 (B)	4-59 (E)	4-60 (A)
4-61 (B)	4-62 (C)	4-63 (C)	4-64 (A)	4-65 (B)	4-66 (A)
4-67 (B)	4-68 (C)	4-69 (C)	4-70 (C)	4-71 (B)	4-72 (A)
4-73 (D)	4-74 (B)				

参考书目

[1] 倪进方. 化工过程设计[M]. 北京:化学工业出版社,1999.

[2] 天津大学化工学院. 注册化工工程师执业资格考试基础考试(下)复习教程与模拟试题[M]. 天津:天津大学出版社,2004.

[3] 全国化工工艺配管设计技术中心站,中国天辰工程有限公司, 华陆工程科技有限公司. 化工装置设备布置设计规定[M]. 北京:中国计划出版社,2010.

[4] 中国化工勘察设计协会, 山东省化工规划设计院. 化工厂初步设计文件内容深度规定[S]. 北京:全国化工工程建设标准编辑中心,2001.

[5] 中国石油和化学工业协会建设项目管理专业委员会, 中国石油和化工勘察设计协会. 石油和化学工业工程建设项目管理规范[M]. 北京:中国计划出版社,2010.

[6] 全国化工工艺配管设计技术中心站, 东华工程科技股份有限公司. 化工工艺设计施工图内容和深度统一规定[M]. 北京:人民出版社,2010.

[7] 王静康. 化工过程设计[M]. 2 版. 北京:化学工业出版社, 2006.

[8] 宋航, 付超. 化工技术经济[M]. 北京:化学工业出版社, 2002.

[9] 王松汉. 石油化工设计手册[M]. 北京:化学工业出版社, 2002.

[10] 苏健民. 化工技术经济[M]. 2 版. 北京:化学工业出版社, 1999.

5 化工污染控制基础

考试大纲

5.1 环境污染控制原则

工业污染控制的基本原则，综合利用知识

5.2 废水处理

废水处理的一般方法

非均相废水的处理技术和有机废水的生物处理技术、焚烧知识

5.3 废气处理

化工废气处理的一般方法

废气中颗粒污染物的净化技术以及气态污染物的吸收、吸附、催化转化等净化技术和焚烧知识

5.4 废渣处理

固体废物处理处置技术　污泥浓缩和脱水　有关固化、热解、焚烧技术知识

5.5 环境噪声控制

噪声控制基本概念　声源性质　声压和声速的表示方法　声场中的能量关系

噪声控制的一般方法　吸声　隔声和消声器基本知识

工业区和居民区等各类场所噪声控制的范围和要求

复习指导

化工污染控制是一门综合性、实用性很强的技术基础课程。该课程包括了化工生产过程中产生的废水、废气的治理技术，固体废物的处理处置技术以及噪声控制技术。该课程涉及化工原理的许多单元操作知识，如吸收、吸附、过滤、沉降等。该课程要求重点掌握各种环保治理技术的基本原理及应用场合以及能够治理的污染物种类和性质，并能够根据废水、废气特征确定基本处理工艺，根据固体废物的特征选择适当的处理处置方式，根据噪声污染源特征选择相应的控制方法。试题中化工污染控制基础占3题，题型为单项选择题。在复习时要按照考试大纲规定的内容，加深对各种环保治理技术原理等基础知识的理解。

复习内容

5.1 环境污染控制原则

要求:掌握控制工业污染的基本原则,了解综合利用的必要性和途径。

5.1.1 工业污染控制的基本原则

工业生产过程中难免会产生各种污染物,如果直接排放到环境中,则会污染环境。控制工业污染首先要减少工业污染,其次是治理工业污染。减少工业污染需要进行生产转型,将高污染高能耗的工业逐渐转型为低污染低能耗的工业。而治理工业污染就是对污染物进行处理,变废为宝,提高资源的利用率,减轻工业污染对环境的影响。控制工业污染的原则有以下几个方面。

1. 合理规划和设计

为避免一些污染严重、工艺落后的企业投入生产而对环境造成严重污染,企业在新建、改建、扩建建设项目时必须严格按照《环境影响评价法》的有关规定进行环境影响评价。在设计阶段,通过合理规划和设计,研究各类企业的物质流和能量流,把不同类型的企业在一定地区组合起来,使某企业的废弃物或副产品成为另一企业的原料,做到资源、能源的充分利用,同时考虑是否有利于废弃物的集中处理和综合处理,尽量把排入环境的污染物降到最低限度。在企业内部合理组织生产,尽可能使生产过程实现闭路循环,达到减少污染、提高资源利用率的目的。

2. 开展清洁生产,改进工艺

在生产过程中选择不同的原料路线和生产方法,所产生的污染物的种类和数量有很大的差异。采用和开发无废、少废工艺可将污染物最大限度地消除在工艺过程中,对保护环境具有决定性的作用。在改变原料路线、生产方法的同时,改进生产设备也是实现清洁生产、控制污染源的重要途径。如化学物质的直接冷却改为间接冷却,可以减少污染物的排放量。另外,提高设备、管道的严密性,加强企业的管理,提高操作人员的素质,减少原料产品漏损,同样也会降低污染程度。

采用密闭循环系统是当前工业生产污染控制的一个新的发展方向。所谓密闭循环,是指生产过程产生的废弃物通过一定的治理技术,重新回到生产系统中加以使用,避免污染物排入周围环境,同时提高原料的利用率、提高产品的产率。这种生产系统又称"零排放"系统,既可降低原料消耗定额,又减少了污染物的危害。例如,过去采用氨碱法生产纯碱,原料食盐的利用率比较低,大量的无机盐物质排入水体,造成企业周围水源的环境污染。近年来,日本发展了联合制碱工艺,采用密闭循环流程代替传统工艺,基本不排放废液,在很大程度上改善了过去的环境污染问题。

3. 加强废弃物治理,做到达标排放

对于无法二次利用的废弃物,应采用各种环保治理技术,建设必要的环境污染治理设施,进行妥善处理,做到达标排放。同时为节约治理成本,应充分考虑分散治理与集中治理相结合的方式。如一些企业的废水,是分别单独处理,还是统一集中处理,或适当预处理后排入城市排水系统与城市污水一并处理,需要根据水质、水量、当地条件等因素,通过技术经济可行性分析论证后确定。

4. 加强生产过程中的安全管理和环境管理

生产过程中，确保安全生产是至关重要的。生产中的事故不仅会对工厂本身造成人员与经济上的严重损失，而且对周边环境的污染与危害更是巨大的。因此应加强生产过程中的安全教育与设备的维护和管理，减少设备的“跑、冒、滴、漏”，降低事故性的污染物排放频率，进而杜绝事故发生，也是防治工业污染的重要原则。

企业应建立一套完整的环境管理体系，严格执行各项环境管理制度，对产品实行全过程控制，减少各环节对环境的污染，适当推行环境审计。比如不同废水应不同处理，做到清污分流；不要将有毒物露天堆放，以免雨水淋洗后产生二次污染。

5.1.2 综合利用知识

对各种废弃物进行综合利用，化害为利是我国环境保护的方针。要实现化工的可持续发展，必须走由“末端治污”向“清洁生产”转变的道路，大力发展循环经济，加强废物的资源化利用。近年来在化肥、氯乙烯、炭黑等行业的污染治理中，已经开发推广了不少资源合理利用项目。事实证明，化工行业“三废”综合利用还有巨大潜力。废弃物综合利用的途径主要包括以下几个方面。

(1) 回收有用物质

工业废水中的污染物质，都是在生产过程中进入水中的原料、半成品、产品和工业介质(如溶剂等)，若加以回收和综合利用，可变废为宝，化害为利。如氨碱法生产纯碱工艺中，蒸氨过程会产生大量的废液，现在许多企业都做到了从废液中回收氯化钙。

(2) 以废治废

例如，利用碱性废水中和烟道气，既可以降低废水的 pH，还起到净化烟道气的作用。

(3) 水重复利用

推广水的重复利用技术，提高工业用水的循环使用率。

(4) 实现工业“三废”及其他废弃物的资源化

废弃物的资源化包括二氧化硫气体、废酸、废碱的回收利用，高炉渣、粉煤灰、煤矸石等工业废渣的资源化。充分利用工业生产过程中排出的可燃性气体和余热等二次能源，提高能源的利用率，减少污染物的排放总量。积极研发新工艺，尽可能使废弃物中的有用物质得到最大程度的利用、回收和开发。

5.2 废水处理

要求：掌握各种废水处理方法的基本原理和基本工艺，学会根据废水的特征选择相应的处理方法，了解废水处理设施和构筑物的类型及结构。

化工生产过程一般要用大量的水，同时会排放出相当数量的废水。化工厂多集中布置在江、河、湖、海附近，生产废水就近排入水域，对水域造成污染。据统计，我国化工行业排出的废水量占全部废水量的22%，居第一位。化工废水对水系(包括地面水和地下水)的污染是许多地方最严重的环境污染，是进行环境治理的首要对象。

5.2.1 废水处理的一般方法

1. 废水处理方法的分类

废水处理方法，一般可以分为物理法、化学法、物理化学法、生物化学法。

(1)物理处理法

物理处理法主要是利用物理原理和机械作用,对废水进行治理,故也称为机械法,包括沉淀、均衡调节、过滤及离心分离等方法。

(2)化学处理法

化学处理法是通过施用化学试剂或采用其他化学反应手段,进行废水治理的方法,如中和、氧化、还原、离子交换、电解、混凝沉淀、化学沉淀等方法。

(3)物理化学法

物理化学法是通过物理化学过程除去污染物的方法,主要有吸附、浮选、反渗透、电渗析、超过滤及吸附、萃取、汽提、吹脱、膜分离等方法。

(4)生物化学法

生物化学法是利用微生物的作用,将废水中的溶胶物质及有机物质去除的方法,包括活性污泥法、生物转盘法、生物滤池法等方法。根据起作用的微生物不同,生物化学法又分为好氧生物处理法和厌氧生物处理法。

①好氧生物处理法:主要依赖好氧菌和兼性菌的生化作用来完成废水处理的工艺称为好氧生物处理法。该法需要有氧的供应,根据微生物的存在状态不同,又分为活性污泥法和生物膜法。

②厌氧生物处理法:厌氧生物处理法主要依赖厌氧菌和兼性菌的生化作用来完成处理过程。该法要保证无氧环境,主要用于处理高浓度有机废水和有机污泥。

以上各种方法,各有其本身特点和适用的条件。对于一定的化工废水,究竟采用哪种方法效果较好,往往需要进行实际试验、比较,才能确定出有效、经济合理的处理方案。对于成分复杂、数量较多的化工废水,为能达到排放标准,多是选用组合处理方法。由若干个处理方法合理组配而成的废水处理系统,称为废水处理流程。

2. 废水处理系统的分级

按照不同的处理程度,废水处理系统可分为一级处理、二级处理、三级处理(深度处理、高级处理)等不同处理阶段。

一级处理主要解决悬浮固体、胶体、悬浮油类等污染物的匀分离,多采用物理法。一级处理的处理程度低,一般达不到规定的排放要求,尚需进行二级处理,可以说一级处理是二级处理的预处理阶段。

二级处理主要解决可分解或氧化的呈胶状或溶解状的有机污染物的去除问题,多采用较为经济的生物化学处理法,它往往是废水处理的主体部分。应用最多的是活性污泥法与生物膜法。

三级处理主要用以处理难以分解的有机物和溶液中的无机物等污染物,一般用于处理出水水质要求更高的场合。三级处理方法多采用化学和物理化学法,处理效果好但处理费用较高。

各级处理系统的处理对象如表5.2-1所示。

表 5.2-1 废水的分级处理

处理级别	污染物质	处理方法
一级处理	悬浮或胶态固体、悬浮油类、酸、碱	格栅、沉淀、过滤、浮选、中和、均衡
二级处理	溶解性可降解有机物	生物化学处理
三级处理	难降解有机物 可溶性无机物	吸附、离子交换、电渗析、反渗透、超滤、化学处理法等

5.2.2 非均相废水的处理技术

1. 物理处理法

1）沉淀法

废水中含有的较多无机砂粒或固体颗粒，必须采用沉淀法去除掉，以防止水泵或其他机械设备、管道受到磨损，并防止淤塞。

（1）沉淀法的原理

从化工废水中除去悬浮固体，常用沉淀法。此法是利用固体与水两者的密度差异，使固体和液体分离。这是对废水预先进行净化处理的方法之一，被广泛采用作为预处理方法。例如对化工废水进行生物化学处理之前，为保证生物处理顺利进行，先要从废水中除去砂粒固体颗粒杂质以及一部分有机物质，以减轻生化装置的处理负荷。因此，在生化处理前，废水先要通过沉淀池进行沉淀，设置在生化处理之前的沉淀池，称为初级沉淀池，或称为一次沉淀池。在生化处理后的沉淀池，称为二次沉淀池，其目的是进一步去除残留的固体物质。

（2）影响沉淀的因素

影响废水（或称污水）中悬浮颗粒沉降效率的主要因素有 3 个方面：①污水的流速；②悬浮颗粒的沉降速度；③沉淀池的尺寸。

在一定的污水流速下，对一定大小的沉淀池其沉降效率主要取决于颗粒的沉降速度。自由沉降的颗粒沉降速度，与颗粒的形状以及颗粒与流体间的相对运动情况有关。通常是用雷诺数 Re 的大小来判断颗粒在水中沉降的相对运动流动类型，对于球形颗粒，有

$$Re = \frac{d_S \cdot u_S \cdot \rho}{\mu} \tag{5.2-1}$$

式中：d_S为颗粒的直径，m；u_S为颗粒的沉降速度，m/s；ρ 为污水的密度，kg/m^3；μ 为污水的黏度，Pa·s。

一般雷诺数 $Re < 1$，即流体与颗粒的相对运动是呈滞流状态。此时，沉降速度可以由斯托克斯（Stokes）公式来计算，即

$$u_S = \frac{d_S^2(\rho_S - \rho)g}{18\mu} \tag{5.2-2}$$

式中：ρ_S为颗粒的密度，kg/m^3。

这说明：某一污水在某一沉淀池处理时，污水中的悬浮颗粒直径或密度愈大，其沉降速度愈快，则沉降效率愈高。

在同一沉淀池内，过流率愈小，即最小沉淀速度愈小，沉淀效果愈好；反之，则沉淀效果差。对一定流量的废水，沉淀面积愈大，则过流率愈小，沉淀效果也愈好。由于污水在通过沉淀池的各过水断面上的流速分布是不均匀的，颗粒在沉淀池中的实际停留时间要比理论停留时间

T短；又由于受到水流本身的湍动影响，颗粒的实际沉降速度也要比上面提到的u_S小。所以沉降效果实际上要比理论效果差一些。

(3)沉降设备

生产上用来对污水进行沉淀处理的设备称为沉淀池，根据池内水流的方向不同，沉淀池的形式可以分为以下几种：平流式沉淀池、竖流式沉淀池、辐射式沉淀池、斜管式沉淀池、斜板式沉淀池等，见图 5.2-1。

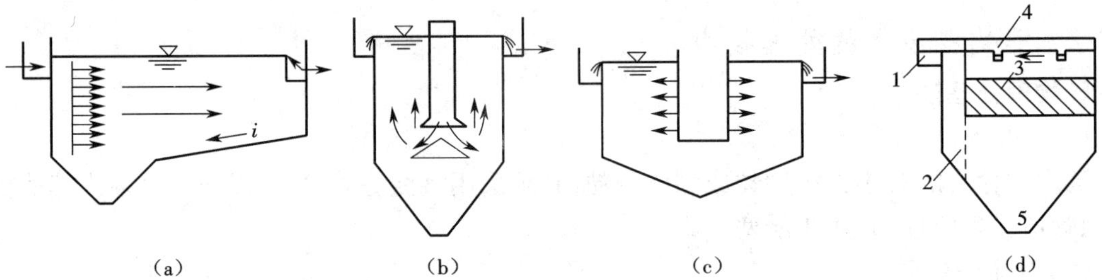

图 5.2-1 沉淀池的示意图

1—进水槽 2—布水孔 3—斜板 4—出水槽 5—污泥斗

①平流式沉淀池。平流式沉淀池为长方形，废水是水平流动，废水从池的一端流入，沿水平方向流过池子，从池的另一端流出。在池的进口处底部设贮泥斗，其他部位池底有坡度，倾向贮泥斗。

②竖流式沉淀池。竖流式沉淀池一般为圆形，亦可制成方形或多角形，废水从设在池中央的中心管流入，从中心管的下端经过反射板后，由下向上流动，从池的顶部周边流出。污泥贮积在底部的污泥斗。

③辐射式沉淀池。辐射式沉淀池亦称辐流式沉淀池，池形多呈圆形，池的进、出口布置基本上与竖流池相同，进口在中央，出口在周围。但池径与池深之比，辐流池比竖流池大许多倍。水流在池中呈水平方向向四周辐(射)流，池中的水流速度从池中心向池四周逐渐减慢。泥斗设在池中央，池底向中心倾斜。

④斜板式或斜管式沉淀池。斜板式或斜管式沉淀池都是最近发展起来的新型沉淀池，它们是在沉淀池中按50°~60°的倾斜角设置一组相互重叠的平行的平板或方管。水流从平行板或管道的上端流入，下端流出。每块板之间相当是一个小的沉淀池，每根方管也相当一个小沉淀池。它们的沉淀效果远远超过前述的三种沉淀池。斜管式沉淀池，则是以斜管取代斜板，其余构造均与斜板式沉淀池类似。

由于斜板(或斜管)式沉淀池投资小、效果好，占地也较少，是一种很有发展前途的高效沉淀池，所以被广泛采用，推广很快。

(4)沉淀池类型的选择

选择沉淀池的类型时，需从以下几方面进行综合的考虑。

①废水量的大小及处理的要求。

②废水中悬浮物的数量、性质及其沉降特征。

③废水处理场地的实际情况。

④投资及加工情况。

当废水量不大时，一般可采用竖流式沉淀池，沉淀池的结构简单，效果较好。但含有大量悬浮颗粒时,需采用机械刮泥装置,则不宜采用竖流式沉淀池。若废水量很大时,可考虑采用平流式或辐射式沉淀池,为了提高生产能力亦可采用斜板式或斜管式沉淀池。

2) 均衡调节法

此种方法是为了使产生的废水能够达到排放允许的标准而采用清水加以稀释的方法。此法只是使污染物质的浓度下降,但总含量不变。现在用这种方法主要是进行废水的预处理,为以后的各级处理提供方便。由于化工厂的各车间生产不同产品及生产的周期不同,化工厂所排放废水的水质秒水量会经常变化。为了使废水治理设备的负荷保持稳定,不受废水的流量、浓度、酸碱度、温度等条件变化的影响,需在废水治理装置之前设置调节池,用来调节废水的水质、水量及温度等,使之均衡地流入治理装置。如有时可将酸性废水和碱性废水在调节池内进行混合,以达到调节 pH 值的目的,使废水得以中和。

调节池可以建成长方形,亦可以建成圆形,要求废水在池中能够有一定的均衡时间,以达到调节废水的目的。调节池的容积大小,需要根据废水的流量变化幡度以及浓度变化规律和要求达到的调节程度来确定。调节池容积一般不超过 4 h 的废水排放量,但在有特殊要求的情况下,也有超过 4 h 的。在容积比较大的调节池中,通常还设置有搅拌装置,以促进废水均匀混合,搅拌方式多采用压缩空气搅拌,亦可采用机械搅拌。

3) 过滤法

废水中含有的微粒物质和胶状物质,可以采用机械过滤的方法加以去除。过滤法作为废水处理的预处理方法,用以防止水中的微粒物质及胶状物质损坏水泵,堵塞管道及阀门等。

过滤过程,实质上是使废水通过具有微细孔道的过滤介质,在过滤介质的两侧压强不同,此压差即为过滤的推动力。废水在推动力作用下通过微细孔道,而微粒物质及胶状物质则被介质阻挡不能通过。介质截留的颗粒物质本身同样起过滤介质的作用,将此称为滤层或滤饼。随着过程进行,滤层逐渐增厚,水流的阻力也将增大,使水流量下降。这时需用反冲洗法,以清水洗涤过滤介质,从中去除被截留的固体物质,并要及时取走滤饼。

4) 离心分离法

(1) 离心分离原理

离心分离法处理废水,是利用高速旋转所产生的离心力,对废水中的悬浮颗粒进行分离。即当含有悬浮颗粒的废水进行高速旋转运动时,由于悬浮颗粒的质量与废水的质量大小不一样,质量大的固体颗粒在高速旋转的过程中所受到的离心力也大,质量小的废水受到的离心力也较小,因而质量大的固体颗粒被甩到外圈,沿离心装置的器壁向下排出,而质量小的则留在内圈,向上运动,达到使废水与悬浮颗粒分离的目的。

在离心力场中,颗粒受到的离心力为 F_C,即

$$F_C = m \cdot a_c = m \cdot r \cdot \omega^2 = m \cdot \frac{v_s^2}{r} \tag{5.2-3}$$

式中:F_C为颗粒受到的离心力,N;m 为颗粒质量,kg;a_c 为离心加速度,m/s^2;r 为旋转半径,m;ω 为旋转角速度,s^{-1};v_s 颗粒的圆周切线速度,m/s,

$$v_s = 2\pi \cdot r \cdot \frac{n}{60} \tag{5.2-4}$$

式中:n 为转速,r/min。

(2) 离心分离方式

离心分离方式有两种:水力旋转和机械旋转。

①水力旋转离心分离法。该法废水的旋转是依靠水泵的压力，使废水由切线方向进入水力旋流器，产生高速旋转，在离心力的作用下，固体悬浮颗粒被甩向器壁，并沿壁下流到锥形底的出口。净化的废水（其中含有较细微的颗粒）则形成螺旋上升的内层旋流，由中央溢流管的上端排出。

②机械旋转离心分离法。该方法是采用离心机处理废水。离心机的种类很多，按分离系数 α 的大小进行分类，离心机可以分为：

常速离心机，$\alpha < 3\,000$；

高速离心机，$3\,000 \leqslant \alpha \leqslant 12\,000$；

超高速离心机，$\alpha > 12\,000$。

因为离心机的转速高，所以分离效率也高，但设备复杂，造价较高，一般只用在小批量的、有特殊要求的难处理废水治理方面。

2. 化学处理法

化学处理法包括中和法、混凝沉淀法、氧化还原法等。

1）中和法

中和法主要用于处理含酸或含碱的废水。对含酸浓度在4%或含碱浓度在2%以下的废水，如果不能进行经济有效的回收、利用，则应经过中和，将 pH 值调整到使废水呈中性状态，才可排放。而对含酸、含碱浓度高的废水，则必须考虑回收及开展综合利用。

（1）酸性废水的中和处理方法

对酸性废水进行中和时，可采用以下一些方法。

①使酸性废水通过石灰石滤床。

②与石灰乳混合。

③向酸性废水中投加烧碱或纯碱溶液。

④与碱性废水混合，使 pH 值近于中性。

⑤向酸性废水中投加碱性废渣，如电石渣、碳酸钙、碱渣等。

通常，尽量选用碱性废水或废渣来中和酸性废水，达到以废治废的目的。而烧碱或纯碱不仅价格很贵，而且又是重要的工业原料，货源亦紧张，故不应轻易选用。

值得注意的是，①采用中和法时，中和时间一般要长。例如对含有弱酸的废水，选用碳酸盐，反应速度很慢，如含醋酸的废水，适宜选用氢氧化物碱类进行中和。②中和后，应避免生成大量沉渣，否则会影响处理效果，同时又带来沉渣的处理问题。故生成的盐要有一定大小的溶解度。例如含硝酸、盐酸的废水，中和后生成的盐，一般多溶于水，不产生沉淀。

采用这种方法时，应考虑废水、废渣中断来源时的应急措施。

投药中和：将碱性药剂（如石灰、石灰石、电石渣、苏打等）加到酸性废水中，经充分反应使废水得到中和。根据药剂加入的方式不同，分为干投法和湿投法两种。干投法即将药剂直接加入酸性废水中。湿投法即先将药剂溶解后再加入反应池进行中和反应。

过滤中和：过滤中和法是使酸性废水流过碱性滤料（如石灰石、白云石、大理石等）层而得到中和的方法。采用过滤中和时，要求对废水中的悬浮物、油脂等进行预处理以避免滤料的堵塞。过滤中和设备主要有下面几种。

①重力式中和滤池：废水自上而下通过滤料层。滤料粒径大（30～80 mm），滤速小（<5 m/h），体积庞大，处理效果较差。

②等速升流式膨胀滤池：滤料粒径小(0.5～3 mm)，滤速高(50～70 m/h)，水流由下而上流动，滤料相互碰撞，表面不断更新，处理效果好。

③变速升流式中和滤池：倒锥形变速中和塔，滤料粒径为0.5～6 mm，下部大滤料在大滤速下工作，上部小滤料在小滤速下工作，从而使滤料层不同粒径颗粒都能均匀膨胀，处理效果比前两种好。

(2)碱性废水的中和处理

碱性废水可以采用以下途径进行中和。

①向碱性废水中鼓入烟道气。用烟道气中和碱性废水，主要是利用烟道气中的两种酸性氧化物对碱进行中和。这是"以废治废"，开展综合利用很好的办法，既可以降低废水的pH值，又可以去除烟道气中的灰尘，并使CO_2及SO_2气体从烟道气中分离出来，防止污染大气。这是一项值得大力提倡的综合治理办法。

②向碱性废水中注入压缩二氧化碳气体。

③向碱性废水中投入酸或酸性废水等。

对碱性废水进行中和，可首先考虑采用酸性废水的中和处理。若无酸性废水时，可投酸进行中和。工业较多用硫酸进行中和。

2)混凝沉淀法

(1)混凝原理

混凝沉淀法的基本原理是在废水中投入混凝剂，因混凝剂为电解质，在废水里形成胶团，与废水中的胶体物质发生电中和，形成颗粒沉降。混凝沉淀不但可以去除废水中粒径为10^{-6}～10^{-3} mm的细小悬浮颗粒和胶体颗粒，而且还能够除去颜色、油分、微生物、氮和磷等富营养物质以及重金属有机物等。

(2)影响混凝效果的因素

在废水的混凝沉淀处理过程中，影响混凝效果的因素较多，重要的有以下几方面。

①水的pH值：不同的混凝剂，只适用于一定的pH值范围。如采用硫酸铝为混凝剂，它在pH值为5.7～7.8范围内使用，效果较好；而pH值高于8.2时，则由于$Al(OH)_3$会被溶解而生成AlO_2^-，它对废水中含有的带负电荷的胶粒物不再产生吸引力，而失去处理水的混凝作用。

②废水温度：采用硫酸铝为混凝剂，温度以20～40 ℃为宜，低于15 ℃时，难于生成沉淀。

③搅拌：搅拌的目的是帮助废水与混凝剂均匀混合，以提高絮凝的效果，但过于激烈的搅拌又会打碎已经凝聚的絮状沉淀物，反而不利沉淀。

④水温：水温影响混凝剂的水解及絮体的形成过程，宜控制在20～30 ℃。

⑤混凝剂的种类和用量：对于废水中所含有的一些悬浮物或胶体微粒能否采用混凝沉淀法使之与废水分离，首先取决于能否找到适宜的混凝剂，一般废水中所含有的汞、镉、铅、六价铬化合物、硫、氟等离子都可用混凝沉淀法从废水中分离出去。所以，混凝沉淀法广泛用于化工、电镀等行业的废水处理。

处理不同种类的废水应选用不同的混凝剂，而混凝剂的用量，则按照水的浓度及分离要求等决定，由于混凝剂用量通常比较少，故费用较低。

(3)混凝剂和助凝剂

混凝剂的品种非常多，可以分为无机混凝剂、有机混凝剂。

①无机混凝剂：主要利用其中强水解基团水解后形成的微絮凝体使胶粒脱稳，目前应用最

广的是铝盐混凝剂和铁盐混凝剂。铝盐混凝剂如硫酸铝、明矾、聚合氯化铝等。铝盐混凝剂有腐蚀性小、净化效果好、使用方便等优点，但水温低时硫酸铝水解困难，形成的絮凝体较松散，效果不如铁盐。铁盐混凝剂如三氯化铁、硫酸亚铁和聚合铁等。铁盐混凝剂所形成的矾花较重，易沉淀，处理低温低浊水的效果比铝盐好。但三氯化铁的腐蚀性较大，出水含铁量较高。聚合铁是一种无机高分子混凝剂，其净化效果比三氯化铁、硫酸亚铁的效果好。铁盐混凝剂的 pH 适用范围较宽，在 5 ~ 11 之间。

②有机混凝剂：天然有机混凝剂如淀粉、蛋白质、纤维素、木刨花等。这些物质都具有混凝作用或助凝作用。有机合成高分子混凝剂一般都是水溶性的线形高分子聚合物，按照高分子聚合物在水中解离的情况，分为阳离子型、阴离子型、非离子型。在我国使用最多的是聚丙烯酰胺（PAM），它是非离子型聚合物。随着有机机合成工业的发展，有机合成高分子混凝剂的种类日益增多，具有代表性的阴离子型高分子混凝剂有聚丙烯酸（PAA）、水解聚丙烯酰胺（HPAM）、聚磺基苯乙烯等。阳离子型高分子有机混凝剂有丁基溴聚乙烯吡啶、聚二丙烯二甲基胺（PDADMA）等。

③助凝剂：为了提高混凝沉淀的效果，通常在使用混凝剂时还需加入一些助凝剂。助凝剂有如下三种。

a. pH 调节剂。它是用来调整废水的 pH 值，以达到混凝剂使用的最佳 pH 值。常用的有石灰等。

b. 活化剂。用来改善絮凝体结构，增加混凝剂的活性，如活性炭、各种黏土及活化硅酸等。活化硅酸是由硅酸钠与硫酸中和并熟化，使硅酸钠转化成硅酸单体，聚合成高分子物质。其优点是絮凝体形成快，粒多大、密实，在低温下也能很好凝聚，而且最佳 pH 值的范围很广。若将其与硫酸亚铁或硫酸铝合用，凝聚效果更好。

c. 氧化剂。如氯等，用来破坏其他对混凝剂有干扰的有机物质。

(4) 混凝处理流程及设备

混凝处理流程包括投药、混合、反应及沉淀分离几个部分，见图 5.2-2。

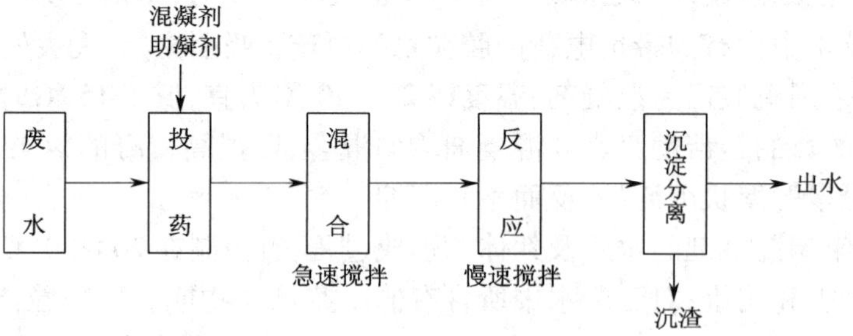

图 5.2-2　混凝沉淀处理流程示意图

3) 氧化还原法

氧化还原法是废水中溶解性有机或无机污染物在投加氧化剂或还原剂后，与药剂进行氧化还原反应，由有毒有害的污染物转化为无毒或微毒物质的方法。

(1) 化学氧化法

经过化学氧化处理，可使废水中所含的有机物质和无机还原性物质进行氧化分解，不仅达到净化的目的，还可以达到去臭、去味及脱色的效果。水处理中常用的氧化剂有氧、臭氧、氯、漂白粉、次氯酸钠、三氯化铁等。

①臭氧氧化法:臭氧是强氧化剂,能使有机物、无机物迅速反应,氧化能力强;使用中不产生污泥,不产生氯酚臭味;用空气与电在现场制取、现场使用,没有原料运输与贮存的问题。臭氧氧化法的缺点,主要是发生器耗电量大,整套设备需要防腐,而且臭氧对人体有害,操作现场需通风及采用安全措施。臭氧主要用于废水的三级处理,包括:脱色、除臭、除味,杀菌消毒,除氰、除酚、除铁,除洗涤剂,去除有机物等。

②空气氧化法:这是利用空气中的氧气氧化废水中污染物质的一种处理方法。由于空气的氧化能力较弱,所以此方法主要用于含还原性较强物质的废水处理,如含硫废水的处理。

③氯氧化法:氯氧化法,主要是利用氯、次氯酸盐、二氧化氯等物质对许多有机化合物和无机物有氧化的能力,来进行废水处理,主要是用在对含酚、含氰、含硫化物的废水治理方面。氯气是普遍使用的氧化剂,既用于给水消毒,又用于废水氧化,主要是起到消毒杀菌的作用。常用的含氯药剂有液氯、漂白粉、二氧化氯、次氯酸钠等。例如处理含酚废水,加入氯、次氯酸盐或二氧化氯等,可将含酚废水中的酚破坏。但应注意氯的加入量,避免因氯加入不足而生成具有强烈臭味的氯酚。通常氯的加入量是理论量的10倍左右。二氧化氯的氧化能力是氯的2.5倍左右,但由于二氧化氯的价格较贵,仅用于含低浓度酚的废水处理。

(2)化学还原法

化学还原法目前主要用于含铬废水和含汞废水的处理。常用的还原剂有硫酸亚铁、亚硫酸盐、氯化亚铁、铁屑、锌粉、二氧化硫、硼氢化钠等。

3.物理化学法

废水经过物理方法处理后,仍会含有某些细小的悬浮物以及溶解的有机物、无机物。为了进一步去除水中残存的污染物,可以采用物理化学法进行处理。常用的物理化学法有吸附、浮选、电渗析、反渗透、超过滤等。

1)吸附法

吸附法是用多孔性固体物质作为吸附剂,以吸附剂的表面吸附废水中的某些污染物的方法。常用的吸附剂有活性炭、硅藻土、铝矾土、磺化煤、矿渣以及吸附用的树脂等,其中活性炭最为常用。水处理中的吸附法主要用于处理废水中用生化法难以降解的有机物或用一般氧化法难以氧化的溶解性有机物,包括氯或硝基取代的芳烃化合物、杂环化合物、洗涤剂、合成染料、除锈剂、DDT等。用活性炭等处理这类废水,不但能吸附那些难以分解的有机物,降低化学需氧量(COD),还能使废水脱色、脱臭。

(1)吸附过程原理

具有吸附能力的多孔性固体物质称为吸附剂,水中被吸附的物质则称为吸附质。吸附剂和吸附质之间的作用力有三种,即分子间力、化学键力和静电引力。这三种不同力的作用,形成三种不同形式的吸附,即物理吸附、化学吸附、交换吸附。废水处理中主要是物理吸附,有时是几种吸附形式的综合作用。

(2)吸附流程

根据所用活性炭的粒径不同,吸附流程有两种不同的方式,即粉状活性炭吸附流程及粒状活性炭吸附流程。

①粉状活性炭吸附流程。粉状活性炭吸附流程选用粉状的活性炭作为处理废水的吸附剂。按其进料情况的不同又可以分为两种流程:湿式注入流程及干式注入流程。粉状活性炭

吸附装置比较简单，操作方便，吸附速度快，吸附能力强，但活性炭粉的再生困难，往往只能使用一次，故成本高，国内很少使用。

②粒状活性炭吸附流程。粒状活性炭虽然吸附能力较粉状活性炭差，但其容易与水分离，再生方便。该流程所用的设备也容易实现自动化操作，所以此流程逐步受到重视。

(3)吸附剂及其再生

选择吸附剂不仅要求吸附剂的比表面积大，而且要求吸附选择性好，容易再生和利用，力学强度好，价廉，获取容易。常用的吸附剂有活性炭、硅胶、硅藻土、活性氧化铝、焦炭、树脂吸附剂、腐植酸等，以活性炭最为常用。

吸附剂在达到吸附饱和后，必须进行脱附再生才能重复使用。脱附是吸附的逆过程，即在吸附剂结构不发生变化或变化极小的情况下，用某种方法将被吸附物质从吸附剂孔隙中除去，恢复吸附剂的吸附功能。通过再生使用，可以大大降低废水的处理成本，可以减少废渣的排放量，同时可以回收有用的吸附质。

目前吸附剂的再生方法主要有加热再生、药剂再生、化学氧化再生、湿式氧化再生、生物再生等。

(4)吸附操作方式

为避免吸附剂孔隙堵塞，要求原水在吸附之前进行预处理，去除水中的悬浮物及油类物质。吸附操作一般分为动态吸附和静态吸附两种。

①动态吸附：废水通常是连续地通过吸附剂的填料层，即吸附是在流动的条件下进行的，也称为动态吸附。按照吸附剂的填充方式，分为固定床、移动床与流化床三种。

②静态吸附：是指吸附剂与静止的废水经过充分接触进行吸附的过程，一般在搅拌槽中进行。吸附剂投入水中，充分搅拌达到吸附平衡，澄清、过滤后得到处理水。如果经过一次吸附出水还达不到排放要求时，需要增加吸附剂用量或延长停留时间，或进行多次吸附。处理水量很大时，该法不太经济。

2)浮选法

当化工废水中所含有的细小颗粒物质不易采用重力沉淀法加以去除时，可以采用浮选法进行处理。此方法就是在废水中通入空气及浮选剂或凝聚剂等，使废水中的细小颗粒或胶状物质等黏附在空气泡或浮选剂上，随气泡一起浮到水面，然后加以去除，使废水净化。这种方法主要用于分离那些颗粒密度接近或小于水的细小颗粒。

(1)基本原理

浮选法主要是根据液体表面张力的作用原理，使污水中固体污染物黏附在小气泡上。当空气通入废水时，与废水中的细小颗粒物共同组成三相体系。细小颗粒黏附到气泡上时，使气泡界面发生变化。颗粒能否黏附于气泡上与颗粒和液体的表面性质有关。亲水性颗粒易被水润湿，水对它有较大的附着力，气泡不易把水推开取而代之，这种颗粒不易黏附于气泡上而被除去。而疏水性颗粒则容易附着于气泡上而被除去。

各种物质对水的亲疏性，可用它们与水的接触角 θ(以对着水的两切线夹角为准)来衡量。接触角 $\theta<90°$的为亲水性物质，$\theta>90°$的为疏水性物质。这种关系可从图 5.2-3 中的颗粒被水润湿面积的大小看出。

若要用浮选法分离亲水性颗粒(如纸浆纤维、煤粒、重金属离子等)，就必须投加合适的药剂——浮选剂，以改变颗粒表面性质，使其改为疏水性，易于黏附于气泡上。浮选剂还有促进起泡的作用，可使废水中的空气形成稳定的小气泡，以利于气浮。

浮选剂的种类很多，如松香油、石油及煤油产品，脂肪酸及其盐类、表面活性剂等。对不同性质的废水应通过试验选择合适的浮选剂品种和投加量，也可参照矿冶工业浮选的资料。

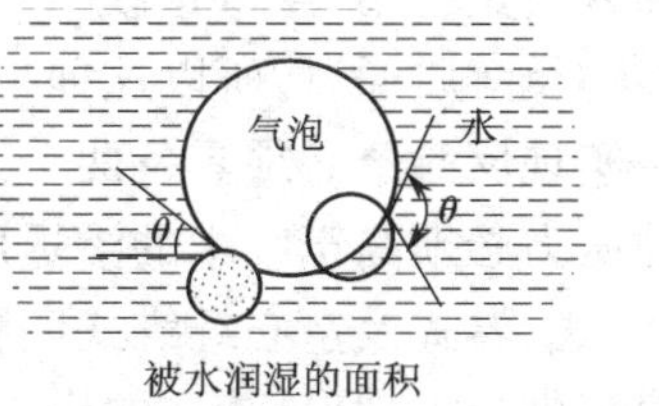

图5.2-3 亲水性与疏水性物质的接触角

(2)浮选法的流程及设备

浮选法的形式比较多，常用的浮选方法有加压浮选、曝气浮选、真空浮选以及电解浮选和生物浮选等。

①加压浮选法。该法在国内应用比较广泛。几乎所有的石油炼厂都是采用这种方法来处理废水中的乳化油，并获得了较好的处理效果。其操作原理：在加压的情况下，将空气通入废水中，使空气溶解在废水中达饱和状态，然后由加压状态突然减至常压，这时溶解在水中的空气就达到过饱和状态，水中空气迅速形成极微小的气泡，不断向水面上升。气泡在上升过程中，捕集废水中的悬浮颗粒以及胶状物质等，一同带出水面，然后从水面上将其去除。

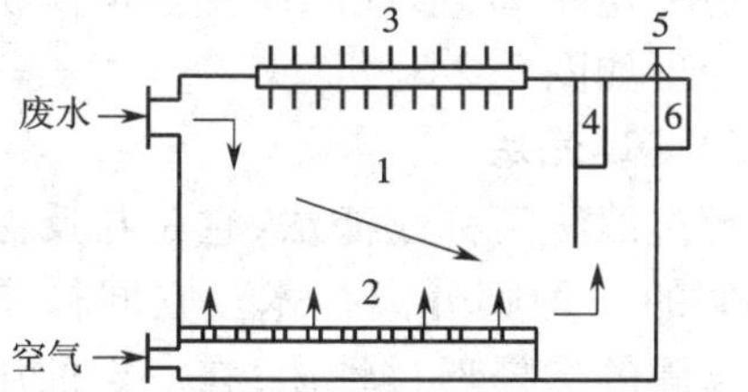

图5.2-4 带有多孔充气器的浮选装置示意图

1—浮选池 2—多孔充气器 3—刮渣装置 4—泥渣出口处 5—水位调节器 6—出水管

②曝气浮选法。该法是将空气直接打入如图5.2-4所示浮选池1底部的多孔充气器2中，空气形成细小的气泡，均匀地进入废水；而废水从池上部进入浮选池，与从池底多孔充分器2放出的气泡接触，气泡捕集废水中颗粒后上浮到水面，由刮渣装置3刮送到泥渣出口处4排出。净化水通过水位调节器5由出水管6流出。

曝气浮选法的特点是动力消耗最小，但由于于气泡较大，而又很难均匀，故浮选效果略差些时，操作过程中多孔充气器需经常进行清理防止堵塞，这给操作带来不便。

③真空浮选法。该法是使废水与空气同时被吸入真空系统后接触。一般真空度为27～40 kPa，在真空系统内，空气泡会大量产生，气泡携带废水中的颗粒物质浮于水面，即可将其去除。这种方法多用在油料生产工业废水的治理方面，去除油脂悬浮物效果较好，便于管理，但运转动力费用较高，机械转动部分运转不够稳定，因此国内采用的不多。

④电解浮选法。该法是对废水进行电解，在阴极产生大量的氢气，氢气泡直径很小，仅有20～100 μm，废水中的颗粒物质黏附在氢气泡上，随它上浮，从而达到净化废水的目的。同时，在阳极电离形成的氢氧化物，又起着混凝剂和浮选剂的作用，帮助废水中的污染物质上浮或下沉，有利于废水的净化。

电解浮选法的优点是产生的小气泡数量很大，每平方米的电极可以在1分钟内产生16×10^7个小气泡，在采用可溶性阳极时，浮选过程和沉降过程可结合进行，装置简单。这是一种新的水净化处理方法。

⑤生物浮选法。此法是将活性污泥投放到浮选池内，依靠微生物的增长和活动来产生气泡（主要是CO_2气泡），废水中的污染物黏附在气泡上浮漂到水面被去除，使水得到净化。

3)反渗透法

反渗透法是利用半渗透膜进行分子过滤处理废水的一种新的方法，又称为膜分离技术。

这种方法是利用“半渗透膜”的性质，进行分离操作。这种膜可以使水通过，但不能使水中的悬浮物及溶质通过，所以这种膜称为半渗透膜。

实现反渗透必须具备两个条件：一是必须有一种高选择性和高透水性的半渗透膜；二是操作的压力必须高于废水的渗透压。反渗透膜有醋酸纤维膜、聚酰胺膜两种。常用的装置有板式、管式、卷式及空心纤维式四种。反渗透最早用于海水淡化，随着反渗透膜材料的发展和高效膜组件的出现，反渗透的应用领域不断扩大。反渗透用于处理造纸废水、印染废水、石油化工废水等，对医院污水和城市污水的深度处理也得到了很好的处理效果。

4）电渗析法

渗析法是利用离子型交换膜（简称离子交换膜）的一种分离技术。离子交换膜既可以使废水中的某些离子渗透过去，又可以阻止废水中的另外一些不同类型的离子，不使它们渗透过去。这就是离子交换膜的选择透过特性。利用这种特性进行分离的方法，称为渗析法。

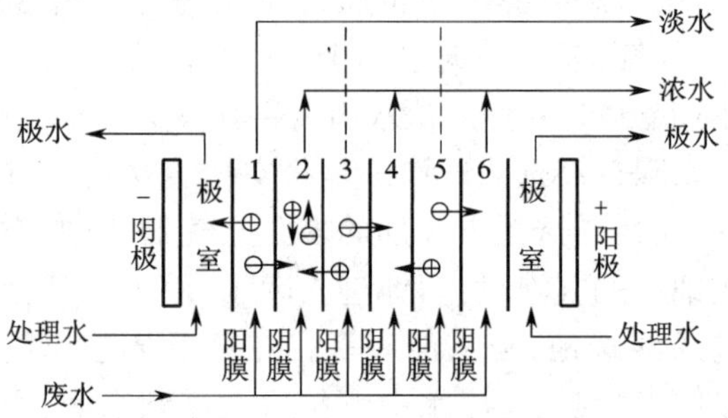

图 5.2-5　电渗析法的工作原理

电渗析法是在渗析法的基础上，再外加直流电场。在阳电极（正极）和阴电极（负极）之间，交替平行放置若干阴膜和阳膜，膜间保持一定距离，形成隔离室。电渗析法的工作原理如图 5.2-5。

5）超过滤法

超过滤法简称超滤法，它是与反渗透法很相似的一种膜分离技术。它同样是利用半渗透膜的选择透过性质，在一定的压力条件下，使水可以通过半渗透膜，而胶体、微小微粒等则不能通过，从而达到分离或浓缩的目的。

超滤装置和反渗透装置类同，目前我国普遍应用管式装置。超滤一般用于从水中分离分子量大于 500 的物质，如细菌、蛋白质、淀粉、藻类、颜料、油漆等。在工业废水处理方面，超滤主要用于电泳涂漆、印染、电镀等。超滤膜有醋酸纤维素膜、聚酰胺膜、聚砜膜等，适用的 pH 值范围依次为 4 ~ 7.5，4 ~ 10 和 1 ~ 12。超滤设备主要有管式、板框式、螺旋卷式和中空纤维式等。

5.2.3　有机废水的生物处理技术、焚烧知识

生物处理法主要用来去除废水中溶解的和呈胶体状的有机污染物。表征有机污染物浓度的指标有以下几项。

①生物化学需氧量（BOD）：指 1 L 废水中的有机污染物在好氧微生物作用下进行氧化分解时所消耗的氧量。实际测定时常采用 BOD_5，即水样在 20 ℃条件下培养 5 天的生化需氧量。生化需氧量的测定是一种生物化学测定法，它是通过测定微生物利用废水中的有机物而消耗氧的量，从而间接表示出有机物的含量。

②化学需氧量（COD）：指水中的各种有机物及还原性物质在一定条件下与外加的强氧化剂（如 $K_2Cr_2O_7$、$KMnO_4$）作用时所消耗的氧量（通过所消耗氧化剂的量来求得），用氧的 mg/L 数表示。常用的氧化剂有高锰酸钾和重铬酸钾，实际使用中常用重铬酸钾的化学需氧 COD_{Cr} 的测定值近似地代表废水中的全部有机物含量。

所有的有机污染物，根据微生物对它们的降解性，分成可生物降解、难生物降解和不可生

物降解三种。对低浓度有机废水，BOD_5/COD_{Cr}大于 0.3 时，废水可生物降解。有机物的去除效果通常用 COD 去除率表示。

$$E = \frac{COD_{Cr1} - COD_{Cr2}}{COD_{Cr1}} \times 100\%$$

式中：E 为 COD 去除率；COD_{Cr1} 为废水处理前的 COD_{Cr} 值，mg/L；COD_{Cr2} 为废水处理后的 COD_{Cr} 值，mg/L。

【例 5.2-1】 某化工厂排放废水，其 COD_{Cr} 值为 3 000 mg/L，要求通过生物处理后达到国家标准 GB 8978—1996《污水综合排放标准(二级)》中规定的浓度限值，即 $COD_{Cr} \leqslant 150$ mg/L，计算 COD 去除率。

解：$E = (3\ 000 - 150)/3\ 000 \times 100\% = 95\%$

即要求生物处理后 COD 的去除率为 95%。

1. 生化法对水质的要求

废水生化处理是以废水中所含的污染物作为营养源，利用微生物的代谢作用使污染物被降解，废水得以净化。如果废水中有不能被微生物所降解的污染物，则生化处理是无效的。当废水含有有毒物质，或环境条件突然发生变化，超过微生物的承受限度时，将会对微生物产生抑制或毒害作用，使系统的运行遭到严重破坏。因此，进行生化处理时，废水水质需要给微生物的生长繁殖提供适宜的环境条件。

(1) 水的 pH 值

在酸性太强或碱性太强的环境中，微生物均不能生存。在废水处理过程中，pH 值不能有突然变动，否则将使微生物的活力受到抑制，以致造成微生物的死亡。细菌最适宜在 pH 值为 7.0 ~ 7.5 的弱碱性环境中生活。好氧生物处理中，pH 值可在 6 ~ 9 之间变化；厌氧处理对 pH 值要求较严格，一般在 6.5 ~ 7.5 之间。若经过驯化，微生物对 pH 值的适应范围还能相应扩大。

(2) 水温

不同微生物所需生长温度范围也不同，在好氧生物处理中，以中温性微生物为主。温度过高时，微生物会死亡；而温度过低，微生物的新陈代谢作用将变得缓慢，活力受到抑制。各类微生物所生长的温度范围不同，为 5 ~ 80 ℃，最适温度为 20 ~ 37 ℃。厌氧处理中的中温性甲烷菌最适温度范围为 25 ~ 40 ℃，高温性为 50 ~ 60 ℃。厌氧生物处理常采用的温度为 33 ~ 38 ℃和 52 ~ 57 ℃。一般生物处理要求水温控制在 20 ~ 40 ℃之间。

(3) 水中的营养物及毒物

微生物的生长、繁殖需要多种营养物质，其中包括碳源、氮源、无机盐类等。工业废水往往不能满足上述要求，而缺乏某种养料，特别是氮和磷。经过水质分析后，需向水中投加缺少的营养物质，以满足所需的各种营养物，并保持其间的一定数量比例。

在工业废水中，有时存在着对微生物具有抑制和杀害作用的化学物质，即有毒物质。主要毒物有金属离子(如锌、铜、镍、铅、铬、镉等)和一些非金属化合物(如酚、醛、氰化物、氯化物、硫化物等)，这些毒物能破坏细菌细胞的某些物理结构，抑制细菌的代谢功能。

(4) 溶解氧

根据微生物对氧的需求，可分为好氧微生物、厌氧微生物及兼氧微生物。好氧微生物在降解有机物的代谢过程中以分子氧作为受氢体，如果分子氧不足，降解过程就会因为没有受氢体而不能进行,微生物的正常生长规律就会受到影响,甚至被破坏。所以在好氧生物处理的反应过程中需从外界供氧,一般要求反应器废水中保持溶解氧浓度在2~4 mg/L。而厌氧微生物对氧气很敏感,当有氧存在时,它们就无法生长。这是因为在有氧存在的环境中,厌氧微生物在代谢过程中由脱氢酶所活化的氢将会与氧结合形成 H_2O_2,而厌氧微生物缺乏分解 H_2O_2 的酶,从而造成 H_2O_2 积累,对微生物细胞产生毒害作用。所以厌氧处理设备要严格密封,隔绝空气。

(5)有机物的浓度

进水有机物的浓度高,将增加生物反应所需的氧量,而由于水中含氧量不足往往影响生化处理效果。但进水有机物浓度太低,容易造成养料不够,缺乏营养也使处理效果受到影响。一般进水 BOD_5 值以不超过500~1 000 mg/L为宜。

2.有机废水的好氧生物处理

好氧生物处理是一种在提供游离氧的前提下,以好氧微生物为主,使有机物降解、稳定的无害化处理方法。好氧生物处理过程中,有机物的分解比较彻底,最终产物是含能量最低的 CO_2 和 H_2O,释放能量多,代谢速度快,代谢产物稳定。处理含有机物浓度很高的废水时,由于要供给好氧生物所需的足够氧气比较困难,需先对废水进行稀释,要耗用大量的稀释水,而且在好氧处理中,不断地补充水中的溶解氧,从而使处理成本比较高。

1)活性污泥法

活性污泥法是以存在于污水中的各种有机基质为营养物,在溶解氧充足的条件下,由连续培养的混合微生物群通过凝聚吸附、氧化分解和沉淀作用,去除有机污染物的废水处理方法。

(1)活性污泥

活性污泥是由活性微生物、微生物残留物、附着的不能降解的有机物和无机物所组成的褐色絮凝体,由大量细菌、真菌、原生动物和后生动物组成,以细菌为主。活性污泥具有结构疏松、表面积大(2 000~10 000 m^2/m^3)等特点,对有机基质具有强烈的吸附凝聚和氧化分解能力。

活性污泥法正常运行的必要条件是具有良好的污泥和充足的溶解氧。衡量活性污泥数量和性能好坏主要有以下指标。

①活性污泥的浓度MLSS:指1 L曝气池混合液中所含悬浮固体的总量,以g/L或mg/L表示。MLSS值的大小间接反映混合液中所含微生物的数量。普通活性污泥曝气池MLSS = 2~4 g/L。

②污泥沉降比SV(%):指一定量的曝气池混合液,静置沉淀30 min后,所沉淀的污泥与原混合液的体积比,用%表示。污泥沉降比反映污泥的沉淀和凝聚性能好坏。污泥沉降比越大,越有利于活性污泥与水迅速分离。性能良好的污泥,沉降比可达15%~30%。

③污泥容积指数SVI:指曝气池混合液经30 min静置沉降后,1 g干污泥所占沉降污泥的容积毫升数,单位为mL/g。SVI能反映活性污泥的凝聚和沉降性能。SVI过大,污泥颗粒松散,不易沉淀,将发生污泥膨胀;SVI过低,说明污泥颗粒紧密、细小,无机化程度高,活性和吸附性能差。通常,SVI $<$ 100表示沉降性能好;SVI = 100~200表示沉降性能一般;SVI $>$ 200表示沉降性能差。

(2)活性污泥法处理废水流程

活性污泥法处理工业废水的工艺包括三个主要步骤:

①先在曝气池内充满污水,加入菌种污泥进行曝气,以培养活性污泥;

②在产生活性污泥后,将经过预处理的满足生物处理水质要求的废水引入曝气池,使含有适当比例营养物质的废水在池内与活性污泥充分混合,并进行一定时间的曝气;

③曝气池的出水进入二次沉淀池,进行活性污泥和水的分离。

活性污泥法处理废水的基本流程如图 5.2-6 所示。

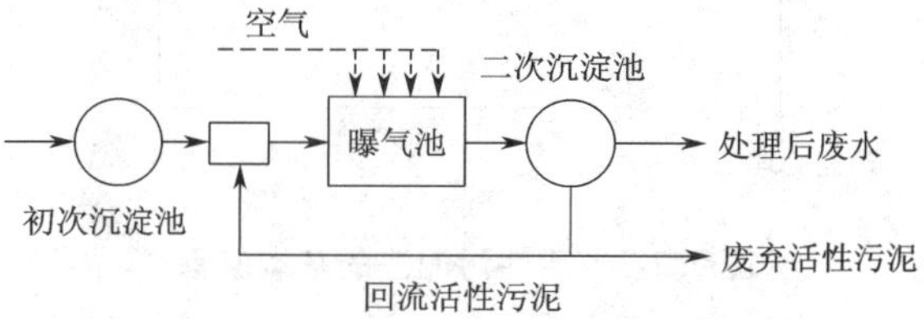

图 5.2-6 活性污泥法处理废水的基本流程

活性污泥法装置的主体构筑物是曝气池,废水必须先进行沉淀预处理(在初沉池内)后,除去某些大的悬浮物及胶状颗粒等,然后进入曝气池与污池内活性污泥混合成混合液,并在池内充分曝气。一方面使活性污泥处于悬浮状态,废水与活性污泥充分接触;另一方面,通过曝气向活性污泥提供氧气,保持好氧条件,保证微生物的正常生长和繁殖。而水中的有机物被活性污泥吸附、氧化分解。处理后的废水和活性污泥一同流入二次沉淀池进行分离,澄清水溢流排出。沉淀的活性污泥部分回流入曝气池进口,与进入曝气池的废水混合。回流使用的污泥,称为回流活性污泥。多余的活性污泥(称为剩余污泥)应从系统中排出。

活性污泥法处理有机废水分两个阶段进行,即生物吸附阶段和生物氧化阶段。

①生物吸附阶段:废水与活性污泥微生物充分接触后,废水中的污染物被比表面积巨大且表面上含有多糖类黏性物质的微生物吸附和粘连。呈胶体状的大分子有机物被吸附后,首先在水解酶的作用下,分解为小分子物质,然后这些小分子与溶解性有机物、活性有机物一同在酶的作用下或在浓差推动下选择渗入细胞体内,从而使废水中有机物的含量下降而得到净化。这一阶段进行得非常迅速,对于含悬浮状态有机物较多的废水,有机物的去除率是相当高的,往往在 10 ~40 min 内,BOD 可下降 80% ~90%。

②生物氧化阶段:被吸附和吸收的有机物质继续被氧化,这一阶段需要很长时间,氧化进行得非常缓慢。在生物吸附阶段,随着有机物吸附量的增加,污泥的活性逐渐减弱。当吸附饱和后,污泥失去吸附能力。经过生物氧化阶段吸附的有机物被氧化分解后,活性污泥又呈现活性,恢复吸附能力。

(3)活性污泥法的运行方式

①普通活性污泥法:其工艺流程见图 5.2-7。曝气池采用长方形,水流形态为推流。该法对有机物和悬浮物去除率高,可达 90% ~95%,特别适用于处理要求高而水质比较稳定的废水。但由于空气的供应是均匀的,会造成前段供氧量不足而后段供氧量过剩的现象。

②逐步曝气法:也称阶段曝气法,如图 5.2-8 所示,阶段曝气法可克服普通活性污泥法的不足,污水沿池长分段多点进入,使有机物负荷分布均匀,对氧的需求变得较为均匀,特别适用于大型曝气池及浓度高的废水。

③吸附再生曝气法:也称生物吸附法或接触稳定法,如图 5.2-9 所示,曝气池被一隔为二。废水在曝气池的一部分——吸附池内停留数十分钟,活性污泥同废水充分接触,废水中有机物

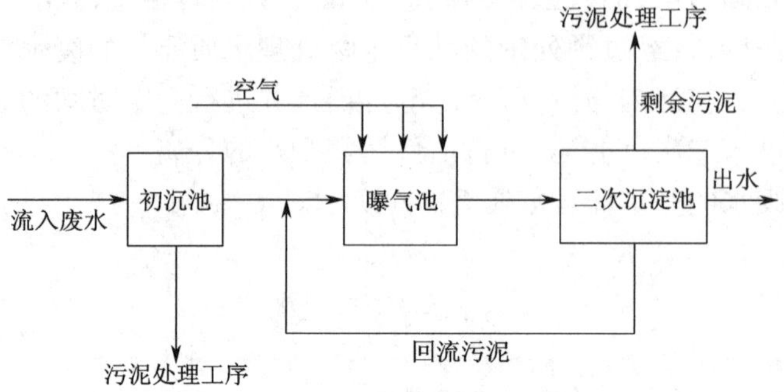

图 5.2-7　活性污泥法的基本流程

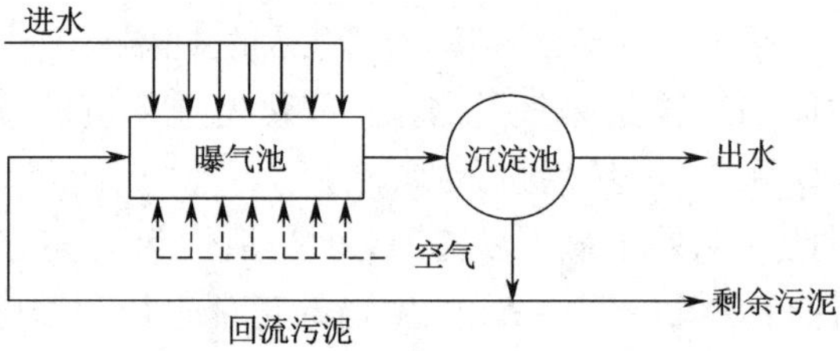

图 5.2-8　逐步曝气法流程

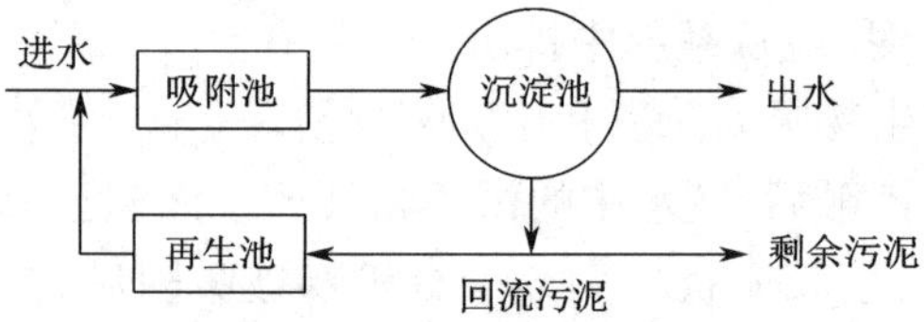

图 5.2-9　吸附再生曝气法流程

被污泥所吸附,随后进入沉淀池。泥水分离后的回流污泥再进入曝气池的另一部分——再生池,池中只曝气,不进水,吸附的有机物进行氧化分解。恢复活性的污泥随后再次进入吸附池同新流入的废水接触,并重复以上过程。生物吸附法去除率比普通活性污泥法低,尤其是对含溶解性有机物较多的工业废水,处理效果不理想。

④完全混合曝气法:如图 5.2-10 所示,废水进入曝气池后,在搅拌下立即与池内活性污泥混合液混合,从而使进水得到良好的稀释,污泥与废水得到充分混合,可以最大限度地承受废水水质变化的冲击。同时,由于池内各点水质均匀,生物负荷率一定,系统处于生长曲线某一点上工作。运行时,可以调节生物负荷率,使曝气池处于良好的工况条件下工作。

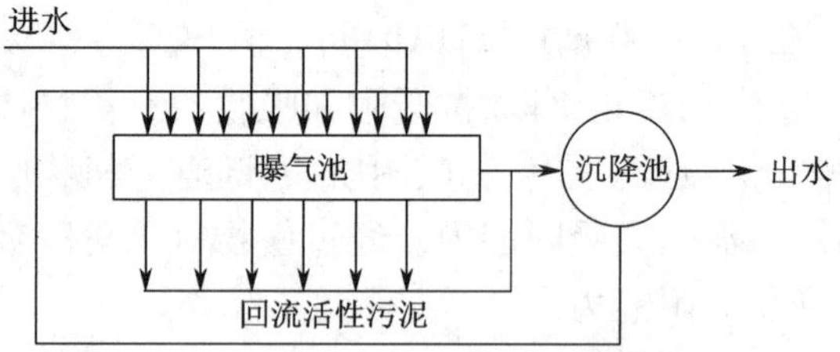

图 5.2-10　完全混合曝气法流程

活性污泥法除上述操作方式外,还发展了延时曝气法、纯氧曝气法、深水曝气法、粉末活性炭污泥法、投菌活性污泥法、序批式活性污泥法(SBR 法)、生物吸附氧化法(AB 法)等。

(4)曝气方法与曝气池

曝气过程不仅给水处理提供足够的溶解氧,而且使活性污泥处于悬浮状态。根据废水与空气的接触方式不同,曝气分为鼓风曝气和机械曝气两种。

①鼓风曝气:这是常用的曝气方法,装置由加压设备、管道系统和扩散器三部分组成。加

压设备(如罗茨鼓风机)提供一定压力和流量的压缩空气,扩散器通常设在池底或池一侧。根据产生气泡的大小,可选择不同的扩散器,如扩散板、扩散管、穿孔管、竖管等。

②机械曝气:机械曝气通过安装于曝气池表面的表面曝气机来实现。曝气机主要包括竖式曝气和卧式曝气机两大类。前者转动轴与水面垂直,装有叶轮,叶轮转动使曝气池表面产生水跃,甩起的水滴或膜状水与空气接触,使空气中的氧溶入水中,常用的曝气叶轮有泵型、伞型、平板型三种。后者转动轴与水平面平行,主要用于氧化沟。

曝气池的构造和形式很多,根据混合液的流型不同可分为推流式、完全混合式和循环混合式三种。

2)生物膜法

生物膜法也是一种典型的好氧生物处理方法,它是使废水通过某些载体(如碎石、炉渣、塑料蜂窝、圆盘等),好氧微生物和原生动物、后生动物等则在载体上生长繁殖形成生物膜,吸附和氧化分解有机物,使污水得以净化。根据装置的不同,生物膜法可分为生物滤池法、生物转盘法和生物接触氧化法三类。生物膜法处理废水工艺流程图如图 5.2-11 所示。

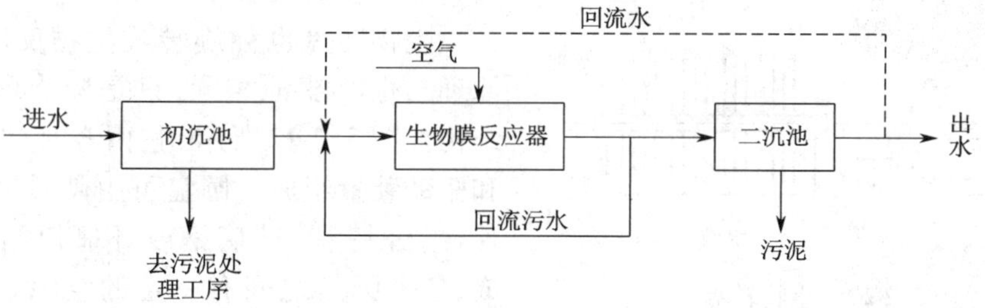

图 5.2-11 生物膜法处理废水基本流程

(1)生物滤池

生物滤池按其结构可分成普通生物滤池和塔式生物滤池两种,它们都是由滤床、布水设备和排水系统三部分组成。进入生物滤池的污水,一般经过预处理以去除悬浮物、油脂等易堵塞滤料的物质,并对 pH 值,氮、磷含量等加以调整。

①普通生物滤池。一般由钢筋混凝土或砖石砌筑而成。池平面有矩形、圆形或多边形,其中以圆形为多,主要组成部分是滤料、池壁、排水系统和布水系统。

滤料是微生物生长栖息的场所,对生物滤池的工作影响比较大。常见滤料有传统滤料(如碎石、卵石、炉渣、焦炭等)和塑料滤料(主要由聚乙烯、聚氯乙烯、聚苯乙烯、聚酰胺等加工成波纹板、蜂窝管、环状及空圆柱等复合式滤料)两大类。这些滤料比表面积大、孔隙率高,从而大大改善膜生长及通风条件,使废水处理效果大大提高。

布水系统通常设在填料层上方,使污水均匀地分布在整个滤床表面。常用的旋转式布水器由进水竖管和可转动的布水横管组成。布水横管同一侧上开着一些小孔,随着至池中心距离的增加,小孔孔径增大,孔间距减小。排水及通风系统用以排出处理水,支撑滤料及保证通风。

生物滤池法的基本流程与活性污泥法相似,由初沉池、生物滤池、二次沉淀池等三部分组成。初次沉淀池用以预先去除废水中的悬浮颗粒和胶状颗粒,防止滤层堵塞。二次沉淀池用以分离脱落的生物膜,含有有机物质的工业废水由滤池顶部通入,自上而下地穿过滤料层,进入池底的集水沟,然后排出池外。当废水由布水装置均匀地分布在滤料的表面上,并沿着滤料的间隙向下流动时，滤料截留了废水中的悬浮物质及微生物，在滤料表面逐渐形成一层黏膜，由于膜内生长有大量的微生物，故称生物膜。微生物吸附滤料表面上的有机物作为营养，繁殖很快，并进一步吸附废水中的有机物，使生物膜厚度逐渐增加，增厚到一定程度时，氧气难于进入生物膜深处，生物膜里层供氧不足，会造成厌氧微生物繁殖，从而进行厌氧分解，产生氨、硫化氢和有机酸，有恶臭气味，影响出水的水质。一般认为生物膜厚度以 2 mm 左右为宜。

②塔式生物滤池。塔式生物滤池是利用好氧微生物处理污水的一种构筑物，是生物膜法处理生活污水和有机工业污水的一种基本方法，目前已在石油化工、焦化、化纤、造纸等行业的污水处理中得到了应用。实践表明，塔式生物滤池对含氰、酚、腈、醛等有毒成分的污水处理效果好，出水符合要求。

塔式生物滤池的主要部分包括塔体、滤料、布水设备、通风装置和排水系统。滤料采用孔隙率大的轻质塑料滤料，并通过增加滤层的高度来提高滤池的处理能力，滤层高 8～16 m，截面呈矩形或圆形。一般采用自然通风，供氧不足时采用机械通风。塔式生物滤池负荷比普通生物滤池大好几倍，可承受较大浓度的废水，耐负荷冲击的能力也比较强。

(2) 生物转盘

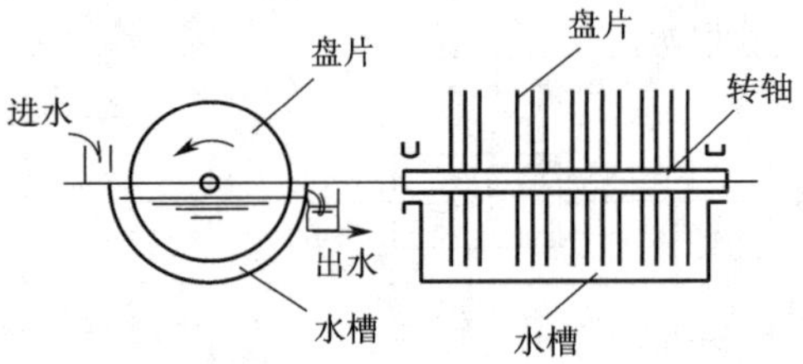

图 5.2-12　生物转盘

生物转盘也称旋转式生物反应器，其工作原理与生物滤池相同，只是构造形式不同。其结构如图 5.2-12 所示，它由盘片、反应槽、转轴和驱动装置组成。圆盘可由硬质聚氯乙烯塑料片、酚醛树脂、玻璃钢或环氧树脂玻璃钢等制成，各个圆盘之间有一定的空隙。圆盘由中心轴架在生化槽上，在电动机带动下缓慢地转动。圆盘转动时，近一半的圆盘浸没在废水中，其余部分暴露在空气中，盘片上长着生物膜。圆盘的作用与生物滤池中滤料的作用相似。圆盘转动，浸入废水中的那部分盘片上的生物膜吸附废水中的有机物。圆盘继续转动，浸入废水中的盘片转出水面，生物膜从大气中吸收所需的氧气，使吸附于膜上的有机物被微生物所分解。随着盘片的不断转动，最终使槽内废水得以净化。处理过程中，盘片上的生物膜不断地生长、增厚，脱落下来的絮状生物膜悬浮在氧化槽中，随出水流出，靠设在后面的二沉池除去，但不需回流。

生物转盘的优点是：不会发生如生物滤池中滤料堵塞的现象或活性污泥法中污泥膨胀的现象，可用来处理浓度高的有机废水；废水与盘片上生物膜的接触时间比滤池长，可忍受负荷；脱落的生物膜比活性污泥法容易沉淀；管理方便，运转费用低。缺点是转盘材料造价高，机械转动部件容易损坏，投资较高，处理水量很大时需要很多圆盘。目前，只用于较小量的废水治理工程。

(3) 生物接触氧化法

生物接触氧化法又称浸没式生物滤池，它是在曝气池中设置填料，作为生物膜的载体，利用生物膜和悬浮活性污泥的联合作用来净化污水，因而兼具生物滤池和活性污泥法两者的优点。生物接触氧化法的基本流程如图 5.2-13 所示。

该流程的主体是接触氧化池，它的主要组成部分有池体、填料和布水布气装置，其结构如图 5.2-14 所示。

池体可为钢结构或钢筋混凝土结构，内置填料。目前常用的填料有聚氯乙烯塑料、聚丙烯塑料、环氧玻璃钢等制成的蜂窝状和波纹板填料。

生物接触氧化法的生物膜上生物量很大，可形成一个密集而稳定的生态系，因而有较好的净化效果，不但能有效去除有机物，还可用于脱氮和脱磷。该法抗冲击负荷能力强，污泥生成量小，不需污泥回流，易管理，无产生污泥膨胀的危害，出水水质稳定，是一种很有发展前途的处理方法。缺点是填料层易被堵塞，因此必须控制生物膜的适当厚度，并定时用大气量搅动氧化池，把衰老的生物膜及时吹脱排出。

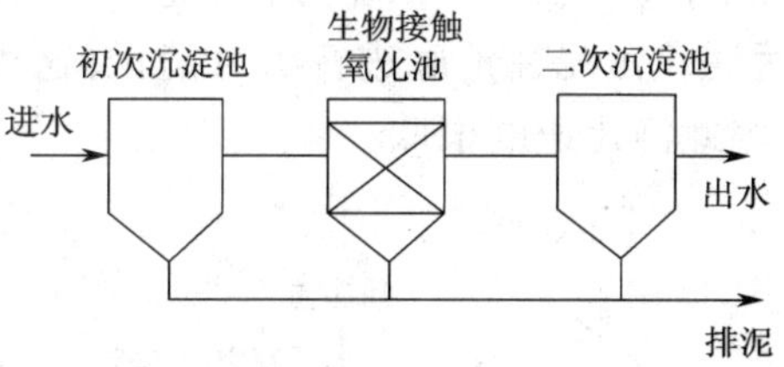

图 5.2-13 生物接触氧化法流程示意图

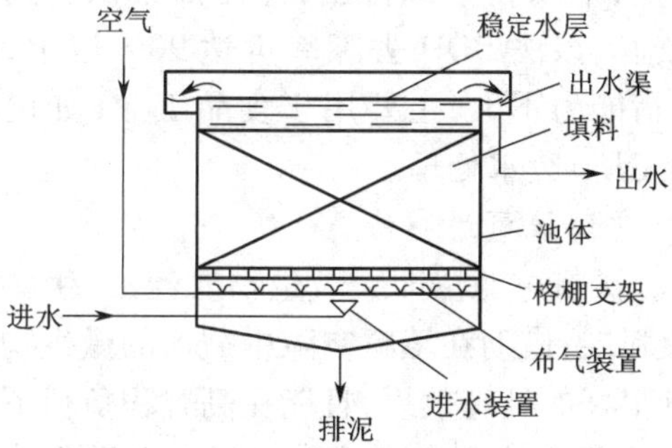

图 5.2-14 接触氧化池构造示意图

3. 有机废水的厌氧生物处理技术

厌氧生物处理是指在无氧的情况下，以厌氧微生物为主，对有机物进行降解、稳定的一种无害化处理方法。厌氧降解主产物是以 CH_4 为主的沼气，可以作为能源回收利用。主要适用于处理有机污泥、高浓度有机废水（如屠宰场、发酵工业等的废水）、生物质等。

1）厌氧生物处理的基本原理

有机物厌氧消化过程可分为三个阶段。

①水解酸化阶段：在产酸细菌作用下，复杂的大分子有机物、不溶性的有机物先在细胞酶作用下水解为小分子、溶解性有机物，然后渗透到细胞体内，分解产生挥发性有机酸、醇类、醛类物质等。

②产氢产乙酸阶段：在产氢产乙酸细菌的作用下，将第一个阶段所产生的各种有机酸分解转化为乙酸和 H_2。

③产甲烷阶段：产甲烷细菌将乙酸、乙酸盐、CO_2 和 H_2 或其他碳化合物转化为甲烷。

上述三个阶段的反应速率因废水性质的不同而异。废水的厌氧生物处理工艺，由于不需要供给氧气（空气），故动力消耗省，设备简单，并能回收一定数量的甲烷气体作为燃料。缺点是由于厌氧生化反应速度较慢，故反应时间长，反应容积较大，要保持较快的反应速度，就要保持较高的温度，消耗能源也多。总的来说，可采用厌氧生物处理法对有机污泥进行消化、对高浓度（一般 $BOD_5 \geq 2\,000$ mg/L）有机废水进行无害化处理以及回收沼气。

2）有机废水的厌氧生物处理方法

厌氧生物处理方法主要有消化法、厌氧接触法和厌氧过滤法等。

（1）消化法

消化法主要用于生活污泥及高浓度废水的处理，消化在消化池内进行。消化池一般为密闭的圆柱形池，废水定期进入池中，消化后的污泥从池底排出，处理后的废水从上部排出，产生的沼气从顶部排出。消化池的直径从几米到三四十米不等，池底为圆锥形，利于污泥排出，顶部有密封良好的盖子，以减少池面蒸发及防止有害气体逸出，并可保证池内厌氧条件、收集沼气、保持池内温度。传统的消化池不加搅拌，池水一般为三层，上层为浮渣、中层为水流、下层为污泥。污泥在池底进行厌氧消化，这种消化池不能调节温度，微生物和有机物不能充分接触，因此消化速度很低。

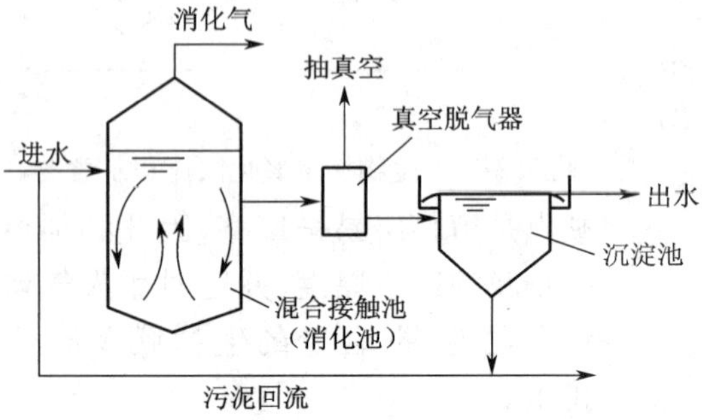

图 5.2-15　厌氧接触法流程

(2)厌氧接触法

厌氧接触法与活性污泥法的形式相近，其流程如图 5.2-15 所示。废水进入消化池与回流厌氧污泥混合，经厌氧处理后进入沉淀池，清水自上部排出，污泥部分回流到消化池。该法 BOD 去除率可达 90% 以上，但负荷能力不大，主要用于食品工业（如肉类加工厂）废水处理。

(3)厌氧过滤法

厌氧过滤法即厌氧生物滤池法，生物滤池构造类似一般生物滤池，废水自下而上流过惰性填料层；借助在填料空隙中截留的微生物而维持较长的固体停留时间（可达 100 d 以上），因而有很好的处理效果，且能在高容积负荷下运行。该法的主要缺点是滤料易堵塞，尤其在池的下部生物膜浓度大的区域。但对含碳氢化合物废水，由于厌氧处理所产生的生物污泥量不多，很少会产生堵塞现象。

3)厌氧生物法的进展

(1)升流式厌氧污泥床反应器法

升流式厌氧污泥床（UASB）于 1972 年由荷兰学者 Lettinga 教授等研制，1977 年应用于工业化生产。反应器结构如图 5.2-16 所示。废水由底部进入反应器，缓慢通过絮凝微生物床得到处理。该法的优点是微生物床浓度很高，因而可容许很高的有机负荷。

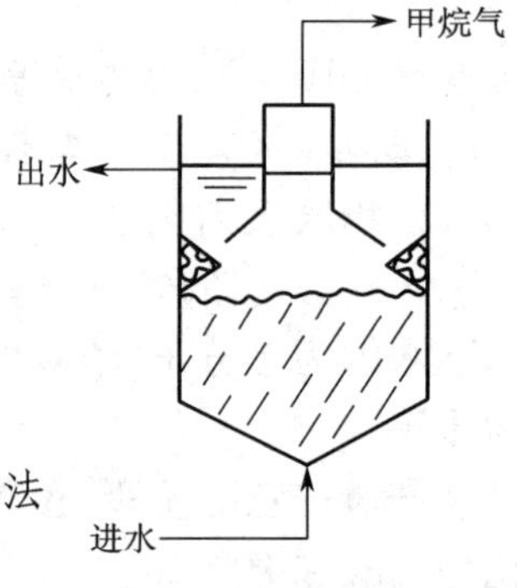

图 5.2-16　升流式厌氧污泥床反应器示意图

(2)厌氧流化床反应器法

厌氧流化床（AFB）的试验装置如图 5.2-17 所示。其原理与好氧流化床生物反应器相同，借助流动砂粒表面的生物膜使废水中的有机物降解。该法的优点是生物膜分布均匀，处理效果好，中试结果表明，对废水 COD 去除率达 85% ~95%。缺点是动力消耗大，成膜时间长。

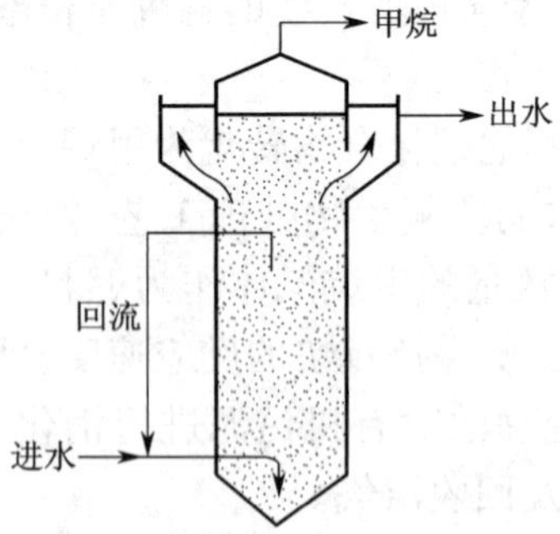

图 5.2-17　厌氧流化床反应器示意图

(3)厌氧膨胀床反应器法

该法设计原理与结构同流化床反应器相似，不同之处是采用了颗粒小、质量轻的微生物生长介质（如 500 μm 的多孔氧化铝小球）和很小的回流比。该法的优点是提供了细菌生长的大量表面积，缺点是介质价格较贵。

(4)厌氧活性炭过滤法

该法在过滤塔里放置了吸附能力强的活性炭作过滤介质，它可以作为微生物的生长介质，同时对污染物也有吸附作用，在一定程度上可以对有机负荷的变化起缓冲作用，因此可以处理有机物浓度变化大的废水。

(5)厌氧生物转盘法

该法是将生物转盘用于厌氧生物的处理,转盘完全淹没于水中以保持厌氧条件。目前该法的试验还仅限于高浓度废水处理。

4. 厌氧—好氧联合处理系统

高浓度的有机废水经过厌氧处理后一般难以达到污水排放标准,因此,厌氧生物处理常和好氧生物处理结合,组成厌氧—好氧联合处理系统。两种方法组合发挥了各自的长处,在城市污水处理和工业废水处理中应用越来越广。常用的有下列系统。

(1)厌氧—好氧二级生物处理系统

以厌氧生物反应器为第一级,除去大部分或一部分有机物,使某些有机物转化为易被好氧生物降解的物质后,再进入好氧生物反应器进行进一步处理,使污水达到排放标准。

(2)厌氧—好氧(A-O)处理系统

A-O 处理系统是在普通二级生化处理基础上引进厌氧或缺氧段,使用时具有脱氮和去除 BOD 功能的污水处理新方法。厌氧、缺氧、好氧过程可在一个设备的不同部位或不同设备中完成。

5. 焚烧

对于一些有毒有害的废液和高浓度有机废水,可以通过焚烧的方法加以处理。国内已有成套的有机废液焚烧系统。

【例 5.2-2】 某酒精厂在生产发酵期间,会定期排出酒精糟液,其 COD_{Cr} 为 40 000 mg/L, BOD_5 为 26 000 mg/L,悬浮物浓度为 15 000 mg/L,如何确定治理工艺?

解: 由于好氧生物处理不能直接处理高浓度有机废水,因此考虑先采用厌氧处理将大分子不溶性的有机物分解为小分子可溶物,同时将含甲烷和二氧化碳等气体的沼气浓度降到适于好氧处理的程度。另外,由于悬浮物浓度较高,因此,厌氧处理可采用厌氧接触法。酒精糟液的处理工艺可选择厌氧和好氧处理工艺相结合。

5.3 废气处理

要求:掌握各种废气治理技术的原理及其适用的场合,学会根据废气的特征选择适当的治理方法,了解相关治理设备的类型和结构。

废气中大气污染物根据其存在的状态,主要分为气溶胶态污染物(颗粒污染物)和气态污染物两大类。前者主要利用各种除尘技术加以脱除,而后者则是利用气态污染物中各种成分的性质差异,采用吸收、吸附、催化转化和焚烧等技术加以去除。

5.3.1 化工废气处理的一般方法

由于化工生产工艺本身的因素、化学反应的不完全、生产过程中非正常的废气排放以及事故性排气等,化工生产过程中会排放各种废气。化工废气按所含污染物存在状态的不同,分为两大类。

1. 气溶胶态污染物(颗粒污染物)

气溶胶是指悬浮在气体介质中的固态或液态颗粒所组成的气体分散体系。从大气污染控制的角度,按照气溶胶颗粒的物理性质,可将其分为粉尘、炱、飞灰、烟、雾等。对这类污染物,可利用其质量较大的特点,通过外力的作用将其分离出来,通常称为除尘。

2. 气态污染物

气态污染物包括无机物和有机物两类。对 SO_2、NO_2、CO、NH_3、H_2S、有机废气等主要以分子状态存在于废气中的污染物,可利用污染物的物理性质和化学性质,通过冷凝、吸收、吸附、燃烧、催化等方法进行处理。

5.3.2 废气中气溶胶态污染物(颗粒污染物)的净化技术

气溶胶实质上是气态为连续相,固、液态为分散相的多相流体。在环境工程中,为区别于清洁空气,常使用"含尘气体"来称呼气溶胶。化工废气中的粉尘污染物主要含硅、铝、铁、镍、钒、钙等的氧化物及粒径在 10^3 μm 以下的悬浮物质。废气中颗粒污染物的净化过程通常称为除尘。除尘技术是应用各种除尘装置捕集分离气溶胶中的固态颗粒。

1. 颗粒污染物的去除方法及设备

颗粒污染物除尘的方法很多,按其作用原理,可以分为干法除尘、湿法除尘、过滤除尘和静电除尘四类。

(1) 干法除尘

干法除尘是采用机械力(重力、离心力等)使气体中所含尘粒沉降的方法,分为重力除尘、惯性除尘、离心除尘三种。常用的设备有重力沉降室、惯性除尘器和旋风除尘器。

①重力沉降室:重力沉降是利用含尘气体中的颗粒受重力作用而自然沉降的原理,将颗粒污染物与气体分离的过程。重力沉降室是最简单的一种除尘装置。含尘气体由管道进入沉降室,由于体积的变化而使气体流速突然降低,颗粒在重力作用下沉于沉降室底部,操作中需定期排出颗粒物。重力沉降室可用于处理高温气体,但沉降室一般只能去除 50 μm 以上的颗粒,因此主要用于高效除尘装置的前级处理。为改善重力沉降室的除尘效果,可在除尘室内设置各种形式的挡板,含尘气流冲在挡板上,使气流方向发生急剧改变,借助粉尘本身的重力作用,使其与气流分离。

②惯性除尘器:惯性除尘是利用气流方向急剧改变时,尘粒因惯性力作用而从气体中分离出来的一种除尘方法。惯性除尘器主要是依靠惯性力的作用使粉尘从气流中分离出来。惯性除尘器按其构造大致可分为冲击式惯性除尘器和反转式惯性除尘器。惯性除尘器可直接安装在风道上处理高温含尘气体。惯性除尘器一般多用于高效除尘器的前级除尘,先除去较粗尘粒或炽热状态的粒子。此类装置可除去粒径为 20 ~ 30 μm 的尘粒。

③旋风除尘器:旋风除尘是利用旋转的含尘气体流所产生的离心力,将颗粒物从气体中分离出来的过程。普通旋风除尘器由进气管、筒体、锥体及排气管等组成。旋风除尘器一般用来捕集 5 ~ 15 μm 的颗粒物,除尘效率可达 80% 左右,而且可用于处理高温高压的气体,但不适于处理黏性和含湿量高的粉尘及腐蚀性粉尘。

(2) 湿法除尘

湿法除尘是利用喷淋液体形成液滴、液膜或鼓泡通过液层的方式来洗涤含尘气体,使其得以净化的方法。这种除尘方法的优点是除尘效率较高,适于处理高温、高湿、易燃、易爆的含尘气体,对雾滴也有很好的去除效果。此外在除尘的同时还能去除部分气态污染物,因而广泛应用于工业生产各部门的空气污染控制和气体净化过程中。它的缺点是:能耗大,废水和泥浆需要处理,洗涤水有一定的腐蚀性,在寒冷地区使用有可能发生冻结现象。典型的湿法除尘装置有各种各样的吸收塔、文丘里洗涤器。

(3) 过滤除尘

过滤除尘是用多孔过滤介质来分离捕集气体中固体或液体粒子的处理方法。此类方法多用于工业原料气的精制,固体粉尘的回收,工业排放尾气或烟气中粉尘粒子的清除等。根据除尘装置所采用的过滤方式的不同,过滤除尘器主要分为两种,一种是袋式除尘器,它是采用表面过滤的方式,让含尘气体通过用棉、毛或人造纤维等制成的过滤袋来滤去粉尘的分离装置。另一种是颗粒层除尘器,它采用的是内部过滤方式,即将松散的滤料在一定体积内填充形成过滤层,当含尘气体通过时即将尘粒捕集下来。袋式除尘器是应用极为广泛的高效除尘装置,但由于受滤布的耐温、耐腐蚀等操作性能的限制,使用场合气流温度应低于 300 ℃,同时要避免滤布孔堵塞而影响袋式除尘器的除尘效率。袋式除尘器不适合去除黏结性强及吸湿性强的尘粒。

(4) 静电除尘

静电除尘是利用静电力的作用分离气体中固体与液体粒子的气体净化过程。所用装置称为静电除尘器,主要由放电电极和集尘电极组成,在两极间加上一较高电压,则两极间形成不均匀强电场,含尘气体在通过非均匀高压电场进行电离的过程中使粒子荷电,并在电场力的作用下沉积在集尘极上,使粒子从气流中分离出来。电除尘器具有优异的除尘性能,它几乎可以捕集一切细微粉尘及雾状液滴,其捕集粒径范围在 0.01 ~100 μm。当粉尘粒径大于 0.1 μm 时,除尘效率可达 99% 以上。静电除尘器具有处理气量大、可连续操作及可用于高温高压的场合等优点。

2. 除尘装置的选择和组合

合理选择除尘装置必须全面考虑有关的因素,一是除尘装置的有关性能,如除尘效率、适用范围、压力损失、设备和操作费用等;二是要了解污染源的情况和排放的要求,然后通过分析比较来选定经济、有效的除尘设备。选择除尘装置时,一般应从以下几方面来考虑。

(1)粉尘的性质和粒径分布

粉尘的性质对除尘器的性能影响很大,如比重小的粉尘,捕集较困难,易产生二次飞扬;黏附性大的粉尘易黏结在除尘器表面,不宜采用干法除尘;比电阻过大或过小的粉尘不宜采用静电除尘。若尘粒粒径较小,几微米以下尘粒占多数时,应选用湿法、过滤或电除尘等方式;粒径较大,以 10 μm 以上尘粒占多数时,可用机械除尘器。

对于黏附性强的尘粒,最好采用湿式除尘器。这类尘粒不宜采用静电除尘器,因为尘粒黏附在电极表面上将使电除尘器的效率降低。选用电除尘器,要求尘粒的电阻率在 $10^4 \sim 10^{11}\ \Omega \cdot cm$ 范围内。

(2)含尘气体的浓度

含尘气体的浓度高时,可将不同类型除尘装置组合起来使用,先用重力除尘或离心除尘去除粗大尘粒,然后再选用过滤或电除尘等方法使气体得到进一步净化,以充分发挥不同类型除尘器的作用。

若废气含尘浓度较高,可用机械除尘;若含尘浓度低,可采用文丘里洗涤器;若气体的进口含尘浓度较高,而又要求气体出口的含尘浓度低时,可采用多级除尘器串联的方式除尘,先用机械式除尘器除去较大的尘粒,再用电除尘器或袋式除尘器去除粒径较小的尘粒。

(3)气体的性质

对高温高湿气体不宜采用袋式除尘器,电除尘必须在 500 ℃以下操作(从普通钢的强度考虑),废气中如含有 CO 气体,应先将其氧化为 CO_2 然后再进入除尘装置,以防止爆炸。在处理含有 SO_2、NO_X 等气体的污染物时如用湿法除尘,应考虑到对设备的腐蚀作用和排出废水的进一步处理。除尘效率会随气体温度的增高、黏性增大而下降,因此,一般应在比气体露点温度高 20 ℃的条件下进行除尘。

(4)收集后粉尘的处置

选择除尘设备时,必须同时考虑除尘设备除下的粉尘的进一步处理或处置的问题,以免产生二次污染。例如,应考虑所收集的粉尘能否进一步综合利用,如不能利用,应采取何种方法进一步进行处理或处置。

5.3.3 气态污染物的吸收、吸附、催化转化等净化技术和焚烧知识

化学工业所排放到空气中的主要污染物质有二氧化硫、氮氧化物、氟化物、氯化物、碳氧化物及各种有机气体等。它们可采用吸收、吸附、冷凝、催化转化、燃烧等方法去除。

1. 吸收法

1)吸收原理

吸收是利用气体在液体中溶解度的不同来分离和净化气体混合物的一种操作过程。它在化工生产中是一个重要的单元操作,是发生在两相间的质量传递过程。吸收法也常用于气态污染物的处理,例如含 SO_2、H_2S、NO_X、HF 等污染物的工业废气都可用吸收法加以处理。吸收后的吸收液需要进一步处理,以免造成二次污染,或者通过解吸、回收吸收质并使吸收液恢复吸收能力而重复使用。

吸收可分为物理吸收和化学吸收两大类。

(1)物理吸收

吸收时所溶解的气体与吸收液不发生明显的化学反应,仅仅是被吸收的气体组分溶于液体的过程。例如用水吸收醇类和酮类物质,用洗油吸收烃类蒸气等过程都属于物理吸收过程。

(2)化学吸收

被吸收的气体组分与吸收液发生明显化学反应的吸收过程称为化学吸收。由于废气中的气态污染物含量一般都很低,所以它们的处理多采用化学吸收法。如用碱液吸收烟气中的 SO_2,用氨水吸收 NO_X 等都属于化学吸收过程。

2)吸收液

在吸收操作中,选择合适的吸收液至关重要,在对气态污染物的处理中,它往往成为处理效果好坏的关键。

(1)吸收液的选择

吸收液的选择主要从以下几个方面来考虑。

①溶解度。吸收液对有害组分要有较大的溶解度,以提高吸收速率,减少吸收剂用量。

②选择性。吸收液对混合气体中有害组分溶解度应尽可能大,而对其余组分则应尽可能小。

③挥发性。吸收液挥发性要低,以减少吸收液的损失。

④黏度。操作温度下吸收液黏度要低,以改善吸收塔内流动状况,提高吸收速率。

⑤吸收液应尽可能无毒难燃,吸收液化学稳定性好、不发泡、冰点低、价廉易得并具有化学稳定性。

⑥吸收液在使用中应有利于有害组分的回收。

对易溶于水的气体通常用水做吸收液，酸性气体可用碱性吸收液，轻烃类气体多用洗油做吸收液。

(2)吸收液的种类

①水。用于吸收易溶的有害气体。水价廉易得，比较经济。水的吸收效率与吸收温度有关，一般随温度的增高，吸收效率下降。当废气中有害物质含量很低时，水吸收的效率不高，这时应选用其他吸收液。

②碱性吸收液。可用于吸收那些能和碱起化学反应的有害气体，如 SO_2、NO_X、H_2S、HCl、Cl_2 等。常用的碱吸收液有：氢氧化钠、氢氧化钙、氨水等。用碱性吸收液吸收属于化学吸收，因此吸收效率一般比较高。

③酸性吸收液。可以增加有害气体在稀酸中的溶解度或是与其发生化学反应。如 NO 和 NO_2 气体在稀硝酸中的溶解度比在水中大得多。浓硫酸也可以吸收 NO 气体。

④有机吸收液。一般用于有机废气的吸收，如洗油吸收苯和沥青烟。聚乙醇醚、冷甲醇、二乙醇胺等均可作为有机吸收液，能除去一部分有害酸性气体，如 H_2S、CO_2 等。

3)吸收设备

处理有害气态污染物的吸收设备多数为气液相接触吸收器。一个好的吸收设备应具有处理能力大、操作稳定可靠、阻力损失小、吸收效率高、结构简单、投资省等优点。目前在工业上常用的吸收设备有表面吸收器、板式塔、喷淋塔、文丘里塔等。

(1)表面吸收器

表面吸收器种类很多，如水平液面表面吸收器、液膜吸收器、填料吸收器等，常用的有以下两种。

①列管式液膜吸收器。列管式液膜吸收器结构与列管式热交换器相似。吸收液自上部进入吸收器，均匀分配到各个管口，然后沿列管的内壁形成液膜自上而下流动，要处理的气体自下而上从管内流过，与液膜接触发生吸收作用。净化后气体从顶部排出，底部排出的吸收液可进一步处理。管束外可用冷水在管间流动以除去吸收过程所放出的热量。

②填料塔。填料塔内填充适当高度的填料以增加气液两相之间的接触面积，吸收液由塔的上部通过分布器进入塔内，沿填料表面喷淋而下，废气则由塔的下部通过填料孔隙逆流而上与吸收液接触，气体中的污染物从气相转移到液相，从而达到净化的目的。填料塔是目前应用最广泛的吸收净化设备。

(2)板式塔

板式塔的基本结构是在塔内设置若干层某种形式的塔板，气液两相在塔板上进行逐级的多次接触，使气态污染物被吸收而除去。板式塔可分为有降液管式塔板、穿流式塔板和其他形式塔板三种，其中最常用的为筛板塔，几种塔板的应用特点见表 5.3-1。筛板塔内沿塔高方向设有多层开孔筛板，并装有溢流堰(亦有无降液管的)。操作时，吸收液由塔顶流入，经降液管逐板下降，并在板上积有一定厚度(一般 30 mm 左右)的液层。废气由塔底进入，经筛孔上升穿过液层，鼓泡而出，因而两相可充分接触，气体中的污染物被吸收液所吸收而达到净化的目的。

表 5.3-1 几种塔板的应用特点

类型		应用特点
有降液管	泡罩板	最早在工业上大规模应用,气液接触有充分保证,操作弹性范围大,罩加工复杂,钢材耗量大
	筛板	是有降液管塔板中最简单的一种,效率高,处理能力大,合理设计时可具有一定的操作弹性,但气速下限受漏液点限制
	浮阀板	效率高,处理能力大,下限可比筛板低得多,目前已大量地取代泡罩板

(3)喷淋塔

喷淋塔塔内既无填料也无塔板。吸收液由塔顶进入,经过安装在塔内各处的喷嘴,被喷成雾状或雨滴状。废气则由塔底部进入塔体,与雾状或雨滴状的吸收液充分接触,使吸收液吸收废气中的污染物。吸收后的吸收液由塔底流出,净化后的气体由塔顶排出。

2. 吸附法

很久以前吸附就作为一种单元操作应用于化学工业的各个领域,目前在净化有毒有害气体方面也得到了广泛应用,吸附过程能够有效地分离出废气中浓度很低的气态污染物。吸附法特别适用于含有用其他方法难于分离的低浓度有害物质和排放标准要求很严的废气处理。

(1)吸附的基本原理

吸附是一种复杂的固体表面现象。它是利用多孔性固体吸附剂来处理气态(或液态)混合物,使其中的一种或几种组分在固体表面未平衡的分子引力或化学键力的作用下被附在固体表面,从而达到分离的目的。

(2)吸附剂

吸附剂达到饱和吸附后,需进行再生,使吸附剂重复利用并回收有效成分。常用的吸附剂有活性炭、硅胶、活性氧化铝、分子筛等。

①活性炭:常被用来吸附净化尾气中的有机蒸气、恶臭物质和某些有毒有害气体。

②硅胶:具有很好的亲水性,因此主要用来处理湿度大的气体,进行干燥脱水。硅胶大量用于气体的干燥和烃类气体回收。

③活性氧化铝:具有优先吸附水分的特性,因此主要用做气体的干燥剂。它对有些无机物具有较好的吸附作用,故常用于石油气的脱硫以及含氟废气的净化。

④分子筛:具有较强的吸附选择性,只能吸附小于其孔径的分子;对极性分子(特别是水)具有极大的亲和力,易于吸附。同时,分子筛还具有较强的吸附能力,对低浓度气体净化效果十分显著。

表 5.3-2 归纳了以上几种吸附剂的应用范围。

表 5.3-2 吸附剂的应用范围

吸附剂	吸附的污染物
活性炭	烯烃类、氨胺类、碱雾、酸性气体、氯、甲醛、Hg、H_2S、HF、SO_2
硅胶	NO_X、SO_2、C_2H_2
活性氧化铝	H_2S、SO_2、HF、C_nH_m
分子筛	NO_X、SO_2、CO、CS_2、H_2S、NH_3、C_nH_m

(3)吸附装置

吸附装置可分为固定床吸附器、移动床吸附器和流化床吸附器三种。

①固定床吸附器:固定床吸附器是应用最多的一种吸附设备,有立式、卧式两种形式,内设吸附层可以是单层、双层或四层。内装有吸附剂,吸附过程中气体流动,而吸附剂固定不动。固定床吸附装置结构简单、工艺成熟、性能可靠,目前应用较多。

②移动床吸附器:移动床吸附器是气固两相均以恒定速度通过的设备,气体与吸附剂保持连续接触。一般采用逆流操作,亦可采用错流操作。一般是吸附剂自上而下运动,气体自下向上流动,净化后气体从塔顶排出。移动床的优点是处理气量大,吸附剂可循环利用;缺点是动力和热量消耗大,吸附剂磨损严重。

③流化床吸附器:流化床吸附器为塔式设备,内设若干层筛板,吸附剂在筛板上呈沸腾状态,故称流化床。由于气体流速高而使塔内吸附剂悬浮呈流态化,大大增加了气体与吸附剂的接触面积。流化床吸附器的特点是气固两相达到充分接触,因而吸附速度快,处理能力大,特别适于连续性、大气流量的污染源治理。但由于吸附剂和容器磨损严重,排出的气体中常含有吸附剂粉末,需增设除尘设备。

3. 催化转化法

(1)催化作用

催化转化是使待处理气态污染物通过催化剂床层,在催化剂的作用下发生催化反应,使之转化为无害物质或易于处理和回收利用物质的方法。催化转化法和吸收法、吸附法不同,它无须将污染物与主气流分离,而且直接将有害物转化为无害物质,避免了二次污染,简化了操作过程。由于废气中气态污染物含量低,化学反应的热效应比较小,一般可不考虑催化剂床层的传热问题,使催化反应器的结构大大简化,往往只需一段绝热固定床反应器即可达到处理要求。由于催化转化法有上述优点,因而现已成为控制大气污染的一种重要方法。催化转化法处理的主要污染物有SO_2、CO、H_2S、苯、甲苯和氮氧化物等。

(2)催化剂

催化剂的种类很多,多数是由活性组分、助催化剂和载体三类物质所组成的复杂体系。活性组分是催化剂中具有加速化学反应作用的成分,能单独对化学反应起催化作用,它是催化剂中最主要的成分;助催化剂本身没有催化活性,但它和活性组分共存时,则可明显提高活性组分的催化效能;载体是承载活性组分和助催化剂的物质,它的作用主要在于提高活性组分的分散度,改善催化剂的理化性能。气体净化过程中用的催化剂一般为金属盐类或金属,主要有铂、钯、钌、铑等贵金属以及锰、铁、钴、铜、钒等的氧化物。典型的载体有氧化铝、铁矾土、石棉、陶土、活性炭和金属丝等,载体可为球状、圆柱状、丝状、网状、蜂窝状等。

为避免催化剂在使用过程中中毒,选择催化剂时不仅要求催化剂具有较好的活性、强度,还要求催化剂具有一定的抗毒能力。

(3)催化转化设备

气固相催化反应器分固定床反应器、移动床反应器和流化床反应器三类,而以固定床反应器应用最广。

①单层绝热反应器:气体由上而下通过催化剂床层进行反应,反应后气体由塔底引出。单层绝热反应器结构简单,阻力损失小,反应器内体积得到充分利用,但床层温度不均匀,易造成局部过热,只适用于反应热效应小、气体浓度低的情况。

②多段绝热反应器:在反应器内设置多层栅板,每层板上都装有催化剂,相当于几个单层绝热反应器的串联,段与段之间进行冷却或加热,使各层温度控制在合适的范围之内,适用于中等热效应的反应。

③管式固定床反应器:它的结构类似于列管式热交换器,管内装催化剂,管间通热载体,它适用于床温分布要求严格,反应热特别大的情况。

4. 燃烧法

燃烧法是利用燃烧过程将废气中可燃性气体、有机蒸气、微细的尘粒等转变为无害或易除去物质的方法。它的特点是可以处理污染物浓度很低的废气、净化度高,还可消烟、除臭。该法工艺简单、操作方便,在石油化工、有机涂料工业,垃圾处理场等含有污染物的废气治理上得到广泛应用。如合成氨的放空气、弛放气等可以收集后燃烧并回收能量,另外燃烧法还可以消烟、除臭。通过燃烧法处理的废气中的污染物有:碳氢化合物、甲烷、苯、二甲苯、一氧化碳、硫化氢、恶臭物质、黑烟(含炭粒和油烟)。废气中可燃性气体含量越高,回收的热量越多。

燃烧法处理可燃性气体含量低的废气时,需先预热,消耗部分能量。为保证可燃性成分完全被氧化,应控制好燃烧温度和燃烧时间。

5.4 废渣处理

要求:了解固体废物的含义及其分类,熟悉固体废物的处理处置方法;了解污泥浓缩和脱水的各种方式,掌握固化的原理和基本方法;熟悉热解、焚烧的原理。

5.4.1 固体废物处理处置技术

1. 固体废物的含义及分类

根据《中华人民共和国固体废物污染环境防治法》和《固体废物鉴别导则》,固体废物是指在生产、生活和其他活动中产生的丧失原有利用价值或者虽未丧失利用价值但被抛弃或者放弃的固态、半固态和置于容器中的气态的物品、物质。各类生产活动中产生的固体废物俗称废渣。

固体废物来源广泛,种类繁多,组成复杂,从不同的角度出发,可有不同的分类方法。按其化学组成来分,可分为有机固体废物和无机固体废物;按其危害性来分,可分为有害固体废物和一般固体废物;按其来源来分,又可分为矿业固体废物、工业固体废物、农业固体废物、城市生活固体废物(城市垃圾)、放射性固体废物等五类。我国制定的《固体废物污染环境防治法》中,将固体废物分为工业固体废物(废渣)与城市生活垃圾两类,对其中的危险废物又单独列为一章进行专门规定。

工业固体废物是指工业生产过程和工业加工过程产生的废渣、粉尘、碎屑、污泥等,主要有以下几种。

①冶金固体废物:主要是指各种金属冶炼过程排出的残渣,如高炉渣、钢渣、铁合金渣、铜渣、锌渣、铅渣、镍渣、铬渣、铝渣、汞渣、赤泥等。

②燃料灰渣:指煤炭开采、加工、利用过程排出的煤矸石、粉煤灰、烟道灰等。

③化学工业固体废物:指化学工业生产过程产生的种类繁多的废渣,如硫铁矿渣、煤造气炉渣、黄磷炉渣、磷泥、磷石膏、烧碱盐泥、纯碱盐泥、化学矿山尾矿渣、蒸馏釜残渣、废母液、废溶剂等。

④石油工业固体废物:指炼油和油品精制过程排出的固体废物,如碱渣、酸渣以及炼油厂

污水处理过程排出的浮渣、含油污泥等。

⑤粮食、食品工业固体废物:指粮食、食品加工过程排弃的谷屑、下角料、渣滓等。

⑥其他:指机械和木材加工工业产生的碎屑、边角下料、刨花,纺织、印染工业产生的泥渣、边料等。

2. 固体废物处理处置方法

1)固体废物处理方法

固体废物的处理是指通过各种物理、化学、生物的方法将固体废物转变为适于运输、利用、贮存或最终处置的物质的过程。处理方法主要有物理处理、化学处理、生物处理、热处理、固化处理。

(1)物理处理

物理处理是通过采用各种物理的方法来改变固体废物的结构,使之转变为便于运输、贮存、利用或处置的形态。物理处理包括压实、破碎、分选、脱水干燥等。工程上常用物理法回收固体废物中的有价物质。

(2)化学处理

化学处理是利用化学反应使固体废物中的有害成分受到破坏;使其转化为无害或低毒物质,或使其转变为适于进一步处理、处置形态的方法。化学处理只适于处理成分单一或只含几种化学特性相近组分的固体废物。化学处理法有氧化还原、中和、化学浸出等。

(3)生物处理

生物处理是利用微生物来分解固体废物中的有机物及少量无机物,使之达到无害化或加以综合利用的方法。生物处理包括好氧处理、厌氧处理和兼性厌氧处理等。固体废物经过生物处理,在容积、形态、组成等方面均发生重大变化,因而便于运输、贮存、利用和处置。与化学处理相比,生物处理更经济,应用也较为普遍,但处理过程所需时间较长。

(4)热处理

热处理是通过高温来改变固体废物的化学、物理、生物特性或组成的处理方法。采用热处理方法可以达到减容、消毒、减轻污染、回收能量和有用化学物质的目的。常用的热处理方法有焚烧、热解、焙烧和烧结等。

(5)固化处理

固化处理是采用固化基材料(如水泥、沥青、塑料、石膏等)将废物封闭在固化体中或包覆起来,不使有害物浸出的一种方法。该法主要适用于有毒废物和放射性废物的处理。

2)固体废物处置方法

固体废物的处置也称最终处置或安全处置,是固体废物污染控制的末端环节,是解决固体废物的归宿问题。固体废物在经过各种方法处理及综合利用后,总还会有部分残渣存在,必须对其进行最终处置,以防止其对环境造成危害。处置方法有两种——陆地处置和海洋处置。陆地处置包括陆地填埋、焚烧、贮留池贮存和深井灌注等;海洋处置则包括海洋倾倒和远洋焚烧。其中以陆地填埋处置应用最广。

不同性质的固体废物,对填埋操作及填埋场的结构形式有不同的要求。

(1)卫生填埋

卫生填埋适用于一般城市垃圾和无害化的工业废渣的处置。卫生填埋场所的选择很重要,填埋场中产生的气体可经集气井收集后用于发电,如杭州天子岭固体废弃物处理总场。垃圾渗滤液通过收集管道可进入污水处理系统处理。

(2)安全填埋

安全填埋主要针对有毒有害废物的处置。安全填埋场的结构与安全措施比卫生填埋场更为严格。如果有毒有害固体废物在处置前进行预稳定处理(如固化处理等),则填埋后更为安全。

另外,一些有毒有害固体废物可以通过焚烧的方式进行无害化处理。

5.4.2 污泥浓缩和脱水

城市污水和工业废水在污水处理厂(站)进行处理的过程中都将产生污泥。污泥中的固体,有的是截留下来的悬浮物质,有的是生物处理系统排出的生物污泥,有的是因加药剂而形成的化学污泥。

城市污水厂的污泥主要有栅渣、初沉池或沉砂池沉渣、初沉池污泥、生物处理系统二沉池污泥、三级处理污泥等。栅渣、沉池沉渣一般可作为垃圾处置。初沉池污泥、二沉池生物污泥和三级处理污泥,因富含有机物,容易腐化,破坏环境,必须妥善处置。污泥处理的目的是:①降低含水率,使其由流态变为固态,同时减少数量;②稳定有机物,使其不易腐化,避免对环境造成二次污染。

1. 污泥浓缩

污泥浓缩是降低污泥含水率、减少污泥体积的有效方法。经浓缩后的污泥近似糊状,仍保持流动性。污泥浓缩方法主要有重力浓缩法、气浮浓缩法和离心浓缩法三种。

(1)重力浓缩法

重力浓缩法是最常用的污泥浓缩法,所用构筑物称为浓缩池。浓缩池根据运行方式分为间歇式浓缩池和连续式浓缩池两类。

①间歇式浓缩池:间歇式浓缩池可建成矩形或圆形。在浓缩池的不同高度处设有上清液排放管,在给入污泥之前需先放空上清液。由于是间歇操作,间歇式浓缩池多用于小型处理厂。

②连续式浓缩池:连续运行的浓缩池可采用沉淀池的形式,一般为竖流式,设有中心管,稀污泥浆从中心管进入池内,进行沉降与浓缩,澄清水由池表面周边溢流堰溢出,浓缩污泥从池底排出。当需要处理大量污泥时,可选用带刮泥机的连续式辐射浓缩池。连续式浓缩池多用于大中型处理厂。

(2)气浮浓缩法

污泥气浮浓缩是依靠大量微小气泡与污泥颗粒产生黏附作用,使污泥颗粒的密度小于水而上浮,污泥得到浓缩。气浮法对于浓缩密度接近于水的、疏水的污泥尤其适合,对于浓缩时容易发生污泥膨胀的、易发酵的剩余活性污泥,效果尤为显著。目前,浓缩污泥最常用的方法是压力溶气气浮法。

(3)离心浓缩法

污泥离心浓缩是利用污泥中固体颗粒和水的密度差异,在高速旋转的离心机中,固体颗粒和水分别受到大小不同的离心力而使两者分离,达到污泥浓缩的目的。被分离的污泥和水分别由不同的通道导出机外。

离心浓缩机呈全封闭式,可连续工作,一般用于浓缩剩余污泥等难脱水物。污泥在机内的停留时间只有3分钟左右,出泥含固率可达4%以上。由于工作效率高、占地面积小、卫生条件好等特点，离心浓缩法在国外采用较多，在国内也日益受到重视。离心浓缩法的缺点是电耗很大，在达到相同的浓缩效果时，其电耗是气浮法的10倍。

2. 污泥脱水

污泥脱水的作用是去除污泥中的毛细水和表面附着水，从而缩小污泥体积，减轻重量。经过脱水处理，污泥含水率能从96%左右降到60%～80%，其体积为原体积的1/10～1/5，有利于运输和后续处理。污泥脱水技术普遍采用的脱水机械有真空过滤脱水机（真空转鼓、真空吸滤机）、压滤脱水机（板框压滤机、滚压带式过滤机）、离心脱水机等，一般采用机械法脱水，污泥的含水率可降低70%～80%。

(1) 污泥的自然干化

污泥进行自然干化（或称晒泥）是借助于渗透、蒸发与人工清除等过程而脱水的。一般污泥含水率可降至75%左右，使污泥体积小许多倍。该法适用于气候比较干燥、用地不紧张以及环境卫生条件允许的地区。该法的装置主要有污泥干化床和污泥塘两种类型，但污泥塘的使用较少。污泥干化床是一片平坦的场地，由于水分的自然蒸发和渗透使污泥逐渐变干，体积逐渐减小，流动性逐渐消失，污泥的含水率可降低到65%。但该方法需要大量的场地和劳动力，对大量的污泥进行处理是不经济的。

(2) 真空过滤脱水

真空过滤是目前使用最广泛的一种机械脱水方法，主要用于初沉池污泥和消化污泥的脱水。其特点是连续运行、操作平稳，适应于各种污泥的脱水，处理量大，能实现过程操作自动化。缺点是脱水前必须预处理，附属设备多、工序复杂、运行费用高、再生与清洗不充分、易堵塞。

(3) 压滤脱水

压滤法原理与真空过滤法基本相同，只是压滤法推动力为正压，而真空过滤法为负压。常用的压滤机械有板框压滤机和带式压滤机两种。板框压滤机构造简单、推动力大，适用于各种性质的污泥，且形成的滤饼含水率低，但只能间歇操作，管理麻烦、滤布易坏。最常见的带式压滤机是滚压带式，由滚压轴及滤布带组成，压力施加在滤布上，污泥在两条压滤带间挤轧，由于滤布的压力或张力得以脱水。带式压滤机可以连续生产，动力消耗少，广泛应用于污泥的机械脱水。

(4) 离心法

离心法的推动力是离心力，其大小可以控制，因此脱水的效果比重力浓缩好。但是离心法对污泥的预处理要求高。根据离心机的形状，可分为转筒式离心机和盘式离心机等，其中以转筒式离心机在污泥脱水中应用最广泛。

5.4.3 有关固化、热解、焚烧技术知识

1. 固体废物的固化处理

1) 固化处理的原理

固体废物的固化处理是利用物理或化学的方法将有害的固体废物与能聚结成固体的某种惰性基材混合，从而使固体废物固定或包容在惰性固体基材中，使之具有化学稳定性、密封性的一种无害化处理技术。固化所用的惰性材料称为固化剂，固化处理所形成的固化产物称为固化体。固化处理的机理十分复杂，在理论上迄今尚未进行过充分的研究，也未能获得一种对任何固体废物都适用的最佳处理方法。固化的过程有的是使有害物质发生化学转变或将其引

入某种稳定的晶格中的过程，也有的是将有害废物用惰性材料加以包容的过程，或是上述两种过程兼而有之。固化处理的目的是将有毒废物转化为化学或物理上稳定的物质，因此要求处理后所形成的固化体应有良好的抗渗透性、抗浸出性、抗冻融性，并具有一定的机械强度和稳定的物理化学性质。

2）固化处理的基本步骤

一个标准的固化处理过程主要由以下几个步骤所组成。

①废物预处理：对收集到的固体废物必须进行预处理，如分选、干燥、中和、破氰化物等物理的和化学的处理过程，因为废物中所含的许多化合物都会干扰固化过程。例如用水泥作为固化剂时，锰、锡、铜、铝的可溶性盐类会延长凝固时间并降低固化体的物理强度。过量的水也会阻碍固化过程，含酸性物质过多则会使固化剂的用量增加等。

②加入填充剂及固化剂：其用量一般根据实验结果来确定。

③混合和凝硬：将废物和固化剂在混合设备中均匀混合，然后送到硬化池或处置场地中放置一段时间，使之凝硬完成硬化过程。

④固化体的处理：根据所处理的废物的特性将固化体填埋或加以利用（如做建筑材料）。

3）固化处理的基本方法

根据固化处理中所用固化剂的不同，固化技术可分为水泥固化、石灰固化、热塑性材料固化、热固性材料固化、自胶结固化、玻璃固化和大型包封法等。下面介绍几种常用的固化方法。

（1）水泥固化

水泥固化是以水泥为固化剂，对有害固体废物进行固化的处理方法。水泥是一种胶凝材料，当它与水反应后会形成一种硅酸盐水合凝胶，将有害的固体废物微粒包容在其中并逐步形成坚硬的固化体，使有害物质被封闭在固化体内，达到稳定、无害化的目的。

水泥固化法具有工艺简单、材料来源广泛、处理费用低、固化体机械强度高等优点，特别适用于处理含重金属的污泥，原子能工业中的废料及其他有毒有害废物。水泥固化法的主要缺点是固化体的浸出率较高，体积也比原废物增大 0.5 ~ 1.0 倍，有些废物还需进行预处理和投加添加剂，这些都会造成处理费用增高。

（2）石灰固化

石灰固化是以石灰为固化剂，以活性硅酸盐类（粉煤灰、水窑灰）为添加剂的一种固化方法。石灰与上述添加剂在有水存在时会形成一种具有包裹废物性能的稳定不溶性化合物，并逐渐凝硬使废物得以固化。石灰固化法适用于固化钢铁机械行业中酸洗工序所排放的废渣、电镀污泥、烟道气脱硫废渣、石油冶炼污泥等。

（3）热塑性材料固化法

热塑性材料是指那些在加热和冷却时能反复转化和硬化的有机材料，如沥青、聚氯乙烯、聚丙烯、石蜡等。这些材料在常温下为坚硬的固体，而在较高温度下有可塑性和流动性，从而可以利用这种特性对固体废物进行固化处理。沥青是高分子碳氢化合物的混合物，具有较好的化学稳定性、黏结性，对多数酸、碱、盐类都有一定的耐腐蚀性，并具有一定的抗辐射稳定性，价格也较为低廉，因此沥青固化应用较为普遍。沥青固化一般可用于处理中、低放射水平的蒸发残液，废水化学处理所产生的沉渣、焚烧炉产生的残渣、废塑料、电镀污泥、砷渣等。

（4）热固性材料固化法

热固性材料是指在加热时变成固体并且硬化，且再进行加热或冷却时仍保持其固体状态不变的物质。目前常用的热固性材料有脲醛树脂和不饱和聚酯树脂等,酚醛树脂及环氧树脂也在小范围内使用。脲醛树脂使用方便,固化速度快,与有害物质形成的固化体有较好的耐水性、耐腐蚀性,价格也较便宜,使用较为广泛。不饱和聚酯树脂在常温常压下即可固化成型,使用方便,特别适于对有害废物和放射性废物的固化处理。

(5)玻璃固化法

玻璃固化是用玻璃原料(如氧化硅等)作为固化剂和待处理废料混合均匀,先在高温下煅烧,然后升温至900~1 200 ℃保温数小时,形成熔融的玻璃,冷却后再经退火处理即可得到坚固而稳定的固化体。

玻璃固化主要用于处理放射性废物。它的优点是固化体致密,在水及酸碱液中浸出率小,有较高的热稳定性和辐射稳定性,增容比较小,缺点是处理费用高,操作温度高,能耗大,设备腐蚀严重,操作过程中会产生较多的废气,必须加以收集处理,以防止二次污染的产生。

(6)自胶结固化和大型包封法

自胶结固化只适于处理含硫酸钙和亚硫酸钙的废渣。先在适当的条件下将废物煅烧,其部分脱水形成有胶结作用的亚硫酸钙或半水硫酸钙,然后与粉煤灰及其他特制的添加剂混合,经凝结硬化而形成自胶结固化体。这种固化体具有化学稳定性高,浸出率低等优点。

大型包封法是用一种不渗水的惰性保护层将经过处理或未经处理的废物包封起来。比如对容器装的废料,可以将玻璃纤维、增强热固性树脂(环氧树脂)及水基聚胺酯树脂的混合物喷涂在容器壁上使之形成一个坚固的外套对器内废料进行包封,然后再加以填埋处理。

2. 固体废物的热解技术

固体废物热解是利用有机物的热不稳定性,使固体废物在无氧或缺氧条件下受热分解为小分子量的气态、液态或固态物质的过程。热分解处理技术主要适用于有机固体废物的处理。

(1)热解原理

固体废物热解过程是一个复杂的化学反应过程,包含大分子的键断裂、异构化和小分子的聚合等反应过程。这一过程可以用下式来表示:有机固体废物$\xrightarrow[\text{加热}]{\text{缺氧}}$气体($H_2$、$CH_4$、$CO$、$CO_2$、$NH_3$、$H_2S$、$HCN$、$H_2O$)+有机液体(焦油、芳烃、煤油、有机酸、醇、醛类)+炭黑+炉渣

(2)热解方式

热分解过程由于供热方式、产品状态、热解炉结构等方面的不同,热解方式各异。按供热方式可分成内部加热和外部加热。外部加热是从外部供给热解所需要的能量;内部加热是供给适量的空气使可燃物部分燃烧,提供热解所需的热量,实际应用中以后者居多。按热解炉的结构将热解炉分成固定床式、移动床式或回转式。由于热解方式不同,热解的流程和热解产物也不同。

(3)热解优点

和其他方法相比,热解法具有以下优点:

①因热解是在氧分压较低的条件下进行,因此产生的NO_X、SO_2、HCl等二次污染物较少,生成的燃料气或油能在低空气比下燃烧,因此废气量比较少,对大气造成的二次污染也不明显;

②能够处理不适于焚烧的难处理固体废弃物;

③热解残渣中,腐败性有机物含量少,能防止填埋产生的公害;

④热解产物是燃料油及燃料气,便于储存和运输。

3. 固体废物的焚烧技术

焚烧法是将可燃固体废物置于高温炉内,使其中可燃成分充分氧化的一种处理方法。焚烧法的优点是可以回收利用固体废物内潜在的能量,减小废物的体积(一般可减小 80% ~ 90%),破坏有毒废物的组成结构,使其最终成为化学性质稳定的无灰渣,同时还可彻底杀灭病原菌、消除腐化源。所以,用焚烧法处理可燃固体废物能同时实现减量、无害和资源化的目标,是一种重要的处理处置方法。对有毒有害的有机废物,最好采用焚烧处理,而一些特定的有机固体废物,如医疗垃圾、石油化工厂和塑料厂的含毒性中间副产物和焦状废渣等,只适合用焚烧处理法。焚烧法的缺点是只能处理含可燃物成分高的固体废物(一般要求其热值大于 3 350 kJ/kg),否则必须添加助燃剂,使运行费用大大提高。另外,该法投资比较大,处理过程中不可避免地会产生可造成二次污染的有害物质,从而产生新的环境问题。

焚烧设备主要有流化床焚烧炉、多段炉、转窑、敞开式焚烧炉、双室焚烧炉等。需要注意的是,在焚烧废物的过程中,常会产生一些有毒有害的烟气,在烟气从烟囱排出之前,应设置除烟装置或除烟的工艺,以免在焚烧废物时产生二次污染。

5.5 环境噪声控制

要求:了解噪声的基本概念、分类,声源的性质,声压和声速的表示方法;熟悉噪声的传播途径及其传递特点,掌握噪声控制的基本途径以及吸声、隔声和消声的原理;了解工业区和居民区等场所应达到的噪声控制标准和要求。

5.5.1 噪声控制基本概念

噪声是声波的一种,它具有声波的一切特性。从物理学的观点来看,噪声是指声波的频率和强弱变化毫无规律、杂乱无章的声音。从生理学的观点来看,凡是对人体有害的和人们不需要的声音统称为噪声。噪声可能是由自然现象产生的,也可能是由人们的活动形成的。当声音超过人们生活和社会活动所允许的程度时就成为噪声污染。噪声会损伤听力,影响睡眠,诱发疾病,干扰语言交流,特别强的噪声还会影响设备的正常运转,损坏建筑结构等。

根据城市环境噪声的主要来源,可将噪声分为交通噪声、工业噪声、建筑施工噪声、社会生活噪声四类。

噪声控制是根据噪声源、声音传播的途径和接受者的具体情况,采取相应的技术措施,使之达到国家规定的各种功能区域所规定的噪声标准。噪声控制的基本原则是既要满足降噪量要求,也要符合技术和经济指标的合理条件,权衡治理污染所投入的人力、物力和环境效益,研究确定一个比较合理的控制和治理方案。

5.5.2 声源性质

各种各样的声音都起始于物体的振动。凡能产生声音的振动物体统称为声源。从物体的形态来分,声源可分成固体声源、液体声源和气体声源等。如敲击的锣鼓、排气的汽车等都是常见的声源。根据噪声源的发声机理可将噪声分为机械噪声、空气动力性噪声和电磁噪声。在环境噪声评价中,噪声源按其辐射特性及传播距离,可视为点声源、线声源和面声源三种声学类型。对小型设备,其自身的几何尺寸比噪声影响距离小得多,或研究距离远大于噪声源本身的尺度,这种噪声辐射源视为点声源,如一台风机、泵等。噪声是以近似线状形式向外传播的,可以视为线声源,如繁忙的交通线。从一个面或几个面均匀向外辐射的噪声辐射源称为面声源。通常噪音的声源不是单一的,而是由几种具有不同发声机理的噪声源组成的。

5.5.3 声压和声速的表示方法

1. 声压

声压是空气受声波干扰而产生的压强增量,通常用瞬时声压和有效声压来表达。

(1)瞬时声压

瞬时声压是指某瞬时媒质中内部压强受到声波作用后的改变量,即单位面积的压力变化。所以,声压的单位就是压强的单位,即牛顿/平方米($N \cdot m^{-2}$)。

(2)有效声压

通常所说的声压是瞬时声压的均方根值,称为有效声压,用 p 表示,单位为牛顿/平方米($N \cdot m^{-2}$)。人耳刚能听到的声压定义为听阈声压,等于 2×10^{-5} Pa,使人耳感到疼痛的声压定义为痛阈声压,大小为 20 Pa。若没有另加说明,声压 p 即为有效声压。

(3)声压级

声压级是反映声信号强弱的最基本参量,其数学表达式为

$$L_p = 20\lg\left(\frac{p}{p_0}\right) \tag{5.5-1}$$

式中:L_p 为声压 p 的声压级,dB; p_0为基准声压,Pa。

在噪声测量中,基准声压通常采用 2×10^{-5} Pa ,代入式 5.5-1 得

$$L_p = 20\lg p + 94 \tag{5.5-2}$$

因此,人耳的听阈声压级为 0 dB,痛阈声压级为 120 dB。

【例 5.5-1】 某测点处的声压为 3 Pa、2.5 Pa,分别计算相应的声压级。

解:声压 $p = 3$ Pa 时,$L_p = 103.5$ dB;

声压 $p = 2.5$ Pa 时,$L_p = 102$ dB。

【例 5.5-2】 声压增大为原来的两倍时,声压级提高多少分贝?

解:由式 5.5-2 可知,$L_{p_1} - L_{p_2} = 20\lg\left(\frac{p_2}{p_1}\right) = 20\lg 2 = 6$。

因此,声压增大为原来的两倍时,声压级提高 6 dB。

2. 声速

声速是声波在媒质中传播的速度,用 c 表示,单位为 $m \cdot s^{-1}$。声速是媒质特性的函数,其大小只取决于媒质的弹性和密度,而与声源无关。一般情况下,在钢板中声速约为 5 000 $m \cdot s^{-1}$。

5.5.4 声场中的能量关系

噪声从声源传播到受声点,因传播发散、空气吸收、阻挡物的反射与屏障等因素的影响,会产生衰减。

1. 噪声随传播距离的衰减

噪声在传播过程中由于距离增加而引起的发散衰减与噪声固有的频率无关。点声源随传播距离增加引起的衰减值为

$$\Delta L_1 = 10\lg\frac{1}{4\pi r^2} \tag{5.5-3}$$

式中:ΔL_1为距离增加产生的衰减值,dB;r 为点声源至受声点的距离,m。

在距离点声源 r_1处至 r_2处的衰减值为

$$\Delta L_1 = 20\lg\frac{r_1}{r_2} \tag{5.5-4}$$

当 $r_2 = 2r_1$时,$\Delta L_1 = -6$ dB,即点声源声传播距离增加一倍,衰减值是 6 dB。

2. 噪声被空气吸收的衰减

空气吸收声波而引起的声衰减与声波频率、大气压、温度、湿度有关,被空气吸收的衰减值可按下列公式计算:

$$\Delta L_2 = \alpha_0 \cdot r$$

式中:ΔL_2为空气吸收造成的衰减值,dB;α_0为空气吸声系数;r 为声波传播距离,m。

当 $r < 200$ m 时,ΔL_2近似为零。

3. 其他原因引起的衰减

空气中的尘粒、雾、雨、雪对声波的散射会引起噪声的衰减。雾、雨、雪引起的衰减很小,100 m 声波约衰减 0.5 dB,可忽略不计。

声波在传播途径中遇到屏障和建筑物发生反射,会使噪声降低。树木和草坪对传播的声波有一定的衰减作用,树干对高频率的声波起散射作用,树叶的周长接近或大于声波波长时,有较强的吸收作用。绿化带降噪效果与林带宽度、高度、位置、配置以及树木种类等有密切关系。

5.5.5 噪声控制的一般方法

噪声污染的发生必须有三个要素:噪声源、噪声传播途径和接受者。只有这三个要素同时存在才构成噪声对环境的污染和对人的危害。控制噪声污染必须从这三方面着手,既要对其分别进行研究,又要将它们作为一个系统综合考虑。优先的次序是:噪声源控制、传播途径控制和接受者保护。

1. 噪声源的控制

控制噪声污染的最有效方法是从控制声源的发声着手。从声源控制噪声,是最积极最彻底的控制措施。一般可采取下面的一些方法。

①改进设备的结构设计。金属材料消耗振动能量的本领较弱,因此用它做成的机械零件,会产生较强的噪声。如用材料内耗大的高分子材料来制作机械零件,则会使噪声大大降低。例如,将纺织厂织机的铸铁传动齿轮改为尼龙齿轮,则可使噪声降低 5 分贝左右。改变设备结构来降低噪声也有明显的效果。例如,风机叶片的形状对风机产生噪声的大小有很大影响,若将风机叶片由直片形改为后弯形,则可降低噪声约 10 分贝。又如将正齿轮传动装置改为皮带轮传动,也可使噪声降低 16 分贝。

②改革生产工艺和操作方式。在生产过程中,尽量采用低噪声的设备和工艺,例如以焊接代替铆接,以液压加工代替冲压式锻打加工等。

③提高机械的加工质量和装配精度。提高机械的加工质量和装配精度,可以减少机械各部件间的摩擦、振动或由于动平衡不完善而产生的噪声。例如,将轴承滚珠加工精度提高一级,就可使轴承噪声降低 10 分贝。

④降低高压高速气流的压差和流速,改变喷出口形状。

2. 传播途径控制

如果在声源噪声控制上效果不佳或是由于经济、技术上的原因而无法降低声源噪声时，就必须设法在噪声的传播途径上采取适当的措施。

在噪声的传播过程中，其强度是随距离的增加而逐渐减小，因此在城市、工厂的总体设计时进行合理布局，做到“闹静分开”。例如将工厂区和居民区分开，把高噪声的设备与低噪声的设备分开，利用噪声在传播过程中的自然衰减，减少噪声的污染范围。

对于工业噪声而言，最有效的办法还是在噪声的传播途径上采用声学控制措施，包括吸声、隔声、隔振、减振、消声等常用的噪声控制技术。

3. 对接受者的防护

在某些特殊条件下，采取以上两种措施限于技术上或经济上的原因而不可能或不合理时，便采取接受者防护这种被动的办法，即佩戴护耳器，如耳塞、耳罩或头盔等，或采取轮班作业，缩短在高噪声环境中的工作时间。

5.5.6 噪声防治技术

1. 吸声

(1)吸声的基本原理

吸声降噪是利用一定的吸声材料或吸声结构来吸收声能，从而达到降低噪声强度的目的。

吸声材料降噪是利用吸声材料松软多孔的特性来吸收一部分声波，当声波进入多孔材料的孔隙之后，能引起孔隙中的空气和材料的细小纤维发生振动，由于空气与孔壁的摩擦阻力、空气的黏滞阻力和热传导等作用，相当一部分声能就会转变成热能而耗散掉，从而起到吸声降噪作用。

吸声材料或结构吸声能力的大小通常用吸声系数 α 表示，α 值的变化一般在 0 ~ 1 之间。$\alpha=0$，表示声能全反射，材料不吸声；$\alpha=1$，表示声能全部被吸收，无声能反射。α 值越大，材料的吸声性能越好。通常 $\alpha \geqslant 0.2$ 的材料可称为吸声材料。

(2)吸声材料

吸声材料多为多孔材料，目前常用的吸声材料主要有无机纤维材料、泡沫塑料、有机纤维材料和建筑吸声材料等几大类。

(3)共振吸声结构

共振吸声结构是利用共振原理做成的各种吸声结构，用于对低频声波的吸收，常用的有薄板共振吸声结构、薄膜共振吸声结构、穿孔板共振吸声结构、微穿孔板和空间吸声体等。

①薄板共振吸声结构：是在不透气的薄板后面设置空气层，并固定在刚性壁上的一种吸声结构。

②薄膜共振吸声结构：薄膜共振吸声结构是由人造革、漆布、不透气的帆布、塑料薄膜等膜状材料及膜与刚性壁之间的空气层所组成。它的吸声原理与薄板共振吸声结构基本相同。有时还可在膜后设置吸声材料，以进一步改善低频吸声性能。

③穿孔板共振吸声结构：穿孔板共振吸声结构是由穿孔板(表面上打孔的金属板或非金属板)及板与刚性壁面之间的空气层所组成。每一个孔和后面的空腔都组成了一个共振器，当入射声波的频率和系统的共振频率一致时，穿孔板孔颈处的空气则产生激烈的振动摩擦，使部分声能转变为热能，加强了吸声效应，使声能衰减，达到了降低噪声的目的。

(4)空间吸声体

将吸声材料或吸声结构悬挂在房间内,就形成了空间吸声体。空间吸声体有两个或两个以上的表面与声波接触,因此具有很高的吸声效率,主要用于降低室内噪声和改善室内音质。一般是在钢制或木制的框架内填进吸声材料(如超细玻璃棉、泡沫塑料、矿棉等),再用塑料纱、玻璃纤维布、金属丝网或穿孔板罩面。因此,空间吸声体可以根据需要做成各种形状和尺寸。

2. 隔声

隔声是噪声控制工程中常用的一种技术措施,它是利用墙体、各种板材及构件作为屏蔽物或是利用围护结构把噪声控制在一定范围之内,使噪声在空气中的传播受阻而不能顺利通过,从而达到降低噪声的目的。适当的隔声设施能使噪声降低 20 ~ 50 dB。隔声设施有隔声墙、隔声罩、隔声间和隔声屏等。

(1)隔声墙

隔声墙是具有空气夹层的双层墙体或泡沫混凝土砖墙,其比同样重量的单层墙的隔声性能好,主要是由于夹层中的空气具有弹性作用,使声能衰减。如果隔声效果相同,夹层结构比单层结构的重量将减轻 2/3 ~ 3/4。留有足够间隔的间壁墙也有较好的隔声性能。实际上普通板门、双层玻璃窗和空心楼板中间都留有一定的距离,它们不仅有保温作用,而且有隔声作用。

(2)隔声罩

阻隔机器向外辐射噪声的罩子称为隔声罩。对体积较小的噪声源(小设备或设备的某些噪声部件),直接用隔声结构罩起来,以获得显著的降噪效果,这就是隔声罩,是目前控制机械噪声的重要方法之一。如柴油机、空压机、电动机、汽轮机等强噪声设备,常常使用隔声罩来降噪。隔声罩的优点是技术措施简单、投资少并能有效控制隔声量。

隔声罩可分为全封闭型隔声罩、局部封闭型隔声罩和隔声箱。要求标准高的隔声罩由双层壳体组成。

(3)隔声间

由隔声墙和隔声门等构件组成的房间称为隔声间。当一个车间内有很多分散的噪声源时,可考虑建立一个小空间使之与噪声源隔离开,形成较安静的小空间,这就是隔声间,它还可以作为操作控制室或休息室。隔声间的原理与隔声罩相同,只是变换了声源和受声点的相对位置。隔声间可用金属板或土结构建造,并要考虑通风、照明和温度的要求,特别是要采用特制的隔声门窗。在高噪声的环境内建造一个具有良好隔声性能的控制室,可以减少噪声对操作人员的污染。

(4)隔声屏

隔声屏是放在噪声源和受声点之间的用隔声结构制成的一种隔声装置,可以阻断声波的直接传播。声波在传播中遇到屏障时,大部分被反射,很少部分被透射,一部分在屏障的边缘以衍射的方式在屏障的背后形成一个“声影区”,声影区内的噪声级要低于未设置屏障时的噪声级。隔声屏是最简单有效的降噪设备,广泛适用于室内和室外降噪中。

3. 消声器

消声器是一种控制气流噪声的有效设备,它既阻止声音向外传播,又允许气流通过。消声器主要安装在设备的气流通道上,可使该设备本身发出的噪声和管道中的空气动力噪声降低

20~40 dB,常用于风机、水泵、空气压缩机等难以密闭的机械设备中。

根据消声机理,消声器主要分为三大类:阻性消声器、抗性消声器和多孔扩散消声器。

(1)阻性消声器

阻性消声器是靠管内壁上吸声材料的吸收噪声能量的作用使管内传播的噪声衰减,从而达到消声的目的。它具有结构简单和良好的吸收中高频噪声性能的优点,在实际工程中得到广泛的应用,但不适合在高温、高湿的环境中使用,多用于风机的进排气消声。阻性消声器能在中高频范围内消声,对低频噪声消声作用较差。其在实际中被广泛用于消除风机、燃气轮机等的进气噪声,但在高温、存在水蒸气以及对吸声材料有腐蚀作用的气体的情况下,使用寿命较短。简单的阻性直通道消声器适用于气量小的情况,气流量大时,常将直通道消声器改成片式或蜂窝式。折板式和迷宫式消声器可改善对高频声的消声效果。

(2)抗性消声器

抗性消声器不直接吸收声能,它借助于管道截面的突变或旁接共振腔的方法使部分声波反射后不能沿管道继续传播而达到消声目的。抗性消声器可分为共振式、扩张式两种,适用于消除低中频噪声,构造简单,耐高温,耐气体腐蚀和冲击,其缺点是消声频带窄,对高频噪声消声效果较差。

①扩张室式消声器:是利用管道截面的突然扩大或缩小,造成通道内阻抗的突变,使某些频率的声波因反射或干扰而不能通过,达到消声的目的。

②共振腔式消声器:共振腔式消声器实际上是共振吸声结构的一种应用,它由一段在管道壁上开小孔的气流管道和管外的一个密闭空腔所组成,共振腔式消声器的消声原理与共振吸声结构相同。当声波频率和消声器共振腔的固有频率一致时产生共振,小孔孔颈的空气柱的振动速度达到最大值,消耗的声能也最大,由此达到消声的目的。

(3)阻抗复合消声器

由于阻性消声器对中高频噪声有较好的消声效果,抗性消声器对中低频噪声有良好的消声效果,把两者结合起来组成阻抗复合消声器,便可获得在宽阔的频率范围内的良好消声效果。

(4)微穿孔板消声器

用金属微穿孔板通过适当的组合做成的微穿孔板消声器,具有阻性消声器和共振消声器的特点,在很宽阔的频率范围内具有良好的消声效果。

(5)喷注耗散型消声器

喷注耗散型消声器主要用于降低高压高速排气放空的空气动力性噪声,它是根据喷气噪声辐射的理论研究和实验研究开发出的新型消声器。

5.5.7 工业区和居民区等各类场所噪声控制的范围和要求

1. 声环境质量标准

2008 年正式颁布实施的《声环境质量标准》(GB 3096—2008)中规定了五类声环境功能区的环境噪声的最高限值,按区域的使用功能特点和环境质量要求,声环境功能区分为以下五种类型,各类声环境功能区使用标准见表 5.5-1。

0 类声环境功能区:指康复疗养区等特别需要安静的区域。

1 类声环境功能区:指以居民住宅、医疗卫生、文化教育、科研设计、行政办公为主要功能,需要保持安静的区域。

2类声环境功能区:指以商业金融、集市贸易为主要功能,或者居住、商业、工业混杂,需要维护住宅安静的区域。

3类声环境功能区:指以工业生产、仓储物流为主要功能,需要防止工业噪声对周围环境产生严重影响的区域。

4类声环境功能区:指交通干线两侧一定距离之内,需要防治交通噪声对周围环境产生严重影响的区域,包括4a类和4b类两种类型。4a类为高速公路、一级公路、二级公路、城市快速路、城市主干路、城市次干路、城市轨道交通(地面段)、内河航道两侧区域;4b类为铁路干线两侧区域。

对夜间突发噪声,标准规定了其最大值不准超过标准值15 dB。

表5.5-1　声环境质量噪声标准　　单位:dB

类别＼时段		昼间	夜间
0类		0	40
1类		55	45
2类		60	50
3类		65	55
4类	4a类	70	55
	4b类	70	60

2. 工业企业厂界噪声标准

我国在2008年颁布实施了《工业企业厂界环境噪声排放标准》(GB 12348—2008),以控制工厂及有可能造成噪声污染的企事业单位对外界环境排放噪声。《工业企业厂界环境噪声排放标准》(GB 12348—2008)规定了五类区域的噪声排放标准值,见表5.5-2。

表5.5-2　工业企业厂界环境噪声排放限值　　单位:dB

厂界外环境功能区类别＼时段	昼间	夜间
0	0	40
1	55	45
2	60	50
3	65	55
4	70	55

昼间和夜间时间的划分,通常认为6:00—22:00为昼间,22:00—6:00为夜间,但由于我国幅员辽阔,各地习惯有较大差异,因此,标准中规定,县级以上人民政府为环境噪声污染防治的需要(如考虑时差、作息习惯差异等)而对昼间、夜间的划分另有规定的,应按其规定执行。

对夜间突发噪声,标准规定频繁突发的噪声(如排气噪声),其峰值不准超过标准值10

dB;偶然突发的噪声(如短促鸣笛声),其峰值不准超过标准值 15 dB。

3. 社会生活环境噪声排放标准

我国在 2008 年颁布实施了《社会生活环境噪声排放标准》(GB 22337—2008),对营业性文化娱乐场所和商业经营活动中可能产生环境噪声污染的设备、设施规定了边界噪声排放限值和测量方法,具体标准见表 5.5-3。

表 5.5-3 社会生活环境噪声排放限值 单位:dB

时段 / 厂界外环境功能区类别	昼间	夜间
0	0	40
1	55	45
2	60	50
3	65	55
4	70	55

仿真习题

5.1 废水处理

5-1 生物膜法是一种( )处理技术。

(A)厌氧生物 (B)好氧生物 (C)厌氧微生物 (D)兼氧生物

5-2 下列说法不正确的是( )。

(A)可降解的有机物一部分被微生物氧化,一部分被微生物合成细胞

(B)BOD 是微生物氧化有机物所消耗的氧量与微生物内源呼吸所消耗的氧量之和

(C)可降解的有机物分解过程分碳化阶段和硝化阶段

(D)BOD 是碳化所需氧量和硝化所需氧量之和

5-3 下列说法不正确的是( )。

(A)COD 测定通常采用 $K_2Cr_2O_7$ 和 $KMnO_7$ 为氧化剂

(B)COD 测定不仅氧化有机物,还氧化无机还原性物质

(C)COD 测定包括了碳化和硝化所需的氧量

(D)COD 测定可用于存在有毒物质的水

5-4 下列说法不正确的是( )。

(A)好氧生物处理废水系统中,异养菌以有机化合物为碳源

(B)好氧生物处理废水系统中,自养菌以无机碳为碳源

(C)好氧生物处理废水系统中,异养菌的代谢过程存在内源呼吸

(D)好氧生物处理废水系统中,自养菌的代谢过程不存在内源呼吸

5-5 关于污泥体积指数,正确的是( )。

(A)SVI 高,活性污泥沉降性能好

(B)SVI 低,活性污泥沉降性能好

(C)SVI 过高,污泥细小而紧密

(D)SVI 过低,污泥会发生膨胀

5-6 利用活性污泥增长曲线可以指导处理系统的设计与运行,下列指导不正确的是(　　)。

(A)高负荷活性污泥系统处于曲线的对数增长期

(B)一般负荷活性污泥系统处于曲线的减速生长期

(C)完全混合活性污泥系统处于曲线的减速生长期

(D)延时曝气活性污泥系统处于曲线的内源代谢期

5-7 根据悬浮物质的性质、浓度和絮凝性能分类,下列选项中不属于该分类的沉淀是(　　)。

(A)拥挤沉淀　(B)絮凝沉淀　(C)重力沉淀　(D)压缩沉淀

5-8 高浓度有机废水除了可以采用厌氧—好氧生物技术处理外,还可以采用(　　)方法进行处理。

(A)焚烧　(B)稀释　(C)填埋　(D)萃取

5.2 废气处理

5-9 水泥、熟石灰等粉尘不宜采用湿式除尘器,主要是因为(　　)。

(A)水泥和熟石灰属于憎水性粉尘

(B)润湿性较差

(C)吸水后易结垢

(D)没有润湿

5-10 在选用静电除尘器来净化含尘废气时,必须考虑(　　)。

(A)粉尘的粒径　(B)粉尘的密度　(C)粉尘的黏附性　(D)粉尘的荷电性

5-11 炉窑含烟气或粉料运输含尘空气的净化,最好选用的除尘器是(　　)。

(A)电除尘器　(B)袋式除尘器

(C)旋风水膜除尘器　(D)湿式除尘器

5-12 在正常过滤工况下,袋式除尘器中对捕集粉尘起主要作用的是(　　)。

(A)滤袋　(B)笼骨　(C)花板　(D)粉尘初层

5-13 除尘器排尘效率的高低顺序正确的是(　　)。

(A)袋式除尘器 > 电除尘器 > 水膜除尘器 > 旋风除尘器 > 重力除尘器

(B)袋式除尘器 > 电除尘器 > 旋风除尘器 > 重力除尘器 > 水膜除尘器

(C)袋式除尘器 > 惯性除尘器 > 电除尘器 > 水膜除尘器 > 旋风除尘器

(D)袋式除尘器 > 惯性除尘器 > 重力除尘器 > 水膜除尘器

5-14 若要同时除尘和净化有害气体,最好选用的除尘器是(　　)。

(A)电除尘器　(B)袋式除尘器

(C)旋风水膜除尘器　(D)湿式除尘器

5-15 对于旋风除尘器,下列说法中正确的是(　　)。

(A)减小进口面积,除尘器的压力损失增大

(B)增大进口面积,除尘器的除尘效率升高

(C)减小出口管直径,除尘器的压力损失减小

(D)减小出口管直径,除尘器的除尘效率降低

5-16 电除尘器适合于处理气体的特点是(　　)。

(A)大风量,温度<400 ℃

(B)对风量无要求,温度<200 ℃

(C)高湿度,含油污

(D)易燃易爆烟气

5-17　特别适合处理高温、高湿、易燃、易爆的含尘气体的除尘器是(　　)。

(A)重力沉降室　(B)布袋除尘器　(C)湿式除尘器　(D)旋风除尘器

5.3　废渣处理

5-18　(　　)表示废物燃烧时所放出的热量,用以计算焚烧炉的能量平衡及估算辅助燃料所需量。

(A)热灼减量　(B)热值　(C)高位热值　(D)低位热值

5-19　固体废物的堆肥发酵、焚烧热解等处理方法主要与其(　　)有关。

(A)化学性质　(B)物理性质　(C)物理化学性质　(D)生物化学性质

5-20　固体废物按其化学成分可分为(　　)。

(A)固体废物和半固体废物　(B)生活废物和工业废物

(C)有机废物和无机废物　(D)高热值废物和低热值废物

5-21　下列不是固体废物渗滤液可能产生的危害是(　　)。

(A)进入土壤使地下水受污染

(B)直接流入河流、湖泊和海洋,造成水资源的水质型短缺

(C)对当地空气造成污染

(D)对土壤造成污染

5-22　(　　)不宜采用焚烧技术处理。

(A)有毒有害固体废物　(B)无机固体废物

(C)高浓度有机废水　(D)有机固体废物

5-23　固化处理技术一般适用于处理(　　)。

(A)生活垃圾　(B)有害废物和放射性废物

(C)建筑垃圾　(D)有机污泥

5.4　环境噪声控制

5-24　声源辐射噪声时,由于扩散引起衰减。声能的衰减量除与传播距离有关外,还与(　　)有关。

(A)声波的频率　(B)声压　(C)温度　(D)湿度

5-25　声波在传播过程中遇到障碍物时,在两种介质分界面会产生(　　)现象。

(A)干涉和衍射　(B)反射和折射　(C)干涉和反射　(D)折射和透射

5-26　噪声控制研究的是(　　)。

(A)可听声　(B)低频声　(C)高频声　(D)超声

5-27　当室内声场达到稳态后,声源突然停止发声,室内声能密度衰减到原来的百万分之一,即声压级衰减60 dB所需要的时间称为(　　)。

(A)暴露时间　(B)混响时间　(C)扩散时间　(D)消声时间

5-28　利用吸声材料或吸声结构吸收声能来降低噪声强度的技术是(　　)。

(A)隔声　(B)吸声　(C)消声　(D)减振

5-29　通常化工厂常用风机产生的噪声以(　　)的为最强。

(A)压缩机　　(B)气泵　　(C)离心式鼓风机　　(D)真空泵

5-30　声屏蔽的隔声效果与声源和接受点以及屏障的高度、位置、长度和结构性质有关。一般声屏蔽衰减最大不超过(　　)分贝。

(A)15　　(B)25　　(C)30　　(D)20

习题答案

5-1 (B)	5-2 (D)	5-3 (C)	5-4 (D)	5-5 (B)	5-6 (C)
5-7 (C)	5-8 (A)	5-9 (C)	5-10 (D)	5-11 (B)	5-12 (D)
5-13 (A)	5-14 (C)	5-15 (A)	5-16 (A)	5-17 (C)	5-18 (B)
5-19 (A)	5-20 (C)	5-21 (C)	5-22 (B)	5-23 (B)	5-24 (A)
5-25 (B)	5-26 (A)	5-27 (B)	5-28 (B)	5-29 (A)	5-30 (B)

6 化工热力学

考试大纲

6.1 热力学状态参数，理想气体状态方程

6.2 功、热量和内能

6.3 热力学第一定律及其对理想气体等值过程、绝热过程和多方过程的应用

6.4 气体的热容、焓和熵

6.5 热力学过程、循环过程和热机效率

6.6 热力学第二定律，可逆与不可逆过程，熵

6.7 立方型状态方程、逸度和逸度系数

6.8 理想溶液、正规溶液和无热溶液

6.9 活度系数、混合性质、偏摩尔性质、超额性质以及超额 Gibbs 自由能与活度系数的关系

6.10 低压汽液平衡中总压及汽相组成计算，共沸点

6.11 液液平衡以及根据液液平衡数据求活度系数

复习指导

化工热力学是化学工程学科的一个重要分支，它上接物理化学，是物理化学课程中热力学部分的深化，能更好、更广泛地适用于化工实践，它又下联分离工程和反应工程课程，是理解工艺学课程及毕业设计顺利进行必不可少的，因此是化工类的重要专业课，也是化工工程师所必须掌握的知识内容。总之，化工热力学知识在化工设计、生产、研究中都是重要的工具。

在考试大纲中包括许多概念、定律和方程（或方法），如热力学定律、热力学参数、热力学过程、状态方程、逸度和逸度系数、活度和活度系数、溶液性质、相平衡等，对于这些概念要理解，更要掌握其在化工中的应用，而许多应用更是通过计算方法的选择来体现的。

复习中要联系先导课程已掌握的知识，特别是相关物理化学课程热力学部分的内容，其中部分又有一定的重复。学习中还要结合化学工程中处理复杂的实际物系的要求，从而在定性

及定量两个方面掌握这些概念和计算方法。

考试中化工热力学占6道题。

复习内容

6.1 热力学状态参数，理想气体状态方程

要求：理解热力学状态参数的定义及特性，了解广度性质和强度性质的区分；熟练掌握理想气体状态方程。

6.1.1 热力学状态参数

在经典热力学中，所讨论是宏观性质，例如体积、压力、温度、焓、熵、内能（热力学能）等，基本上不涉及微观性质，例如分子作用力、分子体积等；着重于状态的起点和终点，从宏观角度研究大量分子组成的系统达到平衡时所表现出的宏观（总体）性质而不是单个分子的性质。

宏观性质分为强度性质和广度性质两类。强度性质不具有加和性，其数值取决于体系自身的特性，与体系的质量无关，其值又与物系的组成、温度和压力有关，温度、压力、密度、比热容等属于强度性质。广度性质具有加和性，整个体系的性质为其组成物质的此种性质之和，体积、熵、热力学能、焓、Gibbs 自由能等都是广度性质。

6.1.2 理想气体状态方程

严格地说，理想气体是不存在的，但在此两点假设（分子的大小如同几何点，可忽略不计；分子间不存在相互作用力）下，可以将流体的 pVT 关系简化为

$$pV = RT \tag{6.1-1a}$$

或

$$pV_t = nRT \tag{6.1-1b}$$

式中：V 表示摩尔体积，V_t 为总体积，T 为绝对温度（K），p 为绝对压力（要注意热力学中只用绝对压力，不用表压），n 为摩尔数，R 为通用气体常数，其单位必须和 p、V、T 的单位相适应，常用的 R 值为

$$\begin{aligned} R &= 8.314\ 5\ \mathrm{J\cdot mol^{-1}\cdot K^{-1}} = 8.314\ 5\ \mathrm{m^3\cdot Pa\cdot mol^{-1}\cdot K^{-1}} \\ &= 8.314\ 5\times10^3\ \mathrm{cm^3\cdot kPa\cdot mol^{-1}\cdot K^{-1}} \end{aligned}$$

即当 T 的单位为 K，V 的单位为 $\mathrm{m^3\cdot mol^{-1}}$，$p$ 的单位为 Pa 时，R 值为 8.314 5。

严格地说，只有在极低的压力下，真实气体才接近理想气体，这是因为只有在此条件下，才能忽略分子间作用力及分子本身体积，由此也可知，相对于低温，高温也是接近理想气体的条件。

至今，理想气体状态方程还有重要价值，在低压条件下的工程计算中，可以用理想气体状态方程计算；在常压附近，一般也可使用，误差可满足工程计算要求。

【例 6.1-1】求 431 K、1×10^5 Pa 下 SO_2 的摩尔体积。

解：按 T、p 所用单位，R 值应该是 8.314 5，V 的单位是 $\mathrm{m^3\cdot mol^{-1}}$，

$$V = \frac{RT}{p} = \frac{8.314\ 5\times431}{1\times10^5} = 0.035\ 8\ \mathrm{m^3\cdot mol^{-1}}$$

在理想气体状态方程中，不需要与气体特性有关的任何信息，因此摩尔体积是与气体品种无关

的,即任何理想气体在431 K、1×10^5 Pa下的摩尔体积都是0.035 8 $m^3\cdot mol^{-1}$。

6.2 功、热量和内能

要求:熟知功、热量和内能(热力学能)的定义及符号规定。

6.2.1 功

系统与环境之间所交换的能量有两种形式,即功和热。由于温度以外的其他位梯度如压差等而在系统和环境间传递的能量称为功。凡是为了改变系统宏观状态所做的功均称为外功,除非特别指明,化工热力学所讨论的功都是外功。外功又分为体积功和非体积功,后者包括电功、表面功等。

功的正负号必须明确规定(人工设定)。目前一般规定,系统体积缩小,或系统得到功,功为正值,反之,为负值。

功不是状态函数,所以不能说系统在某一状态有多少功,只有当系统进行某一过程时才能说过程的功等于多少。即功不但取决于物系的始态与终态,还随过程的不同而变。

功的SI单位为J,值大时可用kJ。

6.2.2 热量

因温度差异系统与环境传递的能量称为热量,热量的符号正负也要设定,一般规定系统吸热(即从环境传入热量)取正值,系统放热(即向环境传出热量)取负值。热量也与过程有关,不是状态函数。其SI单位为J,值大时也可用kJ。

6.2.3 内能(热力学能)

热力学能过去常称为内能,它是系统内部的一切能量,包括系统内分子的平动能、转动能、振动能、电子结合能、原子核能以及分子之间相互作用的势能等,但不包括系统整体的势能和整体的动能。我们无法知道热力学能的绝对值,但是热力学能是状态函数,实际需要知道的只是从状态1至状态2的热力学能差(变),即$\Delta U=U_2-U_1$(一般用U代表热力学能)。ΔU与所经过程无关。其SI单位为J或kJ。

【例6.2-1】 关于内能的描述,下列哪种说法是错误的?

(A)体系的温度越高,内能越大

(B)体系内分子的运动动能不包括在内能中

(C)体系整体的运动速度与内能无关

(D)两个体系的温度相等,内能不一定相等

解:显然(B)是错误的,体系分子的运动产生的动能正是构成体系内能的一部分。

6.3 热力学第一定律及其对理想气体等值过程、绝热过程和多方过程的应用

要求:掌握热力学第一定律的多种表达式,熟悉这一定律在理想气体的各种等值过程、绝热过程和多方过程中的应用,能够计算相应的功和热量。

6.3.1 热力学第一定律

热力学第一定律的本质是能量守恒定律,它在形式上有多种叙述方法,其中一种叙述方法为:虽然能量有多种形式,但总的能量是恒定的,当能量以一种形式消失时,必然以另一种形式

出现。

封闭系统的热力学第一定律的定量表达较为简单，

$$\Delta U = Q + W \tag{6.3-1}$$

式中：Q（热量）和 W（功）的符号按上述规定，系统吸热为正，从环境传递给系统的功为正；系统吸热为负，系统对环境做功为负。

稳流系统符合大多数化学工艺流程的实际情况，物料有进有出，许多情况下具有以下特点：①设备内各点状态不随时间而变；②垂直于流向的各个截面处的质量流量相等。通常称这种流动为稳定流动，简称稳流，该系统即为稳流系统。

对于稳流系统，除了热力学能变化外，还有与物质交换相关的动能和势能的变化，即

$$\Delta U + \Delta E_k + \Delta E_p = Q + W \tag{6.3-2}$$

式中：ΔE_k 是动能的变化，ΔE_p 是重力势能的变化。上式还可写成

$$\Delta U + \frac{1}{2}\Delta u^2 + g\Delta Z = Q + W_S - \Delta(pV) \tag{6.3-3}$$

或

$$\Delta H + \frac{1}{2}\Delta u^2 + g\Delta Z = Q + W_S \tag{6.3-4}$$

以上两式中，H 是焓，u 是流速，Z 是位头。

在许多场合下，动能项和势能项与 ΔH 相比可忽略，上式简化为

$$\Delta H = Q + W_S \tag{6.3-5}$$

【例 6.3-1】 用稳流系统热力学第一定律表达流体流经换热器和泵（或压缩机）等设备的能量关系。

解：对换热器，没有轴传动的结构，$W_S = 0$，考虑动能项和势能项可以忽略，式（6.3-4）可简化为

$$\Delta H = Q$$

因此可用焓变作为换热器的热负荷。

流体流经泵或压缩机可视为与环境绝热，或传热量与所做功的数值相比可忽略不计，$Q \approx 0$，另外动能项和势能项也可视为零，式（6.3-4）可简化为

$$\Delta H = W$$

本书在处理热力学第一定律时，选用 $Q + W$ 的形式，而在早一些的教科书中，式（6.3-1）至（6.3-4）中都是用 $Q - W$ 的形式的，这是因为那时 W 的符号规定为系统对外做功为正。

6.3.2 热力学过程

体系状态的变化称为过程。过程可按可逆性分为可逆与不可逆过程，也可以按状态函数的变化分为等温、等压、等容等过程，也可按体系与环境的热交换关系分为绝热、多方等过程。有关各种过程的计算主要是关于气态介质的。

1. 可逆与不可逆过程

过程的进行需要推动力。传热过程的推动力是环境与系统间的温差，气体膨胀或压缩过程的推动力是环境与系统间的压力差。若过程的推动力无限小，系统内部及系统与环境之间无限接近于平衡状态，因而过程进行得无限缓慢，当系统沿原途逆向回到原状态时，环境也恢复到原状态。把系统内部及系统与环境间在一系列无限接近平衡条件下进行的过程称为可逆

过程。反之,若过程的推动力不是无限小,系统与环境之间并非处于平衡状态,这样的过程称为不可逆过程。对于不可逆过程,无论采取什么措施,在使系统回到原状态时,均不可能使环境也恢复到原状态。

可逆过程是一种假想的理想化过程,实际上并不存在,实际过程均为不可逆过程,只是有不同的不可逆性。有关可逆性的讨论有重要意义,减小过程的不可逆性可提高操作有效性或节能,是许多过程或操作的改进方向。

2. 等温过程

如果体系在恒温下变化,则此过程称为等温过程。对于可逆的等温膨胀过程,体系所做的功为最大体积功,即

$$W=\int_{V_1}^{V_2}p\mathrm{d}V \tag{6.3-6a}$$

式中:V_1 和 V_2 分别为初态和终态时体系的体积,p 为体系的压力。若物系为理想气体,则

$$W=-nRT\int_{V_1}^{V_2}\frac{\mathrm{d}V}{V}=-nRT\ln\frac{V_2}{V_1}=-nRT\ln p_1/p_2=nRT\ln p_2/p_1 \tag{6.3-6b}$$

式中:p_1 和 p_2 分别为体系初态和终态的压力。

由于理想气体的内能仅是温度的函数,所以此过程的 ΔU 为零,根据式(6.3-1)可知理想气体等温可逆膨胀过程吸收的热量 $Q=-W_r$。

3. 等压过程

如果体系在恒压下变化,则此过程称为等压过程。对于可逆的等压过程,体系所做的体积功为

$$W=-\int_{V_1}^{V_2}p\mathrm{d}V=-p(V_2-V_1) \tag{6.3-7}$$

等压过程的焓变可根据 C_p 的定义式 $C_p=(\partial H/\partial T)_p$ 计算,

$$\Delta H_p=\int_{T_1}^{T_2}C_p\mathrm{d}T \tag{6.3-8}$$

而体系传给环境的热量为

$$Q_p=\Delta U_p+p(V_2-V_1)=\Delta H_p \tag{6.3-9}$$

内能的变化 ΔU_p 为

$$\Delta U_p=\Delta H_p-p\Delta V=\int_{T_1}^{T_2}C_p\mathrm{d}T-p(V_2-V_1) \tag{6.3-10}$$

4. 等容过程

在等容过程中,没有体积变化,体系不做功,$W=0$。由热力学第一定律,得 $\Delta U=Q$,或

$$\Delta U=\int_{T_1}^{T_2}C_V\mathrm{d}T=Q \tag{6.3-11}$$

5. 绝热过程

在绝热过程中,体系与环境无热量交换,$Q=0$,$\Delta U=W$,而系统的 p、V、T 均发生变化,对理想气体有下列关系式:

$$p_1V_1^k=p_2V_2^k=pV^k \tag{6.3-12}$$

$$T_2/T_1=(p_2/p_1)^{\frac{k-1}{k}} \tag{6.3-13}$$

式中:$k=C_p/C_V$,称为绝热指数,或热容比。单原子理想气体 $C_V=\frac{3}{2}R$,$k=5/3=1.667$;双原子

理想气体 $C_V=\frac{5}{2}R$，$k=7/5=1.400$；三原子理想气体 $k=1.333$；分子中原子更多时，k 更小些。

1 mol 理想气体在封闭体系中经历可逆绝热过程所做的体积功为

$$W=\int_{V_1}^{V_2}p\mathrm{d}V=\frac{p_1V_1}{1-k}\left[1-\left(\frac{p_2}{p_1}\right)^{\frac{k-1}{k}}\right]=\frac{R(T_1-T_2)}{1-k} \tag{6.3-14}$$

对稳流体系，其轴功为

$$W_S=\int_{p_1}^{p_2}V\mathrm{d}p=\frac{k}{1-k}p_1V_1\left[1-\left(\frac{p_2}{p_1}\right)^{\frac{k-1}{k}}\right] \tag{6.3-15}$$

绝热过程指过程中体系与环境无热量传递或传递的热量与功相比可忽略的过程，因此很多实际过程可视为绝热过程。

6. 多方过程

多方过程指过程属介于等温和绝热之间的操作，也常称为多变过程，对理想气体有关系式

$$p_1V_1^m=p_2V_2^m=pV^m \tag{6.3-16}$$

$$W=-\int_{V_1}^{V_2}p\mathrm{d}V=\frac{1}{1-m}p_1V_1\left[1-\left(\frac{p_2}{p_1}\right)^{\frac{m-1}{m}}\right]=\frac{R(T_1-T_2)}{1-m} \tag{6.3-17}$$

对稳流体系，其轴功为

$$W_S=\int_{p_1}^{p_2}V\mathrm{d}p=\frac{m}{1-m}p_1V_1\left[1-\left(\frac{p_2}{p_1}\right)^{\frac{m-1}{m}}\right] \tag{6.3-18}$$

【例 6.3-2】 使 1 mol、1.013×10^5 Pa、27 ℃ 的空气经过下列三种过程达到 5.065×10^5 Pa，求空气终态的温度、压缩机消耗的轴功及压缩气体放出的热量：①等温压缩；②绝热压缩；③多方压缩（$m=1.25$）。

解：压力不高，可近似按理想气体处理。

①等温压缩。

$$T_2=T_1=300.15\ \mathrm{K}$$

$$W=nRT_1\ln(p_2/p_1)=1\times8.3145\times300.15\times\ln\frac{5.065\times10^5}{1.013\times10^5}=4\ 017\ \mathrm{J\cdot mol^{-1}}$$

放出热量

$$Q=-W=-4\ 017\ \mathrm{J\cdot mol^{-1}}$$

②绝热压缩。

空气的 $k=1.40$，

$$T_2=T_1(p_2/p_1)^{\frac{k-1}{k}}=300.15\times\left(\frac{5.065\times10^5}{1.013\times10^5}\right)^{\frac{1.40-1}{1.40}}=475.4\ \mathrm{K}$$

$$W=n\frac{k}{k-1}RT_1\left[\left(\frac{p_2}{p_1}\right)^{\frac{k-1}{k}}-1\right]$$

$$=1\times\frac{1.40}{1.40-1}\times8.3145\times300.15\times\left[\left(\frac{5.065\times10^5}{1.013\times10^5}\right)^{\frac{1.40-1}{1.40}}-1\right]=5\ 099\ \mathrm{J\cdot mol^{-1}}$$

$$Q=0$$

③多方压缩（$m=1.25$）。

$$T_2 = T_1\left(\frac{p_2}{p_1}\right)^{\frac{m-1}{m}} = 300.15 \times \left(\frac{5.065 \times 10^5}{1.013 \times 10^5}\right)^{\frac{1.25-1}{1.25}} - 1 = 414.1\ \text{K}$$

$$W = 1 \times \frac{m}{m-1}RT_1\left[\left(\frac{p_2}{p_1}\right)^{\frac{m-1}{m}} - 1\right]$$

$$= 1 \times \frac{1.25}{1.25-1} \times 8.3145 \times 300.15 \times \left[\left(\frac{5.065 \times 10^5}{1.013 \times 10^5}\right)^{\frac{1.25-1}{1.25}} - 1\right] = 4\ 738\ \text{J} \cdot \text{mol}^{-1}$$

取空气的比热容 $=1.00\ \text{kJ} \cdot \text{kg}^{-1} \cdot \text{K}^{-1} = 29.1\ \text{J} \cdot \text{mol}^{-1} \cdot \text{K}^{-1}$，放出热量 $Q = \Delta H - W = C_p\Delta T - W = 29.1 \times (414.1 - 300.15) - 4\ 738 = -1\ 421\ \text{J} \cdot \text{mol}^{-1}$。

计算结果表明，从相同的初态压缩到相同的终压时，绝热过程的温升最大，等温过程的最小；等温过程放热最多。

从热力学分析，等温压缩耗功少，无温升，有明显优点，但工程上未必能做到，绝热压缩最简单，但效果差，实际工程中常是多方压缩。

6.4 气体的热容、焓和熵

要求：了解等压比热容 C_p 和等容比热容 C_V 的定义及数值关系，掌握气体在各种状态变化下焓变与熵变的计算。

6.4.1 热容

热容表示给系统加入热量所引起的温度升高值。过程所处条件不同，热容值不同，若过程在定压下进行，称为恒(等)压热容 C_p，而在定容下进行的是恒(等)容热容 C_V。热容是广度量，与物质的数量有关。若物系的物质的量为 1 mol，可分别称为恒(等)压摩尔(比)热容或恒(等)容摩尔(比)热容，但一般仍简称为恒(等)压热容或恒(等)容热容，它们都是强度性质，单位为 $\text{J} \cdot \text{mol}^{-1} \cdot \text{K}^{-1}$。也可以用单位质量物质的热容，即质量等(定)压热容或质量等(定)容热容，这种热容在化工热力学中很少用。

C_p 和 C_V 的定义式可表示为

$$C_p = \left(\frac{\partial H}{\partial T}\right)_p \tag{6.4-1}$$

$$C_V = \left(\frac{\partial U}{\partial T}\right)_V \tag{6.4-2}$$

由以上两式也可知，由 C_p 可求不同温度下的焓差(ΔH)，由 C_V 可求不同温度下的热力学能差(ΔU)，由于 ΔH 比 ΔU 重要得多，因此 C_p 比 C_V 重要。

C_p 与 C_V 之间有关系式

$$C_p - C_V = T\left(\frac{\partial V}{\partial T}\right)_p\left(\frac{\partial p}{\partial T}\right)_V \tag{6.4-3}$$

由于 T、$\left(\frac{\partial V}{\partial T}\right)_p$、$\left(\frac{\partial p}{\partial T}\right)_V$ 均为正值，所以 C_p 永远大于 C_V，对于理想气体，上式可简化为

$$C_p - C_V = R \tag{6.4-4}$$

6.4.2 焓与焓变计算

焓是热力学状态函数。在热力学关系中需要计算的是 ΔH(焓变)。温度和压力改变所产

生的 ΔH 为

$$dH = C_p dT + \left[V - T\left(\frac{\partial V}{\partial T}\right)_p \right] dp \tag{6.4-5}$$

$$\Delta H = \int_{T_1}^{T_2} C_p dT + \int_{p_1}^{p_2} \left[V - T\left(\frac{\partial V}{\partial T}\right)_p \right] dp \tag{6.4-6}$$

上两式中第一项(ΔH_p)为等压下温度的影响,需要 C_p 与温度的关联式,第二项(ΔH_T)是等温下压力的影响,需要利用 pVT 关系进行计算。

对理想气体,在式(6.4-6)中 C_p 为理想气体定压热容 C_p^{ig},而在后一项中,$\left(\frac{\partial V}{\partial T}\right)_p = \frac{R}{p}$,$T\left(\frac{\partial V}{\partial T}\right)_p = \frac{RT}{p} = V$,即第二项为零。

由于 C_p 的数据绝大部分是低压下的,而且基本上都是理想气体状态下的,因此式(6.4-6)中 ΔH_p 的积分只能是在低压下进行的。为使 ΔH_p 可实际计算,可设想如下过程:

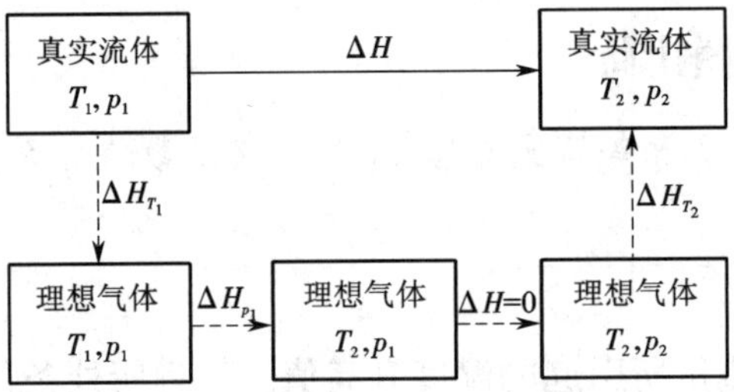

图 6.4-1 计算焓变的虚拟路线

$$\Delta H = \Delta H_{T_1} + \Delta H_{p_1} + \Delta H_{T_2} \tag{6.4-7}$$

以上用假设的途径来计算,是基于 H 是状态函数,ΔH 只取决于终态与始态。图中理想气体状态不一定真实存在,但并不影响计算的可靠性。

式(6.4-7)中 ΔH_{T_1} 或 ΔH_{T_2} 表示在某温度下真实流体与理想气体的焓差,定义为剩余焓,用符号 H^R 表示,即

$$H^R = H(T,p) - H^{ig}(T,p) \tag{6.4-8}$$

也可改为通式 M^R,并适用于 V、U、H、S、G 等,

$$M^R = M(T,p) - M^{ig}(T,p) \tag{6.4-9}$$

由式(6.4-8)得

$$\left(\frac{\partial H^R}{\partial p}\right)_T = \left(\frac{\partial H}{\partial p}\right)_T - \left(\frac{\partial H^{ig}}{\partial p}\right)_T = \left(\frac{\partial H}{\partial p}\right)_T$$

$$H^R = \int_{p\to 0}^{p} \left[V - T\left(\frac{\partial V}{\partial T}\right)_p \right] dp \tag{6.4-10}$$

总之,求 H^R(或压力对焓的影响)的关键在于有一个 pVT 关系,即 V、$\left(\frac{\partial V}{\partial T}\right)_p$ 与 p 的关系式,以便积分求解。

焓变计算在化工设计或计算中是很常用的,特别在热负荷计算中有重要地位。

【例 6.4-1】求 N_2 从 300 K、101.325 kPa 至 400 K、500 kPa 的 ΔH,写出计算式,并说明需要什么数据。

解:由于初态可按理想气体处理,式(6.4-7)中的 $\Delta H_{T_1}=0$,

$$\Delta H=\Delta H_{p_1}+\Delta H_{T_2}=\int_{300}^{400}C_p^{\text{ig}}\text{d}T+\int_{101.325}^{500}\left[V-T\left(\frac{\partial V}{\partial T}\right)_p\right]\text{d}p$$

在 ΔH_{p_1} 计算中需要 N_2 的 C_p^{ig} 与温度 T 的关联式,该式可适用于的 300 ~400 K 范围,这样的关联式及系数值在数据手册中易于找到;在 ΔH_{T_2} 计算中,需要 N_2 的 V、$\left(\frac{\partial V}{\partial T}\right)_p$ 与 p 的关系式,由于 p_2 仅为 500 kPa,因此不要求使用复杂的 pVT 关系,建议用简单的状态方程,例如用 Virial 方程(见 6.7 节)。

6.4.3 熵与熵变计算

熵也是热力学状态函数。过程的总熵变是判断一个过程能否自发进行的依据。

温度、压力对熵的改变用下式计算:

$$\Delta S=\int_{T_1}^{T_2}\frac{C_p}{T}\text{d}T-\int_{p_1}^{p_2}\left(\frac{\partial V}{\partial T}\right)\text{d}p$$

对理想气体

$$\Delta S^{\text{ig}}=\int_{T_1}^{T_2}\frac{C_p^{\text{ig}}}{T}\text{d}T+R\ln\frac{p_1}{p_2} \tag{6.4-11}$$

从 T_1、p_1 到 T_2、p_2 的计算也要设计类似于图 6.4-1 的过程,也要用剩余熵(S^{R})的概念。

$$S^{\text{R}}=\int_{p\to 0}^{p}\left[\frac{R}{p}-\left(\frac{\partial V}{\partial T}\right)_p\right]_T\text{d}p \tag{6.4-12}$$

有关焓变及熵变的基本计算式都适用于液相。

6.5 热力学过程、循环过程和热机效率

要求:了解热力学循环过程、热力学效率的概念及计算方法,熟悉卡诺定律。

6.5.1 热力学循环过程和热机效率

功可以全部转化为热,而热转化为功则有一定限制。热转化为功是热机的基本任务,在转化做功过程中,膨胀是做功的唯一步骤,在膨胀后又经包括压缩过程在内的一系列状态变化过程,恢复到原态,这就是循环过程,或称“热力循环”。

根据循环的效果,有正向循环(图 6.5-1(a))和逆向循环(图 6.5-1(b))之分。凡是使热能变成机械能的热力循环叫正向循环,如图 6.5-1(a)及图 6.5-2(a)所示。图 6.5-1(a)中所围面积为所产生的机械功。若循环效果是消耗机械功来迫使热量从低温物系流向高温物系,其效果如图 6.5-1(b)及 6.5-2(b)所示,物系得到的功也是所围面积,低温热源吸热,高温热源放热,这就是制冷机或热泵的工作基础。

另外,如果循环中各过程全部由可逆过程组成,称为可逆循环;反之,若夹有不可逆过程,则为不可逆循环。

在正向热力循环中,必须有一种物质承受体积变化做功,也要承受热量的输入或输出,称这样的物质为工质。

物系在循环后回至初始状态,工质的热力学性质没有变化,由热力学第一定律可知

$$-W=Q \tag{6.5-1}$$

或

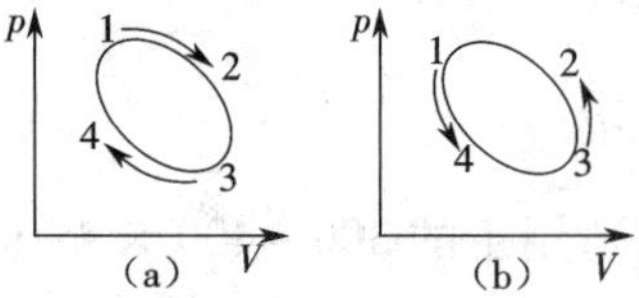

图 6.5-1　热力循环

(a)正向循环　(b)逆向循环

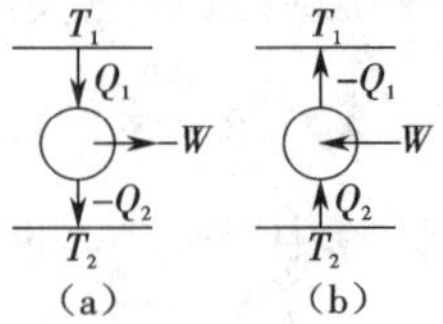

图 6.5-2　能流图

(a)热机能流图　(b)制冷机或热泵能流图

$$|W| = |Q_1| - |Q_2| \tag{6.5-2}$$

在一次循环中，热机对环境所做的功 $-W$ 与其从高温热源吸收的热 Q_1 之比称为热机效率(η)，

$$\eta = -W/Q_1 \tag{6.5-3}$$

显然 $\eta < 1$。工作于相同的高温和低温热源条件下，η 值越大，热机工作更有效。

6.5.2　卡诺循环和卡诺定律

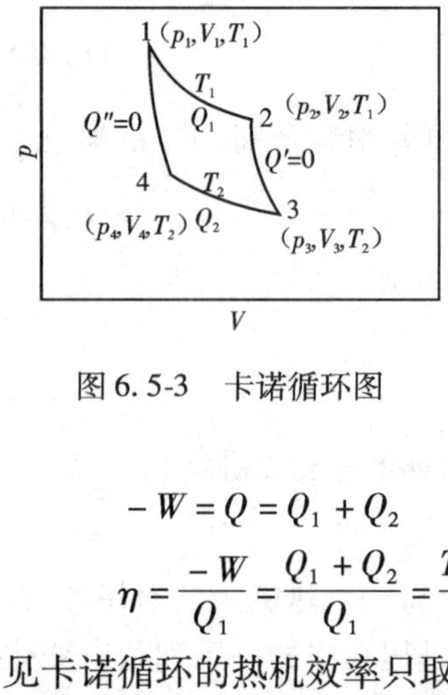

图 6.5-3　卡诺循环图

卡诺设想了一个理想的热机，以气缸中的理想气体为工质，循环包括 4 个步骤(图 6.5-3)：①工质从点 1(p_1、V_1、T_1)进行等温可逆膨胀到点 2(p_2、V_2、T_1)，系统从高温热源吸热 Q_1 并对外做功；②工质从状态 2 绝热可逆膨胀降温到低温热源 T_2 下的状态 3(p_3、V_3、T_2)，$Q'=0$，工质靠降低热力学能对外做功；③工质从状态 3 恒温(T_2)可逆压缩到状态 4(p_4、V_4、T_2)，系统得到功并向低温热源放热；④系统从状态 4 绝热可逆压缩升温回到状态 1，系统得到功，热力学能增加。对循环过程，$\Delta U = 0$，整个过程，

$$-W = Q = Q_1 + Q_2 \tag{6.5-4}$$

$$\eta = \frac{-W}{Q_1} = \frac{Q_1 + Q_2}{Q_1} = \frac{T_1 - T_2}{T_1} = 1 - \frac{T_2}{T_1} \tag{6.5-5}$$

可见卡诺循环的热机效率只取决于高、低温热源的温度。低温热源和高温热源温度之比越小，热机效率越高。若低温热源温度相同，高温热源的温度越高，从高温热源传出同样热量对环境所做的功越多，这就是在锅炉蒸汽发电时利用高温度蒸汽更有效的理论依据。

卡诺循环是可逆循环，因可逆过程系统对环境做最大功，故卡诺热机的热机效率最高。一切工作于同样高温热源和同样低温热源间的其他可逆热机，均有与卡诺热机相同的热机效率，而一切不可逆热机的热机效率均要小于卡诺热机的热机效率。这也就是卡诺定律：在高低两个热源间工作的所有热机中，以可逆热机的热机效率为最高，而与工质类型无关。工质可以是理想气体，也可以是真实气体，也可以是易挥发的液体，除了有 pVT 变化，还可以有相变化，只要每一步均是可逆的，则所有热机的热机效率均相同。

【例 6.5-1】某工质按下列 4 个热力学过程所组成的热力学循环过程工作，试求此循环过程的热机效率和第 4 个过程中工质对外功交换量。

过程	对外热交换量 Q/kJ	对外功交换量 W/kJ
1	10.2	9.81

2	0	-14.71
3	-17.93	6.87
4	15.85	本题所求值

解：$Q+W=0$

$$Q=Q_1+Q_2+Q_3+Q_4=10.2+0-17.93+15.85=8.12\ \text{kJ}$$

$$W=-Q=-8.12\ \text{kJ}$$

$$\eta=\frac{-W}{Q_1+Q_4}=\frac{8.12}{10.2+15.85}\times 100\%=31.17\%$$

第4个过程中工质对外功交换量为

$$W_4=W-W_1-W_2-W_3=-8.12-9.81+14.71-6.87=-10.09\ \text{kJ}$$

6.6 热力学第二定律，可逆与不可逆过程，熵

要求：理解并掌握热力学第二定律，能定性解释现象，能定量计算系统和环境的熵变。

6.6.1 热力学第二定律

热力学第二定律的正确性不能用数学逻辑证明，它是人类经验的总结。它有多种说法，例如："不可能把热从低温物体传到高温物体而不产生其他影响"或"不可能从单一热源吸取热量使之完全转变为功而不产生其他影响。这些说法是等效的，违反一种必然违反另一种。

热力学第二定律的数学表达与熵有关，例如可用克劳修斯不等式表达：

$$\mathrm{d}S\geqslant \delta Q/T \tag{6.6-1}$$

对于孤立体系，即在体系与环境之间无任何形式的物质和能量传递，$\delta Q=0$，上式变为

$$\mathrm{d}S\geqslant 0 \tag{6.6-2}$$

其文字表述是："在绝热情况下，系统发生不可逆过程时，其熵值增大；发生可逆过程时，其熵值不变；不可能发生熵值减小的过程"，此即熵增原理。

6.6.2 熵变与不可逆性

过程的不可逆程度与总的熵增之间存在定量关系。当一定量的热 Q 从温度为 T_1 的体系传至温度为 T_2 的环境时，总的熵变为

$$\Delta S_{体系}+\Delta S_{环境}=\Delta S_{\mathrm{t}}=-\frac{Q}{T_1}+\frac{Q}{T_2}=Q\frac{T_1-T_2}{T_1T_2} \tag{6.6-3}$$

由于 $T_1>T_2$，总熵变 ΔS_{t} 为正。若过程在可逆热机中进行，热机从温度为 T_1 的热源中吸收了一定热量 Q，产生功 W，并在 T_2 下排出其余热量，

$$W_{\mathrm{L}}=\eta Q=Q\frac{T_1-T_2}{T_1} \tag{6.6-4}$$

这部分功(W_{L})由于不可逆性而损失了。由式(6.6-3)和(6.6-4)可知

$$W_{\mathrm{L}}=T_2(\Delta S_{体系}+\Delta S_{环境})=T_2\Delta S_{\mathrm{t}} \tag{6.6-5}$$

虽然式(6.6-5)是在仅涉及传热过程的条件下推导出来的，但对于任何不可逆过程也是同样适用的。

还可以用熵表示过程的不可逆程度，即用克劳修斯不等式 $\Delta S-\int\frac{\mathrm{d}Q}{T_{环}}$ 的大小表示，此值愈大，不可逆性愈大。

【**例 6.6-1**】1 mol $H_2O(l)$ 于 0.1 MPa 下自 25 ℃升温至 50 ℃，求熵变和热温商，并判断可逆性，可取平均热容 $C_p = 75.40\ J \cdot mol^{-1} \cdot K^{-1}$。(1) 热源温度为 700 ℃；(2) 热源温度为 100 ℃。

解： $\Delta S = n\int_{T_1}^{T_2}\frac{C_p}{T}dT = nC_p\ln\frac{T_2}{T_1}$

ΔS 只取决于初态和终态，与热源温度无关，

$$\Delta S = 1\times 75.40\times\ln\frac{323.15}{298.15} = 6.071\ J\cdot K^{-1}$$

$$(1)\int\frac{dQ}{T_{环}} = n\int_{T_1}^{T_2}\frac{C_p}{T_{环}}dT = nC_p\frac{T_2-T_1}{T_{环}} = \frac{1\times 75.40\times 25}{973.15}$$
$$= 1.937\ J\cdot K^{-1}$$

$$\Delta S - \int\frac{dQ}{T_{环}} = 6.071 - 1.937 = 4.134\ J\cdot K^{-1}$$

$$(2)\int\frac{dQ}{T_{环}} = \frac{1\times 75.40\times 25}{373.15} = 5.052\ J\cdot K^{-1}$$

$$\Delta S - \int\frac{dQ}{T_{环}} = 6.071 - 5.052 = 1.019\ J\cdot K^{-1}$$

显然，过程(1)和(2)的 $\Delta S - \int\frac{dQ}{T_{环}}$ 都大于零，都是不可逆过程，过程(2)的不可逆程度比过程(1)的小，这是因为过程(2)的温差小。

6.7 立方型状态方程、逸度和逸度系数

要求：大体了解各种状态方程，掌握立方型状态方程的特点及使用，理解并掌握逸度和逸度系数的定义及重要性。

流体的 pVT 性质可用于 p、V、T 间的互求，这种互求在设备及管道计算中是很重要的，而在化工热力学范围内，流体的 pVT 性质更可在计算流体热力学性质、相平衡及化学平衡中提供重要的基础。在 6.4 中已学习过的压力对焓的影响计算就是利用 pVT 性质计算热力学性质的实例。

逸度和逸度系数是相平衡及化学平衡计算方法的重要依据。

6.7.1 维里方程

维里(Virial)方程是有严格理论的状态方程，其表达式是

$$Z = \frac{pV}{RT} = 1 + B'p + C'p^2 + D'p^3 + \cdots \qquad (6.7\text{-}1)$$

$$= 1 + \frac{B}{V} + \frac{C}{V^2} + \frac{D}{V^3} + \cdots \qquad (6.7\text{-}2)$$

$$= 1 + B'\rho + C'\rho^2 + D'\rho^3 + \cdots \qquad (6.7\text{-}3)$$

式中：$B(B')$、$C(C')$、$D(D')$……分别称为第二、第三、第四、…Virial 系数，分别表示不同分子数的碰撞和相互作用。由于多个分子相碰撞的概率随分子数增加而减小，对 Z 值的影响也变小，在工程计算中，最常用的是二阶舍项的 Virial 方程，

$$Z = 1 + B/V \qquad (6.7\text{-}4)$$

$$Z = 1 + B'p \tag{6.7-5}$$

$$Z = 1 + \frac{Bp}{RT} \tag{6.7-6}$$

$$V = \frac{RT}{p} + B \tag{6.7-7}$$

以上计算式简单实用,在压力不高于1.5 MPa下,有较高的可靠性。

在考试大纲中并未包括Virial方程的内容,但Virial方程在状态方程的理论发展及实用上均有重要意义,因此应对其有一定的了解。

6.7.2 立方型状态方程

立方型状态方程是指一类以体积(或密度)的三次方表示的多项式方程。这类方程能够解析求根,且在求热力学性质时易于求导。

在立方型状态方程中,首先要提到的是1873年提出的van der Waals方程

$$p = \frac{RT}{V-b} - \frac{a}{V^2} \tag{6.7-8}$$

此式是对理想气体状态方程的修正,它引入两个参数 a 和 b,是各物质的特性参数,其中 a 表征了分子间吸引力带来的系统压力变化,参数 b 表示气体总体积中包含分子本身体积的部分,这两项体现了对理想气体概念的修正。作为第一个适用于实际气体的状态方程,虽然准确度不高,但是它所建立的方程推理方法对立方型状态方程的发展具有重大意义。

为提高计算精度,更为了适用于液相,又有许多修正方程提出,其中1949年提出的Redlich-Kwong(RK)方程是很重要的一个,

$$p = \frac{RT}{V-b} - \frac{a}{T^{0.5}V(V+b)} \tag{6.7-9}$$

式中 a、b 同样与流体的特性有关,可由物质的临界性质计算:

$$a = 0.427\ 48R^2T_c^{2.5}/p_c \tag{6.7-10a}$$

$$b = 0.086\ 64RT_c/p_c \tag{6.7-10b}$$

RK方程计算准确度比van der Waals方程有较大提高,并进入了化工设计计算的实际应用。

1972年Soave又进行了修正,提出了RKS(或SRK、Soave)方程。

$$p = \frac{RT}{V-b} - \frac{a(T)}{V(V+b)} \tag{6.7-11}$$

$$a(T) = a_c \cdot \alpha(T) = 0.427\ 48R^2\frac{T_c^2}{p_c} \cdot \alpha(T) \tag{6.7-12a}$$

$$\alpha(T) = [1 + m(1 - T_r^{0.5})]^2 \tag{6.7-12b}$$

$$m = 0.480 + 1.574\omega - 0.176\omega^2 \tag{6.7-12c}$$

式中 ω 为偏心因子,而 b 仍用式(6.7-10b)计算。

可以看出,式中的 $a(T)$ 不仅取决于物性(临界性质),而且是温度的函数,又引入了反映物质特性的偏心因子。使用该方程提高了对极性物质及含有氢键化合物的 pVT 计算精度,并且在计算液体 pVT 性质(以饱和液体密度计算为代表)中更为准确。

1976年发表的Peng-Robinson(PR)方程为

$$p = \frac{RT}{V-b} - \frac{a(T)}{V(V+b)+b(V-b)} \tag{6.7-13}$$

$$b = 0.077\ 80RT_c/p_c \tag{6.7-13a}$$

$$a(T) = a_c \cdot \alpha(T) = 0.457\ 24\frac{R^2T_c^2}{p_c} \cdot \alpha(T) \tag{6.7-13b}$$

$$\alpha(T) = [1 + k(1 - T_r^{0.5})]^2 \tag{6.7-13c}$$

$$k = 0.374\ 64 + 1.542\ 26\omega - 0.269\ 92\omega^2 \tag{6.7-13d}$$

与 RKS 方程相比,PR 方程只是分子间吸力项更复杂些。该方程在计算饱和液体密度和蒸气压上更好些,也就是说,可更好地应用于液体。

使用立方型状态方程应该注意如下几点。

①立方型状态方程还有很多,目前最常用的还是 RK、RKS 和 PR 方程,新提出的方程常更准确些,但也更复杂些,很少在设计及计算中使用。

②立方型状态方程计算过程中都需要临界参数,还常需要偏心因子(又需要蒸气压),因此方程计算的可靠性在很大程度上取决于相关数据的可靠性,有许多化合物的临界数据未能测定,也难于估算,将直接影响立方型状态方程对这些化合物的使用。

③除立方型状态方程外,还有更复杂的多参数状态方程,一般来说,其效果更好些,也更复杂,实际使用面有限。

④一个好的立方型状态方程不但要实现 p、V、T 间的互算,更应能在剩余焓及相平衡计算中得到良好的应用。

⑤好的立方型状态方程不但要能处理纯物质的 pVT 关系,还一定要能处理混合物的 pVT 关系。

为处理混合物的 pVT 关系,发展了许多混合规则。混合规则分为两类,一类是给出虚拟的混合物临界参数,使用这样的临界参数,就可以把混合物视为虚拟的纯物质,再使用状态方程计算。这类混合规则中最简单的是 Kay 规则,

$$T_{cm} = \sum y_i T_{ci} \tag{6.7-14a}$$

$$p_{cm} = \sum y_i p_{ci} \tag{6.7-14b}$$

更复杂一些的方法是引入交互作用系数项 k_{ij},该值要用实验值回归确定。

另一类混合规则是把 k_{ij} 直接引入状态方程混合参数中,例如用下列方程,

$$a_m = (a_i a_j)^{0.5}(1 - k_{ij}) \tag{6.7-15}$$

或

$$a_m = \sum_i \sum_j y_i y_j a_{ij} \tag{6.7-16}$$

而在求取 a_{ij} 时,也要使用交互作用系数。

立方型状态方程的复杂性,更多体现在混合物的计算中,在考试大纲中,对此并未强调,应考者对此内容有初步了解即可。

【例 6.7-1】将 1 kmol 氮压缩贮于容积为 0.046 36 m^3、温度为 273.15 K 的钢瓶内,求此时瓶内压力。N_2 的 $T_c = 126.10$ K,$p_c = 3.394$ MPa。

解:$V = 0.046\ 36/1\ 000 = 4.636 \times 10^{-5}\ m^3 \cdot mol^{-1}$

用 RK 方程,代入式(6.7-10a)和式(6.7-10b),

$$a=\frac{0.42748\times 8.3145^2\times 126.10^{2.5}}{3.394\times 10^6}=1.5548\ \mathrm{Pa\cdot m^6\cdot K^{0.5}\cdot mol^{-2}}$$

$$b=\frac{0.08664\times 8.3145\times 126.10}{3.394\times 10^6}=2.6764\times 10^{-5}\ \mathrm{m^3\cdot mol^{-1}}$$

代入式(6.7-9),

$$p=\frac{8.3145\times 273.15}{(4.636-2.6764)\times 10^{-5}}-\frac{1.5548}{273.15^{0.5}\times 4.636\times(4.636+2.6764)\times 10^{-10}}$$
$$=8.8146\times 10^7\ \mathrm{Pa}$$

实验值为101.325 MPa，误差为13.0%，用RKS方程计算误差为7.9%，而用理想气体状态方程计算误差高达51.7%。

6.7.3 逸度和逸度系数

纯组分 i 逸度的定义是

$$\begin{cases}\mathrm{d}G_i=RT\mathrm{dln}\,f_i\ (T\ 恒定) & (6.7\text{-}17\mathrm{a})\\ \lim\limits_{p\to 0}(f_i/p)=1 & (6.7\text{-}17\mathrm{b})\end{cases}$$

式中 f_i 为纯物质 i 的逸度，使用与压力相同的单位，其物理意义是物质发生迁移的一种推动力，实际气体的逸度可表达出其与理想气体的偏差。理想气体的逸度等于其压力。

纯物质的逸度系数(ϕ_i)定义式为

$$\phi_i=f_i/p \tag{6.7-18}$$

理想气体的 ϕ_i 等于1，而真实气体的逸度系数可能大于1，也可能小于1。

混合物中组分 i 的逸度 $\hat{f}_i$ 和逸度系数 $\hat{\phi}_i$ 的定义式为

$$\begin{cases}\mathrm{d}\bar{G}_i=RT\mathrm{dln}\,\hat{f}_i\ (T\ 恒定) & (6.7\text{-}19\mathrm{a})\\ \lim\limits_{p\to 0}\dfrac{\hat{f}_i}{y_ip}=1 & (6.7\text{-}19\mathrm{b})\end{cases}$$

$$\hat{\phi}_i=\hat{f}_i/(y_ip) \tag{6.7-20}$$

若把混合物虚拟为一种纯物质，此时混合物的总逸度 f 和总逸度系数中 ϕ 分别定义为

$$\begin{cases}\mathrm{d}G=RT\mathrm{dln}\,f\ (T\ 恒定) & (6.7\text{-}21\mathrm{a})\\ \lim\limits_{p\to 0}(f/p)=1 & (6.7\text{-}21\mathrm{b})\end{cases}$$

$$\phi=f/p \tag{6.7-22}$$

在逸度和逸度系数的计算中，一般首先计算逸度系数，然后按逸度系数定义式求算逸度。纯物质计算式为

$$\ln\phi_i=\frac{1}{RT}\int_0^p\left(V_i-\frac{RT}{p}\right)\mathrm{d}p=\int_0^p(Z_i-1)\frac{\mathrm{d}p}{p} \tag{6.7-23}$$

对混合物

$$\ln\hat{\phi}_i=\frac{1}{RT}\int_0^p\left(\bar{V}_i-\frac{RT}{p}\right)\mathrm{d}p=\int_0^p(\bar{Z}_i-1)\frac{\mathrm{d}p}{p}\ (T、y\ 恒定) \tag{6.7-24}$$

由以上两式可见，求 ϕ_i 或 $\hat{\phi}_i$ 需要 pVT 关系，包括立方型状态方程。

以上两式可用于气体，也同样可用于液体，后者的计算过程要复杂些。

6.8 理想溶液、正规溶液和无热溶液

要求：掌握理想溶液、正规溶液和无热溶液的概念，并能够判断实际体系中哪些属于上述

三种溶液类型，了解这三种溶液的热力学函数关系式。

理想溶液（也称理想混合物）指的是，在恒温恒压下，每一组元的逸度正比于它在溶液中的浓度，通常为摩尔分数，即符合如下关系式：

$$\hat{f}_i^{id} = f_i^{\ominus} x_i \tag{6.8-1}$$

式中 $f_i^{\ominus}$ 称为标准态逸度。对于最常用的第一种标准态，即温度、压力与溶液相同的纯物质 i 的逸度为标准态，

$$\hat{f}_i^{id} = f_i x_i \tag{6.8-2}$$

上角标“ id”表示理想混合物。以上关系称为 Lewis-Randall 规则，它是在物理化学课程中学过的 Raoult 定律的普遍形式。

对于理想溶液，各个组元的分子大小和形状相等或相近，分子间作用力相等，因此具有如下热力学关系：

$$\Delta_{mix} V^{id} = \Delta_{mix} H^{id} = \Delta_{mix} U^{id} = 0 \tag{6.8-3}$$

$$\Delta_{mix} S^{id} = -R \sum x_i \ln x_i \tag{6.8-4}$$

$$\Delta_{mix} G^{id} = RT \sum x_i \ln x_i \tag{6.8-5}$$

式中 Δ_{mix} 指混合性质，见 6.9 节。

正规溶液是指符合下式的液体混合物，

$$\Delta_{mix} V = 0 \tag{6.8-6}$$

$$\Delta_{mix} S = \Delta_{mix} S^{id} = -R \sum x_i \ln x_i \tag{6.8-7}$$

但 $\Delta_{mix} H \neq 0$，这是它与理想溶液的区别。

若混合热为零或近似为零，即 $\Delta_{mix} H = 0$，而 $\Delta_{mix} S \neq 0$，这样的溶液称为无热溶液。

除极个别场合下，气体混合物都可视为理想混合物（气体理想溶液），符合式（6.8-3）、（6.8-4）、（6.8-5），而液体混合物中可视为理想溶液的极少，只有少数同分异构体、光学异构体、紧邻同系物的混合物可视为理想溶液。虽然如此，在化工热力学中理想溶液仍是重要概念，它可作为一种极限，实际溶液与理想溶液的偏离程度常作为溶液的非理想性的定量标志。

由非极性物质构成的分子大小相近、形状相似的体系接近于正规溶液。完全符合正规溶液的体系也很少，其作为一种近似或极限也是有意义的。

某些分子大小相差甚远而相互作用力相近的组元构成的混合溶液，其混合热基本上为零，超额熵不为零，高聚物和其单体的混合物是一个典型代表。这种系统在化工行业中不常见，只是在建立模型时作为参考体系使用。

【例 6.8-1】在处理以下几个二元溶液时，哪一个说法是错误的？

（A）对二甲苯—间二甲苯可看做是理想溶液

（B）2-甲基丁烷—2-甲基庚烷可看做是正规溶液

（C）苯乙烯—聚苯乙烯可看做是无热溶液

（D）1-丙醇—丙酮可看做是正规溶液

解：（D）明显是错误的，1-丙醇是具氢键的强极性化合物，其结构和性质与丙酮有明显差异，它们的混合物是一个非理想溶液。

6.9 活度系数、混合性质、偏摩尔性质、超额性质以及超额 Gibbs 自由能与活度系数的关系

要求：①掌握偏摩尔性质的定义及计算式，能使用相联系的 Gibbs-Duhem 方程；②掌握混

合过程的性质变化(混合性质)和超额性质的定义及计算;③掌握活度、活度系数、标准状态的概念及活度系数的关联式的计算;④了解超额 Gibbs 自由能与活度系数的关系式,能使用这些关系式。

6.9.1 偏摩尔性质

在恒定的温度和压力下,系统的总性质随第 i 种组元物质的量的改变由偏微分 $\left[\frac{\partial(nM)}{\partial n_i}\right]_{T,p,n_{j\neq i}}$ 给出,用符号 $\bar{M}_i$ 表示,

$$\bar{M}_i=\left[\frac{\partial(nM)}{\partial n_i}\right]_{T,p,n_{j\neq i}} \tag{6.9-1}$$

式中,$\bar{M}_i$ 称为在指定 T、p 和组成下组元 i 的偏摩尔性质,其含义是在给定的 T、p 和组成下,向含有组元 i 的无限量溶液中加入 1 mol 组元 i 所引起的系统某一广度性质的变化。显然,偏摩尔性质是强度性质,它是温度、压力和组成的函数,与系统的量无关。

再以化学位(μ_i)的定义为例:

$$\begin{aligned}\mu_i&=\left[\frac{\partial(nU)}{\partial n_i}\right]_{nS,nV,n_{j\neq i}}=\left[\frac{\partial(nH)}{\partial n_i}\right]_{nS,p,n_{j\neq i}}\\&=\left[\frac{\partial(nA)}{\partial n_i}\right]_{nV,G,n_{j\neq i}}=\left[\frac{\partial(nG)}{\partial n_i}\right]_{T,p,n_{j\neq i}}\end{aligned} \tag{6.9-2}$$

以上各关系式中,只有 $G_i=\mu_i=\left[\frac{\partial(nG)}{\partial n_i}\right]_{T,p,n_{j\neq i}}$ 符合恒温恒压条件,属于偏摩尔性质。

可以证明,偏摩尔性质之间的热力学函数关系与纯物质摩尔性质的函数关系相似,只需要把纯物质关系式中的摩尔性质换成相应的偏摩尔量就可以了。下面一些关系式是实例。

$$\bar{H}_i=\bar{U}_i+p\bar{V}_i \tag{6.9-3}$$

$$\bar{G}_i=\bar{\mu}_i=\bar{H}_i-T\bar{S}_i \tag{6.9-4}$$

$$\mathrm{d}\bar{G}_i=\mathrm{d}\bar{\mu}_i=\bar{V}_i\mathrm{d}p-\bar{S}_i\mathrm{d}T \tag{6.9-5}$$

$$\bar{C}_{pi}=\left(\frac{\partial\bar{H}_i}{\partial T}\right)_{p,n} \tag{6.9-6}$$

偏摩尔性质和混合物的摩尔性质间有如下关系:

$$M=\sum x_i\bar{M}_i \tag{6.9-7}$$

该式可用于由偏摩尔量求混合物性质,也是由混合物性质求取偏摩尔量的出发点,因为由上式可得,

$$\bar{M}_i=M-\sum_{k\neq i}\left[x_k\left(\frac{\partial M}{\partial x_k}\right)_{T,p,x_{1\neq i,k}}\right] \tag{6.9-8}$$

对于二元混合物,上式简化为

$$\bar{M}_1=M-x_2\frac{\mathrm{d}M}{\mathrm{d}x_2} \tag{6.9-9a}$$

$$\bar{M}_2=M-x_1\frac{\mathrm{d}M}{\mathrm{d}x_1} \tag{6.9-9b}$$

6.9.2 Gibbs-Duhem 方程

Gibbs-Duhem 方程是联系混合物中各组元的偏摩尔性质的表达式,其一般式为

$$\sum x_i \mathrm{d}\bar{M}_i = \left(\frac{\partial M}{\partial T}\right)_{p,x} \mathrm{d}T + \left(\frac{\partial M}{\partial p}\right)_{T,x} \mathrm{d}p \tag{6.9-10}$$

在恒温、恒压条件下，可简化为

$$\sum x_i \mathrm{d}\bar{M}_i = 0 \tag{6.9-11}$$

对于二元系统，式(6.9-11)简化为

$$x_1 \mathrm{d}\bar{M}_1 + x_2 \mathrm{d}\bar{M}_2 = 0 \tag{6.9-12}$$

还可以变换为

$$\bar{M}_1 = M - \int_0^{x_2} \frac{x_2}{1 - x_2} \frac{\mathrm{d}\bar{M}_2}{\mathrm{d}x_2} \mathrm{d}x_2 \tag{6.9-13}$$

Gibbs-Duhem 方程的用途有两方面，一是利用式(6.9-12)来考核实验测得的混合物偏摩尔热力学性质的正确性，二是利用式(6.9-13)，由一个组元的偏摩尔量推算二元混合物中另一个组元的偏摩尔量。

【例 6.9-1】在某温度和常压下，二元溶液中组元 1 的偏摩尔焓服从式 $\bar{H}_1 = H_1 + ax_2^2$，纯组元的焓分别为 H_1 和 H_2，求 $\bar{H}_2$ 和 H 的表达式。

解：从 Gibbs-Duhem 方程知 $x_1 \mathrm{d}\bar{H}_1 + x_2 \mathrm{d}\bar{H}_2 = 0$，

$$\mathrm{d}\bar{H}_2 = -\frac{x_1}{x_2}\mathrm{d}\bar{H}_1 = -\frac{x_1}{x_2}\frac{\mathrm{d}\bar{H}_1}{\mathrm{d}x_2}\mathrm{d}x_2 = -\frac{x_1}{x_2}2ax_2\mathrm{d}x_2$$

$$= -2ax_1\mathrm{d}x_2 = 2ax_1\mathrm{d}x_1$$

$$\bar{H}_2 = \int_{H_2}^{\bar{H}_2} \mathrm{d}\bar{H}_2 = \int_0^{x_1} 2ax_1\mathrm{d}x_1 = H_2 + ax_1^2$$

$$H = \sum x_i \bar{H}_i = H_1 x_1 + H_2 x_2 + ax_1 x_2$$

6.9.3 混合性质和超额性质

由不同物质混合为混合物的过程，待别是形成液体混合物的过程，通常有体积效应或热效应，即混合后体积变大或缩小，发生放热或吸热。表达混合过程的性质变化的物理量，称为混合性质，

$$\Delta M = M - X_i M_i \tag{6.9-14}$$

ΔM 指在一定 T、p 下由纯物质混合形成 1 mol 混合物的过程中，系统某广度性质的变化，M 是混合后溶液的摩尔性质，M_i 是混合前纯组元 i 的摩尔性质。若用偏摩尔性质表达，有

$$\Delta M = \sum x_i (\bar{M}_i - M_i) \tag{6.9-15}$$

其中 M 代表 V、U、H、S、A、G、C_p、C_V、$\ln f$ 等。

超额性质(M^{E})也称为过量性质，指在相同温度、压力和组成下真实溶液与理想溶液性质之差，数学表达式为

$$M^{\mathrm{E}} = M - M^{\mathrm{id}} \tag{6.9-16}$$

式中，M 为溶液的摩尔性质，M^{id} 为在相同 T、p 和组成下的理想溶液的性质。

另外，依据混合性质的概念，

$$\Delta M^{\mathrm{E}} = \Delta M - \Delta M^{\mathrm{id}} = M^{\mathrm{E}} \tag{6.9-17}$$

超额性质之间的关系如同纯物质的热力学性质一样，有下列关系：

$$G^{\mathrm{E}} = H^{\mathrm{E}} - TS^{\mathrm{E}} \tag{6.9-18}$$

$$A^{\mathrm{E}} = U^{\mathrm{E}} - TS^{\mathrm{E}} \tag{6.9-19}$$

$$U^E = H^E - pV^E \tag{6.9-20}$$

$$G^E = \Delta G - \Delta G^{id} \tag{6.9-21}$$

$$S^E = \Delta S - \Delta S^{id} \tag{6.9-22}$$

$$V^E = \Delta V - \Delta V^{id} = \Delta V \tag{6.9-23}$$

$$U^E = \Delta U - \Delta U^{id} = \Delta U \tag{6.9-24}$$

$$H^E = \Delta H - \Delta H^{id} = \Delta H \tag{6.9-25}$$

$$V^E = (\partial G^E/\partial p)_{T,x} \tag{6.9-26}$$

6.9.4 活度和活度系数

活度 $\hat{a}_i$（常简写为 a_i）及活度系数 γ_i 的定义式分别为

$$\hat{a}_i = \hat{f}_i/f_i^{\ominus} \tag{6.9-27}$$

$$\gamma_i = \hat{a}_i/x_i = \frac{\hat{f}_i}{f_i^{\ominus} x_i} = \hat{f}_i/\hat{f}_i^{id} \tag{6.9-28}$$

式中：$f_i^{\ominus}$ 是标准态的逸度。

活度系数是对溶液非理想性的定量表达。对于纯组元 i，其活度和活度系数都等于 1，即 $\lim\limits_{x_i \to 1} \hat{a}_i = 1$，$\lim\limits_{x_i \to 1} \gamma_i = 1$。对于理想溶液，有 $\hat{a}_i^{id} = x_i$，$\gamma_i = 1$。对于真实溶液，γ_i 可能大于 1，也可能小于 1，当 $\gamma_i > 1$ 时，称为对理想溶液具有正偏差的溶液。具有正偏差的体系比具有负偏差的体系多得多，而严格符合理想溶液的是极少的。

由式(6.9-27)、(6.9-28)可知，$\hat{a}_i$ 和 γ_i 的值与标准态的选取有关，不同的标准态对应于不同的 $\hat{a}_i$ 和 γ_i。原则上，标准态的选择是任意的，但为了其值确定（无异议）及应用方便，实际上都选择理想溶液的状态。

为在汽液平衡和液液平衡（对应精馏和萃取）中应用，选温度、压力与溶液相同的纯物质 i 的逸度为标准态，即 $f_i^{\ominus} = f_i$。这样的标准态称为 Lewis-Randall 标准态，即以与 Lewis-Randall 规则的偏离作为 γ 值的大小。此时有

$$\hat{a}_i = \hat{f}_i/f_i \tag{6.9-29}$$

$$\gamma_i = \hat{f}_i/(f_i x_i) \tag{6.9-30}$$

$$\lim_{x_i \to 1} \gamma_i = \lim \frac{\hat{f}_i}{f_i x_i} = 1 \tag{6.9-31}$$

为在汽液平衡（对应吸收）中应用，选该温度、压力下溶质 i 在溶剂中的 Henry 常数（H_i）为标准态，即 $f_i^{\ominus} = H_i$，这种标准态是一种假想态，即假定 Henry 定律可应用于直至 $x_i = 1$ 时的状态，而 γ_i 表达在全浓度范围内溶液与 Henry 定律的偏差，其关系式为

$$\lim_{x_i \to 0} \hat{f}_i/x_i = f_i^{\ominus} = H_i \tag{6.9-32}$$

$$\hat{a}_i^* = \hat{f}_i/H_i \tag{6.9-33}$$

$$\gamma_i^* = \hat{f}_i/(H_i x_i) \tag{6.9-34}$$

$$\lim_{x_i \to 0} \gamma_i^* = \lim \hat{f}_i/(H_i x_i) = 1 \tag{6.9-35}$$

以上各式中的上标“ * ”表示是以 H_i 作为标准态的。

不同标准态下，活度系数不同，有关系式

$$\ln \gamma_i - \ln \gamma_i^* = \ln \gamma_i^{\infty} \tag{6.9-36}$$

式中，γ_i^∞ 是无限稀释下的活度系数，即

$$\gamma_i^\infty = \lim_{x_i \to 0} \gamma_i \tag{6.9-37}$$

或

$$\gamma_1^\infty = \lim_{x_1 \to 0} \gamma_1, \gamma_2^\infty = \lim_{x_2 \to 0} \gamma_2 \tag{6.9-38}$$

【**例 6.9-2**】已知 25 ℃、4 MPa 下，二元溶液中组元 1 的逸度为

$$\hat{f}_1 = 4x_1 - 8x_1^2 + 6x_1^3$$

式中，x_1 是组元 1 的摩尔分数，$\hat{f}_1$ 的单位为 MPa，在上述 T、p 下，计算：①组元 1 的逸度系数；②组元 1 的 Henry 常数；③以 x_1 表示的 γ_1 表达式（以 Lewis-Randall 规则为标准态）；④以 x_1 表示的 γ_1^* 表达式（以 Henry 定律为标准态）。

解：① $f_1 = \hat{f}_{x_1=1} = 4\times1 - 8\times1^2 + 6\times1^3 = 2$ MPa

$\phi_1 = f_1/p = 2/4 = 0.5$

② $H_1 = \lim\limits_{x_1 \to 0}(\hat{f}_1/x_1) = \lim\limits_{x_1 \to 0}\dfrac{4x_1 - 8x_1^2 + 6x_1^3}{x_1} = 4$ MPa

③ $\gamma_1 = \hat{f}_1/(x_1 f_1) = \dfrac{4x_1 - 8x_1^2 + 6x_1^3}{x_1 \times 2} = 2 - 4x_1 + 3x_1^2$

④ $\gamma_1^* = \hat{f}_1/(x_1 H) = \dfrac{4x_1 - 8x_1^2 + 6x_1^3}{x_1 \times 4} = 1 - 2x_1 + 1.5x_1^2$

注意，逸度值与标准态的选取无关。

6.9.5 Gibbs 自由能与活度系数之间的关系

G^E 与对称归一化的活度系数之间有如下关系式：

$$G^E/(RT) = \sum_i x_i \ln \gamma_i \tag{6.9-39}$$

$$\ln \gamma_i = \left\{\frac{\partial[nG^E/(RT)]}{\partial n_i}\right\}_{T,p,n_{j\neq i}} \tag{6.9-40}$$

从由经验或半经验的热力学模型导出的 G^E 与 x_i 的数学关系出发，使用上两式可得出 γ_i（或 $\ln \gamma_i$）与 x_i 的关联式。例如，目前广泛使用的 Wilson 方程，

$$G^E/(RT) = -\sum_i x_i \ln(\sum_i \Lambda_{ij} x_i) \tag{6.9-41}$$

$$\Lambda_{ij} = \frac{V_i}{V_j}\exp[-(g_{ij} - g_{ii})/(RT)] \tag{6.9-42}$$

对二元溶液，有

$$\ln \gamma_1 = -\ln(x_1 + \Lambda_{12}x_2) + x_2\left(\frac{\Lambda_{12}}{x_1 + \Lambda_{12}x_2} - \frac{\Lambda_{21}}{x_2 + \Lambda_{21}x_1}\right) \tag{6.9-43a}$$

$$\ln \gamma_2 = -\ln(x_2 + \Lambda_{21}x_1) + x_1\left(\frac{\Lambda_{21}}{x_2 + \Lambda_{21}x_1} - \frac{\Lambda_{12}}{x_1 + \Lambda_{12}x_2}\right) \tag{6.9-43b}$$

$$\Lambda_{12} = \frac{V_2}{V_1}\exp[-(g_{12} - g_{11})/(RT)] \tag{6.9-44a}$$

$$\Lambda_{21} = \frac{V_1}{V_2}\exp[-(g_{21} - g_{22})/(RT)] \tag{6.9-44b}$$

Wilson 方程是局部组成型方程，NRTL 方程和 UNIQUAC 方程也是这类方程的代表。这类

方程的最大优点是只要有各二元交互作用系数(例如 Wilson 方程的 Λ_{ij}),便可求取多组元物系的汽液平衡关系。

结合 Gibbs-Duhem 方程,又有

$$\sum x_i \mathrm{d}\ln\gamma_i = -\frac{H^{\mathrm{E}}}{RT^2}\mathrm{d}T + \frac{V^{\mathrm{E}}}{RT}\mathrm{d}p \tag{6.9-45}$$

在等温等压下,可得

$$\sum x_i \mathrm{d}\ln\gamma_i = 0 \tag{6.9-46}$$

在非等温等压下,即大多数情况下,上式仍可使用,虽然这是不严谨的。

对二元混合物,可得

$$x_1 \mathrm{d}\ln\gamma_1 + x_2 \mathrm{d}\ln\gamma_2 = 0 \tag{6.9-47}$$

或

$$x_1\left(\frac{\partial \ln\gamma_1}{\partial x_1}\right)_{T,p} = x_2\left(\frac{\partial \ln\gamma_2}{\partial x_2}\right)_{T,p} \tag{6.9-48}$$

【例 6.9-3】已知环己烷(1)—苯(2)体系在 40 ℃时有关系式 $G^{\mathrm{E}}/(RT)=0.458x_1x_2$ 及 $f_1=24.6$ kPa,$f_2=24.3$ kPa,求 γ_1、γ_2、$\hat{f}_1$、$\hat{f}_2$、f。

解:由式(6.9-40)可得

$$\ln\gamma_1 = \left[\frac{\partial\left(\frac{0.458n_1n_2}{n}\right)}{\partial n_1}\right]_{T,p,n_2} = 0.458n_2\left(\frac{1}{n}-\frac{n_1}{n_2}\right)$$

$$=0.458x_2(1-x_1)=0.458x_2^2$$

同样可得

$$\ln\gamma_2 = 0.458x_1^2$$

$$\hat{f}_1 = f_1\gamma_1x_1 = 24.6x_1\mathrm{e}^{0.458x_2^2}$$

$$\hat{f}_2 = f_2\gamma_2x_2 = 24.3x_2\mathrm{e}^{0.458x_1^2}$$

$$\ln f = x_1\ln\frac{\hat{f}_1}{x_1} + x_2\ln\frac{\hat{f}_2}{x_2} = x_1\ln(24.6\mathrm{e}^{0.458x_2^2}) + x_2\ln(24.3\mathrm{e}^{0.458x_1^2})$$

经整理得

$$\ln f = 3.20x_1 + 3.19x_2 + 0.458x_1x_2$$

6.10 低压汽液平衡中总压及汽相组成计算,共沸点

要求:①掌握不同形式的二元汽液平衡相图,了解正偏差、负偏差和共沸物系的相图特征;②混合物的汽液平衡计算是化工热力学的重要内容之一,进行相平衡计算时要正确使用计算模型,要能熟练计算中、低压下的汽液平衡;③了解共沸现象。

6.10.1 相律

相律是相平衡体系中自由度、组元数、相数之间的关系式:

$$F = N - \Pi + 2 \tag{6.10-1}$$

式中:F 是自由度,即平衡系统强度性质中的独立变量数或可以人为(任意)指定的物理量数,N 表示组元数,Π 表示相数。相律形式很简单,但在分析化工实际问题中是很有用的。

【例 6.10-1】试确定下述系统处于相平衡时的自由度:(1)水的三相点;(2)液体水与水蒸

气平衡；(3)水—水蒸气—惰性气体平衡；(4)乙醇—水汽液平衡；(5)戊醇—水液液平衡。

解：(1)在水的三相点，$N=1$(水)，$\Pi=3$(汽、液、固)，由式(6.10-1)得，$F=0$，即水的三相点是唯一的，不存在可控变量，相平衡下温度、压力是固定的(0.01℃、610 Pa)。这一规则也完全适用于其他物质的三相点。

(2)水和水蒸气平衡下，$N=1$，$\Pi=2$，可得 $F=1$，即只有1个变量可选定，如果确定了温度，压力也就确定了。在100 ℃时，压力必然是101.325 kPa，而不能是其他任何压力。

(3)当在水和水蒸气物系中有惰性气体时，Π 仍为2，N 增为2，按式(6.10-1)，$F=2$，即可有2个变量可确定，选定温度后，压力仍可自由选定。在室温20 ℃下，水的蒸气压为2.337 kPa，但此时总压仍有很大的变化空间，可以在大于2.337 kPa的很大范围内选定，例如可以为101.325 kPa，气相中除有2.337 kPa水蒸气外，其余压力对应的是惰性气体，常压、20 ℃下无风静止的水面上就是这样的情况。

(4)压力已高于汽液相平衡范围的戊醇—水液液相平衡中，压力已不是一个变量，式(6.10-1)应改为

$$F=N-\Pi+1 \tag{6.10-2}$$

该系统 N 及 Π 均为2，F 为1，选定了温度，两个液相的组成也就确定了。

从上例可知，相律对相平衡计算有重要指导作用，但它不产生定量结果，例如乙醇—水二元汽液平衡的自由度为2，选定了温度、压力后，其汽液相组成是确定的，但其具体图形(定性)或具体值(定量)还是要通过实验得到。该物系是存在共沸物的，共沸点处自由度为1，共沸物是否生成、液相是否互溶也都有待实验确定。

6.10.2 相平衡准则

相平衡需满足一定热力学条件，这些条件叫做相平衡准则，也叫相平衡判据。在这些条件中首先是各相温度、压力各自相等，即

$$T^{\alpha}=T^{\beta}=\cdots=T^{\Pi} \tag{6.10-3a}$$

$$p^{\alpha}=p^{\beta}=\cdots=p^{\Pi} \tag{6.10-3b}$$

又由 Gibbs 自由能最小的原则，可导出

$$\mu_i^{\alpha}=\mu_i^{\beta}=\cdots=\mu_i^{\Pi} \tag{6.10-4}$$

$$\hat{f}_i^{\alpha}=\hat{f}_i^{\beta}=\cdots=\hat{f}_i^{\Pi} \tag{6.10-5}$$

前两个条件是相平衡的必然要求，而在计算中通用的是各组元逸度相等的原则(式(6.10-5))。

6.10.3 二元体系相图，共沸现象

按相律，二元体系汽液相平衡有两个自由度，其相图可以用平面图表示。

虽然液相的理想混合物极为罕见，但作为一种参照标准，相图可以从理想溶液开始讨论，见图6.10-1。

首先要注意理想混合物的两个组元的分压或总压与组成是直线关系(图6.10-1a)，符合Raoult定律，这也是理想混合物的基本特征，而图6.10-1(b)是 y—x 图，它可直接用于二元精馏计算。在二元或多元系统中，液体开始沸腾的点(泡点)和蒸气开始冷凝的点(露点)不重合，图6.10-1(c)和图6.10-1(d)中的实线和虚线分别是泡点线和露点线，位于泡点线一侧的单相区是液相区，在露点线一侧的单相区是汽相区，在泡点线和露点线之间是汽液两相区。图

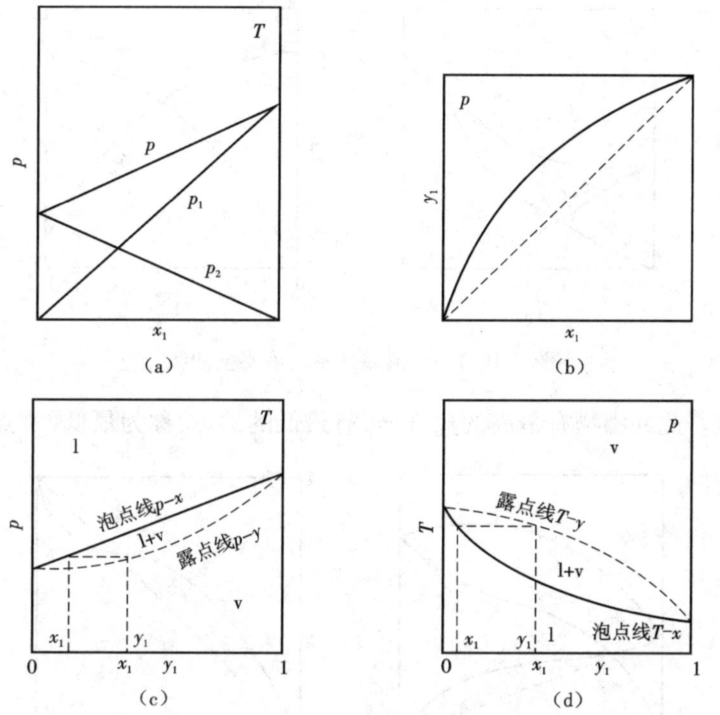

图 6.10-1 理想混合物汽液平衡曲线

中水平线与泡点线和露点线的交点所表示的组成就是汽相和液相的平衡组成。

图 6.10-2 是带有正偏差性质的非理想混合物的汽液平衡相图，图中画出了 p—x 和 $\ln\gamma$—x 曲线。在 p—x 图中总压、分压都高于按 Raoult 定律计算的值，因而称为正偏差，对应的 γ 值都大于 1。

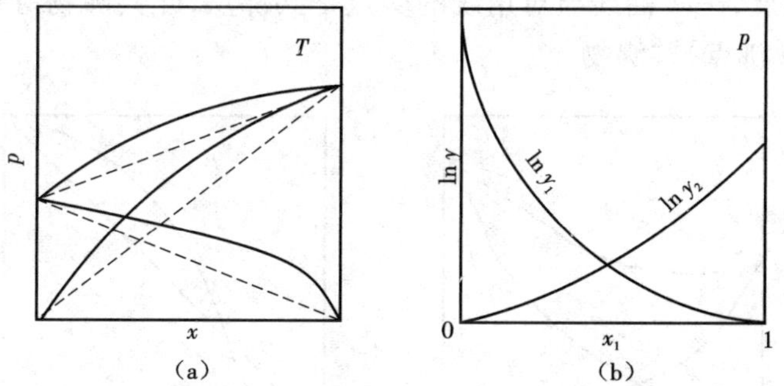

图 6.10-2 正偏差体系汽液平衡曲线

图 6.10-3 是带有负偏差性质的非理想混合物的汽液平衡相图，在 p—x 图中总压、分压都低于按 Raoult 定律计算的值，这种体系的 γ 值都小于 1。

当非理想的"深度"很大时，会产生共沸现象。正偏差很大时，总压与组成曲线有一最高点，其值大于组成该二元物系的两个组元的纯态蒸气压（图 6.10-4(a)），而其 y—x 图（图 6.10-4(b)）与对角线相交，即在不同浓度下，y 可以大于 x，也可以小于 x，存在着 $y=x$ 的

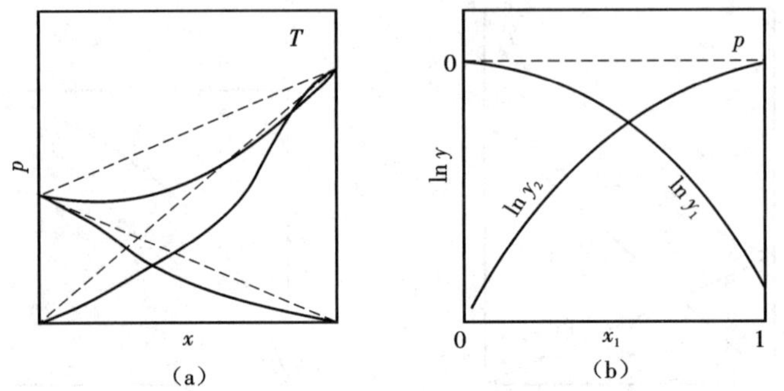

图 6.10-3　负偏差体系汽液平衡曲线

组成,此即共沸点。此共沸物有最高的蒸气压,有最低的沸点,称为最低(沸点)共沸物。

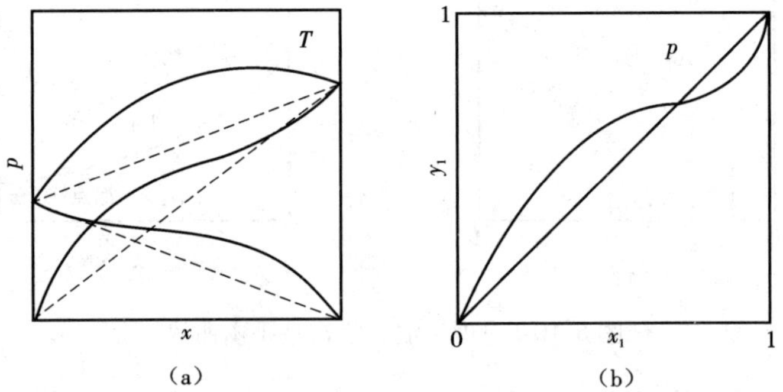

图 6.10-4　最高压力(最低温度)共沸体系平衡曲线

当系统具有很强的负偏差性质时,在总压与组成曲线上有一最低点(图 6.10-5(a)),在此组成下沸点最高,高于两个纯组元的沸点。其 y—x 曲线也与对角线相交(图 6.10-5(b)),形状与图 6.10-4(b)相反,y—x 曲线与对角线的交点是共沸点,此共沸物有最低的蒸气压,有最高的沸点,称为最高(沸点)共沸物。

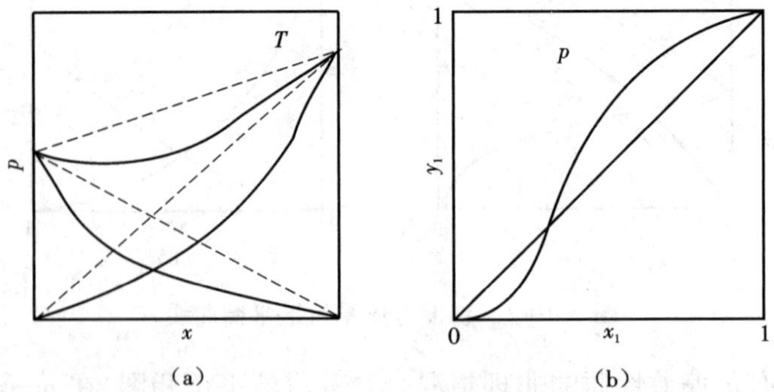

图 6.10-5　最低压力(最高温度)共沸体系平衡曲线

若系统有极强的正偏差性质,能产生部分互溶现象,甚至是互不相溶现象。

在共沸点处,汽相组成与液相组成相等,称为共沸组成。应该注意,在某共沸温度和共沸压力下对应一定的共沸组成,温度和压力改变都将改变共沸组成。

具有共沸现象的混合物不能用一个精馏塔在塔顶和塔底同时得到纯组元。共沸现象在化工分离操作中是常见的难题，因为有共沸现象时难于用简单精馏制取纯物质，为了分离这些混合物，常常需要加入第三组元，共沸精馏或萃取精馏就是这样的方法，其作用原理就是改变活度系数。

6.10.4 二元体系中低压汽液平衡计算

汽液平衡计算的主要内容是汽相组成和液相组成间的互算。对于低压理想溶液，可用最简单的 Raoult 定律式：

$$py_i = p_i^s x_i \tag{6.10-6}$$

上式中蒸气压 p_i^s 可由系统温度求出，因此很容易由 y_i 求 x_i，或反之。此式很简单，但适用场合极少。在常压或低压下，一般可选用活度系数 γ_i 校正液相的非理想性，而气体可视为理想气体，

$$py_i = \gamma_i p_i^s x_i \tag{6.10-7}$$

计算的难点在于 γ_i 值的计算，而 γ_i 是组成 x_i 的函数（例如用 Wilson 方程式(6.9-43)）。在未知 x_i 的情况下，需要反复迭代。

可由下式求得气相总压：

$$p = \sum \gamma_i p_i^s x_i \tag{6.10-8}$$

在加压下汽相不能视为理想气体，需要引入汽相逸度系数 $\hat{\phi}_i^V$ 和液相逸度 $\hat{f}_i^L$，计算式为

$$py_i\hat{\phi}_i^V = p_i^s \phi_i^s \gamma_i x_i \exp \int_{p_i^s}^{p} \frac{V_i^L}{RT} dp \tag{6.10-9}$$

一般情况下可简化为

$$py_i\hat{\phi}_i^V = p_i^s \phi_i^s \gamma_i x_i \exp \left[\frac{V_i^L (p - p_i^s)}{RT} \right] \tag{6.10-10}$$

式中：ϕ_i^s 是饱和蒸气压下的逸度系数，V_i^L 是液相摩尔体积。用式(6.10-9)或(6.10-10)计算都是很复杂的，迭代是必需的。

用相对挥发度(α)也可表示汽液平衡关系：

$$\alpha = \frac{y_1/y_2}{x_1/x_2} = \frac{p_1^s \gamma_1}{p_2^s \gamma_2} \tag{6.10-11}$$

又由于 $y_1 + y_2 = 1$ 及 $x_1 + x_2 = 1$，代入上式得

$$y_1 = \frac{\alpha x_1}{1 + (\alpha - 1) x_1} \tag{6.10-12}$$

从上式可见，若已知 α 值可由 x_1 求 y_1，或反之。由于 α 是 γ 的函数，因而不同组成下，α 值不同。在实际计算中，使用 α 表达 y_i 与 x_i 的关系，只是形式上的简化。

汽液相组成关系还可以用逸度系数表示，由式(6.10-5)得

$$py_i\hat{\phi}_i^V = px_i\hat{\phi}_i^L$$

即

$$y_i\hat{\phi}_i^V = x_i\hat{\phi}_i^L \tag{6.10-13}$$

用上式求取 y_i 与 x_i 的关系时，不需要活度系数，汽液两相全部用逸度系数表达非理想性。不要活度系数就免去了选择标准状态的困惑，但也带来了选择适用于汽液两相的状态方程及获得混合物交互作用系数的难度。活度系数法和状态方程法各有优缺点，也有一定的适

用范围。

一个形式化的方法,是引入相平衡比 K_i,即

$$K_i = y_i/x_i \tag{6.10-14}$$

也可写为不同的形式:

$$K_i = y_i/x_i = \frac{p_i^s \phi_i^s \gamma_i \exp\left[\frac{V_i^L(p-p_i^s)}{RT}\right]}{p\hat{\phi}_i^V} \tag{6.10-15}$$

$$K_i = y_i/x_i = \hat{\phi}_i^L/\hat{\phi}_i^V \tag{6.10-16}$$

对于理想溶液,$\gamma_i=1$,$\hat{\phi}_i^V=\phi_i$,一般也可不考虑指数项,此时

$$K_i = y_i/x_i = \frac{p_i^s\phi_i^s}{p\phi_i} \tag{6.10-17}$$

对于这类系统,K 值仅与 T、p 有关,而与组成无关,计算大大简化。烃类混合物就可以这样计算。

【例 6.10-2】常压附近,苯(1)—甲苯(2)系统达汽液平衡,求:①90 ℃,液相中苯的摩尔分数为 0.30 时,系统的汽相组成和压力;②确定该系统在 $x_1=0.55$、$y_1=0.75$ 时的温度和压力。已知 Antoine 方程参数如下:

$$\lg\,(p_i^s/\text{kPa}) = A - \frac{B}{t/℃ + C}$$

	A	B	C
苯	6.060 395	1 225.188	222.155
甲苯	6.086 576	1 349.150	219.978 5

解:①该体系液相可近似视为理想溶液,即 $\gamma_i=1$,又因为压力不高,汽相可视为理想气体。

先代入 Antoine 方程,90 ℃时 $p_1^s=136.6$ kPa,$p_2^s=54.2$ kPa,

$$p = p_1^s x_1 + p_2^s x_2 = 136.6\times0.30+54.2\times0.70 = 78.92\ \text{kPa}$$

$$y_1 = \frac{x_1p_1^s}{p} = \frac{0.30\times136.6}{78.92} = 0.519\ 3$$

$$y_2 = \frac{x_2p_2^s}{p} = \frac{0.70\times54.2}{78.92} = 0.480\ 7$$

②$py_1 = p_1^s x_1$,$py_2 = p_2^s x_2$

$$\frac{y_1}{y_2} = \frac{p_1^s x_1}{p_2^s x_2},\ \frac{p_1^s}{p_2^s} = \frac{y_1 x_2}{y_2 x_1}$$

$$\lg p_1^s - \lg p_2^s = \lg\frac{0.75\times(1-0.55)}{(1-0.75)\times0.55} = 0.390\ 0$$

代入 Antoine 方程,

$$\lg p_1^s - \lg p_2^s = A_1 - \frac{B_1}{C_1+t} - A_2 + \frac{B_2}{C_2+t}$$

$$6.060\ 395 - 6.086\ 576 - \frac{1\ 225.188}{222.155+t} + \frac{1\ 349.150}{219.978\ 5+t} = 0.390\ 0$$

解得 $t=95.8$ ℃,代入 Antoine 方程,得 $p_1^s=1\ 346.6$ kPa。

$$p=\frac{p_1^s x_1}{y_1}=\frac{1\ 346.6\times 0.55}{0.75}=978.5\ \text{kPa}$$

6.11 液液平衡以及根据液液平衡求活度系数

要求：了解液液平衡相图的特点，能使用液液平衡基本关系式，会使用活度系数法求液液平衡。

两种或多种纯液体混合时可能完全互溶，也可能分为两层，达到平衡状态时，称为液液平衡(LLE)，系统的温度、压力和各相的组成数据称为液液平衡数据。液液平衡关系是萃取等分离操作的基础。

6.11.1 液液平衡相图

只要压力能使液体保持在液相，一般来说，压力对液液平衡的影响可不计，温度是影响LLE的主要变量。

二元液液平衡相图可以很方便地用温度 T 与溶解度 x 的曲线来表示，即此时自由度虽为3，但由于忽略了压力的影响，自由度为2，在平面图中即可充分表达。图6.11-1即是三种类型的二元液液平衡相图。从图中可见，温度对溶解度影响显著，明显影响液相浓度的分布。图6.11-1(a)中溶解度曲线(又称双结点曲线)所包围的是两液相共存区，其中 UAL 代表富含组元2的 α 相，而曲线 UBL 代表富含组元1的 β 相，在一定温度 T 下的水平线与双结点曲线的交点分别代表组元在两相中的平衡组成 x_1^α 和 x_1^β。图中的温度 T_L 称为下会溶温度、最低会溶温度或最低临界温度，T_U 则称为上会溶温度、最高会溶温度或最高临界温度。当温度 T 满足 $T_L<T<T_U$ 时，才可能存在液液平衡，当温度高于 T_U 或低于 T_L 时，在全浓度范围内将形成一个均匀的液相，不存在LLE。液液平衡相图中的会溶点与纯物质的气液临界点非常相似，它们都是相平衡的极限状态，并且在此点两相的所有热力学(及其他)性质完全一致。

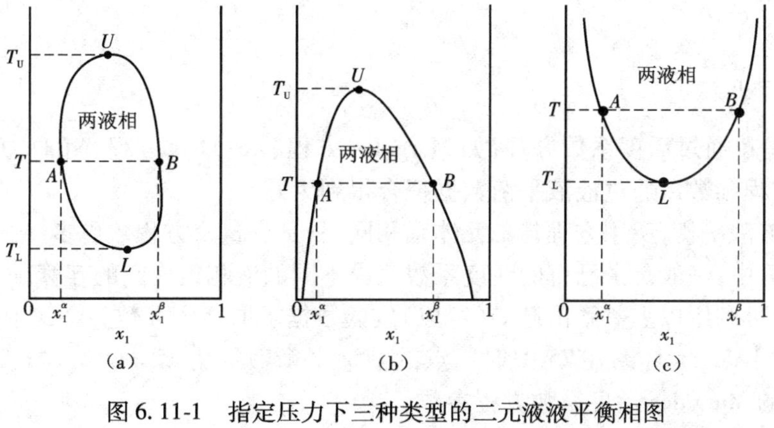

图6.11-1 指定压力下三种类型的二元液液平衡相图

一切部分互溶混合物都可能有一个或两个会溶温度，若 T_L 低于混合物的凝固点，则 T_L 不出现(图6.11-1(b))，若 T_U 高于混合物的泡点，则不出现 T_U(图6.11-1(c))，当液液平衡区同时与汽液平衡和固液平衡线相交，则 T_L 与 T_U 都不出现。

在萃取过程中，要选择溶剂(第3种物质)对液体混合物进行选择性溶解，例如当水中含较多的苯酚时，可以选择对苯酚有较大溶解度的有机溶剂去萃取，以回收苯酚，并减少污染，这个实例说明萃取过程中常常是基于三元或多元液液平衡的。三元体系的液液平衡常用等边三角形或等腰直角三角形定性表示。

6.11.2 液液平衡的热力学基础及计算

液液平衡是液相分裂(一个液相分裂为两个液相),在一定的温度、压力条件下,单相二组元系统稳定性(不分层)条件是

$$\mathrm{d}\ln \gamma_1/\mathrm{d}x_1 > -\frac{1}{x_1} \tag{6.11-1}$$

或

$$\mathrm{d}\hat{f}_1/\mathrm{d}x_1 > 0 \tag{6.11-2}$$

把下标换成“i”,就可以用于多元系统。将 γ_i—x_i 关联式代入式(6.11-1),就可给出液相分相的浓度范围。

按相平衡准则,i 组元在 α 相及 β 相的逸度相等,

$$\hat{f}_i^\alpha = \hat{f}_i^\beta \tag{6.11-3}$$

或

$$\gamma_i^\alpha x_i^\alpha = \gamma_i^\beta x_i^\beta \tag{6.11-4}$$

对二元液液平衡,在给定 T、p 下,求算 x_1^α、x_1^β、x_2^α、x_2^β 所用的关系式是

$$\gamma_1^\alpha x_1^\alpha = \gamma_1^\beta x_1^\beta \tag{6.11-5a}$$

$$\gamma_2^\alpha x_2^\alpha = \gamma_2^\beta x_2^\beta \tag{6.11-5b}$$

$$x_1^\alpha + x_2^\alpha = 1 \tag{6.11-6a}$$

$$x_1^\beta + x_2^\beta = 1 \tag{6.11-6b}$$

由于 γ_i—x_i 的关系式常以 $\ln \gamma_i$ 的形式出现,因此式(6.11-5)也可写成对数形式:

$$\ln \frac{\gamma_1^\alpha}{\gamma_1^\beta} = \ln \frac{x_1^\beta}{x_1^\alpha} \tag{6.11-7a}$$

$$\ln \frac{\gamma_2^\alpha}{\gamma_2^\beta} = \ln \frac{x_2^\beta}{x_2^\alpha} \tag{6.11-7b}$$

式中 γ_1^α、γ_1^β、γ_2^α、γ_2^β 通过活度系数方程,如 Margules 方程、van Laar 方程、NRTL 方程或 UNIFAC 方程求得,但方程参数以通过液液平衡数据拟合得到为好。

对于三元液液平衡,所用方程与二元体系相同,只是变量及方程数更多。

在化工计算中,一般是由已有的活度系数值求不同的液相组成间的互算,即由 x_i^α 求 x_i^β,或反之。偶尔,也可利用以上关系由已知(组成)实验数据求取活度系数关联式中的系数。

【例 6.11-1】某二元体系在 25 ℃时一点的液液平衡数据为 $x_1^\alpha = 0.2$,$x_1^\beta = 0.9$。试由此估算出该温度下的 Margules 活度系数方程参数。

解:Margules 活度系数方程如下:

$$\ln \gamma_1 = [A_{12} + 2(A_{21} - A_{12})x_1]x_2^2$$

$$\ln \gamma_2 = [A_{21} + 2(A_{12} - A_{21})x_2]x_1^2$$

代入式(6.11-7),

$$\ln \frac{\gamma_1^\alpha}{\gamma_1^\beta} = [(x_2^\alpha)^2(x_2^\alpha - x_1^\alpha) - (x_2^\beta)^2(x_2^\beta - x_1^\beta)]A_{12}$$

$$+2[x_1^\alpha(x_2^\alpha)^2-x_1^\beta(x_2^\beta)^2]A_{21}=\ln\frac{x_1^\beta}{x_1^\alpha}$$

$$\ln\frac{\gamma_2^\alpha}{\gamma_2^\beta}=[(x_1^\alpha)^2(x_1^\alpha-x_2^\alpha)-(x_1^\beta)^2(x_1^\beta-x_2^\beta)]A_{21}$$

$$+2[x_2^\alpha(x_1^\alpha)^2-x_2^\beta(x_1^\beta)^2]A_{12}=\ln\frac{x_2^\beta}{x_2^\alpha}$$

将 $x_1^\alpha=0.2$,$x_1^\beta=0.9$,$x_2^\alpha=0.8$,$x_2^\beta=0.1$ 代入,得

$$0.392A_{12}+0.238A_{21}=1.504\ 08$$

$$-0.672A_{21}-0.009\ 8A_{12}=-2.079\ 44$$

解得 $A_{12}=2.148\ 4$,$A_{21}=2.781\ 1$。

仿真习题

6.1 热力学状态参数,理想气体状态方程

6-1 关于广度性质和强度性质,错误的说法是(　　)。

(A)压力具有强度性质

(B)熵具有强度性质

(C)强度性质不具有加和性,其数值与体系的量无关

(D)强度性质乘以广度性质后为广度性质

6-2 在一定温度下,大气中含水蒸气的量愈大,(　　)。

(A)气压愈高　(B)气压愈低

(C)气压在不同温度范围内有不同的规律　(D)气压高低不能确定

6-3 有关理想气体状态方程的使用描述不正确的是(　　)。

(A)这是一个重要的状态方程,许多状态方程或 pVT 关系是在此基础上发展起来的

(B)方程中 T 的单位是℃

(C)理想气体状态方程不适用于液体

(D)处于高温低压下的气体用理想气体状态方程是可靠的

6-4 在下面的热力学量中,具有广度性质的是(　　)。

(A)温度 T　(B)压力 p　(C)等压摩尔热容 C_p　(D)Gibbs 自由能 G

6-5 在状态方程中,有关 R 的描述正确的是(　　)。

(A)R 是没有单位的数　(B)$R=1.987\ \text{J}\cdot\text{mol}^{-1}\cdot\text{K}^{-1}$

(C)$R=8.314\ \text{J}\cdot\text{mol}^{-1}\cdot\text{K}^{-1}$　(D)不同气体选用不同的值

6.2 功、热量和内能

6-6 下面几个物理量中,不是状态函数的是(　　)。

(A)热力学能 U　(B)熵 S　(C)热量 Q　(D)Gibbs 自由能 G

6-7 下面几个说法中正确的是(　　)。

(A)焓的绝对值是无法知道的　(B)内能包括整个体系运动时的动能

(C)体系的温度愈高,其所含热量就越多　(D)内能愈大,做功的能力一定大

6-8 有关焓或焓变的描述正确的是(　　)。

(A)$H=U+pV$ 是定义式,使用没有限制

(B) $H=U+pV$ 只适用于等压下

(C) $H=U+pV$ 只适用于等容下

(D) $\Delta H=Q+W_S$ 是适用于各种情况的热力学第一定律

6-9　下面几个说法中,错误的是(　　)。

(A)功的正负号是人为设定的　　(B)热量的正负号是人为设定的

(C)在化工计算中,不需要内能的绝对值　　(D)在化工计算中,需要焓的绝对值

6.3　热力学第一定律及其对理想气体等值过程、绝热过程和多方过程的应用

6-10　关于热力学第一定律的论述,不正确的是(　　)。

(A)功可以完全转化为热

(B)热力学第一定律是能量守恒定律的表达方式之一

(C)在热力学中内能、功和热量常用的单位是 J 或 kJ

(D)因为能量守恒,就永远用不完地球上的能源

6-11　关于稳流系统的热力学第一定律的讨论,不正确的是(　　)。

(A)封闭系统的热力学第一定律是稳流系统热力学第一定律的一种特殊情况

(B)对换热器,稳流系统的热力学第一定律可简化为 $\Delta H=Q$

(C)对泵和压缩机,一般可简化为 $\Delta H=W$

(D)稳流系统的热力学第一定律表达式只适用于液体

6-12　关于可逆过程与不可逆过程,不正确的是(　　)。

(A)可逆过程是一种假想的理想过程,实际上并不存在

(B)所见到的实际过程均为不可逆过程

(C)实际过程均为不可逆过程,研究可逆过程没有实际意义

(D)当系统沿原途向回到起始(原)状态后,对可逆过程环境也恢复到原状态

6-13　下列热力学过程关系式中,正确的是(　　)。

(A)等温可逆膨胀,体系最大体积功 $W=\int_{p_1}^{p_2}V\mathrm{d}p$

(B)等压过程,焓变 $\Delta H_p=\int_{T_1}^{T_2}C_p\mathrm{d}T$

(C)等容过程,焓变 $\Delta H=-Q$

(D)绝热过程,$\Delta H=-Q$

6-14　下面关于理想气体可逆多方过程的说明,正确的是(　　)。

(A)满足 $p_1V_1=p_2V_2$　　(B)体系与环境无热交换

(C)处处满足 $pV^m=$ 常数　　(D)处处满足熵变等于零

6-15　某工质经可逆绝热膨胀体积由 V_1 变为 V_2,温度由 T_1 变为 T_2,在此变化过程中,满足(　　)。

(A) $\Delta U=0,Q=0$　　(B) $\Delta H=0,Q=0$　　(C) $\Delta S=0,Q=0$　　(D) $T_1V_1=T_2V_2$

6-16　某理想气体的初始温度为 T_1,经某不可逆过程到达终态,温度为 T_2,则此过程(　　)。

(A)内能变化无法求　　(B)功和热量与过程是否可逆无关

(C)内能变化为一定值　　(D)焓变等于吸收的热量

6-17 某理想气体经可逆绝热过程由状态 1 变为状态 2,则满足(　　)。

(A)$p_1^k V_1 = p_2^k V_2$　(B)$p_1 V_1 = p_2 V_2$　(C)$T_1 V_1 = T_2 V_2$　(D)$p_1 V_1^k = p_2 V_2^k$

6-18 若某理想气体 $C_p = 29.1\ \mathrm{J \cdot mol^{-1} \cdot K^{-1}}$,则其绝热指数 k 为(　　)。

(A)1.400　(B)1.286　(C)0.778　(D)0.714

6.4 气体的热容、焓和熵

6-19 理想气体的等压摩尔热容和等容摩尔热容之间的关系为(　　)。

(A)$C_p/C_V < 1$　(B)$C_p - C_V = R$　(C)$C_p/C_V = 1.4$　(D)$C_p/C_V = 5/3$

6-20 下面表达式中不正确的是(　　)。

(A)$C_V = R$(单原子气体)　(B)$C_p = \left(\frac{\partial H}{\partial T}\right)_p$

(C)$C_V = \left(\frac{\partial U}{\partial T}\right)_V$　(D)$C_p - C_V = T\left(\frac{\partial V}{\partial T}\right)_p \left(\frac{\partial p}{\partial T}\right)_V$

6-21 下面有关热容的讨论,错误的是(　　)。

(A)在等压过程中体系从外界吸收一定的热量,若温度上升越慢,则 C_p 越小

(B)在等容过程中体系向外界放出一定的热量,若温度下降越快,则 C_V 越小

(C)任何物质的 C_p 都大于自己的 C_V

(D)若体系从外界不管吸收多少热量温度都不变,则热容为无限大

6-22 某体系由状态 A 到状态 B 的焓变为 ΔH_1,由状态 C 到状态 B 的焓变为 ΔH_2,由状态 A 到状态 C 的焓变 ΔH 为(　　)。

(A)$\Delta H = \Delta H_1 + \Delta H_2$　(B)$\Delta H = \Delta H_1 - \Delta H_2$

(C)$\Delta H = \Delta H_2 - \Delta H_1$　(D)$\Delta H = \frac{1}{2}(\Delta H_1 + \Delta H_2)$

6-23 某理想气体通过等温膨胀过程对外做功,有(　　)。

(A)$\Delta U = 0, \Delta H = 0, \Delta S = 0$　(B)$\Delta U = 0, \Delta H = 0, \Delta S \neq 0$

(C)$\Delta U = 0, \Delta H = Q, \Delta S \neq 0$　(D)$\Delta U \neq 0, \Delta H \neq 0, \Delta S \neq 0$

6-24 对理想气体,下列描述不正确的是(　　)。

(A)焓与熵都随温度而变　(B)焓与熵都随压力而变

(C)焓随温度而变,与压力无关　(D)熵随温度而变,也随压力而变

6-25 某 1 mol 理想气体经可逆等压过程体积膨胀为原来的 2 倍,若已知初始温度为 300 K,$C_p = 29.1\ \mathrm{J \cdot mol^{-1} \cdot K^{-1}}$,这一过程中气体需要吸收的热量为(　　)。

(A)8 730 $\mathrm{J \cdot mol^{-1}}$　(B)4 365 $\mathrm{J \cdot mol^{-1}}$

(C)6 235.8 $\mathrm{J \cdot mol^{-1}}$　(D)2 494.2 $\mathrm{J \cdot mol^{-1}}$

6-26 某一真实气体经等压过程从初态 T_1 到终态 T_2,这一过程的焓变为(　　)。

(A)$\Delta H = 0$　(B)$\Delta H = \int_{T_1}^{T_2} C_V \mathrm{d}T$　(C)$\Delta H = \int_{T_1}^{T_2} C_p \mathrm{d}T$　(D)与气体 pVT 有关

6-27 某一理想气体从初态(p_1、T_1)到终态(p_2、T_2),在这一过程中焓变为(　　)。

(A)$\Delta H = 0$　(B)$\Delta H = \int_{T_1}^{T_2} C_V \mathrm{d}T$

(C)$\Delta H = \int_{T_1}^{T_2} C_p \mathrm{d}T$　(D)$\Delta H = \int_{T_1}^{T_2} C_p \mathrm{d}T + \int_{p_1}^{p_2} \left[V - T\left(\frac{\partial V}{\partial T}\right)_p\right]_{T_2} \mathrm{d}p$

6-28　某气体从初态(p_1、T_1)变化到终态(p_2、T_2),初态和终态都非理想气体状态,又已知低压(p_0)时气体热容为 C_p^{id},为了计算该过程的焓变和熵变,需设定的计算途径为(　　)。

(A)

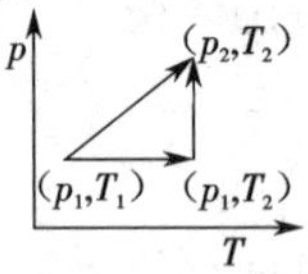

(B)

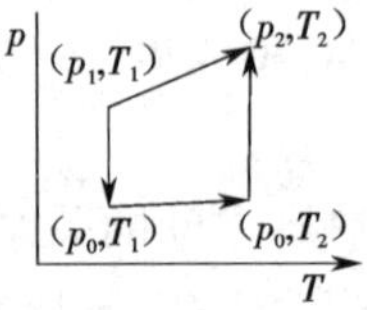

(C)

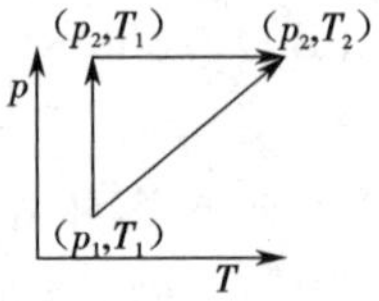

(D)

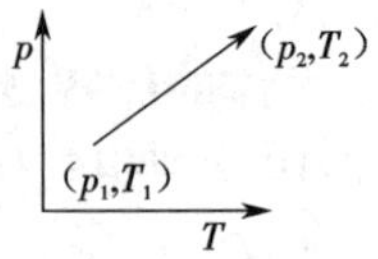

6-29　下面说法中正确的是(　　)。

(A)绝热可逆过程的熵变为零

(B)绝热可逆过程由于 $Q=0$,故 $\Delta H=0$,同时 $\Delta S=0$

(C)绝热可逆过程由于 $Q=0$,热容为零

(D)以上三种说法都不对

6-30　汽液相变过程的 ΔS 和 ΔH 的关系是(　　)。

(A)$\Delta S=\Delta H/T$,不受限制

(B)$\Delta S=\Delta H/T$,T 应该是沸点

(C)$\Delta S=\Delta H/T$,即在温度 T 时的 ΔH 及 ΔS

(D)以上三种说法都不对

6.5　热力学过程、循环过程和热机效率

6-31　某体系由状态 A 经不可逆过程到状态 B,再经可逆过程到状态 C,然后回到状态 A,该循环过程体系有(　　)。

(A)$\Delta H=0$,$\Delta S=0$,$Q=-W$　　(B)$\Delta H=0$,$\Delta S=0$,$Q=-W=0$

(C)$\Delta H\neq 0$,$\Delta S\neq 0$,$Q=-W=0$　　(D)$\Delta H=0$,$\Delta S\neq 0$,$Q=-W$

6-32　有关卡诺循环的描述,不正确的是(　　)。

(A)卡诺循环包括 4 个步骤,其中 2 个为可逆绝热膨胀,2 个为可逆绝热压缩

(B)卡诺循环是可逆循环,热机效率最大

(C)卡诺循环的热机效率与所使用工质有关

(D)卡诺循环的热机效率取决于高温及低温热源的温度

6-33　有关热机效率(η_t),不正确的是(　　)。

(A)工作于同一高温和低温热源条件下,η_t 值越大表示热机工作越有效

(B)η_t 可以大于 1

(C)低温热源和高温热源的温度之比越小,η_t 越大

(D)低温热源温度相同,高温热源的温度越高,η_t 越大

6-34　在某一热力学循环中,工质从 $T=400$ K 的高温热源吸热 1 000 J,并将 200 J 的热量传给了 $T=310$ K 的环境,则这一循环过程中的热效率为(　　)。

(A)80%　　(B)50%

(C)30%以下　　(D)这个循环过程不可能发生

6-35　有一热机在环境温度为 300 K 时,其热机效率为 20%,则该热机的高温热源的温度(　　)。

(A)至少为 400 K　(B)至少为 375 K　(C)至少为 350 K　(D)至少为 325 K

6.6 热力学第二定律,可逆与不可逆过程,熵

6-36 根据热力学第二定律,下列叙述错误的是(　　)。

(A)热不可能从低温物体传到高温物体而无其他影响

(B)不可能从单一热源吸取热量使之完全转变为功而没有其他影响

(C)不可能制造一种不消耗能量而不断做功的机器,即第一类永动机是不可能存在的

(D)孤立体系的熵只能增加,不可能发生熵值减少的过程

6-37 下面叙述中正确的是(　　)。

(A)虽然体系的熵会发生变化,但体系和环境的总熵变为零

(B)工作于相同热源之间的两个可逆热机,效率可能不等

(C)熵不是一种状态函数

(D)若系统与环境之间不绝热,系统可以发生熵减少的过程

6-38 一个不可逆热机经一个循环后,体系工质和环境的熵变为(　　)。

(A)$\Delta S_{体系}+\Delta S_{环境}=0$　(B)$\Delta S_{体系}=0,\Delta S_{环境}>0$

(C)$\Delta S_{体系}>0,\Delta S_{环境}>0$　(D)$\Delta S_{体系}=0,\Delta S_{环境}<0$

6-39 关于过程的不可逆性与熵变的关系,正确说法是(　　)。

(A)含有摩擦生热的过程可能是可逆过程

(B)所有的不可逆过程都将使环境的熵增加

(C)实际的绝热过程都是可逆过程

(D)过程的不可逆性越大,则功损失越多

6-40 关于过程的不可逆性与熵变的关系,正确说法是(　　)。

(A)过程的不可逆性越大,体系的熵增也越大

(B)体系和环境的总熵变决定过程的不可逆性

(C)过程的不可逆性越大,环境的熵增也越大

(D)可逆过程的热温商等于不可逆过程的热温商

6-41 下面哪个过程一定是熵增过程(　　)。

(A)液体结晶过程　(B)气体冷凝过程

(C)等温压缩过程　(D)等温气体混合过程

6.7 立方型状态方程、逸度和逸度系数

6-42 下列有关状态方程的叙述,不正确的是(　　)。

(A)所有状态方程都不能用于液态物质

(B)维里方程是具有比较严格理论基础的状态方程

(C)状态方程是一种重要的 pVT 关系

(D)状态方程广泛用于剩余焓及相平衡的计算中

6-43 有关立方型状态方程的叙述,不正确的是(　　)。

(A)van der Waals(范德华)方程是一种很复杂的立方型状态方程

(B)RK 方程是较简单的而又比较可靠的立方型状态方程

(C)Soave(或称 RKS 或 SRK)方程、PR 方程也是常用的立方型状态方程

(D)立方型状态方程指一类以体积的三次方表示的多项式方程

6-44 当温度低于临界温度且压力高于饱和蒸气压时,一般的立方型状态有(　　)根。

(A)一个　(B)两个　(C)三个　(D)四个

6-45 下列状态方程中,能较好地同时表达气液两相性质的是(　　)。

(A)理想气体方程　(B)维里方程(截项)

(C)van der Waals 方程　(D)RKS 或 PR 方程

6-46 关于立方型状态方程用于混合物时的叙述不正确的是(　　)。

(A)立方型状态方程原则上都可用于混合物

(B)首先要求有一个方便又实用的混合规则

(C)引入交互作用项后计算精度可大大提高

(D)所引入的交互作用项可用理论方法求出

6-47 有关逸度的说法,正确的是(　　)。

(A)逸度只适用于气体

(B)逸度只适用于纯物质

(C)压力趋于零时,纯物质的逸度等于压力

(D)逸度是有效压力,计算设备强度也要用逸度

6-48 有关逸度系数的值,正确的是(　　)。

(A)都大于 1　(B)都小于 1

(C)可大于 1 或小于 1　(D)其值与 1 相差不能太大

6-49 下述几种情况下,真实气体逸度系数接近于 1 的是(　　)。

(A)低温低压　(B)高温高压　(C)高温低压　(D)低温高压

6.8 理想溶液、正规溶液和无热溶液

6-50 有关理想溶液的叙述中,不正确的是(　　)。

(A)理想溶液各个组元的分子大小相等或十分相近,分子间作用力相等

(B)组成理想溶液,其混合无体积变化

(C)组成理想溶液,其混合无热量(焓)变化

(D)组成理想溶液,其混合无熵变

6-51 有关正规溶液和无热溶液的叙述,不正确的是(　　)。

(A)可组成正规溶液的体系多于理想溶液体系

(B)组成正规溶液,其混合无焓变

(C)组成无热溶液,其混合热基本为零,而超额熵不为零

(D)严格符合正规溶液和无热溶液的体系虽不多见,但在建立热力学模型时还是有用的

6-52 下列有关理想溶液的叙述中,错误的是(　　)。

(A)理想气体混合物不一定是理想溶液

(B)理想溶液中所有组元的活度系数都是 1

(C)理想溶液中各组元的逸度等于在相同的温度、压力下各纯组元的逸度与其摩尔分数的乘积

(D)理想溶液中各组元的逸度系数等于纯组元在相同的温度和压力下的逸度系数

6-53 有关理想溶液与实际溶液的偏离,不正确的是(　　)。

(A)严格符合理想溶液的体系是极少的

(B)对理想溶液具有正偏差的溶液,活度系数(γ_i) >1

(C)对理想溶液具有负偏差的溶液,活度系数(γ_i) <1

(D)具正偏差体系比具负偏差体系少得多

6.9 活度系数、混合性质、偏摩尔性质、超额性质以及超额 Gibbs 自由能与活度系数的关系

6-54 下列描述中不正确的是( )。

(A)化学位不是一种偏摩尔性质

(B)$\mu_i = \left[\frac{\partial(nG)}{\partial n_i}\right]_{T、p、n_{j\neq i}}$

(C)偏摩尔性质的定义式为 $M_i = \left[\frac{\partial(nM)}{\partial n_i}\right]_{T、p、n_{j\neq i}}$

(D)偏摩尔性质之间的热力学函数关系与纯物质摩尔性质的函数关系相似

6-55 下列关系式中不正确的是( )。

(A)超额性质 $G^E = H^E - TS^E$

(B)偏摩尔性质 $\overline{H}_i = \overline{U}_i + p\overline{V}_i$

(C)$M = \sum x_i \overline{M}_i$

(D)Gibbs-Duhem 方程的通用方程为 $\sum x_i \mathrm{d}M_i = 0$

6-56 有关混合性质和超额性质的关系式中错误的是( )。

(A)$G^E = H^E + TS^E$ (B)$M^E = M - M^{id}$

(C)混合性质 $\Delta M = M - \sum x_i M_i$ (D)$G^E/(RT) = \sum x_i \ln \gamma_i$

6-57 下列有关活度系数(γ_i)的叙述中,不正确的是( )。

(A)在相平衡中,γ_i 是对溶液非理想性的定量表达

(B)对于理想溶液 $\gamma_i = 1$

(C)活度 $\hat{a}_i$ 和 γ_i 的值与标准态选择无关

(D)γ_i 值可大于 1,也可小于 1

6-58 下列有关活度系数(γ_i)的叙述中,正确的是( )。

(A)γ_i 只用于相平衡计算

(B)在理论上计算 γ_i 值还是难于做到的

(C)在粗略工程计算中,可取 $\gamma_i = 1$

(D)在汽液平衡中,γ_i 值随液相组成变化不大

6-59 二元非理想溶液在浓度极小的两端,其溶质组元和溶剂组元分别遵守( )。

(A)Henry 定律和 Henry 定律 (B)Henry 定律和 Lewis-Randall 规则

(C)Lewis-Randall 规则和 Lewis-Randall 规则 (D)均不适合

6-60 有关活度系数与组成关系式(γ_i—x_i 或 $\ln \gamma_i$—x_i)的描述中,不正确的是( )。

(A)这些关系式的主要作用是在一定 T、p 下由 x_i 求 y_i,或由 y_i 求 x_i

(B)目前应用于化工计算的 γ_i—x_i 关系式,大部分都是先提 G^E 模型,再用 G^E 与 γ_i 的关系式求出

(C)这类关系式一般有两个或更多的参数,要用实验值回归确定

(D)纯经验关联式仍占主导地位

6.10 低压汽液平衡中总压及汽相组成计算,共沸点

6-61 有关相律的叙述中,不正确的是( )。

(A)通过相律可求自由度,即求出独立变量数
(B)由相律可不通过实验求出汽液平衡中有无共沸物
(C)组元数愈多,自由度也愈多
(D)水的三相点自由度为零

6-62　在无共沸物的二元汽液平衡中,1 是轻组元,则(　　)。
(A)$y_1 > x_1$　(B)$y_1 = x_1$　(C)$y_1 < x_1$　(D)$y_1 > x_1$ 或 $y_1 < x_1$

6-63　下列说法中,正确的是(　　)。
(A)一定压力下混合物的泡点温度高于露点温度
(B)一定温度下混合物的泡点压力低于露点压力
(C)一定压力下纯物质的泡点温度等于露点温度,当压力是 101.325 kPa 时,等于沸点
(D)纯物质的泡点线和露点线不重合

6-64　下列有关共沸物的叙述,错误的是(　　)。
(A)强正偏差系统,可形成具最高蒸气压、最低沸点的共沸物
(B)强负偏差系统,可形成具最低蒸气压、最高沸点的共沸物
(C)若系统有极强的负偏差性质,可产生部分互溶现象
(D)有共沸物生成时,对低沸点组元(1),y_1 总是大于 x_1

6-65　对常压或低压汽液平衡计算,错误的是(　　)。
(A)最常用的计算式是 $py_i = \gamma_i p_i^s x_i$
(B)最常用的方法是活度系数法
(C)需要用 γ_i—x_i 关系式求算 γ_i
(D)不能用状态方程法

6-66　用活度系数(γ_i)法计算汽液平衡时不正确的说法是(　　)。
(A)计算式中可用逸度代替压力
(B)不宜用于相对摩尔质量较大的物质
(C)γ_i—x_i 关系式的系数比较齐全,也有数据库可用
(D)不依赖于临界参数的可靠性

6-67　用状态方程法计算汽液平衡时不正确的说法是(　　)。
(A)不需要标准态
(B)可在更大压力范围使用
(C)不依赖于临界参数的可靠性
(D)所用状态方程要同时适用于汽液两相,还需要选用混合规则及寻求交互作用系数

6-68　涉及等压下 y_1—x_1 图内容正确的说法是(　　)。
(A)y—x 曲线与对角线相交说明生成共沸物
(B)曲线 d 表明生成最大蒸气压(最低沸点)共沸物
(C)比较曲线 a 和 b,前者有更小的相对挥发度
(D)曲线 c 表明生成最小蒸气压(最高沸点)共沸物

6-69　在泡点或露点计算中,不正确的说法是(　　)。
(A)计算内容有泡点压力、泡点温度、露点压力、露点温度等
(B)在这些计算中常需要迭代过程

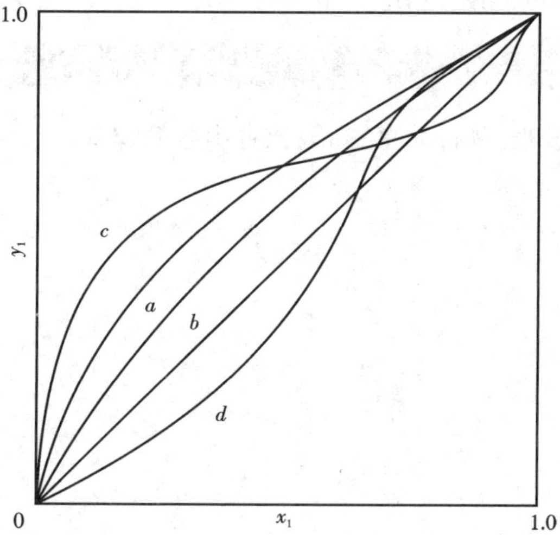

(C)计算中常使用 K 值($K_i = y_i/x_i$)

(D)一般来说,可认为 K_i 只与系统有关,与浓度无关

6.11 液液平衡以及根据液液平衡数据求取活度系数

6-70 对于一个具有上、下会溶温度的二元物系,当温度处于这两个温度之间时,该物系处于( )。

(A)均相 (B)在不同组成时分别是均相或非均相

(C)非均相 (D)均相与非均相分界没有规律

6-71 有关液液平衡计算,不正确的是( )。

(A)计算基于相平衡准则,即 $\hat{f}_i^\alpha = \hat{f}_i^\beta$ (B)最常用的计算式是 $\gamma_i^\alpha x_i^\alpha = \gamma_i^\beta x_i^\beta$

(C)求 γ_i 值时选用合适的 γ_i—x_i 关联式 (D)不能用状态方程法

6-72 某温度下,A、B 二元溶液处于液液平衡,$x_A^\alpha = 0.02$,$x_B^\alpha = 0.98$,$x_A^\beta = 0.99$,$x_B^\beta = 0.01$,则 γ_A^α 及 γ_B^β 分别(近似)为( )。

(A)49.5,98 (B)98,49.5 (C)99,98 (D)98,99

习题答案

6-1 (B)	6-2 (B)	6-3 (B)	6-4 (D)	6-5 (C)	6-6 (C)
6-7 (A)	6-8 (A)	6-9 (D)	6-10 (D)	6-11 (D)	6-12 (C)
6-13 (B)	6-14 (C)	6-15 (C)	6-16 (C)	6-17 (D)	6-18 (A)
6-19 (B)	6-20 (A)	6-21 (A)	6-22 (B)	6-23 (B)	6-24 (B)
6-25 (A)	6-26 (C)	6-27 (C)	6-28 (B)	6-29 (A)	6-30 (C)
6-31 (A)	6-32 (C)	6-33 (B)	6-34 (D)	6-35 (A)	6-36 (C)
6-37 (D)	6-38 (B)	6-39 (D)	6-40 (B)	6-41 (D)	6-42 (A)
6-43 (A)	6-44 (C)	6-45 (D)	6-46 (D)	6-47 (C)	6-48 (C)
6-49 (C)	6-50 (D)	6-51 (B)	6-52 (A)	6-53 (D)	6-54 (A)
6-55 (D)	6-56 (A)	6-57 (C)	6-58 (B)	6-59 (B)	6-60 (D)
6-61 (B)	6-62 (A)	6-63 (C)	6-64 (C)	6-65 (D)	6-66 (B)

6-67 （C） 6-68 （A） 6-69 （D） 6-70 （B） 6-71 （D） 6-72 （A）

参考书目

马沛生. 化工热力学教程〔M〕. 北京:高等教育出版社,2011.

7 职业法规

考试大纲

7.1 我国有关基本建设、建筑、房地产、城市规划、环保等方面的法律法规
7.2 工程设计人员的职业道德与行为准则

复习指导

职业法规是企业进行合法生产和合法排污的依据。本章在扼要介绍一些基本法学理论的基础上,重点叙述我国环境保护基本法律制度以及企业生产过程应遵循的一些环境保护法律法规。要求熟悉我国的环境保护法律体系,并能根据环境保护基本法和相关的污染防治法规定,掌握企业建设项目在不同建设阶段应执行的相关规定和制度,如建设前需进行环境影响评价,建设过程中应执行"三同时制度",正常运营阶段产生的废水、废气、废渣、噪声等应按有关规定排放及应执行的排放标准等。注册化工工程师执业资格考试基础考试中,职业法规占了3题,题型为单项选择题。

复习内容

7.1 法学基本理论

要求:了解法学的一些基本概念和法律制订过程中所遵循的一般原则,旨在帮助从业人员熟悉法学基本原理,牢固树立法律意识,为进一步学习环境法律法规知识奠定基础。

7.1.1 基本概念

1. 法律及其特征

法律是体现统治阶级的意志,由国家制定并由国家强制力保证实施的行为规范体系。法律的显著特征如下:第一,普遍性、确定性和形式合理性。普遍性是指法律规范具有普遍的约束力。确定性是指法律规范的表述是明确的,不模棱两可。形式合理性是指法律规范的设定、

表述和适用,符合社会成员的正常理性水平和行为能力,可以为社会成员所理解和实践。第二,国家性。法律规范是国家意志的体现,并由国家负责制定、颁布和实施。第三,强制性。法律以国家强制力为后盾,法律的拘束力,是法律强制性的外在表现。第四,正当性。无论法律的具体形式如何,它总是追求在其创制者看来正当、符合正义的目标,并在形式上要求公正。第五,以权利义务的设定为核心内容,通过权利义务关系来规范和调整社会关系。第六,阶级倾向性。在阶级社会中,法律倾向于确认、维护、发展有利于统治阶级的目标和价值。

2. 法律功能

法律功能,是指法律对人们的行为、社会生活和社会关系所产生的影响。法律功能可以分为法律的规范功能和法律的社会功能两类。法律是调整人们的行为或社会关系的规范,所以法律具有各种规范功能。根据行为主体的不同,法律的规范功能可分为指引、评价、教育、预测和强制功能。同时,法律是一定的人们的意志的体现,反映了他们的利益要求,所以法律还具有各种社会功能。法律的社会功能主要表现在两个方面:维护统治阶级的阶级统治和执行社会公共事务。

3. 法律原则

法律原则是法律规则产生的基础,也是解释法律规则的重要依据,它还可以作为直接的行为准则被使用。与法律规则相比,法律原则通常具有以下特点。

①概括性。法律规则总是具体规定权利和义务以及具体的法律后果,而法律原则通常不预设确定的行为条件,不规定具体的权利义务,更没有确定的法律后果,如"法律面前人人平等"。

②价值性。法律原则通常比法律规则更直接反映法律的价值倾向。如"民事活动遵循自愿、公平、等价有偿、诚实信用的原则"等。一项法律原则的论证和实行,需要援引政治、经济、社会、文化等其他领域的原理,需要求助于价值判断,所以法律原则具有价值性。

③稳定性。与法律规则的易变性相比,法律原则往往具有相对的稳定性。例如,从"有罪推定"到"无罪推定"这一法律原则的转变,经历了漫长的过程,而无论是反映"有罪推定"还是"无罪推定"的那些具体法律规则,在每个时代都有很多变化。

④灵活性。法律规则在适用时,要么有效要么无效,要么被遵守要么被违反;相互冲突的两个法律规则,必然有一个无效。而法律原则不设定具体的行为条件、行为模式和法律后果,它不存在要么有效要么无效的问题。

根据不同的标准,法律原则可以被划分为不同类型。如:根据层次的高低,可以分为宪法原则和部门法原则;根据所调整社会关系范围的广狭,可以分为基本原则和具体原则;根据其产生的基础,可以分为政策性原则和公理性原则;根据内容,可以分为实体性原则和程序性原则;等等。

4. 法律效力

法律效力是指法律对人们行为的约束和强制作用。法律效力的范围分为时间效力、空间效力、对人的效力和对事的效力,后两者又可以被概括为"对象效力"。时间效力是指法律效力的时间范围,即何时开始生效、何时终止效力。空间效力是指法律效力的地域范围,即法律在哪些地方或在什么区域具有约束力。对象效力包括对人的效力和对事的效力。在世界各国的法律实践中,关于对象效力的确定大致有四种原则:第一,属人主义,法律只适用于本国国民;第二,属地主义,法律只适用于本国主权管辖范围;第三,保护主义,以维护本国利益为标准,法律适用于所有损害本国利益的行为;第四,以属地主义为主,结合属人主义和保护主义,这是近代以来大多数国家普遍采用的原则。我国法律对象效力的确定也是以第四种原则为标准。

就对象效力与时间效力之间的交叉来看,主要涉及法律的溯及力问题,即法律对其颁布生效以前的行为是否有拘束力。一般而言世界各国的法律都基本认同法律不应该有溯及力。不过,这主要是针对实体法而言的,在诉讼法中,法律实际上经常溯及既往。另外,我国刑法中的"从旧兼从轻原则"属于"有条件地溯及既往"。

在一国的法律体系中,不同法律形式的效力有高低之分,由此形成法律的效力等级体系,又称法律的效力层次。一项法律在法律的效力层次中处于何种地位,通常与该法律的制定主体、制定时间及其适用范围有关。一般来说,法律的效力层次遵循下列原则:宪法至上原则、上位法优于下位法原则、特别法优于一般法原则、新法优于旧法原则、国际法优于国内法原则等。

5. 法律关系

法律关系是法律规范在调整社会关系过程中形成的权利义务关系。第一,法律关系以法律规范的存在为前提。没有某方面的法律规范,就不会有相应的法律关系。第二,法律关系是法律规范发挥其调整社会关系功能的过程,是人们有意识地通过社会行为建立、变更或者消灭的。第三,法律关系与社会关系有着辩证的关联。法律规范不是凭空产生的,法律规范对法律关系逻辑模型及其现实化条件的设定,来源于法律规范创设主体对社会关系的认识、判断、评价和追求。法律关系通过社会主体的行为,又成为现实社会关系的一部分。第四,法律关系是权利义务关系。第五,法律关系由主体、客体和内容三个要素构成。法律关系的主体是指法律关系中权利的享有者和义务的承担者。一般来说,法律所确认的法律关系主体主要有自然人和法人;在我国宪法性规范中,"人民"、"民族"、"国家"等,也可以成为特定法律关系的主体。法律关系的客体是指法律关系主体之间权利、义务所指向的对象。法律关系的内容是指法律关系主体所享有的权利和所承担的义务。

6. 权利与义务

法律上的权利与义务是为国家的法律确认并保护的权利与义务,是法律关系的内容。法律权利是法律赋予人实现其利益的一种力量感和资格,具体表现为权利人可以作出或不作出一定行为,或者要求他人作出或不作出一定行为;法律义务是法律基于权利而给人以负担的一种约束,具体表现为义务人基于权利人的权利而必须从事一定的行为或不从事一定的行为。一般地说,任何法律关系都是权利与义务的有机统一。没有无权利的义务,也没有无义务的权利。

7. 法律体系

法律体系,是指一国所有现行法律规范按照不同法律部门分类组合而形成的一个有机整体。

法律体系由法律部门直接构成。法律部门又称"部门法",是指根据一定标准和原则所划分的同类法律规范的总和。划分法律部门的标准多种多样,我国的划分标准主要有法律调整的社会关系和法律调整方法两种。根据这个标准,我国法律体系可以划分为以下基本法律部门:宪法及宪法相关法、民商法、行政法、经济法、社会法、刑法、诉讼及非诉讼程序法。

8. 法律责任

法律责任是指依据法律规范,社会主体因一定法律事实的发生而应该承受的合法负担,法律在调整社会关系过程中发生拘束力的逻辑结果之一。

法律责任的产生有两个前提条件。第一,有法律规范的相关规定。第二,有一定法律事实发生。法律责任对承担责任的主体来说,属于一种合法负担。它可能是一种否定性的法律后果,即法律对侵权或不履行法定、约定义务的行为给予否定性的法律评价,并通过要求责任主体承受这种负担来体现法律的否定性评价,如给予罪犯一定的刑事处罚;也可能不代表法律的否定性评价,而仅仅是根据社会公共利益或公平原则要求责任主体承受的法律义务,如民法中的过错责任。之所以叫“合法负担”,是指无论责任是否带有法律的否定性评价,都是以法律为依据的,即使在约定责任情况下,也不能违背法律的规定。

9. 法系

法系是根据若干国家和地区基于历史传统原因在法律实践和法律意识等方面所具有的共性而进行的对法的一种分类,它是这些具有共性或共同传统的法的总称。一般来说,构成一法系必须具备两个方面的条件:第一,必须有一个风格独特、特征明显、体系完整的母法系统;第二,必须有若干个接受这个母法影响、具有与母法相同特征的子法系统。在世界历史上存在五大主要法系,包括大陆法系、英美法系、社会主义法系、伊斯兰法系和印度法系。其中,对世界法律影响最大的是大陆法系和英美法系。

大陆法系的特点有:全面继承罗马法;成文法典是主要法律渊源,法律规范的抽象化、概括化;法学在推动法律发展中起着重要作用。英美法系的特点有:以英国和美国为中心,以英国普通法为基础;以判例法为主要表现形式,遵循先例;变革相对缓慢,具有保守性;在法律发展中,法官具有突出作用;诉讼程序实行对抗制模式,注重程序正义。

7.1.2 法律制定

1. 概念

法律制定,就是通常所说的立法,是指有关国家机关在法定权限范围内,依照法定程序,修改、废止和补充规范性法律文件的活动。

2. 立法原则

现阶段我国立法活动的基本原则主要有:科学性原则、民主性原则、合宪性原则。

3. 立法体制

立法体制是指关于立法权限划分的制度体系。它主要包括两方面的内容:一是立法权本身的范围和限度;二是立法权在一国诸多具体立法机关之间的权限划分。我国宪法没有就立法权在总体上是否应该受到一定限制作出规定,因而,我国的立法体制主要只涉及立法权限在具体立法机构之间的划分问题。一般认为,我国现行立法体制可以概括为“一元、两级、多层次”。“一元”指根据宪法规定,立法权只能由全国人民代表大会及其常务委员会统一行使,全国范围内只存在一个统一的立法体系。“两级”指按照宪法,我国立法体制分为中央立法及地方立法两个等级。“多层次”是指不论中央立法还是地方立法,都可以各自分成若干个层次或类别。

4. 立法程序

立法程序是立法活动所要遵循的法定步骤和方法。按照《中华人民共和国全国人民代表大会议事规则》和《中华人民共和国全国人民代表大会常务委员会议事规则》,我国的立法大致要经历四个基本阶段。

①法律议案的提出,即享有法定权限的国家机关或个人向立法机关提出有关法律议案或制定、修改、补充、废止某项法律的建议。全国人大主席团、全国人大常委会、全国人大各专门委员会、国务院、中央军事委员会、最高人民法院、最高人民检察院以及一定数额的全国人大代表,有提出法律议案的权力。

②法律草案的审议,即立法机关对列入议事日程的法律议案进行审查、讨论。

③法律议案的通过,即立法机关对经过审议的法律议案进行表决,是立法过程中最具决定性的阶段。

④法律的公布,即立法机关将获得通过的法律按照法定形式公之于众。法律的公布权由国家主席来行使。法律的法定公布形式是在全国人大常委会公报上全文公布,传媒可予转载。

7.1.3 法律实施

法律实施包括执法、司法和守法,在一定意义上也包括监督实施在内。这里着重就行政执法进行阐明。

行政执法是指国家行政机关及其公职人员,依照法定职权和程序贯彻、执行法律的活动。我国的行政执法体系主要由三部分构成。①各级人民政府。②行政部门,即各级人民政府中享有执法权的下属机构可以成为行政执法主体的行政部门。③事业组织,指那些因法律、法规授权而具有管理社会公共事务职能的组织以及按照法律、法规由国家行政机关委托授权的管理公共事务的事业组织。

行政执法的基本原则主要有:依法行政原则、公平合理原则、效率原则。

7.1.4 法律解释

法律解释有广义和狭义之分。广义上的法律解释,是指所有对法律文本、法律事实以及法律文本与法律事实之间关系的理解、说明。狭义上的法律解释,仅仅指法定主体对法律文本内容和含义所作的理解和说明。我国的法律解释权属于全国人大常委会。

法律解释必须遵循的原则主要有:合法性原则 、法制统一原则、历史与现实相统一原则 。

根据宪法和《全国人民代表大会常务委员会关于加强法律解释工作的决议》的规定,我国的法律解释体制主要包括立法解释、司法解释、行政解释。

7.1.5 法律监督

法律监督有广义和狭义之分。广义上的法律监督,泛指一切国家机关、政党、团体或社会组织以及公民对法律运行过程的合法性进行监督。法律监督并非法律运行的一个独立环节,它贯穿于立法、执法、司法、守法的每一个环节中,是保证法律有效实现的一个基本机制。狭义上的法律监督指特定国家机关依法对立法、执法、司法等法律运行环节的合法性进行监督。下面关于法律监督有关问题的理解和说明,是就其广义而言的。

法律监督由三个要素构成:主体、客体、内容。主体主要包括三类:①国家机关,包括国家权力机关、行政机关、司法机关;②政党或其他政治团体、社会团体、群众组织和企业事业单位;③公民。

客体主要包括两类。①国家机关、政治或社会组织及其公职人员的行为。根据现代法治原则,这是法律监督的重点对象。②其他组织或公民的行为。

内容主要是行为的合法性。在一定范围内,法律监督也包括对某些公共权力行为合理性的监督,如审判机关对显失公正的行政处罚决定的审查和变更判决。

法律监督必须遵循合法性原则、权利保障原则、程序性原则、公开性原则。

7.1.6 法律服务

法律服务是指基于与当事人达成的协议,运用法律及其知识、技能,依法帮助当事人解决法律问题的智力型服务活动。它是保证法律得到有效实现的重要制度设计之一。

我国目前的法律服务体系主要由律师事务所、基层法律事务所、社会公证机构、审计事务所、会计师事务所等构成。

7.1.7 法律援助

法律援助,是指在国家设立的法律援助机构的指导和协调下,律师、公证员、基层法律工作者等法律服务人员,对经济困难或特殊案件的当事人给予减、免收费提供法律帮助的一项法律制度。法律援助的基本社会功能是扶贫助弱。法律援助是政府的责任。

7.2 建设法律体系

要求:了解我国建设法律框架体系,了解目前已经制定出台的建设法律法规和部门规章。

我国现行建设法律体系如图 7.2-1 所示;建设法律体系法律和行政法规一览如图 7.2-2 所示。

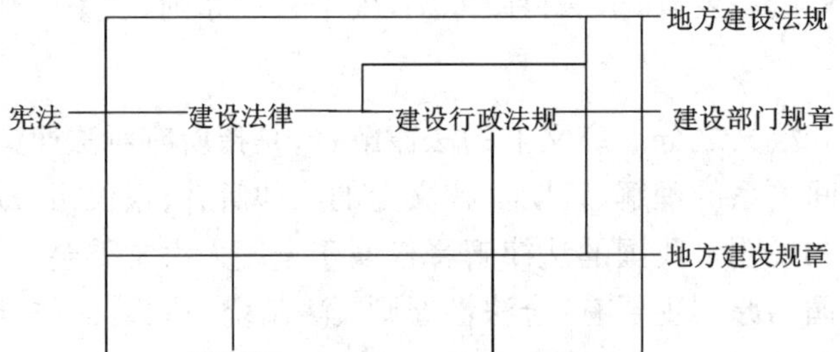

图 7.2-1 我国现行建设法律体系

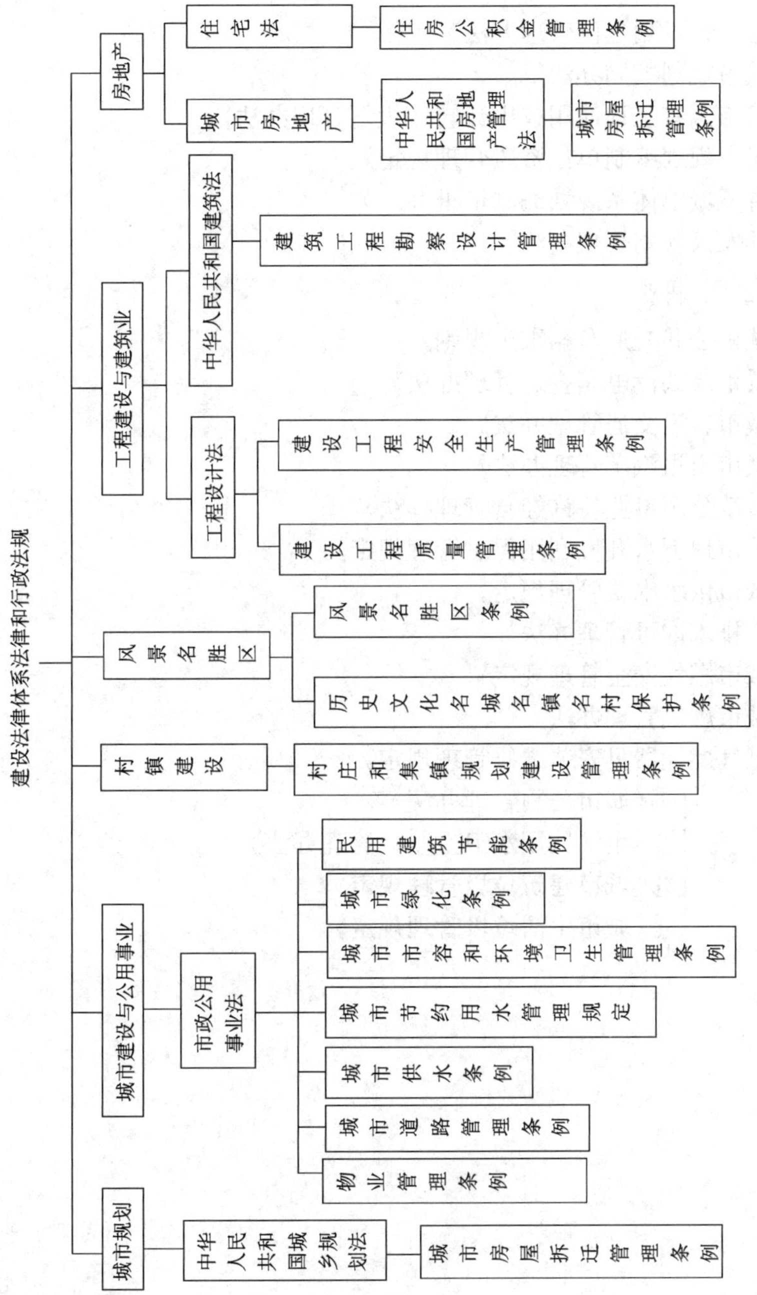

图7.2-2 建设法律体系法律和行政法规一览

注：以上图中涉及的法律法规均依据《建设法律法规》（中国建筑工业出版社2010年版）。对于适应经济社会发展需要，可能在将来制定公布的法律法规不在本图所列范围。

依据《建设法律法规》(中国建筑工业出版社 2010 年版),目前已经出台的建设法律体系部门规章包括城市规划、城市市政公用事业、工程建设与建筑业、房地产和其他相关规定、方法,具体如下。

7.2.1 城乡规划

城乡规划
- ①《建制镇规划建设管理办法》
- ②《城市规划编制办法》
- ③《城市国有土地使用权出让转让规划管理办法》
- ④《城市规划编制单位资质管理规定》
- ⑤《省域城镇体系规划编制审批办法》
- ⑥《开发区规划管理办法》

7.2.2 城市市政公用事业

城市交通
- ①《城市公共交通车船乘坐规则》
- ②《城市公共汽电车客运管理办法》
- ③《城市轨道交通管理办法》
- ④《城市出租汽车管理办法》
- ⑤《市政公用事业特许经营管理办法》

城市供水
- ①《城市地下水开发利用保护管理规定》
- ②《城市供水水质管理规定》

城市排水{《城市排水许可管理办法》

城市燃气
- ①《城市燃气安全管理规定》
- ②《城市燃气管理办法》
- ③《燃气燃烧器具安装维修管理规定》

市容和环境卫生管理
- ①《城市公厕管理办法》
- ②《生活饮用水卫生监督管理办法》
- ③《城市建筑垃圾管理规定》
- ④《城市生活垃圾管理规定》

7.2.3 工程建设与建筑业

- 工程设计建筑业
  - 工程勘察设计管理
    - 《勘察设计说明工程管理规定》
  - 建设工程勘察设计
    - ①《外商投资建设工程设计企业管理规定》
    - ②《外商投资建设工程设计企业管理规定》的补充规定
    - ③《建设工程勘察设计资质管理规定》
    - ④《建设工程勘察质量管理办法》
  - 中外合作设计工程
  - 建设工程招标投标
    - ①《建筑工程设计招标投标管理办法》
    - ②《房屋建筑和市政基础设施工程施工招标投标管理办法》
    - ③《工程建设项目招标代理机构资格认定办法》
    - ④《工程建设项目施工招标投标办法》
    - ⑤《工程建设项目勘察招标投标办法》
    - ⑥《工程建设项目货物招标投标办法》
  - 建筑工程造价
    - ①《工程造价咨询企业管理办法》
    - ②《注册造价工程师管理办法》
  - 建设工程施工
    - ①《房屋建筑工程质量保修办法》
    - ②《建筑工程设施许可管理办法》
    - ③《建筑工程施工发包承包计价管理办法》
    - ④《房屋建筑和市政基础设施工程施工分包管理办法》
    - ⑤《建筑施工企业安全生产许可管理规定》
    - ⑥《房屋建筑和市政基础设施工程施工图设计文件审查管理办法》
  - 工程建设监理
    - ①《工程建设国家标准管理办法》
    - ②《工程建设行业标准管理办法》
    - ③《城建监察规定》
      - ①《房屋建筑和市政基础设施工程竣工验收备案管理办法》
      - ②《房屋建筑和市政基础设施工程质量监督管理办法》
    - ④《建设行政处罚程序暂行规定》
    - ⑤《实施工程建设强制性标准监督规定》
    - ⑥《建设工程监理范围和规模标准规定》
    - ⑦建设部关于废止《工程建设重大事故报告和调查程序》等命令的决定
    - ⑧《注册监理工程师管理规定》
    - ⑨《工程监理企业资质管理规定》
    - ⑩《建筑起重机安全监督管理规定》
  - 工程建筑质量管理条例
    - 《建设工程质量检测管理办法》
  - 建设工程抗御地震灾害管理条例
    - ①《超限高层建筑工程抗震设施管理规定》
    - ②《城市抗震防灾规划管理规定》
    - ③《房屋建筑工程抗震设防管理规定》
    - ④《市政公用设施抗灾设施管理规定》
  - 建筑企业管理条例
    - ①《外商投资建筑业企业管理规定》
    - ②《外商投资建筑业企业管理规定》的补充规定
    - ③《外商投资城市规划服务业管理规定》
    - ④《外商投资建设工程服务企业管理规定》
    - ⑤《建筑业企业资质管理规定》

7.2.4 房地产业

- 房地产业
  - 城市房地产法
    - ①《已购公有住房和经济适用住房上市出售管理暂行办法》
    - ②《房地产开发企业资质管理规定》
    - ③《房产测绘管理办法》
    - ④《商品房销售管理办法》
    - ⑤《城市异产毗连房屋管理规定》
    - ⑥《城市房地产转让管理规定》
    - ⑦《城市房地产中介服务管理规定》
    - ⑧《城市房地产权属档案管理办法》
    - ⑨《城市商品房预售管理办法》
    - ⑩《房地产估价机构管理办法》
  - 住宅法
    - ①《城市房屋租赁管理办法》
    - ②《城市居民住宅安全防范设施建设管理规定》
    - ③《住宅室内装饰装修管理办法》
    - ④《城市危险房屋管理规定》
    - ⑤《城市房屋白蚁防治管理规定》
    - ⑥《廉租住房保障办法》
    - ⑦《住宅专项维修资金管理办法》
    - ⑧《房屋登记办法》

7.3 环境保护法律体系

要求：熟练掌握我国的环境保护法律体系、环境标准的概念和体系、环境保护法律法规的制定权限和具体适用。

7.3.1 环境保护法律体系

我国目前建立了由法律、行政法规、政府部门规章、地方性法规和地方政府规章、环境标准、环境保护国际条约组成的完整的环境保护法律体系。

我国现行的环境保护法律体系见图 7.3-1。

1. 宪法

宪法中关于环境保护的条款，是各种环境保护法律、法规和规章的立法依据和指导原则。把环境保护作为一项国家职责和基本国策在宪法中予以确认，对环境保护的指导原则和主要任务在宪法中做出规定，为国家和社会的环境保护活动奠定了法律基础。

1982 年通过的《中华人民共和国宪法》在 2004 年修正案第九条第二款规定：国家保障资源的合理利用，保护珍贵的动物和植物。禁止任何组织或者个人用任何手段侵占或者破坏自然资源。第二十六条第一款规定：国家保护和改善生活环境和生态环境，防治污染和其他公害。

2. 环境保护法律

1）国际环境保护公约、条约

中国政府为保护全球环境而签署的国际公约、条约是环境保护法律体系的重要组成部分，

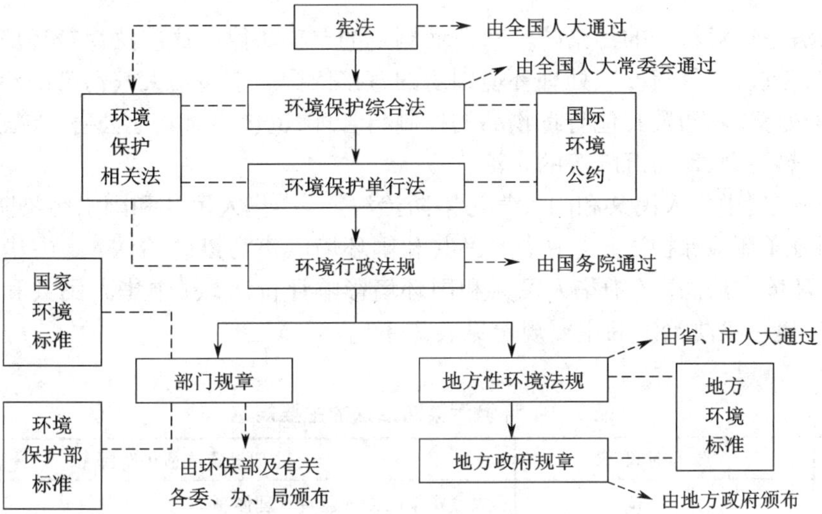

图 7.3-1 我国现行的环境保护法律体系

是中国承担全球环境保护义务的承诺。我国签署的国际公约、条约的效力高于国内法律(我国声明保留条款除外)。最近几年来,我国参与制定并签署了《巴塞尔公约修正案》、《京都议定书》、《生物安全卡特赫拉议定书》、《关于危险化学品和农药国际贸易事先知情同意程序(PIC)的鹿特丹公约》、《关于持久有机污染(POPS)的斯德哥尔摩公约》等多边公约,同时还签署了一系列新的双边环境协议。

2)环境保护法

(1)环境保护基本法

在环境保护法律体系中,除宪法之外,环境保护基本法占有核心的重要地位。它是一部综合性的实体法,即对环境保护方面的重大问题加以全面综合调整的立法,一般是对环境保护的目的、范围、方针政策、基本原则、重要措施、管理制度、组织机构、法律责任等做出原则规定。

1989 年 12 月颁布的《中华人民共和国环境保护法》,是我国环境与资源保护基本法。该法是 1979 年《中华人民共和国环境保护法(试行)》经修订后重新颁布的。《中华人民共和国环境保护法》共 6 章 47 条。

第一章“总则”规定了环境保护的任务、对象、适用领域、基本原则以及环境监督管理体制;

第二章“环境监督管理”规定了环境标准制订的权限、程序和实施要求,环境监测的管理和状况公报的发布,环境保护规划的拟订及建设项目环境影响评价制度,现场检查制度及跨地区环境问题的解决原则;

第三章“保护和改善环境”,对环境保护责任制、资源保护区、自然资源开发利用、农业环境保护、海洋环境保护作了规定;

第四章“防治环境污染和其他公害”规定了排污单位防治污染的基本要求、“三同时”制度、排污申报制度、排污收费制度、限期治理制度以及禁止污染转嫁和环境应急的规定;

第五章“法律责任”规定了违反本法有关规定的法律责任;

第六章“附则”规定了国内法与国际法的关系。

(2)污染防治法

污染防治法是针对特定的污染防治对象而制定的单项法律。这些法律较环境保护基本法内容详细具体，是进行环境管理、处理环境纠纷的直接依据。它包括大气污染防治、水质保护、噪声控制、废物处置、农药及其他有毒物品的控制与管理，也包括对其他公害，如震动、恶臭、放射性电磁辐射、热污染、地面沉降等的防治。

我国已经颁布《中华人民共和国大气污染防治法》、《中华人民共和国水污染防治法》、《中华人民共和国海洋环境保护法》、《中华人民共和国环境噪声污染防治法》、《中华人民共和国固体废物污染环境防治法》、《中华人民共和国环境影响评价法》、《中华人民共和国放射性污染防治法》。环境污染防治法的主要规定见表 7.3-1。

表 7.3-1 环境污染防治法的主要规定

法律	颁布时间	主要规定或适用范围
《中华人民共和国大气污染防治法》	2000 年 4 月 29 日修订通过，2000 年 9 月 1 日起施行 共 7 章 66 条	◦大气污染防治的监督管理体制 环境保护行政主管部门统一监督管理。主要职责是：制定标准，审批环境影响报告书（表）、登记表，验收和检查“三同时”，排污申报登记管理，对污染防治设施的拆除或者闲置进行监督，征收排污费，调查处理大气污染事故，对排污单位进行现场检查，组织监测网络，会同国务院有关部门划定“两控区” ◦防治大气污染的监督管理原则和制度 ◦防治燃煤产生的大气污染的法律措施 ◦防治机动车船排放污染的法律措施 ◦防治废气、尘和恶臭污染的法律措施
《中华人民共和国水污染防治法》	1984 年 5 月 11 日修订通过，2008 年 6 月 1 日起施行 共 8 章 92 条	◦水污染防治的监督管理体制 各级人民政府的环境行政主管部门对水污染防治实施统一监督管理。其主要职责是：审批环境影响报告书（表）、登记表；验收和检查“三同时”；排污申报登记管理；征收排污费和超标排污费；在紧急情况下，经同级人民政府批准，采取强制性的应急措施；对排污单位进行现场检查；调查处理水污染事故和其他突发性事件；对水污染防治设施的正常运行进行现场检查；对违法行为进行行政处罚；调解处理民事纠纷 ◦防治水污染的原则和制度 ◦防治地表水污染的法律措施 ◦防治地下水污染的法律措施
《中华人民共和国海洋环境保护法》	1999 年 12 月 25 日修订通过，2000 年 4 月 1 日起施行 共 10 章 98 条	◦适用于中华人民共和国内海、领海、毗连区、专属经济区、大陆架以及中华人民共和国管辖的其他海域 ◦在中华人民共和国管辖海域以外，造成中华人民共和国管辖海域污染的，也适用本法 ◦这部法律主要针对防治海洋污染和生态破坏而制定的，从海洋生态保护到陆源污染物、海岸工程、海洋工程、倾倒废弃物、船舶的有关作业活动等几个方面对防治海洋的污染损害做出规定 ◦国务院环境保护行政主管部门对海洋污染防治实施统一监督管理，并负责全国陆源污染物和海岸工程建设项目对海洋污染损害的监督管理

续表

法律	颁布时间	主要规定或适用范围
《中华人民共和国固体废物污染环境防治法》	2004年12月29日修订通过,2005年4月1日起施行 共6章91条	◦本法适用于中华人民共和国境内固体废物污染环境的防治。液态废物和置于容器中的气态废气的污染防治,适用本法;排入水体的废水和排入大气的废气的污染防治不适用本法;固体废物污染海洋环境的防治和放射性固体废物污染环境的防治不适用本法 ◦固体废物:是指在生产建设、日常生活和其他活动中产生的污染环境的固态、半固态废弃物质 ◦危险废物:是指列入国家危险废物名录或者根据国家规定的危险废物鉴别标准和鉴别方法认定的具有危险特性的废物 ◦主要内容包括:固体废物污染环境防治的监督管理,固体废物污染防治的一般规定,工业固体废物、城市生活垃圾污染环境的防治,危险废物污染环境的特别规定(如,制定危险废物名录,规定统一的危险废物鉴别标准、鉴别方法和识别标志,规定行政代处置制度、许可证管理制度等)。另外,由于固体废物的可移动性,对固体废物境内转移、过境转移等分别作了规定
《中华人民共和国环境噪声污染防治法》	1996年10月29日通过,1997年3月1日起施行 共8章64条	◦适用于中华人民共和国领域内环境噪声污染的防治,因从事本职生产、经营工作受到噪声危害的防治,不适用本法 ◦所谓环境噪声污染,是指所产生的环境噪声超过国家规定的环境噪声排放标准,并干扰他人正常生活、工作和学习的现象 ◦这部法律主要规定了环境噪声污染防治的监督管理体制,工业噪声污染防治(对设备、产品噪声的控制),建筑施工、交通运输噪声污染防治,社会生活噪声(饮食服务、娱乐场所)污染防治
《中华人民共和国环境影响评价法》	2002年10月28日通过,2003年9月1日起施行 共5章38条	◦本法所称环境影响评价,指对规划和建设项目实施后可能造成的环境影响进行分析、预测和评估,提出预防或者减轻不良环境影响的对策和措施,进行跟踪检测的方法与制度(在这里,环境影响评价是一个大概念,既包括环境影响评价方法和手段,也包括环境影响评价制度) ◦对环境有影响的项目,主要指该项目在建设过程中,建成投产后的运行阶段和服务期满后,对其周围的大气、水、土地、森林、草原、生物等环境要素可能带来变化(这里的“项目”是指按照固定资产投资方式进行的一切开发建设活动,包括国有经济、城乡集体经济、联营、股份制、外商投资、港澳台投资、个体经济和其他各种不同经济类型的基本建设、技术改造、房地产开发等各类建设活动) ◦依照本法进行环境影响评价的规划,包括国务院有关部门编制的土地利用的有关规划,区域、流域、海域的建设和开发规划以及工业、农业、渔牧业、林业、能源、水利、交通、城市建设、旅游、自然资源开发等有关专项规划,具体范围由国务院环境保护行政主管部门会同有关部门规定,报国务院批准

续表

法律	颁布时间	主要规定或适用范围
《中华人民共和国放射性污染防治法》	2003 年 6 月 28 日通过,2003 年 10 月 1 日起施行 共 8 章 63 条	○本法所称放射性污染,是指由于类活动造成物料、人体、场所、环境介质表面或者内部出现超过国家标准的放射性物质或者射线 ○本法对我国核设施运营、核技术应用、铀(钍)矿和伴生放射性矿的开发以及放射性废物管理等各个方面的污染防治做出了规定,确立了设施的许可证、环境影响评价、辐射环境监测、核事故应急等管理制度 ○本法对放射源和射线装置的监督管理(涵盖其生产、销售、使用、转让、进出口、运输、储存、处理和处置等)各个环节贯彻了全过程管理的理念 ○本法明确了国务院环境保护行政主管部门对全国放射性污染防治工作依法实施统一监督管理;核设施营运单位、核技术应用单位、铀(钍)矿和伴生放射性矿开发利用单位,负责本单位的放射性污染防治,接受环境保护行政主管部门和其他有关部门的监督管理,并依法对其造成的放射性污染及其后果承担责任 ○本法授权国务院环境保护行政主管部门根据环境安全的要求和国家经济技术条件,制定放射性污染防治标准。国家对从事放射性污染防治与检测工作的机构、人员实行考核与资格认定。另外,该法还赋予公民对放射性污染及防治情况的知情权,并对违反该法应承担的污染责任作了明确规定

(3)环境资源法

环境资源是人类赖以生存的自然环境,保护自然资源是为了保护自然环境,使自然环境免受破坏,以保护人类的生态系统,保护物种的多样性,保护生物资源的永续利用。

近几年我国加大对自然资源的保护力度,提出了污染防治与生态保护并重的要求。目前重要的环境要素和资源保护立法已基本完备。如《中华人民共和国水法》、《中华人民共和国森林法》、《中华人民共和国草原法》、《中华人民共和国土地管理法》、《中华人民共和国矿产资源法》、《中华人民共和国野生动物保护法》、《中华人民共和国水土保持法》、《中华人民共和国煤炭法》、《中华人民共和国节约能源法》、《中华人民共和国防洪法》、《中华人民共和国渔业法》、《中华人民共和国气象法》、《中华人民共和国种子法》、《中华人民共和国防沙治沙法》等。

3. 环境保护行政法规

环境保护行政法规是由国务院制定并公布或者经国务院批准而由有关行政主管部门公布的有关环境保护的规范性文件,主要包括两部分内容:一部分是为执行环境保护法而制定的实施细则或条例,如《水污染防治法实施细则》、《森林法实施细则》、《排污费征收使用管理条例》等;另一部分是对环境保护工作中出现的新领域或尚未制定相应法律的某些重要领域所制定的规范性文件,如《自然保护区条例》等。

4. 环境保护部门规章

环境保护部门规章是由环境保护行政主管部门或有关部门发布的环境保护规范性文件,它们有的由环境保护行政主管部门单独发布,有的由几个有关部门联合发布,是以有关环境保护法律和行政法规为依据而制定的。如国家环保总局(现为国家环境保护部)发布的《环境保护行政处罚办法》、《排放污染物申报登记管理规定》、《放射环境管理办法》,国家环保总局(现为国家环境保护部)、海关总署联合发布的《关于严格扩展境外有害废物转移到我国的通知》等。

5. 地方性环境保护法规和地方政府规章

地方性环境保护法规和地方政府规章是各省、自治区、直辖市及省人民政府所在地的市、国务院批准的较大的城市和经济特区所在地城市的人民代表大会或其常委会、人民政府制定的有关环境保护的规范性文件。这些地方性法规和地方政府规章都是以实施国家环境保护法律、行政法规为目的,以解决本地区某一特殊环境问题为目标,因地制宜而制定的。如《山东省环境保护违法行为行政处分办法》、《上海市黄浦江上游饮用水源保护条例》、《武汉市环境资源保护条例》等。

7.3.2 环境标准

环境标准是环境保护法律体系中一个特殊的、重要而独立的组成部分,环境标准包括环境质量标准,污染物排放标准,基础标准,方法标准,标准样品标准和国家环境保护部标准。

1. 环境标准体系的构成

我国环境标准体系的构成见图 7.3-2。

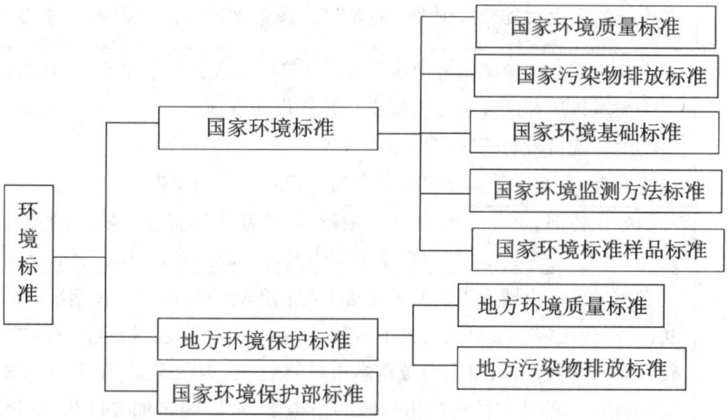

图 7.3-2 我国环境标准体系的构成

(1) 国家环境标准

国家环境标准包括国家环境质量标准、国家污染物排放标准(或控制标准)、国家环境监测方法标准、国家环境标准样品标准和国家环境基础标准。国家环境标准由国务院环境保护行政主管部门制定。

(2) 地方环境保护标准

省、自治区、直辖市人民政府可以对国家环境质量标准中未作规定的项目制定地方环境质量标准,并报国务院环境保护行政主管部门备案,地方环境质量标准在本辖区适用。

(3) 国家环境保护部标准(环境保护行业标准)

国家环境保护部标准(又称环境保护行业标准)是根据有关法律规定,国务院环境保护行政主管部门对没有国家环境标准而又需要在全国整个环境保护行业范围内统一要求的环保技术制定的环境保护行业标准,是对环保工作范围内所涉及的部分活动以及设备、仪器等所作的统一技术规定。

国家环境保护部标准在全国范围内实施，一旦相应的国家环境标准发布实施后，国家环境保护部标准自行废止。

2. 环境标准的性质

环境标准分为强制性环境标准和推荐性环境标准。环境质量标准、污染物排放标准和法律规定必须执行的其他标准属于强制性环境标准，强制性环境标准必须执行。强制性环境标准以外的环境标准属于推荐性环境标准，国家鼓励采用推荐性环境标准。推荐性环境标准被强制性环境标准所引用的，也必须强制执行。

7.3.3 环境立法权限及法律适用

1. 环境保护法律、法规的制定权限

环境保护法律、法规的制定权限如表7.3-2所示。

表7.3-2 环境保护法律、法规的制定权限

名称	制定权限及内容
宪法	全国人民代表大会制定
环境保护法律及其他法律	全国人民代表大会或人大常委会制定，由国家主席令予以公布
我国签署的有关环境保护国际公约、条约	由全国人大常委会或国务院批准缔结或参加环境保护国际公约、条约和议定书
法规	由国务院总理签署国务院令公布(30日内人大常委会备案)。国务院制定，内容包括： ①为执行法律的规定需要制定行政法规的事项； ②国务院行政管理职权事项； ③人大、人大常委会授权决定先制定行政法规的事项
环境保护行政规章	国务院各部、委员会、中国人民银行、审计署和具有管理职能的直属机构，可以根据行政法规、决定、命令，在本部门权限范围内制定行政规章，由部门首长签署命令予以公布
地方性环保法规、自治条例和单行条例	省、自治区、直辖市人大及其常委会根据本行政区区域具体情况、实际需要，在不与宪法、法律、行政法规相抵触的前提下，可以制定地方性法规，报全国人大常委会和国务院备案。较大城市人大、人大常委会根据本市具体情况、实际需要，在不与宪法、法律、行政法规、本省(自治区)的地方性法规相抵触的前提下，可以制定地方性法规，报省、自治区人大常委会批准后施行，由省报全国人大常委会和国务院备案。内容如下。 ①为执行法律、行政法规的规定需要制定地方性环保法规、自治条例和单行条例。 ②属于地方性事务须制定地方性法规(不包括只能制定法律事项)。民族自治地方人大制定自治条例、单行条例，可以作变通，但不得违背法律或行政法规基本原则，自治区自治条例和单行条例报全国人大常委会批准后生效；自治州、自治县的自治条例和单行条例，报省、自治区、直辖市人大常委会批准后生效；自治州、自治县制定的自治条例和单行条例，由省、自治区、直辖市人大常委会报全国人大常委会、国务院备案。省、自治区、直辖市人大制定法规，由同级大会主席团发布公告予以公布。省、自治区、直辖市人大常委会制定法规，由同级人大常委会发布公告予以公布
地方性环保规章	省、自治区、较大城市人民政府可以根据法律、行政法规和本省、自治区、直辖市地方性法规制定规章。内容包括： ①为执行法律、行政法规、地方性法规和规定需要制定的规章； ②属于本行政区域具体行政管理事项，由政府常务会议或者全体会议决定，由首长或自治区主席或市长签署命令，予以公布

2. 法律法规的具体适用

环境保护法律法规的具体适用如表 7.3-3 所示。

表 7.3-3 环境保护法律法规的具体适用

法律法规	具体适用
宪法	具有最高法律效力,一切法律、行政法规、地方性法规、自治条例、单行条例、规章都不得同宪法相抵触
法律	效力高于行政法规、地方性法规、规章(法律解释同法律具有同等效力)
行政法规	效力高于地方性法规、规章
地方性法规	效力高于本级和下级地方政府规章
省、自治区人民政府制定规章	效力高于本行政区域内较大城市人民政府制定规章
自治条例和单行条例	依法对法律、行政法规、地方性法规作变通规定的,在本自治地方适用
经济特区法规	根据法律授权对法律、行政法规、地方性法规作变更规定的,在本经济特区适用
部门规章之间、部门规章与地方政府规章之间	具有同等效力,在各自权限范围内施行
同一机关制定的,特别规定与一般规定不一致	适用特别规定
同一机关制定的,新的规定与旧的规定不一致	适用新规定
新的一般规定与旧的特别规定不一致	法律的适用,由人大常委会裁决; 行政法规的适用,由国务院裁决
地方性法规与部门规章规定不一致	由国务院提出意见: 认为适用地方性法规,决定适用地方性法规; 认为适用部门规章,应当提请全国人大常委会裁定
部门规章之间、地方规章与部门规章之间规定不一致	其适用,由国务院裁决

7.4 中国环境保护法律制度

要求:熟练掌握我国环境保护法律相关制度,掌握企业建设项目在不同建设阶段应执行的相关制度和规定。

环境保护法律制度,是根据我国环境法的基本原则,通过立法而形成的有关环境监督管理的措施,是环境监督管理活动的制度化、法定化。

7.4.1 政府对本辖区环境质量负责制度

1. 基本含义

政府对环境质量负责是指地方各级人民政府对本辖区的环境质量负有全面管理的职责,有责任采取必要的措施改善环境质量,保障国家、集体、个人财产及人身健康不受环境污染损害。环境保护法律法规规定的制度、措施和要求很多,要求政府对辖区环境质量负责的规定是根本性的,是所谓的“龙头”制度。

依照宪法和组织法规定,地方各级人民政府对本辖区的社会经济和城乡建设等行政事务进行管理,领导所属各工业部门和下级人民政府的工作。影响一个地区环境质量的因素,涉及各个方面,除了自然因素以外,与当地的经济社会发展直接相关,解决环境问题涉及计划、经济、财政、金融等部门。因此,必须由当地人民政府组织协调各部门,共同做好环保工作。

2. 法律规定

我国的环境保护法律规定了人民政府的职责。《环境保护法》第十六条规定:“地方各级政府,应当对本辖区的环境质量负责,采取措施改善环境质量。”

3. 基本措施

实行政府对本辖区环境质量负责制度的基本措施是环境保护目标责任制。各省市普遍实行政府任期环境保护目标责任制,通过逐级签订责任书的形式把指标和任务层层分解,使改善环境的目标落到实处。根据我国环境保护法律规定,地方各级人民政府拥有地方环境标准制定权,环境保护规划批准权,协调解决跨行政区环境污染和破坏的防治权,地方自然保护区划定权,保护农业环境和保护海洋环境权,对严重污染环境的企业事业单位做出限期治理决定权和责令停业关闭权,污染应急措施权,对环境保护工作及人员有奖励权、处分权,等等。地方各级人民政府应当充分行使这些职权,推动环境保护事业的发展。

7.4.2 环境影响评价(EIA)制度

1. 基本含义

环境影响评价制度是指在进行建设活动之前,对建设项目的选址、设计和建成投产使用后可能对周围环境产生的不良影响进行调查、预测和评定,提出防治措施,并按照法定程序进行报批的法律制度。

环境影响评价制度是实现经济建设、城乡建设和环境建设同步发展的主要法律手段。对建设项目不但要进行经济评价,还要进行环境影响评价,科学地分析开发建设活动可能产生的环境问题,提出防治措施。通过环境影响评价,为建设项目合理选址提供依据,防止由于布局不合理给环境造成难以消除的损害;通过环境影响评价,调查清楚周围环境的现状,预测建设项目对环境产生影响的范围、程度和趋势,提出有针对性的环境保护措施;环境影响评价还可以为建设项目的环境管理提供科学依据。

2. 法律规定

我国《环境保护法》第十三条第二款规定,建设项目的环境影响报告书,必须对建设项目产生的污染和对环境的影响做出评价,规定防治措施,经项目主管部门预审并依照规定的程序报环境保护行政主管部门批准。环境影响报告书经批准后,计划部门方可批准建设项目设计任务书。《大气污染防治法》第十条,《水污染防治法》第十三条,《固体废物污染环境防治法》第十二条,《海洋环境保护法》第六条、第九条、第十条,《环境噪声污染防治法》第十三条都做出了相应规定。2003 年 9 月 1 日开始实施的《中华人民共和国环境影响评价法》对环境影响评价的对象、评价的内容、评价的程序、环境影响报告书审批权限等问题也作了一系列规定。

7.4.3 “三同时”制度

1. 基本含义

“三同时”制度,是指新建、改建、扩建的基本建设项目,技术改造项目,区域或自然资源开发项目,其防治环境污染和生态破坏的设施,必须与主体工程同时设计、同时施工、同时投产使用的制度,简称“三同时”制度。

“三同时”制度是防止产生新的环境污染和生态破坏的重要制度。凡是通过环境影响评价确认可以开发建设的项目,建设时必须按照“三同时”规定,把环境保护措施落到实处,防止建设项目建成投产使用后产生新的环境问题，在项目建设过程中也要防止环境污染和生态破坏。建设项目的设计、施工、竣工验收等主要环节落实环境保护措施，关键是保证环境保护的投资、设备、材料等与主体工程同时安排，使环境保护要求在基本建设程序的各个阶段得到落实。“三同时”制度分别明确了建设单位、主管部门和环境保护部门的职责，有利于具体管理和监督执法。

2. 法律规定

《环境保护法》第二十六条规定，建设项目中防治污染的设施，必须与主体工程同时设计、同时施工、同时投产使用。防治污染的设施必须经原审批环境影响报告书的环境保护行政主管部门验收合格后，该建设项目方可投入生产或者使用。第三十六条规定，建设项目的防治污染设施没有建成或者没有达到国家规定的要求投入生产或者使用的，由批准该建设项目环境影响报告书的环境保护行政主管部门责令停止生产或者使用，可以并处罚款。《水污染防治法》第十三条第三款，《固体废物污染环境防治法》第十三条，《环境噪声污染防治法》第十四条、第四十八条，《国务院关于加强乡镇、街道企业环境管理的规定》第三条，《对外经济开放地区环境管理暂行规定》第六条，《放射性同位素与射线装置放射防护条例》第六条也有类似的规定。

7.4.4 排污申报登记制度

1. 基本含义

向环境排放污染物的单位，应向所在地环境保护行政主管部门申报登记拥有的污染物排放设施、处理设施和在正常作业条件下排放污染物的种类、数量和浓度，并提供防治污染的有关技术资料；排污事项有重大改变时，排污单位还应及时向环保部门进行变更登记。实施该项制度的目的是为当地人民政府和环境保护部门监督提供依据，同时为实施排污许可证制度奠定基础。

2. 法律规定

《环境保护法》第二十七条规定：“排放污染物的企业事业单位必须依照国务院环境保护行政主管部门的规定申报登记。”《大气污染防治法》第十一条，《水污染防治法》第十四条，《固体废物污染环境防治法》第三十一条、第四十五条，《环境噪声污染防治法》第二十四条、第二十九条、第四十二条对排污申报登记都作了具体规定。

7.4.5 排污许可证制度

1. 基本含义

环保部门对不超过国家和地方规定的污染物排放标准和污染物排放总量指标的排污单位发给排污许可证；对超过标准或指标的，发给临时排污许可证，同时要求限期达到标准；禁止无证排放污染物。

2. 法律规定

许可证制度在我国目前尚处于试验阶段，仅适用于水污染和大气污染控制领域。具体规定主要体现在《海洋环境保护法》第三十八条、《水污染防治法实施细则》第九条和《水污染物排放许可证管理暂行办法》之中。根据《水污染物排放许可证管理暂行办法》，水污染物排放许可证适用于直接或间接向水体排放污染物的企业事业单位，各地环境保护行政主管部门结合本地区的实际情况，在申报登记的基础上，分期分批对重点污染源和重点污染物实行排放许可证制度。

7.4.6 排污收费制度

1. 基本含义

排污收费制度,是指向环境排放污染物或超过规定的标准排放污染物的排污者,依照国家法律和有关规定按标准缴纳费用的制度。征收排污费的目的,是为了促使排污者加强经营管理,节约和综合利用资源,治理污染,改善环境。

排污收费制度是"污染者付费"原则的体现,可以使污染防治责任与排污者的经济利益直接挂钩,促进经济效益、社会效益和环境效益的统一。征收的排污费作为重点污染源治理补助资金和环境综合整治资金。排污单位出于自身经济利益的考虑,必须加强经营管理,提高管理水平,以减少排污,并通过技术改造和资源能源综合利用以及开展节约活动,改变落后的生产工艺和技术,淘汰落后设备,大力开展综合利用和节约资源、能源,提高资源、能源的利用率,推动企业、事业单位的技术进步,提高经济和环境效益。

2. 法律规定

《环境保护法》第二十八条规定,排放污染物超过国家或者地方规定的污染物排放标准的企业事业单位,依照国家规定缴纳超标准排污费,并负责治理。征收的超标准排污费必须用于污染防治,不得挪作他用。第三十五条规定,不按国家规定缴纳超标准排污费的,给予警告或处以罚款。《大气污染防治法》第二十条、《水污染防治法》不但规定超标准排放污染物须缴超标准排污费,而且企业、事业单位只要向水体排放污染物,就要按国家规定缴纳排污费。为贯彻实施排污收费制度,国务院颁布第369号令,于2003年7月1日起施行《排污费征收使用管理条例》,对排污费的征收、使用的管理等作了明确具体的规定。(《征收排污费暂行办法》、《污染源治理专项基金有偿使用暂行办法》在新条例实施后已经废止)

7.4.7 现场检查制度

1. 基本含义

环境保护部门或者其他依法行使环境监督管理权的部门,有权进入管辖范围的排污单位现场,对其排污情况和污染治理等情况进行检查;排污单位有义务接受检查,如实反映情况,提供必要资料,以保证环境法的实施。

2. 法律规定

《环境保护法》第十四条规定:"县级以上人民政府环境保护行政主管部门或者其他依照法律规定行使环境监督管理权的部门,有权对管辖范围内的排污单位进行现场检查。被检查的单位应当如实反映情况,提供必要的资料。检查机关应当为被检查的单位保守技术秘密和业务秘密。"《大气污染防治法》第二十一条、《水污染防治法》第二十五条、《环境噪声污染防治法》第二十一条、《固体废物污染环境防治法》第十四条都对此作了具体规定。

7.4.8 限期治理制度

1. 基本含义

限期治理制度,是指对严重污染环境的企业事业单位和在特殊保护的区域内超标排放污染物的生产、经营设施和活动,由各级人民政府或其授权的环境保护部门决定、环境保护部门监督实施,在一定期限内治理并消除污染的法律制度。

2. 法律规定

《环境保护法》第二十九条规定:“对造成环境严重污染的企业事业单位,限期治理。被限期治理的企业事业单位必须如期完成治理任务。”第三十九条规定:“对经限期治理逾期未完成治理任务的企业事业单位,除依照国家规定加收超标准排污费外,可以根据所造成的危害后果处以罚款,或者责令停业、关闭。”《大气污染防治法》第十七条、第四十八条,《水污染防治法》第二十条、第二十四条、第五十二条,《固体废物污染环境防治法》第二十一条、第六十二条,《环境噪声污染防治法》第十七条、第五十二条,《海洋环境保护法》第十二条对此都作了规定。

7.4.9 强制淘汰制度

1. 基本含义

强制淘汰制度是指为了防止生产中因采用落后的生产工艺和设备而造成环境污染,有关部门定期公布限期禁止采用的严重污染环境的工艺名录和限期禁止生产、销售、进口、使用的严重污染环境的设备名录,从而促进企业事业单位采用先进工艺、设备于生产过程中防治污染的法律制度。

我国的科技水平不高,工业生产的工艺、设备比较落后,能源、资源利用率低、浪费大,大量污染问题是由于技术落后造成的。实行淘汰制度,可以促进企业加强技术改造,加快经济发展方式转变;依靠科技进步,采用先进技术和设备,最大限度地把污染消除在生产过程中。

2. 法律规定

《大气污染防治法》第十九条,《固体废物污染环境防治法》第二十七条,《水污染防治法》第二十二条,《环境噪声污染防治法》第十八条等对此均作了规定。

7.4.10 公众参与制度

1. 基本含义

依靠群众,保护环境,是群众路线的体现。它包括两个方面的内容:一方面是指人民群众有权利和义务参与环境保护和环境管理;另一方面各级人民政府和有关部门应当动员和组织群众开展环境监督,并为公众参与环境保护创造条件,提供机制保障。

环境保护是一项公益性事业,关系到人民群众的切身利益,环境质量直接影响到每个人的生活和健康,影响到工农业生产和城乡建设,群众对保护环境不仅要求高,而且积极性也越来越高。因此,环境保护必须依靠群众,走群众路线,这是环境保护事业的基础,也是环境保护法制建设的方向。环境保护工作只有在全民的广泛参与、支持和监督下,才有强大的生命力。依靠群众保护环境,也是民主原则的具体体现,人民群众参与环境管理是行使民主权利、参加国家和社会管理的组成部分。保护环境既是公民的一项基本权利,也是公民应尽的义务。

2. 法律规定

《环境保护法》第六条规定:“一切单位和个人都有保护环境的义务,并有权对污染和破坏环境的单位和个人进行检举和控告。”《大气污染防治法》第五条、《水污染防治法》第五条、《海洋环境保护法》第四条、《固体废物污染环境防治法》第九条、《环境噪声污染防治法》第七条等法律对此也作了相应的规定。

有效的公众参与,需要两个条件。①知情权,即环境知情权。《环境保护法》第十一条第二款规定:“国务院和省、自治区、直辖市人民政府的环境保护行政主管部门,应当定期发布环境状况公报。”把环境状况如实告诉群众，可以引起广大群众的关心和重视，认识到解决环境问题的紧迫性和责任感。知情是有效参与的前提。②参与程序和机制，这是参与的保障。

7.4.11 行政代执行制度

1. 基本含义

行政代执行是指法定义务人拒不履行法定义务或者履行法定义务达不到规定的要求，环境保护行政主管部门指定其他有履行能力的单位代为履行，履行费用由法定义务人承担。它是一种间接的行政强制执行措施，是保证法定义务人履行义务的一种有效手段。

2. 法律规定

为解决危险物产生单位对危险废物处理不当或者不进行处理的问题，《固体废物污染环境防治法》第四十六条规定：“生产危险废物的单位，必须按照国家有关规定处置；不处置的，由所在地的县级以上地方人民政府环境保护行政主管部门责令限期改正；逾期不处置或者处置不符合国家有关规定的，由所在地的县级以上地方人民政府环境保护行政主管部门指定单位按照国家有关规定代为处置，处置费用由产生危险废物的单位承担。”行政代执行在国外立法中已被广泛采用。我国《水土保持法》也规定了行政代执行制度。

7.4.12 总量控制制度

1. 基本含义

总量控制制度是指省级以上人民政府对污染严重的区域或有特殊环境功能的区域内污染物的排放总量限制在某一水平之下，并对某些排污单位排放污染物的总量进行削减的制度。

2. 法律规定

总量控制制度是在1996年5月15日八届人大十九次会议《关于修改 < 中华人民共和国水污染法 > 的决定》中规定的一项新的法律制度。根据国务院的要求，国家有关部门已确定在“九五”期间就对全国环境质量影响最大的12种主要污染物（烟尘、工业粉尘、二氧化硫、氰化物、石油类、化学需氧量、砷、汞、铅、镉、六价铬、工业固体废物）实行总量控制。《水污染防治法》第十六条规定：“省级以上人民政府对实现水污染物达标排放仍不能达到国家规定的水环境质量标准的水体，可以实施重点污染物排放的总量控制制度，并对有排污量削减任务的企业实施重点污染物排放量的核定制度。具体办法由国务院规定。”《大气污染防治法》第十五条也对大气污染物总量控制作了相关规定。

7.4.13 危险废物许可证管理制度

1. 基本含义

危险废物的特征性决定了从事危险物的收集、贮存、处理、处置活动，必须具备一定设备、设施和相应的专业技术能力等条件。否则，就有可能在经营过程中污染环境。目前，一些单位和个人在不具备条件的情况下，从事危险废物的经营活动，造成严重污染环境的事故。因此，危险废物的管理，必须采取特殊措施。许多发达国家，把实行许可证管理作为控制危险废物、防治污染环境的一种重要手段。

2. 法律规定

根据我国危险废物管理的实际，借鉴国外的成功经验，《固体废物污染环境防治法》第四十九条做出明确规定：“从事收集、贮存、处理、处置危险废物经营活动的单位，必须向县级以上人民政府环境保护行政主管部门申请领取经营许可证。具体管理办法由国务院规定。”

7.5 工程设计人员的职业道德与行为准则

要求：熟知勘察设计人员职业道德准则和工程师职业道德准则，牢固树立职业道德观念，树立良好的职业道德风尚。

7.5.1 勘察设计职工职业道德准则

1. 基本精神

①发扬爱国、爱岗、敬业精神，既对国家负责，又为企业服务好；

②珍惜国家资金、土地、能源、材料设备，力求取得更大的经济效益、社会效益和环境效益。

2. 质量第一

①遵守各项勘察设计标准、规范、规程，防止重产值、轻质量的倾向；

②对工程质量负责到底，确保公众人身及财产安全。

3. 学风正派

①树立正派学风，不搞技术封锁，不剽窃他人成果，采用他人成果要标明出处；

②钻研科学技术，不断采用新技术、新工艺，推动行业技术进步；

③尊重他人的正当技术和经济权利；

④不贬低别人、抬高自己。

4. 依法经营

①不搞无证勘察设计；

②不搞超越本身资质的设计；

③不搞私人勘察设计；

④不出卖图签、图章。

5. 讲求信誉

信守勘察设计合同，以高速优质的服务为行业赢得信誉。

6. 团结协作

搞好团结协作，树立集体观念，甘当配角，艰苦奋斗，无名奉献。

7. 遵守市场管理

①平等竞争，严格按规定收费，不超收，不压价；

②勇于抵制行业不正之风，不以收取“回扣”、“介绍费”等作为交换而推荐、选用价高而质次的材料和设备。

8. 服从法人管理

服从法人管理，遵守劳动纪律。做到有令则行，有禁必止。

7.5.2 工程师职业道德准则

①遵守《勘察设计职工职业道德准则》。

②精心设计。严格把好设计质量关，对设计质量负责到底。

③努力学习。掌握新技术、新工艺、树立正派的学风。

④提高服务意识。信守合同，维护信誉，发扬不怕苦、不怕累、艰苦奋斗的精神，急工程之急，为客户、工程服务好。

⑤搞好团结协作。树立集体观念，从大局出发，讲经济效益的同时也要讲无私奉献。

⑥尊重他人劳动。提倡互助互学,公平竞争。

⑦遵守劳动纪律。服从单位法人管理。

⑧注意职业回避。工程师应回避与其职业义务不一致或可能引起他人对自己品格怀疑的业务活动。

⑨依法开展经营。不搞无证设计,不搞私人设计。

⑩正视自我发展。只能依靠爱岗敬业、刻苦钻研、努力工作取得的业绩作为自身发展的基础。

仿真习题

7.1 相关法律法规

7-1 下列法律效力顺序排列正确的是(　　)。

(A)宪法、一般法律、行政法规、地方性法规

(B)宪法、一般法律、地方性法规、行政法规

(C)一般法律、行政法规、省人民政府规章、地方性法规

(D)一般法律、行政法规、经济特区法规、地方性法规

7-2 下列不属于现阶段我国立法活动的基本原则的是(　　)。

(A)科学性原则　(B)民主性原则　(C)合宪性原则　(D)以人为本原则

7-3 下列选项中不具有提出法律议案的权力是(　　)。

(A)全国人大常委会　(B)国务院

(C)全国政协各专门委员会　(D)一定数额的全国人大代表

7-4 下列选项中不属于法律解释必须遵循的原则是(　　)。

(A)合法性原则　(B)法制统一原则

(C)历史与现实相统一原则　(D)理论与实践相结合的原则

7-5 国务院制定的第一部关于流域水污染防治的专门行政法规是(　　)。

(A)《辽河流域水污染防治暂行条例》

(B)《淮河流域水污染防治暂行条例》

(C)《太湖流域水污染防治暂行条例》

(D)《滇池流域水污染防治暂行条例》

7-6 (　　)是我国环境保护的基本法。

(A)《中华人民共和国宪法》

(B)《中华人民共和国环境保护法》

(C)《中华人民共和国文物保护法》

(D)《中华人民共和国环境影响评价法》

7-7 中国首次确立环境影响评价法律地位的法律文件是(　　)。

(A)1979年《环境保护法(试行)》

(B)1989年《环境保护法》

(C)1998年《建设项目环境保护管理条例》

(D)2002年《环境影响评价法》

7-8 下列属于部门规章的是(　　)。

(A)《建制镇规划建设管理办法》

(B)《中国人民共和国城乡规划法》

(C)《城市供水条例》

(D)《住房公积金管理条例》

7-9 《中华人民共和国水污染防治法》规定清洁能源为(　　)。

(A)煤　　(B)重油　　(C)天然气　　(D)焦炭

7-10 下列适用《中华人民共和国固体废物污染环境防治法》的是(　　)。

(A)液态废物和置于容器中的气态废气的污染防治

(B)排入水体的废水的污染防治

(C)排入大气的废气的污染防治

(D)固体废物污染海洋环境的防治

7-11 根据《中华人民共和国海洋环境保护法》,禁止向海域排放含(　　)的废水。

(A)油类、重金属、酸液、碱液

(B)油类、铅废水、酸液、碱液

(C)油类、酸液、碱液、剧毒废液、高(中)水平放射性物料

(D)有机染料、酸液、碱液

7-12 依据《环境影响评价公众参与暂行办法》规定,环境保护行政主管部门应当在受理建设项目环境影响报告书后,以(　　)方式,公告有关信息。

(A)在其政府网站或者采用其他便利公众知悉的媒介上发布公告

(B)在建设项目所在地的公共媒体上发布公告

(C)在其所在地的公共媒体上发布公告

(D)公开免费发放包含有关公告信息的印刷品

7-13 各级人民政府的环境主管部门对水污染防治实施统一监管,下列内容不属于其主要职责的是(　　)。

(A)审批环境影响报告书(表)、登记表

(B)对排污单位进行现场检查

(C)对违法行为进行行政处罚

(D)在紧急情况下,可不经同级人民政府批准,采取强制性的应急措施

7-14 根据《中华人民共和国环境影响评价法》,下列(　　)项不需要环评。

(A)家庭装修　　(B)政府的规划

(C)企业的新建项目　　(D)企业的改、扩建项目

7-15 《放射性污染防治法》规定,低、中水平放射性固体废物在符合国家规定的区域实行(　　)。

(A)安全填埋　　(B)集中封存　　(C)深地质处置　　(D)近地表处置

7-16 依照《环境影响评价法》的规定,建设项目环境影响评价文件未经批准或者未经原审批部门重新审核同意,建设单位擅自开工建设的,由(　　)责令停止建设。

(A)有权审批该项目环境影响评价文件的环境保护行政主管部门

(B)有权审批该项目的建设行政主管部门

(C)有权审批该项目的计划行政主管部门

(D)项目所在地的人民政府

7-17　重庆市土地利用规划草案未编写有关环境影响的篇章或者说明，审批机关应(　　)。

(A)限期补报　　(B)先审批，后补编写

(C)不予审批　　(D)征求当地环保部门意见

7-18　横穿多个居民区的某高架路建设项目，按照相关法律法规之规定，建设单位应在(　　)，向公众公告相关信息。

(A)项目立项审批后7日内

(B)项目立项审批后10日内

(C)确定了承担环境影响评价工作的环境影响评价机构后7日内

(D)确定了承担环境影响评价工作的环境影响评价机构后10日内

7-19　横跨珠江上游的总装机1 000千瓦的大型水电站建设项目，依照现行相关法律法规的规定，该项目的环评文件应为(　　)。

(A)环境影响评价书　　(B)环境影响报告书

(C)环境影响报告表　　(D)环境影响评价表

7-20　排污费主要用于(　　)。

(A)当地环保局使用　　(B)当地政府使用

(C)重点污染源防治　　(D)返还企业

7-21　"三同时"制度是指(　　)。

(A)执行环境影响评价制度、排污申报登记制度、排污许可证制度

(B)执行环境影响评价制度、排污申报登记制度、排污收费制度

(C)环保治理设备与主体工程同时设计、同时施工、同时投产使用的制度

(D)环保治理设备与主体工程同时环评、同时施工、同时施工的制度

7-22　公众参与制度的执行主体是(　　)。

(A)环评单位　　(B)当地政府

(C)当地环保主管部门　　(D)建设单位

7-23　目前国家环保部总量控制因子是针对(　　)。

(A)工业粉尘、烟尘、二氧化硫、COD和氨氮

(B)烟尘、工业粉尘、二氧化硫、COD和石油类

(C)烟尘、工业粉尘、二氧化硫、COD

(D)二氧化硫、氮氧化物、COD和氨氮

7-24　我国环境污染防治规定的承担民事责任的方式是(　　)。

(A)排污危害、赔偿损失、恢复原状

(B)排污危害、赔偿损失、支付违约金

(C)具结悔过、赔偿损失、恢复原状

(D)排污危害、赔礼道歉、恢复原状

7-25　海洋环境污染的特点是(　　)。

(A)污染物量大，但种类单一

(B)海水容量大，容易治理

(C)污染危害大,但即时性强

(D)海水流动性强,污染容易扩散

7-26 建设工程中的水土保持设施竣工验收,应当有( )参加并签署意见。水土保持设施经验收不合格的,建设工程不得投产使用。

(A)土地管理部门　　(B)水行政主管部门

(C)国土资源部门　　(D)农业部门

7-27 关于建筑行政司法的主要内容,正确的有( )。

(A)行政命令、行政复议、行政仲裁

(B)行政调解、行政复议、行政仲裁

(C)行政调解、公众会议、行政复议

(D)行政调解、行政仲裁、行政复议

7-28 根据废水处理原理,工业污水处理方法有( )四大类。

(A)物理法,化学法,辐射法,物理化学法

(B)物理法,化学法,生物化学法,物理化学法

(C)光学法,化学法,生物化学法,物理化学法

(D)生物化学法,辐射法,化学法,物理法

7-29 酸雨的临界值是( )。

(A)pH =6.0　　(B)pH =10　　(C)pH =5.6　　(D)pH =4.0

7-30 在岸滩弃置、堆放和处理尾矿、矿渣、煤炭渣、垃圾和其他固体废物依照( )规定执行。

(A)《中华人民共和国固体废物污染环境防治法》

(B)《中华人民共和国环境保护法》

(C)《中华人民共和国水污染防治法》

(D)《中华人民共和国放射性污染防治法》

7-31 湖泊营养化是由( )一类因子引起的。

(A)氮、磷等植物营养物质　　(B)COD 和石油类

(C)BOD 和 COD　　(D)BOD 和石油类

7-32 向农田灌溉渠道排放工业废水和城市废水,应当保证其下游最近的灌溉水水质符合( )。

(A)《污水综合排放标准》　　(B)《渔业水质标准》

(C)《农田灌溉水质标准》　　(D)《地下水环境质量标准》

7-33 限期治理由( )决定。

(A)地方各级人民政府　　(B)环境保护部门

(C)行政主管部门　　(D)环境与资源保护委员会

7-34 根据化工企业的特点,建设厂房选材时应选择( )材料。

(A)防火性　　(B)耐高温　　(C)耐高压　　(D)耐腐蚀

7-35 企业发生事故或其他突发事件,并且有可能造成污染事故时,应( )。

(A)赶快逃离现场

(B)立即采取措施处理,减轻对环境的影响,及时向上级主管部门通报

(C)先保护厂房和设备

(D)首先保护自己安全

7-36 依据《固体废物污染环境防治法》,从事(　　)活动的单位和个人,无须申请危险废物经营许可证。

(A)贮存　(B)运输　(C)利用　(D)处置

7.2 职业道德

7-37 下列属于工程设计人员的职业道德基本精神内涵的是(　　)。

(A)努力学法,知法、守法、用法

(B)反对"管"、"卡"、"压"

(C)反对自由主义

(D)发扬爱国、爱岗、敬业精神,既对国家负责,又为企业服务好

7-38 关于爱岗敬业的说法中,正确的是(　　)。

(A)市场经济鼓励人才流动,再提倡爱岗敬业已不合时宜

(B)即使在市场经济时代,也要提倡"干一行、爱一行、专一行"

(C)要做到爱岗敬业就应一辈子在岗位上无私奉献

(D)在现实中,我们不得不承认,"爱岗敬业"的观念阻碍了人们的择业自由

习题答案

7-1 (A)	7-2 (D)	7-3 (C)	7-4 (D)	7-5 (B)	7-6 (B)
7-7 (A)	7-8 (A)	7-9 (C)	7-10 (A)	7-11 (C)	7-12 (A)
7-13 (D)	7-14 (B)	7-15 (D)	7-16 (A)	7-17 (C)	7-18 (C)
7-19 (B)	7-20 (C)	7-21 (C)	7-22 (D)	7-23 (D)	7-24 (A)
7-25 (D)	7-26 (B)	7-27 (B)	7-28 (B)	7-29 (C)	7-30 (A)
7-31 (A)	7-32 (C)	7-33 (A)	7-34 (A)	7-35 (B)	7-36 (B)
7-37 (D)	7-38 (B)				

模拟试题及参考答案

模拟试题(一)

1-1 1 mol 某真实气体,在 300 K、420 kPa 时测得其压缩因子 $Z=1.18$。若将这一状态的真实气体看做理想气体,则其体积 V(理) = (　　) dm^3,说明此真实气体比同一条件下的理想气体(　　)压缩。

(A)5.94,难　　(B)5.94,易　　(C)8.26,难　　(D)8.26,易

1-2 1 mol 理想气体 B,从始态 1 经某途径到达终态 2 时,系统与环境交换 $Q=10$ kJ,$W=-6$ kJ。则该 1 mol 理想气体 B 的热力学能的变化 $\Delta U=$(　　)kJ。(填入具体数值)

(A)8　　(B)6　　(C)4　　(D)2

1-3 1 mol $H_2O(g)$(水蒸气),其始态为 100 ℃、101.325 kPa,在恒温、恒压下变为 100 ℃、101.325 kPa 的 $H_2O(l)$(液体水),则此过程的 W(　　),Q(　　),ΔS(　　),ΔG(　　)。

(A)大于零　　(B)小于零　　(C)等于零　　(D)无法确定

1-4 根据偏摩尔量的定义,偏摩尔熵的定义式为(　　)。

(A)$\left(\frac{\partial S}{\partial n_B}\right)_{T,p,n_C}$　　(B)$\left(\frac{\partial S}{\partial n_B}\right)_{T,V,n_C}$　　(C)$\left(\frac{\partial S}{\partial n_B}\right)_{p,V,n_C}$　　(D)$\left(\frac{\partial S}{\partial n_B}\right)_{U,V,n}$

1-5 已知反应 $2A(s) \longrightarrow C(g) + D(s)$ 的 $\Delta_r H_m^\ominus < 0$,$\Delta_r C_{p,m}=0$。在 25 ℃下,反应已达平衡。现将反应温度提高到 50 ℃,则该反应的平衡将(　　)。若温度不变,将反应的压力从 100 kPa 提高到 200 kPa,则平衡将(　　)。如温度与压力均不变,向反应已达平衡的系统中加入惰性气体,则反应平衡将(　　)。

(A)向左转移　　(B)向右转移　　(C)不转移　　(D)无法判断

1-6 在 1 000 ℃下,将过量的 $NH_4I(s)$ 放入真空容器中,发生以下分解反应:

$$NH_4I(s) \longrightarrow NH_3(g) + HI(g)$$

当系统达平衡后,系统的组分数 $C=$(　　),相数 $P=$(　　),自由度数 $F=$(　　)。

(A)1,2,1　　(B)2,2,2　　(C)1,2,0　　(D)1,3,1

1-7 电导池中充以浓度为 0.010 $mol\cdot dm^{-3}$ 的某电解质 CD 溶液,25 ℃时测得其电阻为 700 Ω。已知该电导池的电导池常数为 35.0 m^{-1},则该电解质 CD 溶液的电导率 $\kappa=$(　　)

$S \cdot m^{-1}$，摩尔电导率 $\Lambda_m = ($　　$) S \cdot m^2 \cdot mol^{-1}$。

(A) 0.050, 5.0　(B) 20.0, 2.0　(C) 0.050, 0.005 0　(D) 20.0, 2 000

1-8　原电池 $Ag(s) | AgCl(s) | Cl^{-1}(a_{Cl^{-1}}) | Cl_2(g, p) | Pt(s)$ 的阳极为(　　)，正极为(　　)。

(A) $Ag(s) | AgCl(s) | Cl^{-1}(a_{Cl^{-1}})$，$Cl^-(a_{Cl^{-1}}) | Cl_2(g, p) | Pt(s)$

(B) $Ag(s) | AgCl(s) | Cl^{-1}(a_{Cl^{-1}})$，$Ag(s) | AgCl(s) | Cl^{-1}(a_{Cl^{-1}})$

(C) $Cl^{-1}(a_{Cl^{-1}}) | Cl_2(g, p) | Pt(s)$，$Cl^{-1}(a_{Cl^{-1}}) | Cl_2(g, p) | Pt(s)$

(D) $Cl^{-1}(a_{Cl^{-1}}) | Cl_2(g, p) | Pt(s)$，$Ag(s) | AgCl(s) | Cl^{-1}(a_{Cl^{-1}})$

1-9　在一定温度、压力下，将表面活性剂加入水中后，水的表面张力(　　)，而且溶液表面层产生(　　)。

(A) 升高，正吸附　(B) 降低，正吸附　(C) 升高，负吸附　(D) 降低，负吸附

1-10　已知反应 3A ⟶ 2B 为二级反应，其速率方程如用 A 的消耗速率表示，可写为 $-dc_A/dt = k_A c_A^2$；若用 B 的生成速率表示，速率方程可写为 $dc_B/dt = k_B c_A^2$。则 $-dc_A/dt = ($　　$) dc_B/dt$，$k_A = ($　　$) k_B$。

(A) 3　(B) 3/2　(C) 2　(D) 2/3

1-11　已知反应(1)和反应(2)具有相同的指前因子，即 $A_1 = A_2$。测得在同一温度下升高 20 K 时，反应(1)和反应(2)的速率常数分别提高了 2 倍和 3 倍，这说明反应(1)的活化能 $E_{a,1}$(　　)反应(2)的 $E_{a,2}$，而且，在同一温度下，反应(1)的速率常数 k_1(　　)反应(2)的 k_2。

(A) 大于　(B) 等于

(C) 小于　(D) 可能大于也可能小于

1-12　将少量的 $Ba(NO_3)_2$ 稀溶液滴入量较多的 Na_2SO_4 稀溶液中以制取 $BaSO_4$ 溶胶，过量的 Na_2SO_4 便成为胶体的稳定剂，则所制得的 $BaSO_4$ 溶胶的胶团结构应为(　　)。

(A) $\left\{[BaSO_4]_m \cdot nNa^+ \cdot \left(n - \frac{1}{2}x\right) SO_4^{2-}\right\}^{\frac{1}{2}x-} \cdot \frac{1}{2}xSO_4^{2-}$

(B) $\{[BaSO_4]_m \cdot nSO_4^{2-} \cdot 2(n-x) Na^+\}^{2x-} \cdot 2xNa^+$

(C) $\{[BaSO_4]_m \cdot nBa^{2+} \cdot 2(n-x) NO_3^-\}^{2x+} \cdot 2xNO_3^-$

(D) $\left\{[BaSO_4]_m \cdot nNO_3^- \cdot \frac{1}{2}(n-x) Ba^{2+}\right\}^{x-} \cdot \frac{1}{2}xBa^{2+}$

1-13　拟测定气体流经管截面上的速度分布，应选用的流量计为(　　)。

(A) 孔板流量计　(B) 测速管　(C) 转子流量计　(D) 文丘里流量计

1-14　离心泵的气蚀余量 *NPSH* 随流量 Q 的增大而变化的趋势是(　　)。

(A) 增大　(B) 变小　(C) 不变　(D) 先增大，后减小

1-15　用离心泵将敞口水池的清水送至敞口高位槽中。若由于工艺条件变化，高位槽需密闭且维持 50 kPa 的表压，则泵的输水量 Q 及轴功率 N 的变化趋势是(　　)。(流动在阻力平方区)

(A) Q 及 N 均变大　(B) Q 及 N 均变小

(C) Q 变小，N 变大　(D) Q 变大，N 减小

1-16　颗粒的沉降速度是指颗粒沉降在(　　)相对于流体的速度。

(A) 加速段　(B) 匀速段　(C) 初始点　(D) 任何时候

1-17 用 38 个 635 mm×635 mm×25 mm 的框构成的板框过滤机过滤某悬浮液，则过滤面积为（　　）。

（A）3.06 m^2　　（B）1.2 m^2　　（C）30.6 m^2　　（D）15.3 m^2

1-18 能够造成搅拌釜内液体以轴向流动为主的叶轮是（　　）。

（A）平叶桨式　　（B）平直叶圆盘涡轮式

（C）旋桨式　　（D）锚式

1-19 穿过三层平壁的稳定导热过程如图所示，比较第一层的热阻 R_1 与第二、三层的热阻 R_2、R_3 的大小为（　　）。

（A）$R_1 > R_2 + R_3$　（B）$R_1 < R_2 + R_3$

（C）$R_1 = R_2 + R_3$　（D）无法比较

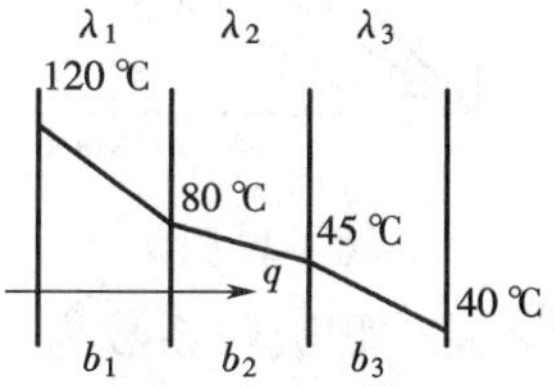

题 1-19 附图

1-20 在列管换热器中用饱和蒸汽加热空气。对此情况有如下论述：（甲）传热管的壁温接近加热蒸汽的温度，（乙）换热器的总传热系数 K 接近空气侧的对流传热系数，则（　　）。

（A）甲乙均合理　　（B）甲乙均无理

（C）甲合理，乙无理　　（D）甲无理，乙合理

1-21 冷热两流体的进出口温度一定，若在换热器内逆流、并流或错流的对数平均温度差分别为 Δt_{m1}、Δt_{m2}、Δt_{m3}，它们的大小顺序为（　　）。

（A）$\Delta t_{m2} > \Delta t_{m1} < \Delta t_{m3}$　　（B）$\Delta t_{m2} < \Delta t_{m1} > \Delta t_{m3}$

（C）$\Delta t_{m2} > \Delta t_{m1} > \Delta t_{m3}$　　（D）$\Delta t_{m2} < \Delta t_{m1} < \Delta t_{m3}$

1-22 在一单程列管换热器中，用冷水对油品降温，两流体呈逆流流动且可忽略换热器的热损失。油品的流量为 1 200 kg/h，比热容为 2.0 kJ/(kg·℃)，其进、出口温度分别为 200 ℃ 和 100 ℃。冷水的流量为 1 000 kg/h，比热容为 4.18 kJ/(kg·℃)，其进口温度为 10 ℃。已知基于管外表面积的总传热系数为 $K_o = 216.2$ W/(m^2·℃)，则所需要的换热面积 S_o 为（　　）。

（A）2.2 m^2　　（B）2.8 m^2　　（C）3.5 m^2　　（D）4.4 m^2

1-23 多效蒸发时，效数增多，操作费用（　　）。

（A）增多　　（B）减少　　（C）保持恒定　　（D）存在极大值

1-24 一蒸发器每小时将 1 500 kg 的 NaCl 水溶液由质量分数为 0.10 浓缩至 0.25，则浓缩液量为（　　）。

（A）600 kg/h　　（B）150 kg/h　　（C）375 kg/h　　（D）900 kg/h

1-25 在简单蒸馏过程中，蒸馏釜内釜残液的泡点和易挥发组分的组成各自的变化趋势是（　　）。

（A）降低，降低　　（B）降低，升高　　（C）升高，降低　　（D）升高，升高

1-26 对于饱和液体（泡点）进料，进料线（q 线）方程的斜率（　　）。

（A）=0　　（B）>0　　（C）<0　　（D）→∞

1-27 某精馏塔的精馏段操作线方程为 $y = 0.75x + 0.245$，若塔顶的馏出液流量为 200 kmol/h，则塔顶的回流量为（　　）。

（A）60.0 kmol/h　　（B）80.0 kmol/h　　（C）50.0 kmol/h　　（D）70.0 kmol/h

1-28 用一连续精馏塔分离某二元理想混合物。已知原料液的组成为 0.55（易挥发组分的摩尔分数，下同），馏出液组成为 0.96，釜残液组成为 0.02。若进料量为 60 kmol/h，则轻组

分的收率为(　　)。

(A)97.56%　　(B)98.41%　　(C)5.01%　　(D)56.38%

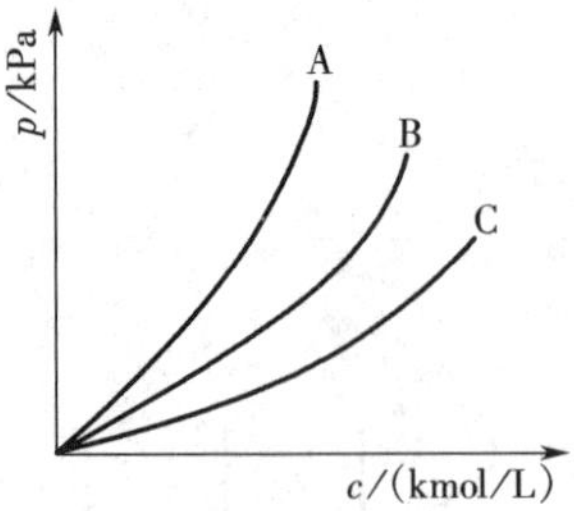

题 1-29 附图

1-29　如图所示为同一温度下 A、B、C 3 种气体在水中的溶解度曲线,由图可知,它们的溶解度由小到大的次序为(　　)。

(A)C,A,B　　(B)C,B,A

(C)A,B,C　　(D)A,C,B

1-30　常压下,在一直径为 0.6 m 的填料吸收塔中,用纯溶剂吸收某混合气体中的溶质组分。已知混合气的流量为 40 kmol/h,组成为 0.05(摩尔分数),溶质的吸收率为 98%,出塔的液相摩尔比为 0.016。操作条件下的气液平衡关系为 $Y=1.85X$,气相总体积吸收系数为 0.042 kmol/(m^3·s),则填料层高度为(　　)。

(A)6.359 m　　(B)6.695 m　　(C)2.997 m　　(D)8.046 m

1-31　在单级萃取器中用纯溶剂 S 提取 A、B 两组分混合液中的溶质 A。静置分层后,测得两相的平衡组成分别为

萃取相:$y_A=0.39$,$y_B=0.12$

萃余相:$x_A=0.18$,$x_B=0.77$

则萃取剂的选择性系数 β 为(　　)。

(A)2.17　　(B)13.9　　(C)6.42　　(D)2.96

1-32　在单级萃取中,保持原料液组成 x_F 及萃余相组成 x_A 不变,用含有少量溶质的萃取剂代替纯溶剂,则萃取相组成 y_A 将(　　)。

(A)增大　　(B)减小　　(C)不变　　(D)不确定

1-33　在多级逆流浸取装置中用清水浸取固体中的可溶组分 A。固体原料的处理量为 2 000 kg/h,其中组分 A 的含量为 25%(质量分数,下同),最终浸出液中组分 A 的含量为 32%,浸出率为 95%。按恒底流计,底流中每 1 kg 固渣夹带溶液 1.5 kg,则清水的流量为(　　)kg/h。

(A)1 484　　(B)2 250　　(C)3 234　　(D)3 734

1-34　对于一定湿度 H 的湿空气,总压 p 一定,干球温度 t 升高,则湿空气的焓值 I(　　)。

(A)不变　　(B)增大　　(C)减小　　(D)不确定

1-35　在总压 101.33 kPa 下,将温度为 295 K、湿度为 0.006 6 kg 水/(kg 绝干气)的不饱和湿空气加热至 373 K,则该空气的焓变 ΔI 为(　　)。

(A)118.6 kJ/(kg 绝干气)　　(B)79.7 kJ/(kg 绝干气)

(C)38.9 kJ/(kg 绝干气)　　(D)63.7 kJ/(kg 绝干气)

1-36　温度为 120 ℃、湿度为 0.002 kg 水/(kg 绝干气)的热空气进入连续逆流干燥器中干燥湿物料,空气离开干燥器时的温度为 55 ℃,湿度为 0.014 kg 水/(kg 绝干气)。湿物料进、出干燥器的焓分别为 120 kJ/(kg 绝干料)、200 kJ/(kg 绝干料),物料的处理量为 900 kg 绝干料/h,假设干燥器不补充热量,且热损失可忽略,则绝干空气的消耗量为(　　)。

(A)1 034 kg 绝干气/h　　(B)1 115 kg 绝干气/h

(C)2 069 kg 绝干气/h　　(D)5 476 kg 绝干气/h

1-37 附图所示为一反应器温度控制系统。该控制系统的被控变量、操纵变量分别是(　　)。

(A)反应器内温度、蒸汽温度

(B)反应器内液位、蒸汽温度

(C)反应器内温度、蒸汽流量

(D)反应器内液位、蒸汽流量

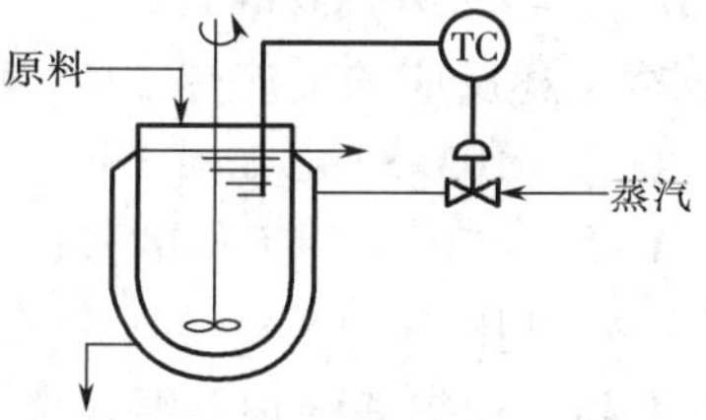

题 1-37 附图

1-38 某被控对象特性可用微分方程 $4\frac{dy(t)}{dt}+y(t)=2x(t)$ 表示(y 表示输出变化量,x 表示输入变化量),则该对象的放大系数和时间常数分别为(　　)。

(A)4,2　　(B)2,4　　(C)2,1　　(D)4,1

1-39 节流式流量计是根据(　　)来测量流量的。

(A)流体流经节流装置时产生的压力差

(B)压降不变,节流面积的变化

(C)流体流经节流装置时产生的速度变化

(D)流体流经节流装置时产生的机械能损失

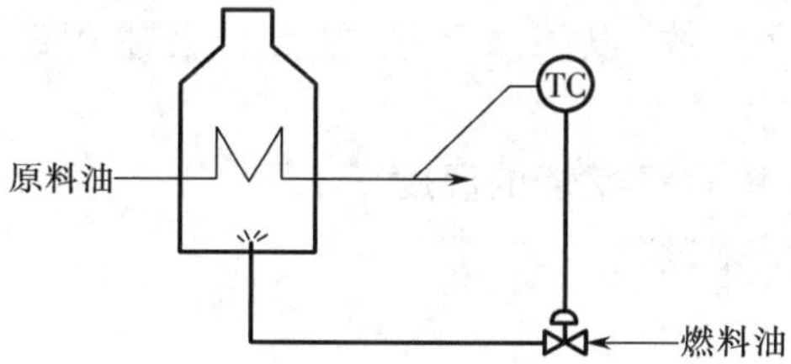

题 1-40 附图

1-40 附图所示为一加热炉的温度控制系统,原料油在炉中被加热。如原料油不允许过热,执行器的气开、气关形式及控制器的正、反作用为(　　)。

(A)执行器:气开;控制器:正作用

(B)执行器:气开;控制器:反作用

(C)执行器:气关;控制器:正作用

(D)执行器:气关;控制器:反作用

1-41 化工过程设计包括的内容是(　　)。

(A)工艺设计和工程设计

(B)初步设计和施工图设计

(C)概念设计、中试设计和施工图设计

(D)基础设计、初步设计和施工图设计

1-42 化工装置的布置设计是化工工程设计中的重要内容。基础工程设计阶段需编制两个版次的设备布置图,其版次为(　　)。

(A)初版设备布置图和设计版设备布置图

(B)初版设备布置图和确认版设备布置图

(C)设计版设备布置图和确认版设备布置图

(D)初版设备布置图和施工版设备布置图

1-43 用连续常压精馏塔分离乙醇与水,原料为苯和甲苯的混合物,其中乙醇含量为70%(质量,不同)。要求塔顶馏出液中乙醇的含量不低于90%,残液中水的含量不低于99%,则乙醇的回收率为(　　)。

(A)90.00%　　(B)90.29%　　(C)98.89%　　(D)99.68%

1-44 假设反应器内只发生乙烯和苯作用生成乙苯的反应,乙烯的转化率为100%,反应方程为:$C_2H_4+7C_6H_6 \longrightarrow C_6H_5C_2H_5+6C_6H_6$。已知三组分的标准生成热 $\Delta H_f^{\ominus}$ 为:乙苯生成热 $\Delta H_{f,EB}^{\ominus}=29.76$ kJ/mol,乙烯生成热 $\Delta H_{f,E}^{\ominus}=82.85$ kJ/mol,苯生成热 $\Delta H_{f,B}^{\ominus}=52.25$ kJ/mol。计算得上述反应的反应热 ΔH_r 为(　　)。

(A)-105.34 kJ/mol　(B)105.34 kJ/mol　(C)-53.05 kJ/mol　(D)53.05 kJ/mol

1-45 在压力下工作的液体贮罐应在贮罐顶部安装(　　)。

(A)减压阀　(B)安全阀　(C)调节阀　(D)阻燃器

1-46 在串联的理想混合搅拌釜式反应器中进行一级不可逆反应,在完成给定的生产任务、达到相同转化率时,与按单釜计算需要的反应体积比较,说法正确的是(　　)。

(A)所需多釜串联总反应体积等于单釜所需反应体积

(B)所需多釜串联总反应体积小于单釜所需反应体积

(C)所需多釜串联总反应体积大于单釜所需反应体积

(D)所需反应体积的相对大小需根据相关数据计算后方能确定

1-47 化工管路壁厚的选择与(　　)有关。

(A)输送介质的温度　(B)输送介质的压力

(C)输送介质的流量　(D)输送介质的温度、压力、流量

1-48 自燃点是判断物质是否易燃易爆的重要参数,以下关于自燃点的表述正确的是(　　)。

(A)物质在没有外界引燃因素的条件下在空气中能自己燃烧的温度

(B)在常温常压下,物质在空气中能够燃烧的最低浓度值

(C)物质在明火中能够点燃的最低温度

(D)物质发生闪燃现象的最低温度

1-49 关于工业污染控制的基本原则,下列说法不正确的是(　　)。

(A)合理规划和设计

(B)开展清洁生产,改进工艺

(C)加强废弃物治理,做到达标排放

(D)加强生产过程中的安全管理

1-50 (　　)不属于废水处理的一般方法。

(A)物理处理法　(B)化学处理法

(C)物理化学处理法　(D)光化学处理法

1-51 对于黏附性强的粉尘颗粒,最好采用(　　)。

(A)旋风除尘器　(B)湿式除尘器　(C)静电除尘器　(D)袋式除尘器

1-52 下面几个有关通用气体常数(R)的描述中,正确的是(　　)。

(A)R 只在理想气体状态方程中出现

(B)R 的数值与所用单位有关

(C)不同气体选用不同 R 值

(D)适用于液体的状态方程中不可能有 R

1-53 有关热力学第一定律的描述中,不正确的是(　　)。

(A)热力学第一定律的表达式全部由热力学函数组成

(B)功和热量的正负号都是人为设定的

(C)热力学第一定律可应用于稳流系统

(D)焓可以在热力学第一定律中出现

1-54 某一真实气体从初始状态(p_1,T_1)到达终态(p_2,T_2),在这一过程中焓变(ΔH)为(　　)。

(A)$\Delta H=0$　(B)$\Delta H=\int_{T_1}^{T_2}C_V\mathrm{d}T$　(C)$\Delta H=\int_{T_1}^{T_2}C_p\mathrm{d}T$

(D)$\Delta H=\int_{p_1}^{p_0}\left[V-T\left(\frac{\partial V}{\partial T}\right)_p\right]_{T_1}\mathrm{d}p+\int_{T_1}^{T_2}C_p^{\mathrm{id}}\mathrm{d}T+\int_{p_0}^{p_2}\left[V-T\left(\frac{\partial V}{\partial T}\right)_p\right]_{T_2}\mathrm{d}p$

1-55 对提高卡诺循环的热机效率无效的是(　　)。

(A)在同一低温热源下,提高高温热源温度

(B)在同一高温热源下,降低低温热源温度

(C)改变工质

(D)使高温热源与低温热源的温度之比增大

1-56 有关立方型状态方程,不正确的是(　　)。

(A)立方型状态方程都可展开为 V 的三次方多项式方程

(B)RK 方程、Soave 方程、PR 方程都是重要的立方型状态方程

(C)在立方型状态方程的实际计算中,需要物质的临界参数

(D)每一种物质都需要自己的立方型状态方程参数,以便实际使用

1-57 已知某二元汽液平衡物系的组元 A 在 $x_A=0.1$ 时,$\gamma_A=1.2$,100 ℃饱和蒸气压为 120 kPa,在 100 ℃、总压 100 kPa 下,气相组成 y_A 为(　　)。

(A)0.144　(B)1.440　(C)0.720　(D)不能计算

1-58 我国首次规定环境保护内容的宪法是(　　)。

(A)1954 年制定的《宪法》　(B)1975 年制定的《宪法》

(C)1978 年制定的《宪法》　(D)1982 年制定的《宪法》

1-59 强制淘汰制度针对(　　)。

(A)没有市场的产品生产工艺和设备

(B)落后的生产工艺和设备

(C)落后的生产工艺和设备而造成的环境污染

(D)没有市场的产品

1-60 (　　)不属于限期治理的对象。

(A)位于风景名胜区,严重超标排放污染物的企业

(B)排放污染物严重妨碍居民的排放单位

(C)排放有毒有害物质,对环境造成污染的专业单位

(D)工业区内污水排放量很大的企业

模拟试题(二)

2-1 已知 CO_2 的临界参数 $t_c=30.98$ ℃,$p_c=7.375$ MPa。现有一密封的钢瓶,内贮有 29 ℃的 CO_2,则该 CO_2(　　)状态。

(A)一定为液体　　(B)一定为气体

(C)一定处在气液共存　　(D)数据不足,无法确定

2-2　在带活塞的气缸中,于 300 ℃下,使 1 mol 理想气体 B(g)从压力为 200 kPa 的始态自由膨胀到 100 kPa 的终态,则此过程的 ΔU = (　　) kJ, ΔS = (　　) $J \cdot K^{-1}$, ΔG = (　　) kJ。

(A)0, −5.762, 3.302　　(B)0, 5.763, −3.303

(C)0, −5.726, −3.302　　(D)0, 5.762, 3.302

2-3　若已算出下列过程的 ΔS、ΔA、ΔG,请从下列答案中选择一个认为正确的填入括号内。

(1)压力为 101.325 kPa 的 1 mol 液体水,在 100 ℃恒温下于真空密封容器中全部汽化为 101.325 kPa、100 ℃的水蒸气,则此过程(　　)作自发判据;

(2)无非体积功条件下,在绝热密封容器中进行某化学反应,则此过程(　　)作自发判据;

(3)1 mol 液体水在 101.325 kPa、−5 ℃、恒温、恒压、$W'=0$ 条件下,变为 101.325 kPa、−5 ℃的冰,则此过程(　　)作自发判据;

(4)在绝热条件下,将 1 mol 理想气体从 T_1、V_1 的始态压缩到体积为 V_1 一半的终态,则此过程(　　)作自发判据。

(A)可用 ΔS　　(B)可用 ΔA

(C)可用 ΔG　　(D)因条件不足,ΔS、ΔA、ΔG 均不能

2-4　在 101.325 kPa 下,有如下反应:

$$UO_3(s) + 2HF(g) \rightleftharpoons UO_2F_2(s) + H_2O(g)$$

此反应的标准平衡常数 $K^{\ominus}$ 与温度 T 的关系式为

$$\lg K^{\ominus} = \frac{6\ 550}{T} - 6.11$$

则上述反应的标准摩尔反应焓 $\Delta_r H_m^{\ominus}$($\Delta_r H_m^{\ominus}$ 与 T 无关)为(　　) $kJ \cdot mol^{-1}$, $\Delta_r S_m^{\ominus}$ 为(　　) $J \cdot K^{-1} \cdot mol^{-1}$。

(A)15.08, 14.07　　(B)−125.39, −117

(C)−54.46, −50.80　　(D)6.55, −6.11

2-5　在 310 K 时,正常人血液的渗透压为 759.94 kPa。若要配制 1.0 dm^3 渗透压与血液渗透压相同的葡萄糖稀水溶液,需要称量葡萄糖(　　)g。葡萄糖分子式为 $C_6H_{12}O_6$。

(A)29.5　　(B)53.1　　(C)85.0　　(D)180.0

2-6　A 与 B 组成一凝聚系统,该系统的相图中有两种稳定化合物和一种不稳定化合物,由此可知,该相图中所形成的低共溶混合物共有(　　)。

(A)5 种　　(B)4 种　　(C)3 种　　(D)2 种

2-7　已知 25 ℃时 $E^{\ominus}\{Zn^{2+}|Zn(s)\} = -0.763\ 0$ V、$E^{\ominus}\{Cl^{-1}|Cl(g)|Pt(s)\} = 1.358\ 0$ V,若用能斯特方程计算下列原电池的电动势 E,其值为(　　)V。

$$Zn(s)|ZnCl_2(b=0.02\ mol \cdot kg^{-1}, \gamma_{\pm}=0.642\ 3)|Cl_2(0.5p^{\ominus})|Pt(s)$$

(A)2.262　　(B)0.445 0　　(C)2.271　　(D)2.244

2-8　已知在 25 ℃时,标准电极电势 $E^{\ominus}(Ag^+|Ag) = E_1^{\ominus} = 0.799\ 4$ V, $E^{\ominus}\{Br^-|AgBr(s)|$

Ag} $=E_2^{\ominus}=0.0711$ V。试求 25 ℃时，AgBr(s)在纯水中的溶度积 K_{sp}为(　　)。

(A) 4.881×10^{-13}　(B) 4.881×10^{13}　(C) 3.34×10^{-13}　(D) 3.34×10^{13}

2-9 将一支毛细管插入某液体中时，可能出现(　　)现象。已知相关数据为 $\gamma_{s-l}>\gamma_{s-g}$。

(A)毛细管中液面上升　(B)毛细管中液面下降

(C)毛细管中液面不升不降　(D)数据不足，无法确定

2-10 对于连串反应 A→B→C，若中间产物 B 是所需的产物，为了获得其最高产率，则应采取的措施为(　　)。

(A)增大反应物 A 的浓度　(B)控制适当的反应温度

(C)不断取走产物 C　(D)控制适当的反应时间

2-11 将催化剂加入化学反应中后，该反应的(　　)。

(A) k 变，$\Delta_r G_m^{\ominus}$ 变　(B) k 不变，$\Delta_r G_m^{\ominus}$ 不变

(C) k 变，$\Delta_r G_m^{\ominus}$ 不变　(B) k 不变，$\Delta_r G_m^{\ominus}$ 变

2-12 对于电动电势 ζ 的描述，下列说法不正确的是(　　)。

(A) ζ 电势易随电解质性质及浓度而变

(B) ζ 电势的绝对值一般大于热力学电势

(C)憎液溶胶的 ζ 电势等于零的状态，称为等电态

(D)当胶体粒子与液相发生相对移动时，滑动面与溶液本体之间的电势差，称为 ζ 电势

2-13 用 20 ℃的空气标定转子流量计的读数范围为 5 ~ 35 m^3/h，现用该流量计测定 20 ℃的氨气的流量，则其流量范围为(　　)。

(A) 5 ~ 35 m^3/h　(B) 3.83 ~ 26.8 m^3/h

(C) 6.53 ~ 45.71 m^3/h　(D) 8.53 ~ 59.7 m^3/h

2-14 离心泵的允许气蚀余量 $NPSH$ 随流量 Q 的减小其变化的趋势是(　　)。

(A)增大　(B)减小　(C)不变　(D)不确定

2-15 离心泵的铭牌上标出的流量 Q 和压头 H 数值是(　　)。

(A)操作点对应值　(B)最大流量对应值

(C)最高效率对应值　(D)一定转速下的计算值

2-16 含尘气体通过边长 4 m、宽 3 m、高 1.5 m 的降尘室，若颗粒的沉降速度为 1 m/s，则降尘室的生产能力为(　　)。

(A) 4 m^3/s　(B) 2 m^3/s　(C) 6 m^3/s　(D) 12 m^3/s

2-17 一定操作条件下测得过滤常数 $K=5\times10^{-5}\ m^2/s$，$q_e=0.01\ m^3/s$，过滤面积为 5 m^2，则得到 1 m^3 滤液所需的时间为(　　)。

(A) 840 s　(B) 176 s　(C) 880 s　(D) 340 s

2-18 当搅拌槽内无挡板时，可能发生"打旋"现象的搅拌雷诺数 $\left(Re=\dfrac{n\rho d^2}{\mu}\right)$ 范围是(　　)。

(A) $Re<10$(完全层流)　(B) $Re=10\sim30$(部分层流)

(C) $Re=30\sim10^3$(过渡流)　(D) $Re>10^3$(湍流)

2-19 单层平壁导热速率的数学表达式为(　　)。

(A) $Q=\frac{\lambda}{b}S(t_1-t_2)$　　(B) $Q=\frac{b}{\lambda}S(t_1-t_2)$

(C) $Q=\frac{\lambda}{bS}(t_1-t_2)$　　(D) $Q=\frac{b}{\lambda S}(t_1-t_2)$

2-20　两流体在列管换热器中换热，一侧流体温度不变，则两流体应采用(　　)操作方式。

(A)并流　　(B)逆流

(C)错流　　(D)并流、逆流或错流

2-21　设计时当换热器的热负荷一定时，减小冷却水用量，将导致(　　)。

(A)冷却水出口温度升高，传热面积减小　　(B)冷却水出口温度升高，传热面积增大

(C)冷却水出口温度降低，传热面积减小　　(D)冷却水出口温度降低，传热面积增大

2-22　在逆流操作的列管换热器中，加热管的直径为 ϕ25 mm×2.5 mm。水在管内流动，其进出口温度分别为 15 ℃和 32 ℃。热油在壳方流动，油的进出口温度分别为 120 ℃和 40 ℃。油的流量为 1.5 kg/s，平均比热为 1.9 kJ/(kg·℃)。已知水侧和油侧的对流传热系数分别为 1.5 kW/(m^2·℃)和 0.5 kW/(m^2·℃)。两流体逆流流动，管壁和污垢热阻可忽略。换热器的传热面积 S_o 为(　　)。

(A)12.9 m^2　　(B)14.4 m^2　　(C)17.1 m^2　　(D)21.5 m^2

2-23　在相同操作条件下，多效蒸发与单效蒸发相比，其(　　)。

(A)温度差损失较小，单位蒸汽消耗量较小

(B)温度差损失较小，单位蒸汽消耗量较大

(C)温度差损失较大，单位蒸汽消耗量较小

(D)温度差损失较大，单位蒸汽消耗量较大

2-24　在标准蒸发器中，用 120 ℃的饱和蒸汽加热盐水。蒸发空间二次蒸汽的温度为 86 ℃，溶液的平均沸点为 98 ℃，则该蒸发器中的有效温度差为(　　)℃。

(A)34　　(B)28　　(C)25　　(D)22

2-25　某操作中的精馏塔，若将回流比增大，其他条件保持不变，则馏出液的组成将(　　)。

(A)减小　　(B)不变　　(C)不确定　　(D)增大

2-26　在连续精馏塔中分离某二元理想混合物。塔顶采用全凝器，泡点回流，操作回流比为 2.32，操作条件下该物系的平均相对挥发度为 2.15。若馏出液的组成为 0.975(摩尔分数，下同)，离开精馏段的第 2 层塔板(从塔顶向下)的气相组成为 0.936，该层塔板的单板效率 $E_{ML}=0.625$，则离开该层塔板的液相组成为(　　)。

(A)0.872　　(B)0.889　　(C)0.918　　(D)0.985

2-27　在常压精馏塔中分离某二元理想混合物。泡点进料，进料组成为 0.55(易挥发组分的摩尔分数，下同)，馏出液的组成为 0.985，操作回流比为最小回流比的 1.85 倍，物系的平均相对挥发度为 2.65，则该情况下的精馏段操作线方程为(　　)。

(A) $y_{n+1}=0.656x_n+0.338$　　(B) $y_{n+1}=0.656x_n-0.338$

(C) $y_{n+1}=0.344x_n+0.338$　　(D) $y_{n+1}=0.656x_n+0.189$

2-28　在某连续精馏装置的设计中，塔顶采用全凝器冷凝，塔釜采用再沸器间接加热。通

过工艺计算,已知完成指定的分离任务需要20层理论板(包括再沸器),所选塔板的总板效率为50%,塔板间距为0.35 m,则所设计的精馏塔的有效高度为(　　)。

(A)13.65 m　　(B)12.95 m　　(C)13.30 m　　(D)12.60 m

2-29　在填料吸收塔中用清水吸收氨—空气混合物中的氨。混合气的进塔组成为0.025,出塔组成为0.002(均为摩尔比),操作条件下的气液平衡关系为 $Y=0.88X$,则溶液出塔的最大摩尔分数为(　　)。

(A)0.028 4　　(B)0.021 5　　(C)0.027 6　　(D)0.029 2

2-30　在某填料层高度为4 m的填料吸收塔中,用纯溶剂吸收某混合气体中的溶质组分。已知混合气的流量为50 kmol/h,组成为0.05(摩尔分数),溶质的吸收率为96%,溶剂的流量为100 kmol/h,操作条件下的气液平衡关系为 $Y=1.58X$,则吸收塔中所用填料的等板高度为(　　)。

(A)0.524 m　　(B)0.590 m　　(C)0.625 m　　(D)0.550 m

2-31　对于一定的物系,在一定温度下影响萃取分离效果的主要因素是(　　)。

(A)料液组成　　(B)溶剂比 S/F　　(C)原料液量 F　　(D)溶剂用量 S

2-32　在脉冲填料塔中用纯溶剂S萃取A、B两组分混合液中的溶质A,操作下组分B、S可视做完全不互溶,且两相的平衡方程为 $Y=0.8X$(Y 与 X 均为质量比组成,下同),原料液组成 $X_F=0.65$,要求最终萃余相组成 $X_n=0.05$,操作溶剂比 $S/B=1.5$,则溶剂的实际用量与最小用量的比值约为(　　)。

(A)1.30　　(B)1.73　　(C)1.00　　(D)0.867

2-33　用稀硫酸水溶液浸取矿石粉中的金属。矿粉的处理量为200 kg/h,其密度为2 420 kg/m^3,稀硫酸的密度为1 025 kg/m^3,采用的液固质量比为8∶1。要求金属的浸出率为96%。根据经验,浸出时间为0.82 h,其他所有辅助操作时间为1.6 h。装料体积为浸取器总容积的70%。浸取器的体积应为(　　)m^3。

(A)3.98　　(B)5.68　　(C)3.78　　(D)5.40

2-34　以湿空气作为干燥介质,在一定温度、总压101.33 kPa下干燥某湿物料,若所用空气的相对湿度增大,则湿物料的平衡含水量(　　)。

(A)不变　　(B)增大　　(C)减小　　(D)不确定

2-35　在101.33 kPa下,湿度为0.005 kg水/(kg绝干气)、温度为160 ℃的湿空气在理想干燥器中降温至55 ℃离开,出干燥器的废气的湿度为(　　)。

(A)0.041 5 kg水/(kg绝干气)　　(B)0.463 kg水/(kg绝干气)

(C)0.046 3 kg水/(kg绝干气)　　(D)0.092 6 kg水/(kg绝干气)

2-36　用通风机将温度为25 ℃、湿度为0.005 kg水/(kg绝干气)的新鲜空气送入预热器,预热到120 ℃后进入连续逆流干燥器中,空气离开干燥器时的湿度为0.06 kg水/(kg绝干气)。湿物料由含水量 $w_1=5.8\%$ 被干燥至含水量 $w_2=0.2\%$,每小时有9 000 kg湿物料被加入干燥器,则新鲜空气的消耗量为(　　)。

(A)9 233 kg新鲜空气/h　　(B)8 675 kg新鲜空气/h

(C)9 802 kg新鲜空气/h　　(D)9 187 kg新鲜空气/h

2-37　某压力表的测量范围为0~10 MPa,经校验得出如下数据:

标准表读数/MPa	0	2	4	6	8	10
被校表读数/MPa	0	1.98	3.96	5.94	7.97	9.99

那么该压力表的精度等级为(　　)。

(A)0.6 级　　(B)0.4 级　　(C)1.0 级　　(D)0.5 级

2-38 比例积分控制规律的特点是(　　)。

(A)反应快,控制及时,有余差存在　　(B)反应慢,控制不及时,有余差存在

(C)反应快,控制及时,能消除余差　　(D)反应慢,控制不及时,但能消除余差

2-39 线性流量特性控制阀的放大系数 $K_v = \dfrac{d\left(\dfrac{q}{q_{max}}\right)}{d\left(\dfrac{l}{L}\right)}$,随着阀门相对开度的增加,放大系数(　　)。

(A)逐渐减小　　(B)逐渐增大

(C)保持不变　　(D)可能增大,也可能减小

2-40 自动控制系统主要是由(　　)组成的。

(A)检测与变送装置、控制器、执行器、显示器

(B)检测与变送装置、控制器、显示器、被控参数

(C)检测与变送装置、控制器、执行器、被控对象

(D)检测与变送装置、控制器、执行器、被控参数

2-41 化工厂厂址选择是在基建的投资决策阶段必须解决的重要问题,直接影响到设计、投资、建设进度、运营成本、生产情况以及环保等方面,一般在符合国家、地方发展大局的情况下,化工厂厂址通常考虑(　　)。

(A)选择在靠近相关产业聚集的地方　　(B)选择在平坦的地方,并尽量向内倾斜

(C)选择在居民区的上风向和江河上游　　(D)选择在靠近较高温度水源的地区

2-42 工艺流程图是整个化工设计的重要组成部分,需要不断完善,在施工图设计阶段,要求提供的工艺流程图文件是指(　　)。

(A)物料流程图　　(B)带控制点的工艺流程图

(C)工艺流程框图　　(D)全厂总工艺流程图

2-43 将一个含有相同摩尔百分数的丙烷(C3)、丁烷(C4)、戊烷(C5)和正己烷(C6)的混合物引入精馏塔进行分离,塔底馏分为含 2% C3、5% C4、50% C6 的混合物,塔顶引出流股中仅含 1% 的 C5。塔顶流股中 C4 的组成为(　　)。

(A)74.8%　　(B)44.2%　　(C)51.7%　　(D)30.6%

2-44 化工过程采用连续生产时,在物料衡算中,恰当选择计算基准是非常重要的,对于连续过程一般(　　)。

(A)以单位时间为基准　　(B)以单位质量为基准

(C)以单位体积为基准　　(D)以每一批物料为基准

2-45 化工设备腐蚀有金属腐蚀和非金属腐蚀,一般认为(　　)。

(A)设备腐蚀主要由化学或电化学的作用引起破坏

(B)金属腐蚀许多都是由物理作用引起的

(C)全面腐蚀的后果比一般局部金属腐蚀要严重得多

(D)非金属腐蚀是化学和物理交互作用产生的结果

2-46 化工设计的总图布置,应该考虑将( )。

(A)厂区内的物流尽量交叉,保证快速运输

(B)厂区内与外界有运输关系的车间集中安置在厂区内部位置

(C)易燃易爆车间统一安排在厂区中心,集中管理

(D)厂区内同类型的车间集中布置

2-47 一个化工厂从银行贷款 5 000 万元人民币,年贷款利率为 7%,贷款期为 3 年。按月复利计算其 3 年后应该一次性还银行( )。

(A)6 179.33 万元 (B)6 164.63 万元 (C)6 125.25 万元 (D)6 050.00 万元

2-48 以下属于财务静态评价方法的指标是( )。

(A)贴现现金流通收益率 (B)净现值

(C)增量投资收益率 (D)内部收益率

2-49 对高浓度有机污泥、高浓度有机废水的处理一般采用( )。

(A)厌氧生化法 (B)好氧生化法 (C)中和法 (D)吸附法

2-50 ( )可以用来治理氯气。

(A)碱液吸收法 (B)燃烧法 (C)活性炭吸附法 (D)催化转化法

2-51 ( )不是固体废物的处理方法。

(A)热处理 (B)固化处理 (C)生物处理 (D)物理化学处理

2-52 下面叙述中不正确的是( )。

(A)功和热量不是状态函数

(B)功和热量是过程量

(C)确定高温及低温热源的温度后,热机热效率即确定了

(D)动力循环的热效率 $\eta_t \leqslant 100\%$

2-53 关系式 $C_p - C_V = R$ 的适用范围是( )。

(A)单原子气体 (B)任意气体 (C)双原子气体 (D)任意理想气体

2-54 下列 pVT 方程中,属立方型状态方程的是( )。

(A)$pV = RT$ (B)$pV = ZRT$

(C)$p = \dfrac{RT}{V-b} - \dfrac{a}{T^{0.5}V(V+b)}$ (D)$\dfrac{pV}{RT} = Z = 1 + \dfrac{B}{V} + \dfrac{C}{V^2} + \dfrac{D}{V^3} + \cdots$

2-55 不符合理想溶液定义式的是( )。

(A)$\hat{f}_i = f_i x_i$ (B)$\Delta_{\text{mix}} S = 0$ (C)$\Delta_{\text{mix}} V = 0$ (D)$\Delta_{\text{mix}} H = 0$

2-56 关于相平衡比 K_i 的描述不正确的是( )。

(A)$K_i = y_i / x_i$ (B)对理想溶液常可写成 $K_i = \dfrac{p_i^s \phi_i^s}{p\phi_i}$

(C)$K_i = \hat{\phi}_i^L / \hat{\phi}_i^V$ (D)一般来说,K_i 与活度系数无关

2-57 对液液平衡,下列叙述不正确的是( )。

(A)二元液液平衡相图总有上会溶温度和下会溶温度

(B)上会溶温度或下会溶温度表明两相界限消失，热力学性质相同

(C)液液相平衡时符合 $\gamma_i^\alpha x_i^\alpha = \gamma_i^\beta x_i^\beta$

(D)液液相平衡时 $\hat{f}_i^\alpha = \hat{f}_i^\beta$

2-58 环境保护法规定，因环境污染损害赔偿提起公诉的有效时间为(　　)。

(A)1 年　　(B)2 年　　(C)3 年　　(D)20 年

2-59 世界上第一个将环境影响评价用法律固定下来并建立环境影响评价制度的国家是(　　)。

(A)英国　　(B)美国　　(C)德国　　(D)瑞典

2-60 利用工业废渣作建筑材料时，下列说法正确的是(　　)。

(A)工业废渣要具有防水性能

(B)工业废渣中放射性物质的含量无须监测

(C)工业废渣中含放射性物质时，应符合《建筑材料用工业废渣放射性物质限制标准》

(D)工业废渣都可用做建筑材料

模拟试题(三)

3-1 1 mol 真实气体 A，其压力为 400 kPa，温度为 300 K，体积为 5.5 dm^3，若已知该气体在上述状态下对比温度 $T_r = 0.9$，则该气体的临界温度 $T_c =$ (　　)K。

(A)272.7　　(B)333　　(C)300　　(D)252.7

3-2 以下所列的过程中，(　　)的过程能用 $\Delta U = nC_{V,m}(T_2 - T_1)$ 这一公式描述。

(A)真实气体恒压可逆膨胀

(B)在恒容、恒温和 $W' = 0$ 的条件下之化学反应

(C)在 101.325 kPa、100 ℃下，1 mol 液体水变为同温、同压的蒸汽

(D)理想气体从 T_1、p_1 变到 T_2、p_2

3-3 在 25 ℃下，反应 $C(s) + 1/2O_2(g) \xlongequal{} CO(g)$ 的 $\Delta_r H_m^\ominus$ 是(　　)。

(A)CO(g)的标准摩尔生成焓

(B)CO(g)的标准摩尔燃烧焓

(C)C(s)的标准摩尔燃烧焓，也是 CO(g)的标准摩尔生成焓

(D)不是 CO(g)的标准摩尔生成焓，也不是 CO(g)的标准摩尔燃烧焓

3-4 麦克斯韦关系式 $(\partial p/\partial T)_V =$ (　　)。

(A) $(\partial S/\partial V)_T$　　(B) $-(\partial S/\partial V)_T$　　(C) $(\partial V/\partial S)_T$　　(D) $-(\partial V/\partial S)_T$

3-5 在 25 ℃下，A(g)与 B(g)两种气体均能溶于水中，而且不电离、不缔合。现已知在 25 ℃下，上述两种气体溶于水中的亨利常数 $2k_{c,A} = k_{c,B}$。当 A(g)与 B(g)两种气体同时溶于水中并达到平衡时，测得水中 A 的浓度 c_A 等于水中 B 的浓度 c_B，则气相中 p_A (　　) p_B。

(A)大于　　(B)小于

(C)等于　　(D)可能大于也可能小于

3-6 液体 A 与液体 B 能形成理想液态混合物。已知在 60 ℃时，液体 A 的饱和蒸气压是液体 B 的饱和蒸气压的 3 倍。当 A 与 B 的理想液态混合物达气、液平衡时，液相中 A 的量分数(旧称摩尔分数) $x_A = 0.5$，则对应的平衡气相中 B 的量分数 $y_B =$ (　　)。

(A)0.25　　(B)0.15　　(C)0.65　　(D)0.5

3-7 A、B 两组分液态完全互溶系统的压力—组成(p—x)图上，若出现最大正偏差，则图中系统总压 p 与 A、B 两纯液体的饱和蒸气压 p_A^*、p_B^* 之间有(　　)的关系。

(A)$p_A^* > p < p_B^*$　　(B)$p_A^* < p < p_B^*$　　(C)$p_A^* < p > p_B^*$　　(D)$p_A^* > p > p_B^*$

3-8 在 298.15 K 下，反应 $H_2(g) + \frac{1}{2}O_2(g) \rightleftharpoons H_2O(g)$ 的 $\Delta_r G_m^{\ominus} = -228.57\ kJ \cdot mol^{-1}$，$\Delta_r S_m^{\ominus} = -44.42\ J \cdot K^{-1} \cdot mol^{-1}$。设反应的 $\Delta_r C_{p,m} = 0$，则反应在 398.15 K 下的 $\Delta_r G_m^{\ominus} =$ (　　)$kJ \cdot mol^{-1}$。

(A)-228.57　　(B)228.57　　(C)-224.12　　(D)259.50

3-9 在 25 ℃时，质量摩尔浓度 $b = 0.20\ mol \cdot kg^{-1}$ 的 $CuCl_2$ 水溶液中，正、负离子的平均活度系数 $\gamma_{\pm} = 0.518$，则正、负离子的平均活度 $a_{\pm}$(　　)。

(A)$= 0.103\ 6$　　(B)$= 15.32$　　(C)$= 0.164\ 45$　　(D)无法确定

3-10 常用接触角来衡量液体能否润湿固体表面，接触角是指(　　)。

(A)液体表面张力 γ_{l-g} 与固体表面张力 γ_{s-g} 间的夹角

(B)液体表面张力 γ_{l-g} 与固、液界面张力 γ_{s-l} 间的夹角

(C)固体表面张力 γ_{s-g} 与固、液界面张力 γ_{s-l} 间的夹角

(D)γ_{l-g}、γ_{s-g} 及 γ_{s-l} 这三者中任意两者间的夹角

3-11 反应 $A \longrightarrow G + F$，当反应物 A 的起始浓度 $c_{A,0} = 2\ mol \cdot L^{-1}$ 时，反应掉 $c_{A,0}$ 一半需时 2 min；当反应物 A 的起始浓度 $c'_{A,0} = 1\ mol \cdot L^{-1}$ 时，则反应掉 $c'_{A,0}$ 一半需时 4 min 。说明此反应为(　　)反应。

(A)零级　　(B)一级　　(C)二级　　(D)三级

3-12 已知在电泳实验中，$BaSO_4$ 溶胶的胶粒是朝正极运动。若想用电解质使该 $BaSO_4$ 溶胶聚沉，应从下列电解质中选用(　　)这种电解质。

(A)$AlCl_3$　　(B)Na_3PO_3　　(C)$CuSO_4$　　(D)$Zn(NO_3)_2$

3-13 在水平管路中安装一孔板流量计以测定水的流量。在某一流量下，U 形管的读数 $R = 0.42$ m，指示液为汞。在保持流量等条件不变的情况下，用喉径和孔板的孔径相等的文丘里流量计代替孔板流量计。孔板流量计和文丘里流量计的流量系数分别为 0.63 和 0.99，则文丘里流量计 U 形管的读数 R' 为(　　)。

(A)0.42 m　　(B)0.17 m　　(C)0.267 m　　(D)0.66 m

3-14 离心风机的全风压 H_T 是指(　　)。

(A)动风压　　(B)静风压

(C)动风压与静风压之和　　(D)风机对 1 kg 气体做的有效功

3-15 用离心泵将 20 ℃的水溶液($\rho = 1\ 250\ kg/m^3$)送至表压为 50 kPa 的密闭高位槽中。现改送稀的水溶液($\rho = 1\ 020\ kg/m^3$)，其他条件维持不变，则泵的流量 Q 和压头 H 的变化趋势是(　　)。(流动在阻力平方区)

(A)Q 增大，H 减小　　(B)Q、H 均增大

(C)Q、H 均减小　　(D)Q 减小，H 增大

3-16 若增加气体处理量，而保持旋风分离器的入口气速不变，则旋风分离器的临界粒径将(　　)。

(A)增大　　(B)减小　　(C)不变　　(D)不确定

3-17 已知操作条件下的恒压过滤方程为：$V^2+0.06V=3\times10^{-4}\theta$，式中 V 的单位为 m^3，θ 的单位为 s。则过滤 20 min 后的滤液为(　　)。

(A)0.41 m^3　(B)0.053 m^3　(C)0.63 m^3　(D)0.57 m^3

3-18 在三套体积不同的“标准”构形搅拌器中进行搅拌实验，取得满意搅拌效果的实验数据如下表所示。

题 3-18 附表

放大判据	1	2	3
(A) $Re\propto nd^2$	167	324	668
(B) $N/V\propto n^3d^2$	13 180	6 580	3 572
(C) $Q/H\propto d/n$	0.353	1.41	5.64
(D) $u_T\propto nd$	5.0	5.0	4.98

该搅拌器放大时应遵循的准则为(　　)。

3-19 在一定热负荷下，用冷水冷却某种热流体。若冷水进口温度一定，使冷却水出口温度下降，则冷却水消耗量 W_c 与换热器的平均推动力 Δt_m 的变化为(　　)。

(A) W_c、Δt_m 均减小　(B) W_c 减小，Δt_m 增大

(C) W_c、Δt_m 均增大　(D) W_c 增大，Δt_m 减小

3-20 增大流体在换热器中的流速，可使(　　)。

(A)对流传热系数增大，污垢减小　(B)对流传热系数增大，污垢增大

(C)对流传热系数减小，污垢减小　(D)对流传热系数减小，污垢增大

3-21 将蒸汽—空气间壁换热过程强化，下列方案在工程上可行的是(　　)。

(A)提高蒸汽流速　(B)提高空气流速

(C)采用过热蒸汽以提高蒸汽流速

(D)在蒸汽一侧管壁上装翅片，增大冷凝面积并及时导走冷凝液

3-22 有一套管换热器，加热管的直径为 $\phi54\ mm\times3\ mm$，冷流体在加热管内的流量为 1 800 kg/h，由 50 ℃ 升至 80 ℃，平均比热为 1.86 kJ/(kg·℃)，对流传热系数为 980 W/(m^2·℃)。热流体为 120 ℃ 的饱和水蒸气，冷凝液在饱和温度下排出，对流传热系数为 10 000 W/(m^2·℃)。管壁与污垢热阻可忽略。加热管的有效长度为(　　)。

(A)3.4 m　(B)3.8 m　(C)4.3 m　(D)5.1 m

3-23 减压蒸发常用于(　　)溶液的蒸发过程。

(A)腐蚀性　(B)易起泡　(C)热敏性　(D)易析出结晶

3-24 在一单效蒸发器中，将 2 000 kg/h 的某种水溶液从 5% 浓缩至 25%（质量分数），水分蒸发量为(　　)。

(A)100 kg/h　(B)400 kg/h　(C)1 000 kg/h　(D)1 600 kg/h

3-25 某操作中的精馏塔，若将进料口位置下移，其他条件保持不变，则馏出液的组成(　　)。

(A)增大　(B)减小　(C)不变　(D)不确定

3-26 某精馏塔的精馏段操作线方程为 $y=0.625x+0.368$，则馏出液组成为(　　)。

(A)0.965　(B)0.955　(C)0.920　(D)0.981

3-27 在平衡蒸馏(闪蒸)过程中,已知原料液的组成为0.45,其汽化率为0.65。设操作条件下的气液平衡方程为 $y=0.36x+0.515$,则平衡蒸馏的液相组成为(　　)。

(A)0.348　　(B)0.022　　(C)0.197　　(D)0.265

3-28 用一连续精馏塔分离某二元理想混合物。已知原料液的组成为0.52(易挥发组分的摩尔分数,下同),馏出液组成为0.98,釜残液组成为0.015。若进料量为100 kmol/h,则重组分的回收率为(　　)。

(A)97.82%　　(B)1.38%　　(C)98.62%　　(D)47.67%

3-29 氨水的气液平衡关系符合亨利定律。用摩尔分数表示相组成的相平衡常数为0.78,若氨水中氨的摩尔分数为0.028,则与之平衡的气相摩尔比为(　　)。

(A)0.218　　(B)0.022 3　　(C)0.213　　(D)0.288

3-30 在填料吸收塔中用清水吸收氨—空气混合物中的氨。混合气的进塔组成为0.025,出塔组成为0.001(均为摩尔比),操作条件下的气液平衡关系为 $Y=0.88X$。若吸收剂的用量为最小用量的1.65倍,则实际操作的液气比为(　　)。

(A)1.584　　(B)1.394　　(C)0.845　　(D)1.80

3-31 下列萃取设备中,属于逐级接触式的是(　　)。

(A)填料萃取塔　　(B)转盘萃取塔

(C)卢威离心萃取机　　(D)POD离心萃取机

3-32 操作条件下,A、B、S三元物系的溶解度曲线和辅助曲线如本题附图所示。在单级萃取器中用纯溶剂S萃取A、B混合液中的组分A。原料液的流量为100 kg/h,其中组分A的含量为0.35(质量分数,下同),要求萃余相中组分A的含量不大于0.15。萃余液 R' 与萃取液 E' 的流量接近(　　)。

(A)$E'=28.6$ kg/h,$R'=71.4$ kg/h　　(B)$E'=50$ kg/h,$R'=50$ kg/h

(C)$E'=71.4$ kg/h,$R'=28.6$ kg/h　　(D)$E'=40$ kg/h,$R'=60$ kg/h

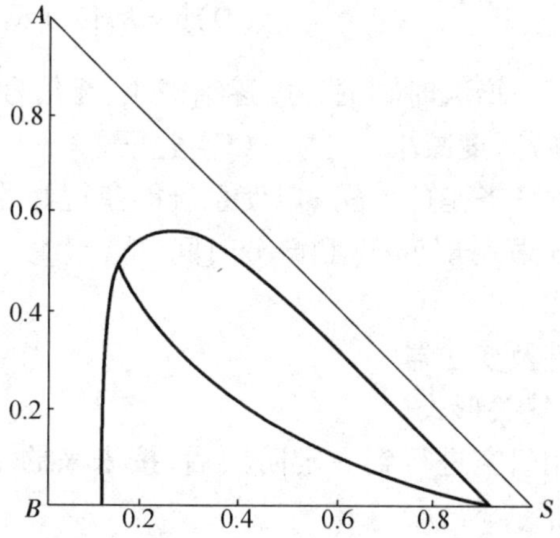

题3-32附图

3-33 用有机溶剂多级逆流浸取植物中的油分。固体处理量为1 000 kg/h,其中油的含量为0.216(质量分数,下同)。得到最终浸取液流量为441 kg/h,其中油的组成为0.48。按恒底流计,每1 kg固渣含溶液0.5 kg,则油的收率 φ_A 和有机溶剂用量 S 接近(　　)。

(A) $\varphi_A=98\%$, $S=617$ kg/h　(B) $\varphi_A=90\%$, $S=441$ kg/h

(C) $\varphi_A=98\%$, $S=392$ kg/h　(D) $\varphi_A=96\%$, $S=833$ kg/h

3-34　对于湿度 H 一定的湿空气，总压 p 一定，干球温度 t 升高，则露点 t_d(　　)。

(A)不变　(B)升高　(C)降低　(D)不确定

3-35　采用带废气循环的理想干燥器干燥湿物料，新鲜空气状态：$t_0=20$ ℃，$H_0=0.006$ kg 水/(kg 绝干气)；废气状态：$t_2=50$ ℃，$H_2=0.056$ kg 水/(kg 绝干气)。新鲜空气与废气按绝干气的质量比为1∶3混合时，混合气的湿度为(　　)。

(A)0.017 4 kg 水/(kg 绝干气)　(B)0.043 5 kg 水/(kg 绝干气)

(C)0.018 5 kg 水/(kg 绝干气)　(D)0.023 4 kg 水/(kg 绝干气)

3-36　用湿空气在连续逆流干燥器中干燥某湿物料，湿物料由 20 ℃、含水量 $w_1=0.1$ 被干燥至 45 ℃、含水量 $w_2=0.01$，绝干物料的比热容 $c_s=1.9$ kJ/(kg 绝干料·℃)。空气进入干燥器时温度为 120 ℃、湿度为 0.004 kg 水/(kg 绝干气)，离开时的温度为 60 ℃。假设干燥器不补充热量，且热损失可忽略，则空气出干燥器的湿度为(　　)。

(A)0.024 4 kg 水/kg 绝干气　(B)0.027 5 kg 水/kg 绝干气

(C)0.020 6 kg 水/kg 绝干气　(D)0.035 8 kg 水/kg 绝干气

3-37　热电偶温度计是根据(　　)来测量温度的。

(A)物体受热时体积膨胀的性质

(B)金属导体的电阻值随温度变化而变化的特性

(C)半导体元件的电阻值随温度变化而变化的特性

(D)热电效应

3-38　理想比例微分控制规律的输入—输出关系为(　　)。

(A) $p=K_P\left(\frac{1}{T_I}\int e\mathrm{d}t+T_D\frac{\mathrm{d}e}{\mathrm{d}t}\right)$　(B) $p=K_P\left(e+\frac{1}{T_I}\int e\mathrm{d}t+T_D\frac{\mathrm{d}e}{\mathrm{d}t}\right)$

(C) $p=K_P\left(e+T_D\frac{\mathrm{d}e}{\mathrm{d}t}\right)$　(D) $p=K_P\left(e+K_I\int e\mathrm{d}t\right)$

3-39　气关阀是当信号压力增大时阀的开度逐渐减小，无信号压力时阀(　　)。

(A)保持原来开度　(B)开度减小　(C)全开　(D)全关

3-40　控制器参数整定的任务是(　　)，以使系统能获得好的控制质量。

(A)确定合适的比例度 δ、积分时间 T_I 和微分时间 T_D

(B)确定合适的控制规律

(C)确定合适的测量元件及变送器

(D)确定控制阀的气开、气关形式

3-41　概念设计是在应用研究进行到一定阶段后，按未来的工业生产装置规模进行的假想设计。它的工作内容不包括(　　)。

(A)确定流程和工艺条件　(B)确定主要设备类型和材料

(C)三废处理措施　(D)总图布置

3-42　以下可以作为设备的设计温度是(　　)。

(A)设备在使用过程中可能出现的最高(或最低)温度

(B)正常工作过程中，介质的最高(或最低)工作温度

(C)正常工作过程中,介质的正常工作温度加(或减)一定的余量

(D)设备所用材料所能耐受的最高(或最低)温度

3-43 在化学反应器中,利用乙烯部分氧化制取环氧乙烷。反应方程式如下:

主反应 $2C_2H_4+O_2 \longrightarrow 2C_2H_4O$

副反应 $C_2H_4+3O_2 \longrightarrow 2CO_2+2H_2O$

已知进料物质的流量为 1 000 mol/h,进料中含 C_2H_4 10%(摩尔分数)。乙烯转化率为 25%,产物环氧乙烷选择性为 80%,则生成环氧乙烷( )。

(A)200 mol (B)20 mol (C)25 mol (D)100 mol

3-44 用减压蒸发的方法浓缩某物质的水溶液,处理量为 1 000 kg/h,此物质水溶液的浓度需从 2%(质量分数,下同)浓缩至 8%,需向蒸发系统输入的热量为( )。已知:水的汽化潜热约为 2 500 kJ/kg。

(A)160 kW (B)521 kW (C)160 kJ/h (D)521 kJ/h

3-45 某化工车间使用的液体物料之一的 A 流体,其沸点为 80.99 ℃、闪点为 -11 ℃、爆炸极限范围为 1.4% ~4.7%(容积),且有毒,若必须用泵输送该物料,应选择( )。

(A)普通离心泵 (B)旋涡泵 (C)屏蔽式或磁力泵 (D)往复泵

3-46 在布置车间设备时,应该首先保证( )位于主导风向的上风口。

(A)分离区 (B)控制室 (C)反应区 (D)贮罐区

3-47 在选择管道连接方式时,一般使用对焊连接的管道规格为( )。

(A)DN25 和 DN25 以下的管道 (B)DN32 和 DN32 以下的管道

(C)DN40 和 DN40 以下的管道 (D)DN50 和 DN50 以上的管道

3-48 在估算单元设备时,可行性研究阶段估算塔可以以( )为基准。

(A)塔的不同类型(如填料成本、塔板类型)

(B)塔的直径

(C)塔的质量

(D)实际塔板数

3-49 在同一沉淀池内,过流率越小,即最小沉淀速度越( ),沉淀效果越( )。

(A)大,好 (B)小,好 (C)大,差 (D)小,差

3-50 固化处理技术适用于处理( )。

(A)生活垃圾 (B)一般工业废物

(C)电镀污泥等有害废物 (D)废水处理污泥

3-51 ( )不属于噪声污染控制需要考虑的要素。

(A)控制噪声源 (B)传播途径

(C)对接受者的防护 (D)加强生产过程中的管理

3-52 某 1 mol 理想气体($C_p=\frac{7}{2}R$)经可逆等压过程对外做功,体积由 V 膨胀到 $2V$,此过程中气体的摩尔熵变为( )。

(A)$\Delta S=\frac{7}{2}R\ln 2$ (B)$\Delta S=\frac{5}{2}R\ln 2$ (C)$\Delta S=-\frac{5}{2}R\ln 2$ (D)$\Delta S=-\frac{7}{2}R\ln 2$

3-53 某理想气体在温度为 T 的情况下等温从 V 可逆膨胀到 $2V$,过程的焓变为( )。

(A) $\Delta H = Q$　　(B) $\Delta H = 0$　　(C) $\Delta H = nRT\ln 2$　　(D) $\Delta H = -nRT\ln 2$

3-54　有关逸度和逸度系数的讨论,正确的是(　　)。

(A)对于真实流体,所有计算式都要用逸度代替压力

(B)混合物的逸度系数与组成无关

(C)纯物质的逸度和压力之比是逸度系数

(D)逸度值与标准态的选取有关

3-55　有关活度和活度系数的讨论,不正确的是(　　)。

(A)活度值与标准态的选取有关

(B)在汽液平衡计算中,最常用的标准态是温度、压力与溶液相同的纯物质的逸度值

(C)为应用于气液平衡,可选取溶质在溶剂中的 Henry 常数为标准态

(D)目前重要的活度系数关联式都是理论上严格推导出来的

3-56　下列叙述中不正确的是(　　)。

(A)热力学第二定律的正确性能用数学逻辑证明

(B)热力学第二定律的数学表达与熵有关

(C)可以用熵变表示过程的不可逆程度

(D)熵是热力学状态函数

3-57　已知某二元体系在某温度下汽相可看做理想气体,在 $x_1 = 0.4$ 时, $\gamma_1 = 1.197$, $\gamma_2 = 1.083$,在此温度下蒸气压为 $p_1^s = 20$ kPa, $p_2^s = 25$ kPa,与 $x_1 = 0.4$ 平衡的汽相组成 y_1 为(　　)。

(A)0.629　　(B)0.444　　(C)0.555　　(D)0.371

3-58　(　　)是我国环境保护的基本法。

(A)《中华人民共和国宪法》　　(B)《中华人民共和国环境保护法》

(C)《中华人民共和国文物保护法》　　(D)《中华人民共和国环境影响评价法》

3-59　《固体废物污染防治法》对行政处罚规定的最高罚款为(　　)。

(A)10 万元　　(B)20 万元　　(C)50 万元　　(D)100 万元

3-60　以下叙述不属于环境影响评价内容的是(　　)。

(A)调查建设项目周围环境的现状

(B)预测建设项目对环境产生影响的范围

(C)预测建设项目对环境产生影响的程度

(D)预测建设项目周围气温的变化情况

模拟试题(一)参考答案

1-1　$V(理) = nRT/p$

$$= 1 \times 8.314 \times 300/(420 \times 10^3) = 5.94 \times 10^{-3}\ \text{m}^3$$

由于 $Z = 1.18$,即 $V(真) > V(理)$,故真实气体比同温、同压下的理想气体难压缩。

1-2　根据热力学第一定律 $\Delta U = Q + W$,故 $\Delta U = [10 + (-6)]\ \text{kJ} = 4\ \text{kJ}$。

1-3　这是一道由蒸气变液体的相变题,因该相变压力是相变温度下的饱和蒸气压,故相变是可逆相变。因是气变液,为压缩过程,系统得功,故 W 大于零。但因气变液过程,系统以热的形式对环境传出能量,故为放热过程,Q 小于零。同时因 $Q_p = \Delta H$,于是 ΔS 小于零($\Delta S =$

$\Delta H/T$)，$\Delta G=0$(恒 T、p，$W'=0$ 的可逆过程)。

1-4 $S_B=(\partial S/\partial n_B)_{T,p,n_C}$

1-5 因 $\Delta_r H_m^{\ominus}<0$，为放热反应，故提高反应温度则平衡向左转移。反应中 A 与 D 均为固体，只有 C 为气体，因此 $\sum_B \nu_B(g)=1$，$K^{\ominus}=K_y(p/p^{\ominus})$，当温度不变时 $K^{\ominus}$ 不变，而 p 增大，则 K_y 减小，平衡向左移。在 T、p 不变下，加入惰性气体与降低总压作用相同，因此反应平衡向右转移。

1-6 根据题意可知，反应达平衡时，系统中有一 $NH_4I(s)$ 固相与一混合气相($HI(g)$ 与 NH_3)，为两相共存。而 $NH_3(g)$ 与 $HI(g)$ 完全由 $NH_4I(s)$ 分解而来，所以它们在气相中的摩尔分数相同，因此平衡系统的组分数 $C=3-1-1=1$($R=1$、$R'=1$)。还有，系统的温度固定在 1 000 ℃下，于是相律 $F=C-P+2$ 中的 2(表示温度与压力两个变量)应改写为 1，即温度不再为变量，因此自由度数 $F=1-2+1=0$。

1-7 根据 $G=\dfrac{1}{R}=\kappa\dfrac{A_s}{l}$，$K_{cell}=\dfrac{l}{A_s}$，得 $\kappa=K_{cell}/R=(35.0/700)\,S\cdot m^{-1}=0.050\ S\cdot m^{-1}$。$\Lambda_m=\kappa/c=(0.050/0.010\times10^3)\,S\cdot m^2\cdot mol^{-1}=0.005\,0\ S\cdot m^2\cdot mol^{-1}$。

1-8 根据原电池图示的书写规定，左边的电极为阳板，故题给电池的阳极为 $Ag(s)|AgCl(s)|Cl^-$，电极的正负是按电势高低而定的，所以原电池的正极为阴极，即 $Cl^-|Cl_2(g)|Pt(s)$。

1-9 表面活性剂是指加入很少的量就能显著降低溶液(一般是指水)的表面张力的这类物质，所以其在表面层的浓度大于其在溶液本体中的浓度，为正吸附。

1-10 对于恒容化学反应，可用参加反应物质的浓度随时间的变化率来表示化学反应的反应速率。对于 $3A \longrightarrow 2B$ 这一反应，应有如下的关系，即

$$\frac{1}{3}-\frac{dc_A}{dt}=\frac{1}{2}\frac{dc_B}{dt}$$

因此，$-dc_A/dt=\dfrac{3}{2}\dfrac{dc_B}{dt}$，　$k_A=\dfrac{3}{2}k_B$。

1-11 由阿伦尼乌斯指数方程 $k=Ae^{-E_a/(RT)}$ 可知，k 与 E_a 呈指数关系成反比，即 E_a 越小，k 的数值越大，活化能 E_a 数值越大，k 的增大幅度越大，故 $E_{a,1}$ 小于 $E_{a,2}$。反之，反应(1)的 k_1 大于反应(2)的 k_2。

1-12 $BaSO_4$ 溶胶的制备是以 Na_2SO_4 为稳定剂，所以，$[BaSO_4]_m$ 胶核按照优先吸附与胶核有共同元素的离子的原则而吸附溶液中多余的 SO_4^{2-} 离子，故其胶团结构为

$\{[BaSO_4]_m\cdot nSO_4^{2-}\cdot 2(n-x)Na^+\}^{2x-}\cdot 2xNa^+$

1-13 (B)　**1-14** (A)　**1-15** (B)　**1-16** (B)

1-17 (C)正确。$A=0.635^2\times2\times38=30.6\ m^2$。

1-18 (C)　**1-19** (C)　**1-20** (A)　**1-21** (B)

1-22 (B)正确。

$W_h c_{ph}(T_1-T_2)=W_c c_{pc}(t_2-t_1)$

$1\,200\times2.0\times(200-100)=1\,000\times4.18\times(t_2-10)$

$t_2=67.4$ ℃

$$\Delta t_m=\frac{(200-67.4)-(100-10)}{\ln\dfrac{200-67.4}{100-10}}=109.9\ ℃$$

$$S_o=\frac{Q}{K_o\Delta t_m}=\frac{1\ 200\times 2.0\times(200-100)\times 1\ 000}{3\ 600\times 216.2\times 109.9}=2.8\ \text{m}^2$$

1-23 (B)

1-24 (A)正确。$F=1\ 500\ \text{kg/h}, x_0=0.10, x_1=0.25$,

$$F-W=F\frac{x_0}{x_1}=1\ 500\times\frac{0.10}{0.25}=600\ \text{kg/h}$$

1-25 (C) **1-26** (D)

1-27 (A)正确。$\frac{R}{R+1}=0.75$,解得 $R=3$,

$L=RD=3\times 20=60.0\ \text{kmol/h}$

1-28 (B)正确。由

$F=D+W$

$Fx_F=Dx_D+Wx_W$

联立得

$$D=\frac{F(x_F-x_W)}{x_D-x_W}=\frac{60\times(0.55-0.02)}{0.96-0.02}=33.83\ \text{kmol/h}$$

$$\eta_D=\frac{Dx_D}{Fx_F}\times 100\%=\frac{33.83\times 0.96}{60\times 0.55}\times 100\%=98.41\%$$

1-29 (C)正确。

1-30 (A)正确。

$V=40\times(1-0.05)=38\ \text{kmol/h}$

$$Y_1=\frac{y_1}{1-y_1}=\frac{0.05}{1-0.05}=0.052\ 6$$

$Y_2=Y_1(1-\varphi_A)=0.052\ 6\times(1-0.98)=0.001\ 1$

$\Delta Y_1=Y_1-mX_1=0.052\ 6-1.85\times 0.016=0.023$

$\Delta Y_2=Y_2-mX_2=0.001\ 1-0=0.001\ 1$

$$\Delta Y_m=\frac{\Delta Y_1-\Delta Y_2}{\ln\frac{\Delta Y_1}{\Delta Y_2}}=\frac{0.023-0.001\ 1}{\ln\frac{0.023}{0.001\ 1}}=0.007\ 2$$

$$N_{OG}=\frac{Y_1-Y_2}{\Delta Y_m}=\frac{0.052\ 6-0.001\ 1}{0.007\ 2}=7.153$$

$$H_{OG}=\frac{V}{K_Ya\Omega}=\frac{38/3\ 600}{0.042\times 0.785\times 0.6^2}=0.889\ \text{m}$$

$Z=H_{OG}N_{OG}=0.889\times 7.153=6.359\ \text{m}$

1-31 (B)正确。

$$\beta=\frac{y_A}{x_A}\bigg/\frac{y_B}{x_B}=\frac{0.39}{0.18}\bigg/\frac{0.12}{0.77}=13.9$$

1-32 (C)正确。

1-33 (C)正确。

浸出液流量

$$E=\frac{2\ 000\times 0.25\times 0.95}{0.32}=1\ 484\ \text{kg/h}$$

底流量

$$L=2\ 000\times(1-0.25)\times 1.5=2\ 250\ \text{kg/h}$$

清水用量

$$S=1\ 484+2\ 250-2\ 000\times 0.25=3\ 234\ \text{kg/h}$$

1-34 （B）

1-35 （B）正确。

$$I=(1.01+1.88H)t+2\ 490H$$

$$\Delta I=I_2-I_1=(1.01+1.88\times 0.006\ 6)\times(373-295)=79.7\ \text{kJ/(kg 绝干气)}$$

1-36 （C）正确。$I_1=(1.01+1.88\times 0.002)\times 120+2\ 490\times 0.002=126.6\ \text{kJ/(kg 绝干气)}$

$$I_2=(1.01+1.88\times 0.014)\times 55+2\ 490\times 0.014=91.8\ \text{kJ/(kg 绝干气)}$$

$$L(I_1-I_2)=G(I_2'-I_1')$$

$$L=\frac{900\times(200-120)}{126.6-91.8}=2\ 069\ \text{kg 绝干气/h}$$

1-37 （C）正确。

1-38 （B）正确。将微分方程与一阶对象的微分方程 $T\frac{\mathrm{d}y(t)}{\mathrm{d}t}+y(t)=Kx(t)$ 对比，可以看出 $T=4$，$K=2$，即放大系数为2，时间常数为4。

1-39 （A）正确。

1-40 （B）正确。由于原料油不允许过热，当信号气源突然中断时，应使燃料油处于关闭状态，以避免大量燃料油流入加热炉，使原料油出口温度太高，所以应选气开型执行器。当燃料油流量增大时，原料油温度是升高的，故对象是“正”作用的，而气开阀也是“正”作用的，为使整个系统能成负反馈作用，故该系统中控制器应选“反”作用的。

1-41 （A）

1-42 （B）。工程设计分为基础工程设计阶段和详细工程设计阶段。在基础工程设计阶段共编制两版设备布置图，即初版设备布置图（简称“初版”）和确认版设备布置图（简称“确认版”）；在详细工程设计阶段共编制两版设备布置图，即设计版设备布置图（简称“设计版”）和施工版设备布置图（简称“施工版”）。

1-43 （D）。设进料量为100 kg/h，塔顶出料量为 D kg/h，塔釜出料量为 W kg/h；塔顶馏出液乙醇的含量为0.90，塔釜馏出液水的含量为0.99。则

$$100=D+W$$

$$100\times 0.70=D\times 0.90+W\times(1-0.99)$$

解得 $D=77.53$ kg/h，$W=22.47$ kg/h。

乙醇的回收率为

$$\frac{D\times 0.90}{100\times 0.70}=\frac{77.53\times 0.90}{70}=99.68\%$$

1-44 （A）正确。

$$\Delta H_r=\Delta H^{\ominus}_{f,EB}+\Delta H^{\ominus}_{f,B}\times 6-\Delta H^{\ominus}_{f,E}-\Delta H^{\ominus}_{f,B}\times 7=29.76-82.85-52.25=-105.34\ \text{kJ/mol}$$

1-45 (B) **1-46** (B)

1-47 (D)。选择管路壁厚是根据公称直径和公称压力共同选择,公称直径和流量有关,而公称压力和输送介质的压力和温度有关。

1-48 (A) **1-49** (D) **1-50** (D) **1-51** (B) **1-52** (B) **1-53** (A)

1-54 (D)。要先降压、再升温,以使用 C_p^{id}

1-55 (C)

1-56 (D)。用临界参数求状态方程中的 a、b。

1-57 (A)。$y_A = \dfrac{\gamma_A x_A p_A^s}{p} = \dfrac{1.2 \times 0.1 \times 120}{100} = 0.144$

1-58 (C) **1-59** (C) **1-60** (D)

模拟试题(二)参考答案

2-1 当物质的温度低于其临界温度时,只表明该物质有可能液化为液体,至于是否为液体还取决于该物质的压力,根据真实气体的 $p—V_m$ 等温线示意图可知,在同一温度下,压力处于不同范围时,物质可以是气体、气液共存和液体。而本题只给出物质的温度 $t < t_c$,而未给出压力数值,所以 CO_2 处于什么状态,无法确定。

2-2 本题为理想气体恒温、自由膨胀过程,过程为恒温,所以 $\Delta U = 0$,$\Delta H = 0$,而自由膨胀则 W(体)$=0$。

$$\Delta S = nR\ln(p_1/p_2) = 1 \times 8.314 \times \ln \frac{200}{100} = 5.763\ \mathrm{J \cdot K^{-1}}$$

$$\Delta G = -T\Delta S = (-573.15 \times 5.763)\ \mathrm{J} = -3\ 303.0\ \mathrm{J}$$

2-3 (1)此过程为恒温、恒容及非体积功为零的过程,故可用 ΔA 判断此过程是否为自发。

(2)由题给条件可知,反应系统与环境之间既无物质交换(封闭系统)又无能量交换(即 $Q=0$,$W = W(\text{体}) + W' = 0$),所以反应系统为隔离系统,可用 ΔS 作为判据。

(3)此过程为恒温、恒压与 $W' = 0$ 下进行的过程,因此应该用 ΔG 作为判据。

(4)因此过程不符 ΔS、ΔA 及 ΔG 作为判据的条件,故此过程的 ΔS、ΔA 及 ΔG 均不能作为判据。

2-4 根据 $\ln K^{\ominus} = \ln 10 \times \lg K^{\ominus}$,将题给式子改为 $\ln K^{\ominus} = \ln 10 \times \lg K^{\ominus} = 6\ 550 \times \ln \dfrac{10}{T} - 6.11 \times \ln 10$,将该式乘以 $-RT$,则可得

$$-RT\ln K^{\ominus} = -6\ 550 \times \ln 10 \times R + 6.11 \times \ln 10 \times RT$$

或

$$\Delta_r G_m^{\ominus} = -6\ 550 \times \ln 10 \times R + 6.11 \times \ln 10 \times RT$$

与 $\Delta_r G_m^{\ominus} = \Delta_r H_m^{\ominus} - T\Delta_r S_m^{\ominus}$ 相对,得

$$\Delta_r H_m^{\ominus} = -6\ 550 \times \ln 10 \times R = -125.39\ \mathrm{kJ \cdot mol^{-1}}$$

$$\Delta_r S_m^{\ominus} = -6.11 \times \ln 10 \times R = -117\ \mathrm{J \cdot K^{-1} \cdot mol^{-1}}$$。

2-5 根据浸透压的公式 $\pi = c_B RT$,当 π、T 相等时 c_B 就相等,这样就能算出葡萄糖的浓度 c,即

$$c=\pi/RT=759\ 940/(8.314\times310)=294.85\ \text{mol}\cdot\text{m}^{-3}$$

或 $c=0.294\ 85\ \text{g}\cdot\text{dm}^{-3}$，即 1 dm^3 中含 0.294 85 mol 葡萄糖。所以，葡萄糖的质量 $m=0.294\ 85\times180\ \text{g}=53.1\ \text{g}$。

2-6 共有 3 种低共溶混合物。此题需作图去找。

2-7 计算原电池的电动势 E，关键是正确写出原电池的电池反应。本题的电极反应与电池反应为

阳极 $Zn(s) \rightleftharpoons Zn^{2+}(a_{Zn^{2+}})+2e^-$

阴极 $Cl_2(p=0.5p^\ominus)+2e^- \rightleftharpoons 2Cl^-(a_{Cl^-})$

电池反应 $Zn(s)+Cl_2(0.5p^\ominus) \rightleftharpoons Zn^{2+}(a_{Zn^{2+}})+2Cl^-(a_{Cl^-})$

因此

$$E=E^\ominus-\frac{RT}{2F}\ln[a_{Zn^{2+}}a_{Cl^-}^2/(0.5p^\ominus/p^\ominus)]$$

$$E^\ominus=E^\ominus(Cl^-|Cl_2)-E^\ominus[Zn^{2+}|Zn)=(1.358\ 0-(-0.763\ 0)]\text{V}$$
$$=2.121\ \text{V}$$

$$a_{Zn^{2+}}a_{Cl^-}^2=a_\pm^3=(\gamma_\pm b_\pm/b^\ominus)^3=(\gamma_\pm\sqrt[3]{4}b/b^\ominus)^3$$

$$E=2.121-\frac{8.314\times298.15}{2\times96\ 485}\ln(0.642\ 3\times\sqrt[3]{4}\times0.02)^3$$
$$=2.121-0.012\ 85\ln(0.020\ 4)^3=2.121+0.15=2.271\ \text{V}$$

2-8 求 $K_{sp}^\ominus$（溶度积）就是求难溶盐的溶解反应的 $K^\ominus$。如题所求的 AgBr(s) 的 $K_{sp}^\ominus$ 即是以下反应的 $K^\ominus$，$AgBr(s) \xrightleftharpoons{K_{sp}} Ag^+(a_{Ag^+})+Br^-(a_{Br^-})$。

若用电动势法求 K_{sp}，则需将上述反应作原电池的电池反应，这样就能用下式计算：

$$\Delta_r G_m^\ominus=-RT\ln K_{sp}^\ominus=-2FE^\ominus$$

式中 $E^\ominus$ 为电池反应对应的原电池之标准电动势。因此要求出 $E^\ominus$ 就需知原电池的阴、阳极。根据电池反应可设计下列原电池：

$$Ag(s)|Ag^+(a_{Ag^+})\,\vdots\vdots\,Br^-(a_{Br^-})|AgBr(s)|Ag(s)$$
$$E^\ominus=E^\ominus\{Br^-|AgBr(s)|Ag\}-E^\ominus(Ag^+|Ag)$$

于是得

$$-RT\ln K_{sp}^\ominus=-zF\{E^\ominus(Br^-|AgBr|Ag)-E^\ominus(Ag^+|Ag(s)\}$$

因 z=1，得

$$\ln K_{sp}^\ominus=\frac{zF}{RT}\{E^\ominus(Br^-|AgBr|Ag)-E^\ominus(Ag^+|Ag(s)\}$$

$$K_{sp}^\ominus=4.881\times10^{-13}$$

2-9 一支毛细管插入液体中时，毛细管中的液体是上升还是下降，取决于该液体是否润湿毛细管的管壁。根据题给条件 $r_{s-l}>r_{s-g}$，说明该液体不润湿管壁，所以，毛细管中液面比毛细管外液面要低，即毛细管中液面下降。

2-10 控制适当的反应时间。

2-11 催化剂只能缩短达到平衡的时间，不能改变平衡状态，或者说不能改变反应的始末态，所以，催化剂加入化学反应中时，k 变而 $\Delta_r G_m^\ominus$ 不变。

2-12 当胶体粒子与液相发生相对移动时，滑动面与溶液本体之间的电势差，称为 ζ

电势。

2-13 (C)正确。

$$V_{min}=5\sqrt{\frac{\rho}{\rho'}}=5\sqrt{\frac{M}{M'}}=5\sqrt{\frac{29}{17}}=6.53\ m^3/h$$

$$V_{max}=35\sqrt{\frac{29}{17}}=45.71\ m^3/h$$

2-14 (B) **2-15** (C) **2-16** (D)

2-17 (C)正确。$q^2+0.02q=5\times10^{-5}\theta$,因 $A=5\ m^2$,$V=1\ m^3$,所以 $q=\frac{1}{5}$,代入上式,解得 $\theta=880$ s。

2-18 (D) **2-19** (A) **2-20** (D) **2-21** (B)

2-22 (A)正确。

$$\frac{1}{K_o}=\frac{1}{\alpha_o}+\frac{d_o}{\alpha_i d_i}=\frac{1}{0.5}+\frac{25}{1.5\times20}$$

$$K_o=352.9\ W/(m^2\cdot℃)$$

$$\Delta t_m=\frac{(120-32)-(40-15)}{\ln\frac{120-32}{40-15}}=50.1℃$$

$$S_o=\frac{Q}{K_o\Delta t_m}=\frac{1.9\times1.5\times(120-40)\times1\ 000}{352.9\times50.1}=12.9\ m^2$$

2-23 (C)

2-24 (D)。$\Delta t_m=120-98=22$ ℃

2-25 (D)

2-26 (B)正确。依题意 $R=2.32$,$\alpha=2.15$,$x_D=0.975$,$y_2=0.936$。

精馏段操作线方程为

$$y_{n+1}=\frac{R}{R+1}x_n+\frac{x_D}{R+1}=\frac{2.32}{2.32+1}x_n+\frac{0.975}{2.32+1}=0.699x_n+0.294$$

$$y_2=0.699x_1+0.294=0.936$$

解得 $x_1=0.918$

$$y_2=\frac{\alpha x_2^*}{1+(\alpha-1)x_2^*}=\frac{2.15x_2^*}{1+(2.15-1)x_2^*}=0.936$$

解得 $x_2^*=0.872$

$$E_{ML,2}=\frac{x_1-x_2}{x_1-x_2^*}=\frac{0.918-x_2}{0.918-0.872}=0.625$$

解得 $x_2=0.889$

2-27 (A)正确。依题意 $q=1$,$x_q=x_F=0.55$。

$$y_q=\frac{\alpha x_q}{1+(\alpha-1)x_q}=\frac{2.65\times0.55}{1+(2.65-1)\times0.55}=0.764$$

$$R_{min}=\frac{x_D-y_q}{y_q-x_q}=\frac{0.985-0.764}{0.764-0.55}=1.033$$

$R=1.85R_{min}=1.85\times1.033=1.911$

精馏段操作线方程为

$$y_{n+1}=\frac{R}{R+1}x_n+\frac{x_D}{R+1}=\frac{1.911}{1.911+1}x_n+\frac{0.985}{1.911+1}=0.656x_n+0.338$$

2-28 (B)正确。

$$N_P=\frac{N_T}{E}=\frac{20-1}{0.50}=38$$

$$Z=(N_P-1)H_T=(38-1)\times0.35=12.95\ \text{m}$$

2-29 (C)正确。

$$X_1^*=\frac{Y_1}{m}=\frac{0.025}{0.88}=0.0284$$

$$x_1^*=\frac{0.0284}{1+0.0284}=0.0276$$

2-30 (B)正确。$V=50\times(1-0.05)=47.5\ \text{kmol/h}$

$$A=\frac{L}{mV}=\frac{100}{1.58\times47.5}=1.332$$

$$\varphi=\varphi_A=0.96$$

$$N_T=\frac{\ln\dfrac{A-\varphi}{1-\varphi}}{\ln A}-1=\frac{\ln\dfrac{1.332-0.96}{1-0.96}}{\ln1.332}-1=6.779$$

$$HETP=\frac{Z}{N_T}=\frac{4}{6.770}=0.590\ \text{m}$$

2-31 (B)

2-32 (A)正确。

$$\left(\frac{S}{B}\right)_{min}=\frac{X_F-X_n}{K_AX_F-Y_S}=\frac{0.65-0.05}{0.8\times0.65}=1.154$$

$$\frac{S}{S_{min}}=\left(\frac{S}{B}\right)\Big/\left(\frac{S}{B}\right)_{min}=1.5/1.154=1.30$$

2-33 (B)正确。

$$V_e=\left(\frac{200}{2\,420}+\frac{8\times200}{1\,025}\right)(0.82+1.6)=3.98\ \text{m}^3$$

$$V=V_e/0.7=3.98/0.7=5.68\ \text{m}^3$$

2-34 (B)

2-35 (C)正确。因为等焓，即$I_1=I_2$，则

$$(1.01+1.88\times0.005)\times160+2\,490\times0.005=(1.01+1.88H)\times55+2\,490H$$

$H=0.0463$ kg 水/(kg 绝干气)

2-36 (A)正确。$X_1=\dfrac{0.058}{1-0.058}=0.0616$，$X_2=\dfrac{0.002}{1-0.002}=0.0020$

$G_c=G_1(1-w_1)=9\,000\times(1-0.058)=8\,478$ kg 绝干料/h

$$L(H_2-H_1)=G_c(X_1-X_2)$$

$$L=\frac{8\ 478\times(0.061\ 6-0.002\ 0)}{0.06-0.005}=9\ 187\ \text{kg 绝干气/h}$$

$$L_0=L(1+0.005)=9\ 233\ \text{kg 新鲜空气/h}$$

2-37 (C)正确。从所给数据可以看出，仪表的最大绝对误差为 0.06 MPa，仪表的允许误差为 0.6%，由于国家规定的精度等级中没有 0.6 级仪表，而该仪表的最大误差超过了 0.5 级仪表所允许的误差，所以这台仪表的精度等级为 1.0 级。

2-38 (C)正确。

2-39 (C)正确。对于线性流量特性控制阀，相对流量与相对开度的关系为 $\frac{q}{q_{max}}=\frac{1}{R}\left[1+(R-1)\frac{l}{L}\right]$，阀的放大系数 $K_v=\frac{d\left(\frac{q}{q_{max}}\right)}{d\left(\frac{l}{L}\right)}=1-\frac{1}{R}$，因此放大系数是一常数。

2-40 (C) **2-41** (A) **2-42** (B)

2-43 (C)正确。该系统有一个流入流股，两个引出流股。基准：进料 $F_1=1\ 000$ kmol/h。

C5 组分衡算式：

$$(1-0.5-0.05-0.02)F_3+0.01F_2=(1\ 000\times0.25)\ \text{kmol/h}$$

总体衡算式：

$$F_2+F_3=1\ 000\ \text{kmol/h}$$

则可解出：$F_2=428.6$ kmol/h，$F_3=571.4$ kmol/h。

C4 组分衡算式：

$$0.05F_3+xF_2=(1\ 000\times0.25)\ \text{kmol/h}$$

$$x=51.7\%$$

2-44 (A) **2-45** (A) **2-46** (D)

2-47 (B)

按月复利，月利率 = 7%/12 = 0.583 3%，计息周期为 36。

$$S_{36}=5\ 000\times(1+0.005\ 833)^{36}=6\ 164.63\ \text{万元}$$

2-48 (C) **2-49** (A) **2-50** (A) **2-51** (D) **2-52** (C) **2-53** (D)

2-54 (C) **2-55** (B) **2-56** (D) **2-57** (A) **2-58** (C) **2-59** (B)

2-60 (C)

模拟试题(三)参考答案

3-1 $T_r=T/T_c$

$$T_c=T/T_r=(300/0.9)\text{K}=333\ \text{K}$$

3-2 根据 $\Delta U=nC_{V,m}(T_2-T_1)$ 的应用条件(见本书第 8 页)，本题答案为“理想气体从 T_1、p_1 变到 T_2、p_2”。

3-3 按照标准摩尔生成焓及标准摩尔燃烧焓的定义(见本书第 10 页)，本题答案为“CO(g)的标准摩尔生成焓”。

3-4 $(\partial p/\partial T)_V=(\partial S/\partial V)_T$。这一关系式出自热力学基本方程 $dA=-SdT-pdV$。

3-5 根据亨利定律得 $p_A = k_{c,A}c_A$(1)与 $p_B = k_{c,B}c_B$(2)，将 $2k_{c,A} = k_{c,B}$ 代入式(2)中得 $p_B = 2k_{c,A}c_B$，因 $c_A = c_B$，于是 $p_A = \frac{1}{2}p_B$。

3-6 $y_B = p_B/p = p_B^* x_B/p$

而 $p = p_A^* x_A + p_B^* x_B = p_A^*(1-x_B) + p_B^* x_B = p_A^* + (p_B^* - p_A^*)x_B$

因 $p_A^* = 3p_B^*$

故 $p = 3p_B^* + (p_B^* - 3p_B^*)x_B = 3p_B^* - 2p_B^* x_B$

于是 $y_B = p_B^* x_B/(3p_B^* - 2p_B^* x_B) = 0.5p_B^*/(2p_B^*) = 0.25$

3-7 由本书第 42 页中的两组分系统典型的气液平衡相图可知，若 p—x 图出现最大正偏差，则必然有 $p_A^* < p > p_B^*$。

3-8 因 $\Delta_r G_m^\ominus = \Delta_r H_m^\ominus - T\Delta_r S_m^\ominus$，求 398.15 K 下的 $\Delta_r G_m^\ominus$，需知 398.15 K 下的 $\Delta_r H_m^\ominus$ 及 $\Delta_r S_m^\ominus$。依据题给的条件 $\Delta_r C_{p,m} = 0$，可知反应的 $\Delta_r H_m^\ominus$ 及 $\Delta_r S_m^\ominus$ 与温度无关，因此只需求出 298.15 K 下的 $\Delta_r H_m^\ominus$ 及 $\Delta_r S_m^\ominus$ 就能计算 398.15 K 下的 $\Delta_r G_m^\ominus$。而题中未给出 $\Delta_r H_m^\ominus$ 的数据，故由 298.15 K 下的 $\Delta_r G_m^\ominus$ 与 $\Delta_r S_m^\ominus$ 求出，即

$$\begin{aligned}\Delta_r H_m^\ominus &= \Delta_r G_m^\ominus + T\Delta_r S_m^\ominus \\ &= [-228.57 + 298.15 \times (-44.42 \times 10^{-3}]\ \mathrm{kJ \cdot mol^{-1}} \\ &= -241.81\ \mathrm{kJ \cdot mol^{-1}}\end{aligned}$$

$$\begin{aligned}\Delta_r G_m^\ominus &= \Delta_r H_m^\ominus - T\Delta_r S_m^\ominus \\ &= [-241.81 - 398.15 \times (-44.42 \times 10^{-3})]\ \mathrm{kJ \cdot mol^{-1}} \\ &= -224.12\ \mathrm{kJ \cdot mol^{-1}}\end{aligned}$$

3-9 $a_\pm = \gamma_\pm b_\pm/b^\ominus$，而 $b_\pm = (b_+^{\nu_+} b_-^{\nu_-})^{\frac{1}{\nu_+ + \nu_-}}$，故计算 $a_\pm$ 需计算 $b_\pm$，本题 $b_+ = b$，$b_- = 2b$，b 为电解质的浓度。

$$b_\pm = [b \times (2b)^2]^{1/3} = \sqrt[3]{4}b = (1.5874 \times 0.20)\ \mathrm{mol \cdot kg^{-1}} = 0.3175\ \mathrm{mol \cdot kg^{-1}}$$

$$a_\pm = (\gamma_\pm b_\pm/b^\ominus) = 0.518 \times 0.3175 = 0.16445$$

3-10 参考本书第 59 页中润湿部分，即可知本题答案为“液体表面张力 γ_{l-g} 与固、液界面张力 γ_{s-l} 间的夹角”。

3-11 反应掉反应物 A 的起始浓度一半所需时间谓之半衰期，即 $t_{1/2}$。题中数据表明，起始浓度增大一倍，则半衰期缩短一倍，即半衰期与起始浓度成反比，故为二级反应。

3-12 电泳实验表明胶粒带负电，因此若要使带负电荷的 $BaSO_4$ 溶胶聚沉，则用离子价数越高的正离子时其聚沉能力越大，故本题应采用 $AlCl_3$ 这一电解质。

3-13 (B)正确。

$$C_o\sqrt{R_1} = C_V\sqrt{R_2}$$

即 $0.63\sqrt{0.42} = 0.99\sqrt{R_2}$，则 $R' = R_2 = 0.17$ m。

3-14 (C) **3-15** (D) **3-16** (A)

3-17 (D)正确。

$$V^2 + 0.06V - 3 \times 10^{-4} \times 20 \times 60 = V^2 + 0.06V - 0.36 = 0$$

$$V = \frac{-0.06 + \sqrt{0.06^2 + 4 \times 0.36}}{2} = 0.57\ \mathrm{m^3}$$

3-18 （D） **3-19** （C） **3-20** （A） **3-21** （B）

3-22 （B）正确。

$$\frac{1}{K_o}=\frac{1}{\alpha_o}+\frac{d_o}{\alpha_i d_i}=\frac{1}{10\ 000}+\frac{54}{980\times 48}$$

$K_o=801.3\ \text{W}/(\text{m}^2\cdot℃)$

$$\Delta t_m=\frac{(120-50)-(120-80)}{\ln\dfrac{120-50}{120-80}}=53.6\ ℃$$

$$S_o=\frac{Q}{K_o\Delta t_m}=\frac{1\ 800\times 1.86\times(80-50)\times 1\ 000}{3\ 600\times 801.3\times 53.6}=0.65\ \text{m}^2$$

$$L=\frac{S_o}{\pi d_o}=\frac{0.65}{3.14\times 0.054}=3.8\ \text{m}$$

3-23 （C）正确。

3-24 （D）正确。$F=2\ 000\ \text{kg/h}$，$x_0=0.05$，$x_1=0.25$。

$$W=F\left(1-\frac{x_0}{x_1}\right)=2\ 000\times\left(1-\frac{0.05}{0.25}\right)=1\ 600\ \text{kg/h}$$

3-25 （B）正确。

3-26 （D）正确。$\dfrac{R}{R+1}=0.625$，解出 $R=1.667$。

$$\frac{x_D}{R+1}=\frac{x_D}{1.667+1}=0.368$$

解得 $x_D=0.981$。

3-27 （C）正确。由$y=\dfrac{q}{q-1}x-\dfrac{x_F}{q-1}=\dfrac{0.35}{0.35-1}x-\dfrac{0.45}{0.35-1}=0.692-0.538x$ 及 $y=0.36x+0.515$，联立解出 $x=0.197$。

3-28 （A）正确。

$F=D+W$，$100=D+W$

$Fx_F=Dx_D+Wx_W\quad 100\times 0.52=0.98D+0.015W$

解得 $W=47.67\ \text{kmol/h}$

$D=52.33\ \text{kmol/h}$

$$\eta_W=\frac{W(1-x_W)}{F(1-x_F)}\times 100\%=\frac{47.67\times(1-0.015)}{100\times(1-0.52)}\times 100\%=97.82\%$$

3-29 （B）正确。

$y=mx=0.78\times 0.028=0.021\ 8$

$$Y=\frac{y}{1-y}=\frac{0.021\ 8}{1-0.021\ 8}=0.022\ 3$$

3-30 （B）正确。

$$\left(\frac{L}{V}\right)_{\min}=\frac{Y_1-Y_2}{Y_1/m-X_2}=\frac{0.025-0.001}{0.025/0.88-0}=0.845$$

$$\frac{L}{V}=1.65\times 0.845=1.394$$

3-31 (C)正确。

3-32 (A)正确。

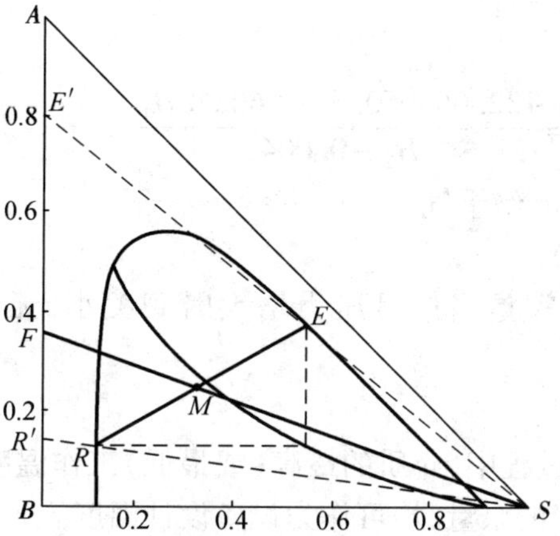

题3-32 解图

由料液组成在 AB 边上定出点 F,连接 SF。用 $x_A=0.15$ 在溶解度曲线上确定点 R。过 R 作联结线 RE 交 SF 连线于点 M。连接 SR、SE 并分别延长交 AB 边于点 R' 与 E'。由杠杆规则得

$$E'=\frac{\overline{R'F}}{\overline{R'E'}}F=\frac{0.35-0.17}{0.8-0.17}\times 100=28.6\ \text{kg/h}$$

$$R'=F-E'=100-28.6=71.4\ \text{kg/h}$$

3-33 (A)正确。

$$\varphi_A=\frac{441\times 0.48}{1\,000\times 0.216}=0.98=98\%$$

底流量

$$L=1\,000\times(1-0.216)\times 0.5=392\ \text{kg/h}$$

$$S=441+392-1\,000\times 0.216=617\ \text{kg/h}$$

3-34 (A)正确。

3-35 (B)正确。

$$H_0+3H_2=4H_m$$

$$H_m=\frac{0.006+3\times 0.056}{4}=0.043\,5\ \text{kg/(kg 绝干气)}$$

3-36 (A)正确。

$$X_1=\frac{0.1}{1-0.1}=0.111\,1$$

$$X_2=\frac{0.01}{1-0.01}=0.010\,1$$

$$I_1'=(1.9+4.187X_1)\theta_1=(1.9+4.187\times 0.111\,1)\times 20=47.3\ \text{kJ/(kg 绝干料)}$$

$$I_2'=(1.9+4.187\times 0.010\,1)\times 45=87.4\ \text{kJ/(kg 绝干料)}$$

$$I_1=(1.01+1.88\times 0.004)\times 120+2\,490\times 0.004=132.06\ \text{kJ/(kg 绝干气)}$$

$$I_2=(1.01+1.88H_2)\times 60+2\,490H_2=60.6+2\,602.8H_2$$

物料衡算、热量衡算式为

$$\begin{cases} G_c(X_1 - X_2) = L(H_2 - H_1) \\ G_c(I_2' - I_1') = L(I_1 - I_2) \end{cases}$$

两式相比有

$$\frac{87.4 - 47.3}{0.1111 - 0.0101} = \frac{132.06 - 60.6 - 2602.8H_2}{H_2 - 0.004}$$

得 $H_2 = 0.0244\ \text{kg/(kg 绝干气)}$

3-37 (D) **3-38** (C)

3-39 (C)正确。气关阀是当信号压力增大时阀关小,无信号压力时阀全开,为气关式阀。

3-40 (A) **3-41** (D)

3-42 (B)。正常工作过程中,介质的最高(或最低)工作温度或正常工作过程中,介质的正常工作温度加(或减)一定的余量,均可作为设备设计温度。

3-43 (B)。进料中含乙烯 100 mol,乙烯转化率为 25%,即有 25 mol 转化。在转化的乙烯中,有一部分生成了副产物二氧化碳和水,目的产物选择性为 80%。生成的环氧乙烷摩尔数为 25 ×0.8,即生成了 20 mol。

3-44 (B)。1 000 kg/h 的 2% 水溶液中溶质含量为 1 000 × 2% = 20 kg/h,将其浓缩至 8% 时,水溶液总质量为 20/0.08 = 250 kg/h,需蒸发水量为 1 000 − 250 = 750 kg/h,蒸发水需热量 $750 \times 2\,500 = 1\,875 \times 10^3$ kJ/h = 521 kW

3-45 (C) **3-46** (B)

3-47 (D)

对焊连接:对焊连接型管件、阀门一般用于 DN50 和 DN50 以上的管道。

承插连接:通常用于 DN40 和 DN40 以下的管道。

螺纹连接:螺纹管件通常用于公称通径小于 DN50 的管道。

卡套连接:一般用于外径小于等于 25 mm 的管道。

3-48 (C) **3-49** (B) **3-50** (C) **3-51** (D)

3-52 (A)。$\Delta S = \int_{T_1}^{T_2} \frac{C_p}{T} \mathrm{d}T = \frac{7}{2}R \int_{T_1}^{T_2} \frac{\mathrm{d}T}{T} = \frac{7}{2}R\ln\frac{T_2}{T_1} = \frac{7}{2}R\ln\frac{V_2}{V_1} = \frac{7}{2}R\ln 2$

3-53 (B) **3-54** (C) **3-55** (D) **3-56** (A)

3-57 (D)。

$$p = \gamma_1 x_1 p_1^s + \gamma_2 x_2 p_2^s = 1.197 \times 0.4 \times 20 + 1.083 \times 0.6 \times 25 = 25.821$$

$$y_1 = \gamma_1 x_1 p_1^s / p = 1.197 \times 0.4 \times 20 / 25.821 = 0.371$$

3-58 (B) **3-59** (D) **3-60** (D)